Chemische Prozeßkunde

Lehrbuch der Technischen Chemie · Band 3

Herausgegeben von M. Baerns. J. Falbe, F. Fetting,
H. Hofmann, W. Keim, U. Onken

Chemische Prozeßkunde

Ulfert Onken
Arno Behr

304 Abbildungen
185 Tabellen

WILEY-VCH Verlag GmbH & Co. KGaA

Anschriften:

Prof. Dr.
Manfred Baerns
Institut für Angewandte
Chemie Berlin-Adlershof e. V.
Rudower Chaussee 5
12484 Berlin

Prof. Dr.
Arno Behr
Universität Dortmund
Lehrstuhl für Technische
Chemie A
Emil-Figge-Straße 66
44227 Dortmund

Prof. Dr.
Jürgen Falbe
Linnéplatz 14
41466 Neuss

Prof. em. Dr.
Fritz Fetting
Fachbereich 7
Physikalische Chemie und
Chemische Technologie
TH Darmstadt
Petersenstraße 20
64287 Darmstadt

Prof. em. Dr.
Hanns Hofmann
Institut für Technische Chemie
Universität Erlangen-Nürnberg
Egerlandstraße 3
91058 Erlangen

Prof. Dr.
Wilhelm Keim
Institut für Technische Chemie
und Petrolchemie
RWTH Aachen
Worringer Weg 1
52056 Aachen

Prof. em. Dr.
Ulfert Onken
Universität Dortmund
Lehrstuhl für Technische
Chemie B
Emil-Figge-Straße 66
44227 Dortmund

Die Deutsche Bibliothek – CIP-Einheitsaufnahme

Lehrbuch der Technischen Chemie/hrsg. von M. Baerns ... -
Stuttgart ; New York : Thieme.
Bd. 3. Onken, Ulfert: Chemische Prozesskunde. – 1996
Onken, Ulfert:
Chemische Prozesskunde : Tabellen/Ulfert Onken ; Arno
Behr. – Stuttgart ; New York : Thieme, 1996
    (Lehrbuch der Technischen Chemie ; Bd. 3)
    NE: Behr, Arno:

©1996-2002 Georg Thieme Verlag, Rüdigerstraße 14, D-70469 Stuttgart

© ab 2003 Wiley-VCH GmbH & Co KGaA, Weinheim

Einbandgestaltung: Thomas Dambacher
Satz: primustype Hurler GmbH, D-73274 Notzingen,
gesetzt auf: Textline mit Linotronic 330

ISBN 978-3-527-30864-4

1 2 3 4 5 6

Vorwort

Von den drei Teilbereichen der Technischen Chemie befassen sich die Reaktionstechnik und die verfahrenstechnischen Grundoperationen mit den Einzelschritten chemischer Produktionsverfahren. Die Chemische Prozeßkunde behandelt dagegen die chemischen Produktionsverfahren in ihren stofflichen und technischen Aspekten als Ganzes. In der Lehre kann es jedoch nicht darum gehen, ein enzyklopädisches Wissen über die vielen Verfahren der chemischen Technik zu vermitteln. Wesentliches Ziel ist es vielmehr, an einer Auswahl aus diesen Verfahren darzustellen, welche Probleme bei der Prozeßentwicklung und beim Betrieb von Chemieanlagen auftreten, und wie sie gelöst werden können. Dabei ist auf stoffliche Aspekte, wie Versorgung mit Rohstoffen und Anfall von Koppel- und Nebenprodukten, auf den Energiebedarf und auf die Fragen nach den möglichen Umweltbelastungen, der Anlagensicherheit und der Wirtschaftlichkeit einzugehen. Besonders wichtig ist hier, daß in die Betrachtung einzelner Produktionsverfahren übergreifende Zusammenhänge einbezogen werden. Allein schon dazu ist auch eine Kenntnis der verschiedenen Zweige der chemischen Industrie und wichtiger Produktionsverfahren notwendig.

Hieraus ergibt sich für die Chemische Prozeßkunde und damit für das vorliegende Lehrbuch eine Zweiteilung. In einem *ersten Abschnitt* (Kapitel 1 bis 6) werden die Grundlagen der Verfahrensentwicklung dargestellt. Hierzu gehören alle Fragen, die bei der Verfahrensauswahl und beim Betrieb von Produktionsanlagen eine Rolle spielen, insbesondere die Probleme der Anlagensicherheit und des Umwelt- und Arbeitsschutzes. Im Zusammenhang mit der Projektierung und Optimierung von Verfahren und Anlagen wird auf die Wirtschaftlichkeit von Projekten eingegangen. Auch allgemeine Rahmenbedingungen, wie die Struktur der Chemiewirtschaft und die Organisation von Chemieunternehmen, werden behandelt.

Im *zweiten Abschnitt* (Kapitel 7 bis 12) werden die stofflichen Aspekte der industriellen Chemie anhand wichtiger Verfahren aus den verschiedenen Produktionszweigen dargestellt. Dabei wird der enge Verbund zwischen Energie, Rohstoffen, Grundchemikalien, Zwischenprodukten und Endprodukten an charakteristischen Beispielen dargestellt. Als Auswahlkriterien für die in dem Buch behandelten Verfahren dienten neben der weltweiten Tonnage der Endprodukte die technologische Bedeutung der Prozesse und die Berücksichtigung ökologischer und ökonomischer Gesichtspunkte. Innerhalb des zweiten Abschnitts werden zunächst die organischen, dann die anorganischen Produkte behandelt, und zwar jeweils beginnend mit den Rohstoffen über die Zwischenprodukte bis zu den Endprodukten. Besonderer Wert wird auf neue Entwicklungen gelegt, wie bei den nachwachsenden Rohstoffen und in der Biotechnologie. Um die Fülle an Informationen besser überschaubar zu machen, sind an zahlreichen Stellen Produktstammbäume eingefügt, aus denen auch die Querverbindungen zu anderen Produktgruppen deutlich werden. Besonders hilfreich dürften die herausklappbaren Produktübersichten am Ende des Buches sein, aus denen die Einordnung von Produkten und Prozessen in den Gesamtzusammenhang von Stoffflüssen und Produktfolgen ersichtlich wird.

Das vorliegende Lehrbuch der Chemischen Prozeßkunde ist das Ergebnis unserer langjährigen Erfahrungen in der Lehre an der Universität Dortmund und der Technischen Hochschule Aachen. Ganz wesentlich waren dafür auch die Erfahrungen aus unserer Industrietätigkeit. In Ausrichtung und Inhalt entspricht das Lehrbuch dem kürzlich neu herausgegebenen „Lehrprofil Technische Chemie" des „Dechema Unterrichtsausschusses für Technische Chemie". Daher eignet es sich als Lehrbuch für Studenten der Chemie, des Chemieingenieurwesens und der Verfahrenstechnik an Technischen Hochschulen, Universitäten und Fachhochschulen. Es baut auf den Kenntnissen der chemischen Grundlagenfächer auf, wie sie in den ersten Semestern vermittelt werden; Spezialkenntnisse werden nicht vorausgesetzt. Weiterhin dürfte das Buch auch für Chemiestudenten an den Universitäten von Interesse sein, an denen die Technische Chemie nicht als Pflicht- oder als Wahlpflichtfach vertreten ist. Schließlich wechseln mehr als die Hälfte aller Chemiker nach dem Universitätsabschluß in die chemische Industrie. Unabhängig davon, ob sie dann in der Forschung oder schon bald in der Produktion oder Anwendungstechnik tätig sind, ist für sie eine Mindestkenntnis über Zielsetzungen und organisatorische Abläufe in Unternehmen wichtig. Darüber hinaus kann das Buch in der Industrie tätigen Chemikern und Chemie- und Verfahrensingenieuren als kompaktes Nachschlagewerk dienen und ihnen anhand der aktuellen Literaturübersichten einen schnellen Einstieg in neue Teilgebiete ermöglichen. Auch Ingenieure anderer Fachrichtungen, Kaufleute und Betriebswirtschaftler sowie Chemielehrer der Sekundarstufe II werden in diesem Buch wertvolle Informationen und Anregungen für ihr Fachgebiet finden.

An dieser Stelle möchten wir allen Kollegen aus Industrie und Hochschulen, die uns durch Rat und Tat, vor allem in Form wertvoller Informationen unterstützt haben, unseren Dank aussprechen. Insbesondere den Kollegen in den Firmen Henkel KGaA und Hoechst AG sei für ihre Hilfe herzlich gedankt.

Die Fertigstellung dieses Buches wäre nicht möglich gewesen ohne die Mitwirkung einer Reihe von Mitarbeiterinnen und Mitarbeitern des Lehrstuhls Technische Chemie B der Universität Dortmund. Besonders genannt seien Frau Martina Krenzer und Frau Elsbeth Rüther, die das Manuskript in eine druckfertige Form gebracht haben. Mit Dank erwähnt sei auch die oft mühsame Anfertigung der vielen graphischen Darstellungen durch studentische Mitarbeiter; besonders genannt sei hier Herr cand. ing. W. Sassenberg. Unser ganz besonderer Dank gilt Frau Dr.-Ing. Michaela Krenzer, die während der gesamten Dauer unserer Arbeit mit ihrem Engagement und ihrer Sorgfalt für einen reibungslosen Ablauf der vielfältigen Tätigkeiten bei der Erstellung von Manuskript und Zeichnungen sorgte. Außerdem hat sie uns zusammen mit Herrn Dipl.-Ing. Jörg Fischer beim Korrekturlesen unterstützt.

Zu großem Dank sind wir auch dem Georg Thieme Verlag und seinen Mitarbeitern für entgegenkommende und konstruktive Zusammenarbeit verpflichtet. Schließlich möchte der eine von uns (U. O.) der Stiftung Volkswagenwerk für ein Akademie-Stipendium danken, das es ihm ermöglichte, wesentliche Teile des Manuskripts zu erarbeiten.

Dortmund, im Januar 1996   U. Onken
                                                           A. Behr

Inhaltsverzeichnis

Kapitel 8   Organische Zwischenprodukte

Kapitel 9   Organische Folgeprodukte

Kapitel 10   Anorganische Grundstoffe

Kapitel 11   Anorganische Massenprodukte

Kapitel 1

Chemische Prozesse und chemische Industrie

1.1 Chemische Prozeßkunde als Teil der technischen Chemie

Die chemische Industrie erzeugt eine Vielzahl der verschiedensten Produkte, wie Schwefelsäure, Düngemittel, Lösungsmittel, Farbstoffe, Pharmazeutika, Waschrohstoffe und Polymere von unterschiedlichster Zusammensetzung, für ein breites Spektrum von Anwendungen. Entsprechend der Vielfalt dieser Produkte kommen zu ihrer Herstellung viele Verfahren zum Einsatz, denen vor allem eines gemeinsam ist, nämlich daß ihre wesentlichen Schritte chemische Reaktionen sind.

Die wissenschaftliche Disziplin, die den chemischen Produktionsverfahren zugrunde liegt, ist die technische Chemie. Als Teilbereich der Chemie umfaßt sie demnach die verschiedenen Aspekte chemischer Produktionen, angefangen mit der Entwicklung von Verfahren und ihrer Übertragung in die Technik bis hin zum Betrieb von Produktionsanlagen. Die Lösung dieser Aufgaben erfordert zum einen die Kenntnis bestimmter Methoden und deren Grundlagen, zum anderen aber auch das Wissen um stoffliche Zusammenhänge. Von den drei Teilbereichen der technischen Chemie haben zwei, nämlich die chemische Reaktionstechnik und die Grundoperationen, schwerpunktmäßig Methoden zum Gegenstand, während die Behandlung stofflicher Gesichtspunkte, insbesondere die Beschreibung technischer Prozesse, eine Aufgabe der chemischen Prozeßkunde ist. Im Zusammenhang damit werden in der chemischen Prozeßkunde aber auch die allgemeinen Methoden behandelt, die bei der Verfahrensentwicklung und bei der Projektierung von Anlagen zur Anwendung kommen.

Angesichts der Vielzahl chemischer Produktionsverfahren kann im Rahmen eines Lehrbuchs natürlich nicht eine enzyklopädische Darstellung aller technischen Prozesse gebracht werden. Die notwendige Auswahl für dieses Lehrbuch erfolgte vor allem unter den folgenden zwei Gesichtspunkten. Zum einen sollen die stofflichen Gegebenheiten, insbesondere die Zusammenhänge zwischen Rohstoffen und Produktionswegen, deutlich werden; zum anderen soll der Leser mit dem methodischen Vorgehen bei der Verfahrensentwicklung an Hand ausgewählter technischer Prozesse vertraut gemacht werden. Dementsprechend werden die Verfahren für ie Grundchemikalien relativ vollständig behandelt; für die verschiedenen Gruppen von Zwischen- und Folgeprodukten werden neben kurzen Übersichten über das jeweilige Produktspektrum bestimmte typische Produktionsverfahren beispielhaft gebracht.

1.2 Besonderheiten chemischer Prozesse

In chemischen Prozessen werden mittels chemischer Reaktionen Produkte erzeugt, also Stoffe chemisch umgewandelt. Produktionsverfahren, die mit einer Stoffumwandlung verbunden sind, werden nicht nur von der chemischen Industrie benutzt, sondern auch in einer ganzen Reihe anderer Industriezweige, wie der Hüttenindustrie zur Gewinnung von Metallen, der Zementindustrie und der Lebensmittelindustrie. Die Unterscheidung zwischen diesen Industrien und chemischen Produktionsverfahren im engeren Sinne, also der chemischen Industrie, beruht auf praktischen Gesichtspunkten; so ist in den anderen Industrien die Anzahl der durch Stoffumwandlungsprozesse hergestellten Produkte jeweils überschaubar, während in den Prozessen der chemischen Industrie sehr viele verschiedenartige Produkte, z. B. Chemikalien, hergestellt werden. Dabei wird ein großer Teil dieser Produkte in der chemischen Industrie weiterverarbeitet.

Bei einem Vergleich chemischer Prozesse mit den Produktionsverfahren anderer Industrien fallen aber noch weitere Besonderheiten auf, die wiederum dadurch bedingt sind, daß wir es mit chemischen Reaktionen zu tun haben. Während die Produktionsmethoden z. B. der Textilindustrie, der Automobilindustrie, der Maschinenbauindustrie und der kunststoffverarbeitenden Industrie jeweils relativ gleichartig sind, müssen Chemieanlagen speziell auf die darin ablaufenden chemischen Reaktionen und die jeweiligen Produkte hin konzipiert sein. Das ist schon beim äußeren Anblick der Produktionsanlagen zu erkennen. Keine Anlage sieht wie die andere aus. Diese Vielfalt wird noch dadurch vergrößert, daß es für viele Produkte mehrere Herstellungswege und dementsprechend mehrere Prozesse gibt (z. B. fünf beim Phenol, vgl. Kap. 3.1.1).

Weiterhin ist für chemische Produktionen charakteristisch, daß die Produktionsanlagen für die einzelnen Prozesse aus vielen Einzelelementen bestehen und dementsprechend ausgesprochen kompliziert sind. Das gilt in ganz besonderem Maße für Anlagen mit kontinuierlicher Prozeßführung, da dort für jeden Arbeitsschritt des Prozesses eine speziell dafür geeignete apparative Anordnung vorhanden sein muß (vgl. Kap. 3.5). Insgesamt sind chemische Produktionsanlagen durch *hohe Komplexität* gekennzeichnet.

Eine weitere Besonderheit chemischer Prozesse besteht darin, daß man nicht nur das gewünschte Produkt erhält, sondern je nach Reaktionssystem auch *Koppel- und Nebenprodukte*. Dabei ist die Bildung von Koppelprodukten aufgrund der Stöchiometrie der Hauptreaktion zwangsläufig. Nebenprodukte entstehen dagegen durch Parallel- und Folgereaktionen; die Bildung dieser meist unerwünschten Produkte kann daher über die Reaktionsbedingungen (z. B. Temperatur, Katalysator) beeinflußt werden.

Häufig entsteht neben dem gewünschten Wertprodukt ein wertloses **Koppelprodukt**, wie bei der Veresterung von Säuren, z. B. von Carbonsäuren (Gl. 1.1), oder der Nitrierung aromatischer Kohlenwasserstoffe, z. B. von Benzol (Gl. 1.2), mit Wasser als Koppelprodukt, oder bei der Erzeugung von Wasserstoff aus Synthesegas (CO, H_2) durch Konvertierung des darin enthaltenen Kohlenmonoxids (Gl. 1.3) mit Kohlendioxid als Koppelprodukt. Abgesehen davon, daß man zur Gewinnung der gewünschten Wertprodukte die Koppelprodukte H_2O bzw. CO_2 abtrennen muß, stellen diese zwei Stoffe kein besonderes Problem dar. Anders ist das schon bei der Chlorierung von Kohlenwasserstoffen (Gl. 1.4), wo neben dem chlorierten Kohlenwasserstoff (RCl) Chlorwasserstoff (HCl) gebildet wird. Hier geht entsprechend der Stöchiometrie der chemischen Umsetzung das Chlor zu gleichen Teilen in die zwei Produkte RCl und HCl. Das primäre Ziel einer solchen Umsetzung, z. B. der Chlorierung von Benzol, wird selbstverständlich die Erzeugung von Chlorbenzol sein; gleichzeitig wird man aber auch den als Koppelprodukt entstandenen Chlorwasserstoff verwerten wollen.

$$\text{R-COOH} + \text{R'-OH} \longrightarrow \text{R-COO-R'} + H_2O \qquad (1.1)$$

$$C_6H_6 + HNO_3 \longrightarrow C_6H_5NO_2 + H_2O \qquad (1.2)$$

$$CO + H_2O \longrightarrow CO_2 + H_2 \qquad (1.3)$$

$$RH + Cl_2 \longrightarrow RCl + HCl \qquad (1.4)$$

Ein anderes Beispiel für die Bildung von Koppelprodukten ist die Elektrolyse von Natriumchlorid, bei der gemäß der Bruttoreaktionsgleichung (Gl. 1.5) sogar drei Koppelprodukte gebildet werden. Der Prozeß wird sowohl zur Erzeugung von Chlor als auch von Natronlauge betrieben; daneben muß aber auch der Wasserstoff verwertet werden.

$$NaCl + H_2O \longrightarrow NaOH + \tfrac{1}{2} Cl_2 + \tfrac{1}{2} H_2 \qquad (1.5)$$

Die Bildung von wertvollen Koppelprodukten ist bei chemischen Prozessen häufig gegeben. Sie ist ein wesentlicher Grund dafür, daß man *für chemische Produktionen meist größere Anlagenkomplexe* baut, in denen eine große Zahl von einzelnen chemischen Prozessen im Verbund betrieben wird. Ein weiterer Grund für diese Verbundwirtschaft besteht darin, daß ein großer Teil der in den einzelnen Prozessen erzeugten Produkte die Ausgangsprodukte anderer chemischer Prozesse sind, in denen sie weiterverarbeitet werden. Dadurch, daß man viele solcher miteinander zusammenhängender chemischer Produktionen an einem Standort in Form größerer Fabrikationskomplexe zusammenbaut und betreibt, erspart man sich lange Transportwege, die zum einen zu erheblichen Kostenbelastungen führen, zum andern große Sicherheitsprobleme aufwerfen können. Der sichere Transport vieler chemischer Zwischenprodukte, insbesondere solcher Produkte, die toxisch oder brennbar sind, erfordert aufwendige technische Maßnahmen mit entsprechenden Kosten. Bei bestimmten, besonders toxischen Stoffen muß man sogar bestrebt sein, Transporte außerhalb chemischer Produktionsanlagen, sei es auf der Schiene, auf der Straße oder auf dem Wasserweg, gänzlich zu vermeiden.

Eine ähnliche Problematik wie die Koppelprodukte stellt die **Bildung von Nebenprodukten** dar. Bei den allermeisten chemischen Reaktionssystemen läuft ja nicht nur eine einzige chemische Reaktion ab; vielmehr wird die Ausbeute der gewünschten Umsetzung durch Parallel- und Folgereaktionen gemindert. Besonders deutlich wird der Effekt solcher unerwünschter Nebenreaktionen bei der Substitution am aromatischen Kern. So können bei der einfachen Chlorierung von Toluol prinzipiell drei Isomere entstehen; in praxi sind es nur zwei, nämlich das Ortho- und das Para-Isomer (vgl. Kap. 8.6.1). Meist ist in solchen Fällen dann nur eines der Isomere als Produkt erwünscht. Mit geeigneten Katalysatoren oder durch gezielte Temperaturführung bei der Umsetzung gelingt es zwar häufig, die Umsetzung in Richtung auf das gewünschte Produkt zu lenken, jedoch nicht soweit, daß die Bildung der unerwünschten Isomere vollständig unterdrückt wird. Man muß also versuchen, die unerwünschten Nebenprodukte zu verwerten; dafür lassen sich in einem größeren Anlagenkomplex, in dem viele Produkte hergestellt werden, leichter Möglichkeiten finden als in einem Werk mit einigen wenigen Produktionsanlagen.

Die Bildung von Nebenprodukten bei der chemischen Reaktion und die Suche nach Verwertungsmöglichkeiten dieser Nebenprodukte ist ein für chemische Prozesse häufiges Problem. Als weitere Beispiele dafür seien genannt:

- die Bildung von *i*-Butyraldehyd bei der Hydroformylierung von Propen zu dem gewünschten *n*-Butyraldehyd (Oxosynthese, vgl. Kap. 8.3.1),
- die Weiterchlorierung zu höher chlorierten Produkten bei der Chlorierung von Kohlenwasserstoffen, z. B. von Methan zu Methylchlorid (vgl. Kap. 3.1.4 u. 8.5.1) oder von Benzol zu Chlorbenzol (vgl. Kap. 2.1),
- die Bildung von Di- und Triethylenglykol bei der Herstellung von Glykol aus Ethylenoxid und Wasser (vgl. Kap. 8.2.1).

Bei den zwei letzten Beispielen handelt es sich übrigens um Folgereaktionen, in den anderen Beispielen um Parallelreaktionen, die für die Nebenproduktbildung verantwortlich sind. Die Minimierung solcher unerwünschter Nebenreaktionen ist ein wesentliches Ziel einer optimalen Reaktionsführung; die Lösung solcher Optimierungsprobleme stellt eine der wesentlichen Aufgaben der Reaktionstechnik dar.

Schließlich gibt es noch eine weitere Besonderheit chemischer Prozesse, die von ganz besonderer Bedeutung ist, nämlich die schon erwähnte Tatsache, daß in chemischen Produktionsanlagen mit **gefährlichen Stoffen** umgegangen werden muß. Das Gefahrenpotential kann sehr unterschiedlich sein, und zwar sowohl qualitativ als auch quantitativ. Als Ursachen für Gefährdungen kommen im wesentlichen folgende Eigenschaften in Frage (vgl. Kap. 3.3):

- Toxizität,
- Brennbarkeit,
- Explosionsfähigkeit und
- Zersetzlichkeit.

Die Beherrschung dieser Eigenschaften und der durch sie bedingten Gefahren ist eine notwendige Voraussetzung für den sicheren Betrieb chemischer Produktionsanlagen. Darüber hinaus können diese gefährlichen Eigenschaften von Stoffen auch zu schädlichen Einwirkungen auf die nähere und weitere Umgebung von Chemieanlagen, also auf die Umwelt führen. Im einzelnen kann es für solche negativen Wirkungen sehr viele Ursachen geben. So können z. B. aus Lecks giftige Stoffe austreten, die den Boden oder die Luft verunreinigen. Weiter können toxische Stoffe ins Abwasser gelangen oder bei Korrosion eines Kühlers ins abfließende Kühlwasser. Alle diese Gefahren lassen sich unter den Stichworten Sicherheit und Umwelt zusammenfassen.

Die Problemkreise **Sicherheit und Umwelt** sind zwar durch unterschiedliche Blickrichtungen und Zielsetzungen gekennzeichnet. Sie hängen aber doch eng zusammen, wie einige größere Unfälle in Chemieanlagen in den vergangenen Jahren gezeigt haben. So waren bei dem Großbrand eines Lagers für Pflanzenschutzmittel und andere Chemikalien der Firma Sandoz im Werk Schweizerhalle bei Basel in der Nacht vom 31.10. zum 1.11.86 zwar keine Menschenleben zu beklagen, jedoch gelangten durch das Löschwasser größere Mengen an Chemikalien in den Rhein, was u. a. zu einer ganz beträchtlichen Schädigung der Fauna des Flusses, vor allem des Fischbestandes, bis fast 500 Kilometer unterhalb der ursprünglichen Schadensstelle führte.

Die Einflüsse von Chemikalien auf die Umwelt sind aber nicht allein durch Emissionen aus Chemieanlagen bedingt; auch die Verwendung chemischer Produkte führt zu Einwirkungen auf die Umwelt. Wegen der großen Bedeutung, die den Wirkungen chemischer Produkte auf die Umwelt heute zukommt, wird dieser Problemkreis in einem eigenen Kapitel behandelt.

1.3 Chemie und Umwelt

Beim Einfluß chemischer Produktionen auf die Umwelt muß man unterscheiden zwischen den direkten Einwirkungen durch *Emissionen aus den Produktionsanlagen* und der Umweltbeeinflussung durch die Anwendung chemischer Produkte. Im ersten Fall sind die Umwelteinflüsse räumlich mehr oder weniger einzugrenzen, während im zweiten Fall die Wirkung auf die Umwelt entsprechend der weltweiten Anwendung der Produkte global ist. Eine strenge Trennung zwischen diesen beiden Arten von Umwelteffekten ist natürlich nicht möglich, da Emissionen von schwer abbaubaren Produkten aus Produktionsanlagen über die Atmosphäre und die Gewässer über große Entfernungen hinweg transportiert werden.

Das Wissenschaftsgebiet, das sich mit diesen Fragen und generell mit Problemen der Umwelt befaßt, heißt **Ökologie**. Sie war ursprünglich als Lehre vom Haushalt der Natur eine Spezialdisziplin innerhalb der Biologie. Heute ist die Ökologie ein interdisziplinäres Gebiet, das Einwirkungen aller Art auf natürliche Systeme und auf die Natur insgesamt behandelt. Ein natürliches System, das entweder ein abgegrenztes Gebiet, z. B. ein Flußsystem wie der Rhein oder ein Meeresteil wie die Nordsee oder der tropische Regenwald in Südamerika, sein kann oder auch die Erde insgesamt, bezeichnet man als Ökosystem.

Letztendlich beeinflussen alle Lebewesen die Ökosysteme, in denen sie leben. Im Unterschied zu den anderen Lebewesen hat aber der Mensch durch bewußtes, zielgerichtetes Handeln schon seit langer Zeit Ökosysteme in gravierender Weise verändert. Besonders einschneidend waren die Eingriffe in die Natur bei der Gewinnung von Ackerland durch Rodung; doch waren die dadurch veränderten Ökosysteme zumindest solange stabil, als die Böden nicht durch Monokulturen einseitig genutzt wurden. Derartige extreme Belastungen von Ökosystemen, z. B. auch durch radikales Abholzen von Wäldern zwecks Gewinnung von Holz, führten schon im Altertum und im Mittelalter zur Versteppung ganzer Landstriche.

Zu ganz andersartigen Störungen von Ökosystemen, nämlich durch emittierte Schadstoffe, kam es im Zusammenhang mit der Industrialisierung. Ein Beispiel dafür ist die Herstellung von Soda nach dem *Leblanc-Verfahren* (vgl. Kap. 10.3.3). Dort wird in der ersten Stufe, der Umsetzung von Natriumchlorid mit Schwefelsäure zu Natriumsulfat, Chlorwasserstoff frei. Man ließ diesen Chlorwasserstoff lange Zeit (die erste Anlage wurde 1790 in Saint Denis bei Paris in Betrieb genommen, seit 1814 wurde das Verfahren vor allem in England genutzt) einfach in die Atmosphäre entweichen; wegen der kaum erträglichen Umweltbelastungen baute man die Anlagen in wenig besiedelten Gebieten. Erst 1836 wurde eine Lösung des Problems gefunden, nämlich die Absorption des Chlorwasserstoffs durch Wasser zu Salzsäure. Man benutzte dazu Rieselkolonnen, die mit Koksstücken gepackt waren. Es handelt sich dabei vermutlich um die erste Anwendung der Absorption eines Gases durch eine Flüssigkeit in einer Gegenstromkolonne: der Chlorwasserstoff wurde der Kolonne am unteren Ende zugeführt, das Wasser wurde oben auf die Packung aufgegeben. Es dauerte noch viele Jahre, bis alle Probleme (u. a. Werkstoff für die Kolonne) gelöst waren und das Verfahren allgemein eingesetzt werden konnte. 1863 wurde in England die Alkaliakte erlassen, nach der die Benutzung der Salzsäureabsorption für Leblanc-Sodafabriken vorgeschrieben wurde mit der Maßgabe, daß mind. 95% des entwickelten Chlorwasserstoffs absorbiert werden mußten. Die Aufsichtsbehörde, die in England die Einhaltung dieser Bestimmung zu überwachen hatte, mußte alljährlich dem Unterhaus berichten.

Das Problem der Chlorwasserstoffemission, das sich beim Leblanc-Sodaprozeß stellte, stand nicht alleine. Ähnlich wie den Chlorwasserstoff beim LeBlanc-Sodaverfahren ließ man bis weit in die zweite Hälfte des 19. Jahrhunderts hinein das bei der *Röstung sulfidischer Erze* gebildete Schwefeldioxid in die Atmosphäre ab; erst seit 1857 wurde in den Metallhütten in Freiberg in Sachsen das Schwefeldioxid aus der Sulfidröstung zu Schwefelsäure verarbeitet, und zwar nach dem damals üblichen Bleikammerverfahren; die Metallhütten in Oberschlesien, im Harz und in Stolberg bei Aachen schlossen sich in den folgenden Jahren an. Interessanterweise wurde damals schon die schädigende Wirkung von Schwefeldioxid auf Nadel- und Laubbäume, insbesondere auf die Fichte, nachgewiesen.

Sowohl beim Chlorwasserstoff im Leblanc-Sodaverfahren als auch bei dem Schwefeldioxid aus der Sulfidröstung handelte es sich um Koppelprodukte, die in vergleichbaren Mengen wie die Hauptprodukte anfielen und dementsprechend schon bei relativ niedrigen Produktionsmengen zu hohen Belastungen der Umwelt führten, wenn sie nicht aus den Abgasströmen abgetrennt wurden. Anders war die Situation bei Emissionen, die bei einigen Prozent der Menge der Hauptprodukte lagen, z. B. Nebenprodukte oder Verluste von Lösungsmitteln oder von Reststoffen im Abwasser. Vor 80 bis 100 Jahren waren die dadurch emittierten Stoffmengen bei den damaligen Produktionskapazitäten noch so gering, daß sie in der Regel nicht zu auffälligen Umweltbelastungen führten. Immerhin ist es offenbar doch gelegentlich zu merklichen Einwirkungen auf die Umwelt, z. B. durch verunreinigte Abwässer, gekommen; so wurde schon 1901 von den Farbenfabriken Bayer in Leverkusen eine Abwasserkommission gegründet, die in ihrer ersten Sitzung u. a. beschloß, die Abwässer des Werks bezüglich mehrerer Komponenten (u. a. Schwefelsäure, schweflige Säure, Schwefelwasserstoff, Salzsäure) zu analysieren.

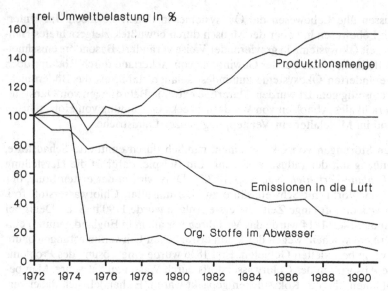

Abb. 1.1   Zeitliche Entwicklung der Umweltbelastung durch die BASF/Ludwigshafen (nach[10], S. 23)

Mit der Zunahme der Produktionskapazitäten wuchsen auch die Mengen der von Chemieanlagen emittierten Schadstoffe. Insbesondere die nach dem zweiten Weltkrieg einsetzende starke Wirtschaftsentwicklung und das damit verbundene überproportionale Ansteigen der Produkte der chemischen Industrie sowohl hinsichtlich Zahl als auch Menge verursachten in allen Industrieregionen der Erde enorme Umweltbelastungen. Dadurch wurden etwa ab 1960 verstärkte Aktivitäten zur Vermeidung von Emissionen aus chemischen Produktionen ausgelöst. Das führte zur Entwicklung vieler Verfahrensänderungen und vor allem neuartiger Techniken; für eine ganze Reihe von Produkten wurden sogar völlig neuartige Prozesse entwickelt. Die Resultate der dadurch vorgenommenen Verfahrensänderungen und Produktionsumstellungen und der Installierung verbesserter Verfahren zur Reinigung von Abluft und Abwasser zeigten sich schon bald. Ein Beispiel dafür gibt Abb. 1.1, in der die Emissionen in Luft und Abwasser durch die BASF/Ludwigshafen im Vergleich zur Produktionsmenge ab 1972 dargestellt sind.

Die Belastung der Umwelt durch Schadstoffe ist in erster Linie ein Mengenproblem. Viele schädliche Stoffe, die durch industrielle Prozesse und andere Aktivitäten des Menschen gebildet werden und in die Umwelt gelangen, entstehen auch bei Vorgängen in der Natur, z. B. SO_2 und CO. Dabei bleibt aber die Konzentration dieser Stoffe in der Erdatmosphäre konstant, da sie durch andere Vorgänge verbraucht werden. Auf diese Weise haben sich globale Stoffkreisläufe herausgebildet, die zu einem dynamischen quasi-stationären Gleichgewichtszustand geführt haben. In Tab. 1.1 sind Schätzwerte der globalen Emissionen von Kohlenmonoxid, Stickoxiden (NO_x) und Schwefeldioxid angegeben. Etwa 40% des Kohlenmonoxids werden durch natürliche Vorgänge gebildet; trotzdem können in den Straßenschluchten von Großstädten die Emissionen der Kraftfahrzeuge tagsüber für 94 bis 99% der Emissionsbelastung durch Kohlenmonoxid verantwortlich sein, einfach wegen der lokal hohen Bildungsgeschwindigkeit für CO. *Anthropogene SO_2-Emissionen* können über weite Regionen hinweg zu erheblichen Auswirkungen auf Ökosysteme führen, wie seit längerem beobachtet wird. Interessant ist in diesem Zusammenhang die Herkunft des SO_2 aus menschlicher Tätigkeit in den Industrieländern. Als Beispiel dafür ist in Tab. 1.2 die Verteilung der SO_2-Emissionen in der Bundesrepublik auf die Verursacher angegeben. Danach stammen 1% der *SO_2-Emissionen* aus Prozessen der chemischen Industrie (einschließlich der Celluloseindustrie).

Tab. 1.1 Globale Emissionen von CO, NO_x und SO_2

Emission	Insgesamt (10^6 t/a)	davon anthropogen (%)	natürliche Quellen
CO	2500 (± 1000)	60	Oxidation natürlicher Kohlenwasserstoffe in der Atmosphäre, Biosphäre
NO_x (gerechnet als N)	50 (± 20)	60	Blitze, biochemische Erzeugung in Böden
SO_2	300 (± 100)	50	Vulkane, Biosphäre*

* H_2S, COS, $(CH_3)_2S$ u. a. S-Verbindungen, die in der Atmosphäre zu SO_2 oxidiert werden

Tab. 1.2 Emissionen von Luftschadstoffen in der Bundesrepublik Deutschland 1992 (nach [17, 18])

	SO_2	NO_x (gerechnet als NO_2)	CO
Emissionen (Mio. t):			
insgesamt	3,90	2,90	9,14
alte Bundesländer	0,88	2,42	6,58
neue Bundesländer	3,02	0,48	2,56
Verursacher (Anteile in %):			
Industrie insgesamt	13,9	9,5	16,1
(davon chemische Industrie)	(1,0)	(2,1)	(0,8)
Kraft-/Fernheizwerke	74,8	18,1	6,9
Verkehr	2,4	67,3	61,9
Kleinverbraucher	8,9	5,1	15,1

Erkennbar toxisch wirkt SO_2 ab Konzentrationen von ca. 0,3 ppm, wie sie auch in Industriegebieten mit hohen SO_2-Emissionen nicht als Durchschnittswerte auftreten. Bei Inversionswetterlagen, d. h. bei Witterungsbedingungen, unter denen die Temperatur mit der Höhe nicht wie normalerweise abnimmt, sondern ansteigt, ist der turbulente Austausch zwischen unteren und oberen Luftschichten stark vermindert. Unter solchen Bedingungen werden die in die Luft emittierten Schadstoffe nicht abtransportiert, so daß es zu sehr viel höheren Schadstoffkonzentrationen als üblich kommen kann. So wurde beim Londoner Smog vom Dezember 1952, der 4000 Todesfälle zur Folge hatte, eine SO_2-Konzentration von 1,34 ppm gemessen. Dabei wirken bei solchen Smogwetterlagen mehrere Luftverunreinigungen zusammen, nämlich neben SO_2 nitrose Gase, Staubpartikel, Kohlenmonoxid und Kohlenwasserstoffe; bei starker Sonneneinstrahlung kommt es durch das UV-Licht außerdem noch zu photochemischen Reaktionen unter Bildung weiterer Schadstoffe (Ozon, Aldehyde, Nitroverbindungen). An den toxischen Wirkungen der Luftverschmutzung sind neben SO_2 also weitere Komponenten beteiligt; SO_2 kann jedoch als Indikator für den Grad der Luftverschmutzung dienen.

Gravierend sind auch die weitreichenden Wirkungen von SO_2-Emissionen auf Pflanzen, insbesondere auf Nadelbäume. Durch Oxidation wird in der Atmosphäre aus SO_2 Schwefelsäure gebildet, die vom Wasser der Niederschläge (Regen, Schnee) aufgenommen wird und dadurch in den Boden gelangt („Saurer Regen"). Da das SO_2 praktisch nicht auf andere Weise aus der Atmosphäre entfernt wird, kann es durch die Luftbewegung tausend und mehr Kilometer vom Ort der Emission weg transportiert werden. So ist die in Skandinavien beobachtete Versäuerung von Böden und Oberflächengewässern mit Sicherheit auf SO_2-Emissionen in Westeuropa zurückzuführen. Es sei hier noch einmal vermerkt, daß die SO_2-Emissionen überwiegend von der Verbrennung fossiler Energieträger (vor allem Kohle- und Erdölprodukte) herrühren und nur zu einem geringen Anteil aus chemischen Prozessen.

Während die Umweltbelastung aus der Verwertung fossiler Brennstoffe zur Elektrizitätsgewinnung, Heizung und im Verkehr durch einige wenige Schadstoffe verursacht wird, werden in Chemieanlagen ungeheuer viele Stoffe eingesetzt und erzeugt, von denen eine große Zahl toxische Wirkungen hat. Natürlich ist und war man immer bestrebt, ein Austreten dieser Stoffe in die Umgebung soweit wie möglich zu verhindern. Trotzdem kam es im Laufe der Zeit aus den verschiedensten Gründen aufgrund von Emissionen toxischer Verbindungen zu folgenschweren Vorkommnissen.

Eines davon ist die Verseuchung einer Meeresbucht bei Minamata in Japan durch methylquecksilberhaltige Abwässer aus einer Anlage zur Herstellung von Acetaldehyd aus Acetylen (Verfahren vgl. Kap. 8.2.2). Bei den Anwohnern dieser Bucht wurde seit 1956 eine Nervenkrankheit mit Störungen des Seh- und Hörvermögens und des Tastempfindens beobachtet. Bis Ende 1979 wurden 899 Fälle dieser später als *Minamata-Krankheit* bezeichneten Seuche bekannt, von denen 108 tödlich verliefen. Die Erkrankung wurde, wie sich aufgrund längerer Untersuchungen herausstellte, dadurch verursacht, daß das im Abwasser der Acetaldehydfabrik enthaltene Methylquecksilber über Kleinlebewesen und Fische in die Nahrung der Anwohner der Meeresbucht gelangte, die sich von den Fischen ernährten.

Im Fall der Quecksilbervergiftung von Minamata war die Ursache der Umweltschädigung das Austreten eines toxischen Stoffes über einen Abfallstrom, nämlich das Abwasser. Aber auch Endprodukte chemischer Prozesse können toxische Eigenschaften haben. Besonders kritisch wird die Frage eines Einsatzes solcher Produkte, wenn sie bedingt durch die Art ihrer Anwendung weit verteilt werden müssen, wie es bei Schädlingsbekämpfungsmitteln der Fall ist. Hier kann sich die Frage stellen, inwieweit es zu verantworten ist, eine erwünschte Wirkung durch Umweltbelastungen zu erkaufen.

Ein Beispiel dafür ist das *DDT* (**D**ichlordiphenyl-trichlormethyl-methan, vgl. Kap. 9.5.2), dessen insektizide Eigenschaften 1939 von dem Schweizer Chemiker Paul Müller bei der Fa. Geigy entdeckt wurden, wofür er 1948 den Nobelpreis für Medizin erhielt. Die breite Wirkung von DDT gegen Insekten führte dazu, daß das Produkt nicht nur im chemischen Pflanzenschutz, sondern auch zur Bekämpfung von krankheitsübertragenden Insekten (z. B. Fiebermücken, Tsetse-Fliegen) mit großem Erfolg eingesetzt wurde. Es gelang dadurch, auf Ceylon die Malaria fast auszurotten. Während es dort vor 1950, d. h. vor dem Einsatz von DDT, über 2 Mio. Malariafälle mit mehr als 10 000 jährlichen Todesfällen gab, waren es 1963 nur 17. 1964 wurden die DDT-Aktionen eingestellt, was zur Folge hatte, daß die Malariaerkrankungen wieder stark zunahmen; 1968 überstieg die Zahl der Malariafälle 1 Mio. 1969 wurde deshalb der Einsatz von DDT wieder aufgenommen.

Im Verlaufe der weitverbreiteten Verwendung von DDT zeigte sich jedoch auch ein anderer Effekt. Seine sehr hohe Stabilität, die eine günstige Voraussetzung für seine Anwendung als Insektizid ist, hat auch zur Folge, daß das DDT in der Umwelt nur sehr langsam abgebaut wird und im natürlichen Kreislauf lange erhalten bleibt. Das führte im Zusammenhang mit seiner hohen Fettlöslichkeit dazu, daß es in Nahrungsketten eingeschleust wurde. Es ergaben sich dadurch Anreicherungen im Meeresplankton um Faktoren in der Größenordnung von 100, in Laichtieren und pflanzenfressenden Fischen um 400, in Raubfischen um 1000 und in fischfressenden Vögeln (z. B. im Weißkopfadler und im Fischadler) um 3000 bis 75 000. Solch hohe Dosen an DDT und an anderen als Insektizide eingesetzten Chlorkohlenwasserstoffen beeinflussen offenbar den Kalkstoffwechsel, was zu einer Verringerung der Dicke der Eierschalen der davon betroffenen Vögel führt, so daß die Eier beim Brüten leicht zerbrechen. Dadurch waren und sind einige Vogelarten vom Aussterben bedroht.

Alle als Schädlingsbekämpfungsmittel verwendeten Chlorkohlenwasserstoffe sind ausgesprochen stabile Verbindungen. Wegen ihrer breiten Verwendung sind sie heute über die ganze Erde verteilt; sogar im Schnee der Antarktis wurde DDT nachgewiesen, wobei allerdings zu bemerken ist, daß die analytischen Methoden zur Bestimmung von Chlorkohlenwasserstoffen besonders empfindlich sind.

Die nachteiligen Folgen des Einsatzes von Chlorkohlenwasserstoffen und insbesondere von DDT als Insektizide erzeugten Gegenreaktionen, d.h., sie führten zu Verboten oder Einschränkungen für den Einsatz von DDT (1969 in den skandinavischen Ländern und in Kanada, danach in fast allen westlichen Industriestaaten). In der Bundesrepublik herrscht seit 1972 ein vollständiges Verbot für DDT. Bei diesen Verboten spielten auch Vermutungen über mögliche toxische Wirkungen beim Menschen eine Rolle, doch haben sich bisher, also nach jahrzehntelanger Anwendung, keine gesundheitschädigenden Wirkungen von DDT beim Menschen nachweisen lassen. Man muß sich daher fragen, ob ein striktes Verbot von DDT nicht eine Überreaktion darstellt, vor allem, wenn man weiß, daß durch die erfolgreiche Bekämpfung der Malaria mittels DDT Hunderttausende von Menschenleben gerettet wurden. Hier, wie auch bei anderen Entscheidungen über den Einsatz gefährlicher Stoffe, ist weder ein vollständiges Verbot noch eine Freigabe zur ungehemmten Verwendung zu verantworten.

Das Beispiel DDT ist kein Einzelfall für die Verbreitung von Produkten chemischer Prozesse in der Umwelt; vielmehr werden generell die zur Schädlingsbekämpfung eingesetzten Stoffe in der Umwelt verteilt, nur sind das DDT und andere Chlorkohlenwasserstoffe besonders stabil und daher in vielen Ökosystemen nachzuweisen. Andere Stoffe aus chemischen Produktionen werden zwar weniger bei ihrer Anwendung in der Umwelt verteilt, lassen sich aber doch in verschiedenen Ökosystemen nachweisen. Dazu gehören bestimmte Schwermetalle, wie Quecksilber und Cadmium, die z. B. über das Abwasser (Quecksilber) oder als Verunreinigungen von Produkten (z. B. Cadmium in bestimmten Düngern) in Ökosysteme gelangen. Für solche mehr oder weniger in der Umwelt verteilten Stoffe hat sich der Begriff **Umweltchemikalien** herausgebildet.

Ein weiteres Beispiel für eine Umweltchemikalie ist das Bleitetraethyl, das zur Zeit noch dem sog. „verbleiten" Superbenzin zur Erhöhung der Octanzahl zugesetzt wird. Als Folge der Verwendung von verbleitem Benzin als Kraftstoff für Otto-Motoren läßt sich Blei in deutlich meßbarer Konzentration (bis über 10 ppm) in landwirtschaftlichen Produkten, die in der Nachbarschaft von Fernverkehrs- und Landstraßen gewachsen sind, nachweisen. Ein besonderes Problem stellen die Anreicherungen von Umweltchemikalien und deren Abbauprodukten in bestimmten Pflanzen dar. Weitere Beispiele für Umweltchemikalien sind das Auftreten von Phthalsäureestern (Verwendung als Weichmacher in Kunststoffen und als Zusatz zu Lacken und Dispersionen) im Wasser von Flüssen und in der Nordsee sowie die Verunreinigungen von Oberflächenwasser und Grundwasser durch die Düngung landwirtschaftlicher Flächen und durch persistente Herbizide (z. B. Atrazin, vgl. Kap. 9.5.3), wodurch sich Probleme bei der Trinkwassergewinnung ergeben.

Außer durch Umweltchemikalien und durch Abwässer, Abgase und Abfälle können Umweltbelastungen auch durch sog. **Störfälle** beim Betrieb von Chemieanlagen verursacht werden. Als Störfälle bezeichnet man allgemein Abweichungen vom beabsichtigten Betriebsablauf, die zu Gefährdungen führen können, z. B. das Austreten von gefährlichen Stoffen (u. a. brennbare Gase und Flüssigkeiten, toxische Verbindungen), Brände und Explosionen. Ein Beispiel für einen solchen Störfall ist der schon erwähnte Brand eines Chemikalienlagers im Werk Schweizerhalle bei Basel der Firma Sandoz (vgl. Kap. 1.2).

Bei diesem Brand handelte es sich nicht um einen Störfall innerhalb einer Produktionsanlage. Doch ging dieses Schadensereignis von einem notwendigen Bestandteil einer Chemieanlage aus, nämlich dem Lager für die Produkte. Ein Beispiel für einen Störfall innerhalb einer Produktionsanlage mit Auswirkungen auf die Umwelt ist der Unfall von *Seveso* (Oberitalien) vom 10. Juli 1976. Dort war $7^{1}/_{2}$ Stunden nach Schichtende und Abstellen der Anlage ein Rührkessel zur Herstellung von 2,4,5-Trichlorphenol (TCP) aus 1,2,4,5-Tetrachlorbenzol „durchgegangen", d. h., die Sicherheitsberstscheibe auf dem Reaktor war gerissen, und fast der gesamte Reaktorinhalt strömte über die Abgasleitung als Dampf-Flüssigkeitsgemisch ins Freie. Aus der ausströmenden Wolke bildete sich ein weißer Nebel, dessen feste Bestandteile sich schließlich auf einer Fläche von 17 km² ablagerten. Unter den Produkten, die sich bei den im Reaktor abgelaufenen Zersetzungsreaktionen gebildet hatten, war auch die hochgiftige Substanz 2,3,7,8-Tetrachlordibenzodioxin, heute meist verkürzt als *Dioxin* bezeichnet (Gl. 1.6).

$$(1.6)$$

Von den Produkten aus den 6 t des Reaktorinhalts machte dieses Dioxin zwar nur ca. 1 kg aus; die Wirkungen dieser Verbindung sollten jedoch bald große Schlagzeilen machen. Es war nämlich versäumt worden, die Bevölkerung der Umgebung des Werks nach dem Unfall auf die Gefahren hinzuweisen und die am stärksten betroffenen Bereiche zu evakuieren. Dies geschah verspätet erst nach einigen Tagen. Die Folgen waren beträchtlich. Bald erkrankten Bewohner des betroffenen Gebiets, vor allem Kinder, an Chlorakne, einer Hautkrankheit mit nur schwer heilenden Geschwüren, die in langwierigen Fällen starke Narben hinterläßt. Mit der Chlorakne verbunden sind häufig andere Erscheinungen, vor allem Schädigungen der Leber und des Nervensystems. Die Zahl der durch Berührung mit Dioxin in der Umgebung von Seveso aufgetretenen Erkrankungen wird auf ungefähr 250 beziffert, der Anteil von Dauerschäden auf 10 bis 20%; Todesfälle traten nicht auf. Dagegen verendete eine größere Zahl von Tieren.

Störfälle wie der Chemikalienbrand bei Sandoz und der Unfall von Seveso zeigen, daß die Sicherheit von Chemieanlagen eng mit dem Einfluß chemischer Prozesse auf die Umwelt verbunden ist. Die Folgen größerer Chemieunfälle sind selten auf das betreffende Chemiewerk begrenzt. Dies gilt erst recht für Unfälle beim Transport chemischer Produkte. Die Verhinderung von Chemieunfällen ist daher eine wichtige und umfassende Aufgabe, die sich nicht auf den störungsfreien Ablauf der Produktionsprozesse beschränkt, sondern darüber hinaus auch auf Vermeidung von Umweltbelastungen ausgerichtet sein muß.

In diesem Zusammenhang liegt es nahe, auf die Entwicklung des Verhältnisses der Öffentlichkeit zur Chemie in den vergangenen 20 Jahren kurz einzugehen. Mit der kritischeren Einstellung unserer Gesellschaft zur Technik und dem zunehmenden Zweifel am Fortschritt von Naturwissenschaft und Technik überhaupt hat sich gerade auch die Einstellung zur Chemie gewandelt. Dies zeigt sich besonders deutlich in dem Aufsehen, das Meldungen über Umweltbelastungen durch chemische Produktionen und Produkte und über Chemieunfälle erregen, und in den dabei sehr emotional geführten Diskussionen in der Öffentlichkeit. Hier hat der in der Sache kompetente Chemiker und Ingenieur die besondere Verantwortung, sein Wissen in die öffentlichen Auseinandersetzungen einzubringen.

1.4 Chemiewirtschaft

In allen Industrieländern ist die *chemische Industrie* ein *wesentlicher Bestandteil der Volkswirtschaft* (vgl. Tab. 1.3). In der Bundesrepublik Deutschland betrug der wertmäßige Anteil der chemischen Industrie an der gesamten industriellen Produktion 1993 10,1% (156,8 von 1553 Mrd. DM). Beim Vergleich der Daten für Importe und Exporte in Tab. 1.3 fällt auf, daß auch bei Ländern mit großem Exportüberschuß (BRD, USA, Japan, Schweiz) den Exporterlösen relativ hohe Aufwendungen für Chemieimporte gegenüberstehen. Offenbar besteht in der Chemiewirtschaft eine starke Tendenz zu internationaler Arbeitsteilung. Dies hängt eng mit der Struktur der chemischen Industrie zusammen. Sie ist gekennzeichnet durch ein außerordentlich breites Spektrum von Produkten, angefangen mit den in großer Menge produzierten

Tab. 1.3 Daten zur chemischen Industrie einiger Industrieländer für 1992

	Umsatz (Mrd. DM)	Import (Mrd. DM)	Export (Mrd. DM)	Exportquote (%)
Bundesrepublik Deutschland	171,3	57,0	87,2	50,9
Großbritannien	80,7	33,8	37,8	46,8
Frankreich	107,5	43,3	40,9	38,0
Italien	81,2	38,0	21,1	26,0
Belgien/Luxemburg	46,2	24,4	26,5	57,4
Niederlande	38,4	24,4	31,3	81,5
Schweiz	26,6	13,5	24,2	90,9
Spanien	47,4	17,4	8,8	18,5
USA	469,8	51,2	71,7	15,3
Japan	297,4	26,3	39,6	13,3

Tab. 1.4 Weltproduktion wichtiger Chemieprodukte (1992)

	Mio t
Anorganika:	
Schwefelsäure (100%)	144,6
Schwefel	36,4
Ammoniak	92,4
Chlor	36,9
Phosphorsäure (P_2O_5)	25,2
Stickstoffdüngemittel (N)	78,9
Phosphordüngemittel (P_2O_5)	36,2
Kalisalze (K_2O)	24,8
Organika:	
Ethylen	61,8
Propylen	32,2
Butadien	6,5
Benzol	22,3
Toluol	9,1
Styrol	14,1
Methanol	19,6
Kunststoffe	103,6
Chemiefasern	19,8
Synthesekautschuk	9,7
Wasch- und Reinigungsmittel	16,5 (1991)
Seifen	9,3 (1991)

Grundchemikalien, wie Schwefelsäure, Ammoniak, Chlor und Ethylen, über die vielen daraus hergestellten anorganischen und organischen Zwischenprodukte – Salze (z. B. Ammoniumsulfat, Natriumsulfit), Methanol, Vinylchlorid usw. – bis hin zu hoch veredelten Spezialprodukten wie Farbstoffe, Pflanzenschutzmittel und Pharmazeutika (vgl. Tab. 1.4).

Einen Überblick über die Produktgruppen der chemischen Industrie mit Angaben über die Ausfuhren aus den jeweils wichtigsten Exportländern gibt Tab. 1.5. Danach sind die Bundesrepublik und die USA entsprechend ihrem starken Anteil an den Chemieexporten insgesamt auch für die meisten Produktgruppen die größten Exporteure. In einer Reihe von Fällen gibt es jedoch interessante Besonderheiten. So liegen beim Export von Düngemitteln die Niederlande und Belgien mit an der Spitze. Die Ursache dafür sind die günstigen Standortbedingungen an der Nordseeküste, insbesondere die Verkehrslage, die sowohl für die Versorgung mit Rohstoffen (Erdgas, Erdöl, Rohphosphat, Schwefel) als auch für den Abtransport der produzierten Düngemittel vorteilhaft ist. Bemerkenswert ist auch die führende Stellung von Japan bei den Photochemikalien; daneben spielt Japan bei mehreren anderen Produktgruppen eine wichtige Rolle, so bei den Chemiefasern, beim Synthesekautschuk und bei Chemieprodukten für den Bürobedarf. Für Körperpflegemittel ist Frankreich das wichtigste Exportland.

Tab. 1.5 Chemieausfuhr 1992 für die wichtigsten Produktgruppen (es sind jeweils die vier Länder mit den höchsten Exportanteilen aufgeführt)

Produktgruppe	Exporte in Mrd. DM						
anorganische Chemikalien	CAN	6,19	USA	4,63	BRD	4,10	JAP	1,54
organische Chemikalien	USA	18,15	BRD	17,92	JAP	10,53	NL	7,52
Düngemittel	BRD	1,44	NL	1,21	BEL	1,02	FRA	0,50
Pflanzenschutz- und Schädlingsbekämpfungsmittel	BRD	2,21	FRA	1,69	USA	1,62	GB	1,33
Kunststoffe	BRD	14,40	USA	11,10	NL	8,00	BEL	6,85
Synthesekautschuk	USA	1,56	BRD	0,84	JAP	0,83	FRA	0,61
Chemiefasern	BRD	4,27	JAP	2,37	USA	2,12	IT	1,30
Farbmittel (anorganische und organische Pigmente und Farbstoffe)	BRD	6,68	CH	2,39	USA	2,24	JAP	2,09
Lacke, Anstrichmittel u. ä.	BRD	2,11	NL	0,92	USA	0,89	GB	0,84
Textil-, Papier-, Lederhilfsmittel; Tenside	BRD	2,91	FRA	1,78	BEL	1,49	GB	1,39
pharmazeutische Erzeugnisse	BRD	11,83	CH	8,96	USA	8,73	GB	8,37
Seifen und Waschmittel	BRD	0,87	FRA	0,26	GB	0,25	NL	0,24
Körperpflegemittel	FRA	6,76	BRD	2,41	GB	3,00	USA	2,09
photochemische Erzeugnisse	JAP	4,95	USA	3,17	BRD	2,73	GB	2,39
chemischer Bürobedarf	BRD	1,29	JAP	0,79	USA	0,63	GB	0,59

BEL	Belgien/Luxemburg
BRD	Bundesrepublik Deutschland
CAN	Kanada
CH	Schweiz
FRA	Frankreich
GB	Großbritannien
IT	Italien
JAP	Japan
NL	Niederlande

Interessant ist auch die starke Stellung der Schweiz bei Farbstoffen und Pharmazeutika. Bei einer außerordentlich hohen Exportquote von über 90% werden von der chemischen Industrie in der Schweiz überwiegend Produkte mit hoher Wertschöpfung erzeugt. Voraussetzung dafür ist ein entsprechendes Know-how, dem langjährige Erfahrungen zugrunde liegen. Dies ist auch einer der Gründe für die starke Stellung der Bundesrepublik Deutschland auf dem Weltchemiemarkt. Die drei größten Chemiefirmen der Bundesrepublik haben ihren Ursprung in der Zeit, als man die ersten organischen Farbstoffe synthetisieren konnte (1863 Gründung von Hoechst und Bayer, 1865 von BASF). Synthetische Farbstoffe („Teerfarbstoffe") auf der Basis von Verbindungen, wie Benzol, Anilin und Phenol, die man aus dem Steinkohlenteer isoliert hatte, waren auch die ersten Produkte dieser neuen Firmen. Dazu kamen als weitere wichtige Stoffe etwa von 1885 an die ersten synthetischen Pharmaka, ebenfalls aus aromatischen Kohlenstoffverbindungen hergestellt. An diesen Entwicklungen, die vom Steinkohlenteer als Rohstoff ausgingen, waren vor allem deutsche Chemiefirmen beteiligt. Viele von ihnen sind in der Folgezeit durch Übernahme oder Verschmelzung in andere Firmen übergegangen. Neben den genannten drei größten Chemiefirmen der Bundesrepublik Deutschland gehen auch die bekannten Schweizer Firmen Ciba-Geigy, Sandoz und Hoffmann-La Roche auf die Zeit zurück, als der Steinkohlenteer der interessanteste Chemierohstoff war. Eine Reihe von Gründen, wie hoher Kapitalbedarf für risikobehaftete Entwicklungen und zunehmender Konkurrenzdruck, führten bald zu Firmenzusammenschlüssen, so daß schon nach 1900 die Firmen BASF, Bayer und Hoechst in Deutschland eine führende Stellung einnahmen. Vor allem mit diesen drei Firmen ist auch die starke Position verbunden, die die deutsche chemische Industrie vor dem ersten Weltkrieg auf dem Weltmarkt errungen hatte; so betrug ihr Marktanteil bei den Farbstoffen 85 %. Interessant ist, daß trotz der seitdem eingetretenen immensen Veränderungen in der Weltwirtschaft die damals führenden europäischen Firmen bei den Farbstoffexporten immer noch an der Spitze liegen. Beispielsweise haben BASF, Bayer und Hoechst (BRD), Ciba-Geigy und Sandoz (Schweiz) und ICI (Großbritannien) in den USA unter Einbeziehung ihrer dortigen Produktionsstätten einen Marktanteil von ca. 80%.

Die chemische Industrie der USA stand bis in den Beginn dieses Jahrhunderts im Schatten der Entwicklung in Europa. Den wesentlichen Anstoß zum Ausbau einer eigenständigen amerikanischen Chemieindustrie gab das Ausbleiben der Lieferungen von Spezialchemikalien, vor allem von Farbstoffen und Pharmazeutika, aus Deutschland während des 1. Weltkriegs. Schwerpunkt der Entwicklung in den USA waren zunächst chemische Grundstoffe und Zwischenprodukte. Recht bald waren amerikanische Firmen aber auch an der Entwicklung neuartiger Produkte aus anderen Bereichen beteiligt, z. B. DuPont mit Nylon als der ersten Chemiefaser (1934) und mit Fluor-Chlor-Kohlenwasserstoffen als unbrennbare, ungiftige Kältemittel (1929). Ebenfalls in Amerika hat eine andere, besonders einschneidende Entwicklung ihren Ursprung, nämlich die Petrochemie, d. h. die Verwendung von Erdöl als Chemierohstoff, die sich nach dem 2. Weltkrieg sehr schnell auch in allen anderen Industrieländern durchgesetzt hat. Im Zusammenhang damit sind sehr bald eine ganze Reihe von Erdölfirmen im Bereich der Chemie tätig geworden (z. B. Exxon, Shell, British Petroleum).

In Tab. 1.6 sind die 30 größten Chemiefirmen der Welt zusammengestellt. Bei Firmen, deren Tätigkeitsfeld nicht auf die Chemie beschränkt ist (z. B. die erwähnten Erdölfirmen), wurde nur der Umsatz an Chemieprodukten berücksichtigt. Die in Tab. 1.6 aufgeführten Firmen haben ihre Größe natürlich nicht allein durch dauerndes Wachstum der Produktion erreicht; ähnlich wie bei den schon genannten drei größten deutschen Firmen spielten beim Entstehen dieser Konzerne Zusammenschlüsse und Übernahmen anderer Firmen eine wesentliche Rolle. So entstand die britische Firma ICI (Imperial Chemical Industries) durch die Fusion von British Dyestuff Corp., Brunner Mond & Co., Nobel Industries und United Alkali Company. Ebenfalls auf Zusammenschlüsse gehen zurück die Firmen Union Carbide (1917 Fusion mit Carbon), Montedison (1966 aus Edison und Montecatini), Akzo (1969 aus der Chemiefaserfirma Aku und KZO) und CIBA-Geigy (1970 aus zwei Baseler Chemiefirmen). Der größte Zusammenschluß in der Geschichte der chemischen Industrie erfolgte 1925 in Deutschland

Tab. 1.6 Die 30 umsatzstärksten Chemiefirmen der Welt 1993

Firma	Hauptsitz (Land)	wichtigste Tätigkeitsbereiche	Umsatz (Mrd. DM)
Hoechst	BRD	1, 2, 3, 4, 5	46,0
Bayer	BRD	1, 2, 3, 4, 5	41,0
BASF*	BRD	1, 2, 3, 4, 5	36,2
Procter & Gamble*	USA	6	35,4
DuPont*	USA	1, 2, 4, 5	35,3
Unilever-Chemie*	GB/NL	3, 6	31,8
Dow Chemical	USA	1, 2, 4, 5	29,9
ICI	GB	1, 2, 3, 4, 5	26,4
CIBA-Geigy	CH	2, 3, 4, 5	25,4
Rhone-Poulenc	FRA	1, 2, 4, 5	23,5
Johnson & Johnson	USA	4, 6	23,4
Elf Atochem/Elf Sanofi	FRA	1, 2, 3, 4, 5	21,2
Bristol-Myers Squibb	USA	4	18,9
Merck & Co	USA	4	17,4
Sandoz	CH	2, 3, 4	16,9
Roche	CH	4	16,0
Shell/Royal Dutch*	GB/NL	1, 2, 5	15,6
Asahi Chemical	JAP	1, 4, 5	15,5
SmithKline Beecham	GB	4	15,0
Mitsubishi Kasei	JAP	1, 2, 4, 5	14,8
Eastman Kodak*	USA	3, 4, 6	14,8
Akzo Nobel	NL	1, 3, 4, 5	14,7
Baxter International	USA	4	14,7
Exxon*	USA	1, 5	14,3
Sumitomo Chemical	JAP	1, 2	14,0
Abbot	USA	4	13,9
Henkel	BRD	1, 6	13,9
American Home Products	USA	4	13,7
Monsanto	USA	1, 2	13,1
Pfizer	USA	4	12,4

* nur Chemiebereich

BRD   Bundesrepublik Deutschland
CH   Schweiz
FRA   Frankreich
GB   Großbritannien
JAP   Japan
NL   Niederlande
USA   Vereinigte Staaten von Amerika

Tätigkeitsbereich:
1 Grundchemikalien,
2 Landwirtschaft (Düngemittel, Pflanzenschutz),
3 Farbmittel, Lacke,
4 Gesundheit (Pharmazeutika und andere medizinische Produkte),
5 Kunststoffe, Fasern,
6 Waschmittel, Tenside

mit der Gründung der IG Farben (IG Farbenindustrie AG) aus sechs großen Chemiefirmen. Dieser Zusammenschluß erfolgte wegen der als Folge des ersten Weltkriegs stark gewachsenen Konkurrenz auf dem Weltmarkt, auf dem die deutsche chemische Industrie zuvor eine einzigartige Spitzenstellung eingenommen hatte. Mit dieser Fusion zu einem großen Konzern wurde es möglich, die Aktivitäten der vorher selbständigen Firmen aufeinander abzustimmen, und zwar sowohl in Produktion und Verkauf als auch in der Forschung. Am Ende des zweiten Weltkriegs wurden die IG Farben von den Alliierten aufgelöst. In der Bundesrepublik wurden aus den dort vorhandenen Anteilen von IG Farben die drei Nachfolgegesellschaften BASF, Bayer und Hoechst gegründet. Die in der DDR liegenden Werke wurden verstaatlicht. Die dadurch entstandenen Kombinate wurden nach der deutschen Vereinigung umgegliedert und in Form konkurrenzfähiger Werkseinheiten privatisiert.

Daß sich im Laufe der Zeit *große Chemiefirmen* herausgebildet haben, die international tätig sind (sog. „Multis"), hat verschiedene Ursachen.

Die **Verbundwirtschaft** mit ihren Vorteilen für Prozesse mit Koppel- und Nebenprodukten und mit mehrstufigen Verfahren begünstigt die Zusammenfassung chemischer Produktionen in großen Anlagenkomplexen.

Die Abnahme der spezifischen Investition mit der Anlagengröße (**Kapitaldegression**, vgl. Kap. 5.2.2) verstärkt die Tendenz zum Bau großer Produktionseinheiten.

Die aufwendige und prozeßspezifische Technik chemischer Produktionsanlagen bedingt einen relativ **hohen Einsatz an Investitionskapital**, d. h., Chemieanlagen sind ausgesprochen kapitalintensiv.

Schneller Wandel. Die chemische Industrie ist durch einen relativ schnellen Wandel von Produkten und Verfahren gekennzeichnet. Nach wie vor beruht der Umsatz von Chemiefirmen zu einem erheblichen Teil auf neuen Produkten aus den letzten 10 bis 20 Jahren. Ebenso werden auch für klassische Produkte die Verfahren immer wieder verbessert oder sogar neue Verfahren entwickelt (Beispiele: Essigsäure aus Methanol und CO, vgl. Kap. 8.2.3; Zweiphasen-Technik bei der Oxosynthese, vgl. Kap. 8.3.1).

Streuung des wirtschaftlichen Risikos. Die der chemischen Industrie eigene Dynamik (Wachstum und schneller Wandel) bedingt zweierlei Risiken: zum einen durch eine erfolgreiche Neuentwicklung seitens eines Konkurrenten, zum andern durch den Fehlschlag eines eigenen Projekts. Derartige Risiken sind von großen Unternehmen mit einer breiten Produktpalette leichter abzudecken.

Größere Finanzkraft für Forschung und Entwicklung. Ein Charakteristikum der chemischen Industrie ist der hohe Forschungsaufwand (vgl. Kap. 1.6). Die erfolgreiche Umsetzung von Neuentwicklungen in marktfähige Produkte und Verfahren erfordert oft viele Jahre und entsprechend hohe Finanzmittel.

Spezialisierung von Verfahren und Produkten. In vielen Bereichen der chemischen Industrie sind spezielle Erfahrungen in der Herstellung der Produkte eine notwendige Voraussetzung für Konkurrenzfähigkeit und wirtschaftlichen Erfolg. Das gilt nicht nur für Spezialprodukte, wie Farbstoffe, Pharmazeutika und Photochemikalien, sondern auch für zahlreiche Verfahren zur Erzeugung von Zwischenprodukten, wie die Oxosynthese (vgl. Kap. 8.3.1), Hydrierungen und die Produktion von Peroxiden. Um beim Vertrieb derartiger Produkte auf dem Weltmarkt lange Transportwege zu vermeiden, errichten größere Firmen meist eigene Produktionsstätten im Ausland. Ein anderer Weg, der oft von mittleren und kleineren Firmen gegangen wird, besteht darin, die Produktion im Ausland in einem Gemeinschaftsunternehmen („joint venture") zusammen mit einem oder mehreren Partnern durchzuführen. In vielen Entwicklungsländern ist übrigens die Gründung von Gemeinschaftsunternehmen unter Beteiligung einheimischer Partner vorgeschrieben, um eine Überfremdung durch ausländisches Kapital zu verhindern.

Intensiver Wettbewerb. Der Markt für Chemieprodukte erstreckt sich über die ganze Erde. Im Unterschied zu den ersten Jahrzehnten dieses Jahrhunderts, als es für die meisten Chemieprodukte wenige Anbieter gab, für manche Produkte sogar nur einen Produzenten, ist der Weltmarkt für Chemieprodukte heute stark umkämpft. Gleichzeitig bestehen in vielen Ländern außerhalb von Westeuropa und Nordamerika Handelshemmnisse unterschiedlicher Art. Ursache dafür ist meist Devisenknappheit aufgrund einer unausgeglichenen Handelsbilanz. Dies kann ebenfalls ein Grund dafür sein, in solchen Ländern eigene Produktionsstätten zu errichten, die mit Vorprodukten aus dem Stammland der Firma beliefert werden. Auch hierfür werden oft Tochtergesellschaften unter Beteiligung von einheimischen Kapitalgebern gegründet.

Für jede Art von Aktivitäten auf dem Weltmarkt besitzen große Unternehmen im Vergleich zu kleineren Firmen wesentlich bessere Voraussetzungen, nämlich große Finanzkraft und eine weitgespannte Vertriebsorganisation. Gleichzeitig haben der hohe Spezialisierungsgrad chemischer Verfahren und Produkte und der scharfe Wettbewerb auf dem Weltmarkt dazu geführt, daß heute bei allen großen Chemiefirmen erhebliche Anteile von Umsatz und Produktion im Ausland getätigt werden. Alle großen Chemiefirmen sind bis zu einem gewissen Grade internationale Organisationen, jedoch mehr oder weniger stark national geprägt durch das Stammland, in dem sich der Hauptsitz der Firma befindet.

Neben den Großfirmen spielen mittlere und kleine Firmen in der Chemiewirtschaft eine wichtige Rolle. Ihre bevorzugten Tätigkeitsfelder sind Spezialprodukte und Feinchemikalien. Häufig handelt es sich dabei um Produkte mit einen hohen Veredelungsgrad und für einen begrenzten Kreis von Abnehmern. Beispiele für derartige Produkte sind Analysensubstanzen, Diagnostika, Aromastoffe und Produkte für spezielle technische Zwecke, wie Katalysatoren, Adsorptionsmittel, Filterhilfsmittel sowie Schmierstoffe. Auch wenn viele dieser Produkte zum Teil von Großunternehmen hergestellt und auf den Markt gebracht werden, haben kleinere Firmen angesichts der speziellen Verwendungszwecke der Produkte und häufig wechselnder Anforderungen an die Produkteigenschaften den Vorteil größerer Flexibilität und Anpassungsfähigkeit an besondere Kundenwünsche.

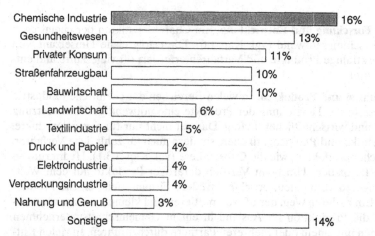

Chemische Industrie — 16%
Gesundheitswesen — 13%
Privater Konsum — 11%
Straßenfahrzeugbau — 10%
Bauwirtschaft — 10%
Landwirtschaft — 6%
Textilindustrie — 5%
Druck und Papier — 4%
Elektroindustrie — 4%
Verpackungsindustrie — 4%
Nahrung und Genuß — 3%
Sonstige — 14%

Abb. 1.2 Absatzstruktur der chemischen Industrie der Bundesrepublik Deutschland (Prozent des Inlandumsatzes 1992, 95,7 Mrd. DM, nach[23], S. 11)

Entsprechend der Vielfalt der Produkte, die von der chemischen Industrie erzeugt werden, ist auch der Kreis der Abnehmer weit gespannt. Wie aus Abb. 1.2 hervorgeht, ist die chemische Industrie der Bundesrepublik mit einem erheblichen Anteil des Absatzes ihr eigener Kunde. Das ist auch nicht verwunderlich, wenn man weiß, daß vor allem Feinchemikalien und Spezialprodukte die Endprodukte eines meist über mehrere Reaktionsstufen laufenden Herstellungsweges sind; dabei werden solche Produkte oft von kleinen und mittleren Firmen hergestellt, die die dazu benötigten Vorprodukte von größeren Firmen beziehen. Aber auch größere Chemiefirmen sind gegenseitige Kunden, z. B. bei der Versorgung mit bestimmten Grundstoffen (z. B. Schwefelsäure, Ammoniak, Ethylen) und Zwischenprodukten (z. B. Butanol, Phenol).

Von den anderen inländischen Abnehmern der deutschen chemischen Industrie haben die größten Absatzanteile das Gesundheitswesen (vor allem Arzneimittel und Diagnostika), die Kraftfahrzeugindustrie (Kunststoffe, Chemiefasern, Farbstoffe u. a.) und die Bauwirtschaft (Baustoffe, Anstrichmittel u. a.). 11% der Chemieprodukte gehen direkt in den privaten Konsum. Weitere wichtige Abnehmer mit erheblichen Absatzanteilen sind die Landwirtschaft (Düngemittel, Pflanzenschutzmittel), die Textilindustrie (Chemiefasern, Farbstoffe, Hilfsmittel) und die Verpackungsindustrie (Kunststoffe, Folien).

1.5 Struktur von Chemieunternehmen

Wesentlicher Inhalt der Tätigkeit von Chemiefirmen ist die Herstellung chemischer Produkte. Die dafür erforderlichen Produktionsanlagen mitsamt dem Betriebspersonal sind nicht der einzige Bestandteil einer Chemiefirma; erst das Vorhandensein weiterer Funktionsbereiche ermöglicht eine erfolgreiche Tätigkeit, d. h. das Bestehen im Wettbewerb. Vor allem müssen die erzeugten Produkte verkauft werden, und zwar zu solchen Preisen, daß aus den Erlösen alle aufgewendeten Kosten gedeckt werden können und darüber hinaus ein Gewinn erzielt wird, der letztendlich dazu dient, die zukünftige Entwicklung der Firma zu sichern (vgl. Kap. 5.1).

Demnach muß es in jeder Chemiefirma wie in jedem anderen produzierenden Unternehmen einen Bereich geben, dessen Aufgabe der *Verkauf* der erzeugten Produkte ist. Eine weitere notwendige Funktion ist der *Einkauf* der für die Erzeugung der Produkte benötigten Ausgangsstoffe und Hilfsstoffe. Dazu kommt eine Aktivität, die gerade für Chemieunternehmen zum Bestehen im Wettbewerb besonders wichtig ist: die *Forschung und Entwicklung*. Die Ausrichtung dieses Funktionsbereiches wird stark von den jeweiligen Gegebenheiten abhängen. So werden bei kleineren Firmen häufiger Produkt- und Verfahrensverbesserungen im Vordergrund stehen und weniger oft neue Produkte. Nicht selten sind dabei auch Fragestellungen zu bearbeiten, die auf spezielle Anforderungen von Abnehmern der Produkte zurückgehen. In größeren Firmen gibt es für eine solche kundennahe Forschung und Entwicklung besondere Abteilungen unter der Bezeichnung *Anwendungstechnik*. Forschung mit dem Ziel des Auffindens und der Entwicklung neuer Produkte und Verfahren wird vor allem von großen und mittleren Chemiefirmen betrieben.

Abb. 1.3 zeigt ein mögliches Organisationsschema für eine kleinere Chemiefirma, die vorzugsweise in einem Produktbereich tätig ist. Produktion, Verkauf sowie Forschung und Entwicklung bilden in dem Schema eigene Bereiche; der Einkauf ist der Verwaltung zugeordnet, in der einige allgemeine Funktionsbereiche zusammengefaßt sind.

Große Chemiefirmen mit einem breit gefächerten Produktspektrum und mit Abnehmern aus sehr verschiedenen Branchen haben eine zweidimensionale Unternehmensstruktur (vgl.

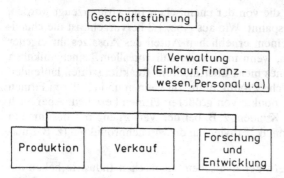

Abb. 1.3 Organisationsschema einer kleineren Chemiefirma

Abb. 1.4). Zum einen sind solche Firmen nach Produktgruppen in weitgehend selbständige Einheiten gegliedert (*operative Einheiten*, im Bayer-Konzern Geschäftsbereiche), die für ihre Gewinn- und Verlustrechnung, also für ihren geschäftlichen Erfolg, verantwortlich sind. Daher bezeichnet man diese operativen Einheiten auch als *Profitcenter*. In ihren Händen liegt dementsprechend nicht nur die Durchführung der Produktion, sie haben vielmehr auch eine eigene Forschung und einen eigenen Verkauf.

Die zweite Dimension der Struktur von Großunternehmen wird gebildet durch *zentrale Einheiten* mit Zuständigkeiten für das Gesamtunternehmen (im Bayer-Konzern die Konzernzentrale und die Zentralbereiche, vgl. Abb. 1.4 und Tab 1.7). Eine wesentliche Aufgabe dieser zentralen Einheiten ist die Koordinierung der Aktivitäten der operativen Einheiten z. B. in der

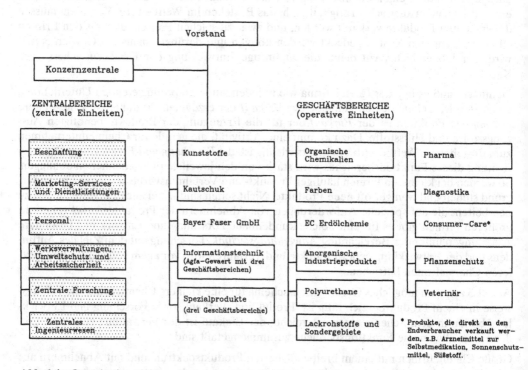

Abb. 1.4 Organisationsschema eines chemischen Großunternehmens am Beispiel der Bayer AG

Tab. 1.7 Aufgaben der zentralen Einheiten eines großen Chemieunternehmens am Beispiel der Bayer AG

Zentrale Einheit	Aufgaben, Abteilungen
Konzernzentrale	Unternehmensplanung, Konzernfinanzen, Recht, Patente und Versicherungen, Konzernrevision, Öffentlichkeitsarbeit
Zentrale Beschaffung	Einkauf von Rohstoffen, Investitionsgütern und Verbrauchsmaterial, Läger
Zentralbereich Marketing, Services und Dienstleistungen	Logistik (u. a. Transport und Verkehr), Werbung, Rechnungswesen (Betriebsabrechnung), Informatik
Zentrale Forschung	Wirkstoff- und Syntheseforschung, Materialforschung, Technische Entwicklung / Angewandte Physik (Verfahrenstechnik), Zentrale Analytik, Information und Dokumentation, Zentralbibliothek
Zentrales Ingenieurwesen	Engineering (Anlagenplanung), Energieversorgung, Fachwerkstätten und Montage, Anlagensicherheit und technische Überwachung
Zentralbereich Personal	Neueinstellungen, Aus- und Fortbildung, Betriebskrankenkassen, Altersversorgung
Zentralbereich Werksverwaltungen, Umweltschutz und Arbeitssicherheit	Werkssicherheit, Werksärztlicher Dienst, Umweltschutz, Arbeitssicherheit

Forschung und im Personalwesen. Weiterhin sind die zentralen Einheiten zuständig für übergeordnete und allgemeine Aufgaben und für bestimmte Dienstleistungen. So gibt es neben den auf die jeweilige Produktgruppe ausgerichteten Forschungsabteilungen der Profitcenter eine zentrale Forschung mit zweierlei Aufgaben. Einmal werden dort interessante Forschungsansätze verfolgt, die unabhängig von einem bestimmten Produkt- oder Anwendungsgebiet die Aussicht bieten, zu neuartigen Produkten zu gelangen und der Firma neue Tätigkeitsbereiche zu eröffnen. Zum andern gehören zur zentralen Forschung Einrichtungen mit Dienstleistungsaufgaben für das gesamte Unternehmen wie die zentrale Analytik oder die zentrale wissenschaftliche Bibliothek und Dokumentation. In ähnlicher Weise sind auch den anderen zentralen Einheiten allgemeine Aufgaben und Funktionen zugeordnet.

Große und kleine Chemiefirmen. Dem Vorteil großer Firmen, vor allem hohe Finanzkraft und breitere Risikostreuung, stehen als Nachteile die längeren Entscheidungswege und die geringere Beweglichkeit gegenüber. Um diesen Nachteilen entgegenzuwirken, wurden in den großen Chemiefirmen die erwähnten nach Produktgruppen und Abnehmerbranchen orientierten Profitcenter gebildet. Trotz dieser Erhöhung der Flexibilität werden kleinere Firmen

Tab. 1.8   Wesentliche Stärken von Großunternehmen und Kleinfirmen

Großunternehmen	Kleinfirmen
Kapitalkraft (für Investitionen und Entwicklungsprojekte)	Flexibilität, schnelle Entscheidungen
Risikotrennung durch Diversifikation	wenig Verwaltung und Bürokratie
niedrige Produktionskosten in Großanlagen	niedrige allgemeine (overhead) Kosten
weltweite Vertriebsorganisation, günstige Einkaufsbedingungen, vielfache Spezialisierung möglich	direkte interne Kommunikation, Ausrichtung auf ein Ziel

mit einer Ausrichtung auf einen einzigen Produktbereich auf Marktveränderungen in der Regel schneller reagieren als größere Unternehmen. Zum Vergleich sind die wesentlichen Stärken von Großunternehmen und kleinen Firmen in Tab. 1.8 zusammengestellt. Der Chemiemarkt erfordert sicher auch weiterhin beide Unternehmenstypen.

1.6 Bedeutung von Forschung und Entwicklung für die chemische Industrie

Von Anfang an war die chemische Technik eng mit der Entwicklung der Naturwissenschaften insgesamt und insbesondere der Chemie verbunden. So ging das erste technische Verfahren zur Herstellung von Soda, das *Leblanc-Verfahren* (vgl. Kap. 10.3.3) auf ein Preisausschreiben der französischen Akademie der Wissenschaften im Jahre 1775 zurück. Die Isolierung des *Anilins* als Bestandteil des Steinkohlenteers durch den deutschen Chemiker *F. Runge* (1834) und die Entdeckung des ersten künstlichen Farbstoffs, des *Mauveins*, hergestellt aus Anilin, durch den Engländer *W. H. Perkin* (1856) waren entscheidende Anstöße für den Aufbau der Teerfarbenindustrie. Die Erkenntnisse von *Justus v. Liebig* über einen Minimalbedarf der Pflanzen an den drei Elementen Stickstoff, Kalium und Phosphor (*Minimumgesetz*, 1840) standen am Anfang der Düngemittelindustrie, d. h. der Gewinnung von Mineralsalzen für die künstliche Düngung (vgl. Kap. 11.1). Der letzte entscheidende Schritt in dieser Entwicklung war die Nutzung des Luftstickstoffs zur großtechnischen Erzeugung von Ammoniak, der sog. *Ammoniaksynthese*. Gerade die Entwicklung dieses Verfahrens (1908–1913) durch *Fritz Haber* (1868–1934) und *Carl Bosch* (1874–1940, BASF Ludwigshafen) ist ein eindrucksvolles Beispiel für die enge Verknüpfung zwischen grundlegenden wissenschaftlichen Erkenntnisssen und deren Nutzung in der chemischen Technik (vgl. Kap. 10.2.1).

Als besonders fruchtbar erwies sich der Kontakt zwischen Forschung und chemischer Technik bei der Entdeckung und Entwicklung neuer Arzneimittel. Auch hier waren die aus dem Steinkohlenteer isolierten aromatischen Verbindungen der Ausgangspunkt. *Ludwig Knorr* synthetisierte 1883 *Phenazon*, das erste Antipyretikum (1884 *Antipyrin*, Hoechst). *Friedrich Stolz* entwickelte 1896 das *Pyramidon* (Hoechst), *Felix Hoffmann* 1897 das *Aspirin* (Bayer) und *Paul Ehrlich* (1854–1915), der „Vater der Chemotherapie", 1910 das *Salvarsan* (vgl. Kap. 9.4.3). In die gleiche Zeit fällt die Entwicklung der *Serumtherapie* durch *Emil von Behring* (1854–1917). Voraussetzung dafür waren die Entdeckungen von *Robert Koch* (1843–1910), der erstmalig Mikroorganismen als Ursache von Infektionskrankheiten nachwies. Als Assistent am Kochschen Institut fand E. v. Behring 1892 ein Heilserum gegen Diphtherie, das ab 1894 von Hoechst produziert wurde.

Weitere Schritte in der Bekämpfung von Infektionskrankheiten waren die Entwicklung der *Sulfonamide* als wirksame Chemotherapeutika durch *Gerhard Domagk* (1895–1964) im Werk

Elberfeld der damaligen IG-Farben und die Entdeckung der antibakteriellen Wirkung von *Penicillin* durch *Alexander Fleming* (1881–1955). Während aber Prontosil als erstes Sulfonamid unmittelbar nach seiner Entdeckung 1935 produziert und in der Therapie eingesetzt werden konnte, dauerte es über 15 Jahre (von 1928 bis 1944), bis größere Mengen an Penicillin produziert wurden. Der Grund dafür ist einfach. Während Sulfonamide in einem klassischen chemischen Prozeß mit mehreren Reaktionsstufen hergestellt werden, ist Penicillin ein Stoffwechselprodukt bestimmter Mikroorganismen; über die Kultivierung solcher Mikroben zur industriellen Gewinnung von Wirkstoffen gab es keine Erfahrungen. Dazu kam, daß Penicillin in wäßriger Lösung hydrolysiert wird.

Die Isolierung von Penicillin gelang erst 1939 (*H. W. Florey* und *E. B. Chain*). Eine weitere Schwierigkeit war neben der extrem niedrigen Konzentration des Wirkstoffs in der Kulturbrühe die Notwendigkeit, die Mikroorganismen unter absolut sterilen Bedingungen zu kultivieren, um eine Kontamination der Kulturen durch Fremdkeime auszuschließen. Durch koordinierten Einsatz mehrerer US-Pharmafirmen gelang es, diese Schwierigkeiten zu überwinden und in zwei Jahren (1941–1943) einen technischen Prozeß für ein bis dahin absolut unübliches Verfahren zu entwickeln, nämlich für die Herstellung eines Wirkstoffs durch Mikroorganismen. Wie dieser Weg damals zum Teil eingeschätzt wurde, zeigt die Entscheidung der an der Prozeßentwicklung beteiligten US-Firma Merck, keine Produktionsanlage für das Verfahren zu errichten. Die maßgebenden Chemiker der Firma waren der Auffassung, daß das Verfahren keine Zukunftsaussichten habe, da man das Penicillin sehr bald auf rein chemischem Weg herstellen könne. Heute werden fast hundert verschiedene Antibiotika in Fermentationsverfahren, d. h. mittels Kulturen von Mikroorganismen, hergestellt.

Eine zweifellos bahnbrechende Entwicklung aus neuester Zeit ist die *Gentechnik*, d. h. die Nutzung genetisch veränderter Zellen zur Produktion von Wirkstoffen. Auch für diese Technik gaben neue Erkenntnisse der Grundlagenforschung den Anstoß, und zwar in der Molekularbiologie und in der Biochemie. Inzwischen werden mit dieser Technik bestimmte Hormone (z. B. *Human-Insulin* seit 1981 durch Eli Lilly und Genentech; *menschliches Wachstumshormon* durch Genentech) und andere Wirkstoffe (z. B. *Hepatitis-Impfstoff*) hergestellt; die Entwicklung weiterer Verfahren ist im vollen Gange. Allerdings stieß die Nutzung der Gentechnik teilweise auf Widerspruch in der Öffentlichkeit, so besonders in Deutschland. Dies führte zu sehr stringenten gesetzlichen Regelungen für die Zulassung gentechnischer Produktionsverfahren. Die Akzeptanz für diese neue Gentechnik wird sich jedoch langfristig erhöhen, wenn das Verständnis dafür in der Öffentlichkeit zunimmt.

Bei der großen Bedeutung von Innovationen für die Verfahren und Produkte der chemischen Industrie stellte sich schon früh heraus, daß es nicht ausreichte, Forschungsergebnisse aus Universitäten und anderen Forschungseinrichtungen einfach zu übernehmen, um sie optimal zu nutzen. Es erwies sich vielmehr als notwendig, eigene Laboratorien einzurichten. Dabei ging es bald nicht nur darum, aus Ergebnissen von Forschungsinstitutionen außerhalb der Firma verkaufsfähige Produkte und die notwendigen Herstellungsverfahren zu entwickeln, sondern man begann auch mit der systematischen Untersuchung von Stoffgruppen, die Aussichten auf interessante Anwendungen und damit wirtschaftlichen Erfolg zu bieten schienen. Die schon erwähnte Entdeckung der therapeutischen Wirksamkeit der Sulfonamide durch G. Domagk war das Ergebnis einer solchen breit angelegten Untersuchung.

Selbstverständlich ist der Erfolg nicht von vornherein sicher; ebensowenig läßt sich am Anfang der Aufwand an Zeit und Mitteln angeben. Die Höhe des tragbaren finanziellen Engagements hängt von der Finanzkraft der Firma und damit im wesentlichen von ihrer Größe ab. Die Entwicklung der ersten Polyamidfaser *Nylon* (vgl. Kap. 9.1.3) dauerte zwölf Jahre und kostete *DuPont* 27 Mio. Dollar, bevor 1939 ein verkaufsfähiges Produkt auf den Markt gebracht werden konnte. Die Entwicklungsarbeiten für die *Kohlehydrierung* (vgl. Kap. 7.2.4) hatten

Tab. 1.9　Aufteilung des Forschungsaufwands für die verschiedenen Arbeitsgebiete einer Chemiefirma (Hoechst-Konzern für das Jahr 1993)
Umsatz: 46,05 Mrd. DM　　Forschungsaufwand: 3,04 Mrd. DM (6,6% des Umsatzes)

Geschäftsfeld bzw. Bereich	Anteil am Forschungs- aufwand des Konzerns (in %)	Anteil am Umsatz des Geschäftsfelds (in %)
Chemikalien und Farben (Chemikalien, Feinchemikalien und Farben, Tenside und Hilfsmittel)	12	3,4
Polymere (Kunststoffe und Wachse, Lacke und Kunstharze)	8	3,4
Fasern und Folien	5	2,2
Gesundheit (Pharmazeutika und Kosmetika)	52	14,3
Landwirtschaft (Düngemittel, Pflanzenschutzmittel, Produkte für die Tiermedizin)	10	11,0
Technik (Informationstechnik, technische Keramik, Industrie- gase und Schweißtechnik, Anlagenbau)	7	2,9
Zentralforschung (u. a. Grundlagenforschung und Entwicklungspro- jekte, die nicht einem bestimmten Geschäftsfeld zuzu- ordnen sind)	6	–

1932 die Finanzkraft der damals größten Chemiefirma, der *IG Farben*, so stark strapaziert, daß man daran dachte, das Projekt vorläufig einzustellen, nachdem man dafür weit mehr als 100 Mio. Reichsmark investiert hatte. Natürlich ist man bestrebt, gerade bei großen und langfristigen Entwicklungsvorhaben die Risiken zu vermindern. Eine Möglichkeit dazu ist die Kooperation mit anderen Firmen. So haben Bayer und Hoechst 1987 vereinbart, in der AIDS-Forschung bei der Entwicklung von Therapeutika und Diagnostika zusammenzuarbeiten.

Forschungsaufwand. Die intensiven Forschungsaktivitäten der chemischen Industrie erfordern entsprechend hohe Aufwendungen. Weltweit werden von Chemiefirmen 3–7% des Umsatzes für Forschung und Entwicklung aufgewendet; für die chemische Industrie in der Bundesrepublik Deutschland lag der Forschungsaufwand zwischen 1987 und 1993 im Mittel bei 6,5%. Dabei bestehen große Unterschiede zwischen den verschiedenen Produktgruppen, wie am Beispiel der Zahlen für die Geschäftsfelder des Hoechst-Konzerns für 1993 (vgl. Tab. 1.9) zu sehen ist. Danach betrugen die anteiligen Forschungskosten für das Geschäftsfeld Gesundheit 14,3%, d. h. im wesentlichen für die Pharmaprodukte (ca. 95% des Umsatzes des Geschäftsfelds). Ähnlich hoch mit 11,0% waren die Forschungskosten im Geschäftsfeld Landwirtschaft mit den Produktgruppen Düngemittel, Pflanzenschutzmittel und Veterinärmedizin, von denen die beiden letzteren einen ähnlich hohen Forschungsaufwand erfordern wie Pharmazeutika. In diesen drei Produktgruppen liegt bei allen Firmen, die innovative Forschung betreiben mit dem Ziel, neue Produkte zu entwickeln, der Forschungsaufwand bei 10–15% des Umsatzes. Der relativ niedrige Wert für den Forschunganteil bei Chemikalien und Farben (3,4% in Tab. 1.9) kommt dadurch zustande, daß in diesem Geschäftsfeld auch Grundstoffe wie Schwefelsäure, Chlor und Ätznatron enthalten sind, für die ebenso wie für Düngemittel der Forschungsaufwand ausgesprochen niedrig ist (üblicherweise unter 1% des Umsatzes).

Tab. 1.10   Aufgaben von Forschung und Entwicklung in Chemieunternehmen

Forschungsbereich	Neuentwicklungen ("offensive" Forschung)	Verbesserungen, Weiterentwicklung ("defensive" Forschung)
Grundlagen und Methoden	Eröffnen neuer Arbeitsgebiete	–
Produkte	neue Produkte	Produktverbesserungen, Produktvariationen
Verfahren	Herstellung neuer Produkte, neue Verfahren für bekannte Produkte	Verfahrensverbesserung
Anwendungstechnik	Anwendungstechnik für neue Produkte, neue Anwendungen für bekannte Produkte	anwendungstechnische Verbesserung und Weiterentwicklung, kundennahe Forschung

Ziele von Forschung und Entwicklung. Forschung und Entwicklung in Chemieunternehmen sind darauf ausgerichtet, den wirtschaftlichen Erfolg des Untenehmens sicherzustellen. Hierbei sind zwei verschiedenartige Zielsetzungen zu unterscheiden, und zwar zum einen die *Entwicklung neuer Produkte, Verfahren oder Anwendungen* und zum andern die *Verbesserung von Produkten oder Verfahren und anwendungstechnische Weiterentwicklungen*. Diese beiden unterschiedlichen Zielsetzungen bezeichnet man auch als *"offensive"* und *"defensive"* Forschung. Bei den im ersten Teil dieses Abschnitts dargestellten Beispielen handelt es sich durchweg um neue Produkte und Verfahren, also um sog. offensive Forschung. Dabei sind Verbesserungen und Weiterentwicklungen (sog. defensive Forschung) kaum weniger wichtig; sie können sogar den überwiegenden Teil des Forschungsbudgets einer Chemiefirma ausmachen.

Tab. 1.10 gibt eine Übersicht über die Aufgaben, die sich den Forschungsbereichen eines Chemieunternehmens stellen. Zur Realisierung von Neuentwicklungen und auch von Produkt- und Verfahrensverbesserungen ist in der Regel die Beteiligung mehrerer Bereiche erforderlich. Wenn im Laboratorium ein neues Produkt, das sich z. B. als Pflanzenschutzmittel eignet, gefunden worden ist, dann ist es bis zu einer etwaigen Produktionsaufnahme und Vermarktung noch ein langer Weg. Zur Weiterverfolgung eines solchen Projekts sind folgende Arbeiten durchzuführen:

1. Untersuchungen zur Beantragung der Zulassung des Produkts für die beabsichtigte Verwendung (Toxikologie, Umweltverträglichkeit),
2. anwendungstechnische Untersuchungen und
3. Entwicklung eines Herstellungsverfahrens für das Produkt.

Alle diese Arbeiten gehören zur Forschung und Entwicklung. Nach ihrem erfogreichem Abschluß und nach Zulassung des Produkts können die weiteren Schritte zur Realisierung des Projekts erfolgen (vgl. Kap. 4.1 u. 6).

Zu den Neuentwicklungen gehören aber nicht nur neue Produkte; es kann sich dabei auch um neue Verfahren für bekannte Produkte handeln. So kann z. B. ein Katalysator gefunden werden, der zu einer höheren Ausbeute führt (Beispiel: Erhöhung der Ausbeute an *n*-Butyraldehyd bei der Hydroformylierung von Propylen, vgl. Kap. 8.3.1). Besonders wichtig war die Entwicklung neuer Verfahren beim Übergang von Acetylen auf Ethylen als C_2-Baustein zwischen 1955 und 1965 (vgl. Kap. 3.1.2). Mit der abzusehenden Verknappung von Erdöl werden Verfahren, die von Kohle als Rohstoff ausgehen, langfristig interessanter werden, und schließlich werden angesichts der begrenzten Vorräte an fossilen Rohstoffen (Erdöl, Erdgas, Kohle) Verfahren an Bedeutung gewinnen, die von nachwachsenden Rohstoffen ausgehen, z. B. von natürlichen Fetten und Ölen und von Cellulose.

Neben der Entwicklung neuer Verfahren und neuer Produkte und dem Auffinden neuer Anwendungen für bekannte Produkte gibt es noch eine andere Möglichkeit, die Geschäftsaktivitäten auf der Grundlage von Forschung und Entwicklung auszuweiten, nämlich das Aufnehmen neuer Arbeitsgebiete, die eine interessante Entwicklung versprechen. In einem solchen Fall ist es zweckmäßig, sich durch Grundlagenuntersuchungen auf dem betreffenden Gebiet eigene Erfahrungen zu erarbeiten. Forschergruppen mit solchen Aufgaben ordnet man in Großfirmen in der Regel der zentralen Forschung zu (z. B. in einem sog. Hauptlaboratorium).

Verbesserungen und Weiterentwicklungen von Produkten und Verfahren sind vor allem eine Aufgabe der Forschungsabteilungen, die im Bereich einer bestimmten Produktgruppe tätig sind. Als Beispiele für derartige Problemstellungen seien genannt: Veränderungen von bestimmten Polymeren zwecks Erzielung höherer Festigkeiten, Variation der Zusammensetzung von Faservorprodukten zur Vermeidung der Brennbarkeit der Faser, Reduzierung der Abwasserbelastung bei der Herstellung eines Zwischenprodukts, Verwertung eines Nebenprodukts. Natürlich befassen sich die produktorientierten Forschungsabteilungen in erheblichem Umfang auch mit dem Auffinden und der Entwicklung neuer Produkte; bei besonders forschungsintensiven Produktgruppen wie Pharmazeutika und Pflanzenschutzmittel geht der Forschungsaufwand ganz überwiegend in solche Neuentwicklungen.

Einen erheblichen Teil des Forschungsaufwands sowohl für neue Produkte als auch für Produktverbesserungen beansprucht die sog. *Anwendungstechnik*. Bei neuen Produkten hat sie die Aufgabe, die verschiedenen Anwendungsmöglichkeiten zu erproben und die günstigsten Bedingungen und Formen der Anwendung zu ermitteln, z. B. bei der Verarbeitung eines neuen Kunststoffs oder beim Färben von Textilien mit einem neuen Farbstoff. Ähnlicher Art sind die Aufgabenstellungen bei Produktverbesserungen; auch Anregungen für erwünschte Produktverbesserungen kommen häufig aus der Anwendungstechnik, die naturgemäß in engem Kontakt mit den Kunden arbeitet und daher deren Wünsche und Probleme aus erster Hand kennt. Teilweise geht die anwendungstechnische Tätigkeit über in die technische Kundenberatung, also in die unmittelbare Unterstützung des Verkaufs. Trotzdem sind die anwendungstechnischen Abteilungen in Großfirmen meist an die Forschung angebunden, was den Vorteil hat, daß anwendungstechnische Erfahrungen unmittelbarer in die Weiterentwicklung der Produkte einfließen können, als dies bei einer organisatorischen Trennung der Fall wäre.

Schließlich sei noch darauf hingewiesen, daß eine gute Anwendungstechnik in vielen Fällen eine notwendige Voraussetzung für den wirtschaftlichen Erfolg eines Produkts ist. Die schnelle Verbreitung, die das 1953 von *Karl Ziegler* entdeckte *Niederdruckpolyethylen* vor allem unter den Handelsnamen *Hostalen* (Hoechst) und *Vestolen* (Hüls) fand, war ganz wesentlich einer gezielten Anwendungstechnik zuzuschreiben.

1.7 Entwicklungstendenzen und Zukunftsaussichten der chemischen Industrie

Die chemische Industrie war von Anfang an stark forschungsorientiert. Chemiefirmen treiben selbst Forschung und Entwicklung, um mit

1. neuen Produkten auf den Markt zu kommen,
2. verbesserten Produkten im Wettbewerb zu bestehen und mit verbesserten Verfahren kostengünstiger zu produzieren.

Im Vergleich zu anderen Industrien wendet die chemische Industrie einen überdurchschnittlich hohen Anteil ihres Umsatzes für Forschung und Entwicklung auf.

Die chemische Industrie wird daher auch weiterhin durch eine hohe Dynamik gekennzeichnet sein. Nach wie vor werden neue Produkte für die verschiedensten Anwendungsbereiche entwickelt werden, z. B. Arzneimittel und Diagnostika in der Medizin, neue anorganische und organische Werkstoffe für die Nachrichtentechnik, für Motoren und Fahrzeuge und neue Pflanzenschutzmittel mit hoher Selektivität und leichter Abbaubarkeit.

Gleichzeitig sind seit einiger Zeit aber auch gegenläufige Tendenzen zu erkennen. In manchen Bereichen, vor allem bei Großprodukten, machen sich Sättigungserscheinungen bemerkbar. Dies gilt vor allem für die stark industrialisierten Länder. Anlagen für chemische Grundstoffe und Großprodukte werden seit längerer Zeit in Rohstoffländern gebaut, z. B. in Erdölländern. Einen wesentlichen Einschnitt brachte die Verteuerung der fossilen Rohstoffe, insbesondere des Erdöls. Dadurch ist der Anteil der Rohstoffkosten an den Herstellkosten chemischer Produkte beträchtlich gestiegen. Dies hatte und hat naturgemäß erheblichen Einfluß auf die Verfahrensentwicklung; höhere Ausbeuten und die Vermeidung von Nebenprodukten oder deren Verwertung sind damit sehr viel wichtiger geworden. Gleichzeitig hat das Interesse an der Nutzung nachwachsender Rohstoffe (Kohlenhydrate, Fette und Öle) zur Herstellung von Chemieprodukten zugenommen, und zwar nicht nur wegen der höheren Preise für fossile Rohstoffe, sondern auch wegen ihrer langfristig zu erwartenden Verknappung.

Zu diesen Entwicklungen und Veränderungen rein wirtschaftlicher Art, die für die chemische Industrie nicht ungewohnt waren und auf die sie flexibel mit entsprechenden technischen Änderungen reagieren konnte, kam in den letzten 20 Jahren etwas ganz anderes neuartiges, nämlich eine zunehmend kritische Einstellung der Öffentlichkeit zur chemischen Technik und Industrie. Wenn das Bild der chemischen Industrie bislang mit der Vorstellung neuer und fortschrittlicher Technik und dem Wert und Nutzen ihrer Produkte verbunden war, hat sich seit einiger Zeit eine starke Veränderung ins Negative vollzogen. Dabei spielten einige spektakuläre Chemieunfälle (Seveso 1976, Bhopal 1985, Sandoz/Basel 1986) sicher eine Rolle. Unabhängig davon ist jedoch ganz allgemein seit über 20 Jahren eine zunehmende Sensibilisierung der Öffentlichkeit gegenüber Fragen der Sicherheit und der Gefährdung der Umwelt eingetreten. Dies hat auch zu einer kritischeren Einstellung gegenüber den Produkten der chemischen Industrie geführt.

Eine sehr gravierende Folge dieser Entwicklung waren neue und verschärfte gesetzliche Regelungen für den Bau und Betrieb von Chemieanlagen und für die Zulassung und Verwendung chemischer Produkte. Damit ist es erheblich schwerer geworden, neue Produkte auf den Markt zu bringen und neue Produktionsanlagen zu errichten. Sowohl die Genehmigung zum Bau einer Anlage als auch die Zulassung eines neuen Produkts erfordern heute sehr viel mehr Zeit und Geld als vor 20 Jahren. Zum einen dauern die Genehmigungsverfahren länger, zum andern sind umfangreichere experimentelle Untersuchungen z. B. zur Toxizität erforderlich. Gerade für kleinere Firmen wird es damit schwieriger, neue Produkte auf den Markt zu bringen. Insgesamt muß dies einen hemmenden Einfluß auf die Entwicklung der chemischen Industrie ausüben. In der Bundesrepublik Deutschland wurden bis 1981 jedes Jahr etwa 200 neue Substanzen eingeführt, danach – nach Verabschiedung des Chemikaliengesetzes –waren es in zweieinhalb Jahren nur noch sieben.

Trotz dieser negativen Einflüsse wird die chemische Industrie auch in der weiteren Zukunft eine Wachstumsindustrie bleiben. Nach wie vor erfordern viele Probleme zu ihrer Lösung neue Produkte und Verfahren; ebenso wird es aus den Grundlagenwissenschaften immer wieder Anstöße zu Innovationen in der chemischen Technik geben.

Literatur

Allgemein

1. Amecke, H.-B. (1987), Chemiewirtschaft im Überblick. Produkte, Märkte, Strukturen, VCH Verlagsgesellschaft mbH, Weinheim.
2. Chenier, P. J. (1992), Survey of Industrial Chemistry. 2. Aufl., VCH Verlagsgesellschaft mbH, New York, Weinheim.
3. Teltschik, W. (1992), Geschichte der deutschen Großchemie, VCH Verlagsgesellschaft mbH, Weinheim.
4. Winnacker, K. (1984), Entwicklung der chemischen Technik, in Winnacker-Küchler (4.), Bd. 1, S. 1–28.

Zu Kap. 1.3

5. Ames, B. N., L. S. Gold (1990), Falsche Annahmen über die Zusammenhänge zwischen der Umweltverschmutzung und der Entstehung von Krebs, Angew. Chem. **102**, 1233–1246.
6. Birgersson, B., O. Sterner, E. Zimerson (1992), Chemie und Gesundheit – Eine verständliche Einführung in die Toxikologie, VCH Verlagsgesellschaft mbH, Weinheim.
7. Bliefert, C. (1994), Umweltchemie, VCH Verlagsgesellschaft mbH, Weinheim.
8. Caglioti, L. (1983), The Two Faces of Chemistry, MIT Press, Cambridge, Mass.
9. Ehhalt, D. H. (1988), Der chemische Abbau atmosphärischer Spurengase mittels Radikalreaktionen, in Klimabeeinflussung durch den Menschen. VDI Berichte 703, S. 131–151, VDI Verlag, Düsseldorf.
10. Fa. BASF (1992), Denken Planen Handeln – Umweltbericht 1991, BASF, Ludwigshafen.
11. Fellenberg, G. (1992), Chemie der Umweltbelastung, 2. Aufl., B. G. Teubner, Stuttgart.
12. Fonds der chemischen Industrie (Hrsg.) (1990), Umweltbereich Wasser, Folienserie, Textheft 13, Fonds Chem. Ind., Frankfurt, Main.
13. Fonds der chemischen Industrie (Hrsg.) (1987), Umweltbereich Luft, Folienserie, Textheft 22, Fonds Chem. Ind., Frankfurt, Main.
14. Heintz, A., G. Reinhardt (1995), Chemie und Umwelt, Friedr. Vieweg & Sohn, Braunschweig.
15. Korte, F. (1992), Lehrbuch der Ökologischen Chemie: Grundlagen und Konzepte für die ökologische Beurteilung von Chemikalien, 3. Aufl., Georg Thieme Verlag, Stuttgart, New York.
16. Kümmel, R., S. Papp (1990), Umweltchemie, 2. Aufl., Deutscher Verlag für Grundstoffindustrie, Leipzig.

17. Verband der Chemischen Industrie (Hrsg.) (1993), Chemie im Dialog – Umweltbericht 1992, Verband der Chemischen Industrie e. V., Frankfurt, Main.
18. Umweltbundesamt (1992), Fünfter Immissionsschutzbericht der Bundesregierung, UBA, Bonn.
19. Umweltbundesamt (1995), Umweltdaten Deutschland 1995, Berlin.
20. Warneck, P. (1988), Chemistry of the Natural Atmosphere, International Geophysics Series, Vol. 41, Academic Press, San Diego.
21. Young, A. L., G. M. Reggiani (1988), Agent Orange and its Associated Dioxin: Assessment of a Controversy, Elsevier, Amsterdam, New York.

Zu Kap. 1.4

22. Fa. Hoechst (1994), Wirtschaftspolitische Nachrichten **47**, S. 27.
23. Verband der Chemischen Industrie (Hrsg.) (1994), Chemiewirtschaft in Zahlen, Ausgabe 1994, Verband der Chemischen Industrie e. V., Frankfurt, Main.

Zu Kap. 1.5

24. Fa. Bayer (1994), Geschäftsbericht 1993, Bayer, Leverkusen.

Zu Kap. 1.6

25. Boche, G. (Hrsg.) (1984), Chemie und Gesellschaft – Herausforderung an eine Welt im Wandel, Umwelt & Medizin Verlagsgesellschaft, Frankfurt, Main.
26. Fa. Hoechst (1994), Geschäftsbericht 1993. Hoechst AG, Frankfurt, Main.
27. Jentzsch, W. (1990), Was erwartet die Chemische Industrie von der Physikalischen und Technischen Chemie? Angew. Chem. **102**, 1267–1273.
28. Meinel, C., H. Scholz (Hrsg.) (1992), Die Allianz von Wissenschaft und Industrie: August Wilhelm Hofmann (1818–1892). VCH Verlagsgesellschaft mbH, Weinheim.
29. Perutz, M. F. (1982), Ging's ohne Forschung besser? Wissenschaftliche Verlagsgesellschaft, Stuttgart.
30. Stoltzenberg, D. (1994), Fritz Haber – Chemiker, Nobelpreisträger, Deutscher, Jude, VCH Verlagsgesellschaft mbH, Weinheim.

31. Wetzel, W. (1991), Naturwissenschaften und chemische Industrie in Deutschland. Voraussetzungen und Mechanismen ihres Aufstiegs im 19. Jahrhundert, Franz Steiner Verlag, Stuttgart.

32. Woller, R. (1977), Aufbruch ins Heute – Entwicklungen, Erkenntnisse, Leistungen in Chemie, Biowissenschaften, Medizin, Physik, Technik und Wirtschaft in synoptischer Darstellung 1877–1977, Econ, Düsseldorf.

Kapitel 2

Charakterisierung chemischer Produktionsverfahren

2.1 Laborverfahren und technische Verfahren

Daß sich technische Verfahren zur Erzeugung chemischer Produkte von Laboratoriumsmethoden unterscheiden, zeigt schon ein äußerlicher Vergleich zwischen einer chemischen Fabrik und einem präparativ-chemischen Laboratorium: hier kleine Gefäße aus Glas, dort große Behälter und Rohrleitungen aus Metall. Aber es sind nicht nur diese leicht erkennbaren Verschiedenheiten in Apparaturen und Werkstoffen, in denen Laboratoriums- und Betriebsverfahren voneinander abweichen. Es gibt vielmehr Unterschiede in Ablauf und Durchführung ein und derselben chemischen Reaktion, je nachdem, ob sie im Labor oder im technischen Maßstab betrieben wird.

Als Beispiel sei die katalytische Chlorierung von Benzol betrachtet. Man führt diese Reaktion bekanntlich in der Weise durch, daß man gasförmiges Chlor in flüssiges, katalysatorhaltiges Benzol einleitet. Eine solche Reaktion muß bei Verwendung desselben Katalysators, im vorliegenden Fall z. B. Eisenchlorid, unabhängig von der Größe des Ansatzes unter ansonsten gleichen Bedingungen zu denselben Endprodukten führen, hier also zu den Chlorbenzolen:

$$C_6H_6 + Cl_2 \longrightarrow C_6H_5Cl + HCl \tag{2.1}$$
Monochlorbenzol

$$C_6H_5Cl + Cl_2 \longrightarrow C_6H_4Cl_2 + HCl \tag{2.2}$$
Dichlorbenzole

$$C_6H_4Cl_2 + Cl_2 \longrightarrow C_6H_3Cl_3 + HCl \tag{2.3}$$
Trichlorbenzole

usw.

Diese Substitutionsreaktionen am Benzolkern verlaufen in bezug auf das Chlor praktisch vollständig; daher sollte das Mengenverhältnis der verschiedenen Chlorbenzole zueinander unter sonst gleichen Bedingungen nur von dem Einsatzverhältnis von Chlor zu Benzol abhängen. Die Betonung liegt hier auf der Formulierung „unter sonst gleichen Bedingungen". Lassen sich diese gleichen Bedingungen unabhängig von der Größe eines Ansatzes auch einhalten?

Zur Beantwortung dieser Frage müssen wir noch etwas mehr über die Reaktion wissen:

1. Die Reaktionswärme der Substitutionsreaktion von Chlor am Benzolkern beträgt rund 125 kJ/mol umgesetztes Chlor.
2. Wenn man vorzugsweise Monochlorbenzol erzeugen will, sollte die Reaktionstemperatur zwischen 40 und 50 °C liegen. Unterhalb 40 °C ist die Reaktionsgeschwindigkeit zu niedrig; steigende Temperatur begünstigt die Folgereaktion der Dichlorbenzolbildung. Wenn die Bildung der Dichlorbenzole und der höher chlorierten Benzole bei 40 bis 50 °C nicht über 10% liegen soll, dann sollten von einem Ansatz nur ca. $2/3$ des eingesetzten Benzols chloriert werden.

Für die Produktverteilung sind also die Begrenzung des Umsatzes und die Einhaltung einer bestimmten Reaktionstemperatur wesentlich. Betrachten wir nun zum Vergleich je einen Ansatz in einem 1-l-Rundkolben, wie man ihn im Labor benutzt, und in einem 25-m³-Kessel eines kleineren Zwischenproduktebetriebes. Um die Einhaltung der vorgeschriebenen Reaktionstemperatur sicherzustellen, muß in jedem Fall die bei der Chlorierung freiwerdende Reaktionswärme abgeführt werden. Bei einem 1-l-Rundkolben läßt sich das beispielsweise dadurch bewerkstelligen, daß man den Kolben in ein temperiertes Wasserbad stellt. Die Wärmeabführung erfolgt durch die Kolbenwand, dabei steigt die Temperatur im Kolben nur wenige Grad über die des Wasserbades.

Daß diese Lösung, nämlich Wärmeabführung durch die Gefäßwand, für die Chlorierung im 25-m³-Kessel nicht in Frage kommt, wird sofort klar, wenn man sich vergegenwärtigt, daß hier die auf das Reaktorvolumen bezogene Wandfläche sehr viel kleiner ist als beim 1-l-Rundkolben. Sie beträgt bei einem 25-m³-Kessel mit einem Schlankheitsgrad von 3,0 (Schlankheitsgrad = Höhe/Durchmesser) etwa 2,0 m² pro m³ Reaktorvolumen. Durch Einbau von Kühlschlangen in den 25-m³-Kessel läßt sich die für die Wärmeabführung zur Verfügung stehende Fläche vergrößern, vielleicht um den Faktor 3. Dadurch und durch weitere verfahrenstechnische Maßnahmen, z. B. Verbesserung des Wärmeübergangs durch intensives Rühren und Verwendung eines Kühlmediums von tieferer Temperatur (Kühlsole), läßt sich die mittlere Reaktionstemperatur wie im 1-l-Rundkolben einhalten.

Trotzdem sind die Reaktionsbedingungen in den beiden Reaktionsgefäßen nicht genau gleich. So ist im 25-m³-Kessel wegen der Verwendung eines Kühlmediums mit tieferer Temperatur die Temperaturverteilung im Reaktor nicht genau die gleiche wie im 1-l-Rundkolben. Bei der Chlorierung von Benzol ist das zwar nicht weiter von Belang, in anderen Fällen kann jedoch wegen der niedrigeren Wandtemperatur das Auftreten von Ablagerungen begünstigt werden. Ein anderer Unterschied betrifft den Reaktorwerkstoff. Während das Glas des 1-l-Rundkolbens gegen Chlor auf jeden Fall resistent ist, ist bei einem 25-m³-Kessel aus Edelstahl damit zu rechnen, daß das Chlor den Edelstahl geringfügig angreift. Die dabei zu Chloriden aufgelösten kleinen Mengen an Metallen beeinflussen hier den Reaktionsablauf zwar nicht, bei anderen Reaktionen kann ein solcher Effekt jedoch auftreten. Es gibt noch eine Vielzahl weiterer Unterschiede bei der Durchführung einer Reaktion im Labor und im industriellen Maßstab, die zu den verschiedenartigsten Schwierigkeiten bei der technischen Verwirklichung führen können.

Die Chlorierung von Benzol ist sicher der einfachste Weg zur Herstellung von Monochlorbenzol. Wenn es sich bei diesem Produkt um ein Laborpräparat oder um eine Kleinchemikalie handeln würde, bestände nicht die Notwendigkeit, sich nach einem anderen Herstellungsweg umzusehen. Bei einem industriellen Produkt, das verkauft werden soll, ist jedoch ein Gesichtspunkt besonders wichtig, nämlich die Wirtschaftlichkeit. Dieser Punkt wird später noch eingehender behandelt werden (vgl. Kap. 5.3). Hier sei zunächst festgestellt, daß das Maß für die Wirtschaftlichkeit die Herstellkosten sind, d. h. die Kosten, die dem Erzeuger bei der Herstellung des Produkts entstehen. Einen wesentlichen Teil dieser Herstellkosten machen die Rohstoffe aus.

Wenn wir uns nun die Reaktionsgleichungen für die Herstellung von Monochlorbenzol aus Benzol und Chlor ansehen, stellen wir fest, daß pro erzeugtem Mol Monochlorbenzol 1 Mol Chlorwasserstoff gebildet wird. Dieser wird durch Absorption in Wasser in Form von Salzsäure gewonnen. Da auch bei der Herstellung vieler anderer organischer Chlorverbindungen (z. B. Chlormethane, Chloressigsäure, Chlorparaffine, weitere aromatische Chlorverbindungen) durch Chlorierung große Mengen an Chlorwasserstoff anfallen, ist es sehr leicht möglich, daß das Koppelprodukt Chlorwasserstoff bzw. Salzsäure wegen einer Überproduktion nur zu einem niedrigen Preis zu verkaufen ist.

Daher sind Chlorierungsverfahren, die Chlorwasserstoff verbrauchen, wirtschaftlich besonders interessant. Dies sind in erster Linie die Oxychlorierungsverfahren, die nach dem Prinzip des Deacon-Prozesses arbeiten. Für Monochlorbenzol wurde ein solches Verfahren 1935 von der Firma Raschig (Ludwigshafen) als erste Stufe einer technischen Phenolsynthese entwickelt (vgl. Kap. 3.1.1, Raschig-Hooker-Verfahren). Man leitet dabei ein Gemisch aus Benzoldampf, Luft, Chlorwasserstoff und Wasserdampf bei ca. 240 °C über einen Kontakt aus Kupferchlorid, Eisenchlorid und Aluminiumoxid. Dabei läuft folgende Reaktion ab:

$$C_6H_6 + HCl + \tfrac{1}{2}\,O_2 \rightarrow C_6H_5Cl + H_2O \qquad \Delta H_R = -222 \text{ kJ/mol} \qquad (2.4)$$

Die Durchführung dieser Reaktion ist apparativ wesentlich aufwendiger als die Chlorierung von flüssigem Benzol. So benötigt man Verdampfer für das Frischbenzol und die Salzsäure (der Chlorwasserstoff wird in Form von Salzsäure eingesetzt), Wärmetauscher zum Aufheizen und Abkühlen der Reaktionsgase, Kondensatoren zur Abscheidung der Reaktionsprodukte, eine Kreislaufpumpe und weitere Hilfsaggregate. Außerdem muß man aus Sicherheitsgründen (Benzol bildet mit Sauerstoff ein explosionsfähiges Gemisch) und zur Verhinderung der Bildung von Dichlorbenzol mit einem großen Überschuß an Benzol arbeiten. Das bedeutet, daß in einem Durchgang durch den Reaktor 10 bis max. 15% des Benzols umgesetzt werden, die übrigen 85–90% werden nach Abtrennung des Chlorbenzols mit dem Frischbenzol dem Reaktor wieder zugeführt. Trotzdem ist die Oxychlorierung gegenüber der Chlorierung von flüssigem Benzol wirtschaftlich durchaus interessant, da sie einmal anstelle von Chlor von dem wesentlich billigeren Chlorwasserstoff ausgeht und zum anderen nicht durch ein zwangsläufig anfallendes Koppelprodukt belastet wird. Selbstverständlich würde niemand daran denken, dieses Verfahren zur präparativen Herstellung von Chlorbenzol im Laboratorium zu verwenden.

Für die vielen Fälle, bei denen in der Technik ein anderer Reaktionsweg als im Laboratorium benutzt wird, sind in Tab. 2.1 einige weitere Beispiele angeführt.

Aber auch wenn der Reaktionsweg des technischen Verfahrens der gleiche wie im Laboratorium ist, bestehen doch erhebliche Unterschiede, und zwar sowohl hinsichtlich der verwendeten Apparaturen als auch der Arbeitsweise. Das gilt nicht nur für die Durchführung der chemischen Reaktion, sondern auch für die übrigen Schritte bei der Herstellung eines chemischen Produkts. So werden die meisten Azofarbstoffe durch Azokupplung hergestellt, eine Reaktion, wie sie auch im Laboratorium üblich ist. In Abb. 2.1 ist das Verfahren schematisch in Form eines Fließbildes dargestellt, und zwar als Grundfließbild (Definition vgl. Kap. 2.3).

Zur Durchführung der Kupplungsreaktion legt man in einem Rührkessel die Kupplungskomponente als wäßrige Lösung oder Dispersion vor. Die Diazoniumsalzlösung, die man durch Diazotierung erhalten hat, läßt man zu der vorgelegten Kupplungskomponente zulaufen. Die sich bildende Azoverbindung fällt dabei in fester Form aus; falls erforderlich, wird nach Beendigung der Reaktion die Ausfällung des Produkts z. B. durch Aussalzen vervollständigt. Sowohl Diazotierung als auch Kupplung erfolgen in gerührten Behältern (Rührkessel). Nach der Ausfällung wird die Azoverbindung abfiltriert, getrocknet und gemahlen. Im Labor geschieht das in der Regel mittels Nutsche, Trockenschrank und Reibschale, wohingegen in der Technik für diese Verfahrensschritte z. T. ganz andersartige Apparate eingesetzt werden. So benutzt man für das Filtrieren oft sog. Filterpressen, die aus einer großen Zahl senkrecht angeordneter perforierter Platten mit Filtertüchern bestehen. Durch diese Konstruktion ist es möglich, relativ große Filterflächen auf kleinem Raum unterzubringen. Ein anderer häufig verwendeter Filtrierapparat ist das Drehfilter, bei dem die Zylinderwand einer sich drehenden Trommel als Filterfläche dient (vgl. Abb. 2.2).

Solche Drehfilter arbeiten kontinuierlich, was bei größeren Produktmengen von Vorteil ist.

Tab. 2.1 Reaktionswege für Verfahren im Labor und in der Technik

Produkt	Laborverfahren	Technische Verfahren
Chlor	**1.** $4\,HCl + MnO_2 \rightarrow$ $Cl_2 + MnCl_2 + 2\,H_2O$ **2.** $16\,HCl + 2\,KMnO_4 \rightarrow$ $5\,Cl_2 + 2\,MnCl_2$ $+ 8\,H_2O + 2\,KCl$	Elektrolyse von NaCl: $2\,NaCl + 2\,H_2O \rightarrow Cl_2 + 2\,NaOH + H_2$
Acetylen (Ethin)	$CaC_2 + 2\,H_2O \rightarrow$ $C_2H_2 + Ca(OH)_2$	**1.** Pyrolyse von Kohlenwasserstoffen z. B.: $2\,CH_4 \quad\rightarrow C_2H_2 + 3\,H_2$ Leichtbenzin $\rightarrow C_2H_2$, Olefine, H_2 **2.** $CaC_2 + 2\,H_2O \quad\rightarrow C_2H_2 + Ca(OH)_2$
Aceton	$(CH_3COO)_2Ca \rightarrow$ $CH_3-CO-CH_3 + CaCO_3$	**1.** Dehydrierung von *i*-Propanol: **a** $CH_3-CHOH-CH_3 + \frac{1}{2}O_2 \rightarrow CH_3-CO-CH_3 + H_2O$ **b** $CH_3-CHOH-CH_3 \rightarrow CH_3-CO-CH_3 + H_2$ **2.** Oxidation von Propen (Wacker-Hoechst): $CH_3-CH=CH_2 + \frac{1}{2}O_2 \rightarrow CH_3-CO-CH_3$ **3.** Koppelprodukt beim Cumolverfahren für Phenol:
Essigsäure-anhydrid	$CH_3-COCl +$ $CH_3-COONa \rightarrow$ $(CH_3CO)_2O + NaCl$	**1.** $2\,CH_3CHO + O_2 \nearrow (CH_3CO)_2 + H_2O$ $\qquad\qquad\qquad\searrow 2\,CH_3COOH$ **2.** $CH_3COOH \xrightarrow{-H_2O} CH_2 = C = O$ $\xrightarrow{+\,CH_3COOH} (CH_3CO)_2O$ **3.** Carbonylierung von Methylacetat: $CH_3O\overset{O}{\underset{\|}{C}}CH_3 + CO \xrightarrow{(Kat.)} (CH_3CO)_2O$
Terephthalsäure	p-Xylol $\xrightarrow{KMnO_4}$ Terephthalsäure	p-Xylol $\xrightarrow[(Kat.)]{Luft-O_2}$ Terephthalsäure **1.** über Zwischenstufen (Dimethylterephthalat) **2.** direkt

Tab. 2.1 (Fortsetzung)

Produkt	Laborverfahren	Technische Verfahren

n-Alkohole
($C_{10}...C_{18}$)
(Fett-alkohole)

Laborverfahren:

1. natürliche Fette $\xrightarrow[\text{(Na)}]{+ CH_3OH}$ R–COOCH$_3$ $\longrightarrow$ R–CH$_2$OH

2. natürliche Fette $\xrightarrow{+ H_2O}$ R–COOH $\xrightarrow{+ LiAlH_4}$ R–CH$_2$OH

Technische Verfahren:

1. natürliche Fette $\xrightarrow{+ CH_3OH}$ R–COOCH$_3$ $\xrightarrow{+H_2}$ R–CH$_2$OH

2. natürliche Fette $\xrightarrow{+ H_2O}$ R–COOH $\xrightarrow{+H_2}$ R–CH$_2$OH

3. α-Olefin + CO + H$_2$ $\longrightarrow$ R–CHO $\xrightarrow{+H_2}$ R–CH$_2$OH

4. $3n$ C$_2$H$_4$ $\xrightarrow{+ Al(C_2H_5)_3}$ ... $\xrightarrow{+^{3/2}O_2}$ ... $\xrightarrow{+ 3 H_2O}$ 3CH$_3$(CH$_2$–CH$_2$)$_n$ CH$_2$OH + Al(OH)$_3$

Auch die anschließende Trocknung des feuchten Feststoffs läßt sich kontinuierlich durchführen, z. B. in einem Bandtrockner (vgl. Abb. 2.3). Für eine diskontinuierliche Trocknung benutzt man sog. Kammertrockner, die im Prinzip große Trockenschränke sind. Die Mahlung des Trockenguts erfolgt dann durch Prallzerkleinerung, d. h. in Apparaten, in denen die Teilchen durch Aufprall auf feste Flächen oder durch gegenseitiges Zusammenprallen zerkleinert werden. Eine solche Zerkleinerungsmaschine ist die Strahlmühle, in der das Auf- und Zusammenprallen der Körner durch Beschleunigen mittels eines Luftstrahls bewirkt wird.

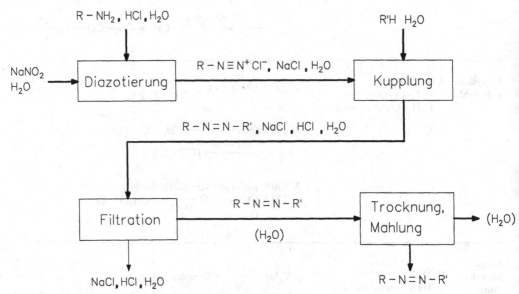

Abb. 2.1 Grundfließbild der Herstellung eines Azofarbstoffes durch Kupplung.
R-NH$_2$ Diazokomponente (primäres aromatisches Amin), **R'-H** Kupplungskomponente (aromatisches Amin oder Phenol)

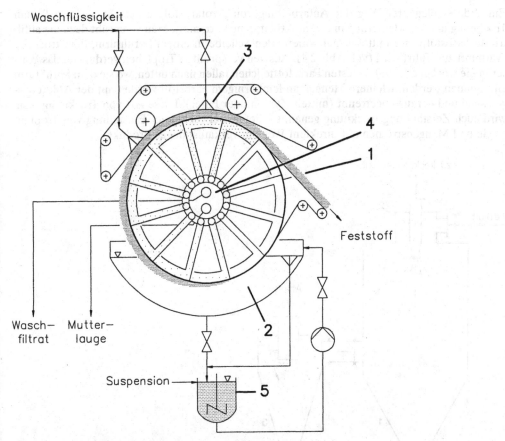

Abb. 2.2 Vakuumdrehfilter (nach [7], S. 75).
1 Filtertrommel, **2** Filtertrog, **3** Waschvorrichtung, **4** Steuerkopf, **5** Suspensionsbehälter

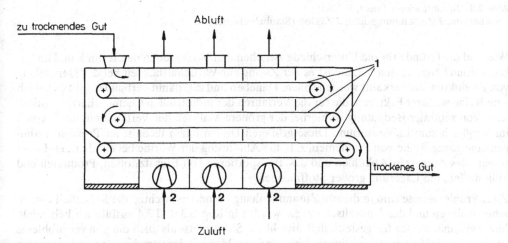

Abb. 2.3 Bandtrockner (aus [8], S. 227).
1 Förderbänder, **2** Gebläse

Ein anderer eleganter Weg der Aufarbeitung von Azofarbstoffen besteht darin, daß man Trocknung und Zerkleinerung in einem Arbeitsgang vornimmt. Man versprüht dazu die abfiltrierte Farbstoffpaste mittels einer rotierenden Scheibe in einem Sprühturm, dem trockene Warmluft zugeführt wird (vgl. Abb. 2.4). Aus den versprühten Tröpfchen verdunstet das Wasser in die trockene Luft. Die festen Farbstoffteilchen fallen nach unten, wo sie dem Sprühturm entnommen werden. Kleinere Mengen an feinkörnigem Farbstoff werden mit der Abluft ausgetragen und daraus abgetrennt (mittels Zyklon oder Filter). Diese Art von Trocknung – sie wird auch Zerstäubungstrocknung genannt – liefert bei geeigneter Einstellung von Tropfengröße und Mengenströmen auf direktem Weg ein verkaufsfähiges Produkt.

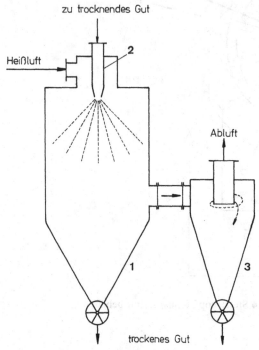

Abb. 2.4 Sprühtrockner (aus [8], S. 228).
1 Sprühturm, **2** Zerstäubungsdüse, **3** Zyklon (Staubabscheider)

Was sind die Gründe für die Unterschiede zwischen den Verfahren in der Technik und im Laboratorium? Nun, in erster Linie ist es der Zwang zur Wirtschaftlichkeit bei der Herstellung von Produkten, die verkauft werden sollen. Daneben und z.T. damit verbunden gibt es jedoch eine Reihe weiterer Faktoren, die für die Verfahren der industriellen Chemie charakteristisch sind. Von zentraler Bedeutung ist hierbei der größere Maßstab der Verfahren in der Technik im Vergleich zum Laboratorium. Diese größeren Dimensionen technischer Prozesse bedingen eine ganze Reihe von Problemen, z. B. die Abführung der Wärme bei exothermen Reaktionen, das Aufheizen/Abkühlen und das Transportieren von Einsatzstoffen, Produkten und Hilfsstoffen, die Lagerung großer Stoffmengen.

Zwei Problemkreise sind in diesem Zusammenhang besonders wichtig: die Sicherheit chemischer Anlagen und der Umweltschutz. Sie werden in Kap. 3.3 und 3.4 ausführlich behandelt. Hier sei zunächst nur festgestellt, daß sowohl die Sicherheits- als auch die Umweltprobleme eng mit der Größe der Produktionsanlagen und den Mengen der verarbeiteten und erzeugten Stoffe verbunden sind.

2.2 Gliederung chemischer Produktionsverfahren

Der Kern eines chemischen Produktionsverfahrens ist die chemische Umsetzung. Um jedoch die eingesetzten Stoffe zur Reaktion zu bringen und die Produkte der Reaktion in verwertbarer Form zu erhalten, sind zusätzliche Arbeitsgänge erforderlich. Diese Verfahrensschritte machen vom Umfang her häufig den weitaus größten Teil einer chemischen Produktionsanlage aus.

Allgemein lassen sich chemische Verfahren in drei Abschnitte gliedern:
1. Vorbereiten der Stoffe für die Reaktion,
2. Stoffumwandlung durch chemische Reaktion und
3. Aufarbeiten der Reaktionsprodukte.

Die im ersten und dritten Abschnitt verwendeten Operationen sind im wesentlichen physikalischer Natur. Beispiele dafür sind Erwärmen, Abkühlen, Mischen, Fördern und vor allem die vielen Arten von Trennverfahren, wie Destillieren, Extrahieren, Absorbieren, Adsorbieren, Kristallisieren, Filtrieren und Sieben.

Dies sei am Beispiel der Ethylenoxidherstellung durch Direktoxidation von Ethylen mit Reinsauerstoff näher erläutert.

$$C_2H_4 + \tfrac{1}{2}\, O_2 \xrightarrow[\text{230–270 °C}]{\text{(Ag)}} \underset{\displaystyle O}{H_2C - CH_2} \qquad \Delta H_R = -119{,}7 \text{ kJ/mol} \qquad (2.5)$$

Die partielle Oxidation von Ethylen zu Ethylenoxid erfolgt mit einem Silberkatalysator, und zwar mit fein verteiltem Silber auf einem anorganischen Träger, z. B. Aluminiumoxid. Um außerhalb des Bereichs explosionsfähiger Gemische zu bleiben, arbeitet man mit einem Überschuß an Ethylen; außerdem entfernt man das CO_2, das in der als Parallelreaktion ablaufenden vollständigen Oxidation des Ethylens gebildet wird (Gl. 2.6), aus dem zurückgeführten Kreislaufgas nicht vollständig.

$$C_2H_4 + 3\, O_2 \rightarrow 2\, CO_2 + 2\, H_2O \qquad \Delta H_R = -1324 \text{ kJ/mol} \qquad (2.6)$$

Weiterhin enthält das Kreislaufgas als Verdünnung 50 % Methan oder Ethan. Das in die katalytische Oxidation eintretende Gasgemisch enthält 6 bis 8 Vol.-% Sauerstoff und 20 bis 30 Vol.-% Ethylen. Aus Abb. 2.5, in der die wesentlichen Schritte des Verfahrens dargestellt sind, ist zu ersehen, daß die katalytische Oxidation, also der Reaktionsteil, nur einen kleinen Teil des Gesamtverfahrens ausmacht. In der anschließenden mehrstufigen Aufarbeitung des Reaktionsgemisches wird das Ethylenoxid durch Absorption mit Wasser entfernt. Aus der dabei erhaltenen wäßrigen Lösung wird das Ethylenoxid desorbiert und danach durch Destillation als reines Produkt gewonnen. Zur Entfernung des als Nebenprodukt gebildeten Kohlendioxids wird ein Teil des Kreisgases einer Absorption mit anschließender Desorption zugeführt.

zb=120

Einzelheiten des Verfahrens sind aus Abb. 2.6 zu entnehmen. Um die Reaktionstemperatur im Reaktor **d** in engen Grenzen halten zu können (die Ethylenoxidbildung wie auch die als Nebenreaktion ablaufende Oxidation des Ethylens zu CO_2 und H_2O sind mit Reaktionsenthalpien ΔH_R von −119,7 kJ/mol und −1324 kJ/mol stark exotherm), ist der Reaktor als Rohrbündelapparat gebaut, der durch einen flüssigen Wärmeträger (z. B. Kerosin) gekühlt wird. In den Rohren befindet sich der feste Katalysator. Die zwischen den Rohren strömende Kühlflüssigkeit gibt die aufgenommene Wärme unter Sieden in einem Abwärmesystem **e** ab; dabei wird Heizdampf erzeugt, der innerhalb der Anlage oder im Werksverbund verwendet

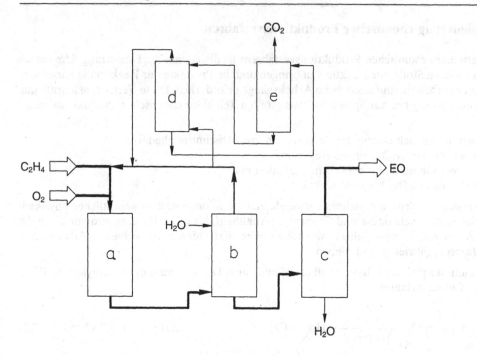

Abb. 2.5 Ethylenoxid (EO) durch Direktoxidation von Ethylen mit Reinsauerstoff (Grundfließbild). **a** Katalytische Oxidation, **b** EO-Absorption, **c** EO-Rektifikation, **d** CO_2-Absorption, **e** CO_2-Desorption

wird.

Alle anderen Teile der Anlage außer dem Reaktor **d** mit dem Abwärmesystem **e** dienen nicht der Durchführung der Reaktion, sondern dem ersten oder dritten Abschnitt des Verfahrens, d. h. der Vorbereitung der Einsatzstoffe (Edukte) oder der Aufarbeitung der Produkte. Im einzelnen läuft der Prozeß folgendermaßen ab. Das Kreisgas, das im wesentlichen aus nicht reagiertem Ethylen, Kohlendioxid und zu 50% aus einem zur Verdünnung zugesetzten Gas (z. B. Methan) besteht, wird mittels des Kompressors **a** nach Zumischung von Frisch-Ethylen und Sauerstoff über den Wärmetauscher **c**, in dem es auf Reaktionstemperatur erwärmt wird, in den Reaktor **d** gedrückt. Wie schon erwähnt, hat der Zusatz des nicht reagierenden Verdünnungsgases den Zweck, den Sauerstoffgehalt vor dem Reaktor deutlich unter der Grenze zu halten, oberhalb derer das Gasgemisch explosionsfähig ist (Explosionsgrenze). Ebenfalls aus Gründen der Explosionssicherheit erfolgt die Zumischung des Frischsauerstoffs über ein besonders wirkungsvolles Mischaggregat (Mischdüse **b**). Im Reaktor werden etwa 8–10% des Ethylens umgesetzt. Die Reaktionstemperatur liegt zwischen 230 und 270 °C, der Druck bei 10 bis 20 bar (1–2 MPa).

Die aus dem Reaktor **d** austretenden Gase werden im Wärmetauscher **c** gekühlt und der Kolonne **i** zugeführt, wo das Ethylenoxid durch Wasser im Gegenstrom absorbiert wird. Das von Ethylenoxid befreite Gas kehrt vom oberen Ende der Kolonne **i** über den Kompressor **a** in den Kreislauf zurück. Zur Entfernung des durch die vollständige Oxidation des Ethylens gebildeten CO_2 wird hinter dem Kreisgaskompressor ein kleiner Teilstrom abgezweigt und nach Absorption des CO_2 in der Kolonne **f** wieder mit dem Kreisgas vereinigt. Das mit CO_2 beladene Absorptionsmittel wird durch Desorption mit Wasserdampf in der Kolonne **g** regene-

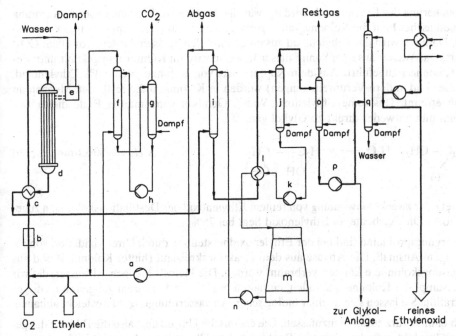

Abb. 2.6 Ethylenoxid durch Direktoxidation von Ethylen mit Reinsauerstoff (Verfahrensfließbild, nach [14], S. 218).
a Kreisgaskompressor, b Mischdüse, c Wärmetauscher, d Reaktor, e Abwärmesystem, f CO₂-Absorptionskolonne, g CO₂-Desorptionskolonne, h Pumpe für Absorptionsmittel, i Ethylenoxid-Absorptionskolonne, j Ethylenoxid-Desorptionskolonne, k Kreiswasserpumpe, l Wärmetauscher, m Kühlturm, n Kreiswasserpumpe, o Entgasungskolonne, p Pumpe, q Ethylenoxid-Reindestillationskolonne, r Ethylenoxid-Kondensator

riert und von da wieder auf die Absorptionskolonne **f** gepumpt.

Als Absorptionsflüssigkeit für CO₂ benutzt man zweckmäßigerweise wäßrige Lösungen alkalischer Verbindungen. Sie binden gelöstes CO₂ durch Carbonatbildung und können dadurch regeneriert werden, daß sie bei geänderten Bedingungen (höhere Temperatur, niedrigerer CO₂-Partialdruck) das CO₂ wieder leicht abgeben. Solche Verbindungen sind Kaliumcarbonat (Pottasche) oder schwerflüchtige organische Amine (z. B. Ethanolamin, Diethanolamin). Hierbei erfolgt die Absorption der gasförmigen Komponente über eine chemische Reaktion:

$$K_2CO_3 + CO_2 + H_2O \rightleftarrows 2\ KHCO_3 \tag{2.7}$$

$$2\ NH_2[CH_2CH_2OH] + CO_2 + H_2O \rightleftarrows (NH_3[CH_2CH_2OH])_2CO_3 \tag{2.8}$$
Ethanolamin

Man bezeichnet eine solche Absorption als „chemische" Absorption im Unterschied zur „physikalischen" Absorption, bei der die gasförmigen Komponenten aufgrund ihrer Löslichkeiten absorbiert werden. Ein Beispiel für die physikalische Absorption ist die Druckwasserwäsche zur Abtrennung von CO₂. Damit gelingt jedoch bei weitem nicht eine quantitative Abtrennung des CO₂, da dessen Löslichkeit in Wasser näherungsweise proportional seinem Partialdruck ist. Im Gegensatz dazu arbeiten die chemischen Absorptionen fast quantitativ; sie zeichnen sich zudem durch hohe Selektivität hinsichtlich der abzutrennenden Gase aus.

Zur Anreicherung des Ethylenoxids wird die wäßrige Lösung aus Kolonne i nach Erwärmung im Wärmetauscher l auf die Kolonne j aufgegeben, an deren unterem Ende Dampf eingeblasen wird. Dadurch wird das Ethylenoxid zusammen mit den gelösten Gasen (vor allem CO_2) desorbiert. Das Wasser aus dem Sumpf dieser Kolonne wird im Kühlturm m gekühlt und wieder der Kolonne i zugeführt. Aus dem Kopfprodukt von Kolonne j (ca. 90% Ethylenoxid, Rest Wasser und andere Verunreinigungen) werden in Kolonne o die restlichen Mengen an Gasen abgetrennt. Das reine Ethylenoxid-Wasser-Gemisch vom unteren Ende dieser Kolonne kann nun entweder direkt zu Glykol gemäß

$$H_2C - CH_2 + H_2O \longrightarrow H_2C\text{---}CH_2 \qquad\qquad \Delta H_R = -80 \text{ kJ/mol} \qquad (2.9)$$
$$\diagdown \diagup \qquad\qquad\qquad | \quad\; |$$
$$O \qquad\qquad\qquad\quad OH \;\; OH$$

verarbeitet oder zwecks Gewinnung von reinem Ethylenoxid der Destillationskolonne q zugeführt werden. Die Ausbeute an Ethylenoxid liegt bei 75%.

Die Entsorgungsprobleme sind bei der Ethylenoxidherstellung durch Direktoxidation von relativ geringem Ausmaß. Die Abgase aus dem Reaktionskreislauf (hinter Kolonne i) und aus der Entgasungskolonne o können verbrannt werden. Die kleinen Mengen Abwasser, die vor allem im Sumpf der Kolonne q anfallen, enthalten organische Verunreinigungen in niedriger Konzentration. Sie lassen sich in einer biologischen Abwasserreinigung relativ leicht abbauen.

Um noch einmal kurz zusammenzufassen: Die chemische Umsetzung, also die Bildung des gewünschten Produktes, findet alleine im Reaktor d statt; alle anderen Apparate im Verfahrensschema dienen den verschiedensten Hilfsoperationen, die allerdings für die erfolgreiche Durchführung des industriellen Prozesses notwendig sind. So dienen z. B. die Wärmetauscher c und l im Verfahrensschema der Wärmeökonomie des Prozesses. Im Wärmetauscher c wird der Wärmeinhalt des aus dem Reaktor austretenden Gasstroms zur Aufheizung der in den Reaktor eintretenden Gase benutzt. Es liegt auf der Hand, daß beispielsweise eine Erwärmung des Kreisgasstroms von Umgebungstemperatur auf 230 °C mittels eines Gasbrenners wesentlich aufwendiger und damit unwirtschaftlicher wäre als mit dem im Verfahren verwendeten Gegenstromwärmetauscher. Apparate dieser Art sind praktisch in jeder Chemieanlage zu finden. Eine andere Art von Apparaten, die im Verfahrensschema der Ethylenoxidherstellung mehrfach vorkommen, sind die Flüssigkeitspumpen (z. B. h, k, n, p). Diese verschiedenen Pumpen sind zwar unterschiedlich dimensioniert und z. T. auch von unterschiedlicher Bauart; sie dienen jedoch im Prinzip alle dem gleichen Zweck, nämlich der Förderung eines Flüssigkeitsstroms. Analoges gilt für die Wärmetauscher. Sie gehören zu einer größeren Gruppe von Apparatetypen, die dadurch gekennzeichnet sind, daß sie der Übertragung von Wärme zwischen zwei Medien oder, allgemeiner gesagt, dem Wärmetransport dienen. Andere Arbeitsgänge oder Operationen, die im Verfahrensschema mehrfach vorkommen, sind das Absorbieren (f, i) und das Destillieren (q).

All diese verschiedenen Operationen lassen sich unter gemeinsamen Gesichtspunkten behandeln. Man bezeichnet sie als verfahrenstechnische Grundoperationen und teilt sie in mechanische und thermische Grundverfahren (engl. unit operations) ein. Zu den mechanischen Grundverfahren gehören alle Einzelverfahren, die allein auf den Gesetzen der Mechanik basieren, z. B. Filtrieren, Zerkleinern, Mischen und Fördern. Grundlage der thermischen Grundoperationen sind die Gesetze der Thermodynamik und des Wärme- und Stofftransports. Thermische Grundoperationen sind z. B. die Wärmeübertragung (einschließlich Kondensieren und Verdampfen), das Destillieren und das Extrahieren. Mechanische und thermische Grundverfahren sind in erster Linie Gegenstand einer ingenieurwissenschaftlichen Disziplin, der Verfahrenstechnik. Die Anwendung der Grundverfahren ist nicht auf chemische Prozesse beschränkt; sie erstreckt sich vielmehr auf eine Reihe sehr verschiedenartiger Gebiete, wie die

Verarbeitung von Lebensmitteln (Lebensmitteltechnologie), die Gewinnung und Verarbeitung von Rohstoffen (z. B. des Erdöls) und die Metallurgie. Für die technische Chemie stellen die verfahrenstechnischen Grundoperationen einen notwendigen Bestandteil dar. Sie werden im Band 2 dieses Lehrbuchs behandelt.

2.3 Darstellung chemischer Verfahren und Anlagen durch Fließbilder

In den vorangegangenen Abschnitten haben wir eine Reihe technischer Verfahren kennengelernt. Dabei wurden zur Beschreibung und Veranschaulichung der Verfahren schematische und bildliche Darstellungen verwendet. Darstellungen dieser Art bezeichnet man als Fließbilder.

In der chemischen Technik werden schon seit langem solche Fließbilder verwendet. Sie sind ein einfaches Verständigungsmittel bei der Entwicklung technischer Verfahren, bei Planung und Bau der entsprechenden Anlagen und auch bei ihrem Betrieb (vgl. Kap. 4 und 6). So können anhand von Fließbildern die verschiedenen Stellen, die an der Projektierung einer Anlage beteiligt sind, mit ihren Spezialisten (Forschungs- und Betriebschemiker, Verfahrensingenieure, Apparatebauer, Werkstoffkundler, Elektro- und Bauingenieure, Sicherheitsingenieure, Meß- und Regeltechniker) mit Verfahren und Anlage schnell vertraut gemacht werden. Ebenso sind Fließbilder bei der Verfahrensentwicklung unentbehrlich, z. B. als Diskussionsgrundlage bei der Gegenüberstellung verschiedener Verfahrensvarianten.

Die ersten bildlichen Darstellungen von Verfahren waren etwas vereinfacht gezeichnete Bilder der Produktionsanlagen. Der Zeichner hatte völlig freie Hand, wie er die einzelnen Apparate, Anlagenteile und Verfahrensschritte darstellte. Häufig wurden dabei auch unwesentliche Dinge in die bildliche Darstellung übernommen. Daher ergaben sich nicht selten Unklarheiten und Verständigungsschwierigkeiten. Um zu allgemeinverbindlichen und eindeutigen Darstellungen chemischer Verfahren und Anlagen zu gelangen, wurden Richtlinien entwickelt, die in einer DIN-Norm (DIN 28004, Fließbilder verfahrenstechnischer Anlagen) zusammengestellt sind. Sie enthält neben den Definitionen für die einzelnen Arten von Fließbildern auch Angaben über die zeichnerische Ausführung sowie eine Zusammenstellung der graphischen Symbole für Apparate und Maschinen sowie für Rohrleitungen und Armaturen (vgl. Abb. 2.7 a–e; S. 40–44).

Die verschiedenen Arten von Fließbildern unterscheiden sich hinsichtlich ihres Zweckes und Informationsgehaltes. Zwei besonders wichtige, nämlich das Grundfließbild und das Verfahrensfließbild, wurden in den vorhergehenden Abschnitten schon benutzt bei der Behandlung der Herstellung von Ethylenoxid durch Direktoxidation von Ethylen. Dessen Darstellung in Abb. 2.5 ist ein Grundfließbild, während Abb. 2.6 ein Verfahrensfließbild für denselben Prozeß ist. Der wesentliche Unterschied zwischen beiden Darstellungen ist ohne weiteres ersichtlich: Das Verfahrensfließbild ist eine sehr bildliche, anschauliche Darstellung. Das Grundfließbild ist dagegen stark schematisiert und von einem höheren Abstraktionsgrad. Zur genaueren Abgrenzung der einzelnen Fließbildarten voneinander werden in der DIN-Norm 28004 Festlegungen hinsichtlich des Informationsgrades getroffen. Danach soll jede Fließbildart eine Mindestmenge an Informationen enthalten (Soll- oder Grundinformationen). Darüber hinaus können weitere Informationen im Fließbild festgehalten werden (Kann- oder Zusatzinformationen).

Das **Grundfließbild** ist eine schematische Darstellung der Schritte eines Verfahrens in Form eines Block- oder Kästchenschemas. Es wird gelegentlich auch als Prinzipschema bezeichnet. Für die Angaben im Grundfließbild gilt folgendes:

1. Einzelelemente

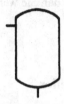

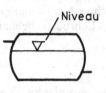
Niveau

Behälter mit gewölbten Böden **Behälter mit Einbauten** **Liegender Behälter mit Flüssigkeitsniveau**

Elektromotor allgemein **Antriebsmaschine mit Expansion des Arbeitsstoffes, Turbine** **Eingang, Edukte Ausgang, Produkte**

2. Armaturen und Rohrleitungsteile

Absperrarmatur allgemein **Absperrdurchgangsventil** **Absperr-Dreiwegeventil**

Absperreckhahn **Absperrschieber** **Rückschlagklappe, Punkt kennzeichnet Eintrittsseite**

Sicherheitsdurchgangsventil **Berstscheibe Berstmembrane** **Schauglas lotrecht eingebaut**

Kondensatableiter **Flanschverbindung allgemein** **Auslaß zur Atmosphäre für Dampf / Gas**

Abb. 2.7a Graphische Symbole nach DIN 28004 und DIN 30600, Teil 1 und 2

3. Apparate für mechanische Grundverfahren

a) Fördern

Flüssigkeitspumpe allg.
Spitze zeigt in Förder-
richtung

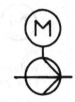

Kreiselpumpe mit
Elektromotor

Hubkolbenpumpe

Membranpumpe

Zahnradpumpe

Verdichter, Vakuum –
pumpe allgemein
Verengung zeigt in
Förderrichtung

Turboverdichter
Turbovakuumpumpe

Strahlverdichter
mit Zuführung
des Treibmediums

Bandförderer

Schneckenförderer

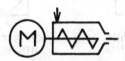

Schneckenpresse
mit Elektromotor

b) Dispergieren

Rührer allgemein

Ankerrührer

Scheibenrührer

Mischer mit
Elektromotor

Zerteilerelement für
Fluide, Sprühdüse

Abb. 2.7b Graphische Symbole nach DIN 28004 und DIN 30600, Teil 3a, b

c) Homogenisieren

d) Trennen

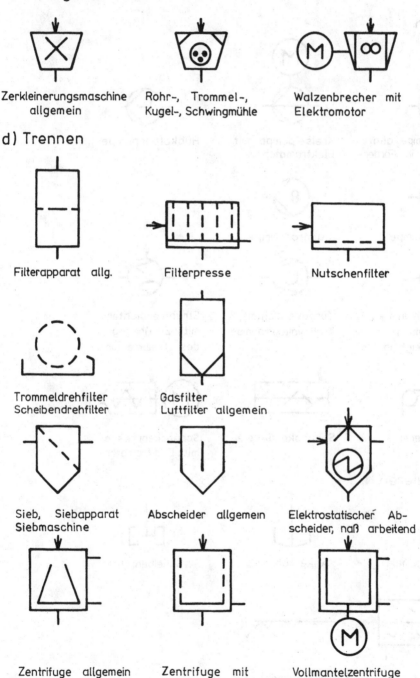

Abb. 2.7c   Graphische Symbole nach DIN 28004 und DIN 30600, Teil 3c, d

4. Apparate für thermische Grundverfahren

a) Wärmeaustausch

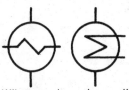

Wärmeaustauscher mit
kreuzenden und nicht
kreuzenden Fließlinien

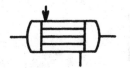

Rohrbündel-
Wärmeaustauscher

Doppelrohr-
Wärmeaustauscher

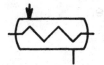

Wärmeaustauscher mit
Rohrschlange

Rippenrohr-
Wärmeaustauscher

Platten-
Wärmeaustauscher

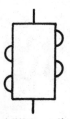

Behälter mit
Halbrohrschlange

Rührkessel mit Heiz-
bzw. Kühlmantel und
Elektromotor

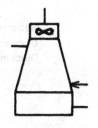

Kühlturm mit
Ventilator

b) Trocknen

Trockner allgemein

Trockner mit Ein-
und Ausgang und
Anschluß der Heizung

Sprühtrockner
mit Zuführung
der Warmluft

Abb. 2.7 d Graphische Symbole nach DIN 28004 und DIN 30600, Teil 4 a, b

c) Verdampfen

Dünnschichtverdampfer   Wasserdampferzeuger
mit Elektromotor   Wasserdampfkessel

d) Einbauten in Behälter, Kolonnen und Reaktoren

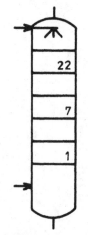

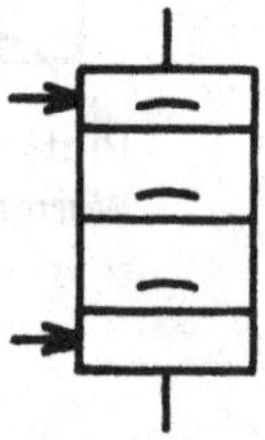

Behälter mit
Glockenböden,
Glockenbodenkolonne

Behälter mit
Siebböden,
Siebbodenkolonne

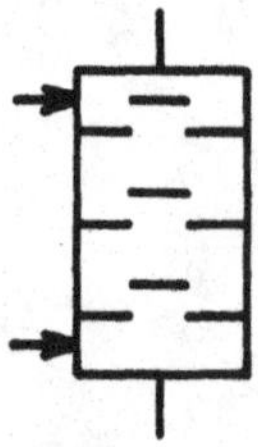

Bodenkolonne mit
eingetragener An-
zahl der Böden

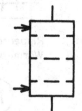

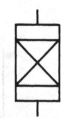

Behälter mit
Ventilböden,
Ventilbodenkolonne

Behälter mit
Festbett,
Festbettreaktor

Füllkörperkolonne
mit unterteilter
Schüttung

Abb. 2.7e   Graphische Symbole nach DIN 28004 und DIN 30600, Teil 4c, d

Grundinformationen:

- Bezeichnung der einzelnen Stufen; bei Anlagenkomplexen Benennung der Teilanlagen, bei Einzelbetrieben oder Teilanlagen Benennung der Grundoperationen,
- Benennung der Ein- und Ausgangsstoffe (Edukte und Produkte) und
- Fließrichtung der Hauptstoffe.

Zusatzinformationen:

- Benennung der Stoffe zwischen den Stufen, sonstige Stoffströme außer den Hauptstoffen,
- Stoffströme oder Stoffmengen,
- Benennung der Energieart oder der Energieträger,
- Durchflüsse oder Mengen von Energie oder Energieträgern und
- charakteristische Betriebsbedingungen (z. B. Druck, Temperatur, Konzentrationen).

Das **Verfahrensfließbild**, auch Verfahrensschema genannt, soll die Arbeitsweise des Verfahrens aufzeigen. Es soll alle für das Verfahren erforderlichen Apparate und Maschinen sowie deren Schaltung enthalten. Für die Darstellung dieser einzelnen Elemente sind die graphischen Symbole nach DIN 28004 und 30600 zu verwenden. Für die Angaben im Verfahrensfließbild gilt folgendes:

Grundinformationen:

- Alle für das Verfahren erforderlichen Apparate, Maschinen und Hauptfließlinien (Hauptrohrleitungen, Haupttransportwege),
- Benennung und Durchflüsse oder Mengen der Ein- und Ausgangsstoffe,
- Benennung der Energieart oder der Energieträger und
- charakteristische Betriebsbedingungen.

Zusatzinformationen:

- Benennung und Durchflüsse bzw. Mengen der Stoffe innerhalb des Verfahrens,
- Durchflüsse oder Mengen von Energien bzw. Energieträgern,
- wesentliche Armaturen (z. B. Ventile, Schaugläser, Berstscheiben),
- Angaben über Meß- und Regeltechnik,
- zusätzliche Angaben über Betriebsbedingungen,
- Angaben über Größen von Apparaten und Maschinen und
- Höhenlage von Apparaten und Maschinen.

Selbstverständlich wird man in ein Verfahrensfließbild nicht alle Zusatzinformationen eintragen, damit die Darstellung nicht überladen und damit unübersichtlich wird. Je nach Verwendungszweck des Fließbildes wird man die Angaben über bestimmte Arten von Informationen einschränken. So wird man in einem Verfahrensfließbild, das als Grundlage für energetische Berechnungen dienen soll, Angaben über Apparate und Maschinen weitgehend weglassen. Häufig faßt man Zusatzinformationen in besonderen Listen oder Tabellen zusammen. Beispiele dafür sind die Apparatelisten und die Stoffstromtabellen.

Abb. 2.8 zeigt das Verfahrensfließbild einer Reindestillation, in das oben die dazu gehörige Stoffstromtabelle eingezeichnet ist. Die in dem Fließbild dargestellte Reindestillation ist Teil einer Anlage, deren Teilschritte in der Abb. 2.8 rechts unten aufgelistet sind. Aus der Stoffstromtabelle ist zu entnehmen, daß in der Reindestillation ein Gemisch aus den Komponenten A, B und C, das sog. Konzentrat (Nr. 1, im Fließbild sind die Nummern der Stoffströme in quadratische Kästchen eingetragen), in ein Kopfprodukt (Nr. 4, A und B) und ein Sumpfprodukt (Nr. 8, C) getrennt wird. Das Gemisch aus A und B ist auch das Endprodukt (Nr. 5 und Nr. 6); das Sumpfprodukt ist der Rückstand (Nr. 9) der Destillation. Daß es sich um eine Destillation bei vermindertem Druck handelt, ist aus dem in der Stoffstromtabelle für die Stoffströme Nr. 2 (Kopfprodukt) und Nr. 3 (Rücklauf) angegebenen Druck von 0,13 bar (absolut) zu ersehen.

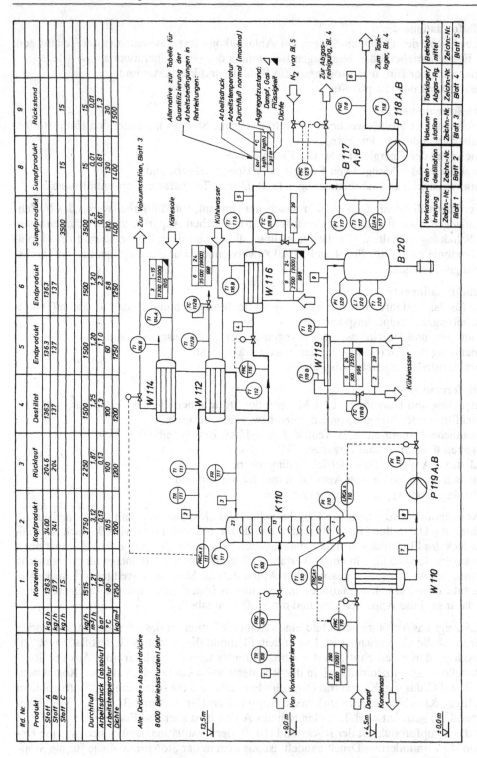

Abb. 2.8 Verfahrensfließbild (Anlagenteil Reindestillation) mit Grund- und Zusatzinformationen (aus [1], S. 176)

Für die technische Planung einer Anlage reicht ein Verfahrensfließbild nicht aus, auch wenn es wie in der Darstellung in Abb. 2.8 zahlreiche Zusatzinformationen enthält. Um die gesamte technische Ausrüstung einer Anlage mit den konstruktiven Einzelheiten festzuhalten, benutzt man das sog. **Rohrleitungs- und Instrumentenfließbild (RI-Fließbild)**. Wie die anderen Fließbilder ist es in der DIN 28 004 definiert. Danach sind die Informationen in RI-Fließbildern wie folgt festgelegt:

Grundinformationen:
- Alle Apparate und Maschinen (auch Antriebsmaschinen) einschließlich installierter Reserve, alle Rohrleitungen bzw. Transportwege und alle Armaturen,
- Nennweite, Druckstufe, Werkstoff und Ausführung der Rohrleitungen,
- Angaben zur Wärmedämmung von Apparaten, Maschinen und Rohrleitungen,
- Aufgabenstellung für Messen, Steuern und Regeln,
- Kennzeichnende Größen von Apparaten und Maschinen (außer Antriebsmaschinen), gegebenenfalls in Form getrennter Listen, und
- kennzeichnende Daten von Antriebsmaschinen, gegebenenfalls in Form getrennter Listen.

Zusatzinformationen:
- Benennung und Durchflüsse bzw. Mengen von Energie bzw. Energieträgern,
- wichtige Geräte für Messen, Steuern, Regeln,
- wichtige Werkstoffe von Apparaten und Maschinen sowie
- Höhenlage von Apparaten und Maschinen.

Zur zeichnerischen Ausführung des RI-Fließbildes ist festgelegt, daß Apparate und Maschinen in ihrer Höhenlage zueinander und in ihren äußeren Hauptabmessungen annähernd maßstäblich dargestellt werden. Rohrleitungen, Armaturen, Meß-, Steuerungs- und Regelungseinrichtungen sollen an der ihrer Funktion entsprechenden Stelle eingezeichnet werden, wie es in dem in Abb. 2.9 gezeigten RI-Fließbild geschehen ist. Es handelt sich dabei um die Reindestillation, die in Abb. 2.8 als Verfahrensfließbild dargestellt ist. Bei einem Vergleich der beiden Abbildungen stellt man eine große Ähnlichkeit der beiden Fließbilder fest. Das Verfahrensfließbild enthält viele Zusatzinformationen, die einem fortgeschrittenen Stand der Planung der Anlage entsprechen. So ist schon die Höhenlage der einzelnen Apparate angegeben. Die Numerierung der Apparate ist dieselbe wie im RI-Fließbild. Apparate und Maschinen, die doppelt installiert sind, wie die zwei Destillatbehälter B 117A und B 117B und die Destillatpumpen P 118A und P 118B, sind im Verfahrensfließbild nur einfach gezeichnet; im RI-Fließbild ist dagegen jeder einzelne Apparat enthalten. Eine Liste der Apparate mit wichtigen Daten ist in das RI-Fließbild der Abb. 2.9 rechts oben eingezeichnet.

Für die Beschreibung der Art der Meß- und Regeleinrichtungen werden die in Tab. 2.2 aufgeführten Symbole verwendet. Bei der Bezeichnung eines Meß- oder Regelgeräts steht die Meßgröße immer an der ersten Stelle. In der Regel folgen dann die Buchstaben, welche die Funktion des Geräts angeben; z. B. bedeuten PI Druckanzeige, TRC Temperaturschreiber und -regler. In besonderen Fällen wird die Meßgröße durch einen Ergänzungsbuchstaben genauer bezeichnet, z. B. in PDI für die Anzeige einer Druckdifferenz (P für Druck und D für Differenz). Die Stelle, an der ein Regler durch Verstellung eingreift (die Vorrichtung dafür heißt in der Fachsprache Stellglied, z. B. das Ventil für eine Durchflußregelung), wird mit der Meßstelle durch eine gebrochen gezeichnete Linie verbunden. Sowohl im Verfahrensfließbild der Abb. 2.8 als im RI-Fließbild der Abb. 2.9 sind die meß- und regeltechnischen Einrichtungen eingezeichnet. Im RI-Fließbild müssen sie (Grundinformationen), im Verfahrensfließbild können sie (Zusatzinformationen) enthalten sein.

Ein Fließbild, das speziell der Darstellung der meß- und regelungstechnischen Ausrüstung einer Anlage dient, wird als **Meß- und Regelschema** bezeichnet. Außer den in DIN 28 004 definierten Arten von Fließbildern gibt es für eine Reihe von Aufgabenstellungen spezielle Fließ-

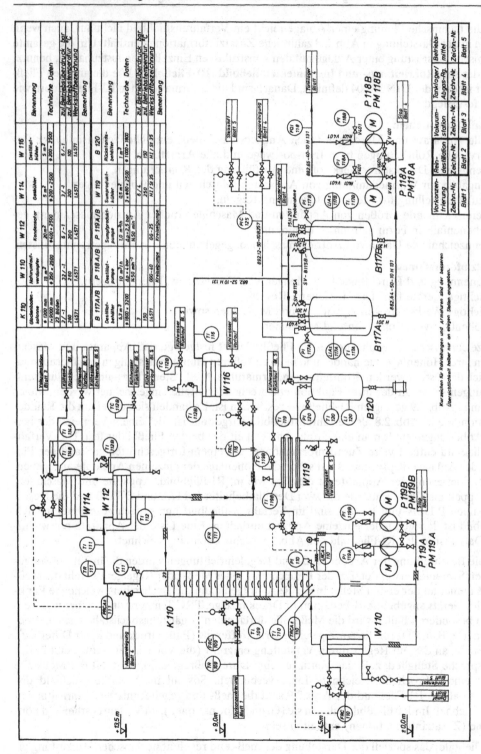

Abb. 2.9 Rohrleitungs- und Instrumentenfließbild zum Verfahrensfließbild Abb. 2.8 (Anlagenteil Reindestillation, aus [1], S. 267)

Tab. 2.2 Symbole für Meß- und Regeleinrichtungen nach DIN 19227

Meßgrößen und andere Eingangsgrößen		Funktion des Gerätes
Erstbuchstabe	Ergänzungsbuchstabe	
D Dichte (engl. density)	D Differenz	A Alarmgeber (engl. alarm)
F Durchfluß (engl. flow)	F Verhältnis	C Regler (engl. control)
H Handeingabe, -eingriff	I Integral, Summe	I Anzeige (engl. indication)
L Stand (engl. level)		R Registriergerät, Schreiber
P Druck (engl. pressure)		(engl. registration)
Q Qualitätsgröße (engl. quality),		
z. B. Konzentration		
T Temperatur (engl. temperature)		
W Masse, Gewicht (engl. weight)		

bilder. Eines davon ist das **Mengenfließbild**. Es soll Auskunft über die Mengen der eingesetzten und ausgebrachten Stoffe sowie über den Stoffmengenfluß zwischen den einzelnen Stufen des Verfahrens geben. Dabei benutzt man für die zeichnerische Darstellung im allgemeinen die Form des Grundfließbildes, da bei den Fragen, die anhand eines Mengenfließbildes erläutert werden sollen (Ausbeute, Umsatz, Kreislaufmengen), die apparative Seite in den Hintergrund tritt. Eine besonders anschauliche Darstellung des Mengenflusses ist das **Mengenstrombild**, in dem die einzelnen Mengenströme maßstäblich gezeichnet sind (vgl. Abb. 2.10 sowie Kap. 8.2.6, Abb. 8.9). Der Arbeitsaufwand dabei ist jedoch relativ hoch, so daß man nur in besonderen Fällen diese Art der Darstellung benutzen wird.

Ähnlich wie der Mengenfluß im Mengenstrombild läßt sich auch der Energiefluß eines Verfahrens darstellen (vgl. Abb. 2.11). Wenn es sich bei der Energie alleine um Wärmeenergie handelt, bezeichnet man die entsprechende maßstäbliche Darstellung als **Wärmestrombild** oder Sankey-Diagramm. Es eignet sich besonders zur Verdeutlichung des Wärmehaushalts in einem Verfahren oder einer Verfahrensstufe.

Weitere bildliche Darstellungen von Anlagen sind das Montageschema und der Aufstellungsplan. Sie werden vor allem beim Bau einer Anlage benötigt, danach aber auch für die Wartung und den Betrieb der Anlage; sie gehören daher zu deren vollständigen Beschreibung. Im **Montageschema** sind die Apparate maßstabsgerecht und weitgehend auch nach ihrer konstruktiven Gestaltung gezeichnet. Ferner sind darin die Höhen für die Aufstellung der einzelnen Aggregate maßstabsgerecht enthalten sowie die Armaturen und die Nennweiten der Rohrleitungen. Der **Aufstellungsplan** gibt die räumliche Lage aller Apparaturen und Maschinen als maßstäbliche Zeichnungen in Auf-, Grund- und Seitenriß wieder. Weiterhin werden im Aufstellungsplan bauliche Angaben, z. B. über Fundamente, Unterstützungen, Bühnen, Montageöffnungen, Durchbrüche in Decken und Wänden, festgehalten. Da die Erstellung von Montageschema und Aufstellungsplan besonders zeitaufwendig ist, werden heute zur Beschleunigung und Erleichterung der Abwicklung verstärkt die Möglichkeiten der elektronischen Datenverarbeitung benutzt (vgl. Kap. 6.4). Es gibt hierfür inzwischen Rechnerprogramme, die sich vor allem bei der Abwicklung von Großprojekten im Anlagenbau bewährt haben.

Eine andere Art der Darstellung von chemischen Anlagen sei nur kurz erwähnt, nämlich die durch verkleinerte **Modelle**, die aus Kunststoffbaukastenteilen aufgebaut werden. Solche Modelle ermöglichen Überlegungen zur günstigen Anordnung der Anlagenteile und zur zweckmäßigen Verlegung der Rohrleitungen. Sie werden insbesondere bei der Projektierung und dem Bau von Großanlagen eingesetzt (vgl. Kap. 6.1).

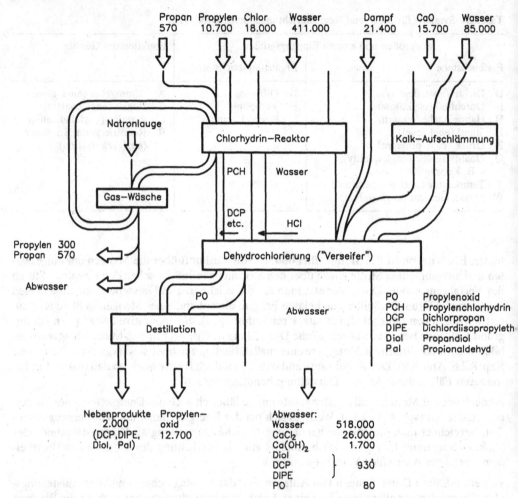

Abb. 2.10 Mengenstrombild für die Herstellung von Propylenoxid (PO) nach dem Chlorhydrinverfahren (nach [12], S. 1094).
Mengenangaben in kg/h für eine Kapazität von 1 000 000 t PO/a bei 90% Auslastung

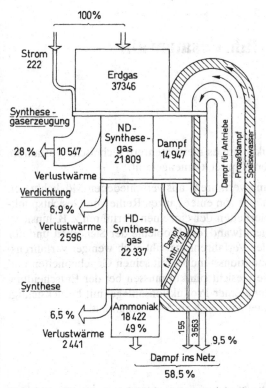

Abb. 2.11 Energiestrombild einer Ammoniakanlage für 1100 t NH₃/Tag auf der Basis von Synthesegas aus Erdgas. Zahlenangaben in MJ/t NH₃ bezogen auf den unteren Heizwert (aus [13], S. 496)

Literatur

1. Bernecker, G. (1984), Planung und Bau verfahrentechnischer Anlagen, 3. Aufl., VDI-Verlag, Düsseldorf.
2. DIN 19227 (1993), Graphische Symbole und Kennbuchstaben für die Prozeßleittechnik, Beuth Verlag, Berlin.
3. DIN 28004 (1988), Fließbilder verfahrenstechnischer Anlagen, Beuth Verlag, Berlin.
4. DIN 30600 (1985), Graphische Symbole, Beuth Verlag, Berlin.
5. Gmehling, J., A. Brehm (1995), Mechanische und Thermische Grundoperationen, Lehrbuch der Technischen Chemie II, Georg Thieme Verlag, Stuttgart, New York.
6. Kirk-Othmer (4.) (1994), Ethylene Oxide, Vol. 9, p. 915–959.
7. Leschonski, K. et al. (1984), Grundzüge der mechanischen Verfahrenstechnik, in Winnacker-Küchler (4.), Bd. 1, S. 29–138.
8. Onken, U. (1984), Grundzüge der thermischen Verfahrenstechnik, in Winnacker-Küchler (4.), Bd. 1, S. 139–241.
9. Peinke, W. (1984), Meß-, Steuer- und Regelungstechnik in der chemischen Industrie, in Winnacker-Küchler (4.), Bd. 1, S. 504–598.
10. Polke, M. (1994), Prozeßleittechnik, 2. Aufl. Oldenbourg, München.
11. Schoenemann, K. (1953), Denkweise und Arbeitstechnik der modernen chemischen Technik, Chem. Ind. V, 529–538.[1])
12. Simmrock, K. H. (1976), Die Herstellungsverfahren für Propylenoxid und ihre elektrochemische Alternative, Chem.-Ing.-Tech. **48**, 1085–1096.
13. Ullmann (4.) (1974), Ammoniak, Bd. 7, S. 444–513.
14. Ullmann (4.) (1974), Ethylenoxid, Bd. 8, S. 215–221.
15. Ullmann (5.) (1987), Ethylene Oxide, Vol. A10, p. 117–135.
16. Ullrich, H. (1983), Anlagenbau, Georg Thieme Verlag, Stuttgart, New York.

---

[1]) Eine der ersten Arbeiten über die ganzheitliche Behandlung chemischer Produktionsverfahren.

Kapitel 3

Gesichtspunkte für die Verfahrensauswahl

Für die Herstellung eines chemischen Produkts gibt es meist mehrere technische Verfahren. Beispiele dafür haben wir im vorhergehenden Kapitel kennengelernt.

Maßgebend für die Auswahl eines Herstellungsverfahrens aus verschiedenen Möglichkeiten ist letzten Endes die Wirtschaftlichkeit. Sie hängt von einer ganzen Reihe von Gesichtspunkten ab. Dazu gehören die stofflichen Besonderheiten der einzelnen Verfahren z. B. hinsichtlich der Ausgangsstoffe, der jeweilige Energieaufwand, die Probleme der Sicherheit und der Umweltbelastungen. Weiterhin spielen bei der Verfahrensauswahl auch weniger verfahrensspezifische Faktoren eine Rolle, wie der Produktionsstandort mit seinen Gegebenheiten und der Entwicklungsstand des Verfahrens. Diese Gesichtspunkte müssen bei der Entscheidung für ein bestimmtes Projekt, also der Errichtung einer Produktionsanlage, mit berücksichtigt werden; sie werden daher in diesem Zusammenhang in Kap. 5.4.4 behandelt.

3.1 Stoffliche Gesichtspunkte

Unter den stofflichen Gesichtspunkten für die Verfahrensauswahl spielt die Frage nach den Ausgangsprodukten eine besonders wichtige Rolle. Dazu gehört vor allem, daß diese Ausgangsstoffe preiswert und in genügender Menge zur Verfügung stehen. Daneben ist zu beachten, daß die Bildung von Neben- und Koppelprodukten in der Regel nicht erwünscht ist, da die Verwertung dieser Stoffe in den meisten Fällen zusätzliche Probleme bringt. Diese stofflichen Gesichtspunkte sind auch wesentliche Gründe für die Verschiedenheit von Labor- und technischen Verfahren (vgl. Kap. 2.1). Weiterhin muß man auch daran denken, daß im Laufe der Zeit neue Verfahren entwickelt wurden, welche die Verwendung von anderen, preisgünstigeren Einsatzprodukten ermöglichten. Dabei spielten sowohl Änderungen der Rohstoffsituation (z. B. Steinkohle oder Erdöl als Grundstoff für die industrielle organische Chemie) als auch die technische Entwicklung (z. B. die Beherrschung höherer Drücke und Temperaturen durch neue Werkstoffe oder Fortschritte im Apparatebau) eine Rolle. Dies soll in diesem Abschnitt anhand einiger wichtiger Produkte verdeutlicht werden.

3.1.1 Phenol – sechs technische Synthesewege

Phenol wurde 1834 von F. Runge aus dem Steinkohlenteer isoliert. Es ist heute ein wichtiges Zwischenprodukt, aus dem vor allem Kunstharze (Phenoplaste, vgl. Kap. 9.1.3), ε-Caprolactam (vgl. Kap. 3.3.2) und Bisphenol A hergestellt werden. Der Steinkohlenteer reicht als Rohstoffquelle schon seit langem nicht aus. Daher sind mehrere technische Syntheseverfahren entwickelt worden, die vom Benzol ausgehen (vgl. Abb. 3.1). Im Prinzip handelt es sich dabei immer um eine Oxidation. Da bei der Direktoxidation von Benzol die Folgereaktionen (Weiteroxidation) begünstigt sind, benutzen alle vom Benzol ausgehenden Phenol-Verfahren Umwege. Dabei unterscheiden sich die einzelnen Verfahren vor allem in den Zwischenstufen. Ein technisch ebenfalls interessanter Weg geht von Toluol aus (vgl. Abb. 3.1 unten).

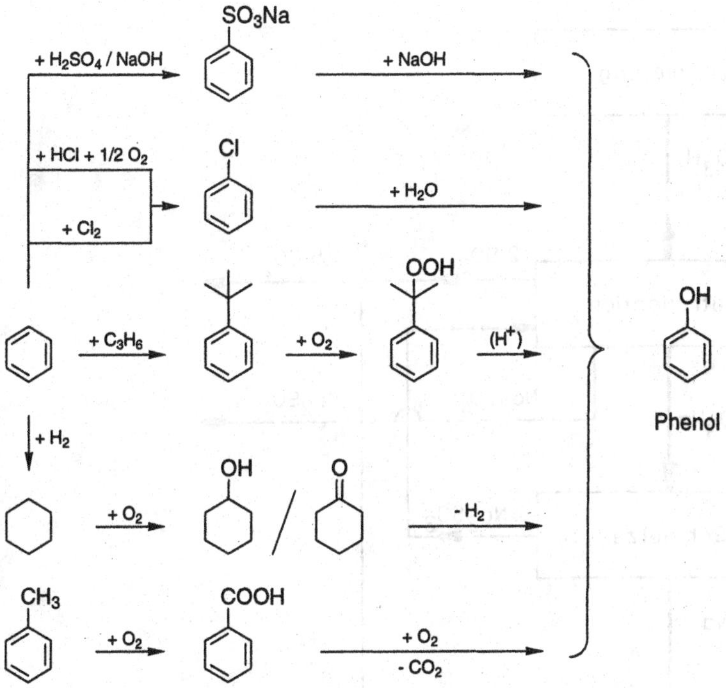

Abb. 3.1 Technische Phenolsynthesen

Alkalischmelze von Natriumbenzolsulfonat

Dies ist die älteste Phenolsynthese. Ein technisches Verfahren für diesen Herstellungsweg zeigt Abb. 3.2 in Form des Grundfließbildes. Vom Benzol ausgehend läuft das Verfahren in folgenden vier Schritten ab:

1. Sulfonierung von Benzol mit einem Überschuß an Schwefelsäure:

$$C_6H_6 + H_2SO_4 \underset{\sim 110\,°C}{\rightleftharpoons} C_6H_5SO_3H + H_2O \tag{3.1}$$

2. Neutralisation des Sulfonierungsgemisches mit Natriumsulfit aus der folgenden Stufe und anschließende Abtrennung des Natriumsulfats:

$$2\ C_6H_5SO_3H + H_2SO_4 + 2\ Na_2SO_3 \longrightarrow 2\ C_6H_5SO_3Na + Na_2SO_4 + 2\ SO_2 \tag{3.2}$$

3. Schmelze des eingedampften und getrockneten Natriumbenzolsulfonats mit Ätznatron (Überschuß):

$$C_6H_5SO_3Na + 2\ NaOH \xrightarrow{320-340\,°C} C_6H_5ONa + Na_2SO_3 + H_2O \tag{3.3}$$

4. Auflösen der Schmelze in Wasser, Abzentrifugieren des nicht gelösten Natriumsulfits und Freisetzung des Phenols durch Einleiten von Schwefeldioxid („Sättigung") aus Schritt 2 (Neutralisation):

$$2\ C_6H_5ONa + NaOH + {}^3/_2\ SO_2 + {}^1/_2\ H_2O \longrightarrow 2\ C_6H_5OH + {}^3/_2\ Na_2SO_3 \tag{3.4}$$

Die Reinigung des Phenols erfolgt durch Destillation.

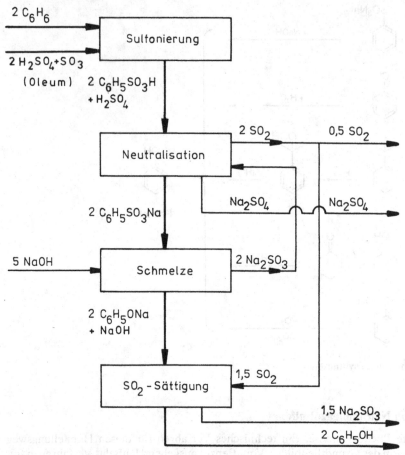

Abb. 3.2 Phenolherstellung nach dem Benzolsulfonatverfahren

Da die Sulfonierung eine Gleichgewichtsreaktion (vgl. Gl. 3.1) ist, setzt man bei dem hier be-schriebenen Verfahren nicht reine Schwefelsäure, sondern Oleum (SO_3 gelöst in H_2SO_4) ein, um durch die geringere Menge an Reaktionswasser das Gleichgewicht zur Benzolsulfonsäure hin zu verschieben. Die zwei ersten Schritte des Verfahrens bis zum Benzolsulfonat laufen kontinuierlich, die Schmelze muß dagegen diskontinuierlich durchgeführt werden. Ältere Ver-fahren zur Herstellung von Natriumbenzolsulfonat arbeiteten diskontinuierlich (vgl. Kap. 3.5.1). Da man dabei konzentrierte Schwefelsäure benutzte, mußte man einen doppelten Überschuß verwenden, während mit Oleum nur ein 50%iger Überschuß erforderlich ist. Für die Neutralisation der überschüssigen Schwefelsäure im Sulfonierungsgemisch verwendete man früher Calciumcarbonat; das dabei entwickelte Kohlendioxid diente dann anstelle des Schwefeldioxids zum Freisetzen des Phenols in der Sättigung.

Der Weg zum Phenol über die Benzolsulfonierung ist durch einen hohen Verbrauch an Hilfs-stoffen und einem entsprechend großen Anfall an Nebenprodukten gekennzeichnet, da so-wohl in der Sulfonierung als auch in der Schmelze mit hohen Überschüssen an Schwefelsäure bzw. Natriumhydroxid gearbeitet werden muß. Tab. 3.1 belegt dies eindrucksvoll.

Tab. 3.1 Rohstoffe und Nebenprodukte für Phenol durch Benzolsulfonierung (Angaben in kg/100 kg Phenol)

Einsatzstoffe	Verfahren		Nebenprodukte	Verfahren	
	1	2		1	2
Benzol	90	90	Na_2SO_3	65	100
H_2SO_4 (100%)	210	160*	Na_2CO_3	85	–
Ätznatron (NaOH, 100%)	110	110	SO_2	35	15
$CaCO_3$	110	–	$CaSO_4$	140	–
			Na_2SO_4	–	80
			CO_2	12	–

* Oleum (35% SO_3 in H_2SO_4) gerechnet als H_2SO_4 (100%)

Verfahren 1: Sulfonierung diskontinuierlich mit Schwefelsäure als Sulfonierungsmittel
Verfahren 2: Sulfonierung kontinuierlich mit Oleum als Sulfonierungsmittel

Wasserdampfhydrolyse von Chlorbenzol (Raschig-Hooker-Verfahren)

Das Verfahren wurde um 1930 bei der Firma Raschig (Ludwigshafen) entwickelt, als durch die steigende Produktion von Phenolharzen der Bedarf an Phenol stark zunahm. Der Prozeß unterscheidet sich vom Sulfonierungsverfahren vor allem dadurch, daß fast keine Nebenprodukte anfallen. Er verläuft in zwei Stufen:

1. Oxychlorierung von Benzol (vgl. Kap. 2.1):

$$C_6H_6 + HCl + 1/2O_2 \xrightarrow[220-260\,°C]{(CuCl_2/FeCl_3/Al_2O_3)} C_6H_5Cl + H_2O \qquad (3.5)$$

2. Hydrolyse des Chlorbenzols mit Wasserdampf:

$$C_6H_5Cl + H_2O \xrightarrow[400-450\,°C]{(Ca_3(PO_4)_2/SiO_2)} C_6H_5OH + HCl \qquad (3.6)$$

In beiden Stufen wird beim Durchgang durch den Reaktor nur ein kleiner Teil des Reaktionsgemisches umgesetzt, und zwar jeweils 10 bis 15% des Benzols bzw. des Chlorbenzols. Damit wird die Bildung von Nebenprodukten klein gehalten. In der Oxychlorierung arbeitet man zudem mit einem hohen Überschuß an Benzol zu Chlorwasserstoff, der zu 98% umgesetzt wird. Dabei entstehen immerhin noch 6 bis 10% höher chlorierte Benzole, insbesondere Dichlorbenzol. Da für diese Produkte nur ein geringer Bedarf besteht, war es eine wesentliche Verbesserung der Wirtschaftlichkeit des Verfahrens, als es einem der Erfinder des Raschig-Verfahrens, dem deutschen Chemiker Hugo Prahl, 1961 bei der Firma Hooker gelang, den Katalysator der Hydrolysereaktion so zu verändern, daß die Dichlorbenzole unter partieller Reduktion ebenfalls zu Phenol umgesetzt werden:

$$C_6H_4Cl_2 + H_2O + (2\,H) \longrightarrow C_6H_5OH + 2\,HCl \qquad (3.7)$$

Diese Variante der Wasserdampfhydrolyse von Chlorbenzol, als Raschig-Hooker-Verfahren bekannt, benötigt für 100 kg Phenol nur ca. 95 kg Benzol, während beim älteren Raschig-Verfahren 100 bis 105 kg Benzol pro 100 kg Phenol verbraucht wurden. Die Verluste an Benzol

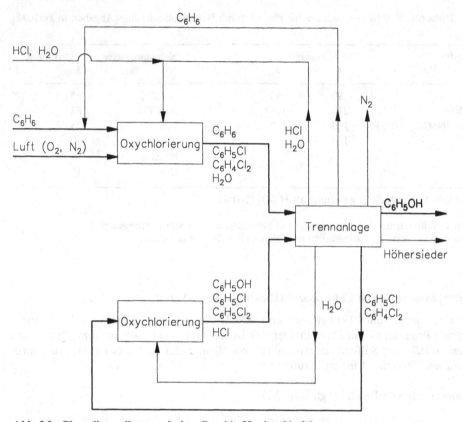

Abb. 3.3 Phenolherstellung nach dem Raschig-Hooker-Verfahren

sind vor allem durch die Bildung von Höhersiedern, z. B. von Hydroxydiphenylen, bedingt; außerdem wird ein kleiner Teil des Benzols in der Oxychlorierung zu CO_2 und Wasser oxidiert. Erkauft wird die günstige Materialbilanz des Raschig-Hooker-Verfahrens vor allem durch einen hohen Investitionsaufwand, da die relativ niedrigen Umsätze – Raum-Zeit-Ausbeuten – in den beiden Reaktionsstufen zu großen Kreislaufströmen und damit zu großen Apparatedimensionen führen. Dazu kommt, daß wegen der Korrosivität der wäßrigen Salzsäure teurere Werkstoffe verwendet werden müssen und mit höheren Reparaturkosten zu rechnen ist. Schließlich verursachen die großen Kreislaufströme auch zusätzliche Energiekosten. Durch die verschiedenen Kreisläufe im Verfahren, von denen in dem stark vereinfachten Schema der Abb. 3.3 nur die wichtigsten dargestellt sind, wird eine Anlage für das Raschig-Hooker-Verfahren relativ kompliziert; so besteht die im Schema als Block dargestellte Trennanlage des Verfahrens aus acht Einheiten (Rektifikations- und Extraktionskolonnen, Dekanter).

Eine weitere Verbesserung der Wasserdampfhydrolyse von Chlorbenzol wurde nach 1970 von der Firma Gulf entwickelt. Dabei lassen sich in den Reaktionsstufen erheblich höhere Umsätze erzielen. Bei der Oxychlorierung, die im Gegensatz zum Raschig-Hooker-Verfahren in flüssiger Phase durchgeführt wird, beträgt die Selektivität für Monochlorbenzol 95% bei einem Umsatz von 95%; in der Hydrolyse werden mit Katalysatoren auf der Basis von $LaPO_4$ Umsätze von 65% erzielt.

Alkalische Hydrolyse von Chlorbenzol

Die Hydrolyse von Chlorbenzol zu Phenol kann auch mittels Alkalilauge, speziell Natronlauge, in flüssiger Phase erfolgen. Bei dem technischen Verfahren, das diesen Reaktionsweg
benutzt, gelangt man zum Chlorbenzol durch klassische Chlorierung von Benzol in flüssiger
Phase (vgl. Kap. 2.1). Zweckmäßigerweise koppelt man dieses Verfahren mit einer Chloralkalielektrolyse. Damit ergeben sich folgende Reaktionsschritte:

Benzolchlorierung:

$$C_6H_6 + Cl_2 \xrightarrow[\text{25–50 °C}]{\text{(FeCl}_3)} C_6H_5Cl + HCl \qquad (3.8)$$

Hydrolyse:

$$C_6H_5Cl + 2\ NaOH \xrightarrow[\text{280–300 bar (28–30 MPa)}]{\text{360–390 °C}} C_6H_5ONa + NaCl + H_2O \qquad (3.9)$$

(NaOH 10–15% in H_2O)

Neutralisation:

$$C_6H_5ONa + HCl \longrightarrow C_6H_5OH + NaCl \qquad (3.10)$$

Chloralkalielektrolyse:

$$2\ NaCl + 2\ H_2O \longrightarrow Cl_2 + 2\ NaOH + H_2 \qquad (3.11)$$

Gesamtbilanz:

$$C_6H_6 + H_2O \longrightarrow C_6H_5OH + H_2 \qquad (3.12)$$

In dieser Bilanz sind natürlich nicht die Nebenreaktionen enthalten. Bei der Chlorierung fallen etwa 5% höher chlorierte Benzole, im wesentlichen Dichlorbenzole, an; bei der Hydrolyse
entstehen als Nebenprodukte ca. 10% Diphenylether sowie 3,5% *ortho*- und 1,5% *para*-Hy-
droxydiphenyl. Der Diphenylether kann in die Hydrolyse zurückgeführt werden, da er unter
den dort herrschenden Reaktionsbedingungen zu Phenolat gespalten wird. Das in der Hydrolyse und der Neutralisation gebildete Kochsalz kann zum Teil wieder der Elektrolyse zugeführt werden. Ohne diese Rückführung werden pro 100 kg Phenol verbraucht: 95 kg Benzol,
90 kg Chlor und 105 kg NaOH.

Cumolverfahren (Hock-Verfahren)

Das Verfahren beruht auf der Entdeckung von Hock und Lang (1944), daß Cumolhydroperoxid durch Kochen in 10%iger Schwefelsäure zu Phenol und Aceton gespalten wird. Cumol

ist leicht zugänglich, da es durch Alkylierung von Benzol mit Propylen hergestellt werden kann:

$$
\text{C}_6\text{H}_6 \;+\; \text{CH}_2\text{=CH--CH}_3 \;\xrightarrow{\text{(Kat.)}}\; \text{C}_6\text{H}_5\text{--CH(CH}_3)_2 \tag{3.13}
$$

Katalysator: für Flüssigphasenreaktion (50–70 °C) $AlCl_3$, H_2SO_4 oder HF,
für Gasphasenreaktion (250–350 °C) H_3PO_4/SiO_2.

Die Umsetzung von Cumol zu Phenol und Aceton erfolgt in zwei Stufen:
1. Oxidation des Cumols mit Luft zu Cumolhydroperoxid:

$$
\text{C}_6\text{H}_5\text{--CH(CH}_3)_2 \;+\; O_2 \;\xrightarrow[\text{5 - 10 bar}]{\text{90 - 130 °C}}\; \text{C}_6\text{H}_5\text{--C(CH}_3)_2\text{--OOH} \tag{3.14}
$$

2. Säurespaltung des Cumolhydroperoxids zu Phenol und Aceton:

$$
\text{C}_6\text{H}_5\text{--C(CH}_3)_2\text{--OOH} \;\xrightarrow{(\text{H}_2\text{SO}_4)}\; \text{C}_6\text{H}_5\text{--OH} \;+\; \text{CH}_3\text{--CO--CH}_3 \tag{3.15}
$$

Für das Verfahren gibt es mehrere Varianten (u. a. BP, Hercules, Phenolchemie Gladbeck), die sich jedoch nicht wesentlich voneinander unterscheiden. Die Oxidation erfolgt in zwei bis vier hintereinander geschalteten Blasensäulenreaktoren (vgl. Verfahrensfließbild, Abb. 3.4), wobei am Ende der Kaskade Konzentrationen von 20 bis 40% Cumolhydroperoxid erreicht werden. Zur Herabsetzung der Explosionsgrenze enthält die Gasphase in den Reaktoren Wasserdampf. Um eine vorzeitige Spaltung des gebildeten Hydroperoxids zu verhindern, enthalten die Reaktoren außerdem kleine Mengen an Sodalösung, die auch bei der anschließenden Aufkonzentrierung stabilisierend wirkt. Das auf 65 bis 90% angereicherte Cumolhydroperoxid wird nun mit Schwefelsäure gespalten, und zwar entweder im Zweiphasensystem mit etwa 40 bis 45%iger Schwefelsäure (vgl. Abb. 3.4) oder in homogener Phase in einem Überschuß von Aceton mit 0,1 bis 2% Schwefelsäure; die Temperaturen liegen bei ca. 60 °C. Nach Abtrennung der Schwefelsäure und Neutralisation wird das Reaktionsgemisch in mehreren hintereinander geschalteten Rektifikationskolonnen getrennt. Das Cumol (aus der Kolonne **h**) wird in die Oxidation zurückgeführt.

Das als Nebenprodukt gebildete *α-Methylstyrol* braucht nicht gesondert abgetrennt zu werden. Es kann zusammen mit dem Cumol über einen Hydrierreaktor geleitet werden, so daß es wieder als Cumol für den Einsatz in der Oxidation zur Verfügung steht. Zunehmend findet α-Methylstyrol auch als Monomer für Copolymerisationen Verwendung. Weitere Nebenprodukte sind Mesityloxid, Acetophenon, Dimethylcarbinol und andere Höhersieder sowie teerartige Kondensate. Von dem Koppelprodukt Aceton fallen pro 100 kg Phenol ca. 60 kg an. Die Ausbeute an Phenol beträgt 94–95% bezogen auf eingesetztes Cumol. Unter Berücksichtigung der Alkylierungsstufe für die Cumolerzeugung werden ca. 90 kg Benzol pro 100 kg Phenol benötigt.

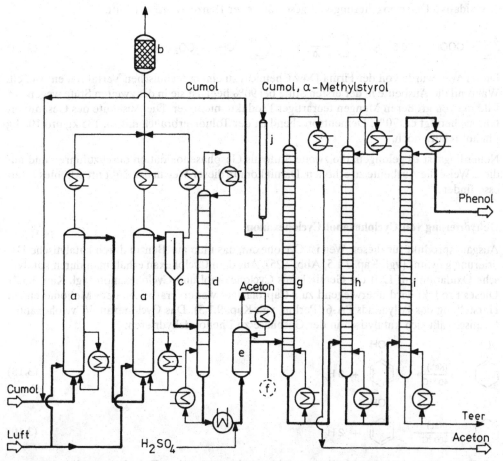

Abb. 3.4 Phenolverfahren nach dem Hock-Verfahren (nach [4], S. 183).
a Oxidationsreaktoren, **b** Abgasreinigung, **c** Gasabscheider, **d** Konzentrierung, **e** Spaltung, **f** Katalysator-abtrennung, **g** Acetonkolonne, **h** Cumolkolonne, **i** Phenolkolonne, **j** Hydrierung

Das Cumolverfahren hat sich nach seiner Entwicklung in den 50er Jahren relativ schnell durch-gesetzt. Heute werden weltweit mehr als 90 % des synthetischen Phenols nach diesem Verfah-ren hergestellt.

Toluoloxidation

Toluol ist insofern ein interessanter Ausgangsstoff für die Phenolherstellung, weil es bisher we-sentlich preisgünstiger als Benzol war. Die Phenolsynthese aus Toluol verläuft über folgende zwei Stufen:

1. Oxidation in flüssiger Phase mit Luft zu Benzoesäure:

$$\text{\Large\bigcirc}-CH_3 + 1,5\ O_2 \xrightarrow[\substack{110-130\,°C, \\ 5\ bar\ (0,5\ MPa)}]{(Co^{2+})} \text{\Large\bigcirc}-COOH + H_2O \tag{3.16}$$

2. Oxidative Decarboxylierung von geschmolzener Benzoesäure mit Luft:

$$\text{C}_6\text{H}_5\text{—COOH} + 0.5\,O_2 \xrightarrow[\text{220 - 250 °C}]{(Cu^{2+})} \text{C}_6\text{H}_5\text{—OH} + CO_2 \tag{3.17}$$

Dieser Weg wurde von der Firma Dow Chemical zu einem technischen Verfahren entwickelt. Während die Ausbeute in der ersten Stufe bei 90% liegt, ist sie in der zweiten Stufe wegen der Bildung von größeren Mengen teerartiger Produkte niedriger. Die Ausbeute des Gesamtverfahrens beträgt ca. 70%. Dementsprechend ist der Toluolverbrauch mit ca. 135 kg pro 100 kg Phenol relativ hoch.

Neuerdings ist es gelungen, die zweite Stufe als Gasphasenoxidation durchzuführen und auf diese Weise die Ausbeute zu erhöhen. Damit könnte dieser Weg in der Zukunft erhöhtes Interesse finden.

Dehydrierung von Cyclohexanol/Cyclohexanon

Ausgangsprodukt für diesen Weg ist Cyclohexan, das man aus Benzol durch katalytische Hydrierung gewinnt (vgl. Kap. 7.1.5, Abb. 7.25). Aus dem Cyclohexan erhält man durch katalytische Oxidation mit Luft ein Gemisch aus Cyclohexanol und Cyclohexanon (vgl. Kap. 3.3.2). Dieses Produkt wird überwiegend zu ε-Caprolactam weiterverarbeitet, dem Monomeren zur Herstellung des Polyamids PA-6 (Perlon, vgl. Kap. 9.1.3). Das Cyclohexanol/Cyclohexanon-Gemisch läßt sich katalytisch in der Gasphase zu Phenol dehydrieren:

$$\text{Cyclohexanol} \xrightarrow[\text{400 °C}]{(Kat.)} \text{Phenol} + 3\,H_2 \tag{3.18}$$

$$\text{Cyclohexanon} \xrightarrow[\text{400 °C}]{(Kat.)} \text{Phenol} + 2\,H_2 \tag{3.19}$$

Als Katalysatoren eignen sich Platin auf Aktivkohle und andere Dehydrierungskatalysatoren, z. B. Nickel und Cobalt. Die Ausbeute der Dehydrierungsstufe beträgt fast 98%. In bezug auf den Grundstoff Benzol, aus dem das Ausgangsprodukt Cyclohexan durch Hydrieren erzeugt wird, liegt die Ausbeute jedoch nur bei 80%.

Das Verfahren wurde Anfang der 60er Jahre von Scientific Design entwickelt. Eine danach gebaute Anlage wurde aus wirtschaftlichen Gründen nur kurze Zeit betrieben. Wegen der hohen Investitionskosten für die drei Stufen des Gesamtverfahrens (Benzolhydrierung, Cyclohexanoxidation, Dehydrierung) ist es offenbar nur im Verbund mit einer Cyclohexanoxidationsanlage konkurrenzfähig, die gleichzeitig Vorprodukt für ε-Caprolactam erzeugt.

1992 wurde in Japan eine Anlage zur Herstellung von Phenol durch Dehydrierung von Cyclohexanol/Cyclohexanon in Betrieb genommen. Als erster Schritt erfolgt dort die Hydrierung von Benzol selektiv zu Cyclohexen, das anschließend zu einem Teil mit Wasser zu Cyclohexanol, zum anderen Teil mit Sauerstoff zu Cyclohexanon reagiert:

$$\text{Benzol} + 2\,H_2 \xrightarrow{(Kat.)} \text{Cyclohexen} \begin{cases} \xrightarrow[+H_2O]{(Kat.)} \text{Cyclohexanol—OH} \\ \xrightarrow[+1/2\,O_2]{(Kat.)} \text{Cyclohexanon} \end{cases} \tag{3.20}$$

Vergleich der Phenolverfahren

Einige wichtige charakteristische Angaben für die einzelnen Verfahren sind in Tab. 3.2 zusammengestellt; die heutige Bedeutung der Verfahren geht aus der Übersicht der Produktionskapazitäten in Tab. 3.3 hervor.

Der Rohstoff Steinkohlenteer spielt wegen nicht ausreichender Mengen für die Deckung des Phenolbedarfs heute nur noch eine untergeordnete Rolle. Die Verfahren für synthetisches Phenol gehen mit Ausnahme der Toluoloxidation von Benzol aus.

Das Benzolsulfonatverfahren, ist wegen seines hohen Bedarfs an Hilfsstoffen und des Anfalls an geringwertigen Koppelprodukten heute nicht mehr von wirtschaftlichem Interesse. Beim Raschig-Hooker-Verfahren sind neben den Korrosionsproblemen vor allem die großen Kreislaufströme von Nachteil; sie führen zu hohen Betriebskosten. Die alkalische Hydrolyse von Chlorbenzol wird durch den Energiebedarf für die elektrolytische Erzeugung der Hilfsstoffe Chlor und Natronlauge belastet. Dementsprechend ist das Verfahren nur noch an Standorten mit besonders niedrigen Stromkosten interessant.

Beim Cumolverfahren fällt zwar das Koppelprodukt Aceton an, doch bestand bisher dafür ein genügend großer Bedarf, so daß es ohne Schwierigkeiten auf dem Markt abgesetzt werden

Tab. 3.2 Vergleich der Phenolverfahren

Verfahren	Phenolausbeute bezogen auf Benzol (bzw. Toluol) (%)	Koppelprodukte	Besonderheiten
Benzolsulfonatverfahren	90–92	Na_2SO_3, Na_2SO_4	hoher Bedarf an Hilfsstoffen
Raschig-Hooker-Verfahren	86–88	–	stark korrosive Reaktionssysteme, große Kreislaufströme
alkalische Hydrolyse von Chlorbenzol	80–88*	–	hoher Energiebedarf zur Erzeugung der Hilfsstoffe (Cl_2, NaOH)
Cumolverfahren	91–93	Aceton	–
Toluoloxidation	ca. 70	–	stark korrosive Reaktionssysteme
Dehydrierung von Cyclohexanol / Cyclohexanon	80	Wasserstoff, wird zur Hydrierung von Benzol verwertet	–

* Der höhere Wert gilt bei Wiedereinsatz des gebildeten Diphenylethers (vgl. S. 57)

Tab. 3.3 Produktionskapazitäten für Phenol (1993)

	Westeuropa	USA	Japan
Kapazität ($\times 10^6$ t/a)	1,5	1,9	0,9
Cumolverfahren (%)	92	96	65
Toluoloxidation (%)	7	2	13
andere Syntheseverfahren (%)	–	–	21
Phenol aus Steinkohlenteer (%)	1	2	1

konnte. Gegenüber den über Chlorbenzol laufenden Verfahren hat das Cumolverfahren geringere Korrosionsprobleme (besonders im Vergleich zum Raschig-Hooker-Verfahren) und einen niedrigeren Energiebedarf (besonders im Vergleich zur alkalischen Chlorbenzolhydrolyse). Aufgrund dieser Vorteile hat es diese Verfahren verdrängt; ein begünstigender Faktor war dabei die zunehmende Verfügbarkeit des Grundstoffs Propylen aus petrochemischer Produktion (Spaltung von Leichtbenzin, vgl. Kap. 7.1.5). Damit ist derzeit das Cumolverfahren der bevorzugte Weg zur Erzeugung von Phenol (vgl. Tab. 3.3).

Bei der Toluoloxidation gibt es keine Probleme mit Koppelprodukten. Allerdings ist die Ausbeute mit 70% recht niedrig, doch liegt hier noch ein Entwicklungspotential für diesen Herstellungsweg.

Bei der Cyclohexanol/Cyclohexanon-Dehydrierung treten ebenfalls keine Probleme mit der Verwertung von Nebenprodukten auf. Besonders im Verbund mit einer ε-Caprolactamproduktion, in der als Zwischenprodukt Cyclohexanol/Cyclohexanon erzeugt wird, kann das Verfahren interessant sein, vor allem, wenn für das im Cumolprozeß anfallende Aceton kein ausreichender Bedarf besteht.

3.1.2 Acetylen oder Ethylen als Grundstoff für C_2-Zwischenprodukte?

Acetylen (Ethin) war lange Zeit die einzige Basis für die Produktion einer Reihe wichtiger aliphatischer Zwischenprodukte, insbesondere für C_2-Verbindungen (Acetaldehyd, Vinylchlorid, Vinylacetat, Trichlor- und Perchlorethylen) sowie auch für Acrylsäure, Acrylnitril und andere Produkte. Mit der Entwicklung der petrochemischen Herstellung von Ethylen (Ethen) aus gasförmigen Kohlenwasserstoffen (Ethan, Propan) und aus Erdölfraktionen (Leichtbenzin, Gasöl) durch thermische Spaltung (Mitteltemperaturpyrolyse, vgl. Kap. 7.1.5) wurde in der Erzeugung von C_2-Zwischenprodukten das Acetylen durch das billigere Ethylen verdrängt. Der wesentliche Grund für den Preisvorteil des Ethylens ist der niedrigere Energieaufwand seiner Herstellung im Vergleich zum Acetylen, dessen Erzeugung sowohl aus dem Rohstoff Kohle als auch auf petrochemischer Basis (Hochtemperaturpyrolyse) ausgesprochen energieintensiv ist (vgl. Kap. 7.2.4).

Voraussetzung für die Verdrängung des Acetylens war die Entwicklung neuer Produktionsverfahren mit Ethylen als Ausgangsstoff. Dabei gelang es bald, bei den von Ethylen ausgehenden Verfahren ähnlich hohe Ausbeuten (über 90%) zu erzielen wie bei den Acetylenverfahren. Für Acetaldehyd, Vinylchlorid und Vinylacetat sind diese Verfahren in Kap. 8.2 näher beschrieben. Weitere Angaben zur Verwendung von Ethen und Ethin finden sich in Kap. 7.1.5 (Abb. 7.20 u. 7.28).

3.1.3 Essigsäure aus Kohle oder Erdöl?

Synthetische Essigsäure läßt sich durch Oxidation von Acetaldehyd in flüssiger Phase mit Luft oder Sauerstoff in relativ einfacher Weise mit einer Ausbeute von 95 bis 97% gewinnen (vgl. Kap. 8.2.3):

$$CH_3\text{-}CHO + \tfrac{1}{2} O_2 \xrightarrow[50-70\,°C]{(Mn\text{-, }Co\text{-Ac})} CH_3COOH \tag{3.21}$$

Dieser Weg zur Essigsäure basiert auf den C_2-Grundstoffen Ethylen oder Acetylen, aus denen Acetaldehyd erzeugt wird, oder letztendlich auf Erdöl oder Kohle. Vor der Entwicklung der Petrochemie war der eigentliche Rohstoff für synthetische Essigsäure die Kohle, aus der über

Calciumcarbid Acetylen hergestellt wurde. Nach dem Wechsel zum Rohstoff Erdöl in den 50er Jahren wurde sehr bald die Acetaldehydsynthese aus Ethylen entwickelt (Wacker-Hoechst-Verfahren, vgl. Kap. 8.2.2).

Eine andere Möglichkeit zur Herstellung von Essigsäure ist die Carbonylierung von Methanol unter erhöhtem Druck (vgl. Kap. 8.2.3):

$$CH_3OH + CO \xrightarrow{\text{(Kat.)}} CH_3\text{-}COOH \tag{3.22}$$

Obwohl dieser Weg der BASF schon um 1925 patentiert wurde, konnte das Verfahren erst 1960 im technischen Maßstab durchgeführt werden, da die ursprünglich vorgeschlagenen Katalysatorsysteme (z. B. Bortrifluorid, Phosphorsäure, Metallsalze) wegen ihrer korrodierenden Wirkung bei den erforderlichen Temperaturen (über 300 °C) und Drücken (um 500 bar = 50 MPa) technisch nicht zu beherrschen waren. Aufgrund von Untersuchungen von Reppe und Mitarbeitern fand man mit CoI_2 zwar einen günstigeren Katalysator, doch erst durch die Entwicklung des besonders korrosionsbeständigen Werkstoffs Hastelloy C (einer Nickel-Chrom-Molybdän-Legierung, vgl. Kap. 11.4.2, Tab. 11.8) ließen sich die Korrosionsprobleme lösen. Als Alternative zum Hochdruckverfahren der BASF steht seit 1970 das von Monsanto entwickelte Niederdruckverfahren (ca. 30 bar = 3 MPa, 175 °C; Rhodium/Iod als Katalysator) zur Verfügung.

Die Carbonylierung von Methanol ist nicht an die Rohstoffbasis Erdöl gebunden, denn Synthesegas (CO + 2 H_2) zur Erzeugung von Methanol und Kohlenmonoxid kann sowohl aus Kohle als auch aus Erdöl erzeugt werden (vgl. Kap. 3.2.1 u. 7.2.5). Neben dieser Flexibilität hinsichtlich der Rohstoffbasis bietet der Weg zur Essigsäure über Methanol im Vergleich zur Acetaldehydroute den Vorteil niedrigerer Kosten für die Ausgangsstoffe (Synthesegas und Kohlenmonoxid gegenüber Ethylen). Dementsprechend hat der Anteil der Methanolcarbonylierung an der Essigsäureproduktion seit 1980 beträchtlich zugenommen. Weltweit wird heute die Syntheseessigsäure überwiegend aus Methanol hergestellt (z. B. in USA 1988 zu 80%).

3.1.4 Vermeidung eines Koppelprodukts: Methylenchlorid aus Methanol

Methylenchlorid (CH_2Cl_2) ist ein häufig eingesetztes Lösungsmittel. Es kann zusammen mit den anderen Chlormethanen durch thermische Chlorierung von Methan gewonnen werden. Eine Alternative dazu ist die Veresterung von Methanol mit Chlorwasserstoff zu Methylchlorid, das anschließend chloriert wird.

Chlorierung von Methan liefert Chlorwasserstoff als Koppelprodukt

Die technische Chlorierung von Methan erfolgt als sog. thermische Reaktion, d. h. bei höherer Temperatur (400 – 450 °C) und ohne Katalysator (näheres zum Verfahren vgl. Kap. 8.5.1). Wie bei der Chlorierung anderer Kohlenwasserstoffe, z. B. von Benzol (vgl. Kap. 2.1), haben wir es mit Folgereaktionen zu tun:

					ΔH_R	
CH_4	$+ Cl_2$	$\longrightarrow$	CH_3Cl	$+ HCl$	$-103,0$ kJ/mol	(3.23)
CH_3Cl	$+ Cl_2$	$\longrightarrow$	CH_2Cl_2	$+ HCl$	$- 99,5$ kJ/mol	(3.24)
CH_2Cl_2	$+ Cl_2$	$\longrightarrow$	$CHCl_3$	$+ HCl$	$- 95,5$ kJ/mol	(3.25)
$CHCl_3$	$+ Cl_2$	$\longrightarrow$	CCl_4	$+ HCl$	$- 93,0$ kJ/mol	(3.26)

Die Ausbeute der thermischen Methanchlorierung ist mit insgesamt ca. 97% an Chlormethanen (bezogen auf Methan) relativ hoch. Ein Problem bei dem Verfahren ist jedoch der Zwangsanfall des Koppelprodukts Chlorwasserstoff. Da auch bei der Herstellung anderer organischer Verbindungen (z. B. Chloressigsäure, Chlorparaffine, aromatische Chlorverbindungen) durch substituierende Chlorierung erhebliche Mengen an Chlorwasserstoff anfallen, für die es häufig keine ausreichenden Absatzmöglichkeiten gibt, sind Synthesewege von Interesse, bei denen HCl entweder nicht anfällt oder sogar verbraucht wird. Ein solcher Weg ist die Veresterung von Methanol mit Chlorwasserstoff zu Methylchlorid (Methanolhydrochlorierung).

Methanolhydrochlorierung verbraucht Chlorwasserstoff

Bei der Chlorierung von Methylchlorid zu Methylenchlorid entsteht ein Mol Chlorwasserstoff pro Mol Methylenchlorid, (vgl. Gl. 3.24). Dieser Chlorwasserstoff kann als Einsatzprodukt für die Veresterung von Methanol zu Methylchlorid verwendet werden. Technisch läßt sich diese Reaktion in der Gasphase an Aluminiumoxid als Katalysator bei erhöhtem Druck (3–6 bar = 0,3–0,6 MPa) und Temperaturen zwischen 280 und 350 °C durchführen:

$$CH_3OH + HCl \xrightarrow[280-350\,°C]{(Al_2O_3)} CH_3Cl + H_2O \qquad \Delta H_R = -33 \text{ kJ/mol} \qquad (3.27)$$

Die Reaktion verläuft fast quantitativ, da das Reaktionsgleichgewicht ganz auf der Seite der Endprodukte liegt. Nebenprodukte entstehen praktisch nicht; die Ausbeute in bezug auf Methanol liegt bei einem HCl-Überschuß von 15 bis 20% am Reaktoreingang bei über 98%. Die Gesamtbilanz dieses Weges zur Herstellung von Methylenchlorid sieht demnach folgendermaßen aus:

$$CH_3OH + Cl_2 \longrightarrow CH_2Cl_2 + H_2O \qquad\qquad (3.28)$$

Hier fällt also kein Chlorwasserstoff an, wenn man von den kleineren Mengen bei den Chlorierungsfolgeprodukten Chloroform und Tetrachlorkohlenstoff absieht. Gleichzeitig wird im Vergleich zur Methanchlorierung pro Mol Methylenchlorid ein Mol Chlor weniger verbraucht.

3.1.5 Zusammenfassung

Unter den stofflichen Gesichtspunkten sind für die Verfahrensauswahl zwei Fragenkomplexe von besonderer Bedeutung:
1. Stehen die Ausgangsstoffe in genügender Menge zur Verfügung? Welchen Preis haben die Ausgangsstoffe? Dabei ist für beides, also sowohl für die Verfügbarkeit als auch für die Preissituation, die langfristige Entwicklung zu betrachten, soweit eine Prognose möglich ist. Bei einem konkreten Projekt, also für die Planung einer Produktionsanlage, muß natürlich daran gedacht werden, daß die Verfügbarkeit der Ausgangsstoffe eng mit der Frage des Produktionsstandortes verknüpft ist.

2. Welche Koppel- und Nebenprodukte fallen in dem Verfahren an? Lassen sich diese Produkte in anderen Produktionsverfahren verwerten? Lassen sie sich verkaufen, also am Markt unterbringen? Auch hier sind langfristige Entwicklungen sowie die Gegebenheiten an dem in Frage kommenden Produktionsstandort zu betrachten.

Die Entwicklung der industriellen Herstellung von Phenol ist ein gutes Beispiel sowohl für die Frage nach dem Rohstoff als auch für die Problematik der Koppel- und Nebenprodukte. Der Beginn der Produktion von synthetischem Phenol bedeutete zunächst noch keine Verschiebung der Rohstoffbasis, da auch Benzol ursprünglich nur aus Steinkohlenteer gewonnen wurde. Mit der Entwicklung der Petrochemie wurden aromatische Kohlenwasserstoffe vermehrt auch aus Erdöl erzeugt. Heute stammt nur noch ein kleiner Teil des für chemische Synthesen eingesetzten Benzols aus dem Steinkohlenteer (in der Bundesrepublik Deutschland ca. 15%).

Noch gravierender war die Verschiebung der Rohstoffbasis bei der Erzeugung von C_2-Zwischenprodukten (vgl. Kap. 3.1.2). Während diese Stoffe lange Zeit nur aus Acetylen und damit letztendlich aus Kohle hergestellt wurden, verdrängte seit ca. 1950 Ethylen aus petrochemischer Erzeugung den Ausgangsstoff Acetylen. Heute beträgt die Acetylenproduktion weltweit deutlich weniger als 10% der Ethylenproduktion, wobei noch zu berücksichtigen ist, daß ein erheblicher Teil des Acetylens jetzt aus petrochemischer Erzeugung stammt.

Langfristig gesehen dürften Prozesse, die vom Rohstoff Kohle ausgehen, wieder interessant werden, da bei den fossilen Rohstoffen die Lagerstätten für Kohle wesentlich größer sind als die für Erdöl. So beschäftigen sich schon seit vielen Jahren Forschergruppen mit der Entwicklung von Synthesen für wichtige Zwischenprodukte aus Synthesegas, z. B. für Ethylenglykol und für Olefine. Für Essigsäure existiert schon seit längerer Zeit mit der Carbonylierung von Methanol ein solcher Weg (vgl. Kap. 3.1.3).

Der Anfall von Koppelprodukten ist ein Problem bei vielen Herstellungsverfahren. Ein besonderes Beispiel ist die Gewinnung von Chlor durch Elektrolyse von Alkalichloriden, speziell von Kochsalz. Neben Chlor fallen dabei in stöchiometrischem Verhältnis Natronlauge und Wasserstoff an. Beide Stoffe sind bekanntlich wichtige Zwischenprodukte. Die Kosten und Probleme, die mit dem Transport dieser Produkte verbunden sind, lassen sich vermeiden, wenn man diese Stoffe an Ort und Stelle, d. h. in benachbarten Betrieben, in anderen Produktionen weiterverwertet. Dies ist einer der Gründe dafür, daß chemische Produktionen fast immer in größeren Anlagenkomplexen zusammengefaßt sind (vgl. Kap. 1.2).

Bei der Verwendung von Chlor zur substituierenden Chlorierung wird ebenfalls ein Koppelprodukt gebildet, nämlich Chlorwasserstoff. Beim Methylenchlorid haben wir mit der Veresterung von Methanol eine Möglichkeit zur Vermeidung dieses Koppelprodukts kennengelernt (vgl. Kap. 3.1.4). Weitere Möglichkeiten stellen die Elektrolyse von Salzsäure und die katalytische Oxidation von Chlorwasserstoff zu Chlor dar. Während der erste Weg verschiedentlich industriell genutzt wird, hat der zweite Weg bisher keine technische Bedeutung erlangt (vgl. Kap. 10.3.1).

Eine Koppelproduktion stellt auch die Gewinnung von Sauerstoff durch Tieftemperaturrektifikation von Luft dar (vgl. Kap. 10.5.1), wobei es sich hier nicht um einen chemischen Prozeß handelt. Reiner Sauerstoff wird in vielen chemischen Prozessen benötigt (z. B. für die Herstellung von Ethylenoxid, Acetaldehyd, Carbonsäuren). Der bei der Lufttrennung anfallende Stickstoff kann in größeren Komplexen von Chemieanlagen gut verwertet werden, u. a. zur Inertisierung, d. h. zur Überlagerung brennbarer Stoffe, um das Auftreten zündfähiger Gemische von Gasen oder Stäuben zu vermeiden.

Die zuletzt behandelten Probleme bei Koppelprodukten und Möglichkeiten zu deren Lösung zeigen, daß stoffliche Fragen bei der Verfahrensauswahl sehr oft auch mit der Frage des Produktionsstandorts verbunden sind. Näheres dazu vgl. Kap. 5.4.4.

3.2 Energieaufwand

Der Energieverbrauch ist ein wesentlicher Kostenfaktor. Dabei ist zu berücksichtigen, daß der Preis für die einzelnen Energiearten sehr verschieden ist. So ist elektrische Energie teurer als thermische Energie. Zudem kann thermische Energie in Form sehr verschiedener Energieträger eingesetzt werden, z. B. als Heizdampf von verschiedenem Druck (Niederdruckdampf von 3–5 bar = 0,3–0,5 MPa, Mitteldruckdampf von 15–25 bar = 1,5–2,5 MPa, Hochdruckdampf von über 30 bar = 3 MPa) oder in Form von Brennstoffen (Heizöl, Erdgas oder Abgase mit einem Gehalt an brennbaren Gasen, wie Wasserstoff). Die unterschiedlichen Preise der verschiedenen Energiearten sind nicht nur technisch bedingt – Hochdruckdampf ist selbstverständlich teurer als Niederdruckdampf, und bei der Umwandlung von thermischer in elektrische Energie in einem Dampfkraftwerk liegt der Wirkungsgrad bei ca. 40%. Die Preise hängen vielmehr auch von wirtschaftlichen und politischen Einflüssen ab (z. B. über die Preise der fossilen Rohstoffe Erdöl, Erdgas und Kohle). Dadurch und aufgrund örtlicher Gegebenheiten (z. B. Möglichkeit der Nutzung von Wasserkraft) sind Energiepreise auch standortabhängig.

Auf jeden Fall ist die Prozeßführung in den Verfahren so zu gestalten, daß eine möglichst hohe Energieausnutzung erreicht wird. Natürlich müssen die dafür erforderlichen apparativen Aufwendungen in einem sinnvollen Verhältnis zum Nutzen stehen. Das ist auch eine Frage der Anlagengröße. So benutzt man bei großtechnischen kontinuierlichen Verfahren den Wärmeinhalt von Gasen, die einen Reaktor verlassen, zum Aufheizen der Frischgase vor dem Eintritt in den Reaktor. Ein Beispiel dafür ist die Direktoxidation von Ethylen zu Ethylenoxid (vgl. in Abb. 2.6 den Wärmetauscher c).

Wenn möglich, benutzt man die bei einer Reaktion frei werdende Wärme zur Energiegewinnung. Die daraus resultierende Gutschrift führt zu einer Senkung der Herstellkosten. So läßt sich bei der erwähnten Direktoxidation von Ethylen zu Ethylenoxid über ein Abwärmesystem Dampf in einer Menge von 8 t pro t Ethylenoxid gewinnen. Ein besonders interessantes Beispiel für die Energiegewinnung aus einem chemischen Prozeß mit optimaler Energieausnutzung ist die Ammoniaksynthese (vgl. Kap. 10.2.1).

Bei einer ganzen Reihe von Verfahren erfordert die chemische Umsetzung einen hohen Energieaufwand, so z. B. bei der Herstellung von Wasserstoff, Phosphor und Acetylen. In solchen Fällen ist die Art der aufgebrachten Energie von wesentlicher Bedeutung. So gibt es für Wasserstoff und für Acetylen Verfahren, die mit elektrischer oder thermischer Energie arbeiten. Hinsichtlich der Energiekosten liegen rein thermische Verfahren günstiger als Verfahren, bei denen die Reaktion unter Zufuhr elektrischer Energie abläuft. Andererseits sind die thermischen Verfahren apparativ oft aufwendiger als Verfahren mit elektrischer Energie. Diese und andere mit dem Energieaufwand für chemische Prozesse verbundene Fragen sollen anhand der verschiedenen Herstellungsverfahren für Wasserstoff, schweres Wasser und Phosphor behandelt werden.

3.2.1 Wasserstoff

Bedeutung. Wasserstoff ist nicht nur ein wichtiger Grundstoff für die chemische Industrie; er ist gleichzeitig auch ein hochwertiger Energieträger. Pro Jahr werden weltweit ca. $500 \cdot 10^9$ Nm^3 Wasserstoff produziert, die entsprechende Zahl für die Bundesrepublik liegt bei $18 \cdot 10^9$ Nm^3. Dazu ist zu bemerken, daß Angaben über Gesamtmengen an produziertem Wasserstoff mit einer gewissen Unsicherheit behaftet sind, da ein erheblicher Teil der Wasserstoffproduktion in Form von Gasgemischen anfällt, die oft an einer anderen Stelle der Produktionsanlagen zu Heizzwecken eingesetzt werden und deshalb in Produktionsstatistiken nicht erscheinen. Beispiele dafür sind wasserstoffhaltige Gase in petrochemischen Prozessen oder in der Mineralölverarbeitung oder das sog. Kokereigas aus der Verkokung von Kohle.

Der letztgenannte Prozeß war das erste technische Verfahren, das zur flächendeckenden Energieversorgung eingesetzt wurde, und zwar zunächst zum Zwecke der Beleuchtung, daher die

Tab. 3.4 Produktion und Verbrauch von Wasserstoff (1990, aus verschied. Quellen, z. T. Schätzwerte)

	Welt	BRD
Produktion ($\times 10^9$ Nm³/a)	500	18
davon aus:		
Erdöl (%)	47	50
Erdgas (%)	30	28
Kohle (%)	20	17
Elektrolysen (%)	3	5
Verbrauch für:		
Ammoniak (%)	40	21
Methanol (%)	7	12
Sonstige chemische Verfahren (Oxosynthese, Hydrierungen) (%)	2	5
Mineralölverarbeitung (Hydroprocessing) (%)	20	17
Brennstoff (%)	27	40
Sonstiges (z. B. Metallurgie) (%)	4	5

Bezeichnung Leuchtgas. 1814 wurde erstmals ein Stadtteil Londons vollständig mit Gas beleuchtet. Leuchtgas, auch Stadtgas genannt, diente dann auch als Energiequelle zum Kochen auf Gasherden. Es wurde inzwischen weitgehend durch Erdgas verdrängt.

Verwendung (vgl. Tab. 3.4). Die größten Wasserstoffverbraucher unter den chemischen Produkten sind Ammoniak und Methanol. Weitere Verwendungen von Wasserstoff in der chemischen Industrie sind die Oxosynthese, Hydrierungen und Reduktionen. Beträchtliche Wasserstoffmengen werden auch in der Mineralölverarbeitung (Hydrocracking, Hydrotreating, vgl. Kap. 7.1.6) eingesetzt. Der überwiegende Anteil des dazu benötigten Wasserstoffs fällt in anderen Verarbeitungsstufen der Erdölraffinerien an; mit der zunehmenden Bedeutung von Hydrierungsverfahren zur Veredelung von Raffinerieprodukten werden jedoch vermehrt zusätzliche Wasserstofferzeugungsanlagen in Raffinerien erforderlich. Weiterhin werden nach wie vor große Mengen an wasserstoffhaltigen Gasgemischen als Brennstoff eingesetzt, und zwar entweder direkt in den Anlagen, in denen sie anfallen (z. B. Raffinerien, Kokereien), oder als Ferngas oder Stadtgas.

Herstellung. Wasserstoff wird aus fossilen Rohstoffen (Erdgas, Erdöl oder Kohle) oder durch Elektrolyse von Wasser gewonnen (vgl. Tab. 3.4).

Die fossilen Rohstoffe werden zur Erzeugung von Wasserstoff mit Wasser umgesetzt (vgl. Abb. 3.5). Dabei entsteht wegen des Kohlenstoffgehalts der fossilen Rohstoffe neben Wasserstoff Kohlenmonoxid. Daneben enthalten die Produktgase je nach Rohstoff und Reaktionsbedingungen in unterschiedlicher Konzentration kleinere Mengen weiterer Verbindungen, vor allem Methan und Kohlendioxid. Gemische aus den Hauptkomponenten H_2 und CO bezeichnet man als **Synthesegas** (vgl. Kap. 7.2.4 und 7.2.5). Zur Erzeugung von Wasserstoff aus diesen Gasen setzt man das darin enthaltene Kohlenmonoxid in der sog. CO-Konvertierung mit Wasserdampf um (vgl. Gl. 3.35) und gewinnt so zusätzlichen Wasserstoff.

Die fossilen Rohstoffe sind gleichzeitig auch Energieträger. Bei ihrer Verwendung zur Wasserstofferzeugung kann der Energiebedarf durch eine exotherme Reaktion gedeckt werden, und zwar dadurch, daß ein Teil des Rohstoffs unter Zufuhr der erforderlichen Menge an Luft oder Sauerstoff verbrannt wird. Man bezeichnet einen solchen Prozeß als *autotherm*; bei Energiezufuhr durch Beheizung von außen spricht man von *allothermer* Prozeßführung. Die meisten Verfahren zur Erzeugung von Wasserstoff aus fossilen Rohstoffen nutzen zugleich Wasser als Rohstoffquelle, indem sie die Kohlenstoffverbindungen mit Wasser umsetzen.

Steamreforming (Dampfreformieren)

● **von Methan:**

$$CH_4 + H_2O \xrightarrow[800-900\,°C]{(Ni)} CO + 3\,H_2 \qquad\qquad \Delta H_R = 207\;kJ/mol \qquad (3.29)$$

● **von Kohlenwasserstoffen (allgemein):**

$$-CH_2- + H_2O \xrightarrow[800-900\,°C]{(Ni)} CO + 2\,H_2 \qquad\qquad \Delta H_R = 151\;kJ/mol \qquad (3.30)$$

Partielle Oxidation

● **von Kohlenwasserstoffen (allgemein):**

$$-CH_2- + \tfrac{1}{2}\,O_2 \longrightarrow CO + H_2 \qquad\qquad \Delta H_R = -92\;kJ/mol \qquad (3.31)$$

$$-CH_2- + H_2O \longrightarrow CO + 2\,H_2 \qquad\qquad \Delta H_R = 151\;kJ/mol \qquad (3.32)$$

● **von Kohle:**

$$C + \tfrac{1}{2}\,O_2 \longrightarrow CO \qquad\qquad \Delta H_R = -113\;kJ/mol \qquad (3.33)$$

$$C + H_2O \longrightarrow CO + H_2 \qquad\qquad \Delta H_R = 119\;kJ/mol \qquad (3.34)$$

CO-Konvertierung

$$CO + H_2O \xrightarrow[200-450\,°C]{(Kat.)} CO_2 + H_2 \qquad\qquad \Delta H_R = -42\;kJ/mol \qquad (3.35)$$

Abb. 3.5   Herstellung von Wasserstoff aus fossilen Rohstoffen (Reaktionsgleichungen)

Die Gewinnung von Wasserstoff aus Wasser als alleinigem Edukt erfolgt durch Elektrolyse; sie erfordert einen besonders hohen Energieaufwand. Außer in Prozessen, die primär der Wasserstofferzeugung dienen, wird Wasserstoff auch dort gewonnen, wo er als Neben- oder Koppelprodukt anfällt, wie in der Chloralkalielektrolyse, in Erdölraffinerien und Kokereien sowie bei Dehydrierungsreaktionen (z. B. von Ethylbenzol zu Styrol, vgl. Kap. 8.2.6).

Wasserstofferzeugung aus fossilen Rohstoffen

Die Herstellung von Wasserstoff durch Umsetzung von fossilen Rohstoffen mit Wasser kann katalytisch erfolgen oder ohne Katalysator. Die beiden Wege sind in Abb. 3.6 schematisch dargestellt.

Die erstere Arbeitsweise wird als *Steamreforming* (Dampfreformieren) bezeichnet. Es handelt sich um eine katalytische Spaltung von Kohlenwasserstoffen in Gegenwart von Wasserdampf, und zwar mit Nickel als Katalysator bei 800 bis 900 °C in gasbeheizten Röhrenöfen. In Gl. (3.29) ist diese Reaktion für Methan als der Hauptkomponente von Erdgas formuliert. Außer mit Erdgas wird diese katalytische Dampfspaltung auch mit Leichtbenzin (C_5–C_8) durchgeführt (Verfahren der ICI); entsprechend dem niedrigeren H/C-Verhältnis von ca. zwei im Edukt enthält das Produktgas weniger Wasserstoff (vgl. Gl. 3.30).

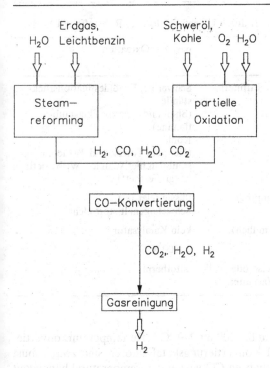

Abb. 3.6 Herstellung von Wasserstoff aus fossilen Rohstoffen (Grundfließbild)

Die zweite Methode, die unkatalysierte Umsetzung der fossilen Rohstoffe mit Wasser zu Wasserstoff wird autotherm durchgeführt, also unter Verbrennung eines Teils des eingesetzten Rohstoffs, vgl. Gl. (3.31) bis (3.34). Diese sog. *partielle Oxidation* wird zur Wasserstofferzeugung aus schwerflüchtigen Kohlenwasserstoffen (Schweröl, Rückstände der Erdöldestillation) verwendet. Darüber hinaus lassen sich damit auch stark schwefelhaltige gasförmige Kohlenwasserstoffe verarbeiten, die für das Steamreforming nicht in Frage kommen, weil die dort notwendige Entschwefelung bei hohen Schwefelgehalten zu aufwendig ist. Der Nickelkatalysator für den Steamreforming-Prozeß ist nämlich sehr schwefelempfindlich; der Schwefelgehalt der dort zum Einsatz kommenden Rohstoffe muß unter 0,5 ppm liegen.

Auch die schon seit langem ausgeübte Wasserstofferzeugung aus Kohle ist eine partielle Oxidation, vgl. Gl. (3.33) und (3.34). Diese Methode ist unter dem Namen *Kohlevergasung* bekannt (vgl. Kap. 7.2.4). Eine der dort benutzten Techniken (Flugstaubflamme im Koppers-Totzek- und im Texaco-Verfahren wird in den Verfahren zur partiellen Oxidation von Schweröl der Firmen Shell und Texaco verwendet (Reaktion des zerstäubten rußhaltigen Schweröls im Flugstrom; im Reaktor gebildeter Ruß wird aus dem Reaktionsgemisch abgeschieden und mit Schweröl in den Reaktor zurückgeführt).

In Tab. 3.5 sind die Unterschiede der zwei Methoden zur Herstellung von Wasserstoff durch Umsetzung von fossilen Rohstoffen mit Wasser gegenübergestellt (vgl. Abb. 3.6). Bei beiden Wegen wird das Reaktionsgas im Anschluß an die Vergasung der CO-Konvertierung unterworfen, in der durch katalytische Einstellung des Wassergasgleichgewichts aus CO zusätzlicher Wasserstoff gebildet wird (vgl. Gl. 3.35).

Beim Steamreforming (vgl. Abb. 3.7) erfolgt die CO-Konvertierung in der Regel in zwei Stufen, und zwar zunächst bei 350 bis 450 °C („Hochtemperaturkonvertierung“, HT) mit

Tab. 3.5 Verfahren zur Herstellung von Wasserstoff durch Umsetzung fossiler Rohstoffe mit Wasser

	Steamreforming (Dampfreformieren)	partielle Oxidation
Rohstoffe (Verfahren, Reaktortyp)	Erdgas, Leichtbenzin, Raffineriegas, Koksofengas (ICI, Röhrenspaltofen)	Schweröle, Erdöldestillationsrückstände (Shell und Texaco, Flugstaubflamme) Kohle (Koppers-Totzek und Texaco, Flugstaubflamme; Winkler, Wirbelbett; Lurgi, Festbett)
Eigenschaften der Rohstoffe	gasförmig oder verdampfbar, schwefelarm	flüssig oder fest, Schwefelgehalt stört nicht
Katalysator	Nickel (schwefelempfindlich)	kein Katalysator
Temperatur	800–1000 °C	> 900 °C
Temperaturführung	allotherm, auch teilweise oder vollständig autotherme Varianten	autotherm

Fe_3O_4/Cr_2O_3 als Katalysator und anschließend bei 200 bis 240 °C („Tieftemperaturkonvertierung", TT) an Kupferkatalysatoren. Die HT-Konvertierungskatalysatoren sind zwar robust und leistungsfähig; doch läßt sich der Restgehalt an CO wegen der Temperaturabhängigkeit des Gleichgewichts erst bei Temperaturen unterhalb 250 °C auf unter 0,5% senken. Die TT-Katalysatoren sind sehr empfindlich gegen Verunreinigungen, speziell gegen Schwefel. Schwefelhaltige Prozeßgase aus der partiellen Oxidation von Schweröl oder Kohle müssen deshalb vor der Tieftemperaturkonvertierung entschwefelt werden.

Gasreinigung

Auf die CO-Konvertierung, mit der durch die Abtrennung der überwiegenden Menge an CO schon ein Reinigungseffekt verbunden ist, folgt die eigentliche Gasreinigung. Sie soll am Beispiel des Steamreforming-Prozesses erläutert werden (vgl. Abb. 3.7). Der erste Schritt der Gasreinigung ist die Abtrennung des CO_2 durch *Absorption*, z. B. durch wäßrige K_2CO_3-Lösung (Pottaschewäsche, vgl. Kap. 2.2). Daran schließt sich die *Methanisierung* an; sie dient zur Entfernung des restlichen Gehaltes an CO (0,2–0,3%) und CO_2 (0,01–0,1%) über die Reaktionen (3.36) und (3.37).

$$CO + 3\,H_2 \xrightarrow[(250-350\,°C)]{(Ni)} CH_4 + H_2O \qquad \Delta H_R = -207\,\text{kJ/mol} \qquad (3.36)$$

$$CO_2 + 4\,H_2 \xrightarrow[(250-350\,°C)]{(Ni)} CH_4 + 2\,H_2O \qquad \Delta H_R = -164\,\text{kJ/mol} \qquad (3.37)$$

Reaktion (3.36) ist die Rückreaktion der Steamreforming-Reaktion (3.29). Bei 250 bis 350 °C liegen die Reaktionsgleichgewichte so weit auf der rechten Seite, daß die Summenkonzentration an CO und CO_2 unter 10 ppm gesenkt werden kann. Man gelangt auf diese Weise zu Wasserstoff mit Reinheiten von 96 bis 98% (Variante **B** in Abb. 3.7).

Wesentlich höhere Reinheiten werden erreicht, wenn man für die Gasreinigung einen anderen Weg wählt, die Adsorption an Molekularsiebe (Variante **A** in Abb. 3.7). Man kann damit

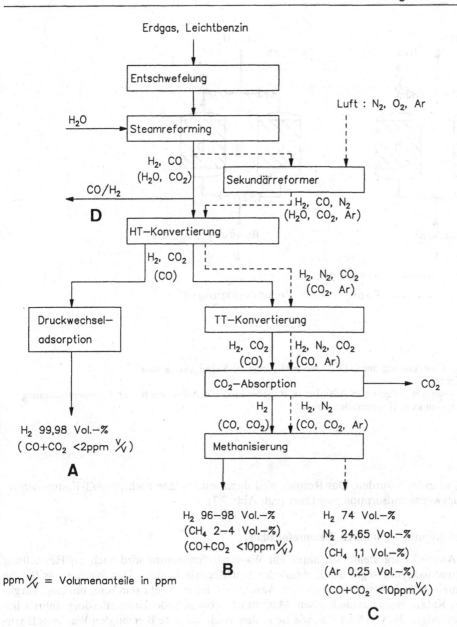

Abb. 3.7 Steamreforming zur Herstellung von Wasserstoff.
Variante **A**: Produkt: Reinwasserstoff; Variante **B**: Produkt: Wasserstoff (96–98 Vol.-%); Variante **C**: Synthesegas für Ammoniak

Wasserstoff mit einer Reinheit von 99,98 % erhalten, und zwar dadurch, daß man Molekularsiebe einsetzt, die alle anderen Komponenten im Produktgas besser adsorbieren als Wasserstoff. Man benutzt dabei die *Druckwechsel-(Pressure-swing-)Adsorption*. Sie besteht darin, daß mehrere (mindestens zwei) parallel geschaltete Festbettadsorber wechselweise beladen und durch Druckerniedrigung regeneriert werden (vgl. Abb. 3.8). Beim Einsatz der Molekularsiebadsorption kann übrigens auf die zweite Stufe der CO-Konvertierung, die TT-Konver-

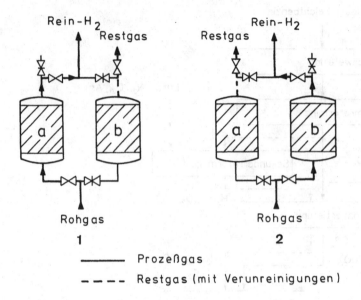

Abb. 3.8   Gasreinigung durch Druckwechsel-(Pressure-Swing-)Adsorption
(a, b Adsorber).
1   Reinigung des Rohgases in Adsorber a, Regeneration des Adsorbers b nach Druckentspannung
2   Adsorption in b, Regeneration von a

tierung, verzichtet werden. Das Rohgas wird dann unmittelbar nach der HT-Konvertierung
der Druckwechseladsorption zugeführt (vgl. Abb. 3.7).

Ammoniaksynthesegas durch Steamreforming

Das in Abb. 3.7 dargestellte Verfahren zur Wasserstofferzeugung wird auch zur Herstellung
von Ammoniaksynthesegas aus Erdgas oder Leichtbenzin benutzt. Das Synthesegas für die
Ammoniaksynthese besteht zu 75% aus Wasserstoff. Es muß sehr rein sein, um eine Vergiftung des Katalysators auszuschließen. Methan ist dabei unbedenklich; allerdings führen höhere Methangehalte von über 2%, wie sie in dem nach Variante **B** erzeugten Wasserstoff vorliegen, zu einer Belastung des Synthesegaskreislaufs durch Anreicherung des unter den Bedingungen der Ammoniaksynthese inerten Methans.

Das Problem konnte auf geschickte Weise gelöst werden. Das in Wasserstoff aus Verfahrensvariante **B** enthaltene Methan stammt überwiegend aus der Stufe der Dampfreformierung, an
deren Ausgang ein Restgehalt von ca. 8% Methan im Produktgas vorhanden ist. Durch partielle Oxidation wird mit Luft in einem weiteren nachgeschalteten katalytischen Reaktor (Sekundärreformer, vgl. Abb. 3.7) die Temperatur auf ca. 1000 °C erhöht, wodurch der Methangehalt im Prozeßgas auf 0,2 bis 0,3% herabgesetzt wird. Man setzt dabei dem Prozeßgas vor dem
Sekundärreformer gerade die Menge an Luft zu, die für die Einstellung eines N/H-Verhältnis-
ses von 1:3 (molar) erforderlich ist.

Weitere Verwendungen von CO/H₂-Gemischen

Erwähnt sei noch, daß man die CO/H₂-Gemische, die man durch Vergasung fossiler Rohstoffe erhält, ohne CO-Konvertierung als CO/H₂-Synthesegas (z. B. für die Methanolsynthese) verwendet (Variante **D** in Abb. 3.7). Wenn reines CO benötigt wird, z. B. für die Carbonylierung von Methanol zu Essigsäure (vgl. Kap. 3.1.3 u. 8.2.3), gewinnt man das Kohlenmonoxid aus den CO/H₂-Gemischen durch Tieftemperatur-Trennverfahren (Absorption in verflüssigtem Methan oder partielle Kondensation) oder durch selektive Absorption in wäßriger, ammoniakalischer Lösung von Kupfer(I)-Salzen (Carbonat, Acetat, Formiat; *Kupferlaugewäsche*).

Wasserstofferzeugung durch Wasserelektrolyse

Die Zersetzungsspannung von Wasser, d. h. der Mindestwert für dessen Spaltung durch Elektrolyse, beträgt 1,2 V bei 25 °C. Zur Überwindung der Überspannung an Kathode und Anode und des Ohmschen Widerstands der Elektrolysezelle benötigt man bei der technischen Wasserelektrolyse 1,8 bis 2,1 V. Man arbeitet mit Kalilauge (ca. 30 %) als Elektrolyt und bei höheren Temperaturen (70–90 °C), um die Leitfähigkeit des Elektrolyten zu erhöhen und damit den Ohmschen Spannungsverlust niedrig zu halten. Kathode und Anode sind durch ein stromdurchlässiges, aber gasundurchlässiges Diaphragma (aus Asbest) getrennt, damit die an Kathode und Anode abgeschiedenen Produkte Wasserstoff und Sauerstoff getrennt abgeführt werden können:

$$H_2O \longrightarrow \underset{\text{Kathode}}{H_2} + \underset{\text{Anode}}{\tfrac{1}{2} O_2} \qquad\qquad \Delta H_R = +286 \text{ kJ/mol} \qquad (3.38)$$

Die gewonnenen Gase sind sehr rein ($H_2 > 99{,}8\%$, $O_2 > 99{,}6\%$). Der Energiebedarf beträgt 4,5 bis 5,0 kWh/Nm³ Wasserstoff. Damit lohnt sich die Erzeugung von Wasserstoff durch Wasserelektrolyse bisher nur dort, wo elektrische Energie ganz besonders billig zur Verfügung steht (Elektrizitätsgewinnung aus Wasserkraft in Großkraftwerken). Bei Strompreisen in Mitteleuropa von 0,09 bis 0,11 DM/kWh machen die Kosten für elektrische Energie ca. 80 % der Gesamtkosten für Wasserstoff durch Wasserelektrolyse aus; die Verwertung des Koppelprodukts Sauerstoff beeinflußt die Kostenstruktur nur unwesentlich.

Wasserstoff aus fossilen Rohstoffen oder durch Wasserelektrolyse – ein Vergleich

In Tab. 3.6 sind wesentliche Merkmale der zwei Wege zu Wasserstoff gegenübergestellt. Danach ist der minimale Energiebedarf für die chemische Primärreaktion bei den fossilen Rohstoffen erheblich niedriger als bei Wasser. Der Grund dafür ist der Energieinhalt der fossilen Rohstoffe, d. h., die Wasserstofferzeugung aus diesen Rohstoffen startet von einem höheren Energieniveau als die Wasserelektrolyse. Der wirkliche Energiebedarf liegt jedoch bei allen Prozessen beträchtlich höher als der jeweilige Minimalwert; er beträgt bei den zwei Varianten des Steamreforming sogar etwa das Dreifache des Minimalwertes.

Dies hat mehrere Gründe. Zunächst erfordert das Aufheizen des Reaktionsgemisches auf die hohen Temperaturen des Steamreforming-Prozesses viel Energie, von der nach der Reaktion nur ein Teil zurückgewonnen werden kann. Weiterhin wird für die anschließenden Reinigungsschritte Energie benötigt. Schließlich schlägt beim realen Energieverbrauch zu Buche, daß die Rohstoffverluste durch Nebenreaktionen (vgl. Definition des minimalen Energiebedarfs in Fußnote 3 von Tab. 3.6) über die Heizwerte als Energieverbrauch gerechnet werden. Energieträger sind die fossilen Rohstoffe; ihre Preise werden im wesentlichen durch ihren Energieinhalt bestimmt.

Tab. 3.6   Erzeugung von Wasserstoff durch Steamreforming und durch Wasserelektrolyse

| | Steamreforming von | | Wasserelektrolyse |
	Erdgas[1]	Leichtbenzin[2]	
Edukte	CH_4, H_2O	$-CH_2-$, H_2O	H_2O
Heizwert (kJ/kg)	50050 –	44300 –	–
Rohstoffverbrauch	309 –	357 –	–
(kg pro 1000 Nm³ H_2)			
Energieverbrauch im Prozeß			
(MJ/1000 Nm³ H_2)			
– minimal	2300[3]	2160[3]	12800
– real	6500	6800	17000
Energieverbrauch insgesamt	15500[4]	15800[4]	17000
(MJ/1000 Nm³ H_2)			
Energiezufuhr	thermisch		elektrochemisch
Investitionskosten	hoch		niedrig
Produktreinigung	aufwendig		einfach

[1] gerechnet als CH_4
[2] gerechnet als CH_2
[3] Reaktionswärme beim Steamreforming (Gl. 3.29 u. 3.30) bezogen auf 100% Ausbeute an Wasserstoff (einschließlich der CO-Konvertierung, Gl. 3.35)
[4] Energieinhalt (= Heizwert) des Rohstoffs

Für Elektrolysewasserstoff ist der Energiebedarf wesentlich höher; er liegt real etwa doppelt so hoch wie für Wasserstoff aus fossilen Rohstoffen. Dieser Vergleich berücksichtigt allerdings nicht die unterschiedliche Ausgangssituation der zwei Wege zu Wasserstoff. Während bei der Elektrolyse mit dem energetisch wertlosen Wasser als Edukt praktisch keine Rohstoffkosten anfallen, hat der Einsatz der fossilen Rohstoffe natürlich seinen Preis. Eine Möglichkeit zur Bewertung dieser Edukte besteht darin, ihren Energieinhalt, zweckmäßigerweise ihren Heizwert, als Berechnungsbasis zu verwenden. Dieses Vorgehen ist hier deswegen besonders einfach, weil man beim Steamreforming-Prozeß den Energiebedarf durch Verbrennen eines Teils der eingebrachten fossilen Rohstoffe deckt. Daher enthalten die in Tab. 3.6 angegebenen Zahlen für den Rohstoffverbrauch neben den zu Wasserstoff umgesetzten Mengen an Edukt auch den Anteil, der als Energielieferant dient. Wenn man diese Rohstoffverbrauchswerte über den jeweiligen Heizwert in kalorische Daten umrechnet, dann ergeben sich für die Wasserstofferzeugung aus fossilen Rohstoffen sehr viel höhere Energieverbrauchszahlen (vgl. Tab. 3.6, Zeile „Energieverbrauch insgesamt").

Danach scheinen das Steamreforming als Standardverfahren für Wasserstoff aus fossilen Rohstoffen und die Wasserelektrolyse beim Energieverbrauch recht nahe beieinander zu liegen. Hierbei wird aber übersehen, daß in die zwei Verfahren ganz unterschiedliche Arten von Energie eingebracht werden, nämlich thermische Energie und elektrische Energie. Da elektrische Energie in der Regel um den Faktor 3 bis 4 teurer ist als thermische Energie aus fossilen Rohstoffen, ist die Wasserelektrolyse mit der Wasserstofferzeugung aus fossilen Rohstoffen derzeit nicht konkurrenzfähig, ausgenommen an Standorten mit preisgünstiger elektrischer Energie aus Wasserkraft.

Bei einem Vergleich der gesamten Herstellkosten ist die Situation für Elektrolysewasserstoff etwas günstiger. Elektrolyseanlagen sind apparativ wesentlich einfacher als z. B. Anlagen für den Steamreforming-Prozeß; zudem fällt Elektrolysewasserstoff schon so rein an, daß keine weiteren aufwendigen Reinigungsschritte mit den entsprechenden Apparaten erforderlich sind. Das bedeutet, daß die Investitionskosten für die Wasserelektrolyse wesentlich niedriger sind als für Wasserstoff aus fossilen Rohstoffen. Damit läßt sich jedoch der Kostenvorteil dieses letzteren Weges bei den Energiekosten unter den heutigen Gegebenheiten bei weitem nicht ausgleichen, wie eingehende Kostenvergleiche gezeigt haben. Diese Situation könnte sich jedoch längerfristig grundlegend ändern.

Wasserstoff als Energieträger und Energiespeicher

Die Vorkommen an fossilen Rohstoffen auf der Erde sind begrenzt. Bei Erdöl und Erdgas rechnet man damit, daß in 30 bis 50 Jahren, wenn nicht schon früher, eine Verknappung eintritt, die beträchtliche Preiserhöhungen mit sich bringen muß. Gleichzeitig führt die Nutzung der fossilen Rohstoffe als bislang wichtigste Energiequelle zu einer fortschreitenden Erhöhung des CO_2-Gehalts der Atmosphäre. 1850, also zu Beginn der Industrialisierung, lag der CO_2-Gehalt der Atmosphäre bei 0,029 Vol.-%, 1988 betrug er schon knapp 0,035 Vol.-%. Als weitere Ursache der Erhöhung der atmosphärischen CO_2-Konzentration vermutet man die Rodung und Vernichtung großer Waldbestände, vor allem in den Tropen. Eine gravierende Folge des andauernden CO_2-Anstiegs wird eine Erhöhung der mittleren Temperatur der Erdatmosphäre sein, denn CO_2 absorbiert Infrarotstrahlung, so daß ein größerer Teil der von der Erde abgestrahlten Wärme zurückgehalten wird *(Treibhauseffekt)*. Bis zum Jahr 2030 rechnet man mit einer globalen Temperaturerhöhung von mind. 2 bis 3 °C. Die Auswirkungen dieser nicht sehr hoch erscheinenden Temperaturänderung auf das Klima überall auf der Erde lassen sich heute kaum absehen; sie werden jedoch ganz sicher beträchtliche Folgen haben, z. B. eine Ausweitung der Trockenzonen und ein Anstieg des Meeresspiegels um mehrere Meter. Verstärkungen dieser Effekte über Rückkopplungen im Klimasystem sind wahrscheinlich.

Auf jeden Fall wird sich der Verbrauch fossiler Rohstoffe weder beliebig erhöhen noch unbegrenzt fortsetzen lassen, so daß langfristig andere Energiequellen, und zwar vor allem die sog. *regenerativen Energien* (Sonne, Wasserkraft und Wind) in den Vordergrund treten werden.

Insbesondere die *Solarenergie*, die zu 99,9% die Energiebilanz der Erde abdeckt, wird für die Zukunft interessant werden. Bei ihrer Nutzung zur Energieversorgung besteht allerdings ein schwerwiegendes Problem: durch den Wechsel von Tag und Nacht und der Jahreszeiten und auch wegen der Veränderlichkeit des Wetters und damit des Bewölkungsgrades ist die lokal pro Zeiteinheit eingestrahlte Sonnenenergie extrem großen Schwankungen unterworfen. Zur Sicherung einer kontinuierlichen Energieversorgung muß es möglich sein, in Zeiten hohen Energieangebots Energie zu speichern, die dann in Zeiten niedrigen Energieangebots an die Verbraucher abgegeben werden kann. Ein möglicher Weg zur Energiespeicherung bei der Nutzung der Solarenergie könnte die Wasserelektrolyse mit anschließender Speicherung des gebildeten Wasserstoffs durch Verflüssigung oder in Form bestimmter Metallhydride (z. B. MgH_2 oder TiH_2) sein, die den gebundenen Wasserstoff bei Druckentlastung wieder abgeben. Besonders attraktiv wäre eine unmittelbare Erzeugung elektrischer Energie in Brennstoffzellen, weil dabei theoretisch eine 100%ige Energieumwandlung möglich ist, während beim Umweg über die Verbrennung von Wasserstoff mit Stromerzeugung in einer Wärmekraftmaschine der Maximalwert an elektrischer Energie durch den Carnot-Wirkungsgrad begrenzt ist. Eine technische Realisierung solcher Brennstoffzellen von hohem Wirkungsgrad und hoher Leistungsdichte ist jedoch trotz vieler Bemühungen nicht in Sicht.

3.2.2 Schweres Wasser

Isotopentrennungen erfordern einen besonders hohen Energieaufwand. Ein markantes Beispiel dafür ist die Trennung der Wasserstoffisotope zur Gewinnung von schwerem Wasser, das in erster Linie als Moderator in Natururankernreaktoren benutzt wird. Außerdem wird Deuterium an Bedeutung gewinnen, wenn es gelingt, die Kernfusion zu realisieren.

Das Hauptproblem bei der Gewinnung von schwerem Wasser bzw. des schweren Wasserstoff-isotops Deuterium ist die außerordenlich große Verdünnung, in der es in der Natur vorkommt. Der Deuteriumgehalt in natürlichem Wasser liegt unter 0,015 Atom-Prozent. Für die technische Gewinnung von schwerem Wasser bedeutet das die Verarbeitung großer Rohstoffmengen. Dazu kommt, daß wegen des niedrigen Trennfaktors bei Isotopentrennungen eine große Zahl hintereinander geschalteter Trennstufen erforderlich ist, wenn man höhere Anreicherungsgrade erreichen will. Den weitaus größten Umfang einer Produktionsanlage für schweres Wasser nimmt der Teil der Anlage ein, in dem die Anreicherung von der natürlichen Deuteriumkonzentration bis in den Bereich von einigen Prozent Deuterium stattfindet, da in diesem Anlagenteil große Stoffmengen umgewälzt werden müssen.

Wasserstoffdestillation

Der Trennfaktor α ist für Stofftrennverfahren generell definiert als

$$\alpha = \frac{c_1''/c_1'}{c_2''/c_2'} \tag{3.39}$$

c_1'', c_1' bzw. c_2'', c_2' Gleichgewichtskonzentrationen von Komponente 1 bzw. 2 in Phase II und I.

Für Dampfflüssigkeits-Gleichgewichte von Isotopenmischungen kann ideales Verhalten im Sinne des Raoultschen Gesetzes angenommen werden, d. h., das Verhältnis der Dampfdrücke der reinen Komponenten ist gleich dem Trennfaktor.

Die Destillation von flüssigem Wasserstoff erscheint vom Trennfaktor her gesehen als besonders günstig, da das Verhältnis der Dampfdrücke von H_2 zu HD und damit der Trennfaktor zwischen H_2 und HD 1,5 beträgt.

Der Trennfaktor zwischen H_2O und HDO liegt bei 1,05; die für die Trennaufgabe charakteristische Größe $(\alpha-1)$ ist also um eine Zehnerpotenz ungünstiger als für flüssigen Wasserstoff. Die Destillation von Wasser kommt daher für die technische Gewinnung von schwerem Wasser nicht in Frage.

Isotopenaustauschreaktion

Eine ganz andere Möglichkeit der Gewinnung von schwerem Wasser besteht in der Ausnutzung von Isotopenaustauschreaktionen:

$$H_2O + HD \rightleftharpoons HDO + H_2 \tag{3.40}$$

$$H_2O + HDS \rightleftharpoons HDO + H_2S \tag{3.41}$$

$$NH_3 + HD \rightleftharpoons NH_2D + H_2 \tag{3.42}$$

Die Häufigkeit der Isotope in den zwei Komponenten eines solchen Austauschsystems ist nach Einstellung des Gleichgewichts durchaus verschieden, und zwar um so mehr, je größer der relative Unterschied der Isotopenmassen ist. Dementsprechend sind die Gleichgewichtskonstanten von Austauschreaktionen von 1 verschieden. Außerdem sind sie temperaturabhängig; so beträgt die Gleichgewichtskonstante für den Deuteriumaustausch zwischen Wasser und Schwefelwasserstoff

$$K = \frac{[HDO]\,[H_2S]}{[H_2O]\,[HDS]} \tag{3.43}$$

bei 30 °C 2,3 und bei 130 °C 1,8. Die Temperaturabhängigkeit des Gleichgewichts von Isotopenaustauschreaktionen macht man sich im sog. Heiß-Kalt-Verfahren zunutze (vgl. Abb. 3.9).

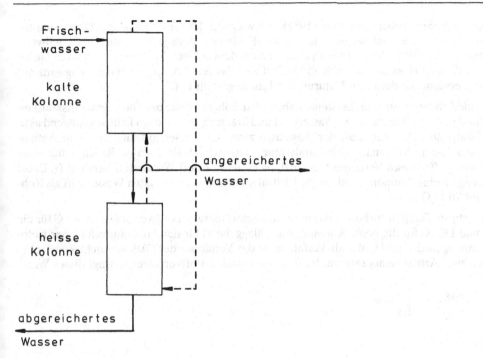

— flüssige Komponente (Wasser)

--- gasförmige Komponente
(Schwefelwasserstoff)

Abb. 3.9 Isotopenanreicherung im Heiß-Kalt-Verfahren (Prinzip) am Beispiel der Schwerwassergewinnung mit dem Schwefelwasserstoffverfahren

Heiß-Kalt-Verfahren

Man leitet dabei die zwei Komponenten des Austauschsystems im Gegenstrom durch zwei hintereinander geschaltete Kolonnen von verschiedener Temperatur. Die flüssige Komponente (z. B. Wasser) strömt von oben nach unten zuerst durch die kalte und dann durch die heiße Kolonne; die gasförmige Komponente (z. B. Schwefelwasserstoff) durchströmt von unten nach oben zuerst die heiße und dann die kalte Kolonne. In der kalten Kolonne wird Deuterium von der nach unten strömenden Flüssigkeit aufgenommen; in der heißen Kolonne wird der Flüssigkeit von dem nach oben strömenden Gas Deuterium entzogen. Der in beiden Kolonnen insgesamt ablaufende Deuteriumtransport führt zu einer Anreicherung zwischen den Kolonnen, und zwar ist dort sowohl die flüssige als auch die gasförmige Komponente an Deuterium angereichert. Eine der beiden Komponenten dient als Rohstoff – in Abb. 3.9 die flüssige Komponente – , der Deuterium entzogen wird. In abgereicherter Form verläßt diese Komponente die Anlage nach einmaligem Durchgang. Die andere, in Abb. 3.9 gasförmige Komponente wird als Hilfsstoff im Kreislauf geführt, während das angereicherte Produkt als Teilstrom zwischen den beiden Kolonnen entnommen wird.

Von den drei Austauschsystemen Wasserstoff/Wasser (vgl. Gl. 3.40), Schwefelwasserstoff/Wasser (vgl. Gl. 3.41) und Wasserstoff/Ammoniak (vgl. Gl. 3.42) wird zur Erzeugung von schwerem Wasser überwiegend das zweite System verwendet. Die zwei ersten großtechnischen Anlagen für dieses sog. Schwefelwasserstoffverfahren mit einer Kapazität von je 450 t/a in USA dienten nach ihrer Inbetriebnahme (1952) überwiegend der Gewinnung von Deuterium für militärische Zwecke; nach wenigen Jahren wurde die eine Anlage ganz, die andere teilweise stillgelegt. Die größten Schwerwasseranlagen nach dem Schwefelwasserstoffverfahren laufen heute in Kanada (Gesamtkapazität 1500–2000 t/a), das seine Atomstromerzeugung ganz auf den schwerwassermoderierten Natururanreaktor abgestellt hat.

Die beiden anderen Austauschsysteme haben zwar höhere Werte der Gleichgewichtskonstanten. Für den Austausch zwischen Wasserstoff und Wasser gibt es jedoch keinen genügend aktiven Katalysator. Dagegen läuft der Austausch zwischen Wasserstoff und flüssigem Ammoniak mit gelöstem Kaliumamid als Katalysator relativ schnell ab; doch ist die Kapazität einer Einzelanlage für dieses Verfahren begrenzt, da es als Rohstoff Wasserstoff benötigt (z. B. bei Kopplung an eine Ammoniakanlage für 1000 t/d mit dem dort benötigten Wasserstoff als Rohstoff auf 70 D_2O t/a).

Die günstigste Temperaturkombination für das Schwefelwasserstoffverfahren ist 30 °C für die kalte und 130 °C für die heiße Kolonne. Ausschlaggebend für den Trennaufwand einer Isotopentrennung nach dem Heiß-Kalt-Verfahren ist das Verhältnis der Gleichgewichtskonstanten bei den zwei Arbeitstemperaturen. Beim Schwefelwasserstoffverfahren beträgt dieser Wert

$$\frac{K_{30}}{K_{130}} = \frac{2,3}{1,8} \approx 1,3 \tag{3.44}$$

Vergleich der Verfahren für schweres Wasser

Bei einem Vergleich mit der Wasserstoffdestillation mit einem Trennfaktor mit 1,5 scheint dieses letztere Verfahren deutlich günstiger zu sein. Dabei wird aber nicht berücksichtigt, daß die Wasserstoffdestillation bei sehr tiefen Temperaturen (20–25 K) durchgeführt wird. Dazu muß der Wasserstoff auf diese Temperaturen abgekühlt und verflüssigt werden, was große Mengen an elektrischer Energie erfordert, und zwar insgesamt 2400 kWh/kg D_2O. Beim Schwefelwasserstoffverfahren wird zwar auch elektrische Energie zum Fördern der Rohstoff- und Kreislaufströme benötigt (430 kWh/kg D_2O); der überwiegende Teil des Energieverbrauchs entfällt jedoch auf Wärmeenergie in Form von Dampf (2,5 t/kg D_2O). Damit sind die Energiekosten für das Schwefelwasserstoffverfahren sehr viel niedriger als die der Wasserstoffdestillation (vgl. Tab. 3.7), so daß es trotz höherer Investitionskosten wesentlich kostengünstiger produziert. Dazu kommt, daß die Wasserstoffdestillation ebenso wie das Austauschsystem Ammoniak/Wasserstoff an eine Wasserstoffquelle gebunden ist. Bei einem Vergleich dieser beiden Verfahren schneidet das letztere wegen seines niedrigeren Energieverbrauchs deutlich günstiger ab.

Tab. 3.7 Energiebedarf und -kosten verschiedener Verfahren für schweres Wasser (Angaben pro kg D_2O)

Verfahren	elektrische Energie (0,11 DM/kWh)		Dampf (18,– DM/t)		Energiekosten insgesamt
	kWh	DM	t	DM	DM
Schwefelwasserstoffverfahren	430	47,30	2,5	45,–	92,30
Wasserstoffdestillation	2400	264,–	–	–	264,–
Austausch NH_3/H_2	300	33,–	3,0	54,–	87,–

3.2.3 Phosphorsäure durch thermischen oder nassen Aufschluß von Calciumphosphat

Ausgangsprodukt für die Herstellung von Phosphorsäure ist Calciumphosphat, der Hauptbestandteil von natürlich vorkommendem Apatit. Der Aufschluß dieses Rohstoffs kann durch *elektrothermische* Reduktion mit Kohle und Kieselsäure (SiO_2) oder auf *„nassem"* Wege mit Schwefelsäure erfolgen (vgl. Kap. 10.4.2 u. 3).

Elektrothermisch:

$$2\ Ca_3(PO_4)_2 + 10\ C + 6\ SiO_2 \longrightarrow 6\ CaSiO_3 + 10\ CO + P_4 \quad \Delta H_R = 2750\ kJ/mol \quad (3.45)$$

$$P_4 + 5\ O_2 \xrightarrow[\Delta H_R = -3050\ kJ/mol]{} P_4O_{10} \xrightarrow[\Delta H_R = -378\ kJ/mol]{+6H_2O} 4\ H_3PO_4 \quad (3.46)$$

Naß:

$$Ca_3(PO_4)_2 + 3\ H_2SO_4 + 6\ H_2O \longrightarrow 3\ CaSO_4 \cdot 2H_2O + 2\ H_3PO_4 \quad (3.47)$$

Man bezeichnet die auf diesen beiden Wegen erzeugten Produkte kurz als **thermische Phosphorsäure** und **Naß-Phosphorsäure**. Wie aus den Gl. (3.45) und (3.46) angegebenen Reaktionswärmen zu erkennen ist, geht man bei der Herstellung von thermischer Phosphorsäure energetisch einen Umweg. Der erste Schritt dieser Route, die Reduktion von Calciumphosphat im elektrothermischen Ofen bei 1400 bis 1500 °C, erfordert mit ca. 13 kWh pro kg Phosphor einen hohen Aufwand an elektrischer Energie. Der besondere Vorteil dieses Weges besteht darin, daß man eine Phosphorsäure von sehr hohem Reinheitsgrad erhält.

Die mit Schwefelsäure gewonnene Naß-Phosphorsäure fällt zunächst mit erheblich höheren Gehalten an Verunreinigungen (u. a. Calcium, Sulfat, Eisen, Aluminium, Magnesium) als thermische Phosphorsäure an, was aber für den Einsatz in der Düngemittelherstellung nicht stört. Für andere Verwendungszwecke, wie im Waschmittelsektor und vor allem in der Lebensmittelindustrie, werden erheblich höhere Reinheiten verlangt, die von thermischer Phosphorsäure leicht eingehalten werden. Naß-Phosphorsäure muß dazu besonders gereinigt werden, und zwar durch Gegenstromextraktion mit organischen Lösungsmitteln (z. B. Butanol, Amylalkohol, Diisopropylether oder Tributylphosphat). Der starke Anstieg der Energiepreise in den 70er Jahren hat dazu geführt, daß der Anteil von thermischer Phosphorsäure an der Gesamtphosphorsäureproduktion stark gefallen ist (weltweit von ca. 10% 1972/73 auf ca. 5% in den 80er Jahren). Für Phosphorsäure von Lebensmittelqualität wird aber nach wie vor thermische Phosphorsäure bevorzugt.

3.2.4 Zusammenfassung

Die drei Produkte, die in diesem Abschnitt behandelt wurden, erfordern zu ihrer Herstellung einen hohen Aufwand an Energie, jedoch aus unterschiedlichen Gründen. Wasserstoff ist ein energiereiches Produkt, dessen Herstellung ganz (Elektrolysewasserstoff) oder überwiegend (mit fossilen Rohstoffen) über endotherme Reaktionen erfolgt. Die Verfahren zur Gewinnung von schwerem Wasser sind wie alle Isotopentrennungen aufwendige Trennprozesse mit entsprechend hohem Energieverbrauch. Die Herstellung von thermischer Phosphorsäure verläuft über ein energiereiches Zwischenprodukt, nämlich elementaren Phosphor; dadurch gelangt man hier zu einem Endprodukt besonders hoher Reinheit.

Wegen des hohen Preises für elektrische Energie sind Verfahren, in denen elektrische Energie für die Reaktion (Elektrolysen, elektrothermische Verfahren) oder zur Stofftrennung (Tieftemperaturdestillation) eingesetzt wird, mit besonders hohen Energiekosten belastet.

3.3 Sicherheit

In Chemieanlagen werden Stoffe unterschiedlichster Art umgesetzt und verarbeitet. Sowohl die Eigenschaften vieler dieser Stoffe als auch die in den Anlagen ablaufenden Prozeßschritte sind mögliche Gefahrenquellen. Der selbstverständlichen Forderung, daß Chemieanlagen ohne Gefährdung der darin Beschäftigten und der Umwelt betrieben werden, muß schon bei der Auswahl und Konzipierung der Verfahren Rechnung getragen werden. Für die Beurteilung der Sicherheit chemischer Verfahren und Anlagen ist es notwendig, die Gefahrenquellen zu erkennen. Gleichzeitig liefert dieses Wissen Ansatzpunkte für Wege und Maßnahmen zur Gefahrenvermeidung.

Die verschiedenen möglichen Ursachen für die Gefahrenquellen in chemischen Verfahren und Anlagen lassen sich drei Komplexen zuordnen:
1. exotherme chemische Reaktionen,
2. brennbare und explosive Stoffe und Stoffgemische und
3. toxische Stoffe.

3.3.1 Exotherme Reaktionen

Hier können wir an ein Beispiel aus dem vorhergehenden Kapitel, die Chlorierung von Benzol, anknüpfen (vgl. Kap. 2.1). Die bei dieser exothermen Reaktion freiwerdende Wärme muß, wie dort dargelegt, zur Einhaltung der vorgeschriebenen Reaktionstemperatur über ein Kühlmedium abgeführt werden. Bei Ausfall der Kühlung – z. B. wegen eines Versagens der Pumpe zur Förderung des Kühlmediums – wird sich die Temperatur im 25-m³-Rührkessel ständig erhöhen. Vereinfachend sei angenommen, daß die freiwerdende Wärme alleine von der Reaktionsmischung aufgenommen wird. Diese Annahme einer sog. *adiabatischen Reaktion*, also einer Reaktion ohne Wärmeverluste, ist eine vernünftige Näherung, da der Wärmetausch des Reaktionsgefäßes mit der Umgebung im Vergleich zur Wärmeerzeugung durch die Reaktion vernachlässigt werden kann und da die Wärmekapazität des Reaktionsgefäßes klein gegen die der Reaktionsmischung ist.

Damit ergibt sich für eine 5%ige Umsetzung des Reaktionsgemischs ohne Kühlung eine Temperaturerhöhung von 45 K; d. h., die Reaktionsmischung fängt an zu sieden (Siedetemperaturen für Benzol 80 °C, für Chlorbenzol 132 °C). Da das Abgas aus solchen Chlorierungen zur Entfernung der Benzol- und Chlorbenzoldämpfe vor dem Eintritt in die HCl-Absorption durch einen Kondensationskühler geleitet wird, stellt die Temperaturerhöhung im Chlorierungsreaktor kein besonderes Sicherheitsproblem dar; sie führt nur zu einer Verschlechterung der Selektivität für Monochlorbenzol. Zudem läßt sich hier das Weglaufen der Reaktionstemperatur auf relativ einfache Weise verhindern, und zwar dadurch, daß die Chlorzufuhr bei Ausfall der Kühlung oder bei Überschreiten einer bestimmten Temperatur im Reaktor automatisch gestoppt wird.

Ausfall der Kühlung am Beispiel der Blockpolymerisation von Styrol

Ganz anders ist die Situation, wenn das Fortschreiten der Reaktion in einem absatzweise betriebenen Reaktor nicht über die Zufuhr eines Reaktanden gesteuert werden kann, also wenn das Reaktionsgemisch, gegebenenfalls einschließlich des Katalysators, von Beginn an im Reaktor vorliegt. Beispiele dafür sind viele Polymerisationen, vor allem die sog. Substanz- oder Blockpolymerisationen, bei denen die reinen Monomeren in „Substanz" polymerisieren, nachdem die Reaktion durch Zugabe eines Initiators (vgl. Kap. 9.1.1) oder thermisch, d. h. durch Erwärmen auf eine bestimmte Temperatur, gestartet worden ist. Eine Vorstellung, welche Temperaturerhöhungen hier auftreten können, gibt Tab. 3.8. Die dort angegebenen adiabatischen Temperaturerhöhungen sind obere Grenzwerte, da definitionsgemäß dabei die Wärmeverluste zu Null gesetzt werden.

Tab. 3.8 Polymerisationswärmen (ΔH_R) und adiabatische Temperaturerhöhungen (ΔT_{ad}) bei vollständigem Umsatz

Monomeres	$-\Delta H_R$ (kJ $\cdot$ mol^{-1})	ΔT_{ad} (°C)
Ethylen	101,5	1810
Propen	84,0	1000
Vinylchlorid	71,0	542
Vinylacetat	86,0	511
Styrol	70,0	336
Acrylnitril	76,5	721
Ethylenoxid	94,5	1073

Wenn bei einer solchen Substanzpolymerisation die Kühlung ausfällt, dann läßt sich die Reaktion nicht einfach durch Unterbrechen der Einspeisung eines Reaktanden stoppen. Im Fall des Chargenverfahrens, bei dem das Monomere vorgelegt wird, ist das trivial. Aber auch bei kontinuierlicher Polymerisation läßt sich bei Ausfall der Kühlung ein „Durchgehen" des Reaktors nicht dadurch verhindern, daß man die Zuführung des frischen Monomeren unterbricht. Das liegt zum einen daran, daß man das Monomere dabei nicht vollständig umsetzt (u. a. deswegen, um das polymerisathaltige Reaktionsgemisch fließfähig zu halten); zum andern ist die Reaktionstemperatur meist höher als die des zulaufenden Monomeren, so daß ein Teil der Reaktionswärme vom Monomeren aufgenommen wird.

In einer Untersuchung der kontinuierlichen Substanzpolymerisation von Styrol wurde gezeigt, daß bei den Bedingungen eines technischen Verfahrens (vgl. Tab. 3.9) ein gleichzeitiger Ausfall von Kühlung und Monomerzufuhr zu einer Erhöhung der Reaktortemperatur von 130 auf über 250 °C führen würde. Ein Abbrechen der Monomerzufuhr bei weiterlaufender Kühlung hätte immer noch eine Temperaturerhöhung im Reaktor auf 225 °C zur Folge (vgl. Abb. 3.10). Interessant ist dabei, daß diese Temperaturmaxima erst nach 50 bzw. 70 min erreicht würden. Es bleibt also genügend Zeit, um Gegenmaßnahmen zu ergreifen – aber welche?

Tab. 3.9 Kontinuierliche Substanzpolymerisation von Styrol

Reaktor	Rührkessel
Reaktionstemperatur	130 °C
Temperatur des Kühlmediums	85 °C
Temperatur des Monomerzulaufs	15 °C
Aktivierungsenergie der Polymerisationsreaktion	89 kJ $\cdot$ mol^{-1}
Verweilzeit	388 min
Umsatz an Styrol	60%

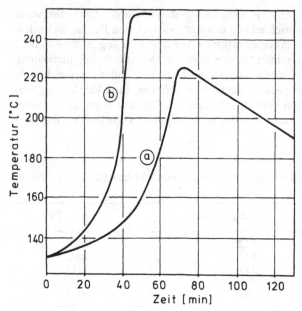

Abb. 3.10   Blockpolymerisation von Styrol (Temperaturverlauf im Reaktor) ohne Monomerzufuhr.
a *Mit* und **b** *ohne* Kühlung

Man kann beispielsweise in den Reaktor einen *Polymerisationsinhibitor* einbringen, um die Reaktion abzubrechen. Die dazu notwendige gleichmäßige Verteilung des Inhibitors im Reaktor setzt allerdings voraus, daß der polymerisathaltige und damit höher viskose Reaktorinhalt mittels eines wirkungsvollen Rührers gut vermischt wird. Falls die Unterbrechung von Reaktorkühlung und Monomerzufuhr durch einen Stromausfall verursacht wurde, läuft auch der Rührer nicht mehr; d. h., die Zugabe des Inhibitors ist weitgehend wirkungslos.

Offenbar ist das Problem nicht einfach zu lösen. Aber wird sich die Temperatur wirklich auf über 200 °C erhöhen? Die Siedetemperatur von Styrol beträgt 145 °C bei 1 bar. Das Reaktionsgemisch wird wegen der Siedepunktserhöhung durch das im Styrol gelöste Polymere nicht bei dieser, sondern bei einer etwas höheren Temperatur, also etwa 155 °C, anfangen zu sieden; auf jeden Fall aber wird dadurch Wärme abgeführt. Da schon bei normalen Betriebsbedingungen verhindert werden muß, daß Styroldampf in die Abgasleitung gelangt, muß der Reaktor mit einem Rücklaufkühler ausgerüstet sein. Dadurch wird auch bei dem geschilderten Störfall der Styroldampf kondensiert; falls der Rücklaufkondensator eine entsprechend hohe Kühlleistung hat, kann so der Reaktor vollständig unter Kontrolle gehalten werden.

Der Rücklaufkondensator stellt aber auch eine Alternative für die Abführung der Reaktionswärme im Normalbetrieb dar. Man muß dazu den Reaktor nur unter dem Druck betreiben, bei dem die Siedetemperatur des Reaktionsgemischs gleich der gewünschten Reaktionstemperatur ist. Man bezeichnet diese Art von Wärmeabführung als *Verdampfungs- oder Siedekühlung*. Sie wird für Reaktionen in Lösungsmitteln häufig angewendet.

Die in Abb. 3.10 dargestellten Temperaturverläufe sind übrigens typisch für das *dynamische Verhalten von Reaktoren* mit exothermer chemischer Reaktion. In solchen stark nichtlinearen Systemen können instabile Zustände und Oszillationen auftreten. Dementsprechend stellen das Anfahren und die Einstellung eines stationären Betriebszustandes von derartigen Anordnungen *hohe Anforderungen an die Regel- und Steuerungstechnik*. Ursache dieser ausgeprägten Nichtlinearitäten ist die exponentielle Zunahme der Reaktionsgeschwindigkeit mit der

Temperatur gemäß dem bekannten Ansatz von **Arrhenius** für die Reaktionsgeschwindigkeitskonstante k.

$$k = k_o \cdot \exp\left(-\frac{E}{RT}\right),$$ (3.48)

k_o präexponentieller Faktor,
E Aktivierungsenergie (kJ/mol)

Explosion eines Ethylenoxidbehälters als Beispiel einer Wärmeexplosion

Welche Auswirkungen diese starke Abhängigkeit der Reaktionsgeschwindigkeit von der Temperatur in Verbindung mit der Wärmeproduktion durch eine exotherme Reaktion haben kann, zeigt das folgende Beispiel. Ethylenoxid (Sdp. 10,7 °C) kann polymerisieren; Initiatoren der Polymerisationsreaktion können Hydroxy- und Aminoverbindungen sein (vgl. Kap. 8.2.1). Die Reaktionswärme beträgt 94,5 kJ/mol polymerisiertes Ethylenoxid.

Auf einem LKW, der Ethylenoxid in 200-l-Fässern vom Erzeuger zum Verbraucher transportierte, explodierte ein solches Faß. Die Explosion war so stark, daß mehrere andere Fässer bis zu 200 m weit fortgeschleudert wurden. Was war die Ursache? Es wurde vermutet, daß das explodierte Faß geringfügige Mengen einer wäßrigen Trimethylaminlösung enthielt. Eine gründliche experimentelle und theoretische Untersuchung ergab, daß schon sehr kleine Mengen der als Initiator wirkenden Trimethylaminlösung genügen, um die Selbsterwärmung des Ethylenoxids durch Polymerisation bis zum Zerplatzen eines 200-l-Fasses zu treiben. Bei einer Außentemperatur von 20 °C genügt schon ein Gehalt von 1% einer 33%igen wäßrigen Trimethylaminlösung, um ein 200-l-Ethylenoxidfaß zum Zerplatzen zu bringen. Dabei erfolgen Polymerisation und Erwärmung im Anfang so langsam, daß die Explosion erst nach weit über 100 h eintritt. Bei dem Unfall, bei dem glücklicherweise keine Menschenleben zu beklagen waren, wurden die Fässer einige Tage vorher gefüllt.

Wie Modellrechnungen zeigten, hat der hier geschilderte Zeitbombeneffekt seine Ursache in der exponentiellen Abhängigkeit der Polymerisationsgeschwindigkeit von der Temperatur; die Aktivierungsenergie beträgt 75 kJ/mol. In den Modellrechnungen wurde auch die von dem Faß an die Umgebung abgegebene Wärme berücksichtigt. Die Möglichkeit einer Explosion hängt hier von dem Verhältnis Stoffmenge zur Gefäßoberfläche ab, also von der Größe des Behälters oder letztendlich von der Stoffmenge. Die Selbsterwärmung durch die Polymerisation wird dann kritisch, wenn die zur Verfügung stehende Gefäßoberfläche zur Abführung der Polymerisationswärme nicht ausreicht.

Das benutzte Modell geht auf Vorstellungen zurück, die **van't Hoff** entwickelt hatte, um das Zustandekommen von Explosionen in reaktionsfähigen Gemischen, z. B. von brennbaren Gasen und Sauerstoff, zu erklären (1884). Die Bezeichnung *Wärmeexplosion* für diese Theorie wird heute für alle Vorgänge benutzt, bei denen es durch Wärmestauung über die dadurch verursachte Temperaturerhöhung zu einer exponentiellen Steigerung der Reaktionsgeschwindigkeit kommt, und zwar unabhängig davon, ob es sich um einen relativ langsam ablaufenden Prozeß wie bei der Ethylenoxidpolymerisation oder um sehr schnelle Vorgänge wie bei Gasexplosionen handelt (viele Gasexplosionen laufen übrigens nach einem anderen Mechanismus ab, nämlich nach der Kettenverzweigung, daher die Bezeichnung *Kettenexplosion*).

Durchgehen eines Chargenreaktors nach Bedienungsfehlern

Daß bei fehlerhafter Durchführung auch bei Reaktionen mit relativ niedriger Reaktionswärme Bedingungen erreicht werden können, bei denen es aufgrund einer Wärmeexplosion zum „Durchgehen" des Reaktors kommt, zeigt ein Störfall, der sich im Februar 1993 im Werk Griesheim (bei Frankfurt, Main) der Hoechst AG ereignete, und zwar in einer Anlage zur chargenweisen Herstellung aromatischer Zwischenprodukte. Bei der Reaktion, die zu dem Störfall führte, handelte es sich um die Umsetzung von *o*-Nitrochlorbenzol mit methanolischer Natronlauge zu *o*-Nitroanisol:

$$
\begin{array}{ccc}
\text{Cl} & & \text{CH}_3 \\
| & & | \\
\text{NO}_2 & & \text{O} \\
& + \text{CH}_3\text{OH} + \text{NaOH} \longrightarrow & \text{NO}_2 \\
& & + \text{NaCl} + \text{H}_2\text{O}
\end{array}
\tag{3.49}
$$

Die Reaktion soll folgendermaßen durchgeführt werden. Der Reaktionskessel wird unter Rühren mit *o*-Nitrochlorbenzol und Methanol beschickt. Diese Mischung wird anschließend mit der erforderlichen Menge kalter methanolischer Natronlauge versetzt, wobei weiterhin ständig gerührt wird. Mit der Zugabe der methanolischen Natronlauge setzt die Reaktion ein. Durch die frei werdende Reaktionswärme erhöht sich die Temperatur des Reaktionsgemischs; sobald sie 90 °C erreicht hat, wird sie durch Kühlen konstant auf diesem Wert gehalten. Die Zugabe der methanolischen Natronlauge erfolgt über einen Zeitraum von 5 h. Dann wird zwei weitere Stunden gerührt; danach ist die Reaktion abgeschlossen.

Bei dem Ansatz, der zu dem Störfall führte, wurde zweifach gegen die Betriebsvorschrift verstoßen:

1. Von Anfang an war der Rührer nicht eingeschaltet, so daß der Reaktorinhalt während der Zudosierung der kalten methanolischen Natronlauge nicht durchmischt wurde. Daher bildeten sich – vom Anlagenfahrer unbemerkt – im Reaktionskessel zwei flüssige Phasen aus, ohne daß die Reaktion in Gang kam. Dementsprechend erhöhte sich auch die Temperatur des Reaktorinhalts nicht; sie fiel sogar durch die kalte zulaufende Natronlauge etwas ab.
2. Nun wurde – wiederum entgegen der Betriebsvorschrift – der Reaktionskessel mit Dampf auf die Solltemperatur (90 °C) aufgeheizt.

Erst danach bemerkte der Bediener, daß der Rührer nicht lief. Er schaltete ihn jetzt ein. Dadurch wurden die zwei flüssigen Phasen im Kessel schnell miteinander vermischt, was zur Folge hatte, daß die Reaktion schlagartig einsetzte. Für die Abführung der plötzlich frei werdenden Reaktionswärme reichte die Kühlung nicht aus, so daß Temperatur und Druck im Reaktor sehr schnell anstiegen. Bei 160 °C und 16 bar sprachen die zwei Sicherheitsventile an, und das aufschäumende Reaktionsgemisch trat über die Druckentlastungsleitung über Dach aus. Auf diese Weise wurden ca. 10 t des Gemischs in die Atmosphäre versprüht. Wegen der niedrigen Außentemperatur von –2 °C erstarrten die Tröpfchen. Das entstandene Aerosol wurde vom Wind in ein Wohngebiet getrieben, in dem mehr als 2500 Menschen leben. Es lagerte sich als pulverförmiger Niederschlag ab, aus dem sich unter dem Einfluß der Luftfeuchtigkeit ein schmieriger, gelb-brauner Belag bildete.

Das ausgetretene Reaktionsgemisch bestand zu 27,8% aus dem toxischen *o*-Nitroanisol, das aufgrund von Tierversuchen mit hoher Dosierung als cancerogen eingestuft wurde. Der Niederschlag enthielt außerdem ca. 30% weitere aromatische Verbindungen. Glücklicherweise ergab eine nach dem Störfall durchgeführte Untersuchung eines Gremiums von Toxikologen, daß die Mengen an *o*-Nitroanisol, die bei Kontakt mit dem Niederschlag inkorporiert werden können, weit unter den in den obengenannten Tierversuchen angewandten Mengen lagen und ein derartiges Gefahrenpotential nicht bestand.

Natürlich mußte der Niederschlag aus dem betroffenen Gebiet – es handelte sich um 30 Hektar – entfernt werden. In einer mehrwöchigen aufwendigen Reinigungsaktion wurden die verschmutzten Flächen gesäubert; der Arbeitsaufwand betrug cá. 150 Mannmonate.

Die Analyse des Störfalls zeigte, daß der Reaktionskessel gegen eine Fehlbedienung nicht genügend gesichert war. Er war mit folgenden Sicherheitseinrichtungen ausgerüstet: Temperaturalarm bei 100 °C, automatische Kühlung bei 105 °C, Druckalarm bei 12 bar. Die Kühlleistung reichte aus, um die Reaktionswärme auch bei verspätetem Einschalten des Rührers vollständig abzuführen. Erst dadurch, daß der Reaktorinhalt vorschriftswidrig beheizt worden war, wurden nach Einsetzten der Reaktion Temperaturen erreicht, bei denen stark exotherme Sekundärreaktionen ablaufen. Diese führten dann zum Durchgehen des Reaktors.

Es war klar, daß vor der Wiederaufnahme des Betriebs Vorkehrungen zu treffen waren, die eine Wiederholung des Störfalls ausschließen. Zu diesem Zweck wurde eine Verriegelung installiert, die verhindert, daß die Dosierung der methanolischen Natronlauge in den Reaktor bei stillstehendem Rührer erfolgt. Die Verriegelung spricht auch an, wenn die vorgeschriebene Temperatur überschritten wird.

Exotherme Sekundärreaktionen

Auch der in Kap. 1.3 erwähnte Störfall von Seveso wurde durch eine Wärmeexplosion verursacht. Als auslösende exotherme Reaktion wurde die thermische Zersetzung von Mono- und Dinatriumglykolat identifiziert; diese Alkoholate hatten sich aus Glykol und Natriumhydroxid, beides Bestandteile der Reaktionsmischung, gebildet. Solche exothermen Sekundärreaktionen gibt es häufiger, oft als Folge- oder Parallelreaktionen der Hauptreaktionspartner, aber auch als Reaktionen, an denen Verunreinigungen beteiligt sind. Beispiele für Folgereaktionen sind Zersetzungsreaktionen von Produkten aus Nitrierungen und Diazotierungen.

Für eine sichere Reaktionsführung ist es notwendig, zu wissen, ob und unter welchen Bedingungen exotherme Sekundärreaktionen im gegebenen Reaktionssystem ablaufen können. Zur experimentellen Prüfung auf die Möglichkeit solcher exothermer Reaktionen wird z. B. die *Differentialthermoanalyse* (DTA, vgl. Kap. 4.2.2) benutzt. Da für diese Methode relativ kleine Probemengen eingesetzt werden und zudem die Aufheizung relativ schnell durchgeführt wird, ist es damit nicht möglich, sichere Aussagen darüber zu erhalten, bis zu welcher Temperatur eine bestimmte Sekundärreaktion auszuschließen ist. Dazu führt man sog. *Wärmestau- oder Warmlagerversuche* durch.

Diese Versuchstechnik besteht darin, daß man größere Mengen an Reaktionsgemisch längere Zeit (Stunden bis Tage) bei bestimmten, vorgegebenen Temperaturen hält, und zwar unter adiabatischen Bedingungen. Mit dieser Methodik findet man oft wesentlich niedrigere Temperaturen (z. T. bis 100 °C), bei denen eine bestimmte Sekundärreaktion gerade noch abläuft, als mit der Differentialthermoanalyse. Die Reaktionstemperatur im technischen Verfahren muß deutlich unter der im Wärmestauversuch ermittelten Temperatur (z. B. um 50 °C niedriger) liegen.

3.3.2 Brennbare und explosive Stoffe und Stoffgemische

Explosionen

Die Brennbarkeit der meisten organischen und einiger anorganischer Stoffe ist eine der wesentlichen Ursachen für das Gefahrenpotential von Chemieanlagen. Dazu kommt, daß brennbare Gase und Dämpfe mit Luft und mit Sauerstoff explosionsfähige Gemische bilden können. Durch eine beliebige Zündquelle, z. B. einen Funken, wird in solchen explosiblen Gemischen eine exotherme Reaktion gestartet, die sich in dem reaktionsfähigen System bei gleichzeitiger Erhöhung von Temperatur und Druck schnell ausbreitet (vgl. Kap. 3.3.1: Wärmeexplosion und Kettenexplosion).

Je nach den äußeren Bedingungen (Gemischzusammensetzung, Vermischung, Größe und Geometrie des Explosionsvolumens) und den Systemeigenschaften (Reaktionsenthalpie, Reaktionskinetik) laufen Explosionen mit sehr unterschiedlicher Heftigkeit ab. Charakteristisch ist dafür die Druckanstiegsgeschwindigkeit, die zwischen 10 und 1000 bar/s liegen kann. Bei niedrigen Druckanstiegsgeschwindigkeiten von einigen bar/s spricht man von *Verpuffungen*. *Explosionen* im engeren Sinn breiten sich mit Geschwindigkeiten von 0,1 bis 10^3 m/s aus; die maximalen Drücke liegen etwa beim Zehnfachen des Anfangsdrucks. Bei besonders energiereichen Explosionen kann die in das explosible Gemisch hineinlaufende Druckwelle den Explosionsvorgang auslösen, so daß die Ausbreitungsgeschwindigkeit der Explosion anwächst und größer als Schallgeschwindigkeit wird. Solche Vorgänge bezeichnet man als *Detonationen*. Sie haben Ausbreitungsgeschwindigkeiten von 10^3 bis mehr als 10^4 m/s mit entsprechend hoher Zerstörungswirkung. Auch die in festen Sprengstoffen ablaufenden Explosionsvorgänge sind Detonationen.

Explosionsbereich

Es ist einleuchtend, daß zum sicheren Betrieb von Chemieanlagen Zustände, in denen Explosionen ausgelöst werden können, auf jeden Fall vermieden werden müssen. Das gilt besonders für Reaktionsmischungen aus Stoffen, die explosionsartig reagieren können. Beispiele dafür sind die Oxidationen von Kohlenwasserstoffen mit Sauerstoff als Reaktionspartner, wie die Oxidation von Ethylen zu Ethylenoxid (vgl. Kap. 2.2), die Acetoxylierung von Ethylen zu Vinylacetat (vgl. Kap. 8.2.4), die Herstellung von Terephthalsäure aus *p*-Xylol (vgl. Kap. 8.6.1), die Oxidation von Cumol zu Cumolhydroperoxid bei dem Hockschen Phenolverfahren (vgl. Kap. 3.1.1) und die Chlorierung gasförmiger Kohlenwasserstoffe, z. B. die Methanchlorierung (vgl. Kap. 8.5.1). Besonders kritisch hinsichtlich ihrer Explosionsfähigkeit sind die beiden erstgenannten Verfahren, in denen Ethylen mit Sauerstoff bei Temperaturen um 200 °C und darüber an einem Katalysator zur Reaktion gebracht werden. Um explosionsfähige Reaktionsgemische zu vermeiden, arbeitet man in diesen Verfahren mit einem Ethylenüberschuß, also mit Sauerstoffunterschuß.

Bei allen Stoffsystemen, in denen es zu explosionsartigen Reaktionen kommen kann, sind die Gemische nämlich nur in einem bestimmten Konzentrationsbereich explosibel. Man nennt diesen Bereich **Explosions- oder Zündbereich**. So sind Ethylen-Luft-Gemische bei 1 bar (0,1 MPa) und 20 °C in einem Bereich zwischen 2,7 und 34,0 Vol.-% Ethylen explosionsfähig. Die Grenzwerte bezeichnet man als **untere** bzw. **obere Explosionsgrenze** (oder **Zündgrenze**). Unterhalb der unteren Zündgrenze ist die Konzentration an Brenngas nicht ausreichend, um eine Explosion in Gang zu setzen, d. h., ein solches Gemisch ist zu „mager". Entsprechend sind Gemische oberhalb der oberen Zündgrenze zu „fett"; sie enthalten zu wenig Sauerstoff, um explodieren zu können. Bei Stoffen, die zu exothermer Selbstzersetzung imstande sind, kann die obere Explosionsgrenze 100% betragen, wie z. B. bei Ethylenoxid. Die Explosionsgrenzen hängen außer von Druck und Temperatur auch von Art und Konzentration der anderen Komponenten der Mischung ab. Für Mischungen aus Ethylen und Reinsauerstoff betragen die Explosionsgrenzen bei 1 bar (0,1 MPa) und 20 °C 3,0 und 80,0 Vol.-% Ethylen.

Welchen Einfluß dritte, „inerte" Komponenten auf den Explosionsbereich haben können, geht aus Abb. 3.11 hervor. Dreistoffgemische mit den reagierenden Komponenten Chlor und Methan weisen mit Stickstoff als dritter Komponente einen deutlich größeren Explosionsbereich auf als mit Chlorwasserstoff. Das Beispiel zeigt eindringlich, daß es nicht ausreicht, Ex-

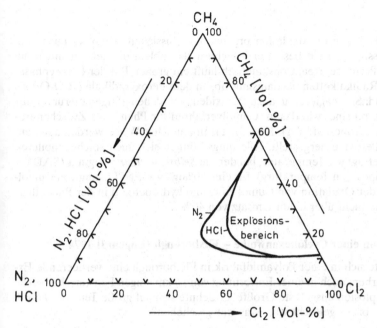

Abb. 3.11 Explosionsbereich von Methan-Chlor-Stickstoff- bzw. Chlorwasserstoffgemischen (aus [3], S. 409). Versuchsbedingungen: Druck 1 bar, Temperatur 50 °C, Zündquelle 1 mm Funkenstrecke

plosionsgrenzen für Mischungen aus den miteinander reagierenden Komponenten zu bestimmen; vielmehr muß auch die Explosionsfähigkeit des im Reaktor vorliegenden Mehrkomponentensystems ermittelt werden. Dies sollte möglichst frühzeitig während der Verfahrensentwicklung erfolgen (vgl. Kap. 4.2.2). In der industriellen Methanchlorierung (vgl. Kap. 8.5.1) arbeitet man übrigens mit einem relativ hohen, vier- bis fünffachen Überschuß an Methan.

Flüssigphaseoxidation mit Luft am Beispiel von Terephthalsäure aus p-Xylol

Bei der Oxidation flüssiger Edukte mit Luft, z. B. bei der Oxidation von p-Xylol zu Terephthalsäure (vgl. Kap. 8.6.1), besteht das Reaktionssystem aus einer flüssigen und einer gasförmigen Phase; die eigentliche Reaktion läuft in der flüssigen Phase ab. Die primäre Gefahrenquelle ist hier in der Regel jedoch nicht die Reaktionsphase, sondern die Gasphase, also die in die Reaktionsflüssigkeit eingeleitete Luft, die sich unter den Bedingungen des intensiven Stoffaustauschs im Reaktor mit dem Dampf des brennbaren Edukts sättigt. Bei der p-Xylol-Oxidation bei Arbeitstemperaturen von 180 bis 200 °C beträgt der Dampfdruck von p-Xylol 0,3 bis 0,5 MPa. Mit einem Gesamtdruck von 1 bis 2 MPa im Reaktor liegt der Xylolgehalt der Gasphase weit oberhalb der oberen Explosionsgrenze.

Wichtig für die sichere Durchführung solcher Oxidationen ist auch die Vermeidung explosionsfähiger Gemische im Abgas nach der Abscheidung des größten Teils der dampfförmigen Edukte und Nebenprodukte durch Kondensation. Dazu muß die Sauerstoffkonzentration im Abgas möglichst niedrig sein (unter ca. 9 Vol.-%), d. h., die eingespeiste Luftmenge muß entsprechend dem Verbrauch durch Reaktion gesteuert werden. Dies kann mittels laufender Messung des Sauerstoffgehalts im Abgas geschehen; für den Fall einer kurzfristigen Hemmung der Oxidationsreaktion muß die Luftzufuhr über ein Schnellschlußventil geschlossen werden.

Organische Peroxide

Unter den vielen Verfahren zur Luftoxidation organischer Flüssigkeiten gibt es auch eine Gruppe, bei der die Flüssigphase ein besonderes Sicherheitsproblem darstellt, nämlich die Herstellung organischer Peroxide. Reaktionskinetisch läuft ein großer Teil der Flüssigphaseoxidationen nach einem Radikalkettenmechanismus ab, an dem Peroxyradikale (R-O-O·) als Kettenträger beteiligt sind. Sie reagieren u. a. zu Peroxiden, von denen einige aufgrund ihrer Struktur einigermaßen stabil sind, wie das im Cumolverfahren für Phenol als Zwischenprodukt auftretende Cumolhydroperoxid (vgl. Kap. 3.1.1). In ähnlicher Weise werden auch andere stabile organische Peroxide hergestellt. Allerdings können sich auch solche stabileren Peroxide zersetzen. So beträgt die Temperatur, bei der die *Selbstzersetzung* beginnt (SADT = Self Acceleration Decomposition Temperature), für eine 80%ige wäßrige Lösung von Cumolhydroperoxid 80 °C. Bei der Oxidation von Cumol zu Cumolhydroperoxid in der Phenolherstellung geht man deshalb nicht über einen Umsatz von 40%.

Großbrand nach Explosion einer Cyclohexanwolke – Flixborough (England) 1974

Am 1. Juni 1974 ereignete sich in einer Polyamidfabrik in Flixborough eine verheerende Explosion. 28 Menschen starben; noch in einer Entfernung von 10 km gingen Fensterscheiben zu Bruch. Das durch die Explosion ausgelöste Großfeuer dehnte sich auf große Teile der Fabrik aus, und es dauerte Tage, bis es gelöscht war. Was war geschehen?

In dem Werk wurde das Polyamid Nylon 6 (= Perlon, vgl. Kap. 9.1.3) produziert; das dafür erforderliche Monomer ε-Caprolactam wurde dort ebenfalls hergestellt. Ausgangsprodukt war Cyclohexan. Der Herstellungsweg zum ε-Caprolactam verläuft wie folgt (vgl. Abb. 3.12).

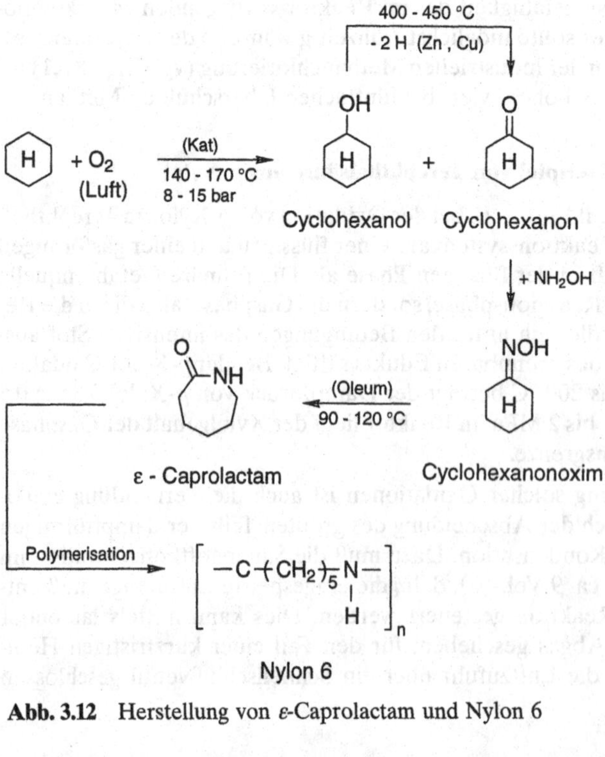

Abb. 3.12 Herstellung von ε-Caprolactam und Nylon 6

Im ersten Schritt wird flüssiges Cyclohexan mit Luft katalytisch (mit Mn- oder Co-Salzen) zu Cyclohex**anol** und Cyclohex**anon** (Anol-Anon-Gemisch oder KA-Öl = **K**eton + **A**lkohol genannt) oxidiert. Zur Erzielung einer hohen Selektivität an diesen Produkten arbeitet man mit einem Umsatz um 10%. Nach destillativer Trennung des Reaktionsgemisches wird das Cyclohexanol in einer heterogen-katalytischen Gasphasenreaktion zu Cyclohexanon dehydriert. Als nächster Schritt folgt die Oximierung des Cyclohexanons durch Reaktion mit einem Salz des Hydroxylamins (Sulfat oder Phosphat). Das dabei erhaltene Cyclohexanonoxim wird dann durch eine Beckmann-Umlagerung in ε-Caprolactam übergeführt.

Unmittelbare Ursache des Unglücks war das Aufreißen einer Rohrverbindung in der Reaktoranordnung für die Flüssigphaseoxidation von Cyclohexan. Es handelte sich um eine Kaskade von ursprünglich sechs Blasensäulen mit einem Betriebsinhalt von je 20 t. Die Reaktion wurde bei einer Temperatur von 150 °C und einem Druck von 10 bar (1 MPa) durchgeführt, der Umsatz lag bei 6%. Zwei Monate vor dem Unglück war am Reaktor 5 der Kaskade ein Riß festgestellt worden, aus dem Cyclohexan austrat. Daraufhin war dieser Reaktor ausgebaut und die Lücke zwischen den Reaktoren 4 und 6 durch ein Verbindungsrohr überbrückt worden; danach wurde die Anlage wieder in Betrieb genommen. Leider war, wie sich später herausstellte, das Verbindungsrohr fehlerhaft montiert worden (zwischen zwei Ausdehnungsbälgen). Dies führte nach zweimonatigem Betrieb zum Aufreißen der Rohrverbindung, so daß sofort große Mengen an dampfförmigem Cyclohexan ausströmten. Besonders gravierend wirkte sich dabei aus, daß die Verbindungsrohre zwischen den Reaktoren nicht mit Ventilen versehen waren, so daß es nicht möglich war, die Reaktoren gegeneinander abzusperren. Dazu kam, daß die Durchmesser der Verbindungsrohre mit 700 mm außergewöhnlich groß waren. Dadurch konnten in kurzer Zeit ganz beträchtliche Mengen Cyclohexandampf mit großer Geschwindigkeit aus dem Reaktionssystem austreten. Schätzungen ergaben, daß von dem Betriebsinhalt der Reaktorkaskade (einschl. Nachreaktor) von 120 t in den 50 s bis zur Zündung der Dampfwolke ca. 40 t ausgeströmt waren.

Die Wirkung der durch die Zündung ausgelösten Explosion entsprach 30 t Trinitrotoluol. Die Anlage für die Cyclohexanoxidation und die benachbarten Anlagen wurden völlig zerstört, die anderen Teile der Fabrik – bis 350 m vom Explosionsort entfernt – wurden schwer beschädigt. 28 Menschen wurden getötet, 89 verletzt, 53 davon außerhalb des Werksgeländes. Die Zahl der Toten wäre vermutlich erheblicher größer gewesen, wenn sich das Unglück während der normalen Arbeitszeit und nicht an einem Samstagnachmittag ereignet hätte; das total zerstörte Verwaltungsgebäude stand nämlich nur 100 m vom Explosionsort entfernt.

Die Explosion hatte aber noch weitere Folgen. 200 m von der Oxidationsanlage entfernt war das Tanklager der Fabrik. Zum Zeitpunkt des Störfalls lagerten dort über 1600 t an brennbaren Stoffen. Sowohl dieses Tanklager als auch andere Werksteile gerieten infolge der Explosion in Brand; gleichzeitig brannte das aus der Oxidationsanlage weiterhin ausströmende Cyclohexan. Dieser Großbrand erstreckte sich schließlich auf eine Fläche von 60 000 m²; noch nach drei Tagen gab es zwei kleine Explosionen. Der gesamte durch den Störfall verursachte Schaden belief sich auf mehr als $^1/_2$ Mrd. DM.

Die Untersuchung eines Störfalls darf sich nicht auf die Aufklärung des Hergangs und das Auffinden der unmittelbaren Ursachen beschränken; es muß vielmehr immer geprüft werden, wie eine Wiederholung auszuschließen ist. Dazu gehört eine eingehende *Analyse des Verfahrenskonzepts und* der *Produktionsanlage.*

Im Falle des Explosionsunglücks von Flixborough ergab sich, daß der Reaktionsteil, von dem der Störfall seinen Ausgang nahm, das größte Gefahrenpotential der ε-Caprolactam-Anlage darstellte. Die Reaktoranordnung bestand aus sechs hintereinander geschalteten Blasensäulen mit einem Betriebsinhalt von 120 – 150 t siedendem Cyclohexan unter Überdruck (10 bar = 1 MPa, 150 °C). Die Reaktionsflüssigkeit, also das siedende Cyclohexan, durchströmte die

Stufen der Kaskade per Überlauf. Um den Druckverlust niedrig zu halten, hatte man außergewöhnlich große Durchmesser (700 mm) für die Verbindungsrohre gewählt. Bei Verwendung von Flüssigkeitspumpen für die Förderung von der einen in die andere Blasensäule reicht ein Durchmesser für die Rohrverbindung von 100 bis 120 mm aus. Für solche Rohrdurchmesser lassen sich ohne weiteres Absperrventile installieren, so daß die einzelnen Blasensäulen voneinander getrennt werden können.

Die primäre Ursache des Störfalls war, wie schon erwähnt, die fehlerhafte Montage eines Verbindungsrohrs; und selbstverständlich muß das Vermeiden solcher Fehler oberstes Ziel sein. Da aber Fehler nie mit hundertprozentiger Sicherheit auszuschließen sind, ist bei der Auslegung einer Anlage dafür zu sorgen, daß im Falle eines Fehlers der Schaden möglichst klein gehalten wird. Wenn in Flixborough die Möglichkeit bestanden hätte, die Verbindungen zwischen den einzelnen Reaktoren zu schließen, dann wäre nur ein Bruchteil der tatsächlich ausgeströmten Cyclohexanmenge nach außen gelangt, und die Explosion wäre mit größter Wahrscheinlichkeit entsprechend weniger heftig gewesen.

Auch eine solche verbesserte Anordnung ist nicht ausreichend sicher. In jedem einzelnen Reaktor befinden sich 20 t brennbare Flüssigkeit bei einem Druck von 10 bar (1 MPa) und einer Temperatur, die weit über dem Siedepunkt bei Normaldruck liegt. Es stellt sich die Frage, ob die Umsetzung mit anderen Katalysatoren bei niedrigerer Temperatur oder mit höherer Reaktionsgeschwindigkeit durchgeführt werden kann. Im letzteren Fall wäre das Reaktionsvolumen und damit das Gefahrenpotential wesentlich kleiner.

Schließlich gibt es noch eine weitere Alternative, nämlich die, einen anderen chemischen Weg zu benutzen. Diese Möglichkeit besteht im vorliegenden Fall tatsächlich. Cyclohexanol läßt sich auch durch Hydrierung von Phenol erzeugen:

$$C_6H_5OH + 3\ H_2 \xrightarrow[150\ °C,\ 10\ bar]{(Pd,\ Ni)} C_6H_{11}OH \qquad \Delta H_R = -188\ kJ/mol \qquad (3.50)$$

Das Cyclohexanol wird dann, wie oben beschrieben, katalytisch zu Cyclohexanon dehydriert. Dieser Weg vermeidet also die Luftoxidation einer brennbaren Flüssigkeit. Wie aber wird Phenol hergestellt? Der heute übliche Weg ist die Flüssigphaseoxidation von Cumol mit Luft zu Cumolhydroperoxid, das dann in Phenol und Aceton gespalten wird (vgl. Kap. 3.1.1). Man hat das Problem also nur verlagert; das Gefahrenpotential wird für die Flüssigphaseoxidation von Cumol sogar höher eingeschätzt. Die nach dem Unglück von Flixborough neu gebaute Anlage benutzte die Phenolhydrierung anstelle der Cyclohexanoxidation.

Was das Auslösen der Explosion angeht, also die Zündung des explosionsfähigen Gemischs: selbstverständlich wird man Zündquellen vermeiden wollen; doch ist das in einer größeren Chemieanlage praktisch unmöglich. Man muß damit rechnen, daß ein explosionsfähiges Gemisch im Freien irgendwo gezündet wird, z. B. an der heißen Oberfläche eines Reaktionsofens oder an einer Abgasfackel.

In bestimmten abgeschlossenen Bereichen, in denen Dämpfe brennbarer Lösungsmittel oder explosionsfähige Staub-Luft-Gemische auftreten können, lassen sich Zündquellen durch entsprechende Maßnahmen ausschließen. Dazu gehört die Verwendung sog. explosionsgeschützter elektrischer Geräte. Solche *EX-geschützten* Geräte dürfen z. B. beim Schalten keine Funken bilden. Weiterhin sind Werkzeuge aus bestimmten Buntmetallegierungen mit minimaler Funkenbildung (also nicht aus Eisen) zu benutzen und heiße Oberflächen und elektrostatische Aufladungen zu vermeiden. Für Reparaturarbeiten in explosionsgeschützten Räumen ist eine besondere Erlaubnis erforderlich, die nur unter bestimmten Voraussetzungen erteilt wird.

Der Störfall von Flixborough hatte weiterreichende Konsequenzen. Wie schon erwähnt, wurde durch die Explosion der Dampfwolke das nur 100 m von der Anlage entfernte Verwaltungsgebäude der Fabrik völlig zerstört. Außerdem gerieten das Tanklager und andere Teile des Werks in Brand. Offensichtlich waren bis dahin die Sicherheitsabstände zu gering bemessen. Diese und viele andere Erfahrungen aus dem Störfall von Flixborough und dem von Seveso (vgl. Kap. 1.3) führten zu einer von der Europäischen Gemeinschaft erlassenen Direktive und zu entsprechenden gesetzlichen Regelungen in den einzelnen Mitgliedsländern.

3.3.3 Toxische Stoffe

In vielen Chemieanlagen werden auch toxische Stoffe gehandhabt. Sie stellen vor allem dann ein Gefahrenpotential dar, wenn es sich um gasförmige oder leicht flüchtige Stoffe handelt und sie unter erhöhtem Druck stehen. Beispiele dafür sind Chlor, Phosgen, Schwefelwasserstoff und Ammoniak. Wenn solche Stoffe aus geschlossenen Anlagen durch Undichtigkeiten von Rohrverbindungen oder Ventilen oder durch plötzlichen Bruch einer Behälterwand oder durch andere Störungen in die Umgebung gelangen, dann wird nicht nur das Bedienungspersonal der Anlage gefährdet; vielmehr können beim Austritt größerer Mengen eines toxischen Stoffes auch weit außerhalb des Werksgeländes Menschen der Giftwirkung ausgesetzt werden. Ein Beispiel dafür ist der Unglücksfall von Seveso vom 10. Juli 1976, durch den etwa 250 Menschen durch die Einwirkungen von 2,3,7,8-Tetrachlordibenzodioxin („Dioxin") erkrankten (vgl. Kap. 1.3).

Der Störfall von Bhopal (Indien)

Dieser Störfall war der folgenschwerste Unglücksfall in der Chemiegeschichte. Er ereignete sich am 3. Dezember 1984 in einem Chemiewerk in Bhopal, in dem das Insektizid *Carbaryl* auf folgendem Weg hergestellt wurde:

$$CH_3NH_2 + COCl_2 \xrightarrow[-2\,HCl]{} CH_3-N=C=O \xrightarrow{+\,\alpha-Naphthol} Carbaryl \tag{3.51}$$

Methylamin Phosgen   Methylisocyanat
(MCI)

Das Zwischenprodukt *Methylisocyanat* (MCI) wurde in größeren Mengen zwischengelagert. In dem Tank, von dem der Störfall ausging, befanden sich am Tage des Unglücks 41 t. Methylisocyanat ist eine der giftigsten Substanzen; sie gilt als mindestens doppelt so toxisch wie Phosgen. MCI hat einen Siedepunkt von 39 °C. Seine tödliche Wirkung erfolgt vor allem über die Lunge, gleichzeitig verätzt es Augen, Haut und die Magenschleimhäute.

Ausgelöst wurde der Unfall vermutlich dadurch, daß eine größere Menge Wasser (ca. 1 m³) über ein undichtes oder versehentlich nicht geschlossenes Ventil in den MCI-Lagertank gelangte. Die exotherme Reaktion von Wasser mit MCI

$$CH_3\text{-}N=C=O + H_2O \longrightarrow NH_2(CH_3) + CO_2 \tag{3.52}$$

und weitere durch die ansteigenden Temperaturen in Gang gesetzte exotherme Reaktionen führten sehr bald zum Sieden des MCI. Da die verschiedenen Sicherheitseinrichtungen entweder außer Betrieb gesetzt (die Kälteanlage zur Kühlung des Tankinhalts auf 0 °C) oder wegen offenbar ungenügender Wartung nicht funktionsfähig waren (z. B. der Gaswäscher zur Absorption kleinerer austretender MCI-Mengen mittels Natronlauge und die Abgasfackel zur Verbrennung von nichtabsorbiertem Abgas), erhitzte sich das im Tank lagernde MCI auf Siedetemperatur und strömte als Dampf über den nicht funktionierenden Absorber ins Freie. Die austretende Wolke von MCI-Dampf breitete sich vom Werksgelände her über eine angrenzende größere Slumsiedlung aus und erfaßte dort viele Menschen im Schlaf. Die Zahl der Toten wurde nie genau ermittelt. Sie wird auf 2000 geschätzt, außerdem wurden ca. 200 000 Menschen verletzt.

Sicherlich ist die große Zahl an Toten und Verletzten durch diesen Störfall auf schwerwiegende Mängel im Zustand der Produktionsanlage und auf die Tatsache zurückzuführen, daß in unmittelbarer Nähe einer Chemieanlage mit einem erheblichen Gefahrenpotential eine große Wohnsiedlung lag. Daß aber ein solch katastrophaler Störfall überhaupt möglich war, lag eindeutig am Verfahren und am Anlagenkonzept. Offensichtlich war bei der Planung nicht daran gedacht worden, das Verfahren so zu gestalten, daß nur eine minimale Menge des außergewöhnlich toxischen Methylisocyanats gelagert werden mußte. Ganz im Gegenteil, die gesamte Lagerkapazität für MCI in dem Werk in Bhopal betrug 171 m³. Auch für das Verfahrenskonzept – erste Stufe (Erzeugung von MCI) kontinuierlich, zweite Stufe (Herstellung von Carbaryl) absatzweise – ist das eine unnötig große Lagermenge an MCI in Anbetracht von dessen hoher Toxizität. Ganz ohne eine Zwischenlagerung von MCI kommt man aus, wenn man das Verfahren voll kontinuierlich gestaltet, d. h., wenn man auch die zweite Stufe kontinuierlich durchführt. Bei einer solchen Verfahrensweise dürfte der Betriebsinhalt an MCI (im wesentlichen die Rohrleitung zwischen erster und zweiter Stufe) maximal 100 l betragen.

Es gibt aber auch einen Weg zur Herstellung von Carbaryl, der nicht über MCI läuft. Er benutzt die gleichen Edukte wie das in Bhopal verwendete Verfahren, nämlich Methylamin, Phosgen und α-Naphthol:

$$\text{(3.53)}$$

Carbaryl

Für beide Wege wird ein anderer sehr toxischer Stoff benötigt, nämlich *Phosgen*. Es wird aus den ebenfalls giftigen Edukten Kohlenmonoxid und Chlor hergestellt, und zwar katalytisch an Aktivkohle:

$$CO + Cl_2 \xrightarrow[>50\,°C]{(A\text{-}Kohle)} COCl_2 \qquad \Delta H_R = -107{,}6 \text{ kJ/mol} \qquad (3.54)$$

Man benutzt einen kleinen Überschuß an CO, so daß das Chlor vollständig umgesetzt wird. Die Siedetemperatur von Phosgen beträgt bei 1 bar (0,1 MPa) 7,5 °C; bei Durchführung der Reaktion unter leicht erhöhtem Druck kann das gebildete Phosgen nach Verlassen des Reaktors auskondensiert werden. Wegen seiner Reaktionsfähigkeit wird Phosgen für eine ganze Reihe von Synthesen von organischen Zwischenprodukten benutzt. Die größte Menge an Phosgen wird zur Herstellung von Diisocyanaten verbraucht, die zur Erzeugung von Polyurethanen (vgl. Kap. 9.1.1) benötigt werden. Ein kleinerer Teil geht in die Herstellung von Polycarbonaten (vgl. Kap. 9.1.1). Die Weltproduktion an Phosgen dürfte bei 1,5 Mio. t liegen.

Wegen seiner extrem hohen Toxizität wird Phosgen nach der Herstellung überwiegend direkt weiterverarbeitet. Auf diese Weise vermeidet man größere Zwischenlager mit dem damit verbundenen Gefahrenpotential. Die Edukte für Phosgen, nämlich CO und Cl$_2$, werden ebenfalls in kontinuierlichen Verfahren hergestellt, so daß auch für diese Stoffe keine größeren Zwischenlager erforderlich sind. Ein Beispiel einer Phosgenierungsreaktion ist der letzte Schritt der Herstellung von Toluylendiisocyanat (TDI, Abb. 3.13, Weg **a**), einem Isomerengemisch, das als Diisocyanatkomponente in Polyurethanen eingesetzt wird.

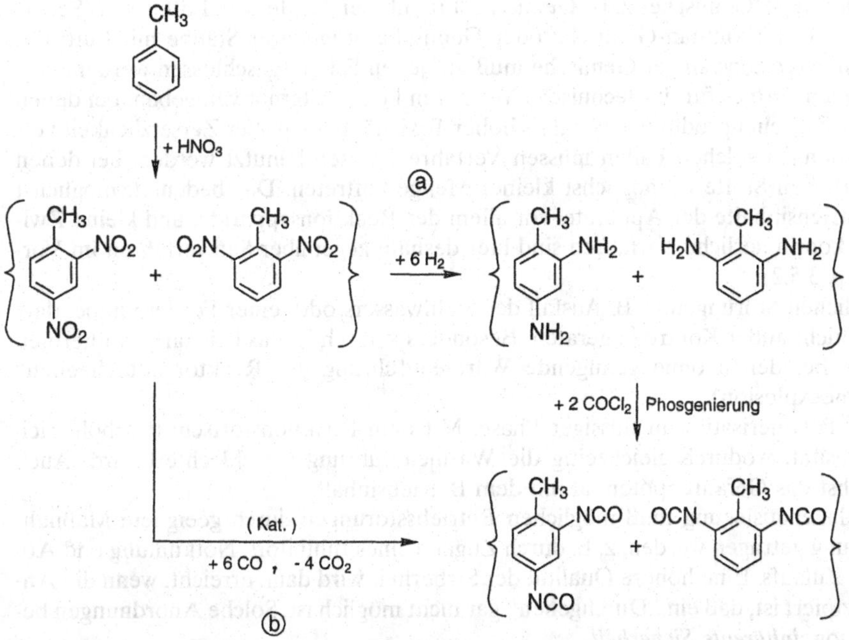

Abb. 3.13 Herstellungswege für Toluylendiisocyanat (TDI).
a Phosgenierung von Toluylendiamin, **b** Umsetzung von Dinitrotoluol mit Kohlenmonoxid

Um die aufwendige Phosgenierungsreaktion zu umgehen und gleichzeitig den Verlust an Chlor in Form von HCl zu vermeiden, besteht ein Interesse an einem anderen Syntheseweg zur Erzeugung von Isocyanaten. Eine Möglichkeit dazu ist die katalytische Umsetzung von Nitroverbindungen mit Kohlenmonoxid (Weg **b** in Abb. 3.13).

Generell läßt sich das Arbeiten mit toxischen Stoffen in chemischen Produktionsverfahren nicht umgehen. Das erfordert natürlich aufwendige Sicherheitsvorkehrungen. Bei extrem giftigen Stoffen müssen Verfahren und Anlagen so konzipiert werden, daß der Betriebsinhalt an diesen Stoffen so niedrig wie möglich ist; besonders wichtig ist, daß die Prozeßführung für solche Stoffe keine größeren Zwischenlager erforderlich macht. Gleichzeitig muß immer versucht werden, Wege zu den gewünschten Endprodukten zu finden, die extrem toxische Edukte und Zwischenstufen vermeiden.

3.3.4 Zusammenfassung und Folgerungen

Chemische Produktionsanlagen müssen sicher betrieben werden können; für die Verfahrensauswahl und die Konzipierung der Anlage ist dies eine unerläßliche Forderung. Dazu ist folgendes zu beachten:

1. Falls in einem Verfahren Stoffe oder Stoffgemische mit einem besonders hohen Gefahrenpotential auftreten, ist zu prüfen, ob es andere Reaktionswege gibt, auf denen man das erwünschte Produkt erhalten kann. Besonders hohe Gefahrenpotentiale stellen dar
   - Stoffe von extrem hoher Toxizität, z. B. Phosgen, Methylisocyanat,
   - leicht zersetzliche Stoffe, d. h. Stoffe mit exothermer Zerfallsreaktion, wie Diazonium-
     salze, bestimmte organische Nitroverbindungen (z. B. sind aromatische Nitroverbindun-
     gen mit mindestens zwei Nitrogruppen je Sechsring explosionsfähig) sowie
   - explosionsfähige Gemische, z. B. Gemische brennbarer Stoffe mit Luft (oder Sauer-
     stoff) oder Chlor-Methan-Gemische oder Gemische brennbarer Stäube mit Luft; das
     Auftreten explosionsfähiger Gemische muß auf jeden Fall ausgeschlossen werden.
2. In vielen Fällen wird es für das technische Verfahren keine Alternativen geben, bei denen
   Edukte oder Zwischenprodukte besonders hoher Toxizität oder großer Zersetzlichkeit vermieden werden. In solchen Fällen müssen Verfahrensweisen benutzt werden, bei denen
   diese gefährlichen Stoffe in möglichst kleiner Menge auftreten. Das bedeutet: möglichst
   niedrige Betriebsinhalte der Apparate, vor allem der Reaktionsapparate, und kleine Zwischenlager; kontinuierliche Verfahren sind hier deshalb gegenüber Satzverfahren im Vorteil (vgl. Kap. 3.5.2).
3. Bei betrieblichen Störungen, z. B. Ausfall des Kühlwassers oder einer Förderpumpe, darf
   die Anlage nicht außer Kontrolle geraten. Besonders kritisch ist das bei stark exothermen
   Reaktionen, bei denen ohne genügende Wärmeabführung der Reaktor „durchgehen"
   kann (Wärmeexplosion).
   Beispiel: Polymerisation in flüssiger Phase. Mit dem Reaktionsfortschritt erhöht sich
   die Viskosität, wodurch gleichzeitig die Wärmeabführung verschlechtert wird. Auch
   hier wächst das Gefahrenpotential mit dem Betriebsinhalt.
   Bei der Anlagenauslegung muß möglichen Betriebsstörungen durch geeignete Maßnahmen Rechnung getragen werden, z. B. durch Zugabe eines Inhibitors, Notkühlung und Ab-
   sperren des Zulaufs. Eine höhere Qualität der Sicherheit wird dann erreicht, wenn die Anlage so konzipiert ist, daß ein „Durchgehen" gar nicht möglich ist. Solche Anordnungen besitzen eine sog. *inhärente Sicherheit*.
   Beispiel: Siedekühlung bei exothermer Reaktion in einem Lösungsmittel.

3.4 Umwelt

Zur Erniedrigung und Vermeidung von Umweltbelastungen aus chemischen Produktionsverfahren gibt es drei Möglichkeiten:
1. den Ersatz umweltbelastender Prozesse durch Verfahren, deren Reaktionswege keine
   oder verminderte Umweltbelastungen verursachen,
2. Verfahrensänderungen mit dem Ziel, Umweltbelastungen zu verringern,
3. die Aufarbeitung der Abfallprodukte (Abluft, Abwasser, feste Abfälle).

Bei der letztgenannten Möglichkeit, oft als *End-of-the-pipe-Technologie* bezeichnet, handelt
es sich um Maßnahmen zur Nachbehandlung von Abfallströmen und -produkten. Sie erfordern zusätzlichen Aufwand, ohne die Ursachen der Umweltbelastungen zu beseitigen. Dieses
Ziel läßt sich nur erreichen, wenn man direkt am Verfahren ansetzt, d. h., wenn man das Verfahren ändert oder es durch ein anderes ersetzt, das geringere oder am besten keine Umweltbelastungen verursacht. Die Konzipierung und Entwicklung solcher *umweltfreundlichen Verfahren* ist eine aktuelle wichtige Aufgabe.

Darüber hinaus muß bei der Planung der Produktionsanlagen und der Apparatekonstruktion
darauf geachtet werden, daß beim Betrieb der Anlagen Umweltbelastungen so weit wie mög-

lich vermieden werden. Das betrifft z. B. die Verhinderung von Leckagen an Ventilen und Rohr-verbindungen oder die Vermeidung des Austretens umweltbelastender Stoffe beim Umfüllen.

Bei den Stoffen, die zu Umweltbelastungen führen, handelt es sich in erster Linie um Verbin-dungen, die an der chemischen Umsetzung beteiligt sind, daneben aber auch um Verunreini-gungen in den Edukten und Hilfsstoffe, die im Verfahren benötigt werden. Zu den letzteren gehören Lösemittel (problematisch sind hier z. B. chlorhaltige Lösemittel wie Methylenchlo-rid), verbrauchte Katalysatoren und nicht mehr regenerierbare Adsorbentien.

Ein Hilfsstoff, der vor Jahren besondere Beachtung gefunden hat, ist das Quecksilber im Amalgamverfahren für die Chloralkalielektrolyse. Das Problem ist inzwischen gelöst, einmal dadurch, daß durch geeignete Maßnahmen die Quecksilberemissionen in Abluft und Abwas-ser aus Amalgamanlagen auf unbedenkliche Mengen reduziert werden konnten, zum andern aber ganz besonders durch Neuentwicklungen beim Membranverfahren, das dadurch heute dem Amalgamverfahren wirtschaftlich ebenbürtig, wenn nicht sogar überlegen ist (vgl. Kap. 10.3.2).

Die Verfahrensbeispiele in diesem Kapitel betreffen im wesentlichen Umweltbelastungen, die mit der chemischen Reaktion zusammenhängen, also insbesondere mit Neben- und Koppel-produkten. Diese Problematik ist vor allem für die Verfahrensauswahl von Bedeutung.

Umweltbelastungen durch Chemieanlagen lassen sich in folgende drei Gruppen zusammenfas-sen:
1. Luftverunreinigungen (vor allem Emissionen in Abgasen),
2. Abwasserbelastungen und
3. Abfälle, d. h. feste und flüssige Rückstände.

3.4.1 Luftverunreinigungen

Verminderung der SO_2-Emissionen bei der Schwefelsäureproduktion durch Doppel-katalyse („Doppelkontaktverfahren")

Schwefeldioxid ist bekanntlich ein giftiges, auch für den Pflanzenwuchs schädliches Gas. Trotz-dem erfolgt auch heute noch das sog. Schwefeln des Weins, d. h. der Zusatz kleiner Mengen von SO_2 zwecks Entkeimung und Geschmacksverbesserung, oft durch Verbrennen von elementa-rem Schwefel im Faß. Die kleinen Mengen an SO_2, die dabei in die Atmosphäre gelangen, wer-den zwar als unangenehm empfunden, doch sieht man darin kein Problem für die Umwelt.

Ganz anders sieht es bei einer Anlage zur Erzeugung von Schwefelsäure aus. Ein Verfahrens-schritt ist hier die Oxidation von SO_2 zu SO_3 an einem Festbettkatalysator (Vanadiumpent-oxid mit Kaliumsulfat als Promotor auf SiO_2):

$$SO_2 + \tfrac{1}{2}\,O_2 \underset{400\text{--}600\,°C}{\overset{(V_2O_5/K_2SO_4)}{\rightleftharpoons}} SO_3 \qquad\qquad \Delta H_R = -99 \text{ kJ/mol} \qquad (3.55)$$

Es handelt sich um eine exotherme Gleichgewichtsreaktion; der maximal erreichbare Umsatz nimmt also mit der Temperatur ab. Abb. 3.14 zeigt die Temperaturabhängigkeit des Gleichge-wichtsumsatzes für ein Gasgemisch mit Anfangskonzentrationen von 10,0 Vol.-% SO_2 und 10,9 Vol.-% O_2. Da die minimale Arbeitstemperatur des Vanadiumkatalysators bei 400 bis 420 °C liegt, muß man, wenn man Umsätze nahe 100% erzielen will, die Reaktionswärme aus dem katalytischen Reaktor abführen. Wie dies geschieht, wird in der folgenden Gesamtdar-stellung des Verfahrens erläutert.

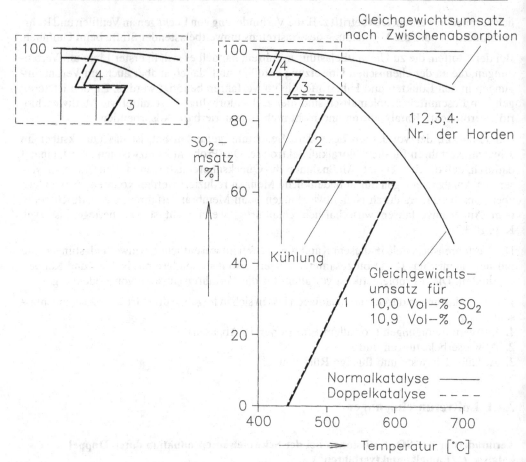

Abb. 3.14 Umsatz-Temperatur-Diagramm für die Reaktion $SO_2 + \frac{1}{2}O_2 \rightleftarrows SO_3$. In das Diagramm sind die Umsatz-Temperaturverläufe für repräsentative Betriebsbedingungen des Normalkontakt- und des Doppelkontaktverfahrens eingezeichnet; in den Horden 1–4 läuft die Reaktion adiabatisch ab, zwischen den Horden wird das Reaktionsgemisch gekühlt

Als *Rohstoffe für die Schwefelsäure* dienten in der Bundesrepublik Deutschland bis etwa 1970 überwiegend sulfidische Erze, vor allem Pyrit (FeS_2), die mit Luft geröstet, d. h. oxidiert wurden, wobei die erhaltenen Metalloxide zu Metallen verhüttet wurden. Heute wird Schwefelsäure überwiegend aus elementarem Schwefel hergestellt, von dem ein erheblicher Teil aus der Entschwefelung von Erdöl und Erdgas stammt (vgl. Kap. 7.1.6 u. 7). Die Bedeutung von Pyrit als Rohstoffquelle für Schwefel ist stark zurückgegangen; die Röstgase, die bei der Gewinnung von Buntmetallen (z. B. Kupfer, Zink, Nickel) aus sulfidischen Erzen anfallen, stellen einen zwar kleinen, aber nach wie vor konstanten Anteil an den Rohstoffen für Schwefelsäure dar.

In Abb. 3.15 ist das Verfahrensschema des klassischen Kontaktverfahrens für die Herstellung von Schwefelsäure aus elementarem Schwefel wiedergegeben. Im ersten Verfahrensschritt wird flüssiger Schwefel in einem Verbrennungsofen **a** zerstäubt und mit getrockneter Luft zu SO_2 verbrannt.

Die Konzentration an SO_2 wird auf 9 bis 11 Mol-% eingestellt. Dieses Gas wird dem katalytischen Reaktor **b** zugeführt. In der Regel handelt es sich um einen sog. Hordenreaktor, der

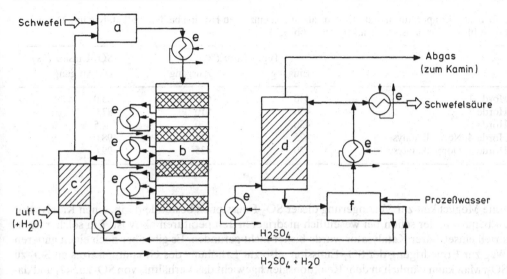

Abb. 3.15 Schwefelsäureherstellung nach dem Kontaktverfahren.
a Schwefelverbrennungsofen, **b** Hordenreaktor, **c** Lufttrockner, **d** SO$_3$-Absorber, **e** Wärmetauscher,
f Schwefelsäuretank

mehrere (meist 4 oder 5) übereinander angeordnete Schüttungen von Katalysatorpellets enthält. Die einzelnen Katalysatorschüttungen (Horden) ruhen auf Siebböden und sind voneinander abgetrennt. Nach dem Durchströmen einer Horde werden die Reaktionsgase aus dem Reaktor durch einen Wärmetauscher **e** geleitet und gekühlt und anschließend der nächsten Horde zugeführt. Auf diese Weise ist es möglich, zu einem Endumsatz des SO$_2$ zu SO$_3$ von 98 % zu gelangen (vgl. Umsatz-Temperatur-Diagramm in Abb. 3.14).

Das Gasgemisch aus dem Hordenreaktor **b** wird durch eine Absorptionskolonne **d** geleitet, wo das SO$_3$ bei 60 bis 80 °C in konzentrierter Schwefelsäure absorbiert wird. Durch anschließende Zumischung von Wasser wird das gelöste SO$_3$ zu Schwefelsäure umgesetzt:

$$SO_3(g) + H_2O \ (l) \longrightarrow H_2SO_4(l) \qquad\qquad \Delta H_R = -132{,}5 \text{ kJ/mol} \qquad (3.56)$$

Das dazu benötigte Wasser stammt zum Teil aus der Lufttrocknung, in der konzentrierte Schwefelsäure aus dem Prozeß als Trockenmittel benutzt wird; der Rest wird als Prozeßwasser zugeführt. Durch Verminderung der Menge an zugeführtem Prozeßwasser kann ein Teil der Schwefelsäure als sog. Oleum (H$_2$SO$_4$ + gelöstes SO$_3$), z. B. mit 25 oder 33 % SO$_3$, erhalten werden.

In diesem klassischen *Normalkontaktverfahren* wird das Schwefeldioxid zu 97,5 bis 98 % in Schwefeltrioxid und letztendlich in Schwefelsäure umgesetzt. Der Verlauf des SO$_2$-Umsatzes im katalytischem Hordenreaktor in Abhängigkeit von der Temperatur ist für einen repräsentativen Fall von Betriebsbedingungen in das Umsatz-Temperatur-Diagramm der Abb. 3.14 eingetragen; die entsprechenden Zahlenwerte für die Eingangs- und Ausgangstemperaturen und die SO$_2$-Umsätze in den einzelnen Horden sind in Tab. 3.10 zusammengestellt. Anhand des Diagramms ist offensichtlich, daß der max. Umsatz (Gleichgewichtsumsatz) bei 420 °C, also nahe der minimalen Arbeitstemperatur des Katalysators, bei knapp über 98 % liegt. Das bedeutet, daß das die Anlage verlassende Abgas pro Tonne Schwefelsäure 13 kg nicht umgesetztes SO$_2$ enthält. Bei einer Produktion von 1000 t H$_2$SO$_4$ pro Tag sind das immerhin 13 t SO$_2$, die in die Luft emittiert werden.

Tab. 3.10 Temperaturen und SO_2-Umsatz in den einzelnen Horden bei Normalkatalyse und Doppelkatalyse für die Betriebsbedingungen von Abb. 3.14

| | Temperatur (°C) | | SO_2-Umsatz (%) |
	Eingang	Ausgang	am Ausgang
Horde 1	440	600	63,0
Horde 2	450	510	87,0
Horde 3	450	470	94,5
Horde 4, Normalkatalyse	425	435	98,0
Horde 4, Doppelkatalyse	420	435	99,6

Eine Möglichkeit zur Verringerung dieser SO_2-Emissionen bestünde darin, einen Katalysator zu benutzen, der schon bei wesentlich niedrigeren Temperaturen aktiv ist. Ein solcher industriell einsetzbarer Katalysator wurde bisher nicht gefunden. Es gibt aber noch einen anderen Weg zur Erniedrigung der SO_2-Emission, also zur Erhöhung des Gesamtumsatzes an SO_2 zu SO_3. Man kann nämlich in dem Reaktionsgleichgewicht das Verhältnis von SO_3 zu SO_2 und damit den Gleichgewichtsumsatz dadurch vergrößern, daß man einen sehr hohen Überschuß an Sauerstoff verwendet. Dazu könnte man z. B. mit einem sehr viel größeren Luftüberschuß arbeiten. Das hätte jedoch den Nachteil, daß wegen des größeren Gasdurchsatzes alle Apparate wesentlich größer und damit wesentlich teurer würden; außerdem würde für die Förderung der größeren Gasmengen mehr Energie benötigt. Nicht mit diesem Nachteil verbunden ist eine andere Maßnahme zur Verschiebung des Reaktionsgleichgewichts. Sie besteht darin, das gebildete SO_3 aus dem Reaktionssystem zu entfernen und das verbleibende Gasgemisch noch einmal reagieren zu lassen. Diese Verfahrensweise wurde von der Fa. Bayer Ende der 50er Jahre entwickelt und 1960 zum Patent angemeldet.

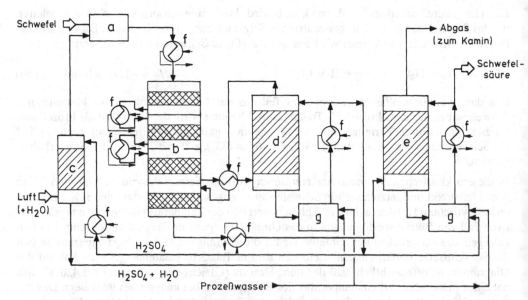

Abb. 3.16 Schwefelsäureherstellung nach dem Doppelkontaktverfahren.
a Schwefelverbrennungsofen, **b** Hordenreaktor, **c** Lufttrockner, **d** Zwischenabsorber für SO_3, **e** Endabsorber für SO_3, **f** Wärmetauscher, **g** Schwefelsäuretank

Bei diesem sog. *Doppelkontaktverfahren* (Doppelkatalyse) werden die Reaktionsgase zwischen zwei Horden des katalytischen Reaktors, z. B. wie in Abb. 3.16 zwischen der dritten und vierten Horde, in eine Absorptionskolonne, den sog. Zwischenabsorber **d**, geleitet, so daß das SO_3 aus dem Gasgemisch praktisch vollständig abgetrennt wird. Das den Zwischenabsorber verlassende Restgas wird dann als quasi frisches, SO_3-freies Reaktionsgas in der folgenden Horde fast vollständig zu SO_3 umgesetzt. Man erreicht damit einen Gesamtumsatz an SO_2 von 99,5 bis 99,7% (vgl. dazu in Abb. 3.14 den Gleichgewichtsumsatz in Abhängigkeit von der Temperatur für ein Gasgemisch aus der Zwischenabsorption; entsprechende Zahlenwerte vgl. Tab. 3.10).

Das Doppelkontaktverfahren hat schon in den 70er Jahren das klassische Einfachkontaktverfahren zur Herstellung von Schwefelsäure verdrängt. Die Restemission des Doppelkontaktverfahrens beträgt ca. 2 kg SO_2 pro Tonne H_2SO_4. Bei einer Gesamtproduktion von 3,6 Mio. t Schwefelsäure (einschließlich SO_3, gerechnet als H_2SO_4) in der Bundesrepublik Deutschland im Jahre 1992 betrug die SO_2-Emission aus der Schwefelsäureproduktion 6000 t. Das sind weniger als 0,2% der gesamten SO_2-Emissionen (= 3,9 Mio. t 1992) in der Bundesrepublik Deutschland.

NO$_x$-Emissionen bei der Salpetersäureproduktion

Salpetersäure wird heute ausschließlich durch katalytische Oxidation von Ammoniak und anschließender Oxidation und Absorption der nitrosen Gase in Wasser erzeugt (Verfahrensfließbild vgl. Abb. 3.17).

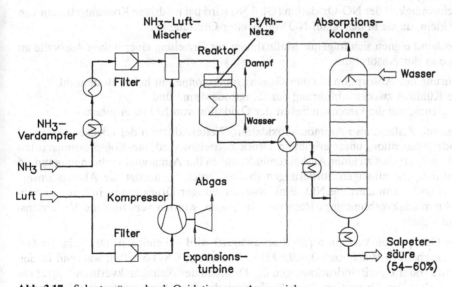

Abb. 3.17 Salpetersäure durch Oxidation von Ammoniak

1. Katalytische Oxidation von Ammoniak

Gasphase:

$$4\,NH_3 + 5\,O_2 \xrightarrow[850–950\,°C]{(Pt/Rh)} 4\,NO + 6\,H_2O \qquad \Delta H_R = -904\,kJ/mol \qquad (3.57)$$

2. Oxidation von Stickstoffmonoxid und Absorption

Gasphase:

$$2\,NO + O_2 \rightleftharpoons 2\,NO_2 \qquad \Delta H_R = -114\,kJ/mol \qquad (3.58)$$

Flüssigphase

$$3\,NO_2 + H_2O \rightleftharpoons 2\,HNO_3 + NO \qquad \Delta H_R = -73\,kJ/mol \qquad (3.59)$$

Die Gl. (3.57) bis (3.59) sind ein vereinfachtes Reaktionsschema des Prozesses. In der zweiten Stufe laufen einige weitere Reaktionen ab, so die Dimerisierung von NO_2 zu N_2O_4; für die Darstellung der wesentlichen Zusammenhänge genügt jedoch das vereinfachte Gleichungsschema (3.57 bis 3.59). Die Erzielung einer möglichst großen Ausbeute in der zweiten Stufe des Prozesses, was gleichbedeutend ist mit einer möglichst niedrigen Emission an nitrosen Gasen (NO, NO_2 und N_2O_4 zusammengefaßt als NO_x), wird aus folgenden Gründen erschwert:

1. Bei der Absorption von NO_2 und N_2O_4 wird 1/3 des Stickstoffs als NO frei, das desorbiert wird und in der Gasphase wieder zu NO_2 oxidiert werden muß. Die Oxidation von NO zu NO_2 in der Gasphase (Gl. 3.58) hat eine scheinbare negative Aktivierungsenergie, d. h., sie läuft bei tiefen Temperaturen schneller ab als bei hohen. Die Reaktion ist stark exotherm, deshalb muß gekühlt werden.
2. Die Geschwindigkeit der NO-Oxidation (Gl. 3.58) wird bei niedrigen Konzentrationen von NO sehr klein, da sie in bezug auf NO von zweiter Ordnung ist.

Dementsprechend eignen sich folgende Maßnahmen zur Erzielung einer hohen Ausbeute an Salpetersäure in der Absorption:

1. Durchführung der Absorption in einer Gegenstromkolonne mit hoher Bodenzahl,
2. effiziente Kühlung zwecks Abführung der Reaktionswärme und
3. erhöhter Druck, um die Geschwindigkeit der Oxidation von NO zu erhöhen.

Falls die gesamte Anlage, also Ammoniakoxidation, Weiteroxidation der nitrosen Gase und anschließende Absorption, unter erhöhtem Druck betrieben wird, um Kompressionskosten zu sparen, dann führt dies zu einer Ausbeuteminderung in der Ammoniakverbrennung um 1,5 bis 3%. Um den gegenläufigen Forderungen (hoher Druck begünstigt die Absorptionsgeschwindigkeit und vermindert die NO_x-Emissionen, niedriger Druck ergibt höhere Ausbeuten in der Ammoniakverbrennung) Rechnung zu tragen, wurden verschiedene Verfahrenskonzepte entwickelt.

In der einen Gruppe von Verfahren *(Eindruckanlagen)* wird bei gleichem Druck in der Gesamtanlage gearbeitet (*Mitteldruck* 0,3–0,6 MPa, *Hochdruck* 0,8–1,5 MPa), während in den sog. Zweidruck- oder Gemischtdruckanlagen der Druck in der Ammoniakverbrennung etwas niedriger liegt als in der Absorption. Typische *Zweidruckanlagen* benutzen für die Ammoniakverbrennung 0,4 bis 0,6 MPa und für die Absorption 0,8 bis 1,2 MPa. Die Auswahl der Verfahrensvariante hängt von den Gegebenheiten des jeweiligen Standorts ab, und zwar insbesondere von den Rohstoff- und Energiekosten, den Investitionskosten und den Bedingungen für die Abschreibung des Investitionskapitals. Eindruckanlagen, die bei höherem Druck (ca. 1,2 MPa) arbeiten, haben zwar den Vorteil niedriger Investitionskosten; sie erzielen aber eine schlechtere Ausbeute an Ammoniak als Zweidruckanlagen mit 0,5 MPa in der Ammoniakverbrennung und 0,8 bis 1,5 MPa in der Absorption. Wegen des niedrigeren Preisniveaus für Energien (und damit auch für Ammoniak) in den USA werden dort Eindruckanlagen mit höherem Druck bevorzugt, während in Europa Zweidruckanlagen günstiger sind.

In beiden Anlagentypen werden heute NO_x-Konzentrationen im Abgas (gerechnet als NO) von unter 200 ppm erreicht. In den früher betriebenen Normaldruckanlagen lag der NO_x-Gehalt im Abgas bei 2000 ppm und darüber. Diese älteren Anlagen waren an der durch das NO_2 hervorgerufenen gelbbraunen Färbung ihrer Abgasfahnen zu erkennen.

Eine Möglichkeit zur Verminderung der NO_x-Emissionen vor allem aus älteren Salpetersäureanlagen ist die katalytische Reduktion von NO_x mit NH_3:

$$NO + NO_2 + 2\,NH_3 \longrightarrow 2\,N_2 + 3\,H_2O \tag{3.60}$$

Als Katalysatoren dienen Edelmetalle oder oxidische Katalysatoren (z. B. V_2O_5), mit denen der NO_x-Gehalt im Abgas um etwa den Faktor 10 gesenkt werden kann. Ein weiterer Weg zur Erniedrigung des NO_x-Gehalts ist die alkalische Absorption, z. B. in Natronlauge:

$$NO + NO_2 + 2\,NaOH \longrightarrow 2\,NaNO_2 + H_2O \tag{3.61}$$

Damit lassen sich zwar die NO_x-Gehalte auf 100 ppm senken; doch ist dieser Weg nur gangbar, wenn die anfallende Nitritlösung weiterverwendet werden kann. Andernfalls wäre die alkalische Absorption natürlich keine Lösung des Problems, da dann das Abgasproblem nur auf die Abwasserseite verlagert würde.

3.4.2 Abwasserbelastungen

Natürliches Wasser, z. B. in Flüssen und Seen, ist bekanntlich nicht chemisch rein; es enthält Salze und organische Bestandteile je nach örtlichen und zeitlichen Gegebenheiten in unterschiedlichen Konzentrationen. Die ebenfalls im Wasser enthaltenen *Mikroorganismen* benutzen die im Wasser enthaltenen Bestandteile für ihren Stoffwechsel. Es handelt sich dabei in der Regel um Mikroorganismen mit *aerobem Stoffwechsel*, d. h. mit Verbrauch von gelöstem Sauerstoff. Nur wenn der Gehalt an gelösten organischen Stoffen im Wasser so hoch ist, daß der für den aeroben Stoffwechsel erforderliche Sauerstoff aus der Luft nicht schnell genug durch Absorption nachgeliefert werden kann und die Sauerstoffkonzentration im Wasser gegen Null geht, erfolgt ein Umschlag („Umkippen") in den *anaeroben Stoffwechsel*. Das bedeutet, daß sich andere, anaerobe Mikroorganismen vermehren. Der Stoffwechsel dieser Anaerobier beruht auf der sog. *Methangärung*, die für Kohlehydrate (Summenformel $(CH_2O)_n$) folgendermaßen formuliert werden kann:

$$2\,(CH_2O)_n \longrightarrow n\,CH_4 + n\,CO_2 \tag{3.62}$$

Die Methangärung findet in der Natur überall da statt, wo Biomasse, z. B. abgestorbene Mikroorganismen oder Pflanzen, unter Sauerstoffabschluß lagert. Man bezeichnet diese Vorgänge als Faulung und das dabei gebildete Gasgemisch aus CH_4 und CO_2 als Faulgas. In natürlichen, stehenden Gewässern (Seen, Tümpel) kann es bei hohen Phosphat- und Stickstoffgehalten unter der Wirkung der Sonneneinstrahlung zu starker Algenbildung kommen. Wenn die Algen absterben und sedimentieren, kommt es in solchen Gewässern aufgrund der Verarmung an gelöstem Sauerstoff zur Faulung der auf den Boden abgesunkenen Biomasse. Solche durch überhöhtes Nährstoffangebot hervorgerufene Zustände von Gewässern bezeichnet man als *Eutrophierung*.

Belastungen des Abwassers aus chemischen Produktionsverfahren sind nicht nur auf gelöste oder dispergierte *organische Stoffe* aus den Prozessen zurückzuführen. Auch hohe *Salzgehalte* stellen eine Belastung des Abwassers dar, vor allem wenn es gleichzeitig durch organische Stoffe verunreinigt ist, da hohe Salzkonzentrationen den biologischen Abbau beeinträchtigen und das gereinigte Wasser als Brauchwasser ungeeignet machen. Schließlich können auch *Schwermetalle*, wie Quecksilber, Zink oder Cadmium, oder *toxische Anionen* (z. B. Cyanid) als Verunreinigungen von Prozeßabwässern auftreten.

Zur **Vermeidung von Abwasserbelastungen** gibt es zwei Wege: zum einen die Entfernung der Verunreinigungen aus dem Abwasser, zum andern der Einsatz von Verfahren, bei denen keine oder nur geringe Mengen an Verunreinigungen ins Abwasser gelangen. Die erstere Möglichkeit läßt sich zwar schneller realisieren, ist jedoch immer mit zusätzlichem Aufwand verbunden; zudem ergibt sich das Problem, ob die abgetrennten Verunreinigungen wieder zu verwerten sind oder deponiert werden müssen. Das gilt auch für den Schlamm, der bei der Entfernung gelöster organischer Verbindungen aus dem Abwasser durch biologischen Abbau anfällt. Darauf wird im Abschnitt *Abwasserreinigung* eingegangen.

Vorzuziehen ist in aller Regel der andere Weg: Die Benutzung von Verfahren oder Verfahrensvarianten, bei denen keine oder nur minimale Abwasserbelastungen auftreten. Solche *umweltfreundliche Verfahren* mußten oder müssen meist neu entwickelt werden. In Tab. 3.11 werden derartige Verfahren für eine Reihe von Produkten älteren Verfahren mit höheren Abwasserbelastungen gegenübergestellt. Als Beispiele werden zwei dieser Verfahren im folgenden näher erläutert.

Ersatz des Chlorhydrinverfahrens für Ethylenoxid und Propylenoxid

Besonders hoch können Abwasserbelastungen sein, die durch Koppelprodukte verursacht werden. Ein Beispiel dafür ist das alte Verfahren zur Herstellung von **Ethylenoxid**, das Chlorhydrinverfahren (vgl. das Mengenstrombild für das analoge Verfahren zur Herstellung von Propylenoxid in Abb. 2.10). Es verläuft in zwei Stufen (vgl. Gl. 3.63 und 3.64). Zunächst wird Ethylen in wäßriger Phase mit Chlor zu Ethylenchlorhydrin umgesetzt; dieses wird anschließend ohne vorherige Isolierung durch Verkochung mit Kalkmilch in Ethylenoxid übergeführt.

$$CH_2=CH_2 + Cl_2 + H_2O \longrightarrow HO-CH_2-CH_2Cl + HCl \tag{3.63}$$

$$2\ HO\text{-}CH_2\text{-}CH_2Cl + Ca(OH)_2 \longrightarrow 2\ H_2C \overset{\diagdown}{\underset{O}{}} \overset{\diagup}{} CH_2 + CaCl_2 + 2\ H_2O \tag{3.64}$$

Als Nebenprodukte entstehen in der ersten Stufe 20 bis 30 kg 1,2-Dichlorethan und 2 bis 4 kg 2,2'-Dichlordiethylether pro 100 kg Ethylenoxid. Das in der zweiten Stufe bei der Verseifung des Chlorhydrins zu Ethylenoxid gebildete Calciumchlorid ging in den alten Ethylenoxidanlagen als organisch verunreinigte Calciumchloridlauge ins Abwasser. Bei einem Anfall von ca. 300 kg $CaCl_2$ pro 100 kg Ethylenoxid waren das ganz beträchtliche Mengen. Dies war der wesentliche Grund dafür, daß das Chlorhydrinverfahren nach 1950 durch die katalytische Direktoxidation von Ethylen (vgl. Kap. 2.2 und 8.2.1) verdrängt wurde, obwohl die Ausbeute des Chlorhydrinverfahrens mit 80% (bezogen auf Ethylen) höher als bei der Direktoxidation von Ethylen war. Heute wird Ethylenoxid ausschließlich nach dem letzteren Verfahren erzeugt.

Ganz anders ist die Situation beim **Propylenoxid**. Für dieses wichtige Zwischenprodukt (vgl. Kap. 8.3.1) gibt es bisher kein der Direktoxidation von Ethylen analoges Verfahren. Die sog. indirekten Oxidationsverfahren für Propylen mit organischen Peroxiden als Sauerstoffüberträgern (s. folgenden Abschnitt) haben den Nachteil der Bildung eines Koppelprodukts. Des-

Tab. 3.11 Quellen von Abwasserbelastungen und deren Vermeidung in chemischen Produktionsverfahren

Quelle der Abwasserbelastung	Prozeß	Abwasserbelastung durch	Vermeidung (bzw. Verminderung) der Abwasserbelastung
Koppelprodukte und Nebenprodukte der chemischen Reaktion	*Chlorhydrinverfahren-* für Ethylenoxid (EO) und Propylenoxid (PO)	$CaCl_2$, überschüssiges $Ca(OH)_2$, organische Nebenprodukte	EO: katalytische Direktoxidation von Ethylen PO: indirekte Oxidation von Propylen (Oxiraneprozeß)
	katalytische Luftoxidation von Cyclohexan zu Cyclohexanol/Cyclohexanon	Nebenprodukte, vor allem Carbonsäuren	Erhöhung der Selektivität durch anderen Katalysator (H_3BO_3 anstelle von Mn- oder Co-Salzen), Kristallisation von Adipinsäure aus Abwasser
	Sulfonierung von Aromaten: **a** → Napthalinsulfonsäuren **b** → 1,3-Benzoldisulfonsäure	organische Nebendunkte, Na_2SO_4	anstelle von H_2SO_4 Sulfonierung mit: – $ClSO_3H$ in organischen Lösungsmitteln (1,2-Dichlorethan oder Methylenchlorid) – SO_3
	NaOH-Schmelze: **a** Naphthalin-2-sulfonsäure → 2-Naphthol **b** 1,3-Benzoldisulfonsäure → Resorcin	organische Nebenprodukte, Na_2SO_4, Na_2SO_3	Oxidation von Na_2SO_3 zu Na_2SO_4 mit anschließender Gewinnung von reinem Na_2SO_4
Katalysatoren, Hilfsstoffe	*Säurekatalyse:* **a** Alkylierung von Phenolen mit Protonensäuren (z. B. H_2SO_4) oder Lewissäure (z. B. $AlCl_3$)	organische Verunreinigungen, Salze	saure Ionenaustauscher als Katalysator
	b i-Propanol durch Hydratation von Propylen mit H_2SO_4	organische Verunreinigungen	
	Amalgamverfahren- Chloralkalielektrolyse	Quecksilber in Spülwässern	1. Ersatz durch Membranverfahren, 2. im Amalgamverfahren Spülwasserrückführung und Abtrennung von Quecksilber aus Restabwasser
	Nitrierung von Aromaten und deren Derivaten	Nitrophenole (Nebenprodukte), biologisch schwer abbaubar, toxisch für Bakterienkulturen	Entfernung aus Abwasser durch Adsorption an A-Kohle vor biologischer Abwasserreinigung
	Extraktion von Produkten aus wäßrigen Medien	Löslichkeit des organischen Lösungsmittels in Wasser	Ersatz biologisch schwer abbaubarer Lösungsmittel (z. B. CH_2Cl_2) durch leicht abbaubare (z. B. Butylacetat)

halb hat für Propylenoxid das Chlorhydrinverfahren nach wie vor große Bedeutung. Weltweit werden immer noch ca. 50% des Propylenoxids nach diesem Verfahren hergestellt. Durch Optimierung der Verfahrensbedingungen konnte die Ausbeute auf über 85% erhöht werden.

Auch zur Verminderung der Abwasserbelastung (pro 100 kg Propylenoxid 45 m^3 mit 200 kg $CaCl_2$) sind Verfahrensvarianten entwickelt worden. Sie bestehen im wesentlichen in einer Kopplung der Chlorhydrinbildung mit der elektrochemischen Oxidation der anfallenden Chloridionen zu Chlor. Dazu führt man die gesamte Umsetzung in einer modifizierten Diaphragma- oder Membranzelle der Chloralkalielektrolyse (vgl. Kap. 10.3.2) durch. Dementsprechend wird $Ca(OH)_2$ in Gl. (3.64) durch Natronlauge (NaOH) ersetzt. Technisch haben sich diese Verfahrensvarianten u. a. wegen des hohen Stromverbrauchs bisher nicht durchsetzen können.

Indirekte Oxidation von Propylen zu Propylenoxid. Bei diesem Weg benutzt man organische Peroxide als Sauerstoffüberträger. Die meisten Anlagen für dieses Verfahren benutzen den *Oxiraneprozeß*, bei dem *i*-Butan oder Ethylbenzol als Peroxidbildner eingesetzt werden. Die Erzeugung der Peroxide erfolgt mittels Luftoxidation in flüssiger Phase ohne Katalysator (Gl. 3.65). Im anschließenden zweiten Schritt wird die peroxidhaltige Reaktionslösung mit gasförmigem Propylen in Gegenwart eines Katalysators zu Propylenoxid (PO) umgesetzt (Gl. 3.66).

$$\text{R-H} + O_2 \xrightarrow[\text{120–140 °C, 25–35 bar}]{} \text{R-OOH} \tag{3.65}$$

$$\text{R-OOH} + CH_3\text{-CH} = CH_2 \xrightarrow[\text{90–130 °C, 15–60 bar}]{} \text{R-OH} + CH_3\text{-HC} \overset{\displaystyle\diagdown\,\diagup}{\underset{O}{}} CH_2 \tag{3.66}$$

Peroxidbildner	R	Koppelprodukt	Folgeprodukt
i-Butan	$(CH_3)_3C-$	*tert*-Butanol	*i*-Buten, Methacrylsäure
Ethylbenzol	$C_6H_5\text{-CH-}$ CH_3	Methylphenylcarbinol	Styrol

Die Ausbeute an PO bezogen auf Propylen liegt bei 90%. In beiden Varianten des Oxiraneprozesses fällt als Koppelprodukt ein Alkohol an, der in der Ethylbenzolvariante vollständig zu Styrol weiterverarbeitet wird; das *tert*-Butanol aus der Isobutanvariante wird teils direkt verwertet (z. B. als Treibstoffzusatz), teils weiterverarbeitet. Wegen der begrenzten Selektivität der Peroxidbildung (ca. 65% bei *i*-Butan, 87% bei Ethylbenzol) entstehen die Nebenprodukte beim Oxiraneprozeß hauptsächlich in der ersten Stufe, und zwar vor allem jeweils der Alkohol; dieser wird zudem in der zweiten Stufe als Koppelprodukt gebildet. Restgehalte an Nebenprodukten der Peroxidbildung sind auch für die Abwasserbelastung durch den Oxiraneprozeß verantwortlich, doch stellen diese Stoffe kein Problem für die biologische Abwasserreinigung dar.

Wegen der großen Menge an Koppelprodukt beim Oxiraneprozeß (2,1 kg *tert*-Butanol bzw. 2,5 kg Styrol pro kg PO) besteht selbstverständlich ein besonderes Interesse an Verfahren für PO ohne Koppelprodukte. So haben Bayer und Degussa ein Verfahren entwickelt, bei dem der Hilfsstoff für die Epoxidation des Propens fast vollständig zurückgewonnen wird. Es handelt sich dabei um Propionsäure, die mit Wasserstoffperoxid zu Peroxypropionsäure oxidiert wird. Sie wird anschließend mit Propen zu Propylenoxid und Propionsäure umgesetzt:

$$C_2H_5\text{-COOH} + H_2O_2 \longrightarrow C_2H_5\overset{\displaystyle O}{\underset{\|}{C}}\text{-OOH} + H_2O \tag{3.67}$$

$$C_2H_5\overset{\displaystyle O}{\underset{\|}{C}}\text{-OOH} + CH_3\text{-CH} = CH_2 \longrightarrow C_2H_5\text{-COOH} + CH_3\text{-HC} \overset{\displaystyle\diagdown\,\diagup}{\underset{O}{}} CH_2 \tag{3.68}$$

Die Ausbeuten betragen bezogen auf H_2O_2 94% und bezogen auf Propen 95–97%. Das Problem der Verwertung eines Koppelprodukts (Wasser) besteht bei diesem Verfahren nicht. Wegen des hohen Preises für Wasserstoffperoxid ist es bisher jedoch technisch nicht genutzt worden.

Ein Verfahren zur Direktoxidation von Propylen mit Sauerstoff zu Propylenoxid analog zur Herstellung von Ethylenoxid wäre weder mit einer hohen Abwasserbelastung noch mit der Bildung eines Koppelprodukts verbunden. Es ist daher nicht verwunderlich, daß es für die Propendirektoxidation eine Reihe von Verfahrensvorschlägen gibt; doch hat davon noch keiner zu einem industriell nutzbaren Prozeß geführt.

An der Produktionskapazität für Propylenoxid hatte 1991 das Chlorhydrinverfahren weltweit einen Anteil von ca. 50%; die andere Hälfte entfiel auf Anlagen zur indirekten Oxidation von Propylen. Daß das Chlorhydrinverfahren immer noch so stark eingesetzt wird, liegt daran, daß in den 60er Jahren zahlreiche Chlorhydrinanlagen für Ethylenoxid außer Betrieb genommen wurden. Sie konnten mit nur geringfügigen Änderungen auf die Produktion von Propylenoxid umgestellt werden.

Sulfonierung von Aromaten

Die Einführung der Sulfogruppe in aromatische Kohlenwasserstoffe durch Sulfonieren ist von großer Bedeutung für die Herstellung aromatischer Zwischenprodukte. Zum einen sind aromatische Sulfonsäuren, vor allem solche mit zusätzlichen Substituenten (–OH, –NH$_2$, –Cl), wichtige Zwischenprodukte für die Herstellung von Farbstoffen, Pflanzenschutzmitteln, Pharmazeutika und vielen anderen Produktgruppen, zum andern lassen sich über Reaktionen der Sulfogruppe weitere interessante Produkte herstellen, wie Phenole, Thiophenole, Sulfone, Sulfonsäureester und Amide.

Die Sulfonierung ist eine Gleichgewichtsreaktion (vgl. Kap. 3.1.1, Phenol durch Alkalischmelze von Natriumbenzolsulfonat). Der übliche Weg zur Erzielung hoher Umsätze bei Gleichgewichtsreaktionen besteht im Einsatz eines Überschusses an einem der beiden Edukte, hier an Schwefelsäure. Um zu Umsätzen zu Sulfonsäure von über 90% zu gelangen, ist ein Schwefelsäureüberschuß von 50 bis 100% erforderlich. Nach Beendigung der Sulfonierung, d. h. nach Einstellung des Gleichgewichtsumsatzes, wird die überschüssige Schwefelsäure zwecks Abtrennung mit Natronlauge oder Kalk neutralisiert. Diese Salze werden z. T. als gefällter Gips ($CaSO_4 \cdot 2\,H_2O$) oder kristallisiertes Natriumsulfat abgetrennt; der in den Mutterlaugen verbleibende Rest gelangt zusammen mit organischen Verunreinigungen ins Abwasser.

Sulfonierung mit Chlorsulfonsäure. Bei einer Reihe von Naphthalinsulfonsäuren (u. a. Amino- und Aminohydroxy-Naphthalinsulfonsäuren), die als Farbstoffzwischenprodukte benötigt werden, gelang es, die Abwasserbelastung beträchtlich zu reduzieren, und zwar dadurch, daß zur Sulfonierung anstelle von Schwefelsäure Chlorsulfonsäure verwendet wird:

$$RH + Cl-SO_3H \xrightarrow[\substack{\text{(in CH}_2\text{Cl–CH}_2\text{Cl} \\ \text{oder CH}_2\text{Cl}_2\text{)}}]{} RSO_3H + HCl \qquad (3.69)$$

Bei dieser Reaktion wird praktisch 100%iger Umsatz erreicht. Sie erfolgt in 1,2-Dichlorethan oder Methylenchlorid als Lösungsmittel; der als Koppelprodukt gebildete Chlorwasserstoff entweicht gasförmig und wird in die Erzeugung der Chlorsulfonsäure (Gl. 3.70) zurückgeführt.

$$SO_3 + HCl \longrightarrow Cl-SO_3H \qquad (3.70)$$

Sulfonierung mit SO₃. In einigen Fällen läßt sich die Abwasserbelastung auch durch die Verwendung von Schwefeltrioxid als Sulfonierungsmittel vermindern. Voraussetzung dafür ist, daß die Sulfonierung nicht zu heftig abläuft, da es dann zu Oxidationen und zu erhöhter Bildung von Sulfonen gemäß Gl. (3.71) kommen kann:

$$R-SO_3H + RH \longrightarrow R-SO_2-R + H_2O \qquad (3.71)$$
Sulfon

Ein Beispiel für die Sulfonierung mit SO_3 ist die Herstellung von Benzol-1,3-disulfonsäure nach einem Verfahren von Hoechst. Als Reaktionsmedium dient das Produkt Benzoldisulfonsäure, in das gleichzeitig Benzol und Schwefeltrioxid eingeleitet werden:

$$\text{Benzol} + 2\,SO_3 \xrightarrow{120 - 140\,°C} \text{Benzoldisulfonsäure} \qquad \Delta H_R = -366\ kJ/mol \qquad (3.72)$$

Zur Verhinderung der Bildung von Sulfonen wird der Reaktionsmischung etwas Natriumsalz der Benzoldisulfonsäure zugesetzt. Das Produkt der Reaktion ist die Zwischenstufe zur Herstellung von Resorcin (1,3-Dihydroxybenzol), das analog zur Herstellung von Phenol über Natriumbenzolsulfonat durch Ätznatronschmelze gewonnen wird (vgl. Kap. 3.1.1, Gl. 3.3 u. 3.4).

Resorcin ist Zwischenprodukt zur Erzeugung von Farbstoffen, Pharmazeutika und anderen Produkten. Fast die Hälfte der Resorcinerzeugung geht in die Produktion von Mischpolymerisaten mit Formaldehyd, die als Haftvermittler zwischen Kautschuk und Cord (Textilfasern oder Stahlseile) in Autoreifen dienen.

Ebenfalls mit SO_3 erfolgt heute überwiegend die Sulfonierung von Alkylbenzolen zu Alkylbenzolsulfonsäuren, deren Natriumsalze die wichtigste Klasse ionischer Tenside darstellen (vgl. Kap. 9.2.2).

Abwasserreinigung

Eine vollständige Vermeidung von Verunreinigungen in den Abwässern aus Chemieproduktionen ist nicht erreichbar. Daher müssen diese Abwässer gereinigt werden, bevor sie in die sog. Vorfluter, meist Fließgewässer, abgeleitet werden können.

Die Entfernung organischer Stoffe erfolgt in erster Linie durch **biologische Abwasserreinigung**, d. h. durch Abbau mit Mikroorganismen. Dazu werden die Abwässer aus den verschiedenen Produktionsbetrieben eines Chemiewerks gesammelt und einer zentralen Abwasserreinigungsanlage zugeführt. Für die Abtrennung vieler anorganischer Verunreinigungen (z. B. Schwermetallionen oder Cyanid) oder solcher organischer Stoffe, die für die Mikroorganismen in der biologischen Reinigung toxisch sind, dienen **spezielle Reinigungsverfahren**, wie Fällung, Adsorption (z. B. mit Aktivkohle) oder chemische Oxidation (z. B. mit H_2O_2 oder Ozon). So werden Schwermetalle (z. B. Fe, Cr, Cu, Pb, Zn, Co, Ni, Cd, Mn) meist als Hydroxide durch Einstellung geeigneter pH-Werte gefällt. Diese speziellen Reinigungsverfahren werden zweckmäßigerweise in der jeweiligen Produktionsanlage installiert, in der die betreffenden Verunreinigungen ins Abwasser gelangen.

Biologische Abwasserreinigung. Zur Charakterisierung der organisch-chemischen Fracht in Abwässern benutzt man Summenparameter, die mit genormten Methoden bestimmt werden:
1. BSB₅ = **B**iochemischer **S**auerstoff-**B**edarf (engl. **BOD₅** = **b**iochemical **o**xygen **d**emand) in mg O_2/l. Bestimmung: Wasserprobe wird mit bakterienhaltigem sauerstoffgesättigtem Was-

ser versetzt, der Sauerstoffverbrauch („Sauerstoffzehrung") nach 5 Tagen (daher der Index 5) wird ermittelt.

2. **CSB** = Chemischer Sauerstoff-Bedarf (engl. **COD** = chemical oxygen demand) in mg O_2/l. Bestimmung: Wasserprobe wird mit Kaliumbichromat in schwefelsaurer Lösung (50 – 70% H_2SO_4) und Silberionen als Katalysator versetzt und 2 h auf Siedetemperatur erhitzt.

3. **TOC** = Gesamter organisch gebundener Kohlenstoff (engl. = total organic carbon) in mg C/l. Bestimmung mittels Elementaranalyse, d. h. quantitative Oxidation und Bestimmung des gebildeten CO_2.

Diese Parameter liefern Aussagen über Höhe und Art der Abwasserbelastung. Des weiteren können aufgrund dieser Größen und der jeweiligen Abwassermenge die Kosten einer zentralen Abwasserreinigung auf die einzelnen Produktionsbetriebe umgelegt werden. Die CSB-Belastung der in dem Vorfluter eingeleiteten Abwässer ist in der Bundesrepublik Deutschland die Basis für die Abgaben an den Staat (Bundesländer) nach dem Abwasserabgabengesetz (AbwAG).

Grundlage der biologischen Abwasserreinigung ist die Aktivität natürlich vorkommender Mikroorganismen, denen die organischen Verunreinigungen als Edukte *(Substrate)* für ihren Stoffwechsel dienen. Die biologische Reinigung von Chemieabwässern erfolgt in der Regel aerob, d. h. mit Mikroorganismen, die für ihren Stoffwechsel Sauerstoff benötigen. In Sonderfällen werden auch anaerobe Verfahren benutzt.

Abb. 3.18 zeigt das Verfahrensfließbild einer Anlage zur Reinigung von Chemieabwässern. Vor der biologischen Reinigungsstufe ist eine **Vorreinigung** des Abwassers zur Abtrennung von Grobstoffen und unlöslichen Verunreinigungen erforderlich. Man benutzt dazu **mechanische Trennverfahren**, und zwar Siebe und Rechenwerke (Rechen aus parallel angeordneten Stäben) zur Entfernung von Grobstoffen (z. B. Holzstücke, Dosen, Textilien) und Absetzbehälter zur Abtrennung von Sand und anderen feinkörnigen oder flockigen Stoffen durch Sedimentation. Unlösliche Stoffe mit kleinerer Dichte als Wasser (z. B. Öle, Fette, Schwebstoffe) schwimmen auf und können abgeschöpft werden. Saure und alkalische Abwässer müssen vor Eintritt in die biologische Stufe neutralisiert werden.

Die **aerobe biologische Abwasserreinigung** war zunächst, und zwar seit Ende des 19. Jahrhunderts, für die Behandlung kommunaler Abwässer entwickelt worden. Anfang der 60er Jahre fand man, daß auch in Chemieabwässern der Gehalt an organischen Verunreinigungen durch

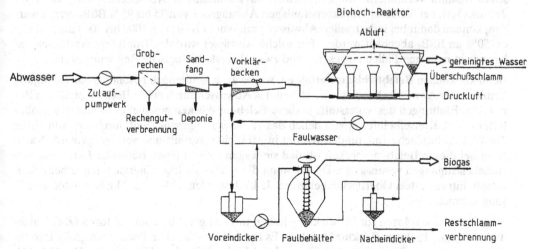

Abb. 3.18 Abwasserreinigungsanlage (nach [47])

aerobe Mikroorganismen deutlich herabgesetzt werden kann, wenn bestimmte Bedingungen eingehalten werden. Dazu sind je nach Art des Abwassers spezielle Maßnahmen erforderlich (Vorreinigung, Sonderbehandlung von Teilströmen, Zugabe fehlender Nährstoffe). Bald zeigte sich, daß für die optimale Nutzung aerober Mikroorganismen zur Reinigung der relativ hoch belasteten Chemieabwässer spezielle apparative Lösungen erforderlich sind. Dazu wurden in den 70er Jahren neue Reaktorkonzepte erprobt und in die Abwassertechnik eingeführt.

Vereinfacht betrachtet reagiert in der aeroben biologischen Abwasserreinigung der Sauerstoff aus der Begasungsluft mit den im Abwasser enthaltenen organischen Stoffen, wobei die Mikroorganismen als Katalysatoren wirken. Der organische Kohlenstoff der Edukte wird zu etwa jeweils 50% zu CO_2 und zu Biomasse umgesetzt. Es wird also zusätzliche, überschüssige Biomasse erzeugt, der sog. Überschußschlamm, der in einem weiteren Verfahrensschritt entsorgt werden muß.

Vom Reaktionstyp her handelt es sich bei der aeroben Abwasserreinigung um eine Gas-Flüssigkeits-Reaktion, speziell um eine solche mit suspendiertem Feststoff (= Mikroorganismen). Durch den Stoffwechsel der Mikroorganismen wird der im Abwasser gelöste Sauerstoff schnell verbraucht – die Löslichkeit von Sauerstoff in Wasser beträgt nur ca. 8 mg/l bei 1 bar (0,1 MPa) Luft –, wenn nicht dauernd neuer Sauerstoff aus der Begasungsluft in Lösung geht. Das heißt, es liegt eine Reaktion vor, bei der die Bruttoreaktionsgeschwindigkeit durch den Stofftransport aus der Gasphase in die Flüssigkeit, hier von Sauerstoff aus der Begasungsluft ins Abwasser, bestimmt wird. Daher muß der Reaktionsapparat so konzipiert sein, daß eine große Oberfläche zwischen Begasungsluft und Abwasser erzeugt wird. Es gibt dafür prinzipiell zwei Möglichkeiten, je nachdem, welche der zwei fluiden Phasen zerteilt (dispergiert) wird. Die eine dieser beiden Möglichkeiten – Zerteilung der Flüssigphase – wird in der aeroben Abwasserreinigung sowohl beim **Tropfkörperverfahren** als auch beim klassischen **Belebtschlammverfahren** benutzt; in Neuentwicklungen des letzteren Verfahrensprinzips wird dagegen die Gasphase dispergiert.

Tropfkörper sind Füllkörperschüttungen, auf die das Abwasser über einen sich drehenden Sprenger verrieselt wird. Das Verfahren wurde um 1900 für kommunale Abwässer entwickelt. Als Schüttung dienen Lavabrocken, auf deren poröser Oberfläche sich ein „biologischer Rasen" von Mikroorganismen ausbildet. Seit einiger Zeit kommen auch Kunststofffüllkörper oder wabenförmige Packungen zum Einsatz; mit den letzteren lassen sich die vor allem bei hochbelasteten Abwässern leicht auftretenden Verstopfungen durch den gebildeten Überschußschlamm verhindern. Im Unterschied zu kommunalen Abwässern (BSB_5 ca. 100–200 mg O_2/l), bei denen in Tropfkörperanlagen Abbaugrade von 75 bis 95% BSB_5 erzielt werden, können damit bei industriellen Abwässern mit einem BSB_5 von 1000 bis 3000 mg O_2/l nur ca. 50% an BSB_5 abgebaut werden. Für solche Abwässer wird das Tropfkörperverfahren daher nur in manchen Fällen eingesetzt, und zwar als erste biologische Reinigungsstufe.

Beim klassischen **Belebtschlammverfahren**, wie es auch heute noch besonders zur Reinigung kommunaler Abwässer benutzt wird, strömt das Abwasser durch große Becken, meist aus Beton. Das Einbringen des Sauerstoffs in diese **Belebungsbecken** geschieht mit Oberflächenbelüftern, z. B. Kreiselbelüftern, von denen das Abwasser angesaugt und durch einen in Höhe der Wasseroberfläche rotierenden Kreisel in Tröpfchen zerteilt und versprengt wird. Nachteilig bei diesen Belebungsbecken ist, daß sie wegen ihrer offenen Bauweise Lärm und Geruchsbelästigungen verursachen. Dazu kommt die relativ niedrige Energienutzung beim Sauerstoffeintrag mittels Oberflächenbelüftern: Je kWh werden 1 bis max. 2 kg Sauerstoff in Lösung gebracht.

Diese Probleme führten zur Entwicklung hoher, turmartiger Abwasserreaktoren (z. B. **Bayer-Turmbiologie**, **Biohoch-Reaktor Hoechst**). Es handelt sich dabei im Prinzip um große Blasensäulenreaktoren. Abb. 3.19 zeigt als Beispiel den Biohoch-Reaktor Hoechst. Die Begasung er-

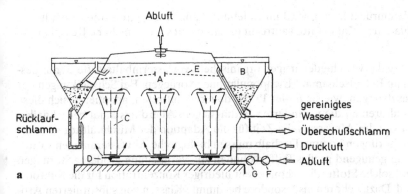

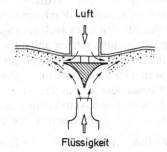

Abb. 3.19 a Biohochreaktor und b Radialstromdüse.
A Belebungsbecken, B Absetzbecken, C Leitrohr, D Radialstromdüse, E Siebboden, F Förderpumpe, G Treibstrahlpumpe

folgt durch Zweistoffdüsen über dem Reaktorboden. Im Biohoch-Reaktor werden dazu sog. **Radialstromdüsen** (vgl. Abb. 3.19 a, b) benutzt. Dort trifft das mit hoher Geschwindigkeit (15–20 m/s) aus der Düse strömende Abwasser auf einen Kegel, so daß der Wasserstrom radial nach allen Seiten gelenkt wird. Durch Löcher im Kegel strömt die Begasungsluft ebenfalls horizontal nach außen, wobei sie durch die starken Scherkräfte des schnell strömenden Wassers in sehr kleine Blasen zerteilt wird.

Wegen der großen Bauhöhe (15–25 m) turmartiger Abwasserreaktoren bleiben die aufsteigenden Luftblasen sehr lange in Kontakt mit dem Abwasser; dadurch kann ein großer Anteil des Sauerstoffs aus der Begasungsluft in Lösung gehen. Auf diese Weise gelingt es, bis zu 80% des Sauerstoffs aus der Begasungsluft für den biologischen Abbau zu nutzen. Gleichzeitig wird dafür erheblich weniger Energie als im Belebungsbecken mit Oberflächenbelüftern benötigt, und zwar beträgt der auf den Energieverbrauch bezogene Sauerstoffeintrag 3 bis 4 kg O_2/kWh. Weitere Vorteile der Turmreaktoren gegenüber dem Belebungsbecken sind ein wesentlich niedrigerer Platzbedarf, geringere Lärmbelästigung und die aufgrund der geschlossenen Bauweise gegebene Möglichkeit, Geruchsstoffe aus dem Abgas zu entfernen.

Das gereinigte Abwasser aus der biologischen Stufe muß noch einer weiteren Behandlung unterworfen werden, bevor es in den Vorfluter abgeleitet werden kann, nämlich der **Nachklärung**. Dort werden die im Abwasser suspendierten Mikroorganismen, also der Belebtschlamm, durch Sedimentation abgetrennt. Beim Biohoch-Reaktor (vgl. Abb. 3.19) erfolgt die Nachklärung in einem Trichterbecken, das ringförmig am oberen Teil des Reaktors angebracht ist. Das gereinigte Wasser fließt als Überlauf ab. Der abgesetzte Schlamm wird zu einem Teil in den Belebungsraum zurückgeführt, der Rest wird als Überschußschlamm abgezogen. Durch die Schlammrückführung wird im Belebungsraum (= Reaktionsraum) ein hoher Gehalt an Belebtschlamm (= Katalysator) aufrecht erhalten und somit eine hohe Reaktionsgeschwindigkeit.

Der biologische Abbau der verschiedenartigen organischen Abwasserinhaltsstoffe ist nur deswegen möglich, weil im Belebtschlamm Mischpopulationen vorliegen. Bei Schwankungen der Abwasserzusammensetzungen, wie sie in der Praxis dauernd auftreten, adaptieren sich diese mikrobiellen Mischkulturen an die veränderten Bedingungen. Allerdings kann bei schnellen und großen Änderungen des Abwassers die Zeit für die Adaption der Mischkultur nicht ausreichen, so daß es zu Störungen kommt. Deshalb müssen biologische Abwasseranlagen so ausgelegt sein, daß sie ein genügend großes Puffervolumen zur Vermeidung größerer Störungen besitzen. Kritisch sind solche Stoffe, die schon in sehr niedriger Konzentration für die Mikroorganismen toxisch sind. Dazu gehören insbesondere bestimmte Klassen von substituierten Aromaten, wie Phenole, Nitro-, Amino- und Chloraromaten. Derartige toxische Stoffe müssen vor der Einleitung in eine biologische Reinigung aus dem Abwasser durch eine spezielle Vorreinigung (z. B. Adsorption) entfernt werden. In einigen Fällen ist es auch gelungen, Stämme von Mikroorganismen zu isolieren, die imstande sind, bestimmte schwer abbaubare Verunreinigungen zu verwerten, z. B. Phenole und aromatische Stickstoffverbindungen aus Kokereiabwässern, Chloraromaten sowie Naphthalinsulfonsäuren. Der Einsatz solcher spezieller Kulturen zur Reinigung von Problemabwässern erfordert besondere Techniken, wie die Immobilisierung der Mikroorganismen auf festen Trägern, z. B. auf kleinen Aktivkohle- oder Sandpartikeln, die durch die Begasungsluft im Abwasser aufgewirbelt („fluidisiert") werden.

Mit der Einleitung des gereinigten Wassers in den Vorfluter ist die Aufgabe der Reinigung verschmutzter Abwässer noch nicht vollständig gelöst; es bleibt noch die **Entsorgung der Schlämme** aus Vor- und Nachklärung. Sie bestehen überwiegend aus Wasser; ihr Feststoffgehalt liegt etwa zwischen 5 und 20 g/l. Zunächst werden die Schlämme konzentriert, also teilentwässert, wobei Kombinationen verschiedener Verfahren zum Einsatz kommen, nämlich Sedimentieren („Eindicken"), Zentrifugieren, Filtrieren und Trocknen. Je nach Art des Schlamms und Entwässerungsverfahren werden Feststoffgehalte von 25 bis über 50% erreicht. Dieser Dickschlamm wird entweder direkt auf einer Industriemülldeponie gelagert oder in speziellen Verbrennungsanlagen verbrannt; die Asche aus der Schlammverbrennung muß ebenfalls auf eine Deponie verbracht werden.

Überschußschlämme aus kommunalen Kläranlagen werden zunehmend einer weiteren biologischen Behandlung unterworfen, nämlich der **Methangärung**, auch Schlammfaulung genannt. Dazu wird der auf einen Gehalt von ca. 5% Feststoff eingedickte Klärschlamm in großen, eiförmigen Faultürmen durch anaerobe Bakterien abgebaut. Dabei entsteht als Hauptprodukt ein Gasgemisch aus Methan (65–70 Vol.-%) und Kohlendioxid (30–35 Vol.-%), das sog. „Biogas", in das ca. 95% des organischen Kohlenstoffs umgesetzt werden; die restlichen 5% verbleiben im Faulschlamm. Wegen seines hohen Energieinhalts (unterer Heizwert 23 000–25 000 kJ/Nm^3) benutzt man das gebildete Biogas zum Beheizen der Faultürme und zur Dekung des Energiebedarfs der Kläranlage.

Ebenso wie der aerobe Abbau ist die Methangärung ein mehrstufiger Prozeß. Die verschiedenen Arten von Bakterien in den Mischkulturen der Methangärung sind jedoch sehr empfindlich gegen Störungen der Prozeßbedingungen. Abb. 3.20 zeigt ein vereinfachtes Schema des anaeroben Abbaus. In einer ersten Stufe werden die höhermolekularen Verbindungen in ihre Bausteine gespalten und teilweise weiter umgewandelt; dabei entstehen vor allem Fettsäuren und Alkohole. Im nächsten Schritt werden Essigsäure, Wasserstoff und Kohlendioxid gebildet, aus denen die methanogenen Bakterien Methan erzeugen. Wichtig ist dabei, daß die Methanbakterien für ihren Stoffwechsel einen relativ engen pH-Bereich um 7 benötigen. Wenn die Fettsäuren nicht schnell genug abgebaut werden und sich anreichern, fällt der pH-Wert ab,

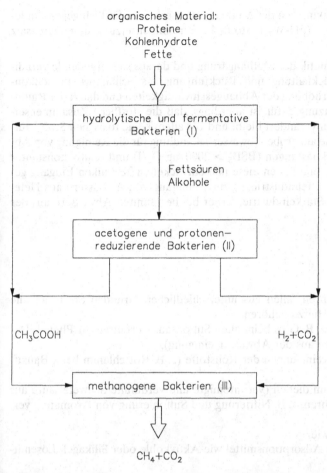

organisches Material:
Proteine
Kohlenhydrate
Fette

hydrolytische und fermentative
Bakterien (I)

Fettsäuren
Alkohole

acetogene und protonen–
reduzierende Bakterien (II)

CH_3COOH H_2+CO_2

methanogene Bakterien (III)

CH_4+CO_2

Abb. 3.20 Anaerober Abbau organischer Materialien (Methangärung)

und die Methanbildung kommt zum Erliegen. Insgesamt läuft der anaerobe Abbau von Schlamm relativ langsam ab; wegen der dadurch bedingten Verweilzeiten von 15 bis 20 Tagen haben Faultürme sehr große Volumina.

Anaerobe Abwasserreinigung. Der anaerobe Abbau organischer Verbindungen weist im Vergleich zum aeroben Abbau zwei deutliche Vorteile auf. Zum einen hinsichtlich der Energiebilanz: Während der aerobe Abbau Energie benötigt, insbesondere zur Versorgung der Mikroorganismen mit Sauerstoff, liefert der anaerobe Abbau Energie in Form von Biogas. Zum andern werden beim anaeroben Abbau 95% des organischen Kohlenstoffs in Biogas umgesetzt, so daß nur 5% des Kohlenstoffs als Schlamm deponiert werden müssen, wohingegen bei der aeroben Technik 50% des organischen Kohlenstoffs in CO_2 übergehen und die anderen 50% als Schlamm anfallen mit der Notwendigkeit weiterer Prozeßschritte. Wenn trotzdem lange Zeit kaum anaerobe Verfahren in der Abwasserreinigung eingesetzt wurden, dann hatte das zwei Ursachen:

1. Aufgrund der Erfahrungen bei der Faulung organischer Schlämme galt der anaerobe Abbau als ein sehr langsamer Prozeß mit der Erfordernis entsprechend großer Reaktionsvolumina.

2. Es war bekannt, daß die Mischkulturen der Methangärung sehr empfindlich gegen Änderungen der Prozeßbedingungen (pH-Wert, stoffliche Zusammensetzung und Durchsatz des Abwassers) sind.

Neuere Erkenntnisse über die Kinetik der Methangärung und daraus sich ergebende verfahrenstechnische Maßnahmen (Rückhaltung und Rückführung des Schlamms, Prozeßkontrolle) haben zur beträchtlichen Erhöhung der Abbaugeschwindigkeiten und damit der Raum-Zeit-Ausbeute geführt. Voraussetzung dafür ist allerdings, daß die stoffliche Zusammensetzung des Abwassers weitgehend unverändert bleibt und vor allem keine toxischen Stoffe auftreten. Besonders vorteilhaft ist die anaerobe Abwasserbehandlung für die Reinigung von Abwässern mit hohen organischen Belastungen (BSB_5 > 2000 mg O_2/l) und relativ konstanter Zusammensetzung. Dementsprechend haben diese neu entwickelten Techniken Eingang gefunden in Bereichen der Lebensmittelindustrie, so zur Reinigung von Abwässern aus Hefe- und Zuckerfabriken und aus der Stärkeindustrie, ferner bei bestimmten Abwässern aus der Celluloseindustrie.

3.4.3 Abfälle

In chemischen Produktionsverfahren fallen aus unterschiedlichen Gründen Stoffe an, die nicht verwertet werden können. Hierzu gehören

- Koppel- und Nebenprodukte (z. B. Gips beim alten Sulfonsäureverfahren für Phenol, Destillationsrückstände, Schlämme aus der Abwasserreinigung),
- Nebenbestandteile und Verunreinigungen der Rohstoffe (z. B. Rotschlamm beim Bauxitaufschluß),
- Stoffe, die als Reaktionsmedium dienen (verunreinigte und verdünnte Schwefelsäure aus organischen Produktionsverfahren, z. B. Nitrierung und Sulfonierung von Aromaten; verunreinigte Lösemittel),
- verbrauchte Katalysatoren sowie
- Hilfsstoffe (z. B. verunreinigte Adsorptionsmittel wie Aktivkohle oder Silikagel, Lösemittel).

In vielen Fällen müssen solche Rückstände auf Sondermülldeponien gelagert werden. Verunreinigte Schwefelsäure *(Dünnsäure)* wurde noch bis Ende der 80er Jahre in Spezialschiffen aufs offene Meer transportiert und dort „verklappt", d. h. abgelassen, was in Anbetracht der großen Verdünnung als unbedenklich angesehen wurde. Diese Praxis wurde in vielen europäischen Staaten 1989 beendet. Das war nur möglich, weil in langfristiger Entwicklung Möglichkeiten erarbeitet worden waren, die Dünnsäure zum Zweck der Wiederverwertung zu reinigen und aufzukonzentrieren. Mit einer solchen Wiederverwertung sollten sich Rückstandsprobleme optimal lösen lassen, allerdings unter der Voraussetzung, daß der erforderliche Aufwand wirtschaftlich vertretbar ist. Die Kosten müssen natürlich von den Produkten getragen werden, bei deren Herstellung der Rückstand anfällt.

Ein anderer Weg zur Vermeidung von Rückstandsproblemen ist die Umstellung auf ein anderes Verfahren, bei dem keine Rückstände oder wenigstens deutlich kleinere Mengen davon anfallen. Bei organischen Rückständen kommt anstelle einer Ablagerung auf Deponien auch noch die Verbrennung in Betracht; hierbei sind je nach Art dieser Rückstände Vorkehrungen zu treffen, die verhindern, daß mit den Verbrennungsgasen Schadstoffe in die Umwelt gelangen. So muß bei der Verbrennung von chlorhaltigen Rückständen darauf geachtet werden, daß keine Dioxine entstehen.

Im folgenden werden einige Beispiele von Verfahrensentwicklungen zur Vermeidung von Abfallstoffen dargestellt.

Abfallschwefelsäure (Dünnsäure)

In vielen chemischen Prozessen wird Schwefelsäure nicht als Reaktand, sondern wegen ihrer besonderen Eigenschaften als Hilfsstoff eingesetzt. So dient sie als Reaktionsmedium zur Katalyse elektrophiler Reaktionen (z. B. der Nitrierung von Aromaten) oder als wasserentziehendes Lösemittel (z. B. bei der Trocknung von Chlor aus der Chloralkalielektrolyse). Bei allen derartigen Verwendungen fällt eine verdünnte wasserhaltige, meist auch verunreinigte Schwefelsäure an. Weitere Mengen von Abfallschwefelsäure entstehen bei chemischen Umsetzungen, bei denen Schwefelsäure im Überschuß eingesetzt wird. Beispiele dafür sind Sulfonierungsreaktionen und der Aufschluß von Ilmenit ($FeO \cdot TiO_2$) zur Gewinnung von Titandioxid.

Wegen ihres Wassergehalts werden diese verschiedenen Abfallschwefelsäuren zusammenfassend als *Dünnsäure* bezeichnet. Daß es sich dabei aufgrund der verschiedenartigen Herkunft um Schwefelsäure mit sehr unterschiedlichen Konzentrationen und Verunreinigungen handelt, wird leicht übersehen.

Die Aufarbeitung von Abfallschwefelsäure ist im wesentlichen eine Aufkonzentrierung durch Eindampfen, d. h. durch Abdestillieren des Verdünnungswassers. Die Durchführung dieser normalerweise unproblematischen Grundoperation ist im Falle der Dünnsäure mit besonderen Schwierigkeiten verbunden, und zwar aus folgenden Gründen:

● die unterschiedlichen Ausgangsbedingungen (Wassergehalt, Verunreinigungen) und

● die starke Korrosionswirkung von Schwefelsäure, insbesondere beim Sieden.

Für die Dünnsäureaufarbeitung gibt es daher eine ganze Reihe von Verfahren, von denen einige beispielhaft an Hand des Verfahrensschemas in Abb. 3.21 beschrieben werden. Die linke Hälfte von Abb. 3.21 zeigt die Aufarbeitung von Abfallschwefelsäuren aus organisch-chemischen Produktionen, die andere Hälfte die von Dünnsäure aus der Titandioxidherstellung.

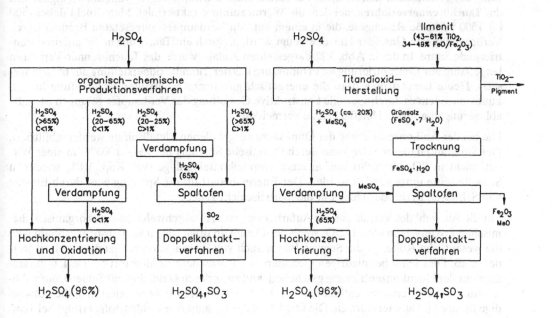

Abb. 3.21 Aufbereitung von Abfallschwefelsäure

Me = Metall

Titandioxid ist das weitaus wichtigste Weißpigment (Pigmente sind unlösliche Farbmittel, vgl. Kap. 9.1.1). 1993 wurden in der Bundesrepublik Deutschland 300 000 t Titandioxid produziert; 60% davon gingen in den Export. Rohstoffe für die Herstellung von Titandioxid sind in erster Linie die Mineralien Ilmenit (FeO · TiO_2 mit Mg, Mn und anderen Begleitelementen) und Rutil (TiO_2 mit Begleitstoffen). Ca. 75% des in Deutschland erzeugten Titandioxids werden aus Ilmenit gewonnen, und zwar durch Aufschluß mit konzentrierter Schwefelsäure nach dem sog. Sulfatverfahren (vgl. Abb. 3.21 links oben).

Zur Wiedergewinnung muß die Abfallschwefelsäure zunächst aufkonzentriert werden. Sowohl für die Dünnsäure aus der Titandioxidproduktion als auch für die Abfallschwefelsäure aus organisch-chemischen Verfahren erfolgt dies in zwei Schritten, und zwar wird im ersten Schritt auf 65% und anschließend auf 96% aufkonzentriert. Bis 65% enthält nämlich die Dampfphase über siedender Schwefelsäure praktisch kein H_2SO_4, so daß hier keine besondere Reinigung der Brüden zur H_2SO_4-Abscheidung vor Abgabe an die Atmosphäre erforderlich ist.

Die Eindampfung von Dünnsäure auf 65% H_2SO_4 erfolgt häufig in **Umlaufverdampfern** im Vakuum; die dadurch bedingten niedrigeren Siedetemperaturen vermindern die Korrosionswirkung, was die Werkstoffauswahl erleichtert. Anstelle von kunststoffbeschichtetem, gummiertem, emailliertem oder verbleitem Stahl benutzt man heute glasfaserverstärkten Polyester als Werkstoff. Zum Zweck der Energieeinsparung schaltet man mehrere Verdampfer (z. B. drei) hintereinander. Die Arbeitsdrücke der einzelnen Verdampfer sind so abgestuft, daß die jeweilige Siedetemperatur unter der Kondensationstemperatur der Brüden aus dem vorhergehenden Verdampfer liegt; nur der beim höchsten Druck arbeitende Verdampfer wird mit Fremddampf beheizt. Dieses Prinzip der Mehrstufenverdampfung wird häufig beim Aufkonzentrieren verdünnter Lösungen benutzt (z. B. für Natronlauge aus Membran- oder Diaphragmaelektrolysezellen, vgl. Kap. 10.3.2).

Probleme mit solchen indirekt beheizten Verdampfern können bei stark salzhaltigen Dünnsäuren auftreten, da bei deren Aufkonzentrierung die gelösten Salze ausfallen, was zur Verkrustung der Heizflächen führen kann. Für solche stark feststoffhaltigen Dünnsäuren eignet sich das **Tauchbrennerverfahren**, bei dem die Wärmezufuhr direkt erfolgt. Man drückt dabei 1500 bis 1600 °C heiße Rauchgase, die in einem auf den Verdampfer aufgesetzten Brenner durch Verbrennung von Gas oder Heizöl erzeugt werden, durch ein Tauchrohr in die aufzukonzentrierende Säure. In der in Abb. 3.21 dargestellten Anlage wurde das Tauchbrenner-Verfahren lange Jahre zur Konzentrierung von Dünnsäure aus der Titandioxidherstellung auf 65% eingesetzt. Heute benutzt man dazu die energetisch günstigere Mehrstufenverdampfung im Vakuum, nachdem es durch spezielle konstruktive Gestaltung der Verdampfer gelungen ist, Salzablagerungen auf den Heizflächen zu vermeiden.

Die bei der Aufkonzentrierung der Dünnsäure ausgefallenen Metallsulfate werden abfiltriert. Der Sulfatanteil dieser Salze kann durch thermische Spaltung bei 900 – 1000 °C in einer Wirbelschicht in SO_2 überführt und in einer Doppelkontaktanlage (vgl. Kap. 3.4.1) wieder in Schwefelsäure umgewandelt werden. Der Energiebedarf für die Spaltung wird durch Eintrag von Schwefel, Pyrit oder Heizöl in die Wirbelschicht gedeckt.

Für die Auswahl des Verfahrens zur Aufarbeitung von Abfallschwefelsäure aus organisch-chemischen Prozessen ab 65% H_2SO_4 spielt der Gehalt an organischen Kohlenstoffverbindungen die wesentliche Rolle, da die Schwefelsäure auch von diesen Verunreinigungen befreit werden muß. Dies kann bei niedrigen Gehalten an organischem Kohlenstoff bis ca. 1% zusammen mit der Hochkonzentrierung geschehen, und zwar durch *Oxidation mit Salpetersäure*. Abfallsäure aus Nitrierungen enthält ohnehin HNO_3; in anderen Fällen dosiert man die notwendige Menge an Salpetersäure zu. Die Oxidation des organischen Kohlenstoffs erfolgt bei Temperaturen oberhalb 300 °C, wie sie bei der Hochkonzentrierung unter Atmosphärendruck herrschen.

Ein bewährtes Verfahren dafür ist die **Rektifikation nach Pauling-Plinke**. Als Verdampfer dient dabei ein Rührkessel aus Gußeisen, auf den eine Glockenbodenkolonne aus Siliciumguß (Gußeisen mit 15% Siliciumgehalt) aufgesetzt ist. Die Kolonne arbeitet als Abtriebssäule, d. h., die 65%ige Säure wird oben auf die Kolonne aufgegeben, aus dem Verdampferkessel fließt konzentrierte, 96%ige Säure ab. Die Werkstoffwahl ist durch die unterschiedlichen Korrosionseigenschaften von Schwefelsäure in den verschiedenen Konzentrations- und Temperaturbereichen bedingt. Dabei können je nach Herkunft der verunreinigten Säure zusätzliche Probleme auftreten. Enthält z. B. die Abfallsäure Fluorwasserstoff, dann darf zumindest für den oberen Teil der Kolonne kein Siliciumguß verwendet werden, da er von Flußsäure unter Bildung von SiF_4 und H_2SiF_6 angegriffen wird. Man benutzt stattdessen Stahl, der mit Kunststoff (z. B. Polytetrafluorethylen) beschichtet ist. Dies ist nur für den oberen Teil der Kolonne erforderlich, weil der Fluorwasserstoff aufgrund seiner hohen Flüchtigkeit sehr schnell in die aufwärts strömende Dampfphase übergeht.

Für Abfallschwefelsäure mit höheren Gehalten an organischem Kohlenstoff (> ca. 1% C) ist die beschriebene oxidative Entfernung der Verunreinigungen in der Hochkonzentrierung in der Regel nicht ausreichend. Man muß dann einen anderen Weg gehen, und zwar den der **Spaltung der Schwefelsäure** bei hohen Temperaturen:

$$H_2SO_4 \rightleftharpoons H_2O + SO_2 + \tfrac{1}{2} O_2 \qquad\qquad \Delta H_R = 275 \text{ kJ/mol} \qquad (3.73)$$

Bei 1000 °C liegt das Gleichgewicht der Reaktion (vgl. Gl. 3.73) ganz auf der rechten Seite. Bei einem von Lurgi entwickelten Verfahren wird vorkonzentrierte Abfallsäure (>65% H_2SO_4) durch Versprühen mit 1800 °C heißen Rauchgasen aus der Verbrennung von Heizöl oder Gas intensiv vermischt. Bei der sich einstellenden Temperatur von ca. 1000 °C wird der organische Kohlenstoff durch den Restsauerstoff des Rauchgases zu CO_2 oxidiert. Die Spaltgase mit einem Gehalt von ca. 6 Vol.-% SO_2 werden in einer Doppelkontaktanlage zu SO_3 und H_2SO_4 umgesetzt.

Die H_2SO_4-Spaltung erfordert einen außerordentlich hohen Energieaufwand. Zum einen ist die Reaktionswärme aufzubringen, zum andern ist in der Vorkonzentrierung neben der Verdampfungsenthalpie von Wasser die Dehydratisierungsenthalpie der Schwefelsäure abzudekken. Im Vergleich dazu ergeben bei der Herstellung von Schwefelsäure aus Schwefel die zwei exothermen Reaktionen (Schwefelverbrennung, SO_2-Oxidation) eine Energiegutschrift. Die Energiekosten für die Regenerierung von Abfallschwefelsäure durch thermische Spaltung sind dreimal so hoch wie die Rohstoff- und Energiekosten für die Herstellung von Schwefelsäure aus elementarem Schwefel.

In engem Zusammenhang mit der Regenerierung von Dünnsäure aus der Titandioxidgewinnung nach dem Sulfat-Verfahren steht die Verwertung von „Grünsalz" ($FeSO_4 \cdot 7 H_2O$), des anderen bei diesem Prozeß in großen Mengen anfallenden Abfallprodukts (vgl. Tab. 3.12 u. Abb. 3.21). Zur Vermeidung einer Deponierung wird dieses kristallisierte Eisensulfat nach

Tab. 3.12 Rohstoffeinsatz und Nebenprodukte bei der Titandioxid-Herstellung aus Ilmenit mit dem Sulfat-Verfahren

Stoffmengen pro 100 kg Produkt (TiO_2)	
Einsatzstoffe	Nebenprodukte
210 kg Ilmenit	700 kg Dünnsäure (20–23% H_2SO_4)
400 kg Schwefelsäure (96% H_2SO_4)	100 kg Metallsulfate, gelöst in Dünnsäure
	380 kg Grünsalz ($FeSO_4 \cdot 7 H_2O$)

Abspaltung von 6 Mol Kristallwasser durch Wirbelschichttrocknung thermisch bei 800 bis 1000 °C gespalten, und zwar in gleicher Weise wie die bei der Vorkonzentrierung der Dünnsäure angefallenen Metallsulfate. Das dabei freigesetzte SO_2 wird anschließend in einer Doppelkontaktanlage wieder zu Schwefelsäure verarbeitet, also rezyklisiert; der Abbrand (Fe_2O_3) wird in der Zementindustrie eingesetzt.

Chemiegips

Calciumsulfat fällt bei einer ganzen Reihe von Prozessen als Nebenprodukt an, und zwar meist als Dihydrat ($CaSO_4 \cdot 2\,H_2O$), vgl. Kap. 11.3.2. Den Gips aus diesen Quellen bezeichnet man zur Unterscheidung von Vorkommen in der Natur als Chemiegips. Er entsteht bei der Umsetzung von Schwefelsäure mit Calciumverbindungen.

Als Koppelprodukt fällt Chemiegips in besonders großen Mengen an beim Naßphosphorsäureverfahren (vgl. Kap. 10.4.3) mit weltweit ca. $60 \cdot 10^6$ t/a, ferner bei der Herstellung von Flußsäure aus Flußspat in Form von wasserfreiem Calciumsulfat ($CaSO_4$ = Anhydrit):

$$CaF_2 + H_2SO_4 \longrightarrow 2\,HF + CaSO_4 \tag{3.74}$$

In zunehmendem Maß wird Gips als ein Endprodukt der Entschwefelung von Rauchgasen aus Kraftwerken erhalten. Erheblich geringer sind die Mengen an Gips aus organischen Prozessen, z. B. aus der Neutralisation überschüssiger Schwefelsäure bei bestimmten Sulfonierungen und aus der Herstellung einiger Säuren auf biotechnischem Weg (Citronensäure, Gluconsäure, Milchsäure). Jedoch stellt diese Art von Abfallgips wegen der darin enthaltenen Verunreinigungen ein besonderes Problem dar. Während der Chemiegips aus anorganischen Prozessen zum Teil von der Bauindustrie verwertet wird oder problemlos deponiert werden kann, besteht für Gips aus organischen Prozessen keine Möglichkeit einer Weiterverwertung. Er muß vielmehr in besonders abgedichteten Deponien gelagert werden.

Citronensäure ohne Abfallgips

Citronensäure (Weltproduktion ca. 400 000 t/a) wird zu etwa 50% in der Getränke- und Lebensmittelindustrie eingesetzt, z. B. in Fruchtsäften, Getränkepulvern, Marmelade, Milchprodukten zur Geschmacksverbesserung und Konservierung; ein kleinerer Anteil geht in die Pharmaindustrie. Daneben findet Citronensäure u. a. wegen ihrer Eigenschaft als Komplexbildner Anwendung in Reinigungsmitteln, in der Wasseraufbereitung, der Färberei und der Druckerei.

Die Herstellung erfolgt ausschließlich auf biotechnischem Wege, und zwar durch Fermentation von Saccharose (meist in Form von Zuckerrübenmelasse) mit Kulturen des Pilzes Aspergillus niger unter aeroben Bedingungen. Man führt diese biochemische Umsetzung im Satzverfahren (Batch-Kultur) durch, wobei als Reaktor meist ein mit Luft begaster Rührkessel (Rührfermenter) verwendet wird. Im ersten Schritt erfolgt nach Animpfen der Nährlösung mit dem „Inoculum" (Zellen aus einer Vorkultur) das Wachstum der Pilzkultur. Es wird damit das Katalysatorsystem (Enzyme) für den zweiten Schritt, die Produktbildung, erzeugt. Schwermetallionen stören die Produktbildung; sie werden durch Zugabe von Kaliumhexacyanoferrat (II) ($K_4Fe[CN]_6$) zur Nährlösung ausgefällt. Zu Beginn des zweiten Schrittes wird der pH-Wert von dem für die Zellvermehrung günstigen Wert von 4 auf 2,2 eingestellt, der für die Citronensäurebildung optimal ist. Die Ausbeute an dem Endprodukt Citronensäuremonohydrat beträgt 60 bis 75% bezogen auf die in der eingesetzten Melasse enthaltene Saccharose, die restliche Saccharose wird zum Aufbau der Zellen verbraucht (vgl. Grundfließbild Abb. 3.22).

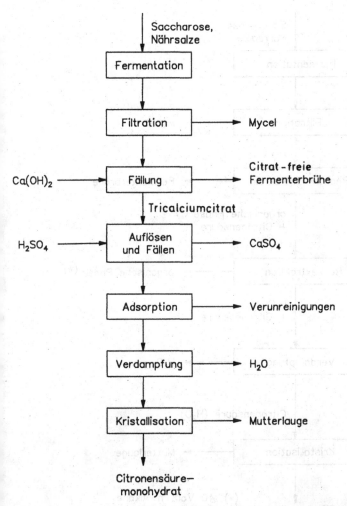

Abb. 3.22 Herstellung von Citronensäure (Aufarbeitung durch Fällung)

Zur Isolierung aus der Fermenterbrühe wird die Citronensäure nach Abtrennen des Zellmaterials mittels Drehfilter durch Zugabe von Kalkmilch bei einem pH von 7,2 als Tricalciumcitrat ($Ca_3(C_6H_8O_7)_2 \cdot 4\,H_2O$) ausgefällt und abfiltriert. Um aus dem Ca-Salz Citronensäure zu gewinnen, wird es in verdünnter Schwefelsäure gelöst; dabei wird das Calcium als Gips ($CaSO_4 \cdot 2\,H_2O$) ausgefällt und durch Filtration abgetrennt. Das Filtrat wird nach Reinigung über Ionenaustauscher (Entfernung der restlichen Calciumionen) und Aktivkohle eingedampft. Aus der konzentrierten Lösung erhält man durch Kristallisation und anschließendes Zentrifugieren und Trocknen reines Monohydrat als Endprodukt.

Als Nebenprodukt fallen in diesem Aufarbeitungsweg ca. 150 kg Gips pro 100 kg Citronensäure an. Eine Verwertung als Bauhilfsstoff scheidet aus, da dieser Abfallgips neben organischen Verunreinigungen u. a. zwischen 0,2 und 1% $Fe_4(Fe[CN]_6)_3$ (= Berliner Blau) aus der Fällung der Eisenionen zu Anfang der Fermentation enthält und deswegen blaustichig ist. Er muß deponiert werden.

Ein in letzter Zeit entwickelter Aufarbeitungsweg vermeidet dieses Abfallprodukt. Der wesentliche Verfahrensschritt ist dabei eine sog. *Reaktivextraktion*. Wegen ihrer hydrophilen Ei-

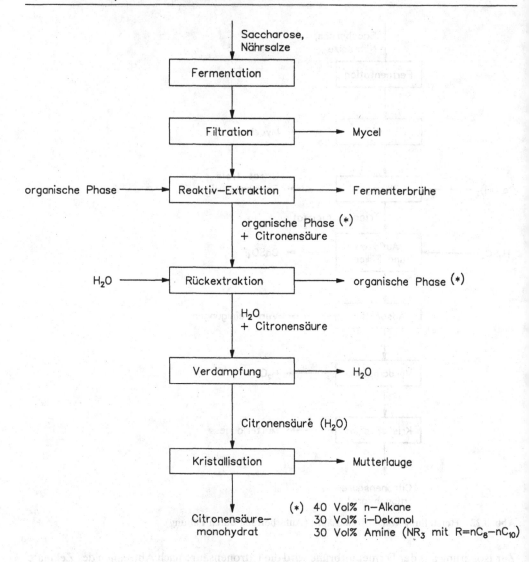

Abb. 3.23 Herstellung von Citronensäure (Aufarbeitung durch Extraktion)
(*) 40 Vol.-% n-Alkane, 30 Vol.-% i-Dekanol, 30 Vol.-% Amine (NR$_3$ mit R = nC$_8$–nC$_{10}$)

genschaften ist Citronensäure in organischen Lösungsmitteln weniger löslich als in Wasser. Ganz anders ist dies, wenn die organische Phase eine basische Komponente enthält, z. B. ein aliphatisches Amin. Dann wird durch Ionenpaarbildung zwischen der Säure (HS) und dem Amin (A) gemäß Gl. (3.75) die Löslichkeit der Säure in der organischen Phase beträchtlich erhöht. In der organischen Phase läuft folgende Reaktion ab:

$$\text{HS} + \text{A} \rightleftharpoons \text{S}^- \text{AH}^+ \tag{3.75}$$

Daher spricht man von Reaktivextraktion. Für die Reaktivextraktion von Citronensäure hat sich als organische Phase eine Mischung aus n-Alkanen (C$_{10}$-C$_{14}$, 40 Vol.-%), i-Dekanol (30 Vol.-%) und aliphatischen Triaminen (NR$_3$ mit R = nC$_8$-nC$_{10}$, 30 Vol.-%) als geeignet erwiesen.

Zur Isolierung der Citronensäure verfährt man wie folgt (vgl. Abb. 3.23). Aus der von Zellmasse befreiten Fermenterbrühe extrahiert man die Citronensäure in einer Gegenstromkolonne. Anschließend wird die Citronensäure in einer zweiten Extraktionskolonne mit reinem Wasser rückextrahiert, und zwar bei erhöhter Temperatur, da sich das Verteilungsgleichgewicht mit steigender Temperatur zum Wasser hin verschiebt. Die Wasserphase (Extrakt) aus der Reextraktionskolonne wird durch Eindampfen aufkonzentriert; aus dem Konzentrat wird Citronensäure-Monohydrat durch Kristallisation isoliert.

Aromatische Amine durch Reduktion von Nitroverbindungen

Aromatische Amine, z. B. substituierte Aniline (Chloraniline, Aminophenole u. a.), sind wichtige Zwischenprodukte für die Herstellung von Farbstoffen, optischen Aufhellern, Pharmazeutika und anderen Spezialprodukten. Diaminoaromaten, wie 2,4- und 2,6-Diaminotoluol, werden in großen Mengen für die Produktion der Polyurethane benötigt (vgl. Kap. 3.3.3 und 9.1.1).

Der klassische Weg zu diesen aromatischen Aminen ist die Reduktion der entsprechenden Nitroverbindungen mit Eisenspänen, z. B. von 3-Chlornitrobenzol zu 3-Chloranilin:

$$4 \; \underset{Cl}{\overset{NO_2}{\bigcirc}} \; + \; 9 \; Fe \; + \; 4 \; H_2O \; \longrightarrow \; 4 \; \underset{Cl}{\overset{NH_2}{\bigcirc}} \; + \; 3 \; Fe_3O_4 \qquad (3.76)$$

Dabei entsteht als Koppelprodukt Eisenoxid (überwiegend Fe_3O_4). Mit bestimmten Zusätzen zur Reaktionsmischung läßt sich die Zusammensetzung des Eisenoxids so steuern, daß man daraus durch Nachbehandlung (Trocknen, Glühen) Pigmentfarbstoffe unterschiedlicher Farbe (von Gelb über Braun und Rot bis Schwarz) erhalten kann. Wegen des begrenzten Bedarfs an solchen Pigmentfarbstoffen müßte jedoch der überwiegende Anteil des bei der Erzeugung aromatischer Amine anfallenden Eisenoxids deponiert werden.

Vermieden wird dieser Zwangsanfall an Eisenoxid, wenn die Herstellung der Amine durch katalytische Hydrierung der Nitroverbindungen erfolgt:

$$R–NO_2 + 3 \; H_2 \; \xrightarrow{\text{(Kat)}} \; R–NH_2 + 2 \; H_2O \qquad (3.77)$$

Anilin als das mengenmäßig bedeutsamste aromatische Amin (Weltjahresproduktion $> 1 \cdot 10^6$ t) wird heute überwiegend durch Gasphasenhydrierung von Nitrobenzol erzeugt, und zwar teils im Festbett, teils im Fließbett. Die Hydrierung anderer Nitroaromaten wie Nitrotoluol oder Nitrochlorbenzol, die alle höher sieden als Nitrobenzol, geschieht in flüssiger Phase, und zwar meist in Lösemitteln wie Methanol und i-Propanol. Als Katalysatoren dienen bestimmte Schwermetalle, z. B. Ni, Co, Cu, entweder in fein verteilter Form mit eigener großer Oberfläche (Raney-Metalle) oder auf Trägern wie Aktivkohle, Kieselgur oder Erdalkalicarbonaten. Ein besonderes Problem ist die Hydrierung halogensubstituierter Nitroverbindungen, da es dabei auch zur Dehalogenierung unter Bildung von Halogenwasserstoff kommen kann. Mit speziell entwickelten Katalysatorsystemen (sulfidische Edelmetallkatalysatoren, z. B. Pt oder Re auf Aktivkohle) werden bei der Hydrierung von halogensubstituierten Nitroaromaten Selektivitäten von über 99 % in bezug auf das gewünschte Amin erreicht.

3.4.4 Zusammenfassung und Folgerungen

Potentielle Umweltbelastungen durch chemische Produktionsverfahren gehen zu einem erheblichen Teil auf die Bildung von Koppel- und Nebenprodukten zurück, die nicht oder nur z. T. verwertet werden können (Beispiele: Calciumchlorid beim Chlorhydrinverfahren, Gips beim Naßphosphorsäureverfahren). Eine weitere Ursache von Umweltbelastungen sind unvollständige Umsätze bei der chemischen Reaktion, wenn Restgehalte an Edukten nicht mehr in den Prozeß zurückgeführt werden können (Beispiel: SO_2-Oxidation). Daneben können Umweltbelastungen auch durch Hilfsstoffe verursacht werden, die im Verfahrensgang benötigt werden und entweder als Abfallprodukte anfallen (z. B. verbrauchte Katalysatoren) oder über Abgas- und Abwasserströme in die Umwelt gelangen können (z. B. Lösemittel, Quecksilber beim Amalgamverfahren).

Bei der Vermeidung von Umweltbelastungen (vgl. Tab. 3.13) steht an erster Stelle die Verfahrensauswahl mit dem primären Ziel, daß aufgrund des Reaktionswegs keine Koppel- und möglichst keine Nebenprodukte gebildet werden. Weiterhin sind potentielle Umweltbelastungen, die durch das Reaktionssystem (Katalysator, Reaktionsmedium) und durch die zur Aufarbeitung des Reaktionsgemischs eingesetzten Verfahren bedingt sind, zu minimieren.

Tab. 3.13 Vermeidung von Umweltbelastungen (Gesichtspunkte für die Verfahrensauswahl)

Auswahl von	Ziel
Reaktionsweg	Vermeidung der Bildung nicht verwertbarer Koppel- und Nebenprodukte
Reaktionssystem	Vermeidung oder Minimierung von Abfällen und Emissionen (z. B. Katalysatoren, Lösemittel)
Aufarbeitungsverfahren	Vermeidung oder Minimierung von Abfällen und Emissionen (z. B. Adsorbentien, Lösemittel)

Die in Tab. 3.13 aufgeführten Gesichtspunkte betreffen nur das einzelne Produktionsverfahren und die entsprechende Produktionsanlage. Chemieanlagen baut man aber in aller Regel nicht isoliert für ein einzelnes Produkt, sondern in Anlagenkomplexen, in denen Produkte einer Anlage in anderen Anlagen zu anderen Produkten weiterverarbeitet werden (vgl. Kap. 1.2). Ein solcher Anlagenverbund kann nun auch zur Vermeidung von Umweltbelastungen benutzt werden, und zwar dadurch, daß Reststoffe in einem Abfallstrom (Abgas oder Abwasser) in einer anderen Anlage des Produktionsverbundes verwertet werden.

Ein Beispiel dafür: Bei der Produktion höherer Alkohole (C_8–C_{10}) aus Olefinen durch Hydroformylierung (vgl. Kap. 8.1.3) und anschließender Hydrierung der Aldehyde entstehen als Nebenprodukte der Hydroformylierungsreaktion durch Hydrierung der Olefine die entsprechenden Paraffine. Der Anteil dieser „Abfallparaffine" an der Produktion an Alkoholen liegt zwischen 3 und 15%. Eine Möglichkeit, diese Nebenprodukte zu verwerten, ist ihre Verwendung als Energiequelle durch Verbrennen im werkseigenen Kraftwerk. Eine höherwertige Nutzung von Abfallprodukten ist zweifellos dann gegeben, wenn man sie als Rohstoffe einsetzen kann. Bei den Abfallparaffinen kann dies dadurch erfolgen, daß sie als Rohstoff zur Herstellung von Ethen und Propen in einen Steamcracker eingespeist werden (vgl. Kap. 7.1).

Eine derartige Lösung eines Umweltproblems, d. h. die Verwertung von Reststoffen in einem Produktionsverbund, ist ein Beispiel für den sog. produktionsintegrierten Umweltschutz.

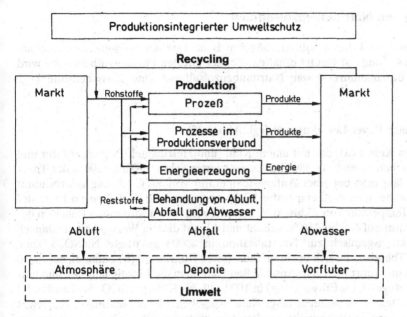

Abb. 3.24 Produktionsintegrierter Umweltschutz (aus [50])

Darunter fallen (vgl. Abb. 3.24)

- die Verwertung von Reststoffen durch Rückführung (Recycling) in den Prozeß, in dem sie anfallen,
- die Verwertung von Reststoffen und Nebenprodukten im Produktionsverbund sowie
- der Einsatz von Reststoffen zur Energieerzeugung.

Produktionsintegrierter Umweltschutz ist in aller Regel sekundären Maßnahmen, nämlich der Reinigung von Abgas- und Abwasserströmen und der Deponierung, vorzuziehen. Er wird meist die kostengünstigere Lösung darstellen, da für die Verwertung der Reststoffe eine Gutschrift erfolgen wird.

In Abb. 3.24 ist noch eine Maßnahme zum Umweltschutz enthalten, die über den Produktionsverbund hinausreicht, nämlich das Recycling verbrauchter Produkte aus dem Markt in die chemische Produktion (oberster Pfeil in Abb. 3.24). Maßnahmen dieser Art wurden in der Konzipierung von Chemieanlagen zur Herstellung von Produkten zwar bisher nicht berücksichtigt; sie werden aber in Zukunft angesichts knapper werdender Rohstoffe zu berücksichtigen sein. Darüber hinaus entwickelt sich das Recycling von Stoffen aus verbrauchten Produkten (z. B. Kunststoffe und Metalle aus Masseprodukten wie Autos, Kühlschränke, elektronische Konsumgüter) schon jetzt zu einer eigenständigen Aufgabe der technischen Chemie.

3.5 Chargen-Verfahren oder kontinuierliches Verfahren

Bei der Verfahrensauswahl stellt sich auch die Frage, ob ein Prozeß als Chargenverfahren oder als kontinuierliches Verfahren betrieben werden soll. Fast jedes chemische Verfahren läßt sich sowohl als Chargenprozeß als auch als kontinuierliches Verfahren realisieren. Die Unterschiede zwischen diesen beiden Verfahrenstypen sollen am Beispiel der Herstellung von Natriumbenzolsulfonat verdeutlicht werden.

3.5.1 Herstellung von Natriumbenzolsulfonat

Natriumbenzolsulfonat wird durch Sulfonierung von Benzol mittels Schwefelsäure und anschließende Neutralisierung mit NaOH erhalten. Bei der ältesten Phenolsynthese – sie wird heute nicht mehr durchgeführt – war Natriumbenzolsulfonat eine Zwischenstufe (vgl. Kap. 3.1.1).

Chargenverfahren nach Bayer-Leverkusen [61] (vgl. Abb. 3.25)

In einen gußeisernen Kessel (**a**), der mit einem Kühl- und Heizmantel, Propellerrührer und Rückflußkühler versehen ist und mit 3800 kg konzentrierter Schwefelsäure (200% der Theorie) beschickt wird, läßt man bei einer Anfangstemperatur von 60 °C 1500 kg Benzol unter Kühlung zulaufen, wobei man die Temperatur leicht ansteigen läßt, so daß gegen Ende der Benzolzugabe eine Temperatur von 75 bis 80 °C erreicht wird. Dann wird durch Beheizen des Mantels die Temperatur auf 105 bis 110 °C erhöht und 4 h auf diesem Wert gehalten. Danach läßt man das Reaktionsgemisch zur Neutralisation in 4000 l gesättigte Na_2SO_3-Lösung (1160 kg = 95% der Theorie), die sich in einem säurefesten Rührkessel (**b**) befindet, bei ca. 80 bis 100 °C einlaufen und rührt für 1,5 h. Anschließend läßt man die Lösung langsam und vorsichtig (wegen der heftigen CO_2-Entwicklung) in 1000 l 40- bis 50%ige $CaCO_3$-Suspension (**c**) bei 80 °C einfließen. Dann wird weiter so lange Kalk zugegeben, bis der Neutralpunkt erreicht ist. Der Niederschlag wird auf Rührwerksnutschen (**d**) abfiltriert und mit Wasser gewaschen. Das Filtrat, welches 95% der Benzolsulfonsäure als Natriumsalz und 5% als Calciumsalz enthält, wird zur Entfernung des Calciums bei 90 °C mit 100 kg Soda versetzt (**e**). Nach Abfiltrieren des ausgefallenen Calciumcarbonats (**f**) wird die etwa 30%ige Lösung von Benzolsulfonat

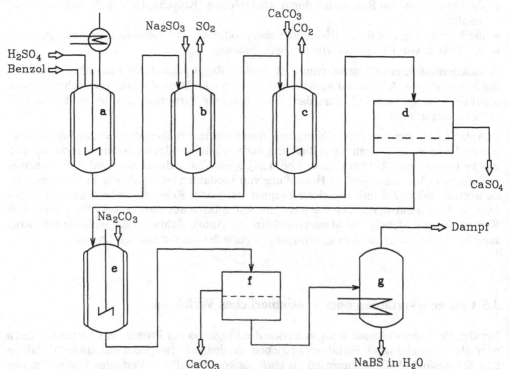

Abb. 3.25 Herstellung von Natriumbenzolsulfonat (NaBS), Chargenverfahren.
a, b, c, e Rührkessel, **d** Rührwerksnutsche, **f** Filter, **g** Verdampfer

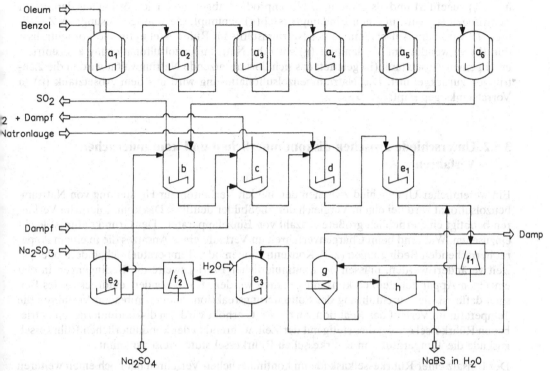

Abb. 3.26 Herstellung von Natriumbenzolsulfonat (NaBS), kontinuierliches Verfahren.
a_1–a_6 Sulfonierungskessel (a_1 u. a_2 gekühlt, a_3–a_6 beheizt), **b** Vorneutralisation, **c** Desorption, **d** Endneutralisation, e_1–e_3 Aufschlämmkessel, f_1 u. f_2 Zentrifugen, **g** Verdampfer, **h** Absetztank

in einem Verdampfer (**g**) auf 50% eingedampft. Die Ausbeute an Natriumbenzolsulfonat beträgt 98 bis 99% bezogen auf eingesetztes Benzol.

Kontinuierliches Verfahren nach Monsanto Chemical Company [60] (vgl. Abb. 3.26)

Die Sulfonierung findet in einer Kaskade aus sechs gußeisernen Rührkesseln (a_1–a_6) statt. Die beiden ersten Rührkessel werden gekühlt, die vier nächsten mit Dampf beheizt. Sowohl Benzol als auch Oleum laufen kontinuierlich in den ersten Reaktor, wobei die Stoffmenge so reguliert wird, daß eine gute Kontrolle der Startreaktion im ersten Reaktor gewährleistet ist (70–80 °C). In den folgenden Reaktoren sind die Temperaturen sukzessive höher als im vorhergehenden bis zu 110 °C im letzten Reaktor. Das Sulfonierungsgemisch aus der Rührkesselkaskade wird in einen Vorneutralisator aus Stahl (**b**) gefördert, der mit Blei ausgekleidet und säurefest ausgemauert ist. Zur Neutralisation wird ein Na_2SO_3-Brei in den Tank eingetragen; die Zulaufgeschwindigkeiten werden so reguliert, daß die Reaktionsmischung stets sauer bleibt. Das freiwerdende SO_2 wird gereinigt und als flüssiges SO_2 abgegeben. Der neutralisierte Brei wird in einen weiteren mit Blei und Ziegeln ausgekleideten Rührkessel (**c**) überführt, in dem das restliche SO_2 durch Einblasen von Dampf desorbiert wird. Der Rückstand, bestehend aus Natriumbenzolsulfonat, Natriumsulfat und freier Säure, wird in einem Endneutralisator (Rührkessel **d**) mit Natronlauge alkalisch gemacht und anschließend über einen Aufschlämmkessel (e_1) in kontinuierlich arbeitende Zentrifugen (f_1) gepumpt. Dort erfolgt die hauptsächliche Abtrennung des Natriumsulfats von der Lösung. Das abzentrifugierte Natriumsulfat wird im Rührkessel (e_3) mit wenig Wasser aufgeschlämmt und einer weiteren Zentrifuge (f_2) zugeführt und als gereinigtes Nebenprodukt abgezogen. Die Lösung aus den ersten Zentrifugen (f_1) wird in einen Eindampfkessel (g) gepumpt, die wäßrige Lösung aus Zentrifuge (f_2) wird zum Aufschlämmen des Natriumsulfits im Rührkessel e_2 für die Vorneutralisation (b) verwendet. Im Verdampfer (g) wird die Natriumbenzolsulfonatlösung konzentriert und in einen Absetztank (h) geleitet; das sich dort absetzende Natriumsulfat wird in die Zentrifugen zurückgeführt. Die Natriumbenzolsulfonatlösung wird aus dem Absetztank (h) in Vorratstanks gepumpt.

3.5.2 Unterschiede zwischen diskontinuierlichen und kontinuierlichen Verfahren

Ein wesentlicher Unterschied zwischen den beiden Verfahren zur Herstellung von Natriumbenzolsulfonat wird bei einem Vergleich der Fließbilder deutlich: Das kontinuierliche Verfahren benötigt eine erheblich größere Anzahl von Einzelapparaten. Der Grund dafür ist leicht einzusehen. Während beim Chargenverfahren im Verlaufe eines Ansatzes die in einem Apparat herrschenden Bedingungen (z. B. Konzentrationen oder Temperatur) sich ändern oder gezielt verändert werden, müssen bei kontinuierlicher Betriebsweise die Bedingungen in den einzelnen Apparaten zeitlich konstant gehalten werden. Ein besonders eindrucksvolles Beispiel dafür ist die Durchführung der Sulfonierungsreaktion, bei der in beiden Verfahren die Temperatur im Verlauf der Reaktion um ca. 40 °C erhöht wird. Im diskontinuierlich betriebenen Rührkessel erfolgt dies stetig mit der Zeit, während in der kontinuierlichen Rührkesselkaskade die Temperatur von Rührkessel zu Rührkessel stufenweise zunimmt.

Der Einsatz einer Rührkesselkaskade im kontinuierlichen Verfahren hat noch einen weiteren Grund: Man verhindert damit weitgehend die Rückvermischung zwischen abreagiertem Reaktionsgemisch und Einsatzstoffen mit den aus der Reaktionstechnik bekannten nachteiligen Folgen, nämlich geringere Selektivität und Erfordernis eines beträchtlich größeren Reaktionsvolumens. Bei kontinuierlicher Betriebsweise sind für gleiche Produktionskapazitäten die Apparatevolumina ohnehin erheblich kleiner, da die Auslastung der Anlage deutlich besser ist als bei Chargenprozessen, wo die einzelnen Apparate vor der jeweiligen Operation gefüllt und nach deren Beendigung geleert und gereinigt werden müssen. Dazu kommt, daß sich die Taktzeiten zwischen den einzelnen Operationen oft nicht so weit abstimmen lassen, daß keine Totzeiten entstehen. Häufig sind zwischen einzelnen Verfahrensschritten auch noch Gefäße zur Zwischenlagerung erforderlich.

Für die zeitliche Abstimmung der einzelnen Verfahrensschritte eines Chargenverfahrens muß ein **Verfahrensablaufplan** erstellt werden. Das soll am folgenden Beispiel einer Anlage zur Regenerierung eines naphthalinhaltigen Öls erläutert werden. Dieses Naphthalinöl fällt bei der Aufarbeitung von Steinkohlenteer als Reststrom an. Daraus soll das Naphthalin unter Abkühlen auskristallisiert und abgetrennt werden. Bei einer anfallenden Menge von 6800 kg pro Tag Naphthalinöl mit einem Gehalt von 2500 kg Naphthalin ist der Mengenstrom mit 5 l Öl pro Minute für eine kontinuierliche Anlage zu gering.

Die chargenweise Regenerierung ist in Abb. 3.27 als Verfahrensfließbild dargestellt. Den Verfahrensablaufplan zeigt Abb. 3.28.

Das in einer anderen Anlage als Reststrom anfallende, mit Naphthalin beladene, heiße Öl wird im Behälter B1 gesammelt. Zwischen 10 und 11 Uhr (vgl. Abb. 3.28) wird es in den Rührkessel W1 gepumpt, wo es über den Kühlmantel mittels kalten Glykols unter Rühren abgekühlt wird. Am folgenden Tag wird der Inhalt von W1, aus dem ein Teil des Naphthalins auskristallisiert ist, der Zentrifuge S1 zugeführt und in Naphthalin und Öl getrennt. Das feste Naphthalin fällt in den dampfbeheizten Rührkessel W3 und wird dort aufgeschmolzen.

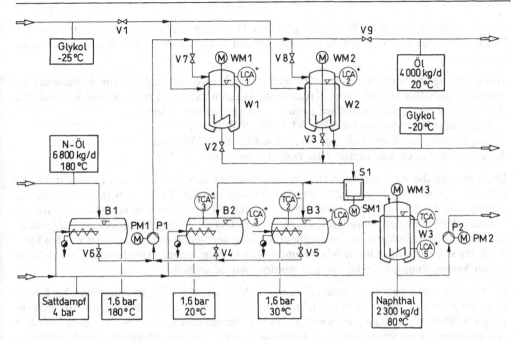

Abb. 3.27 Verfahrensfließbild eines Chargenprozesses zur Naphthalinölregenerierung (aus [62], S. 83)

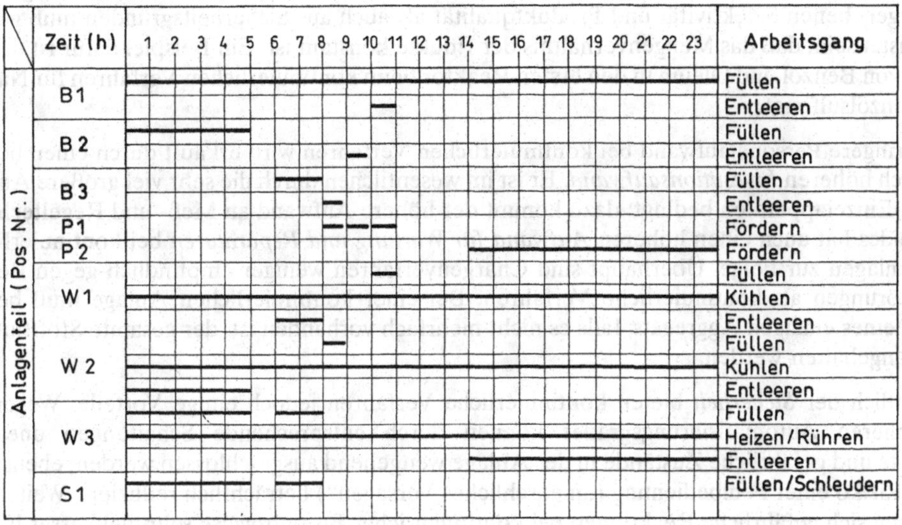

Zeit (h)	1 2 3 4 5 6 7 8 9 10 11 12 13 14 15 16 17 18 19 20 21 22 23	Arbeitsgang
B 1		Füllen
		Entleeren
B 2		Füllen
		Entleeren
B 3		Füllen
		Entleeren
P 1		Fördern
P 2		Fördern
W 1		Füllen
		Kühlen
		Entleeren
W 2		Füllen
		Kühlen
		Entleeren
W 3		Füllen
		Heizen / Rühren
		Entleeren
S 1		Füllen/Schleudern

(Anlagenteil (Pos. Nr.))

Abb. 3.28 Verfahrensablaufplan für die chargenweise Regenerierung von Naphthalinöl (aus [62], S. 83)

Das Öl aus der Zentrifuge S1 wird im Behälter B3 gesammelt und zwischen 8 und 9 Uhr in den Rührkessel W2 gepumpt, wo es weiter abgekühlt wird. Dabei kristallisiert weiteres Naphthalin aus. Das Produkt wird am nächsten Tag zwischen 0 und 5 Uhr der Zentrifuge S1 zugeleitet und in Naphthalin und naphthalinarmes Öl getrennt. Das Naphthalin wird in dem beheizten Rührkessel W3 wieder aufgeschmolzen. Zwischen 14 und 24 Uhr wird es täglich aus W3 abgepumpt und als Produkt abgegeben. Das regenerierte Öl aus S1 sammelt sich im Behälter B2, aus dem es jeden Tag zwischen 9 und 10 Uhr in einen Transportbehälter abgepumpt wird.

Die Zentrifuge S1 wird im Verfahrensablauf zweimal eingesetzt, nämlich zur Abtrennung des festen Naphthalins aus den zwei Kristallisationsstufen in den Rührbehältern W1 und W2. Auch die Pumpe P1 wird mehrfach genutzt, und zwar zum Fördern von
1. Naphthalinöl aus Sammelbehälter B1 in den Rührkessel W1,
2. abgereichertem Öl aus Behälter B3 in den Rührkessel W2 und
3. regeneriertem Öl von Behälter B2 zum Abtransport.

Dazu müssen die Rohrleitungsverbindungen zwischen den Behältern mit Hilfe der Ventile (V1–V9 in Abb. 3.27) so geschaltet werden, daß der jeweilige Fördervorgang wie gewünscht abläuft. Um Fehlbedienungen auszuschließen, muß für die einzelnen Verfahrensschritte die Stellung der beteiligten Ventile festgelegt werden. Durch Verriegelungen wird sichergestellt, daß die jeweilige Funktion nur bei richtiger Stellung der Ventile in Gang gesetzt werden kann. Auch für sicherheitstechnische Maßnahmen sind Verriegelungen erforderlich. Sie werden in einem **Verriegelungsplan** oder einem **Funktionsplan** festgehalten.

Chargenverfahren benötigen wesentlich mehr Arbeitskräfte als kontinuierliche Verfahren. Eine Senkung des *Personalbedarfs* läßt sich bei Chargenverfahren durch eine Automatisierung erreichen; sie ist jedoch aufwendiger als bei kontinuierlichen Verfahren. Diese erfordern von vornherein eine umfangreichere *Ausrüstung an Meß- und Regeltechnik*. Eine Mindestvoraussetzung für kontinuierliche Verfahren ist eine weitgehende Konstanz der Stoffströme. Im besonderen Maße gilt dies für die Zulaufströme in den Reaktionsteil. Sowohl zur Erzielung einer vorgegebenen Selektivität und Produktqualität als auch aus Sicherheitsgründen muß gewährleistet sein, daß das Mengenverhältnis der Edukte konstant ist. Ein Beispiel dafür ist der Zulauf von Benzol und Oleum in den ersten Reaktor beim kontinuierlichen Verfahren für Natriumbenzolsulfonat.

Der geringere Personalaufwand bei kontinuierlichen Verfahren wird erkauft durch einen beträchtlich höheren *Investitionsaufwand*. Er ist im wesentlichen durch die sehr viel größere Anzahl an Einzelapparaten bedingt; dazu kommt der höhere Aufwand an Meß- und Regeltechnik. Beides hat auch einen höheren *Aufwand für Wartung und Reparaturen* bei kontinuierlichen Anlagen zur Folge. Überhaupt sind Chargenverfahren weniger empfindlich gegen Betriebsstörungen als kontinuierliche Verfahren. Bei einer kontinuierlichen Anlage muß bei Ausfall eines einzigen Aggregats, falls es nicht mehrfach vorhanden ist, der gesamte Stofffluß sofort angehalten werden.

Hinsichtlich der *Sicherheit* bieten kontinuierliche Verfahren jedoch einige Vorteile. Wegen des höheren Automatisierungsgrades können durch entsprechende Schaltungen unerwünschte und gefährliche Zustände in der Anlage weitgehend ausgeschlossen werden; ebenso ist das Risiko einer Fehlbedienung („menschliches Versagen") beträchtlich reduziert. Weiterhin lassen sich gefährliche Reaktionen bei kontinuierlicher Betriebsweise sehr viel besser beherrschen als im Chargenbetrieb. So kann das Reaktionsvolumen sehr viel kleiner gehalten werden, gleichzeitig lassen sich in dem kleinen Volumen die Bedingungen besser kontrollieren; im Notfall kann die Reaktion schnell abgebrochen werden.

Ein weiterer Vorteil kontinuierlicher Verfahren besteht darin, daß die Apparate im Normalbetrieb keinen Wechselbeanspruchungen unterworfen sind, wie sie im Chargenbetrieb zwangsläufig auftreten. Besonders stark können solche Wechselbeanspruchungen bei diskontinuierlich betriebenen Reaktoren sein, wenn die Reaktion bei hoher Temperatur oder hohem Druck abläuft oder wenn das Reaktionsgemisch stark korrosiv ist. Ein Beispiel dafür ist die Wechselbeanspruchung des Sulfonierungsreaktors bei der Herstellung von Natriumbenzolsulfonat. Die Reaktionstemperatur ändert sich dabei zwar nur um 50 °C (von 60 auf 110 °C); Reinigen und Füllen erfolgen jedoch bei Umgebungstemperatur (ca. 25 °C).

Leicht einzusehen ist, daß Produktionsanlagen für Chargenverfahren wesentlich flexibler sind als solche für kontinuierliche Verfahren. Dadurch lassen sich bei Chargenverfahren Verfahrensänderungen einfacher bewerkstelligen, z. B. bei einer Weiterentwicklung des Verfahrens oder beim Einsatz von Edukten anderer Qualität. Da die Apparate für Chargenverfahren im allgemeinen nicht so speziell ausgelegt sind wie kontinuierlich arbeitende Apparaturen, lassen sie sich auch leichter anderweitig einsetzen, wenn eine Produktion aufgegeben wird.

Kontinuierliche Verfahren liefern aufgrund der Konstanthaltung der Betriebsbedingungen Produkte mit gleichmäßigen Eigenschaften. Bei sehr hohen Anforderungen an die Produktqualität, z. B. bei Farbstoffen, Pharmazeutika oder Hochleistungswerkstoffen, werden jedoch häufig Chargenverfahren bevorzugt, zumal dann, wenn die Mengenverhältnisse der Edukte sehr genau eingehalten werden müssen, da das Einwiegen mit größerer Genauigkeit erfolgen kann als kontinuierliches Dosieren. Außerdem läßt sich die Endkontrolle der Produktqualität meist nicht „on line", d. h. in der Anlage am Produktstrom, durchführen. Es müssen vielmehr an Produktproben Analysen und Messungen bestimmter physikalischer Eigenschaften „off line" erfolgen. Erst wenn damit nachgewiesen ist, daß das Produkt die Qualitätsanforderungen erfüllt, wird es freigegeben. Es ist einleuchtend, daß für solche Produkte nur eine chargenweise Herstellung in Frage kommt.

3.5.3 Entscheidungskriterien

Maßgeblich für die Entscheidung zwischen Chargenverfahren und kontinuierlichem Verfahren sind folgende Kriterien (vgl. Tab. 3.14).

Tab. 3.14 Kriterien für die Entscheidung zwischen Chargen-Verfahren und kontinuierlichen Verfahren

	Chargen-Verfahren	kontinuierliches Verfahren
Kapazität	niedrig	mittelgroß bis hoch
Phasenzustand	fest	fluid
Temperatur	Umgebungstemperatur	hoch
Druck	niedrig	hoch
Produkt	Spezialprodukt mit hoher Qualität	konstante Qualität
Flexibilität	groß	klein
Voraussetzungen für Sicherheit	weniger gut	gut

1. Produktionskapazität. Generell gilt, daß mit zunehmender Produktionskapazität die Voraussetzungen für kontinuierliche Verfahren günstiger werden. Es läßt sich natürlich kein bestimmter Wert für die Kapazität angeben, ab der die kontinuierliche Betriebsweise günstiger ist, da dafür mehrere Faktoren maßgebend sind, die von Prozeß zu Prozeß verschieden sind. Ab Produktionskapazitäten im Bereich von 5000 t/a werden kontinuierliche Verfahren auf jeden Fall interessant sein. Bei Prozessen, an denen keine Feststoffe, also nur fluide Phasen beteiligt sind, kommt die kontinuierliche Arbeitsweise schon bei relativ kleinen Kapazitäten in Frage, ebenso bei Prozessen, bei denen die chemische Umsetzung relativ schnell abläuft, d. h. in der Größenordnung von Sekunden. Umgekehrt sind bei Prozessen mit Feststoffen und mit sehr langsamer chemischer Reaktion kontinuierliche Verfahren in der Regel erst bei relativ hohen Produktionskapazitäten von Vorteil.

2. Verfahrensbedingungen. Mit extremer werdenden Bedingungen für die chemische Reaktion, also höhere Temperaturen und Drücke, und bei gefährlichen Reaktionen sind kontinuierliche Verfahren auch für relativ niedrige Produktionskapazitäten der diskontinuierlichen Betriebsweise vorzuziehen.

3. Produktqualität. Mit kontinuierlichen Verfahren lassen sich konstante Produktqualitäten erzielen. Spezialprodukte mit besonders hohen Anforderungen an die Produktqualität wird man fast immer im Chargenverfahren produzieren.

4. Flexibilität. Sollen in einer Anlage mehrere Produkte nach dem gleichen Verfahren hergestellt werden, z. B. verschiedene Varianten eines bestimmten Polymeren, dann wird dafür meist die chargenweise Produktion vorzuziehen sein. Dies gilt besonders dann, wenn damit zu rechnen ist, daß weitere Produktvarianten entwickelt werden, die ebenfalls in der Anlage hergestellt werden sollen.

Abschließend sei noch erwähnt, daß gelegentlich auch teilkontinuierliche Verfahren eingesetzt werden. So wird bei bestimmten Polymerisationsverfahren die Polymerisationsreaktion diskontinuierlich und die anschließende Aufarbeitung kontinuierlich durchgeführt. Ein Beispiel dafür ist die Suspensionspolymerisation von Vinylchlorid. Die Polymerisation erfolgt dabei in absatzweise betriebenen Rührreaktoren (Polymerisationszeit 5–15 h). Nach Entgasung zur Entfernung von nicht umgesetztem Vinylchlorid wird die wäßrige PVC-Suspension in kontinuierlich arbeitenden Zentrifugen entwässert. Aus dem feuchten Produkt erhält man durch Trocknung – ebenfalls kontinuierlich betrieben – PVC-Pulver. Zwischen diskontinuierlichem Polymerisationsreaktor und kontinuierlicher Aufarbeitung wird Puffervolumen zur Zwischenlagerung benötigt.

Wesentliche Gründe für eine Kombination von diskontinuierlicher und kontinuierlicher Arbeitsweise bei der PVC-Suspensionspolymerisation sind einmal die Möglichkeit der Herstellung verschiedener PVC-Varianten nach unterschiedlichen Rezepturen (man benötigt dann auch die entsprechende Anzahl von Puffergefäßen) und zum andern die relativ lange Polymerisationszeit. Gleichzeitig ist wegen der großen Produktionsmenge die kontinuierliche Aufarbeitung von Vorteil.

Literatur

Zu Kap. 3.1

1. Gauthier-Lafaye, J., R. Perron (1987), Methanol and Carbonylation, Editions Technip, Paris.
2. Kirk-Othmer (4.) (1991), Acetic Acid and Derivates, Vol. 1, p. 121–159.
3. Ullmann (4.) (1975), Chlorkohlenwasserstoffe, aliphatische, Bd. 9. S. 408–498.
4. Ullmann (4.) (1979), Phenol, Bd. 18. S. 177–190.
5. Ullmann (5.) (1991), Phenol, Vol. A19, p. 299–312.
6. Weissermel, K., H.-J. Arpe (1994), Industrielle Organische Chemie, 4. Aufl., VCH Verlagsgesellschaft mbH, Weinheim.

a) Heutige Bedeutung des Acetylens, S. 94–101,
b) Essigsäure, S. 186–197,
c) Phenol, S. 375–381.
7. Wiesner, J. (1981), Umweltfreundlichere Produktionsverfahren in der chemischen Technik, in Ullmann (4.), Bd. 6, S. 155–221.
8. Ziegler, A. (1988), Die Rolle der Kohle als Energie- und Rohstoffträger, Chem.-Ing.-Tech. **60**, 187–192.

Zu Kap. 3.2

9. Büchner, W., R. Schliebs, G. Winter, K. H. Büchel (1986), Industrielle anorganische Che-

mie, 2. Aufl., Herstellung von weißem Phosphor, S. 92–95, VCH Verlagsgesellschaft mbH, Weinheim.

10. Fischer, M. (1989) Wasserstoff-Technik, Chem.-Ing.-Tech. **61**, 124–135.

11. Harnisch, H. et al. (1982), Phosphorverbindungen, in Winnacker-Küchler (4.), Bd. 2, S. 92–203.

12. Sandstede, G. (1991), Möglichkeit zur Wasserstoff-Erzeugung mit verminderter Kohlendioxid-Emission für zukünftige Energiesysteme, Chem.-Ing.-Tech. **63**, 575–592.

13. Sandstede, G., G. Collin (Hrsg.) (1987), Wasserstoffwirtschaft –Herausforderung für das Chemieingenieurwesen, Dechema Monographien, Bd. 106, VCH Verlagsgesellschaft mbH, Weinheim.

14. Schindewolf, U. (1977), Isotope, natürliche, und Isotopentrennung, in Ullmann (4.), Bd. 13, S. 389–419.

15. Ullmann (4.), (1979), Monophosphorsäure, Herstellung, Bd. 18, S. 310–319.

16. Ullmann (5.), (1989), Hydrogen, Vol A13, p. 297–442.

17. Ziegler, A. (1988), Die Rolle der Kohle als Energie- und Rohstoffträger, Chem.-Ing.-Tech. **60**, 187–192.

27. Grosse-Wortmann, H. (1968), Sicherheitstechnische Untersuchungen an Äthylenoxid, Chem.-Ing.-Tech. **40**, 689–692.

28. Kletz, T. A. (1989), What went wrong? Case Histories of Process Plant Disasters, 2. Aufl., Gulf Publishing Co, Houston.

29. Marshall, V. C. (1987), Major Chemical Hazards, Ellis Horwood, Chichester.

30. Pohle, H. (1991), Chemische Industrie – Umweltschutz, Arbeitsschutz, Anlagensicherheit, Rechtliche und Technische Normen. Umsetzung in die Praxis, VCH Verlagsgesellschaft mbH, Weinheim.

31. Schäfer, H. K. (1984), Sicherheitstechnik und Arbeitsschutz, in Winnacker-Küchler (4.), Bd. 1, S. 656–724.

32. Ullmann (4.) (1980), Polymerisationstechnik, Bd. 19, S. 107–165.

33. Ullmann (4.) (1975), Chlorkohlenwasserstoffe, aliphatische, Bd. 9, S. 404–498.

34. Wilson, D. C. (1980), Flixborough versus Seveso – Comparing the Hazards. Inst. Chem. Engrs. Symp. Ser. **58**, 193–208.

35. Wittmer, P., T. Ankel, H. Gerrens, H. Romeis (1965), Zum dynamischen Verhalten von Polymerisationsreaktoren, Chem.-Ing.-Tech. **37**, 392–399.

Zu Kap. 3.3

18. Baerns, B., H. Hofmann, A. Renken (1992), Chemische Reaktionstechnik; S. 278–297 (Thermische Stabilität von Reaktoren), Lehrbuch der Technischen Chemie I, 2. Aufl., Georg Thieme Verlag, Stuttgart, New York.

19. Bartknecht, W. (1993), Explosionsschutz: Grundlagen, Anwendung; Springer, Berlin.

20. Bretherick, L. (1990), Bretherick's Handbook of Reactive Chemical Hazards, 4. Aufl., Butterworths, London.

21. Dose, W.-D. (1993), Explosionsschutz durch Eigensicherheit, Friedr. Vieweg & Sohn, Wiesbaden.

22. Drogaris, G. (1993), Major Accidents Reporting System: Lessons Learned from Accidents Notified, Elsevier, Amsterdam, New York.

23. Fonds der Chemischen Industrie (1994), Sicherheit in der Chemischen Industrie. Folienserie, Textheft 16, Fonds Chem. Ind., Frankfurt, Main.

24. Grewer, T. (1994), Thermal Hazards of Chemical Reactions, Elsevier, Amsterdam, New York.

25. Grewer, Th. (1980), Kinetik und Stabilität der Reaktionssysteme, Dechema Monographien, Bd. 88, S. 21–30.

26. Grewer, Th., O. Klais (1988), Exotherme Zersetzung – Untersuchung der charakteristischen Stoffeigenschaften, VDI, Düsseldorf.

Zu Kap. 3.4

36. Bakay, T., K. Domnick (1989), Produktionsintegrierter Umweltschutz – Verminderung von Reststoffen, gezeigt anhand ausgeführter Beispiele, Chem.-Ing.-Tech. **61**, 867–870.

37. Beier, E. (1994), Umweltlexikon für Ingenieure und Techniker, VCH Verlagsgesellschaft mbH, Weinheim.

38. Bilitewski, B., G. Härdtke, K. Marek (1994), Abfallwirtschaft. Eine Einführung, 2. Aufl., Springer, Berlin.

39. Büchner, W., R. Schliebs, G. Winter, K. H. Büchel (1986), Industrielle Anorganische Chemie, 2. Aufl., Chemiegips, S. 409–412, VCH Verlagsgesellschaft mbH, Weinheim.

40. Christ, C., W. Forwerg, D. Klockner, W. Sahm, K. Trobisch (1984), Umweltschutz, in Winnacker-Küchler (4.), Bd. 1, S. 599–655.

41. Christ, C. (1992), Integrierter Umweltschutz – Strategie zur Abfallminderung und -vermeidung, Chem.-Ing.-Tech. **64**, 431–432.

42. Dechema, GVC/VDI, SATW (1990), Produktionsintegrierter Umweltschutz in der Chemischen Industrie, Dechema, Frankfurt/Main.

43. Dümmler, F. (1982), Salpetersäure, in Winnacker-Küchler (4.), Bd. 2, S. 148–167.

44. Fonds der Chemischen Industrie (1991), Umweltbereich Wasser. Folienserie, Textheft 13, Fonds Chem. Ind., Frankfurt, Main.

45. Fonds der Chemischen Industrie (1987), Umweltbereich Luft. Folienserie, Textheft 22, Fonds Chem. Ind., Frankfurt, Main.

46. Geiger, T., H. Knopf, G. Leistner, R. Römer, H. Seifert (1993), Rohstoff-Recycling und Energie-Gewinnung von Kunststoffabfällen, Chem.-Ing.-Tech. **65**, 703–718.

47. Gottschalk, G. et al. (1986), Biotechnologie: das ZDF-Studienprogramm als Buch, Verlagsgesellschaft Schulfernsehen-vgs, Köln.

48. Hulpke, H., H. Koch, R. Wagner (1992), Römpp Lexikon Umwelt, Georg Thieme Verlag, Stuttgart, New York.

49. Lenz, H., M. Molzahn, D. W. Schmitt (1989), Produktionsintegrierter Umweltschutz – Verwertung von Reststoffen, Chem.-Ing.-Tech. **61**, 860–866.

50. Lipphardt, G. (1989), Produktionsintegrierter Umweltschutz – Verpflichtung der Chemischen Industrie, Chem.-Ing.-Tech. **61**, 855–860.

51. Sander, U., U. Rothe, R. Gerken (1982), Schwefel und anorganische Schwefelverbindungen, in Winnacker-Küchler (4.), Bd. 2, S. 1–91.

52. Sattler, K., J. Emberger (1990), Behandlung fester Abfälle, 2. Aufl., Vogel Buchverlag, Würzburg.

53. Simmrock, K. H. (1976), Die Herstellungsverfahren für Propylenoxid und ihre elektrochemische Alternative, Chem.-Ing.-Tech. **48**, 1085–1096.

54. Ullmann (5.) (1994), Nitric Acid, Nitrous Acid, and Nitrogen Oxides, Vol. A17, p. 293–339.

55. Ullmann (5.) (1994), Sulfur Dioxide, Vol. A25, p. 569–612.

56. Ullmann (5.) (1994), Sulfur Acid and Sulfur Trioxide, Vol. A25, p. 635–702.

57. Weissermel, K., H.-J. Arpe (1994), Industrielle Organische Chemie, 4. Aufl. Propylenoxid, S. 288–300, VCH Verlagsgesellschaft mbH, Weinheim.

58. Wiesner, J. (1981), Umweltfreundlichere Produktionsverfahren in der chemischen Technik, in Ullmann (4.), Bd. 6, S. 155–221.

59. Zlokarnik, M: (1989), Umweltschutz – eine ständige Herausforderung, Chem.-Ing.-Tech. **61**, 378–395.

Zu Kap. 3.5

60. Kenyon, R. L., N. Boehmer (1950), Phenol by Sulfonation, Ind. Engng. Chem. **42**, 1446–1455.

61. Ullmanns Encyklopädie der technischen Chemie (3.) (1953), Benzolsulfonsäure, Bd. 4, S. 303–309, Urban u. Schwarzenberg, München.

62. Ullrich, H. (1983), Anlagenbau, Georg Thieme Verlag, Stuttgart, New York.

Kapitel 4

Verfahrensentwicklung

4.1 Ausgangssituation und Ablauf

Ziel einer Verfahrensentwicklung ist es, für ein neues Produkt oder für einen neuen Weg zur Herstellung eines bekannten Produkts ein technisches Verfahren zu erarbeiten. Wenn im Forschungslabor ein neuer Stoff mit bestimmten Anwendungsmöglichkeiten oder ein neuer Reaktionsweg für ein eingeführtes Produkt gefunden wurde, dann hat man damit noch kein technisches Herstellungsverfahren in der Hand. Bevor eine Produktionsanlage errichtet werden kann, die nach dem neuen Verfahren arbeitet, sind umfangreiche Entwicklungsarbeiten zu leisten (vgl. Abb. 4.1). Eine solche Verfahrensentwicklung ist mit einem erheblichen Kostenaufwand verbunden. Daher wird man vor einer Entscheidung über die Entwicklung eines technischen Verfahrens die wirtschaftlichen Erfolgsaussichten abklären.

Grundlage dafür ist eine **Projektstudie**. Dazu wird ein vorläufiges Verfahrenskonzept entwikkelt, in das alle vorliegenden Informationen aus den eigenen Forschungsarbeiten und aus der Literatur einfließen. Zu einem solchen Verfahrenskonzept gehören neben einer Verfahrensbeschreibung Fließbilder (Grundfließbild und Verfahrensfließbild), Stoff- und Energiebilanzen und eine Liste der Apparate und Maschinen für die einzelnen Verfahrensschritte. Bei der Aufstellung dieses vorläufigen Verfahrenskonzepts wird man feststellen, daß an vielen Stellen des Verfahrensgangs Kenntnislücken und Unsicherheiten vorhanden sind. Daraus erhält man zum einen Hinweise, welche Teilprobleme im Verlauf der Verfahrensentwicklung zu klären sind; zum andern läßt sich damit die technische Durchführbarkeit des Gesamtverfahrens beurteilen.

Zu einer Projektstudie gehört weiterhin eine **Wirtschaftlichkeitsrechnung** (vgl. Kap. 5.4). Dazu wird auf der Basis des vorläufigen Verfahrenskonzepts eine ebenfalls vorläufige Kostenrechnung durchgeführt. Wenn es sich um ein neues Verfahren für ein bekanntes Produkt handelt, werden dessen Kosten pro Einheitsmenge Produkt denen des älteren konkurrierenden Verfahrens gegenübergestellt. Im Falle einer Verfahrensentwicklung für ein neues Produkt werden dessen Marktaussichten (Einsatzgebiete, gesicherte und prospektive Verwendungsmöglichkeiten, voraussichtliche Verkaufsmengen und -preise) ermittelt und daraus die zu erwartenden Verkaufserlöse vorausgeschätzt. Danach wird entschieden, ob mit der eigentlichen Verfahrensentwicklung begonnen wird.

Wesentlicher Inhalt der Verfahrensentwicklung sind experimentelle Arbeiten. Sie umfassen **Untersuchungen von Einzelproblemen im Labor und im Technikum** sowie Bau und Betrieb einer Versuchsanlage. Die Laboruntersuchungen erstrecken sich auf Messungen von Reaktionskinetik, Stoffwerten und Phasengleichgewichten sowie von sicherheitstechnischen und toxikologischen Daten, Arbeiten zur Entwicklung von Analysenmethoden, zur Katalysatorentwicklung und -optimierung und zur Auswahl der Werkstoffe für die einzelnen Verfahrensschritte und Versuche zur biologischen Abwasserbehandlung. Untersuchungen im Technikum dienen vor allem der Apparateauswahl für bestimmte Grundoperationen in der Aufarbeitung des Reaktionsgemischs. Während für Grundoperationen mit ausschließlich fluiden Stoffströmen (z. B. Rektifikation, Absorption, Extraktion) die Übertragung in den technischen Maßstab

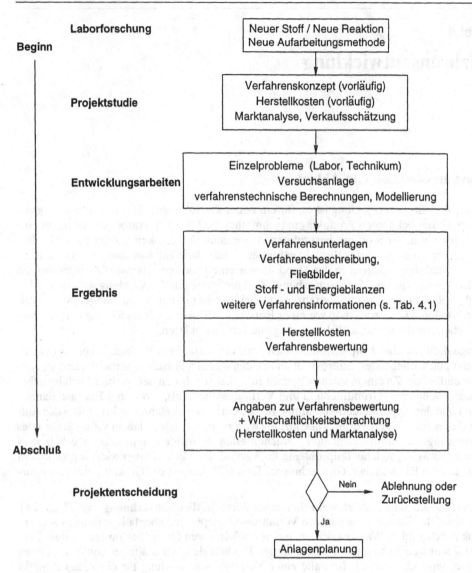

Abb. 4.1   Ablauf einer Verfahrensentwicklung

meist problemlos erfolgen kann, müssen bei Grundverfahren, in denen die Produkte als Feststoffe auftreten, die Apparate im halbtechnischen Maßstab erprobt werden. Beispiele für solche Grundoperationen sind die verschiedenen Verfahren zur Abtrennung von Feststoffen (z. B. Filtrieren, Zentrifugieren, Sedimentieren) sowie das Zerkleinern, Agglomerieren und Trocknen von Feststoffen. All diese Verfahren sind einer theoretischen Behandlung weniger zugänglich als die vorher genannten Verfahren mit gasförmigen und flüssigen Stoffströmen.

Eine **Versuchsanlage** dient der Klärung verschiedenartigster Probleme unter Prozeßbedingungen, z. B. Langzeitverhalten des Katalysators und von Werkstoffen, Bildung von Nebenprodukten und deren mögliche Anreicherung in Aufarbeitungsschritten (z. B. bei der Rektifikation), Reinigung von Abluft- und Abwasserströmen. Weiterer Zweck einer Versuchsanlage

Tab. 4.1 Verfahrensunterlagen

Verfahrensbeschreibung
Stoff- und Energiebilanzen
Verfahrensfließbild (vgl. Kap. 2.3)
Liste der Apparate und Maschinen mit Spezifikationen
Meß- und Regelschema
Analysenvorschriften
Verfahrensinformationen (vgl. Tab. 4.2)

---

kann die Herstellung größerer Mengen des neuen Produkts sein, die für anwendungstechnische Untersuchungen, zur Markteinführung und zur Belieferung von Kunden mit Mustermengen erforderlich sind.

Parallel zu den verschiedenen experimentellen Arbeiten erfolgt eine dauernde **Weiterentwicklung des Verfahrenskonzepts**. Sobald Ergebnisse von Einzeluntersuchungen vorliegen, werden damit detailliertere verfahrenstechnische Berechnungen zur Optimierung einzelner Verfahrensschritte durchgeführt und Varianten und Alternativen zum ursprünglichen Verfahrenskonzept durchgerechnet. In bestimmten Fällen sind die dabei gewonnenen Erkenntnisse durch Technikumsversuche oder in der Versuchsanlage zu überprüfen. Auf diese Weise wird das Verfahrenskonzept laufend verbessert und verfeinert.

Während des Ablaufs der Verfahrensentwicklung müssen zahlreiche Aktivitäten aufeinander abgestimmt werden. Um eine zügige und effiziente Abwicklung sicherzustellen, wird zu Beginn einer Verfahrensentwicklung ein *Projektleiter* ernannt, der in der Regel auch für die Versuchsanlage verantwortlich ist.

Zum Abschluß einer Verfahrensentwicklung werden alle Informationen über das Verfahren zusammengefaßt. Diese **Verfahrensunterlagen** (vgl. Abb. 4.1) dienen einmal der Entscheidungsfindung über die Realisierung des Verfahrens, d. h. über den Bau einer Produktionsanlage, zum anderen als Grundlage für die Planung und den Bau der Anlage. Wesentliche Bestandteile der Verfahrensunterlagen (vgl. Tab. 4.1) sind die Verfahrensbeschreibung, das Verfahrensfließbild mit Stoff- und Energiebilanzen und eine Liste der Apparate und Maschinen. Dazu kommt eine ganze Reihe weiterer verfahrensspezifischer Informationen (vgl. Tab. 4.2). Für die Entscheidung über den Bau einer Produktionsanlage für das neue Verfahren werden die Verfahrensunterlagen nicht in vollem Umfang benötigt; zusätzlich ist aber eine Wirtschaftlichkeitsbetrachtung mit Kostenrechnung und Risikoanalyse erforderlich.

4.2 Verfahrensinformationen

4.2.1 Übersicht

Schon für die Aufstellung des vorläufigen Verfahrenskonzepts am Beginn einer Verfahrensentwicklung werden vielerlei Daten und Angaben über die Reaktion, die am Verfahren beteiligten Stoffe (Edukte, Produkte, Hilfsstoffe) und die im Verfahrensgang auftretenden Stoffsysteme benötigt. Diese verfahrensspezifischen Informationen, hier kurz Verfahrensinformationen genannt, liegen zunächst nur unvollständig vor. Häufig muß man Abschätzungen (z. B. für Stoffwerte) oder Analogieschlüsse (z. B. für Werkstoffverhalten) vornehmen. In der Regel reicht die dabei erreichbare Genauigkeit für das vorläufige Verfahrenskonzept und eine ver-

Tab. 4.2   Verfahrensinformationen

Gesamtverfahren

Ausbeute
Edukte:
– Rohstoffe (Zusammensetzung, Begleitstoffe)
– chemische Grundstoffe und Zwischenprodukte (Reinheiten)
Produkt:
– Reinheit
– Anforderungen und sonstige produktspezifische Daten (z. B. bei Polymeren die mittlere Molmasse und die Molmassenverteilung, bei Farbstoffen optische Eigenschaften und färbetechnisches Verhalten)
Nebenprodukte:
– relative Mengen
– Reinheiten
Hilfsstoffe:
– Katalysatoren
– Chemikalien
– Lösemittel
– Adsorptionsmittel
Angaben zur *Sicherheitstechnik* (dazu sicherheitstechnische Kenndaten, vgl. Tab. 4.3 – 4.6)
Daten zur *Toxikologie* (vgl. Tab. 4.7 u. 4.8)
Angaben über potentielle *Umweltbelastungen:*
– Abgase
– Abwässer
– Abfälle

Reaktion

Optimale *Reaktionsbedingungen:*
– Temperatur, Druck, evtl. Lösemittel (Art, Konzentration)
– Selektivität, Reaktionszeit, Umsatz
– bei heterogener Reaktion Stoffaustausch zwischen den Phasen
Katalysator erforderlich? Wenn ja:
– Art und Zusammensetzung, physikalische Eigenschaften (homogen oder heterogen; falls heterogen: Dispersionsgrad, Festbett oder Fließbett)
Daten zu *Haupt- und Nebenreaktionen:*
– Reaktionsgleichgewichte
– Reaktionsenthalpien
– Reaktionsgeschwindigkeiten
– Abhängigkeiten dieser Größen von Temperatur und Druck, evtl. auch von Lösemittelkonzentration

Stoffwerte für Reinstoffe

Siedetemperatur, Schmelztemperatur (evtl. Umwandlungstemperatur)
Dichte, Dampfdruck als Funktion der Temperatur
Verdampfungsenthalpie, Schmelzenthalpie (evtl. Umwandlungsenthalpie)
Spezifische Wärme
Viskosität, Wärmeleitfähigkeit, Diffusionskoeffizient
Oberflächenspannung

Stoffwerte für Gemische

Dichte
Viskosität, Wärmeleitfähigkeit
Phasengleichgewichte zwischen:
– Dampf und Flüssigkeit (Siedegleichgewicht)
– Gas und Flüssigkeit (Gaslöslichkeit)
– zwei flüssigen Phasen
– Feststoff und Flüssigkeit (Feststofflöslichkeit, Schmelzgleichgewicht)

gleichende Bewertung von Alternativen im Verfahrensgang aus. Am Abschluß einer Verfahrensentwicklung müssen dagegen möglichst zuverlässige Daten vorliegen, um die Produktionsanlage optimal auslegen zu können. Darüber hinaus sind für Genehmigung und Betrieb der Anlage zusätzliche Angaben und Daten erforderlich, insbesondere sicherheitstechnische und toxikologische Daten sowie Angaben über potentielle Umweltbelastungen und deren Vermeidung.

Tab. 4.2 gibt eine Übersicht über die verfahrensspezifischen Informationen, die am Abschluß einer Verfahrensentwicklung vorliegen sollen. Sie stellt gleichzeitig eine Checkliste dar, mit der zu Beginn der Entwicklungsarbeiten überprüft werden kann, welche Verfahrensinformationen nicht vorhanden sind und daher im Verlaufe der Verfahrensentwicklung durch Recherchen oder Messungen ermittelt werden müssen.

Wegen des Aufwands für Messungen wird man zunächst klären, ob entsprechende Informationen in der Literatur vorliegen. Dazu stehen heute insbesondere für Stoffwerte und thermodynamische Daten (z. B. Verdampfungsenthalpien, Reaktionsenthalpien), aber auch für sicherheitsrelevante und toxikologische Eigenschaften neben Tabellenwerken (s. Literatur zu Kap. 4.2) computergestützte Datenbanken zur Verfügung. Für eine ganze Reihe physikalischer und physikalisch-chemischer Daten, z. B. für Dampf-Flüssigkeits-Gleichgewichte, gibt es inzwischen zuverlässige Methoden zur Vorausberechnung.

4.2.2 Sicherheitstechnische Kenndaten

Bei der Konzipierung und Entwicklung eines neuen Verfahrens ist es notwendig, die Gefährlichkeit der Stoffe und Stoffmischungen zu kennen, die im Verfahren gehandhabt werden. Zur Klassifizierung gefährlicher Stoffeigenschaften wurden Kenndaten definiert, die mit festgelegten experimentellen Prüfmethoden bestimmt werden. Die Daten, die zur Charakterisierung der Feuer- und Explosionsgefährlichkeit von Stoffen dienen, werden als sicherheitstechnische Kenndaten im engeren Sinne bezeichnet, von denen hier die wichtigsten erläutert werden sollen.

Der **Flammpunkt** T_{Fp} dient zur Charakterisierung der Entflammbarkeit brennbarer Flüssigkeiten. Zur Bestimmung des Flammpunkts wird in einer festgelegten Versuchsanordnung das Dampf-Luft-Gemisch, das sich über der Flüssigkeit bildet, durch eine Zündquelle, z. B. eine Flamme, gezündet. Definiert ist der Flammpunkt als die niedrigste Temperatur, bei der sich bei 1,013 bar (0,1013 MPa) Dämpfe gerade noch in der Menge entwickeln, daß das entstehende Dampf-Luft-Gemisch gezündet wird. Der Flammpunkt ist die Grundlage zur Einteilung brennbarer Flüssigkeiten in *Gefahrenklassen* nach der „Verordnung zur Lagerung, Abfüllung und Beförderung brennbarer Flüssigkeiten zu Lande (Verordnung über brennbare Flüssigkeiten – VbF)", vgl. Tab. 4.3 und 4.4.

Tab. 4.3 Gefahrenklassen nach der Verordnung über brennbare Flüssigkeiten (VbF)

Gefahrenklasse	Flamm-punkt (°C)	zusätzliche Bedingung
A I	< 21	⎫
A II	21–55	⎬ mit Wasser nicht vollständig mischbar
A III	> 55–100	⎭
B	< 21	mit Wasser vollständig mischbar

Zündtemperatur. Brennbare Gas oder Dampf-Luft-Gemische können nicht nur durch Funken oder Flammen, sondern auch an heißen Oberflächen zur Entzündung gebracht werden. Die Zündtemperatur ist die Temperatur einer heißen Oberfläche, bei der sich ein Substanz-Luft-Gemisch optimaler Zündfähigkeit gerade noch entzündet. Die nach einem genormten Verfahren bestimmten Zündtemperaturen der in einer Anlage vorhandenen Stoffe sind ein Kriterium für die maximal zulässige Oberflächentemperatur der Apparate und Installationen, z. B. der Reaktionsgefäße, Dampfleitungen und elektrischen Betriebsmittel. In der Verordnung über elektrische Anlagen in explosionsgefährdeten Räumen (VDE 0171) sind entsprechend der Zündtemperatur der in einem Raum gehandhabten Stoffe sechs *Temperaturklassen* (T1 bis T6 mit zunehmender Zündbarkeit, vgl. Tab. 4.4 und 4.5) festgelegt, die für die Auswahl der elektrischen Betriebsmittel, z. B. der Elektromotoren, maßgeblich sind. Da brennbare Stäube mit Luft explosionsfähige Gemische bilden können, müssen auch für solche staubförmige Substanzen, z. B. organische Farbstoffe oder Metalle, die Zündtemperaturen ermittelt werden.

Tab. 4.4 Flammpunkte, Zündtemperaturen und Explosionsgrenzen einiger brennbarer Flüssigkeiten

Stoff	Siede-punkt (°C)	Flamm-punkt, T_{Fp} (°C)	Gefahren-klasse	Zündtem-peratur (°C)	Tempera-turklasse	Explosionsgrenze (Vol.-%)	
						untere	obere
Diethylether	34,5	−40	A I	170	T4	1,7	36,0
Schwefelkohlenstoff	46	−30	A I	95	T6	0,6	60,0
Aceton	56	−20	B	455	T1	2,5	13,0
Methanol	65	11	B	508	T1	5,5	44,0
Ethanol	78	12	B	425	T2	3,5	15,0
n-Butanol	118	35	A II	340	T2	1,4	11,3
Essigsäure	118	40	–	485	T1	4,0	17,0
Ottokraftstoff	50–180	< −20	A I	ca. 260	T3	ca. 0,6	ca. 8,0
n-Hexan	69	< −20	A I	240	T3	1,0	8,1
Methylenchlorid	40	–	–	605	T1	13,0	22,0
Trichlorethen	87	–	–	410	T2	7,9	
Perchlorethen	121	–	–	–	–	–	–
Benzol	80	−11	A I	555	T1	1,2	8,0
Nitrobenzol	211	88	A III	482	T1	1,8	–

Tab. 4.5 Temperaturklassen nach Zündtemperatur (VDE 0171)

Temperaturklasse	Zündtemperatur (°C)
T1	> 450
T2	300–450
T3	200–300
T4	135–200
T5	100–135
T6	85–100

Explosionsgrenzen (Zündgrenzen) (vgl. Kap. 3.3.2). Ob ein Gasgemisch explodieren kann, hängt in erster Linie von seiner Zusammensetzung ab. Für viele brennbare Substanzen können die Daten der Explosionsgrenzen der Gase oder Dämpfe im Gemisch mit Luft von 1,013 bar (0,1013 MPa) und 20 °C einschlägigen Tabellenwerken entnommen werden; für einige Stoffe sind diese Werte in Tab. 4.4 zusammengestellt.

Aus diesen Daten ist zu ersehen, daß der Flammpunkt einer brennbaren Flüssigkeit erheblich niedriger ist als der Siedepunkt, meist 80 bis 100 °C darunter, während die Zündtemperatur beträchtlich über dem Siedepunkt liegt. Die Ursachen dafür werden verständlich, wenn man den jeweiligen Mechanismus der Zündung betrachtet. Bei der Bestimmung des Flammpunktes wird ein Dampf-Luft-Gemisch gezündet, daß sich über der Flüssigkeitsoberfläche durch Verdampfung gebildet hat. Der Dampfdruck der brennbaren Flüssigkeit ist maßgebend für die Konzentration im Gemisch; wenn sie den Wert für die untere Explosionsgrenze überschreitet, ist das Gemisch zündfähig. Bei der Zündtemperatur wird dagegen die Temperatur der Zündquelle bei optimaler Zündfähigkeit des Gemisches bestimmt. Diese Temperatur hängt daher stark von der Zündneigung der brennbaren Substanz ab; man beachte z. B. die niedrige Zündtemperatur von Schwefelkohlenstoff (95 °C) bei einem besonders breiten Explosionsbereich (0,6–60,0 Vol.-%).

Maximaler Explosionsdruck und maximale Druckanstiegsgeschwindigkeit. Wie schon erwähnt, können auch Gemische von brennbaren Stäuben mit Luft explosibel sein. Auch für solche Systeme gibt es einen Explosionsbereich mit unterer und oberer Zündgrenze. Für praktische Zwecke sind diese allerdings wenig brauchbar, da in Staub-Luft-Gemischen der Gehalt an Feststoff, also an brennbarer Substanz, in der Regel lokal große Unterschiede aufweist; je nach Gegebenheiten sedimentiert der Staub nach einiger Zeit. Aus diesen Gründen wird die Explosionsgefährlichkeit von Stäuben auf andere Weise ermittelt. Man mißt dazu in einer definierten experimentellen Anordnung den Druckverlauf in einem Staub-Luft-Gemisch, das in einer vorgeschriebenen Weise durch Aufwirbelung erzeugt und danach gezündet wurde. Sowohl der maximal erreichte Druck (= maximaler Explosionsdruck) als auch die Druckanstiegsgeschwindigkeit sind Kriterien für die Explosionsgefährlichkeit des betreffenden Staubes. Der Maximalwert der Druckanstiegsgeschwindigkeit dient der Einordnung des Staub-Luft-Gemisches in eine der drei *Staubexplosionsklassen* (ST 1–ST 3 mit zunehmender Gefährlichkeit).

Die Explosionsgefährlichkeit von Stäuben hängt nicht allein von der chemischen Zusammensetzung des brennbaren staubförmigen Stoffes ab, sondern in erheblichem Maße auch von dessen Korngröße, wie Tab. 4.6 am Beispiel von Aluminiumstaub zeigt. Aus dieser Tabelle ist auch zu entnehmen, daß Staubexplosionen besonders brisant sein können. Gerade Explosionen von Metallstaub-Luft-Gemischen können extrem heftig sein, wie ein Vergleich der maximalen Druckanstiegsgeschwindigkeiten für Aluminiumstaub, Wasserstoff und Methan zeigt. Die höheren maximalen Explosionsdrücke bei Staubexplosionen erklären sich dadurch, daß der Gehalt an brennbarer Substanz in Staub-Luft-Gemischen größer sein kann als in explosiblen Gas-Luft-Gemischen.

Tab. 4.6 Maximaler Explosionsdruck p_{max} und maximale Druckanstiegsgeschwindigkeit $(dp/dt)_{max}$

Stoff	p_{max} (bar)	$(dp/dt)_{max}$ (bar · s⁻¹)
Methan	7,4	55
Mehlstaub	8,5	60
Polyethylenstaub	9,0	200
Wasserstoff	7,1	550
Aluminiumstaub:		
grob (O_{spez}* = 10 m²/g)	11,5	500
mittelfein (O_{spez} = 30 m²/g)	11,5	~ 1000
fein (O_{spez} = 50 m²/g)	11,5	~ 1500

* O_{spez}: spezifische Oberfläche

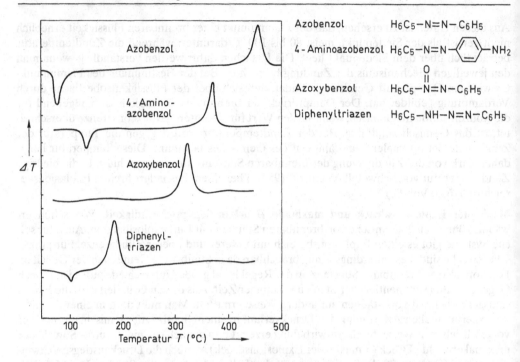

Abb. 4.2   DTA-Diagramme verschiedener Azoverbindungen (Aufheizgeschwindigkeit 10 K/min). ΔT Temperaturdifferenz zwischen Probe und Vergleichssubstanz; die positiven ΔT-Peaks zeigen die Selbstzersetzung (exotherm), die negativen Peaks den Schmelzpunkt an

Zersetzungstemperatur. Bestimmte Stoffe, z. B. organische Peroxide, Nitroverbindungen und Diazoniumsalze, können sich in exothermer Reaktion selbst zersetzen. Eine Möglichkeit zur Prüfung auf Selbstzersetzung ist die *Differentialthermoanalyse* (DTA). Man erwärmt dazu in einem Ofen zwei mit einem Temperaturfühler versehene Probebehälter, von denen der eine die zu prüfende Substanz und der andere einen inerten Vergleichsstoff enthält. Die Temperatur, bei der durch eine positive Temperaturdifferenz zwischen Probe und Vergleichssubstanz eine exotherme Reaktion angezeigt wird, ist die Zersetzungstemperatur (vgl. Abb. 4.2). Stoffe, an denen mit dieser Methode Selbstzersetzung beobachtet wird, müssen einer *Wärmestauprüfung* (vgl. Kap. 3.3.1) unterzogen werden, da nicht auszuschließen ist, daß diese Stoffe sich auch dann zersetzen, wenn sie längere Zeit Temperaturen unterhalb der Zersetzungstemperatur ausgesetzt sind.

4.2.3 Toxikologische Daten

Für den Betrieb chemischer Produktionsanlagen ist es notwendig, mögliche Gesundheitsgefährdungen durch die am Prozeß beteiligten Stoffe zu kennen. Zur Beurteilung und Quantifizierung der Giftwirkung chemischer Stoffe benutzt man Zahlenangaben, die in Tierversuchen ermittelt werden (vgl.Tab. 4.7). Man bestimmt dabei die Wirkung einer Dosis pro kg des Körpergewichts eines Versuchtieres oder einer Konzentration in der Atmungsluft. Natürlich können die so gewonnenen toxikologischen Daten nicht einfach auf den Menschen übertragen werden; sie geben jedoch wichtige Anhaltspunkte über die Wirkung auf den Menschen. Zur

Festlegung von maximal zulässigen Belastungen (z. B. MAK- und TRK-Werte s.u.), bei denen Gesundheitsgefährdungen mit Sicherheit ausgeschlossen werden können, benutzt man Sicherheitsfaktoren von mindestens 100.

Tab. 4.7 Toxikologische Daten einiger gesundheitsschädlicher Stoffe (1994)

Stoff	MAK		LD_{50}*	LC_{50}**	
	(ml/m³)	(mg/m³)	(mg/kg)		
Kohlenmonoxid	30	33		1807 ml/m³	(4 h)
Stickstoffdioxid	5	9		88 ppm	(4 h)
Cyanwasserstoff	10	11		484 ppm	(5 min)
Ozon	0,1	0,2			
Schwefelwasserstoff	10	15		713 ppm	(1 h)
Chlor	0,5	1,5		293 ppm	(1 h)
Chlorwasserstoff	5	7		4701 ml/m³	(30 min)
Phosgen	0,1	0,4		1,4 mg/l	(30 min)
Methanol	200	260	5628		
Formaldehyd	0,5	0,6	100	203 mg/m³	
Acetaldehyd	50	90	1930		
Essigsäure	10	25	3310		
Methylenchlorid	100	360	2524		
Tetrachlorkohlenstoff	10	65	2800		
Trichlorethen	50	270	4920		
Tetrachlorethen	50	345	3005		
Toluol	50	190	5000	30 mg/l	(4 h)
Phenol	5	19	162		
Anilin	2	8	250		
Phenylhydrazin	5	22	188		
Chlorbenzol	50	230	2290		

* orale Aufnahme, Ratte als Versuchstier
** Inhalation, Ratte als Versuchstier; in Klammern Dauer der Einwirkung

Der **LD_{50}-Wert** (in mg/kg Körpergewicht) dient zur Kennzeichnung der akuten Toxizität, d. h. der toxischen Wirkung einer einmaligen Dosis. LD heißt *letale (tödliche) Dosis*; LD_{50} ist die Menge einer giftigen Substanz, angegeben in mg/kg Körpergewicht, nach deren Verabreichung 50% der Versuchstiere innerhalb eines Zeitraums von 14 Tagen sterben.

Der **LC_{50}-Wert** beschreibt die Giftwirkung von Stoffen, die über die Atmungsluft, also gas- oder dampfförmig oder als Staub, aufgenommen werden. LC_{50} *(letale Konzentration)* ist die Konzentration eines Stoffes (in ppm oder g/m³), die nach Inhalation während einer bestimmten Zeitdauer für 50% der Versuchstiere nach 14 Tagen zum Tode führt. Bei dem LC_{50}-Wert ist die Dauer der Einwirkung, z. B. 4 h, mit anzugeben.

MAK-Wert. Um chronische Wirkungen von Giftstoffen zu vermeiden, dürfen die Konzentrationen solcher Stoffe, denen die Beschäftigten am Arbeitsplatz dauernd ausgesetzt sind, einen bestimmten kritischen Wert nicht überschreiten. *Diese maximalen Arbeitsplatzkonzentrationen* (MAK-Werte) werden durch eine Expertenkommission der Deutschen Forschungsgemeinschaft (DFG) festgelegt und regelmäßig entsprechend dem wissenschaftlichen Kenntnisstand überprüft. Definiert ist der jeweilige MAK-Wert als „die höchstzulässige Konzentration eines Arbeitsstoffes als Gas, Dampf oder Schwebstoff in der Luft am Arbeitsplatz, die nach dem gegenwärtigen Stand der Kenntnis auch bei wiederholter und langfristiger, in der Regel täglich achtstündiger Exposition, jedoch bei Einhaltung einer durchschnittlichen Wochenarbeitszeit von 40 h, im allgemeinen die Gesundheit der Beschäftigten nicht beeinträchtigt und

Tab. 4.8 Toxikologische Daten einiger cancerogener Stoffe (1994)

Stoff	TRK		$LD_{50}{}^{*}$	$LC_{50}{}^{**}$	
	(ml/m³)	(mg/m³)	(mg/kg)		
Acrylnitril	3	7	82		
Benzol	1	3,2	930	10 000 ppm	(7 h)
1,3-Butadien	5	11		285 g/m³	(4 h)
Diethylsulfat	0,03	0,2	880		
Dimethylsulfat	0,04	0,2	440		
Ethylenoxid	1	2	330	1 462 ppm	(4 h)
Hydrazin	0,1	0,13	60	570 ppm	(4 h)
Nickel (Staub)		0,5			
Nickel (Aerosol)		0,05			
Nickeltetracarbonyl	0,1	0,7		240 mg/m³	(0,5 h)
Vinylchlorid	2	5	500		

* orale Aufnahme, Ratte als Versuchstier
** Inhalation, Ratte als Versuchstier; in Klammern Dauer der Einwirkung

diese nicht unangemessen belästigt". Die von der DFG-Kommission herausgegebene Liste hat gesetzliche Verbindlichkeit und wird jährlich ergänzt. In Tab. 4.7 sind für einige gesundheitsschädliche Stoffe die MAK-Werte und die LD_{50}- und LC_{50}-Werte zusammengestellt.

TRK-Wert. Für cancerogene und mutagene Stoffe lassen sich MAK-Werte nicht ohne weiteres ermitteln, da Krebserkrankungen und Mutationen sich erst nach vielen Jahren manifestieren. Da in Chemieanlagen und Laboratorien das Auftreten von Stoffen, für die solche Wirkungen bekannt sind oder vermutet werden, nicht immer zu vermeiden ist, hat man für diese Gefahrstoffe sogenannte *technische Richtkonzentrationen* (TRK) festgelegt. Dazu gilt folgende Definition: „Unter dem TRK-Wert eines gefährlichen Arbeitsstoffes versteht man diejenige Konzentration als Gas, Dampf oder Schwebstoff in der Luft, die als Anhalt für die zu treffenden Schutzmaßnahmen und die meßtechnische Überwachung am Arbeitsplatz heranzuziehen ist. Technische Richtkonzentrationen werden nur für solche gefährlichen Arbeitsstoffe benannt, für die z. Z. keine toxikologisch-arbeitsmedizinisch begründeten MAK-Werte aufgestellt werden können." Die TRK-Werte einiger cancerogener Stoffe sind in Tab. 4.8 zusammen mit den jeweiligen LD_{50}- und LC_{50}-Werten aufgeführt.

Von den hier behandelten toxikologischen Daten sind für das Verfahrenskonzept und dessen Realisierung, d. h. Planung und Bau einer Produktionsanlage, die MAK- und TRK-Werte der im Prozeß zu handhabenden Stoffe von Interesse, und zwar zum einen hinsichtlich der Vermeidung von Emissionen schädlicher Stoffe und zum anderen zur Klärung der Frage, inwieweit Maßnahmen für den Arbeitsschutz des Betriebspersonals erforderlich sind. Für diese letztere Frage werden auch Informationen über etwaige Ätz- und Reizwirkungen von Stoffen im Verfahren benötigt.

Nicht zu den Verfahrensinformationen gehören dagegen die toxikologischen Daten, die für die Anwendung eines neuen Stoffes als Produkt notwendig sind, wie die Hautverträglichkeit eines Textilfarbstoffes oder die Ungiftigkeit eines Lebensmittelzusatzes oder die Nebenwirkungen eines neuen Pharmazeutikums. Für derartige Stoffe wird man mit einer Verfahrensentwicklung erst dann beginnen, wenn zu erwarten ist, daß das Produkt für die beabsichtigte Anwendung zugelassen wird. Ohnehin werden Produkte für solche Anwendungen in kleineren Mengen benötigt. Die Herstellung erfolgt dann zunächst in schon vorhandenen Standardapparaturen, wofür keine aufwendige Verfahrensentwicklung notwendig ist.

4.3 Stoff- und Energiebilanzen

4.3.1 Stoff- und Energiebilanzen – Werkzeug in Verfahrensentwicklung und Anlagenprojektierung

Stoff- und Energiebilanzen spielen für chemische Verfahren eine entscheidende Rolle. So ist die Kenntnis des Verbrauchs an Edukten und Hilfsstoffen, des Anfalls an Nebenprodukten pro Einheitsmenge erzeugtes Produkt (z. B. 100 kg oder 1 t) und des Verbrauchs sowie gegebenenfalls der Erzeugung von Energien notwendige Voraussetzung für die Bewertung eines Verfahrens. Erheblich umfangreicher und detaillierter sind die Stoff- und Energiebilanzen, die für die Ausarbeitung eines Verfahrens benötigt werden.

Schon für den Entwurf des ersten vorläufigen Verfahrenskonzepts am Beginn einer Verfahrensentwicklung ist es erforderlich, Bilanzen für die einzelnen Verfahrensschritte und ihrer Kombination im Gesamtverfahren aufzustellen. Naturgemäß sind zu diesem Zeitpunkt die Angaben über Stoffmengen und Stoffmengenströme und die entsprechenden Daten über die aufzuwendenden oder freiwerdenden Energien mit mehr oder weniger großen Unsicherheiten behaftet. Am Ende einer Verfahrensentwicklung – und das ist eines ihrer Ziele – müssen zuverlässige Angaben über Stoffmengen und Energien im Verfahren vorliegen. Sie stellen zum einen die Grundlage für die Berechnung und Modellierung des Verfahrens insgesamt und seiner Einzelschritte dar; zum andern sind sie die Basis für Dimensionierung und Auslegung der einzelnen Apparate und damit auch für die Ermittlung der Investitionssumme, die dann auch in die Wirtschaftlichkeitsrechnung eingeht (vgl. Kap. 5.2). Detaillierte Angaben über Stoffmengen und Energien werden schließlich auch für den Antrag zur Genehmigung der Produktionsanlage benötigt (vgl. Kap. 6. 3).

4.3.2 Stoffbilanzen

Allen Bilanzen liegt ein Erhaltungssatz zugrunde. Bei Stoffbilanzen, auch Masse- oder Materialbilanzen genannt, ist es der Satz von der Erhaltung der Masse. Er gilt zum einen für die Gesamtmasse, also die gesamte Stoffmenge in einem Prozeß oder einer Prozeßstufe, zum andern für jeden einzelnen Stoff in einem solchen System. Wenn in dem System chemische Reaktionen ablaufen, ist der Verbrauch bzw. die Bildung der an den chemischen Reaktionen beteiligten Stoffe nach den Regeln der Stöchiometrie zu berücksichtigen.

Vor der Aufstellung einer Bilanz muß der Bereich festgelegt werden, über den bilanziert werden soll. Dieser Bereich kann beliebig je nach der gestellten Aufgabe begrenzt werden. Er kann eine einzelne Operation (z. B. einen Mischer oder einen Staubabscheider), einen Verfahrensschritt (z. B. einen Reaktor oder eine Rektifizierkolonne), eine Produktionsanlage oder eine ganze Fabrik umfassen. Die Begrenzung eines solchen Bereichs bezeichnet man als **Kontrollfläche**, das dadurch eingegrenzte System als **Kontrollvolumen**. Im stationären Fall gilt für ein solches System, daß die Summe der in das System eingehenden Stoffströme gleich der Summe der aus dem System austretenden Stoffströme ist:

$$\text{Eingang } (E) - \text{Ausgang } (A) = 0 \qquad (4.1)$$

Wenn sich das System nicht im stationären Zustand befindet, also im allgemeinen Fall, sind die Summen der eintretenden und austretenden Ströme nicht gleich groß. Die Differenz bezeichnet man als Akkumulation W:

$$E - A = W \qquad (4.2)$$

Die beiden Beziehungen (4.1) und (4.2) gelten immer für die Gesamtstoffbilanz sowie für die Bilanzen der chemischen Elemente; Kernreaktionen sind dabei ausgenommen, da nur chemische Prozesse behandelt werden sollen. Darüber hinaus gelten die Gl. (4.1) und (4.2) in Prozeßschritten ohne chemische Reaktionen für jede einzelne Komponente.

Wenn im Kontrollvolumen chemische Reaktionen ablaufen, müssen die linken Seiten der Gleichungen für die Komponentenbilanzen um die Differenz ΔR_i zwischen gebildeter und verbrauchter Menge der jeweiligen Komponente i erweitert werden. Damit ergibt sich als Stoffbilanz für die Komponente i:

stationär $\qquad E_i - A_i + \Delta R_i = 0$ $\hfill$ (4.3)

allgemein $\qquad E_i - A_i + \Delta R_i = W_i$ $\hfill$ (4.4)

Bei der Aufstellung von Stoffbilanzen muß zunächst die *Bezugsgröße* festgelegt werden, auf die sich alle Angaben beziehen. In der Regel wählt man eine *Zeit* als Bezugsgröße, und zwar meist 1 h. Bei Bilanzen für Chargenprozesse benutzt man aber auch häufig die *Produktmenge pro Charge* als Bezugsgröße.

Stoffbilanzen lassen sich entweder in Form von *Tabellen* oder von *Fließbildern* darstellen. Im letzteren Falle trägt man die Mengen bzw. die Mengenströme der einzelnen Komponenten in ein Fließbild (meist Grundfließbild) ein. Wenn in den Stoffströmen sehr viele Komponenten auftreten, bezeichnet man die einzelnen Stoffströme in einem solchen Mengenfließbild mit Nummern und listet die Mengenströme der einzelnen Komponenten in Tabellen auf. Die maßstäbliche Darstellung der Mengenströme im sog. Mengenstrombild (vgl. Abb. 2.10) wird wegen des hohen Arbeitsaufwandes nur selten benutzt.

Auf den ersten Blick scheint die Aufstellung von Stoffbilanzen relativ einfach zu sein; es sind ja nur Summen zu bilden sowie stöchiometrische Rechnungen durchzuführen. Dabei setzt man allerdings voraus, daß man es mit reinen oder eindeutig definierten Stoffen zu tun hat, und daß für alle chemischen Umsetzungen im Prozeß die Umsätze und Selektivitäten genau bekannt sind. In Wirklichkeit sind jedoch die Edukte nur in Ausnahmefällen reine Stoffe; oft enthalten sie Verunreinigungen, die unter Reaktionsbedingungen ebenfalls reagieren können. Dazu kommt, daß vor allem bei organisch-chemischen Umsetzungen sehr oft nicht alle Nebenreaktionen und die dabei gebildeten Produkte bekannt sind, so z. B. beim Auftreten von sog. Verharzungen.

Generell muß man sich darüber im klaren sein, daß letztendlich alle Daten, die in Verfahrensberechnungen eingehen, mit mehr oder weniger großen Unsicherheiten behaftet sind, da sie aus Messungen gewonnen wurden. Natürlich ist die Zusammensetzung von Luft sehr genau bekannt, und dementsprechend läßt sich z. B. in der Ammoniaksynthese (vgl. Kap. 10.2.1) der Gehalt an Argon im Kreislaufgas in Abhängigkeit von der Ausschleusung aus dem Synthesegaskreislauf recht genau angeben. Ganz anders ist dies beim Steamcracking von Leichtbenzin zur Herstellung von Ethylen und Propylen (Kap. 7.1.5). Hier ist schon das Edukt Leichtbenzin hinsichtlich seiner Zusammensetzung nicht eindeutig definiert. Wie bei allen Erdölfraktionen erfolgt auch bei Leichtbenzin die Charakterisierung über den Siedebereich und andere überwiegend physikalische Kennzahlen. Dies bedeutet u. a. auch, daß der Rohstoff Leichtbenzin Schwankungen in seiner chemischen Zusammensetzung aufweist, je nach Zusammensetzung des Rohstoffs Erdöl und nach den Betriebsbedingungen bei der Fraktionierung in der Rohöldestillation. Im Steamcracker entsteht dann neben den Hauptprodukten Ethylen, Propylen und anderen Olefinen sowie Aromaten eine Vielzahl von Nebenprodukten, u. a. höhermolekulare harzartige Verbindungen. Für Bilanzierungen benutzt man Mittelwerte aus Laboruntersuchungen und aus Messungen an Versuchs- und Produktionsanlagen. Es versteht sich, daß die so gewonnenen Daten für die Stoffströme und Bilanzen der Komponenten in derartig komplexen Stoffgemischen, wie sie hier vorliegen, nicht mittels stöchiometrischer Beziehungen überprüft werden können. Manchmal kann man sich mit Bilanzen für einzelne Elemente behelfen, so beim Steamcracker z. B. mit einer Kohlenstoffbilanz.

Die Berechnungen zur Aufstellung von Stoffbilanzen führt man zweckmäßigerweise soweit wie möglich über molare Mengen durch. Bei Verfahrensschritten mit chemischer Reaktion kann man so die stöchiometrischen Gleichungen unmittelbar ohne zusätzliche Umrechnungen benutzen. Aber auch bei Stofftrennverfahren, die auf physikalisch-chemischen Grundlagen beruhen, wie Destillation, Absorption und Extraktion, sind Berechnungen mit molaren Mengen einfacher als die Benutzung von Gewichtseinheiten für die Stoffmengen, da die Grundgleichungen für diese Trennoperationen in den meisten Fällen auf molaren Größen basieren. Beim Vorliegen komplexer Stoffgemische wie Erdöl, Kohle oder Erze muß man natürlich die Rechnungen von vornherein auf der Basis von Gewichtseinheiten durchführen.

Die Ergebnisse der Berechnungen werden in Fließbildern oder Tabellen in Gewichtseinheiten angegeben. Bei Gasen benutzt man häufig auch die Einheit Normkubikmeter (Nm³).

In den folgenden Beispielen wird das Vorgehen beim Aufstellen von Stoffbilanzen für verschiedenartige Fragestellungen erläutert und auf dabei auftretende Probleme eingegangen.

Rohstoffbedarf

Beispiel 4.1
Schwefelbedarf und SO_2-Emission einer Schwefelsäureanlage

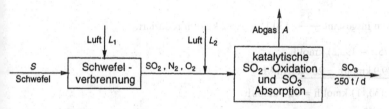

Abb. 4.3 Vereinfachtes Grundfließbild einer Schwefelsäureanlage; Produktionskapazität 250 t SO_3 pro Tag (Grundfließbild zu Beispiel 4.1)

Aufgabe: Für eine Anlage zur Herstellung von Schwefelsäure aus Schwefel nach dem Doppelkontaktverfahren (vgl. Kap. 3.4.1 sowie Abb. 4.3) mit einer Produktionskapazität von 250 t SO_3/d sind zu berechnen:

1. Bedarf an Schwefel in kg/h.

2. Luftbedarf (Nm³/h) der Schwefelverbrennung für eine SO_2-Konzentration von 15,5 Mol-% im Verbrennungsgas.

3. Luftmenge (Nm³/h) zur Verdünnung des Verbrennungsgases auf 9,5 Mol-% SO_2 vor der Kontaktanlage.

4. Menge (Nm³/h) und SO_2-Konzentration des Abgases aus der Kontaktanlage.

Der Verlust an Schwefel beträgt 0,4% der eingesetzten Menge; es wird angenommen, daß diese Verlustmenge als SO_2 im Abgas enthalten ist.

Lösung: Alle Stoffmengen sind in kg/h anzugeben.
An SO_3 werden produziert:

$$\frac{250}{24} \text{ t/h} = 10417 \text{ kg/h} = 130{,}11 \text{ kmol/h}$$

1. Schwefelbedarf (bei einem Verlust von 0,4%):

$$S = \frac{130{,}11}{1-0{,}004} \text{ kmol/h} = \underline{130{,}63 \text{ kmol/h}} = \underline{4188 \text{ kg/h}}$$

2. Luftbedarf für die Schwefelverbrennung:
Stöchiometrischer Bedarf: 1 kmol O_2/kmol S

$$L_1 = \frac{130{,}63}{0{,}155} \text{ kmol/h} = 842{,}8 \text{ kmol/h} = 18\,890 \text{ Nm}^3/\text{h}$$

Nm^3 (Normkubikmeter) = Gasvolumen in m^3 bei 273,15 K und 101 325 Pa (= 1,01325 bar),
(vgl. Anhang 1);
molares Normvolumen: 22,414 Nm^3/kmol.

3. Luftbedarf zur Verdünnung auf 9,5 Mol-% SO_2:
Gesamte Gasmenge nach Verdünnung:

$$842{,}8 \cdot \frac{0{,}155}{0{,}095} \text{ kmol/h} = 1375{,}1 \text{ kmol/h}$$

$$L_2 = (1\,375{,}1 - 842{,}8) \text{ kmol/h}$$

$$= \underline{532{,}3 \text{ kmol/h}} = \underline{11\,931 \text{ Nm}^3/\text{h}}$$

4. Abgasmenge und SO_2-Konzentration im Abgas:
99,6% des SO_2 = 130,11 kmol werden zu SO_3 oxidiert:

$$SO_2 + \tfrac{1}{2}\,O_2 \longrightarrow SO_3$$

Dadurch verringert sich die Molzahl um $\frac{1}{2} \cdot 130{,}11$ kmol/h. Anschließend wird das SO_3 absorbiert.

Damit wird die Molzahl um insgesamt $\frac{3}{2} \cdot 130{,}11 = 195{,}2$ kmol/h reduziert.

Abgasmenge: $A = (1375{,}1 - 195{,}2)$ kmol/h

$$= \underline{1179{,}9 \text{ kmol/h}} = \underline{26\,446 \text{ Nm}^3/\text{h}}$$

SO_2-Menge: $(130{,}63 - 130{,}11)$ kmol/h $= 0{,}52$ kmol/h

SO_2-Konzentration: $\dfrac{0{,}52}{1179{,}9} = \underline{0{,}044 \text{ Vol.-\%}}$

Ebenso wie in Beispiel 4.1 die Begleitstoffe des Luftsauerstoffs zur Vereinfachung der Berechnung als eine Komponente behandelt wurden, lassen sich auch in anderen Fällen die Bestandteile eines Eduktstromes, die nicht an der chemischen Reaktion teilnehmen und den Prozeß unverändert durchlaufen, zu einer Komponente zusammenfassen, z. B. die Gangart in einem Erz.

Stoffbilanz mit einer Bezugskomponente

Beispiel 4.2
Zweistufige Trocknung von Polyvinylchlorid aus der Suspensionspolymerisation

Polyvinylchlorid (PVC) wird überwiegend (in Westeuropa z. B. zu ca. 75%) durch Suspensionspolymerisation hergestellt (vgl. Kap. 9.1.2). Nach Entfernung von nicht abreagiertem Vinylchlorid durch Entgasen wird die wäßrige PVC-Suspension in Zentrifugen entwässert und anschließend getrocknet. Die Trocknung erfolgt zweistufig (vgl. Abb. 4.4), um eine thermische Schädigung des Produkts zu verhindern, und zwar zunächst mit Heißluft von 150 bis 180 °C und anschließend bei 60 bis 80 °C. Eine einstufige Trocknung bei 60 bis 80 °C würde wesentlich mehr Trockenluft und wegen der längeren Trocknungszeit ein erheblich größeres Trocknervolumen erfordern.

Aufgabe: Zentrifugiertes PVC mit einem Wassergehalt von 21 Gew.-% soll in der ersten Stufe auf eine Feuchte von 8,5 kg/100 kg Feststoff und in der zweiten Stufe auf 0,2 kg/100 kg Feststoff getrocknet werden. Welche Mengen an Wasser müssen aus 1 t Feststoff in den zwei Stufen entfernt werden?

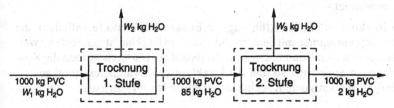

Abb. 4.4 Trocknung von PVC (Grundfließbild zu Beispiel 4.3)
– – – – Kontrollvolumen

Lösung: Gemäß der Aufgabenstellung werden alle Angaben auf 1 t = 1000 kg wasserfreies PVC bezogen. Damit ist das PVC als Bezugskomponente festgelegt. Die Wassermengen, die aus dem PVC in der ersten und der zweiten Stufe entfernt werden, ergeben sich unmittelbar aus den Angaben in der Aufgabenstellung (vgl. Abb. 4.4). Die mit dem feuchten PVC in die erste Trocknungsstufe eingebrachte Wassermenge W_1 erhält man durch Umrechnung:

$$W_1 = \frac{21 \cdot 1000}{79} = 266 \text{ kg Wasser} \tag{4.5}$$

Die Mengen an Wasser, die in den zwei Trocknungsstufen aus dem PVC entfernt werden müssen, errechnen sich aus der Wasserbilanz der jeweiligen Stufe:

$$W_2 = W_1 - 85 = \underline{181 \text{ kg Wasser}} \tag{4.6}$$

$$W_3 = 85 - 2 = \underline{83 \text{ kg Wasser}} \tag{4.7}$$

Wie in diesem einfachen Beispiel ist es auch bei sehr umfangreichen Stoffbilanzen oft von Vorteil, in den Berechnungen eine *Bezugskomponente* (engl. *tie component*) zu verwenden. Bei der Auswahl der Bezugskomponente ist folgendes zu beachten:

- Sie muß die Prozeßstufen unverändert durchlaufen.
- Sie darf jeweils nur in einem Eingangs- und Austrittsstrom enthalten sein, d. h., sie darf in den Prozeßstufen, um die bilanziert wird, nicht auf mehrere Ströme verteilt werden.
- Damit sich Analysenfehler wenig auswirken, soll die Bezugskomponente möglichst nicht in niedriger Konzentration vorliegen (Ausnahme: die betreffende Komponente ist auch bei niedriger Konzentration mit guter Genauigkeit zu bestimmen).

Rückführung und Ausschleusung

In vielen chemischen Prozessen werden Stoffströme aus einer Prozeßstufe in eine vorhergehende zurückgeführt. Eine solche *Rückführung* (engl. *recycle*) ist vor allem bei nicht vollständigem Umsatz der chemischen Reaktion erforderlich, und zwar

- bei Gleichgewichtsreaktionen (z. B. die Ammoniaksynthese, vgl. Kap. 10.2.1),
- bei stöchiometrischem Überschuß eines Edukts (z. B. die Chlorierung von Methan, vgl. Kap. 8.5.1),
- wenn zur Vermeidung von Ausbeuteverlusten durch Folgereaktionen ein Edukt nicht vollständig umgesetzt wird (z. B. das Benzol bei der Herstellung von Chlorbenzol durch Chlorierung, vgl. Kap. 2.1).

Man trennt das nicht umgesetzte Edukt aus dem Reaktionsgemisch ab und führt es als Kreislauf- oder Rücklaufstrom in den Reaktor zurück. Ein anderer häufiger Fall von Rücklaufströmen ist die Rückführung eines Hilfsstoffs bei bestimmten Verfahren der Stofftrennung. So wird bei der Absorption das Lösemittel nach der Desorption des absorbierten Gases wieder der Absorptionskolonne zugeführt. Ebenso wird bei Extraktionen das Lösemittel nach seiner Regenerierung wiederverwendet.

Wenn bei chemischen Reaktionen mit Rückführung die Edukte Begleitstoffe enthalten, die nicht reagieren und auch nicht zusammen mit dem Produkt aus dem Rücklaufstrom entfernt werden, dann reichern sich diese inerten Komponenten im Kreislauf an. Dadurch werden die Konzentrationen der Reaktanden erniedrigt, so daß die Reaktionsgeschwindigkeit herabgesetzt wird. Um dies zu verhindern, muß aus dem Rücklaufstrom ein Teilstrom ausgeschleust werden.

Beispiel 4.3
Hochdruckpolymerisation von Ethylen zu Low density polyethylen (LDPE)

Aufgabe: Bei der Polymerisation von Ethylen unter hohem Druck (vgl. Kap. 9.1.3) werden pro Durchgang durch den Reaktor je nach Art der Reaktionsführung 15 bis 35% des eingesetzten Ethylens zu Polyethylen umgesetzt. Nach Abscheidung des Polymerisats wird das nicht abreagierte Ethylen zusammen mit Frischethylen in den Reaktor zurückgeführt. Da das frische hochreine Ethylen kleine Mengen an gasförmigen Verunreinigungen enthält, muß aus dem Ethylenrücklaufstrom ein Teilstrom ausgeschleust werden. Andernfalls würden sich nämlich die Verunreinigungen so stark anreichern, daß die Polymerisationsreaktion gestört wird.

Für eine Anlage zur Hochdruckpolymerisation von Ethylen mit einer Produktionskapazität von 3 t Polyethylen pro Stunde ist zu ermitteln, wie groß der Teilstrom ist, der aus der Ethylenrückführung ausgeschleust werden muß. Dazu sind folgende Bedingungen gegeben (vgl. Grundfließbild in Abb. 4.5):

Das Frisch-Ethylen hat eine Reinheit von 99,95 Massen-%. Das in den Reaktor eintretende Ethylen (E) darf höchstens 0,5% Verunreinigungen (V) enthalten. Es wird im Reaktor zu 30% in Polyethylen (PE) umgesetzt, das im Abscheider vollständig abgetrennt wird.

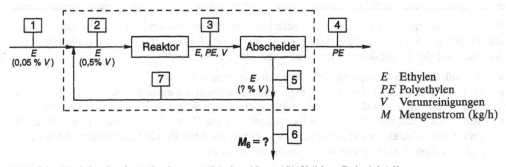

Abb. 4.5 Hochdruckpolymerisation von Ethylen (Grundfließbild zu Beispiel 4.3)
———— Kontrollvolumen

Lösung: Zur Erzeugung von 3 t/h = 3000 kg/h an Polyethylen (PE) müssen 10 000 kg/h Ethylen (E) in den Reaktor eingespeist werden. Mit dem Ethylen ($V = 0,5\%$) gelangen 50 kg/h Verunreinigungen in den Reaktor. Der Gasstrom aus dem Abscheider (Nr. 5 in Abb. 4.5) besteht aus dem nicht umgesetzten Ethylen (7000 kg/h E) und den Verunreinigungen (50 kg/h V). Aus den Mengenangaben errechnet sich die Zusammensetzung von Strom 5 (Mengenstrom insgesamt $M_5 = 7050$ kg/h) zu 99,29% E. Die gleiche Zusammensetzung haben auch Rücklaufstrom (Nr. 7) und Ausschleusung (Nr. 6).

Die Angaben zur Aufgabenstellung und die daraus direkt ermittelten Daten werden nun in eine Stoffstromtabelle eingetragen (vgl. Tab. 4.9, fett gedruckte Zahlenwerte). Wie daraus zu ersehen ist, sind die Konzentrationen für alle Stoffströme bekannt. Unbekannt sind dagegen die Massenströme M_1, M_6 und M_7. Aus Abb. 4.5 ist zu entnehmen, daß der Massenstrom M_7 gleich der Differenz $M_5 - M_6$ ist:

$$M_7 = M_5 - M_6 \tag{4.8}$$

Tab. 4.9 Stoffbilanz zum Beispiel 4.3 (Hochdruckpolymerisation von Ethylen)

Strom Nr. (vgl. Abb. 4.4)	1		2		3		4	5		6		7	
	kg/h	%	kg/h	%	kg/h	%	kg/h	kg/h	%	kg/h	%	kg/h	%
E	3225,7	99,95	10000	99,5	7000	69,65		7000	99,29	225,7	99,29	6774,3	99,29
PE	–	–	–	–	3000	29,85	3000	–	–	–	–	–	–
V	1,6	0,05	50	0,5	50	0,5		50	0,71	1,6	0,71	48,4	0,71
M	3227,3		10050		10050		3000	7050		227,3		6822,7	

Für die Berechnung der Massenströme M_1 und M_6 werden zwei Bilanzgleichungen benötigt. Die Massenbilanz für den Gesamtprozeß lautet (vgl. in Abb. 4.5 das eingegrenzte Kontrollvolumen):

$$M_1 = M_4 + M_6 \tag{4.9}$$

Für dasselbe Kontrollvolumen kann auch die Bilanz für die Verunreinigungen aufgestellt werden:

$$V_1 = V_6 \tag{4.10}$$

Wenn man in Gl. (4.10) die Stoffströme V_1 und V_6 als Produkt von Konzentration m_v und Massenstrom M ausdrückt, ergibt sich

$$m_{v,1} \, M_1 = m_{v,6} \, M_6. \tag{4.11}$$

Mit den Zahlenwerten für M_4, $m_{v,1}$ und $m_{v,6}$ aus Tab. 4.9 erhält man aus Gl. (4.9) und (4.11):

$$M_1 = 3000 + M_6 \tag{4.12}$$

$$0,0005 \cdot M_1 = 0,0071 \cdot M_6 \tag{4.13}$$

Auflösen von Gl. (4.13) nach M_1 und Eliminieren von M_1 in Gl. (4.12) führt zu

$$\underline{M_6 = 227,3 \text{ und } M_1 = 3227,3}$$

Damit lassen sich jetzt alle Stoffströme in Tab. 4.9 berechnen. Die auszuschleusende Menge an Ethylen beträgt 225,7 kg/h, also ca. 7% der Einsatzmenge. Je nach den Gegebenheiten am Ort der Anlage kann man dieses verunreinigte Ethylen (Reinheit 99,3%) in einem Prozeß verwerten, für den weniger reines Ethylen benötigt wird, oder es nach Aufreinigung wieder der Polymerisation zuführen.

Stoffbilanzen für Gesamtanlagen

In den Beispielen der vorhergehenden Abschnitte war die Aufstellung der Stoffbilanzen recht einfach, da die Anzahl sowohl der stofflichen Komponenten als auch der Prozeßstufen niedrig war. Die vollständige Bilanzierung eines gesamten Prozesses ist naturgemäß eine wesentlich umfangreichere und schwierigere Aufgabe, und zwar zum einen wegen der größeren Zahl von Stoffen und Prozeßstufen, zum anderen aber auch wegen der weit komplizierteren Verknüpfungen der einzelnen Prozeßstufen, z. B. über Verzweigungen oder Rückführungen von Stoffströmen. In Beispiel 4.3 konnten Rückführung und Ausschleusung wegen der sehr einfachen chemischen Reaktion – *ein* Edukt reagiert zu *einem* Produkt – noch auf einfachem Weg berechnet werden. Bei Reaktionen zwischen zwei Edukten werden solche Berechnungen schon deutlich umfangreicher. Dies gilt in zunehmendem Maße, wenn, wie es meist der Fall ist, Nebenreaktionen zu berücksichtigen sind. Damit nimmt nicht nur die Anzahl der am Prozeß beteiligten Stoffe zu, sondern wegen der zusätzlichen Verfahrensschritte zur Abtrennung dieser Stoffe auch die Anzahl der Prozeßschritte. Dementsprechend steigt auch die Zahl der Unbekannten bei der Bilanzierung des Prozesses.

Grundsätzlich kann man dazu so vorgehen, daß man aus Stoffbilanzen, stöchiometrischen Beziehungen und vorgegebenen Bedingungen (z. B. Konzentrationen am Reaktoreingang, Umsatz im Reaktor, Reinheiten der Produkte) die Gleichungen aufstellt, aus denen die unbekannten Größen ermittelt werden. Diese Gleichungen müssen voneinander unabhängig sein. Bei einem Gleichungssystem aus zwei oder drei Gleichungen ist das leicht zu erkennen. So gilt in Beispiel 4.3 neben der Massenbilanz (Gl. 4.9) und der Bilanz für die Verunreinigungen (Gl. 4.10) natürlich auch eine entsprechende Bilanz für das Ethylen:

$$E_1 = E_4 + E_6 \tag{4.14}$$

Diese ist jedoch nicht mehr unabhängig von den zwei anderen Bilanzbeziehungen; die Summe aus den zwei Komponentenbilanzen ist nämlich gleich der Bilanz der Gesamtmassen (Gl. 4.9). Bei umfangreicheren Gleichungssystemen verwendet man zur Prüfung der sog. linearen Unabhängigkeit der Gleichungen mathematische Methoden. Sie sind in den Computerprogrammen zur Lösung dieser Gleichungssysteme enthalten. Derartige Computerprogramme dienen zur Aufstellung der Stoffbilanzen für Gesamtprozesse mit einer beliebigen Anzahl von einzelnen Prozeßstufen (vgl. S. 153). Als Bestandteil von Programmsystemen zur verfahrenstechnischen Berechnung ganzer Anlagen werden sie zur Verfahrensoptimierung (vgl. Kap. 4.5.2) und in der Anlagenplanung eingesetzt.

In der Verfahrensentwicklung, insbesondere in einem frühen Stadium, wenn der Prozeß noch nicht in allen Einzelschritten konzipiert ist und verschiedene Varianten geprüft werden, geht man bei der Erstellung von Stoffbilanzen häufig einen anderen Weg. Es liegen dann nämlich viele Daten, die für die vollständige Bilanzierung benötigt werden, nur mit begrenzter Genauigkeit oder noch gar nicht vor. Im letzteren Fall kann man zwar geschätzte Werte in die Bilanzierungsrechnungen einsetzen, doch führt die Unsicherheit der eingesetzten Daten zu einer entsprechenden Unsicherheit in den Ergebnissen.

Die Alternative zu einer derartigen vollständigen Bilanzierung und ihrem großen Rechenaufwand ist die Vereinfachung des Prozeßmodells, das der Bilanzierung zugrunde liegt. Dazu gibt es mehrere Möglichkeiten:

- Reduzierung der Zahl der Prozeßschritte. Dies kann vor allem durch Zusammenfassen mehrerer Prozeßschritte in eine größere Einheit geschehen. So kann man z. B. die verschiedenen Trennoperationen zur Aufarbeitung eines Reaktionsgemisches in einem Verfahrensteil zur Stofftrennung zusammenfassen. Weiterhin kann man Teilschritte, die für die Bilanzierung eines Verfahrens von geringer Bedeutung sind, wie die Trocknung von Prozeßluft, weglassen.
- Vernachlässigung von Nebenreaktionen. Dadurch erniedrigt sich die Zahl der Stoffe.
- Vernachlässigung von Verunreinigungen in den Edukten, was ebenfalls zu einer Erniedrigung der Zahl der Komponenten in der Bilanzierung führt.
- Vernachlässigung von Komponenten, die in kleinen Mengen oder niedrigen Konzentrationen vorliegen.
- Vernachlässigung von Stoffströmen mit niedrigem Durchsatz.
- Zusammenfassung von Verunreinigungen (vgl. Beispiel 4.3) oder anderen Nebenkomponenten in einer Komponente.

Die Vereinfachung eines Prozeßmodells zum Zweck der Aufstellung von Stoffbilanzen wird am folgenden Beispiel demonstriert.

Beispiel 4.4
Methylchlorid durch Chlorierung von Methan (vgl. Kap. 3.1.4 u. 8.5.1)

Bei der thermischen Chlorierung von Methan

$$CH_4 + Cl_2 \longrightarrow \underset{\text{Methylchlorid}}{CH_3Cl + HCl} \left(\xrightarrow[\text{Folgereaktionen}]{+ Cl_2, -HCl} CH_2Cl_2, CHCl_3, CCl_4 \right) \qquad (4.15)$$

führt man dem Chlorierungsreaktor das Gemisch der Edukte mit einem großen Überschuß an Methan zu, um den Explosionsbereich zu vermeiden (vgl. Kap. 3.3.2). Nach Abtrennung der Reaktionsprodukte wird das überschüssige Methan in den Reaktor zurückgeführt. Dabei reichern sich die im Methan enthaltenen inerten Gase, in erster Linie Stickstoff, an. Aus dem rückzuführenden Methan muß also ein Teilstrom ausgeschleust werden. Ein weiteres Problem ist die Bildung der höher chlorierten Methane CH_2Cl_2, $CHCl_3$ und CCl_4 durch Folgereaktionen. Auch bei dem hohen Methanüberschuß ist die Entstehung dieser Folgeprodukte, in erster Linie des CH_2Cl_2, nicht zu vermeiden.

Aufgabe: Für eine Anlage zur Herstellung von 20 000 t/a Methylchlorid (jährliche Betriebsdauer 8000 h) durch Methanchlorierung ist die Stoffbilanz zu erstellen. Dabei ist insbesondere der Teilstrom zu berechnen, der aus der Rückführung des Methans ausgeschleust werden muß, um den Gehalt an Inertgas im Eingangsstrom in den Reaktor unter einer vorgegebenen Grenze zu halten. Folgende Verfahrensbedingungen sind gegeben:
● Reinheiten der Edukte:
 – Methan   98 Vol.-% (Rest N_2)
 – Chlor   99,6 Vol.-% (Rest CO_2)
● Gasgemisch am Reaktoreingang:
 – molares Verhältnis $CH_4 : Cl_2 = 5 : 1$
 – maximaler Gehalt an N_2: 15 Vol.-%
● Umsatz an Chlor im Reaktor: 100%
● Produktverhältnis am Reaktorausgang:
 – $CH_3Cl : CH_2Cl_2 = 5 : 1$; die höher chlorierten Methane ($CHCl_3$, CCl_4) können vernachlässigt werden.

In der Aufarbeitung des Reaktionsgemisches werden das als Koppelprodukt gebildete HCl und das mit dem Chlor eingebrachte CO_2 durch Absorption abgetrennt. Die Chlormethane CH_3Cl und CH_2Cl_2 werden vollständig kondensiert und anschließend durch Destillation voneinander getrennt. Der Gasstrom aus der Aufarbeitung enthält das gesamte nicht abreagierte Methan und den Stickstoff.

Lösung: Zunächst zeichnet man ein Grundfließbild der Anlage, und zwar mit den Vereinfachungen, die der Bilanzierung zugrunde gelegt werden sollen. Aufgrund der Aufgabenstellung liegt es nahe, die einzelnen Schritte bei der Aufarbeitung des Reaktionsgemisches in einem Prozeßschritt zusammenzufassen. Dadurch besteht die Anlage aus den zwei Prozeßschritten Chlorierung und Stofftrennung (vgl. Abb. 4.6). In das Grundfließbild werden alle Angaben zur Aufgabenstellung eingetragen. Diese Angaben enthalten schon mehrere Vereinfachungen, z. B. die Vernachlässigung der höher chlorierten Methane oder die vollständige Abtrennung von CH_3Cl und CH_2Cl_2 durch Kondensation. In Wirklichkeit werden natürlich kleine Anteile dieser Verbindungen nicht kondensiert, sondern bleiben in der Gasphase. Daneben werden auch kleine Mengen dieser Produkte bei der Absorption von HCl und CO_2 gelöst.

Die Berechnung erfolgt zweckmäßigerweise auf der Basis der molaren Mengen, da die Angaben zur Reaktion als molare Relationen und die Gaskonzentrationen als Vol.-% (= Mol-%) vorliegen. Die Produktionskapazität der Anlage beträgt 20 000 t/a = 2500 kg/h Methylchlorid; das entspricht einer Produktion von 49,51 kmol/h Methylchlorid (Molgewicht 50,49 kg/kmol). Jetzt können wir die zur Lösung der Aufgabe erforderlichen Gleichungen aufstellen. Wir benutzen dazu das Grundfließbild in Abb. 4.6. Es enthält auch die Daten über die Zusammensetzung von Edukten und Stoffströmen.

Für die *erste Stufe der Lösung* wollen wir als weitere Vereinfachung die *Folgereaktion des Methylchlorids zu Dichlormethan vernachlässigen*. Für das Methan gelten dann folgende Beziehungen (vgl. Tab. 4.10). Die Bilanz um die Gesamtanlage ergibt, daß das der Anlage zugeführte Methan (A_2) zu einem Teil durch Reaktion zu Methylchlorid (C) verbraucht wird, zum anderen Teil mit der Ausschleusung die Anlage verläßt (A_8); vgl. Gl. (4.16). Weiterhin ist das in den Reaktor eingespeiste Methan (A_3) gleich der fünffachen molaren Menge an produziertem Methylchlorid (C), da das Chlor (= 1/5 A_3) vollständig zu Methylchlorid reagiert, vgl. Gl. (4.17). Das nicht abreagierte, überschüssige Methan ist gleich der Differenz zwischen A_3 und C; es verläßt die Stofftrennung als Strom A_7, vgl. Gl. (4.18).

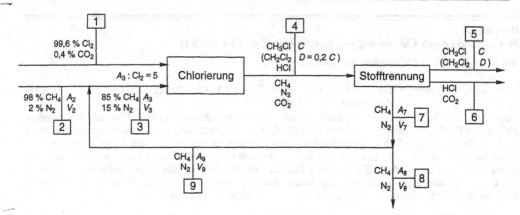

Abb. 4.6 Methylchlorid durch Chlorierung von Methan (Grundfließbild zu Beispiel 4.4, Symbole vgl. Tab. 4.10)

Tab. 4.10 Lösung von Beispiel 4.4 (vgl. Abb. 4.6)

a Symbole

Komponente	Symbol
Methan CH_4	A_i
Chlor Cl_2	B
Methylchlorid CH_3Cl	C
Dichlormethan CH_2Cl_2	D
Stickstoff N_2	V_i

Der Index i bezeichnet den jeweiligen Strom. Für CH_3Cl und CH_2Cl_2 sowie für Cl_2, HCl und CO_2 kann der Index entfallen, da die Stoffströme dieser Komponenten jeweils gleich groß sind, z. B. C_4 = C_5.

b Gleichungen

Bilanzgleichungen für Methan

$$A_2 = C + A_8 \qquad (4.16)$$
$$A_3 = 5\,C \qquad (4.17)$$
$$A_7 = A_3 - C \qquad (4.18)$$

Bilanzgleichungen für Stickstoff

$$V_2 = V_8 \qquad (4.19)$$
$$V_3 = V_7 \qquad (4.20)$$

Verknüpfung von Methan und Stickstoff

$$V_2 = \frac{2}{98}\,A_2 \qquad (4.21)$$

$$V_3 = \frac{15}{85}\,A_3 \qquad (4.22)$$

$$\frac{A_7}{V_7} = \frac{A_8}{V_8} \qquad (4.23)$$

Für den Stickstoff führt die Gesamtbilanz (Eingangsstrom V_2, Ausgangsstrom V_8) zu Gl. (4.19). Der Stickstoffstrom am Reaktoreingang (V_3) durchläuft unverändert den Reaktor und ist vollständig im Strom Nr. 7 aus der Stofftrennung enthalten; vgl. Gl. (4.20).

In den fünf Bilanzgleichungen sind acht Unbekannte enthalten: A_2, A_3, A_7, A_8, V_2, V_3, V_7, V_8. Zur Lösung benötigen wir also noch drei weitere Gleichungen. Wir erhalten sie aus den Konzentrationen von Methan und Stickstoff an bestimmten Stellen der Anlage, d. h. aus Angaben, welche die Methan- und Stickstoffströme miteinander verknüpfen. So ergibt sich aus der Zusammensetzung des Frischmethans (Strom Nr. 2) Gl. (4.21) und aus der Bedingung für das Molverhältnis von Methan zu Stickstoff am Reaktoreingang (Strom Nr. 3) Gl. (4.22). Schließlich haben der Strom Nr. 7 aus der Stofftrennung und die Ausschleusung (Strom Nr. 8) dieselbe Zusammensetzung; dementsprechend ist dies Verhältnis von Methan zu Stickstoff in beiden Strömen gleich groß, vgl. Gl. (4.23). Die Zahl der Unbekannten reduziert sich, wenn wir mit den Gl. (4.17), (4.19) und (4.20) A_3, V_8, und V_7 eliminieren. Für A_7 gilt mit Gl. (4.17) und (4.18):

$$A_7 = 4\,C \qquad (4.24)$$

Damit erhalten wir ein Gleichungssystem aus vier Gleichungen und vier Unbekannten. Zur Lösung wollen wir zwei verschiedene Methoden benutzen, nämlich die Iterations- und die Substitutionsmethode.

Bei der **Iterationsmethode** müssen wir für eine Unbekannte einen Schätzwert vorgeben. Dazu erscheint A_2 geeignet. Bei Verwendung von reinem Methan, also ohne Ausschleusung, wäre $A_2 = 1 \cdot C$. Der zusätzliche Methanstrom für die Ausschleusung des Stickstoffs wird aufgrund der gegebenen Stickstoffgehalte im Frischmethan und am Reaktoreingang auf $0,08 \cdot C$ geschätzt. Damit ist der geschätzte Startwert

$$A_2 = 1,08 \cdot C$$

Durch Einsetzen in Gl. (4.21) erhalten wir

$$V_2 = \frac{2}{98} \cdot A_2 = \frac{2}{98} \cdot 1,08 \cdot C = 0,02204\ C$$

Damit sowie mit Gl. (4.22) ergibt sich aus Gl. (4.23):

$$A_8 = \frac{A_7}{V_7} \cdot V_8 = \frac{A_7}{V_3} \cdot V_2 = \frac{4\ C \cdot 85}{15 \cdot 5\ C} \cdot 0,02204\ C$$

$$= 0,09991 \cdot C$$

Mit Gl. (4.16) errechnet sich daraus als Ergebnis der ersten Iteration:

$$A_2 = 1,09991\ C$$

Dieser Wert ist der Startwert für die zweite Iteration, also Einsetzen in Gl. (4.21) usw. Nach der dritten Iteration wird die Rechnung abgebrochen, da der Wert für V_2 sich nicht mehr ändert

$$V_2 = 0,002249\ C \quad \text{(vgl. Tab. 4.11).}$$

Tab. 4.11 Ergebnisse der Iterationen in Beispiel 4.4 (Startwert: $A_2 = 1,08\ C$)

Iteration Nr.	V_2	A_8	A_2
1	0,02204 C	0,09991 C	1,09991 C
2	0,02245 C	0,10177 C	1,10177 C
3	0,02249 C	0,10196 C	1,10196 C
4	0,02249 C	Rechnung abgebrochen	

Bei der **Substitutionsmethode** muß man versuchen, durch geschicktes Kombinieren der Gleichungen die Unbekannten nacheinander zu eliminieren, bis man eine Gleichung mit einer einzigen Unbekannten erhält. Wir gehen dabei von Gl. (4.16) aus und ersetzen darin zunächst A_8 mittels Gl. (4.23):

$$A_8 = \frac{A_7}{V_7} \cdot V_8 = \frac{4\ C}{V_3} \cdot V_2$$

Wir erhalten damit:

$$A_2 = C + 4\ C \cdot \frac{V_2}{V_3}$$

Nun eliminieren wir V_2 mittels Gl. (4.21)

$$V_2 = \frac{2}{98} \cdot A_2$$

und V_3 mittels Gl. (4.22) und (4.17)

$$V_3 = \frac{15}{85} \cdot A_3 = \frac{15 \cdot 5}{85} C.$$

Damit ergibt sich

$$A_2 = C + 0,092517 A_2.$$

Auflösen nach A_2 führt zu

$$\underline{A_2 = 1,10195 \, C.}$$

und mit Gl. (4.21) zu

$$\underline{V_2 = 0,02249 \, C.}$$

Wir erhalten also die gleichen Resultate wie bei der Iterationsmethode (vgl. Tab. 4.11) (die Differenz in der letzten Stelle des Faktors im Ausdruck für A_2 rührt von Rundungsfehlern her).

Die bis jetzt erhaltenen Ergebnisse stellen nur eine erste Näherungslösung dar, da die *Folgereaktion des Methylchlorids zu Dichlormethan* bei der Aufstellung der Gl. (4.16) bis (4.18) vernachlässigt wurde. Für die *zweite Stufe der Lösung* wird die Angabe benutzt, daß das Verhältnis von Methylchlorid zu Dichlormethan im Produktstrom (Strom Nr. 4) 5 : 1 beträgt; also ist

$$D = 0,2 \cdot C. \tag{4.25}$$

Damit wird Gl. (4.16) für die Methanbilanz der Anlage zu

$$A_2 = 1,2 \cdot C + A_8. \tag{4.26}$$

Die zusätzliche Menge an Chlor, die für die Bildung von Dichlormethan verbraucht wird (2 Mole Chlor pro Mol CH_2Cl_2), erfordert eine entsprechend größere Zufuhr an Methan in den Reaktor. Der Chlorverbrauch (B) setzt sich zusammen aus dem Bedarf für das Methylchlorid (C) und das Dichlormethan ($= 2 \cdot D = 2 \cdot 0,2 \cdot C$):

$$B = C + 2 \cdot D = 1,4 \cdot D \tag{4.27}$$

Da das Verhältnis der Molenströme an Methan (A_3) und Chlor (B) am Eingang des Reaktors 5 : 1 betragen soll, ergibt sich für A_3:

$$A_3 = 5 \cdot 1,4 \cdot C = 7 \cdot C. \tag{4.28}$$

Für die Methanbilanz um den Reaktor ergibt sich anstelle von Gl. (4.18)

$$A_7 = A_3 - (C + D) \tag{4.29}$$

und mit Gl. (4.25) und (4.28)

$$A_7 = 5,8 \, C. \tag{4.30}$$

Bei der Lösung des aus den Gl. (4.21) bis (4.23) und (4.26) bestehenden Gleichungssystems mit der Substitutionsmethode erhalten wir:

$$\underline{A_2 = 1,32717 \, C} \quad \text{und} \quad \underline{V_2 = 0,02708 \, C}$$

Ein Vergleich dieses Resultats mit dem der ersten Näherung ergibt, daß sich bei Berücksichtigung der Bildung von Dichlormethan ein ca. 20% höherer Methanverbrauch errechnet. Dagegen ist der Methankreislauf, d. h. die Methanrückführung (= A_9), um fast 50% größer (5,6728 C im Vergleich zu 3,8905 C bei Nichtberücksichtigung der CH_2Cl_2-Bildung).

Für die 20 000 jato-Methylchloridanlage erhalten wir mit obigem Ergebnis einen Verbrauch an Methan (gerechnet als 100% Methan) von 65,71 kmol/h = 1053 kg/h. Die mit dem Methan in die Anlage eingebrachte Stickstoffmenge beträgt 1,34 kmol/h = 37,6 kg/h. Daraus ergibt sich der Verbrauch an 98%igem Methan zu 67,05 kmol/h = 1502,9 Nm³/h. Die einzelnen Stoffströme in der Anlage lassen sich jetzt in einfacher Weise berechnen; deshalb wird darauf hier nicht näher eingegangen.

Die Stoffbilanzen der Chlorierung von Methan zu Methylchlorid in Beispiel 4.4 basieren auf einer ganzen Reihe von Vereinfachungen (Vernachlässigung der Bildung der höher chlorierten Methane $CHCl_3$ und CCl_4, Zusammenfassung der Trennoperationen zur Aufarbeitung des Reaktionsgemisches in einer Prozeßeinheit, Annahme einer vollständigen Abtrennung bestimmter Komponentenströme in der Aufarbeitung). Man kann zwar die Stoffbilanzen durch sukzessives Fallenlassen von Vereinfachungen und weitere manuelle Berechnungen schrittweise verfeinern, doch wird man umfangreichere Bilanzierungsrechnungen auf jeden Fall auf einem Computer durchführen, z. B. mit Hilfe eines Rechenprogramms zur Lösung von Gleichungssystemen mit mehreren Unbekannten. Darüber hinaus gibt es für die Erstellung detaillierter Stoffbilanzen von ganzen Anlagen *Computerprogramme* von unterschiedlicher Komplexität, u. a. als Bausteine von Programmsystemen zur Modellierung von Chemieanlagen.

Ein besonderes Problem bei der Erstellung von Stoffbilanzen für ganze Anlagen und Prozesse ist die Berücksichtigung von **Stoffverlusten**, die bei der Handhabung der Stoffe entstehen, z. B. Verluste durch Lecks oder durch Verdunstung. Sie lassen sich im Unterschied zu den prozeßbedingten Verlusten in Abgas- und Abwasserströmen und Ausschleusungen mengenmäßig nur schwer erfassen und erscheinen daher auch nicht in den Stoffbilanzen von Prozessen. In der Wirtschaftlichkeitsrechnung müssen diese Verluste jedoch berücksichtigt werden. Aber auch im Hinblick auf Umwelt- und Arbeitsschutz ist eine Kenntnis derartiger Materialverluste erforderlich.

Leckverluste können an Armaturen (z. B. Ventile, Hähne), Verbindungselementen (z. B. Flansche) und sonstigen Stellen mit Dichtungen (z. B. an Rührerwellen) auftreten. Sie lassen sich aufgrund von Erfahrungswerten abschätzen. Daneben kommt es durch Verdunstung von Flüssigkeiten (z. B. beim Abfüllen) und durch Verstaubung von Feststoffen zu Materialverlusten. Eine weitere Ursache von Materialverlusten besteht in Produktionsunterbrechungen, insbesondere bei Produktwechsel. Dies gilt vor allem für Chargenprozesse in Mehrzweckanlagen, da die Apparate jeweils vor Herstellung eines anderen Produktes gereinigt werden müssen. Bei der Ermittlung der optimalen Laufzeit einer Anlage für ein bestimmtes Produkt müssen neben den Kosten der Lagerhaltung auch die Materialverluste in Rechnung gestellt werden.

Vorgehensweise bei der Lösung von Bilanzierungsproblemen

Die folgende Zusammenfassung gilt auch für die Erstellung von Energiebilanzen, da dort dieselben Methoden benutzt werden wie bei Stoffbilanzen. Die Lösung von Bilanzierungsproblemen läßt sich in mehrere Schritte gliedern:

1. Zusammenstellen und Ordnen aller Angaben und Daten. Dazu wird ein **Grundfließbild** gezeichnet, in das alle Angaben über Stoffmengen, Mengenverhältnisse und Konzentrationen eingetragen werden. Die Angaben über Stoffmengen und Konzentrationen werden in **Tabellen** zusammengestellt. Dazu sind die Berechnungsbasis für die Bilanzierung und die Maßeinheiten festzulegen.

2. Problemanalyse. Welche Größen sind unbekannt? Für die Unbekannten sind Symbole festzulegen. Lassen sich genügend voneinander unabhängige Gleichungen zur Bestimmung der

Unbekannten aufstellen? Wenn nicht, nach zusätzlichen Daten oder Bedingungen suchen, mit denen weitere Gleichungen aufgestellt werden können.

3. Festlegen des Lösungswegs. Zusammenstellen aller voneinander unabhängigen Gleichungen, in denen die unbekannten Größen vorkommen. Wenn möglich, einen Lösungsweg benutzen, der sich für gleichartige Aufgabenstellungen als geeignet erwies. Bei Mißerfolg Problem anders formulieren oder in Teilprobleme aufspalten, die nacheinander gelöst werden können.

4. Lösung. Gleichungssystem mit einer erprobten Methode lösen, bei mehr als 3 bis 4 Unbekannten mit Hilfe eines Computerprogramms.

5. Ordnen und Prüfen der Ergebnisse. Zusammenstellen der Ergebnisse in Form von Tabellen (Bezeichnung der Stoffströme wie im Grundfließbild). Prüfen, ob Ergebnisse plausibel sind.

4.3.3 Energiebilanzen

Für chemische Prozesse sind Energiebilanzen vor allem aus zwei Gründen wichtig. Zum einen ist der Energieverbrauch, bei bestimmten exothermen Prozessen auch die Energieerzeugung, ein wesentlicher Faktor für die Bewertung der Wirtschaftlichkeit. Zum anderen benötigt man Energiebilanzen zur Berechnung von Prozeßschritten und zur Auslegung von Apparaten, z. B. von Reaktionsapparaten, Destillationskolonnen, Trocknern und Wärmetauschern.

Bei der Aufstellung von Energiebilanzen ist zu beachten, daß es verschiedene Energieformen gibt, z. B. thermische Energie, elektrische Energie, mechanische Energie und chemische Energie. Die allgemeine Energiebilanzgleichung muß alle Energieformen enthalten.

In Energiebilanzen für einen bestimmten Prozeß, Prozeßschritt oder Apparat berücksichtigt man praktischerweise jedoch nur die Energieformen, die in dem betrachteten System auftreten. In thermischen Grundverfahren (Wärmeaustausch, thermische Trennverfahren) ist dies meist die thermische Energie. Die entsprechenden Energiebilanzen bezeichnet man als Wärmebilanzen. Bei einer ganzen Reihe von mechanischen Grundoperationen in Apparaten mit elektrischem Antrieb, wie Pumpen, Kompressoren, Mühlen und Zentrifugen, interessieren für die Energiebilanz zunächst der Verbrauch an elektrischer Energie und der Wirkungsgrad bei der Umwandlung in mechanische Energie. Auch beim Kühlen mit Kompressionskältemaschinen oder durch Entspannen verdichteter Prozeßgase (z. B. bei Tieftemperaturprozessen wie der Luftverflüssigung) ist die elektrische Energie der wichtigste Term in der Energiebilanz.

Für Prozesse mit chemischer Reaktion genügt als Energiebilanz in der Regel eine Wärmebilanz, in der die Wärmeerzeugung durch chemische Reaktion als wesentliches Glied enthalten ist. Bei elektrochemischen Prozessen, wie Elektrolysen (z. B. von NaCl oder Al_2O_3), elektrochemischen Verfahren (z. B. die Herstellung von Calciumcarbid oder von elementarem Phosphor) und Lichtbogenverfahren (z. B. Acetylen aus Methan oder Leichtbenzin), ist natürlich die elektrische Energie ein notwendiger Bestandteil der Energiebilanz.

Wie schon erwähnt, werden die Ergebnisse aus Energiebilanzen auch zur Bewertung der Wirtschaftlichkeit von chemischen Produktionsverfahren benötigt. Da sich die Kosten für die verschiedenen Energiearten stark unterscheiden, genügt es nicht, Energieverbrauch bzw. Energieerzeugung für den Gesamtprozeß zu kennen. Es ist vielmehr erforderlich, diese Werte für die einzelnen Energiearten aufzuschlüsseln. Darüber hinaus muß bei Daten für thermische Energie die jeweilige Temperatur angegeben werden, bei der die Energie verbraucht bzw. abgegeben wird, da die Verwertbarkeit thermischer Energie von der Temperaturdifferenz zur Umgebungstemperatur abhängt.

Bei der weiteren Behandlung von Energiebilanzen wollen wir uns auf Bilanzen für die thermische Energie in Systemen mit chemischer Reaktion beschränken. Derartige Wärmebilanzen müssen neben den Gliedern für den Wärmetransport durch Leitung und Strahlung und für die Wärmeerzeugung durch chemische Reaktion auch die Energieinhalte der ein- und austretenden Stoffe enthalten. Voraussetzung für die Aufstellung solcher Energiebilanzen ist daher die Stoffbilanz des betrachteten Systems, d. h. aller Stoffmengen, die in das Kontrollvolumen eintreten oder es verlassen. Für konstanten Druck werden die Energieinhalte der Stoffe in Form ihrer Enthalpien ausgedrückt. Die Wärmebilanz für ein System mit chemischer Reaktion lautet dann folgendermaßen:

$$Q_E - Q_A + \sum n_{E,i} \cdot H_{E,i} - \sum n_{A,i} \cdot H_{A,i} + \Delta Q_R = Q_W \tag{4.31}$$

$n_{E,i}, n_{A,i}$ kmol an Komponente i im Eingangs- (E) bzw. Austrittsstrom (A)

$H_{E,i}, H_{A,i}$ Enthalpie pro kmol der Komponente i im Eingangs- bzw. Austrittsstrom

Q_E, Q_A Wärmemenge, die durch Wärmeleitung und Wärmestrahlung in das Kontrollvolumen gelangt bzw. daraus nach außen abgegeben wird

ΔQ_R Wärmeerzeugung durch chemische Reaktion

Q_W akkumulierte Wärme

Im stationären Fall ist $Q_W = 0$, es gilt

$$Q_E - Q_A + \sum n_{E,i} \cdot H_{E,i} - \sum n_{A,i} \cdot H_{A,i} + \Delta Q_R = 0. \tag{4.32}$$

Die Wärmeerzeugung durch chemische Reaktion ΔQ_R errechnet sich aus der Reaktionsenthalpie $\Delta H_{R,j}$ und der Reaktionslaufzahl ξ_j der einzelnen Reaktionen j; dabei gibt ξ_j den Reaktionsfortschritt der Reaktion j pro Formelumsatz an. Bei einer einzigen chemischen Reaktion im System ist die Wärmeerzeugung ΔQ_R gegeben durch

$$\Delta Q_R = \xi \cdot (-\Delta H_R). \tag{4.33}$$

Anhand von zwei Beispielen soll nun die Vorgehensweise bei der Aufstellung und Berechnung von Wärmebilanzen mit chemischer Reaktion aufgezeigt werden.

Beispiel 4.5
Erzeugung von Hochdruckdampf bei der Herstellung von Schwefelsäure aus Schwefel

Die Herstellung von Schwefelsäure ist ein energieliefernder Prozeß. In allen drei Reaktionsschritten, nämlich der Schwefelverbrennung, der SO_2-Oxidation und der SO_3-Absorption, wird Wärme frei (vgl. Tab. 4.12), die zur Erzeugung von Hochdruckdampf (1,0 bis 1,1 t pro t H_2SO_4) genutzt wird. Nach Literaturangaben hat die Schwefelverbrennung daran einen Anteil von 58 bis 60%.

Tab. 4.12 Herstellung von Schwefelsäure aus Schwefel (Reaktionsenthalpien der Reaktionsschritte)

Reaktionsschritt	Reaktionsgleichung	Reaktionstemperatur (°C)	Reaktionsenthalpie (kJ/mol)
1. Schwefelverbrennung	$S + O_2 \rightarrow SO_2$	600 – 1000	–297
2. SO_2-Oxidation	$SO_2 + \frac{1}{2} O_2 \rightleftarrows SO_3$	420 – 610	– 99
3. SO_3-Absorption	$SO_{3(g)} + H_2O_{(1)} \rightarrow H_2SO_{4(1)}$	80 – 140	–132,5

Aufgabe: Es ist zu berechnen, wie groß der Anteil der Schwefelverbrennung an der Erzeugung von Hochdruckdampf (40 bar, 400 °C) ist, wenn die Reaktionsenthalpie ohne Wärmeverluste genutzt wird (vgl. Abb. 4.7).

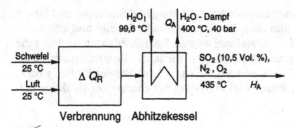

Abb. 4.7 SO$_2$ durch Verbrennung von Schwefel (Grundfließbild zu Beispiel 4.5)

Weitere Angaben und Bedingungen:
1. Die Verbrennungsluft und der Schwefel werden bei Umgebungstemperatur (25 °C) eingesetzt; d. h., die Wärmeenergie zum Aufschmelzen des Schwefels wird durch die Schwefelverbrennung geliefert.
2. Die SO$_2$-Konzentration im Verbrennungsgas soll 10,5 Vol.-% betragen, seine Temperatur beträgt 435 °C (= Eintrittstemperatur für die Kontaktanlage zur katalytischen SO$_2$-Oxidation).
3. Das Kesselspeisewasser steht mit einer Temperatur von 99,6 °C zur Verfügung (Vorwärmung außerhalb der Schwefelverbrennung).

Lösung: Das System besteht aus Verbrennungsofen und Dampfkessel. Zum Dampfkessel ist die Rohrwand des Verdampfers die Systemgrenze, d. h., das Verbrennungsgas ist innerhalb, Kesselspeisewasser und Hochdruckdampf sind außerhalb des Kontrollvolumens. Da Wärmeverluste vernachlässigt werden sollen, ist Q_A als die Wärmemenge, die aus dem Kontrollvolumen durch Wärmeleitung abgegeben wird, gleich der Wärmemenge, die zur Erzeugung von Hochdruckdampf genutzt wird. Bezugstemperatur für die Enthalpien $H_{E,i}$ und $H_{A,i}$ der ein- und austretenden Stoffströme ist 25 °C. Da die eingesetzten Stoffe Schwefel und Luft bei 25 °C vorliegen, sind die Enthalpien aller in das System eintretenden Stoffe ($\Sigma\, n_{E,i} \cdot H_{E,i}$) gleich Null. Damit erhalten wir als Wärmebilanz für den stationären Fall aus Gl. (4.32):

$$- Q_A - \sum n_{A,i} \cdot H_{A,i} + \Delta\, Q_R = 0 \qquad (4.34)$$

Als Berechnungsbasis wählen wir 1 mol SO$_2$. Wir müssen zunächst die Molzahlen $n_{A,i}$ der anderen im Verbrennungsgas enthaltenen Komponenten berechnen. Aus der Zusammensetzung von Luft (N$_2$: 78,10 Vol.-%, O$_2$: 20,94 Vol.-%, Argon und andere Edelgase: 0,93 Vol.-%) und dem SO$_2$-Gehalt des Verbrennungsgases von 10,5 Vol.-% ergibt sich:

$$n_{O_2} = \frac{0,2094 - 0,105}{0,105} = 0,994$$

$$n_{N_2} = \frac{0,7810}{0,105} = 7,438$$

$$n_{Ar} = \frac{0,0093}{0,105} = 0,089$$

Tab. 4.13 Berechnung der Enthalpie des Verbrennungsgases in Beispiel 4.5

Komponente i	$n_{A,i}$ (mol)	$\overline{C}_{pi}$ (J/mol K)	$n_{A,i}\overline{C}_{pi}$ (J/K)
SO$_2$	1,00	46,0	46,0
O$_2$	0,994	31,1	30,9
N$_2$	7,438	29,7	220,9
Ar	0,089	20,8	1,85

$\Delta T = (435 - 25)\ °C = 410\ K$ $\hspace{3cm}$ $\sum n_{A,i}\overline{C}_{pi} = 299{,}65\ J/K$

$(\sum n_{A,i}\overline{C}_{pi})\ \Delta T = 122{,}9\ kJ$

Daraus und mit den mittleren Molwärmen $\overline{C}_{pi}$ der Komponenten i errechnet sich die Enthalpie des Verbrennungsgases beim Austritt aus dem Dampfkessel nach folgender Gleichung (vgl. Tab. 4.13):

$$\sum n_{A,i}{\cdot}H_{A,i} = (\sum n_{A,i}{\cdot}\overline{C}_{pi}) \cdot \Delta T \tag{4.35}$$

Nun können wir aus Gl. (4.34) die Wärmemenge Q_A berechnen, die für die Erzeugung des Hochdruckdampfes zur Verfügung steht:

$$Q_A = \Delta Q_R - \sum n_{A,i}{\cdot}H_{A,i}$$
$$= (297{-}122{,}9) \text{ kJ} = 174{,}1 \text{ kJ}$$

Zur Berechnung der Menge an Wasserdampf, die aus der Wärmemenge Q_A erzeugt werden kann, benötigen wir die Enthalpiewerte für das Kesselspeisewasser und den Hochdruckdampf bei den vorgegebenen Bedingungen. Sie können aus Tabellen, z. B. aus der internationalen Dampftafel, entnommen werden. Enthalpie von flüssigem Wasser bei 99,6 °C:

$$h_{H_2O,\,l}^{99,6} = 417{,}5 \text{ kJ/kg}$$

Enthalpie von Wasserdampf bei 400 °C und 40 bar:

$$h_{H_2O,\,40\,bar}^{400} = 3215 \text{ kJ/kg}$$

Demnach beträgt die zur Erzeugung von 1 kg Hochdruckdampf erforderliche Wärmemenge

$$h(H_2O) = (3215 - 417{,}5) \text{ kJ/kg} = 2797{,}5 \text{ kJ/kg}.$$

An Hochdruckdampf (400 °C, 40 bar) werden erzeugt pro Mol H_2SO_4

$$\frac{174{,}1 \text{ kg}}{2797{,}5} = 0{,}06223 \text{ kg}$$

bzw. pro t H_2SO_4 (=10,196 kmol)

$$(0{,}06223 \cdot 10{,}196) \text{ t} = 0{,}635 \text{ t}$$

Dieser Wert entspricht bei einem Anteil von 58% einer Gesamtmenge von 1,09 t Hochdruckdampf bzw. 60% von 1,06 t Hochdruckdampf pro t H_2SO_4.

Beispiel 4.6

Adiabatische Flammentemperatur

Als Beispiel einer Reaktion unter adiabatischen Bedingungen, d. h. ohne Wärmeaustausch mit der Umgebung, wollen wir die Verbrennung von n-Butan behandeln.

Aufgabe: Für die adiabatische Verbrennung von n-Butan ist die sich dabei einstellende Temperatur (adiabatische Flammentemperatur) zu berechnen. Die Verbrennung soll mit Luft erfolgen, und zwar mit 50%igem Überschuß an Sauerstoff. Die Eingangstemperatur der Edukte soll 25 °C betragen (vgl. Abb. 4.8).

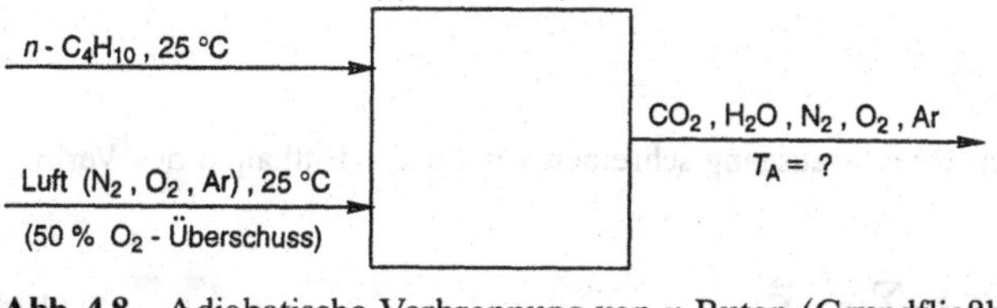

Abb. 4.8 Adiabatische Verbrennung von n-Butan (Grundfließbild zu Beispiel 4.6)

Lösung: Die Wärmebilanz bei stationären Bedingungen (Gl. 4.32) lautet für einen adiabaten Prozeß:

$$\sum n_{E,i} \cdot H_{E,i} - \sum n_{A,i} \cdot H_{A,i} + \Delta Q_R = 0 \tag{4.36}$$

Als Berechnungsbasis wählen wir 1 mol n-Butan. Die durch die Verbrennungsreaktion erzeugte Wärme ($\Delta Q_R = -\Delta H_R$) berechnen wir aufgrund der Reaktionsgleichung

$$C_4H_{10} + 6\tfrac{1}{2} O_2 \longrightarrow 4\,CO_2 + 5\,H_2O \tag{4.37}$$

aus den Bildungsenthalpien ΔH_B° der Reaktanden. Damit erhalten wir die Reaktionsenthalpie ΔH_R° bei Standardbedingungen (25 °C, 1 bar, vgl. Tab. 4.14).

Tab. 4.14 Berechnung der Reaktionsenthalpie ΔH_R° der Verbrennung von n-Butan (Beispiel 4.6)

Reaktand	v_i	$\Delta H_{B,i}^\circ$(kJ/mol)	$v_i\,H_{B,i}^\circ$(kJ/mol)
n-C_4H_{10}	−1	−126,2	+126,2
O_2	−6,5	0	0
CO_2	+4	−393,8	1575,2
$H_2O_{(g)}$*	+5	−242,0	1210,2

* Für H_2O wird, abweichend von der üblichen Definition, der Wert der Bildungsenthalpie für den Gaszustand eingesetzt, da alle Produkte den Reaktionsraum gasförmig verlassen.

$$\underline{\underline{\Delta H_R^\circ = \sum v_i\,H_{B,i}^\circ = -2659,0\ \text{kJ/mol}}}$$

Wenn wir als Bezugstemperatur 25 °C wählen, sind die Enthalpien der in das System eintretenden Stoffströme gleich Null:

$$\sum n_{E,i} \cdot H_{E,i} = 0$$

Zur Berechnung der Enthalpien der aus dem System austretenden Stoffe ($\sum n_{A,i} \cdot H_{A,i}$) müssen wir die Stoffbilanz aufstellen. Pro Mol n-Butan werden 6,5 mol Sauerstoff benötigt, bei einem 50%igem Sauerstoffüberschuß $1,5 \cdot 6,5 = 9,75$ mol O_2. Mit dem Sauerstoff werden dem System die anderen Bestandteile der Luft (78,10% N_2, 0,96% Argon u. a.) zugeführt:

$$\frac{0,7810}{0,2094} \cdot 9,75 = 36,36\ \text{mol}\ N_2$$

$$\frac{0,0096}{0,2094} \cdot 9,75 = 0,45\ \text{mol}\ Ar\ \text{u. a.}$$

Außer diesen nicht an der Verbrennungsreaktion beteiligten Stoffen enthält das aus dem System austretende Verbrennungsgas den überschüssigen Sauerstoff und die Produkte CO_2 und H_2O in folgenden Mengen:

3,25 mol O_2,
4 mol CO_2 und
5 mol H_2O.

Zur Ermittlung der Temperatur T_A am Reaktorausgang schreiben wir für die Enthalpie des Verbrennungsgases:

$$\sum n_{A,i} \cdot H_{A,i} = \sum n_{A,i} \int_{T_E}^{T_A} C_{pi}\,dT = (T_A - T_E) \cdot \sum n_{A,i} \cdot \overline{C}_{pi} \tag{4.38}$$

Der letztere Ausdruck enhält anstelle des Integrals über die temperaturabhängigen Molwärmen C_{pi} die mittleren Molwärmen $\overline{C}_{pi}$. Durch Einsetzen des Ausdrucks in die Wärmebilanz erhalten wir für die gesuchte Temperatur T_A:

$$T_A = \frac{\Delta Q_R}{\Sigma\, n_{A,i} \cdot \overline{C}_{pi}} + T_E \qquad (4.39)$$

Da die Werte für die mittleren Molwärmen $\overline{C}_{pi}$ nur für den jeweiligen Temperaturbereich mit den Grenzen T_E und T_A gelten, müssen wir zunächst die Wärmekapazität des Verbrennungsgases $(\Sigma n_{A,i} \cdot \overline{C}_{pi})$ und damit über Gl. (4.39) T_A grob schätzen. Danach muß T_A zwischen 1500 und 1600 °C liegen. Für diese beiden Temperaturen ermitteln wir aus Tabellenwerken die $\overline{C}_{pi}$-Werte und daraus die Wärmekapazitäten (vgl. Tab. 4.15). Damit erhalten wir zwei Näherungswerte für T_A; durch Interpolation ergibt sich die adiabatische Verbrennungstemperatur zu 1566 °C.

Tab. 4.15 Berechnung der Wärmekapazität ($\Sigma\, n_{A,i}\, \overline{C}_{pi}$ in Beispiel 4.6)

Komponente	$n_{A,i}$	$T_A = 1500\ °C$		$T_A = 1600\ °C$	
		$\overline{C}_{pi}$	$n_{A,i}\, \overline{C}_{pi}$	$\overline{C}_{pi}$	$n_{A,i}\, \overline{C}_{pi}$
O_2	3,25	34,28	111,4	34,47	112,0
CO_2	4	52,47	209,9	52,93	211,7
H_2O	5	41,57	207,4	42,0	210,0
N_2	36,36	32,43	1179,2	32,62	1186,1
Ar u. a.	0,45	20,8	9,4	20,8	9,4
		$\Sigma\, n_{A,i}\, \overline{C}_{pi}$	= 1717,3 J/K = 1,7173 kJ/K	$\Sigma\, n_{A,i}\, \overline{C}_{pi}$	= 1729,2 J/K = 1,7292 kJ/K
$T_A - T_E = \dfrac{\Delta Q_R}{\Sigma\, n_{A,i}\, \overline{C}_{pi}}$			1548,4 °C		1537,7°C
$T_A = \dfrac{\Delta Q_R}{\Sigma\, n_{A,i} \cdot \overline{C}_{pi}} + 25$			1573,4 °C		1562,7 °C
Interpolation: $T_A =$				1566 °C	

4.4 Versuchsanlagen

4.4.1 Notwendigkeit und Aufgaben

Die Entwicklung neuer Anlagen steht unter zwei sich widersprechenden Aspekten. Zum einen soll die Entwicklungszeit möglichst kurz gehalten werden, um ein neues Produkt möglichst frühzeitig auf den Markt zu bringen, oder um bei einem neuen Verfahren dessen Kostenvorteile schnell zu nutzen. Zum anderen soll bei Abschluß der Entwicklungsarbeiten ein Verfahren zur Verfügung stehen, das so weit ausgereift ist, daß das Risiko einer Fehlinvestition durch mangelnde Funktionsfähigkeit oder Versagen der Produktionsanlage möglichst niedrig ist. Da sowohl der zeitliche als auch der finanzielle Aufwand für Bau und Betrieb einer Versuchsanlage ausgesprochen hoch sind, muß man prüfen, ob es möglich und sinnvoll ist, die Maßstabsvergrößerung der einzelnen Verfahrensschritte auf der Basis von Untersuchungen im Labor und Technikum vorzunehmen. Bei Verfahren mit wenigen Verfahrensschritten, für die Erfahrungen bei der Herstellung verwandter und ähnlicher Produkte vorliegen, ist ein solches Vorgehen durchaus üblich. Ein wichtiger Gesichtspunkt ist hierbei auch, daß es sich nicht um Großprodukte mit einem entsprechend hohen wirtschaftlichen Risiko handelt. Beispiele dafür sind viele Pharmazeutika, Pflanzenschutzmittel und organische Farbstoffe sowie Vorstufen für diese Produkte.

In vielen Fällen untersucht man wegen der hohen Kosten nur den Teil des Verfahrens in einer Versuchsanlage, für den die Übertragung in den technischen Maßstab mit größeren Unsicherheiten behaftet ist, z. B. den Reaktionsteil oder Verfahrensschritte, in denen Feststoffe gehandhabt werden, wie die Filtration, die Trocknung oder die Kristallisation. Aber auch bei Entwicklungen zur Verbesserung von Großverfahren wird der Aufwand für eine eigens errichtete besondere Versuchsanlage meistens vermieden. In der Regel geht es dabei um einen einzigen Verfahrensschritt. Es ist dann oft möglich, die Versuchsapparatur in der Produktionsanlage im Nebenschluß zu dem betreffenden Verfahrensschritt zu installieren. Auf diese Weise kann man beispielsweise neue Varianten der Reaktionsführung quasi unter Betriebsbedingungen erproben.

Notwendig ist eine vollständige Versuchsanlage für den gesamten Prozeß immer dann, wenn es sich um ein neues Verfahren für ein mengenmäßig größeres Produkt handelt, und zwar schon allein wegen des wirtschaftlichen Risikos. Zudem werden diese Verfahren meist kontinuierlich betrieben mit Kreisläufen für bestimmte Hilfsstoffe (z. B. Lösemittel in Absorption und Extraktion) und mit Rückführungen (z. B. von nicht umgesetztem Edukt). In solchen Kreisläufen können sich Verunreinigungen anreichern, die im Prozeß in so niedrigen Konzentrationen vorliegen, daß sie in Versuchsansätzen, die absatzweise oder auch kontinuierlich für maximal einige Tage durchgeführt werden, nicht nachzuweisen sind. Auch Ablagerungen von in Spuren auftretenden Feststoffen machen sich oft erst nach Wochen bemerkbar. Derartige Effekte wie auch überrraschende Korrosionserscheinungen an kritischen Stellen einer Anlage lassen sich erst nach längerem kontinuierlichem Betrieb finden.

Auch experimentelle Untersuchungen des dynamischen Verhaltens eines Prozesses sind erst in einer Versuchsanlage möglich. Dazu gehört insbesondere die Fortpflanzung von Störungen aus einer Stelle der Anlage in andere Anlagenteile. Beispiele dafür sind plötzliche Änderungen von Menge oder Zusammensetzung eines Einsatzstoffs oder von Temperaturen oder Durchsätzen. Es gibt heute zwar auch Prozeßmodelle zur Simulation von dynamischen Vorgängen in Chemieanlagen, doch sind damit sichere Voraussagen allein aufgrund von Labordaten nur begrenzt möglich.

Weitere wichtige Erfahrungen, die man beim Betreiben einer Versuchsanlage gewinnt, betreffen das Vorgehen beim Anfahren und Abfahren der Anlage. Schließlich bietet eine Versuchsanlage die Möglichkeit, die Betriebsmannschaft für die Produktionsanlage zu schulen.

Versuchsanlagen können zusätzlich auch dazu dienen, von einem neuen Produkt kleinere Mengen herzustellen. Solche Mustermengen werden z. B. zur Prüfung von Verwendungsmöglichkeiten für das Produkt und zur Markttestung benötigt.

4.4.2 Planung einer Versuchsanlage

Die Planung einer Versuchsanlage setzt die Klärung einer ganzen Reihe von Problemen des neuen Verfahrens voraus. Dazu gehört insbesondere die Auswahl der Apparate für die einzelnen Verfahrensschritte und der entsprechenden Werkstoffe. Weiterhin müssen die sicherheitstechnischen Fragen geklärt sein. Für diese und andere Einzelprobleme sind experimentelle Untersuchungen im Laboratorium oder im Technikum erforderlich. So müssen z. B. zur Auswahl des Reaktionapparats Angaben zur Reaktionsgeschwindigkeit von Haupt- und Nebenreaktionen und deren Temperaturabhängigkeit vorliegen. Ferner soll bei Reaktionen in mehrphasigen Systemen (z. B. heterogen katalysierte Gasreaktionen oder Gas-Flüssigkeits-Reaktionen) bekannt sein, ob und unter welchen Bedingungen die Reaktionsgeschwindigkeit vom Stofftransport oder von der chemischen Reaktion bestimmt wird.

Derartige Untersuchungen und viele andere Aktivitäten müssen im Sinne der zügigen Durchführung eines Entwicklungprojekts gut aufeinander abgestimmt werden. Die Koordination dieser Aktivitäten obliegt einem Projektleiter, der in einem möglichst frühen Stadium des Projekts, spätestens aber zu Beginn der Planung der Versuchsanlage ernannt wird.

Die Planung der Versuchsanlage erfolgt auf der Basis folgender Unterlagen:

1. Verfahrensbeschreibung mit Grundfließbild,
2. Verfahrensfließbild mit Angabe der Mengen für sämtliche Stoffströme und der dazugehörigen Temperaturen und Drücke,
3. RI-Fließbild mit Grundinformationen (vgl. Kap. 2.3),
4. Meß- und Regelschema,
5. Sicherheitskonzept.

4.4.3 Typen von Versuchsanlagen

Zeit- und Kostenaufwand für Bau und Betrieb einer vollständigen Versuchsanlage zur Entwicklung eines neuen Verfahrens sind beträchtlich. Für solche sog. **integrierten Versuchsanlagen (pilot plants)** liegen die produzierten Mengen zwischen 5 und 100 kg/h (= 40 – 800 t/a). Sie sind als Abbild der großtechnischen Anlage konzipiert. Daher stellen sie kleine Produktionsanlagen dar, in denen die einzelnen Stufen der Prozesse in ähnlichen Apparaten ablaufen wie in der Großanlage. Apparative Änderungen, wie sie aufgrund der Erfahrungen im Versuchsbetrieb notwendig werden, erfordern Zeit. Insgesamt sind für den Betrieb einer integrierten Versuchsanlage 1 bis 2 Jahre zu veranschlagen. Dazu kommt die Bauzeit von ca. 1 Jahr (mind. $1/2$ Jahr). Darüber hinaus muß in Deutschland für eine integrierte Versuchsanlage eine Betriebsgenehmigung beantragt werden.

Als Alternative zu der sehr aufwendigen integrierten Versuchsanlage gibt es die sog. **Miniplants**. Es handelt sich dabei um Versuchsanlagen, die wesentlich kleiner und damit auch flexibler sind als der klassische Typ der integrierten Versuchsanlage. Eine Miniplant stellt ebenso wie die integrierte Versuchsanlage das Abbild des technischen Prozesses dar, insbesondere mit allen Kreisläufen und Rückführungen. Anders als die integrierte Versuchsanlage sind die einzelnen Apparate und Komponenten (Rohrleitungen, Kühler, Kolonnen, Pumpen) überwiegend Geräte, wie sie im Labor verwendet werden. Deswegen und wegen der kleinen Apparatedimensionen sind Miniplants wesentlich flexibler und kostengünstiger als klassische Versuchsanlagen. Apparative Änderungen und Umbauten lassen sich relativ schnell vornehmen. Die Zeitersparnis bei Bau und Betrieb und die deutlich niedrigeren Investitionskosten einer Miniplant im Vergleich zu einer integrierten Versuchsanlage bedingen eine erhebliche Reduktion der Entwicklungskosten.

Trotz dieser Vorteile der Miniplant-Technik wird man auch in Zukunft nicht in jedem Fall auf die integrierte Versuchsanlage verzichten können. Dies wird z. B. dann der Fall sein, wenn in dem zu entwickelnden Verfahren eine neuartige Technik benutzt wird. Zudem bedingt der hohe Vergrößerungsfaktor von 10^3 bis 10^4 (vgl. Tab. 4.16) bei der Übertragung von der Miniplant in den technischen Maßstab im Vergleich zur klassischen Versuchsanlage (Vergröße-

Tab. 4.16   Vergleich von integrierter Versuchsanlage und Miniplant

	integrierte Versuchsanlage	Miniplant
mittlere Kapazität	5...100 kg/h	0,1...1 kg/h
Vergrößerungsfaktor	10...100	$10^3...10^4$

Versuchsziele:

1 Ermittlung von Verfahrensdaten und optimalen Betriebsbedingungen, Überprüfung von Labordaten	••	••
2 Standzeiten von Katalysatoren	••	••
3 Auffinden von Spurenprodukten in Kreisläufen	••	••
4 Auffinden von Ablagerungen	•	o
5 Werkstofftests unter Prozeßbedingungen	••	o
6 Untersuchung der Prozeßdynamik	•	•
7 Anfahr- und Abschaltverhalten	•	–

Sonstige Verwendung:

1 Erzeugung von Produkt für anwendungstechnische Untersuchungen und Markttests	•	–
2 Schulung des Betriebspersonals	•	–

•• Hauptziele	o bedingt möglich
• möglich	– nicht möglich

rungsfaktor 10 bis 100) ein größeres Risiko. Die meisten Grundoperationen mit fluiden Medien wie die Destillation und die Absorption lassen sich zwar in der Regel aus dem Labor- und Miniplantmaßstab problemlos vergrößern, doch dürfte für viele andere Grundoperationen die Maßstabsübertragung auch bei Verwendung besser fundierter Simulationsmodelle schwierig bleiben. Gerade bei Verfahren mit Feststoffen ist das besonders ausgeprägt. Feststoffe unterscheiden sich nicht nur in ihrer Kristallstruktur, sondern z. B. auch in Partikelgröße und Oberflächenbeschaffenheit. Je nach Vorgeschichte (Herstellung, Verarbeitung) kann dieselbe chemische Verbindung große Unterschiede in den genannten Eigenschaften aufweisen.

Um bei der Verfahrensentwicklung in einer Miniplant Unsicherheiten in der Maßstabsvergrößerung eines kritischen Verfahrensschrittes zu vermeiden, muß man Untersuchungen in einer entsprechend größeren **Versuchsanlage für** diesen **Verfahrensteil** durchführen. Ein derartiges Vorgehen ist immer noch weniger zeit- und kostenaufwendig als das Errichten und Betreiben einer integrierten Versuchsanlage. Diese hat allerdings im Vergleich zur Miniplant den Vorteil, daß damit Mustermengen des Produkts erzeugt werden können.

Unter bestimmten Umständen kann es bei Verfahren für größere Produkte auch sinnvoll sein, vor der Großanlage eine **Demonstrationsanlage** zu bauen. Ein Grund dafür kann darin bestehen, daß ein besonderes Interesse an der Vergabe von Lizenzen an Firmen vorhanden ist. Als Beispiel sei die Entwicklung von Verfahren zur schadstoffarmen Verbrennung von Müll genannt. Hierzu wurden Verfahren entwickelt, die neuartige Techniken nutzen, so daß das Risiko bei der Maßstabsvergrößerung relativ hoch ist. Durch den niedrigeren Vergrößerungsfaktor beim Übergang von der Versuchsanlage auf die Demonstrationsanlage konnte das Risiko klein gehalten werden. Demonstrationsanlagen für Chemieprodukte bieten natürlich auch die Möglichkeit, größere Mengen eines neuen Produkts zum Zwecke der Testung und Erschließung des Marktes zu erzeugen.

Tab. 4.16 gibt als Zusammenfassung einen vergleichenden Überblick über die Charakteristika und Aufgaben von integrierter Versuchsanlage und Miniplant. Generell besteht heute die Tendenz, in der Verfahrensentwicklung vorzugsweise Miniplants einzusetzen.

4.5 Auswertung und Optimierung

Ziel einer jeden Verfahrensentwicklung ist die technische Anlage, die nach erfolgreicher Inbetriebnahme störungsfrei und mit optimaler Wirtschaftlichkeit arbeitet. Hierfür muß die Verfahrensentwicklung die Unterlagen und Informationen liefern, die für die sichere Auslegung der Apparate und den optimalen Betrieb der Anlage erforderlich sind. Dazu werden die verschiedenen Untersuchungen während ihrer Bearbeitung fortlaufend ausgewertet. Dabei wird angestrebt, für die Abhängigkeit des Betriebsverhaltens der einzelnen Verfahrensschritte von wesentlichen Einflußgrößen (z. B. Temperaturen, Konzentrationen, Durchsätze) quantitative Zusammenhänge in Form mathematischer Modelle zu erhalten. Diese können dann als Grundlage für ein Simulationsmodell zur Optimierung des geplanten Prozesses dienen.

4.5.1 Auswertung

Die Auswertung ist eng mit der Planung und Durchführung der Versuche gekoppelt. Dies gilt besonders für die Messungen an der Versuchsanlage. Da zum einen immer die Einflüsse mehrerer Prozeßvariablen auf einen Prozeßschritt zu untersuchen sind, zum andern aber die Messungen an einer Versuchsanlage recht aufwendig sind, ist es zweckmäßig, zu Beginn der Versuche ein Meßprogramm aufzustellen. Hierbei können die Methoden der **statistischen Versuchsplanung** eine wertvolle Hilfe darstellen.

Vor Beginn der Versuchsauswertung müssen die Meßergebnisse hinsichtlich ihrer Streuung und möglicher systematischer Fehler analysiert werden. Eine wesentliche Hilfe ist dabei eine Prüfung der Meßdaten auf Konsistenz, z. B. über Stoffbilanzen für die einzelnen Komponenten. Abweichungen können Hinweise auf Fehler bei bestimmten Analysen oder Mengenmessungen geben.

Bei der Auswertung der Versuchsergebnisse muß man versuchen, bekannte Zusammenhänge zwischen Zielgröße und den Prozeßvariablen zu nutzen. Dabei kann es sich entweder um quantitative Beziehungen handeln, z. B. um Daten für bestimmte Dampf-Flüssigkeits-Gleichgewichte, oder um allgemeine Ansätze, wie die reziproke Abhängigkeit der Reaktionsgeschwindigkeit von der Temperatur. Modelle, die auf derartigen Beziehungen basieren, werden als **physikalische oder physikalisch-chemische Modelle** bezeichnet.

Wenn keine derartigen Zusammenhänge bekannt sind, benutzt man für die Versuchsauswertung meist die Regressionsanalyse. In ihrer einfachsten Form liefert sie lineare Abhängigkeiten der Zielgröße y von den Variablen $x_1, x_2, ..., x_i$ der Form

$$y = a_0 + \Sigma\, a_i\, x_i \tag{4.40}$$

a_0 und a_i sind Konstanten, die durch Ausgleichsrechnung an die Meßwerte angepaßt werden. Bei kombinierten Einflüssen zweier Variablen, z. B. von x_1 und x_2, ist Gl. (4.40) durch Glieder der Art $a_{12} \cdot x_1 \cdot x_2$ zu ergänzen. Bei nichtlinearer Abhängigkeit kann man Glieder mit höheren Potenzen in x_i (z. B. x_i^2, x_i^3) oder mit andersartigen Abhängigkeiten (z. B. $1/x_i$, $\sqrt{x_i}$, $\ln x_i$) hinzufügen. Modelle, die mit Hilfe der Regressionsanalyse erstellt werden, bezeichnet man als **Regressionsmodelle**.

Im Vergleich zu physikalisch-chemischen Modellen benötigen Regressionsmodelle deutlich mehr anzupassende Konstanten. Trotzdem ist ihre Vorhersagegenauigkeit meist geringer. Zudem sollten Regressionsmodelle nicht über den experimentell untersuchten Bereich hinaus verwendet werden, während man mit physikalisch-chemischen Modellen in Grenzen extrapolieren kann.

Wegen dieser Vorteile benutzt man physikalisch-chemische Modelle auch in Systemen, in denen nur Teilvorgänge durch Gesetzmäßigkeiten beschrieben werden können. Die physikalisch-chemischen und physikalischen Beziehungen liefern dann das entsprechende Teilmodell für die Modellbeschreibung des gesamten Systems. Beispiele dafür sind Reaktionsapparate für mehrphasige Reaktionen, wie die Blasensäule oder der Wirbelschichtreaktor. Dort liegt häufig aus einer Laboruntersuchung eine Modellgleichung für die chemische Reaktionsgeschwindigkeit vor, während für Stoffübergang und Vermischung Korrelationsbeziehungen benutzt werden, die durch Messungen in Versuchsapparaten ohne chemische Reaktion gewonnen wurden.

4.5.2 Verfahrensoptimierung

Die Modelle und sonstigen Zusammenhänge, die durch Auswertung der Ergebnisse aus der Versuchsanlage und der Untersuchungen an Einzelschritten erhalten wurden, dienen zum einen zur Auslegung der einzelnen Verfahrensstufen und der entsprechenden Apparate. Zum anderen sind sie die Bausteine eines Modellsystems, mit dem das Verhalten der Gesamtanlage simuliert werden kann.

Ziel einer solchen **Prozeßsimulation** ist das Auffinden des optimalen Verfahrens bei optimaler Prozeßführung. Dieses Optimum des Gesamtprozesses ist nicht gleichzusetzen mit der Summe der Optima der Einzelschritte.

Zielgröße ist das wirtschaftliche Optimum, d. h. das Minimum der Herstellkosten für das Produkt. Sehr oft läßt sich diese Zielgröße auf eine Größe reduzieren, die in einem direkten Zusammenhang mit dem Prozeßmodell steht. Je nach Gegebenheiten des zu optimierenden Prozesses eignen sich dafür die optimale Nutzung der Edukte, also die maximale Ausbeute, der minimale Energieverbrauch oder der minimale Investitionsaufwand.

Die Optimierung eines gesamten Prozesses ist eine außerordentlich schwierige Aufgabe. Für ihre Lösung stehen heute hochentwickelte Programmsysteme zur Verfügung, mit denen auch sehr komplizierte Verfahren mit mehreren Kreisläufen und Rückführungen simuliert werden können. In Tab. 4.17 sind einige dieser Programmsysteme mit den jeweiligen Anbietern aufgeführt. Die meisten dieser Programme dienen zur Simulation des stationären Zustands von Prozessen. Dementsprechend werden sie zur Verfahrensplanung und Anlagenauslegung eingesetzt. Daneben gibt es auch Programme, in denen das dynamische Verhalten einer Anlage simuliert wird. Außer zur Untersuchung der Prozeßdynamik eignen sich derartige Programme auch zur Prozeßsteuerung.

Mit solchen Prozeßsimulatoren lassen sich auch verschiedene Verfahrensvarianten berechnen und miteinander vergleichen, z. B. unterschiedliche Aufeinanderfolgen von Trennverfahren. Solche vergleichende Verfahrensberechnungen darf man allerdings keinesfalls rein schematisch durchführen, indem man alle denkbaren Möglichkeiten nacheinander berechnet. Selbst bei den hohen Rechenleistungen heutiger Computer wird der Rechenaufwand schnell unübersehbar.

Schon für die relativ einfache Aufgabe der Trennung von fünf Komponenten in einem kontinuierlichen Prozeß durch ein einziges Verfahren, z. B. durch Rektifikation, gibt es 14 alternative Trennsequenzen. Zweckmäßigerweise geht man daher so vor, daß man aufgrund von Erfahrungen mit ähnlichen Problemen eine Basislösung auswählt und diese dann gezielt variiert. So

Tab. 4.17 Computerprogramme für die Prozeßsimulation

Anbieter	Programm
Simulation des stationären Zustands *(Verfahrensplanung und Anlagenauslegung)*	
ASPEN Plus	Aspen Technology, Cambridge MA, USA
Chemcad	Chemstations Engineering, Houston TX, USA
Hysim	Hyprotech, Calgary, Kanada
Pro/II	Simulation Science, Fullerton CA, USA
Procede 2	Cherwell Scientific, Oxford, England
Pro Sim	ProSim, Toulouse, Frankreich
Simulation des dynamischen Verhaltens *(Prozeßdynamik, Prozeßsteuerung)*	
DIVA	Universität Stuttgart (Prof. E. D. Gilles)
Hysis	Hyprotech, Calgary, Kanada
gProms	Imperial College, London, England
PROTISS	Simulation Science, Fullerton CA, USA
Speedup	Aspen Technology, Cambridge MA, USA

schaltet man mehrere Rektifikationskolonnen häufig so hintereinander, daß jeweils die niedrigstsiedende Komponente zuerst abgetrennt wird. Oft kann man bei solchen Problemen bestimmte Lösungen aufgrund besonderer Gegebenheiten und Randbedingungen ausschließen. Im Falle der Rektifikation eines Mehrkomponentengemischs in mehreren hintereinander geschalteten Kolonnen scheidet die zuvor erwähnte Sequenz der sukzessiven Abtrennung mit zunehmender Siedetemperatur des Kopfprodukts sofort aus, wenn eine schwerer siedende Komponente besonders temperaturempfindlich ist.

Derartige Probleme lassen sich natürlich nicht einfach dadurch lösen, daß man die Fragestellung in ein Computerprogramm eingibt. Die Suche nach der optimalen Lösung erfordert zunächst einmal Erfahrungen mit ähnlichen Problemen und darüber hinaus vor allem Kreativität. Weiterhin werden Regeln und Kriterien benötigt, um unter vielen Alternativen verfahrenstechnischer Problemlösungen die erfolgversprechendsten und gleichzeitig praktikablen Möglichkeiten herauszufiltern. Schließlich werden die wenigen besonders günstigen Varianten mit einem Prozeßsimulator berechnet und optimiert. Aber auch bei den vorgeschalteten Stufen des Auswählens und Vergleichens der vielen denkbaren Verfahrensvarianten kann der Computer heute eine wertvolle Hilfe sein. Man kann nämlich den Computer dazu benutzen, die Erfahrungen mit Lösungen verschiedenartigster verfahrenstechnischer Probleme so zu speichern, daß sie für die Bearbeitung ähnlicher Fragestellungen gezielt abgerufen werden können. Da man in solchen Wissensspeichern das Wissen von Experten speichert, bezeichnet man derartige Programmsysteme als **Expertensysteme**. Neben dem Wissensspeicher enthalten sie als zweite Komponente Methoden, mit denen aus gespeicherten Wissenselementen Folgerungen zur Lösung eines Problems gezogen werden können.

Der Einsatz von Expertensystemen ist vor allem für das Aufsuchen und Erarbeiten von Verfahrenskonzepten interessant. Diese auch als **Prozeßsynthese** bezeichnete Tätigkeit steht am Anfang einer Verfahrensentwicklung. Ziel ist ein optimales Verfahrenskonzept. Doch auch im Verlaufe einer Verfahrensentwicklung kann es aufgrund neuer Erkenntnisse notwendig sein, nach neuen Konzepten für Teilstücke des Verfahrens zu suchen.

Auch die Optimierung des Gesamtverfahrens beschränkt sich nicht auf eine Phase der Verfahrensentwicklung. Schon zu deren Beginn führt man auf der Grundlage der vorliegenden Verfahrensinformationen und eines ersten Verfahrenskonzepts Simulations- und Optimierungsrechnungen durch. Dies wird im Verlaufe der Prozeßentwicklung bei Bedarf wiederholt. Die am Ende aller Untersuchungen vorliegenden Daten bilden dann die Basis für die abschließende Optimierung sowohl der Einzelschritte als auch des Gesamtverfahrens.

Literatur

Allgemein

1. Blass, E. (1989), Entwicklung verfahrenstechnischer Prozesse, Salle u. Sauerländer, Frankfurt, Main.
2. Christmann, E., G. Entenmann, M. Habermann, H. Schwall (1985), Integrierte Verfahrensentwicklung – Sicherheit und Umweltschutz bei der Entwicklung chemischer Produktionsverfahren, Chem. Ind. **37**, 533–537.
3. Renken, A., E. Weber, W. Wendel (1984), Methoden der Verfahrensentwicklung, in Winnacker-Küchler (4.), Bd. 1, S. 335–396.
4. Resnick, W. (1981), Process Analysis and Design for Chemical Engineers,, McGraw-Hill, New York.
5. Vogel, H. (1992), Process Development, Ullmann (5.), Vol. B4, p. 437–475.
6. Wagner, U. (1974), Verfahrensentwicklung, Ullmann (4.), Bd. 4, S. 1–69.
7. Weiss, S., Verfahrenstechnische Berechnungsmethoden, VCH Verlagsgesellschaft mbH, Weinheim.
   a) Gruhn, G. et al. (1988), Teil 6, Verfahren und Anlagen (zu Kap. 4.3 u. 4.5),
   b) Westmeier, S. et al. (1986), Teil 7, Stoffwerte (zu Kap. 4.2),
   c) Kattanek, S. et al. (1985), Teil 8, Experimente in der Verfahrenstechnik. – Vorbereitung, Durchführung und Auswertung (zu Kap. 4.4 u. 4.5).

Zu Kap. 4.2

8. Bender, H. F. (1990), Sicherer Umgang mit Gefahrstoffen, VCH Verlagsgesellschaft mbH, Weinheim.
9. Berthold, W., U. Löffler (1990), Sicherheitstechnische Kenngrößen und ihre Bedeutung für die Planung und den Betrieb von Chemieanlagen, Chem.-Ing.-Tech. **62**, 92–96.
10. Berufsgenossenschaft der Chemischen Industrie und Verein Deutscher Sicherheitsingenieure e. V. (1992), Ratgeber Anlagensicherheit – Grundlagen und Anwendungshilfen zur Anlagensicherheit, Kluge, Berlin.
11. Birgersson, B., O. Sterner, E. Zimerson (1992), Chemie und Gesundheit –Eine verständliche Einführung in die Toxikologie, VCH Verlagsgesellschaft mbH, Weinheim.
12. Bliefert, C. (1994), Umweltchemie, VCH Verlagsgesellschaft mbH, Weinheim.
13. Bretherick, L. (1990), Bretherick's Handbook of Reactive Chemical Hazards, 4. Aufl. Butterworths, London.

14. Dekant, W., S. Vamvakas (1994), Toxikologie für Chemiker und Biologen. Spektrum, Heidelberg.
15. Dorias, H. (1984), Gefährliche Güter, Springer, Berlin, Heidelberg, New York.
16. Eisenbrand, G., F. Hennecke, M. Metzler (1994), Toxikologie für Chemiker, Georg Thieme Verlag, Stuttgart, New York.
17. Fonds der Chemischen Industrie (1994), Sicherheit in der Chemischen Industrie. Folienserie, Textheft 16, Fonds Chem. Ind., Frankfurt, Main.
18. Fuhrmann, G. F. (1994), Allgemeine Toxikologie für Chemiker, Teubner, Stuttgart.
19. Fonds der Chemischen Industrie (1985), Toxikologie. Folienserie, Textheft 17, Fonds Chem. Ind., Frankfurt, Main.
20. Jost, D. et al. (ab 1983), Die neue TA Luft (Loseblattsammlung), WEKA, Augsburg.
21. Marquart, T., S. G. Schäfer (Hrsg.), Lehrbuch der Toxikologie, Bibliographisches Institut – Wissenschaftsverlag, Mannheim.
22. Onken, U., H.-I. Paul (1990), Estimation of Physical Properties, in Ullmann (5.), Vol. B1, pp. 6-1 – 6-60.
23. Pohle, H. (1991), Chemische Industrie – Umweltschutz, Arbeitsschutz, Anlagensicherheit, Rechtliche und Technische Normen. Umsetzung in die Praxis, VCH Verlagsgesellschaft mbH, Weinheim.
24. Reid, C., J. M. Prausnitz, B. E. Poling (1988), The Properties of Gases and Liquids, 4. Aufl., McGraw-Hill, New York.
25. Richardson, M. (Hrsg.) (1994), Chemical Safety, VCH Verlagsgesellschaft mbH, Weinheim.
26. Richardson, M. (Hrsg.) (1994), International Safety Manual, VCH Verlagsgesellschaft mbH, Weinheim.
27. Schäfer, H. K. (1984), Sicherheit und Arbeitsschutz, in Winnacker-Küchler (4.), Bd. 1, S. 656–724.
28. Schmatz, H., M. Nöthlichs (ab 1969), Sicherheitstechnik (Loseblattsammlung), Erich Schmidt, Berlin.
29. Steinbach, J. (1995), Chemische Sicherheitstechnik, VCH Verlagsgesellschaft mbH, Weinheim.
30. Wefers, H., L. Reimers (ab 1991), Die neue Störfall-Verordnung. Störfallvorsorge, Sicherheitsanalyse, Arbeitshilfen (Loseblattsammlung), WEKA, Augsburg.
31. Weinmann, W., H. P. Thomas (ab 1986), Gefahrstoffverordnung mit Chemikaliengesetz (Loseblattsammlung), Carl Heymanns, Köln.

Nachschlagewerke und andere Quellen
für Stoffdaten

a) Stoffwerte

32. Ambrose, D. (1978), Correlation and Estimation of Vapour Liquid Critical Properties, I. Critical Temperatures of Organic Compounds, National Physical Laboratory, Teddington, NPL Rep. Chem. **92**.
33. Barin, T. (1989), Thermochemical Data of Pure Substances, VCH Verlagsgesellschaft mbH, Weinheim.
34. Behrens, D., R. Eckermann (Hrsg.) (ab 1977), Chemistry Data Series, Dechema, Frankfurt, Main.
   a) Gmehling, J., U. Onken et al. (ab 1977), Vol. I, Vapor-Liquid Equilibrium Data Collection.
   b) Simmrock, K. H., R. Janowsky, A. Ohnesorge (1986), Vol. II, Critical Data of Pure Substances.
   c) Christensen, C., J. Gmehling, P. Rasmussen, U. Weidlich, T. Holderbaum (ab 1984), Vol. III, Heats of Mixing Data Collection.
   d) Arlt, W., M. E. A. Macedo, P. Rasmussen, J. M. Sorensen (ab 1979), Vol. V, Liquid-Liquid Equilibrium Data Collection.
   e) Knapp, H., R. Döring, L. Öllrich, U. Plökker, J. M. Prausnitz (1982), Vol. VI, Vapor-Liquid Equilibrium for Mixtures of Low-Boiling Substances.
   f) Knapp, H., M. Teller, R. Langhorst (1987), Vol. VIII, Solid-Liquid Equilibrium Data Collection.
   g) Stephan, K., T. Heckenberger (1989), Vol. X, Thermal Conductivity and Viscosity Data of Fluid Mixtures.
   h) Engels, H. (1990), Vol. XI, Phase Equilibria and Phase Diagrams of Electrolytes.
35. Boublik, T., V. Fried, E. Hala (1984), The Vapour Pressure of Pure Substances, 2. Aufl., Elsevier, Amsterdam.
36. Cox, J. D., G. Pilcher (1970), Thermochemistry of Organic and Organometallic Compounds, Academic Press, London.
37. D'Ans-Lax (ab 1967), Taschenbuch für Chemiker und Physiker, 3. Aufl., Springer, Berlin, Heidelberg, New York.
38. Landolt, H., R. Börnstein (ab 1950), Zahlenwerte und Funktionen aus Naturwissenschaft und Technik, 6. Aufl., Springer, Berlin, Heidelberg, New York.
39. Pedley, J. B., R. D. Naylor, S. P. Kirby (1986), Thermochemical Data of Organic Compounds, 2. Aufl., Chapman and Hall, New York.
40. Rossini, F. D. (1952), Selected Values of Chemical Thermodynamic Properties, National Bureau of Standards, Circular 500, Washington.
41. Touloukian, Y. S., C. Y. Ho (1970), Thermophysical Properties of Matter, IFI/Plenum Press, New York.
42. VDI-Wärmeatlas (1988), VDI-Verlag, Düsseldorf.
43. Weast, R. C., M. J. Astle (1994), Handbook of Chemistry and Physics, 75. Aufl., CRC Press, Boca Raton, Florida.

b) Sicherheitstechnische und toxikologische
Daten

44. Beier, E. (1994), Umweltlexikon für Ingenieure und Techniker, VCH Verlagsgesellschaft mbH, Weinhein.
45. Birett, K., H. Vogler (1993), Gefahrstoff-Schlüssel (Loseblattsammlung), ecomed Verlagsgesellschaft, Landsberg, Lech.
46. Gesellschaft Deutscher Chemiker/Beratergremium für umweltrelevante Altstoffe (BUA) (ab 1985), BUA-Stoffberichte, Bd. 1–94, VCH Verlagsgesellschaft mbH, Weinheim, Bd. 95 f., Hirzel, Stuttgart.
47. Henschler, D., G. Lehnert (Hrsg.) (ab 1983), Biologische Arbeitsstoff-Toleranz-Werte (BAT-Werte) und Expositionsäquivalente für krebserzeugende Arbeitsstoffe (EAK) – Arbeitsmedizinische-toxikologische Begründungen. Reihe: Loseblattwerke der Deutschen Forschungsgemeinschaft, VCH Verlagsgesellschaft mbH, Weinheim.
48. Koch, R. (1991), Umweltchemikalien. Physikalisch-chemische Daten, Toxizitäten, Grenz- und Richtwerte, Umweltverhalten, 2. Aufl., VCH Verlagsgesellschaft mbH, Weinheim.
49. Kühn, R. (Hrsg.) (ab 1987), Kühn, Birett – Gefahrgut-Merkblätter (Loseblattsammlung), ecomed Verlagsgesellschaft, Landsberg/Lech.
50. Nabert, K., G. Schön (1963), Sicherheitstechnische Kennzahlen brennbarer Gase und Dämpfe, 2. Aufl., und Redeker, T., G. Schön (1990), 6. Nachtrag (enthält alle vorhergehenden Nachträge), Deutscher Eichverlag, Braunschweig.
51. Sax, N. I., R. J. Lewis (1993), Dangerous Properties of Industrial Materials, 9. Aufl., Van Nostrand Reinhold, New York.
52. Senatskommission zur Prüfung gesundheitsschädlicher Arbeitsstoffe (ab 1956), Maximale Arbeitsplatzkonzentration und Biologische Arbeitsstofftoleranzwerte, Reihe: Kommissionsmitteilungen der Deutschen Forschungsgemeinschaft, (ab 1972), VCH Verlagsgesellschaft mbH, Weinheim.

53. Vollmer, G. (1990), Gefahrstoffe, Georg Thieme Verlag, Stuttgart, New York.
54. Welzbacher, U. (ab 1987), Neue Datenblätter für gefährliche Arbeitsstoffe nach der Gefahrstoffverordnung (Loseblattsammlung), WEKA, Augsburg.

Zu Kap. 4.3

55. Himmelblau, D. M. (1989), Basic Principles and Calculations in Chemical Engineering, 5. Aufl., Prentice-Hall, Englewood Cliffs, New Jersey.
56. Resnick, W. (1981), Process Analysis and Design for Chemical Engineers, McGraw-Hill, New York.
57. Schulze, J., A. Hassan (1981), Methoden der Material- und Energiebilanzierung bei der Projektierung von Chemieanlagen, VCH Verlagsgesellschaft mbH, Weinheim.

Zu Kap. 4.4

58. Budde, U., H. K. Reichert (1991), An automatic laboratory reactor for homogeneous polymerization of methyl methacrylate, Chem. Eng. Technol. **14**, 134–140.
59. Buschulte, T. K., F. Heimann (1995), Verfahrensentwicklung durch Kombination von Prozeßsimulation und Miniplant-Technik, Chem.-Ing.-Tech. **67**, 718–724.
60. Dröge, T., G. Schembecker, U. Werthaus, K. H. Simmrock (1994), Heuristisch-numerisches Beratungssystem für die Reaktorauswahl bei der Verfahrensplanung, Chem.-Ing.-Tech. **66**, 1043–1050.
61. Hanratty, P. J., B. Joseph (1992), Decision-making in chemical engineering and expert systems: application of the analytical hierarchy process to reactor selection, Chem. Comp. Eng. **16**, 849–860.
62. Hartung, J., B. Elpelt, K. H. Klösener (1993), Statistik, 9. Aufl., Oldenbourg, München.
63. Hofen, W., M. Körfer, K. Zetzmann (1990), Scale-up-Probleme bei der experimentellen Verfahrensentwicklung, Chem.-Ing.-Tech. **62**, 805–812.

64. Hofmann, H. (1986), Rechnergestütztes Experimentieren in der chemischen Reaktionstechnik, Chem.-Ing.-Tech. **58**, 387–393.
65. Maier, S., G. Kaibel (1990), Verkleinerung verfahrenstechnischer Versuchsanlagen – was ist erreichbar?, Chem.-Ing.-Tech. **62**, 169–174.
66. Moritz, H.-U. (1988), Rechnergestützter Laborreaktor, Chem. Ind. **XL**, 5/88, 100–106.
67. Petersen, H. (1991), Grundlagen der Statistik und der statistischen Versuchsplanung, ecomed, Landsberg/Lech.
68. Pratt, K. C. (1987), Small Scale Laboratory Reactors, in J. R. Anderson, M. Boudart (Edts.), Catalysis – Science and Technology, Springer-Verlag, Berlin, Heidelberg, New York, Vol. 8, pp. 137–226.
69. Sachs, L. (1992), Angewandte Statistik, Statistische Methoden und ihre Anwendung, 7. Aufl., Springer, Berlin, Heidelberg, New York.
70. Simmrock, K. H., R. Funder (1991), Prozeßsynthese mit Hilfe kooperativer, verteilter Expertensysteme, in Heinz, K. (Hrsg.), Dortmunder Expertensystemtage '91, S. 156–169, TÜV Rheinland, Köln.

Zu Kap. 4.5

71. Biegler, L. T. (1989), Chemical Process Simulation, Chem. Eng. Progr. **85**, 50–61.
72. Glasscock, D. A., J. C. Hale (1994), Process Simulation: the Art and Science of Modeling, Chem. Engng. **101**, 82–89.
73. Hoffmann, U., H. Hofmann (1971), Einführung in die Optimierung, VCH Verlagsgesellschaft mbH, Weinheim.
74. Luyben, W. L. (1989), Process Modeling, Simulation, and Control for Chemical Engineers, 2. Aufl., McGraw-Hill, New York.
75. Polke, M. (1994), Prozeßleittechnik, 2. Aufl., Oldenbourg, München.
76. Scheffler, E. (1986), Einführung in die Praxis der statistischen Versuchsplanung, 2. Aufl., VEB Deutscher Verlag für Grundstoffindustrie, Leipzig.
77. Schuler, H. (Hrsg.) (1994), Prozeßsimulation, VCH Verlagsgesellschaft mbH, Weinheim.
78. Wozny, G., L. Jeromin (1991), Dynamische Prozeßsimulation in der industriellen Praxis, Chem.-Ing.-Tech. **63**, 313–324.

Kapitel 5

Wirtschaftlichkeit von Verfahren und Produktionsanlagen

5.1 Erlöse, Kosten und Gewinn

Ziel jeder industriellen Tätigkeit ist die Erzielung von Gewinnen. Das bedeutet, daß die **Erlöse** aus dem Verkauf eines Produkts die Aufwendungen für dessen Herstellung übersteigen sollen. Außerdem ist aus den Verkaufserlösen ein Beitrag zu den allgemeinen Kosten der Produktionsfirma zu leisten. Eine Übersicht über die Arten der Aufwendungen, die zur Ermittlung des Gewinns von den Erlösen abzuziehen sind, zeigt Abb. 5.1.

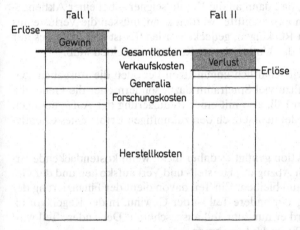

Abb. 5.1 Gewinn (bzw. Verlust) aus einer Produktion

Innerhalb der **Herstellkosten** (vgl. Kap. 5.2.3, Tab. 5.2) stellen die Kosten für die Einsatzstoffe, den Energieverbrauch und das Betriebspersonal sowie die Kapitalkosten (Zinsen und Abschreibung) die wesentlichen Positionen dar. Falls im Herstellungsprozeß verwertbare Nebenprodukte anfallen, vermindern sich die Materialkosten um die entsprechenden Gutschriften. Dies gilt auch bei Abgabe verwertbarer Energie, z. B. in Form von Dampf. Weitere Positionen in den Herstellkosten sind die Aufwendungen für Reparaturen und Wartung der Produktionsanlage, bestimmte Steuern sowie die Werksgemeinkosten, mit denen die Infrastruktur des Werks finanziert wird. Dazu können je nach Herstellungsverfahren und Produkt weitere Ausgaben kommen, z. B. für Abwasserbehandlung und andere Maßnahmen zum Umweltschutz oder für Analysen zur Produktkontrolle.

Bei den genannten Positionen der Herstellkosten handelt es sich um unmittelbare Ausgaben mit einer Ausnahme, der sog. **Abschreibung**. Sie dient dazu, den Wertverlust der Produktionsanlage durch Abnutzung und Veralten auf die Herstellkosten umzulegen. Industrielle Anlagen erleiden wie jeder Gebrauchsgegenstand mit der Zeit eine Wertminderung, und zwar zum einen durch Abnutzung und Verschleiß, zum andern dadurch, daß die Anlage mit zunehmendem Alter immer weniger dem Stand der Technik entspricht. Schließlich wird die Anlage wertlos, da sie nicht mehr wirtschaftlich arbeitet. In der Kostenrechnung berücksichtigt man diesen zeitabhängigen Wertverlust durch die Abschreibung. Sie besteht darin, daß man je nach der voraussichtlichen Nutzungsdauer einer Anlage jährlich einen bestimmten Prozentsatz ihres Beschaffungswertes, also der Investitionssumme, als kalkulatorische Kosten in die Herstellkosten eingehen läßt. Mit diesen jährlich auflaufenden Beträgen ist am Ende der Nutzungsdauer einer Anlage die Investitionssumme zurückgeflossen und steht damit für eine neue Investition zur Verfügung. Für Chemieanlagen rechnet man häufig mit einer Nutzungsdauer von 10 Jahren. Bei sog. linearer, d. h. über die Zeit gleichbleibender Abschreibung beträgt der jährliche Abschreibungssatz dann 10% der Investitionssumme.

Außer den Herstellkosten müssen aus den Erlösen weitere Kosten gedeckt werden. Es sind dies die Kosten für den Verkauf des Produkts, die allgemeinen Unternehmenskosten, auch Generalia genannt, und die Forschungskosten. Was nach Abzug all dieser Kosten von den Erlösen übrig bleibt, ist der **Gewinn** vor Steuern (vgl. Abb. 5.1, Fall I). Bei diesen Steuern handelt es sich um die gewinnabhängigen Steuern. In Deutschland ist dies die Körperschaftssteuer (Steuersatz 1995 = 30% auf ausgeschüttete, 50% auf nicht ausgeschüttete Gewinne).

Falls die Summe aller Kosten die Erlöse übersteigt, macht das Unternehmen einen **Verlust** (Fall II in Abb. 5.1). Abgesehen davon, daß dann an die Kapitalseigner – bei einer Aktiengesellschaft die Aktionäre – kein Gewinn ausgeschüttet werden kann, müssen die Verluste aus dem vorhandenen Vermögen, u. a. den Rücklagen, gedeckt werden. Es ist klar, daß dies nur für wenige Jahre möglich ist, ohne daß das Unternehmen Konkurs anmelden muß.

Um dies zu verhindern, wird man in wirtschaftlich ungünstigen Perioden die Ausgaben senken. Die Herstellkosten bieten nicht allzu viel Spielraum dazu, sondern eher die Generalia und die Forschungskosten. Im letzteren Fall, also mit einer Reduzierung der Aufwendungen für Forschung und Entwicklung, gefährdet man jedoch den zukünftigen Erfolg eines Chemieunternehmens.

Für die Wirtschaftlichkeit einer Produktion genügt es daher nicht, wenn kostendeckende Erlöse erzielt werden. Vielmehr muß nach Abzug der Herstell- und Verkaufskosten und der Generalia dem Unternehmen ein Überschuß bleiben. Ein Teil davon dient der Finanzierung der Forschung, also der Zukunftssicherung, der andere Teil ist der Gewinn. In der Regel, vor allem in Zeiten, in denen er hoch ist, wird er nur zum Teil ausgeschüttet. Der andere Teil wird den Rücklagen zugeführt, d. h., er bleibt im Unternehmen.

Rücklagen stärken die Finanzkraft eines Unternehmens. Sie können z. B. zur Finanzierung langfristiger Projekte oder auch zur Erweiterung der Aktivitäten des Unternehmens durch den Erwerb von Firmen oder von Beteiligungen verwendet werden. Eine solche Selbstfinanzierung ist kostengünstiger als eine Fremdfinanzierung (z. B. über eine Anleihe oder durch Kreditaufnahme).

Unabhängig von der Art der Finanzierung erfolgt die Entscheidung über ein Projekt, z. B. den Bau einer Produktionsanlage, auf der Grundlage einer Wirtschaftlichkeitsrechnung. Man ermittelt dazu den für die Nutzungsdauer der Anlage zu erwartenden Gewinn (vgl. Kap. 5.4). Für die Beurteilung der Wirtschaftlichkeit eines Herstellungsverfahrens für ein bestimmtes Produkt, z. B. für den Vergleich mit einem anderen Verfahren, genügt dagegen die Ermittlung der Herstellkosten.

5.2 Herstellkosten

5.2.1 Vorkalkulation und Nachkalkulation

Die Ermittlung der Herstellkosten für ein Produkt wird als Kalkulation bezeichnet. Üblicherweise bezieht man die Herstellkosten auf eine bestimmte Menge des Produkts, z. B. 1 t oder 100 kg. Zur Berechnung der Herstellkosten für erzeugte Produkte werden die im Produktionsbetrieb tatsächlich angefallenen Kosten getrennt nach Kostenarten in regelmäßigen Zeitabständen, z. B. monatlich, erfaßt. Diese sog. **Nachkalkulation** dient zum einen der Kontrolle der Produktionskosten; zum andern werden die so ermittelten Herstellkosten für die Gewinn- und Verlustrechnung des Unternehmens benötigt. Darüber hinaus sind die Verbrauchszahlen für Materialien und Energien, die in die Nachkalkulation eingehen, wichtige Indikatoren dafür, ob das Produktionsverfahren optimal läuft.

Die Ermittlung von Herstellkosten für neue Projekte zum Zweck einer Wirtschaftlichkeitsanalyse bezeichnet man als **Vorkalkulation**. Es kann sich dabei um die Herstellung eines neuen Produkts oder um ein neues Verfahren für ein bekanntes Produkt handeln oder auch um eine neue Anlage für ein bekanntes Produkt nach einem bekannten Verfahren. Im letzteren Fall kann es z. B. darum gehen, die Produktionskapazität zu erweitern oder eine alte Anlage zu ersetzen.

Grundlage für die Ermittlung der Kosten sind bei der Vorkalkulation verfahrensspezifische Angaben, wie Verbrauchswerte für Einsatzstoffe und Energien. Bei einem neuen Verfahren hängt der Grad der Sicherheit dieser Daten stark vom Entwicklungsstand ab. Am Ende einer Verfahrensentwicklung müssen daher für die wesentlichen Kostenfaktoren zuverlässige Angaben vorliegen.

5.2.2 Ermittlung des Kapitalbedarfs

Bau und Betrieb von Chemieanlagen erfordern beträchtliche Finanzmittel; Verzinsung und Abschreibung dieses investierten Kapitals machen einen Teil der Herstellkosten aus. Für deren Ermittlung muß daher die Investitionssumme bekannt sein. Dabei ist hinsichtlich der Verwendung des Investitionskapitals zu unterscheiden zwischen Anlagenkapital und Umlaufkapital.

Unter **Anlagenkapital** versteht man alle Mittel, die für Planung und Errichtung der Anlage einschließlich der Gebäude, für den Erwerb von Grundstücken und für alle sonstigen Kosten bei der Abwicklung des Projekts aufgewendet werden müssen.

Das **Umlaufkapital** wird verwendet zur Finanzierung von
- Vorräten an Roh- und Hilfsstoffen,
- Lagerbeständen von Zwischen- und Endprodukten,
- Forderungen, d. h. noch nicht bezahlten verkauften Produkten sowie
- Barmitteln zur Aufrechterhaltung der Zahlungsbereitschaft (z. B. für Löhne und Gehälter und für Lieferantenrechnungen).

Der wesentliche Unterschied zwischen Anlagenkapital und Umlaufkapital besteht darin, daß das Umlaufkapital bei Aufgabe der Produktion wieder für andere Zwecke zur Verfügung steht, während das Anlagenkapital an die Produktionsanlagen gebunden bleibt. Man bezeichnet es daher auch als gebundenes Kapital. Wenn eine Produktion aufgegeben wird, lassen sich aus der Anlage günstigenfalls nur einzelne Apparate anderweitig verwenden, so daß dann der größte Teil des noch nicht abgeschriebenen Anlagenkapitals verloren ist.

Das Anlagenkapital macht den weitaus überwiegenden Teil des gesamten Investitionskapitals für eine Chemieanlage aus. Das Umlaufkapital beträgt in vielen Fällen 15 bis 20% des Anlagenkapitals. Bei der vorläufigen Berechnung von Herstellkosten für die Beurteilung neuer Verfahren im Entwicklungsstadium benutzt man für das Umlaufkapital meist einen solchen Schätzwert.

Im Vergleich dazu ist eine auch nur grobe Schätzung des Anlagenkapitals wesentlich schwieriger. Die Ermittlung dieses Wertes ist eine Aufgabe für Verfahrensingenieure. Sie erfordert neben umfangreichem Datenmaterial, u. a. über Preise für Apparate und Maschinen, viel Erfahrung. Da die so ermittelte Investitionssumme unmittelbar in Wirtschaftlichkeitsrechnungen eingeht, soll die dabei benutzte Vorgehensweise anschließend kurz erläutert werden.

Zunächst sei noch erwähnt, daß für bekannte Verfahren Angaben über das erforderliche Anlagenkapital bei Firmen, die solche Anlagen bauen, angefragt werden können. Es werden dann meist globale Daten für das Verfahren mitgeteilt. Für konkrete Projekte müssen immer die speziellen Bedingungen des geplanten Standorts (z. B. Art der Energieversorgung, Kopplung mit einer anderen Anlage) in der Investitionssumme berücksichtigt werden.

Für die möglichst genaue Ermittlung des Anlagenkapitals für ein neues Verfahren müßte man eine vollständige Planung der Anlage durchführen und auf dieser Basis die Kosten für die gesamte Anlage detailliert zusammenstellen, wie es bei der endgültigen Projektierung nach der Entscheidung für den Bau einer Anlage geschieht. Bei der Vorauswahl von Projekten, also bei Projektstudien für Wirtschaftlichkeitsanalysen oder im ersten Stadium einer Verfahrensentwicklung kann man diesen aufwendigen Weg natürlich nicht gehen. Bei Entscheidungen über die Fortführung von Entwicklungsarbeiten für ein neues Produkt oder ein neues Verfahren ist es zudem mangels ausreichender Unterlagen noch gar nicht möglich, eine detaillierte Planung durchzuführen. Für solche Projektstudien und Vorprojektierungen muß man daher das Anlagenkapital mit anderen Methoden ermitteln, von denen einige sehr häufig benutzte erläutert werden sollen.

Ermittlung aus Hauptpositionen und Zuschlagfaktoren

Das Prinzip dieser Methode besteht darin, daß man zunächst die Preise für alle Apparate und Maschinen der Anlage ermittelt und dann alle anderen Positionen, wie Rohrleitungen, Meß- und Regelgeräte, Montage, Gebäude und Planungsarbeiten, dadurch berücksichtigt, daß man die summierten Kosten der Apparate und Maschinen mit Zuschlagfaktoren multipliziert. Die **Apparate und Maschinen** bezeichnet man als **Hauptpositionen** (engl. main items), alle anderen Positionen als Nebenpositionen.

Zu den Preisen für die Apparate und Maschinen kann man auf verschiedene Weise gelangen:

- bei gängigen Apparaten (z. B. Rohrbündelwärmetauscher oder Rührkessel) anhand von Preislisten oder eigener Unterlagen oder durch Anfragen bei Herstellern,
- durch Abschätzungen, z. B. aufgrund von Apparatetyp, Apparategewicht und Werkstoff,
- mit Hilfe von Korrelationen der Preise für bestimmte Apparatetypen (z. B. Behälter, Kolonnen) in Abhängigkeit von der Apparategröße.

Derartige Korrelationen liegen auch in Form graphischer Darstellungen vor, z. B. als Nomogramm für wichtige Anlagenelemente. Zur überschlägigen Ermittlung des Preises eines bestimmten Anlagenelements (Apparat, Maschine) muß dann nur die für die Kapazität charakteristische Größe bekannt sein, z. B. für einen Wärmetauscher die Wärmeübertragungsfläche (m²), für einen Behälter das Volumen (m³) oder das Gewicht (t) und für einen Elektromotor die elektrische Leistung (kW). Bei Apparaten muß auch der Werkstoff spezifiziert werden. Korrelationen und graphische Darstellungen gibt es meist nur für Apparate aus einfachem unlegiertem Stahl. Bei Apparaten aus anderen Werkstoffen multipliziert man den Apparatepreis für unlegierten Stahl mit einem Korrekturfaktor.

Tab. 5.1 Zuschlagfaktoren zur Ermittlung des Anlagenkapitals

	Zuschlag-faktor	Schwankungs-breite
Hauptpositionen:		
Apparate und Maschinen	1,00	
direkte Nebenpositionen:		
Apparatemontage	0,15	0,10...0,25
Rohrleitungen und Armaturen	0,60	0,40...1,00
Meß- und Regeltechnik	0,35	0,20...1,00
Elektrotechnik	0,20	0,10...0,30
Bauleistungen (Gebäude, Fundamente, Gerüste)	0,65	0,30...1,00
Verschiedenes (Isolierungen, Feuerschutz, Anschlußleitungen für Energien)	0,15	0,10...0,25
Zwischensumme Z	3,10	
indirekte Nebenpositionen:		
Planung (Engineering)	0,40	0,25...0,50
Unvorhergesehenes	0,20	0,15...0,25
Gesamtfaktor G	3,70	2,90...4,50

Die aus Korrelationen ermittelten Apparatepreise gelten nur für das Jahr, in dem die jeweilige Korrelation aufgestellt wurde. Der aktuelle Tagespreis wird daraus durch Multiplikation mit einem *Preisindex für Chemieapparate* ermittelt, der aus Fachzeitschriften, z. B. „Chemische Industrie", zu entnehmen ist (vgl. S. 175).

Häufig liegt der Apparatepreis für eine andere Kapazität (Leistung, Durchsatz oder Größe) des Apparats vor als benötigt. Zur überschlägigen Umrechnung des Apparatepreises P auf die gewünschte Kapazität C wird dann oft die folgende Beziehung benutzt:

$$\frac{P_1}{P_2} = \left(\frac{C_1}{C_2}\right)^m , \tag{5.1}$$

P_1, P_2 Preis des Apparats 1 bzw. 2 mit der Kapazität C_1 bzw. C_2,
m Degressionskoeffizient

Gl. (5.1) beruht auf der Erfahrung, daß der Apparatepreis unterproportional mit der Apparatekapazität zunimmt. Der Degressionskoeffizient liegt im allgemeinen zwischen 0,6 und 0,7; meist benutzt man den Wert 2/3.

Bei den **Nebenpositionen** unterscheidet man direkte und indirekte Nebenpositionen (vgl. Tab. 5.1). Die direkten Nebenpositionen gehören unmittelbar zur Anlage, wie die Rohrleitungen, die Instrumentierung und die Gebäude sowie die entsprechenden Arbeitsleistungen (Montage, Bauarbeiten). Sie können daher bei der Detailplanung einzeln ermittelt werden. Dagegen handelt es sich bei den indirekten Nebenpositionen um Leistungen, die nicht einzelnen Teilen der Anlage zuzuordnen sind. Sie werden daher immer pauschal angegeben.

Die **Zuschlagfaktoren** zur Abschätzung der Nebenpositionen sind Erfahrungswerte, die vom Anlagentyp und anderen Gegebenheiten abhängen. Dementsprechend weisen sie beträchtliche Schwankungsbreiten auf (vgl. Tab. 5.1). Bei der Festsetzung der einzelnen Zuschlagfaktoren spielen vor allem folgende Einflußfaktoren eine Rolle:

- Anlagentyp,
- Anlagengröße,

- kontinuierliche Anlage oder Chargenanlage,
- Aggregatzustand der Prozeßmedien,
- Korrosivität der Prozeßmedien,
- Werkstoffe für Apparate, Maschinen und Rohrleitungen.

So sind bei der Verwendung hochwertiger Werkstoffe wie Edelstahl die Werte der Zuschlagfaktoren für die meisten Nebenpositionen an der unteren Grenze anzusetzen, da in einem solchen Fall die Hauptpositionen einen größeren Teil der Investitionssumme ausmachen als bei weniger teuren Werkstoffen wie normaler Stahl.

Die Aufgliederung der Nebenpositionen kann in verschiedener Weise erfolgen; Tab. 5.1 ist dafür nur ein Beispiel. Dazu sei der Umfang der dort angegebenen Nebenpositionen kurz erläutert. Die Position **Apparatemontage** beinhaltet die Montage aller Apparate und Maschinen. Die Position **Rohrleitungen und Armaturen** (Anschlüsse, Ventile und andere Absperrorgane usw.) umfaßt den Materialwert und die Montage.

Der Zuschlagfaktor für die Position **Meß- und Regeltechnik** hat eine besonders große Schwankungsbreite. Das liegt einmal daran, daß je nach Verfahren sehr unterschiedliche Anforderungen an den Aufwand für Meß- und Regeltechnik gestellt werden. Weiterhin kann ein und dasselbe Verfahren mit einem sehr verschiedenen Grad an Automatisierung betrieben werden. Dazu kommt, daß der Aufwand an Meß- und Regeltechnik weit weniger als andere Positionen mit der Anlagengröße wächst. Dementsprechend nimmt der relative Anteil der Position Meß- und Regeltechnik an der Investitionssumme mit steigender Anlagengröße ab. In vielen Fällen, vor allem bei kleinen Anlagen, ist es daher zweckmäßiger, einen anderen Weg zu gehen. Man ermittelt anhand des Verfahrensfließbildes die voraussichtliche Anzahl der Meß- und Regelstellen und multipliziert diese Zahl mit einem Richtwert für die Kosten einer Meß- oder Regelstelle, in dem auch der Aufwand für die Meßwarte anteilig enthalten ist. Analysenmeßstellen sind dabei getrennt zu ermitteln, da für sie ein wesentlich höherer Richtwert anzusetzen ist.

Die Position **Elektrotechnik** umfaßt die elektrischen Anschlüsse und die Beleuchtungsanlagen sowie die Zuleitungen und Schalter einschließlich der Montagearbeiten. Die Elektromotoren sind darin nicht enthalten; sie gehören zu den Apparaten und Maschinen. Ebenso wie bei der Meß- und Regeltechnik hat auch der Zuschlagfaktor für die Elektrotechnik eine relativ große Schwankungsbreite. In besonderen Fällen, vor allem bei elektrochemischen und elektrothermischen Verfahren, wird die obere Grenze des Zuschlagfaktors erheblich überschritten. Daher benutzt man für diese Verfahren spezielle Erfahrungswerte. Auch elektrische Beheizungen werden durch den normalen Zuschlagfaktor für Elektrotechnik nicht abgedeckt.

Bei der Position **Bauleistungen** ist zu beachten, daß bei einer Freianlage für den Zuschlagfaktor in der Regel ein niedrigerer Wert anzusetzen ist als bei einer umbauten Anlage. In der Position sind auch die Baukosten für die Meßwarte, das Betriebslabor und die Räume für das Betriebspersonal enthalten. Zu der Position **Verschiedenes** gehören die Material- und Arbeitskosten für die Isolierung von Apparaten und Rohrleitungen und die entsprechenden Anstricharbeiten sowie die Einrichtungen für den Feuerschutz und die Anschlußleitungen für elektrischen Strom, Dampf und Wasser.

Die Position **Planung** (engl. **engineering**) enthält neben den eigentlichen Planungskosten auch die Kosten für die Abwicklung des Projekts (z. B. Montageaufsicht, Bauleitung). Die Position **Unvorhergesehenes** ist ein pauschaler Sicherheitszuschlag. Er dient dazu, Risiken aufgrund nicht vorhersehbarer Schwierigkeiten, die während des Baus der Anlage auftreten können, abzudecken. Dadurch verursachte Kostenerhöhungen können resultieren aus

- Unsicherheiten in Preisangaben für Apparate und Maschinen,
- konstruktiven Änderungen, die sich bei der Detailplanung ergeben,
- Preiserhöhungen während der Bauzeit und
- Erschwerungen bei Bau und Montage durch ungünstige Wetterbedingungen.

Eine Vereinfachung der Methode der Zuschlagfaktoren zur Ermittlung des Anlagenkapitals besteht darin, daß man die einzelnen Zuschlagfaktoren zu einem **Gesamtfaktor** zusammenfaßt (vgl. Tab. 5.1). Ebenso wie die Zuschlagfaktoren werden die Gesamtfaktoren stark vom Anlagentyp beeinflußt. So ergab 1990 eine Auswertung von Daten über Chemieanlagen in der Bundesrepublik Deutschland Mittelwerte des Gesamtfaktors G von 3,5 für petrochemische und Polymeranlagen, von 4,0 für elektrochemische und Pharmaanlagen und von 4,8 für Farbstoffanlagen. Die Genauigkeit der Ermittlung des Anlagenkapitals über Gesamtfaktoren wird mit ± 20 bis 30% angegeben. Bei der Berechnung über Zuschlagfaktoren sind naturgemäß etwas genauere Ergebnisse zu erwarten; man kann hier mit Genauigkeitsgraden von ± 10 bis 20% rechnen.

Vergleich mit einer Anlage für ein ähnliches Verfahren

Einfacher und gleichzeitig sicherer läßt sich das Anlagenkapital dann ermitteln, wenn Investitionsangaben über eine Anlage für ein ähnliches Verfahren vorliegen, in dem z. B. im selben Reaktortyp dieselbe chemische Umsetzung mit einer ähnlichen Verbindung durchgeführt wird und auch die Aufarbeitung des Reaktionsgemisches mit denselben Verfahrensschritten erfolgt. Beispiele für solche ähnliche Verfahren finden sich in der Herstellung aromatischer Zwischenprodukte, wie der Chlorierung oder Nitrierung von Benzol, Toluol, Xylolen und deren Derivaten. Die Angaben über die Investitionssumme für eine derartige ähnliche Anlage liegen dann natürlich für das entsprechende Baujahr vor. Um das Anlagenkapital für die geplante Anlage zu ermitteln, muß man die Preissteigerung seit dem Baujahr der vorhandenen Anlage berücksichtigen. Dies geschieht, wie schon auf S. 173 erwähnt, mittels Preisindizes für Chemieanlagen, die in regelmäßigen Abständen in Fachzeitschriften veröffentlicht werden. Danach erhöhte sich der **Preisindex für Chemieanlagen** in Deutschland von 100 im Basisjahr 1985 über 111,4 (1989) und 130,7 (1992) auf 136,7 (Mai 1994).

Vergleich mit Anlagen anderer Kapazität

Für die Umrechnung des Anlagenkapitals auf eine andere Anlagenkapazität eignet sich die gleiche Beziehung, die zur Umrechnung von Apparatepreisen auf andere Apparatekapazitäten dient (Gl. 5.1). Für den Degressionskoeffizienten verwendet man bei dieser sog. **Kapitaldegression** ebenfalls häufig den Mittelwert 2/3. In der Spezialliteratur findet man auch anlagenspezifische Werte für den Degressionskoeffizienten, z. B. 0,64 für die Herstellung von Schwefelsäure aus Schwefel und von Salpetersäure aus Ammoniak, 0,62 für die NaCl-Elektrolyse, 0,72 für die Ammoniaksynthese auf der Basis von Erdgas sowie 0,69 für die Oxidation von Ethylen zu Ethylenoxid.

Bei Projektstudien (engl. feasibility study), wie sie zur Vorauswahl von Investitionsvorhaben erarbeitet werden, benutzt man für die überschlägige Ermittlung des Anlagenkapitals von bekannten Verfahren die zwei zuletzt beschriebenen Methoden, nämlich die Umrechnung auf die gewünschte Anlagengröße mittels Gl. (5.1) und die Umrechnung von älteren Anlagen auf das aktuelle Baujahr mittels des Preisindex für Chemieanlagen.

Darüber hinaus gibt es auch sog. Länderfaktoren für die Ermittlung des Anlagenkapitals, das zum Bau einer Chemieanlage in einem anderen Land erforderlich ist. So betrugen z. B. 1988 die Länderfaktoren auf der Basis Bundesrepublik Deutschland (= 1,0) für die Errichtung einer Chemieanlage in Frankreich 0,95, in Großbritannien, Italien und Japan 0,9, in Malaysia 0,8, in den USA und Österreich 1,0 und in der Schweiz und Schweden 1,1.

5.2.3 Ermittlung der Herstellkosten

Die Herstellkosten eines Produkts werden üblicherweise in mehrere Kostenarten gegliedert. Ein Beispiel für eine solche Gliederung zeigt die linke Spalte der Tab. 5.2. Die Kosten für die eingesetzten Rohstoffe und Hilfsstoffe werden als **Materialkosten (A)** zusammengefaßt. Zu der Kostenart **Energien (B)** gehören neben den thermischen Energieträgern (Dampf, Gas, Heizöl) und dem elektrischen Strom auch die Kühlmedien (Kühlwasser, Kühlsole, Eis) und die Versorgung mit Hilfsgasen (Druckluft, Stickstoff). In den **Personalkosten (C)** sind außer

Tab. 5.2 Herstellkosten

Ausführliche Kalkulation	Vereinfachte Kalkulation
A **Material** ──────────────→	A **Material**
Rohstoffe	
Hilfsstoffe (Katalysatoren, Lösungsmittel, Adsorptionsmittel u. s. w.)	
B **Energien** ──────────────→	B **Energien**
elektrischer Strom	
Dampf	
Gas	
Wasser	
Kühlsole	
Druckluft	
C **Personal**	C' **Personal- und personalabhängige Kosten**
Löhne und Gehälter ──────────→	Löhne und Gehälter
Zuschläge (Sozialversicherung, Schicht- und Feiertags- → zulagen, Urlaubsgeld, Betriebsprämien u.s.w.)	Zuschläge
	5...15% der Löhne und Gehälter
D **Werksgemeinkosten**	
innerbetrieblicher Transport, Straßen	
Sicherheit, Feuerschutz	
Sozialeinrichtungen (Umkleideraum, Kantine, Sanitätsstation)	
Werksverwaltung	
E **Investitionskapital**	E' **Kapital- und kapitalabhängige Kosten**
	1–3% des Anlagenneuwerts
Abschreibung des Anlagenkapitals ────→	10% des Anlagenneuwerts
Zinsen auf Anlagenkapital ────────→	4–5% des Anlagenneuwerts
Zinsen auf Umlaufkapital ─────────→	1–2% des Anlagenneuwerts
	3–6% des Anlagenneuwerts
	1,5% des Anlagenneuwerts
F **Reparaturen und Wartung**	$\Sigma = 20...27,5\%$ des Anlagenneuwerts
G **Steuern und Versicherungen**	
Vermögenssteuer und andere ertragsunabhängige Steuern	
Versicherungen	
H **Verschiedene Kosten**	H **Verschiedene Kosten**
Analysen	2...10% von $(A + B + C' + E')$
Verpackung und Versand (ohne Fracht)	
Abwasser- und Abluftreinigung	

den Löhnen und Gehältern auch alle damit gekoppelten Zuschläge enthalten, wie Sozialversicherung, Schichtzulagen, Urlaubsgeld und Betriebsprämien. Die **Kapitalkosten (E)** bestehen aus der Abschreibung des Anlagenkapitals und den Zinsen auf das noch nicht abgeschriebene Anlagenkapital und das gesamte Umlaufkapital. In den Kosten für **Reparaturen und Wartung (F)** sind sowohl die Arbeits- als auch die Materialkosten enthalten. Bei Vorkalkulationen wird diese Kostenart je nach Verfahrenstyp mit einem bestimmten Prozentsatz des Anlagenneuwerts angesetzt, meist zwischen 3 und 6%. Weitere Kostenarten sind die **Steuern und Versicherungen (G)**, die sog. **Werksgemeinkosten (D)** und verschiedene andere Kosten. Zu den Werksgemeinkosten gehören die Kosten für den innerbetrieblichen Transport und Werksstraßen, für Sozialeinrichtungen (z. B. Kantine, Werksarzt), für Feuerwehr und Sicherheit und für die Werksverwaltung. Die in den Herstellkosten enthaltenen Steuern sind unmittelbar durch die Produktionsanlage bedingt, wie die auf das Eigenkapital erhobene Vermögenssteuer. Dagegen gehören die Mehrwertsteuer und die vom Gewinn einbehaltene Körperschaftssteuer nicht zu den Herstellkosten. Als sonstige Kosten, in Tab. 5.2 unter **„Verschiedene Kosten" (H)** aufgeführt, seien genannt die Kosten für Analysen und Verpackung sowie die Aufwendungen für Abwasser- und Abluftreinigung.

Zum Zweck der Vorkalkulation läßt sich das in der linken Spalte von Tab. 5.2 dargestellte Schema wesentlich vereinfachen, wenn man die Einzelpositionen, die bei der Vorkalkulation durch Multiplikation von Pauschalfaktoren mit den Personalkosten oder dem Anlagenkapital ermittelt werden, unter diesen beiden Kostenarten zusammenfaßt. Eine solche Gliederung besteht dann nur noch aus fünf Kostenarten (vgl. rechte Spalte von Tab. 5.2):

A Materialkosten,
B Energiekosten,
C' Personal- und personalabhängige Kosten,
E' Kapital- und kapitalabhängige Kosten und
H Verschiedene Kosten.

Bei dieser vereinfachten Kalkulation ergibt sich für die Kapital- und kapitalabhängigen Kosten ein Pauschalsatz von 20 bis 27,5% des Anlagenkapitals. Bei überschlägigen Kostenrechnungen benutzt man oft einen Mittelwert von 25%. Es wird dabei ein jährlicher Abschreibungssatz von 10% zugrunde gelegt. Die Zinsen auf das Anlagenkapital fallen mit der jährlichen Abschreibung, bis am Ende des Abschreibungszeitraumes der Wert 0 erreicht ist. Zur Vereinfachung setzt man für den gesamten Abschreibungszeitraum einen mittleren Anlagenwert mit einer mittleren Verzinsung an. So ergibt sich bei einer Abschreibungszeit von 10 Jahren und einem Zinssatz von 7,5% für die Zinsen auf das Anlagenkapital ein Mittelwert von 4,1% des Anlagenneuwerts. Die Zinsen auf das Umlaufkapital lassen sich ebenfalls auf den Anlagenneuwert beziehen, wenn man davon ausgeht, daß das Umlaufkapital im Mittel zu 15 bis 20% des Anlagenneuwerts angesetzt werden kann. Mit Zinsen von 7 bis 10% ergeben sich damit für die Verzinsung des Umlaufkapitals 1 bis 2% des Anlagenneuwerts.

Auch die Kosten für Reparaturen und Wartung bezieht man in der Vorkalkulation auf den Anlagenneuwert. Je nach Anlagentyp und Beanspruchung der Apparate durch Verschleiß und Korrosion rechnet man mit 3 bis 6% des Anlagenneuwerts. Schließlich sind in den Kapital- und kapitalabhängigen Kosten noch Pauschalwerte für die Werksgemeinkosten mit 1 bis 3% und die verschiedenen Kosten mit 2 bis 10% des Anlagenneuwerts enthalten.

Wichtig sind für die Vorkalkulation auch die Energiepreise. Deshalb seien zur Orientierung die Einheitspreise der wichtigsten Energiearten angegeben. Die Zusammenstellung in Tab. 5.3 soll vor allem die Preisrelationen zwischen den Energiearten aufzeigen; sie enthält außerdem Preise für die unter der Kostenart Energien geführten Kühl- und Hilfsmedien.

Tab. 5.3 Mittlere Energiepreise für Industrieverbraucher in Deutschland (1994)

elektrischer Strom	0,10–0,12 DM/kWh
Dampf:	
Niederdruckdampf (3–5 bar)	ca. 19,– DM/t
Mitteldruckdampf (15–25 bar)	ca. 22,– DM/t
Hochdruckdampf (80–120 bar)	ca. 26,– DM/t
Erdgas	400,– DM/t
Kühlwasser (Flußwasser)	0,06–0,08 DM/m³
Prozeßwasser	0,80–1,20 DM/m³
Trinkwasser	3,00–4,50 DM/m³
entsalztes Wasser	2,80–4,20 DM/m³
Kühlsole (–10 °C)	0,10–0,12 DM/kWh
Druckluft	15,00–20,00 DM/10³ Nm³

Beispiel einer überschlägigen Kalkulation

Als Beispiel für die überschlägige Kalkulation der Herstellkosten eines Produkts soll die Herstellung von Schwefelsäure aus Schwefel nach dem Doppelkontaktverfahren (vgl. Kap. 3.4.1) mit einer Kapazität von 600 t SO_3 pro Tag dienen. Die für die Kalkulation erforderlichen Verfahrensdaten sind in Tab. 5.4 zusammengestellt.

Tab. 5.4 Daten für eine Anlage zur Herstellung von Schwefelsäure aus Schwefel nach dem Doppelkontaktverfahren

Produktionskapazität	600 t SO_3/d =204 000 t SO_3/a
	bei 340 Betriebstagen pro Jahr
Anlagenkapital (Bundesrepublik Deutschland 1994)	42 Mio. DM = 205,88 DM/t SO_3/a
Rohstoffbedarf	
Schwefel (Verluste 0,4%: Abgas u. a.)	0,402 t S/t SO_3
Energiebedarf	
elektrischer Strom	40 kWh/t SO_3
Kühlwasser	25 m³/t SO_3
Energieerzeugung	
Hochdruckdampf (45 bar, 425 °C)	1,3 t/t SO_3
Produkte	Schwefelsäure 98%ig
	Oleum 32%ig
	Oleum 65%ig

Die Anlage erzeugt außer konzentrierter Schwefelsäure (98%ig) in begrenzten Mengen auch Oleum (SO_3-haltige Schwefelsäure) in zwei Qualitäten. Anlagenkapazität, Produktionsmengen und Preise werden auf 1 t SO_3 bezogen.

Tab. 5.5 zeigt die Kalkulation der Herstellkosten der Schwefelsäureanlage. Die Kapital- und kapitalabhängigen Kosten wurden mit 22% des Anlagenneuwerts vergleichsweise niedrig angesetzt, da sowohl die Höhe des Umlaufkapitals als auch der Reparaturaufwand in Schwefelsäureanlagen unter dem Durchschnitt von Chemieanlagen liegen. Auch die verschiedenen Kosten (z. B. für Analysen) sind bei der Herstellung eines Großprodukts wie Schwefelsäure deutlich niedriger als bei der Mehrzahl anderer Chemieprodukte.

Tab. 5.5 Kalkulation der Herstellkosten von Schwefelsäure (gerechnet als SO_3); Anlagenkapazität 600 t SO_3/Tag; Kostenbasis: Bundesrepublik Deutschland 1994

Kostenart	Einheitspreis (DM)	DM/t SO_3
A Material		
0,402 t Schwefel	105,–/t	42,41
B *Energien*		
40 kWh elektrischer Strom	0,12/kWh	4,80
25 m³ Kühlwasser (Flußwasser)	0,07/m³	1,75
–1,3 t Dampf (45 bar, 425 °C)	23,–/t	–29,90
C' *Personal- u. personalabhängige Kosten*		
(Berechnung s. unten)	1 949 500,–/a	9,56
E' *Kapital- und kapitalabhängige Kosten*		
(22% von 42,0 Mio. DM)	9 240 000,–/a	45,29
H Verschiedene Kosten = 3% von (**A** + **B** + **C'** + **E'**)		2,22
Herstellkosten		**76,13**

C' Personal- und personalabhängige Kosten		
Personalbedarf	Lohn bzw. Gehalt einschl. Zuschläge u. Werksgemein-kostenanteil (DM/a)	DM/a
5 Schichten mit 3 Facharbeitern/Schicht	88 000	1 320 000
2 Facharbeiter (Normalschicht)	82 000	164 000
1 Meister	115 000	115 000
1 Laborant	98 000	98 000
1 Betriebsführer	180 000	180 000
1 Techniker zu 50%	145 000	72 500
Insgesamt		**1 949 500**

Bei der Gutschrift für den erzeugten Dampf wurde ein niedrigerer Einheitspreis angesetzt als für verbrauchten Dampf (vgl. Tab. 5.3), da in den Dampfpreisen auch die Kosten für die Versorgungsleitungen enthalten sind. Bemerkenswert ist, daß durch die Energiegutschrift die Herstellkosten der Schwefelsäure um ca. 30% (um 29,90 DM auf 76,13 DM) reduziert werden.

5.3 Kapazitätsauslastung und Wirtschaftlichkeit

5.3.1 Erlöse und Gewinn

Für die Ermittlung des Gewinns bezieht man die Erlöse aus dem Verkauf eines Produkts (= Umsatz) sowie alle Kosten nicht auf eine bestimmte Menge, sondern auf einen Zeitraum, im allgemeinen auf 1 Jahr. Zu den Kosten gehören neben den Herstellkosten die allgemeinen Kosten. Es handelt sich dabei (vgl. Abb. 5.1) um die Aufwendungen für

- Verkauf,
- Generalia und
- Forschung.

Bei Vorkalkulationen setzt man diese allgemeinen Kosten meist proportional vom Umsatz, d. h. den Erlösen, an.

In den **Verkaufskosten** sind die Aufwendungen für Frachten, Vertrieb und Werbung enthalten. Je nach Art des Produkts und anderen Gegebenheiten sind dafür zwischen 5 und 25% der Erlöse anzusetzen, und zwar für Massenprodukte die niedrigeren, für Spezialprodukte die höheren Werte.

Bei den **Generalia** handelt es sich im wesentlichen um Aufwendungen für die Unternehmensverwaltung. Dazu gehören innerbetriebliche Abrechnung, Finanzwesen, Rechtsabteilung, Patentabteilung und die Unternehmensleitung. Die Aufwendungen dafür betragen in der Regel 3 bis 5% der Erlöse.

Die **Forschungskosten** von Chemieunternehmen liegen im allgemeinen zwischen 3 und 7% vom Umsatz. Für besonders forschungsintensive Bereiche sind die Sätze noch bedeutend höher. So beträgt auf dem Pharmagebiet der Forschungsaufwand bis 15% vom Umsatz.

Der nach Abzug dieser allgemeinen Kosten und der Herstellkosten von den Erlösen verbleibende Betrag ist der Gewinn:

$$\textbf{Gewinn} = \text{Erlöse} - \text{Herstellkosten} - \text{allgemeine Kosten} \qquad (5.2)$$

Die Ermittlung des Gewinns sei am Beispiel der Schwefelsäureanlage zur Produktion von 600 t SO_3 pro Tag demonstriert, für die im vorhergehenden Kap. 5.2.3 die Herstellkosten berechnet wurden. Zugrunde gelegt werden dabei wie in der Kalkulation der Herstellkosten (vgl. Tab. 5.5) 340 Betriebstage pro Jahr. Unter der Voraussetzung, daß die Anlage während dieser Zeit voll produziert, erhält man die in Tab. 5.6 angegebenen Zahlen.

Tab. 5.6 Ermittlung des Gewinns aus einer Schwefelsäureproduktion; Anlagenkapazität 600 t SO_3/a, (Auslastung 100%); Kostenbasis: Bundesrepublik Deutschland 1994

	Mio. DM/a	DM/t SO_3
Erlöse (= Umsatz)	20,257	99,30
– Verkaufskosten (5% vom Umsatz)	1,013	4,96
– Generalia (4% vom Umsatz)	0,810	3,97
– Forschungskosten (2% vom Umsatz)	0,405	1,99
– Herstellkosten	15,531	76,13
Gewinn	2,498	12,25

Berechnung der Erlöse:

Produkt	Anteil (%)	Einheitspreis DM/t SO_3	DM
Schwefelsäure (98%)	85	96,–	81,60
Oleum	15	118,–	17,70

mittlerer Verkaufspreis =	**99,30 DM/t SO_3**
produzierte Menge (340 Betriebstage pro Jahr, 100% Auslastung) =	**204 000 t SO_3/a**
Erlöse = 99,30 · 0,204 · 10^6 DM/a =	**20,257 · 10^6 DM/a**

Zur Ermittlung der Erlöse wurde angenommen, daß 15% der Produktion in Form des höherwertigen Oleum (32 und 65% SO_3 in H_2SO_4) abgesetzt werden können. Mit Verkaufspreisen von 96,– DM/t H_2SO_4 (98%) und 118,– DM/t Oleum (jeweils gerechnet als SO_3) ergibt sich ein mittlerer Verkaufspreis von 99,30 DM/t SO_3.

Da es sich bei der Schwefelsäure um ein Großprodukt handelt, wurden die Verkaufskosten mit 5% des Umsatzes an der unteren Grenze angesetzt. Die Kosten für Forschung und Entwicklung wurden mit dem niedrigen Wert von 2% des Umsatzes angenommen. Für lange eingeführte Prozesse, wie das Doppelkontaktverfahren, wird sich ein größerer Forschungsaufwand in der Regel nicht lohnen. Viele Betreiber solcher Anlagen verzichten ganz auf eine eigene Forschung und Entwicklung für derartige Verfahren und nehmen für Neuentwicklungen gegebenenfalls Lizenzen. Für die Generalia wurde ein mittlerer Wert von 4% des Umsatzes gewählt.

Für das Beispiel in Tab. 5.6 ergibt sich bei 100% Auslastung der Produktionskapazität ein Gewinn vor Steuern (vgl. Kap. 5.1) von 2,5 Mio. DM pro Jahr. Dieser Wert wird jedoch meist nicht erreicht werden, da nicht damit zu rechnen ist, daß die maximal produzierte Menge immer vollständig verkauft werden kann. Bei niedrigerer Auslastung der Produktionskapazität muß der Gewinn auf jeden Fall überproportional abnehmen, da ein Teil der Kosten, z. B. die Kapitalkosten, unabhängig vom Auslastungsgrad in voller Höhe anfällt.

5.3.2 Fixe Kosten und veränderliche Kosten

Hinsichtlich der Abhängigkeit der verschiedenen Kostenarten von der Auslastung einer Produktionsanlage unterscheidet man zwischen fixen und veränderlichen Kosten. Die fixen Kosten fallen unabhängig davon an, ob eine Anlage mehr oder weniger stark ausgelastet ist. Die veränderlichen Kosten sind von der Kapazitätsauslastung abhängig; überwiegend nehmen sie proportional zur Auslastung zu.

Bei den **fixen Kosten** unterscheidet man zwischen absolut und relativ fixen Kosten. Die **absolut fixen Kosten** entstehen allein durch das Vorhandensein der Anlage, unabhängig davon, ob produziert wird oder nicht, d. h., sie fallen auch bei Produktionsstillständen an. Man bezeichnet sie daher auch als Stillstandskosten. Dazu gehören in erster Linie die Kapitalkosten, also die Abschreibungen und die Zinsen, ferner die auf das Kapital erhobenen Steuern und der überwiegende Teil der Werksgemeinkosten. Die **relativ fixen Kosten** entstehen erst bei Aufnahme der Produktion. Bei längeren Stillständen der Anlage können sie eingespart werden. Es handelt sich dabei vor allem um die Personalkosten. Bei Chargenprozessen gehört allerdings ein Teil der Personalkosten zu den proportionalen Kosten (s. u.).

Die **veränderlichen Kosten** kann man unterteilen in solche, die der produzierten Menge direkt proportional sind (proportionale Kosten), und solche, die in geringerem Maße als die produzierte Menge zunehmen (unterproportionale Kosten). Daneben gibt es auch Kosten, die überproportional mit der Produktionsmenge zunehmen, die sog. überproportionalen Kosten. Das können z. B. Überstundenzuschläge und besondere Reparaturkosten durch erhöhten Verschleiß sein. Diese überproportionalen Kosten treten erst bei überhöhter Ausnutzung der Produktionskapazität in Erscheinung. Bei Chemieanlagen fallen überproportionale Kosten kaum ins Gewicht.

Zu den **proportionalen Kosten** gehören vor allem die Materialkosten und die Energiekosten. Ebenfalls proportional der Produktionsmenge sind die Kosten für Verpackung, Versand und Frachten sowie bei Chargenprozessen der größte Teil der Kosten für das Betriebspersonal.

Unterproportionale Kosten sind die Kosten für Analysen zur Qualitätskontrolle, für Verkauf und Vertrieb und für Reparaturen und Wartung. Bei kontinuierlichen Anlagen können die Reparaturkosten allerdings als annähernd fixe Kosten angesehen werden. Die Personalkosten stellen in Anlagen mit Chargenprozessen unterproportionale Kosten dar; in kontinuierlichen Anlagen sind sie dagegen fixe Kosten.

5.3.3 Gewinn bzw. Verlust in Abhängigkeit von der Kapazitätsauslastung

Der Zusammenhang zwischen Gewinn bzw. Verlust und der Auslastung einer Produktionsanlage sei am Beispiel der Schwefelsäureanlage für 600 t SO_3 pro Tag erläutert, für die in Kap. 5.2 die Herstellkosten sowie der Gewinn für eine Auslastung von 100% ermittelt wurden. Dazu muß eine Aufteilung der Kosten in fixe und veränderliche Kosten vorgenommen werden (vgl. Tab. 5.7). Um den Zusammenhang zwischen unterproportionalen Kosten und Kapazitätsausnutzung vereinfachen zu können, werden diese Kosten in einen fixen und einen proportionalen Anteil aufgeteilt, und zwar in der Weise, daß je nach Kostenart bestimmte Prozentsätze für den fixen und den proportionalen Anteil angenommen werden.

Tab. 5.7 Fixe und proportionale Kosten einer Schwefelsäureanlage (Kapazität 600 t SO_3/d) bei 100% Auslastung; Kostenbasis: Bundesrepublik Deutschland 1994

		Mio. DM
Fixe Kosten		
– Personal- und personalabhängige Kosten	100%	1,9495
– Kapital- und kapitalabhängige Kosten	100%	9,240
– verschiedene Kosten	50%	0,226
– Verkauf	25%	0,253
– Generalia	100%	0,810
– Forschung	100%	0,405
Summe		12,8835
Proportionale Kosten		
– Material	100%	8,652
– Energie	100%	–4,763
– verschiedene Kosten	50%	0,226
– Verkauf	75%	0,760
Summe		4,875

Da es sich im vorliegenden Fall um eine kontinuierliche Anlage handelt, werden die Personal- und personalabhängigen Kosten (C' in Tab. 5.5) und die Kapital- und kapitalabhängigen Kosten (E', also einschl. der Reparaturkosten) als fix angenommen. Die Material- und die Energiekosten (Posten A und B in Tab. 5.5) sind proportionale Kosten. Die verschiedenen Kosten (H) seien zu 50% als fix und zu 50% als proportional angenommen. Bei den Verkaufskosten (vgl. Tab. 5.6) ist nur ein kleinerer Teil (Verkaufsorganisation usw.) fix, der größere Teil (vor allem Frachten) dagegen proportional. Daher werden 25% der Verkaufskosten als fix und 75% als proportional angesetzt. Die beiden restlichen Kostenarten aus Tab. 5.6, nämlich die Generalia und die Forschungskosten, sind als fix zu betrachten.

Wenn mit X der Auslastungsgrad der Anlage (Verhältnis von produzierter Menge zu Produktionskapazität) bezeichnet wird, erhält man folgende Beziehung für die Abhängigkeit der Kosten vom Auslastungsgrad der Anlage:

Gesamtkosten = fixe Kosten + proportionale Kosten

$$= (12,8835 + 4,875 \cdot X) \text{ Mio. DM/a} \qquad (5.3)$$

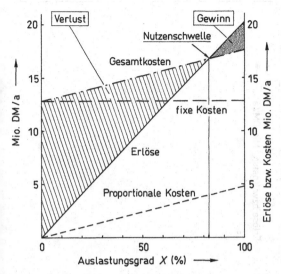

Abb. 5.2 Kostendiagramm. Erlöse und Kosten in Abhängigkeit vom Auslastungsgrad für eine Schwefel-säureanlage (Kapazität: 600 t SO_3/d) – vereinfachte Darstellung mit linearer Abhängigkeit der Kosten vom Auslastungsgrad

Unter der Voraussetzung, daß die gesamte produzierte Menge verkauft wird, ergibt sich für die Erlöse die folgende lineare Abhängigkeit vom Auslastungsgrad:

$$\text{Erlöse} = (20{,}257 \cdot X) \text{ Mio. DM/a} \qquad (5.4)$$

Die Abhängigkeiten von Kosten und Erlösen vom **Auslastungsgrad** gemäß Gl. (5.3) und (5.4) sind in Abb. 5.2 veranschaulicht. In diesem Kostendiagramm werden die linearen Beziehungen für Erlöse und Kosten durch Geraden dargestellt. Am Schnittpunkt der Geraden für die Gesamtkosten und die Erlöse ist der Gewinn gleich null; d. h., unterhalb des entsprechenden Auslastungsgrades macht die Anlage Verluste. Der Auslastungsgrad, bei dem die Erlöse gerade so hoch wie die Gesamtkosten sind, heißt **Nutzenschwelle** (engl. **break-even point**). Oberhalb der Nutzenschwelle macht die Anlage Gewinne, unterhalb dieses Auslastungsgrades Verluste.

Zur rechnerischen Ermittlung der Nutzenschwelle werden die Gl. (5.3) und (5.4) gleich gesetzt. Für das Beispiel der 600 t SO_3 pro Jahr ergibt sich die Nutzenschwelle zu 83,8%, ein relativ hoher Wert. Er ist durch den großen Kapitalaufwand bedingt, der zu einem hohen Anteil der fixen Kosten an den Gesamtkosten führt. Selbstverständlich wird man bestrebt sein, Investitionen zu tätigen, bei denen die Nutzenschwelle möglichst niedrig ist. Bei Projekten mit größerem wirtschaftlichen Risiko sollte die Nutzenschwelle bei einer Kapazitätsauslastung von unter 70% liegen.

Für eine genauere Analyse der Wirtschaftlichkeit in Abhängigkeit von der Kapazitätsauslastung muß man die vereinfachende Annahme der linearen Abhängigkeit der Kosten vom Auslastungsgrad fallen lassen und die nichtlineare Abhängigkeit vor allem der unterproportionalen Kosten berücksichtigen. Bei der Aufteilung der Gesamtkosten in fixe und veränderliche Kosten ergeben sich dann Kostenkurven, wie sie in Abb. 5.3 schematisch dargestellt sind. Dabei erhält man neben der Nutzenschwelle eine weitere wichtige Größe, nämlich den sog. **Stillegungspunkt** (engl. **shut-down point**). Er wird dann erreicht, wenn die Erlöse unter die verän-

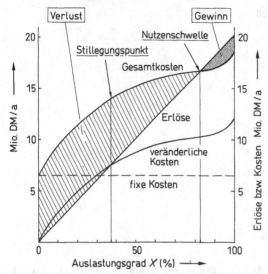

Abb. 5.3   Kostendiagramm. Erlöse und Kosten in Abhängigkeit vom Auslastungsgrad – nichtlineare Abhängigkeit der Kosten vom Auslastungsgrad

derlichen Kosten fallen. Im Kostendiagramm ergibt sich der Stillegungspunkt als Schnittpunkt zwischen der Gerade für die Erlöse und der Kurve für die veränderlichen Kosten. Am Stillegungspunkt ist es billiger, die Produktionsanlage stillzulegen, als weiter zu produzieren, da bei geringerer Kapazitätsauslastung der Verlust (Differenz zwischen Gesamtkosten und Erlösen) bei weiterem Betrieb der Anlage größer ist als bei deren Stillegung (fixe Kosten) und die veränderlichen Kosten die Erlöse übersteigen.

5.4 Wirtschaftlichkeit von Projekten

5.4.1 Rentabilität als Maß für die Wirtschaftlichkeit

Für den Vergleich der Wirtschaftlichkeit verschiedener Herstellungsverfahren für ein bestimmtes Produkt genügt es, die Herstellkosten der einzelnen Verfahren einander gegenüber zu stellen. Zur Prüfung der Wirtschaftlichkeit einer laufenden Produktionsanlage muß man einen Schritt weitergehen und außer den Kosten auch den Gewinn ermitteln. Dabei reicht es aus, die Berechnung des Gewinns für den interessierenden Zeitraum durchzuführen. Wenn es aber darum geht, zu entscheiden, welches unter mehreren Projekten den größten wirtschaftlichen Erfolg verspricht, muß man die voraussichtliche Entwicklung des Gewinns über mehrere Jahre betrachten. Dazu ist es notwendig, Kosten und Erlöse über einen längeren Zeitraum hinweg vorauszuschätzen.

Bei derartigen Investitionsentscheidungen spielt die Höhe des Kapitaleinsatzes eine wesentliche Rolle. Da einem Unternehmen für neue Projekte, d. h. für den Bau neuer Produktionsanlagen, nur begrenzte Finanzmittel zur Verfügung stehen, ist es sinnvoll, für die Bewertung der verschiedenen miteinander in Konkurrenz stehenden Projekte den voraussichtlichen Gewinn auf den Kapitaleinsatz zu beziehen. Keinesfalls eignet sich dazu die absolute Höhe des Gewinns.

Der auf das Anlagenkapital bezogene Gewinn wird als **Kapitalrentabilität** oder allgemein als Rentabilität bezeichnet. Diese Größe ist für Wirtschaftlichkeitsvergleiche auf jeden Fall auch besser als der sog. prozentuale Gewinn (auch **Umsatzrentabilität** genannt) geeignet, der als das Verhältnis von Gewinn zu Erlösen definiert ist:

$$\text{prozentualer Gewinn} = \frac{\text{Gewinn}}{\text{Erlöse}} \cdot 100\% \tag{5.5}$$

Im Unterschied zu dieser sehr einfachen Festlegung gibt es für die Rentabilität keine eindeutige Definition, und zwar deswegen, weil es für die Ermittlung der Rentabilität eine Reihe von Methoden gibt, die sich sowohl in den zugrunde gelegten Annahmen als auch hinsichtlich der Zielsetzung unterscheiden. Bei einigen Methoden wird z. B. die gesamte Nutzungsdauer der Produktionsanlage betrachtet und danach gefragt, wie hoch am Ende der Nutzungsdauer der über den Nutzungszeitraum erzielte Gesamtgewinn ist. Bei anderen Methoden wird danach gefragt, innerhalb welcher Zeit das investierte Anlagekapital zurückbezahlt ist, wenn für die Rückzahlung nicht nur die Abschreibung, sondern auch der Gewinn verwendet wird. Dadurch ist das Anlagekapital schon lange vor dem Ende der Nutzungsdauer zurückgezahlt oder zurückgeflossen. Diese verkürzte Amortisationsdauer nennt man deshalb auch Kapitalrückflußzeit. Diese Methode soll im folgenden Kapitel näher erläutert werden.

5.4.2 Kapitalrückflußzeit

Die Berechnung der Kapitalrückflußzeit stellt eine sehr einfache Methode zur Ermittlung der Rentabilität einer Investition dar. Wie im vorherigen Kapitel erwähnt, basiert die Methode auf der Annahme, daß außer der Abschreibung auch der erzielte Gewinn zur Rückzahlung des Anlagekapitals verwendet wird. Zur weiteren Vereinfachung kann man mit einem konstanten Zinssatz rechnen, und zwar mit dem mittleren Zins aus der Berechnung der Herstellkosten. Das ist zwar nicht realistisch, da im ersten Jahr nach Inbetriebnahme das Anlagekapital voll verzinst werden muß und danach die jährlichen Zinszahlungen wegen der Abschreibungen Jahr um Jahr abnehmen. Doch wenn solche Rentabilitätsrechnungen für vergleichende Betrachtungen und Bewertungen verschiedener Projekte benutzt werden, bei denen dieselbe Methode benutzt wurde, sind die dadurch verursachten systematischen Abweichungen nur von geringem Belang. Mit diesen Annahmen erhält man den prozentualen **Ertrag der Investition** (engl. **return on investment**) r:

$$r = \frac{\text{Gewinn}/\text{a} + \text{Abschreibungen}/\text{a}}{\text{Anlagenkapital}} \cdot 100 \, [\%/\text{a}] \tag{5.6}$$

Man kann nun auch noch annehmen, daß die auf das Anlagenkapital geleisteten Zinsen ebenfalls einen Kapitalertrag darstellen. Das wäre dann der Fall, wenn das Anlagekapital nicht geliehen wurde, sondern als Eigenkapital zur Verfügung stand. Damit ergibt sich der prozentuale Ertrag r' pro Jahr zu:

$$r' = \frac{\text{Gewinn}/\text{a} + \text{Abschreibungen}/\text{a} + \text{Zinsen}/\text{a}}{\text{Anlagenkapital}} \cdot 100 \, [\%/\text{a}]. \tag{5.7}$$

Der Reziprokwert des prozentualen Ertrags der Investition pro Jahr r bzw. r' ist die **Kapitalrückflußzeit** t_R bzw. t'_R:

$$\frac{1}{r} = t_R = \frac{\text{Anlagenkapital}}{\text{Gewinn/a} + \text{Abschreibungen/a}} \text{ [a]} \tag{5.8}$$

$$\frac{1}{r'} = t'_R = \frac{\text{Anlagenkapital}}{\text{Gewinn/a} + \text{Abschreibungen/a} + \text{Zinsen/a}} \text{ [a]} \tag{5.9}$$

Man bezeichnet diese Rentabilitätskennzahl auch als **„kürzeste Amortisationszeit"** (eng. **pay-out time**).

Die Beziehungen (5.7) und (5.9) entsprechen einer vollständigen Finanzierung durch Eigenkapital, (5.6) und (5.8) einer 100%igen Fremdfinanzierung. In den so definierten Kennzahlen für die Rentabilität sind die auf den Gewinn erhobenen Steuern nicht berücksichtigt. Das ist jedoch ohne Belang, solange man die Kennzahlen zur vergleichenden Beurteilung von Projekten benutzt.

Bei dem Beispiel der Schwefelsäureanlage mit einer Kapazität von 600 t SO_3 pro Tag, für das in Kap. 5.2 Herstellkosten und Gewinn ermittelt wurden, ergeben sich für die in den Gl. (5.6) bis (5.9) definierten Rentabilitätskennzahlen und Kapitalrückflußzeiten folgende Werte:

$$r = \frac{2{,}498 + 4{,}2}{42{,}0} = 0{,}159/\text{a} \qquad\qquad t_R = 6{,}27 \text{ Jahre}$$

$$r' = \frac{2{,}498 + 4{,}2 + 1{,}722}{42{,}0} = 0{,}200/\text{a} \qquad\qquad t'_R = 5{,}0 \quad \text{Jahre}$$

Bei der Berechnung von r' und t'_R wurde der mittlere Zinssatz von 4,1% für den gesamten Abschreibungszeitraum von 10 Jahren eingesetzt; das entspricht einem Zins von 7,5% auf das jeweils zu verzinsende Kapital.

Im allgemeinen rechnet man bei Chemieanlagen mit Kapitalrückflußzeiten t_R bzw. t'_R von weniger als 5 bzw. 4 Jahren, um die wirtschaftlichen und technischen Risiken (Marktsituation, Veralten des Verfahrens) abzudecken. Dies gilt besonders bei Anlagen für neue Produkte. Nur bei Großprodukten, z. B. bei anorganischen Schwerchemikalien, sind längere Rückflußzeiten zu vertreten.

5.4.3 Andere Methoden der Rentabilitätsbewertung

Bei der Ermittlung der Kapitalrückflußzeit wird nur der Zeitraum betrachtet, bis zu dem das eingesetzte Anlagenkapital aus dem Gewinn, den Abschreibungen und gegebenenfalls den Zinsen auf das Eigenkapital zurückbezahlt ist. Die Zeit danach mit den dann erzielten Erträgen wird nicht berücksichtigt. Dies sei anhand eines sog. Cash-flow-Diagramms näher erläutert (vgl. Abb. 5.4). Unter dem Cash-flow versteht man den Fluß der Finanzmittel eines Unternehmens oder auch eines Projekts.

In Abb. 5.4 ist der zeitliche Verlauf des Cash-flow eines Projekts, d. h. die Differenz zwischen Einnahmen und Ausgaben, dargestellt. Bis zur Inbetriebnahme der Anlage, die drei Jahre nach Genehmigung des Projekts erfolgt, fallen nur Ausgaben an, im ersten Jahr vor allem für die Planung, im zweiten und dritten Jahr für die Lieferung von Apparaten, Maschinen und Ausrüstung und für den Bau der Anlage. Der Wert des Cash-flow des dritten Jahres beinhaltet die bis dahin getätigten Ausgaben, also sowohl das Anlagenkapital als auch das Umlaufkapital sowie die dafür angefallenen Zinszahlungen. Im vierten Jahr beginnt die Anlage zu produ-

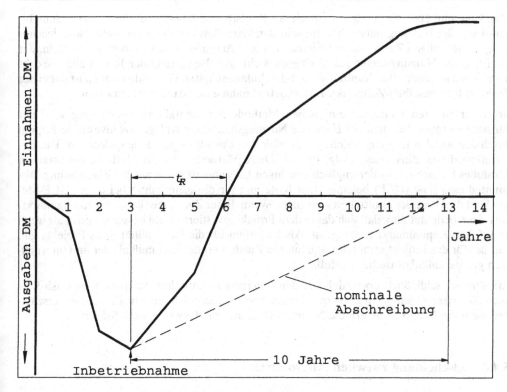

Abb. 5.4   Cash-flow-Diagramm

zieren. Aus dem Überschuß der Erlöse über die laufenden Kosten (Herstellkosten abzüglich der Abschreibung, allgemeine Firmenkosten) wird ein Teil der für das Projekt eingesetzten Finanzmittel zurückgezahlt. Allerdings sind im vierten Jahr noch Anfahrkosten angefallen. Ab dem fünften Jahr kann das Produkt vollständig auf dem Markt untergebracht werden; die Anlage läuft auf Vollast, und die Erlöse sind gut. Ab dem achten Jahr werden die Überschüsse geringer, da der Marktpreis für das Produkt fällt.

Abb. 5.4 zeigt einen durchaus üblichen Verlauf des Cash-flow einer Anlage. Das Produkt läßt sich nach einer relativ kurzen Anlaufphase gut auf dem Markt unterbringen; die Anlage kann schon bald voll produzieren. Nach einigen Jahren wird der Markt enger, die Erlöse sinken. Zwar können auch die Herstellkosten durch Verfahrensverbesserungen (z. B. höherer Durchsatz, höhere Ausbeute, Energieeinsparungen) gesenkt werden; doch reicht dies nicht aus, um die Erlösminderung zu kompensieren.

Wie diese Betrachtung des Cash-flow-Diagramms eines typischen Projekts zeigt, ist es nicht sinnvoll, bei Rentabilitätsberechnungen, die die gesamte Nutzungsdauer einer Anlage umfassen, Mittelwerte für die Erlöse und andere Geldbeträge zu verwenden. Man muß vielmehr Jahr für Jahr den Fluß der Einnahmen und Ausgaben ermitteln. Ein weiteres Problem ist die Berücksichtigung der Zeitpunkte, zu denen Erträge anfallen und Ausgaben geleistet werden müssen. So hat ein Geldbetrag, der im fünften Jahr des Projekts gutgeschrieben wird, einen höheren Wert als ein gleich hoher Betrag, der im zehnten Jahr eingenommen wird. Der im fünften Jahr gutgeschriebene Betrag kann nämlich bis zum zehnten Jahr verzinst werden und hat dann einen erheblich höheren Wert erreicht. Finanzmathematische Methoden zur Ermittlung der Rentabilität berücksichtigen diesen Zeitwert des Geldes.

Man kann nun über die gesamte Laufzeit des Projekts, angefangen mit der Genehmigung bis zum Ende der Nutzungsdauer, Jahr für Jahr den Cash-flow ermitteln und unter Berücksichtigung des jeweiligen Zeitwerts von Einnahmen und Ausgaben den Geldbetrag ermitteln, der am Ende der Nutzungsdauer zur Verfügung steht. Zur Bewertung der Rentabilität bezieht man diesen so ermittelten **Kapitalwert** auf das Anlagenkapital. Für beide Größen ist dabei der Zeitwert für denselben Zeitpunkt, z. B. Inbetriebnahme der Anlage, einzusetzen.

Bei einer anderen finanzmathematischen Methode der Rentabilitätsberechnung wird der Zinssatz ermittelt, bei dem am Ende der Nutzungsdauer der Anlage das investierte Kapital durch den auf den jeweiligen Zeitwert korrigierten Cash-flow gerade abgedeckt ist. Die Berechnung dieses Zinssatzes erfolgt iterativ. Diese Methode wird als **Methode des internen Zinsfußes** bezeichnet. In der englischsprachigen Literatur ist sie unter der Bezeichnung **Discounted cash flow (DCF)** bekannt. Das Kriterium für die Rentabilität bei dieser DCF-Methode ist die Höhe des ermittelten Zinssatzes. Wenn dieser Zins höher ist als der Kapitalmarktzins, dann bedeutet dies, daß sich das in dem Projekt investierte Geld besser verzinst, als wenn es auf dem Kapitalmarkt angelegt ist. Als Kriterium für die Rentabilität eines Projekts gilt, daß der für das Projekt ermittelte sog. interne Zinsfuß größer sein muß als der im Unternehmen gültige kalkulatorische Zinsfuß.

Erwähnt sei schließlich noch, daß bei den finanzmathematischen Methoden im Cash-flow auch die ertragsabhängigen Steuern berücksichtigt werden; d. h., in den Einnahmen erscheinen nicht die Brutto-, sondern die Nettogewinne, also die Gewinne nach Steuern.

5.4.4 Entscheidung zwischen Alternativen

Bei der Entscheidung über die Durchführung von Projekten ist die Rentabilität ein wesentliches Kriterium. Sie ist jedoch nicht allein ausschlaggebend, vielmehr spielen bei der Entscheidungsfindung einige andere Gesichtspunkte eine Rolle. Da die Finanzmittel eines Unternehmens begrenzt sind, wird nur ein Teil der Projekte, die der Unternehmensleitung vorgeschlagen werden, realisiert werden können. Von den konkurrierenden Projektvorschlägen werden in erster Linie die Projekte genehmigt, die gemessen an der Rentabilität die größten Gewinnaussichten bieten. Unter bestimmten Voraussetzungen müssen jedoch auch Investitionen getätigt werden, die keine besonders hohe Rendite versprechen.

Ein Beispiel dafür ist die Produktion eines Vorprodukts, das als Einsatzstoff für lukrative Produkte des Unternehmens benötigt wird. Angenommen, das Produkt sei bisher im Unternehmen produziert worden; die Produktionsanlage muß jedoch wegen Veraltens und großer Reparaturanfälligkeit in absehbarer Zeit stillgelegt werden. Bei der aktuellen Marktsituation könnte es günstiger sein, die eigene Produktion ganz einzustellen und das Produkt einzukaufen, als es in einer eigenen neuen Anlage zu produzieren. Man muß jedoch damit rechnen, daß die durch die Stillegung der eigenen Anlage erhöhte Nachfrage nach dem Produkt zu einem höheren Preis führt, der dann auch die Rendite der daraus hergestellten Produkte schmälert. Die Entscheidung über den Bau einer Neuanlage wird dann sehr stark von der Einschätzung der zukünftigen Marktsituation für das Vorprodukt abhängen. Wenn man in dieser Situation auf den Bau einer eigenen Neuanlage verzichtet, wird man auf jeden Fall versuchen, die Versorgung mit dem Vorprodukt durch längerfristige Verträge zu sichern. Man kann sich in einer solchen Situation aber auch für den Bau einer Neuanlage entscheiden, obwohl deren Rentabilität im Vergleich zu anderen Investitionsvorschlägen ungünstiger ist.

Bei der Entscheidung über die Durchführung von Investitionsvorhaben müssen also mehrere Kriterien berücksichtigt werden, von denen allerdings die Rentabilität besonders wichtig ist. Die Gewichtung weiterer Kriterien hängt stark von den jeweiligen Gegebenheiten ab. Wesent-

Tab. 5.8 Kriterien für die Entscheidung über Projekte

	Eingeführtes Produkt		Neues Produkt	Neues Verfahren für eingeführtes Produkt
	Zwischenprodukt oder Großprodukt	Spezialprodukt		
Verfahren				
Entwicklungsstand	●	●	○	●●
Patent- u. Lizenzsituation	●●	●	●●	●●
Rohstoffe (Verfügbarkeit u. zukünftige Preisentwicklung)	●●	●	●	●●
Energiebedarf	●●	–	●	●●
Nebenprodukte (Verwertbarkeit u. Absetzbarkeit)	●●	●	●	●●
Umweltprobleme (Abwasser, Abluft, Abfälle)	●●	●●	●●	●●
Sicherheitsprobleme (Explosionsgefahren; gefährliche Stoffe: brennbar, toxisch)	●●	●	●●	●●
Standort				
Infrastruktur u. Verkehrsanbindung (Straße, Schiene, Hafen u. Wasserwege)	●●	●	●	●●
Arbeitskräfte (Verfügbarkeit, Qualifikation, Zuverlässigkeit)	●	○	●	●●
Rohstoffversorgung	●●	●	●	●
Energieversorgung	●●	○	○	●●
Umweltsituation (Standards, besondere Auflagen für Lärmschutz und Abluft)	●●	●●	●●	●●
Sicherheit (u. a. besondere Auflagen)	●●	●	●	●●
Kundennähe	●	●●	●●	●
politische Stabilität	●●	●	●●	●●
Marktsituation				
Marktentwicklung (steigend oder stagnierend)	●	●●	●●	●●
Konkurrenz mit anderen Produzenten	●●	●●	●●	●
Konkurrenz mit anderen Produkten	–	●●	●●	–
eigener Bedarf für das Produkt	●	○	–	●●

●● sehr wichtig ○ weniger wichtig
● wichtig – ohne Bedeutung

lich ist dabei vor allem die Art des Produktes, d. h. ob es sich um ein bereits eingeführtes Produkt handelt oder um eine Neuentwicklung. Weiterhin ist von Belang, ob die Investition für die Herstellung eines Groß- oder Zwischenprodukts oder eines Spezialprodukts zur Diskussion steht. Von neuen Verfahren für eingeführte Produkte werden insbesondere deutliche Vorteile des neuen gegenüber dem bisherigen Verfahren erwartet.

Tab. 5.8 gibt einen Überblick über die Kriterien, die neben der Rentabilität bei der Bewertung von Projekten eine Rolle spielen. Die Tabelle ist als Checkliste angeordnet, aus der auch die Wichtigkeit der einzelnen Kriterien für verschiedene Fälle zu ersehen ist.

Viele der in Tab. 5.8 aufgeführten Kriterien gehen zwar schon in die Rentabilitätsrechnung ein, z. B. die Preise für Rohstoffe und Energien und die Marktentwicklung. Für eine abgewogene Entscheidungsfindung über ein Projekt ist es jedoch notwendig, kritische Punkte gesondert zu diskutieren. So ist es z. B. für **Verfahren** für Großprodukte von entscheidender Bedeutung, ob die benötigten Rohstoffe mittel- und längerfristig zu annehmbaren Preisen zur Verfügung stehen werden; das gleiche gilt für den Energiebedarf. Man kann dazu Rentabilitätsrechnungen für verschiedene Fälle prognostizierter Preisentwicklungen durchführen, um Risiken abschätzen zu können. Dies kann auch dazu führen, daß man sich für ein Verfahren entscheidet, das einen anderen Rohstoff benutzt. Ein Beispiel dafür ist die Herstellung von Synthesegas aus Erdgas oder aus Kohle.

Auch in der Frage des **Standorts** für eine neue Anlage muß häufig zwischen Alternativen entschieden werden. Voraussetzung für eine Chemieanlage zur Herstellung eines Groß- oder Zwischenprodukts ist eine gute Verkehrsanbindung. Weiterhin müssen hinreichend qualifizierte Arbeitskräfte am Produktionsort zur Verfügung stehen. Hinsichtlich der Versorgung mit Rohstoffen und Energien stellt sich bei Anlagen für Groß- und Zwischenprodukte die Frage, ob ein Standort mit günstigen Rohstoff- und Energiepreisen vorzuziehen ist oder die Anlage möglichst in der Nähe von Abnehmern stehen soll, die das Produkt weiterverarbeiten.

Für eine Entscheidung sind Rentabilitätsrechnungen für die verschiedenen Alternativen notwendig, jedoch häufig nicht ausreichend. So sind bei einem ins Auge gefaßten *Standort im Ausland* eine Reihe von Fragen zu klären. Neben gesetzlichen Vorschriften für Umweltschutz und Sicherheit handelt es sich hier um die Steuergesetze, die Ein- und Ausfuhrzölle und die Möglichkeit der Transferierung von Gewinnen. Weiterhin muß bei einer Reihe von Ländern auch die jeweilige politische Situation bedacht werden. Wenn es durch politische Unruhen zu längeren Produktionsstillständen kommt, dann hat dies wegen des hohen Kapitaleinsatzes für Chemieanlagen große Verluste zur Folge. Auch staatliche Eingriffe, z. B. erzwungene Beteiligungen oder eine Verstaatlichung, werden zu Verlusten führen.

Auch hinsichtlich der **Marktsituation** und der Absatzmöglichkeiten für das Produkt ist es sinnvoll, Alternativrechnungen für die zu erwartende Rendite durchzuführen. Bei Rentabilitätsrechnungen sind ohnehin die prognostizierten Erlöse meist sehr viel unsicherer als die vorausberechneten Kosten. Diese Unsicherheiten sind sowohl durch die Schätzung der Verkaufsmenge als auch durch die Annahmen über die zu erzielenden Marktpreise bedingt. Ein typischer Fall für solche Unsicherheiten ist die Herstellung eines Hauptprodukts, von dem ein Teil durch Nachbehandlungsverfahren, z. B. durch eine weitere Reinigung, zu Spezialprodukten weiterverarbeitet wird. Je nach dem, welcher Anteil an diesen höherwertigen und dementsprechend teureren Spezialprodukten in den Verkaufsschätzungen angenommen wird, wird sich eine extrem niedrige oder sehr hohe Rentabilität für die beabsichtige Investition ergeben.

Eine ganz andersartige Alternative ist die Entscheidung zwischen **Ein- oder Mehrstrangigkeit** bei Anlagen für Groß- und Zwischenprodukte. Wie die Preise für die einzelnen Apparate (vgl. Gl. 5.1) nehmen auch die Investitionskosten von Anlagen unterproportional mit der Kapazität zu, und zwar etwa mit der Potenz 2/3 (vgl. Stichwort *Kapitaldegression* im Kap. 5.2.2). Dementsprechend sind die Kapitalkosten einer Einstranganlage um ca. 20% niedriger als in einer Zweistranganlage mit gleicher Kapazität. Dies schlägt sich dann in den Herstellkosten und somit in der Rentabilität nieder. Voraussetzung ist allerdings, daß die Anlage voll ausgelastet ist und ohne Unterbrechung läuft. Ein durch Ausfall eines Apparats verursachter Stillstand hat bei einer Einstranganlage zur Folge, daß nichts mehr produziert wird; bei einer Zweistranganlage werden dagegen immer noch 50% der Gesamtkapazität erzeugt. Daher sind in einer Einstranganlage sowohl die Aussichten auf Gewinne als auch das Risiko von Verlusten höher als in einer Zweistranganlage. Zwei- und Mehrstranganlagen haben darüber hinaus den Vorteil, daß bei niedrigerem Absatz ein Strang stillgelegt werden kann, was hinsichtlich der Betriebskosten immer günstiger ist als der Teillastbetrieb einer Einstranganlage.

Die in Tab. 5.8 aufgeführten Kriterien sind nicht nur bei Entscheidungen über den Bau von Produktionsanlagen maßgebend; sie gelten vielmehr auch schon bei der Auswahl von Projekten für die Verfahrensentwicklung. Bei **neuen Produkten** sind vor dem Schritt aus dem Laboratorium in die Verfahrensentwicklung hinsichtlich der Marktaussichten noch weitere Fragen

Tab. 5.9   Kriterien für die Marktaussichten neuer Produkte

Produkteigenschaften	Dient das neue Produkt einem neuen Verwendungszweck? (Beispiel: Arzneimittel für bisher nicht heilbare Krankheit)
	Soll das neue Produkt aufgrund neuer Eigenschaften eingeführte Produkte ersetzen?
	Konkurriert das neue Produkt mit anderen Produkten?
Vermarktung	Welche Stellung hat das neue Produkt in der eigenen Produktpalette?
	Sind zur Förderung der Anwendung des neuen Produkts Entwicklungsarbeiten erforderlich?
	Muß ein neuer Kundenkreis geworben werden?
	Ist das neue Produkt für die bisherigen Kunden interessant?
	Ist ein besonderer Kundenservice erforderlich?

zu beantworten, die in Tab. 5.9 zusammengestellt sind. Sie betreffen zum einen Eigenschaften und Anwendungen des Produkts, zum andern dessen Vermarktung. Eine wichtige Frage zum letzteren Aspekt ist die nach der Stellung des neuen Produkts in der Produktpalette des Unternehmens.

Wenn das Produkt für einen andersartigen Anwendungsbereich und für einen anderen Kundenkreis interessant ist, stellt sich die Frage, ob eine Produktion im eigenen Unternehmen und vor allem eine Vermarktung durch die eigene Verkaufsorganisation sinnvoll sind. Letzteres würde die Einstellung zusätzlicher Mitarbeiter erfordern, die zudem noch entsprechende Erfahrungen sammeln müßten. Nicht selten kann es dann günstiger sein, auf eine eigene Weiterentwicklung und anschließende Produktion zu verzichten und statt dessen einem geeigneten Unternehmen entsprechende Lizenzen zu geben. Eine andere Möglichkeit besteht darin, mit einer anderen Firma, die in dem entsprechenden Markt tätig ist, eine gemeinsame Gesellschaft (engl. *joint venture*) zu gründen, die das Produkt produziert und auf den Markt bringt.

Literatur

Allgemein

1. Blass, E. (1989), Entwicklung verfahrenstechnischer Prozesse, Salle u. Sauerländer, Frankfurt, Main.
2. Frey, W., F. Heimann, S. Maier (1990), Wirtschaftliche und technologische Bewertung von Verfahren, Chem.-Ing.-Tech. **62**, 1–8.
3. Kammann, O., G. Lipphardt, A. Lueken, H.-J. Titze (1984), Planung und Errichtung von Chemieanlagen, in Winnacker-Küchler (4.), Bd. 1, S. 397–451.
4. Renken, A., E. Weber, W. Wendel (1984), Methoden der Verfahrensentwicklung, in Winnacker-Küchler (4.), Bd. 1, S. 335–396.
5. Resnick, W. (1981), Process Analysis and Design for Chemical Engineers, McGraw-Hill, New York.
6. Ulrich, G. D. (1984), A Guide to Chemical Engineering Process Design, Economics, John Wiley & Sons, New York.
7. Valle-Riestra, J. (1986), Project Evaluation in the Chemical Process Industries, MacGraw-Hill, New York.
8. Vogel, H. (1992), Process Development, in Ullmann (5.), Vol. B4, p. 437–475.
9. Wagner, U. (1974), Verfahrensentwicklung, in Ullmann (4.), Bd. 4, S. 1–69.

Zu Kap. 5.2

10. Fingrhut, H. (1990), Projektierung im Anlagekapitalbedarf von Chemieanlagen, Chem.-Ing.-Tech **62**, 1007–1017.
11. Kharbanda, O. P., E. A. Stallworthy (1988), Capital Cost Estimating for the Process Industries, Butterworths, London.
12. Schembra, M., J. Schulze (1989), Schätzung der Investitionskosten und der Produktionskosten bei der Verfahrensentwicklung und Anlagenplanung, in GVC/VDI, Entwicklung und Auslegung verfahrenstechnischer Prozesse, S. 271–290 u. Nachtrag S. 21–66, VDI, Düsseldorf.
13. Schembra, M., J. Schulze (1993), Schätzung der Investitionskosten bei der Prozeßentwicklung, Chem.-Ing.-Tech. **65**, 41–47.
14. Ullrich, H. (1983), Anlagenbau, Georg Thieme Verlag, Stuttgart, New York.
15. Gruhn, G. et al. (1988), Verfahren und Anlagen, in Weiss, S. (Hrsg.), Verfahrenstechnische Berechnungsmethoden, Teil 6, VCH Verlagsanstalt mbH, Weinheim.

Kapitel 6

Planung und Bau von Anlagen

6.1 Projektablauf

Planung und Bau einer großen Chemieanlage erfordern umfangreiche Tätigkeiten, die systematisch und schrittweise durchgeführt werden müssen. Die Projektidee muß kritisch überprüft werden. Sie durchläuft nacheinander verschiedene Entwicklungsstufen, an denen immer mehr Fachleute beteiligt werden. Abb. 6.1 gibt einen Überblick über die einzelnen Projektphasen und ihre Hauptaufgaben. Dieses Gliederungsschema kann je nach Aufgabenstellung variiert werden, und die Projektphasen können teilweise ineinander übergreifen. Grundsätzlich aber ist es bei der Anlagenplanung sinnvoll, zwischen Vorprojekt und Projektabwicklung zu unterscheiden.

Zum **Vorprojekt** gehören die Projektstudie (*feasibility study*) und die Basisplanung (*basic engineering*). In der Projekt- oder Feasibility-Studie wird durch Markt-, Rentabilitäts- und Standortanalysen die prinzipielle Durchführbarkeit des Projekts untersucht (vgl. Kap. 5.5). Da in diesem Stadium noch nicht entschieden ist, ob das Projekt durchgeführt wird, will man keine hohen Kosten entstehen lassen. Die Schätzgenauigkeit der Investitionskosten liegt in diesem Projektstadium noch bei ± 20%.

Bei positiver Bewertung des Projekts in der Feasibility-Studie wird für die Entscheidung über seine Realisierung ein Kostenanschlag erstellt. Dazu erfolgt in der sog. Basisplanung (basic engineering) die verbindliche Auslegung der Anlage für die Kapazität und den Standort, die sich aufgrund der Feasibility-Studie als optimal ergeben haben. Der wesentliche Teil dieser Planungsarbeiten besteht in der Auslegung der Apparate und Maschinen. Weiterhin wird die voraussichtlich beste Aufstellung der Gebäude und Apparate ermittelt, gegebenenfalls mit Hilfe eines einfachen sog. Layout-Modells. Als wichtigste Unterlagen liegen am Ende der Basisplanung vor:

– endgültiges Verfahrensfließbild mit Mengen- und Energiebilanz,
– Apparateliste mit Spezifikationen (Dimensionen, zulässiger Betriebsdruck, zulässige Betriebstemperatur, Werkstoff u. a.),
– vorläufiges Rohrleitungs- und Instrumenten-(RI-)Fließbild,
– Lageplan und
– Aufstellungsplan.

Durch die Präzisierung der Randbedingungen und Auslegungsdaten liegen am Ende der Basisplanung gegenüber der Feasibility-Studie wesentlich verbesserte Planungsdaten vor. Die Genauigkeit der damit kalkulierten Investitionssumme für eine Anlage beträgt in der Regel ± 5%. Alle bei dieser Planung erstellten Unterlagen werden als Kostenanschlag der Unternehmensleitung vorgelegt, die nun eine Investitionsentscheidung (*Realisierungsbeschluß*) trifft.

Sobald die Entscheidung zum Bau der Anlage gefallen ist, beginnt die **Projektabwicklung**. Dazu ist eine detaillierte Ausführungsplanung (*detail engineering*) notwendig. Insbesondere müssen genauere Planungen im Bereich der Anlagentechnik, der Bautechnik, der Elektrotechnik und der **Meß**-, **Steuerungs**- und **Regelungstechnik** (MSR) erfolgen. Die Ergebnisse

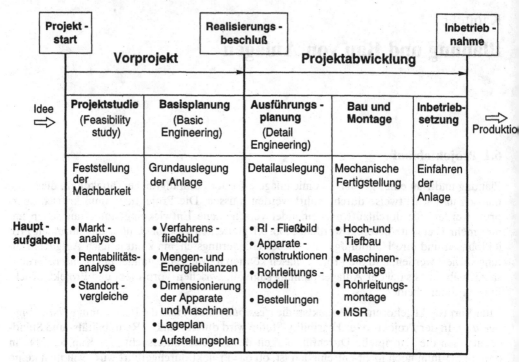

Abb. 6.1   Projektphasen und ihre Hauptaufgaben (Abkürzungen siehe Text)

werden im **R**ohrleitungs- und **I**nstrumenten-Fließbild (RI-Fließbild) festgehalten. Apparate und Maschinen werden ausgelegt und bestellt. Weiterhin wird ein komplettes Modell der Anlage einschließlich aller Rohrleitungen (*Rohrleitungsmodell*) hergestellt.

In der nächsten Projektphase (*Bau und Montage*) werden die erforderlichen Hoch- und Tiefbauarbeiten durchgeführt, die gelieferten Behälter, Maschinen und Apparate montiert, die Rohrleitungen verlegt und isoliert sowie die MSR installiert. Nach der mechanischen Fertigstellung der Anlage werden die einzelnen Anlagenteile durch ein Inbetriebnahmeteam überprüft. Im Anschluß daran wird die Anlage gespült und angefahren (*Inbetriebsetzung*). Erst wenn die Anlage ein spezifikationsgerechtes Produkt liefert und über einen längeren Zeitraum störungsfrei arbeitet, wird die Anlage von der Inbetriebnahmemannschaft an die zukünftige Betriebsmannschaft übergeben. An diesem *Fertigstellungstermin* beginnt der Betrieb der neuen Chemieanlage und damit die eigentliche Produktion. Je nach Größe der Anlage kann der gesamte Projektablauf vom Start bis zur Fertigstellung mehrere Jahre in Anspruch nehmen.

6.2 Projektorganisation

Beabsichtigt eine Chemiefirma den Bau einer neuen Anlage, dann wird die Projektorganisation (*project management*) festgelegt. Sie kann auf verschiedene Weise erfolgen:

- Die Chemiefirma als zukünftiger **Anlagenbetreiber** hat eine eigene Planungsabteilung, die für Planung und Bau der neuen Anlage zuständig ist. Dazu wird ein Projektleiter ernannt, der die Koordination aller Arbeiten übernimmt und vom Projektstart an bis zur Inbetriebnahme die Verantwortung trägt für die Durchführung des Projektes einschließlich der Einhaltung des vorgegebenen Kosten- und Zeitrahmens. Je nach Größe des Projektes sind dem Projektleiter mehrere Mitarbeiter unterstellt, die für bestimmte Aufgaben, z. B. für die Verfahrenstechnik, die MSR, die Montage und die Bautechnik, zuständig sind.

- Die Chemiefirma kann auch einem externen **Anlagenbauer**, also einer Ingenieurfirma, den Auftrag für Planung und Bau der Anlage übertragen. Zahlreiche Ingenieurfirmen, in Deutschland z. B. die Firmen Uhde oder Lurgi, bieten „schlüsselfertige Anlagen" an. Sie übernehmen aber auch die technologische Ausarbeitung neuer Verfahren. Bei einer solchen Projektvergabe ernennt der Anlagenbetreiber einen für das Projekt verantwortlichen Projektmanager, der mit dem Projektleiter der Ingenieurfirma eng zusammenarbeitet.

- Daneben existieren noch weitere Möglichkeiten. So kann z. B. die Gesamtplanung bei der Chemiefirma liegen, aber bestimmte, fest abgegrenzte Ingenieurleistungen, wie z. B. die Rohrleitungsplanung, können von einer Ingenieurfirma übernommen werden.

Wichtig ist, daß der Projektleiter einen guten Zugriff auf die Abteilungen hat, die er für die Durchführung des Projektes benötigt. Dies ist im Rahmen einer reinen **Linienorganisation** nicht optimal gewährleistet. Bei großen Anlagenprojekten hat sich deshalb die **Matrixorganisation** bewährt, bei der der Projektleiter direkt der Geschäftsleitung unterstellt ist und in allen beteiligten Abteilungen ein projektbezogenes Weisungsrecht besitzt. Besonders effektiv ist auch die „**Task-force**"-**Projektorganisation**. Hierbei werden die Mitarbeiter der einzelnen Abteilungen (Verfahrensauslegung, Apparatekonstruktionen, Maschinen, Rohrleitungen, Elektrotechnik, MSR, Bauwesen, Montage, Inbetriebnahme) temporär, also für die Dauer des zu bearbeitenden Projektes, auch räumlich als *Projekt-Team* zusammengefaßt und disziplinarisch ausschließlich dem Projektleiter unterstellt. Das Projekt-Team ist somit eine Art „Unternehmen im Unternehmen".

Bei Großprojekten ist von entscheidender Bedeutung, daß die **Kommunikation**, d. h. der Informationsfluß zwischen allen Beteiligten (und das können mehrere Hundert sein), jederzeit gewährleistet ist. Dies kann erreicht werden durch striktes Einhalten der einfach erscheinenden *Regel der 5 W*: Es meldet

- Wer?   (der Veranlassende)
- Was?   (Inhalt und Zweck der Nachricht)
- Wie?   (mit welchen Mitteln = Datenblätter, Telefon,...)
- Wem?   (zur Veranlassung, Reaktion)
- Wann?   (Zeitpunkt der Information)

Nur wenn alle „W" korrekt beachtet werden, kommt eine wichtige Information auch rechtzeitig beim richtigen Empfänger an. Als Checkliste für den richtigen Informationsfluß dient die **Aufgaben- und Dokumentationsmatrix** (vgl. Abb. 6.2). Diese Matrix legt fest, welche Abteilungen des Anlagenbauers A mit welchen Abteilungen des Anlagenbetreibers B welche Dokumente auszutauschen haben. Auch Zulieferer und Behörden werden in diese Matrix mit einbezogen. Komplettiert wird die Dokumentationsmatrix, indem für die einzelnen Aufgaben noch der spätest mögliche Abgabetermin (das „Wann") eingetragen wird.

Um bei der Durchführung eines Projektes durch eine Ingenieurfirma eine optimale Zusammenarbeit zwischen Anlagenbetreiber und Anlagenbauer zu erreichen, muß zwischen beiden ein eindeutig formulierter **Vertrag** abgeschlossen werden. Grundsätzlich kann man zwei Vertragsarten unterscheiden, den Ingenieurvertrag (*engineering contract*) und den Liefer- oder Bauvertrag (*supply contract*).

Beim **Ingenieurvertrag** erbringt die Ingenieurfirma typische Dienstleistungen, z. B. das Basic engineering, das Detail engineering oder spezielle Einzelaufgaben, z. B. die Rohrleitungspla-

Stellen → Dokumente	Anlagenbauer A Abteilungen				Anlagenbetreiber B Abteilungen				Zulieferer				Behörde
	1	2	3	4	1	2	3	4	C	D	E	F	
Vertrag	*	+	+		*	+							
Fließbilder	*	+	+		+	+	o^1						o^2
Zeichnungen		*	+										
Aufstellungs-plan	+		*		+	o^1							o^2
Netzplan	+	*	+			+							
Datenblätter	+	o^1	*					o^2	+	+	+	+	

+ erstellt das Dokument
* erhält eine Kopie
o überprüft und genehmigt (mit Angabe der Reihenfolge)

Abb. 6.2 Aufgaben- und Dokumentationsmatrix

nung. Nur für diese definierten Dienstleistungen übernimmt die Ingenieurfirma auch eine Haftungsverpflichtung. Alle übrigen Lieferungen und Leistungen zum Bau der Anlage erfolgen im Namen des Anlagenbetreibers. Bei den Ingenieurverträgen gibt es wiederum verschiedene Vertragsformen:

- Bei **Aufwandserstattungsverträgen** (*cost plus fee contract*) werden der Ingenieurfirma alle nachgewiesenen Leistungen (z. B. Bezüge für Ingenieure und Zeichner, Montagelöhne, Reisekosten) erstattet und ein zusätzliches Honorar bezahlt. Die Mitarbeiter der Ingenieurfirma arbeiten gewissermaßen als „Leihangestellte" des zukünftigen Anlagenbetreibers. Das zusätzliche Honorar für die Ingenieurfirma wird entweder als Prozentsatz des nachgewiesenen Aufwands festgelegt (*cost plus percent contract*) oder als festgelegte Summe, z. B. 5% der Investitionskosten, unabhängig vom Aufwand fixiert (*cost plus fixed fee contract*). Da die Ingenieurfirma alle Aufwendungen garantiert erstattet bekommt, ist für sie kein direkter Zwang gegeben, die Kosten niedrig zu halten. Die Ingenieurfirma wird deshalb dazu neigen, die Anlage großzügig zu dimensionieren und hochwertige Werkstoffe einzusetzen, um problemlos die gegebenen Garantien einhalten zu können.
- Der Anlagenbetreiber bevorzugt deshalb vielfach den **Zielpreisvertrag** (*target price contract*), bei dem sich die Ingenieurfirma nach einem Bonus-Malus-System am Risiko für die Einhaltung des von ihr kalkulierten Preises beteiligt:
- Übersteigt der Aufwand die Obergrenze einer im Vertrag vereinbarten „neutralen Zone", so muß sich die Ingenieurfirma zu einem bestimmten Anteil (z. B. 20%) an dem Mehraufwand beteiligen (Malus). Beim Unterschreiten der Untergrenze der neutralen Zone ergibt sich umgekehrt für die Ingenieurfirma ein entsprechender Bonus. Diese Vertragsform zwingt die Ingenieurfirma zu einer verstärkten Kostenkontrolle.

– Eine weitere Verschärfung der Vertragsform ist der Zusatz einer **Maximalpreisgarantie** (*guaranteed maximum*): Beim Überschreiten des Maximalpreises muß die Ingenieurfirma die zusätzlichen Kosten zu 100% übernehmen.

Neben den bisher erläuterten Ingenieurverträgen gibt es noch die **Liefer- oder Bauverträge.** Hierbei übernimmt die Anlagenbaufirma nicht nur bestimmte Dienstleistungen, vielmehr erfolgen alle mit dem Projekt verbundenden Lieferungen und Leistungen im Namen und auf Rechnung der Ingenieurfirma. Diese schließt mit der Chemiefirma einen **Festpreisvertrag** (*lump sum contract*) ab, wobei bei längeren Vertragslaufzeiten über eine Preisgleitklausel die inflationsbedingten Steigerungen bei Materialpreisen und Löhnen berücksichtigt werden. Bei Vertragsabschlüssen mit ausländischen Partnern müssen außerdem Wechselkursschwankungen durch Kurssicherungsklauseln abgedeckt werden. Eine Variante des Festpreisvertrages ist die Lieferung einer **schlüsselfertigen Anlage** (*turn key contract*), bei der die Ingenieurfirma auch zusätzliche Haftungen für einen unvorhergesehenen Aufwand (z. B. bei Fundamentierung oder Montage) übernimmt. Insbesondere bei kleinen oder Routineanlagen (z. B. Destillationen bekannter Produkte) wird die Ingenieurfirma das finanzielle Risiko dieser Vertragsform eingehen.

6.3 Genehmigungsverfahren für Chemieanlagen

Ca. 90% aller chemischen Anlagen sind in Deutschland genehmigungspflichtig nach dem Bundes-Immisionsschutzgesetz, abgekürzt BImSchG. Dieses Gesetz wurde erlassen „zum Schutz vor schädlichen Umwelteinwirkungen durch Luftverunreinigungen, Geräusche, Erschütterungen und ähnliche Vorgänge". Nach einer dritten Änderung des BImSchG im Jahre 1990 umfaßt es 94 Paragraphen und wird ergänzt durch 16 Verordnungen zur Durchführung des BImSchG sowie durch zwei Technische Anleitungen zur Reinhaltung der Luft (TALuft) und zum Schutz gegen Lärm (TALärm). In der 4. Durchführungsverordnung des BImSchG (= 4. BImSchV) werden die genehmigungsbedürftigen Anlagen aufgeführt; in der 9. BImSchV werden die Grundsätze des Genehmigungsverfahrens festgelegt. Die folgenden Erläuterungen können nur einen kurzen Einblick in dieses Gesetzeswerk geben und sollen dazu anregen, im konkreten Einzelfall alle einschlägigen Bestimmungen in der jeweils gültigen Fassung in der Fachliteratur nachzulesen.

Ein vereinfachtes Ablaufdiagramm eines Genehmigungsverfahrens nach dem BImSchG ist in Abb. 6.3 wiedergegeben. Der Anlagenbetreiber muß möglichst frühzeitig einen Antrag bei der zuständigen **Genehmigungsbehörde** stellen. Die Zuständigkeit ist in den Bundesländern unterschiedlich geregelt; in Nordrhein-Westfalen und Hessen sind dies z. B. die jeweiligen Regierungspräsidenten. Der Eingang des Antrags wird dem Betreiber dann umgehend bestätigt. Anschließend erfolgt eine Prüfung, ob die Antragsunterlagen vollständig sind. Zu einem **Antrag** gehören u. a. Angaben über:

- Lage des Grundstücks,
- Technologie des Verfahrens,
- voraussichtliche Emissionswerte sowie die Maßnahmen zu ihrer Verringerung,
- Maßnahmen zur Vermeidung bzw. Verwertung von Abfallstoffen,
- Verbleib von Abfallstoffen,
- Maßnahmen zur Einhaltung des Arbeitsschutzes,
- Art und Menge aller Einsatzstoffe sowie aller Zwischen-, Neben- und Endprodukte,
- mögliche Nebenreaktionen und -produkte bei Störungen im Verfahrensablauf sowie
- voraussichtliche Auswirkungen der Anlage auf die Allgemeinheit, speziell auf die Nachbarschaft.

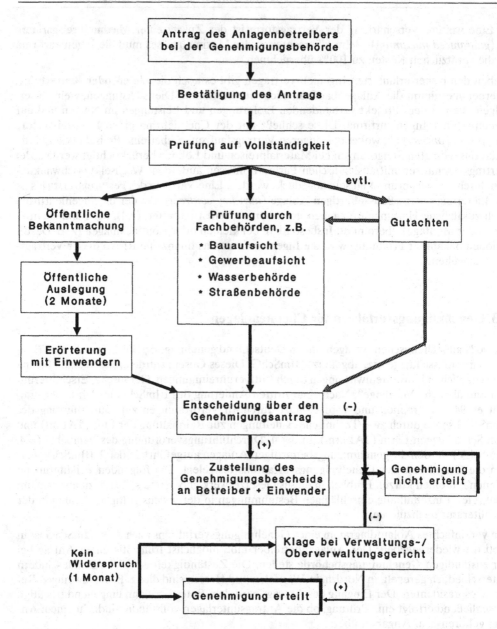

Abb. 6.3 Vereinfachtes Ablaufdiagramm eines Genehmigungsverfahrens (nach BImSchG)

Für Anlagen, die nach dem BImSchG genehmigungsbedürftig sind, gilt außerdem noch die 12. BImSchV, die sog. **Störfallverordnung**, nach der der Betreiber eine *Sicherheitsanalyse* durchführen muß. Dazu gehören u. a. Beschreibungen der Anlage mit Fließbildern, der potentiellen Gefahrenquellen und der Voraussetzungen, unter denen ein Störfall eintreten kann.

Die Genehmigungsbehörde hat eine Reihe von **Fachbehörden** zur Prüfung des Antrages einzuschalten. Die Gemeinde, in der die Anlage errichtet werden soll, ist anzuhören, insbesondere das Bauamt, das Tiefbauamt, die Planungsämter und die Feuerwehr. Fragen zur Kanalisation und Deponie, zur Schornsteinhöhe und Verkehrsanbindung sind zu berücksichtigen. Das Staatliche Amt für Wasser- und Abfallwirtschaft (STAWA) gibt seine Stellungnahme an die Untere Wasserbehörde weiter. Das staatliche Gewerbeaufsichtsamt (GAA) äußert sich zu den Emissions- und Immissionswerten, zum Stand der Technik, zu sicherheitstechnischen Fragen, zum Umweltschutz und zum Arbeitsschutz. Im Einzelfall werden noch weitere Fachbehörden, z. B. die Straßenbehörde, die Bundesbahn, die Flugsicherung, die Landesplanungs- und Naturschutzbehörden sowie weitere Landesanstalten, z. B. in Nordrhein-Westfalen die Landesanstalt für Immissionsschutz (LIS), hinzugezogen. In besonderen Fällen können auch externe **Gutachten** angefordert werden.

Der Projektantrag wird in amtlichen Publikationen sowie in den Tageszeitungen bekanntgemacht. Die Antragsunterlagen werden zwei Monate lang öffentlich ausgelegt. Davon ausgenommen sind nur eindeutige Geschäfts- und Betriebsgeheimnisse. Werden Einwendungen gegen das Projekt erhoben, so werden sie zwischen Antragsteller und Einwender unter Beteiligung der Fachbehörden erörtert.

Auf der Basis der Anhörungen und behördlichen Prüfungen wird ein **Genehmigungsbescheid** erlassen. Dieser kann das beantragte Projekt ablehnen, in vollem Umfang genehmigen oder Einschränkungen und Auflagen erteilen. Gegen diesen Bescheid können sowohl der Antragsteller als auch eventuelle Einwender innerhalb eines Monats Widerspruch einlegen und den Bescheid durch Verwaltungsgerichte nachprüfen lassen.

Neben der Genehmigung nach dem BImSchG sind für Chemieanlagen noch weitere Genehmigungen erforderlich, insbesondere bau- und wasserrechtliche Genehmigungen nach dem Abfallgesetz und Erlaubnisse für überwachungsbedürftige Anlagen, z. B. für Druckbehälter (gemäß Druckbehälterverordnung), die Lagerung brennbarer Flüssigkeiten (gemäß Verordnung über brennbare Flüssigkeiten) und für Dampfkessel (gemäß Dampfkesselverordnung). Diese umfangreichen Auflagen haben dazu geführt, daß allein die Zusammenstellung der Antragsunterlagen ca. ein halbes Jahr erfordert. Die Bearbeitung durch Behörden kann je nach Projekt ein weiteres halbes Jahr dauern. In einigen Fällen sind auch Bearbeitungszeiten von bis zu zwei Jahren bekannt. Da die Genehmigung der Anlage vor dem Baubeginn und die Betriebsgenehmigung vor der Inbetriebnahme vorliegen müssen, sollte der Genehmigungsantrag zum frühest möglichen Zeitpunkt eingereicht werden. Um sicherzustellen, daß die Antragsunterlagen komplett und ausreichend detailliert sind, sollten vor der Antragstellung Vorgespräche mit der Genehmigungsbehörde geführt werden.

6.4 Anlagenplanung

Da Projektstudie, Basisplanung und Ausführungsplanung (vgl. Abb. 6.1) in der Realität ineinandergreifen, werden sie in diesem Abschnitt „Anlagenplanung" gemeinsam behandelt.

Generell gilt für die Anlagenplanung, daß am Anfang immer erst ein Rahmenplan (*master schedule*) erstellt wird, der einen Überblick über die wesentlichen Abläufe liefert. Im Verlauf des Projektes wird durch eine zunehmende Unterteilung und Präzisierung ein feinmaschiges Netz aller Einzelschritte aufgebaut.

Dieses Planungskonzept gilt z. B. auch für die **Fließbilder** einer chemischen Anlage (vgl. Kap. 2.3). Beginnend mit dem **Grundfließbild**, einem ersten Kästchenschema der Anlage, werden nach und nach alle Apparate, Behälter und Maschinen eingeordnet, die Ein- und Ausgangsstoffe sowie wichtige Energieträger benannt und charakteristische Betriebsbedingungen angegeben. Daraus ergibt sich das **Verfahrensfließbild**, das durch weitere Zusatzinformationen, z. B. Begleitheizungen, Rohrleitungen, Isolierungen, Armaturen, MSR-Technik, zum **RI-Fließbild** (*piping and instrumentation [PI] diagram*) präzisiert wird. Bei diskontinuierlichen Anlagen müssen noch zusätzliche **Verfahrensabläufe** aufgestellt werden, in denen die Reihenfolge der einzelnen Verfahrensschritte genau festgehalten wird. Um die Sicherheit einer Anlage zu erhöhen, werden außerdem **Verriegelungspläne** (vgl. Kap. 3.5.2) erstellt, in denen z. B. festgelegt wird, welche Ventile geöffnet oder geschlossen sein müssen, ehe ein bestimmter Arbeitsgang begonnen werden kann. Falls ein Prozeßleitsystem (PLS) vorgesehen ist, kann damit die Einhaltung des Verriegelungsplans automatisch überwacht werden.

Auf der Grundlage der Fließbilder erfolgt die Aufstellung der **Stoff- und Energiebilanzen** (vgl. Kap. 4.3). Dazu werden aus den Verfahrensunterlagen Angaben über die chemischen Reaktionen und die einzelnen Verfahrensschritte und weitere Verfahrensinformationen (z. B. Stoffwerte, Phasengleichgewichte) benötigt. Die damit ermittelten Stoff- und Wärmemengen sind die Basis für die **Dimensionierung der Apparate und Maschinen**. Für viele verfahrenstechnische Grundoperationen, vor allem für thermische Trennverfahren wie die Rektifikation, stehen zur Apparateauslegung bewährte Rechenprogramme zur Verfügung. Manchmal sind jedoch ergänzende Technikums- oder Betriebsversuche vor der endgültigen Festlegung erforderlich (vgl. Kap. 4.1). Insbesondere beim Vorliegen fester Phasen, z. B. bei der Feststoffabtrennung durch Filtrieren oder Zentrifugieren, kann die Übertragung in den größeren Maßstab nur über Zwischenstufen, d. h. Versuche im Technikums- oder Pilotmaßstab, erfolgen. Bei der Festlegung der Apparate und Maschinen (= **Spezifikation der Ausrüstungsgegenstände**) ist auch zu klären, welche Ersatzaggregate einzuplanen und welche Werkstoffe (vgl. Kap. 11.4) am günstigsten sind.

Für alle Apparate und Maschinen werden genaue **Datenblätter** ausgefüllt. Eine Auslegungsvorschrift für einen Behälter besteht z. B. aus einer annähernd maßstäblichen Skizze des Behälters einschließlich der durchnumerierten Stutzen und des Mannloches, aus Angaben zur chemischen und physikalischen Beanspruchung (chemische Medien, Arbeitsdruck, Arbeitstemperatur), aus Informationen über Werkstoffe und die erforderlichen Korrosionszuschläge und der Stutzentabelle mit der Festlegung der Nennweite, des Nenndruckes und der Dichtfläche. Analoge Datenblätter werden auch für alle Wärmetauscher, Kolonnen, Pumpen, Verdichter, Meß- und Regelgeräte etc. erstellt. Alle Apparate und Maschinen werden in einer **Apparateliste** zusammengestellt. Bei dieser umfangreichen Arbeit ist der Einsatz des Computers unverzichtbar geworden.

Neben den Apparaten und Maschinen müssen auch die zugehörigen **Betriebsmittel**, d. h. die Versorgung mit Energien, Wasser und bestimmten Gasen (Druckluft, Stickstoff usw.), geplant werden. Maschinen werden entweder direkt, z. B. durch Kopplung mit einer Dampfturbine, oder über Elektromotoren angetrieben. Die Beheizung von Reaktoren oder Wärmetauschern erfolgt bevorzugt mit Wasserdampf, da er wegen seiner Unbrennbarkeit keine Explosionsschutzmaßnahmen erfordert. In den chemischen Betrieben existieren meist Wasserdampfnetze in unterschiedlichen Druckstufen. Die meisten größeren Betriebe haben ein eigenes Kraftwerk, in dem ein Niederdruckdampf von 0,3 bis 0,5 MPa (3–5 bar) erzeugt wird. Mit Wasserdampf von ca. 0,4 MPa können Temperaturen von 145 °C erreicht werden, was für die meisten Anwendungszwecke ausreicht. Viele Firmen betreiben außerdem noch ein Mitteldrucknetz (10–25 bar) und ein Hochdrucknetz (> 40 bar). Wird eine neue Anlage konzipiert, muß sichergestellt werden, daß ausreichende Dampfmengen in den gewünschten Druckstufen zur Verfügung gestellt werden können. Sind bei einer Anlage höhere Temperaturen, z. B. > 300 °C erforderlich, ist es aus Kostengründen sinnvoller, statt Dampf organische Wärmeträger, Salzschmelzen oder direkte Feuerungen einzusetzen. Auch die erforderlichen Kühlmittel, meist Wasser, Luft oder Kühlsole, müssen bei der Anlagenplanung berücksichtigt werden.

Parallel zur verfahrenstechnischen Auslegung der Apparate, Maschinen und Betriebsmittel wird frühzeitig ein **Lageplan** erstellt. Wird ein neues Werkgelände erschlossen, ist vorab ein

Bebauungsplan aufzustellen, der die Verkehrswege im Werk berücksichtigt (Straßen, Schienenwege, evtl. Hafenanlagen) und Blockfelder für das Kraftwerk, die Produktionsanlagen und die Läger vorsieht. In einem schon vorhandenen Werksgelände ist ein optimales Baufeld auszuwählen, das eine gute Versorgung mit Energien und Rohstoffen sowie einen günstigen Abtransport der Produkte gewährleistet. Für dieses Baufeld wird ein **Aufstellungsplan** (*plot plan*) gezeichnet, in dem alle erforderlichen Apparate und Maschinen so postiert werden, daß ein einheitlicher Produktfluß erreicht wird. Schwere oder schwingungserzeugende Bauteile werden meist direkt auf den Bodenfundamenten aufgestellt. Vorratstanks und Silos werden, sofern möglich, so in Gerüste montiert, daß unter Ausnutzung des natürlichen Gefälles die Produkte ohne Pumpen abfließen können. Wartungsintensive Aggregate, wie Pumpen oder Kompressoren, werden zusammen aufgestellt, um den Reparaturaufwand zu minimieren. Bei Apparaten, die einem hohen Verschleiß unterliegen, muß die Möglichkeit eines raschen Austausches (Montageöffnungen, Hebezeuge) geschaffen werden. Der Aufstellungsplan ist ähnlich wie eine Landkarte aufgebaut (vgl. Abb. 6.4). Er enthält einen Anlagen-Koordinaten-Nullpunkt, von dem eine Anlagen-Nord(N)- und eine Anlagen-Ost(E)-Koordinate ausgehen. Dabei brauchen Anlagen-Nord und die geographische Nordrichtung nicht übereinzustimmen. Jeder Apparat wird in diesem Koordinatensystem mit seiner Grundfläche eingezeichnet. Außerdem wird für jeden Apparat ein Apparatebezugspunkt definiert, z. B. bei einem Reaktor ein zentraler Deckelstutzen. Im Aufstellungsplan wird dann für jeden Apparat die Position des Apparatebezugspunkts zum Nullpunkt mit den Angaben E (= Osten), N (= Norden) und H (= Höhe) in mm festgelegt.

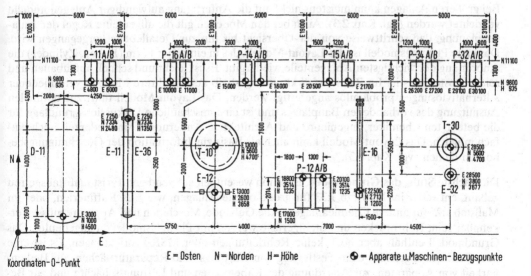

Abb. 6.4 Beispiel eines Aufstellungsplans (aus [3], S. 139)

Um die anschließende *Verrohrung* der Apparate vorzubereiten, wird ein **Rohrleitungsplan** erstellt. Früher wurden dazu Rohrstudien gezeichnet, also Blicke auf die Verrohrung von unterschiedlichen Seiten. Heute wird überwiegend die isometrische Rohrleitungszeichnung eingesetzt, die an einem Beispiel in Abb. 6.5 wiedergegeben ist.

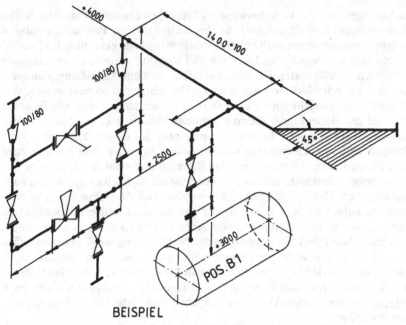

BEISPIEL

Abb. 6.5 Isometrische Darstellung von Rohrleitungen (aus [8], S. 45)

Bei der Erstellung der Rohrleitungspläne ist wiederum der Computer sehr hilfreich: Mit käuflichen Rohrleitungsprogrammen lassen sich über den Plotter isometrische Zeichnungen und über den Printer die zugehörigen Rohrelement- und Bestellungslisten ausdrucken.

Bei größeren Anlagen kann meistens nicht auf die Anfertigung aufwendiger **Anlagenmodelle** verzichtet werden (vgl. Kap. 2.3). Auch bei den Modellen gilt die allgemeine Regel der Anlagenplanung, daß schrittweise von der Übersicht bis hin zur Detailebene vorgegangen wird. Das erste Planungsmodell ist das **Layout-Modell**, das in einfacher Form (Kuben, Zylinder) die Anordnung der wichtigsten Anlagenteile wiedergibt. Es ist leicht und schnell aufzubauen und relativ kostengünstig. Im Zweifelsfall können deshalb auch mehrere Modelle verschiedener Alternativlösungen problemlos angefertigt werden. Das Layout-Modell führt zur optimalen Ausnutzung des vorhandenen Bauplatzes und ist eine anschauliche Diskussionsgrundlage für die beteiligten Chemiker, Ingenieure und Architekten. Änderungen sind jederzeit noch einfach möglich. Das Layout-Modell kann auch als Basis zur Information der Genehmigungsbehörden dienen (vgl. Kap. 6.3).

Die nächste Stufe, das **Grundmodell**, ist schon wesentlich aufwendiger. Es ist maßstabsgetreu gebaut, entweder im Maßstab 1:33 für große offene Anlagen, wie z. B. Raffinerien, oder im Maßstab 1:25 für andere Chemieanlagen. Alle Gebäude, Maschinen und Apparate müssen erkennbar sein; Rohrbrücken und Stahlgerüste werden mit Plexiglasmodellen angedeutet. Das Grundmodell enthält aber noch keine Rohrleitungen oder MSR-Einrichtungen. Es ist eine gute Diskussionsgrundlage zur Festlegung von Wartungs- und Reparaturflächen, zur Bedienbarkeit von Apparaten, zur Anordnung der Kabeltrassen und Lüftungsschächte und zur Bestimmung der Fluchtwege.

Die letzte Stufe des Modellbaus ist das **Rohrleitungsmodell** (*piping model*), das jetzt auch maßstäblich exakt alle Rohrleitungen und Armaturen enthält. Mit Hilfe serienmäßiger Modellbauteile wird ein komplettes *Vollrohrmodell* erstellt, das wesentlich zur Vermeidung von Planungsfehlern beiträgt. Das Rohrleitungsmodell wird beim Bau der Anlage in einem Raum direkt bei der Baustelle untergebracht und dient dort als anschauliches Informationsmittel für alle an der Montage beteiligten Arbeiter, vor allem natürlich für den Rohrleitungsmonteur. Der zukünftige Anlagenbetreiber kann den Fortgang der Arbeiten durch den Vergleich mit dem Rohrleitungsmodell jederzeit gut verfolgen. Dieses Modell ist auch ein hervorragendes Instruktionsinstrument für die Anfahrmannschaft und das spätere Bedienungspersonal (Beispiel vgl. Abb. 6.6).

Abb. 6.6   Rohrleitungsmodell eines Steamcrackers (aus [3], S. 137)

Trotz der hohen Kosten kann bei komplizierten Chemieanlagen bisher nicht auf ein Rohrleitungsmodell verzichtet werden. Es gibt intensive Bestrebungen, diese Modelle durch Computerprogramme zu ersetzen, die eine dreidimensionale (3D), flexible Darstellung von Rohrleitungssystemen ermöglichen. Ein Beispiel für dieses **Computer Aided Design** (CAD) gibt Abb. 6.7.

6.5 Projektabwicklung

6.5.1 Ablaufplanung und -überwachung

Um die optimale Abwicklung eines Anlagenprojektes zu gewährleisten, muß eine systematische Planung und Überwachung von Bestellungen, Lieferungen, Aufträgen und Arbeiten im

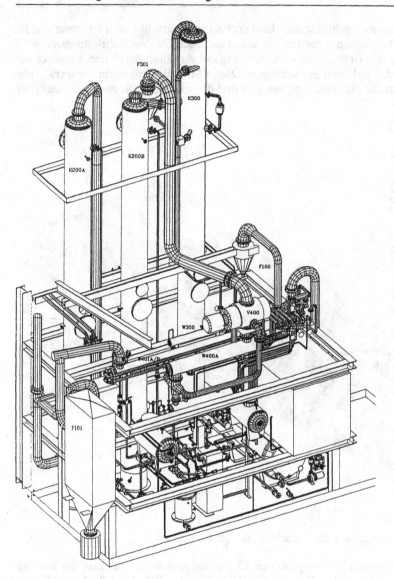

Abb. 6.7 Mit Computer Aided Design (CAD) erstellter Rohrleitungsverlauf einer Anlage (aus [50], S. 351)

Hinblick auf Termine und Kosten erfolgen. Hilfsmittel für diese Planungen und Kontrollen sind z. B. Tätigkeits- und Terminlisten. Für einen sehr einfachen Vorgang wie die Errichtung eines Rührkesselreaktors auf einem Fundament einschließlich des Baus einer Bedienungsbühne für die Reaktorbeschickung ist in Tab. 6.1 eine **Tätigkeitsliste** aufgeführt. Sie enthält zwar übersichtlich alle Tätigkeiten und Vorgänge mit Angabe der zuständigen Einheit und der Terminvorstellungen, gibt aber keinerlei Informationen darüber, wie die einzelnen Tätigkeiten **A** bis **G** miteinander „logisch verknüpft" sind. Aus einer sehr kurzen Tätigkeitsliste wie in Tab. 6.1 sind diese Verknüpfungen natürlich schnell erkennbar (z. B. der Bau der Bühne **G** kann erst nach Erstellung des Fundaments **F** erfolgen); aus langen Tätigkeitslisten mit mehreren hundert Vorgängen ist dies jedoch nicht ohne weiteres möglich.

Tab. 6.1 Tätigkeiten für den Bau eines Rührkesselreaktors

Kurz-zeichen	Tätigkeit/Vorgang	zuständige Einheit	Zeitbedarf (Wochen)	Endtermin (Datum)*
A	Reaktormaterial beschaffen	Einkauf	3	3. KW
B	Reaktor bauen	Werkstatt	6	9. KW
C	Rührer beschaffen	Einkauf	5	5. KW
D	Fundament erstellen	Bauabteilung	7	7. KW
E	Montage Rührer/Reaktor	Werkstatt	2	11. KW
F	Reaktor aufstellen	Montage	10	21. KW
G	Bühne bauen	Bauabteilung	5	12. KW

* KW = Kalenderwoche (Start Anfang der 1. KW)

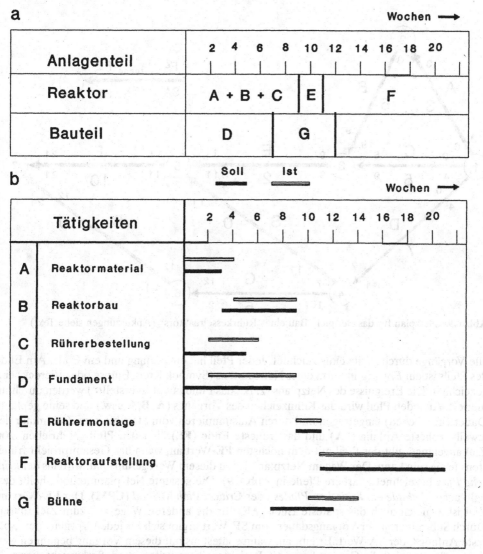

Abb. 6.8 **a** Balkenplan und **b** Stablinienplan für das Beispiel „Bau eines Rührkesselreaktors"

Auch áus **Balken- und Stablinienplänen** (vgl. Abb. 6.8) gehen diese logischen Verknüpfungen nicht hervor. Der Stablinienplan hat aber den großen Vorteil, daß er sehr übersichtlich einen Vergleich der geplanten (Soll) mit den tatsächlichen Abläufen (Ist) ermöglicht. So ist aus Abb. 6.8 schnell zu erkennen, daß bei der Tätigkeit **A** eine Verzögerung von einer Woche eingetreten ist, die aber durch den beschleunigten Bau des Reaktors **B** wieder eingeholt werden konnte. Bedingt durch Personalausfall, hat die Bauabteilung mit der Fundamenterstellung **D** erst zwei Wochen später beginnen können und wird damit auch erst in der 9. Kalenderwoche (statt in der 7. KW) fertig. Jeder Einzelvorgang ist somit gut kontrollierbar.

Welchen Einfluß aber der Einzelvorgang auf das Gesamtnetz hat, ist erst aus einem **Netzplan** zu entnehmen. Abb. 6.9 zeigt den nach der Vorgangspfeiltechnik erstellten Netzplan für das angegebene Beispiel „Bau eines Rührkesselreaktors". Der Netzplan beginnt an einem Start (*origin*), nämlich den Beginn aller Aktivitäten, und endet an einem Ziel (*terminus*), nämlich der Fertigstellung aller Arbeiten. Zwischen dem Start (hier Nr. 1) und dem Ziel (Nr. 7) sind

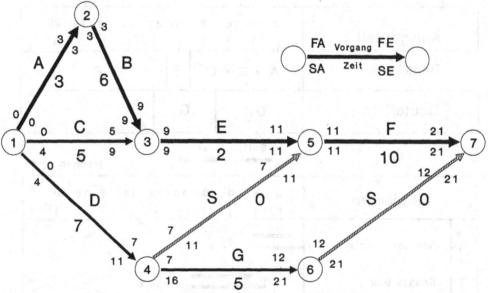

Abb. 6.9 Netzplan für das Beispiel „Bau eines Rührkesselreaktors" (Abkürzungen siehe Text)

alle Vorgänge durch Pfeile eingezeichnet. Jeder Pfeil hat ein Anfang und ein Ende. Am Ende des Pfeils ist ein *Ereignis* in Form eines Netzknotens (Symbol: Kreis, Ellipse oder Viereck) eingezeichnet. Die Ereignisse des Netzplans (z. B. „das Fundament ist erstellt") werden durchnumeriert. An jeden Pfeil wird das Kennzeichen des Vorgangs (**A**, **B**, **C** usw.) und seine geplante Dauer (in Wochen) eingetragen und durch Aufsummieren vom Start bis zum Ziel immer der jeweils früheste Anfang (**FA**) und das früheste Ende (**FE**) über den Pfeil geschrieben. Am Ziel angelangt, gibt der Pfeil mit dem höchsten **FE**-Wert an, wann das Gesamtprojekt frühestens fertig sein kann. Der Weg im Netzplan, der zu diesem Wert geführt hat, wird als der *kritische Pfad* bezeichnet (stärkere Pfeile in Abb. 6.9). Die gesamte Netzplanmethode heißt deshalb auch *Methode des kritischen Pfades* oder **Critical Path Method** (**CPM**). Der **FE**-Wert am Ziel ist zugleich auch das späteste Ende (**SE**) für die anderen Wege, die zum Ziel führen. Durch Subtrahieren der Vorgangsdauer vom SE-Wert ergibt sich für jeden Vorgang der „späteste Anfang", der SA-Wert. Er gibt an, wann spätestens mit diesem Vorgang begonnen werden muß, ohne daß die Gesamtdauer des Projektes überschritten wird. So braucht man z. B.

mit dem Erstellen des Fundaments (Vorgang **D**) erst nach vier Wochen zu beginnen, da es erst in der 11. KW fertiggestellt sein muß. Der Vorgang **D** ist somit unkritisch, während z. B. eine Verzögerung des Vorgangs **A** (Reaktormaterialbeschaffung) automatisch zu einer Verzögerung der Gesamtprojektdauer führt, wenn die Verzögerung nicht an einer anderen Stelle wieder ausgeglichen werden kann.

Der Hauptvorteil der Netzplantechnik liegt im raschen Erkennen der logischen Verknüpfungen. Vorgang **E** kann z. B. erst dann beginnen, wenn die Vorgänge **B** und **C** abgeschlossen sind. Wichtig ist auch, daß man zusätzliche logische Verknüpfungen in Form von „Scheinvorgängen" (Abkürzung **S**) in den CPM-Netzplan gestrichelt einzeichnen kann. Der Scheinvorgang ist kein wirklicher Vorgang und hat deshalb die Dauer von 0 Wochen. Aus Abb. 6.9 ist sofort erkennbar, daß der Vorgang **F** erst dann erfolgen kann, wennn das Ereignis 5 eingetreten ist, zusätzlich aber auch Ereignis 4 vorliegt. Diese Verknüpfungen können nur durch Netzpläne sinnvoll und übersichtlich wiedergegeben werden.

Neben der Critical path method (CPM) gibt es noch zahlreiche Varianten der Netzplantechnik (z. B. die in Frankreich entwickelte Metra-Potential-Methode, MPM). Zum Erlernen dieser Techniken sei auf die Spezialliteratur verwiesen.

Sind im Netzplan die verschiedenen Aufgabengebiete strukturiert und mit dem voraussichtlichen Zeitbedarf korreliert worden, muß als nächstes sichergestellt werden, daß auch das erforderliche Personal und die nötigen Ressourcen (Werkzeuge, Maschinen etc.) vorhanden sind. Dies erfolgt im sog. **Kapazitätsplan**. Ein Beispiel für einen Personalkapazitätsplan gibt Abb. 6.10. Die Basis für den Kapazitätsplan liefern wieder die kritischen Vorgänge (im Beispiel A, B, E und F). Bei der parallelen Anordnung der weiteren Vorgänge können sich Bedarfsspitzen ergeben, die evtl. die vorhandenen Kapazitäten überschreiten. Entweder müssen dann weitere Kapazitäten (z. B. Facharbeiter anderer Firmen) besorgt oder durch zeitliche Umschichtungen die vorhandenen Kapazitäten gestreckt werden. Diese Streckung kann in ungünstigen Fällen dazu führen, daß die Gesamtprojektdauer über das ursprünglich geplante früheste Ende (FE) hinaus verlängert werden muß. Aus Abb. 6.10 ist ersichtlich, daß beim Personalbedarf laut Netzplan zwei Bedarfsspitzen mit je 14 Arbeitern auftreten (Plan a). Hat die Firma jedoch nur 10 Mitarbeiter für dieses Projekt zur Verfügung, muß ein Abgleich (Plan b) erfolgen. Das dargestellte Projekt verzögert sich dadurch von 21 auf 23 Wochen.

Neben dem Kapazitätsplan muß auch noch ein **Finanzplan** (Ausgabenplan) erstellt werden. Er gewährleistet, daß am Fälligkeitstermin die nötigen Gelder für die gelieferten Materialien und Apparate zur Verfügung stehen. Der Finanzplan ist eine wichtige Information des Projektmanagers für die Stellen in der Firma, die für Einkauf und Finanzierung zuständig sind. Er soll eine reibungslose Abwicklung der erforderlichen Einkäufe sicherstellen.

Um die Projektabwicklung zu überwachen, wird heute intensiv auf EDV-Anlagen zurückgegriffen. Der Computer speichert die Sollvorgaben und vergleicht sie mit den eingehenden Istmeldungen. Änderungen können jederzeit eingegeben und die daraus entstehenden Folgen abgeschätzt werden. Die Projektabteilung hat dadurch einen guten Überblick über den aktuellen Stand und den voraussichtlichen weiteren Verlauf der Arbeiten.

Bei der Planung eines Projektes wird immer zuerst ein *Rahmenplan* erstellt, der durch Einzelschritte stufenweise präzisiert wird (vgl. Kap. 6.4). Ein Beispiel hierfür war die Hierarchie der Fließschemata vom Grundfließbild über das Verfahrensfließbild bis zum RI-Fließbild. Eine ähnliche Hierarchie existiert auch in der Netzplantechnik:

Im **Meilensteinplan** werden zuerst nur die wichtigsten Ereignisse erfaßt. In der darauffolgenden **Übersichtsebene** können z. B. schon 100 bis 150 Vorgänge zu einem Netz zusammengefügt werden. Durch weitere Präzisierung ergibt sich schließlich die **Detailebene**, in der sämtliche Vorgänge – aufgegliedert in verschiedene Teilnetzpläne – wiedergegeben werden.

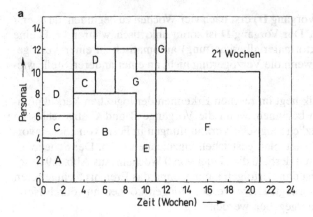

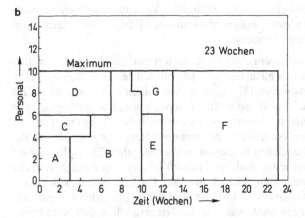

Abb. 6.10 Personalkapazitätsplan.
a Bedarf laut Netzplan, **b** Verteilung nach Spitzenabgleich

Mit Hilfe des Computers können dann Informationen aus den Teilnetzplänen in Form von Balken-, Stablinienplänen oder Terminlisten ausgedruckt und an die beteiligten Stellen (Werkstätten, Einkauf, etc.) weitergeleitet werden. Mit Netzplänen und ihrer Überprüfung per EDV wird eine optimale Koordination aller Arbeiten erreicht.

6.5.2 Bau und Montage

Dieser Abschnitt beschreibt die Umsetzung der aufgestellten Pläne in die Realität, also die Ausführung der Bau- und Montagearbeiten und die anschließende Inbetriebnahme der Anlage.

Bei der **Einrichtung einer Baustelle** wird als erstes das Baugelände vorbereitet. Es wird vermessen und, falls erforderlich, gerodet und planiert; ferner werden die notwendigen Energieanschlüsse geschaffen. Anschließend werden die Baustelleneinrichtungen erstellt, u. a. die Büros der Bau- und Montageleitung, Lagerplätze, Vormontageplätze sowie ggf. Werkstätten und Magazine für empfindliche Geräte, z. B. für Meßinstrumente. Befestigte Wege müssen angelegt werden. Für Transport und Montage müssen ausreichend Fahrzeuge und Hilfsmittel, z. B. Kräne, zur Verfügung stehen. Abseits gelegene Baugelände müssen zusätzlich eingezäunt, während der Nacht beleuchtet und bewacht werden.

Baustellenleitung					
Bauarbeiten	**Montagearbeiten**	**Baustellenverwaltung**	**Terminkontrolle**	**Technische Kontrolle**	**Materialkontrolle**
Erdarbeiten	Apparatemontage	Kantine	Montagetermine	Kostenkontrolle	MaterialEingang
Fundamente	Maschinenmontage	Erste Hilfe	Einsatz des Personals	Vermessungskontrolle	Kontrolle
Gebäude	Tanklager	Lohnlisten	Koordinierung	Abnahmen	Lagerung
Stahlkonstruktion	Rohrleitungen	Verbrauchsgüter		Qualitätskontrollen	Ausgabe
Gleisanlagen	Isolierung	Telefon		Druckproben	Transportfragen
Straßen	Anstrich	Reinigung		Arbeitsschutz	Zollformalitäten
Hafenarbeiten	Stromversorgung	Bewachung		Endabnahme	
Rohrbrücken	MSR			Baustellenaufsicht	

Abb. 6.11   Baustellenorganisation

Jede Baustelle erhält vor Ort eine **Baustellenleitung**, die dem Projektleiter direkt unterstellt ist (vgl. Abb. 6.11). Der Baustellenleiter koordiniert die Arbeiten aller beteiligten Firmen. Er ist für den sinnvollen Einsatz aller Bau- und Montageingenieure verantwortlich und kümmert sich um die Einhaltung der Termine und der Kosten, der Qualitätsvorgaben sowie um die rechtzeitige Anlieferung der Materialien, Apparate und Maschinen. An Großbaustellen unterstehen dem Baustellenleiter mehrere Ingenieure, u. a. Spezialisten für Hoch- und Tiefbau, für Elektroinstallationen, für den Rohrleitungsbau und für die MSR. Ein eigener Kosteningenieur (*cost controller*) prüft alle Abrechnungen, ein *Expeditor* sorgt für die Anlieferungen aller Anlagenteile in der für die Montage optimalen Reihenfolge. Der Baustellenleiter führt –in der Regel wöchentlich – Montagebesprechungen durch, in denen alle Beteiligten über den Fortgang sowie über die entstandenen Probleme berichten. Der Ablauf der Arbeiten wird in Fortschrittsberichten festgehalten und am Ende in einem abschließenden Baustellenbericht dargestellt.

Die **Bauausführung** beginnt mit den Tiefbauarbeiten, also mit der Verlegung von Kanälen und unterirdischen Leitungen und dem Bau der Straßen. Je nach Bodenqualität müssen umfangreiche Gründungsarbeiten, z. B. in Form von Blockfundamenten oder Pfahlgründungen, durchgeführt werden. Anschließend beginnt der Hochbau, also die Errichtung der Anlagengebäude. Der nächste Schritt ist die sog. **Schwermontage** (Grobmontage), bei der alle Behälter, Apparate und Maschinen auf den fertigen Fundamenten bzw. Bühnen installiert werden. Zur Aufstellung großer Lasten, z. B. von Reaktoren oder Kolonnen, müssen spezielle Kräne zur Verfügung stehen. Bei der **Feinmontage** von Maschinen, z. B. Pumpen, Turbinen, Kompressoren und Zentrifugen, wird meist Montagepersonal der Lieferfirmen hinzugezogen, um eine einwandfreie Aufstellung, Justierung und Vorbereitung für den Probebetrieb zu gewährleisten. Als nächstes erfolgt die **Rohrleitungsmontage**, oft der aufwendigste Teil der Montagearbeiten. Die weitgehend in den Werkstätten vorgefertigten Rohrstücke müssen fachgerecht verbunden und spannungsfrei verlegt werden. Armaturen werden eingebaut, Druckproben durchgeführt und beheizte Rohrstücke isoliert und angestrichen. Die **Meß- und Regeltechnik** (MSR) montiert die erforderlichen Regel- und Analysengeräte sowie die Alarm- und Sicherheitseinrichtungen. Alle Signale der Anlage über Mengenströme, Drücke, Temperatur etc. werden in den zentralen Kontrollraum (Meßwarte) geleitet und können dort später über Bildschirme jederzeit abgerufen werden. Ein **Prozeßleitsystem** (*process control system*) wird in-

Abb. 6.12   Zentraler Kontrollraum einer Chemieanlage (aus [6], S. 540)

stalliert, das alle Meßwerte, Alarmmeldungen und Eingriffe der Bedienungsmannschaft erfaßt (vgl. Abb. 6.12). Die **Elektromontage** umfaßt u. a. die Verlegung von Hoch- und Niederspannungskabeln sowie die Aufstellung von Transformatoren, Schaltanlagen und Kraftverteilern.

Am Ende der Montagearbeiten werden alle Anlagenteile in einer **technischen Abnahme** noch einmal kontrolliert. Hierzu gehören die Kontrollen der Absperrorgane, der Drehrichtungen in Motoren und Pumpen sowie der Erdung der Elektroanlagen. Schließlich erfolgt eine **Säuberung** der Anlage mit Preßluft, Dampf oder Wasser, um alle Schmutzreste, die z. B. vom Schweißen herrühren, vollständig zu entfernen. Zuletzt wird die Gesamtanlage auf Dichtigkeit überprüft, indem die einzelnen Systemteile mit Wasser, Preßluft oder Inertgas abgedrückt werden. Nach den technischen Abnahmen und den Reinigungsarbeiten wird die Baustelle aufgelöst, und die Verantwortung geht vom Baustellenleiter auf den Inbetriebnahmeleiter über.

Die **Inbetriebnahme der Anlage** erfolgt entweder seitens der Anlagenbaufirma durch eine Anfahrmannschaft, der ein erfahrener Anfahrleiter vorsteht, oder durch das zukünftige Betriebspersonal (in der Regel dann, wenn das Verfahren von der Betreiberfirma entwickelt wurde). An dieser Stelle sei noch einmal erwähnt, daß die Inbetriebnahme erst nach Vorliegen der behördlichen Betriebsgenehmigung stattfinden kann (vgl. Kap. 6.3). Die Schulung der Anfahrmannschaft erfolgt anhand des Betriebshandbuches und mit Hilfe des Rohrleitungsmodells. Hilfreich ist ebenfalls, daß an den modernen Prozeßleitsystemen auch Störungen simuliert werden können. Auf diese Weise kann die Mannschaft auf schwierige Situationen vorbereitet werden. Vor der Inbetriebsetzung muß gewährleistet sein, daß die benötigten Energien (Dampf, Strom) zur Verfügung stehen und die Qualität der Zwischen- und Endprodukte umgehend im Laboratorium geprüft werden kann. Komplexe Aggregate, wie z. B. Kolbenverdichter, Turbinen oder Zentrifugen, müssen separat probegefahren werden. Wichtige Ersatzteile sowie eingewiesenes Personal für die Instandhaltung müssen bei der Inbetriebnahme zur Verfügung stehen.

Das Anfahren der Anlage erfolgt schrittweise nach Vorgabe des Betriebshandbuches. Dampf und Wasser werden eingespeist, Katalysatoren eingefüllt, Anlagenteile inertisiert, Vorratsbehälter befüllt und Hilfs- und Nebenanlagen, z. B. zur Erzeugung bestimmter Prozeßgase, in Betrieb genommen. Schließlich wird die Gesamtanlage – entsprechend dem Produktionsfluß – Schritt für Schritt angefahren. Dabei werden alle verfügbaren Meßdaten überprüft und aufgezeichnet. Eventuelle Störungen, die bei jeder, noch so gut geplanten Inbetriebsetzung auftreten können, müssen möglichst umgehend beseitigt werden. Erst wenn alle Anforderungen an Produktqualität, Kapazität, Emissionen und Energieverbräuchen über eine längere Zeit hinweg spezifikationsgerecht eingehalten werden können, gilt die Anlage als „abgenommen". Wird die Anlage durch eine Anlagenbaufirma angefahren, ist letztlich ein über mehrere Tage verlaufender *Garantielauf* durchzuführen, über den ein gemeinschaftliches Übergabeprotokoll angefertigt wird. Nach positivem Abschluß des Garantielaufes geht die Verantwortung für die Anlage von der Anfahrmannschaft auf den Betriebsleiter und sein Personal über.

Literatur

Allgemein

1. Aggteleky, B. (1987–1990), Fabrikplanung, Werksentwicklung und Betriebrationalisierung, Bd. 1–3, Carl Hanser, München, Wien.
2. Bernecker, G. (1984), Planung und Bau verfahrenstechnischer Anlagen, 3. Aufl., VDI-Verlag GmbH, Düsseldorf.
3. Herbert, W. (1974), Planung und Bau von Chemieanlagen, in Ullmann (4.), Bd. 4, S. 70–158.
4. Kammann, O., G. Lipphardt, A. Lueken, H.-J. Tietze (1984), Planung und Errichtung von Chemieanlagen, in Winnacker-Küchler (4.), Bd. 1, S. 397–451.
5. May, H. (1974), Anlagenprojektierung in der Verfahrensindustrie, 2. Aufl., Hüthig, Heidelberg.
6. Mosberger, E. *et al.* (1992), Chemical Plant Design and Construction, in Ullmann (5.), Vol. B4, pp. 477–558.
7. Reichert, O. (1979), Systematische Planung von Anlagen der Verfahrenstechnik, Carl Hanser, München.
8. Ullrich, H. (1983), Anlagenbau, Georg Thieme Verlag, Stuttgart, New York.

Zu Kap. 6.2

9. Arnold, D. (1989), Projektmanagement im internationalen Großanlagenbau, Zfbf Sonderheft 24, S. 55–57, Verlagsgruppe Handelsblatt, Düsseldorf, Frankfurt.
10. Garais, R. (1991), Projektmanagement im Maschinen- und Anlagenbau, Manz, Wien.
11. Madauss, J. (1989), Projektmanagement. 3. Aufl., C. E. Poeschel, Stuttgart.
12. Morna, A., N. J. Smith (1990), Project managers and the use of turnkey contracts, Int. J. Project Management **8**, 187–189.
13. Mosberger, E. (1991), Projektmanagement im Anlagenbau, Chem.-Ing.-Tech. **63**, 921–925.
14. Veld, J. in't, W. A. Peters (1989), Keeping large projects under control, Int. J. Project Management **7**.

Zu Kap. 6.3

15. Betz, M. (1992), Auswirkung behördlicher Genehmigungsverfahren auf die Projektabwicklung, Chem.-Ing.-Tech. **64**, 621–622.
16. Dincklage, R. v. (1991), Umweltverträglichkeitprüfung für chemische Anlagen, Chem. Tech. **20**, 23–24.

17. Feldhaus, G., H. D. Hansel (1993), Bundesimmissionsschutzgesetz (BImSchG), 9. Aufl., Müller, Wiesbaden.
18. Lötterle, M. (1991), Was bringt die 3. Änderung des BImSchG für die Betriebe? Chem. Tech. **20**, 68–74.
19. Pohle, H. (1991), Chemische Industrie-Umweltschutz, Arbeitsschutz, Anlagensicherheit, VCH Verlagsgesellschaft mbH, Weinheim.
20. Pütz, M. (1986), Die Genehmigungsverfahren nach dem BImSchG, Erich Schmidt, Berlin.
21. Uth, H. J. (Hrsg.) (1989), Störfallverordnung, Bundesanzeiger Verlags-GmbH, Köln.
22. Zlokarnik, M. (1989), Prozeßintegrierter Umweltschutz, Chem.-Ing.-Tech. **61**, 378–385.

Gesetze, Verordnungen, Richtlinien

23. Richtlinien für die Vermeidung der Gefahren durch explosionsfähige Atmosphäre mit Beispielsammlung (Explosionsschutz-Richtlinien – EX-RL), Hauptverband der gewerblichen Berufgenossenschaften e. V.
24. Verordnung über elektrische Anlagen in explosionsgefährdeten Räumen (ElexV) vom 27. 2. 1980, Bundesgesetzblatt Teil 1 vom 1. 3. 1980, S. 214.
25. Verordnung über Anlagen zur Lagerung, Abfüllung und Beförderung brennbarer Flüssigkeiten zu Lande (Verordnung über brennbare Flüssigkeiten –VbF) vom 27. 2. 1980, Bundesgesetzblatt Teil 1 vom 1. 3. 1980, S. 229.
26. Verordnung über Dampfkesselanlagen (Dampfkesselverordnung – DampfkV), Artikel 1 der Verordnung zur Ablösung von Verordnungen nach § 24 GewO (Gewerbeordnung) vom 27. 2. 1980, Bundesgesetzblatt Teil 1, S. 173.
27. Verordnung über Druckbehälter, Druckgasbehälter und Füllanlagen. (Druckbehälterverordnung – DruckbehV) vom 27. 4. 1980, Bundesgesetzblatt Teil 1 vom 1. 3. 1980, S. 184.
28. Technische Anleitung zur Reinhaltung der Luft (TA-Luft) vom 28. 8. 1974: Erste Allgemeine Verwaltungsvorschrift zum BImSchG (GMBl. S. 426, 525).
29. Technische Anleitung zum Schutz gegen Lärm (TA-Lärm): Allgemeine Verwaltungsvorschrift über genehmigungsbedürftige Anlagen nach § 16 Gewerbeordnung. Übergeleitet nach § 66 Abs. 2 BImSchG vom 16. 7. 1969, Beilage zum Bundes-Anz. Nr. 137 vom 26. 7. 1986.

Zu Kap. 6.4

30. Bartknecht, W. (1993), Explosionsschutz: Grundlagen, Anwendung, Springer-Verlag, Berlin, Heidelberg, New York.
31. Bender, H. (1974), Technik der Planung, Konstruktion, Beschaffung und des Baus chemischer Anlagen, Chem.-Ing.-Tech. **46**, 537–542.
32. Bensch, H.. R. Rossbach (1985), Industriemodelle, Chem.-Anlagen-Verfahren Mai, 110–114.
33. Berthold, W., U. Löffler (1990), Sicherheitstechnische Kenngrößen und ihre Bedeutung für die Planung und den Betrieb von Chemieanlagen, Chem.-Ing.-Tech. **62**, 92–96.
34. Blenke, H., B. Farys-Kahle, C.-M. v. Meysenburg, H. Weimer (1985), Rationalisierung des Zeichnungswesens im Chemie-Apparatebau, Chem.-Ing.-Tech. **57**, 381–390.
35. Diegelmann, E., H. Benesch (1983), Industriemodelle – Methodik, Abwicklung, IR International **11**, 535–541.
36. DIN 28004 (1988), Fließbänder verfahrenstechnischer Anlagen, Beuth Verlag, Berlin.
37. Gaube, E. et al. (1984), Werkstoffe für den Apparatebau in der chemischen Technik, in Winnacker-Küchler (4.), Bd. 4, S. 452–503.
38. Haas, K. de, R. Magin, H. Storck (1986), Sicherung chemischer Produktionsanlagen mit EL/MSR-Technik, Chem.-Ing.-Tech. **58**, 177–182.
39. Hilkert, W., R. Pfohl (1990), Anlagenkonstruktion mit CAD/CAE-Werkzeugen, VDI-Berichte Nr. 861.5, Düsseldorf.
40. Klapp, E. (1980), Apparate und Anlagentechnik, Springer-Verlag, Berlin, Heidelberg, New York.
41. Peinke, W. (1984), Meß-, Steuer- und Regelungstechnik in der chemischen Industrie, in Winnacker-Küchler (4.), Bd. 1, S. 504–598.
42. Richardson, M. (1994), Chemical Safety, VCH Verlagsgesellschaft mbH, Weinheim.
43. Richter, H. (1986), Cad/CAM-Anwendungen im Anlagenbau, Hüthig, Heidelberg.
44. Sauer, H. J. (1986), Planung und Konstruktion von Anlagen am Bildschirm, Chemie-Technik **15** (11), 22–23.
45. Schmidt-Traub, H. (1990), Integrierte Informationsverarbeitung im Anlagenbau, Chem.-Ing.-Tech. **62**, 373–380.
46. Schulze, J., A. Hassan (1981), Methoden der Material- und Energiebilanzierung bei der Projektierung von Chemieanlagen, Verlag Chemie (reprotext), Weinheim.

47. Steinbach, J. (1995), Chemische Sicherheitstechnik, VCH Verlagsgesellschaft mbH, Weinheim.
48. Stockburger, D., H. Kühner (1979), Sicherheitsüberlegungen bei der Planung von Chemieanlagen, Chem.-Ing.-Tech. **51**, 84–91.
49. Thier, B. (1986), Sicherheitstechnische Kriterien für den Betrieb von Chemieanlagen, Tech. Überwach. **27**, 149–154.
50. Titze, H., H.-P. Wilke (1992), Elemente des Apparatebaues, 3. Auflage, Springer-Verlag, Berlin, Heidelberg, New York.
51. Tröster, E. (1985), Sicherheitsbetrachtungen bei der Planung von Chemieanlagen, Chem.-Ing.-Tech. **57**, 15–19.
52. Uth, H.-J. (Hrsg.) (1994), Krisenmanagement bei Störfällen, Springer-Verlag, Berlin, Heidelberg, New York.
53. Vietzke, M. (1990), Einsatz von CAD-Technologien im Anlagenbau, Chemie-Technik **19** (10), 24–28.
54. Zardin, H. A. (1993), CAD im Anlagenbau, Chem. Tech. **22**, 44–45.

Zu Kap. 6.5

55. Croissant, K. (1976), Einführung in die Netzplantechnik, Chemie-Technik **5**, 3–9.
56. Datz, M. (1991), Develop project scope early. Hydrocarbon Process. **70** (9), 161–177.
57. Gans, M. (1976), The A to Z of plant startup, Chem. Eng. 15. 3. 1976, 72–82.
58. Groh, H., R. Gutsch (1982), Netzplantechnik, 3. Aufl., VDI, Düsseldorf.
59. Peinke, W. (1984), Meß-, Steuer- und Regelungstechnik in der chemischen Industrie, in Winnacker-Küchler (4.), Bd. 1, S. 504–598.
60. Reblitz, H. (1979), Erfahrungen beim Bau von Chemieanlagen im Ausland, Chem. Ind. **31**, 303–306.
61. Reichert, O. (1991), Netzplantechnik im Unternehmen, Chemie-Anlagen-Verfahren **24** (10), 120–124.
62. Rolstad, L. F. (1991), Project start-up in though practice, Int. J. Project Management **9**, 10–14.
63. Seliger, W. (1974), Netzplantechnik, in Ullmann (4.), Bd. 4, S. 159–171.

Kapitel 7

Organische Grundstoffe

7.1 Erdöl und Erdgas

7.1.1 Zusammensetzung und Klassifizierung

Erdöl besteht überwiegend aus Kohlenwasserstoffen, enthält aber auch sauerstoff-, stickstoff- und schwefelhaltige Verbindungen. Der Bereich der **Elementzusammensetzung von Erdölen** ist in Tab. 7.1 wiedergegeben.

Tab. 7.1 Element-Zusammensetzung von Erdöl

Element	Gew.-%
Kohlenstoff	85–90
Wasserstoff	10–14
Sauerstoff	0– 2
Stickstoff	0,1– 2
Schwefel	0,1– 7
Metalle (V, Ni, Na)	Spuren

Im Erdöl sind folgende chemische Verbindungsklassen enthalten:

Nichtzyklische Alkane (= Paraffine) sind wesentliche Bestandteile des Erdöls. Lineare Alkane (*n*-Alkane) kommen dabei häufiger vor als Isoalkane. Die Isoalkane haben meist nur kurze Verzweigungen; in der Regel sind dies Methylgruppen.

Cycloalkane (= Naphthene) treten in bestimmten Erdölen ebenfalls häufig auf. Überwiegend liegen Cyclopentan- und Cyclohexanderivate vor.

Auch **Aromaten** sind wichtige Bestandteile des Erdöls, und zwar neben Alkylderivaten des Benzols Derivate des Naphthalins, des Anthracens und höher kondensierter Aromaten.

Die **Schwefelverbindungen** im Erdöl können sehr unterschiedlicher Natur sein: Neben elementarem Schwefel findet man Mercaptane und Thiophenole, Sulfide (= Thioether) und Disulfide sowie cyclische Sulfide wie Thiophen und die Benzothiophene. **Stickstoffverbindungen** sind im Erdöl meist nur in geringen Mengen vorhanden. Es handelt sich um Porphyrine, Pyridine und Chinoline und sowie um Pyrrole, Indole, Carbazole und Benzcarbazole. Die **Sauerstoffverbindungen** im Erdöl enthalten den Sauerstoff in Form verschiedener funktioneller Gruppen: als Carboxygruppe, als phenolische Hydroxygruppe sowie als Ethersauerstoff. Eine Carboxygruppe an einem nichtcyclischen Alkan führt zu Fettsäuren, eine Carboxygruppe an einem Cycloalkan zu Naphthensäuren. Diese Naphthensäuren haben Kohlenstoffzahlen zwischen C_6 und C_{19} und machen in einigen Erdölen bis zu 3 Gew.-% aus.

Die anorganischen Bestandteile des Erdöls sind Salze wie Natrium- und Magnesiumchlorid sowie zahlreiche Metalle, insbesondere Vanadium und Nickel. Ein Teil dieser Metalle liegt in öllöslicher Form vor, z. B. als Porphyrinkomplexe. Der Vanadiumgehalt beträgt in einigen Erdölen bis zu 0,12 Gew.-%.

Zur **Klassifizierung von Erdölen** gibt es verschiedene Möglichkeiten. Eine sehr vereinfachende Methode ist das Verfahren des U. S. Bureau of Mines, das zwischen paraffin-, gemischt- und naphthenbasischen (P, G und N) Erdölen unterscheidet. Als Unterscheidungskriterium wird dabei ausgenutzt, daß Naphthene eine deutlich höhere Dichte besitzen als nichtcyclische Alkane. Dazu werden aus einem Erdöl zwei Destillatschnitte, einer zwischen 250 und 275 °C bei Normaldruck und ein zweiter zwischen 275 und 300 °C bei $53 \cdot 10^2$ Pa (= 53 mbar), abgetrennt und deren Dichte (kg/l) bei 15 °C bestimmt. Die Zuordnung zu den drei Grundklassen P, G und N ist Tab. 7.2 zu entnehmen.

Tab. 7.2 Klassifizierung von Erdölen (Verfahren des U. S. Bureau of Mines)

Klassifizierung	Dichte (kg/l) bei 15 °C	
	Destillatschnitt 1 (250–275 °C bei 1 bar)	Destillatschnitt 2 (275–300 °C bei 53 mbar)
P (paraffinbasisch)	< 0,825	< 0,876
G (gemischtbasisch)	0,825–0,860	0,876–0,934
N (naphthenbasisch)	> 0,860	> 0,934

Da Erdöl je nach Siedebereich sehr unterschiedlich zusammengesetzt sein kann, z. B. Schnitt 1 stark paraffinbasisch und Schnitt 2 stark naphthenbasisch, werden die oben definierten Grundklassen zu insgesamt 9 Mischklassen erweitert: PP, PG, PN, GP usw.

Erdgase haben ebenfalls sehr unterschiedliche Zusammensetzungen. Zur Grobklassifizierung dienen folgende Begriffe:

- „Trockene" Erdgase bestehen überwiegend aus Methan.
- „Nasse" Erdgase enthalten deutliche Anteile an höheren Kohlenwasserstoffen, insbesondere an Ethan und Propan.
- „Süße" Erdgase enthalten nur geringe Mengen Schwefelwasserstoff und CO_2.
- „Saure" Erdgase können bis zu 25 Vol.-% Schwefelwasserstoff enthalten.
- „Inertenreiche" Erdgase weisen höhere Anteile an Stickstoff und auch Helium auf.

Zur Veranschaulichung sind in Tab. 7.3 die Zusammensetzungen vier typischer Erdgase wiedergegeben: Erdgas A wird bei Groningen (Niederlande) gefördert und ist ein inertenreiches, trockenes Süßgas. Erdgas B stammt aus Lacq (Frankreich) und ist ein Beispiel für ein typisches Sauergas. Erdgas C ist ein nasses Süßgas aus dem britischen Förderfeld „Forties" in der Nordsee (vgl. Abb. 7.9). Erdgas D wird in Panhandle (Texas, USA) gefördert und ist ein inertenreiches Süßgas mit relativ hohem Heliumanteil (vgl. Kap. 10.5.2).

Tab. 7.3 Beispiele für Erdgaszusammensetzungen (in Vol.-%)

Bestandteile	A (Groningen, NL)	B (Lacq, F)	C (Nordsee)	D (Panhandle, USA)
CH_4	81,3	69,3	44,5	73,2
C_2H_6	2,9	3,1	13,3	6,1
C_3H_8	0,4	1,1	20,8	3,2
C_{4+}	0,2	1,3	19,5	2,2
H_2S	0,0	15,2	0,0	0,0
CO_2	0,9	9,6	0,6	0,3
N_2	14,3	0,4	1,3	14,3
He	0,05	<0,001	0,03	0,7

7.1.2 Bildung und Vorkommen

Erdöl hat sich vor vielen Jahren aus einfachen pflanzlichen oder tierischen Organismen gebildet. Schon im Präkambrium vor 570 bis 3400 Mio. Jahren haben primitive Formen von Weichtieren existiert, die sich als Plankton in den Ozeanen befanden. Nach dem Absterben dieser Organismen wurde ein Großteil des organischen Materials oxidiert. Bestimmte Anteile sedimentierten jedoch auf den Meeresboden, wo die Sauerstoffkonzentration für einen weiteren oxidativen Abbau nicht ausreichte. Anaerobe Bakterien wandelten diese Materie dann in Erdöl um.

Die Bildung von Erdöl erfolgte an zahlreichen Stellen des Meeresbodens, insbesondere in den Regionen, in denen sich feinkörnige, tonige Sedimente befanden, die die anaerobe Umwandlung des organischen Materials begünstigten. Nach und nach sammelten sich die winzigen Erdöltropfen in den Poren des Sedimentgesteins an und bildeten allmählich größere, zusammenhängende, von Sand und Wasser durchsetzte Ölschichten. Bedingt durch Auftrieb, Druckunterschiede und Wasserströmungen begann das Erdöl aus seinem Muttergestein zu wandern („Migration"), bis es an der Erdoberfläche in Form einer natürlichen Ölquelle austrat bzw. in ölundurchlässigen Gesteinsformationen, den sog. „Ölfallen", aufgefangen wurde.

Diese Ölfallen bilden die heutigen **Erdölfundstellen**. Eine typische Ölfalle ist die *Antiklinale*, eine Aufwölbung von porösen und undurchlässigen Gesteinsschichten. In der porösen Schicht sammelt sich das leichtere Erdöl oberhalb der wasserhaltigen Schichten an, oft begleitet durch eine Ansammlung von Lagerstättenerdgas. Weitere typische Ölfallen entstehen bei der *Verwerfung* von Gesteinsschichten *(tektonische Falle)* oder bei der Ausbildung von *Salzstöcken*. Diese unterschiedlichen Erdölfundstellen sind schematisch in Abb. 7.1 dargestellt.

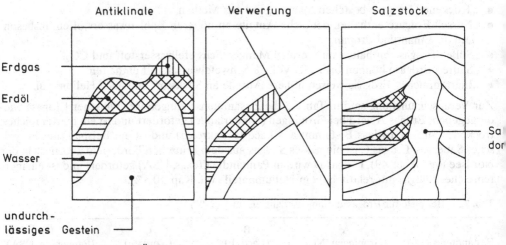

Abb. 7.1   Erdölfundstellen (Ölfallen)

Neben diesen Vorkommen an mehr oder weniger gut fließfähigen Erdölen existieren auch noch weitere Kohlenwasserstofflagerstätten. Es sind dies die **Ölschiefer**, in denen Bitumen an Mineralien, z. B. Tonschiefer, fest gebunden ist, und **Ölsande**, in denen hochviskose Schweröle gemeinsam mit Quarzsanden vorliegen. Die Ölschieferreserven sind derzeit noch schwierig abzuschätzen. Auf dem World Petroleum Congress 1987 ging man von weltweit 685 Mrd. m³ Schieferöl aus, davon allein 330 Mrd. m³ in den USA. Hinsichtlich der Ölsande wird erwartet, daß 5 Mrd. m³ Naturbitumen aus kanadischen Vorkommen gewonnen werden kann und 4 Mrd. m³ aus USA-Lagerstätten.

Bei der *Suche* nach Erdölvorkommen *(Prospektion)* werden unterschiedliche geophysikalische Methoden angewandt. Neben gravimetrischen und magnetischen Messungen führen seismische Messungen zu den zuverlässigsten Aussagen über die Strukturen der oberen Erdschichten. Bei seismischen Untersuchungen werden z. B. durch unterirdische Sprengungen künstliche Erdbeben erzeugt und die Ausbreitung der Erdbebenwelle mit Geophonen vermessen. Bei der Methode der Reflexionsseismik werden die Wellen –wie beim Echolot – an Gesteinsgrenzflächen reflektiert. Diese Methode eignet sich auch besonders bei der Untersuchung von Offshore-Gebieten: Hydrophone werden an einem Kabel hinter einem Schiff hergezogen, der „Schuß" durch eine ferngezündete Ladung erzeugt. Bei der Methode der Refraktionsseismik wird die Fortpflanzung des Teils der seismischen Energie gemessen, der an Schichtgrenzen gebrochen wird.

Da die Prospektion nach Erdöl weiterhin anhält und immer wieder neue Vorkommen entdeckt werden, kann kein sicherer Wert für die Welterdölreserven angegeben werden. Abb. 7.2 zeigt die Entwicklung der letzten 40 Jahren: 1950 waren Reserven von 10,6 Mrd. t Erdöl nachgewiesen worden; im Jahr 1993 hatten die nachgewiesenen Erdölreserven einen Umfang von 136,7 Mrd. t. Dabei sind unter nachgewiesenen Reserven die Mengen zu verstehen, die sich aus den bekannten Vorkommen mit den jeweils zur Verfügung stehenden technischen Möglichkeiten wirtschaftlich gewinnen lassen.

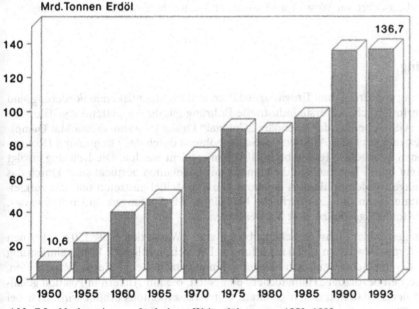

Abb. 7.2 Nachgewiesene, förderbare Welterdölreserven 1950–1993

Die Verteilung der Erdölvorkommen über die verschiedenen Kontinente ist sehr inhomogen: Tab. 7.4 zeigt, daß sich zur Zeit ca. 2/3 der nachgewiesenen Reserven im Nahen Osten befinden und nur verhältnismäßig geringe Reserven bei den derzeitigen Hauptverbrauchern Nordamerika und Europa.

Erdgas wird vielfach in der Nähe oder gemeinsam mit Erdöl gefunden (vgl. Abb. 7.1). Andere Erdgasfelder, insbesondere die methanreichen trockenen Erdgasvorkommen, sind vermutlich durch Inkohlungsprozesse entstanden und häufig in der Nachbarschaft von Kohlevorkommen anzutreffen.

Tab. 7.4 Verteilung der Erdöl- und Erdgasreserven (Ende 1993)

	Erdöl (Mrd. t)	Erdgas (Bill. m³)
Naher Osten	89,6	44,9
Ferner Osten	6,0	10,0
Westeuropa	2,2	5,3
Osteuropa	8,1	57,1
Afrika	8,2	9,7
Nordamerika	4,9	7,4
Mittel- und Südamerika	17,7	7,6
Welt	136,7	142,0

Die nachgewiesenen Weltreserven an Erdgas betrugen 1993 ca. 142 000 Mrd. m³ und erreichten damit – auf Wärmeeinheiten umgerechnet – ungefähr 80% der Welterdölreserven. Die Verteilung dieser Erdgasvorräte auf die Kontinente zeigt Tab. 7.4.

Die Haupterdgasvorräte liegen derzeit in der ehemaligen Sowjetunion. Für Westeuropa sind insbesondere die Erdgasfelder in der Nordsee von Bedeutung (vgl. Abb. 7.9), die sich überwiegend in britischem und norwegischem Besitz befinden. Auch Deutschland verfügt über einige Erdgasfelder, insbesondere im Weser-Ems-Gebiet, und kann damit ca. 1/4 seines Erdgasbedarfs decken.

7.1.3 Förderung

Für die Erkundung von Erdöl- und Erdgaslagerstätten und die anschließende Förderung sind Tiefbohrungen erforderlich. Als erste industrielle Bohrung gilt die Lagerstätte von Titusville in Pennsylvania (USA), bei der der legendäre „Colonel" Drake 1859 zum ersten Mal Dampfmaschinen einsetzte. Durch das Ablösen des Schlagbohrens durch das Drehbohren (Rotary-Verfahren) können inzwischen Teufen bis zu 10 000 m erreicht werden. Die Bohrung erfolgt durch 20 bis 70 cm breite Bohrmeißel, die zumeist mit Diamanten bestückt sind. Durch das hohle Bohrgestänge werden Spülungen gepumpt, die am Meißel austreten und das zerkleinerte Gesteinsmaterial an die Erdoberfläche befördern. Als Spülungen finden Süßwasser, Kalkwasser oder tonhaltiges Salzwasser Verwendung.

Offshore-Bohrungen finden meist in Schelfgebieten statt (Wassertiefen bis 150 m), können aber auch in tieferen Gewässern (1000 m) erfolgen. Die gebräuchlichste Fördereinrichtung sind Hubinseln, die mit Beinen auf dem Meeresboden aufsitzen. Bei größeren Wassertiefen, etwa ab 50 m, werden bevorzugt „Halbtaucher" eingesetzt, die mit Ankern in Position gehalten werden und deren Stabilität durch geflutete Unterwasserpontons erhöht wird. Erst bei Meerestiefen ab 200 m werden Bohrschiffe verwendet, die mit mehreren Antrieben ausgestattet sind, um computergesteuert die Meeresbewegungen auszugleichen.

Ist eine Bohrung ölfündig geworden, kann die Förderung erfolgen. Die dafür zur Anwendung kommenden Methoden unterscheiden sich hinsichtlich Aufwand und Ausbeute (Entölungsgrad).

Bei der **Primärförderung** reicht oftmals schon der vorhandene Lagerstättendruck aus, um das Erdöl ohne zusätzliche Maßnahmen an die Oberfläche zu bringen. Läßt der Druck nach, kann eine weitere Förderung mit Hilfe von *Tauchkolbenpumpen* erfolgen. Eine andere Methode besteht darin, Lagerstättengas einzupressen, wodurch die Ölsäule im Bohrloch aufgeschäumt wird. Bei diesem *Gaslift-Verfahren* kommen auch höherviskose Öle wieder zum Fließen.

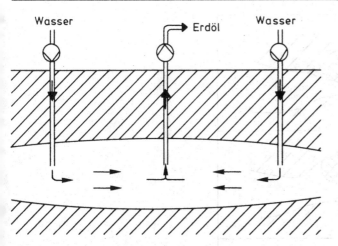

Abb. 7.3 Sekundärförderung durch Wasserfluten

Bei der **Sekundärförderung** (vgl. Abb. 7.3) werden große Wassermengen in die Lagerstätten eingepreßt, die das Erdöl verdrängen sollen. Die separaten Bohrungen für das Wasser werden dabei so angelegt, daß eine optimale Flutung in Richtung auf die Förderbohrung hin erfolgt. Die Problematik des Wasserflutens besteht jedoch darin, daß sich das Wasser in der Lagerstätte freie Kapillaren sucht und zur Förderbohrung durchbricht. Dabei verbleiben noch große Mengen Restöl in der Lagerstätte.

Die höchsten Entölungsgrade erzielen die verschiedenen Arten der **Tertiärförderung** (im Englischen auch als *enhanced oil recovery* (EOR) bezeichnet). Bei den **thermischen Verfahren** wird entweder mit Wasserdampf geflutet oder Luft in die Lagerstätte injiziert, die dann für eine Teilverbrennung des Erdöls *(in situ combustion)* dient. In beiden Fällen wird die Lagerstätte aufgeheizt und so die Viskosität des Erdöls erniedrigt und dementsprechend seine Fließfähigkeit erhöht. Das Wasserdampffluten führt in Lagerstätten mit leichten Ölen zu hohen Entölungsgraden. Nachteilig ist jedoch der hohe Energieverbrauch: Ca. ein Barrel (= 158,8 l) Erdöl muß zur Dampferzeugung eingesetzt werden, um drei Barrel Erdöl zu fördern. Die Untertage-Teilverbrennung ist besonders zum Aufschluß von „Totöl"-Lagerstätten geeignet. Bei diesen Vorkommen sind die leichtsiedenden Komponenten verdampft und die zurückgebliebenen Schwersieder durch übliche Fördermethoden nicht zu gewinnen.

Die **Mischflutverfahren** werden auch als *Lösemittelfluten* bezeichnet. Dabei wird das Lagerstättenerdöl mit einem Lösemittel, Kohlendioxid oder den Flüssiggasen Propan oder Butan vermischt; es wird dadurch dünnflüssiger und leichter förderbar. Das CO_2-Fluten bietet sich dort an, wo große natürliche Kohlendioxidvorkommen existieren (z. B. in USA in New Mexico und Colorado) oder wo größere CO_2-haltige Abgasmengen z. B. aus chemischen Prozessen anfallen, wie bei Ammoniaksyntheseanlagen.

Bei den **chemischen Verfahren** wird zwischen Polymerfluten und Tensidfluten unterschieden. Beim *Polymerfluten* wird die Viskosität des Flutwassers durch Zusatz wasserlöslicher Polymere erhöht. Die Polymeren müssen unter den Lagerstättenbedingungen stabil bleiben und aus Kostengründen schon bei niedrigen Konzentrationen hohe Viskositätssteigerungen bewirken. Eingesetzt werden sowohl synthetische Polymere, z. B. partiell verseiftes Polyacrylamid, als auch Biopolymere, wie das Polysaccharid Xanthan. Beim *Tensidfluten* wird durch Zusatz von Tensiden die Grenzflächenspannung zwischen dem Erdöl und dem Flutwasser verringert. Hierdurch wird erreicht, daß das in Höhlungen befindliche Öl Tropfen bildet, die mit dem Flutwasser zur Fördersonde transportiert werden (vgl. Abb. 7.4). Als Tenside werden Petroleumsulfonate, Ethersulfate, Ethercarboxylate sowie nichtionische Tenside untersucht.

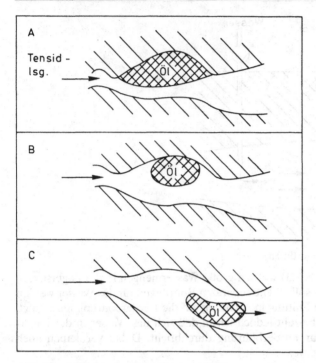

Abb. 7.4 Wirkung des Tensidflutens (A–C)

Die technische Durchführung des Tensidflutens verläuft wie folgt (vgl. Abb. 7.5): Diskontinuierlich wird Tensidlösung („Slug") in die Injektionssonde eingespritzt. Das Tensid bildet in der Lagerstätte mit Öl und Wasser eine Mikroemulsion, die in der Regel eine höhere Viskosität besitzt als das Erdöl und so die „Ölbank" vor sich hintreiben kann. Um ein Durchschlagen des

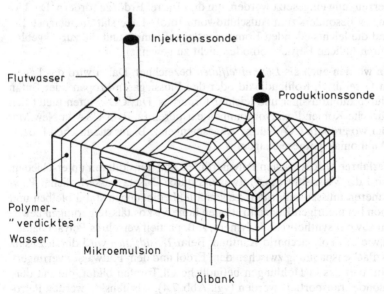

Abb. 7.5 Tensid-Polymer-Fluten

nachdringenden Flutwassers zu verhindern, wird dem Tensid-Slug meist ein Polymer-Slug hinterhergeschickt. Tensidfluten wird häufig mit Polymerfluten kombiniert; es wird deshalb auch als *Tensid-Polymer-Fluten* (engl. micellar-polymer-flooding, MPF) bezeichnet.

Trotz des beschriebenen hohen Aufwands bei den verschiedenen Fördermethoden bleibt bei den bisher bekannten Techniken noch ein großer Anteil des Erdöls in der Lagerstätte. Wie Abb. 7.6 zeigt, beträgt der **Entölungsgrad** bei der Primärförderung oft nur 20%, die Sekundärförderung liefert maximal zusätzliche 10%, die Tertiärförderung weitere 20%. Somit verbleibt nach diesen Abschätzungen mindestens ein Rest von 50% im Boden. Da derzeit die Möglichkeiten der Tertiärförderung noch wenig genutzt werden, liegt der Entölungsgrad im Mittel erst bei 33%, d. h., ca. 2/3 des Erdöls verbleiben in der Lagerstätte.

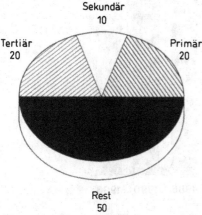

Abb. 7.6   Entölungsgrad bei der Erdölförderung

Anders als bei den fließfähigen („konventionellen") Erdölen muß bei der Erschließung von Ölschiefer und Ölsanden vorgegangen werden. Die Aufbereitung des **Ölschiefers** wird im folgenden am Beispiel amerikanischer Pilotanlagen erläutert: In den Rocky Mountains wird seit einiger Zeit Gesteinsmaterial bergmännisch abgebaut, das sog. Kerogen enthält, welches in seiner Zusammensetzung dem Petroleum ähnelt. Dieser Ölschiefer wird zuerst fein zerkleinert und dann einer gasbeheizten Retorte zugeführt, aus der das Kerogen dampfförmig austritt und anschließend zu Öl kondensiert wird. Obwohl dieses Verfahren noch nicht wirtschaftlich ist, so wird in den Pilotanlagen doch das Know-how für eine spätere Nutzung des Ölschiefers erarbeitet. Auch in Deutschland existieren große Ölschieferlagerstätten, z. B. im Nördlinger Ries oder in Schandelah bei Braunschweig, deren gewinnbare Ölmenge auf 250 Mio. Tonnen geschätzt wird.

Während die Ölschieferaufarbeitung noch nicht rentabel und als „Ölreserve für übermorgen" anzusehen ist, werden **Ölsande** schon heute wirtschaftlich aufgeschlossen. Die Ölsande am Athabasca River in Kanada (Bundesstaat Alberta) können ähnlich wie die rheinische Braunkohle mit Baggern abgebaut werden. Das Athabascafeld ist für den Tagebau besonders geeignet, da die Deckschichten im Durchschnitt nur 15 m stark sind und somit leicht entfernt werden können. Der Abbau der Ölsande erfolgt mit 1800 t schweren Schaufelradbaggern, die im Tagesdurchschnitt 110000 t Ölsande auf die Förderbänder legen. Diese befördern die Ölsande direkt in eine Extraktionsanlage, in der unter Einwirkung von Wasserdampf das Rohbitumen von den Sanden angetrennt wird.

Bemerkenswert ist die Entwicklung der weltweiten **Erdölförderung**, die in Abb. 7.7 wiedergegeben ist: Während in den 60er, aber auch in den 70er Jahren ein starker Anstieg zu verzeichnen war, ist die Erdölförderung aufgrund deutlicher Einsparungen insbesondere in Nordamerika und Westeuropa zu Beginn der 80er Jahre zurückgegangen. Da gleichzeitig die nachgewiesenen Erdölreserven weiterhin zunahmen (vgl. Abb. 7.2), ist die Nutzungsdauer der Ölreserven von 28 Jahren (1980) auf 45 Jahre (1993) angewachsen.

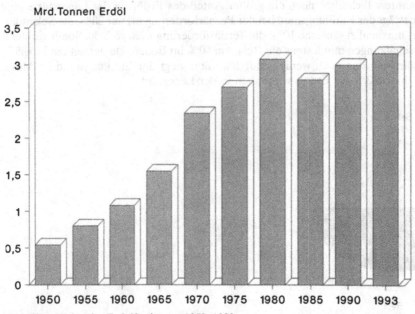

Abb. 7.7 Weltweite Erdölförderung 1950–1993

Tab. 7.5 zeigt, in welchen Regionen Erdöl gefördert und wo es verbraucht wird. Die fünf größten Ölverbraucher der Welt (Prozentanteile in Klammern) waren 1993 die USA (25%), die frühere Sowjetunion (9%), Japan (8%), China (5%) und Deutschland (4%).

Tab. 7.5 Erdölförderung und -verbrauch (1993, in Mio. t)

	Förderung	Verbrauch
Naher Osten	945	173
Ferner Osten	329	755
Westeuropa	244	648
Osteuropa	406	332
Afrika	331	99
Nordamerika	504	864
Mittel- und Südamerika	407	250
Welt	3166	3121

Bemerkenswert sind die Entwicklungen auf dem **internationalen Erdölmarkt** in den letzten zwei Jahrzehnten. In den 50er und 60er Jahren lagen die Erdölpreise nahezu konstant bei 1,70 bis 1,90 US-Dollar pro Barrel (vgl. Abb. 7.8). Da die Nachfrage nach Erdöl im gleichen Zeitraum immer stärker zunahm (vgl. Abb. 7.7), erstarkte die Stellung der in der OPEC (**O**rganization of **P**etroleum **E**xporting **C**ountries) zusammengeschlossenen Hauptförderländer. Sie setzten 1973/74 die Preise für Erdöl autonom fest und verstaatlichten teilweise oder ganz die in ihren Ländern tätigen Förderunternehmen. 1974 kletterten die Preise auf ca. 11 Dollar pro Barrel, 1982 auf 34 Dollar pro Barrel. Zunehmende Einsparungen und Substitution sowie intensivierte Such- und Fördertätigkeiten außerhalb der OPEC-Länder führten schließlich zum Absinken der Ölpreise und zu einer relativen Preisstabilisierung, die jedoch durch weltpolitische Einflüsse immer wieder ins Schwanken geraten kann.

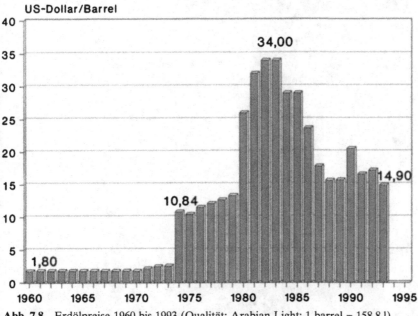

Abb. 7.8   Erdölpreise 1960 bis 1993 (Qualität: Arabian Light; 1 barrel = 158,8 l)

Erdgase und die das Erdöl begleitenden „Erdölgase" werden ebenfalls durch Bohrungen erschlossen. Am Bohrlochkopf stehen die Erdgase mit Drücken bis zu 60 MPa (600 bar) an und werden als erstes auf einen Druck von ca. 10 MPa (100 bar) entspannt. Erdgase aus mehreren Bohrungen werden meist mit einem ring- oder sternförmigen Leitungssystem gesammelt und gemeinsam aufgearbeitet. Der **Ferntransport** des Erdgases erfolgt – wie beim Erdöl – durch oftmals mehrere 100 km lange Pipelines. Als Beispiel für den hohen Transportaufwand ist in Abb. 7.9 das Fördergebiet Nordsee dargestellt.

Schon 1964 begannen Bohraktivitäten in der Nordsee, und zu Beginn der 70er Jahre wurden die ersten großen Öl- und Gasvorkommen entdeckt. In der südlichen Nordsee wurden von den Niederlanden und Großbritannien Erdgasvorkommen erschlossen, die sich vermutlich aus den Kohleflözen des Karbons gebildet haben. Diese in Küstennähe liegenden Vorkommen sind durch kurze Stichleitungen mit dem Festland verbunden. In der mittleren Nordsee treten Erdgas und Erdöl gemeinsam auf; in der nördlichen Nordsee wird überwiegend Erdöl gefunden. Diese im Bereich des zwischen Schottland und Norwegen verlaufenden „Vikinggrabens" entdeckten Funde werden über lange Sammelpipelines zum Festland transportiert. Dort werden Erdöl und Erdgas meist direkt zum Verarbeiter bzw. Verbraucher weitergeleitet. Erdgas kann jedoch auch in **Speichern** zwischengelagert werden. Dies erfolgt am günstigsten in natürlichen Porenspeichern, in denen das Gas in den Poren von Sandsteinen oder anderen porösen Gesteinen gespeichert wird. Insbesondere ausgeförderte Lagerstätten bieten sich als Porenspeicher an. Je nach Eigenschaften und Tiefe können Porenspeicher zwischen 100 Mio. und mehreren Mrd. m³ Erdgas fassen. Eine zweite Speicherart sind die Kavernenspeicher, bei denen der Speicherraum durch Herauslösen von Salz aus einer Salzlagerstätte geschaffen wurde. Zur Schaffung einer Kaverne mittlerer Größe mit einem Hohlraum von ca. 300 000 m³ müssen 2,5 Mio. m³ Süßwasser durchgespült und abgeleitet werden.

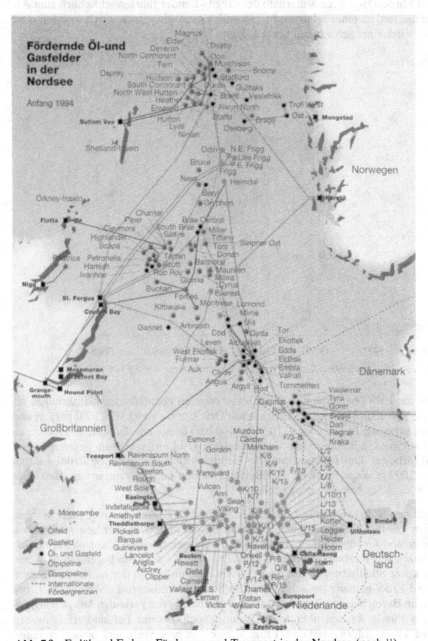

Abb. 7.9 Erdöl und Erdgas: Förderung und Transport in der Nordsee (nach [11])

Erdgas hat sich in den letzten Jahrzehnten zu einem bedeutenden Energieträger entwickelt. Der Weltverbrauch an Erdgas ist von 560 Mio. t SKE im Jahre 1960 auf 2500 Mio. t SKE im Jahr 1993 angestiegen (SKE = Steinkohleneinheit; 1 kg SKE $\triangleq$ 29,3 MJ; 1 m³ Erdgas $\triangleq$ 1,25 kg SKE; vgl. Anhang 1, S. 594). Zur Zeit stammt etwa 18% des geförderten Erdgases aus

Offshore-Vorkommen. Die Welterdgasförderung im Jahr 1993 ist in Tab. 7.6 nach Regionen unterteilt aufgeführt.

Tab. 7.6 Erdgasförderung 1993 (in Mio. t Öläquivalenten, 1 Mio. t Öläquivalent = $1,11 \cdot 10^9$ m³)

Naher Osten	110
Ferner Osten	171
Westeuropa	189
Osteuropa	666
Afrika	69
Nordamerika	593
Mittel- und Südamerika	91
Welt	1889

In der Bundesrepublik Deutschland wurde Erdgas 1987 zu 45% von privaten Haushalten genutzt, zu 29% von der Industrie und zu 12% zur Elektrizitätsgewinnung. Die verbrauchten 63 Mrd. m³ stammten zu 28% aus inländischer Förderung; gleich große Anteile wurden aus den Niederlanden und der Sowjetunion importiert.

7.1.4 Erdölraffinerien

Kraftstoffraffinerien und petrochemische Raffinerien

Raffinerien können eine sehr unterschiedliche Struktur besitzen, je nachdem, welche Produkte bevorzugt hergestellt werden sollen. Grob kann man unterscheiden zwischen Raffinerien, die Kraftstoffe produzieren, und solchen, die überwiegend Chemiegrundstoffe erzeugen (*petrochemische Raffinerien*).

Ein sehr vereinfachtes Blockschema einer **Kraftstoffraffinerie** findet sich in Abb. 7.10. An dieser Stelle muß unbedingt darauf hingewiesen werden, daß sich nahezu jede Raffinerie aus unterschiedlichen Einzelanlagen zusammensetzt und sehr verschiedene Produktströme existieren. Die abgebildete Kraftstoffraffinerie ist deshalb nur als Beispiel aufzufassen!

Jede Raffinerie enthält einen Destillationsbereich (Atmosphären- und Vakuumdestillation) und zahlreiche Veredelungsschritte. Abb. 7.10 zeigt die wichtigsten Veredelungsverfahren:

- Im *Hydrotreater* (HT) werden katalytisch Katalysatorgifte, insbesondere Schwefel, entfernt.
- Im *Reformer* wird ein Benzinschnitt, das Naphtha, in hochwertige Vergaserkraftstoffe umgewandelt.
- Im *Catcracker* werden langkettige Paraffine katalytisch in kürzerkettige Moleküle umgewandelt.
- Im *Hydrocracker* werden langkettige Moleküle katalytisch gespalten und gleichzeitig hydriert.
- Im *Coker* werden die Kohlenwasserstoffe thermisch gespalten.

Diese unterschiedlichen thermischen und katalytischen Veredelungsverfahren werden in Kap. 7.1.5 und 7.1.6 genauer vorgestellt.

Die Kraftstoffraffinerie liefert überwiegend Gemische von Kohlenwasserstoffen. Daneben gibt es Raffinerien, die zusätzliche Verarbeitungs- und Trennanlagen besitzen, um definierte Kohlenwasserstoffe zu produzieren bzw. zu isolieren. Eine solche Raffinerie, die mehr auf die Gewinnung von Grundchemikalien hin ausgerichtet ist, wird als **petrochemische Raffinerie** bezeichnet. Insbesondere Olefine, Diolefine und Aromaten, aber auch Paraffine und Acetylen werden in diesen Raffinerien hergestellt. Da diese Kohlenwasserstoffe Ausgangsprodukte für viele weitere Chemikalien sind, werden sie auch als *petrochemische Primärprodukte* bezeichnet.

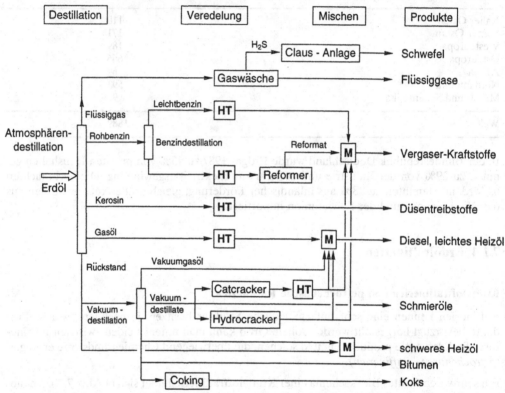

Abb. 7.10 Vereinfachtes Blockschema einer Kraftstoff-Raffinerie (**HT** Hydrotreater, **M** Mischer)

Ein vereinfachtes Blockschema für eine petrochemische Raffinerie ist in Abb. 7.11 wiedergegeben. Sie enthält neben den Grundverfahren (Reformer, Steamcracker usw.) weitere Einheiten zur Isolierung der Aromaten, der Paraffine, des Butadiens und Isobutens sowie zur Aufarbeitung des C_5-Schnitts. Diese Verfahrensschritte werden ebenfalls in den folgenden Abschnitten detailliert erläutert.

Bei beiden Raffinerietypen ist die erste Verarbeitungsstufe des rohen Erdöls immer eine Destillation in einer Gegenstromkolonne (Rektifikation). Bei der Rektifikation des Rohöls bei Normaldruck oder geringem Überdruck (0,25 MPa = 2,5 bar) werden die in Tab. 7.7 aufgeführten Fraktionen erhalten.

Tab. 7.7 Primärprodukte der Erdöldestillation

Produkt	Siedebereich (°C)
Flüssiggas (Propan, Butan)	bis 20
Leichtbenzin (leichtes „Naphtha")	20– 75
Schwerbenzin (schweres „Naphtha")	75–175
Kerosin („Petroleum")	175–225
Gasöl	225–350
„Atmosphärenrückstand"	über 350

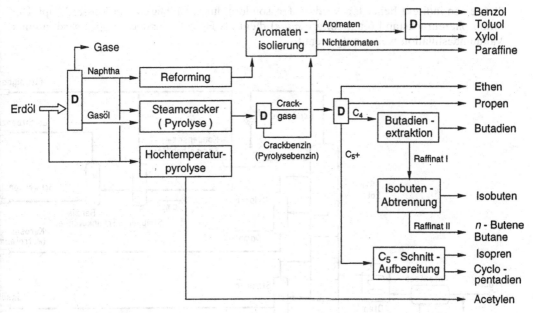

Abb. 7.11 Vereinfachtes Blockschema einer petrochemischen Raffinerie (**D** Destillationseinheiten)

Vor der Destillation wird das Rohöl einer **Entsalzung** unterworfen. Dazu wird es bei ca. 130 °C mit Frischwasser unter Zugabe von oberflächenaktiven Stoffen (Spalter) extrahiert, so daß der Salzgehalt weniger als 0,001 Gew.-% beträgt. Eine andere Methode der Entsalzung ist die Abscheidung der salzhaltigen Wassertröpfchen im elektrischen Wechselfeld. Auf diese Weise werden Verstopfungen durch Salzablagerungen und Korrosionsschäden verhindert.

Die Rohöldestillation erfolgt in Bodenkolonnen mit einer Gesamthöhe bis zu 60 m. Übliche Anlagen haben eine Tageskapazität von 20 000 t/d, teilweise sogar bis zu 30 000 t/d. Sie enthalten ca. 40 bis 80 Böden (meist Ventilböden, früher Glockenböden) entsprechend 25–60 theoretischen Trennstufen.

Das durch Wasserextraktion gereinigte Rohöl wird in Wärmetauschern im Gegenstrom mit warmen Produktströmen aus der Kolonne vorgewärmt und in einem Röhrenofen auf 350 °C erhitzt. Als Dampf-Flüssigkeits-Gemisch tritt das Rohöl in das untere Drittel der Hauptkolonne ein (vgl. Abb. 7.12). Die im Gegenstrom zum flüssigen Rücklauf aufsteigenden Dämpfe werden am Kopf der Kolonne einem Kondensatkühler (Kopfkondensator) zugeführt. Das flüssige Kondensat aus diesem Kopfkondensator dient als Rücklauf; die nicht kondensierten Anteile, überwiegend Propan und Butan, werden in einem weiteren Kondensator bei tieferer Temperatur verflüssigt und als *Flüssiggas* entnommen. An den unterhalb des Kolonnenkopfes liegenden Abnahmestellen fallen die weiteren Fraktionen mit von oben nach unten zunehmenden Siedebereichen an (Benzin, Kerosin, Gasöl; vgl. Tab. 7.7). Die Benzinfraktion enthält immer noch gelöste Gase, die in der nachgestalteten *Abstreifkolonne*, dem sog. *Stripper*, entfernt werden. Anschließend wird das Rohbenzin *(Naphtha)* in einer Trennkolonne in *Leichtbenzin* und *Schwerbenzin* aufgetrennt. Analog der Benzinfraktion wird auch mit den anderen Seitenströmen, dem *Kerosin* und dem *Gasöl*, verfahren. Auch diese Fraktionen enthalten jeweils Leichtsieder, die in einem Stripper mit Wasserdampf ausgetrieben und in die Hauptkolonne zurückgeführt werden. Im Sumpf der Kolonne reichert sich der *Atmosphärenrückstand* (Rektifikation bei Atmosphärendruck) an. Im Unterschied zu üblichen Rektifikationen erfolgt zur Vermeidung teerartiger Ablagerungen die Wärmezufuhr am Kolonnensumpf nicht über einen indirekt beheizten Verdampfer, sondern durch Einblasen von Wasserdampf. Der Atmosphärenrückstand (engl. *long residue*) dient als Heizölkomponente oder wird in einer Vakuumdestillation weiter aufgetrennt.

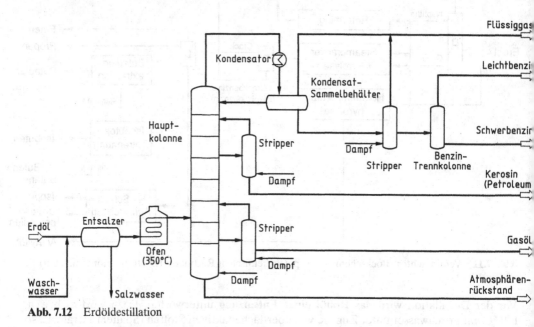

Abb. 7.12 Erdöldestillation

Bei der **Vakuumdestillation** wird, z. B. durch Wasserringpumpen, ein Vakuum von 4–7·10³ Pa (40–70 mbar) eingestellt. Der Atmosphärenrückstand wird in Röhrenöfen auf ca. 400 °C erhitzt und der Vakuumkolonne – meist eine Siebbodenkolonne - zugeführt. Zusätzlich wird Wasserdampf in die Kolonne eingespeist. Um ein Mitreißen von Flüssigkeitströpfchen zu vermeiden, werden *Demistoren* eingebaut, d. h. Matten aus feinem Stahlgewebe. Folgende Fraktionen werden erhalten: am Kolonnenkopf neben Wasserdampf Spuren leichtflüchtiger Kohlenwasserstoffe, als obersten Seitenstrom das *schwere Gasöl (Vakuumgasöl)*, als tiefere Seitenströme schwerere Vakuumdestillate, die als Maschinenöle eingesetzt werden oder als Einsatzmaterial für Cracker dienen. Das Sumpfprodukt, der *Vakuumrückstand* (short residue), dient zur Produktion von Bitumen oder als Mischkomponente in schweren Heizölen.

Produkte von Kraftstoffraffinerien

Durch die Destillation und die anschließenden Veredelungsprozesse werden in der Kraftstoffraffinerie (vgl. Abb. 7.10) Kohlenwasserstoffe produziert, die anschließend zu Verkaufsprodukten mit definierten Eigenschaften zusammengemischt werden. Im folgenden werden diese Produkte und ihre Eigenschaften näher erläutert:

Die **Flüssiggase**, überwiegend Propan und Butan, werden so bezeichnet, weil sie schon bei einem geringen Überdruck von ca. 0,25 MPa (2,5 bar) oder durch Abkühlen verflüssigt werden können. Flüssiggas wird im Englischen als **L**iquid **P**etroleum **G**as (LPG) bezeichnet. Es kann in einfachen Druckbehältern gelagert und in entsprechenden Spezialkesselwagen oder -tankern transportiert werden. In der DIN 51 622 ist die Qualität der Flüssiggase definiert, insbesondere die Bestandteile an Wasser und Schwefel. Die Kohlenwasserstoffzusammensetzung der Flüssiggase kann hingegen unterschiedlich sein: In Ländern mit kälterem Klima wird wegen des niedrigeren Siedepunktes das Propan bevorzugt; in warmen Ländern wird hauptsächlich Butan eingesetzt. Die Hauptverwendung der Flüssiggase ist ihre Nutzung in Haushalten und Industrie als günstiger Energieträger, insbesondere dort, wo Erdgas oder elektrischer Strom nicht vorhanden sind. Flüssiggase haben deutlich höhere Heizwerte als Erdgas oder leichtes Heizöl. Sie verbrennen ohne Bildung von Ruß oder Rauch und werden deshalb als umweltverträglich eingestuft. In der Industrie wird Flüssiggas zum Schweißen, Hartlöten, Glühen und Trocknen eingesetzt. Zunehmend ist auch die Verwendung als Treibgas in Spraydosen (Ersatz der Fluorchlorkohlenwasserstoffe).

Vergaserkraftstoffe (engl. carburettor fuel, gasoline) werden nach dem Ottomotor auch als *Ottokraftstoffe* bezeichnet. Der Ottomotor saugt ein Luft-Kraftstoff-Gemisch in die Verbrennungskammer, wo es durch den Kolben auf ein niedriges Volumen komprimiert wird. Kurz vor Ende dieses Kompressionstaktes wird das Gemisch durch einen Funken entzündet. Durch den Verbrennungsvorgang wird der Kolben nach außen zurückgestoßen und leistet dabei Arbeit. Dieser Vorgang wiederholt sich im stetigen Zyklus und führt zu einem gleichmäßigen Lauf des Motors. Die Wirksamkeit des Verbrennungsvorgangs hängt von der Kompression des Luft-Kraftstoff-Gemisches ab. Von Bedeutung ist das *Verdichtungsverhältnis*, das Verhältnis der Zylindervolumina zu Beginn und am Ende des Kompressionstaktes. Um ein gutes Startverhalten und einen gleichmäßigen Verlauf zu erzielen, werden Kraftstoffe mit einem Siedebereich von 30 bis ca. 200 °C eingesetzt. Befinden sich zu viele Niedrigsieder im Kraftstoff, verdampfen sie z. B. bei warmem Sommerwetter schon in der Benzinleitung und behindern so die Kraftstoffzufuhr. Ist der Anteil jedoch zu gering, wird der Startvorgang, insbesondere im Winter, erschwert. Kraftstoffe sind deshalb im Sommer und im Winter unterschiedlich zusammengesetzt.

Eine wichtige Eigenschaft der Kraftstoffe ist ihre *Klopffestigkeit*. Das Klopfen des Motors tritt dann auf, wenn es zur Entzündung des noch nicht verbrannten Anteils des Luft-Kraftstoff-Gemisches kommt, ehe der Kolben seinen oberen Totpunkt erreicht hat. Ursache dieser vorzeitigen Selbstzündung ist die Bildung von Peroxiden im verdichteten, erwärmten Gemisch. Das Klopfen bewirkt einen starken Abfall der Motorleistung und kann zur Schädigung des Motors führen. Schon früh stellte man fest, daß geradkettige Alkane stärker zum Klopfen neigen als verzweigte Alkane, Naphthene oder Aromaten. Um die Klopffestigkeit möglichst eindeutig bestimmen zu können, wurde ein standardisierter Testmotor entwickelt, der als „CFR-Motor" (cooperative fuel research) bezeichnet wird. Dieser Motor wird unter genau festgelegten drastischen Bedingungen zur Bestimmung der *Motor-Octanzahl* (MOZ) betrieben (Gemischvorwärmung auf 150 °C, 900 Upm). Unter gemäßigteren Bedingungen (keine Vorwärmung, 600 Upm) wird die *Research-Octanzahl* (ROZ) bestimmt. Der Unterschied zwischen beiden Octanzahlen wird als Empfindlichkeit (sensivity) des Motors bezeichnet. Standardsubstanzen für den CFR-Motor sind *n*-Heptan (ROZ = 0) und 2,2,4-Trimethylpentan (= Isooctan) mit der ROZ = 100. Ein Kraftstoff mit der Octanzahl 90 zeigt somit dasselbe Motorverhalten wie ein Gemisch aus 90 Vol.-% Isooctan und 10 Vol.-% *n*-Heptan. In Tab. 7.8 sind die Research-Octanzahlen einiger Kohlenwasserstoffe und Raffinerieprodukte angegeben.

Tab. 7.8 zeigt, daß Rohbenzin aus der Atmosphärendestillation *(straight-run-gasoline)* nur sehr geringe Octanzahlen aufweist, während das Reformatbenzin und das aus dem Steamcraker stammende *Pyrolysebenzin* sehr gute Eigenschaften besitzen. Nach der DIN 51600 muß Normalbenzin eine ROZ von 91 und Superbenzin eine ROZ von 98 erfüllen. Um auch Benzine geringerer Qualität einsetzen zu können, wurden sie früher in großem Umfang *verbleit*, d. h. mit Bleitetraethyl als Antiklopfmittel versetzt. In den 60er Jahren enthielt Kraftstoff noch ca. 0,55 g Blei pro Liter, ab 1976 waren noch maximal 0,15 g Blei pro Liter zugelassen. Durch die Entwicklung der Abgaskatalysatoren, die durch Bleiablagerungen desaktiviert werden, wurde dieser Trend weiter fortgesetzt: Seit Mitte der 80er Jahre werden verstärkt bleifreie Benzine angeboten, ein Normalbenzin mit ROZ = 91 und ein Superbenzin mit

ROZ = 95 (DIN 51607). Seit 1988 werden nur noch diese beiden Kraftstoffe sowie für Fahrzeuge mit einem hohen Verdichtungsverhältnis „Super verbleit" verkauft. Zum Schutz der Umwelt ist ein verbleites Normalbenzin in der Bundesrepublik nicht mehr im Handel. Ein Ersatz des Bleis wurde u. a. ermöglicht durch den verstärkten Einsatz von Methyltertiärbutylether (MTBE, vgl. Kap. 8.3.2)

Tab. 7.8 Research-Octanzahl (ROZ)

Kohlenwasserstoffe/Gemische	ROZ
n-Heptan	0
n-Hexan	25
Cyclohexan	83
Isooctan	100
Benzol	106
Toluol	115
Rohbenzin (aus der Destillation)	60–75
Hydrocracker-Benzin	86
Catcracker-Benzin	90–92
Alkylatbenzin	94
Reformate (Platformate)	95–99
Pyrolysebenzin (aus dem Steamcracker)	97–100

Dieselkraftstoffe (engl. diesel fuel) haben gänzlich andere Eigenschaften als Vergaserkraftstoffe. Der Dieselmotor benötigt keinen elektrischen Zündfunken, denn das Kraftstoff-Luft-Gemisch wird so stark komprimiert, daß infolge der damit verbundenen Erwärmung der Verbrennungsvorgang durch Selbstzündung ausgelöst wird. Dazu muß der Dieselkraftstoff aber bestimmte Anforderungen erfüllen. Besonders wichtig ist die *Zündwilligkeit*. Hohe Gehalte an n-Paraffinen sind dafür günstig. Als Maß dient die Cetanzahl, die in Prüfmotoren bestimmt wird. Das Cetan (= n-Hexadecan) hat die Cetanzahl 100, das α-Methylnaphthalin die Cetanzahl 0. Die Cetanzahl handelsüblicher Dieselkraftstoffe liegt zwischen 45–50. Die Qualitätsmindestanforderungen sind in der DIN 51601 festgelegt.

Bei **Düsentreibstoffen** (engl. jet fuel) zum Antrieb von Düsenflugzeugen unterscheidet man zwei Spezifikationen: das Flugturbinen-Kerosin („Jet-A-1"-Kraftstoff) und das Flugturbinen-Benzin („Jet B"). Beim Flugturbinenkerosin handelt es sich um eine Kerosinfraktion mit einem Siedebereich von ca. 150 bis 230 °C; durch diesen relativ engen Siedebereich wird die Entzündungsgefahr verringert. Das Flugturbinenbenzin ist ein Benzin-Kerosin-Schnitt mit dem breiten Siedebereich von ca. 70 bis 230 °C; es wird insbesondere in der militärischen Luftfahrt verwendet. An beide Produkttypen werden besonders hohe Anforderungen gestellt: Die Verbrennung muß unter allen Betriebsbedingungen gleichmäßig und rückstandsfrei erfolgen. Um ein Höchstmaß an Reinheit zu gewährleisten, sind die Düsentreibstoffe meist vollständig hydriert. Wegen der tiefen Temperaturen in großen Höhen sind Gefrierpunkte von –50 °C erforderlich.

Bei den **Heizölen** (engl. fuel oil) unterscheidet man zwischen dem Heizöl EL (= extra leichtflüssig) und dem Heizöl S (= schwerflüssig). Das Heizöl EL fällt bei der Atmosphärendestillation im Siedebereich zwischen 160 und 400 °C an und ist somit eine Mischung aus Kerosin- und Gasölfraktionen. Diese *Destillatheizöle* werden überwiegend für Heizzwecke eingesetzt. In Gewerbebetrieben wird Heizöl EL dann angewandt, wenn es auf eine besonders saubere und rückstandsfreie Verbrennung ankommt, z. B. beim Glühen, Schmelzen oder Trocknen. Es ist hell und dünnflüssig; zur Unterscheidung von dem höher besteuerten Dieselöl wird es in Deutschland rot eingefärbt und mit Furfurol versetzt. Sein Heizwert beträgt ≥ 42 MJ/kg.

Das Heizöl S ist ein Gemisch von Rückständen, die bei der Erdölaufarbeitung anfallen *(Rückstandheizöle)*. Es enthält Rückstände aus der Atmosphären- und der Vakuumdestillation sowie aus den thermischen und katalytischen Crackern. Es ist dunkelbraun bis schwarz und bei Raumtemperatur meist nicht fließfähig. Heizöl S besteht aus hochmolekularen *Asphaltenen*, die in der Ölphase in Form eines kolloiddispersen Systems verteilt sind. Heizöl S besitzt ebenfalls einen hohen Heizwert ($\geq$ 39,5 MJ/kg) und wird ausschließlich in Industrieanlagen und Kraftwerken verwendet, die über die erforderlichen Vorwärmer und Brennerkonstruktionen verfügen.

Die Heizöle HEL und HS unterliegen in Deutschland einer Mindestspezifikation nach DIN 51 603, in der z. B. Viskositäten, Koksrückstände und Schwefelgehalt festgelegt sind. Sie enthalten oftmals Zusatzstoffe, z. B. Fließverbesserer (engl. flow improver; z. B. Copolymere aus Ethen und Vinylacetat), die auskristallisierte Paraffine in Schwebe halten oder Stabilitätsverbesserer, die das Altern des Heizöls herabsetzen.

Eine weitere wichtige Gruppe der Raffinerieprodukte sind die **Schmieröle** (engl. lubricants), deren Kohlenwasserstoff-Komponenten bei der Vakuumdestillation und beim Hydrocracken anfallen. Sie werden in sehr unterschiedlichen Bereichen eingesetzt, z. B. als Kraftfahrzeug-Schmieröle oder als Industrie-Schmieröle. Bei Kraftfahrzeugen dienen sie zur Schmierung von Otto- und Dieselmotoren sowie zur Schmierung des Getriebes. Als typische Anwendungen in der Industrie sind zu nennen Hydrauliköle, Pumpenöle, Kompressorenöle, Werkzeugmaschinenöle und Turbinenöle. Neben ihrer Hauptaufgabe, den Reibungswiderstand zwischen Maschinenteilen herabzusetzen, müssen sie oftmals zahlreiche weitere Anforderungen erfüllen, z. B. eine hohe Oxidationsstabilität, ein günstiges Viskositätsverhalten auch bei tiefen Temperaturen sowie Schutz von Metallteilen vor Korrosion. Um die Eigenschaften der *Grundöle* zu verbessern, werden *Additive* zugesetzt. Stockpunktverbesserer (engl. pour point depressants) verhindern z. B. das Ausfallen von Paraffinkristallen bei tieferen Temperaturen. Antioxidantien sind Additive, die die radikalischen Oxidationsreaktionen von Schmierölen stoppen. EP-Additive sind Zusatzstoffe, die die Schmierwirkung auch noch bei hohem Druck *(extreme pressure)* gewährleisten. Als Schauminhibitoren werden vielfach Silicone zugesetzt, zur Verbesserung des Viskositätsindex *(VI)* organische Polymere, z. B. Polyisobuten oder Polymethacrylat. Neben den bisher beschriebenen Schmierölen auf Basis von Erdöl *(Mineralöle)* werden auch zahlreiche synthetische Schmieröle produziert, z. B. Poly-α-Olefine, Polyglykolether, Dicarbonsäureester oder Phosphorsäureester. Alle Schmieröle unterliegen einer Klassifizierung. Die Kraftfahrzeugschmieröle werden in SAE-Klassen (society of automotive engineers) eingeteilt; in den Normen DIN 51 511 für Motorenöle und DIN 51 512 für Getriebeöle sind die Mindesteigenschaften festgelegt.

Unter **Bitumen** (engl. bitumen) versteht man die Rückstände der Vakuumdestillation *(short residue)*. Bitumen ist meist hochviskos und erst bei Temperaturen oberhalb von 100 °C pumpbar. Da es sich um ein Produkt handelt, das keiner Veredelungsstufe unterworfen wird, ist die Zusammensetzung des Bitumens stark von der verwendeten Rohölsorte abhängig. Viele sauerstoff-, schwefel-, stickstoff- und metallhaltige Verbindungen reichern sich im Bitumen an. Hochmolekulare Feststoffe, die *Asphaltene*, sind in einer dickflüssigen Ölphase dispergiert. Der *Asphalt* ist ein meist technisch hergestelltes Gemisch aus Bitumen und Mineralstoffen. Es gibt aber auch natürliche Asphalte, z. B. der aus einem Asphaltsee auf der Insel Trinidad abgebaute Trinidad-Asphalt mit einem Bitumen-Gestein-Verhältnis von ca. 1 : 1.

Weiche und mittelharte Bitumen (Normenbitumen nach DIN 1995) werden häufig für Asphaltmassen im Straßen- und Wasserbau eingesetzt. Industriebitumen, der durch Einblasen von Luft hergestellt wird (geblasenes Bitumen), dient zur Herstellung von Dachpappen, Dichtungsbahnen, Anstrichen und Fugen- und Imprägniermassen. Hartbitumen, das durch besonders intensives Ausdestillieren der Vakuumrückstände entsteht, wird für spezielle standfeste Asphalte, z. B. für Estriche, verwendet.

Seit einigen Jahren ist es möglich, Asphaltmaterialien zu recyclen. Allerdings ist der Aufwand für das dabei erforderliche Zerkleinern, Erwärmen und Vermischen sehr hoch. Interessant ist die Möglichkeit, verschlissene Asphaltdecken direkt vor Ort zu erneuern.

7.1.5 Thermische Konversionsverfahren

Da bei der Destillation des Erdöls zahlreiche hochsiedende Fraktionen anfallen, im Energie- und Chemiebereich aber mehr leichtsiedende Benzine und Mitteldestillate benötigt werden, müssen Umwandlungsverfahren *(Konversionsverfahren)* angewandt werden, die langkettige Kohlenwasserstoffe in kürzerkettige spalten *(cracken)*. Wie die allgemeine Reaktionsgleichung 7.1 für das **Cracken** zeigt, bildet sich aus langkettigen Alkanen ein Gemisch kürzerkettiger Alkane und Alkene.

$$R-CH_2-CH_2-CH_2-CH_2-R' \rightarrow R-CH_2-CH_3 + CH_2=CH-R' \qquad (7.1)$$

Beim Cracken unterscheidet man zwischen dem thermischen Cracken, dem katalytischen Cracken und dem Hydrocracken (vgl. Kap. 7.1.6).

Thermische Spaltung in der Kraftstoffraffinerie

Beim **thermischen Cracken** werden die Kohlenwasserstoffe für kurze oder längere Zeit auf Temperaturen bis 500 °C erhitzt. Dabei laufen Radikalreaktionen ab. Das kurzfristige, milde Cracken wird auch als *Visbreaking* bezeichnet, weil durch diesen Vorgang die Viskosität der Produkte herabgesetzt wird *(viscosity breaking)*. Das längerfristige Cracken unter etwas schärferen Reaktionsbedingungen wird als *Coking* oder *Delayed Coking* bezeichnet, da als ein wesentliches Hauptprodukt Koks entsteht.

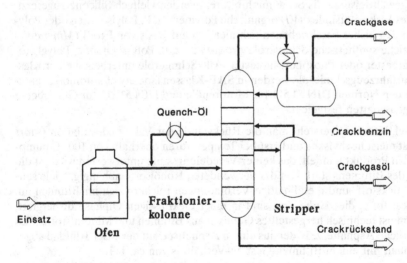

Abb. 7.13 Visbreaking

Das **Visbreaking** (vgl. Abb. 7.13) geht meist vom Atmosphärenrückstand (long residue) aus, der in einem Spaltofen bei 0,8 bis 5 MPa (8–50 bar) auf 480 bis 490 °C erhitzt wird. Bei diesen Bedingungen laufen die Crackprozesse schon in den Rohren des Ofens ab. Direkt hinter dem Ofenausgang werden die Reaktionsprodukte schnell abgekühlt („gequencht"), und zwar durch Einspritzen von kaltem Crackgasöl, das aus der Fraktionierkolonne stammt. Der abgekühlte Produktstrom wird in die Kolonne geleitet und destillativ in Crackgas, Crackbenzin, Crackgasöl und einen niedrigviskosen Crackrückstand aufgetrennt.

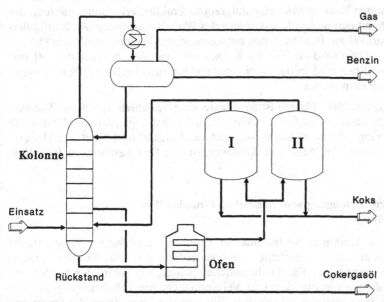

Abb. 7.14 Delayed Coking

Beim **Delayed Coking** (vgl. Abb. 7.14) können die Rückstände der Atmosphären- und der Vakuumdestillation, aber auch Produkte aus Ölschiefer und Ölsanden oder Schweröle aus der Kohleveredelung eingesetzt werden. Bei schärferen Crackbedingungen (490–505 °C, 0,2–0,5 MPa) wird dieser Einsatz zu Gas, Benzin, Cokergasöl und Koks gecrackt. Dazu werden in einer Fraktionierkolonne die Leichtersieder abgetrennt. Der Kolonnensumpf wird im Röhrenofen erhitzt und direkt in eine der beiden taktweise betriebenen Kokskammern (I bzw. II) geleitet. Dort findet dann der Verkokungsprozeß statt; flüchtige Stoffe werden in die Kolonne zurückgeführt. Nach 24 h wird auf die andere Kokskammer umgeschaltet und die erste Kammer „bergmännisch" vom Koks befreit. Es bildet sich ein hochwertiger *Petrolkoks* (engl. petroleum coke), der – nach weiterer Behandlung – für Elektroden besonders geeignet ist.

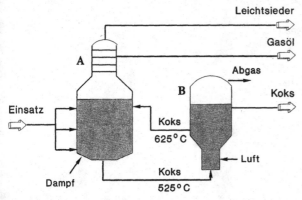

Abb. 7.15 Fluid-Coking-Verfahren

Eine weitere Variante des thermischen Crackens ist das **Fluid-Coking-Verfahren** (vgl. Abb. 7.15). Kernstück der Anlage ist ein Crackreaktor (A) mit einer Wirbelschicht aus 500 bis 550 °C heißen Kokspartikeln, die mit Hilfe von Wasserdampf fluidisiert werden. Der vorgewärmte Einsatz wird an verschiedenen Stellen seitlich in den Reaktor eingespeist. Die flüchtigen Produkte verlassen den Reaktor über eine aufgesetzte Fraktionierkolonne, während der sich bildende Koks sich auf den heißen Kokskörnern des Wirbelbetts abscheidet. Kontinuierlich werden die Kokspartikel am Reaktorboden entnommen und in einem Aufheizer (B) auf 600 bis 650 °C erwärmt. Dazu wird ein Teil des Kokses mit zugeführtem Luftsauerstoff verbrannt. Der aufgeheizte Koks wird in den Wirbelbettreaktor zurückgeführt, überschüssiger Koks über eine Schleuse entnommen.

Eine Weiterentwicklung des Fluid-Coking ist das **Flexicoking-Verfahren**. Bei dieser Variante wird der in B anfallende Koks in einer dritten Wirbelschicht, dem sog. „Vergaser", mit Hilfe von Luft und Dampf in ein „Koksgas" aus Wasserstoff und Kohlendioxid überführt. Die entsprechende Technologie wird im Abschnitt Kohlevergasung näher beschrieben (vgl. Kap. 7.2.4).

Thermische Spaltung zur Erzeugung von chemischen Grundstoffen (Mitteltemperaturpyrolyse)

Die bisher besprochenen Verfahren des thermischen Crackens verlaufen bei Temperaturen um 500 °C. Sie sind primär darauf ausgerichtet, aus hochsiedenden Erdölfraktionen Benzine, Gasöle und Petrolkoks herzustellen. Für die thermische Spaltung von gesättigten Kohlenwasserstoffen in reaktionsfähige niedermolekulare Verbindungen, wie Ethylen, Propylen und Acetylen, sind höhere Temperaturen erforderlich. Wie aus der Darstellung der freien Bildungsenthalpien $\Delta G_{B,C}^{0}$ einiger Kohlenwasserstoffe als Funktion der Temperatur in Abb. 7.16 zu ersehen ist, ist z. B. für n-Hexan bzw. für Ethan $\Delta G_{B,C}^{0}$ erst oberhalb 500 bzw. 750 °C größer als für Ethylen. Das bedeutet, daß erst oberhalb dieser Temperaturen die Bildung von Ethylen thermodynamisch begünstigt ist. Aus der Darstellung ist auch abzulesen, daß Acetylen

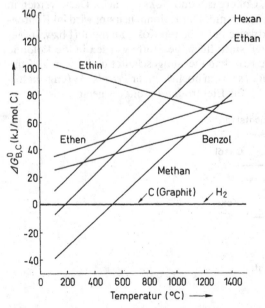

Abb. 7.16 Freie Bildungsenthalpie (kJ/mol C) einiger Kohlenwasserstoffe

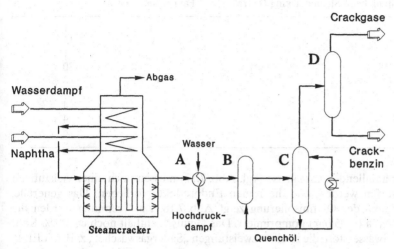

Abb. 7.17   Steamcracker

oberhalb 1200 °C gegenüber Ethylen begünstigt ist. Dadurch wird verständlich, daß zur Erzeugung von Ethylen und Propylen aus Naphtha Temperaturen von 800 bis 900 °C *(Mitteltemperaturpyrolyse)* angewendet werden, während die Herstellung von Acetylen oberhalb 1300 °C erfolgt *(Hochtemperaturpyrolyse)*.

Aus Abb. 7.16 geht auch hervor, daß die betrachteten Kohlenwasserstoffe gegenüber dem Zerfall in die Elemente C und H instabil sind. Um diese und andere unerwünschte Folgereaktionen so weit wie möglich zu verhindern, muß das Reaktionsgemisch nach einer optimalen Reaktionszeit schnellstmöglich auf Temperaturen abgekühlt werden, bei denen die Reaktionsgeschwindigkeiten im Produktgemisch gegen Null gehen.

Die **Mitteltemperaturpyrolyse (MTP)** von Naphtha wird in Röhrenöfen durchgeführt. Um die selektivitätsmindernde Bildung von Polymerisaten zu unterdrücken und Koks und Teerablagerungen zu verhindern, wird das verdampfte Naphtha vor Eintritt in den Röhrenofen durch Zumischung von Wasserdampf verdünnt. Deshalb werden diese Crackanlagen auch als **Steamcracker** bezeichnet (vgl. Abb. 7.17). Das Naphtha wird in der Konvektionszone des Steamcrackerofens vorgewärmt und dann zusammen mit dem überhitzten Wasserdampf durch senkrecht hängende Rohre geleitet, die von außen mit Boden- oder Seitenwandbrennern beheizt werden. In *Kurzzeit-Cracköfen* hat die Rohrschlange in der Strahlungszone der Brenner eine Länge von 60 bis 80 m, der Innendurchmesser liegt um 100 mm. Die Bezeichnung Kurzzeit-Crackofen besagt, daß die Verweilzeit des Naphthas in der Strahlungszone nur ca. 0,5 s beträgt, bei *Ultrakurzzeit-Cracköfen* beträgt sie nur 0,2 bis 0,3 s. Mit höherer Temperatur (810–880 °C) nimmt die *Crackschärfe* (severity) zu, und der Anteil des Ethens steigt bis auf ca. 30%. Um Folgereaktionen der hochreaktiven Alkene zu verhindern, werden die Produkte sofort nach dem Crackofen abgekühlt (gequencht): Im Wasserquencher A wird das Spaltgas innerhalb von 0,1 s auf ca. 400 °C abgekühlt; dabei enstehen große Mengen Hochdruckdampf. Im folgenden Ölquencher B wird durch Einspritzen von Öl die Temperatur auf 200 °C gesenkt. In der Ölwaschkolonne C wird die Ölfraktion zusammen mit dem Quenchöl als Sumpfprodukt abgetrennt; es wird als Quenchöl in der Stufe B verwendet. Das auf 110 °C abgekühlte Kopfprodukt wird der Kolonne D zugeführt. Dort erfolgt eine Aufspaltung in flüssiges Crackbenzin und in die Crackgase, die auch niedere Alkene enthalten. Die typische Zusammensetzung eines Produktgemisches aus einem Steamcracker mit Ultrakurzzeit-Fahrweise zeigt Tab. 7.9.

Tab. 7.9 Produktverteilung beim Steamcracking (Ultrakurzzeit-Fahrweise, in Gew.-%)

Wasserstoff	1
Methan	15
Ethin	1
Ethen	30
Ethan	3
Propen	14
Butadien	4
Butene	4
Pyrolysebenzin ($\geq C_5$)	28

Die im Steamcracker anfallenden Crackgase (vgl. Abb. 7.17) müssen noch einer vielstufigen Aufarbeitung unterworfen werden, ehe die reinen Endprodukte vorliegen. Das generelle, sehr vereinfachte Schema der Olefinisolierung zeigt Abb. 7.18. Zur Trennung werden die Crackgase auf ca. 3,5 MPa (= 35 bar) komprimiert. Das Gemisch enthält noch ca. 0,1% Kohlendioxid und Schwefelwasserstoff, die in einer zweistufigen „Sauergaswäsche", z. B. mit Ethanolaminen, bis auf ca. 3 ppm herausgewaschen werden. Das Rohgas wird in mehreren Stufen vorgekühlt und restliches Wasser in einem Trockner an Molekularsieben adsorbiert, um eine Eisbildung in den folgenden Trennstufen zu vermeiden. In der Ethankolonne werden C_1, C_2 und Wasserstoff gasförmig als Kopfprodukt abgenommen; der C_{3+}-Schnitt mit den höhermolekularen Bestandteilen fällt als Sumpfprodukt an. Aus dem Kopfprodukt wird das Acetylen durch Hydrieren an selektiven Palladiumkatalysatoren entfernt. Anschließend wird das Gasgemisch so weit abgekühlt, daß Ethen und Ethan sowie der größte Teil des Methans auskon-

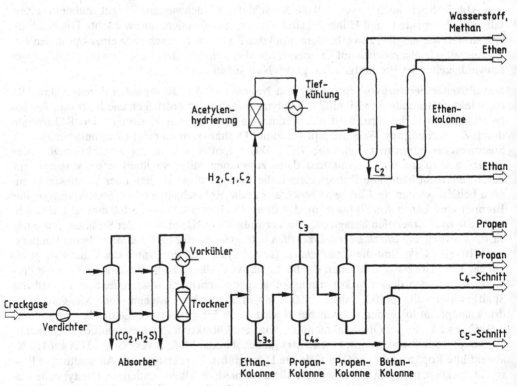

Abb. 7.18 Aufarbeitung der Steamcracker-Gase

densieren; das verbleibende Gas besteht zu über 85 Vol.-% aus Wasserstoff. Aus dem verflüssigten Ethen-Ethan-Gemisch wird in der Methankolonne das Methan abdestilliert. Für die Ethen-Ethan-Trennung in der Ethen-Kolonne werden 80 bis 100 praktische Böden benötigt. Noch größere Bodenzahlen (150–200) bei einer Kolonnenhöhe von 70 bis 90 m erfordert die Propen-Propan-Trennung. Das im Sumpf der Ethenkolonne anfallende Ethan kann zum Cracker zurückgeführt werden. Das Sumpfprodukt der Propenkolonne wird in der Butankolonne aufgearbeitet. Dabei wird über Kopf der C_4-Schnitt erhalten. Als Sumpfprodukt fällt ein C_{5+}-Schnitt an, der zusammen mit dem Crackbenzin *(Pyrolysebenzin)* aus Kolonne D (vgl. Abb. 7.17) eine Quelle für die Gewinnung von Isopententen, Isopren, Cyclopentadien und vor allem der BTX-Aromaten (**B**enzol, **T**oluol, **X**ylol) darstellt (vgl. folgenden Abschnitt).

Produkte der Mitteltemperaturpyrolyse

Ethylen und Propylen sind die zwei Hauptprodukte der Mitteltemperaturpyrolyse im Steamcracker. Das Produktverhältnis Propen/Ethen hängt von der Art des Einsatzstoffes und den Reaktionsbedingungen ab. Aus Ethan entsteht natürlich ganz überwiegend Ethen; bei allen anderen Einsatzstoffen (Flüssiggas, Naphtha, Gasöl) wird neben Ethen ein beträchtlicher Anteil an Propen gebildet. Beim Einsatz von Naphtha liegt das Verhältnis Propen/Ethen je nach Cracktemperatur und Verweilzeit bei 0,4 bis 0,8 (kg/kg). Hohe Crackschärfe (hohe Temperatur, kurze Verweilzeit) führt zu einem niedrigeren Propen/Ethen-Verhältnis; bei einer Spaltendtemperatur von 860 bis 885 °C und einer Verweilzeit von 0,2 bis 0,3 s beträgt dieses Verhältnis ca. 0,5.

Ethen ist das wichtigste Primärprodukt der Petrochemie. Die weltweite Ethenkapazität betrug 1990 ca. 60 Mio. t. Schätzungen gehen davon aus, daß bis 1995 weitere 55 Steamcracker in

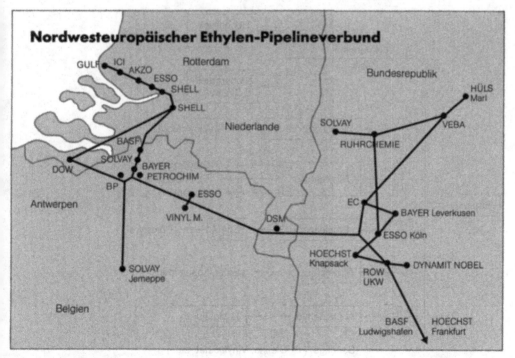

Abb. 7.19   Ethenverbundnetz (nach [7])

Betrieb genommen werden und die Ethenkapazität um weitere 20 Mio. t zunimmt. Ethen wird, insbesondere für die Polymerisation, in Reinheiten von ≥ 99,9 Vol.-% erzeugt. In Westdeutschland und in den Beneluxländern besteht ein Rohrleitungsverbundnetz, in das die Produzenten das Ethen einspeisen und aus dem es die Verbraucher entnehmen (vgl. Abb. 7.19). In dieses Netz werden auch überschüssige Ethenmengen gegeben, die mit gekühlten Flüssiggastankern von Übersee zu den Ethenterminals von Rotterdam oder Antwerpen transportiert werden.

Die wichtigsten Verwendungsbereiche des Ethens ergeben sich aus Abb. 7.20, in der auch die prozentuale Verteilung auf die verschiedenen Sekundärprodukte enthalten ist. Über die Hälfte des Ethens wurde 1990 in Westeuropa zur Herstellung von Polyethylen verwendet, das für Folien, Flaschen, Rohre und Kabelisolierungen eingesetzt wird. Über die Chlorierung zum 1,2-Dichlorethan („Ethylendichlorid") gelangt man zum Vinylchlorid, das zum Polyvinylchlorid (PVC) weiterverarbeitet wird. Weiterhin bedeutsam sind die katalytischen Oxidationen zum Ethylenoxid und zum Acetaldehyd sowie die Alkylierung des Benzols zum Ethylbenzol, der Ausgangschemikalie für Styrol. Eine Beschreibung dieser Prozesse erfolgt in Kap. 8.2.

Propen ist nach Ethen das zweite Hauptprodukt des Steamcracking-Prozesses. Während in den 60er Jahren nur eine geringe Folgechemie des Propens existierte, so daß es teilweise als Brennstoff eingesetzt wurde, gibt es heute zahlreiche wichtige Propen-Folgeprodukte. Abb. 7.21 zeigt die wichtigsten Derivate und ihren prozentualen Anteil in Westeuropa. Von hoher Bedeutung sind das Polypropylen, die Ammonoxidation zum Acrylnitril, die Hydroformylierung zum Butanal, die Oxidation zu Propylenoxid bzw. Acrylsäure sowie die Alkylierung von Benzol zur Synthese des Cumols (vgl. Kap. 8.3).

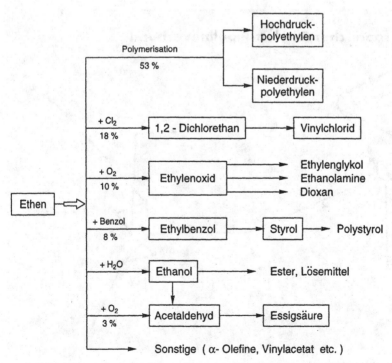

Abb. 7.20 Verwendung des Ethens (Prozentzahlen: Westeuropa 1990)

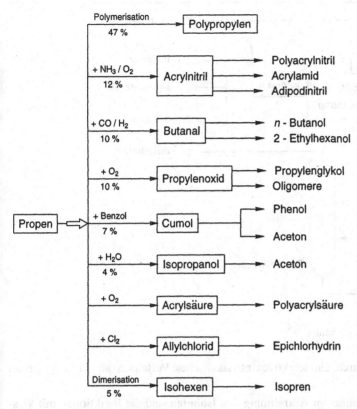

Abb. 7.21 Verwendung des Propens (Prozentzahlen: Westeuropa 1992)

Bei der Aufarbeitung des C_4-Schnitts des Steamcrackers wird in einer ersten Stufe das **Butadien**, das ca. 50% des C_4-Schnittes ausmacht, durch Extraktivrektifikation abgetrennt. Bei der extraktiven Rektifikation handelt es sich um eine spezielle Variante der Grundoperation Rektifikation. Sie wird eingesetzt zur Trennung von Gemischen, die sich durch normale Rektifikation schwer trennen lassen, weil sie aus Komponenten mit geringen Siedepunktunterschieden bestehen oder Azeotrope bilden. Das Prinzip der *Extraktivrektifikation* besteht darin, daß man dem zu trennenden Gemisch ein Lösungsmittel zusetzt, das die relativen Flüchtigkeiten der Gemischkomponenten unterschiedlich stark beeinflußt. Im vorliegenden Fall – Abtrennung von Butadien aus C_4-Schnitten – benutzt man Lösungsmittel, welche die Flüchtigkeit von Butadien im Vergleich zu den anderen C_4-Komponenten besonders stark herabsetzen, z. B. *N*-Methylpyrrolidon (NMP), *N*-Formylmorpholin oder Dimethylformamid (DMF). Im Unterschied zu der anderen Variante der Rektifikation mit einem Hilfsstoff, der Azeotroprektifikation, hat bei der Extraktivrektifikation der Hilfsstoff einen deutlich höheren Siedepunkt als die Komponenten des zu trennenden Gemischs.

Die Trennung des C_4-Schnitts ist in Abb. 7.22 gezeigt. In die Mitte der Kolonne für die Extraktivrektifikation wird der C_4-Schnitt eingespeist, einige Böden unterhalb des Kolonnenkopfes das Lösungsmittel, das selektiv die Flüchtigkeit des Butadiens erniedrigt. Am unteren Ende der Kolonne erhält man ein Gemisch aus Butadien und Lösungsmittel, das in einer zweiten Rektifizierkolonne aufgetrennt wird. Das Butadien verläßt die Kolonne über Kopf, das im Sumpf anfallende Lösungsmittel wird in die erste Kolonne zurückgeführt. Das Kopfprodukt dieser Kolonne, also die Butene und Butane, wird als Raffinat I bezeichnet. Es besteht fast zur Hälfte aus Isobuten, das entweder durch chemische Reaktion aufgrund seiner höheren

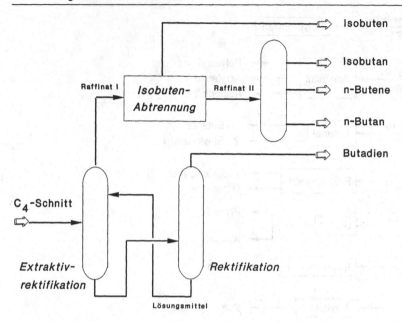

Abb. 7.22   Aufarbeitung des C$_4$-Schnitts

Reaktionsfähigkeit oder durch ein selektives physikalisches Verfahren abgetrennt werden kann.

Wichtige Verfahren zur chemischen Abtrennung von **Isobuten** sind die Reaktionen mit Wasser zum tert-Butanol und mit Methanol zum Methyl-*tert*-Butyl-Ether (MTBE, vgl. Kap. 8.3.2), das heute in großen Mengen als Benzinzusatz zur Erhöhung der Octanzahl dient. Eine weitere chemische Reaktion ist die Dimerisierung von Isobuten zu *Isooctenen (Diisobutene)* mit Hilfe saurer Katalysatoren, z. B. Schwefelsäure oder Kationenaustauscher. Als selektives physikalisches Trennverfahren eignet sich die Adsorption an Molsieben, wobei aus dem Raffinat I die *n*-Butene adsorbiert werden, das Isobuten jedoch nicht. Das Gasgemisch nach der Isobutenabtrennung (Raffinat II) kann noch weiter destillativ aufgearbeitet werden. Insbesondere 1-Buten ist von Bedeutung, da es zu Polymeren und Copolymeren verarbeitet wird. Die vielfältige Folgechemie der ungesättigten C$_4$-Kohlenwasserstoffe ist in Abb. 7.23 wiedergegeben. Die Auflistung zeigt, daß speziell die Kautschukherstellung wesentlich auf C$_4$-Olefinen aufbaut.

Auch der C$_5$-Schnitt aus der Aufarbeitung der Steamcracker-Gase (vgl. Abb. 7.18) kann weiter aufbereitet werden. So können z. B. die **Isopentene** *(Isoamylene)* durch eine Extraktion mit wäßriger Schwefelsäure entfernt werden. Hierbei werden Gemische aus 2-Methyl-buten-1 und 2-Methyl-buten-2 isoliert, die durch Dehydrierung in Isopren überführt werden können. Die direkte Abtrennung des **Isoprens** aus dem C$_5$-Schnitt ist mit hohem Aufwand verbunden, da die verschiedenen Kohlenwasserstoffe sehr ähnliche physikalische Eigenschaften aufweisen. Verbreitet sind wieder – wie bei der Butadienabtrennung – Extraktivdestillationsverfahren mit den Lösungsmitteln *N*-Methylpyrrolidon, Dimethylformamid und Acetonitril.

Auch **Cyclopentadien** wird aus dem C$_5$-Schnitt isoliert. Dabei macht man sich zunutze, daß das Cyclopentadien bei Erwärmen in das Dimere Dicyclopentadien übergeht, das abgetrennt und destillativ gereinigt werden kann. Durch anschließende Spaltung bei 300 bis 400 °C in der Gasphase wird das Dimere wieder in das monomere Cyclopentadien umgesetzt. Die wichtigsten Verwendungsmöglichkeiten von Isopren und Cyclopentadien zeigt Abb. 7.24. Wiederum sind die Kautschuke die wichtigsten Folgeprodukte. *Cis*-1,4-Polyisopren *(isoprene-rubber)* entspricht in seiner Struktur dem Naturkautschuk.

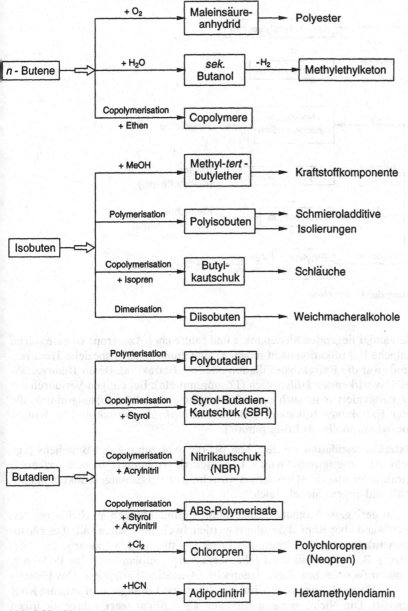

Abb. 7.23 Verwendung der C_4-Fraktion

Wichtige Produkte des Steamcracking-Prozesses sind auch die **Aromaten**. Eine weitere Quelle für Aromaten ist der Reforming-Prozeß (vgl. Kap. 7.16). Beim Steamcracking fallen die Aromaten im Crackbenzin *(Pyrolysebenzin)*, (vgl. Abb. 7.17) an. Es enthält viel Benzol (30–45%), ca. 20% Toluol und nur geringe Mengen Xylole (5–10%). Im Reformat hingegen finden sich nur geringe Benzolanteile (5–8%) und wesentlich mehr Toluol (20–25%) und Xylole (30%). In beiden Aromatenquellen liegen die Aromaten im Gemisch mit Nichtaromaten vor, und es besteht deshalb die Notwendigkeit, diese beiden Arten von Kohlenwasserstoffen voneinander zu trennen.

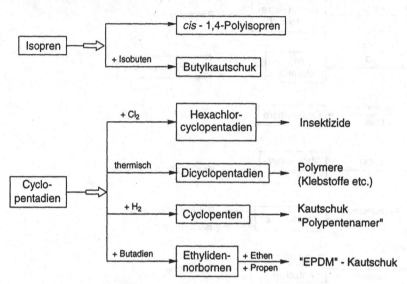

Abb. 7.24   Verwendung der C_5-Fraktion

Wegen der eng beieinander liegenden Siedepunkte und zahlreicher Azeotrope ist eine solche Trennung durch einfache Rektifikation nicht möglich. Man muß vielmehr spezielle Trennverfahren einsetzen, und zwar die Extraktivdestillation oder die Extraktion. Beide Trennverfahren arbeiten mit selektiv wirkenden Hilfsstoffen (Lösungsmitteln). Bei einigen Verfahren zur Aromatentrennung kombiniert man auch unter Verwendung desselben Lösungsmittels die Extraktion mit einer Extraktivrektifikation, z. B. beim *Morphylane-Verfahren* (Fa. Krupp-Koppers) mit *N*-Formylmorpholin als Lösungsmittel.

Das Prinzip der **Extraktivdestillation** wurde schon bei der Abtrennung des Butadiens (vgl. Abb. 7.22) vorgestellt. Als Lösungsmittel wird z. B. *N*-Methylpyrrolidon (*Distapex-Verfahren*) verwendet. Die Extraktivdestillation ist besonders wirtschaftlich bei Einsatzprodukten mit hohem Aromatengehalt und engem Siedebereich.

Bei Produkten mit nur geringem Aromatengehalt müßten große Mengen an Nichtaromaten mit hohem Energieaufwand über Kopf abdestilliert werden. In einem solchen Fall ist es günstiger, eine **Aromatenextraktion** durchzuführen. Als Lösungsmittel werden wieder polare Verbindungen eingesetzt, z. B. Dimethylsulfoxid *(IFP-Verfahren)*, Sulfolan *(Sulfolan-Verfahren)* oder *N*-Methylpyrrolidon/Wasser- bzw. Glykolgemische *(Arosolvan-Verfahren)*. Das Einsatzprodukt wird der Extraktionskolonne in der Mitte zugeführt; das Lösungsmittel wird am Kopf der Kolonne eingespeist. Die Nichtaromaten verlassen als Raffinat wegen ihrer niedrigen Dichte die Kolonne über Kopf. Am unteren Ende der Kolonne werden die im schweren Lösungsmittel gelösten Aromaten abgezogen; anschließend werden beide Komponenten destillativ getrennt. Die Aromatenextraktion erfolgt überwiegend in Gegenstromkolonnen, z. B. in *Drehscheibenkolonnen (rotating disc columns, RDC)*. Daneben setzt man auch *Mischer-Scheider-Batterien (mixer-settler)* ein, bei denen Misch- und Absetzkammern separat übereinander angeordnet sind (Turmextraktoren).

Nach der Isolierung werden die Aromatengemische in ihre Einzelkomponenten aufgetrennt. Nach den Hauptinhaltsstoffen **Benzol (B), Toluol (T)** und den **Xylolen (X)** werden die Aromatengemische auch als **BTX-Schnitte** bezeichnet. Das Verhältnis von B, T und X zueinander entspricht oftmals nicht dem wirklichen Bedarf an den einzelnen Aromaten. Insbesondere Toluol wird z. Z. in größerer Menge erhalten, als es chemisch verwertet werden kann. Deshalb wurden einige *Umwandlungsreaktionen* für die Aromaten entwickelt:

- *Hydrodealkylierung*, eine katalytische Spaltung von Toluol mit Wasserstoff zu Benzol und Methan *(Hydeal-Verfahren)*:

- *Disproportionierung* von Toluol zu Benzol und Xylolen:

- *Transalkylierung*, eine Umsetzung von Toluol mit Trimethylbenzolen zu Xylolen:

- *Isomerisierung* von *m*-Xylol zum thermodynamischen Gleichgewicht der C_8-Aromaten *(Octafining-Verfahren)*:

Die BTX-Aromaten haben vielseitige Verwendung: *Benzol* (vgl. Abb. 7.25) wird z. B. über die Sekundärprodukte Ethylbenzol und Cyclohexan in verschiedene Polymere und Polykondensate überführt. *Toluol* (vgl. Abb. 7.26) wird ca. zur Hälfte zu Benzol verarbeitet; ca. 20% dienen als Lösungsmittel für Farben und Lacke. Die *Xylole* (vgl. Abb. 7.27) werden sämtlich zu den entsprechenden Dicarbonsäuren oxidiert, die überwiegend zu Polyestern weiterverarbeitet werden.

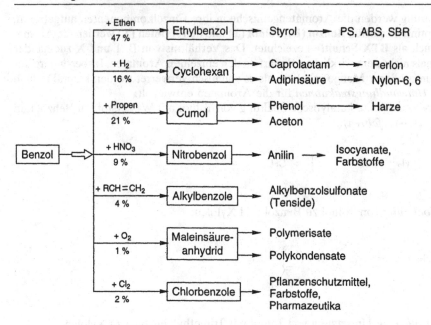

Abb. 7.25 Verwendung von Benzol (Prozentzahlen: Westeuropa 1992)

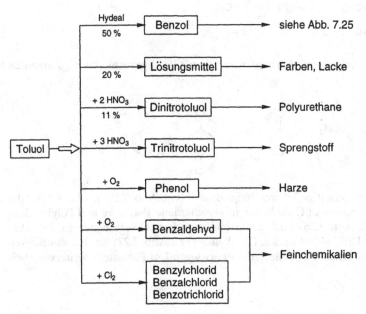

Abb. 7.26 Verwendung von Toluol (Prozentzahlen: Westeuropa 1991)

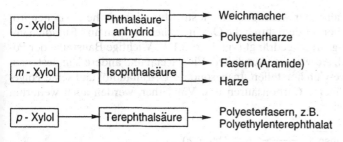

Abb. 7.27 Verwendung der Xylole

Für die drei mit Abstand wichtigsten Petrochemikalien – Ethen, Propen und Benzol – sind in Tab. 7.10 die Weltproduktionszahlen der letzten Jahre wiedergegeben. Die Zahlenwerte belegen, daß diese Primärprodukte in weiterhin steigenden Mengen produziert werden.

Tab. 7.10 Weltproduktion von Ethen, Propen und Benzol (in Mio. t)

	1985	1986	1987	1988	1989	1990	1991
Ethen	39,0	41,2	49,6	52,3	53,4	58,4	59,0
Propen	20,6	21,5	23,9	27,5	28,2	30,5	31,2
Benzol	16,5	17,2	19,9	21,3	21,7	22,0	22,8

Erzeugung von Acetylen durch Hochtemperaturpyrolyse

Die Erzeugung von Acetylen erfolgt durch die **Hochtemperaturpyrolyse (HTP)**. Verschiedene Verfahren wurden entwickelt, um die erforderlichen, extrem hohen Temperaturen (> 1400 °C) zu erreichen:

- Im *Lichtbogenverfahren* der Chemischen Werke Hüls wird die Energie durch einen Gleichstromlichtbogen erzeugt. Die Reaktionstemperatur liegt bei 1500 °C.
- Im *Plasmaverfahren* (Hoechst, Hüls) ist ebenfalls ein Lichtbogen die Energiequelle. Die Energieübertragung erfolgt durch ein Wasserstoffplasma.
- Im *Wulff-Verfahren* (Union Carbide Chemicals Comp., UCC) dienen feuerfeste Steine als Wärmeträger. Durch Verbrennen von Prozeßgasen werden sie auf 1400 bis 1500 °C aufgeheizt.
- Im *Dampfpyrolyseverfahren* der Kureha (Japan) kann auch Rohöl zu Acetylen gespalten werden. Als Wärmeträger dient hochüberhitzter Wasserdampf von 2000 °C aus der Verbrennung von H_2/CH_4-Gemischen.
- Im *Sachsse-Bartholomé-Verfahren* (BASF) wird der Kohlenwasserstoff (CH_4 oder Leichtbenzin) im Überschuß mit Sauerstoff gemischt und unvollständig verbrannt.
- Im *Hoechster HTP-Verfahren* wird durch Verbrennen von „Restgas" (H_2, CO, CH_4), einem Nebenprodukt der Pyrolyse, ein sehr heißes Rauchgas erzeugt, mit dem das Leichtbenzin durch Eindüsen schnell vermischt wird.

Bei den zwei letzteren handelt es sich um autotherme Verfahren; d. h., die Energie, die für die Kohlenwasserstoffspaltung erforderlich ist, wird im Reaktor erzeugt, und zwar durch Verbrennung eines Teils des Einsatzprodukts. Charakteristisch für die verschiedenen Hochtemperaturpyrolyseverfahren im Vergleich zur Mitteltemperaturpyrolyse ist die wesentlich kürzere Verweilzeit in der Größenordnung von wenigen Millisekunden.

Acetylen war bis in die 60er Jahre der wichtigste Grundstoff für aliphatische Zwischenprodukte (vgl. Abb. 7.28), wurde aber seitdem durch die Olefine Ethen, Propen und Butadien immer stärker in seiner Bedeutung zurückgedrängt (vgl. Kap. 3.1.2). Wichtige Bausteine der Polymerchemie, z. B. Vinylchlorid, Acrylsäure, Acrylnitril, Vinylacetat und andere Vinylester sowie Isopren, lassen sich aus Acetylen herstellen. Insbesondere 1,4-Butandiol und seine Folgeprodukte, ferner Vinylester höherer Carbonsäuren und Vinylether, werden auch weiterhin auf Basis von Acetylen produziert.

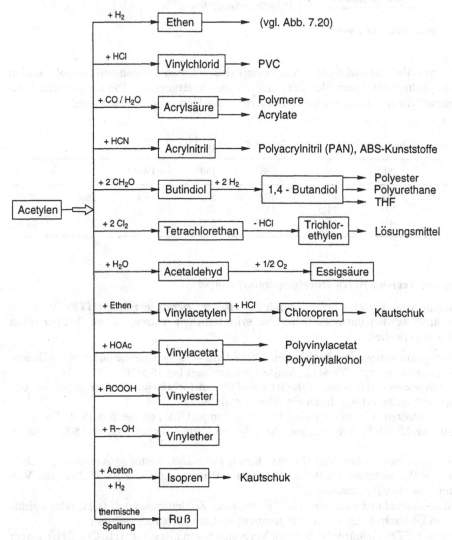

Abb. 7.28 Verwendung von Acetylen

7.1.6 Katalytische Konversionsverfahren

Die bisher erläuterten Crackverfahren waren thermische Prozesse. Um Ausbeute und Qualität der Spaltprodukte zu erhöhen, wird das **katalytische Cracken** *(catcracking)* angewendet. Die ersten Crackkatalysatoren waren natürlich vorkommende Alumosilicate, heute werden nahezu ausschließlich synthetische Zeolithe (vgl. Kap. 12.3.4) verwendet. Sie bestehen aus SiO_4- und AlO_4-Tetredern, die zu einem regelmäßig aufgebauten dreidimensionalen Gitter zusammengesetzt sind. Die wichtigsten Zeolithe für das Catcracking sind Faujasit X- und Y-Typen, in denen die Natriumionen gegen Protonen („H-Faujasit") oder gegen Lanthan („La-Faujasit") ausgetauscht sind. Wegen ihrer höheren Stabilität sind die Y-Typen für das Catcracking wesentlich günstiger als die X-Typen. Auch der ZSM-5-Zeolith eignet sich als Katalysator für das Catcracking. Das Catcracking bringt folgende Vorteile:

- Erhöhte Reaktionsgeschwindigkeiten.
- Hoher Anteil von C_3/C_4-Kohlenwasserstoffen im Crackgas.
- Da das Catcracking über einen ionischen Mechanismus abläuft, erhält man einen hohen Anteil verzweigter Kohlenwasserstoffe im Crackbenzin.

Ähnlich wie beim Coking kommt es auch beim Catcraking zur Bildung von Koks. Da dieser Koks sich jedoch auf der Katalysatoroberfläche abscheidet, werden schon nach kurzer Zeit die Poren verstopft, und der Katalysator muß durch einen Koksabbrand wieder aktiviert werden. Dies geht am vorteilhaftesten im Fließbett mit fluidisiertem Katalysator (vgl. Abb. 7.29). Das Cracking im Fließbett wird auch als *Fluid catalytic cracking* (FCC) bezeichnet. Der Katalysator liegt als Pulver vor und besteht aus Mikrokügelchen mit einem mittleren Durchmesser von 0,06 mm (= 60 μm). Der technische Aufbau einer FCC-Anlage ist am Beispiel der *Universalanlage* der Universal Oil Products (UOP) schematisch in Abb. 7.29 wiedergegeben. Reaktor und Regenerator stehen nebeneinander, verbunden über die beiden Katalysator-Transportrohre. Im unteren Teil des Reaktors, im Steigrohr (*Riser*), wird der Katalysator durch die aufsteigenden Dämpfe des Einsatzgemisches fluidisiert, d. h. aufgewirbelt und zum Fließen gebracht. Im oberen Teil des Reaktors liegen Temperaturen zwischen 480 und 540 °C vor. Am Kopf verlassen die Produkte den Reaktor über Zyklone, in denen mitgerissener Katalysatorstaub abgeschieden wird. Der inaktivierte Katalysator läuft über eine Falleitung in die Brennkammer des Regenerators, wo bei Temperaturen bis über 600 °C der abgelagerte Koks verbrannt wird. Allerdings unterliegt der Katalysator mit der Zeit einer irreversiblen Inaktivierung durch thermisch bedingte Veränderungen und durch eine Anreicherung an Katalysatorgiften. Im kontinuierlichen Betrieb werden dem Reaktor deshalb immer geringe Mengen an verbrauchtem Katalysator abgezogen und gleiche Mengen Frischkatalysator zugesetzt. Die beschriebene FCC-Anlage kann mit einem Durchsatz von bis zu 15 000 t pro Tag betrieben werden. Andere Anlagen, wie z. B. das *Ultra-Orthoflow-Verfahren* oder das *Flexicracking-Verfahren* der Exxon, arbeiten nach dem gleichen Prinzip, allerdings sind bei ihnen Reaktor und Regenerator übereinander angeordnet.

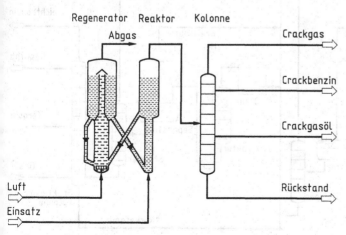

Abb. 7.29 Fluid catalytic cracking (FCC)

Ein weiteres, sehr bedeutendes Verfahren ist das **Hydrocracken** *(Hydrocracking)*, bei dem gleichzeitig die Kohlenwasserstoffe gecrackt und die dabei entstehenden Alkene zu Alkanen hydriert werden. Der verwendete Katalysator muß somit beide Funktionen erfüllen, er ist „bifunktionell". Für das Cracken dienen Alumosilicate, insbesondere Zeolithe; für den Hydrierschritt sind Metalle wie Nickel, Cobalt, Molybdän, Wolfram oder Palladium auf den Crackkatalysator aufgetragen. Die Summengleichung für das Hydrocracken lautet:

$$R-CH_2-CH_2-CH_2-CH_2-R' + H_2 \rightarrow R-CH_2-CH_3 + CH_3-CH_2-R' \tag{7.6}$$

Je nach Betriebsweise des Hydrocrackers kann mit unterschiedlicher Intensität *(severity)* gecrackt werden, so daß sich verschiedene Produktzusammensetzungen aus dem gleichen Einsatzstoff ergeben. Ebenfalls können wechselnde Einsätze in den Hydrocracker gegeben werden. Der Hydrocracker ist eine der flexibelsten Anlagen in einer Erdölraffinerie; allerdings ist das Hydrocracken auch eines der aufwendigsten Verfahren. Die Größe heutiger Hydrocrackanlagen ist mit Durchsätzen bis zu mehreren 100000 t pro Jahr sehr beeindruckend. Die Reaktionsbedingungen für einen Hydrocracker liegen bei Temperaturen zwischen 300 und 450 °C und bei Wasserstoffdrücken zwischen 10 und 20 MPa (100–200 bar). Dies erfordert große Wasserstoffmengen, die in einer eigenen Wasserstoffanlage bereitgestellt werden müssen.

Die technische Durchführung des Hydrocrackens kann auf verschiedene Arten erfolgen. Für das Hydrocracken eines Vakuumdestillats benutzt man z. B. das einstufige Verfahren mit nur einem Reaktor. Meist wird ein Festbettreaktor verwendet, es sind aber auch Reaktoren mit bewegtem Katalysator im Einsatz.

Abb. 7.30 gibt den prinzipiellen Aufbau eines zweistufigen Hydrocrackers wieder: Im ersten Reaktor wird das Einsatzmaterial hydrodesulfuriert, d. h. katalytisch entschwefelt (vgl. Hydrotreating, S. 251 f.); im zweiten Reaktor erfolgt das katalytische Cracking. Dieses Verfahren eignet sich besonders für das Hydrocracken hochsiedender Produkte, z. B. schwerer Vakuumdestillate oder Destillationsrückstände.

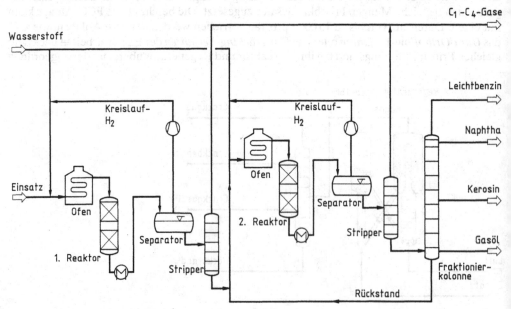

Abb. 7.30 Zweistufiger Hydrocracker

Einen *Vergleich der Crackverfahren* Visbreaking, Coking, Catcracking und Hydrocracking zeigt Tab. 7.11.

Tab. 7.11 Vergleich der Crackverfahren

	Visbreaking	Coking	Catcracking	Hydrocracking	
Verfahrens-bedingungen	kurzzeitiges thermisches Cracken (480–490 °C)	längerfristiges thermisches Cracken (> 490 °C)	katalytisches Cracken (480–540 °C)	katalytisches Cracken und Hydrieren (300–450 °C)	
häufige Einsatz-produkte	Atmosphären-rückstand („long residue")	Vakuumrück-stand („short residue")	Vakuumdestillate	Vakuumdestil-late, Rück-stände	
Ausbeuten (%):				steuerbar, z. B.:	
Gase	2	7	21	18	7
Benzin	5	20	47	55	28
Mitteldestillate	13	27	20	15	54
Hochsieder	80	17	7	12	11
Koks	0	29	5	0	0

Neben den katalytischen Crackverfahren ist das **Reformieren** *(Reforming)* von Kohlenwasser-stofffraktionen ein wichtiger katalytischer Raffinerieprozeß. Es dient zur Isomerisierung und Zyklisierung von Alkanen und zur Überführung von Cycloalkanen *(Naphthene)* in Aromaten. Einsatzstoff für das Reforming ist zumeist das Schwerbenzin *(schweres Naphtha)*. Im einzel-nen laufen beim Reformieren folgende chemische Reaktionen ab:

- Isomerisierung von *n*-Alkanen zu *iso*-Alkanen, z. B. von *n*-Heptan zu 2-Methylhexan:

$$CH_3-(CH_2)_5-CH_3 \longrightarrow CH_3-\underset{\underset{CH_3}{|}}{CH}-(CH_2)_3-CH_3 \tag{7.7}$$

- Isomerisierung von Naphthenen, z. B. von Dimethylcyclopentan zu Methylcyclohexan:

(7.8)

- Dehydrierung von Naphthenen zu Aromaten, z. B. von Methylcyclohexan zu Toluol:

(7.9)

- Dehydrocyclisierung von *n*-Alkanen zu Naphthenen, z. B. von *n*-Heptan zu Methylcyclo-hexan:

$$H_3C - (CH_2)_5 - CH_3 \longrightarrow \text{(Methylcyclohexan)} + H_2 \tag{7.10}$$

Die beiden letzten Reaktionen zeigen, daß beim Reforming als willkommenes Nebenprodukt Wasserstoff entsteht, der meist direkt in der Hydroentschwefelung oder in Hydrocrackern weiterverwendet wird. Wie die oben aufgeführten Teilreaktionen belegen, sind wiederum *bifunktionelle* Katalysatoren erforderlich: Mit einer Trägerkomponente aus Alumosilicaten oder Aluminiumoxid wird die Isomerisierung katalysiert, mit einer darauf aufgetragenen Edelmetallkomponente wird die Dehydrierung und somit die Aromatisierung katalysiert. Eines der wichtigsten Edelmetalle für das Reforming ist das Platin, das ursprünglich in Mengen bis zu 0,75% auf den Träger aufgetragen wurde. Nach diesem Katalysator wird das *Platin-Reforming* auch als *Platforming* und seine Produkte als *Platformat* bezeichnet. Katalysatorweiterentwicklungen führten zu Kontakten mit niedrigerem Edelmetallgehalt (ca. 0,35%) und zu Multiedelmetallkontakten, z. B. aus Platin und Rhenium *(Rheniforming)*. Diese Pt/Re-Kontakte ergeben verbesserte Produktqualitäten, höhere Aktivitäten und deutlich verlängerte Standzeiten, also eine längere Lebensdauer der Katalysatoren.

Das Reforming wird bei Temperaturen zwischen 490 und 540 °C durchgeführt. Unter diesen Bedingungen kann es auch zu Crackreaktionen kommen und somit zu einer Koksabscheidung und Desaktivierung des Katalysators. Um dies zu reduzieren, wird das Reforming unter hohem Wasserstoffdruck durchgeführt. Bei früheren Prozessen lag der H_2-Druck bei 3 bis 4 MPa (30–40 bar), bei modernen Verfahren liegt er bei 0,8 bis 1,5 MPa (8–15 bar). Das Molverhältnis von Wasserstoff zu Einsatzprodukt beträgt in alten Anlagen 5 : 1, in neuen Anlagen 2 : 1.

Bei der technischen Durchführung des Reformings ist zu berücksichtigen, daß die Dehydrierungsschritte stark endotherm verlaufen und somit eine Wärmezuführung gewährleistet sein muß. Ein weiteres Problem besteht darin, daß die Edelmetallkatalysatoren trotz der Wasserstoffatmosphäre nach einer gewissen Standzeit durch Ablagerung von Koks an Aktivität verlieren und regeneriert werden müssen. Die Regenerierung erfolgt durch vorsichtiges Abbrennen des Kokses. Dazu wurden verschiedene Verfahrensvarianten des Reforming entwickelt:

- Bei den *semiregenerativen Verfahren* (absatzweise oder diskontinuierliche Fahrweise) werden mehrere (z. B. drei) hintereinandergeschaltete Festbettreaktoren so lange betrieben, bis die Katalysatoraktivität so stark nachgelassen hat, daß die Anlage zur Regenerierung abgestellt werden muß. Dieses Vorhaben hat heute keine Bedeutung mehr.
- Bei den *zyklischen Verfahren* (halbkontinuierliche Fahrweise oder Swing-Verfahren) sind mehrere Festbettreaktoren (z. B. drei) auf Produktion geschaltet, während ein vierter Reaktor gerade regeneriert wird. Da in einem vorgegebenen Zyklus jeweils ein Reforming-Reaktor gegen den regenerierten Reservereaktor ausgetauscht werden kann, braucht die Anlage nicht abgestellt zu werden.
- Hohe Flexibilität erlauben die *kontinuierlichen Verfahren*, bei denen ständig Katalysator aus dem Reaktor entnommen und nach dem Regenerieren in den Reaktor zurückgeführt wird. Bei dem in Abb. 7.31 dargestellten *Platforming-Verfahren* von UOP (Universal Oil Products) rieselt frischer Katalysator durch die übereinander angeordneten Reaktoren I bis III; verbrannter Katalysator wird aus dem untersten Reaktor (III) entnommen und pneumatisch in den Regenerator transportiert (= bewegt). Das System wird deshalb auch als *Moving Bed Reactor* bezeichnet.

Im folgenden werden noch drei weitere Raffinerieverfahren kurz vorgestellt, nämlich das Isomerisieren, das Alkylieren und die Polymerisation. Diese Verfahren haben nur eine begrenzte Bedeutung, insbesondere zur Herstellung hochoctaniger Isoparaffine in Kraftstoffen (vgl. Kap. 7.1.4).

Die katalytische **Isomerisierung** geradkettiger Alkane zu Isoalkanen wird heute überwiegend mit bifunktionellen Katalysatoren, z. B. mit Platin auf sauren Trägern, durchgeführt. Ein wichtiges Beispiel ist der *Butamerprozeß* der UOP, in dem *n*-Butan bei milden Reaktionsbedingun-

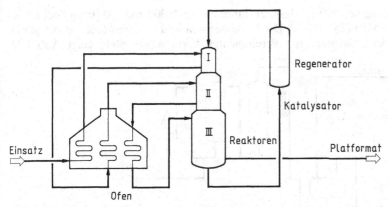

Abb. 7.31 Reforming (kontinuierliches Verfahren)

gen (150–200 °C) in Isobutan überführt wird. Auch Leichtbenzinfraktionen, die überwiegend aus C_5/C_6-Kohlenwasserstoffgemischen bestehen, werden an Platinkatalysatoren isomerisiert. Ein Beispiel hierfür ist das *Hysomer-Verfahren* (Shell/UCC) mit Platin/Zeolith-Katalysatoren. Die Isomerisierung kann mit einer anschließenden Trennung der *n*- und Isoparaffine kombiniert werden. Die *n*-Paraffine werden dann erneut der Isomerisierung zugeführt, und man erhält als Endprodukt nahezu ausschließlich Isoparaffine. Man bezeichnet diese Kombination von Isomerisierung und *n/iso*-Trennung deshalb auch als *Total-Isomerization-Prozess* (TIP). Zur Trennung wird das *Isosiv-Verfahren* (UCC) benutzt, bei dem die *n*-Paraffine durch Zeolithe (vgl. Kap. 12.3.4) mit einem Porendurchmesser von 5 Å ($5 \cdot 10^{-10}$ m) selektiv adsorbiert werden, die Isoparaffine mit ihren deutlich größeren Moleküldurchmessern jedoch nicht. Anschaulich bezeichnet man solche Zeolithe auch als *Molekularsiebe*. Die *n*-Paraffine werden anschließend durch Desorption mittels Druckerniedrigung oder Temperaturerhöhung isoliert.

Unter **Alkylierung** versteht man in der Erdölverarbeitung die Umsetzung von Isobutan mit niederen Olefinen ($C_3 - C_5$). Mit Hilfe saurer Katalysatoren, z. B. konzentrierter Schwefelsäure oder wasserfreiem Fluorwasserstoff, bildet sich das Alkylatbenzin, eine Mischung von hochverzweigten Isoalkanen. Die Reaktionen (vgl. Gl. 7.11) verlaufen bei niedrigen Temperaturen (5–45 °C):

$$\underset{\overset{|}{CH_3}}{CH_3-CH-CH_3} + CH_2 = CH-CH_3 \longrightarrow \underset{\overset{|}{CH_3}}{CH_3-CH-}\underset{\overset{|}{CH_3}}{CH_2-CH-CH_3} \tag{7.11}$$

Eine Alternative zur Alkylierung ist die **Polymerisation** niederer Olefine unter Bildung von *Polymerbenzin*. Dieser Begriff ist irreführend, da das Polymerbenzin keine langkettigen Moleküle, sondern nur Dimere aus Propen und Buten enthält. So entstehen beim *Dimersol-Prozeß* des Institut Français du Pétrole (IFP) Gemische aus Isohexenen und Isoheptenen, die dann für den Einsatz in Kraftstoffen noch zu den Isoalkanen hydriert werden. Der Katalysator für das Dimersol-Verfahren ist ein löslicher Nickelkomplex, der aus Nickelsalzen und Aluminiumalkylen gebildet wird.

Viele der beschriebenen katalytischen Konversionsverfahren arbeiten mit schwefelempfindlichen Katalysatoren. Um einer Vergiftung des Katalysators vorzubeugen, müssen die Schwefelverbindungen und andere Katalysatorgifte (Stickstoff-, Sauerstoff-, Arsen- und Schwermetallverbindungen) entfernt werden. Dies geschieht durch **Hydrotreating**-Verfahren, d. h. durch katalytische Hydrierung. Bei der *Entschwefelung* (Hydrodesulfurisation, HDS) entsteht aus den schwefelhaltigen Verbindungen Schwefelwasserstoff, der anschließend abgetrennt wird.

Die Hydroentschwefelung verläuft bei Temperaturen zwischen 300 und 400 °C und bei Drükken zwischen 2,5 und 6 MPa (25–60 bar). Die Katalysatoren sind z. B. schwefelbeständige Cobalt/Molybdän-Trägerkatalysatoren. Ein vereinfachtes Verfahrensfließbild zeigt Abb. 7.32:

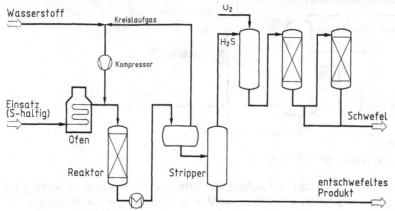

Abb. 7.32 Hydroentschwefelung und Claus-Prozeß

Das Einsatzprodukt wird in einem Röhrenofen erhitzt und anschließend mit Wasserstoff vermischt in den Festbettreaktor geleitet. Das Reaktionsprodukt wird gekühlt und in einem Separator der überschüssige Wasserstoff abgetrennt und im Kreis zurückgeführt. Aus dem Öl wird in einer Stripperkolonne der Schwefelwasserstoff ausgetrieben und das entschwefelte Produkt am Kolonnensumpf entnommen. Der Schwefelwasserstoff wird im zweistufigen **Claus-Prozeß** in elementaren Schwefel überführt: In einer Brennkammer wird das H_2S mit einem Sauerstoffunterschuß in SO_2 und Wasser überführt, in zwei nachgeschalteten Reaktoren reagiert dann SO_2 mit H_2S zu Schwefel und Wasser. Der anfallende Schwefel hat einen hohen Reinheitsgrad und kann zur Herstellung von Schwefelsäure verwendet werden:

$$\Delta H_R \text{ (kJ/mol)}$$

$$H_2S + {}^3\!/_2\,O_2 \longrightarrow SO_2 + H_2O \qquad\qquad -519 \qquad (7.12)$$

$$SO_2 + 2\,H_2S \longrightarrow 3\,S + 2\,H_2O \qquad\qquad -147 \qquad (7.13)$$

$$3\,H_2S + {}^3\!/_2\,O_2 \longrightarrow 3\,S + H_2O \qquad\qquad -666 \qquad (7.14)$$

Wichtig ist die hydrierende Entschwefelung von Heizöl zur Verminderung von Umweltbelastungen durch das bei der Verbrennung entstehende SO_2. Hydrotreating-Verfahren dienen auch zur Qualitätsverbesserung anderer Raffinerieprodukte, z. B. zur Erhöhung der Lagerbeständigkeit von Treibstoffen durch Hydrierung darin enthaltener Olefine.

Die in diesem Kapitel vorgestellten Verfahren zur Umwandlung von Erdölfraktionen bieten ein breites Spektrum von Konversionsmöglichkeiten. In Abb. 7.33 werden die wichtigsten Verfahren noch einmal in einer *Übersicht* zusammengefaßt. Ein Einsatzgemisch mit einer bestimmten mittleren Kettenlänge und einem vorgegebenen Wasserstoffgehalt wird durch die Raffinerieverfahren in Produkte unterschiedlichster Zusammensetzung umgewandelt: Durch

- **Cracken** wird die Kettenlänge verringert,
- **Alkylieren** und **Polymerisieren** wird die Kettenlänge vergrößert,
- **Reforming** (bei gleichbleibender Kettenlänge) wird der Wasserstoffgehalt verringert,
- **Hydrotreating** wird der H-Gehalt vergrößert,
- **Hydrocracken** kann als Kombination von Cracken und Hydrotreating angesehen werden.

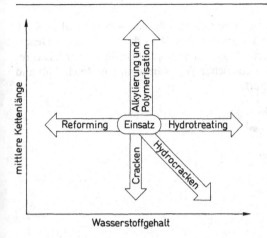

Abb. 7.33   Verfahren der Erdölumwandlung

7.1.7 Aufarbeitung von Erdgas

Die Verarbeitung von Erdgas ist weniger von chemischen Umwandlungen als von physikalischen Trennverfahren bestimmt. Abb. 7.34 zeigt den prinzipiellen Aufbau einer Erdgasaufarbeitungsanlage. Zuerst werden im Kondensatabscheider bei der Entspannung des Erdgases ein Teil des mitgeführten Lagerstättenwassers sowie evtl. vorhandene C_{5+}-Kohlenwasserstoffe (= Pentan und höhere Alkane) auskondensiert. Anschließend erfolgt zur Entfernung des Wassers eine erste Trennung nach dem Absorber-Desorber-Prinzip (vgl. Abb. 7.35). Dabei strömt dem Rohgas in einer Absorberkolonne ein Lösungsmittel, z. B. Triethylenglykol,

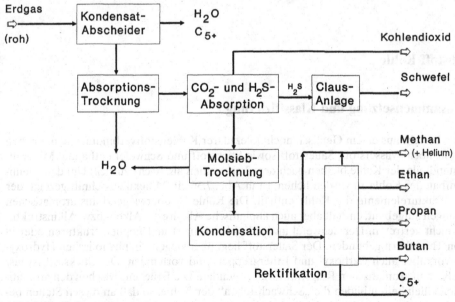

Abb. 7.34   Erdgasaufbereitung

entgegen, in dem sich das Wasser löst. Das wasserfreie Gas verläßt den Absorber über Kopf, das beladene Lösungsmittel *(Reichöl)* wird im Wärmetauscher W1 erhitzt und in die Desorberkolonne *(Stripper)* geleitet, wo das absorbierte Wasser über Kopf abgetrieben wird. Das regenerierte Lösungsmittel *(Armöl)* gibt im Wärmetauscher W1 Wärme an das Reichöl ab und wird zum Kopf der Absorberkolonne rezirkuliert.

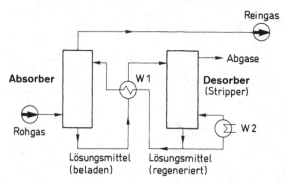

Abb. 7.35   Erdgasreinigung nach dem Absorber-Desorber-Prinzip

Nach der Trocknung werden Kohlendioxid und Schwefelwasserstoff ebenfalls durch Absorption aus dem Erdgas entfernt (vgl. Abb. 7.34). Dieses *Süßen* des Erdgases erfolgt z. B. mit Ethanolaminen *(Girbotol-Verfahren)*, Alkanolamin/Sulfolan-Gemischen *(Sulfinol-Verfahren)* oder mit *N*-Methylpyrrolidon *(Purisol-Verfahren)*. Der abgetrennte Schwefelwasserstoff wird in einer Claus-Anlage (vgl. Kap. 7.1.6) in Schwefel überführt und das gereinigte Erdgas einer weiteren, intensiven Molsiebtrocknung unterworfen. Eine Auftrennung der Erdgaskomponenten erfolgt durch Abkühlung im nachfolgenden Kondensationsschritt; das kondensierte Flüssiggas kann anschließend durch Rektifikation in Ethan, Propan, Butan und höhere Alkane (C_{5+}) aufgetrennt werden. Diese Rektifikation geschieht entweder unter Überdruck oder bei tiefen Temperaturen unter Normaldruck.

7.2 Rohstoff Kohle

7.2.1 Zusammensetzung und Klassifizierung

Die Kohle besteht aus einem Gemisch hochmolekularer Kohlenstoffverbindungen, die neben Kohlenstoff noch Wasserstoff, Sauerstoff sowie Stickstoff und Schwefel enthalten. Mineralische Bestandteile der Kohle bleiben nach dem Verbrennen als Asche zurück. Um den chemischen Aufbau der Kohle zu verdeutlichen, ist in Abb. 7.36 ein Molekülausschnitt gezeigt, der typische Strukturelemente der Kohle enthält. Die Kohle ist überwiegend aus aromatischen Verbindungen aufgebaut, enthält aber auch aliphatische Alkylreste. Alken- bzw. Alkinstrukturen sind nicht vertreten. Der Schwefel in der Kohle ist meist in Thiophenstrukturen oder in Form von Thioethern gebunden. Der Sauerstoff liegt überwiegend in phenolischen Hydroxygruppen vor, aber auch Carboxy- und Ethergruppen sind vorhanden. Der Stickstoff ist fast ausschließlich in aromatischen Ringstrukturen gebunden. Die Brücken zwischen den aromatischen Moleküleinheiten bilden die „Schwachstellen" der Kohle, so daß an diesen Stellen bevorzugt thermische oder chemische Aufspaltungen stattfinden können. Die Kohle zeichnet sich durch eine sehr breite Molmassenverteilung aus: Je nach Meßmethode konnten sowohl niedermolekulare Einheiten mit Molmassen von mehreren Tausend als auch Makromoleküle mit Molmassen von 100000 und mehr nachgewiesen werden.

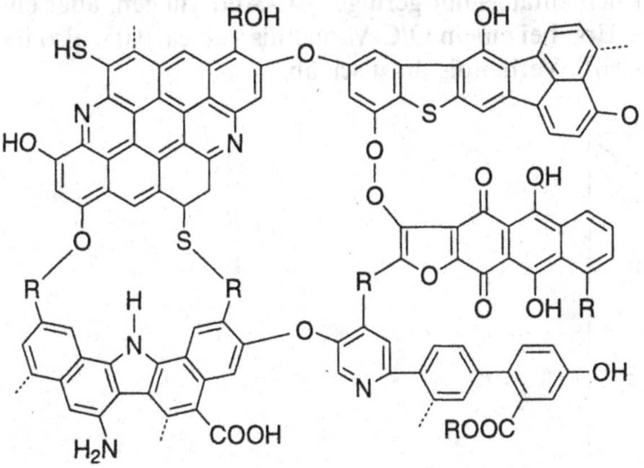

Abb. 7.36 Ausschnitt aus einem „Kohlemolekül" (R = Alkylrest, ———— = Verknüpfungen)

Die **Entstehung der Kohle** hat ihren Ursprung in riesigen Waldmooren, die vor etwa 400 Mio. Jahren in einem feuchtwarmen Klima gute Wachstumsbedingungen hatten. Durch Absinken des Moorbodens gerieten abgestorbene Pflanzen unter den Wasserspiegel. Unter anaeroben Bedingungen bildete sich durch chemische und biochemische Prozesse der Torf. Bei weiterem Absinken der Torfschichten in Bereiche mit erhöhter Temperatur und erhöhtem Druck trat eine immer stärkere *Inkohlung* ein. Aus dem Torf bildete sich die Weichbraunkohle, die über die Hartbraunkohle zu den verschiedenen Formen der Steinkohle führte. Die heute gefundene Braunkohle ist zeitgeschichtlich erst wesentlich später, nämlich vor ca. 50 Mio. Jahren, entstanden.

Die verschiedenen **Kohlearten** haben eine sehr unterschiedliche Zusammensetzung. Tab. 7.12 zeigt einige typische Werte für Weich- und Hartbraunkohle, Flammkohle, Gasflammkohle, Gaskohle, Eßkohle und Anthrazit. In dieser Reihenfolge nimmt der Gehalt an Kohlenstoff [bezogen auf wasser- und aschefreie (waf-)Kohle] stetig zu, der Gehalt an Wasserstoff und Sauerstoff stetig ab. Auch der Anteil an flüchtigen Bestandteilen sowie an Wasser ist sehr unterschiedlich und bestimmt maßgeblich die Einsatzmöglichkeiten der verschiedenen Kohlesorten.

Tab. 7.12 Zusammensetzung der Kohlearten (typische Werte)

Kohle	Elementarzusammensetzung (%)*			flüchtige Anteile	Wasser
	C	H	O		
Weichbraunkohle	65	7	28	55	60
Hartbraunkohle	70	7	23	50	35
Flammkohle	81	6	13	45	6
Gasflammkohle	85	6	9	40	3
Gaskohle	88	5	7	30	2
Eßkohle	90	4	3	15	< 1
Anthrazit	> 91,5	< 3,8	< 2,5	< 12	< 1

* Werte bezogen auf wasser- und aschefreie Kohlesubstanz (waf)

Der oben beschriebene **Inkohlungsprozeß** läßt sich anschaulich in einem Diagramm darstellen, in dem das H/C-Verhältnis gegen das O/C-Verhältnis aufgetragen ist (Abb. 7.37). Betrachtet man diese Darstellung in der zeitlich richtigen Abfolge, also von rechts nach links, d. h. vom Torf bis zum Anthrazit, so ergeben sich anfangs nur geringe H/C-Änderungen, aber ein stetiges Absinken des O/C-Verhältnisses. Erst bei einem O/C-Verhältnis von ca. 0,05, also im Bereich des Anthrazits, nimmt auch das H/C-Verhältnis drastisch ab.

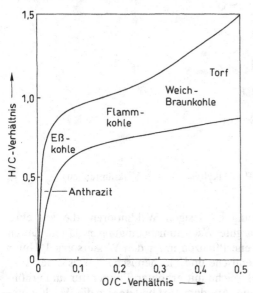

Abb. 7.37   Verlauf der Inkohlung

7.2.2 Vorkommen

Die beschriebenen Absenkbewegungen von Waldmooren haben an zahlreichen Stellen der Erde stattgefunden. Die größten Kohlelagerstätten der Welt sind der südosteuropäische Kohlengürtel in Polen, der Tschechischen Republik und der ehemaligen Sowjetunion (Donez- und Kusnezbecken), der nordwesteuropäische Kohlengürtel, der vom Ruhrgebiet über die Beneluxländer bis nach Schottland reicht, die Kohlevorkommen Chinas, Koreas und Australiens sowie die Lagerstätten Nordamerikas. Die geologisch nachgewiesenen Vorräte an Braunkohle und Steinkohle sowie Angaben über die gegenwärtig wirtschaftlich abbaubaren Kohlevorkommen zeigt Tab. 7.13. Sie belegt, daß die gewinnbaren Kohlevorkommen relativ gleichmäßig über die Erde verteilt sind.

7.2.3 Förderung

Weltweit wurden 1990 ca. 3,4 Mrd. t Steinkohle jährlich gefördert. Die mit Abstand wichtigsten Steinkohleförderländer sind China, die USA und die ehemalige Sowjetunion. Deutschland nimmt nur einen mittleren Platz innerhalb der Förderländer ein (vgl. Tab. 7.14). Dies liegt u. a. an der schwierigen Abbaubarkeit der in großer Tiefe befindlichen Kohleflöze und an den damit verbundenen hohen Förderkosten im Gegensatz zu anderen, besser zugänglichen Kohlevorkommen. Anders verhält es sich bei der Braunkohle. Wie Tab. 7.15 zeigt, hatte

Deutschland 1993 einen großen Anteil an der Weltbraunkohleförderung, bedingt durch die gut zugänglichen, im Tagebau abbaubaren Braunkohlevorkommen.

Tab. 7.13 Kohleweltvorräte (Schätzungen von 1990, Angaben in Mrd. t)

Länder	Braunkohle		Steinkohle	
	geologische Vorräte	gewinnbare* Vorräte	geologische Vorräte	gewinnbare* Vorräte
Deutschland	55	35	230	24
EG-Länder	64	39	617	70
Gesamteuropa	197	100	794	102
ehem. Sowjetunion	3257	137	2300	104
Afrika	3	<1	249	63
Ferner Osten	713	171	3186	209
Mittel- und Südamerika	24	3	23	12
Kanada	39	3	30	4
USA	874	102	696	113
Welt	5117	523	7212	606

* 1990 wirtschaftlich gewinnbare Vorräte

Tab. 7.14 Die zehn größten Steinkohle-Förderländer (1993)

Land	Mio. t	Weltanteil (%)
VR China	1047	33
USA	556	18
ehem. Sowjetunion	420	13
Indien	250	8
Südafrika	183	6
Australien	182	6
Polen	130	4
Großbritannien	68	2
Deutschland	58	2
Kanada	35	1
Welt	3138	

Tab. 7.15 Die sechs größten Braunkohle-Förderländer (1993)

Land	Mio. t	Weltanteil (%)
USA	300	24
Deutschland	222	18
ehem. Sowjetunion	119	9
China	94	7
Polen	68	5
Tschech. Rep./Slowakei	65	5
Welt	1265	

Der **Abbau der Steinkohle** in größeren Tiefen erfolgt im Tiefbau. Schächte werden in das Gebirge abgeteuft, um den Zugang zur Lagerstätte zu ermöglichen, die Kohle abzutransportieren und Frischluft in die Gruben zu leiten. Von den Schächten aus wird das Steinkohlegebirge in verschiedenen Sohlen erschlossen, die in Abständen von ca. 200 m stockwerkartig übereinander angeordnet sind. Im Ruhrgebiet werden mit dieser Technik Vorkommen bis 1500 m Teufe abgebaut; als abbauwürdig gelten die Flöze ab ca. 60 cm Mächtigkeit. Im hauptsächlich angewandten *Strebbau* wird die Kohle vollmechanisiert mit Hobeln abgeschält oder mit rotierenden Walzenschrämmladern in Streifen abgeschnitten. Die gelöste Kohle fällt auf das Band des Kettenkratzförderers und wird zum Förderschacht weitertransportiert. Pro t Steinkohle wird jeweils ca. eine t Gestein mit abgebaut, das in Aufarbeitungsanlagen von der Kohle abgetrennt werden muß.

Der **Abbau der Braunkohle** hat sich seit dem vorigen Jahrhundert sehr stark gewandelt. Während 1890 noch ca. 75% der Braunkohle von Hand im Tiefbau abgebaut wurden, wird heute ausschließlich im Tagebau gefördert. Dabei unterscheidet man verschiedene Varianten:

- In den USA erfolgt der Abbau mit diskontinuierlich arbeitenden Baggern. Der Transport geschieht durch Fahrzeuge mit hohem Fassungsvermögen.
- Im Osten Deutschlands werden häufig Förderbrücken eingesetzt, insbesondere bei gleichmäßig aufgebauten Lagerstätten.
- Im Westen Deutschlands sind die Lagerstätten meist weniger regelmäßig aufgebaut. Hier bewährt sich der kontinuierlich arbeitende Schaufelradbagger, der über Förderbänder mit einem Absetzer für den Abraum verbunden ist. Schaufelradbagger neuerer Bauart haben Leistungen von 10 000 m³/h und wiegen bis zu 13 000 t.

Im Gegensatz zu Erdöl und Erdgas ist für stückige Kohle der **Transport** sehr aufwendig und teuer. Der weltweite Handel mit Steinkohle (1993: 370 Mio. t) ist deshalb relativ gering. Eine wirtschaftlich günstigere Möglichkeit ist der Transport von Fließkohlen, einem Gemenge feinvermahlener Kohle in Wasser, Methanol, Öl oder flüssigem Kohlendioxid. Mit dem Transport in Wasser als Trägerflüssigkeit liegen in den USA und in Deutschland erste positive Erfahrungen vor. Eine interessante Variante als Trägermedium wäre Methanol, das wegen seines niedrigen Gefrierpunktes auch in kalten Regionen (ehem. Sowjetunion, Alaska) eingesetzt werden kann und im Gegensatz zu Wasser keinen Ballast darstellt, sondern direkt mit der Kohle, z. B. bei einer Verstromung im Kraftwerk, verwendet werden kann.

7.2.4 Verarbeitung

Ein Großteil der Kohle wird derzeit für die Strom- und Wärmeerzeugung genutzt. 1993 wurden in der Europäischen Union $0,7 \cdot 10^9$ MWh Strom auf Basis von Kohle erzeugt. Damit ist der Kohleanteil bei der Stromerzeugung deutlich größer als der gemeinsame Anteil von Erdöl und Erdgas ($0,36 \cdot 10^9$ MWh). Wegen des Schwefel- und Stickstoffgehalts der Kohle müssen die Kohlekraftwerke aber mit einer besonders effektiven Rauchgasreinigung ausgestattet werden, um die Schwefeldioxid- und Stickoxidemissionen gering zu halten.

Die Hauptprozesse der chemischen Verarbeitung der Kohle sind in Abb. 7.38 dargestellt. Von Bedeutung sind die Entgasungsverfahren Verkokung und Schwelung sowie die Kohlevergasung und die Kohlehydrierung. In geringem Umfang wird auch die elektrothermische Carbidsynthese mit den Zielprodukten Acetylen und Calciumcyanamid durchgeführt.

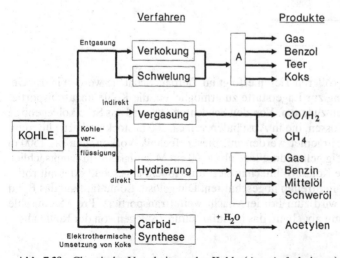

Abb. 7.38 Chemische Verarbeitung der Kohle (A = Aufarbeitung)

Verkokung

Die Verkokung (engl. coal carbonization) ist das Erhitzen von Kohle auf Temperaturen bis zu 1400 °C unter Ausschluß der Luft. Bei der Verkokung der Steinkohle entsteht als Hauptprodukt der Hüttenkoks. Als Nebenprodukte fallen insbesondere Teer, Rohbenzol und Kokereigas (*Ferngas*) an. Ein stark vereinfachtes Grundfließbild einer Kokerei ist in Abb. 7.39 wiedergegeben.

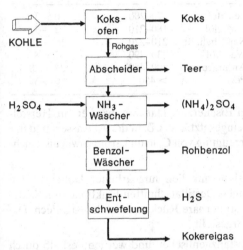

Abb. 7.39 Vereinfachtes Grundfließbild einer Kokerei

Den Mittelpunkt der Anlage bilden die *Koksöfen*, die zu Ofenbatterien mit bis zu 100 Einheiten zusammengefaßt werden. Es handelt sich um chargenweise betriebene Horizontalkammerreaktoren, die aus feuerfesten Silicasteinen gemauert werden. In älteren Anlagen haben die Koksöfen eine Kammerhöhe von ca. 4 m, eine Länge von 12 bis 14 m und eine Breite von 0,45 m. In solchen Altanlagen beträgt das Nutzvolumen ca. 24 m³ pro Ofen, dies entspricht einer täglichen Koksproduktion von bis zu 20 t/Ofen. Neuere Koksofenbatterien, z. B. die 1985 in Betrieb genommene Anlage in Duisburg-Huckingen, enthalten Kammern von ca. 8 m Höhe, 18 m Länge und 0,55 m Breite. Ihr Nutzvolumen umfaßt 70 m³, d. h. ca. 46 t Koks werden täglich pro Ofen produziert. In einer Studie wurden inzwischen schon Öfen von 155 m³ mit 100 t Koksausstoß projektiert. Während einer „Garungszeit" von bis zu 23 h verläßt das Rohgas den Koksofen; der zurückbleibende Koks wird an den Stirnseiten der Ofenkammer herausgedrückt und in einen Löschwagen gefördert. Das Rohgas wird weiter aufgearbeitet: Ein Großteil des Teers kann in Abscheidern abgetrennt werden; feine Teernebel werden in zusätzlichen Elektrofiltern abgeschieden. Das verbleibende Gas enthält bis zu 9 g/m³ Ammoniak. Dessen Abtrennung kann beispielsweise durch Waschen mit Schwefelsäure unter Bildung von Ammoniumsulfat erfolgen. Eine andere Variante ist das Auskondensieren verbunden mit einer anschließenden Wasserwäsche. Moderne Kokereien betreiben eine katalytische Spaltung des Ammoniaks in Stickstoff und Wasserstoff.

Das Rohgas enthält ferner bis zu 40 g/m³ *Rohbenzol*, d. h. eine Mischung aus Benzol, Toluol, Xylolen und einigen höheren Aromaten. Dieses Rohbenzol wird im Benzolwäscher von einer hochsiedenden Teerölfraktion im Gegenstrom absorbiert und anschließend im „Abtreiber" vom Waschöl destillativ abgetrennt. Der letzte Schritt der Aufarbeitung des Koksofengases ist die Entschwefelung, bei der die 6 bis 12 g H_2S/m^3 Rohgas durch Trocken- oder Naßreinigungsverfahren abgetrennt werden. Je nach Aufarbeitung fallen bei der Entschwefelung entweder Schwefelwasserstoff oder elementarer Schwefel an.

Weltweit werden ca. 400 Mio. t/a Steinkohle in der Verkokung eingesetzt; in Deutschland wurden 1991 in 13 Kokereien ca. 20 Mio. t Steinkohle zu ca. 16 Mio. t Koks verarbeitet. Die dabei erzielten Ausbeuten (bezogen auf 100% trockene Steinkohle) sind in Tab. 7.16 wiedergegeben.

Tab. 7.16 Produktverteilung bei der Verkokung (in %)

Koks	79
Teer	3
Rohbenzol	1
Kokereigas	13
Ammoniak	0,2
Schwefel	0,1
Wasser	4

Tab. 7.17 Produkte der Teerdestillation

Fraktion	Siedebereich (°C)	Anteil (%)
Leichtöl	70–200	0,5–3
Carbolöl	180–210	2 –3
Naphthalinöl	210–220	10 –12
Waschöl	230–290	7 –8
Anthracenöl	300–450	22 –28
Pech	> 450	50 –55

Der **Koks** dient hauptsächlich zur Reduktion von Eisenerzen. Daneben wird er zur Herstellung von Aktivkohlen und Molekularsiebkoksen eingesetzt, die z. B. in der Abwasser- und der Abluftreinigung Verwendung finden. Auch zur Erzeugung von Calciumcarbid sowie als raucharmer Brennstoff wird Koks verwendet.

Der **Teer** wird überwiegend zu aromatischen Basischemikalien aufgearbeitet. Dabei werden in der Primärdestillation in mehr oder weniger engen Destillatschnitten Fraktionen im Siedebereich von 70 bis 450 °C abgetrennt; der nicht destillierbare Rückstand ist das sog. Pech. Die Produkte der Teerdestillation sind in Tab. 7.17 dargestellt.

Die einzelnen Destillatschnitte bestehen aus Substanzgemischen und werden deshalb durch weitere Verfahrensschritte, insbesondere durch Kristallisation, Extraktion und Carbonisierung weiter aufgearbeitet. Abb. 7.40 zeigt ein grobes Schema der Verarbeitungsverfahren und der dabei gebildeten Produktgruppen. Die wichtigsten Produkte sind die technisch reinen Aromaten, die Aromatenöle und -harze, die Phenole und Heterocyclen sowie die Kohlenstofferzeugnisse wie z. B. Füllstoffruße für Kautschuke, Farbruße für Druckfarben und die Elektrodenkokse für Elektrographit.

Das **Rohbenzol** ist wie der Teer eine wichtige Aromatenquelle. In Deutschland fallen jährlich ca. 200 000 t Rohbenzol an, dessen Zusammensetzung in Tab. 7.18 wiedergegeben ist.

Durch die drastischen Bedingungen im Koksofen wird das ursprüngliche polymere Kohlemolekül (vgl. Abb. 7.36) überwiegend in die Grundeinheit Benzol gespalten. Die wenigen Prozente an Nichtaromaten können durch Extraktivdestillation, z. B. mit N-Formylmorpholin, abgetrennt werden. Das durch eine weitere destillative Aufarbeitung erhaltene Reinbenzol deckt zu einem Teil den Benzolbedarf in Deutschland und ist somit neben dem Pyrolysebenzin und dem Reformatbenzin (vgl. Kap. 7.1) eine bedeutende Quelle für diese Basischemikalie.

Ein weiteres Produkt der Verkokung ist das **Kokereigas**, dessen Zusammensetzung in Tab. 7.19 enthalten ist. Ein Teil des Kokereigases dient zur Unterfeuerung der Koksöfen; der Rest wird verdichtet (0,8–1 MPa = 8–10 bar) und als *Ferngas* abgegeben. Wegen des hohen H_2-Anteils kommt das Kokereigas auch zur Gewinnung von Wasserstoff und für Hydrierungen in Frage.

Tab. 7.18 Zusammensetzung des Rohbenzols (in Gew.-%)

Benzol	65
Toluol	18
C_8-Aromaten	8
höhere Aromaten	7
Nichtaromaten	2

Tab. 7.19 Zusammensetzung des Kokereigases (in Vol.-%)

Wasserstoff	58–65
Methan	24–29
Kohlenmonoxid	5– 6
C_nH_m	2– 3
Kohlendioxid	2– 3
Stickstoff	6–12

Neben der bisher beschriebenen Verkokung sind noch weitere thermische Kohleveredelungsverfahren entwickelt worden, in denen Koks gebildet wird. Hierzu gehören u. a. die **Schwelung** (Tieftemperaturverkokung) im Temperaturbereich von 500 bis 600 °C sowie die Mitteltemperaturverkokung bei 700 bis 900 °C. Sie liefern prinzipiell ähnliche Produkte wie die Verkokung, haben aber weltweit kaum Bedeutung erlangt. Ein wichtiger Unterschied der Verfahren besteht darin, daß Kokereiteer hauptsächlich Aromaten enthält, Schwelteer aber reich an Aliphaten ist.

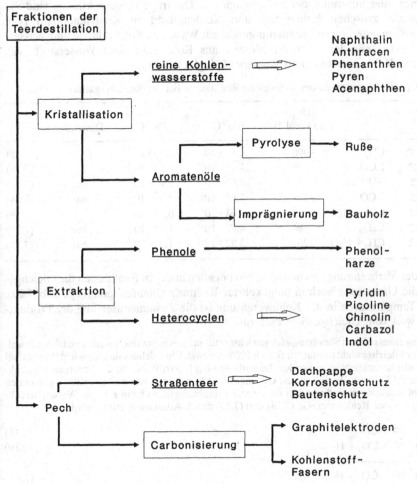

Abb. 7.40   Aufarbeitung des Steinkohlenteers

Während die Verfahren zur Entgasung der Kohle überwiegend zum festen Koks und nur in untergeordnetem Maße zu Gas- und Flüssigprodukten führen, ist die *Kohleverflüssigung* (engl. coal liquefaction) darauf ausgerichtet, letztlich flüssige Produkte zu erzeugen, die sich ähnlich wie erdölstämmige Gemische einsetzen und verarbeiten lassen (vgl. Abb. 7.38). Eine „indirekte" Kohleverflüssigung ist über die *Kohlevergasung* möglich (vgl. Kap. 3.2.1), bei der primär Kohle in Gase überführt wird, die sich ihrerseits weiter zu Flüssigprodukten umsetzen lassen.

Kohlevergasung

Die Kohlevergasung ist die Umsetzung der Kohle mit Sauerstoff und Wasser bei Temperaturen zwischen 700 und 1600 °C. Als Produkte entstehen Gemische, die überwiegend aus Kohlenmonoxid und Wasserstoff bestehen. Dabei laufen gleichzeitig viele Reaktionen ab, von denen die wichtigsten in Tab. 7.20 zusammengestellt sind. Die eigentlichen Vergasungsreaktionen sind die exotherme Verbrennung der Kohle (vgl. Gl. 7.15 u. 7.16) und die endotherme *Wassergasreaktion* (vgl. Gl. 7.17). Die Produkte dieser Reaktionen können mit der Kohle und dem Wasserdampf oder untereinander weiterreagieren. Derartige Folgereaktionen sind die *Boudouard-Reaktion* zwischen Kohlenstoff und Kohlendioxid zu Kohlenmonoxid (vgl. Gl. 7.18) und die *Konvertierung* von Kohlenmonoxid mit Wasser zu Kohlendioxid und Wasserstoff (vgl. Gl. 7.19). Außerdem entsteht Methan aus Kohlenstoff und Wasserstoff (vgl. Gl. 7.20) sowie aus Kohlenmonoxid und Wasserstoff (vgl. Gl. 7.21).

Tab. 7.20 Gleichgewichtskonstanten der wichtigsten Reaktionen bei der Kohlevergasung

Reaktion			ΔH_R (kJ · mol^{-1})	K_P 800 °C	K_P 1300 °C	K_P Dimension	
$C + O_2$	$\rightleftarrows$	CO_2	-406	$1{,}8 \cdot 10^{17}$	$1{,}5 \cdot 10^{13}$	–	(7.15)
$2\,C + O_2$	$\rightleftarrows$	$2\,CO$	-246	$1{,}4 \cdot 10^{18}$	$4{,}5 \cdot 10^{16}$	bar	(7.16)
$C + H_2O$	$\rightleftarrows$	$CO + H_2$	$+119$	$7{,}97 \cdot 10^{0}$	$9{,}98 \cdot 10^{2}$	bar	(7.17)
$C + CO_2$	$\rightleftarrows$	$2\,CO$	$+161$	$7{,}65 \cdot 10^{0}$	$3{,}0 \cdot 10^{3}$	bar	(7.18)
$CO + H_2O$	$\rightleftarrows$	$CO_2 + H_2$	-42	$1{,}04 \cdot 10^{0}$	$0{,}33 \cdot 10^{0}$	–	(7.19)
$C + 2\,H_2$	$\rightleftarrows$	CH_4	-84	$4{,}72 \cdot 10^{-2}$	$1{,}82 \cdot 10^{-3}$	bar^{-1}	(7.20)
$CO + 3\,H_2$	$\rightleftarrows$	$CH_4 + H_2O$	-207	$5{,}92 \cdot 10^{-3}$	$1{,}82 \cdot 10^{-6}$	bar^{-2}	(7.21)

Mit Ausnahme der Verbrennungreaktionen liegen bei allen anderen Reaktionen die Gleichgewichte so, daß die Umsetzung auch in umgekehrter Richtung ablaufen kann (vgl. Tab. 7.20). Bei den hohen Temperaturen in der Kohlevergasung ist die Zusammensetzung der Produktgase nicht sehr weit vom Gleichgewicht entfernt.

Bei der Berechnung eines solchen **Simultangleichgewichts** prüft man zweckmäßigerweise zunächst, für welche Reaktionen der Gleichgewichtsumsatz praktisch 100% beträgt. Ein solches Gleichgewicht braucht bei der Berechnung nicht berücksichtigt zu werden. Im vorliegenden Fall trifft dies für die Verbrennungsreaktionen Gl. (7.15) und (7.16) mit Werten für die Gleichgewichtskonstanten von weit über 10^{10} zu. Von den verbleibenden fünf Reaktionen sind nur drei voneinander unabhängig. So kann z. B. die Wassergasreaktion (vgl. Gl. 7.17) aus den Reaktionen Gl. (7.18) und (7.19) durch Addition erhalten werden:

$$C + CO_2 \;\rightleftharpoons\; 2\,CO \qquad\qquad (7.18)$$
$$CO + H_2O \;\rightleftharpoons\; CO_2 + H_2 \qquad\qquad (7.19)$$

$$C + H_2O \;\rightleftharpoons\; CO + H_2 \qquad\qquad (7.17)$$

In analoger Weise erhält man Gl. (7.20) durch Addition von Gl. (7.17), (7.18) und (7.21).

Für die Beschreibung des Simultangleichgwichts der Kohlevergasung in bezug auf die Komponenten CO, H_2, CO_2, H_2O und CH_4 reichen also die Gleichgewichte der Reaktionen in Gl. (7.17), (7.18) und (7.21) aus. Bei Vorgabe von zwei Anfangsbedingungen, z. B. relativen Einsatzmengen an Sauerstoff und an Wasser, lassen sich die Gleichgewichtskonzentrationen errechnen.

Wie Abb. 7.41 zeigt, wird die Bildung von CO und H_2 mit steigender Reaktionstemperatur begünstigt, während die Bildung von Methan zurückgeht. Außerdem werden bei höheren Temperaturen weniger Nebenprodukte, z. B. höhere Kohlenwasserstoffe, gebildet. Mit höheren Temperaturen nimmt schließlich auch die Vergasungsgeschwindigkeit und dementsprechend der Umsatz der Kohle zu.

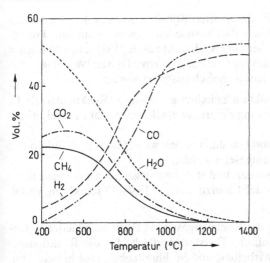

Abb. 7.41 Gleichgewichtszusammensetzung von Synthesegas als Funktion der Temperatur

Je nach Reaktionsführung der Kohlevergasung können sehr unterschiedliche Gasgemische erhalten werden, die auch sehr verschiedene Anwendungen finden (vgl. Tab. 7.21). Die durch Kohlevergasung erzeugten Gemische aus CO und H_2 bezeichnet man als **Synthesegas**, da sie für die Synthese verschiedener Stoffe verwendet werden, z. B. von Methanol aus CO + 2 H_2 und von Aldehyden aus Olefinen + CO/H_2 (Hydroformylierung). Die Bezeichnung „Synthesegas" benutzt man aber auch für das Einsatzgas der Ammoniaksynthese (N_2 + 3 H_2). Seine Herstellung erfolgt aus einem CO/H_2/N_2-Gemisch.

Tab. 7.21 Unterschiedliche Produkte der Kohlevergasung

Gasart	Hauptkomponenten	Heizwert (MJ/m³)	Verwendung
Synthesegas	CO, H_2, (N_2)	12	Methanolsynthese, Hydroformylierung, NH_3-Synthese (mit N_2)
Reduktionsgas	CO, H_2, CH_4	12–16	Erzreduktion
Stadtgas	H_2, CH_4, CO, CO_2	20	Heizzwecke
synthetisches Erdgas (SNG*)	CH_4, (CO_2, N_2)	35–40	Heizzwecke
Schwachgas	H_2, CO, N_2, CO_2, (CH_4)	≥ 4	Stromerzeugung

* engl. substitute natural gas

Die Vergasung von Kohle mit Wasserdampf alleine gemäß Gl. (7.17) liefert ein besonders wasserstoffreiches Produktgas. Für diese stark endotherme Umsetzung muß in das Reaktionsgemisch Wärmeenergie eingebracht werden. Dies kann in zweierlei Weise geschehen. Einmal kann die benötigte Wärme dem Vergasungsreaktor von außen über Wärmeaustauscher zugeführt werden; man bezeichnet diese Verfahrensweise als *allotherme* Kohlevergasung. Zum anderen kann die Wärmeenergie durch eine partielle Verbrennung der Kohle (vgl. Gl. 7.15 u. 7.16) geliefert werden. Nach diesem Prinzip einer *autothermen* Kohlevergasung arbeiten alle heute in der Technik angewendeten Verfahren. Man verbrennt dabei ca. 30% der eingesetzten Kohle mit Sauerstoff oder auch mit Luft; letzteres z. B. dann, wenn das Vergasungsprodukt zu Ammoniaksynthesegas weiterverarbeitet wird.

Bei der autothermen Vergasung geht ein Teil des fossilen Rohstoffs Kohle als Kohlendioxid verloren. Bei der allothermen Vergasung kann dies vermieden werden, wenn die Fremdwärme, die zur Deckung des Energiebedarfs benötigt wird, nicht aus der Verbrennung fossiler Rohstoffe, sondern z. B. aus Hochtemperaturkernreaktoren stammt. Dieser Weg einer allothermen Kohlevergasung ist jedoch bisher nicht technisch realisiert worden.

Die Kohlevergasung ist eine heterogene Reaktion zwischen gasförmigen Reaktanden (H_2O, O_2) und dem Feststoff Kohle. Zur Durchführung derartiger Reaktionen gibt es zwei prinzipielle Möglichkeiten (vgl. Kap. 8.2.1):

- Der Feststoff liegt als Schüttung vor, die von Gas durchströmt wird (Festbett, Wanderbett); in diesem Fall muß der Feststoff stückig eingesetzt werden.
- Der Feststoff wird vom Gasstrom aufgewirbelt und in Schwebe gehalten (Wirbelschicht) oder aus dem Reaktor ausgetragen (Flugstaub); hierzu muß der Feststoff feinkörnig vorliegen.

Beide Möglichkeiten werden in der Technik der Kohlevergasung in Form verschiedener Verfahren genutzt (vgl. Tab. 7.22). Da die spezifische Feststoffoberfläche für die Reaktionsgeschwindigkeit bestimmend ist, werden im Wirbelbett und im Flugstaubreaktor höhere Umsätze erzielt als im Festbett. In gleicher Richtung wirkt die höhere Turbulenz der Gasströmung in den beiden Reaktortypen mit fluidisiertem Feststoff. Bei der Auswahl von Reaktortyp und Verfahrensbedingungen spielen viele Gesichtspunkte eine Rolle, z. B. die Verwendung des produzierten Gases oder die Art der Kohle.

Tab. 7.22 Kohlevergasungsverfahren

	Lurgi	Winkler	Koppers-Totzek	Texaco
Reaktor	Festbett	Wirbelbett	Flugstaubwolke	
T (°C)	700–1000	850–950	> 1300	1200–1600
p (MPa)	3,5	0,1	0,1	4
Kohlesorte	mäßig backend	mäßig backend	alle	alle
Körnung (mm)	6–40	0,1–8	< 0,1	< 0,1
Rohgas (Vol.-%):				
H_2	39	42	31	35
CO	21	36	58	52
CO_2	29	20	10	12
CH_4	11	1	0,1	0

Die Einsatzkohle wird während des Aufheizens zunächst teilentgast. Ab ca. 350 °C neigen die Kohlepartikeln, je nach Art der Kohle in unterschiedlichem Maße, zum „Verbacken". Dabei bildet sich offenbar aus kleineren Molekülen ein zähflüssiges Bitumen. Anthrazit und Braunkohlen neigen weniger, andere Kohlen aber sehr stark zum Verbacken. Ab ca. 900 °C dringen Wasserdampf und Sauerstoff verstärkt in die Poren der Kohlekörner ein und führen zu den gewünschten Vergasungsreaktionen. Die in der Kohle vorhandenen Aschebestandteile bleiben unterhalb von 950 °C als pulvrige Asche zurück. Oberhalb von 950 °C beginnt die Asche langsam zusammenzusintern. Bei Temperaturen über 1300 °C liegt sie als flüssige Schlacke vor.

Die verschiedenen Kohlevergasungsverfahren haben sehr unterschiedliche Lösungen gefunden, die Kohle optimal zu verteilen und zu einer vollständigen Reaktion zu bringen sowie die Asche aus dem Reaktionsraum zu entfernen. Prinzipiell kann unterschieden werden in Festbettvergasung (Lurgi-Verfahren), Wirbelschichtvergasung (Winkler-Verfahren) und Flugstromvergasung (z. B. Koppers-Totzek-, Shell- und Texaco-Verfahren). Tab. 7.22 gibt die wichtigsten Eigenschaften dieser Verfahren sowie die Zusammensetzung der Produktgemische wieder.

Die **Druckvergasung nach Lurgi** im Festbettreaktor (vgl. Abb. 7.42) ist die am längsten bekannte Technologie. Als Vergaser dient ein Schachtreaktor. Schon Ende des letzten Jahrhunderts wurden ähnliche Reaktoren benutzt, um aus Koks oder Braunkohle das *Generatorgas* zu erzeugen, das als Brenngas mit allerdings nur geringem Heizwert verwendet wurde.

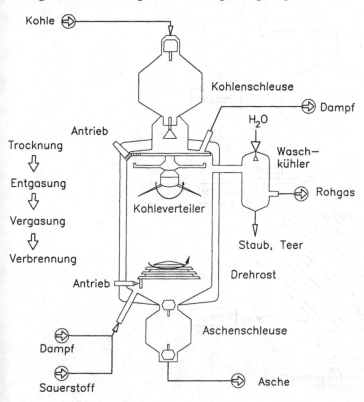

Abb. 7.42 Lurgi-Druckvergaser

Die von der Firma Lurgi in den 30er Jahren entwickelte Druckvergasung arbeitet kontinuierlich bei einem Druck von 3,5 MPa (35 bar). Die Kohle wird durch eine Schleuse diskontinuierlich von oben eingetragen und verteilt; dem Kohlebett wird im Gegenstrom ein Gemisch von Dampf und Sauerstoff entgegengeleitet. Der Kohleverteiler, ein langsam laufendes Rührwerk, sorgt für eine gleichmäßige Verteilung der Kohle und für das Aufbrechen zusammengebackener Kohlestücke. Die Asche wird durch eine weitere Druckschleuse am Boden des Reaktors ausgetragen. Große Lurgi-Vergaser haben einen Durchmesser sowie eine Höhe von jeweils 5 m und können bis zu 100 000 Nm³/h Rohgas erzeugen. Eine Großanlage in Südafrika verarbeitet stündlich 100 t Kohle und produziert 1,8 Mio. Nm³/h Synthesegas.

Eine Weiterentwicklung ist eine von Lurgi und British Gas gemeinsam entwickelte Variante, bei der die Asche in flüssiger Form, also als Schlacke, aus dem Reaktor ausgetragen wird. Eine Versuchsanlage mit einer Kapazität von 150 000 t/a Kohle ging 1984 in Westfield (Schottland) in Betrieb.

Das **Winkler-Verfahren** zur Kohlevergasung in der Wirbelschicht wurde in den 20er Jahren bei der BASF entwickelt. Über eine Förderschnecke wird die feinkörnige Kohle in den Reaktor eingebracht und dort in einer mit Dampf und Sauerstoff aufrecht erhaltenen Wirbelschicht vergast (vgl. Abb. 7.43). Die mittlere Verweilzeit der Kohle beträgt etwa 15 bis 60 min. Die

Temperatur des Reaktors wird so eingestellt, daß der Schmelzpunkt der Asche nicht erreicht wird. Die grobkörnigen Ascheanteile werden am Boden mit einer Schnecke abgezogen, die Feinanteile werden mit dem Rohgas ausgetragen. Um Kohlepartikel, die vom Rohgas mitgerissen wurden, noch zur Reaktion zu bringen, wird in einer Nachvergasungszone weiterer Sauerstoff zudosiert.

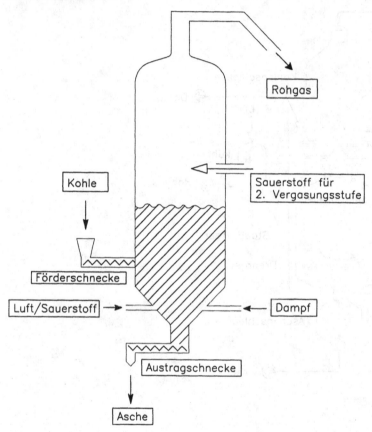

Abb. 7.43   Winkler-Verfahren

Winkler-Generatoren haben Querschnitte bis zu 25 m² und eine Höhe von ca. 20 m. Vorteile liegen in ihrer drucklosen Arbeitsweise und in der gleichmäßigen Temperaturführung. Auch aschereiche Kohlen (bis zu 40% Aschegehalt) können problemlos vergast werden. Allerdings bereitet stark backende Kohle Schwierigkeiten.

Eine Weiterentwicklung des Winkler-Verfahrens ist das bei der Firma Rheinbraun entwickelte *Hochtemperatur-Winkler-Verfahren* (HTW), das zur Vergasung getrockneter Braunkohle dient. Durch Anheben des Reaktionsdrucks von 0,1 auf 1 MPa (1 auf 10 bar) und durch Erhöhung der Temperatur von 950 auf 1050 °C konnte die Wirtschaftlichkeit des Verfahrens verbessert werden. Durch eine zusätzliche Rückführung des ausgetragenen Kohlenstaubs in den Vergaser wurde der Kohlenstoffvergasungsgrad von 90 auf 96% erhöht. Eine HTW-Demonstrationsanlage, die 1986 in Berrenrath bei Köln in Betrieb genommen wurde, ist für die Vergasung von 600 000 t/a Trockenbraunkohle ausgelegt, d. h. für eine Produktion von 300 Mio. m³/a Synthesegas.

Im **Koppers-Totzek-Verfahren** (Abb. 7.44) wird die feinst vermahlene, staubförmige Kohle in einem Flugstromreaktor mit Wasserdampf und Sauerstoff umgesetzt. Alle Reaktanden strömen im Gleichstrom aus mehreren Düsen („Köpfen") in den Reaktor hinein. Infolge der hohen Vergasungstemperatur, die im Flammenkern 2000 °C betragen kann, werden besonders hohe Kohlenmonoxid- und Wasserstoffausbeuten erzielt; der Methangehalt des Rohgases ist sehr gering (< 0,1%). Ein Großteil der Asche fließt als flüssige Schlacke durch eine Bodenöffnung in ein Granulierbad.

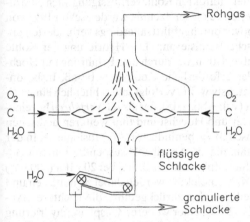

Abb. 7.44 Koppers-Totzek-Verfahren

Das Koppers-Totzek-Verfahren wurde ebenfalls zu einem Druckvergasungsverfahren, dem PRENFLO-Verfahren, weiterentwickelt (**pressurized entrained flow** gasification). Eine Demonstrationsanlage, Ende 1986 von Krupp-Koppers in Fürstenhausen (Saarland) in Betrieb genommen, arbeitete bei 3 MPa (30 bar).

Auch das **Texaco-Verfahren** arbeitet nach dem Flugstromprinzip. Eine gemeinsame Weiterentwicklung der Ruhrchemie und der Ruhrkohle AG führte zu einem Verfahren, das mit Kohlenstaub-Wasser-Suspensionen bei 4 MPa (40 bar) und Temperaturen von 1200 bis 1600 °C arbeitet. Die 70%ige, mit Tensiden stabilisierte Suspension wird über eine Düse, die sich am Kopf des Reaktors befindet und senkrecht nach unten gerichtet ist, in den Vergaser geleitet und dort mit Sauerstoff vermischt und gezündet. Die erste deutsche Großanlage nach dem Texaco-Verfahren, die „Synthesegas-Anlage-Ruhr" (SAR), ging Ende 1987 in Oberhausen-Holten in Betrieb. Sie erzeugte 400 Mio. m³/a Synthesegas bei einer Kapazität von 250 000 t/a Steinkohle.

Bei einer Diskussion der zukünftigen Möglichkeiten der Kohlevergasung hat die **Untertagevergasung (UTG)** ein hohes Interesse erlangt. Wie schon Tab. 7.13 zeigte, klaffen die Werte der geologisch nachgewiesenen Kohlevorräte und der derzeit gewinnbaren Vorräte stark auseinander. Dies liegt u. a. daran, daß einige kohleführende Schichten bergmännisch nicht mehr zugänglich sind. Die Grenze des konventionellen Kohleabbaus liegt derzeit bei 1500 m Tiefe; große Kohlevorkommen gibt es aber in Tiefen bis 7000 m. Es ist daher naheliegend, diese Kohle durch eine Untertagevergasung im Kohleflöz zu nutzen. Bisherige Versuche, insbesondere in der ehem. Sowjetunion und in den USA, waren jedoch auf Tiefen bis 300 m beschränkt. Ein großes Problem besteht darin, daß die tiefliegenden Kohleschichten nahezu gasundurchlässig sind. In zahlreichen Versuchen ist man deshalb bemüht, zuerst künstliche Kanäle im Kohleflöz zu schaffen und dann erst mit einem eingebrachten Vergasungsgemisch die Reaktion zu zünden. Probleme treten auch dadurch auf, daß schon nach kurzen Betriebszeiten die Kohleporen mit Asche verstopft werden und anstelle der Vergasung nur Verbrennung zum Kohlendioxid erfolgt. Im *Druckwechselverfahren* der Technischen Hochschule Aachen wird versucht, durch Druckpulsationen die Asche immer wieder zu lösen und die darunterliegende Kohleschicht für die Vergasung freizulegen. Das Potential der Untertagevergasung ist enorm. Allerdings sind noch große Anstrengungen erforderlich, um ein Verfahren zu entwickeln, das sowohl wirtschaftlich arbeitet als auch die Erfordernisse des Umweltschutzes berücksichtigt.

Kohlehydrierung

Wie schon in Abb. 7.38 aufgeführt, gibt es neben der indirekten Kohleverflüssigung auch eine direkte Variante, die Kohlehydrierung. Erste Arbeiten zu dieser Technik wurden schon 1913 von F. Bergius an der Technischen Hochschule Hannover durchgeführt; allerdings verhinderten apparative und finanzielle Probleme eine technische Realisierung. Die Hydrierung der Kohle wurde dann in den 20er Jahren von der BASF aufgegriffen, die durch ihre Erfahrung mit Hochdruckverfahren (vgl. Haber-Bosch-Synthese) das erforderliche Know-how besaß. Insbesondere unter M. Pier wurde die Kohlehydrierung intensiv weiterverfolgt und schließlich ein zweigeteilter, katalytischer Hydrierprozeß entwickelt (vgl. Abb. 7.45), der als *IG-Verfahren* bezeichnet wird, da die BASF 1926 mit den Firmen Bayer und Hoechst und fünf weiteren deutschen Chemiefirmen zur *IG Farben* (Interessengemeinschaft Farbenindustrie AG) fusionierte. In der ersten Stufe wurde gemahlene Kohle im kohlestämmigen „Anreibeöl" suspendiert und in Gegenwart eines feinverteilten Katalysators einer Sumpfphasenhydrierung bei 20 MPa (200 bar) H_2-Druck und 450 °C unterworfen. Die großen Kohlemoleküle werden dabei zu mittleren und leichten Anteilen gespalten. Die mittleren Anteile wurden zurückgeführt, die leichteren Anteile, das sog. *Kohleöl* mit Siedetemperaturen bis 320 °C, einer weiteren Gasphasenhydrierung in einem Festbettreaktor unterworfen. Aus dieser nachgeschalteten Veredelungsstufe wurden, je nach eingesetztem Katalysator, wahlweise Auto- oder Flugbenzine oder Dieselöle erhalten. Bei der Sumpfphasenhydrierung wurden billige Eisensulfidkatalysatoren eingesetzt, die sich als sehr vergiftungsresistent erwiesen. In der Gasphasenhydrierung fanden Eisen- und Wolframkatalysatoren Anwendung, die später auf Trägermaterialien aufgebracht wurden. Nach dem IG-Verfahren wurden zwölf Kohlehydrieranlagen in Deutschland in Betrieb genommen, deren Gesamtkapazität 1944 ca. 4 Mio. t/a flüssige Kraftstoffe betrug.

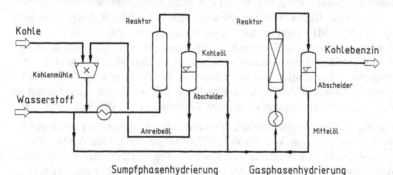

Abb. 7.45 IG-Verfahren zur Kohlehydrierung

Die Kohlehydriertechnologie verlor beim Aufkommen des billigen Erdöls sehr an Interesse, wurde aber nach den starken Erdölpreissteigerungen in den 70er Jahren wieder aufgegriffen. Mitte 1981 ging die „Kohleölanlage Bottrop" in Betrieb, ein Gemeinschaftsprojekt der Ruhrkohle AG und der Veba Oel AG. In dieser Großversuchsanlage, in der täglich bis zu 200 t Steinkohle verarbeitet werden können, wurde eine moderne Variante des alten IG-Verfahrens realisiert: Die Kohlemaische wurde zuerst einstufig in einem 15-m^3-Großraumreaktor bei 30 MPa (300 bar) und 480 °C in Gegenwart eines Eisenoxidkatalysators hydriert; anschließend wurde die Anlage zweistufig mit integrierter Raffination gefahren. Durch optimale Rückvermischung und längere Verweilzeiten konnte die Ausbeute an Kohleöl auf über 50% gesteigert werden. Das erhaltene Kohleöl ist wasserklar, enthält nur noch geringe Mengen Heteroverbindungen (< 10 ppm Stickstoff) und kann problemlos zu Vergaser- und Dieselkraftstoffen verarbeitet werden. Ab 1987 wurde die Kohleölanlage auf die Konversion von schweren Rückstandsölen umgestellt. Seit 1993 wird sie zur Verwertung von Altkunststoffen genutzt.

Auch in anderen Ländern, z. B. in den USA (vgl. Tab. 7.23), gibt es zahlreiche Weiterentwicklungen der Kohlehydriertechnologie. Bei den derzeitigen Erdölpreisen ist eine „Renaissance der Kohle" nicht abzusehen. Langfristig wird aber die Kohlehydrierung einen wichtigen Beitrag zur Sicherung der weltweiten Energie- und Rohstoffversorgung leisten.

Tab. 7.23 USA-Projekte zur Kohlehydrierung

	Solvent Refined Coal (SRC)	Exxon-Donor-Solvent (EDS)	H-Coal-Prozeß	Synthoil-Prozeß	Catalytic-Coal-Liquid (CCL)
T (°C)	455	440	455	450	425
p (MPa)	10,5	12,5	21	28	21
Katalysator	–	–	Co/Mo	Co/Mo	Co/Mo
Verhältnis Lösungsmittel/Kohle	2	2	1	1,2	2,3
H_2-Verbrauch (kg/t)	20	35	41	24	53

Calciumcarbid und Acetylen

Als weitere Variante der chemischen Verarbeitung von Kohle ist in Abb. 7.38 (S. 258) die **Acetylensynthese** über die Zwischenstufe des Calciumcarbids aufgeführt. Dieser Prozeß spielte in der ersten Hälfte des 20. Jahrhunderts eine dominierende Rolle zur Erzeugung organischer Industriechemikalien; in den 50er und 60er Jahren wurde dann Acetylen durch die erdölstämmigen Olefine nach und nach abgelöst (vgl. Kap. 3.1.2).

Die Acetylensynthese aus Kohle beruht auf zwei Reaktionen, der Herstellung von Calciumcarbid aus Koks und Kohle im elektrothermischen Reaktor *(Carbidofen)* und der anschließenden Hydrolyse des Carbids zu Acetylen und Calciumhydroxid *(Kalkhydrat)*:

$$CaO + 3\,C \;\rightarrow\; CaC_2 \;+ CO \tag{7.22}$$
$$CaC_2 + 2\,H_2O \rightarrow Ca(OH)_2 + C_2H_2 \tag{7.23}$$

Die Durchführung der ersten Reaktionsstufe, der Calciumcarbidsynthese, ist in Abb. 7.46 wiedergegeben.

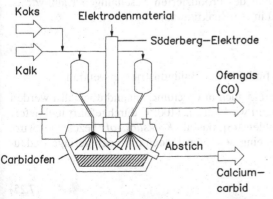

Abb. 7.46 Elektrothermische Synthese von Calciumcarbid

In den feuerfest ausgemauerten Carbidofen ragen üblicherweise drei *Söderberg-Elektroden* hinein. Boden und Wände des Ofens bilden die Gegenelektrode. Die Söderberg-Elektrode ist eine Kohleelektrode, die zur kontinuierlichen Erzeugung eines Lichtbogens in den Ofen abgesenkt werden kann. In dem Maße, in dem die Elektrode im Reaktor bei Temperaturen von 2200 °C unten abbrennt, wird sie von oben her erneuert. Dazu wird in Eisenzylindern eine Masse aus Anthrazit, Koks, Teer und Pech mit Drucklufthämmern eingestampft. Das Elektrodenmaterial verfestigt sich dann selbständig unter Einfluß der Reaktionswärme und durch die Aufheizung durch den elektrischen Strom. Das Calciumcarbid wird von Zeit zu Zeit flüssig in Tiegel abgelassen, wo es erstarrt und anschließend zerkleinert wird. Das Ofengas wird kontinuierlich abgesaugt und kann nach Entstaubung zu Heizzwecken eingesetzt werden. Als Synthesegas ist es aufgrund seiner nur geringen CO-Konzentration nicht geeignet. Viele Carbidöfen sind auf eine elektrische Leistung von 70 MW und mehr ausgelegt. Sie sind deshalb meist dort anzutreffen, wo billiger Strom aus Braunkohlenkraftwerken (z. B. Knapsack bei Köln) oder aus Wasserkraftwerken (Bayern) zur Verfügung steht.

Die Produktion von Calciumcarbid erreichte um 1965 weltweit einen Höhepunkt mit ca. 10 Mio. t. Wie Tab. 7.24 zeigt, ist die Produktion seitdem, insbesondere in Nordamerika und Westeuropa, deutlich zurückgegangen. In einigen Ländern jedoch, z. B. in Südafrika oder Südamerika, wo größere Kohlevorkommen existieren und preisgünstige elektrische Energie vorhanden ist, hat sich die Carbidproduktion bisher behaupten können. In der Bundesrepublik Deutschland betrug die Carbidproduktion Mitte der 80er Jahre noch ca. 320 000 t, in der ehem. DDR ca. 1,1 Mio. t.

Tab. 7.24 Produktion von Calciumcarbid (in 1000 t)

	1962	1972	1982
Westeuropa	2540	1410	660
Osteuropa	2200	3300	2600
Nordamerika	1300	520	250
Südamerika	100	190	220
Asien/Australien	1800	2000	2420
Afrika	60	80	250
Welt	8000	7500	6400

Die Hydrolyse des Calciumcarbids zu Acetylen kann nach zwei Verfahren erfolgen, und zwar mit einem Überschuß an Wasser im sog. *Naßentwickler* oder mit der nahezu stöchiometrischen Wassermenge im sog. *Trockenentwickler (Trockenvergaser)*. Der Vorteil des Trockenentwicklers besteht in der guten Handhabbarkeit des produzierten rieselfähigen Kalkhydrats. Ein Teil des Kalkhydrats wird gebrannt und in die Reaktion zurückgeführt:

$$Ca(OH)_2 \longrightarrow CaO + H_2O \tag{7.24}$$

Die restliche Menge des Calciumhydroxids findet in der Bauindustrie Verwendung.

Erwähnt sei an dieser Stelle, daß Calciumcarbid auch in Calciumcyanamid überführt werden kann. Die Reaktion mit Stickstoff *(Azotierung)* wird bei ca. 1100 °C durchgeführt und liefert ein Gemisch aus Calciumcyanamid und Kohlenstoff, das als *Kalkstickstoff* bezeichnet wird. Dieser wird als Düngemittel (vgl. Kap. 11.1) eingesetzt, das jedoch nur noch geringe Bedeutung besitzt.

$$CaC_2 + N_2 \rightleftarrows CaCN_2 + C \tag{7.25}$$

Die bisher beschriebene Acetylensynthese aus Kohle erfordert den *Umweg* über das Calciumcarbid. Günstiger erscheint die direkte Umwandlung der Kohle in Acetylen im elektrischen Lichtbogen. Diese *Plasmapyrolyse* (vgl. die analogen Umsetzungen mit Erdölfraktionen in Kap. 7.1.5) könnte sich bei preisgünstiger Energie zu einer aussichtsreichen Technologie entwickeln.

7.2.5 Produkte auf Kohlebasis

Die Produkte, die bei der Kohleentgasung anfallen, also Kokereigas, Rohbenzol, Teer und Koks sowie ihre Folgeprodukte, wurden in Kap. 7.2.4 eingehend besprochen. Die Verwendung des Acetylens wurde in Kap. 7.1.5 (vgl. Abb. 7.28) erläutert.

Im vorliegenden Abschnitt soll insbesondere auf die vielfältigen Möglichkeiten der Verwendung von Synthesegas eingegangen werden, das außer durch die Kohlevergasung auch aus petrochemischen Rohstoffen (Steamreforming von Erdgas und Leichtbenzin, Vergasung von Schweröl; vgl. Kap. 3.2.1) erzeugt werden kann. Die Folgechemie des Synthesegases ist so umfangreich, daß von einer eigenständigen **Synthesegaschemie** (*C₁-Chemie*) gesprochen werden kann. Abb. 7.47 gibt dazu einen Überblick.

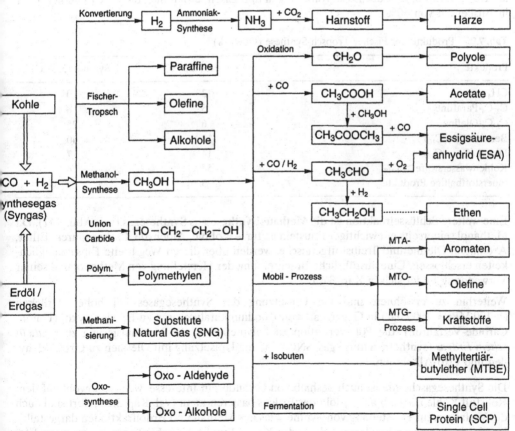

Abb. 7.47 Synthesegaschemie

Große Mengen an Synthesegas werden zur Weiterverarbeitung in der **Ammoniaksynthese** produziert (vgl. Kap. 3.2 u. 10.2). Eine weitere großtechnische Verwendung des Synthesegases ist die **Fischer-Tropsch-Synthese**. Dabei handelt es sich um eine eisen- oder cobaltkatalysierte Aufbaureaktion von CO/H_2-Gemischen zu Paraffinen, Olefinen und Alkoholen:

$$n\ CO + (2n + 1)\ H_2 \rightleftarrows C_nH_{2n+2} + n\ H_2O \tag{7.26}$$

$$n\ CO + 2n\ H_2 \quad \rightleftarrows C_nH_{2n} + n\ H_2O \tag{7.27}$$

$$n\ CO + 2n\ H_2 \quad \rightleftarrows C_nH_{2n+1}OH + (n-1)\ H_2O \tag{7.28}$$

Die Fischer-Tropsch-Synthese wurde in den 20er Jahren von F. Fischer und seinem Mitarbeiter H. Tropsch am Kaiser-Wilhelm-Institut für Kohlenforschung in Mülheim entwickelt. Für die technische Durchführung der Reaktion gibt es zwei Möglichkeiten: den Rohrbündelreaktor mit Katalysatorfestbett und den Flugstaubreaktor mit fluidisiertem Katalysator. Die letztere Variante wurde in den USA von der Firma Kellog entwickelt *(Synthol-Prozeß)*. Beide Verfahrensvarianten werden in Südafrika bei der Firma Sasol durchgeführt. Einen Produktvergleich zeigt Tab. 7.25. Während die Festbettsynthese überwiegend höhersiedende Kohlenwasserstoffe liefert, werden beim Synthol-Prozeß weniger hochsiedende Paraffine, dafür mehr kurzkettige Olefine und auch mehr sauerstoffhaltige Verbindungen erzeugt. Mit speziellen Katalysatoren, z. B. auf Basis von Mangan und Eisen, erhält man die C_2-C_4-Olefine sogar in Ausbeuten von 50%.

Tab. 7.25 Produkte der Fischer-Tropsch-Synthese (Gew.-%)

Produkte	Festbett (220 °C)	Synthol (325 °C)
CH_4	2	10
C_2-C_4-Paraffine	5	8
C_2-C_4-Olefine	6	25
Benzin ($C_5 - C_{10}$)	18	40
Diesel ($C_{12} - C_{18}$)	14	7
Kohlenwasserstoffe $> C_{18}$	52	4
sauerstoffhaltige Produkte	3	6

Eine weitere Schlüsselreaktion ist die **Methanolsynthese** aus Synthesegas (vgl. Abb. 7.47). Da Methanol seinerseits ein wichtiger Baustein ist für Alkohole, Aldehyde, Carbonsäuren, Ether, Aromaten, Olefine und Treibstoffgemische, werden über diesen Weg breite Einsatzmöglichkeiten erschlossen. Eine ausführliche Beschreibung der Herstellung von Methanol und seiner Verwendung findet sich in Kap. 8.4.1.

Weiterhin zu erwähnen sind die Umsetzung des Synthesegases bei hohen Drücken (> 100 MPa $= 1000$ bar) in Gegenwart von Rhodiumkatalysatoren zu Ethylenglykol (Union-Carbide-Verfahren), die Polymerisation zu Polymethylen, die Methanisierung zu *synthetischem Erdgas* (synthetic natural gas, SNG) und die Umsetzung mit Olefinen zu Oxo-Aldehyden und Oxo-Alkoholen.

Die Synthesegaschemie ist auch deshalb von besonderem Interesse, weil sie sowohl auf dem Rohstoff Kohle als auch auf Erdöl oder Erdgas basieren kann (vgl. Kap. 3.2.1; dort sind auch die Verfahren zur Herstellung von Synthesegas aus Methan und Erdölfraktionen dargestellt). Vergleicht man zusammenfassend die in den Kap. 7.1 und 7.2 beschriebenen Prozesse zur Verarbeitung von Erdöl, Erdgas und Kohle, so zeigt sich, daß sowohl die Kraftstoffe als auch die Basischemikalien Paraffine, Olefine, Aromaten, Acetylen und Synthesegas aus diesen Rohstoffen prinzipiell gleichermaßen zugänglich sind. Überwiegend wirtschaftliche Gründe sind dafür maßgeblich, daß zur Zeit Erdöl und Erdgas als Rohstoffe eindeutig dominieren. Wie Abb. 7.48 in einer Übersicht zeigt, kann die Kohle das Erdöl – langfristig gesehen – einmal substituieren. Kurzfristig sprechen aber sowohl stoffwirtschaftliche als auch technologische Vorteile eindeutig für den weiteren Einsatz von Erdöl und Erdgas.

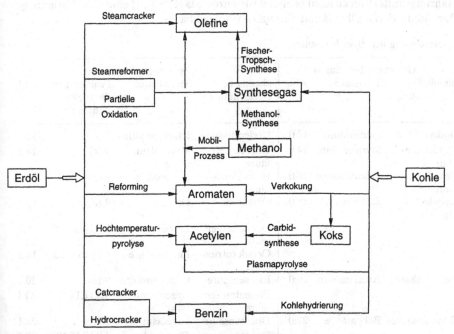

Abb. 7.48 Primärchemikalien auf Basis Erdöl bzw. Kohle

7.3 Nachwachsende Rohstoffe

7.3.1 Fette und Öle

Fette und Öle sind überwiegend Triglyceride, also Triester des Glycerins mit mittel- bis langkettigen Carbonsäuren. Die Kettenlänge der drei Carbonsäuren je Estermolekül kann verschieden sein und liegt meist zwischen 8 und 22 Kohlenstoffatomen. Die Carbonsäuren (*Fettsäuren*, engl. fatty acids) enthalten außerdem vielfach noch Doppelbindungen oder Hydroxygruppen. Fette und Öle haben chemisch den gleichen Aufbau und unterscheiden sich nur durch unterschiedliche Schmelzpunkte.

Jedes natürliche Öl oder Fett hat je nach seiner Herkunft ein charakteristisches Fettsäuremuster. Die Bezeichnungen wichtiger Fettsäuren sind in Tab. 7.26 aufgeführt. Die Fettsäuregehalte wichtiger Ölpflanzen sind in Tab. 7.27 zusammengestellt. Aus dieser Tabelle ist ersichtlich, daß man die Pflanzenöle grob in zwei Typen unterscheiden kann: Die meisten Öle, z. B. Palm-, Sonnenblumen- oder Erdnußöl, enthalten überwiegend Fettsäuren mit einer Kettenlänge von 18 C-Atomen. Nur eine kleine Gruppe von Ölen, nämlich das Kokosnuß- und das Palmkernöl, enthalten überwiegend kürzerkettige Carbonsäuren im C_{12}–C_{14}-Bereich. Nach der Laurinsäure werden diese Öle auch als *Laurics* bezeichnet. Tierische Fette und Öle, wie

Schweinefett, Rindertalg, Butterfett oder Fischöle, gehören zur ersten Gruppe und bestehen in der Hauptsache aus gesättigten und einfach ungesättigten C_{16}- und C_{18}-Fettsäuren. Tab. 7.27 zeigt noch einige Besonderheiten: Leinöl enthält ca. zur Hälfte die hoch ungesättigte Linolensäure. Da die Doppelbindungen in Gegenwart von Katalysatoren leicht polymerisieren können, wird Leinöl zur Herstellung von Firnissen und Ölfarben eingesetzt. Aus dem Raps wird das Rüböl gewonnen, das bis zu 50% Erucasäure enthalten kann. Da die Erucasäure für Nahrungsmittelzwecke nicht geeignet ist, wurde aus Raps (alt) eine neue Variante gezüchtet (Raps/neu), deren Öl z. B. mit Erdnußöl vergleichbar ist.

Tab. 7.26 Bezeichnung wichtiger Fettsäuren

Ketten-länge	Gesättigte Fettsäuren			Ungesättigte Fettsäuren			
	chemische Bezeichnung	Trivialname	Abk.	chemische Bezeichnung	Trivialname	Position der Doppelbin-dung(en)	Abk.
C_{12}	Dodecansäure	Laurinsäure	12:0	Dodecensäure	Lauroleinsäure	9 (c)*	12:1
C_{14}	Tetradecan-säure	Myristinsäure	14:0	Tetradecen-säure	Myristolein-säure	9 (c)	14:1
C_{16}	Hexadecan-säure	Palmitinsäure	16:0	Hexadecen-säure	Palmitolein-säure	9 (c)	16:1
C_{18}	Octadecan-säure	Stearinsäure	18:0	Octadecen-säure	Ölsäure	9 (c)	18:1
				Octadecadien-säure	Linolsäure	9,12 (c,c)	18:2
				Octadecatrien-säure	Linolensäure	9,12,15 (c,c,c)	18:3
C_{20}	Eicosansäure	Arachinsäure	20:0	Eicosensäure	Gadoleinsäure	9 (c)	20:1
				Eicosatetraen-säure	Arachidon-säure	5,8,11,14	20:4
C_{22}	Docosansäure	Behensäure	22:0	Docosensäure	Erucasäure	13 (c)	22:1
				Docasapen-taensäure	Clupanodon-säure	4,8,12,15,19	22:5

* $c = cis$-Isomeres

Tab. 7.27 Fettsäuregehalte wichtiger Ölpflanzen (in %)

Ölpflanze	12:0	14:0	16:0	18:0	18:1	18:2	18:3	22:1
Ölpalme	–	2	42	5	41	10	–	–
Sonnenblume	–	–	6	4	28	61	–	–
Erdnuß	–	–	10	3	50	30	–	–
Lein	–	–	5	4	22	17	52	–
Raps (alt)	–	1	2	1	15	15	7	50
Raps (neu)	–	1	4	1	60	20	9	2
Kokosnuß	48	17	9	2	7	1	–	–
Palmkern	50	15	7	2	15	1	–	–

Die Erzeugung von Fetten und Ölen ist in den letzten Jahren stark angestiegen. 1970 wurden weltweit ca. 40 Mio. t Fette und Öle produziert, 1980 schon ca. 60 Mio. t und 1990 ca. 80 Mio. t (Tab. 7.28). Die Weltproduktion verteilt sich relativ gleichmäßig auf die verschiedenen Kontinente. Tab. 7.29 gibt einen Überblick, wo die wichtigsten Fettrohstoffe überwiegend gewonnen werden. Ein Großteil dieser Produkte geht in die menschliche Ernährung (ca. 80%) oder wird als Futtermittel (6%) verwendet; nur ca. 14% werden industriell genutzt. Bei den technisch verwendeten Fetten handelt es sich überwiegend um solche, die für die Ernährung nicht geeignet sind. Ca. 90% der weltweit erzeugten Öle und Fette enthalten im wesentlichen Fettsäuren im Bereich von C_{16} bis C_{18}. Nur zu ca. 10% werden die Laurics (Kokos- und Palmkernöl) produziert, die wichtige Rohstoffe für die chemische Industrie sind. Deshalb ist man schon seit langem bestrebt, durch Züchtung und Anbau neuer Ölpflanzen das Spektrum zu vergrößern und zu optimieren. So gibt es z. B. Höckerblumen wie die *Cuphea parsonsia*, die bis zu 90% C_{12}-Fettsäuren, also die gewünschten Laurics, enthalten. Die Cuphea-Arten sind deshalb besonders attraktiv, weil sie als einjährige Pflanzen auch in gemäßigten Zonen, z. B. in Südeuropa, angebaut werden können. Ebenfalls zu erwähnen sind das Wolfsmilchgewächs *Euphorbia lathyris*, das ungewöhnlich viel Ölsäure enthält, und das Jojobawachs, das überwiegend aus Gadoleinsäure (20 : 1) aufgebaut und dem Walrat ähnlich ist. Die Jojobapflanze wird in Mexiko und USA in Plantagen angebaut; ihr Öl findet insbesondere in Kosmetika Verwendung.

Tab. 7.28   Erzeugung von Fetten und Ölen (Weltjahresproduktion in Mio. t)

	1970	1980	1990	2000 (Schätzung)
Pflanzenöle	26,2	43,2	60,6	81,9
Tierfette	12,6	16,1	18,6	21,5
Fischöle	1,3	1,2	1,4	1,6
Gesamt	40,1	60,5	80,6	105,0

Tab. 7.29   Herkunft und Produktion wichtiger Fette und Öle

Fette und Öle	Herkunftsländer	Produktion (1990 in Mio. t)
Talg	USA, Europa, Australien	6,8
Sojaöl	USA, China, Brasilien	16,9
Sonnenblumenöl	Osteuropa, Südamerika	8,0
Palmöl	Malaysia, Westafrika	10,6
Palmkernöl	Malaysia, Westafrika	1,3
Kokosöl	Philippinen, Indonesien	3,0
Rüböl (Rapsöl)	Europa, Indien, Kanada	8,1

Fette und Öle sind relativ kostengünstige Rohstoffe. Während z. B. die Erdölpreise in den 70er Jahren enorme Preissteigerungen erfahren haben (vgl. Abb. 7.8), sind die Preise für natürliche Fette und Öle in den letzten 20 Jahren im Mittel immer nur gering angestiegen. Allerdings können sich, wie Abb. 7.49 zeigt, insbesondere durch schlechtere oder bessere Ernten Preissprünge nach oben und unten ergeben. Die fettverarbeitende Industrie ist dementsprechend bemüht, durch eine gezielte Vorratshaltung die Preisspitzen auszugleichen.

Die **Gewinnung** von Pflanzenölen wird im folgenden am Beispiel des Kokosöls erläutert. Eine Kokospalme liefert im Jahr bis zu 40 Nüsse, die bis zu 8 kg sog. Kopra, d. h. zerkleinerte, getrocknete Kokosnußkerne, ergeben. Kopra enthält bis zu 65% Fett, der Rest sind Kohlenhydrate, Proteine und Restwasser. Das Ernten der Nüsse ist relativ aufwendig, da bei hochstämmigen Palmen jeder Baum einzeln erklettert werden muß. Jede Frucht wird dann mit einem Haumesser gespalten und nach Trocknung die Kopra von der holzigen Schale abgelöst. Die Ölgewinnung aus der Kopra erfolgt vielfach noch nach Preßverfahren. Dazu wird die Kopra in Brechwerken gemahlen und in Walzenstühlen auf die gewünschte Stückgröße gebracht. Nach Erwärmen auf ca. 90 °C wird das Material in Schneckenpressen in mehreren Stufen ausgepreßt, bis der verbleibende Schrot maximal noch 5% Öl enthält. Aufgrund seines hohen Proteingehaltes ist der Schrot zahlreicher Saaten ein sehr geschätztes Kraftfutter in der Tierernährung. Statt durch Pressen unter Druck kann die Ölgewinnung auch durch Extraktion mit organischen Lösemitteln, wie Benzin, erfolgen. Tierische Fette wie Talg oder Fischöle werden überwiegend durch Ausschmelzen mit Hilfe von Wasserdampf gewonnen. Die erhaltenen Naturfette *(Rohfette, Rohöle)* werden anschließend meist noch durch Reinigungsschritte (*Raffination*, u.a. Neutralisation, Adsorption) von Begleitstoffen befreit.

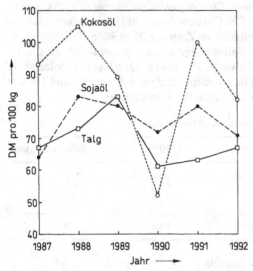

Abb. 7.49 Marktpreisentwicklung bei Fetten und Ölen

Ausgehend von den vorgereinigten Fetten und Ölen erfolgt die **Herstellung der fettchemischen Basischemikalien**, insbesondere der Fettsäuren, Fettsäuremethylester und Fettalkohole (vgl. Abb. 7.50). Als Zwangsprodukt der Fettspaltung bzw. der Fettumesterung fällt Glycerin an. Die primär entstehenden Spaltfettsäuren bzw. Rohfettsäuremethylester werden durch weitere Reinigungsschritte in die gewünschten Qualitäten überführt. Die Methylester werden durch Hydrierung zu den Fettalkoholen umgesetzt. Die Herstellung der Fettalkohole gelingt neuerdings auch durch Direkthydrierung der Fette und Öle; als Koppelprodukt entsteht dabei jedoch nicht Glycerin, sondern 1,2-Propandiol.

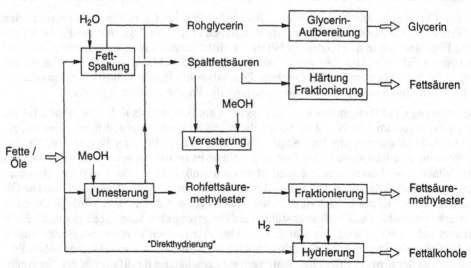

Abb. 7.50 Herstellung fettchemischer Basischemikalien

Die **Fettspaltung** (engl. fat splitting) ist die Umsetzung des Ausgangstriglycerids mit drei Molen Wasser unter Freisetzung der Fettsäuren und des Glycerins. Die Spaltung verläuft über die Zwischenstufen der Di- und Monoglyceride. Durch saure und alkalische Katalysatoren läßt sich die Reaktionsgeschwindigkeit steigern. Die Gleichgewichtsreaktion wird durch die schlechte Mischbarkeit der beiden Reaktionsphasen erschwert.

Technisch wurde die Spaltung früher diskontinuierlich in Holzbottichen bei Normaldruck (1 bar) mit Wasserdampf (100 °C) durchgeführt. Bei diesem *Twitchell-Verfahren* wurden Tenside zugesetzt, um eine Emulgierung der beiden Phasen zu erreichen. Trotzdem wurden nach 20 h Reaktionszeit nur bis zu 90% des Fetts gespalten. Es ist günstiger, diese Reaktion nach dem *Mitteldruckverfahren* bei ca. 0,6 bis 1,2 MPa (6–12 bar) in Autoklaven durchzuführen. Durch Umsetzung mit ca. 170 °C heißem Wasserdampf und durch Zusatz von Zinkoxid als Katalysator werden Spaltgrade von über 90% erzielt. Für die Spaltung kleinerer Fettmengen (10–20 t) ist dieses Verfahren, obwohl relativ energieaufwendig, weiterhin in Gebrauch. Für große Durchsätze ist jedoch die kontinuierliche Hochdruckspaltung wesentlich günstiger (vgl. Abb. 7.51). Sie verläuft bei Temperaturen bis 260 °C und Drücken bis 5,5 MPa (55 bar) ohne Verwendung eines Katalysators. Ein typischer Spaltreaktor ist ca. 25 m hoch und hat einen Durchmesser von ca. 1 m. Das Spaltwasser wird kontinuierlich dem Reaktorkopf zugespeist, das Fett tritt am Boden in den Reaktor ein. Der Hochdruckdampf wird an mehreren Stellen in den Spaltreaktor eingeblasen. Die beiden Reaktionsphasen bewegen sich im Gegenstrom durch den Reaktor. Das Glycerinwasser wird am Reaktorboden, die Spaltfettsäuren am Kopf abgezogen. Das Verfahren ermöglicht trotz hoher Durchsätze einen fast quantitativen Spaltgrad.

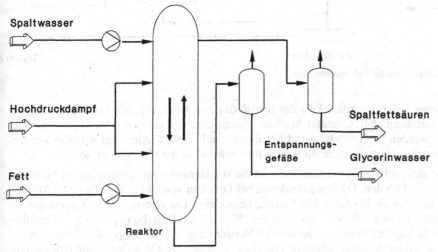

Abb. 7.51 Kontinuierliche Fetthochdruckspaltung

Das zweite Basisverfahren der Fettchemie ist die **Umesterung** (engl. transesterification; vgl. Abb. 7.50). Fette und Öle werden mit Methanol in Methylester und Glycerin überführt. Aufgrund der Löslichkeitsverhältnisse ist hierbei eine Durchführung im Gegenstrom nicht möglich. Eine Anlage zur kontinuierlichen Umesterung zeigt Abb. 7.52. Die Reaktion wird meist unter Überdruck (9 MPa = 90 bar) und bei 240 °C durchgeführt. Die Fettkomponente, ein großer Überschuß an Methanol und ein alkalischer oder saurer Katalysator werden im Gleichstrom durch den Reaktor gepumpt. Nach einer Entspannungsstufe gelangt das Reaktionsgemisch in eine Trennanlage. Dort wird in einer Bodenkolonne das Methanol über Kopf abdestilliert und in den Reaktor zurückgeführt. Aus dem Sumpfprodukt wird in einem Abscheider die

Glycerinphase (Reinheit > 90%) abgetrennt. Die Methylester werden in einer nachgeschalteten Vakuumdestillationskolonne gereinigt.

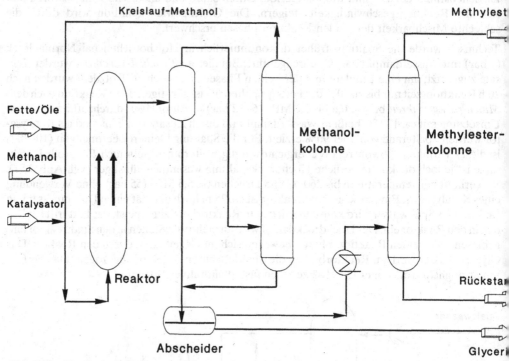

Abb. 7.52   Kontinuierliche Fettumesterung

Die **Veresterung** (engl. esterification) der Spaltfettsäuren (vgl. Abb. 7.50) erfolgt nach dem Gegenstromverfahren. 250 °C heißer Methanoldampf tritt von unten in eine Bodenkolonne, von oben her werden Spaltfettsäure und Katalysator aufgegeben. Am Kopf wird ein Wasser/Methanol-Gemisch abgenommen; im Sumpf fällt nahezu reiner Methylester an.

Der vierte Großprozeß der Fettverarbeitung ist die **Hydrierung** (engl. hydrogenation) der Methylester zu Fettalkoholen. Da diese Reaktion bei Drücken von 20 bis 30 MPa (200–300 bar) erfolgt, wird sie auch als *Hochdruckhydrierung* bezeichnet. Die erforderlichen Reaktionstemperaturen liegen meist im Bereich von 200 bis 250 °C. Zur Herstellung gesättigter Fettalkohole finden z. B. Kupferchromit-Katalysatoren Verwendung. Um die Doppelbindungen in der Fettkette zu erhalten, können selektive Hydrierkontakte, z. B. CdO/Cr_2O_3 auf Aluminiumoxid oder ZnO/Cr_2O_3, eingesetzt werden. Inzwischen gibt es Katalysatoren, die kein Chrom enthalten. Die Hydrierung findet in einem oder mehreren hintereinandergeschalteten Rieselbettreaktoren an Festbettkatalysatoren statt (vgl. Abb. 7.53). Methylester und Wasserstoff werden von oben durch die Reaktoren geleitet. Um die hohe Reaktionswärme zu beherrschen, wird ein großer Wasserstoffüberschuß verwendet. In einem Abscheider werden die Gas- und die Flüssigphase getrennt, der Wasserstoff im Kreis geführt und die Flüssigphase in einem Verdampfer in Methanol und Fettalkohole getrennt. Nach diesem Verfahren werden Fettalkohole von hoher Reinheit gewonnen, die nur geringe Spuren an nichthydriertem Ester und an Kohlenwasserstoffen enthalten.

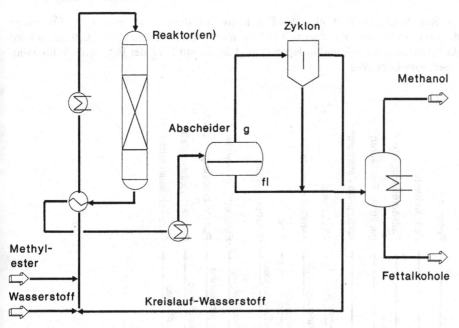

Abb. 7.53 Hochdruckhydrierung der Fettsäuremethylester

Von wirtschaftlicher Bedeutung ist, daß die Fettsäuren und Fettalkohole nicht allein aus Fetten und Ölen, sondern auch auf petrochemischer Basis zugänglich sind (vgl. Abb. 7.54). Fettsäuren können z. B. durch die Paraffinoxidation mit Luftsauerstoff oder durch die Oxidation von Oxoaldehyden hergestellt werden. Auch die säurekatalysierte Umsetzung von Olefinen mit CO/H_2O-Gemischen führt zu langkettigen Carbonsäuren, die jedoch im Gegensatz zu den natürlichen Fettsäuren stark verzweigt sind *(Koch-Säuren, Versatic-Säuren)*. Fettsäuren werden insbesondere in der ehemaligen Sowjetunion und in Osteuropa auf petrochemischer Basis hergestellt.

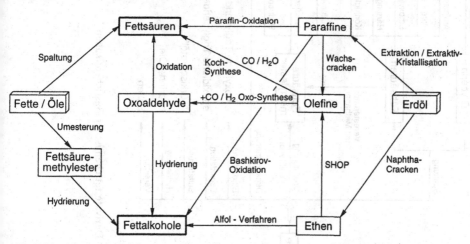

Abb. 7.54 Alternativverfahren zur Herstellung von Fettsäuren und Fettalkoholen

Fettalkohole sind nicht nur durch die Hydrierung von Fettsäuremethylestern zugänglich, sondern auch durch das Alfol-Verfahren (Ziegler-Synthese) und die Hydrierung von Oxoaldehyden (vgl. Kap. 8.4.3). Hier ist auch das Bashkirov-Verfahren zu erwähnen, die Oxidation von Paraffinen mit verdünntem Sauerstoff in Gegenwart von Borsäure zu langkettigen sekundären Alkoholen. In den USA und in Japan erfolgt die Herstellung der Fettalkohole überwiegend auf synthetischem Weg.

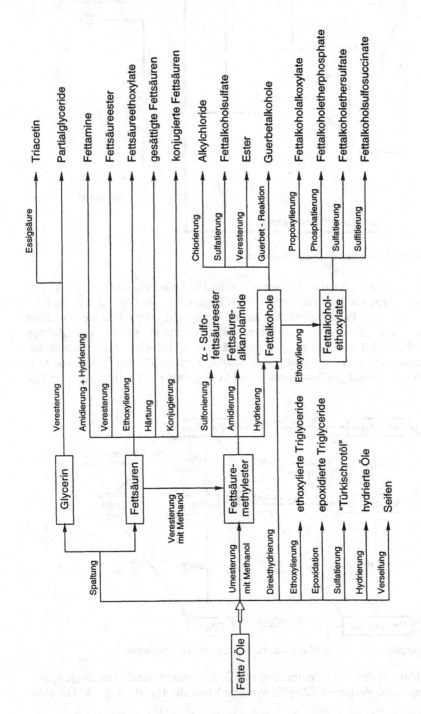

Abb. 7.55 Derivate fettchemischer Basischemikalien

Die drei fettchemischen Basischemikalien – Fettsäuren, ihre Methylester sowie die Fettalkohole – können eine große Vielzahl von *Folgereaktionen* eingehen. Abb. 7.55 gibt einen Überblick über die wichtigsten Reaktionstypen und die gebildeten Derivate. Bedeutende Folgereaktionen sind die Amidierung, die Ethoxylierung, die Epoxidation, die Sulfonierung und die Sulfatierung. Die meisten oleochemischen Reaktionen (ca. 90%) werden an der Carboxygruppe der Fettsäuren durchgeführt; nur weniger als 10% der Reaktionen sind bisher Umsetzungen an der Fettsäurekette. Tab. 7.30 zeigt einige Beispiele für die Derivatisierung am Fettsäurerest, z. B. die selektive Hydrierung oder Isomerisierung der Doppelbindungen in ungesättigten Fettstoffen, die oxidative Spaltung oder auch die kettenaufbauenden C,C-Verknüpfungsreaktionen. Hier befindet sich noch ein großes Potential für eine zukünftige Erweiterung der olechemischen Produktpalette und die Möglichkeit, Öle und Fette in noch breiterem Umfang wirtschaftlich zu nutzen.

Tab. 7.30   Derivatisierung an der Fettsäurekette

Reaktionstyp	Produkte
Hydrierung mehrfach ungesättigter Fettsäuren	einfach ungesättigte Fettsäuren
Isomerisierung	ω-ungesättigte Fettsäuren
Hydroformylierung	Formylcarbonsäuren
Hydrocarboxylierung	Dicarbonsäuren
Metathese	Mono- und Dicarbonsäuren
oxidative Spaltung	Mono- und Dicarbonsäuren
Diels-Alder-Reaktion	zyklische Di- und Tricarbonsäuren
Prins-Reaktion	1,3-Dioxane/1,3-Diole
En- und An-Reaktion	verzweigte und funktionalisierte Fettsäuren
Dimerisierung	langkettige Dicarbonsäuren

Einen Einblick in die *Anwendungsbereiche* der Oleochemikalien gibt Tab. 7.31. Insbesondere im Bereich der Wasch- und Reinigungsmittel sowie der Kosmetika finden die fettchemischen Produkte vielfache Anwendung, dazu auch im industriellen Bereich, z. B. als Schmiermittel oder Mineralöladditive.

Tab. 7.31   Anwendungsbereiche der Oleochemikalien

Produkte	Anwendung
Fettsäuren	Seifen, Wasch- und Reinigungsmittel, Kunststoffe, Schmiermittel, Kautschuk, Kosmetika, Farben, Beschichtungen
Fettsäuremethylester	Wasch- und Reinigungsmittel, Kosmetika
Fettalkohole	Wasch- und Reinigungsmittel, Mineralöladditive, Kosmetika, Textil- und Papierindustrie
Fettamine	Weichspüler, Mineralöladditive, Straßenbau, Bergbau, Biozide, Faserindustrie
Glycerin	Pharmaka, Kosmetika, Kunstharze, Kunststoffe, Zahnpasta, Tabak, Nahrungsmittel, Celluloseverarbeitung

7.3.2 Kohlenhydrate

Cellulose

Die bedeutendste Rohstoffquelle für die Cellulose ist das Holz. Holz besteht zu 40 bis 55% aus Cellulose, zu 30 bis 35% aus Hemicellulosen und zu 20 bis 30% aus Lignin (vgl. Abb. 7.56). Weltweit werden jährlich an die 3 Mrd. m³ Holz geschlagen, dies entspricht ca. 2 Mrd. t. Ein Großteil dient als Brennholz oder als Bau- und Möbelholz. Nur ein geringer Anteil von ca. 13% wird zu Fasern verarbeitet und anschließend einem mechanischen oder chemischen Aufschluß unterworfen (vgl. Abb. 7.57). Beim mechanischen Aufschluß entsteht der Holzschliff, beim chemischen Aufschluß der Holzzellstoff, der überwiegend aus Cellulose besteht.

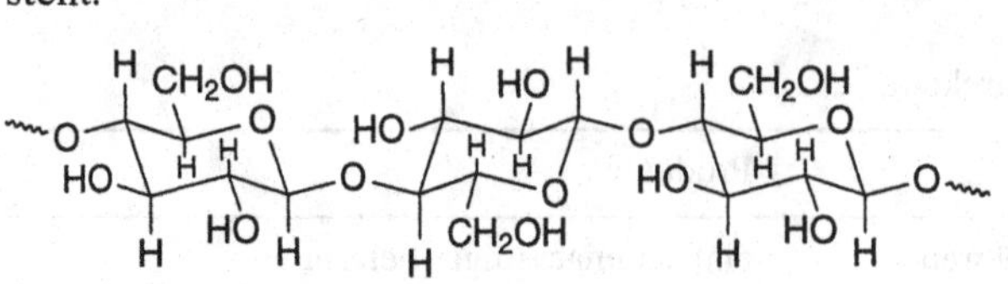

Cellulose (Poly-β-D-glucosido-1,4-glucose)

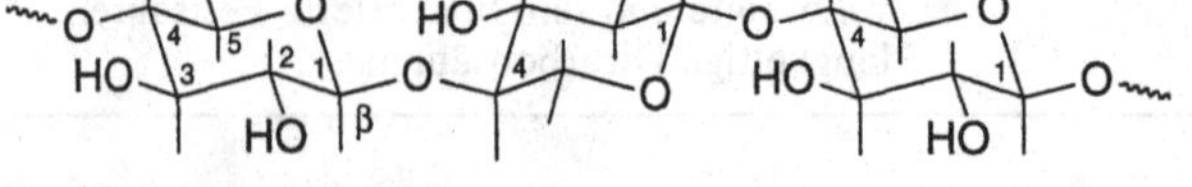

Hemicellulose, z. B. Xylan

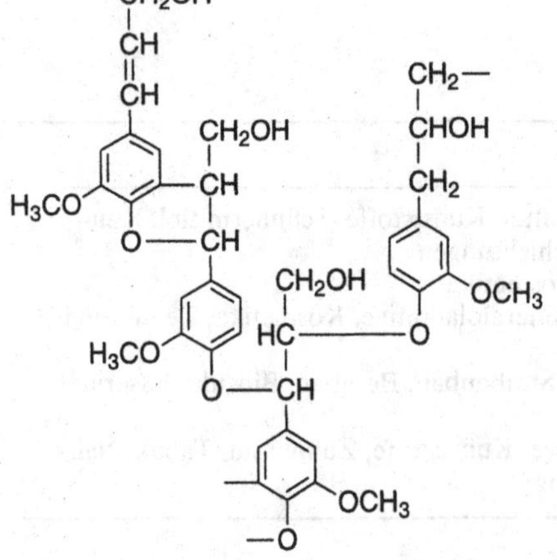

Lignin, z. B. Makromolekül aus Cumaryl-, Coniferyl- und Sinapinalkohol

Abb. 7.56 Chemische Zusammensetzung von Holz

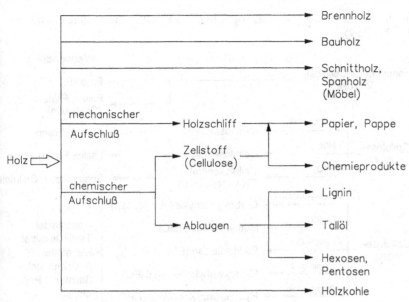

Abb. 7.57 Verwendung von Holz

Um die Holzfasern chemisch aufzuschließen, finden zwei verschiedene Verfahren Anwendung (vgl. Abb. 7.58). Beim **Sulfatverfahren** wird durch Einwirkung von NaOH in der Wärme Lignin zum Teil in Lösung gebracht. Durch Zusatz von Natriumsulfid Na_2S gehen die Ligninbruchstücke vollständig in Lösung. Auch die Hemicellulosen werden komplett gelöst. Prozeßbedingte Natriumsulfidverluste werden durch Zugabe von Natriumsulfat ersetzt, das bei der reduzierenden Behandlung der Ablaugen in das Natriumsulfid überführt wird. Aus diesem Grund hat dieser Prozeß den wenig zutreffenden Namen Sulfatverfahren erhalten. Nebenprodukte des Verfahrens sind die Tallölfettsäuren, die in der Oleochemie eingesetzt werden, sowie Kohlenwasserstoffe und Kolophonium.

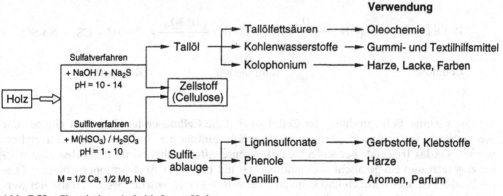

Abb. 7.58 Chemischer Aufschluß von Holz

Bei dem weniger häufig angewandten **Sulfitverfahren** wird das Lignin durch wäßrige Lösungen von Sulfiten oder Hydrogensulfiten weitgehend sulfoniert und in wasserlösliche Ligninsulfonsäuren überführt. Die Ligninsulfonate befinden sich in der *Sulfitablauge*, aus der auch Phenole und Vanillin gewonnen werden können.

Der nach den beiden Verfahren hergestellte Zellstoff geht überwiegend in die Produktion von Papier und Pappe. Von der gesamten Weltproduktion an Zellstoff (1990 ca. 130 Mio. t) geht nur ein kleiner Anteil von ca. 4 bis 5 Mio. t als sog. Chemiezellstoff in die weitere chemische Verarbeitung (vgl. Abb. 7.59).

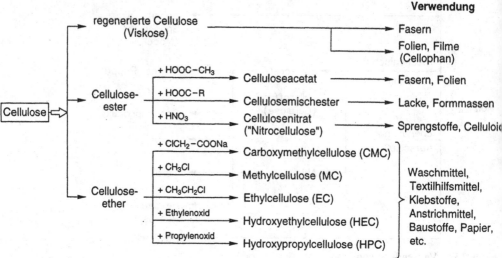

Abb. 7.59   Verwendung von Cellulose

Die häufigste Weiterverwendung (ca. 3 Mio. t) ist die Herstellung von **regenerierter Cellulose (Regeneraten)**. Wird z. B. Zellstoff in 20%iger Natronlauge gelöst, kommt es zu Quellprozessen und zu einem Abbau der durchschnittlichen Kettenlänge. Es entsteht die *Alkalicellulose*, die mit Schwefelkohlenstoff in lösliches Cellulosexanthogenat überführt wird. Durch Ausfällen in einem Bad von verdünnter Schwefelsäure wird die unlösliche, regenerierte Cellulose gewonnen, die zur Herstellung von Spinnfäden *(Viscose-Reyon, Viscoseseide)* dient. Mit Glycerin als Weichmacher kann regenerierte Cellulose auch zu Viscosefolien, dem Cellophan, verarbeitet werden.

$$R\text{-}OH + CS_2 + NaOH \xrightarrow{-H_2O} R\text{-}O\text{-}\underset{\underset{S}{\|}}{C}\text{-}SNa \xrightarrow{(H_2SO_4)} R\text{-}OH + CS_2 + Na_2SO_4$$

| Cellulose | Xanthogenat | Regenerat | (7.29) |

Weitere wichtige Folgeprodukte der Cellulose sind die **Celluloseester**. So kann Cellulose mit Acetanhydrid in Gegenwart geringer Mengen Schwefelsäure zu Cellulosetriacetat acetyliert werden. Da das Triacetat aber schlechte Löseeigenschaften besitzt, wird bei der Reaktion Wasser zugesetzt und ein gemischtes Celluloseacetat mit bis zu 2,5 Acetylgruppen erhalten. Dieses Produkt ist acetonlöslich und kann zu Acetat-Reyon *(Acetatseide)* weiterverarbeitet werden. Statt mit Essigsäure kann die Cellulose auch mit Gemischen niederer Carbonsäuren verestert werden unter Bildung der *Cellulosemischester*, die für Lacke und Formmassen verwendet werden. Mit Nitriersäure, einem Gemisch von Salpeter- und Schwefelsäure, wird Cellulose in Cellulosenitrate überführt, die unzutreffend auch als *Nitrocellulose* bezeichnet werden. Hochnitrierte Cellulose findet als Sprengstoff *(Schießbaumwolle)* Verwendung. Die niedernitrierte Cellulose bildet die *Kollodiumwolle*, die mit alkoholischer Campherlösung als Weichmacher das elastische, hornartige *Celluloid* ergibt, einer der am längsten bekannten Kunststoffe.

Die dritte Gruppe der Cellulosederivate (vgl. Abb. 7.59) bilden die **Celluloseether**. Die Umsetzung der Cellulose mit dem Natriumsalz der Chloressigsäure führt z. B. zur *Carboxymethylcellulose* (CMC), die in Waschmitteln als Vergrauungsinhibitor eingesetzt wird (vgl. Kap. 9.2.7). Auch die anderen Celluloseether finden eine breite technische Anwendung.

Trotz der vielseitigen Derivatisierungsmöglichkeiten der Cellulose werden derzeit nur ca. 0,5% des jährlichen Weltholzeinschlages zur chemischen Veredelung genutzt.

Stärke

Die Stärke (engl. starch) besteht ebenfalls aus Polysacchariden, und zwar zu ca. 80% aus dem verzweigten Amylopektin und zu 20% aus der linear aufgebauten Amylose (vgl. Abb. 7.60).

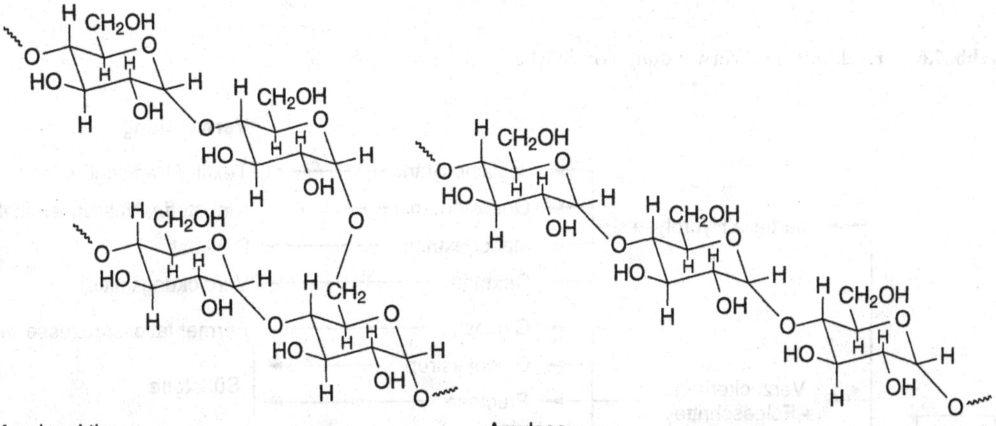

Amylopektin:

Polysaccharid mit α (1,4)-glucosidischer Kette und α (1,6)-glucosidischen Verzweigungen

Amylose:

Polysaccharid mit α (1,4)-glucosidischer Kette

Abb. 7.60 Chemische Zusammensetzung von Stärke

Die Stärke kann aus sehr unterschiedlichen Kulturpflanzen, z. B. aus Mais, Weizen, Reis oder Kartoffeln, gewonnen werden. Anfang der 90er Jahre lag die Welternte an Stärkerohstoffen bei ca. 2 Mrd. t. Dies entspricht einer Menge von etwa 1 Mrd. t an reiner Stärke. Die meisten Stärkerohstoffe werden direkt für die Ernährung verwendet; nur ein kleiner Anteil der Stärke wird „modifiziert" (vgl. Abb. 7.61). Man unterscheidet zwei Formen der Stärkemodifikation: Durch partielle Hydrolyse wird die Kettenlänge des Polysaccharids zwar verkürzt, aber die Polymerstruktur bleibt erhalten. Diese Produkte gehen z. B. in die Nahrungsmittel-, Papier- und Textilindustrie. Die andere Möglichkeit ist die vollständige Verzuckerung, über die z. B. Glucose, Fructose oder Sorbit gewonnen werden (vgl. Abb. 7.62). Analog der Cellulose kann auch die Stärke wieder in Ester oder Ether umgewandelt werden.

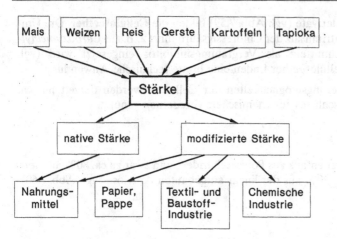

Abb. 7.61   Herkunft und Verwendung von Stärke

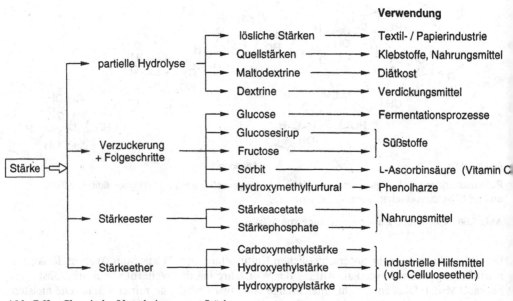

Abb. 7.62   Chemische Verarbeitung von Stärke

Zucker

Unter dem Begriff *Zucker* werden in diesem Abschnitt alle Mono- und Disaccharide zusammengefaßt. Im üblichen Sprachgebrauch ist mit *Zucker* jedoch ausschließlich die Saccharose gemeint, das α-D-Glucopyranosyl-β-D-fructofuranosid, das durch Säuren oder Enzyme leicht in D-Glucose und D-Fructose gespalten werden kann:

(7.30)

Weltweit wird die Saccharose in Mengen von über 100 Mio. t/a produziert, ca. zu zwei Dritteln aus Rohrzucker und zu einem Drittel aus Rübenzucker (vgl. Abb. 7.63). Bei der Fabrikation von Rübenzucker werden die Rüben in Schnitzel zerkleinert, aus denen dann in einer wäßrigen Gegenstromextraktion der Rohsaft gewonnen wird. Zur Reinigung des Rohsaftes wird das *Kalk-Kohlendioxid-Verfahren* benutzt. Beim Zusatz von Kalkmilch und anschließendem Einleiten von Kohlendioxid werden die Nichtzuckerstoffe von Calciumcarbonat umhüllt. Der so gebildete *Carbonisationsschlamm* wird anschließend durch Filtration abgetrennt. Der gereinigte Saft wird zu einem Dicksaft eingedampft und der Weißzucker auskristallisiert.

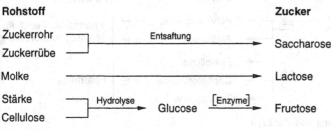

Abb. 7.63   Gewinnung der Zucker

Neben Saccharose sind auch andere Zucker technisch zugänglich. So wird z. B. die Molke, ein Nebenprodukt der Käseherstellung, zur Isolierung des Milchzuckers, der Lactose, genutzt. Stärke und Cellulose können durch Aufschlußverfahren in die Monosaccharide Glucose, Fructose und Galactose überführt werden. Eine Übersicht über die wichtigsten industriell verfügbaren Zucker gibt Tab. 7.32. Eine interessante neuere Nutzung der Glucose ist ihre Umsetzung zu Biotensiden, den Alkylglucosiden (vgl. Kap. 9.2.8).

Tab. 7.32   Bedeutsame industriell verfügbare Zucker (1991/1992)

Zucker	Welt-Produktion (in 1000 t)	Preis (DM/kg)
D-Saccharose	113 600	0,60
D-Glucose	5 000	1,15
D-Lactose	180	1,20
D-Fructose	50	2,50
L-Sorbose	25	35,00

Eine wichtige Verwendung der Zucker ist ihr Einsatz in Fermentationsprozessen als Kohlenstoff- und Energiequelle für die Mikroorganismen. Abb. 7.64 zeigt, daß fermentativ zahlreiche Alkohole, Carbonsäuren, Aminosäuren, Biopolymere und Antibiotika hergestellt werden können (vgl. Kap. 9.4.5). Insbesondere Ethanol wird in großen Mengen auf diese Weise erzeugt (vgl. Kap. 8.4.2).

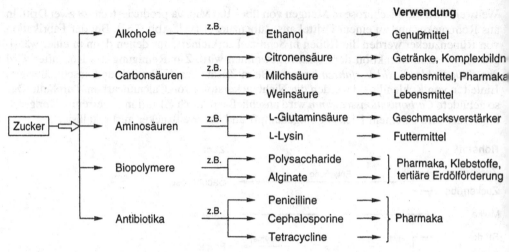

Abb. 7.64 Fermentative Umsetzung von Zuckern

7.3.3 Pflanzliche Sekrete und Extrakte

Eine Anzahl wild wachsender oder in Plantagen angebauter Pflanzen wird zur Gewinnung chemischer Rohstoffe genutzt. Das mengenmäßig bedeutendste Beispiel ist der Naturkautschuk, das *cis*-1,4-Polyisopren:

$$\tag{7.31}$$

Von den zahlreichen kautschukbildenden Pflanzen hat die *Hevea brasiliensis* die größte Bedeutung aufgrund des hohen Kautschukgehalts des Hevea-Latex und der hohen Reinheit des Kautschuks. Der Hevea-Baum wächst in tropischen und subtropischen Gebieten. Ursprünglich in den Urwäldern Brasiliens beheimatet, wächst er heute überwiegend in Plantagen in Südostasien, wo nahezu 90% der Weltproduktion an Naturkautschuk erzeugt werden. Wichtigste Produktionsländer sind Malaysia, Indonesien und Thailand. Trotz der großen Konkurrenz der synthetischen Kautschuke konnte der Naturkautschuk (engl. natural rubber, NR) in einigen Anwendungsbereichen, z. B. bei LKW- und Flugzeugreifen, seine dominierende Stellung behaupten. Der Verbrauch von Naturkautschuk lag 1987 bei 3,8 Mio. t; im Vergleich dazu wurden im gleichen Jahr 6,5 Mio. t Synthesekautschuk verarbeitet.

Tab. 7.33 gibt einen Überblick über weitere industriell genutzte Pflanzensekrete und -extrakte. Wie schon in Abb. 7.58 beschrieben, fällt Kolophonium bei der Aufarbeitung des Tallöls an. Es besteht aus einem Gemisch von Abietin-, Dextro- und Lävopimarsäure. Diese Harzsäuren mit Diterpen-Struktur werden u. a. Alkydharzen zugesetzt, denen sie eine besondere Härte und einen guten Glanz verleihen. Gerbstoffe werden z. B. aus den Rinden und Hölzern von Quebracho (in Argentinien beheimateter Baum) und Kastanien gewonnen und dienen überwiegend zur Lederverarbeitung.

Tab. 7.33   Pflanzliche Sekrete und Extrakte

Rohstoff	Herkunft	Weltproduktion (in 1000 t/a)	Anwendungen
Naturkautschuk	Latex der *Hevea brasiliensis*	3770	Elastomere
Kolophonium	Harze von Nadelbäumen	600	Harze, Lacke, Farben
Gerbstoffe	Holz- und Rindenextrakte	270	Lederverarbeitung
Terpentinöle	Destillate aus Harzen*	260	Lösemittel, Kosmetik
Polysaccharide	Trester, Algen	75	Gelier- und Bindemittel
Naturfarbstoffe	Pflanzen (Henna, Safran)	60	Lebensmittelfarben
ätherische Öle	Fruchtschalen, Blüten, Blätter	40	Duftstoffe, Aromen

* Nebenprodukt der Celluloseherstellung

Terpentinöle werden durch Wasserdampfdestillation aus dem Harzsaft verschiedener Kiefernarten gewonnen oder fallen als Nebenprodukte der Celluloseherstellung an. Hauptbestandteile des Terpentinöls sind α- und β-Pinen. Sie und andere Terpene (= Kohlenwasserstoffe, die aus Isopreneinheiten aufgebaut sind) sind Edukte für die Herstellung von vielen speziellen Produkten, z. B. von Riech- und Aromastoffen.

$$\alpha - \text{Pinen} \qquad \beta - \text{Pinen} \tag{7.32}$$

Bestimmte pflanzliche Polysaccharide finden als Gelier- und Bindemittel Verwendung, z. B. die Pektine, die Algine sowie Gummi Arabicum. Auch Naturfarbstoffe wie Henna oder Safran sowie ätherische Öle, wie Pfefferminz-, Eukalyptus- oder Lavendelöl, haben vielseitige Anwendungen in Lebensmitteln und Pharmaka.

7.3.4 Bedeutung nachwachsender Rohstoffe

Die nachwachsenden Rohstoffe stellen ein beträchtliches Potential dar, und zwar sowohl als Chemierohstoffe als auch als mögliche Energiequellen. Man schätzt, daß durch die Photosynthese jährlich 170 Gt Biomasse gebildet werden, von denen z.Z. nur ca. 3% als Nahrungsmittel, Brennstoff oder Werkstoffe genutzt werden. Diese enorme Rohstoffbasis könnte durch gezielte Maßnahmen weiter gesteigert werden, z. B. durch optimalen Einsatz von Dünge- und Pflanzenschutzmitteln, durch pflanzenzüchterische Maßnahmen oder durch Selektion bisher noch wild wachsender Pflanzenarten. Die Möglichkeiten, einen Teil des Bedarfs an Chemierohstoffen durch nachwachsende Rohstoffe zu decken, müssen in Zukunft stärker genutzt werden, um langfristig die begrenzten Vorräte der fossilen Rohstoffe Erdöl und Erdgas zu ersetzen oder zumindest zu ergänzen. Die derzeitige Nutzung der nachwachsenden Rohstoffe Fette/Öle, Cellulose, Stärke und Zucker durch die chemische Industrie ist in Tab. 7.34 festgehalten. Sie zeigt, daß am meisten die Fette und Öle chemisch-technisch genutzt werden. Im Vergleich zu den fossilen Rohstoffen werden die nachwachsenden Rohstoffe jedoch bisher nur in geringem Umfang verwertet. Tab. 7.35 zeigt einen Vergleich der Nutzung organischer Chemierohstoffe, berechnet auf der Basis ihrer Energieinhalte. Weltweit haben die nachwachsenden Rohstoffe nur einen Anteil von 8%. Bei dieser Rohstoffbilanzierung über den Heizwert werden die Vorteile der höherwertigen Naturstoffe allerdings nicht berücksichtigt. Insgesamt ist der wertmäßige Anteil der nachwachsenden Rohstoffe deutlich höher, nämlich bei ca. 20% einzustufen.

Tab. 7.34   Verbrauch der chemischen Industrie an nachwachsenden Rohstoffen (in 1000 t)

Nachwachsender Rohstoff	Welt (1987)	EG (1987)	Bundesrepublik Deutschland (alte Bundesländer)	
			(1987)	(1991)
Fette und Öle	9500	2700	700	900
Cellulose	5014	600	220	250
Stärke	1750	390	115	465
Zucker	800	65	15	32

Tab. 7.35   Geschätzte Nutzung organischer Chemie-Rohstoffe (Anteile in %)

Rohstoff	Welt (1980)	Bundesrepublik Deutschland (alte Bundesländer)	
		(1980)	(1991)
Erdöl	56	76	82
Erdgas	25	9	8
Kohle	11	9	2
nachwachsende Rohstoffe	8	6	8

Die zukünftige Entwicklung der nachwachsenden Rohstoffe ist jedoch auch mit kritischen Augen zu sehen. Folgende Einschränkungen sind zu berücksichtigen:
- Der gewünschte Chemierohstoff muß in möglichst hoher Konzentration in den Pflanzen angereichert sein, um eine Ernte rentabel zu machen. Durch Neuzüchtungen kann man diesem Ziel in vielen Fällen näherkommen.
- Die Ernte und Aufbereitung der Pflanzen muß mit vertretbarem Aufwand möglich sein. Eventuell können hier neue Erntetechniken zu Fortschritten führen.
- Die Nutzung nachwachsender Rohstoffe durch die Chemie darf nicht die Ernährung der Weltbevölkerung beeinträchtigen. Zur Zeit gibt es in den USA und in Europa Agrarüberschüsse, aber für das Jahr 2000 wird ein Anstieg der Weltbevölkerung auf 6 Mrd. Menschen erwartet. Die Ernährung dieser Menschen darf nicht durch einseitige Monokulturen in den Entwicklungsländern gefährdet werden.

Unter diesen Gesichtspunkten sind Projekte wie die Gewinnung von Kraftstoffethanol (*Biosprit*) aus Zuckerrohr (Brasilien) oder Mais (USA) sowie die z. Z. diskutierte Verwendung von Raps als *Bio-Diesel* mit Skepsis zu betrachten. Es erscheint wenig aussichtsreich, nachwachsende Rohstoffe als Energieträger zu nutzen oder sie in einfache Grundchemikalien zu überführen. Günstiger sind die Prognosen für Einsatzwecke, bei denen die chemische Struktur der Naturstoffe genutzt wird, um hochwertige Endprodukte zu erzeugen.

Das Für und Wider nachwachsender Rohstoffe sei am Beispiel der Produktion von Pflanzenölen etwas genauer betrachtet:
Die Anpflanzung von Öl- oder Kokospalmen braucht nicht zu einseitigen Monokulturen zu führen. Kokospalmen können z. B. in landwirtschaftlicher Mischnutzung zusammen mit Kaffee und Kakao angebaut werden. Ebenfalls ist es möglich, daß Ölpalmenplantagen durch Schafe oder Ziegen beweidet werden. Leere Fruchtstände und geköpfte Wedel werden zwischen den Palmen als Mulch ausgelegt und so die Nährstoffe partiell wieder zurückgeführt. Verwilderte Nutzflächen sind in den Tropen immer sehr stark erosionsgefährdet. Natürliche Verhältnisse werden annähernd wiederhergestellt, wenn diese Ödflächen mit Ölpalmen kultiviert werden, die die Feuchtigkeit festhalten und die Bodenqualität langsam verbessern. Werden diese Landreserven richtig genutzt, können größere Mengen an Pflanzenölen produziert werden, ohne daß wertvoller Regenwald vernichtet wird. Die Pflanzenöle werden zunehmend

von den Erzeugerländern selbst veredelt. In Südostasien werden inzwischen große Mengen an Fettsäuren, Fettalkoholen und Glycerin erzeugt und gewinnbringend exportiert. Der Anbau von Ölpflanzen stärkt somit die Wirtschaftsstrukturen dieser Entwicklungs- und Schwellenländer. Insgesamt gesehen ist daher die Förderung des Anbaus von Ölpflanzen in tropischen Gebieten eher positiv als negativ zu sehen.

Literatur

Wichtige Zeitschriften

1. Erdöl, Erdgas, Kohle, Urban, Hamburg.
2. Erdöl, Kohle, Erdgas, Petrochemie, Konradin Industrie Verlag, Leinfelden-Echterdingen.
3. Hydrocarbon Processing, Gulf Publ. Co., Houston Texas, USA.
4. The Oil and Gas Journal, The Energy Group of Penn Well Publ. Co., Tulsa, Oklahoma, USA.

Literatur zu Kap. 7.1

5. Acosta T., W. P. Barry (1990), The Changing Aromatics Marketplace of the 1990s, Chem. Ind. (London), 220–223.
6. Antos, G. J., A. M. Aitani, J. M. Parera (1994), Catalytic Naphtha Reforming, Marcel Dekker, New York.
7. Deutsche BP (1989), Das Buch vom Erdöl. 5. Aufl., Reuter und Klöckner, Hamburg.
8. Eldridge, R. B. (1993), Olefin/Paraffin Separation Technology, Ind. Eng. Chem. **32**, 2208–2212.
9. Frank H.-G., J. W. Stadelhofer (1987), Industrielle Aromatenchemie, Springer, Berlin.
10. Freund, M., R. Csikos, S. Keszthelyi, G. Mozes (1982), Paraffin Products: Properties, Technologies, Applications, in: Developments in Petroleum Science 14, Elsevier, Amsterdam.
11. Grabert, H. (1981), Erdöl und Erdgas – vor Jahrmillionen gespeicherte Sonnenenergie. Teil 5, technik heute, **2**.
12. Hill, C. L. (1989), Activation and Functionalization of Alkenes, Wiley, New York.
13. International Energy-Agentur, OECD/OCDE (1993), Weltenergieausblick bis zum Jahre 2010, Paris.
14. Irian, W. W., A. Marhold, J. Weitkamp (1987), Raffinerietechnik und Petrochemie, Erdöl, Erdgas, Kohle **103**, 424–429.

15. Kaminsky, W., H. Rössler (1992), Olefins from wastes, CHEMTECH Feb. 1992, 108–113.
16. McKetta, J. J. (1992), Petroleum Processing Handbook, Marcel Dekker, New York.
17. Meyers, R. A. (1986), Handbook of Petroleum Refining Processes, McGraw-Hill, New York.
18. Millington, A., D. Price, R. Hughes (1994), In situ combustion for oil recovery, Chem. Ind. (London), 632.
19. Neumann, H.-L. et al. (1981), Composition and Properties of Petroleum, Ferdinand Enke Verlag, Stuttgart.
20. Oballa, M. C., S. S. Shih (1994), Catalytic Hydroprocessing of Petroleum and Distillates, Marcel Dekker, New York.
21. Schulze, J., M. Homann (1989), C_4-Hydrocarbons and Derivatives, Springer, Berlin.
22. Stodolsky, F., D. J. Santini (1993), Fueling up with natural gas, CHEMTECH Oct. 1993, 54–59.
23. Torck, B. (1993), Challenges for the crude C_4 stream, Chem. Ind. (London), 742–745.
24. Ullmann (5.),
    Acetylene, Vol A1 (1985), pp. 97–145.
    Benzene, Vol. A3 (1985), pp. 475–505.
    Butadiene, Vol. A4 (1985), pp. 431–446.
    Butenes, Vol. A4 (1985), pp. 483–494.
    Cyclohexane, Vol. A8 (1987), pp. 209–215.
    Cyclopentadiene und Cyclopentene, Vol. A8 (1987), pp. 227–237.
    Ethylene, Vol. A10 (1987), pp. 45–93.
    Hydrocarbons, Vol. A13 (1989), pp. 227–281.
    Isoprene, Vol. A14 (1989), pp. 627–644.
25. Wheeler, K., T. A. Gibson, K. Tsuchiya (1987), Petrochemical Industry Overview, in: Chemical Economics Handbook, Marketing Research Report, SRI International, Menlo Park, California.
26. Winnacker-Küchler (4.), Bd. 5 (1981),
    a) Brecht, D., H.-W. v. Gratkowski, K. H. Kuhlmann. H. Spörker, Gewinnung und Transport von Erdöl und Erdgas, S. 1–47,
    b) Pass, F., Verarbeitung von Erdöl (Raffinerietechnik), S. 48–163,

c) Grohling, J., Chemierohstoffe aus Erdöl und Erdgas, S. 164–272.

27. Wisemann, P. (1986), Petrochemicals, Ellis Horwood, Chichester.

28. Zürn, G., K. Kohlhase, K. Hedden, J. Weitkamp (1984), Entwicklungen in der Raffinerietechnik, Erdöl, Kohle, Erdgas, Petrochem. **37**, 62, 115.

29. *Hydrocarbon Processing,*
a) Adams, C. T. et al. Hydroprocess catalyst selection, **68** (9), 57–61,
b) Carter, G. D. L., G. McElhiney (1989), FCC catalyst selection, **68** (9), 63–64,
c) Washimi, K., H. Limmer (1989), New unit to thermal crack unit, **68** (9), 69–70,
d) Doolan, P. C., P. R. Pujado (1989), Make aromatics from LPG, **68** (9), 72–76,
e) Hoffmann, H. L. (1990), Catalyst market estimated, **69** (2), 53–54,
f) Hayward, C.-M. T., W. S. Winkler (1990), FCC: Matrix/zeolite interactions, **69** (2), 55–56,
g) Field, S. (1990), Ethylene profitability trends, **69** (3), 47–49,
h) Pujado, P. R., B. V. Vora (1990), Make C_3–C_4 olefines selectively, **69** (3), 65–70,
i) Hennico, A., J., Léonard, A. Forestiere, Y. Glaize (1990), Butene-1 is made from ethylene, **69** (3), 73–75,
j) Petrochemical Handbook, **68** (11), 85–115 und **70** (3), 123–192,
k) Gas Process Handbook, **69** (4), 69–99,
l) Refining Handbook, **69** (11), 83–146.

Literatur zu Kap. 7.2

30. Agreda, V. H., D. M. Pond, J. R. Zoellner (1992), From coal to acetic anhydride, CHEMTECH Mar. 1992, 172–181.
31. Allhorn, H., U. Birnbaum, W. Huber (1984), Kohleverwendung und Umweltschutz, Springer, Berlin.
32. Asinger, F. (1986), Methanol – Chemie- und Energierohstoff: Die Mobilisation der Kohle, Springer, Berlin.
33. Asinger, F. (1990), Bemerkungen zur stoffwirtschaftlichen sowie energiewirtschaftlichen Verwertung der fossilen Brennstoffe, Erdöl, Erdgas, Kohle, **106**, 263–269.
34. Benthaus, F. et al. (1978), Rohstoff Kohle, Verlag Chemie, Weinheim.
35. Bertling, H., H. Schönau (1990), Entwicklungsstand und -perspektiven der Verkokung von Steinkohlen, Erdöl, Erdgas, Kohle **106**, 217–222.
36. Brachold, H., C. Peuckert, H. Regner (1993), Lichtbogen-Plasma-Reaktor für die Herstellung von Acetylen aus Kohle, Chem.-Ing.-Tech. **65**, 293–297.

37. Collin, G. (1987), Neuere technische Verfahren in der Kohlechemie, Chem.-Ing.-Tech. **59**, 899–906.
38. Collin, G., B. Bujnowska (1994), Co-carbonization of pitch with coal mixtures for the production of metallurgical cokes, Carbon **32**, 547–552.
39. Collin, G., M. Zander (1986), Steinkohlenteerchemie, Erdöl, Erdgas, Kohle **102**, 517–524.
40. Cooper, B. R., W. A. Ellingson, (1984), The Science and Technology of Coal and Coal Utilization, Plenum, New York.
41. Cornils, B. (1983), Die gezielte Oxidation der Kohle: Synthesegas durch Kohlevergasung, Ber. Bunsenges. Phys. Chem. **87**, 1080–1086.
42. Falbe, J. (1980), New Syntheses with Carbon Monoxide, Springer, Berlin.
43. Falbe, J., E. Ahland (1982), Chemical Feedstocks from Coal, Wiley-Interscience, New York.
44. Fonds der Chemischen Industrie (1980), Diaserie des Fonds der Chemischen Industrie: Kohleveredlung, Fonds Chem. Ind., Frankfurt/Main.
45. Frank, H.-G., A. Knop (1979), Kohleveredlung – Chemie und Technologie, Springer, Berlin.
46. Gesamtverband des deutschen Steinkohlenbergbaus (1994), Steinkohle 1994, Glückauf, Essen.
47. Kaufmann, E. N., C. D. Scott (1994), Liquefy coal with enzyme catalysts, CHEMTECH Apr. 1994, 27–32.
48. Keim, W. (1983), Catalysis in C_1-Chemistry, D. Reidel, Dordrecht.
49. Kölling, G., J. Langhoff, G. Collin (1984), Kohlenwertstoffe und Verflüssigung von Kohle, Erdöl, Kohle, Erdgas, Petrochemie **37**, 394–402.
50. Osteroth, D. (1989), Von der Kohle zur Biomasse. Springer, Berlin.
51. Payne, K. R. (1985), Chemicals from Coal: New Developments, in: Critical Reports on Applied Chemistry, Vol. 9, Blackwell, Oxford.
52. Payne, K. R. (1987), Chemicals from Coal: New Processes, in: Critical Reports on Applied Chemistry, Vol. 14, Wiley, Chichester.
53. Peters W. (1981), Kohlenvergasung, Glückauf, Essen.
54. Schäfer, H.-G. (1988), Entwicklung der Veredlung und Verwertung der Teerinhaltsstoffe, Chemiker-Ztg. **112**, 265–275.
55. Schäfer, H.-G. (1989), Fließkohlen, Chemiker-Ztg. **113**, 333–342.
56. Schobert, H. H. (1987), Coal: The Energy Source of the Past and Future, ACS, Washington.

57. Schobert, H. H., K. D. Bartle, J. Lynch (1991), Coal Science II, ACS Symp. Ser. 461.

58. Smoot, L. D., P. J. Smith (1985), Coal Combustion and Gasification, Plenum Press, New York.

59. Speight, J. G. (1983), The Chemistry and Technology of Coal, Marcel Dekker, New York.

60. Spitz, P. H. (1989), Chemicals from coal, CHEMTECH, Feb. 1989, 92–100.

61. Tedeschi, R. J. (1982), Acetylene-Based Chemicals from Coal, Marcel Dekker, New York.

62. Ullmann (5.) (1986),
Coal, Vol. A7, pp. 153–196,
Coal Liquefaction, Vol. A7, pp. 197–243,
Coal Pyrolysis, Vol. A7, pp. 245–280.

63. Volborth, A. (1981–1995), Coal Science and Technology Series, Vol. 1–23, Elsevier, Amsterdam.

64. Winnacker-Küchler (4.), Bd. 5 (1981),
a) Beck, K. G., Gewinnung und Verarbeitungh von Steinkohle, S. 273–356,
b) Koenigs, H.-B., R. Kurtz, K. Petz, Gewinnung und Verarbeitung von Braunkohle, S. 357–420,
c) Collin, G. et al., Chemische Veredlung von Kohle, S. 420–501.

65. Wise, D. L. (1990), Bioprocessing and Biotreatment of Coal, Marcel Dekker, New York.

66. Ziegler, A. (1988), Die Rolle der Kohle als Energie- und Rohstoffträger, Chem.-Ing.-Tech. 60, 187–192.

Literatur zu Kap. 7.3

67. Chum, H. L. (1991), Polymers from Biobased Materials, Noyes Data, Park Ridge.

68. Dambroth, M. (1981), Biochemikalien aus Biomasse, Nachr. Chem. Tech. Lab. 29, 12–17.

69. Dellweg, H. (1983), Biomass, Microorganisms for Special Applications, Microbial Products I, Energy from Renewable Resources, in: Rehm, H.-J., G. Reed (1981–1989), Biotechnology, A Comprehensive Treatise in 8 Volumes, Vol. 3, 1. Aufl., VCH, Weinheim.

70. Eggersdorfer, M., W. Dingebauer (1994), Nachwachsende Rohstoffe in der Chemie, Studie der BASF AG, Ludwigshafen.

71. Eggersdorfer, M., S. Warwel, G. Wulff (1993), Nachwachsende Rohstoffe – Perspektiven für die Chemie, VCH, Weinheim.

72. Fachagentur Nachwachsende Rohstoffe (1994), Handbuch Nachwachsende Rohstoffe, Gültzow.

73. Hauthal, H. G. (1992), Nachwachsende Rohstoffe – Perspektiven für die Chemie, Seifen, Öle, Fette, Wachse 118, 710.

74. Hauthal, H. G. (1994), Zweites Symposium über Nachwachsende Rohstoffe, Seifen, Öle, Fette, Wachse 120, 6–13.

75. Hauthal, H. G. (1995), Drittes Symposium über Nachwachsende Rohstoffe, Seifen, Öle, Fette, Wachse 121, 28–37.

76. Jeromin, L. (1994), Nachwachsende Rohstoffe für die Chemische Industrie – eine neue verfahrenstechnische Herausforderung? Fortschritt-Berichte VDI Reihe 3: Verfahrenstechnik 349, VDI, Düsseldorf.

77. Kovaly, K. A. (1982), Biomass ⇌ Chemicals, CHEMTECH Aug. 1982, 486–489.

78. Lipinsky, E. S. (1981), Chemicals from Biomass: Petrochemical Substitution Options, Science 212, 1465–1471.

79. Methuen, J. M. (1991), Polymeric materials from renewable resources, Pergamon, Oxford.

80. Rowell, R. M., T. P. Schultz, R. Narayan (1991), Emerging Materials and Chemicals from Biomass, ACS Symp. Ser. 476.

81. Seehuber, R., H. Stürmer (1992), Nachwachsende Rohstoffe und ihre Verwendung, Auswertungs- und Informationsdienst für Ernährung, Landwirtschaft und Forsten AID, Bonn.

82. Semel J., R. Steiner (1983), Nachwachsende Rohstoffe in der chemischen Industrie, Chem. Ind. (Düsseldorf) 35, 489–494.

83. Thiem, J. (1989), Nachwachsende Rohstoffe – Forscher fordern Umdenken, Chem. Ind. (Düsseldorf) 41 (11), 92.

84. Villet, R. H. (1984), Increasing the value of agricultural feedstocks, CHEMTECH, Sept. 1984, 44–48.

85. Willer, H. (1985), Nachwachsende Rohstoffe – Chancen in der Bundesrepublik, Chem. Ind. (Düsseldorf) 37, 127.

86. Wise, D. L. (1983), Organic Chemicals from Biomass, The Benjamin/Cummings Publ. Comp., Menlo Park, California.

Fette und Öle

87. Chemical Economics Handbook – Fats and Oils, SRI International, Menlo Park, California.

88. Ambros, D. H. (1984), Fettchemische Grundstoffindustrie, Chem. Ind. (Düsseldorf) 36, 657–661.

89. Baumann, H., M. Bühler, H. Fochem, F. Hirsinger, H. Zoebelein, J. Falbe (1988), Natürliche Fette und Öle – nachwachsende Rohstoffe für die chemische Industrie, Angew. Chem. 100, 41–62.

90. Behr, A. (1992), Anwendungsmöglichkeiten der homogenen Übergangsmetallkatalyse in der Fettchemie, Fat. Sci. Technol. **92**, 375–387.

91. Döring, B. (1985), Prognosemöglichkeiten für nachwachsende Rohstoffe – Öle und Fette, Chem. Ind. (Düsseldorf) **37**, 450.

92. Dambroth, M., H. Kluding, R. Seehuber (1982), Pflanzliche Öle als Industriegrundstoffe, Fette, Seifen, Anstrichm. **84**, 173.

93. Dieckelmann, G., H. J. Heinz (1988), The Basics of Industrial Oleochemistry, Peter Pomp, Essen.

94. Eierdanz, H., F. Hirsinger (1990), Neue Fettrohstoffe für oleochemische Reaktionen, Fat Sci. Technol. **92**, 463–497.

95. Fa. Henkel (1981), Fettalkohole – Rohstoffe, Verfahren und Verwendung, Henkel, Düsseldorf.

96. Fa. Schering AG (1983), Fettchemie hat Zukunft, Chem. Ind. (Düsseldorf) **35**, 251.

97. Fochem, H. (1985), Der Weltmarkt der Pflanzenöle, Fette, Seifen, Anstrichm. **87**, 47.

98. Fochem, H. (1990), Der Markt pflanzlicher Öle und Fette, Fat Sci. Technol. **92**, 496–497.

99. Fonds der Chemischen Industrie (1986), Fette und Öle, Schriftenreihe Heft 26, Fonds Chem. Ind., Frankfurt/Main.

100. Habermehl, G., P. E. Hammann (1992) Naturstoffchemie: eine Einführung, Springer, Berlin.

101. Hall, D. O., R. P. Overend (1987), Biomass, Wiley, New York.

102. Haumann, B. F. (1991), Oleochemicals – European firms face new challenges, J. Am. Oil Chem. Soc. Inform. **2**, 438–447.

103. Haumann, B. F. et al. (1988), Oils and Fats: A Changing Industry, J. Am. Oil Chem. Soc. **65**, 702.

104. Hermsdorf, H. (1987), Physik der Fette, Seifen, Öle, Fette, Wachse **113**, 455.

105. Hirsinger, F. (1986), Oleochemical raw materials and new oilseed crops, Oleagineux **41**, 345.

106. Ista, M. (1994), Oil World 2012, ISTA Mielke, Hamburg.

107. Johnson, R. W., E. Fritz (1989), Fatty Acids in Industry, Marcel Dekker, New York.

108. Knaut, J., Richtler, H. J. (1986), Oleochemie: Sichere Rostoffe bis in die 90er Jahre, Chem. Ind. (Düsseldorf) **38**, 1141–1149.

109. Lau, J. (1985), Technologie der Fette – Vorschriften von gestern? Fette, Seifen, Anstrichm. **87**, 526.

110. Mielke, S. (1987), Oilseeds Outlook to 1995: World Production, Consumption, J. Am. Oil Chem. Soc. **64**, 294.

111. Mielke, S. (1987), World Oils and Fats Production from 1960 to 1990, Fat Sci. Technol. **89**, 99–103.

112. Patterson, H. B. W. (1983), Hydrogenation of Fats and Oils, Appl. Sci. Publ., London.

113. Pryde, E. H. (1979), Fatty Acids, The American Oil Chemists' Society, Champaign, Illinois.

114. Richtler, H. J., J. Knaut (1984), Probleme und Chancen der Oleochemie, Teil I und II, Chem. Ind. (Düsseldorf) **36**, 131–134, 199–201.

115. Richtler, H. J., J. Knaut (1991), Umwelt und Fettchemie – Eine Herausforderung, Fat Sci. Technol. **93**, 1–13.

116. Röbbelen, G. (1987), Development of New Industrial Oil Crops, Fat Sci. Technol. **89**, 563–570.

117. Röbbelen, G. (1991), The Genetic Improvement of Seedoil, Chem. Ind. (London), 713–716.

118. Schuster, W. H. (1992), Ölpflanzen in Europa, DLG, Frankfurt.

119. Singer, M. (1992), Gewinnung und Verarbeitung der pflanzlichen Fette und Öle, Ziolkowsky, Augsburg.

120. Stein, W. (1982), Fettchemische und petrochemische Rohstoffe – Gegensatz oder Ergänzung? Fette, Seife, Anstrichm. **84**, 45.

121 Warwel, S. (1992), Industriechemikalien durch Olefin-Metathese natürlicher Fettsäureester, Nachr. Chem. Tech. Lab. **40**, 314–320.

122. Zoebelein, H. (1988), Nachwachsende Rohstoffe – Fruchtbare Ansätze für Kooperation, Chem. Ind. (Düsseldorf) **40** (3), 30–38.

123. Zoebelein, H. (1992), Nachwachsende Rohstoffe, Chem. unserer Zeit **26**, 27–34.

Kohlenhydrate

124. Fonds der Chemischen Industrie, Schriftenreihe des Fonds der Chemischen Industrie, Heft 24: Cellulose (1985) Heft 25: Stärke (1986), Fonds Chem. Ind., Frankfurt/Main.

125. Goheen, D. W. (1981), Chemicals from Wood and Other Biomass, J. Chem. Educ. **58**, 544–547.

126. Heyns, K., E. Reinefeld (1981), Technologie der Kohlenhydrate, in Winnacker-Küchler (4.), Bd. 5, S. 657–696.

127. Kaufmann, A. J., R. J. Ruebusch (1990), Kohlenhydrate, J. Am. Oil Chem. Soc. Inform **1**, 1034.

128. Kirk-Othmer (3.) (1983), Starch, Vol. 21, p. 492–507.

129. Koch, H., H. Röper (1988), New Industrial Products from Starch, Starch/Stärke **40**, 121–131.

130. Lichtenthaler, F. W. (1991), Carbohydrates as Organic Raw Materials, VCH, Weinheim.
131. Myerly, R. C., M. D. Nicholson, R. Katzen, J. M. Taylor (1981), The Forest Refinery, CHEMTECH, Mar. 1981, 186–192.
132. Tegge, G. (1984), Stärke und Stärkederivate, Behr's Verlag, Hamburg.
133. Uhlmann, F. (1985), Stärke als nachwachsender Rohstoff für die Industrie, Landbauforschung Völkenrode, 35, 163–173.
134. Woelk, H. U. (1981), Stärke als Chemierohstoff, Starch/Stärke 33, 397–408.
135. Woelk, H. U. (1989), Stärke – Tradition mit Zukunft, Chem. Ind. (Düsseldorf) 41 (5), 70–72.

Kapitel 8

Organische Zwischenprodukte

8.1 Folgeprodukte aus Alkanen

Die Gruppe der Alkane (Paraffine, gesättigte Kohlenwasserstoffe) umfaßt eine riesige Zahl von Einzelverbindungen. Die meisten dieser Verbindungen werden in der chemischen Technik als Gemische eingesetzt. Nur wenige Alkane, wie z. B. Methan oder Cyclohexan, haben als Einzelverbindungen Bedeutung erlangt.

8.1.1 Methan

Methan ist der Hauptbestandteil von Erdgas (Vorkommen und Förderung vgl. Kap. 7.1.1, Aufarbeitung zu Methan vgl. Kap. 7.1.3). Daneben ist es im Biogas aus der anaeroben Methangärung (vgl. Kap. 3.4.2) organischer Abfälle enthalten. Neben der Nutzung natürlich vorkommmender Methanreserven ist auch die gezielte Methansynthese aus Synthesegas möglich (*Methanisierung*, Gl. 8.1):

$$CO + 3H_2 \underset{\text{300–600 °C, 20–50 bar}}{\overset{(Ni/Al_2O_3)}{\rightleftharpoons}} CH_4 + H_2O \qquad \Delta H_R = -207 \text{ kJ/mol} \qquad (8.1)$$

Dieses **synthetische Erdgas** (synthetic natural gas, SNG, vgl. Tab. 7.22) kann im Festbett- oder im Wirbelbettreaktor hergestellt werden. Als Katalysatoren eignen sich insbesondere Metalle der 8. Nebengruppe, speziell Nickelkatalysatoren mit Aluminiumoxid und basischen Oxiden als Trägersubstanzen. Die wirtschaftlichen Aussichten des SNG hängen von den Kosten für die Synthesegaserzeugung ab (vgl. Kohlevergasung Kap. 7.2.4).

Methan dient überwiegend zur Energieerzeugung durch Verbrennen. Nur ein kleiner Teil wird chemisch verwendet. Die wichtigsten Verwertungsmöglichkeiten dazu sind in Abb. 8.1 zusammengestellt. Die Chlorierung von Methan zu den verschiedenen *Chlormethanen* erfolgt thermisch (vgl. Kap. 8.5.1).

Blausäure (Cyanwasserstoff, HCN) kann nach zwei verschiedenen Verfahren aus Methan hergestellt werden: Nach dem **Andrussow-Verfahren** erfolgt die Synthese durch katalytische Oxidation von Methan mit Luft in Gegenwart von Ammoniak (Ammonoxidation):

$$CH_4 + NH_3 + 3/2 \, O_2 \xrightarrow[\text{1000–1200 °C}]{(Pt, \, Pt/Rh)} HCN + 3 \, H_2O \qquad \Delta H_R = -474 \text{ kJ/mol} \qquad (8.2)$$

Das Verfahren verläuft autotherm. Die Reaktionsgase werden direkt nach dem Reaktor gequencht, der Überschuß an Ammoniak mit Schwefelsäure ausgewaschen, die Blausäure in Wasser absorbiert und durch Destillation in hoher Reinheit isoliert.

Beim **BMA-Verfahren** (**B**lausäure aus **M**ethan und **A**mmoniak) erfolgt die Blausäuresynthese ohne Sauerstoffzusatz als katalytische Dehydrierung:

$$CH_4 + NH_3 \xrightarrow[1200-1300\,°C]{(Pt)} HCN + 3\,H_2 \qquad \Delta H_R = 251\ kJ/mol \quad (8.3)$$

Die Reaktion verläuft endotherm in Keramikrohren, auf deren Wandung der Platinkatalysator aufgebracht ist und die von außen auf Temperaturen von 1200 bis 1300 °C beheizt werden. Eine beachtliche Menge Blausäure fällt auch bei der Acrylnitril-Synthese nach dem Sohio-Verfahren (vgl. Kap. 8.3.1) an.

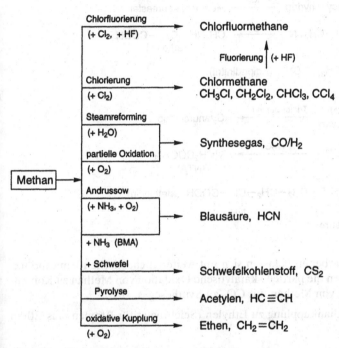

Abb. 8.1 Chemische Verwendung von Methan

Die Verwendung der Blausäure ist Abb. 8.2 zu entnehmen. Bedeutsam ist die Herstellung von Methacrylsäureestern, Sarkosin (Methylaminoessigsäure), Adipodinitril, Cyanurchlorid, Nitrilotriessigsäure (NTA) und der essentiellen Aminosäure Methionin (Herstellung von L-Methionin vgl. Abb. 9.47).

Schwefelkohlenstoff erhält man durch Umsetzung von Methan mit Schwefel bei ca. 650 °C:

$$CH_4 + 4\,S \xrightarrow[650\,°C]{} CS_2 + 2\,H_2S \qquad\qquad\qquad (8.4)$$

Der Schwefelkohlenstoff wird überwiegend zur Herstellung von Celluloseregeneratfasern benötigt, deren Bedeutung jedoch weltweit stagniert (vgl. Kap. 7.3.2).

Durch Pyrolyse von Methan kann **Acetylen** erzeugt werden. Beim Lichtbogenprozeß wird Methan in einem allothermen Verfahren direkt in einen ca. 2000 °C heißen Lichtbogen eingedüst:

$$2\,CH_4 \longrightarrow HC \equiv CH + 3\,H_2 \qquad\qquad \Delta H_R = 377\ kJ/mol \quad (8.5)$$

Das alternative Sachsse-Bartholomé-Verfahren (vgl. Kap. 7.1.5) ist ein autothermer Prozeß, bei dem eine unvollständige Verbrennung mit reinem Sauerstoff unter Bildung von Wasser stattfindet:

$$2\ CH_4 + 3/2\ O_2 \longrightarrow HC \equiv CH + 3\ H_2O \tag{8.6}$$

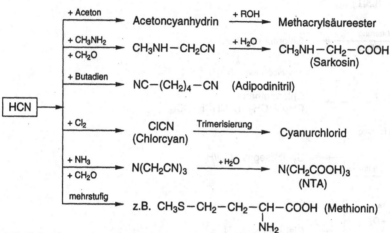

Abb. 8.2 Verwendung von Blausäure

Forschungs- und Entwicklungsarbeiten befassen sich mit weiteren chemischen Umwandlungen des Methans. Hierzu gehören die partielle katalytische Oxidation von Methan zu Kohlenmonoxid sowie die Umsetzung von Methan mit CO_2 zu Synthesegas.

Weiterhin ist die oxidative Methankupplung zu Ethylen (Selektivität für Ethylen plus Ethan ca. 80%) zu nennen:

$$2\ CH_4 + O_2 \xrightarrow[800-900\ ^\circ C]{(Kat)} C_2H_4 + 2\ H_2O \tag{8.7}$$

Hierbei entstehen als unerwünschte Nebenprodukte CO_2 und CO. Auch hat es nicht an Versuchen gefehlt, Methan direkt zu Methanol und Formaldehyd zu oxidieren. Jedoch lassen die bislang erzielten Selektivitäten vorläufig keine Verwirklichung dieser Verfahrenswege erwarten.

8.1.2 Höhere *n*- und *iso*-Alkane

Höhere Alkane werden aus nassen Erdgasen und aus Erdöl gewonnen (vgl. Kap. 7.1). Mögliche Alternativen beruhen auf der Rohstoffbasis Kohle: Durch Kohlehydrierung (vgl. Kap. 7.2.4) und durch die Fischer-Tropsch-Synthese (vgl. Kap. 7.2.5) sind ebenfalls höhermolekulare Alkangemische zugänglich.

Die **Trennung** von *n*- und *iso*-Alkanen kann nach zwei Methoden erfolgen: durch **Molkularsieb-Adsorption** (selektive Adsorption der *n*-Alkane an Zeolithen, s. Kap. 7.1.6) oder durch **Extraktivkristallisation mit Harnstoff.** Bei der letzteren Methode nutzt man die Eigenschaft von Harnstoff, nur mit linearen Paraffinen, jedoch nicht mit verzweigten Paraffinen, Naphthenen oder Aromaten Einschlußverbindungen (sog. *Clathrate*) zu bilden. Die Harnstoffkristalle enthalten Kanäle mit einem Durchmesser von 5,3 Å ($5,3 \cdot 10^{-10}$ m), in die nur die *n*-Paraffine hineinpassen. Durch anschließende Spaltung der Paraffin-Harnstoff-Einschlußkomplexe, z. B. mit 75 °C heißem Waser, werden die *n*-Paraffine freigesetzt. Technische Verfahren arbeiten mit festem Harnstoff *(Nurex-Prozeß)* oder mit gesättigter wäßriger Harnstofflösung *(Edeleanu-Verfahren)*. Die chemische Verwendung der höheren *n*-Alkane ist in Abb. 8.3 zusammengestellt.

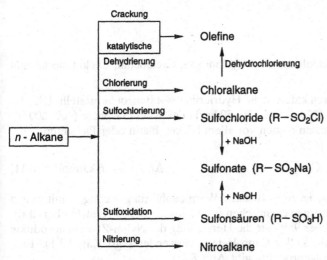

Abb. 8.3 Chemische Verwendung von *n*-Alkanen

Aus *n*-Alkanen lassen sich **langkettige Olefine** durch Crackung, katalytische Dehydrierung oder Chlorierung/Dehydrochlorierung (vgl. Kap. 8.5.2) herstellen. **Sulfochlorierung** und **Sulfoxidation** sind wichtige Prozesse zur Herstellung höhermolekularer Alkansulfonate (AS), die als Aniontenside von Bedeutung sind (vgl. Kap. 9.2.2). In beiden Verfahren verlaufen die Reaktionen bei Raumtemperatur nach einem radikalischen Mechanismus, wobei die Radikale photochemisch durch UV-Strahlung erzeugt werden:

$$RH + SO_2 + 1/2\ Cl_2 \xrightarrow{(h \cdot \nu)} R{-}SO_2{-}Cl \xrightarrow{+\ H_2O} R{-}SO_3H + HCl \qquad (8.8)$$

$$RH + SO_2 + 1/2\ O_2 \xrightarrow{(h \cdot \nu)} R{-}SO_3H \qquad (8.9)$$

Bei beiden Prozessen entstehen Isomerengemische. Die Sulfoxidation hat gegenüber der Sulfochlorierung den großen Vorteil, daß kein Chlor benötigt wird.

Die **Oxidation** von Alkanen führt, je nach Ausgangsstoff und Reaktionsbedingungen, zu einer Vielzahl von Produkten, insbesondere Carbonsäuren, Ketonen, Aldehyden und Alkoholen. So führt die radikalische Oxidation von *n*-Butan zum Hauptprodukt Essigsäure, allerdings begleitet von den Nebenprodukten Ameisen- und Propionsäure, Aceton und Methylethylketon (vgl. Kap. 8.2.3). Die aufwendige Abtrennung dieser Nebenprodukte macht das Verfahren wenig wirtschaftlich. Eine höhere Selektivität der Alkanoxidation wird in Gegenwart von Borsäure erzielt. Bei dieser *Bashkirov-Oxidation* werden die primär entstehenden Alkohole durch Esterbildung mit der Borsäure abgefangen. Durch Hydrolyse dieser Borsäureester werden in guten Ausbeuten sekundäre Alkohole erhalten:

$$R'{-}CH_2{-}R'' + 1/2\ O_2 \xrightarrow{(H_3BO_3)} R'{-}\underset{\underset{OH}{|}}{CH}{-}R'' \qquad (8.10)$$

Die **Nitrierung** von Alkanen hat keine große technische Bedeutung. Niedermolekulare Alkane werden bei ca. 500 °C in der Gasphase mit HNO_3 nitriert; höhermolekulare Alkane reagieren in der Flüssigphase bei Temperaturen um 200 °C zu Nitroalkanen. Neben den gewünschten Nitroalkanen entstehen auch Oxidations- und Spaltprodukte.

8.1.3 Cycloalkane

Die technisch bedeutsamsten Cycloalkane sind Cyclohexan, Cyclooctan, Cyclododecan und Decalin (Bicyclo[4.4.0]decan).

Cyclohexan wird überwiegend durch katalytische Hydrierung von Benzol hergestellt. Die Hydrierung kann in der Flüssigphase (170–230 °C, 20–50 bar) oder in der Gasphase (400–600 °C, 20–50 bar) erfolgen; als Katalysatoren dienen vor allem Nickel, Platin oder Palladium.

$$C_6H_6 + 3\ H_2 \underset{}{\overset{(Ni,\ Pt,\ Pd)}{\rightleftharpoons}} C_6H_{12} \qquad\qquad \Delta H_R = -216\ kJ/mol \qquad (8.11)$$

Bei der stark exothermen Reaktion ist eine effiziente Wärmeabführung wichtig, damit wegen des bei höherer Temperatur ungünstigen chemischen Gleichgewichtes 300 °C nicht überschritten werden. Cyclohexan wird zu über 98% für die Herstellung der Nylon-Zwischenprodukte Adipinsäure, Hexamethylendiamin und ε-Caprolactam verwendet (vgl. Kap. 3.3.1). Eine Übersicht über die Cyclohexan-Folgeprodukte gibt Abb. 8.4.

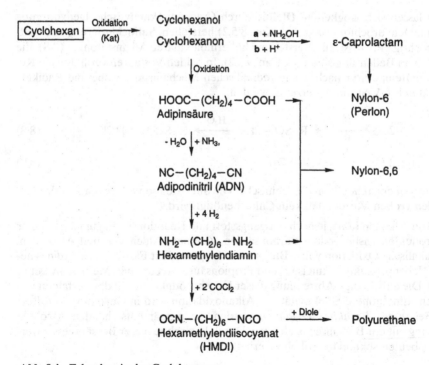

Abb. 8.4 Folgechemie des Cyclohexans

Cyclooctan ist zugänglich durch katalytische Hydrierung des 1,5-Cyclooctadiens, das durch Dimerisierung von Butadien erhalten wird (vgl. Abb. 8.16). Cyclooctan kann über das Capryllactam in Nylon-8 überführt werden. Durch Flüssigphasenoxidation wird die 1,8-Octandicarbonsäure hergestellt, ein Zwischenprodukt für Nylon-6,8.

Cyclododecan erhält man durch Hydrierung von 1,5,9-Cyclododecatrien, einem Trimeren des Butadiens (vgl. Abb. 8.16). Über Cyclododecanon und Laurinlactam wird Nylon-12 hergestellt. Oxidationsschritte führen zur 1,12-Dodecandisäure, einem Baustein des Nylon-6,12.

Decalin entsteht bei der vollständigen Hydrierung von Naphthalin. In einer mehrstufigen Oxidation wird daraus die 1,10-Decandicarbonsäure (Sebacinsäure) hergestellt, die zur Synthese von Weichmachern und Nylon-6,10 genutzt wird.

8.2 Zwischenprodukte aus Ethylen

Ethylen wird durch thermische Spaltung (Pyrolyse) von Erdölfraktionen (Naphtha, Gasöl) oder auch von Ethan/Propan/Butan-Gemischen aus nassen Erdgasen und Erdölraffinerien gewonnen (vgl. Kap. 7.1.5). Während in Europa und Japan vorwiegend Naphtha als Ausgangsprodukt verwendet wird, überwiegen in den USA gasförmige Einsatzstoffe, die dort bei der Erdölverarbeitung in großen Mengen anfallen. Potentielle Ethylenquellen auf Kohlebasis sind die Fischer-Tropsch-Synthese (vgl. Kap. 7.2.5) und der MTO-Prozeß (methanol to olefines, vgl. Kap. 8.4.1).

Bei den industriell durchgeführten Folgereaktionen der Olefine sind drei Reaktionsarten von größter Bedeutung:

- katalytische Oxidationen,
- Additionen an die Doppelbindung und
- C-C-Verknüpfungsreaktionen.

Angewandt auf das Ethylen sind folgende Reaktionen hervorzuheben:

Die *katalytische Oxidation* des Ethylens führt – abhängig vom Katalysator – zu verschiedenen Produkten, entweder zum Ethylenoxid (vgl. Kap. 8.2.1) oder zum Acetaldehyd (vgl. Kap. 8.2.2). Diese beiden Oxidationsprodukte des Ethylens sind ihrerseits wichtige Ausgangsstoffe für eine breite Produktpalette, z. B. den Glykolen, der Essigsäure (vgl. Kap. 8.2.3) und dem Vinylacetat (vgl. Kap. 8.2.4).

Zahlreiche *Additionen an die Doppelbindung* des Ethylens sind möglich. Technisch durchgeführt werden die säurekatalysierte Addition von Wasser zu Ethanol (vgl. Kap. 8.4.2) und die Addition von Chlor zu Dichlorethan als einer Vorstufe zum Vinylchlorid (vgl. Kap. 8.2.5).

Zu den *C-C-Verknüpfungsreaktionen* gehören die Oligomerisation, die Polymerisation, die Alkylierung von Aromaten und die Hydroformylierung (+ CO/H_2). Die Oligomerisation des Ethylens zu längerkettigen α-Olefinen wird in Kap. 8.3.3 beschrieben, die Polymerisation zu verschiedenen Polyethylenarten in Kap. 9.1.3. Die Alkylierung von Benzol mit Ethylen führt zu Ethylbenzol, einem wichtigen Edukt für Styrol (vgl. Kap. 8.2.6). Die Hydroformylierung des Ethylens liefert Propionaldehyd (vgl. Oxoprodukte im Kap. 8.3.1).

Abb. 8.5 gibt einen Überblick über die sehr breit gefächerte Ethylenchemie an Hand eines *Ethylenstammbaums*, in dem die verschiedenen Reaktionswege verfolgt werden können. Über die mengenmäßige Verwendung von Ethylen enthält Abb. 7.20 (Kap. 7.1.5) einige Angaben für Westeuropa. Weltweit werden über 50% des Ethylens zu Polymerisaten verarbeitet.

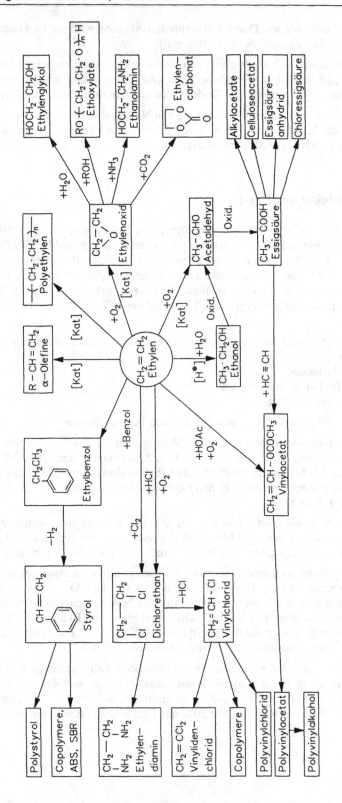

Abb. 8.5 „Ethylenstammbaum"

8.2.1 Ethylenoxid

Ethylenoxid ist eines der wichtigsten und mengenmäßig größten aliphatischen Zwischenprodukte (vgl. Tab. 8.1). Die Kapazität für Ethylenoxid betrug 1992 weltweit ca. 10 Mio. t. Es wird heute praktisch ausschließlich durch katalytische Direktoxidation von Ethylen produziert (Einzelheiten des Verfahrens vgl. Kap. 2.2). Dieses Verfahren hat nach 1950 das Chlorhydrinverfahren (vgl. Kap. 3.4.2) verdrängt, das wegen seines hohen Chemikalieneinsatzes und seiner starken Abwasserbelastung nicht mehr konkurrenzfähig war.

Tab. 8.1 Verwendung von Ethylenoxid (Angaben in Gew.-%)

	Welt 1991	USA 1992	Westeuropa 1992	Deutschland 1992
Ethylenglykol	59	61	42	41
nichtionische Tenside	13	13	29	25
Ethanolamine	6	8	8	12
Glykolether	5	6	8	6
Sonstiges (z. B. Polyglykole)	17	12	13	16

Ethylenoxid weist aufgrund seiner Struktur (gespannter Dreiring) eine außergewöhnliche Reaktivität auf und wird deshalb zur Herstellung einer Vielzahl interessanter Produkte eingesetzt. Es setzt sich mit Reaktanden mit beweglichen Wasserstoffatomen, z. B. mit Hydroxy- oder Aminogruppen, unter Öffnung des Oxiranrings in stark exothermer Reaktion zu sog. Ethoxylaten um:

$$R-OH + H_2C - CH_2 \longrightarrow R-O-CH_2-CH_2OH \qquad (8.12)$$
$$\diagdown_O\diagup$$

$$R-NH_2 + H_2C - CH_2 \longrightarrow R-NH-CH_2-CH_2OH \qquad (8.13)$$
$$\diagdown_O\diagup$$

R Alkyl- oder Alkylaryl-Rest

Da die Produkte dieser Ethoxylierungsreaktionen in der neu gebildeten Hydroxygruppe wieder ein bewegliches Wasserstoffatom enthalten, können sie mit weiteren Ethylenoxidmolekülen zu Polyethoxylaten reagieren:

$$R-O-CH_2-CH_2-OH + (n-1)\, H_2C - CH_2 \longrightarrow R-O-[CH_2-CH_2-O]_nH \qquad (8.14)$$
$$\diagdown_O\diagup$$

Derartige Produkte aus aliphatischen Alkoholen oder Alkylphenolen mit $n = 5{-}20$ Ethylenoxidgruppen pro Molekül finden wegen ihrer oberflächenaktiven Eigenschaften als nichtionische Tenside vielseitige Verwendung (vgl. Kap. 9.2).

Durch Umsetzung von Ethylenoxid im Unterschuß mit den niedrigen Alkoholen Methanol, Ethanol und n-Butanol werden die entsprechenden Ethylenglykolmonoether (R-O-CH_2-CH_2OH, mit $R = CH_3, C_2H_5, n\text{-}C_4H_9$) erhalten, die unter den Kurzbezeichnungen Methyl-, Ethyl-, Butylglykol oder auch Methyl-, Ethyl-, Butylcellosolve als Lösungs- und Verdünnungsmittel u. a. in Lacken dienen, wie auch die Ester dieser Verbindungen, z. B. die Acetate.

Mit Wasser reagiert Ethylenoxid zu **Ethylenglykol** (Produktion 1992 in Westeuropa: 0,85 Mio. t):

$$H_2C - CH_2 + H_2O \longrightarrow CH_2OH - CH_2OH \qquad \Delta H_R = -79,4 \text{ kJ/mol} \qquad (8.15)$$
$$\underset{O}{\diagdown\diagup}$$

Um die Bildung höherer Glykole (Diethylenglykol, Triethylenglykol u.s.w.) durch Folgereaktionen niedrig zu halten, wird die Umsetzung mit einem großen Überschuß an Wasser (ca. 10fach molar) durchgeführt, und zwar entweder katalytisch (sauer oder alkalisch) bei 50 bis 70 °C oder ohne Katalysator bei 150–200 °C und 20–40 bar (2–4 MPa). Das überschüssige Wasser wird in der anschließenden Aufarbeitung durch Rektifikation abgetrennt, ebenso die zwangsläufig anfallenden höheren Glykole.

Ethylenglykol ist das Hauptfolgeprodukt von Ethylenoxid (vgl. Tab. 8.1). Zum einen dient es als Gefrierschutzmittel in Motorkühlern und Kälteanlagen, zum andern wird es in großen Mengen für die Herstellung von Polyestern, vor allem von Polyethylenterephthalat, benötigt (vgl. Kap. 9.1.3). Durch Reaktion von Ethylenoxid mit wenig Wasser werden mit alkalischen Katalysatoren (z. B. KOH) aus Ethylenoxid die Polyethylenglykole erhalten, und zwar mit zunehmendem Ethylenoxidüberschuß Produkte von höherem Molekulargewicht.

Polyethylenglykole sind wasserlösliche flüssige, mit steigendem Molekulargewicht wachsartige bis feste Stoffe mit vielerlei Verwendungn, u.a. als Emulgatoren, Bindemittel, Weichmacher und zur Verminderung des Fließwiderstandes von Waser in Fernheizungen. Zusammen mit Polypropylenglykolen dienen Polyethylenglykole auch als Diolkomponente bei der Herstellung von Polyurethan durch Polyaddition mit Diisocyanaten (vgl. Kap. 9.1.3); auch gemischte Polyaddukte aus Ethylenoxid und Propylenoxid werden hierbei eingesetzt.

Mit wäßrigem Ammoniak reagiert Ethylenoxid zu den **Ethanolaminen** (Mono-, Di- und Triethanolamin, Produktion 1991 in Westeuropa: 0,16 Mio. t), wobei das Mengenverhältnis der Produkte vom Einsatzverhältnis von Ammoniak zu Ethylenoxid abhängt. In ähnlicher Weise werden aus Alkyl- und Arylaminen die entsprechenden Alkyl- und Arylethanolamine gewonnen. Ethanolamine sind wie Ammoniak schwach alkalisch. Ihre wäßrigen Lösungen werden in der Gasreinigung zur Absorption saurer Komponenten (CO_2, H_2S) eingesetzt. Weiterhin finden die Ethanolamine und ihre Derivate Verwendung als Seifen niedriger Alkalität (in Form von Salzen von Fettsäuren) und zur Herstellung von Detergentien und zahlreicher anderer Folgeprodukte, von denen das Morpholin und das Ethylenimin erwähnt seien.

Morpholin, ein Zwischenprodukt und Lösemittel, entsteht aus Diethanolamin durch Dehydratisierung:

$$
\begin{array}{c}
CH_2-CH_2-OH \\
HN \diagdown \\
CH_2-CH_2-OH
\end{array}
\xrightarrow{70\,\%\ H_2SO_4}
\begin{array}{c}
CH_2-H_2C \\
HN \diagdown \quad \diagup O \\
CH_2-H_2C
\end{array}
+ H_2O
\qquad (8.16)
$$

Ein Derivat des Morpholins, das **N-Formyl-Morpholin**, wird bei der Gewinnung der BTX-Aromaten durch Extraktion und Extraktivrektifikation als Hilfsstoff eingesetzt (Morphylane-Verfahren von Krupp-Koppers und Formex-Verfahren von SNAM-PROGETTI).

Das wegen seines Dreirings sehr reaktionsfähige **Ethylenimin** ist als Zwischenprodukt für Synthesen interessant. Die durch Polymerisation gewonnenen Polyimine dienen u.a. als Flockungshilfsmittel in der Abwasserreinigung. Die Herstellung von Ethylenimin kann aus Monoethanolamin über dessen Schwefelsäurehalbester erfolgen:

$$H_2N-CH_2-CH_2-OH \ + \ H_2SO_4 \ \longrightarrow \ H_2N-CH_2-CH_2-OSO_3H \ + \ H_2O$$

220 - 250 °C | + wäßrige NaOH

$$H_2C-CH_2 \ + \ Na_2SO_4 \ + \ 2 \ H_2O \qquad (8.17)$$
$$\underset{H}{\overset{N}{\diagdown \diagup}}$$

8.2.2 Acetaldehyd

Acetaldehyd ist ein wichtiges Zwischenprodukt (Produktion 1992 in Westeuropa: 0,52 Mio. t). Allerdings sind die produzierten Mengen seit Mitte der 70er Jahre zurückgegangen, weil für das bisher bedeutendste Folgeprodukt, die Essigsäure, die Carbonylierung von Methanol als Herstellungsverfahren bevorzugt wird (vgl. Kap. 3.1.3 u. 8.2.3). Von den anderen Folgeprodukten des Acetaldehyds sei das Ethylacetat erwähnt, das als Lösungsmittel vor allem in der Lackindustrie verwendet wird. Seine Herstellung aus Acetaldehyd erfolgt mit der Tischtschenko-Reaktion:

$$2 \ CH_3-CHO \ \xrightarrow[0-5\,°C]{(Al\text{-}Ethylat)} \ CH_3-COO-C_2H_5 \qquad (8.18)$$

Der Acetaldehyd wurde bis Anfang der 60er Jahre überwiegend aus Acetylen durch Anlagerung von Wasser hergestellt:

$$C_2H_2 + H_2O \ \xrightarrow[70-95\,°C]{(HgSO_4)} \ CH_3CHO \qquad \Delta H_R = -138,2 \ kJ/mol \quad (8.19)$$

Die Reaktion findet in wäßriger, schwefelsaurer Lösung statt und verläuft praktisch quantitativ (Ausbeute 97 -98%). Mit der Entwicklung eines technischen Verfahrens für Acetaldehyd durch Oxidation von Ethylen mit Sauerstoff ist das Acetylenverfahren bedeutungslos geworden. Die Ethylenoxidation *(Wacker-Hoechst-Verfahren)* erfolgt in salzsaurer Lösung in Gegenwart von Palladium- und Kupfer(II)-chlorid:

$$C_2H_4 + 1/2 \ O_2 \ \xrightarrow[120-130\,°C,\ 3-5\ bar]{(PdCl_2/CuCl_2)} \ CH_3CHO \qquad \Delta H_R = -243 \ kJ/mol \quad (8.20)$$

Der eigentliche Oxidationskatalysator ist das PdCl$_2$, das bei der Oxidation zu metallischem Palladium reduziert wird:

$$C_2H_4 + PdCl_2 + H_2O \ \longrightarrow \ CH_3CHO + Pd + 2 \ HCl \qquad (8.21)$$

Das Palladium wird durch Kupfer(II)-chlorid sofort wieder in das Chlorid übergeführt; das dabei entstandene Kupfer(I)-chlorid wird dann durch Sauerstoff zu CuCl$_2$ oxidiert:

$$Pd + 2 \ CuCl_2 \ \longrightarrow \ PdCl_2 + Cu_2Cl_2 \qquad (8.22)$$

$$Cu_2Cl_2 + 2 \ HCl + 1/2 \ O_2 \ \longrightarrow \ 2 \ CuCl_2 + H_2O \qquad (8.23)$$

Zum Reaktionsmechanismus wird angenommen, daß sich zunächst ein Hydroxy-π-Olefin-Palladium-Komplex bildet, der sich zu einem σ-Komplex umlagert. Dieser zerfällt dann irreversibel in die Endprodukte:

$$
\begin{bmatrix} \text{Cl} \\ | \\ \text{Cl}-\text{Pd}\cdots\overset{\text{CH}_2}{\underset{\text{CH}_2}{\|}} \\ | \\ \text{OH} \end{bmatrix}^{-} \longrightarrow \begin{bmatrix} \text{Cl} \\ | \\ \text{Cl}-\text{Pd}-\text{CH}_2-\text{CH}_2\text{OH} \end{bmatrix}^{-}
$$

$$(8.24)$$

$$
\text{H}^+ + 2\,\text{Cl}^- + \text{Pd} + \text{CH}_3\text{CHO} \longleftarrow \begin{bmatrix} \text{Cl} \\ | \\ \text{Cl}-\text{Pd}-\underset{|}{\overset{}{\text{CH}}}-\text{CH}_3 \\ \text{OH} \end{bmatrix}^{-}
$$

Für die technische Durchführung des Verfahrens gibt es zwei Varianten: das Einstufenverfahren, das mit reinem Sauerstoff arbeitet, und das Zweistufenverfahren, bei dem zur Oxidation Luft eingesetzt wird. Das Zweistufenverfahren erfordert einen höheren Investitionsaufwand. Es hat außerdem einen höheren Energieverbrauch und führt zu größeren Mengen an chlorierten Nebenprodukten. Diese Mehrkosten sind größer als die zusätzlichen Kosten für den Reinsauerstoff beim Einstufenverfahren; daher wird bei Verfügbarkeit von reinem Sauerstoff aus einer Luftzerlegungsanlage das Einstufenverfahren bevorzugt.

Abb. 8.6 zeigt ein vereinfachtes Schema für das Einstufenverfahren. Der Reaktor ist eine Blasensäule, die mit der Katalysatorlösung gefüllt ist. Um außerhalb des Explosionsbereiches zu bleiben, wird mit einem Überschuß an Ethylen gearbeitet. Dementsprechend wird beim Durchgang durch den Reaktor nur ein Teil des Ethylens (35 – 45%) umgesetzt. Die Reaktionstemperatur liegt bei 120 bis 130 °C, der Druck bei 3 bis 5 bar (0,3 – 0,5 MPa). Der Überlauf aus dem Blasensäulenreaktor ist ein Gas-Flüssigkeits-Gemisch, das im Abscheider in die zwei Phasen getrennt wird. Die flüssige Phase, d. h. die Katalysatorlösung, wird in den Reaktor zurückgepumpt; mit der Gasphase, die im wesentlichen aus dem überschüssigen Ethylen und Wasserdampf besteht, werden die Reaktionsprodukte, also vor allem der Acetaldehyd, der Trennanlage zugeführt. Dort wird nach Abtrennung des Ethylens, das in den Reaktionskreislauf zurückkehrt, der rohe Acetaldehyd durch Rektifikation von den Niedrigsiedern (Methyl- und Ethylchlorid) und den Hochsiedern (u. a. Essigsäure, chlorierte Acetaldehyde) getrennt. Die Ausbeute an Acetaldehyd liegt für beide Verfahrensvarianten bei 95% (bezogen auf Ethylen). Mit dieser hohen Ausbeute und angesichts des wesentlich höheren Acetylenpreises ist die Ethylenoxidation dem Acetylenverfahren wirtschaftlich eindeutig überlegen. Daher wird die Acetylenhydratisierung nur noch vereinzelt in alten Anlagen angewendet.

Ähnliches gilt für ein drittes Verfahren, die Dehydrierung von Ethanol in der Gasphase. Dieser Weg zum Acetaldehyd geht im Prinzip auch von Ethylen aus, das zunächst durch Reaktion mit Wasserdampf in der Gasphase zu Ethanol hydratisiert wird:

$$
\text{C}_2\text{H}_4 + \text{H}_2\text{O} \xrightarrow[300\,°C]{(\text{H}_3\text{PO}_4/\text{SiO}_2)} \text{C}_2\text{H}_5\text{OH}
$$

$$(8.25)$$

$$
\xrightarrow[450\text{–}550\,°C]{+\ 1/2\ \text{O}_2(\text{Ag})} \text{CH}_3\text{CHO} + \text{H}_2\text{O}
$$

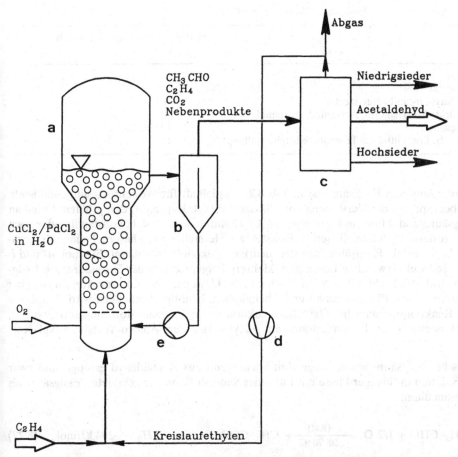

Abb. 8.6 Einstufenverfahren zur Herstellung von Acetaldehyd aus Ethylen (Wacker-Hoechst-Verfahren). **a** Blasensäulenreaktor, **b** Abscheider, **c** Trennanlage, **d** Kreisgasgebläse, **e** Katalysatorpumpe

Man gelangt also über zwei Reaktionsstufen zum Acetaldehyd, was natürlich aufwendiger ist als die direkte Oxidation von Ethylen.

8.2.3 Essigsäure

Die Essigsäure (Weltproduktionskapazität 1992: ca. 5,4 Mio. t) ist eines der ältesten chemischen Produkte; sie wurde schon im Altertum durch oxidative Gärung von Wein hergestellt. Gärungen, häufig auch als Fermentationen bezeichnet, sind chemische Umsetzungen unter Beteiligung von Mikroorganismen. Bei der Essigsäuregärung ist es das Bakterium Acetobacter, welches Ethanol zu Essigsäure oxidiert:

$$CH_3-CH_2OH + O_2 \xrightarrow{\text{(Acetobacter)}} CH_3COOH + H_2O \quad \Delta H_R = -493 \text{ kJ/mol} \quad (8.26)$$

Auf diese Weise erhält man generell aus natürlichen ethanolhaltigen Produkten verdünnte Essigsäure, z. B. Weinessig aus Traubenwein. Technisch wird die Essiggärung nur zur Herstellung von Speiseessig verwendet. Für industrielle Essigsäure, die mengenmäßig eines der größten aliphatischen Zwischenprodukte darstellt, ist dieser Weg zu teuer.

Tab. 8.2   Verwendung von Essigsäure (Westeuropa 1992)

Produkt	Anteil am Essigsäureverbrauch (%)
Vinylacetat	33
Celluloseacetat	6
Methyl-, Ethyl-, *n*- und *i*-Butylacetat	16
Acetanhydrid, Acetylchlorid, Acetanilid, Acetamid	20
Chloressigsäuren	10
Sonstige (z. B. Lösemittel für Terephthalsäureherstellung)	15

Die Verwendung von Essigsäure ist in Tab. 8.2 beispielhaft für Westeuropa aufgeschlüsselt. Danach beansprucht die Herstellung von Vinylacetat (vgl. Kap. 8.2.4) den größten Anteil an der Essigsäureproduktion (in USA sogar 55%). Celluloseacetate, d. h. vollständig oder auch partiell veresterte Cellulose, dienen als Rohstoff zur Herstellung von Fasern, Folien, Membranen und Lacken. Die Essigsäureester der niedrigen Alkohole (Methanol, Ethanol, *n*- und *i*-Butanol) sind viel verwendete Lösemittel. Mehrere Folgeprodukte der Essigsäure, wie Essigsäureanhydrid, Acetylchlorid, werden für chemische Umsetzungen, z. B. zur Acetylierung bei der Herstellung von Pharmazeutika und Chemikalien, benötigt. Schließlich wird Essigsäure auch als Reaktionsmedium bei Oxidationsreaktionen mit Luftsauerstoff eingesetzt, so z. B. bei der Herstellung von Terephthalsäure aus *p*-Xylol nach dem Amoco-Verfahren (vgl. Kap. 8.6.1).

Synthetische Essigsäure wurde lange Zeit vorwiegend aus Acetaldehyd erzeugt, und zwar durch Oxidation in flüssiger Phase mit Luft oder Sauerstoff mit der gebildeten Essigsäure als Reaktionsmedium:

$$CH_3-CHO + 1/2\ O_2 \xrightarrow[\text{50-70 °C}]{\text{(Kat)}} CH_3-COOH \qquad \Delta H_R = -294\ \text{kJ/mol} \qquad (8.27)$$

Als Katalysatoren dienen Cobalt- oder Manganacetat, als Reaktionsapparate werden Blasensäulen benutzt. Für die Ausbeute an Essigsäure werden 95 bis 97% (bezogen auf CH_3-CHO) erreicht. Unter abgewandelten Reaktionsbedingungen und mit etwas veränderten Katalysatoren kann man einen großen Teil der Essigsäure (bis 75%) als Essigsäureanhydrid erhalten, das für viele organisch-chemische Synthesen verwendet wird:

$$2\ CH_3-CHO + O_2 \xrightarrow{\text{(Cu/Co-Acetat)}} 2\ CH_3-COOH \qquad (8.28)$$

$$\xrightarrow{\hspace{3cm}} (CH_3CO)_2O + H_2O$$

Es ist dabei notwendig, das Reaktionswasser durch Azeotroprektifikation mit Ethylacetat als Azeotropbildner aus dem Reaktor zu entfernen.

Eine andere Möglichkeit zur Produktion von Essigsäure ist der oxidative Abbau von Alkanen (*n*-Butan oder Leichtbenzin C_4-C_8). Es gibt dafür mehrere Verfahren, denen gemeinsam ist, daß sie mit einer Flüssigphaseoxidation arbeiten. Unterschiede bestehen vor allem in den Katalysatoren und im Temperaturbereich sowie in den Rohstoffen und im Oxidationsmittel (Luft oder Sauerstoff). Alle Verfahren sind durch eine relativ niedrige Selektivität für Essigsäure gekennzeichnet (um 60%). Die Nebenprodukte (z. B. Ameisensäure, Propionsäure, Aceton, Methylethylketon) lassen sich zwar alle weiter verwenden, doch ist ihre Abtrennung und Reingewinnung recht aufwendig.

Als Alternative zu diesen Syntheseverfahren für Essigsäure ist seit Mitte der 70er Jahre ein dritter Weg interessant geworden, weil er nicht an die Rohstoffbasis Erdöl gebunden ist, nämlich die Carbonylierung von Methanol:

$$CH_3OH + CO \xrightarrow{\text{(Kat)}} CH_3\text{-}COOH \qquad\qquad \Delta H_R = -138,6 \text{ kJ/mol} \qquad (8.29)$$

Es gibt dafür zwei Verfahren, die sich durch den Reaktionsdruck und das Katalysatorsystem unterscheiden. Als erstes wurde von der BASF ein Hochdruckverfahren entwickelt. Es arbeitet bei 700 bar (70 MPa) und 200 bis 240 °C mit CoI_2 als Katalysator. Zur Verminderung von Ausbeuteverlusten aufgrund der Bildung von Nebenprodukten wird Wasser zugesetzt, um die im Reaktionssystem entstehenden Verbindungen Methylacetat und Dimethylether zu hydrolysieren:

$$CH_3COOCH_3 \longrightarrow CH_3COOH + H_2O \qquad\qquad\qquad (8.30)$$
$$CH_3OCH_3 \longrightarrow 2\ CH_3OH + H_2O \qquad\qquad\qquad\quad (8.31)$$

Eine weitere Nebenreaktion ist die Konvertierung von CO nach der Wassergasreaktion:

$$CO + H_2O \longrightarrow CO_2 + H_2 \qquad\qquad\qquad\qquad\quad (8.32)$$

Die Essigsäureausbeute der Hochdruckcarbonylierung beträgt 90% bezogen auf Methanol und 70% bezogen auf Kohlenmonoxid. An flüssigen Nebenprodukten fallen pro 100 kg Essigsäure etwa 4 kg an (u. a. Propionsäure, Ameisensäure, Ethylacetat).

Das jüngere Niederdruckverfahren wurde ab Mitte der 60er Jahre von Monsanto entwickelt. Es arbeitet bei einem Druck um 30 bar (3 MPa) und einer Temperatur von ca. 175 °C. Entscheidend dabei ist jedoch das Katalysatorsystem mit den wesentlichen Komponenten Rhodium und Iod. Das Verfahren zeichnet sich außer durch die milderen Reaktionsbedingungen durch höhere Ausbeuten an Essigsäure aus (99% bezogen auf Methanol und 90% bezogen auf CO). Die erste Anlage nach dem Niederdruckverfahren ging 1970 in Betrieb. Wichtig beim Niederdruckverfahren ist, daß wegen des hohen Rhodiumpreises der Katalysator verlustfrei zurückgeführt wird.

Einen Vergleich der Produktionswege für Essigsäure zeigt Tab. 8.3. Lange Zeit wurde Essigsäure überwiegend durch Oxidation von Acetaldehyd hergestellt. In den vergangenen 20 Jahren hat die Carbonylierung von Methanol wegen ihrer kostengünstigen Ausgangsstoffe bei gleichzeitig hoher Ausbeute immer mehr an Bedeutung gewonnen; dabei wird das Monsanto-Verfahren wegen seiner besonders hohen Ausbeute bevorzugt.

8.2.4 Vinylacetat

Vinylacetat (Produktion 1992 in Westeuropa: 0,57 Mio. t) ist Ausgangsprodukt für wichtige Polymerisate, insbesondere für Polyvinylacetat, Copolymerisate (mit Ethen, Vinylchlorid) und Polyvinylalkohol. Letzterer wird durch Verseifung von Polyvinylacetat erhalten. Anwendung finden diese Produkte vor allem als Polymerdispersionen (z. B. in Dispersionsfarbstoffen), Textilhilfsmittel und als Kleber.

Vinylacetat wird aus zwei Bausteinen hergestellt; der eine ist Essigsäure, der andere kann entweder Acetylen oder Ethylen sein. Im Falle des Acetylens ist die Reaktion eine einfache Addition von Essigsäure:

Tab. 8.3 Herstellung von Essigsäure (Verfahrensvergleich)

	Acetaldehydoxidation	Methanolcarbonylierung BASF- Monsanto- Verfahren		Alkanoxidation
Rohstoff	Acetaldehyd (aus Ethylen)	Methanol (aus Synthesegas) + Kohlenmonoxid		n-Butan oder Leichtbenzin (C_4–C_8)
Ausbeute	95–97%	90–92% (bezogen auf CH_3OH)	99%	ca. 60%
Nebenprodukte	2% (u. a. Ameisensäure) Möglichkeit zur Produktion von Essigsäureanhydrid	4% (Propionsäure u. a.)	1%	15–30% (Propionsäure, Ameisensäure, Aceton, Methylethylketon u. a.)
Druck	1 (bar)	700 (bar)	30 (bar)	ca. 50 (bar)
Temperatur	50–70 °C	200–240 °C	175 °C	160–200 °C
Katalysator	Mn- oder Co-Acetat	Co/I_2	Rh/I_2	Co-Acetat (Celanese), ohne Kat. (Distillers-BP)
Produktionsanteil für 1991 in Westeuropa	23%	55%		10%

$$HC\equiv CH + HO-CO-CH_3 \xrightarrow[170-220\,°C]{(Zn/A\text{-}Kohle)} H_2C=CH-O-CO-CH_3 \qquad \Delta H_R = -118\ kJ/mol \quad (8.33)$$

Im Fall des Ethylens handelt es sich um dessen partielle Oxidation in Gegenwart von Essigsäure, eine sog. Acetoxylierung:

$$C_2H_4 + HO-CO-CH_3 + 1/2\ O_2 \qquad\qquad\qquad \Delta H_R = -178\ kJ/mol \qquad (8.34)$$

$$\xrightarrow[175-200\,°C]{(Pd/SiO_2)} H_2C=CH-O-CO-CH_3 + H_2O$$

Auch beim Vinylacetat ist der vom Acetylen ausgehende Herstellungsweg das ältere Verfahren. Die chemische Umsetzung, also die Addition des Acetylens an Essigsäure (Gl. 8.33), erfolgt als heterogen-katalytische Gasreaktion in Festbett-Rohrbündelreaktoren. Während die Vinylacetatausbeute in bezug auf Essigsäure 99% beträgt, liegt sie in bezug auf Acetylen bei 93%; daneben entsteht etwas Acetaldehyd.

Die Acetoxylierung von Ethylen (Gl. 8.34) wurde nach Bekanntwerden des Verfahrens zur katalytischen Oxidation von Ethylen zu Acetaldehyd sowohl als Flüssigphase- als auch als Gasphase-Verfahren entwickelt. Die erstere Verfahrensvariante lehnte sich stark an das Wakker-Hoechst-Verfahren für Acetaldehyd an mit dem Unterschied, daß die wäßrige Katalysatorlösung neben $PdCl_2/CuCl_2$ auch Essigsäure enthielt. Aufgrund von Korrosionsschwierigkeiten durch die Reaktionslösung, die neben dem Katalysatorsystem auch das Nebenprodukt Ameisensäure enthält, wurde das Flüssigphaseverfahren für Vinylacetat bald aufgegeben. Beim Gasphaseverfahren ist der Katalysator metallisches Palladium auf Siliciumdioxid als Träger, das außerdem etwas Alkaliacetat enthält. Damit werden Vinylacetatausbeuten bis zu 94% (bezogen auf Ethylen) bzw. 98 bis 99% (bezogen auf Essigsäure) erzielt.

Auch bei der Vinylacetatproduktion hat Ethylen das Acetylen als Rohstoff weitgehend abgelöst. Neuanlagen werden heute nur noch für das Gasphaseverfahren auf Ethylenbasis gebaut, für das drei Varianten existieren (Bayer, Hoechst, US-Industrial Chemicals Co.).

8.2.5 Vinylchlorid

Vinylchlorid (VC oder Vinylchloridmonomer VCM) ist als Ausgangsprodukt für Polyvinylchlorid (PVC) und eine ganz Reihe von Mischpolymerisaten (z. B. mit Methylacrylat, Acrylnitril, Vinylacetat, Styrol) eines der wichtigsten Monomeren. Die Produktion des VC in Westeuropa betrug 1992 ca. 5,3 Mio. t. Für die Herstellung von Vinylchlorid kann man von Acetylen oder von Ethylen ausgehen; außerdem lassen sich verschiedene Reaktionswege miteinander kombinieren, wodurch man zu besonders wirtschaftlichen Arbeitsweisen gelangt.

Aus Acetylen erhält man Vinylchlorid durch Anlagerung von Chlorwasserstoff bei 200 °C:

$$HC\equiv CH + HCl \xrightarrow[200\ °C]{(HgCl_2/A\text{-}Kohle)} H_2C=CHCl \qquad \Delta H_R = -98,8\ kJ/mol \qquad (8.35)$$

Die Reaktion verläuft mit praktisch quantitativer Ausbeute (98 - 99% bezogen auf Acetylen).

Der Weg vom Ethylen zum Vinylchlorid verläuft über 1,2-Dichlorethan (EDC), das durch thermische HCl-Abspaltung in Vinylchlorid überführt wird:

$$ClCH_2\text{-}CH_2Cl \xrightarrow[500-600\ °C,\ 25-35\ bar]{} CH_2 = CHCl + HCl \quad \Delta H_R = 70,7\ kJ/mol \qquad (8.36)$$

Die Zwischenstufe des 1,2-Dichlorethans kann vom Ethylen aus auf zweierlei Weise erreicht werden, einmal durch Addition von Chlor:

$$H_2C=CH_2 + Cl_2 \xrightarrow[40-70\ °C,\ 4-5\ bar]{(Kat)} ClCH_2\text{-}CH_2Cl \qquad \Delta H_R = -220\ kJ/mol \qquad (8.37)$$

und zum anderen durch Oxychlorierung:

$$H_2C=CH_2 + 2\ HCl + 1/2\ O_2 \qquad\qquad\qquad \Delta H_R = -275\ kJ/mol \qquad (8.38)$$
$$\xrightarrow[190-250\ °C,\ 3-5\ bar]{(CuCl_2/Al_2O_3)} ClCH_2\text{-}CH_2Cl + H_2O$$

Die Dichlorethanspaltung (Gl. 8.36) erfolgt in beheizten Rohren aus Chrom-Nickel-Legierung bei hoher Strömungsgeschwindigkeit, wobei man mit Umsätzen je Durchgang von 50 bis 60% arbeitet. Die Vinylchloridausbeute des Prozesses liegt über 98%. Die Chlorierung von Ethylen zu 1,2-Dichlorethan (Gl. 8.37) geschieht katalytisch in flüssiger Phase, wobei als Reaktionsmedium das gebildete 1,2-Dichlorethan dient. Als Chlorierungskatalysator benutzt man FeCl_3 oder auch andere Metallchloride (z. B. CuCl_2 oder SbCl_3). Die Ausbeuten in bezug auf Ethylen und Chlor liegen bei 98 bis 99%. Im Vergleich dazu ist die Ausbeute bei der Oxychlorierung von Ethylen (Gl. 8.38) etwas niedriger, nämlich ca. 95% bezogen auf Ethylen. Andererseits sind die Einstandspreise für Chlorwasserstoff immer deutlich niedriger als für Chlor.

Die Durchführung der Oxychlorierungsreaktion erfolgt im Fließbett (z. B. Goodrich oder Monsanto) oder im Festbettreaktor (z. B. Dow oder Stauffer).

Der erste technische Weg zum Vinylchlorid war die HCl-Addition an Acetylen. Mit dem Bau von Großanlagen für Ethylen trat die Dichlorethanspaltung in Konkurrenz zu der VC-Synthese aus Acetylen. Dabei stellte man Dichlorethan durch Addition von Chlor an Ethylen her. Dort, wo schon VC-Anlagen auf Acetylenbasis arbeiteten, benutzte man den neuen Ethylenweg zur Erhöhung der Produktionskapazität für VC. Dabei ergab sich ein sehr wirtschaftlicher Verbund, da man den bei der Dichlorethanspaltung anfallenden Chlorwasserstoff in den älteren, auf Basis von Acetylen arbeitenden VC-Anlagen einsetzen konnte (vgl. Abb. 8.7).

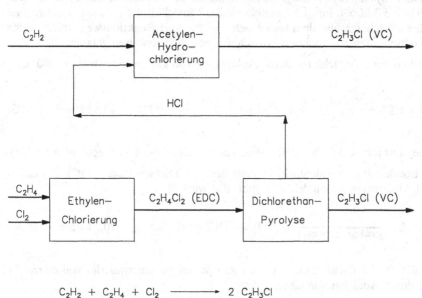

Abb. 8.7 Herstellung von Vinylchlorid (Variante A)

Ein weiterer Schritt war die Entwicklung der Oxychlorierung des Ethylens. Mit dieser Reaktion ist es möglich, auch dort, wo kein Acetylen zur Verfügung steht, Vinylchlorid ohne einen Zwangsanfall an Chlorwasserstoff zu erzeugen. Man muß dazu je 50% des benötigten 1,2-Dichlorethans durch Addition von Chlor und durch Oxychlorierung herstellen, wie das Schema in Abb. 8.8 zeigt.

Heute werden mehr als 90% der Weltproduktion von Vinylchlorid über die Dichlorethanspaltung erzeugt. Die Acetylen-Route hat zwar niedrigere Investitions- und Betriebskosten, doch wird weder dadurch noch durch die geringfügig bessere Ausbeute der Preisnachteil des Acetylens ausgeglichen.

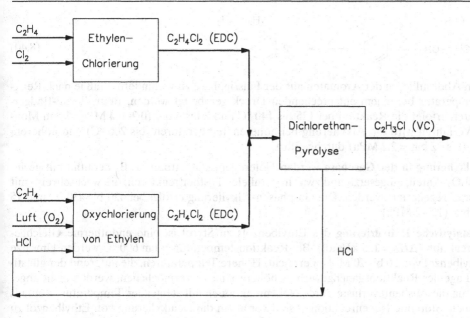

$$2 \ C_2H_4 \ + \ Cl_2 \ + \ \tfrac{1}{2} \ O_2 \quad \longrightarrow \quad 2 \ C_2H_3Cl \ + \ H_2O$$

Abb. 8.8 Herstellung von Vinylchlorid (Variante B)

8.2.6 Ethylbenzol und Styrol

Styrol ist nur in geringer Menge im Crackbenzin enthalten und muß deshalb synthetisch herge-stellt werden. Der wichtigste Syntheseweg ist die Alkylierung von Benzol mit Ethen zu Ethyl-benzol und die nachfolgende Dehydrierung zu Styrol.

$$\text{(8.39)}$$

Der erste Reaktionsschritt, die Alkylierung, kann sowohl in der Flüssigphase als auch in der Gasphase durchgeführt werden.

Bei der **Alkylierung in der Flüssigphase** wird in Blasensäulen gearbeitet. Als Katalysator wird bevorzugt der Friedel-Crafts-Katalysator Aluminiumtrichlorid eingesetzt. Die hohe Reak-tionswärme ($\Delta H_R = -114$ kJ/mol) wird über Wärmetauscher abgeführt, durch die das Reak-tionsgemisch im externen Kreislauf gepumpt wird. Neben Monoethylbenzol werden gleichzei-tig Diethylbenzole und höhere Alkylierungsprodukte erhalten. Um eine möglichst hohe Se-lektivität an Monoethylbenzol zu erzielen, arbeitet man mit einem Benzolüberschuß (ca. 2fach molar). Das Ethylen wird nahezu quantitativ umgesetzt, das überschüssige Benzol wird zusammen mit den höher alkylierten Produkten wieder in den Reaktor zurückgeführt, wo durch „Umalkylierung" erneut Ethylbenzol gebildet wird:

$$\text{(Ethylbenzol)} + \text{(Benzol)} \xrightarrow{\text{(Kat)}} 2 \text{(Ethylbenzol)} \qquad (8.40)$$

Um ein Abdestillieren der Aromaten aus der Flüssigphase zu verhindern, muß je nach Reaktionstemperatur bei einem entsprechenden Druck gearbeitet werden. Beim BASF-Badger-Verfahren erfolgt die Reaktion bei 125 bis 140 °C und 2 bis 4 bar (0,2–0,4 MPa); beim Monsanto-Verfahren wird die Alkylierung bei höheren Temperaturen (bis 200 °C) und höherem Druck (bis 22 bar = 2,2 MPa) durchgeführt.

Zur **Alkylierung in der Gasphase** werden Heterogenkatalysatoren, z. B. Zeolithe mit geringem Al_2O_3-Anteil, eingesetzt, und zwar in parallelen Festbettreaktoren, die wechselweise mit Sauerstoff regeneriert werden. Die Gasphasen-Alkylierung erfolgt bei 420 bis 430 °C und 15 bis 20 bar (1,5–2 MPa).

Die **katalytische Dehydrierung** des Ethylbenzols zu Styrol ist eine endotherme Gleichgewichtsreaktion (ΔH_R = 125 kJ/mol). Bei Reaktionstemperaturen um 600 °C werden Umsätze an Ethylbenzol von 60 bis 70 Mol-% erreicht. Höhere Temperaturen, die aufgrund der günstigeren Lage des Reaktionsgleichgewichtes höhere Umsätze ermöglichen, werden nicht angewandt, da die Ausbeuteverluste durch Nebenreaktionen mit steigender Temperatur ebenfalls zunehmen. Störende Nebenreaktionen sind vor allem die Dealkylierung von Ethylbenzol zu Benzol, die hydrierende Spaltung von Styrol in Toluol und Methan sowie die Polymerisation von Styrol, die zur Bildung teerähnlicher Substanzen führt. Durch zwei Maßnahmen lassen sich diese Nebenreaktionen weitgehend unterdrücken:

● Durchführung der Reaktion bei vermindertem Druck (0,1–0,5 bar) und
● Verdünnung des Reaktionsgemisches mit Wasserdampf.

Als Katalysatoren benutzt man heute Eisenoxid mit Zusätzen, z. B. von CrO_3 und KOH. Die technische Durchführung der Dehydrierung kann sowohl isotherm als auch adiabatisch erfolgen. Beim isothermen Verfahren werden Rohrbündelreaktoren eingesetzt; die Reaktionswärme wird über 720 bis 750 °C heiße Brenngase zugeführt. Beim adiabatischen Verfahren verwendet man Festbetthordenreaktoren, und zwar in Hintereinanderschaltung von 2 oder 3 Stufen. Die Zuführung der Reaktionswärme erfolgt durch Zumischung von überhitztem Wasserdampf am Reaktoreingang; das Massenverhältnis Wasserdampf : Ethylbenzol ist dementsprechend mit ca. 3:1 beim adiabatischem Verfahren erheblich höher als bei der isothermen Fahrweise mit ca. 1:1.

Die Trennung von Styrol und nicht umgesetztem Ethylbenzol erfolgt durch Vakuumrektifikation; wegen des niedrigen Trennfaktors zwischen Ethylbenzol und Styrol von 1,36 sind dazu ca. 50 theoretische Böden erforderlich. Da Styrol als die höhersiedende Komponente als Sumpfprodukt anfällt, benötigt man Rektifizierkolonnen mit niedrigem Druckverlust. Anderenfalls würden im Kolonnensumpf Temperaturen erreicht werden, bei denen das Styrol trotz Zusatz schwerflüchtiger Stabilisatoren in nicht vertretbarem Maß polymerisiert. Die erforderlichen niedrigen Druckverluste lassen sich zum einen in Bodenkolonnen mit speziellen Siebböden realisieren, zum anderen in Kolonnen mit strukturierten Hochleistungspackungen, z. B. mit Wabenstruktur (Fa. Sulzer u. a.).

Das in Abb. 8.9 dargestellte Mengenstrombild zeigt anschaulich die großen Mengenströme an Edukten, die in den beiden Stufen der Styrolherstellung wegen der ungünstigen Lage der Reaktionsgleichgewichte zurückgeführt werden müssen.

Styrol kann auch durch Dehydratisierung von 1-Phenylethanol erzeugt werden, das beim Oxiranprozeß zur Herstellung von Propylenoxid als Koppelprodukt anfällt (vgl. Kap. 3.4.2). Dieser Weg trägt jedoch nur geringfügig zur Deckung des Bedarfs an Styrol bei. Styrol wurde

1990 weltweit überwiegend zu Polystyrol (67%) weiterverarbeitet. Andere wichtige Folgeprodukte sind die Copolymeren aus **A**crylnitril-**B**utadien-**S**tyrol (ABS, 9 %) und der **S**tyrol-**B**utadien-**R**ubber (SBR, 7%).

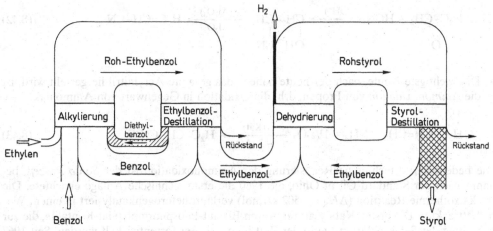

Abb. 8.9   Mengenstrombild der Styrolsynthese

8.3 Zwischenprodukte aus Propen und höheren Olefinen

Neben dem Ethen sind Propen, die *n*-Butene, Isobuten und Butadien die industriell bedeutsamsten kurzkettigen Olefine. Ihre Herstellung wurde in Kap. 7.1.5 beschrieben. Langkettige Olefine sind nach den bisher vorgestellten Verfahren nicht auf wirtschaftliche Weise zugänglich. In Kap. 8.3.3 werden die Herstellungsverfahren und die Verwendung der Olefine im Bereich von C_6 bis C_{20} erläutert.

8.3.1 Produkte aus Propen

In Abb. 7.26 wurden schon die wichtigsten Verwendungsmöglichkeiten des Propens zusammengestellt. Nahezu ein Drittel des Propens wird in Polypropylen umgewandelt (vgl. Kap. 9.1), der Rest dient zur Synthese niedermolekularer Produkte. Bedeutsam sind die Ammonoxidation zu Acrylnitril, die Hydroformylierung zum Butanal, die Oxidation zu Propylenoxid, Acrolein und Acrylsäure sowie die Verfahren zur Herstellung von Isopropanol, Aceton, Allylverbindungen und Oligomeren (Isohexen, Nonene, Dodecene).

Acrylnitril

Für Acrylnitril bestand 1991 weltweit eine Kapazität von ca. 4,4 Mio. jato. Es existieren prinzipiell drei Herstellungsverfahren.
● Ein historischer Weg ist die Umsetzung von Acetylen und Blausäure, der bis in die 60er Jahre hinein bedeutsam war:

$$HC{\equiv}CH + HCN \xrightarrow{\text{(Cu)}} H_2C{=}CH{-}CN \qquad (8.41)$$

● Auch die Herstellung aus Ethylenoxid und Blausäure wird heute nicht mehr angewendet. In einer alkalisch katalysierten Umsetzung bildet sich Ethylencyanhydrin, das dann, z. B. in der Gasphase an Aluminiumoxidkontakten, zu Acrylnitril dehydratisiert wird:

$$H_2C\text{–}CH_2 + HCN \xrightarrow{\text{(OH}^-)} \underset{OH \quad CN}{CH_2\text{–}CH_2} \xrightarrow[-\,H_2O]{\text{(Al}_2O_3)} H_2C\text{=}CH\text{–}CN \qquad (8.42)$$

● Die wichtigste Route, nach der heute nahezu das gesamte Acrylnitril hergestellt wird, ist die *Ammonoxidation* von Propen, d.h. die Oxidation in Gegenwart von Ammoniak:

$$H_3C\text{–}CH\text{=}CH_2 + NH_3 + 1\tfrac{1}{2}\,O_2 \xrightarrow[-\,3\,H_2O]{\text{(Kat)}} H_2C\text{=}CH\text{–}CN \qquad (8.43)$$

Die bedeutsamste technische Realisierung der Ammonoxidation ist der *Sohio-Prozeß*, benannt nach der Standard Oil of Ohio, die 1960 die erste technische Anlage errichtete. Die stark exotherme Reaktion ($\Delta H_R = -502$ kJ/mol) verläuft heterogenkatalysiert in einem Wirbelbettreaktor. Die ersten Katalysatoren waren Bismut-Phosphormolybdat-Kontakte, die zur Erhöhung der Selektivität im Laufe der Zeit immer weiter fortentwickelt wurden. Seit 1967 sind Uranylantimonat-Katalysatoren im Gebrauch, seit 1972 werden Eisen-modifizierte Bismutmolybdat-Katalysatoren („Katalysator 41") eingesetzt. Ein Problem der Umsetzung sind die zahlreichen Nebenprodukte. Aus 1 t Propen werden bis zu 900 kg Acrylnitril gebildet, aber auch 20 bis 110 kg Acetonitril sowie 150 bis 200 kg Blausäure. Diese Produkte müssen in einer aufwendigen Anlage voneinander getrennt werden (vgl. Fließschema in Abb. 8.10).

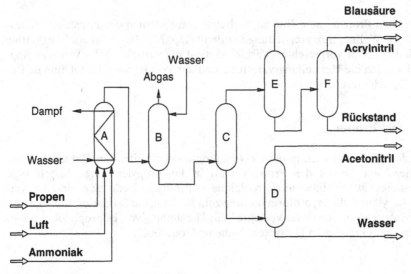

Abb. 8.10 Fließschema des Sohio-Prozesses

Die Umsetzung von Propen, Luft und Ammoniak erfolgt im Wirbelbettreaktor A, in dem durch eingebaute Wärmetauscherrohre die Reaktionswärme abgeführt wird. Mit dieser Technologie kann der gewünschte Temperaturbereich von 400 bis 500 °C eingehalten und die freiwerdende Wärme zur Erzeugung von überhitztem Dampf genutzt werden. In einer Wasserwäsche (B) werden anschließend alle Produkte, also Blausäure und Nitrile, in Wasser absorbiert;

Stickstoff und geringe Mengen Propen verbleiben im Abgas. In mehreren hintereinander geschalteten Rektifikationskolonnen (C–F) werden die Produkte voneinander getrennt. Das Waschwasser fällt im Sumpf der Kolonne D an und kann wieder in der Wasserwäsche B eingesetzt werden.

An weiteren Herstellverfahren für Acrylnitril wird gearbeitet. Eine interessante Alternative könnte die Ammonoxidation von Propan werden, die von Monsanto, Power Gas und der ICI untersucht wird. Bei höheren Temperaturen wird zuerst Propan zu Propen dehydriert und dann die Ammonoxidation durchgeführt. Allerdings ist die Acrylnitrilselektivität bisher noch unzureichend.

Die wichtigsten Folgeprodukte des Acrylnitrils sind:

- Acrylfasern (Polyacrylnitril, PAN),
- Acrylnitril-Butadien-Styrol-Copolymere (ABS),
- Styrol-Acrylnitril-Copolymere (SAN),
- Nitrilkautschuk (Acrylnitril-Butadien-Rubber, NBR),
- Adipodinitril (durch Elektrohydrodimerisierung) und
- Acrylamid (durch partielle Hydrolyse).

Oxoprodukte

Durch Hydroformylierung des Propens entsteht Butanal (Butyraldehyd), das in Butanol und 2-Ethylhexanol überführt werden kann. Diese auch als Oxosynthese bezeichnete Umsetzung von Olefinen mit Synthesegas (CO/H_2, vgl. Kap. 7.2.5) wurde 1938 von Otto Roelen (1897–1993) bei der Ruhrchemie gefunden. Er benutzte cobalthaltige Katalysatoren. Die Oxosynthese wurde bald zu einem technischen Verfahren entwickelt. Die damit hergestellten Produkte werden unter dem Begriff *Oxoprodukte* zusammengefaßt. Für die Oxoprodukte bestand 1990 weltweit eine Kapazität von 7 Mio. t.

Haupteinsatzprodukt der Oxosynthese ist das Propen:

$$H_2C=CH-CH_3 + CO/H_2 \tag{8.44}$$

$$\xrightarrow{\text{(Kat)}} \quad \underset{\overset{|}{CHO}}{H_2C-CH_2-CH_3} + \underset{\overset{|}{CHO}}{CH_3-CH-CH_3}$$

Als industrielle Katalysatoren werden homogene Cobalt- oder Rhodiumkomplexe eingesetzt, die zur Selektivitätssteuerung durch weitere Liganden variiert werden können (vgl. Kap. 9.6.3).

Cobalt-katalytisiert verläuft die Reaktion bei Synthesegasdrücken von 25–30 MPa (250 – 300 bar) und bei Temperaturen zwischen 140 °C und 180 °C. Es entsteht immer ein Gemisch von *n*- und *iso*-Butanal, je nach Prozeßführung auch die Hydrierprodukte *n*- und *iso*-Butanol:

$$\underset{\overset{|}{CHO}}{\overset{\displaystyle CH_3-CH_2-CH_2-CHO}{CH_3-CH-CH_3}} \quad \xrightarrow[+\ H_2]{\text{(Kat)}} \quad \underset{\overset{|}{CH_2-OH}}{\overset{\displaystyle CH_3-CH_2-CH_2-CH_2-OH}{CH_3-CH-CH_3}} \tag{8.45}$$

Die verschiedenen Verfahrensvarianten unterscheiden sich insbesondere hinsichtlich der Katalysatorrückführung. Im einfachsten Fall wird das Cobalt aus dem im Reaktionsgemisch gebildeten Cobaltcarbonylwasserstoff [HCo(CO)$_4$] nach Entspannen durch Erhitzen als Metall ausgefällt. Ebenfalls ist es möglich, das Cobalt in einer Nachbehandlung mit Säuren oder Basen in wasserlösliche Cobaltsalze zu überführen, die dann durch Extraktion von den organischen Produkten abgetrennt werden.

Noch bedeutsamer wird die quantitative Katalysatorrückführung beim Einsatz teurer Rhodiumkatalysatoren. Die Rhodiumvariante hat den Vorteil, daß bei niedrigeren Drücken (0,7–2,5 MPa, 7–25 bar) und niedrigeren Temperaturen (90–120 °C) gearbeitet werden kann. Diese Variante wird deshalb auch als LPO-Verfahren *(low-pressure-oxo)* bezeichnet. Rhodium-Phosphin-Katalysatoren bringen den zusätzlichen Vorteil mit sich, daß *n/iso*-Verhältnisse bis zu 16 : 1 erreicht werden, also das erwünschte lineare Isomere in großem Überschuß gebildet wird.

Ein weitere Verbesserung der Hydroformylierung ist das Verfahren der Ruhrchemie. Auch hier werden Rhodiumkomplexe mit Phosphinliganden eingesetzt. Als Ligand wird ein Triphenylphosphin verwendet, das durch Sulfonierung in ein wasserlösliches Phosphinsulfonat überführt wurde. Durch diesen Trick kann der Katalysatorkomplex nach der Reaktion mit Wasser quantitativ ausgewaschen werden. Es bilden sich zwei Flüssigphasen: die organische Produktphase und die wäßrige Katalysatorphase, die einfach in die Reaktion zurückgeführt werden kann. Diese *Zweiphasentechnik* führte gleichzeitig zu einer erhöhten Aktivität (98% Propenumsatz) und zu einem noch verbesserten *n/iso*-Verhältnis von 19 : 1. Die erste 100 000-jato-Anlage wurde 1984 bei der Ruhrchemie in Oberhausen in Betrieb genommen.

Die Oxoprodukte finden vielfache Verwendung. Die Butanole werden als Lösungsmittel und zur Synthese von Weichmachern genutzt, die Butanale können zu den entsprechenden Buttersäuren oxidiert werden. Ein wichtiges Folgeprodukt des *n*-Butanals ist das 2-Ethylhexanol, das durch Aldolisierung und anschließende Hydrierung gebildet wird (Gl. 8.46):

$$2 \quad \wedge\!\!\wedge\text{CHO} \xrightarrow[-\text{H}_2\text{O}]{(\text{OH}^-)} \quad \wedge\!\!\wedge\!\!\overset{\text{CHO}}{\diagup} \xrightarrow[+\,2\,\text{H}_2]{\text{Ni}} \quad \wedge\!\!\wedge\!\!\overset{\text{CH}_2\text{OH}}{\diagup} \tag{8.46}$$

Propylenoxid

Für Propylenoxid bestand 1991 eine weltweite Kapazität von 4,2 Mio. t. Die Verfahren zur Herstellung von Propylenoxid aus Propen wurden schon in Kap. 3.4.2 vorgestellt, wo die unterschiedlichen Synthesewege im Hinblick auf Nebenproduktbildung und Abwasserbelastung verglichen wurden. Die Herstellungsverfahren werden deshalb an dieser Stelle nur noch einmal kurz zusammengefaßt:

- Im **Chlorhydrinverfahren** wird Propen in ein Gemisch der isomeren Chlorhydrine überführt, das mit Kalkmilch zu Propylenoxid dehydrochloriert wird. Das Koppelprodukt Calciumchlorid ist im Abwasser enthalten.
- Bei den **indirekten Oxidationsverfahren** wird Propen mit Hydroperoxiden oder Peroxycarbonsäuren umgesetzt. Die entstehenden Koppelprodukte sind die entsprechenden Alkohole bzw. Carbonsäuren. Die Alkohole können durch Dehydratisierung in technisch verwendbare Olefine umgewandelt werden; die Carbonsäuren werden nach Umsetzung mit Hydrogenperoxid zu den Peroxycarbonsäuren wieder in den Prozeß zurückgeführt.
- Zur **Direktoxidation** des Propens gibt es zahlreiche Ansätze, die aber wegen niedriger Selektivitäten noch keine industrielle Anwendung gefunden haben.

Bei der Verwendung des Propylenoxids haben folgende Produkte die größte Bedeutung:

- Durch Umsetzung des Propylenoxids mit Wasser entsteht das Propylenglykol, das in frostsicheren Wärmeübertragungsflüssigkeiten, Bremsflüssigkeiten, Kosmetika und Pharmaka Verwendung findet. Desweiteren dient es als Komponente in der Herstellung von Polyesterharzen.
- Die Polyaddition von Propylenoxid an Propylenglykol führt (analog zur Reaktion von Ethylenglykol, vgl. Kap. 8.2.1) zu Polypropylenglykolen, die mit Diisocyanaten zu Polyurethanen reagieren.
- Analog kann Propylenoxid auch mit anderen mehrwertigen Alkoholen, z. B. mit Glycerin oder Trimethylolpropan, umgesetzt werden.
- Mit einwertigen Alkoholen bildet Propylenoxid Propylenglykolmonoalkylether, die als Lösemittel Verwendung finden.
- Aus Propylenoxid und Ammoniak werden Isopropanolamine hergestellt.

Acrolein und Acrylsäure

Acrolein wird heute durch die katalytische Oxidation von Propen erzeugt:

$$H_2C=CH-CH_3 + O_2 \xrightarrow{\text{(Kat)}} H_2C=CH-CHO + H_2O \tag{8.47}$$

Als Katalysatoren wurden ursprünglich Kontakte auf Kupferbasis eingesetzt; moderne Verfahren arbeiten jedoch mit Bismut- oder Phosphormolybdaten, also mit ähnlichen Katalysatoren, die auch im Sohio-Verfahren angewendet werden. Das Verfahren verläuft bei Temperaturen von 300 bis 450 °C; der Katalysator ist als Festbett in Rohrbündelreaktoren angeordnet. Ein hoher Luftüberschuß dient dazu, den Oxidationsgrad des Katalysators auf einem Mindestniveau zu stabilisieren. Unter diesen Bedingungen liegt der Propenumsatz bei 96%, die Acroleinselektivität beträgt 90%. Nebenprodukte sind Acrylsäure, Essigsäure und Acetaldehyd.

Acrolein kann in einem weiteren Luftoxidationsschritt zu Acrylsäure umgesetzt werden:

$$H_2C=CH-CHO + \tfrac{1}{2} O_2 \xrightarrow{\text{(Kat)}} H_2C=CH-COOH \tag{8.48}$$

Diese Reaktion wird bei etwas niedrigeren Temperaturen (260–300 °C) als die Propenoxidation durchgeführt. Als Katalysator dient wieder ein Molybdänkontakt, der aber diesmal andere Promotoren, insbesondere Vanadin, Wolfram oder Eisen, enthält.

Durch Kombination der Oxidationen in Gl. (8.47) und (8.48) gelangt man somit in zwei Stufen vom Propen zur Acrylsäure *(Zweistufenverfahren)*. Daneben existiert auch noch ein Einstufenverfahren, das aber wegen der nicht optimalen Prozeßbedingungen zu einer geringeren Acrylsäure-Selektivität führt.

Acrolein kann zu verschiedenen Folgeprodukten weiter umgesetzt werden: Die Hydrierung führt zum Allylalkohol, die Umsetzung mit Ammoniak zu Pyridin und 3-Picolin, und eine dreistufige Synthese liefert die synthetische Aminosäure DL-Methionin, die als Futtermittelzusatz dient (Weltjahresproduktion 180 000 t). Für pharmazeutische Zwecke wird aus DL-Methionin mittels enzymatischer Katalyse die natürliche Aminosäure L-Methionin hergestellt (vgl. Kap. 9.4.5).

Acrylsäure und ihre Ester *(Acrylate)* wurden 1992 weltweit in einer Menge von ca. 2,9 Mio. t hergestellt. Sie sind bedeutsame Monomere zur Herstellung von Homo- und Copolymeren. Sie finden Verwendung im Lack- und Klebstoffsektor, bei der Papier- und Textilbehandlung sowie bei der Lederverarbeitung. Die wichtigsten Ester sind die Ethyl-, die *n*- und *iso*-Butyl- sowie die 2-Ethylhexylester.

Isopropanol und Aceton

Isopropanol wird durch säurekatalysierte Hydratisierung von Propen hergestellt. Analog der Regel von Markovnikov entsteht ausschließlich der sekundäre Alkohol:

$$H_2C=CH-CH_3 + H_2O \xrightarrow{(H^+)} CH_3-CH-CH_3 \atop OH \qquad (8.49)$$

Als Säurekatalysatoren gibt es verschiedene Varianten, die auch die Verfahrensweise bestimmen:

- Bei Einsatz von Schwefelsäure verläuft die Reaktion in der Flüssigphase (20–65 °C). Das Verfahren ist zweistufig, da primär die Schwefelsäurehalbester gebildet werden.
- Mit sauren Ionenaustauschern wird die Reaktion meist im Rieselbett bei 130–160 °C durchgeführt.
- Mit Silicium-Wolframheteropolysäuren verläuft die Umsetzung in der Flüssigphase bei 270–280 °C und entsprechend hohem Druck (200–250 bar) direkt zum Isopropanol.

Nach diesen Verfahrensvarianten wurde Isopropanol 1991 weltweit in einer Menge von ca. 2,1 Mio. t produziert.

Isopropanol wird als Löse- und Extraktionsmittel vielfach eingesetzt, ebenfalls als Zusatz zu Fahrbenzin, um einer Vergaservereisung vorzubeugen. Ein wichtiges Folgeprodukt des Isopropanols ist das Aceton, das durch eine Dehydrierreaktion gebildet wird. Dabei unterscheidet man zwei Varianten (vgl. Gl. 8.50): die oxidative Dehydrierung in Gegenwart von Sauerstoff und die direkte Dehydrierung.

$$H_3C-CH-CH_3 \atop OH \xrightarrow[\substack{-H_2O \\ -H_2}]{+1/2\,O_2} H_3C-\underset{O}{\overset{\|}{C}}-CH_3 \qquad (8.50)$$

Die oxidative Dehydrierung verläuft bei Temperaturen von 400 bis 600 °C an Silber- oder Kupferkontakten, die direkte Dehydrierung bei 300 bis 400 °C an Zinkoxidkatalysatoren.

Eine interessante Variante ist die Oxidation des Isopropanols zu Aceton und Wasserstoffperoxid, die nach einem radikalischen Mechanismus abläuft:

$$H_3C-CH-CH_3 \atop OH + O_2 \xrightarrow{(I^\bullet)} H_3C-\underset{O}{\overset{\|}{C}}-CH_3 + H_2O_2 \qquad (8.51)$$

Neben der Möglichkeit, Aceton aus Isopropanol herzustellen, gibt es noch weitere Synthesevarianten:

- Beim *Cumolverfahren* (Hock-Prozeß) wird Cumol mit Luft zu Cumolhydroperoxid oxidiert, das mit Säuren zu Phenol und Aceton gespalten wird (ausführliche Beschreibung in Kap. 3.1.1):

$$\text{Ph}-\underset{CH_3}{\overset{CH_3}{\underset{|}{CH}}} + O_2 \longrightarrow \text{Ph}-\underset{OOH}{\overset{CH_3}{\underset{|}{\overset{|}{C}}}}-CH_3 \xrightarrow{H^+} \text{Ph}-OH + H_3C-\underset{O}{\overset{\|}{C}}-CH_3 \qquad (8.52)$$

• Die Propenoxidation nach dem *Wacker-Hoechst-Verfahren* (Gl. 8.53) liefert ebenfalls Aceton. Diese Reaktion wurde am Beispiel des Acetaldehyds in Kap. 8.2.2 behandelt.

$$H_2C=CH-CH_3 \ + \ 0,5 \ O_2 \ \xrightarrow{\text{Pd / Cu}} \ H_3C-\overset{\displaystyle O}{\underset{\displaystyle \|}{C}}-CH_3 \tag{8.53}$$

1991 betrugen die weltweiten Acetonkapazitäten ca. 3,8 Mio. jato. Dabei ist das mit Abstand wichtigste Herstellverfahren der Hock-Prozeß, gefolgt von der Isopropanoldehydrierung.

Aceton wird einerseits direkt als Lösungsmittel verwendet, hat aber als technisch gut zugängliches Keton auch eine umfangreiche Folgechemie (vgl. „Stammbaum" in Abb. 8.11). In einer basenkatalysierten Aldolisierung bildet sich der Diacetonalkohol, der zum Mesityloxid dehydratisiert wird. Dieses wird dann an Kupfer- oder Nickelkatalysatoren zum *Methylisobutylketon* (MIBK) und weiter zum Methylisobutylcarbinol hydriert. In neueren Einstufenverfahren, die mit bifunktionellen Katalysatoren arbeiten, wird MIBK auch direkt aus Aceton hergestellt. Alle genannten Aldolisierungsprodukte des Acetons sind ausgezeichnete Lösemittel in der Lackindustrie. MIBK wird außerdem in zahlreichen Extraktionsverfahren eingesetzt.

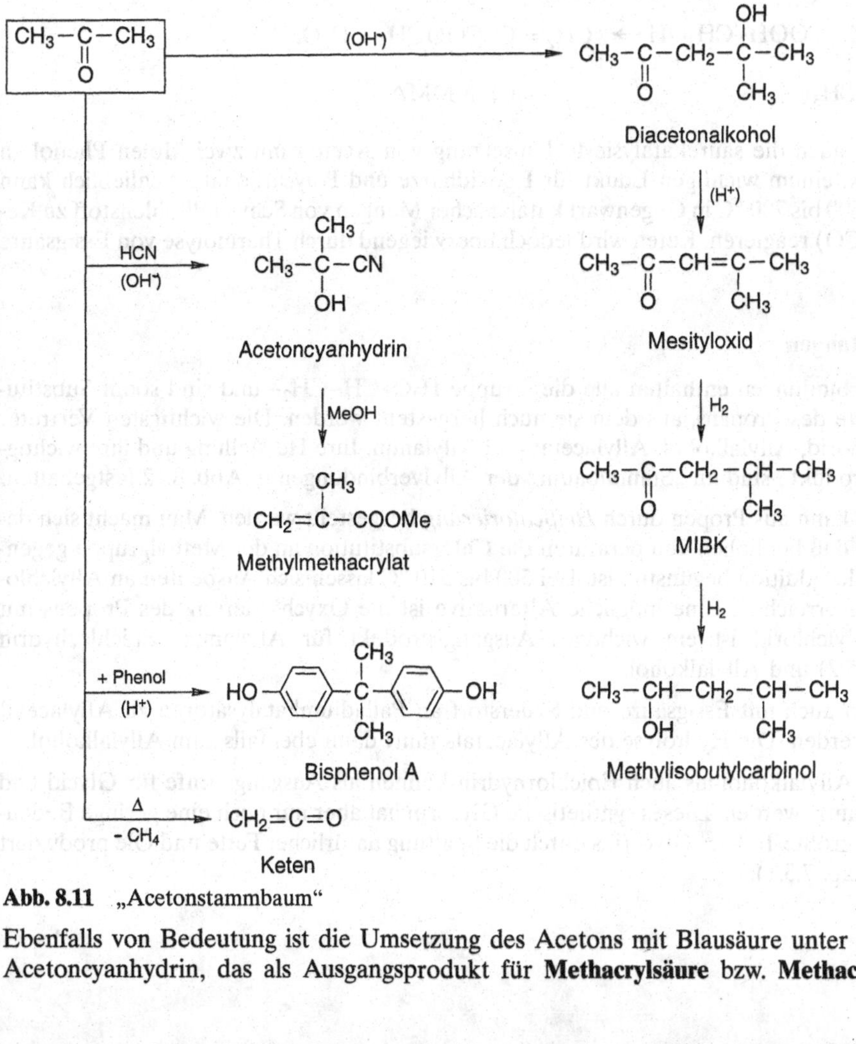

Abb. 8.11 „Acetonstammbaum"

Ebenfalls von Bedeutung ist die Umsetzung des Acetons mit Blausäure unter Bildung von Acetoncyanhydrin, das als Ausgangsprodukt für **Methacrylsäure** bzw. **Methacrylate** dient.

Diese Stoffe sind wichtige Bausteine für Polymersynthesen. Sie können mit einem neuen, von der BASF entwickelten Verfahren jetzt auch auf Basis von Ethylen hergestellt werden.

- Im ersten Schritt wird Ethylen mit CO/H_2 zu Propionaldehyd hydroformyliert:

$$H_2C = CH_2 + CO + H_2 \longrightarrow CH_3-CH_2-CHO.$$

- Anschließend wird der Propionaldehyd in einer Mannich-Kondensation mit Formaldehyd zu Methacrolein umgesetzt:

$$CH_3-CH_2-CHO + H_2CO \longrightarrow H_2C = \underset{\underset{CH_3}{|}}{C}-CHO + H_2O.$$

- Das Methacrolein wird dann mit Sauerstoff an einem Heterogenkatalysator zu Methacrylsäure oxidiert:

$$CH_2 = \underset{\underset{CH_3}{|}}{C}-CHO + \tfrac{1}{2}O_2 \longrightarrow CH_2 = \underset{\underset{CH_3}{|}}{C}-COOH.$$

- Schließlich kann die Methacrylsäure säurekatalysiert z. B. mit Methanol zu Methylmethacrylat (MMA) verestert werden:

$$CH_2 = \underset{\underset{CH_3}{|}}{C}-COOH + CH_3OH \longrightarrow CH_2 = \underset{\underset{CH_3 \; MMA}{|}}{C}-COOCH_3 + H_2O.$$

Erwähnt sei auch die säurekatalysierte Umsetzung von Aceton mit zwei Molen Phenol zu Bisphenol A, einem wichtigen Edukt für Epoxidharze und Polycarbonate. Schließlich kann Aceton bei 600 bis 700 °C in Gegenwart katalytischer Mengen von Schwefelkohlenstoff zu Keten ($CH_2 = CO$) reagieren. Keten wird jedoch überwiegend durch Thermolyse von Essigsäure hergestellt.

Allylverbindungen

Die Allylverbindungen enthalten alle die Gruppe $H_2C=CH-CH_2-$ und sind somit Substitutionsprodukte des Propens, aus dem sie auch hergestellt werden. Die wichtigsten Vertreter sind Allylchlorid, Allylalkohol, Allylacetat und Allylamin. Ihre Herstellung und ihre wichtigsten Folgeprodukte sind im „Stammbaum" der Allylverbindungen in Abb. 8.12 festgehalten.

Allylchlorid kann aus Propen durch *Heißchlorierung* hergestellt werden. Man macht sich dabei zunutze, daß bei hohen Temperaturen die Chlorsubstitution an der Methylgruppe gegenüber der Chloraddition begünstigt ist. Bei 500 bis 510 °C lassen sich Ausbeuten an Allylchlorid von 85% erreichen. Eine mögliche Alternative ist die Oxychlorierung des Propens mit HCl/O_2. Allylchlorid ist ein wichtiges Ausgangsprodukt für Allylamin, Epichlorhydrin (vgl. Kap. 8.5.2) und Allylalkohol.

Propen kann auch mit Essigsäure und Sauerstoff an Palladiumkatalysatoren zu Allylacetat umgesetzt werden. Die Hydrolyse des Allylacetats führt dann ebenfalls zum Allylalkohol.

Sowohl der Allylalkohol als auch Epichlorhydrin können als Ausgangsstoffe für Glycid und Glycerin genutzt werden. Dieses synthetische Glycerin hat aber nur noch eine geringe Bedeutung, da der größte Teil des Glycerins durch die Spaltung natürlicher Fette und Öle produziert wird (vgl. Kap. 7.3.1).

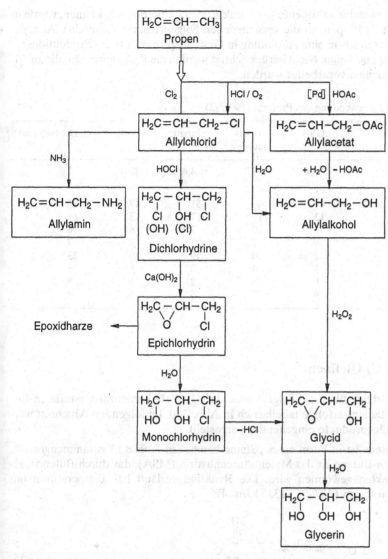

Abb. 8.12 „Stammbaum" der Allylverbindungen

Isohexen

Isohexen (= 2-Methyl-1-penten) wird durch Dimerisierung von Propen hergestellt. Ein typischer Dimerisierungskatalysator ist Tri-*n*-propylaluminium. Das Isohexen hatte Bedeutung als Zwischenprodukt der Isoprensynthese nach dem *Goodyear-Scientific-Design-Verfahren* (Gl. 8.54). Die einzige Anlage für das Verfahren wurde jedoch inzwischen aus wirtschaftlichen Gründen stillgelegt.

$$2 \quad \xrightarrow{\text{(Kat)}} \quad \underset{\text{Isohexen}}{} \quad \longrightarrow \quad \underset{}{} \quad \xrightarrow{-\,CH_4} \quad \underset{\text{Isopren}}{} \tag{8.54}$$

Um die Bedeutung der einzelnen Propenfolgeprodukte besser einordnen zu können, wurde in Tab. 8.4 der Verbrauch an Propen für die verschiedenen Folgeprodukte aufgeführt. Angegeben sind Produktionsdaten sowie eine Aufteilung in Gewichtsprozent für die Produktionsgebiete USA, Westeuropa und Japan. Nicht berücksichtigt wurden die Propenmengen, die zu Alkylat- oder Polymerbenzinen verarbeitet wurden.

Tab. 8.4 Produktion und Verwendung des Propens (1991/92)

	USA	West-europa	Japan	Welt	Deutschland
Produktion (in Mio. t)	9,4	9,7	4,4	32,0	2,8
Folgeprodukte (in %)					
Polypropylen	41	46	51	47	26
Acrylnitril	13	11	17	13	15
Propylenoxid	11	10	7	8	16
Cumol	8	7	7	8	7
Oxoprodukte	7	10	9	9	23
Isopropanol	5	4	2	5	5
Oligomere	6	5	2	5	5
Sonstige	9	7	5	6	3

8.3.2 Produkte aus C_4-Olefinen

Ein erster grober Überblick über die Folgechemie der C_4-Olefinkohlenwasserstoffe (*n*-Butene, Isobuten und Butadien) erfolgte tabellarisch in Abb. 7.30. Im folgenden Abschnitt werden einige wichtige Folgeprodukte eingehender vorgestellt.

Die Chemie der ***n*-Butene** ist in Form eines „Stammbaums" in Abb. 8.13 zusammengestellt. Ein Folgeprodukt der *n*-Butene ist das Maleinsäureanhydrid (MSA), das durch Butenoxidation an Vanadinkontakten gewonnen wird. Die Reaktion verläuft bei Temperaturen um 400 °C und ist stark exotherm ($\Delta H_R = -1315$ kJ/mol):

$$H_3C-CH_2-CH=CH_2 \atop H_3C-CH=CH-CH_3 \quad + \; 3 \; O_2 \quad \xrightarrow[-3\,H_2O]{V_2O_5} \quad \begin{matrix} CH-C \\ \| \quad\quad \\ CH-C \end{matrix} \Big\rangle O \tag{8.55}$$

Das Maleinsäureanhydrid hat eine umfangreiche Folgechemie, die in Abb. 8.13 skizziert wird. Von besonderer wirtschaftlicher Bedeutung ist der Einsatz zur Herstellung ungesättigter Polyesterharze. Die Produktionskapazität für Maleinsäureanhydrid wurde 1992 auf 0,83 Mio. jato geschätzt.

Die *n*-Butene können analog zum Propen durch säurekatalysierte Hydratisierung in 2-Butanol (*sek.*-Butylalkohol SBA) überführt werden. Kupfer-, Zink- oder Bronzekatalysatoren ermöglichen dann eine weitere Dehydrierung zum Methylethylketon MEK. Bei Temperaturen um 250 °C werden an Kupferkatalysatoren Umsätze bis zu 95% erzielt.

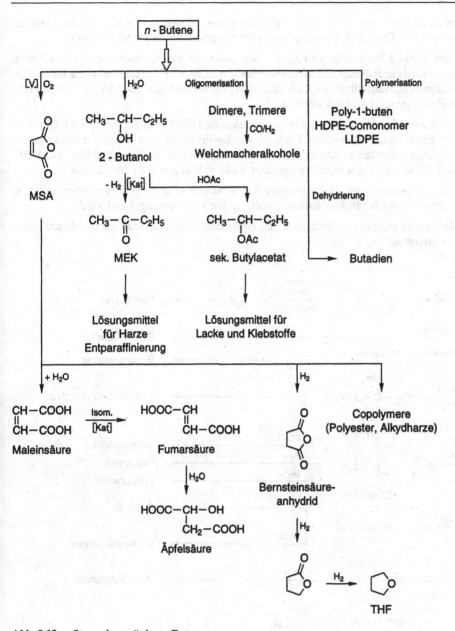

Abb. 8.13 „Stammbaum" der *n*-Butene

Dimerisierung und Trimerisierung der *n*-Butene führen zu C₈- und C₁₂-Olefinen. Wenig verzweigte Octene werden im Dimersol-X-Prozeß des IFP erhalten. Als Katalysatoren werden lösliche Ziegler-Katalysatoren verwendet, die nach der Reaktion verworfen werden. Eine erste Dimersol-X-Anlage zur Herstellung von *dimeren n-Butenen* (DNB) wurde Ende der 80er Jahre von Nissan in Betrieb genommen. Durch Hydroformylierung werden diese Octene in Nonanole überführt, die zur Herstellung von Kunststoff-Weichmachern verwendet werden. Eine Alternative zum Dimersol-X-Prozeß ist der Octol-Prozeß von Hüls und UOP, der mit langlebigen Heterogenkontakten arbeitet. Durch Variation der Reaktionsbedingungen kann dieses Verfahren so verändert werden, daß mehr *trimere n-Butene* (TNB) entstehen, die zur Herstellung von C_{13}-Oxoalkoholen und von α-Olefinsulfonaten in Frage kommen.

Reines **1-Buten** ($\approx$ 99,7%ig) wird zu Poly-1-buten polymerisiert. An speziellen Ziegler-Natta-Katalysatoren wird ein Polymer mit Molekulargewichten bis zu $3 \cdot 10^6$ und mit einer hohen Isotaktizität hergestellt. Vorteilhaft ist, daß viele Polypropylenanlagen auch für die Polymerisation von 1-Buten genutzt werden können.

In Polyethylen mit hoher Dichte (*high density polyethylene*, HDPE) können bis zu 4% 1-Buten als Comonomer einpolymerisiert werden. Dadurch werden die Dichte des Polymeren etwas verringert und seine Eigenschaften leicht modifiziert. Auch im *linear low density polyethylene* (LLDPE) wird vielfach 1-Buten als Comonomer eingesetzt, meist in Mengen von 8 bis 12 Gew.-%.

Weiterhin zu erwähnen ist die Dehydrierung der *n*-Butene zu Butadien, die insbesondere in Osteuropa und – je nach Marktsituation – auch in den USA durchgeführt wird.

Auch für **Isobuten** existiert eine umfangreiche Folgechemie. Ein „Isobutenstammbaum" ist in Abb. 8.14 wiedergegeben.

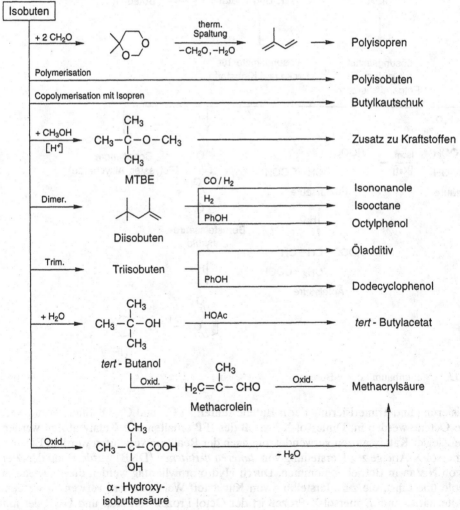

Abb. 8.14 „Isobutenstammbaum"

Ein mögliches Folgeprodukt des Isobutens ist das Isopren, das als Monomer für Polyisopren-kautschuke große Bedeutung hat. Diese technisch bisher noch nicht realisierte Synthese erfolgt in zwei Stufen (Gl. 8.56): In einer Prins-Reaktion reagieren zuerst Isobuten und Formaldehyd in Gegenwart von Säurekatalysatoren unter Bildung des Dimethyl-m-dioxans. An einem Heterogenkatalysator (Phosphorsäure auf Träger) wird dieses Dioxan in einer zweiten Stufe bei 200–350 °C zu Isopren gespalten, wobei 1 Mol Formaldehyd wieder freigesetzt wird.

$$
\underset{\overset{|}{\underset{CH_3}{}}}{H_3C-C}=CH_2 \ + \ 2\ CH_2O \ \xrightarrow{H^+} \ \chemfig{dioxan} \ \xrightarrow[\substack{-H_2O \\ -CH_2O}]{(Kat)} \ H_2C=\underset{\overset{|}{CH_3}}{C}-CH=CH_2 \qquad (8.56)
$$

Zur Synthese von Isopren existieren jedoch noch zahlreiche konkurrierende Alternativen. Ein Weg über das Isohexen wurde schon in Kap. 8.3.1 vorgestellt, eine weitere Variante ist die Co-Metathese von Isobuten und n-Butenen. Es bilden sich die 2-Methylbutene, die zu Isopren dehydriert werden können:

$$
\left\{ \begin{array}{l} H_3C-CH=CH-CH_3 \\ H_2C=CH-CH_2-CH_3 \end{array} \right\} + \ 2 \ H_3C-\underset{\overset{|}{CH_3}}{C}=CH_2 \ \xrightarrow[-\ 2\ \text{Propen}]{\text{Metathese}} \ \left\{ \begin{array}{l} H_3C-\overset{\overset{\displaystyle CH_3}{|}}{CH}-CH=CH_3 \\ H_2C=C-CH_2-CH_3 \\ \qquad\quad \overset{|}{CH_3} \end{array} \right\} \qquad (8.57)
$$

$$
\xrightarrow[-\ 2\ H_2]{} \ 2 \ H_2C=\underset{\overset{|}{CH_3}}{C}-CH=CH_2
$$

Das wichtigste Gewinnungsverfahren für Isopren ist jedoch die Selektivextraktion des C_5-Schnitts aus dem Steamcracker (vgl. Kap. 7.1.5).

Isobuten kann in inerten Lösungsmitteln bei Temperaturen zwischen –10 und –100 °C polymerisiert werden. Es entsteht das kautschukähnliche Polyisobuten (PIB), das aber wegen fehlender Doppelbindungen nicht vulkanisiert werden kann. PIB mit mittleren Molgewichten wird beispielsweise als Zusatz zu Schmierölen verwendet.

Durch Copolymerisation des Isobutens mit 1–3% Isopren bildet sich der Butylkautschuk, der Isobuten-Isopren-Rubber (IIR). Er enthält einige Doppelbindungen, die zur Vulkanisation genutzt werden können. Das Produkt zeichnet sich durch eine hervorragende Gasundurchlässigkeit aus.

Zu einem wichtigen Folgeprodukt des Isobutens hat sich im letzten Jahrzehnt der *Methyl-tert-Butylether* (MTBE) entwickelt. Die Weltproduktion des MTBE wird für das Jahr 2000 auf ca. 16 Mio. t/a prognostiziert. Der Ether entsteht durch eine säurekatalysierte Umsetzung des Isobutens mit Methanol und ist zu einem wichtigen Zusatzstoff in Vergaserkraftstoffen zur Erhöhung der Octanzahl geworden (vgl. Kap. 7.1.5). Nach dem Hüls-Prozeß wird die MTBE-Synthese in der Flüssigphase bei Temperaturen unter 100 °C durchgeführt. Als Katalysatoren wirken Ionenaustauscher, insbesondere sulfonierte Copolymere von Styrol und Divinylbenzol. Vorteilhaft ist, daß das C_4-Ausgangsolefin nicht aufwendig gereinigt werden muß, sondern daß C_4-Gemische aus dem Steamcracker direkt eingesetzt werden können. Die Reaktion erfolgt in zwei hintereinander geschalteten Reaktoren, anschließend erfolgt eine zweistufige Auftrennung. Ein Fließschema des Hüls-MTBE-Prozesses zeigt Abb. 8.15.

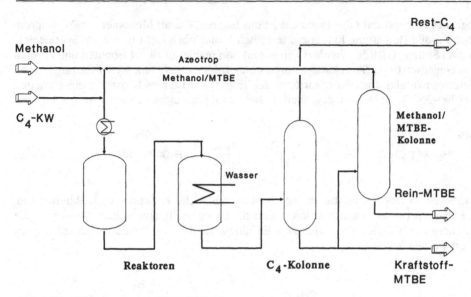

Abb. 8.15 Fließschema des Hüls-MTBE-Prozesses

Ein weiteres bedeutendes Isobutenfolgeprodukt ist das *tert.*-Butanol (*tert.*-Butylalkohol TBA). Es findet als Lösemittel und als Treibstoffzusatz Verwendung. Interessant ist auch die Möglichkeit, das TBA über die Stufe des Methacroleins zur Methacrylsäure zu oxidieren. Eine Variante hierzu ist die direkte Oxidation des Isobutens zur α-Hydroxy-*iso*-buttersäure, die zur Methacrylsäure dehydratisiert werden kann (vgl. Abb. 8.14).

Butadien ist eine besonders vielseitig verwendbare Chemikalie (weltweite Produktionskapazität 1992: ca. 8,5 Mio. t/a). Durch Polymerisation, Copolymerisation, lineare und zyklische Oligomerisation sowie durch Additionen an die beiden Doppelbindungen entsteht eine Vielzahl von Folgeprodukten. Eine Übersicht gibt der „Butadienstammbaum" in Abb. 8.16.

Vom Polybutadien (*butadien rubber*, BR) existieren verschiedene Isomere: Das isotaktische 1,2-Polybutadien und das 1,4-*trans*-Polybutadien sind hochmolekulare, kristalline Kunststoffe, während hochmolekulares 1,4-*cis*-Polybutadien als Elastomer eingesetzt wird. Die Herstellung der Polybutadiene erfolgt in benzolischer Lösung unter Zusatz eines Katalysators. Das 1,4-*cis*-Polybutadien entsteht z. B. in Gegenwart eines Ziegler-Natta-Katalysators aus einer Titanverbindung und Triethylaluminium.

Das meiste Butadien wird zur Herstellung von Styrol-Butadien-(SB-)Copolymeren eingesetzt. Die *SB-Kautschuke* enthalten knapp 25% Styrol; Copolymere mit höheren Styrolanteilen werden als Harze verwendet. Die Synthese erfolgt in einer Emulsionspolymerisation mit radikalischer Initiierung.

Der *Nitrilkautschuk* (NBR) ist ein Copolymer von Butadien und Acrylnitril. Er wird in Ballenoder Latexform ebenfalls durch Emulsionspolymerisation hergestellt. Wegen seiner hohen Stabilität gegenüber Kohlenwasserstoffen wird er z. B. für Treibstoffschläuche verwendet.

Das *Terpolymere ABS* besteht meist aus 15% Acrylnitril, 20 bis 35% Butadien und 50 bis 65% Styrol. Dieser Thermoplast wird in Emulsions- oder Suspensionspolymerisation hergestellt.

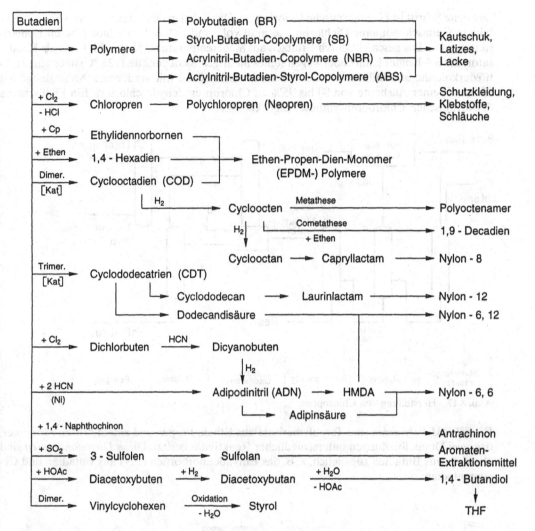

Abb. 8.16 „Butadienstammbaum"

Butadien kann in mehreren Schritten in Chloropren (vgl. Kap. 8.5.2) überführt werden:

$$
H_2C=CH-CH=CH_2 \xrightarrow{+ Cl_2}
\begin{cases}
\overset{Cl}{}\;\overset{Cl}{} \\
H_2C=CH-CH-CH_2 \\[2mm]
\\
H_2C-CH=CH-CH_2 \\
\underset{Cl}{}\qquad\qquad\underset{Cl}{}
\end{cases}
\quad (8.58)
$$

mit (CuCl) zwischen den beiden.

$$
\underset{Cl}{\overset{Cl}{\underset{|}{\overset{|}{H_2C=CH-CH-CH_2}}}} \xrightarrow[- NaCl\,;\ 85\,°C]{+ NaOH} \underset{}{\overset{Cl}{\underset{}{\overset{|}{H_2C=CH-C=CH_2}}}} \quad (8.59)
$$

Der erste Schritt ist eine thermische Chlorierung. Das dabei in einer Ausbeute von 85–95 % gebildete Gemisch isomerer Dichlorbutene muß vollständig zum 3,4-Dichlor-1-buten isomerisiert werden. Dis geschieht durch Erhitzen auf Siedetemperatur (155 °C) mit CuCl als Katalysator; das 3,4-Isomer kann dabei wegen seines niedrigen Siedepunktes (123 °C) über eine Rektifizierkolonne abdestilliert werden. Es wird anschließend mit verdünnter Natronlauge bei 85 °C mit einer Ausbeute von 90 bis 95 % zu Chloropren dehydrochloriert. Ein Fließschema der technischen Chloroprensynthese zeigt Abb. 8.17.

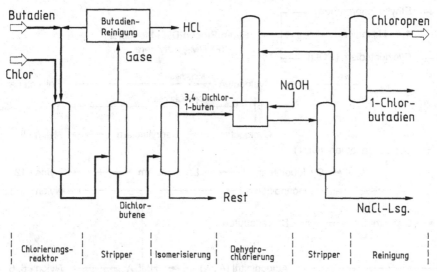

Abb. 8.17 Herstellung von Chloropren

Die *EPDM-Polymeren* sind Terpolymerisate aus Ethen, Propen und einem dritten Monomer, das zwei Doppelbindungen unterschiedlicher Reaktivität besitzt. Diese *Dienmonomeren* sind ebenfalls aus Butadien zugänglich, z. B. das Ethylidennorbornen (EN) aus Butadien und Cyclopentadien:

Auch 1,4-Hexadien, das durch eine rhodiumkatalysierte Codimerisierung von Butadien und Ethen gebildet wird, kann als drittes Monomer in EPDM-Polymeren eingesetzt werden. Wegen der noch verfügbaren freien Doppelbindungen in den EPDM-Polymeren können diese wie andere Kautschuke nachträglich vernetzt werden.

Butadien kann auch homogenkatalysiert in cyclische Dimere und Trimere überführt werden. Das Dimere *1,5-Cyclooctadien* (COD) bildet sich mit Hilfe von Nickel-Ziegler-Katalysatoren. Durch Hydrierung zum Cyclooctan und weitere Oxidation zum Cyclooctanon kann über das Oxim das Capryllactam hergestellt werden, Ausgangsprodukt für Nylon-8. In gleicher Weise ist aus dem Trimeren *Cyclododecatrien* (CDT) das Nylon-12 zugänglich.

Adipodinitril (ADN) und *Hexamethylendiamin* (HMDA) sind zwei weitere wichtige Folgeprodukte des Butadiens. Ihre Synthese erfolgte früher über die Dichlorbutene, die mit Blausäure in das Adipodinitril überführt wurden. Weitere Hydrierung führte dann zum HMDA; eine Hydrolyse lieferte die freie Adipinsäure, beides wichtige Edukte für das Nylon-6,6. DuPont entwickelte dann in den 70er Jahren eine chlorfreie Variante, die direkte, nickelkatalysierte Bishydrocyanierung des Butadiens zum Adipodinitril.

Auf Basis von Butadien hat Bayer ein neues Syntheseverfahren für *Anthrachinon* entwickelt, das eine Alternative darstellt zur Anthracenoxidation. Der Gerüstaufbau erfolgt durch eine Diels-Alder-Reaktion des 1,4-Naphthochinons mit Butadien, gefolgt von einem Oxidationsschritt (Gl. 8.61). Dieses Verfahren wurde bisher jedoch noch nicht technisch realisiert.

$$\text{//}\diagdown + SO_2 \longrightarrow \underset{O\diagdown S\diagdown O}{\square} \overset{+H_2}{\longrightarrow} \underset{O\diagdown S\diagdown O}{\square} \tag{8.61}$$

Sulfolan ist ein Extraktionsmittel für Aromaten. Es kann über die Zwischenstufe des 3-Sulfolens aus Butadien und Schwefeldioxid hergestellt werden (Gl. 8.62). Für diesen Prozeß, der von der Shell entwickelt wurde, gibt es weltweit Kapazitäten im Umfang von 7000 jato.

$$\text{(Struktur)} + \text{(Struktur)} \xrightarrow{\text{Diels-Alder - Reaktion}} \text{(Struktur)} \xrightarrow{\text{Oxidation}} \text{(Struktur)} \tag{8.62}$$

In Abb. 8.16 ist eine dreistufige Synthese von *1,4-Butandiol* aus Butadien angegeben. In der ersten Stufe wird Butadien mit Essigsäure und Sauerstoff an Pd-Te-Katalysatoren in 1,4-Diacetoxy-2-buten überführt. Durch Hydrierung am Ni-Zn-Kontakt entsteht das entsprechende Diacetoxybutan, das schließlich in Gegenwart von Schwefelsäure zu 1,4-Butandiol hydrolysiert wird. Durch Änderung der Reaktionsbedingungen kann die Reaktion auch zum Tetrahydrofuran (THF) umgelenkt werden. Damit existiert für THF noch eine weitere Syntheseroute neben der schon in Abb. 8.13 beschriebenen Route auf Basis von Maleinsäureanhydrid. 1,4-Butandiol findet bei der Herstellung zahlreicher Polyester und Polyurethane Verwendung.

In Tab. 8.5 wird eine Übersicht über die weltweite Verwendung des Butadiens gegeben. Mit Abstand dominieren die Anwendungen im Polymerbereich.

Tab. 8.5 Produktion und Verwendung des Butadiens (1991)

	USA	Westeuropa	Japan
Produktion (in Mio. t)	1,4	1,8	0,8
Folgeprodukte (in %):			
SB-Copolymere	42	49	44
Polybutadien (BR)	23	21	30
NB-Copolymere	3	5	6
ABS-Terpolymere	5	9	13
Polychloropren	6	6	4
Adipodinitril/Hexamethylendiamin	15	6	0
weitere Folgeprodukte	6	4	3

8.3.3 Langkettige Olefine

Die langkettigen Olefine (C $\geq$ 6) fallen bei den üblichen Raffinerieverfahren nicht in ausreichender Menge und Reinheit an. Es wurden deshalb spezielle Verfahren entwickelt, diese höheren Olefine durch Crack- und durch Aufbaureaktionen selektiv herzustellen. Da an die Folgeprodukte der höheren Olefine große Anforderungen bzgl. der biologischen Abbaubarkeit gestellt werden, konzentrieren sich die Herstellverfahren auf die höheren n-Olefine. Eine Übersicht der Herstellprozesse findet sich in Abb. 8.18. Sie zeigt, daß die verschiedenen Prozesse sehr unterschiedliche Olefinqualitäten liefern.

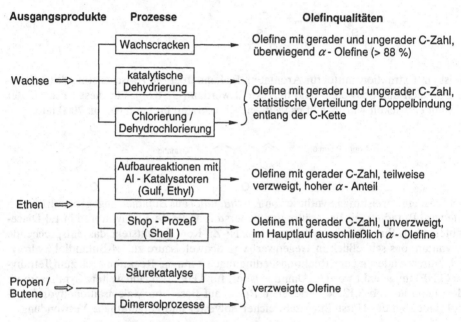

Abb. 8.18 Verfahren zur Herstellung langkettiger Olefine

Wachscracken

Durch thermisches Spalten langkettiger Paraffine werden hauptsächlich α-Olefine erhalten:

$$R-CH_2-CH_2-CH_2-CH_2-R' \longrightarrow R-CH=CH_2 + R'-CH=CH_2 + H_2 \qquad (8.63)$$

Das thermische Cracken der Paraffine verläuft nach einem Radikalmechanismus. Durch Spalten einer C-C-Bindung entstehen C-Radikale, die durch Abspaltung eines Wasserstoffatoms in die Olefine übergehen. Die H-Atome kombinieren überwiegend zu Wasserstoffmolekülen; ein Teil reagiert jedoch mit den C-Radikalen zu Paraffinen.

Um lineare α-Olefine herzustellen, müssen lineare Paraffine (Wachse) eingesetzt werden. Diese werden aus Petroleum-, Dieselöl- und Schmierölfraktionen paraffinbasischer Rohöle gewonnen. Eine Möglichkeit, diese n-Paraffine anzureichern, besteht darin, die Fraktionen zunächst mit einem Lösungsmittel zu verdünnen und dann durch Abkühlen der Lösung ein Paraffingemisch auszukristallisieren. Die anschließende Abtrennung der n-Paraffine von den verzweigten Paraffinen und den Cycloparaffinen geschieht entweder durch Molekularsieb-Adsorption (vgl. Kap. 7.1.6) oder durch Extraktivkristallisation mit Harnstoff (vgl. Kap. 8.1.2).

Die so abgetrennten höheren n-Paraffine werden dem Wachscracken unterworfen. Dazu werden die Paraffindämpfe innerhalb weniger Sekunden auf ca. 400 °C vorgewärmt und anschließend bei Temperaturen von 500 bis 600 °C in Gegenwart von Wasserdampf gecrackt. Nachfolgendes Quenchen verringert Nebenreaktionen wie Isomerisierung oder Zyklisierung.

Bei Einsatz von n-Paraffinen im Bereich von C_{18} bis C_{36} werden gerad- und ungeradzahlige α-Olefine im Bereich von C_6 bis C_{20} erhalten, die nur noch einen geringen Anteil an Paraffinen aufweisen. Nebenprodukte sind innenständige Olefine, konjugierte und nichtkonjugierte Diene sowie Spuren an Aromaten.

Der erste kommerzielle Wachscracker wurde 1941 von der Shell in Großbritannien in Betrieb genommen. Wegen der begrenzten Flexibilität von Wachscrackern in bezug auf die C-Zahl-Verteilung, der sehr begrenzten Verfügbarkeit wachshaltiger Ausgangsöle, des hohen Anteils ($\geq 10\%$) an Nebenprodukten im α-Olefin-Schnitt und der effizienteren Konkurrenzverfahren dürften die Wachscrackprozesse in Zukunft nicht weiter ausgebaut werden.

Katalytische Dehydrierung

Die katalytische Dehydrierung von Paraffinen führt zu Olefinen gleicher Kohlenstoffzahl, deren Doppelbindung weitgehend statistisch über die Kette verteilt ist. Thermisch kann diese Reaktion nicht erfolgreich durchgeführt werden, denn da die Energie zur Spaltung einer C-H-Bindung (365 kJ/mol) wesentlich größer ist als die Bindungsenergie einer C-C-Bindung (245 kJ/mol), ist bei längerkettigen Paraffinen die Crackreaktion gegenüber der Dehydrierung energetisch begünstigt. Mit Hilfe von Katalysatoren jedoch ist es möglich, unter weitgehendem Erhalt der C-Zahl n-Paraffine zu n-Olefinen zu dehydrieren.

Der technisch bedeutsamste Prozeß ist der Pacol-Prozeß (**p**araffin **c**atalyst **ol**efin) der Universal Oil Products (UOP). Dieses Verfahren wird bei 450 bis 510 °C und 0,3 MPa (3 bar) durchgeführt mit einem Wasserstoff/Kohlenwasserstoff-Verhältnis von 9 : 1. Verwendet wird ein Platin-Trägerkatalysator mit ca. 0,8% Pt auf Aluminiumoxid, modifiziert durch Zusätze von Lithium und Arsen bzw. Germanium. Um die Bildung von Nebenprodukten, insbesondere von Aromaten, niedrig zu halten, wird mit relativ geringen Umsätzen von ca. 10 bis 15% gearbeitet. Es entstehen somit Paraffin/Olefin-Gemische, die mit Hilfe des Olex-Prozesses (**ol**efin **ex**traction) der UOP getrennt werden können. Beim Olex-Prozeß erfolgt die Trennung an Molekularsieben, die die Eigenschaft besitzen, Olefine stärker zu adsorbieren als Paraffine. Die Kombination beider Verfahrensstufen ist als „Pacol-Olex-Prozeß" bekannt.

Chlorierung und Dehydrochlorierung

Eine weitere Methode, n-Paraffine in lineare Olefine zu überführen, besteht darin, die Paraffine in einer ersten Stufe zu Alkylchloriden zu chlorieren und anschließend katalytisch Chlorwasserstoff abzuspalten. Die Chlorierung erfolgt kontinuierlich in flüssiger Phase bei 120 °C. Dabei werden die Umsätze auf max. 30% beschränkt, um eine zu starke Bildung von Dichloriden zu vermeiden. Da das Chlor nahezu statistisch über die C-Kette verteilt ist, wird durch die anschließende Dehydrochlorierung auch ein statistisches Gemisch von linearen Olefinen erhalten. Die Dehydrochlorierung der Chlorparaffine verläuft mit Hilfe von Eisen oder Eisenlegierungen als Katalysator bei 250 °C. Am Kopf des Reaktors werden die niedriger siedenden Olefine und Paraffine abgenommen; die noch nicht umgesetzten höher siedenden Chlorparaffine bleiben im Reaktor zurück. Um eine Produktabtrennung in dieser Form durchführen zu können, müssen allerdings sehr enge Paraffinschnitte eingesetzt werden, damit die Siedepunkte der n-Olefine und der Chlorparaffine weit genug auseinander liegen.

Ethenoligomerisation mit Hilfe von Aluminiumalkylen

Der älteste Prozeß zur technischen Ethylenoligomerisation wurde in den frühen 50er Jahren von K. Ziegler gefunden. Die Reaktion verläuft in zwei Stufen, einem Aufbauschritt (Wachstumsreaktion) und einem Eliminationsschritt:

$$AlEt_3 + 3n \ CH_2{=}CH_2 \longrightarrow Al[(CH_2CH_2)_nEt]_3 \qquad (8.64)$$

$$Al[(CH_2CH_2)_nEt]_3 + 3 \ CH_2{=}CH_2 \longrightarrow AlEt_3 + 3 \ CH_2{=}CH(CH_2CH_2)_{n-1}Et$$

Die Aufbaureaktion verläuft bei ungefähr 100 °C unter einem Ethylendruck von 10 MPa (100 bar). In der zweiten Stufe, der „Hochtemperatur-Verdrängungsreaktion", werden bei ca. 300 °C und 1 MPa (10 bar) die α-Olefine durch Ethylen ersetzt. Die Zusammensetzung des Produktgemischs entspricht einer Poisson-Verteilung. Die beschriebene Variante hat allerdings den Nachteil, daß die Reaktionspartner in zueinander stöchiometrischen Mengen eingesetzt werden müssen. Dies würde bei technischen Anlagen den Einsatz sehr großer Aluminiumalkylmengen erforderlich machen. Es wurden deshalb von der Gulf Oil Chemicals und der Ethyl-Corporation zwei Varianten entwickelt, die mit geringeren Aluminiumethylmengen auskommen.

Beim **Gulf-Verfahren** werden nur katalytische Mengen an Triethylaluminium eingesetzt und Aufbau- und Eliminationsschritt parallel im gleichen Reaktor durchgeführt. Die Umsetzung erfolgt bei Temperaturen bis 200 °C und bei Drücken von 25 MPa (250 bar). Als Produktgemisch wird eine Schulz-Flory-Verteilung der linearen α-Olefine erhalten. Nach dem Gulf-Verfahren bilden sich deutlich reinere α-Olefine als bei der Wachscrackung. Als Verunreinigung enthalten die Gulf-α-Olefine ca. 1,4% Paraffine und mit größer werdender C-Zahl auch einen steigenden Anteil an verzweigten α-Olefinen.

Bei dem **Verfahren der Ethyl-Corporation** werden eine katalytische und eine stöchiometrische Stufe miteinander kombiniert. Dieser „modifizierte Ziegler-Prozeß" ist in der Lage, die Kettenlängenverteilung der linearen α-Olefine genauer zu kontrollieren, indem in der stöchiometrischen Stufe die kürzerkettigen Olefine einem weiteren Kettenwachstum unterworfen werden.

Ein Fließschema des Verfahrens ist in Abb. 8.19 wiedergegeben. Zuerst wird Ethylen mit katalytischen Mengen Triethylaluminium oligomerisiert (analog dem Gulf-Prozeß bei hohen Temperaturen und Drücken). Die resultierenden Produkte werden in der Destillationseinheit I in C_4-, C_6–C_{10}- und C_{12}–C_{18}-Schnitte aufgetrennt. Während die höheren Schnitte direkt verwendet werden können, werden die kurzkettigen α-Olefine (insbesondere C_4) einer Transalkylierung mit langkettigen Aluminiumorganylen unterworfen. Dabei werden die gewünschten höheren α-Olefine freigesetzt und kurzkettige Aluminiumtrialkyle gebildet. Diese Alkyle werden in der zweiten Destillation abgetrennt und in einem weiteren Reaktor mit Ethylen in einer stöchiometrischen Reaktion in längerkettige Alkyle überführt, die in die Transalkylierung zurückgeleitet werden. Das Verfahren erlaubt hohe Ethenumsätze von ca. 95%. Allerdings bilden sich auch größere Anteile an verzweigten Olefinen.

Ethenoligomerisation mit Nickelkatalyse
(Shell Higher Olefin Process = SHOP)

Der SHOP-Prozeß ist die neueste Entwicklung auf dem Gebiet der α-Olefin-Synthesen. Er arbeitet in der Flüssigphase in Gegenwart eines Nickel-Katalysators mit Phosphinliganden und liefert α-Olefine in einer außergewöhnlich hohen Reinheit. Es werden fast ausschließlich Monoolefine gebildet. Diene, Aromaten und Paraffine sind nur in Spuren nachweisbar. Für alle C-Zahl-Bereiche liegt der Anteil der linearen α-Olefine bei 96 bis 97%.

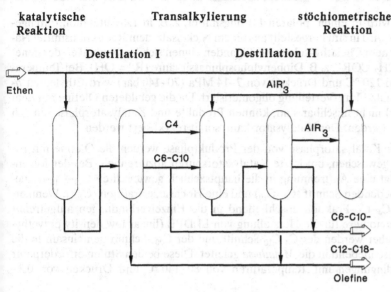

Abb. 8.19 Ethen-Oligomerisation (Verfahren der Ethylcorporation)

Der SHOP-Prozeß besteht aus der Kombination dreier verschiedener Reaktionen: der Oligomerisation, der Isomerisierung und der Metathese. Durch diesen Verbund kettenaufbauender und kettenabbauender Schritte besitzt der SHOP-Prozeß eine hohe Flexibilität. Während alle anderen α-Olefin-Prozesse nur eine sehr bedingte Kontrolle über die Produktverteilung bieten, können nach dem SHOP-Verfahren nahezu beliebige Olefinschnitte produziert werden. Das Fließschema des SHOP-Verfahrens ist in Abb. 8.20 wiedergegeben.

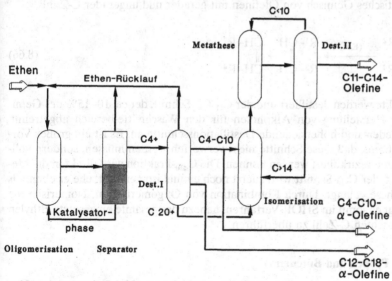

Abb. 8.20 Ethen-Oligomerisation nach dem SHOP-Verfahren

Die Oligomerisation wird in einem polaren Lösungsmittel, z. B. in 1,4-Butandiol, durchgeführt. Der Katalysator wird in situ hergestellt aus einem Nickelsalz, dem Reduktionsmittel Natriumborhydrid und einem Chelatliganden. Als Liganden eignen sich Verbindungen der generellen Formel RR'P-CH$_2$-COR'', z. B. Diphenylphosphinessigsäure (R'' = OH). Bei Temperaturen zwischen 80 und 120 °C und Drücken von 7–14 MPa (70–140 bar) wird Ethylen zu α-Olefinen mit einer Schulz-Flory-Verteilung oligomerisiert. Da die gebildeten Olefine mit dem polaren Lösungsmittel nicht mischbar sind, können Produkte und Katalysatorphase einfach voneinander getrennt werden. Der Katalysator kann somit rezykliert werden.

Nach Abtrennung der Katalysatorphase von der Produktphase werden die Olefine mit frischem Lösungsmittel gewaschen, um letzte Katalysatorspuren abzutrennen. Bei der folgenden Destillation erfolgt eine Auftrennung in die hauptsächlich gewünschten C$_{12}$–C$_{18}$-α-Olefine, in einen niedrigsiedenden Schnitt (C$_4$–C$_{10}$) und eine Hochsiederfraktion (C$_{20+}$). Wenn erforderlich, kann die C$_4$–C$_{10}$-Fraktion anschließend in die Einzelverbindungen aufgetrennt werden, z. B. als Comonomere für die Herstellung von LLDPE (linear low density polyethylene). Üblicherweise aber werden der C$_4$-C$_{10}$-Schnitt und der C$_{20+}$-Schnitt gemeinsam in die *Isomerisierung* und anschließend in die *Metathese* geleitet. Diese beiden Stufen erfordern nur mäßige Reaktionsbedingungen mit Temperaturen von 80–140 °C und Drücken von 0,3–2 MPa (3–20 bar).

Die Isomerisierung erfolgt in der Flüssigphase in Gegenwart vom Magnesiumoxidkatalysatoren. Bei dieser Reaktion werden die endständigen Olefine zu ca. 90% in innenständige Olefine überführt:

$$R–CH=CH_2 \xrightarrow{\text{(MgO)}} R^1–CH=CH–R^2 \qquad (8.65)$$

Die anschließende gemeinsame Metathese der innenständigen nieder- und hochmolekularen Olefine führt zu einer Mischung innenständiger Olefine mit einer neuen C-Zahl-Verteilung. Es entsteht ein statistisches Gemisch von Olefinen mit gerader und ungerader C-Zahl:

$$
\begin{array}{c}
R^1–CH=CH–R^2 \\
+ \\
R^3–CH=CH–R^4
\end{array}
\xrightarrow{\text{(Kat)}}
\begin{array}{c}
R^1–CH \quad CH–R^2 \\
\| \quad + \quad \| \\
R^3–CH \quad CH–R^4
\end{array}
\qquad (8.66)
$$

Die Metatheseprodukte werden destilliert und der C$_{11}$-C$_{14}$-Schnitt, der ca. 10–15% des Gemisches ausmacht, zur Herstellung von Alkoholen für den Waschmittelbereich abgetrennt. Gleichzeitig fallen nieder- und höhersiedende Destillationsschnitte an. Es ist ein großer Vorteil des SHOP-Verfahrens, daß diese Schnitte nicht verworfen werden müssen, sondern vollständig in das Verfahren rezirkuliert werden können. Die C$_{<10}$-Fraktion wird direkt in die Metathese zurückgeleitet, der C$_{>14}$-Schnitt wird zuerst noch einmal isomerisiert, ehe er ebenfalls wieder in die Metathese gelangt. Durch Kombination von Oligomerisation, Isomerisierung und Metathese gelingt es somit im SHOP-Verfahren, nahezu das gesamte eingesetzte Ethylen in Olefine der gewünschten C-Zahl zu überführen.

Oligomerisation von Propen und Butenen

Auf diese Oligomerisation wurde schon kurz in den Kapiteln 8.3.1 und 8.3.2 eingegangen. Von Bedeutung sind folgende Prozesse des IFP (Institut Français du Pétrole) mit Ziegler-Katalysatoren auf Nickelbasis:

- Im Dimersol-G-Prozeß wird Propen zu Isohexenen (80%), Trimeren (18%) und Tetrameren (2%) oligomerisiert.

- Im Dimersol-X-Prozeß werden Butene oder auch Gemische aus Propen und Butenen eingesetzt. Bei Einsatz des Raffinat II (vgl. Kap. 7.1.5) bilden sich verzweigte C_8-Olefine, die zu Weichmacheralkoholen umgesetzt werden.
- Im Dimersol-E-Prozeß werden Abgase des Fluid-Catalytic-Crackers, die Ethen und Propen enthalten, in die Oligomerisation eingesetzt. Die so erhaltenen Olefine werden jedoch meist zu Alkanen hydriert und den Kraftstoffen zugemischt.

Neben den Prozessen mit Ziegler-Katalysatoren existieren auch einige Verfahren mit Säurekatalysatoren. Als Katalysatoren können Phosphor- oder Schwefelsäure eingesetzt werden; moderne Verfahren arbeiten mit sauren Ionenaustauschern.

Die Verwendung der langkettigen Olefine ist in Tab. 8.6 zusammengefaßt. Die mit Abstand wichtigsten Folgereaktionen sind die Hydroformylierung zu längerkettigen Oxoalkoholen, die Herstellung linearer Alkylbenzole und die Verwendung der α-Olefine in den Copolymeren HDPE und LLDPE.

Tab. 8.6 Verwendung der langkettigen Olefine

Reaktion	Produkte	Verwendung
Hydroformylierung (Reaktion mit CO/H_2)	Oxoalkohole	$< C_{11}$: Weichmacheralkohole $> C_{11}$: Detergentiensynthesen
Alkylierung mit Benzol (Friedel-Crafts)	Alkylbenzole	Sulfonierung zu linearen Alkylbenzolsulfonaten (LABS) → Waschmittel
Sulfonierung	α-Olefin-Sulfonate (AOS)	Detergentien
Polymerisation	HDPE, LLDPE	Kunststoffe
Oligomerisierung	oligomere α-Olefine	Schmiermittel (synthetic hydrocarbons SHC)
Bromierung	Bromalkane	Zwischenstufen für Thiole, Amine und Aminoxide
Epoxidierung mit Peressigsäure	α-Olefin-Epoxide	Zwischenstufen für bifunktionelle Produkte
Hydrocarboxylierung (Reaktion mit CO/H_2O)	ungeradzahlige Fettsäuren	Schmiermitteladditive

8.4 Alkohole

8.4.1 Methanol

Der mengenmäßig und von seinen Einsatzmöglichkeiten bedeutendste Alkohol ist das Methanol, für dessen Produktion 1991 weltweit Kapazitäten von 23,2 Mio. t/a existierten. Seine Herstellung erfolgt aus *Synthesegas* ($CO + 2 H_2$), dessen Erzeugung auf Basis von Kohle, Naphtha oder höhersiedenden Erdölfraktionen in Kap. 7.2.5 besprochen wurde.

Die **Methanolsynthese** verläuft nach folgenden Gleichungen:
- stark exotherme Reaktion von Kohlenmonoxid und Wasserstoff

$$CO + 2\ H_2 \rightleftarrows CH_3OH \qquad\qquad \Delta H_R = -98\ kJ/mol. \qquad (8.67)$$

- schwach exotherme Reaktion von Kohlendioxid und Wasserstoff

$$CO_2 + 3\ H_2 \rightleftarrows CH_3OH + H_2O \qquad\qquad \Delta H_R = -58\ kJ/mol. \qquad (8.68)$$

Kohlendioxid wird zumeist dann den Eduktgasen zugesetzt, wenn sie Wasserstoff im Überschuß enthalten, z. B. bei Verwendung von *Spaltgas* $(CO + 3\ H_2)$, das aus trockenem Erdgas erzeugt wird.

Als Nebenreaktionen laufen folgende Umsetzungen ab:
- die Bildung von Methan

$$CO + 3\ H_2 \rightleftarrows CH_4 + H_2O \qquad\qquad \Delta H_R = -207\ kJ/mol. \qquad (8.69)$$

- die Boudouard-Reaktion

$$C + CO_2 \rightleftarrows 2\ CO \qquad\qquad \Delta H_R = -161\ kJ/mol. \qquad (8.70)$$

- die Retrokonvertierungsreaktion

$$CO_2 + H_2 \rightleftarrows CO + H_2O \qquad\qquad \Delta H_R = +42\ kJ/mol. \qquad (8.71)$$

In geringem Umfang erfolgt die Bildung von Dimethylether, Methylformiat und Ethanol.

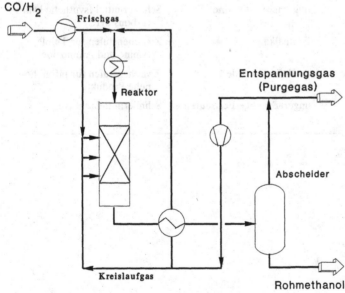

Abb. 8.21 Methanolherstellung (Grundfließbild)

Das Prinzip der Methanolherstellung ist in Abb. 8.21 dargestellt. Das Synthesegas wird auf Reaktionsdruck komprimiert und im Reaktor an Heterogenkatalysatoren zu Methanol umgesetzt. Nach Abkühlung der Reaktionsgase wird das Rohmethanol in einem Abscheider abgetrennt; die restlichen Gase werden wieder auf Synthesedruck verdichtet und in den Reaktor zurückgeführt. Ein Teil des Kreislaufgases wird als sog. Entspannungsgas (Purgegas) ausgeschleust, um den Anteil der Inertgase nicht über 15% steigen zu lassen. Der Umsatz pro Reaktordurchgang beträgt je nach Synthesetemperatur und -druck 12 bis 50%; das Verhältnis von Frischgas zu Kreislaufgas dementsprechend liegt bei ca. 1:2 bis 1:8. Das Purgegas wird meist einer Methanisierung unterworfen und als Heizgas verwendet.

Die ersten Katalysatoren für die Methanolsynthese, 1923 von der BASF eingesetzt, waren Gemische aus Zink- und Chromoxiden mit einem Zn/Cr-Verhältnis von ca. 7:3. Diese Katalysatoren sind gegen Katalysatorgifte, wie z. B. Schwefelwasserstoff, sehr resistent, erfordern aber relativ hohe Temperaturen (360–380 °C). Da es sich bei der Methanolsynthese um eine Gleichgewichtsreaktion handelt, die mit einer Volumenverminderung verbunden ist, wird wie bei der Ammoniaksynthese (vgl. Kap. 10.2.1) die Produktbildung durch erhöhten Druck begünstigt. Um mit Zn/Cr-Katalysatoren einen genügend hohen Umsatz zu Methanol (mehr als 10% pro Reaktordurchgang) zu erzielen, muß die Synthese in einem Druckbereich von 25 bis 30 MPa (250–300 bar) durchgeführt werden (Hochdruckverfahren). Ein Nachteil dieses hohen Reaktionsdruckes besteht in den relativ hohen Investitionskosten der Anlage.

Schon früh war bekannt, daß kupferhaltige Katalysatoren in der Methanolsynthese wesentlich aktiver sind als die Zn/Cr-Katalysatoren, so daß dann bei niedrigeren Drücken und Temperaturen gearbeitet werden kann. Allerdings erfordern Kupferkatalysatoren einen sehr niedrigen Schwefelgehalt des Synthesegases, der mit den ursprünglich vorhandenen Entschwefelungsanlagen nicht eingehalten werden konnte.

Einen guten Kompromiß stellen die Kontakte aus CuO, ZnO und Al_2O_3 dar, die mit einem Synthesegas betrieben werden können, das weniger als 0,1 ppm H_2S enthält. Mit diesen Katalysatoren kann die Synthese bei niederen Drücken (5–10 MPa = 50–100 bar) und niedrigen Temperaturen (250 °C) durchgeführt werden (Niederdruckverfahren). Ein typischer Katalysator, der heute in großtechnischen Methanolsynthesen eingesetzt wird, ist der S-3-85 der BASF. Seine Metallzusammensetzung beträgt 41% Cu, 53% Zn und 6% Al. Dieser Katalysator hat eine hohe Raum-Zeit-Ausbeute (RZA) von 1,5 kg Rohmethanol pro Liter Katalysator und Stunde, die nach einer Betriebsdauer von einem halben Jahr auf 1,25 kg/l·h zurückgeht.

Um einen gleichmäßig aktiven Katalysator zu gewährleisten, muß die Reaktionstemperatur konstant gehalten und eine lokale Überhitzung vermieden werden. So ist z. B. von Kupferkristalliten bekannt, daß sie bei Temperaturen oberhalb von 270 °C rekristallisieren und durch diese Alterungsprozesse an Aktivität verlieren. Ein wesentliches Problem einer Methanolanlage ist somit die Abführung der Reaktionswärme. Pro m³ Katalysator und Stunde müssen bis zu 8 Mio kJ abgeführt werden. Um eine günstige Wärmeführung zu erreichen, existieren mehrere Möglichkeiten:

- Im Quenchreaktor (vgl. Abb. 8.22) wird der Katalysator in mehreren Horden übereinander angeordnet und das Reaktionsgas jeweils zwischen den Horden mit kaltem Frisch- oder Kreislaufgas abgekühlt (gequencht). Als Temperaturprofil ergibt sich die in Abb. 8.22 gezeigte Sägezahnkurve.
- Im Rohrbündelreaktor ist der Katalysator in Röhren angeordnet, die von siedendem Wasser umströmt werden. Seine Temperatur kann über den Druck im Wassersystem eingestellt werden. Mit einer solchen Kühlung stellt sich ein relativ gleichförmiges Temperaturprofil ein mit einer kurzen Überhitzungszone am Synthesegaseingang (vgl. Abb. 8.23). Zum Anfahren der Anlage wird „Anfahrdampf" benötigt. Während des Betriebs der Anlage wird soviel Kesselspeisewasser (KSW) über Ventil V1 zugeführt, wie Dampf über Ventil V2 das Kühlsystem verläßt. Der Wasservorrat befindet sich in der sog. Dampftrommel. Der abgehende Dampf wird im Überhitzer W1 auf 380 °C gebracht und mit dem Hochdruckdampf die Dampfturbine Y1 betrieben, die ihrerseits den Kreisgaskompressor antreibt. Der Niederdruckdampf aus der

Turbine Y1 kann zur Destillation des Rohmethanols verwendet werden. Die Anlage in Abb. 8.23 zeigt, daß durch eine optimale Verknüpfung der Energieströme eine günstige Wärmenutzung und somit ein hoher thermischer Wirkungsgrad erzielt werden kann.

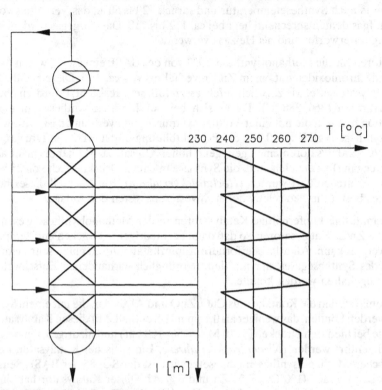

Abb. 8.22 Prinzip des Quenchreaktors

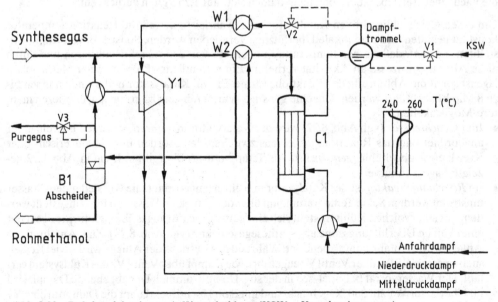

Abb. 8.23 Rohrbündelreaktor mit Wasserkühlung (KSW = Kesselspeisewasser)

- Eine weitere Reaktorvariante ist der *Linde-Isothermreaktor*, der als Umkehrung des Rohrbündelreaktors betrachtet werden kann. Der Katalysator liegt im Reaktor zwischen den Rohren vor, während das Kühlmedium (siedendes Wasser) durch die Röhre strömt. Die Rohre sind jedoch nicht senkrecht und parallel angeordnet, sondern in Form von Spiralen gegeneinander versetzt in den Reaktor eingebaut. Dadurch, daß die Kühlrohre vom Reaktionsgas quer angeströmt werden, wird der Wärmetransport gegenüber geraden Rohren nahezu verdoppelt. Dies führt zu niedrigen Temperaturgradienten in der Katalysatorschüttung mit Temperaturdifferenzen von maximal 10 °C. Ein weiterer Vorteil des Reaktors ist der niedrigere Druckverlust der Katalysatorschüttung im Vergleich zum Rohrbündelreaktor mit dem Katalysator in den Rohren und die dadurch bedingte Energieeinsparung für den Kreislaufkompressor.

Große Methanolanlagen können heute mit Kapazitäten von 5000 tato gebaut werden entsprechend einer Jahreskapazität von 1,6 Mio. jato. Ein Rohrbündelreaktor für eine Anlage dieser Größenordnung hat eine Höhe von 10 m und einen Durchmesser von 5 m.

Vorteilhaft ist die einfache Lagerungsmöglichkeit von Methanol sowie der unproblematische Transport in Tankern oder Pipelines. Immer wieder wird diskutiert, ob statt eines Transports von flüssigem Erdgas in aufwendigen Spezialtankern nicht eine Umwandlung des Methans in Methanol günstiger wäre. Methanol kann wegen seines niedrigen Erstarrungspunktes (–96 °C) auch in Pipelines gefördert werden, die durch kühlere Regionen (Alaska, Sibirien) führen. Allerdings muß bei dieser Diskussion auch das Problem der Giftigkeit des Methanols berücksichtigt werden.

Bei der *Verwendung* des Methanols werden im folgenden drei Bereiche näher betrachtet: die
- mögliche direkte Nutzung des Methanols in Kraftstoffen,
- Umwandlung von Methanol in petrochemische Grundchemikalien (Paraffine, Olefine und Aromaten) und
- Umwandlung von Methanol in organische Zwischenprodukte (Alkohole, Aldehyde, Carbonsäuren, Ester u.s.w.).

Methanol in Kraftstoffen

Methanol besitzt eine günstige Research-Octanzahl (ROZ = 110) sowie eine hohe Motoroctanzahl (MOZ = 92) und bietet sich deshalb als Kraftstoffkomponente an. Allerdings kann Methanol nicht einfach in beliebiger Menge dem Benzin zugemischt werden, da es zu Entmischungen und Werkstoffproblemen führen kann.

Diskutiert werden z.Z. drei Alternativen:
- Im *Mischkraftstoff M3* werden 3% Methanol und weitere 3% Lösungsvermittler und Korrosionsinhibitoren eingesetzt. M3 kann problemlos in den derzeitigen Fahrzeugen genutzt werden.
- Der *Mischkraftstoff M15* enthält 15% Methanol und Lösungsvermittler. Allerdings müssen bei Verwendung von M15 der Motor und das Kraftstoffsystem dem neuen Treibstoff angepaßt werden. Einige Kunststoffe sind nicht M15-beständig, und auch Metallteile müssen vor einer Korrosion durch M15 geschützt werden. Ebenfalls muß ein leichter Mehrverbrauch akzeptiert werden, da Methanol nur den halben Heizwert des Ottokraftstoffs besitzt.
- Der *Mischkraftstoff M100* enthält neben 90% Methanol noch 10% Kohlenwasserstoffe, die für ein günstiges Kaltstartverhalten sorgen. M100 erfordert eine umfangreichere Umrüstung der Fahrzeuge: Das Kraftstoff-Luft-Verhältnis, die Zündanlage und der Verbrennungsraum müssen verändert werden. M100 bringt einige Vorteile mit sich: Eine Leistungssteigerung von ca. 20% gegenüber baugleichen Benzinfahrzeugen wird möglich, da das Verdichtungsverhältnis auf 1 : 12 angehoben werden kann. Dadurch ergibt sich ein geringerer

spezifischer Energiebedarf. Bedingt durch niedrigere Verbrennungstemperaturen im Motor verringert sich auch die NO_x-Emission im Abgas.

Die drei genannten Konzepte werden weiterhin intensiv untersucht. Vor der Einführung einer der drei Varianten sind aber noch zahlreiche offene Fragen zu klären. Für die erforderlichen großen Methanolmengen müßten neue Syntheseanlagen errichtet werden, ein neues Verteilungsnetz einschließlich eigener oder erweiterter Tankstellen müßte eingerichtet und die Autoproduktion auf „Methanolautos" umgestellt werden. Entscheidend für die Chancen des Methanols als Kraftstoffkomponente wird auch sein, wie sich in Zukunft die Herstellkosten für Methanol aus den verschiedenen Rohstoffen gegenüber den Herstellkosten der konventionellen Kraftstoffe entwickeln werden.

Umwandlung von Methanol in petrochemische Grundchemikalien

Mit Hilfe von speziellen Zeolithkatalysatoren (vgl. Kap. 12.3.4) kann Methanol in petrochemische Grundchemikalien überführt werden. Je nach Reaktionsbedingungen bilden sich unterschiedliche Endprodukte:

- Im MTG-Prozeß *(methanol to gasoline)* wird ein Benzin hergestellt, das als Hauptbestandteil C_{5+}-Aliphaten enthält.
- Im MTO-Prozeß *(methanol to olefins)* erhält man überwiegend die niederen Olefine Ethen, Propen sowie Butene.
- Im MTA-Prozeß *(methanol to aromatics)* werden bis zu 90% Aromaten gebildet.

Entscheidend für alle drei Prozesse ist der Katalysator, der von der Mobil Oil Corp. entwickelte Zeolith ZSM5. Seine Porenstruktur ist charakterisiert durch zwei verschiedene Arten von Kanälen: Senkrecht verlaufen geradlinige Kanäle mit Durchmessern zwischen 0,52 und 0,58 nm, dazu waagerecht verlaufen zickzackförmige Kanäle mit Durchmessern von 0,54 bis 0,56 nm. Diese Porendurchmesser bedingen, daß im ZSM5 nur Kohlenwasserstoffe gebildet und freigesetzt werden können, die einer Molekülgröße von etwa $C_{10} - C_{11}$ entsprechen. Bilden sich größere Kohlenwasserstoffe im ZSM5, können sie nicht mehr aus den Poren herausdiffundieren, was zu einer Verkokung des Katalysators führt.

Im **MTG-Prozeß** wird Methanol am ZSM5-Katalysator bei 400 °C in Wasser und Benzinkohlenwasserstoffe überführt. Die Reaktion ist stark exotherm und kann im Festbettreaktor oder in der Wirbelschicht durchgeführt werden. Abb. 8.24 zeigt das Prinzip des zweistufigen Festbettverfahrens, das seit 1985 in einer großtechnischen Anlage in Neuseeland betrieben wird.

In einer ersten Stufe (Reaktor C1) wird das Methanol an einem Dehydratisierungskatalysator bei etwa 300 °C in ein Gleichgewichtsgemisch aus Methanol, Dimethylether und Wasser überführt. Erst in der zweiten Stufe, dem Benzinierungsreaktor C2, findet am ZSM5-Zeolithen die Bildung des Benzingemisches statt. Die Katalyse läuft jeweils nur in einem schmalen Katalysatorband ab. Wegen der schon erwähnten Verkokung wandert die aktive Katalysatorschicht langsam im Reaktor von oben nach unten, bis schließlich nach etwa 3 Wochen der gesamte Kontakt inaktiv geworden ist. Zur Reaktivierung wird der Reaktor C2 abgeschaltet und mit einem erwärmten Stickstoff-Luft-Gemisch der Koks vorsichtig abgebrannt. Um den Prozeß wegen der Reaktivierung nicht unterbrechen zu müssen, enthält die Anlage mehrere parallel geschaltete Benzinierungsreaktoren, die nacheinander zum Einsatz kommen. Das Produktgemisch, das die Benzinierungsreaktoren verläßt, wird in Wärmetauschern auf ca. 30 °C abgekühlt, und in einem Druckseparator (B1) werden Benzin und Wasser voneinander getrennt. Recyclegas wird wieder in den Reaktor C2 zurückgeführt. Das Produktgemisch aus Reaktor C2 enthält ca. 49% C_{5+}-Aliphaten, 27% Aromaten und 24% C_{1-4}-Kohlenwasserstoffe, die rezyklisiert werden. Das abgetrennte Rohbenzin hat eine ROZ von 93. Der Methanolumsatz beträgt 100%, die Benzinausbeute über 85% der Theorie. Die Lebensdauer des Zeolithkatalysators liegt bei ca. einem Jahr.

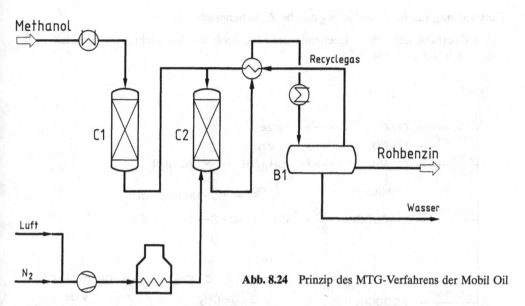

Abb. 8.24 Prinzip des MTG-Verfahrens der Mobil Oil

Im **MTO-Prozeß** wird Methanol am ZSM5-Kontakt überwiegend in gasförmige Olefine umgewandelt. Um eine Umsteuerung des Verfahrens zu Olefinen zu erreichen, sind folgende Bedingungen einzuhalten:

- Anwendung erhöhter Reaktionstemperaturen,
- möglichst kurze Verweilzeiten, um Sekundärreaktionen zu Aromaten zu vermeiden,
- Verdünnung des Methanols mit Wasserdampf erhöht die Selektivität für kurzkettige Olefine und verlängert gleichzeitig die Katalysatorstandzeit,
- die Olefinbildung kann durch Dotierung des Zeolithen mit Phosphor, Antimon, Bor, Magnesium, Mangan, Palladium oder Zink erhöht werden.

Werden diese Bedingungen eingehalten, kann die Ethenausbeute bis 60% erreichen, die Gesamtolefinausbeute kann bis zu 90% betragen. Vergleicht man den MTO-Prozeß mit der Naphthapyrolyse, so wird offensichtlich, daß der MTO-Prozeß bei deutlich milderen Reaktionsbedingungen wesentlich mehr Olefine liefert (vgl. Tab. 8.7).

Tab. 8.7 Vergleich von MTO-Prozeß und Steamcracking-Verfahren

	MTO-Prozeß	Steamcracker
Edukt	Methanol	Naphtha
Temperatur (°C)	350–400	810–880
Ethenausbeute (%)	60	30–32
Ausbeute an Ethen und Propen (%)	80	44–50

Der **MTA-Prozeß** wandelt Methanol in Aromaten um. Um optimale Ausbeuten zu erzielen, gibt es folgende Einflußmöglichkeiten auf die Reaktion:

- lange Reaktionszeiten,
- erhöhte Reaktionstemperaturen (370–540 °C) sowie
- höhere Drücke (2–2,5 MPa = 20–25 bar).

Bei einer Temperatur von 540 °C und einem Druck von 2 MPa (20 bar) beträgt der Anteil der Aromaten in der C_{5+}-Fraktion über 90%.

Umwandlung von Methanol in organische Zwischenprodukte

Einen Überblick über die Folgechemie des Methanols und die wichtigsten technischen Anwendungsfelder gibt Abb. 8.25.

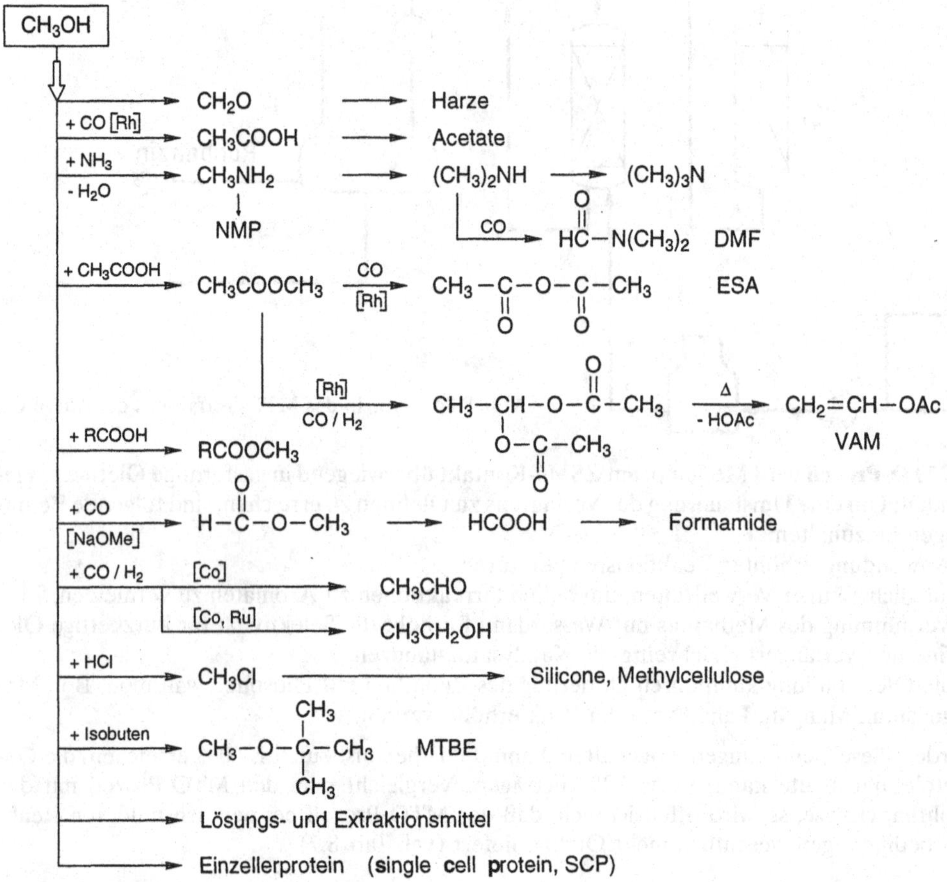

CH_3OH

+ CO [Rh] → CH_2O → Harze

CH_3COOH → Acetate

+ NH_3
− H_2O → CH_3NH_2 → $(CH_3)_2NH$ → $(CH_3)_3N$

NMP

CO → $HC-N(CH_3)_2$ DMF

+ CH_3COOH → CH_3COOCH_3 — CO [Rh] → $CH_3-C-O-C-CH_3$ ESA

[Rh] CO / H_2 → $CH_3-CH-O-C-CH_3$ — Δ, − HOAc → $CH_2=CH-OAc$ VAM

+ RCOOH → $RCOOCH_3$

+ CO [NaOMe] → $H-C-O-CH_3$ → HCOOH → Formamide

+ CO / H_2 [Co] → CH_3CHO

[Co, Ru] → CH_3CH_2OH

+ HCl → CH_3Cl → Silicone, Methylcellulose

+ Isobuten → $CH_3-O-C(CH_3)_2-CH_3$ MTBE

→ Lösungs- und Extraktionsmittel

→ Einzellerprotein (single cell protein, SCP)

Abb. 8.25 Folgechemie des Methanols

- Etwa die Hälfte der derzeitigen Methanolproduktion wird durch Oxidation oder Dehydrierung zu **Formaldehyd** weiterverarbeitet. Die direkte Oxidation des Methanols erfolgt an Eisenmolybdatkontakten, die oxidative Dehydrierung an Silberkatalysatoren. Formaldehyd wird in Form wäßriger Lösungen *(Formalin)* zu Desinfektions- oder Konservierungszwecken eingesetzt und dient zur Herstellung von Phenol-, Harnstoff- oder Melaminharzen. Wasserfreies Formaldehyd wird zu Polyoxymethylen oder zu Polyolen (vgl. Kap. 8.4.3) umgesetzt.
- Die Carbonylierung von Methanol führt zu **Essigsäure** (vgl. Kap. 3.1.3). Essigsäure wird zu zahlreichen Estern (Vinyl-, Cellulose-, Ethyl-, Butyl-, Isopropylacetat) weiterverarbeitet.
- Die Umsetzung des Methanols mit Ammoniak führt sukzessive zu den drei **Methylaminen**. Als Katalysatoren für diese Dehydratisierungsreaktion werden Aluminiumsilikate oder

Phosphate verwendet. Monomethylamin wird mit γ-Butyrolacton zu N-Methylpyrrolidon (NMP) umgesetzt, einem Lösungsmittel für die Aromatenextraktion. Dimethylamin kann mit Kohlenmonoxid zu Dimethylformamid (DMF) weiterreagieren.

- Die Veresterung der Essigsäure mit Methanol liefert das **Methylacetat**. Durch Carbonylierung des Methylacetats nach dem rhodiumkatalysierten Halcon/Tennessee Eastman-Verfahren wird **Essigsäureanhydrid** (ESA) gebildet. ESA ist ein bedeutendes Acylierungsreagenz, z. B. zur Herstellung von Acetylcellulose oder von Acetylsalicylsäure *(Aspirin)*. Methylacetat kann durch Rhodiumkatalyse auch mit Synthesegas (CO/H_2) umgesetzt werden. Dabei bildet sich Ethylidendiacetat, das säurekatalysiert bei 170 °C unter Essigsäureabspaltung zu Vinylacetat (Vinylacetat-Monomer, VAM) reagiert.
- Die Veresterungsreaktion mit Methanol ist nicht allein auf Essigsäure beschränkt. Weitere wichtige **Methylester** sind das Dimethylterephthalat (vgl. Kap. 8.6.1), das Methylacrylat sowie das Methylmethacrylat (vgl. Kap. 8.3.1).
- Methanol bietet auch den besten Zugang zur **Ameisensäure**. Durch Carbonylierung des Methanols in Gegenwart von Natriummethanolat bildet sich zuerst das Methylformiat, das anschließend zu Ameisensäure hydrolysiert wird. Ameisensäure wird zur Konservierung und Desinfektion benutzt. Wichtig ist auch die Umsetzung zu Formamid bzw. seinen N-Methylderivaten, die als Lösungsmittel zur Aromaten- und Butadienextraktion Verwendung finden.
- Eine interessante, wenn auch noch nicht technisch realisierte Reaktion des Methanols ist die **Homologisierung** zu C_2-Produkten. Durch Umsetzung von Methanol mit Synthesegas in Gegenwart von Cobalt/Iod-Katalysatoren wird Acetaldehyd gebildet, durch Zusatz des Hydrierelements Ruthenium entsteht Ethanol. Hier zeichnen sich mögliche Verfahrensvarianten der Zukunft ab.
- Die Hydrochlorierung von Methanol (vgl. Kap. 3.1.4) liefert selektiv das **Methylchlorid**.
- Eine weitere bedeutende Umsetzung des Methanols ist die säurekatalysierte Reaktion mit Isobuten zum **Methyltertiärbutylether** (MTBE), einem wichtigen Kraftstoffzusatz (vgl. Kap. 8.3.2).
- Wichtig ist auch die Verwendung des Methanols als **Lösungs- und Extraktionsmittel**. So wird z. B. tiefgekühltes Methanol zur Absorption von H_2S und CO_2 aus Gasgemischen eingesetzt *(Rectisol-Verfahren)*.
- Schließlich sei noch die Synthese von **Einzellerprotein** *(single cell protein*, SCP) aus Methanol aufgeführt. SCP eignet sich als hochwertiges Futtermittel, insbesondere für Rinder und Hühner. Die Herstellung von SCP aus Methanol erfolgt durch Fermentation mit Bakterien, die Methanol aerob verwerten. Diese *methylotrophen Bakterien* sind sowohl Katalysatoren als auch Produkte des Prozesses; sie bestehen zu fast 80% aus Protein mit einem relativ hohen Gehalt an den essentiellen Aminosäuren Lysin und Methionin.

Wirtschaftlich schien der Einsatz von SCP in der Tierernährung u. a. deshalb interessant zu sein, weil die Proteinerzeugung durch Mikroorganismen wegen der hohen Wachstumsgeschwindigkeiten (Verdoppelungszeiten ca. 1 h) sehr viel schneller erfolgt als durch Anzucht von Futterpflanzen. Zudem wird durch die Erzeugung von SCP landwirtschaftliche Nutzfläche eingespart, die dann für die Gewinnung zusätzlicher Nahrungsmittel zur Verfügung steht – angesichts der raschen Zunahme der Weltbevölkerung ein Beitrag zur Nahrungsmittelversorgung.

Für die Produktion von SCP auf Basis Methanol entwickelte ICI in den 70er Jahren ein Verfahren mit einem *Druckschlaufenreaktor* als Fermenter. Wegen der großen Bauhöhe des Fermenters (60 m bei einem Reaktorvolumen von 2300 m³) herrscht am Reaktorboden ein hoher hydrostatischer Druck; dadurch wird der Sauerstoffübergang aus der Begasungsluft in das Nährmedium sehr begünstigt. Ein besonders schwieriges technisches Problem war die Vermeidung von Infektionen des kontinuierlich betriebenen Fermenters durch Fremdkeime. Eine

Anlage zur Produktion von 50 000 t/a SCP aus Methanol, Ammoniak, Luftsauerstoff und Nährsalzen ging 1980 in Betrieb. Obwohl die Anlage störungsfrei lief, wurde die Produktion nach einigen Jahren eingestellt, da das Produkt mit Sojabohnenmehl preislich nicht konkurrenzfähig war.

8.4.2 Ethanol

Die Vergärung von Glucose zu Ethanol („alkoholische Gärung") ist einer der ältesten Prozesse, die von Menschen zur Stoffumwandlung benutzt wurden. Schon vor mehr als 8000 Jahren brauten die Sumerer in Babylon ein bierartiges Getränk, und die Herstellung von Wein geht auf die Zeit um 3000 v. Chr. zurück.

Die Verwendung des Ethanols läßt sich prinzipiell in folgende Bereiche unterteilen:

- Weiterverarbeitung zu chemischen Folgeprodukten (Überblick vgl. Tab. 8.8).
- Lösemittel, z. B. in Kosmetikartikeln, Pharmazeutika und Detergentien.
- Motorkraftstoff, z. B. in Brasilien oder im Rahmen des Gasohol-Projektes der USA.
- Genußmittel in Form alkoholischer Getränke.

Tab. 8.8 Folgechemie des Ethanols

Folgeprodukt	Reaktion und Katalysatoren
Acetaldehyd	Dehydrierung des EtOH an Kupfermetallkatalysatoren oder oxidative Dehydrierung an Silbermetallkontakten
Ethen	Dehydratisierung an aktiviertem Al_2O_3, an Aluminiumsilikaten oder H_3PO_4-imprägnierten Kontakten (Anwendung nur in wenigen Ländern, die Fermentationsethanol nutzen)
Ethylchlorid	Umsetzung mit Chlorwasserstoff oder konzentrierter Salzsäure
Ethylacetat	Veresterung mit Essigsäure
Ethylamine	Umsetzung mit Ammoniak
Butadien	Dehydrodimerisierung von EtOH an MgO-SiO_2-Kontakten („Lebedew-Verfahren"), Anwendung in der ehemaligen Sowjetunion und Brasilien

Heute sind folgende Ethanol-Herstellungsverfahren bekannt:
- direkte katalytische Hydratisierung von Ethen

$$CH_2=CH_2 + H_2O \rightleftarrows CH_3-CH_2-OH \qquad\qquad \Delta H_R = -46 \text{ kJ/mol} \qquad (8.72)$$

- indirekte Hydratisierung von Ethen (vgl. Abb. 8.26),

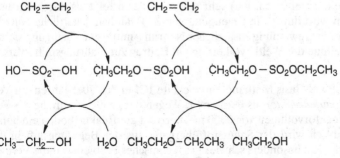

Abb. 8.26 Indirekte Hydratisierung von Ethen

● anaerobe Fermentation von Kohlenhydraten (Gärungsethanol),
● Homologisierung von Methanol (vgl. Kap. 8.4.1).

Direkthydratisierung von Ethen

Die direkte Hydratisierung von Ethen kann durch zahlreiche saure Feststoffkontakte katalysiert werden. Bekannte Kontakte sind Phosphorsäure auf Kieselgur, Montmorillonite oder Bentonite. Die Reaktion wird in der Gasphase bei 6 bis 8 MPa (60–80 bar) und Temperaturen zwischen 250 bis 300 °C durchgeführt. Der Ethenumsatz je Reaktordurchgang wird auf ca. 5% eingestellt. Die Selektivität erreicht 97%, als Nebenprodukte bilden sich ca. 2% Diethylether und geringe Mengen Acetaldehyd. Den Verfahrensablauf zeigt Abb. 8.27.

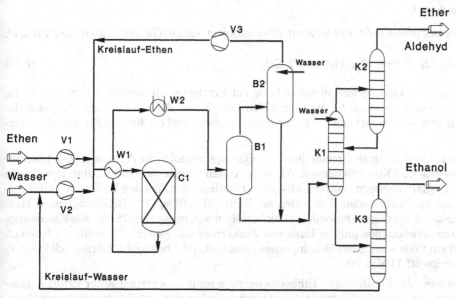

Abb. 8.27 Ethanolsynthese durch Ethen-Direkthydratisierung

Ethen und Wasser werden in den Kompressoren V1 und V2 verdichtet, im Wärmetauscher W1 erwärmt und im Festbettreaktor C1 zur Reaktion gebracht. Die durch die exotherme Reaktion überhitzten Gase werden abgekühlt und die flüssigen Produkte im Abscheider B1 kondensiert. Das nicht umgesetzte Ethen wird im Absorber B2 von Ethanol befreit und über den Kreislaufkompressor V3 wieder in den Reaktor C1 zurückgeführt. Das Rohethanol wird in der Kolonne K1 von den Leichtsiedern Diethylether und Acetaldehyd gereinigt, und schließlich erhält man in der Kolonne K3 als Kopfprodukt 95%iges Ethanol. Die vollständige Entwässerung dieses Ethanol-Wasser-Azeotrops erfolgt durch azeotrope oder extraktive Rektifikation (vgl. S. 349).

Indirekte Hydratisierung von Ethen

Bei diesem Verfahren wird Ethen bei 1 bis 1,5 MPa (10–15 bar) und 65 bis 85 °C in Absorptionskolonnen durch konzentrierte Schwefelsäure geleitet. Die anschließende Umsetzung des gelösten Ethylens erfolgt in Blasensäulen (z. T. mit eingebauten Böden). Vorteilhaft ist, daß bei diesem Verfahren auch Rohethen (mit höheren Gehalten an Ethan und Methan) eingesetzt werden kann. Es bilden sich das Mono- und das Diethylsulfat, die in einer anschließenden Hydrolyse (bei 70–100 °C) in Ethanol überführt werden. Als Nebenprodukt entsteht Diethylether (bis zu 10%). Durch den Wasserzusatz bei der Hydrolyse sinkt die Schwefelsäurekonzentration auf ca. 45 bis 60% ab. Ethanol und Diethylether werden gemeinsam in einer Kolonne von der verdünnten Schwefelsäure abdestilliert und nach Waschen mit Natronlauge durch Rektifikation getrennt. Die verdünnte Schwefelsäure muß mit hohem Aufwand, u. a. mit Hilfe von Tauchbrennern, auf ca. 96% aufkonzentriert werden. Um eine Korrosion der Anlagenteile zu vermeiden, wird die Absorptionsstufe aus Stahl gefertigt, die Esterhydrolyse mit Blei oder säurefesten Steinen ausgelegt und die Schwefelsäureaufkonzentrierung in Behältern aus Gußeisen, Tantal oder Silumin, einer Silicium-Aluminium-Legierung, durchgeführt. Das Gesamtverfahren ist relativ aufwendig und führt nur zu einer Ethanolausbeute von 86%.

Gärungsethanol

Hefen und bestimmte Bakterien bilden durch anaeroben Abbau (Gärung) von Glucose Ethanol:

$$C_6H_{12}O_6 \longrightarrow 2\ C_2H_5OH + 2\ CO_2 \tag{8.73}$$

Die ethanolische Gärung wird in erster Linie zur Erzeugung alkoholischer Getränke (Bier, Wein, Spirituosen) benutzt. Sie und die Milchsäuregärung, die der Lebensmittelkonservierung (z. B. von Sauerkraut) und der Käseherstellung dient, sind die ältesten Fermentationsverfahren.

Außer in den Verbrauch als Genußmittel geht Gärungsethanol in die Anwendung als Lösemittel im Pharma- und Kosmetikbereich. Als in der ersten Ölkrise 1973 die Weltmarktpreise für Erdöl sprunghaft anstiegen, kam es weltweit zu Überlegungen über den Einsatz von Gärungsethanol aus nachwachsenden Rohstoffen als Treibstoff („Biosprit"). Brasilien, dessen Handelsbilanz durch die Ölkrise besonders stark betroffen war, baute ab 1975 eine stark subventionierte Ethanolproduktion auf der Basis von Zuckerrohr auf; gleichzeitig wurde für Ethanoltreibstoff ein Preis von 2/3 des Benzinpreises garantiert. 1985 betrug die Jahresproduktion an Ethanoltreibstoff 11 Mio. m³.

Trotzdem kann das brasilianische Ethanolprogramm nicht als wirtschaftlicher Erfolg angesehen werden. Die eigene Erdölförderung hat sich inzwischen stark erhöht; das bei dessen Verarbeitung anfallende Benzin kann im eigenen Land nur z. T. abgesetzt werden. Damit wird billiges Benzin aus eigener Produktion exportiert und im Inland teurer und stark subventionierter Treibstoff verbraucht. Gleichzeitig haben die immense Erweiterung des Zuckerrohranbaus (Monokultur) und der Anfall an organischen Abfällen („Schlempe") aus der Ethanolgärung zu erheblichen ökologischen Problemen geführt.

Für die Herstellung von Gärungsethanol kommen folgende Rohstoffe in Frage:
- *zuckerhaltige Substrate*, insbesondere Zuckerrohr- und Zuckerrübenmelasse;
- *stärkehaltige Substrate*, z. B. die verschiedenen Getreide, Reis, Kartoffeln und Maniok (Tropenpflanze mit Wurzeln hohen Stärkegehaltes), wobei die Stärke vor der Gärung enzymatisch hydrolysiert („verzuckert") werden muß;
- *cellulosehaltige Substrate*, z. B. Holz und Stroh, die zuvor hydrolysiert werden müssen, sowie Sulfitablaugen aus der Celluloseproduktion, die schon weitgehend hydrolysiert sind.

Die Gärung kann sowohl absatzweise als auch kontinuierlich erfolgen. Es werden Reaktoren verschiedener Bauart eingesetzt, u. a. Rührkessel, Umlaufreaktoren mit Zwangsumwälzung durch eine Pumpe und Airliftschlaufenreaktoren. Der letztgenannte Typ wird im Prozeß von Hoechst-Uhde verwendet; dabei wird durch die kleine Menge an Begasungsluft, die für optimales Wachstum der Hefezellen erforderlich ist, die Fermenterbrühe im Reaktor zur Zirkulation gebracht.

Die Ausbeuten an Ethanol betragen 90–95% bezogen auf vergärbaren Zucker. Da das gebildete Ethanol die Aktivität der Mikroorganismen vermindert, sind die Endkonzentrationen begrenzt. Je nach Stamm und Prozeßbedingungen werden mit Hefen 6 bis 8 Gew.-%, mit Bakterien bis zu 10 Gew.-% Ethanol erreicht.

Aus der Maische wird das Ethanol nach Abtrennung der Zellmasse durch Rektifikation gewonnen. Wegen der Azeotropbildung mit Wasser (95,5 Gew.-% Ethanol bei 1 bar = 0,1 MPa) muß die Hochkonzentrierung zu wasserfreiem Ethanol durch Rektifikation mit einem Hilfsstoff (Azeotrop- oder Extraktiv-Rektifikation) erfolgen, z. B. durch Azeotropektifikation mit Benzol oder Cyclohexan. Der relativ hohe Energieaufwand für die Rektifikation läßt sich durch Zusammenschalten von Rektifizierkolonnen, die bei unterschiedlichem Druck arbeiten, um etwa 50% senken (von 13–16 auf 6,5–9 MJ/kg Ethanol). Unter Ausnutzung aller Optimierungsmöglichkeiten ergibt sich für den Gesamtprozeß ein Energieaufwand von ca. 10 MJ/kg.

In einer Energiegesamtbilanz im Hinblick auf den Einsatz als Treibstoff muß aber noch der Energieaufwand für die Erzeugung des jeweiligen nachwachsenden Rohstoffes einbezogen werden, also für die Düngemittelherstellung, die Bewirtschaftung des Ackerlandes und das Abernten und Transportieren des Rohstoffes. Hierfür dürften mindestens 5 MJ/kg Ethanol anzusetzen sein. Bei einem unteren Heizwert von 27 MJ/kg Ethanol bedeutet das, daß mindestens 50% der nutzbaren Energie des aus nachwachsenden Rohstoffen gewonnenen Ethanols (*Biosprit*) verloren gehen.

Diese Überlegungen zeigen, daß ein Einsatz von Ethanol als Treibstoff beim heutigen Stand der Technik kaum einen Beitrag zur Lösung des Energieproblems auf der Erde zu leisten vermag. Zudem wäre ein solcher Weg mit erheblichen negativen ökologischen Folgen verbunden (landwirtschaftliche Monokulturen, Freisetzung von CO_2 bei der Düngemittelerzeugung). Ganz anders ist die Situation bei einer Verwertung kohlenhydrathaltiger Abfälle, z. B. aus der Celluloseherstellung oder der Verarbeitung von Lebensmitteln. Aerober Abbau dieser Abfälle verursacht nur Kosten ohne ein verkaufsfähiges Produkt; dagegen dürfte die Vergärung zu Ethanol zumindest die Kosten decken.

8.4.3 Höhere Alkohole

Zu den technisch bedeutsamen höheren Alkoholen zählen einige lineare und verzweigte aliphatische Monoalkohole, die zyklischen Alkohole Cyclohexanol und Cyclododecanol, der ungesättigte Allylalkohol sowie zahlreiche mehrwertige Alkohole wie 1,4-Butandiol, Glycerin, Pentaerythrit oder Trimethylolpropan. Wegen der begrenzten Anwendungsfelder dieser Alkohole werden sie im folgenden nur stichwortartig vorgestellt; für Detailinformationen wird auf die Spezialliteratur verwiesen.

Von den **Propanolen** hat das Isopropanol die größte Bedeutung, das analog der oben beschriebenen Ethanolherstellung durch direkte oder indirekte Hydratisierung von Propen zugänglich ist (vgl. Kap. 8.3.1). Isopropanol wird zu Aceton dehydriert oder als Lösemittel sowie als Frostschutzadditiv im Fahrbenzin verwendet. *n*-Propanol kann durch Hydrierung von Propionaldehyd hergestellt werden, fällt aber in ausreichender Menge als Zwischenprodukt bei der Hydroformylierung von Ethen an.

Bei den **Butanolen** existieren für *n*-Butanol die größten Herstellkapazitäten. *n*-Butanol (1-Butanol) und Isobutanol (2-Methyl-1-propanol) werden durch Hydrierung der entsprechenden Oxoaldehyde gewonnen, *sek.*-Butanol (2-Butanol) und *tert.*-Butanol (2-Methyl-2-propanol) durch Hydratisierung von *n*-Butenen bzw. von Isobuten (vgl. Kap. 8.3.1 und 8.3.2).

Längerkettige *n*-**Alkohole** sind überwiegend durch folgende Verfahren zugänglich:
1. Hydroformylierung von *n*-Alkenen (Oxosynthese, vgl. Kap. 8.3.1).
2. Alfol-Verfahren (Ziegler-Synthese; z. B. Fa. Condea): Durch Einschub von Ethenmolekülen in die Al-C-Bindung von Triethylaluminium bilden sich längerkettige Aluminiumtrialkyle, die mit Luft zu Aluminium-Alkoholaten oxidiert werden. Hydrolyse der Alkoholate liefert die längerkettigen 1-Alkohole.
3. Fettsäuremethylester werden in Gegenwart von Kupfer-Chrom-Oxiden bei 20–30 MPa (200–300 bar) Wasserstoffdruck und 350 °C zu den entsprechenden Fettalkoholen hydriert.

Cyclohexanol (vgl. Kap. 3.3.2) wird weitgehend durch Oxidation von Cyclohexan hergestellt. Als Radikalkatalysator werden ppm-Mengen von Cobaltnaphthenat zugesetzt. Die Oxidation verläuft mit Luftsauerstoff bei Temperaturen zwischen 140 °C und 160 °C. Bei diesem Verfahren wird gleichzeitig Cyclohexanon gebildet. Eine alternative Herstellung von Cyclohexanol ist die vollständige Hydrierung von Phenol. Dazu wird Phenol mit einem Wasserstoffüberschuß an Palladiumkatalysatoren in der Gasphase hydriert. Cyclohexanol wird einerseits direkt zu Adipinsäure weiteroxidiert, andererseits über die Stufe des Cyclohexanons in ε-Caprolactam überführt.

Cyclododecanol wird durch Oxidation von Cyclododecan erhalten, das seinerseits durch Trimerisierung von Butadien zugänglich ist:

$$3 \quad \xrightarrow{\text{Oligomerisation}} \quad \xrightarrow{3\ H_2} \quad \xrightarrow{\text{Oxidation}} \quad \text{(8.74)}$$

Die Oxidation wird bei 150–160 °C unter Zusatz von Metaborsäure mit Luft durchgeführt. Als Nebenprodukt entsteht auch hier das Keton, Cyclododecanon. Beide dienen zur Herstellung von 1,12-Dodecandisäure, einer Polyamid- und Polyesterkomponente, sowie zur Synthese von Laurinlactam, dem Ausgangsstoff für Nylon-12.

Allylalkohol wurde schon bei den Propenfolgeprodukten vorgestellt (vgl. Abb. 8.12). Seine Herstellung kann durch Verseifung von Allylchlorid erfolgen, durch katalytische Isomerisierung von Propenoxid, durch selektive Hydrierung von Acrolein oder durch Hydrolyse von Allylacetat.

1,4-Butandiol wird weiterhin überwiegend auf Acetylenbasis produziert (vgl. Abb. 7.35). Acetylen und Formaldehyd werden unter Kupferoxid-Katalyse in 1,4- Butindiol überführt, das zu 1,4-Butendiol und 1,4-Butandiol hydriert werden kann. Verwendung findet 1,4-Butandiol bei der Synthese von Polyestern und Polyurethanen sowie bei der Herstellung von γ-Butyrolacton, Tetrahydrofuran, *N*-Methylpyrrolidon und *N*-Vinylpyrrolidon.

Glycerin wird fast ausschließlich durch Hydrolyse oder Umesterung von Triglyceriden (Fette, Öle) gewonnen. Die synthetischen Wege zu Glycerin aus Propen über Allylalkohol oder Epichlorhydrin wurden schon in Abb. 8.12 vorgestellt, finden aber wegen des verstärkten Angebots von nativem Glycerin geringes Interesse. Glycerin wird in pharmazeutischen und kosmetischen Produkten eingesetzt, zum Süßen von Nahrungsmitteln, im Frostschutzbereich und als Hilfsmittel für Druckfarben. Ebenfalls dient es zur Herstellung von Alkydharzen, Polyethern und – allerdings nur noch im geringem Umfang – dem Sprengstoff Glycerintrinitrat (= Nitroglycerin, Dynamit).

Trimethylolpropan ist durch eine Aldolkondensation von n-Butanal mit Formaldehyd und anschließender Cannizzaro-Reaktion zugänglich:

$$H_3C-CH_2-CH_2-CHO \quad + \quad 2\ CH_2O \quad \longrightarrow \quad H_3C-CH_2-\underset{\underset{CH_2OH}{|}}{\overset{\overset{CH_2OH}{|}}{C}}-CHO$$

$$\longrightarrow \quad H_3C-CH_2-\underset{\underset{CH_2OH}{|}}{\overset{\overset{CH_2OH}{|}}{C}}-CH_2OH \tag{8.75}$$

Es dient teilweise als Ersatzstoff für Glycerin, z. B. bei der Synthese von Alkydharzen (Verwendung: Bindemittel in Lacken). Ebenfalls findet es Anwendung als Polyester- oder Polyurethan-Komponente.

Pentaerythrit ist nach dem gleichen Syntheseprinzip aus Acetaldehyd und Formaldehyd herstellbar:

$$H_3C-CHO \quad + \quad 3\ CH_2O \quad \longrightarrow \quad HOCH_2-\underset{\underset{CH_2OH}{|}}{\overset{\overset{CH_2OH}{|}}{C}}-CHO \quad \longrightarrow \quad HOCH_2-\underset{\underset{CH_2OH}{|}}{\overset{\overset{CH_2OH}{|}}{C}}-CH_2OH \tag{8.76}$$

Pentaerythrit wird überwiegend zur Herstellung von Alkydharzen eingesetzt. Ester mit Fettsäuren dienen als Weichmacher, Öladditive und Emulgatoren.

Neopentylglykol wird durch Aldolkondensation von Formaldehyd und Isobutyraldehyd mit anschließender Hydrierung hergestellt:

$$CH_2O \quad + \quad HC-CHO \quad \longrightarrow \quad HOCH_2-\underset{\underset{CH_3}{|}}{\overset{\overset{CH_3}{|}}{C}}-CHO \quad \overset{H_2}{\longrightarrow} \quad HOCH_2-\underset{\underset{CH_3}{|}}{\overset{\overset{CH_3}{|}}{C}}-CH_2OH \tag{8.77}$$

Neopentylglykol dient als Kondensationskomponente zum Aufbau von Polyestern, Kunstharzlacken, Schmiermitteln und Weichmachern.

D-Sorbit, ein C_6-Alkohol, ist durch katalytische Hydrierung von D-Glucose zugänglich:

$$\begin{array}{c}
H-C\!\!\diagup^{\!\!O} \\
H-C-OH \\
HO-C-H \\
H-C-OH \\
H-C-OH \\
CH_2OH
\end{array}
\quad + H_2 \longrightarrow \quad
\begin{array}{c}
CH_2OH \\
H-C-OH \\
HO-C-H \\
H-C-OH \\
H-C-OH \\
CH_2OH
\end{array}
\tag{8.78}$$

Sorbit findet bei der Herstellung von Polyurethanen und Polyesterharzen Verwendung. Ebenfalls dient D-Sorbit als Zwischenstufe bei der technischen Synthese der L-Ascorbinsäure (vgl. Kap. 9.4.5) sowie als Diabetikerzucker. Wäßrige Lösungen werden als Grundlage für Druckerschwärze und zum Geschmeidigmachen von Papier eingesetzt.

8.5 Aliphatische Halogenverbindungen

8.5.1 Chlormethane

Die **thermische Chlorierung** von Methan führt in vier exothermen Folgereaktionen zu den Chlormethanen (vgl. Abb. 8.28, Reaktionsenthalpien vgl. Kap. 3.1.4). Methylchlorid kann außerdem durch Hydrochlorierung von Methanol gewonnen werden, wodurch der bei der Methanchlorierung als Koppelprodukt anfallende Chlorwasserstoff teilweise verwertet werden kann.

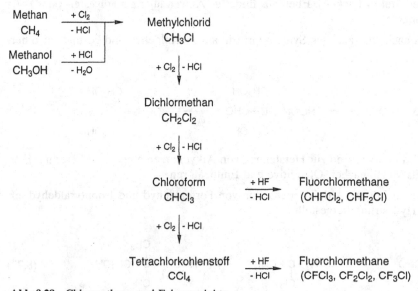

Abb. 8.28 Chlormethane und Folgeprodukte

Ein Problem bei der technischen Durchführung der Methanchlorierung besteht darin, daß *Gemische aus Methan und Chlor explosiv* sind, und zwar im Konzentrationsbereich zwischen 12 und 58 Mol-% Methan (vgl. Abb. 3.9). Um diesen Bereich zu vermeiden, arbeitet man mit einem Überschuß an Methan, das nach Abtrennung der Reaktionsprodukte (Chlorwasserstoff durch Absorption in Wasser, Chlormethane durch Kondensation; vgl. Abb. 8.29) in den Chlorierungsreaktor zurückgeführt wird. Das Methylchlorid kondensiert nicht vollständig aus; man stellt die Temperatur in der Kondensation so ein, daß der Gehalt an Methylchlorid im verflüssigten Rohgemisch dem angestrebten Anteil an den Endprodukten entspricht. Das im Gasstrom verbleibende Methylchlorid wird zusammen mit dem Methan in den Reaktor zurückgeführt; demzufolge wird der Reaktor mit einem Gemisch aus Methan und Methylchlorid beaufschlagt. Das molare Verhältnis von Kohlenstoffverbindungen zu Chlor am Reaktoreingang liegt oberhalb vier. Das Chlor reagiert praktisch vollständig; die den Reaktor verlassenden Gase enthalten daher nur noch Spuren an Chlor.

Ein weiteres reaktionstechnisches Problem bei der Methanchlorierung ist die Beherrschung der Reaktionsgeschwindigkeit. Der Reaktionsmechanismus ist der einer *Radikalkettenreaktion,* die *durch Chloratome eingeleitet* wird. Erst oberhalb 250 °C dissoziieren soviel Chlormoleküle in Chloratome, daß es zu einer merklichen Umsetzung kommt. Falls dann aber die freiwerdende Reaktionswärme nicht genügend schnell abgeführt wird, werden leicht Temperaturen von über 500 °C erreicht, bei denen es in erheblichem Maße zur Bildung von höhermolekularen Verbindungen und Ruß kommt. Der günstigste Temperaturbereich für die Reaktion liegt bei 400–450 °C.

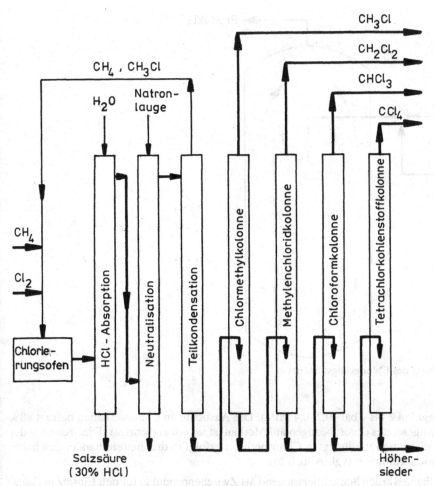

Abb. 8.29   Verfahrensfließbild der Methanchlorierung

Bei der Durchführung der Reaktion müssen also zwei Bedingungen eingehalten werden: Zum einen müssen die Edukte schnell auf die Reaktionstemperatur gebracht werden, zum anderen darf die Reaktionstemperatur 500 °C nicht überschreiten. Zur Einhaltung dieser Bedingungen wird im Methanchlorierungsverfahren der Hoechst AG ein Chlorierungsreaktor genutzt, der nach dem Prinzip des *Schlaufenreaktors* arbeitet (vgl. Abb. 8.30). Er besteht aus einem mit Nickel ausgekleideten Stahlzylinder mit einem zentrischen Leitrohr. Das leicht vorgeheizte Frischgasgemisch strömt durch eine Düse von oben in den Reaktor. Es saugt dabei ein mehrfaches seines Volumens an heißem abreagiertem Gas an und erwärmt sich so schnell auf Reaktionstemperatur. Die Temperatur wird bei der Vorerhitzung des Frischgases so eingestellt, daß durch die im Reaktor freiwerdende Reaktionswärme die Reaktionstemperatur auf 400–450 °C gehalten wird. Einen solchen Reaktor, in dem der Eduktstrom durch die Reaktionswärme auf die Reaktionstemperatur gebracht wird, ohne daß Wärme ab- oder zugeführt wird, bezeichnet man als *autotherm*. Ein derartiger Reaktor muß einen bestimmten Grad an Rückvermischung aufweisen; in dem beschriebenen Chlorierungsreaktor liegt das Vermischungsverhalten wegen des schnell umlaufenden Gasstroms (im Leitrohr nach unten, im Ringraum nach oben) nahe beim ideal durchmischten Rührkessel.

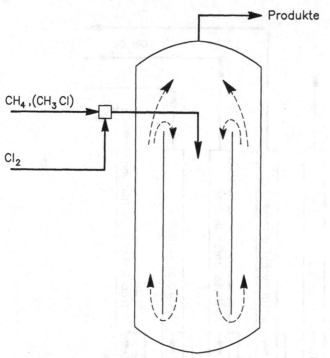

Abb. 8.30   Prinzip des Chlorierungsreaktors

Der Druck liegt bei 2 bis 4 bar (0,2–0,4 MPa). Die Ausbeute an Chlormethanen beträgt 98% bezogen auf eingesetztes Chlor; bezogen auf Methan ist sie etwas niedriger. Die Trennung der in der Teilkondensation verflüssigten Chlormethane erfolgt in drei hintereinander geschalteten Rektifikationskolonnen (vgl. Abb. 8.29).

Die Chlormethane werden heute überwiegend als Zwischenprodukte für den Einsatz in Folgeprozessen hergestellt. Die frühere Bedeutung der höher chlorierten Methane CH_2Cl_2, $CHCl_3$ und CCl_4 als nicht brennbare Lösemittel ist aus mehreren Gründen stark zurückgegangen. So zeigte es sich, daß alle Chlormethane ebenso wie die meisten anderen Chlorkohlenwasserstoffe mehr oder weniger stark toxisch sind. Wegen ihrer leichten Flüchtigkeit verbreiten sie sich in der Atmosphäre, wenn sie nicht in geschlossenen Apparaturen gehandhabt werden. Darüber hinaus sind sie, mit Ausnahme von Methylenchlorid, biologisch schwer abbaubar. Tetrachlorkohlenstoff war lange Zeit von großer Bedeutung als Zwischenprodukt für die Herstellung der Fluorchlormethane (vgl. Kap. 8.5.3), die wegen ihrer schädigenden Wirkung auf die stratosphärische Ozonschicht in Zukunft nicht mehr produziert werden (vgl. Kap. 8.5.3). Aus diesen Gründen ist der Verbrauch an Chlormethanen seit Mitte der 80er Jahre stark rückläufig; so ging in Deutschland in den alten Bundesländern der Absatz an Methylenchlorid zwischen 1986 und 1990 von 60 000 t/a auf 33 000 t/a zurück. Als Zwischenprodukte sind in erster Linie Methylchlorid und Trichlormethan interessant. Methylchlorid dient in der organischen Synthese zur Einführung der Methylgruppe, z. B. zur Herstellung von Methylcellulose und Methylchlorsilanen. Trichlormethan wird ganz überwiegend zu den Fluorchlormethanen weiter verarbeitet.

8.5.2 Chlorderivate höherer Aliphaten

Die Chlorderivate von aliphatischen Kohlenwasserstoffen werden überwiegend als Zwischenprodukte verwendet; Tab. 8.9 zeigt dies am Beispiel der **C$_2$-Chlorkohlenwasserstoffe**. Nicht selten dienen Chlorverbindungen dazu, den am Chlor gebundenen Rest in andere Moleküle einzuführen, so wie bei der Ethylierung mit Ethylchlorid oder bei der Peroxymethylierung von Cellulose mittels Monochloressigsäure. Bei derartigen Folgereaktionen wird Chlorwasserstoff freigesetzt, der wenn irgend möglich wiederverwertet wird.

Tab. 8.9 Wichtige C$_2$-Chlor-Verbindungen

Verbindung	Herstellung	Verwendung
CH$_3$CH$_2$Cl Ethylchlorid	C$_2$H$_6$ + Cl$_2$, C$_2$H$_4$ + HCl + 1/2 O$_2$	Zwischenprodukt ($\longrightarrow$ Ethylierung)
CH$_2$Cl–CH$_2$Cl 1,2-Dichlorethan (EDC)	C$_2$H$_4$ + Cl$_2$, C$_2$H$_4$ + 2 HCl + O$_2$ (vgl. Kap. 8.2.5)	Zwischenprodukt ($\longrightarrow$ VC, Tri-, Tetrachlorethan)
H$_2$C=CHCl Vinylchlorid (VC)	EDC – HCl (vgl. Kap. 8.2.5)	Zwischenprodukt ($\longrightarrow$ PVC)
CHCl=CCl$_2$ Trichlorethen	EDC + Cl$_2$ (–HCl), EDC + Cl$_2$ + O$_2$	Zwischenprodukt (+ HF $\longrightarrow$ R 134a, vgl. Kap. 8.5.3), Lösemittel
CCl$_2$=CCl$_2$ Tetrachlorethen	EDC + Cl$_2$ + O$_2$	Lösemittel
ClCH$_2$–COOH Monochloressigsäure	CH$_3$COOH + Cl$_2$	Zwischenprodukt ($\longrightarrow$ Carboxymethyl- cellulose, vgl. Kap. 7.3.2)
Cl$_3$C–COOH Trichloressigsäure	CH$_3$COOH + Cl$_2$	Herbizid (Na-Salz)

Die Herstellung der Chlorderivate geschieht (vgl. Tab. 8.9) durch:
- Chlorierung (thermisch oberhalb 400 °C, z. B. von Ethan zu Ethychlorid, oder bei reaktionsfähigeren Verbindungen bei niedrigeren Temperaturen, z. B. Essigsäure bei ca. 100 °C),
- Oxychlorierung (bei ca. 200 °C; Beispiele: Ethan $\rightarrow$ Ethylchlorid, Ethen $\rightarrow$ EDC, vgl. Kap. 8.2.5),
- Chloraddition (z. B. Ethen $\rightarrow$ EDC, vgl. Kap. 8.2.5)
- Kombination von Chlorierung und Oxychlorierung (z. B. EDC $\rightarrow$ Tri- und Tetrachlorethen) und
- Kombination von Chlorierung und Dehydrochlorierung (z. B. EDC $\rightarrow$ Trichlorethen).

Für die Verwendung von Trichlorethen und Tetrachlorethen gilt in gleicher Weise wie bei den Chlormethanen, daß ihr Einsatz wegen ihrer toxischen Wirkung zurückgeht.

Von den **C$_3$-Chlorkohlenwasserstoffen** ist das **Allylchlorid** am bedeutendsten. Es wird durch thermische Chlorierung von Propen bei 500–510 °C hergestellt (vgl. Kap. 8.3.1).

Allylchlorid wird überwiegend über den Chlorhydrinweg mit unterchloriger Säure zu **Epichlorhydrin** weiterverarbeitet:

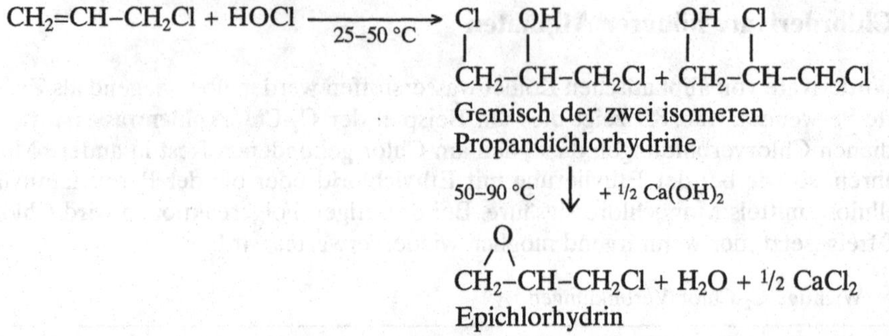

$$CH_2=CH-CH_2Cl + HOCl \xrightarrow{25-50\,°C}$$

$$\underset{\text{CH}_2-\text{CH}-\text{CH}_2\text{Cl}}{\overset{\text{Cl}\quad\text{OH}}{|\qquad|}} + \underset{\text{CH}_2-\text{CH}-\text{CH}_2\text{Cl}}{\overset{\text{OH}\quad\text{Cl}}{|\qquad|}}$$

Gemisch der zwei isomeren
Propandichlorhydrine   (8.79)

$$50-90\,°C \downarrow + \tfrac{1}{2}\,Ca(OH)_2$$

$$\overset{O}{\overset{/\backslash}{CH_2-CH-CH_2Cl}} + H_2O + \tfrac{1}{2}\,CaCl_2$$
Epichlorhydrin

Epichlorhydrin ist ausgesprochen reaktionsfähig, einmal durch die Epoxidgruppe, zum anderen an der Chlorkohlenstoffbindung. Aufgrund der unterschiedlichen Reaktivität dieser beiden Gruppen wird Epichlorhydrin als eine der zwei Komponenenten in schnell härtenden Harzen benutzt, den sog. *Epoxidharzen*. Die zweite Komponente in diesen Harzen sind Moleküle, in denen mindestens zwei Gruppen mit reaktionsfähigem Wasserstoff enthalten sind, also Hydroxy-, Amino- oder Carboxygruppen; überwiegend wird Bisphenol A verwendet. Das Reaktionsschema der Synthese von Epoxidharzen mit dieser Verbindung ist in Abb. 8.31 dargestellt. Durch Zusatz von Di- oder Triaminen, Dicarbonsäureanhydriden oder Polyolen lassen sich stärker vernetzte Produkte erhalten. Auf diese Weise lassen sich die Eigenschaften von Epoxidharzen ihren vielseitigen Verwendungszwecken anpassen (vgl. Kap. 9.1.3).

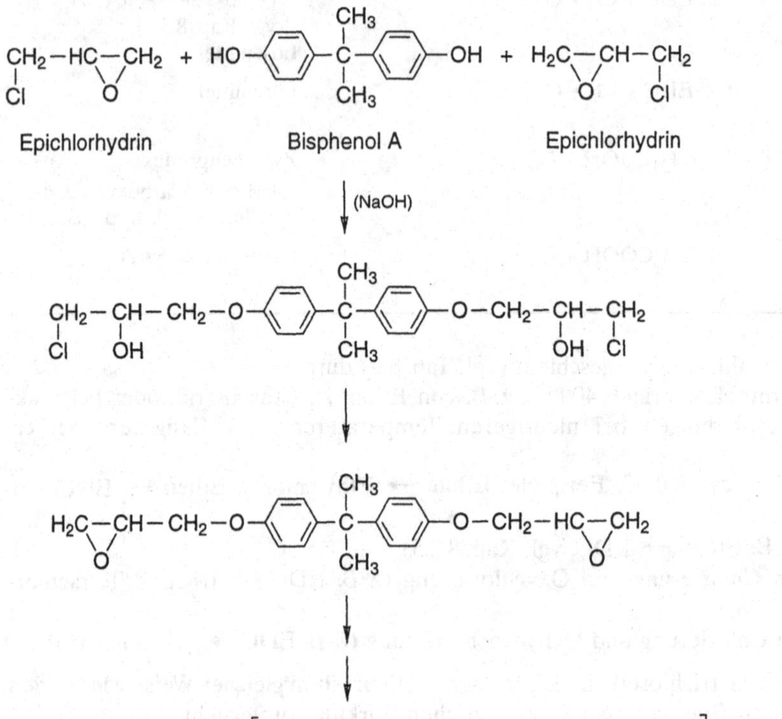

Abb. 8.31 Synthese von Epoxidharzen mit Bisphenol A

Neben Epichlorhydrin sind als Folgeprodukte von Allylchlorid der Allylalkohol und das Allylamin von Bedeutung.

Chloropren, das zu dem Spezialkautschuk Polychloropren polymerisiert wird (vgl. Kap. 9.1.3), kann auf zwei Wegen hergestellt werden, nämlich ausgehend von Acetylen und von Butadien. Der ältere Acetylenweg ist heute weitgehend vom Butadienweg abgelöst worden.

Die Synthese von Chloropren aus Acetylen erfolgt in zwei Schritten. Der erste Schritt ist die Dimerisierung von Acetylen zu Vinylacetylen (Ausbeute bis 90%); im zweiten Schritt erfolgt dann die Umsetzung von Vinylacetylen mit HCl zu Chloropren (Ausbeute ca. 92%):

$$2 \; CH\equiv CH \xrightarrow[80\,°C]{(CuCl/NH_4Cl)} CH_2=CH-C\equiv CH \qquad \Delta H_R = -264 \; kJ/mol \quad (8.80)$$

$$CH_2=CH-C\equiv CH + HCl \xrightarrow[60-70\,°C]{(CuCl)} CH_2=CH-CCl=CH_2 \; \Delta H_R = -184 \; kJ/mol \quad (8.81)$$

Bei beiden Reaktionen ist das Katalysatorsystem eine wäßrige Lösung. Zur Synthese des Chloroprens aus Butadien vgl. Kap. 8.3.2.

Längerkettige Paraffine können in flüssiger Phase bei 100–120 °C thermisch chloriert werden. Aus n-Paraffinen mit einer Kettenlänge von C_{10} bis C_{13} erzeugt man auf diese Weise **Monochlorparaffine**, wobei man mit einem großen Überschuß an n-Paraffinen arbeiten muß (molares Verhältnis n-Paraffin zu Chlor mind. 2,5), um die Bildung höher chlorierter Produkte niedrig zu halten. Diese Monochlorparaffine werden durch katalytische HCl-Abspaltung bei 250–350 °C in Olefine umgewandelt (vgl. Kap. 8.3.3). Sie werden zur Alkylierung von Benzol eingesetzt; aus den Alkylbenzolen gewinnt man durch Sulfonierung die entsprechenden Sulfonsäuren, deren Natriumsalze als anionenaktive Waschrohstoffe verwendet werden (vgl. Kap. 9.2.2). Höher chlorierte n-Paraffine (C_{10}–C_{30}) dienen u. a. als flammfeste Imprägniermittel, z. B. von Textilien, und als Weichmacher für PVC.

8.5.3 Aliphatische Fluorverbindungen

Die technisch bedeutendsten aliphatischen Fluorverbindungen leiten sich von Methan und Ethan ab; ihren Handelsnamen (vgl. Tab. 8.10) liegt folgendes Schema für die allgemeine Summenformel **R xyz** zugrunde:

Tab. 8.10 Fluor- und Chlorfluoraliphaten

Formel	Handelsname	Siedepunkt (°C)
CCl_3F	R 11	23,7
CCl_2F_2	R 12	−29,8
$CClF_3$	R 13	−81,1
CHF_2Cl	R 22	−40,8
$CClF_2-CClF_2$	R 114	3,8
CF_3-CH_2F	R 134 a	−26,5
$CF_2=CF_2$	TFE	−75,6

- **R** refrigerant (engl.), bezieht sich auf die Verwendung dieser Verbindungen als Arbeitsmittel in Kompressionskältemaschinen,

- **x** Anzahl der C-Atome im Molekül minus eins (die Null für Methanderivate wird nicht geschrieben),
- **y** Anzahl der H-Atome im Molekül plus eins und
- **z** Anzahl der F-Atome im Molekül.

Die restlichen Atome im Molkül sind Chloratome. Isomere werden durch einen zusätzlichen Buchstaben bezeichnet, z. B. R 134a.

Die Herstellung aliphatischer Fluorverbindungen erfolgt überwiegend durch katalytische Umsetzung chlorierter Aliphaten mit Fluorwasserstoff, z. B. von Trichlormethan:

$$\text{CHCl}_3 + \text{HF} \xrightarrow{\text{(Kat)}} \underset{\text{R 21}}{\text{CHCl}_2\text{F}}, \underset{\text{R 22}}{\text{CHClF}_2}, \underset{\text{R 23}}{\text{CHF}_3} + \text{HCl} \tag{8.82}$$

Der Fluorierungsgrad im Produktgemisch richtet sich nach dem Mengenverhälnis der eingesetzten Edukte. Die Reaktion wird meist in der Gasphase in einem Festbettreaktor bei 150 °C durchgeführt; als Katalysatoren dienen z. B. Aluminiumfluorid oder Chromfluorid. Daneben gibt es noch ein Flüssigphaseverfahren mit Antimonfluorid als Katalysator; man arbeitet dann bei 100 °C und Drücken von 2–5 bar (0,2–0,5 MPa). Nach einem von der Fa. Montedison entwickelten Verfahren lassen sich C_1- und C_2-Kohlenwasserstoffe direkt zu Chlorfluoralkanen umsetzen, z. B.:

$$\text{CH}_4 + 4\,\text{Cl}_2 + 2\,\text{HF} \xrightarrow{\text{(Kat)}} \text{CCl}_2\text{F}_2 + 6\,\text{HCl} \tag{8.83}$$

Diese sog. Chlorfluorierung erfolgt im Fließbettreaktor bei 370 bis 470 °C.

Man versucht, bei diesen Fluorierungsverfahren den Fluorwasserstoff möglichst vollständig umzusetzen, um bei der Absorption des freiwerdenden HCl mit Wasser eine Salzsäure mit möglichst geringem Gehalt an Fluorwasserstoff zu erhalten. Nach der Abtrennung des HCl und Trocknung mittels Schwefelsäure werden die fluorierten Produkte durch Rektifikation getrennt und gereinigt.

Als der amerikanische Chemiker Thomas Midgley (1889–1944) um 1930 erkannt hatte, daß sich die **Fluorchlorkohlenwasserstoffe (FCKW)** aufgrund ihrer thermodynamischen Eigenschaften als *Kältemittel* eignen, begannen diese Stoffe den bis dahin dafür eingesetzten Ammoniak zu verdrängen, da sie als ungiftige und nicht brennbare Stoffe leicht zu handhaben waren. Diese Eigenschaften sowie ihre hohe chemische Stabilität eröffneten den Chlorfluormethanen und auch einigen Chlorfluorethanen (z. B. R 114) weitere Anwendungen, nämlich als *Treibmittel* zum Versprühen von Aerosolen aus Spraydosen und zur Verschäumung von Kunststoffen, z. B. von Polyurethanen. Dazu kam für einige FCKW der Einsatz als Lösemittel, z. B. in der chemischen Reinigung.

Bei dieser vielseitigen Verwendung überrascht es nicht, daß Mitte der 80er Jahre die Weltjahresproduktion an FCKW 1 Mio. t erreichte. Doch eine der Eigenschaften dieser Stoffe, die zu ihrer weiten Verwendung und der entsprechend hohen Produktion führten, war auch dafür verantwortlich, daß ihre Erzeugung in den vergangenen Jahren drastisch gesenkt wurde. Am Ende der meisten Anwendungen gelangen die FCKW nämlich in die Atmosphäre. Im Unterschied zu vielen anderen flüchtigen Verbindungen, die in der Atmosphäre auf verschiedenen Wegen (Oxidation, Hydrolyse, Photolyse) abgebaut werden, reagieren die FCKW wegen ihrer hohen Stabilität nur sehr langsam. Aufgrund dieser Langlebigkeit gelangen sie schließlich auch in die Stratosphäre, wo sie, wie 1974 erstmals vermutet wurde, durch solare UV-Strahlung photolysiert werden. Dabei werden Chlorradikale freigesetzt, die das in der Stratosphäre enthaltene Ozon in einer Kettenreaktion zersetzen. Die dadurch eintretende Abnahme der Ozonkonzentration in der Atmosphäre *(Ozonloch)* kann zu schlimmen Folgen für das Leben auf der Erde führen. Die stratosphärische Ozonschicht stellt nämlich einen Schutzschild für die Erdoberfläche dar, da sie die für die lebende Materie schädliche kurzwellige UV-Strahlung so weit absorbiert, daß die auf der Erde lebenden Organismen nicht beeinträchtigt werden.

Inzwischen sind die Vermutungen über die schädlichen Folgen der Verbreitung der anthropogenen FCKW in der Stratosphäre erhärtet worden. So hat sich gezeigt, daß der jahreszeitliche Abfall des Ozongehalts über der Antarktis in den Monaten September und Oktober sich in den vergangenen 15 Jahren beträchtlich verstärkt hat, und zwar ist das Minimum des Ozongehalts zwischen 1979 und 1990 um den Faktor 2 gefallen. Aus diesem Grund haben 1986 31 Länder in dem sog. *Montreal-Protokoll* beschlossen, ab 1990 den Verbrauch an wasserstofffreien FCKW zu festgesetzten Terminen laufend zu verringern. In einigen Ländern wurden noch schärfere Maßnahmen beschlossen. So ist in Deutschland die Verwendung voll halogenierter FCKW ab 1995 vollständig verboten; im Zusammenhang damit wurde die Produktion dieser Stoffe aufgrund einer freiwilligen Verpflichtung der deutschen Hersteller zum Jahresende 1992 eingestellt. Inzwischen wurden die Festlegungen des Montreal-Protokolls verschärft und erweitert. Ab Anfang 1996 dürfen voll halogenierte FCKW in allen Ländern nicht mehr verwendet werden. Die gleiche Bestimmung gilt auch für Tetrachlorkohlenstoff und 1,1,1-Trichlorethan, die nach dem heutigen Wissensstand ebenfalls am Ozonabbau in der Stratosphäre beteiligt sind. Das Ozonabbaupotential wasserstoffhaltiger FCKW, z. B. von R 22, ist um über eine Zehnerpotenz niedriger als das der voll halogenierten FCKW. Sie dienen deshalb zur Zeit auch als Ersatz für voll halogenierte FCKW. Ihre Verwendung wird laut ergänztem Montreal-Protokoll Anfang 1996 auch eingeschränkt bis zum vollständigen Verbot ab 2030.

Natürlich hat man sehr schnell nach Alternativen gesucht. Für Spraydosen wurden zum einen Pumpen zum manuellen Versprühen entwickelt, zum anderen benutzt man als Treibmittel Propan und Butan. Leichtflüchtige Kohlenwasserstoffe werden auch zur Verschäumung von Kunststoffen eingesetzt. Als nicht brennbares Kältemittel hat sich das ozonneutrale 1,1,1,2-Tetrafluorethan (R 134a) als geeignet erwiesen. Es kann aus Trichlorethen in den folgenden zwei Schritten hergestellt werden:

$$CCl_2=CHCl + 3\ HF \longrightarrow CF_3-CH_2Cl + 2\ HCl \qquad (8.84)$$

$$CF_3-CH_2Cl + HF \longrightarrow CF_3-CH_2F + HCl \qquad (8.85)$$
$$R\ 134a$$

Im ersten Schritt erfolgt neben dem Austausch zweier Chloratome gegen Fluor eine Addition von HF an die Doppelbindung.

Der Verwendungsstopp für Fluorchlorkohlenwasserstoffe bezieht sich nicht auf die Weiterverarbeitung in chemischen Prozessen, da hierbei keine Freisetzung von FCKW erfolgt. Dies gilt insbesondere für die Herstellung von **Fluorolefinen** als Monomere für die Produktion von Fluorpolymeren. Das wichtigste Fluorolefin ist das **Tetrafluorethylen** (TFE, C_2F_4), das durch Pyrolyse von R 22 erzeugt wird:

$$2\ CHClF_2 \xrightarrow[600-800\,°C]{} CF_2=CF_2 + 2\ HCl \qquad (8.86)$$

Bei der Pyrolyse des R 22 bilden sich CF_2-Radikale, aus denen neben C_2F_4 Hexafluorpropen (C_3F_6) und einige höher siedende Verbindungen entstehen. Hexafluorpropen dient als Monomer zur Herstellung von Copolymerisaten mit Tetrafluorethylen und 1,1-Difluorethylen.

8.6 Aromatische Zwischenprodukte

Die aromatischen Zwischenprodukte waren die ersten organischen Zwischenprodukte, die im technischen Maßstab hergestellt wurden. Zum einen waren die Edukte, vor allem das Benzol, aber auch andere aromatische Kohlenwasserstoffe im Steinkohlenteer in ausreichender Menge vorhanden. Zum anderen sind diese Verbindungen reaktionsfähiger als die Paraffin-kohlenwasserstoffe als Hauptbestandteil des Erdöls. So läßt sich der Wasserstoff am aromatischen Kohlenstoff leicht substituieren, z. B. durch Sulfonierung, Nitrierung oder Chlorierung. Die Substituenten lassen sich zudem durch weitere Reaktionen, wie Reduktionen oder Austauschreaktionen z. B. von Chlor gegen Fluor, umwandeln. Auf diese Weise kann man eine Vielzahl aromatischer Verbindungen synthetisieren, die als Bausteine für die verschiedenartigsten Folgeprodukte dienen, z. B. Farbstoffe, Pharmazeutika und Pflanzenschutzmittel. So stand die Herstellung von Farbstoffen aus aromatischen Zwischenprodukten *(Teerfarbstoffe)* am Beginn einiger deutscher Chemiefirmen in der zweiten Hälfte des 19. Jahrhunderts (vgl. Kap. 1.4).

8.6.1 Herstellungsverfahren

Im Vergleich zur Vielfalt an aromatischen Zwischenprodukten ist die Zahl der Reaktionen, die zu diesen Produkten führt, relativ klein. In Tab. 8.11 sind die wichtigsten dieser Reaktionen zusammengestellt. In Analogie zu der ebenfalls begrenzten Anzahl verfahrenstechnischer Grundoperationen (engl. unit operations, vgl. Kap. 2.2), die zur Aufarbeitung der Reaktionsgemische dienen, werden speziell bei den aromatischen Zwischenprodukten die für deren Herstellung benutzten chemischen Verfahren auch als *chemische Grundprozesse* (engl. *unit processes*) bezeichnet.

Die Herstellung von Endprodukten führt in der Regel über mehrere Zwischenprodukte. Ein typisches Beispiel dafür zeigt Abb. 8.32 mit dem Herstellungsweg für den pharmazeutischen Wirkstoff Furosemid, der unter verschiedenen Bezeichnungen (z. B. Lasix [Hoechst]) als harntreibendes Mittel (Diuretikum) eingesetzt wird. In dieser Weise, d. h. mittels vielerlei Kombinationen von chemischen Grundprozessen, wird aus wenigen Primärprodukten (Benzol, Toluol, Xylole, Naphthalin, Anthracen sowie heterozyklische Aromaten wie Pyridin und Thiophen) eine fast unüberschaubare Mannigfaltigkeit aromatischer Zwischen- und Endprodukte erzeugt.

Ein besonderes Problem bei der Herstellung aromatischer Zwischenprodukte ist die *Selektivität* der chemischen Umsetzung, und zwar vor allem bei *Substitutionsreaktionen*. Da grundsätzlich alle Wasserstoffatome am aromatischen Kohlenstoffgerüst eines Moleküls substituierbar sind, kann es zum einen durch Weiterreagieren des gewünschten Produkts, zum anderen durch Bildung von Isomeren zu Selektivitätsminderungen kommen. Im ersteren Fall liegen Folgereaktionen vor; die dadurch bewirkten Ausbeuteverluste lassen sich niedrig halten, wenn man das Edukt nur zum Teil umsetzt (vgl. Kap. 2.1, Chlorierung von Benzol). Der

Tab. 8.11 Wichtige Reaktionen zur Herstellung aromatischer Zwischenprodukte

Prozeß	allgemeine Reaktionsgleichung		Beispiele
Halogenierung	$ArH + Cl_2$	$\longrightarrow ArCl + HCl$	Chlorbenzol (vgl. Kap. 2.1)
Sulfonierung	$ArH + H_2SO_4$	$\longrightarrow ArSO_3H + H_2O$	Benzolsulfonsäure (vgl. Kap. 3.5.1)
	$ArH + SO_3$	$\longrightarrow ArSO_3H$	Benzol-1,3-disulfonsäure (vgl. Kap. 3.4.2)
	$ArH + ClSO_3H$	$\longrightarrow ArSO_3H + HCl$	Amino- und Aminohydroxy-naphtalinsulfonsäuren (vgl. Kap. 3.4.2)
Nitrierung	$ArH + HNO_3$	$\longrightarrow ArNO_2 + H_2O$	Nitrobenzol
Alkylierung	$ArH + \overset{R}{\underset{\vert}{CH}}=CH_2$	$\longrightarrow Ar-\overset{R}{\underset{\vert}{CH}}-CH_3$	R = H: Ethylbenzol; R = CH$_3$: Cumol
Carboxylierung	$Ar-OH + CO_2$	$\longrightarrow HO-Ar-COOH$	Salicylsäure aus Phenol
Oxidation	$Ar-CH_3 + 3/2\ O_2$	$\longrightarrow Ar-COOH + H_2O$	Benzoesäure aus Toluol, Terephthalsäure aus p-Xylol (vgl. Kap. 3.3.2)
Reduktion	$Ar-NO_2 + 3\ H_2$	$\longrightarrow Ar-NH_2 + 2\ H_2O$	Anilin aus Nitrobenzol (vgl. Kap. 3.4.3)
Austausch-reaktionen	$Ar-SO_3H + 3\ NaOH$	$\longrightarrow Ar-ONa + Na_2SO_3 + 2\ H_2O$	Na-Phenolat aus Benzolsulfon-säure (vgl. Kap. 3.1.1)
	$Ar-Cl + 2\ NaOH$	$\longrightarrow Ar-ONa + NaCl$	Na-Phenolat aus Chlorbenzol (vgl. Kap. 3.1.1)
	$O_2N-Ar-Cl + HF$	$\longrightarrow O_2N-Ar-F + HCl$	Fluorbenzol aus Chlorbenzol
	$O_2N-Ar-Cl + NH_3$	$\longrightarrow O_2N-Ar-NH_2 + HCl$	Nitroanilin aus Nitro-chlorbenzol
	$Ar-OH + NH_3$	$\longrightarrow Ar-NH_2 + H_2O$	Anilin aus Phenol

zweite Fall, die Bildung von Isomeren, ist mit Ausnahme des unsubstituierten Benzols praktisch immer gegeben. Allerdings ist die Reaktionswahrscheinlichkeit der substituierbaren Wasserstoffatome je nach ihrer Stellung im Molekül und je nach Art des bzw. der schon vorhandenen Substituenten verschieden groß. Außerdem wird die Reaktivität der verschiedenen Wasserstoffatome durch Katalysatoren beeinflußt.

Generell gilt, daß bestimmte Substituenten (-NH$_2$, -OH, -Cl, -CH$_3$; sog. Substituenten 1. Ordnung) weitere Substituenten in o- und p-Stellung lenken; andere Substituenten (wie -NO$_2$, -SO$_3$H, -COOH, -CN, -N$^\oplus$R$_3$, -CF$_3$; Substituenten 2. Ordnung) dirigieren in die m-Stellung. Auf die mechanistischen Ursachen dafür kann hier nicht eingegangen werden; vgl. dazu Lehrbücher der organischen Chemie.

Ein Beispiel für die Lenkung durch einen Substituenten 2. Ordnung ist die Reaktion von Benzolsulfonsäure zu Benzol-1,3-disulfonsäure bei der Sulfonierung von Benzol mit SO$_3$ (vgl. Kap. 3.4.2). Die Lenkung durch Substituenten 1. Ordnung führt zur Bildung von zwei Isomeren, z. B. bei der Kernchlorierung oder der Nitrierung von Toluol (vgl. Abb. 8.33). Da von den beiden Isomeren meist eines vorzugsweise oder ausschließlich benötigt wird, besteht großes Interesse an Möglichkeiten, das Isomerenverhältnis zu beeinflussen. Das kann durch Katalysatoren oder über die Reaktionsbedingungen, z. B. die Temperatur, geschehen.

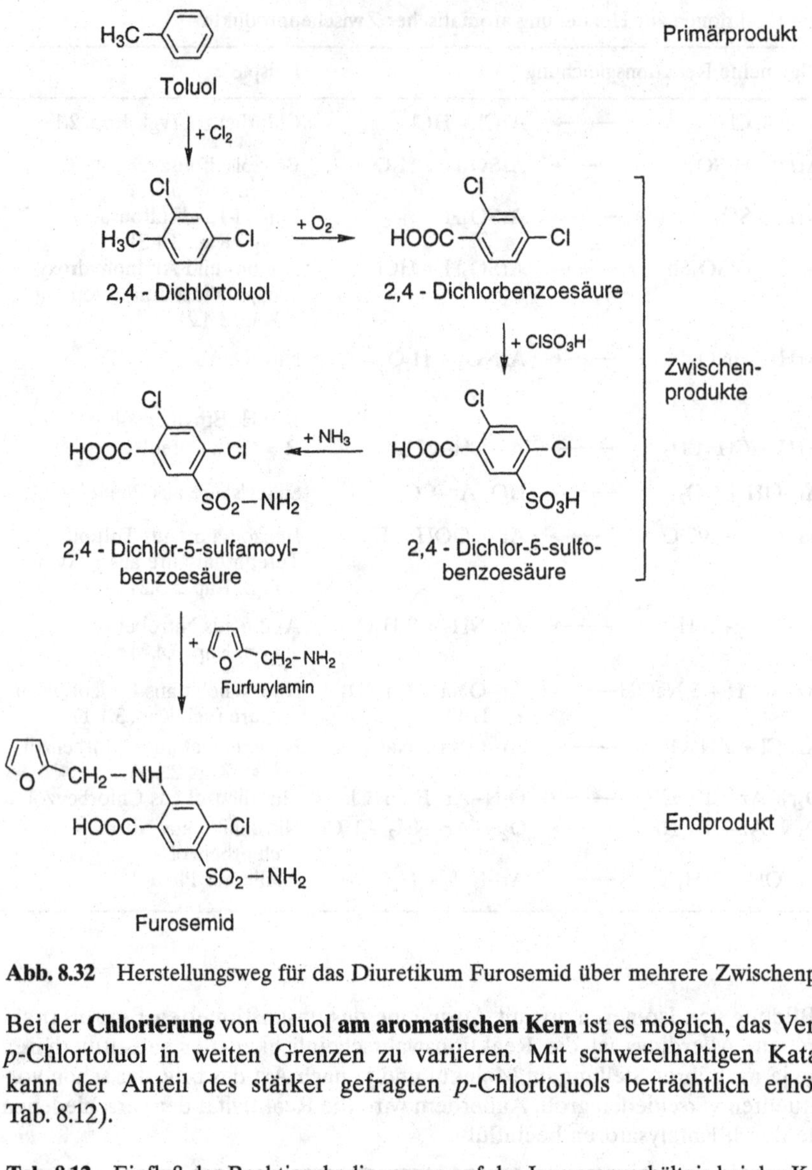

Abb. 8.32 Herstellungsweg für das Diuretikum Furosemid über mehrere Zwischenprodukte

Bei der **Chlorierung** von Toluol **am aromatischen Kern** ist es möglich, das Verhältnis von o- zu p-Chlortoluol in weiten Grenzen zu variieren. Mit schwefelhaltigen Katalysatorsystemen kann der Anteil des stärker gefragten p-Chlortoluols beträchtlich erhöht werden (vgl. Tab. 8.12).

Tab. 8.12 Einfluß der Reaktionsbedingungen auf das Isomerenverhältnis bei der Kernchlorierung von Toluol

Reaktionstemperatur (°C)	Katalysator	Verhältnis o-/p-Chlortoluol
10–30	$TiCl_4$	3,3
50	$TiCl_4$	1,9
10–30	$TiCl_4/S_2Cl_2$ oder $FeCl_3/S_2Cl_2$	1,1

Um die Methylgruppe von Toluol und generell aliphatische Seitenketten von Aromaten zu chlorieren (**Seitenkettenchlorierung**), ist es notwendig, Metallsalze absolut auszuschließen, damit Chlorierungen am aromatischen Kern vermieden werden. Man benutzt deshalb Reaktoren aus Borosilicatglas oder reinem Nickel oder auch emaillierte oder verbleite Reaktionsapparate. Die Seitenkettenchlorierung verläuft über Chlorradikale, die photochemisch mittels UV-Lampen erzeugt werden. Als Reaktionsapparate eignen sich Blasensäulen und Rieselkolonnen. Die Reaktionstemperaturen liegen bei 80 bis 160 °C, so daß die Reaktionswärme ($\Delta H_R \approx -100 \, kJ/mol$) leicht über einen Kühlmantel oder Kühlschlangen oder mittels Verdampfungskühlung abgeführt werden kann. Die Seitenkettenchlorierung von Toluol erfolgt meist kontinuierlich, z. B. in einer Kaskade von mehreren Blasensäulen. Man erhält dabei überwiegend Benzylchlorid (C_6H_5-CH_2Cl) und Benzalchlorid (C_6H_5-$CHCl_2$), wobei die relativen Mengen dieser beiden Produkte im wesentlichen vom Einsatzverhältnis Toluol/Chlor abhängen. Von dem Folgeprodukt Benzotrichlorid (C_6H_5-CCl_3) entstehen nur geringe Mengen, da die Geschwindigkeit der Seitenchlorierung von Aromaten mit dem Chlorierungsgrad stark abnimmt.

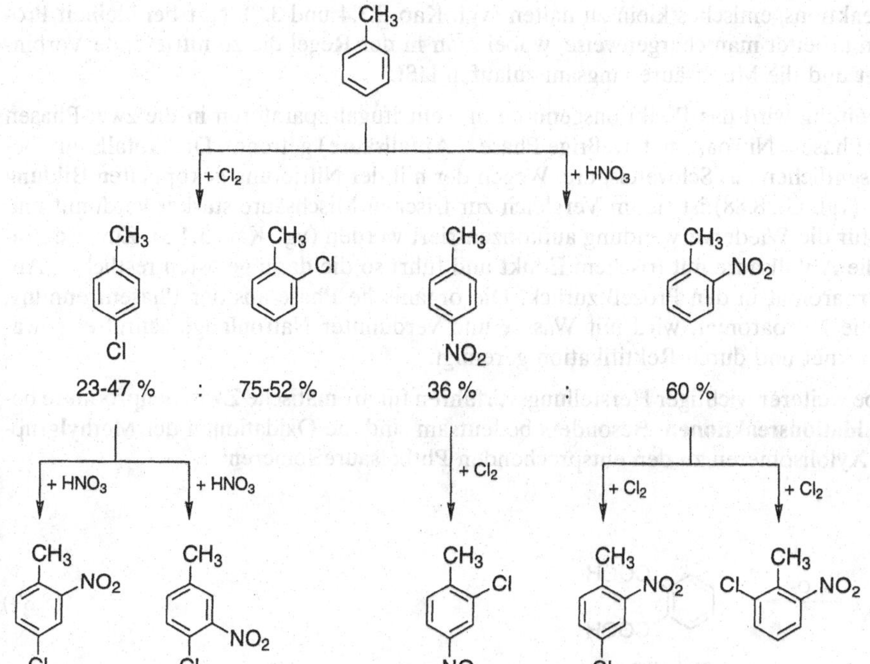

Abb. 8.33 Folgeprodukte des Toluols durch Kernchlorierung und Nitrierung

Eine besonders wichtige Reaktion der aromatischen Zwischenproduktchemie ist die **Nitrierung**. Ein beträchtlicher Teil der so erzeugten Nitroaromaten wird zu Aminen reduziert (vgl. Kap. 3.4.3), die sehr große Bedeutung als Zwischenprodukte besitzen.

Die Nitrierung aromatischer Verbindungen erfolgt überwiegend mittels sog. Mischsäure, d. h. einem Gemisch aus Salpetersäure (15–40 Gew.-%), Schwefelsäure (50–85 Gew.-%) und Wasser (0–15 Gew.-%). Die Zusammensetzung der Nitriersäure, die man für die Nitrierung einer bestimmten aromatischen Verbindung benutzt, richtet sich nach deren Reaktivität. Eine typische Mischsäure, z. B. zur Nitrierung von Benzol, Chlorbenzol oder Toluol, besteht aus 35% HNO_3, 55% H_2SO_4 und 10% H_2O. Für schwerer nitrierbare Verbindungen, z. B. für die Nitrierung von Nitrobenzol zu *m*-Dinitrobenzol, benutzt man Mischsäure mit niedrigeren Wassergehalten (z. B. 2 Gew.-%).Die Nitrierungsreaktion ist stark exotherm:

$$\text{ArH} + \text{HNO}_3 \longrightarrow \text{ArNO}_2 + \text{H}_2\text{O} \tag{8.88}$$

ArH = Benzol: $\Delta H_R = -109$ kJ/mol
ArH = Naphthalin: $\Delta H_R = -209$ kJ/mol

Die Reaktionstemperatur liegt in der Regel bei 40–60 °C, bei schwer nitrierbaren Edukten auch höher (bis ca. 90 °C).

Nitroverbindungen, insbesondere solche mit mehr als einer Nitrogruppe, können sich exotherm zersetzen. Sicherheitsaspekte spielen deshalb bei der Reaktionsführung eine wesentliche Rolle. Effiziente Wärmeabführung und gute Durchmischung der zweiphasigen Reaktionsmischung (Aromat und Nitriersäure sind nicht miteinander mischbar) müssen sichergestellt sein.

Man bevorzugt die kontinuierliche Betriebsweise, um aus Gründen der Sicherheit das Volumen des Reaktionsgemisches klein zu halten (vgl. Kap. 3.3.4 und 3.5). Nur bei kleinen Produktmengen arbeitet man chargenweise, wobei man in der Regel die zu nitrierende Verbindung vorlegt und die Mischsäure langsam zulaufen läßt.

Zur Aufarbeitung wird das Reaktionsgemisch in Zentrifugalseparatoren in die zwei Phasen (organische Phase = Nitroaromat, wäßrige Phase = Abfallsäure) getrennt. Die Abfallsäure besteht im wesentlichen aus Schwefelsäure. Wegen der mit der Nitrierung gekoppelten Bildung von Wasser (vgl. Gl. 8.88) ist sie im Vergleich zur frischen Mischsäure stärker verdünnt und muß daher für die Wiederverwendung aufkonzentriert werden (vgl. Kap. 3.4.3). Zuvor extrahiert man die Abfallsäure mit frischem Edukt und führt so die darin gelösten restlichen Anteile an Nitroaromat in den Prozeß zurück. Die organische Phase aus der Phasentrennung, d. h. der rohe Nitroaromat, wird mit Wasser und verdünnter Natronlauge säurefrei gewaschen, getrocknet und durch Rektifikation gereinigt.

Eine Gruppe weiterer wichtiger Herstellungsverfahren für aromatische Zwischenprodukte beruht auf **Oxidationsreaktionen**. Besonders bedeutsam sind die Oxidationen der Methylgruppen in den Xylolisomeren zu den entsprechenden Phthalsäureisomeren:

o - Xylol   Phthalsäure

$$(8.89)$$

m - Xylol   Isophthalsäure

$$(8.90)$$

p - Xylol   Terephthalsäure

$$(8.91)$$

Die Oxidationen erfolgen katalytisch mit Luftsauerstoff, teils als Flüssigphase-, teils als Gasphaseverfahren. Je nach Edukt, den Nebenprodukten sowie den Reinheitsanforderungen an das Produkt wurden verschiedene Verfahren entwickelt.

Terephthalsäure wird überwiegend für die Polykondensation mit Ethylenglykol zu Polyethylenterephthalat (vgl. Kap. 9.1.3) verwendet, wozu besonders hohe Reinheiten erforderlich sind. Wegen ihrer extrem niedrigen Löslichkeit in Wasser und organischen Lösemitteln kann Terephthalsäure nicht durch einfaches Kristallisieren gereinigt werden. Man benutzt deshalb einen Umweg, und zwar über *Dimethylterephthalat* (DMT), das durch Kristallisation und Destillation auf *Faserqualität* gebracht werden kann; das reine DMT wird dann mit Glykol umgeestert und der entstandene Diglykolester polykondensiert. Heute gibt es auch Verfahren, mit denen man direkt zu faserreiner Terephthalsäure gelangt.

Die *Luftoxidation von p-Xylol* geschieht bei allen Verfahren in der flüssigen Phase. Die durch Schwermetallsalze katalysierte Reaktion läuft aber nur bis zur *p*-Toluylsäure; erst nach Veresterung der Carboxygruppe gelingt es, auch die zweite Methylgruppe zu oxidieren. Dies geschieht im Witten-Imhausen-Verfahren, nach seinem Erfinder auch *Katzschmann-Verfahren* genannt, in Gegenwart von Methanol bei höheren Temperaturen (vgl. Abb. 8.34).

Abb. 8.34 Verfahrensschritte bei der Herstellung von Dimethylterephthalat nach dem Witten-Imhausen-Verfahren (Katzschmann-Verfahren)

Zur anschließenden Oxidation (vgl. Abb. 8.35) wird der *p*-Toluylsäuremethylester in den mit Luft begasten Blasensäulenreaktor **a** zurückgeführt; die Oxidationsprodukte aus diesem Reaktor, also die *p*-Toluylsäure und der Terephthalsäuremonomethylester, werden gemeinsam in der Veresterungskolonne **b** mit Methanol verestert und danach durch Rektifikation in Kolonne **d** getrennt. Das rohe Dimethylterephthalat aus dieser Rektifikation wird durch zweimaliges Umkristallisieren und anschließende Destillation in hochreines Endprodukt überführt. Die Ausbeuten an Dimethylterephthalat liegen bei 85% bezogen auf *p*-Xylol und 80% bezogen auf Methanol.

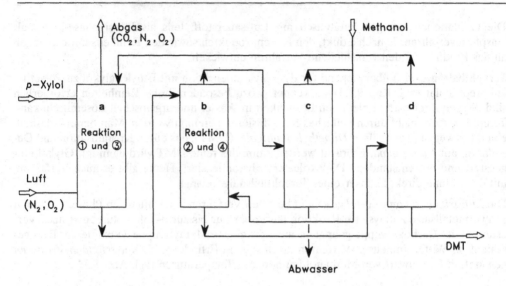

Abb. 8.35 Dimethylterephthalat aus *p*-Xylol nach dem Witten-Imhausen-Verfahren (Grundfließbild) **a** Oxidationsreaktor, **b** Veresterungskolonne, **c** u. **d** Rektifikationskolonnen (Reaktion ①–④ s. Abb. 8.34)

Um *p*-Xylol auf direktem Weg zu Terephthalsäure zu oxidieren, ist es erforderlich, die Hemmung der Oxidation der Zwischenstufe, d. h. der *p*-Toluylsäure, aufzuheben. Das gelingt mit Hilfe bestimmter Katalysatorsysteme, z. B. mit Co- oder Mn-Acetat in Essigsäure mit Bromverbindungen wie NH_4Br oder HBr als Cokatalysator. Dabei werden die Methylgruppen durch Radikalübertragungsreaktionen mit den in Gegenwart von Sauerstoff gebildeten Bromradikalen aktiviert:

$$CH_3 \xrightarrow{+\ \overset{\cdot}{Br}} CH_2^{\cdot} \xrightarrow{+\ O_2} CH_2-O-O^{\cdot} \tag{8.92}$$
$$\ \ |\qquad\qquad\quad |\qquad\qquad\qquad |$$
$$Ar\qquad\qquad\ \ Ar\qquad\qquad\quad\ Ar$$

Mit diesem Katalysatorsystem wird im *Amoco-Verfahren* *p*-Xylol mit einer Ausbeute von mehr als 90% zu Terephthalsäure oxidiert. Die Reaktion erfolgt im Rührautoklaven bei 200 °C und 25 bar (2,5 MPa). Wegen der hohen Korrosivität der Reaktionsmischung (Essigsäure, Bromide) müssen die Reaktoren mit Titan oder Hastelloy C ausgekleidet werden. Zur Reinigung wird die auskristallisierte Terephthalsäure bei 260 bis 280 °C unter Druck in Wasser gelöst und nach Zusatz von Pd-Kohle-Katalysatoren mit Wasserstoff behandelt, um störende Verunreinigungen, vor allem *p*-Carboxybenzaldehyd, zu hydrieren. Danach wird unter stufenweiser Abkühlung Terephthalsäure in Faserreinheit auskristallisiert.

Andere Verfahren zur Direktoxidation von *p*-Xylol zu Terephthalsäure arbeiten mit Hilfssubstanzen, die mitoxidiert werden und dabei Peroxide liefern, z. B. mit Acetaldehyd oder dessen Trimeren, dem Paraldehyd. Ein Nachteil dieser Prozesse ist der Anfall eines Koppelproduktes (z. B. Essigsäure) aufgrund der Co-Oxidation.

Das Katalysatorsystem des Amoco-Verfahrens wird mit ähnlichen Reaktionsbedingungen auch zur Oxidation anderer Methylaromaten zu den entsprechenden Carbonsäuren eingesetzt, z. B. von Toluol zu Benzoesäure, *o*-Xylol zu Phthalsäureanhydrid, *m*-Xylol zu Isophthalsäure, 1,2,4-Trimethylbenzol (Pseudocumol) zu Trimellithsäure und deren Anhydrid (Gl. 8.93) sowie 1,4-Dimethylnaphthalin zu Naphthalin-1,4-dicarbonsäure (Gl. 8.94):

(8.93)

(8.94)

Für die Herstellung von **Phthalsäureanhydrid (PSA)** aus *o*-Xylol wird überwiegend die katalytische Oxidation mit Luft in der Gasphase benutzt. Die Reaktion erfolgt mit V_2O_5/TiO_2-Katalysatoren im Festbett bei 375 bis 410 °C, und zwar in Rohrbündelreaktoren, die mit einer Salzschmelze gekühlt werden. Die beträchtliche Reaktionswärme (vgl. Gl. 8.95) wird zur Erzeugung von Hochdruckdampf genutzt.

$$+ \ 3 \ O_2 \xrightarrow[\text{375 - 410 °C}]{V_2O_5 / TiO_2} + \ 3 \ H_2O \quad \Delta H_R = -1110 \text{ kJ / mol} \quad (8.95)$$

Die Ausbeute an Phthalsäureanhydrid liegt bei 87%; als interessantes Nebenprodukt fällt Maleinsäureanhydrid (MSA, 5 kg/100 kg PSA) an. Neben den Festbettverfahren wurden auch Verfahren zur katalytischen *o*-Xyloloxidation im Wirbelschichtreaktor entwickelt.

Außer *o*-Xylol kann auch Naphthalin durch Oxidation mit Luft zu Phthalsäureanhydrid verarbeitet werden. Bis 1960 wurde PSA fast ausschließlich auf diesem Weg hergestellt. Mit dem Rückgang der Steinkohlenverkokung als wesentlicher Quelle für Naphthalin und dem steigenden Bedarf an PSA nahm der Einsatz von *o*-Xylol als Ausgangsmaterial aus petrochemischer Erzeugung rasch zu. Heute werden ca. 85% der Weltproduktion von PSA aus *o*-Xylol hergestellt.

Die Oxidation des Naphthalins zu PSA erfolgt katalytisch in der Gasphase unter ähnlichen Bedingungen und in gleichartigen Reaktoren wie beim *o*-Xylol, und zwar sowohl im Festbett als auch im Fließbett. Es gibt auch Anlagen, in denen sowohl Naphthalin als auch *o*-Xylol verarbeitet werden kann. Mit Naphthalin als Edukt ist die Reaktionswärme erheblich höher als mit *o*-Xylol (vgl. Gl. 8.95 u. 8.96).

$$+ \ 4{,}5 \ O_2 \xrightarrow[\text{360 - 390 °C}]{V_2O_5 / SiO_2} + \ 2 \ CO_2 + \ 2 \ H_2O \quad (8.96)$$

$$\Delta H_R = -1790 \text{ kJ / mol}$$

Die Ausbeute an PSA liegt bei 85%, als Nebenprodukte fallen 1,4-Naphthochinon und Maleinsäureanhydrid an. Für weniger reines Naphthalin gibt es außerdem noch ein Hochtemperaturverfahren (400–550 °C), das ebenfalls mit einem V_2O_5-Katalysator abläuft; die Ausbeuten liegen hier mit 60 bis 74% deutlich niedriger. Erwähnt sei schließlich noch, daß man mit V_2O_5-Katalysatoren durch Luft-Oxidation von Benzol Maleinsäureanhydrid erzeugt.

Bestimmte aromatische Carbonsäuren, nämlich Hydroxycarbonsäuren und Aminohydroxycarbonsäuren, lassen sich durch **Carboxylierung**, d. h. durch substituierende Einführung von CO_2, aus den entsprechenden Phenolen gewinnen. Die bekannteste derartige Umsetzung ist die Kolbe-Schmitt-Synthese von Salicylsäure (*o*-Hydroxybenzoesäure) aus Phenol:

$$\Delta H_R = -90 \text{ kJ / mol}$$

Das Phenol wird dazu als Natriumphenolat eingesetzt; man erhält das Natriumsalz der Salicylsäure in einer Ausbeute von 90%. Durch Carboxylierung von Kaliumphenolat bei 220 °C entsteht dagegen fast nur *p*-Hydroxybenzoesäure.

Sulfonierungen werden in Kap. 9.2.2 und Alkylierungen in Kap. 8.2.6 (Ethylbenzolsynthese) beschrieben.

8.6.2 Produkte

In Anbetracht der Vielzahl aromatischer Zwischenprodukte werden hier nur Übersichten über einzelne Stoffklassen gegeben, in denen in erster Linie Produkte aufgeführt sind, die in größeren Mengen hergestellt werden (Tab. 8.13–8.17). Von den Herstellungsverfahren wird in der Regel nur das wichtigste für das jeweilige Produkt angegeben.

In großen Mengen erzeugt werden vor allem die Produkte, die in die Herstellung von Polymeren für Kunststoffe und Chemiefasern gehen. Zu nennen sind hier von der Gruppe der **Phenole** (vgl. Tab. 8.13) das Phenol und sein Folgeprodukt Bisphenol A sowie Resorcin, von den **Carbonsäuren** (vgl. Tab. 8.14) die Terephthalsäure und Phthalsäureanhydrid und von den **Aminen** (vgl. Tab. 8.17) das Anilin und das Diaminotoluol mit den entsprechenden Nitroverbindungen als Vorprodukten (vgl. Tab. 8.16). Ebenfalls in den Kunststoffsektor gehen als Weichmacher die aus Phthalsäureanhydrid hergestellten Ester.

Große Bedeutung haben auch die **höheren Alkylphenole**. Die Weltjahrespoduktion liegt bei 500 000 t, von denen ca. 60%, und zwar *i*-C_8-, *i*-C_9- und *i*-C_{12}-Phenol, für verschiedene technische Verwendungen (z. B. als Bohröladditive und Antioxidantien) hergestellt werden. Die durch Alkylierung von Phenol mit linearen Olefinen (C_6–C_{20}) erzeugten Produkte werden durch Polyaddition von Ethylenoxid in nichtionische Tenside überführt.

Die aromatischen **Nitroverbindungen** (vgl. Tab. 8.16) sind zum großen Teil Zwischenprodukte zur Herstellung aromatischer Amine durch Reduktion der Nitrogruppe. Produkte mit einem hohen Gehalt an Nitrogruppen im Molekül dienen als Sprengstoffe (Beispiele: Trinitrotoluol, Pikrinsäure).

Die vielen kleineren und mittleren aromatischen Zwischenprodukte sind, wie schon erwähnt, Zwischenstufen auf dem Weg zu einer sehr großen Anzahl spezieller Produkte, vor allem von Farbstoffen, von Pharmazeutika und von Pflanzenschutzmitteln. Das wird auch bei einer Reihe der Produkte deutlich, die in den Tab. 8.13 bis 8.17 aufgeführt sind. So dienen viele aromatische Amine als Diazokomponente bei der Herstellung der Azofarbstoffe durch Azokupplung (vgl. Kap. 2.1 und 9.3.2). Gleichzeitig werden in dieser Reaktion Amine und Phenole als Kupplungskomponente eingesetzt.

Tab. 8.13 Phenole

Produkt	Herstellung aus	Verfahren	Verwendung
Phenol	Cumol	Hock-Verfahren (vgl. Kap. 3.1.1)	Phenolharze, Bisphenol A, Alkylphenole
Resorcin	1 1,3-Benzoldisulfonsäure 2 1,3-Diisopropylbenzol	NaOH-Schmelze, (vgl. Kap. 3.4.2) Hock-Verfahren	Formaldehyd-Cokondensate (Klebstoffe, z. B. in Reifen), → Farbstoffe, UV-Stabilisatoren
Hydrochinon	1 Anilin 2 Phenol 3 1,4-Diisopropylbenzol	Oxidation zu Chinon, Reduktion Oxidation mit H_2O_2 Hock-Verfahren	photographischer Entwickler Polymerisationsinhibitor, Antioxidans → Farbstoffe
Naphthol-2 (β-Naphthol)	Naphthalin	Sulfonierung und NaOH-Schmelze	→ Farbstoffe
Bisphenol A	Phenol + Aceton	Kondensation	Epoxidharze, Polycarbonate, Polysulfone
o-Kresol, 2,6-Xylenol	1 Steinkohleteer 2 Raffinerieablaugen 3 Phenol und Methanol	Extraktion und Destillation Methylierung von Phenol	o-Kresol: Chlorphenolessigsäuren (→ Herbizide) 2,6-Xylenol: Polyphenylenoxid
höhere Alkylphenole	Phenol + Olefin	Alkylierung	$R = i\text{-}C_8$, $i\text{-}C_9$, $i\text{-}C_{12}$: technische Verwendungen; $R = n\text{-}C_6 - n\text{-}C_{20}$: + Ethenoxid → nichtionische Tenside

Tab. 8.14 Aromatische Carbonsäuren und Carbonylverbindungen

Produkt	Herstellung aus	Verfahren	Verwendung
Benzoesäure	Toluol	katalytische Oxidation mit Luft	Konservierungsmittel, Phenol (vgl. Kap. 3.1.1)
Salicylsäure	Phenol	Kolbe-Schmitt-Synthese (vgl. Gl. 8.96)	Acetylsalicylsäure (= Aspirin)
Phthalsäureanhydrid (PSA)	1 o-Xylol 2 Naphthalin	katalytische Oxidation mit Luft	Phthalsäureester: mit C_4–C_{10}-Alkoholen → Weichmacher, Polyester
Terephthalsäure (TPA)	p-Xylol	katalytische Oxidation mit Luft	Polyester
Benzaldehyd	Benzalchlorid ($C_6H_5\text{-}CHCl_2$)	Hydrolyse (+ H_2O – 2 HCl)	→ Farbstoffe → Riechstoffe → Pharmazeutika
Benzoylchlorid	Benzotrichlorid ($C_6H_5\text{-}CCl_3$)	Hydrolyse (+ H_2O–2 HCl)	Benzoylperoxid → Farbstoffe → Pharmazeutika
Anthrachinon	Anthracen	1 Oxidation mit CrO_3 2 katalytische Oxidation mit Luft	→ Farbstoffe, Wasserstoffperoxidherstellung (Sauerstoffüberträger)

Tab. 8.15 Aromatische Chlorverbindungen

Produkt	Herstellung		Verwendung
	aus	Verfahren	
Chlorbenzol	Benzol	Chlorierung, (vgl. Kap. 2.1 u. 3.1.1)	→ Pflanzenschutzmittel → Farbstoffe → Pharmazeutika
o-Dichlorbenzol	Chlorbenzol	Chlorierung	Lösemittel, → Pflanzenschutzmittel
p-Dichlorbenzol	Chlorbenzol	Chlorierung	→ Farbstoffe → Pharmazeutika
o- u. *p*-Chlornitrobenzol	Chlorbenzol	Nitrierung	→ Farbstoffe
o- u. *p*-Chlortoluol	Toluol	Kernchlorierung	→ Farbstoffe → Pharmazeutika → Pflanzenschutzmittel
Benzylchlorid	Toluol	Seitenkettenchlorierung	Benzylalkohol (→ Weichmacher), Benzylcyanid → Phenyl- essigsäure
Benzalchlorid	Toluol	Seitenkettenchlorierung	Benzaldehyd
Benzotrichlorid	Toluol	Seitenkettenchlorierung	Benzoylchlorid → Farbstoffe

Tab. 8.16 Aromatische Nitroverbindungen

Produkt	Herstellung durch Nitrierung von	Verwendung
Nitrobenzol	Benzol	Anilin, *m*-Nitrochlorbenzol, *m*-Dinitrobenzol, *m*-Nitrobenzol- sulfonsäure, 4,4'-Diphenylmethan- diisocyanat (MDI, Methandiphe- nyldiisocyanat)
m-Dinitrobenzol	Nitrobenzol	*m*-Nitroanilin (——→ Azofarbstoffe)
2,4-Dinitrotoluol	Toluol oder Nitrotoluol	2,4-Diaminotoluol (——→ Diisocyanat)
Trinitrotoluol (TNT)	Toluol oder Nitrotoluol	Sprengstoff
Pikrinsäure	Phenol	Sprengstoff

Tab. 8.17 Aromatische Amine

Produkt	Herstellung		Verwendung
	aus	Verfahren	
Anilin	1 Nitrobenzol	katalytische Hydrierung, (vgl. Kap. 3.4.3)	Isocyanate, Kautschukadditive (z. B. Antioxidantien), Hydrochinon
	2 Phenol	katalytische Austauschreaktion (Aminolyse): $C_6H_5OH + NH_3$ $\rightarrow C_6H_5NH_2 + H_2O$	→ Farbstoffe, Pharmazeutika, Pflanzenschutzmittel
o-, m-, p-Chloranilin	o-, m-, p-Chlornitrobenzol	katalytische Hydrierung	→ Farbstoffe, Pharmazeutika, Herbizide
m-Nitroanilin	m-Dinitrobenzol	partielle katalytische Hydrierung	→ Azofarbstoffe
o-, p-Nitroanilin	o-, p-Chlornitrobenzol	katalytische Austauschreaktion: $C_6H_4ClNO_2 + 2\ NH_3$ $\rightarrow C_6H_4(NH_2)NO_2 +$ NH_4Cl	→ Azofarbstoffe o-, p-Diaminobenzol (→ Kautschuk-Additive, Farbstoffe, Pharmazeutika)
Sulfanilsäure	Anilin	Sulfonierung	→ Farbstoffe → Pharmazeutika
Diphenylamin	Anilin	katalytische Kondensation: $2\ C_6H_5NH_2$ $\rightarrow (C_6H_5)_2NH + NH_3$	Antioxidans → Farbstoffe
2,4- und 2,6-Diaminotoluol	2,4- und 2,6-Dinitrotoluol	katalytische Hydrierung	Diisocyanat (TDI) → Polyurethane (vgl. Kap. 3.3.3), Farbstoffe

Wie die Mehrzahl von aromatischen Zwischenprodukten, die für die Weiterverarbeitung zu Spezialprodukten interessant sind, enthalten auch die meisten derartigen Amine mehrere Strukturgruppen im Molekül. Als Beispiel seien die drei isomeren Aminobenzoesäuren erwähnt, die alle für die Herstellung von Azofarbstoffen verwendet werden. Die o-Aminobenzoesäure, auch Anthranilsäure genannt, dient zur Herstellung von Farbstoffen, z. B. der Indigofarbstoffe (vgl. Kap. 9.3.3). Sie wird aus Phthalsäureimid durch Hoffmannschen Abbau mit Natriumhypochlorit erzeugt:

$$\text{Phthalimid} + 3\ NaOH + NaOCl \longrightarrow \text{Anthranilat} + NaCl + Na_2CO_3 + H_2O \qquad (8.98)$$

p-Aminobenzoesäure (Herstellung durch Reduktion von p-Nitrobenzoesäure) ist als Grundstoff für viele Pharmazeutika von Bedeutung, z. B. für eine Reihe von Lokalanästhetika (vgl. Kap. 9.4) sowie für die Folsäure, einem Vitamin der B-Gruppe.

Literatur

Zu Kap. 8.1

1. Anderson, J. R., (1989), Methane to higher hydrocarbons, Appl. Catal. **47**, 177–196.
2. Asinger, F., (1971), Die Petrolchemische Industrie, Akademie Verlag, Berlin.
3. Cavani, F., F. Trifiro (1994), Catalyzing butane oxidation to make maleic anhydride, CHEMTECH Apr. 1994, 189–25.
4. Crabtree, R. H., et. al., (1991), Reacting alkanes selectively, CHEMTECH, Oct. 1991, 634–639.
5. Davies, J. A., P. L. Watson, J. F. Liebman, A. Greenberg (1990), Selective Hydrocarbon Activation; Principles and Progress, VCH Publishers, New York.
6. Hill, C. L., (1989), Activation and Functionalization of Alkanes, Wiley Interscience, Chichester.
7. Schulze, J., M. Homann (1989), C$_4$-Hydrocarbons and Derivatives, Springer Verlag, Berlin, Heidelberg, New York.
8. Stiegel, G. J., R. D. Srivastava (1994), Natural Gas Conversion Technologies, Chem. Ind. (London), 854–856
9. Ullmann (4.) (1983), „Wachse", Bd. 24, S. 1–50.
10. Ullmann (5.):
    „Cyclohexane", Vol. A8 (1987), pp. 209–215.
    „Hydrocarbons", Vol. A13 (1989), pp. 227–281.
    „Methane", Vol. A16 (1990), pp. 453–463.

Zu Kap. 8.2

11. Chemical Economics Handbook, SRI International, Menlo Park, California, Marketing Research Report: „Acetaldehyde", „Ethyl alcohol", „Ethylbenzene", „Ethylene", „Ethylene-dichloride", „Ethylene glycol", „Ethylene oxide", „High-Density Polyethylene Resins", „Low-Density Polyethylene Resins", „Styrene", „Vinylacetate", „Vinyl Chloride Monomer".
12. Asinger, F., (1971), Die Petrolchemische Industrie, Teil II, Akademie Verlag, Berlin.
13. Blackford, J. L., (1985), World Petrochemicals Program (1984 World Ethylene Report), SRI International, Chemical Information Services, Menlo Park, California.
14. Dettmeier, U., O.-A. Grosskinsky, K.-E. Mack, R. Wirtz (1982), Aliphatische Zwischenprodukte in: Winnacker-Küchler (4.), Bd. 6, S. 1–142.

15. Farah, O. G., R. P. Quellette, R. G. Kuehnel, M. A. Muradez, P. N. Cheremisinoff (1980), Ethylene: Basic Chemicals Feedstock Material, Ann Arbor, Chelsea, Michigan.
16. Field, S., (1990), Ethylene profitability trends, Hydrocarbon Process. **69**, 47–49.
17. Gauthier-Lafaye, J., R. Perron (1987), Methanol and Carbonylation, Editions Technip, Paris.
18. Gesellschaft Deutscher Chemiker (GDCh), Bundesumweltamt (BUA) (1990), Styrol, in: BUA-Stoffbericht 48, VCH Verlagsgesellschaft, Weinheim.
19. Kirk-Othmer (4.):
    (a) „Acetic Acid and Derivates", Vol. 1 (1991), pp. 121–159.
    (b) „Ethylene Oxide", Vol. 9 (1994), pp. 915–959.
20. Miller, S. A. (1969), Ethylene and its industrial derivatives, E. Benn, London.
21. Szmant, H. H. (1989), Organic Building Blocks of Chemical Industry, Wiley, New York.
22. Ullmann (4.) (1983), „Vinylverbindungen", Bd. 23, S. 597–619.
23. Ullmann (5.):
    „Acetaldehyde", Vol. A1 (1985), pp. 31–44.
    „Acetic acid", Vol. A1 (1985), pp. 45–64.
    „Ethanol", Vol. A9 (1987), pp. 587–653.
    „Ethylbenzene", Vol. A10 (1987), pp. 35–43.
    „Ethylene", Vol. A10 (1987), pp. 45–93.
    „Ethylene glycol", Vol. A10 (1987), pp. 101–116.
    „Ethylene oxide", Vol. A10 (1987), pp. 117–136.
    „Styrene", Vol. A25 (1994), pp. 329–344.
24. Weissermel, K., H.-J. Arpe (1994), Industrielle Organische Chemie. 4. Aufl., VCH Verlagsgesellschaft mbH, Weinheim
    (a) Oxidationspunkte des Ethylens, S. 157–208.
    (b) Vinyl-Halogen- und Vinyl-Sauerstoff-Verbindungen, S. 233–255.
25. Wells, G, M. (1991), Handbook of Petrochemicals and Processes. Gower Publ. Comp., Hants/England.
26. Wisemann, P., (1986), Petrochemicals, E. Horwood Lim., Chichester.

Zu Kap. 8.3

27. Jentzsch, W. (1990), Was erwartet die Chemische Industrie von der Physikalischen und Technischen Chemie? Angew. Chem. **102**, 1267–1273.

28. Keim, W. (1984), Vor- und Nachteile der homogenen Übergangsmetallkatalyse, dargestellt am SHOP-Prozeß, Chem. Ing. Tech. **56**, 850–853.

29. Lappin, G. R., J. D. Sauer (1989), Alpha Olefins Applications Handbook, in: Chemical Industries 37, Marcel Dekker, New York.

30. Leonard, J., J. F. Gaillard (1981), Dimersol, Hydrocarbon Process. **60**, 99–100.

31. Obenaus, F., W. Droste (1980), Hüls-Process: Methyl Tertiary Butylether, Erdöl und Kohle **33**, 271–275.

32. Schulze, J., Homann, M. (1989), C$_4$-Hydrocarbons and Derivates, Springer Verlag, Berlin, Heidelberg, New York.

33. Strauss, E. S., G. Hollis, O. Kamatari (1984), Chemical Economics Handbook, Marketing Research Report „Linear alpha-olefines", Stanford Research Institute, Menlo Park, California.

34. Ullmann (5.):
„Acetone", Vol. A1 (1985), pp. 79–96.
„Acrolein and Methacrolein", Vol. A1 (1985), pp. 149–160.
„Acrylic Acid and Derivates", Vol. A1 (1985), pp. 161–176.
„Allyl Comounds", Vol. A1 (1985), pp. 425–446.
„Butadiene", Vol. A4 (1985), pp. 431–446.
„Butenes", Vol. A4 (1985), pp. 483–494.
„Cyclopentadiene and Cyclopentene", Vol. A8 (1987), pp. 227–237.
„Hydrocarbons", Vol. A13 (1989), pp. 227–281.
„Isoprene", Vol. A14 (1989), pp. 627–644.

35. Weissermel, K., H.-J. Arpe (1994), Industrielle Organische Chemie, 4. Aufl., VCH Verlagsgesellschaft mbH, Weinheim.
a) Olefine, S. 65–98,
b) 1,3-Diolefine, S. 115–135,
c) Synthesen mit Kohlenmonoxid, S. 137–156,
d) Umsetzungsprodukte des Propens, S. 287–336.

36. Wisemann, P. (1986), Petrochemicals, Ellis Horwood, Chichester.

Zu Kap. 8.4

37. Ethanol – chemical Profile, Chem. Market. Rep. Febr. 1985, 25.

38. Asinger, F. (1983), Methanol auf Basis von Kohlen, Erdöl und Kohle – Erdgas – Petrochemie **36**, 28 und 130.

39. Asinger, F. (1986), Methanol – Chemie- und Energierohstoff, Springer Verlag, Berlin.

40. Bahrmann, H., W. Lipps, B. Cornils (1982), Fortschritte der Homologisierungsreaktion, Chemiker-Ztg. **106**, 249–258.

41. Boddey, R. (1993), Green Energy from Sugar Cane. Chem. Ind. (London), 355–358.

42. Cheng, W.-H., H. H. Kung (1994), Methanol – Production and Use, Marcel Dekker, New York.

43. Chinchen, G. C., P. J. Denny, J. R. Jennings, M. S. Spencer, K. C. Waugh (1988), Synthesis of Methanol – Catalysts and Kinetics. Appl. Catal. **36**, 1–65.

44. Chinchen, G. C., K. Mansfield, M. S. Spencer (1990), The methanol synthesis: How does it work?, CHEMTECH Nov. 1990, 682–699.

45. Conrad, K. (1986), Brasiliens Alkohol-Probleme. Spektrum der Wissenschaft Sept. 1986, 16-18.

46. Crocco, J. (1990), Methanol – Yesterday, Today and Tomorrow, Chem. Ind. (London), 97–101.

47. Crueger, W., A. Crueger (1989), Biotechnologie – Lehrbuch der angewandten Mikrobiologie, 3. Aufl., R. Oldenbourg Verlag, München.

48. Dellweg, H. (1983), Biomass, Microorganisms for Special Applications, Microbial Products I, Energy from Renewable Resources, in: Rehm, H.-J., G. Reed (1981–1989): Biotechnology. A Comprehensive Treatise in 8 Volumes. Vol. 3, 1. Aufl., VCH Verlagsgesellschaft mbH, Weinheim.

49. Dellweg, H. (1987), Biotechnologie – Grundlagen und Verfahren. VCH Verlagsgesellschaft mbH, Weinheim.

50. Dieckmann, H., H. Metz (1991), Grundlagen und Praxis der Biotechnologie, Gustav Fischer Verlag, Stuttgart.

51. Fa. Henkel, (1982), Fettalkohole, Rohstoffe, Verfahren, Verwendung. 2. Aufl., Henkel, Düsseldorf.

52. Falbe, J. (1980), New Syntheses with Carbon Monoxide, Springer Verlag, Berlin, Heidelberg, New York.

53. Goehna, H., Koenig, P. (1994), Producing methanol from CO$_2$, CHEMTECH Jun. 1994, 36–39.

54. Houston, C. A. (1984), Marketing and Economics of Fatty Alcohols. J. Am. Oil Chem. Soc. **61**, 179.

55. Katzen, R. (1984), Large Scale Ethanol Production facilities, Bio-Energy '84 World Conference, Gothenburg, Sweden 1984.

56. Kollar, J. (1984), Ethylene Glycol from Syngas, CHEMTECH Aug. 1984, 504–511.

57. LeBlanc, J. R., J. M. Rovner (1990), Groß-Methanol-Anlage in Chile. Hydrocarbon Process. **69**, 51–54.

58. Morton, L., N. Hunter, H. Gesser (1990), Methanol – A Fuel for Today and Tomorrow. Chem. Ind. (London), 457–462.

59. Nakamura, S. (1990), From syngas to glycol – in one step. CHEMTECH Sep. 1990, 556–564.

60. Präve, P., U. Faust, W. Sittig, D. A. Sukatsch (1989), Basic Biotechnology, VCH Verlagsgesellschaft mbH, Weinheim.

61. Rehm, H. J., G. Reed (ab 1991), Biotechnology, A Comprehensive Treatise, 12 Vols., 2. Aufl. VCH Verlagsgesellschaft mbH, Weinheim.

62. Schäfer, H.-G. (1990), Methanol: Chemierohstoff und Energieträger, Erdöl und Kohle – Erdgas –Petrochemie **43**, 286–290.

63. Schäfer, H.-G. (1990), Methanol – Ausgangsstoff zur Synthese organischer Verbindungen, Chemiker-Ztg. **114**, 349–352.

64. Sherwin, M. B. (1981), Chemicals from methanol, Hydrocarbon Process. **60**, 79–84.

65. Ullmann, (5.):
„Alcohols, aliphatic", Vol. A1 (1985), pp. 279–303.
„Alcohols, polyhydric", Vol. A1 (1985), pp. 305–320.
„Butanediols", Vol. A4 (1985), pp. 455–462.
„Ethanol", Vol. A9 (1987), pp. 587–653.
„Ethylene Glycol", Vol. A10 (1987), pp. 101–116.
„Glycerol", Vol. A12 (1989), pp. 477–490.
„Propanediols", Vol. A22 (1993), pp. 163–172.
„Sugar Alcohol", Vol. A25 (1994), pp. 413–438.

66. Weissermel, K., H.-J. Arpe (1994), Industrielle Organische Chemie, 4. Aufl., VCH Verlagsgesellschaft mbH, Weinheim.
Alkohole, S. 209–232.

67. Wickson, E. J. (1981), Monohydric Alcohols. ACS Symp. Ser. 1981, No. 159.

Zu Kap. 8.5

68. Darimont, T. (1994), Konversion Chlorchemie – erste Projektergebnisse, Chem.-Ing.-Tech. **66**, 756–757.

69. Fonds der Chemischen Industrie (1992), Die Chemie des Chlors und seiner Verbindungen, Folienserie, Textheft 34, Fonds Chem. Ind., Frankfurt/Main.

70. Hopp, V. (1991), Chlor und seine Verbindungen – ihr Kreislauf in Natur und Technik, Chemiker-Ztg. **115**, 341–350.

71. Ullmann (4.) (1975), „Chlorkohlenwasserstoffe, aliphatische", Bd. 9, S. 404–498.

72. Ullmann (5.) (1986), „Chlorinated Hydrocarbons", Vol. A6, pp. 223–398.

Zu Kap. 8.6

73. Blank, H. U. et al. (1982) Aromatische Zwischenprodukte, in Winnacker-Küchler (4.), Bd. 6, S. 143–310.

74. Franck, H.-G., J. W. Stadelhofer (1987), Industrielle Aromatenchemie, Springer Verlag, Berlin, Heidelberg, New York.

75. Stadelhofer, J. W., H. Vierrath, O. P. Krätz (1988), The beginning of industrial aromatic chemistry, Chem. Ind. (London), 515–521.

76. Ullmann (4.) (1975):
„Chlorkohlenwasserstoffe, aromatische, kernchlorierte", Bd. 9, S. 499–524.
„Chlorkohlenwasserstoffe, aromatische, seitenkettenchlorierte", Bd. 9, S. 525–537.

77. Ullmann (5.):
„Chlorinated Hydrocarbons", Vol. A6 (1986), pp. 223–398.
„Nitrocompounds, Aromatic", Vol. A17 (1991), pp. 411–455.
„Therephthalic Acid, Dimethyl Therephthalate, and Isophthalic Acid", Vol. A25 (1995), pp. 193–204.

78. Weissermel, K., H.-J. Arpe (1994), Industrielle Organische Chemie, 4. Aufl., VCH Verlagsgesellschaft mbH, Weinheim.
a) Umsetzungsprodukte des Benzols, S. 363–413.
b) Oxidationsprodukte des Xylols und Naphthalins, S. 415–434.

Kapitel 9

Organische Folgeprodukte

9.1 Polymere

9.1.1 Aufbau und Synthese der Polymere

Polymere (engl. polymers) sind makromolekulare Stoffe aus chemisch einheitlichen Grundbausteinen (Monomere). Sie sind entweder natürlichen Ursprungs (Cellulose, Stärke, Naturkautschuk) oder werden synthetisch hergestellt (Polyethylen, Polystyrol). Die Makromoleküle von Polymeren besitzen in der Regel eine Kette, die sich durch das gesamte Molekül hindurchzieht, das sog. „Rückgrat" (backbone) des Polymeren. Dieses Rückgrat enthält entweder nur Kohlenstoffatome, wie im Fall des Polyethylens, oder auch Heteroatome, z. B. Stickstoff in den Polypeptiden oder Sauerstoff in Polyestern und Polyethern. Die Kette kann aus gleichartigen Monomermolekülen aufgebaut sein (Homopolymerisat) oder aus verschiedenartigen (Copolymerisat).

Die Anzahl der Grundbausteine in einem Polymermolekül wird als Polymerisationsgrad P bezeichnet. Der Polymerisationsgrad eines Polymeren wird durch experimentelle Bestimmung der Molmasse ermittelt. Polymere bestehen fast immer aus Makromolekülen von unterschiedlichem Polymerisationsgrad (Ausnahme: Proteine definierter Zusammensetzung). Daher erhält man bei der Bestimmung der Molmasse eines bestimmten Polymeren nur einen Mittelwert, und zwar je nach der benutzten Methode das *Zahlenmittel* (engl. number average) $\overline{M}_n$ oder das *Massenmittel* (auch *Gewichtsmittel* genannt, engl. weight average) $\overline{M}_w$ der Molmasse. Diese Mittelwerte sind wie folgt definiert:

$$\overline{M}_n = \frac{\sum_p n_p M_p}{\sum_p n_p} = \frac{1}{\sum_p w_p / M_p}$$

$$\overline{M}_w = \frac{\sum_p n_p M_p^2}{\sum_p n_p M_p} = \sum_p w_p M_p$$

M_p Molmasse eines Polymermoleküls mit dem Polymerisationsgrad P,
n_p Anzahl der Mole der Molmasse M_p in einem Polymeren,
w_p Massenanteil der Molmasse M_p in einem Polymeren

Die relative Abweichung des Massenmittels $\overline{M}_w$ vom Zahlenmittel $\overline{M}_n$ bezeichnet man als *Uneinheitlichkeit* (inhomogeneity) U:

$$U = \frac{\overline{M}_w}{\overline{M}_n} - 1$$

Sie ist ein Maß für die Breite der Molmassenverteilung.

Die *Konstitution* eines Polymeren wird durch folgende Parameter bestimmt:

- Art der Monomeren (Ethen, Propen, Butadien, …),
- Sequenz dieser Monomeren (statistisch, alternierend, …),
- Art und Länge von Verzweigungen (lang, kurz, …) und
- Molmasse bzw. Molmassenverteilung.

Enthält die Kohlenstoffkette des Polymeren asymmetrische Kohlenstoffatome, wie z. B. Polypropylen, muß zusätzlich noch die *Konfiguration* des Polymeren, also die räumliche Anordnung der Substituenten am Kohlenstoffatom angegeben werden. Um isomere Polymere mit unterschiedlicher Substituentenstellung unterscheiden zu können, wurden verschiedene Taktizitätsbegriffe definiert:

- Im **isotaktischen** Polymeren haben die Substituenten jedes asymmetrischen Kohlenstoffatoms die gleiche sterische Anordnung. Wird z. B. isotaktisches Polypropylen in der Fischer-Projektion dargestellt, zeigen die Methylguppen immer „zur gleichen Seite" des Polymeren (vgl. Abb. 9.1 a). Wegen ihres regelmäßigen Aufbaus haben isotaktische Polymere eine sehr hohe Kristallisationsfähigkeit.

a) isotaktisch

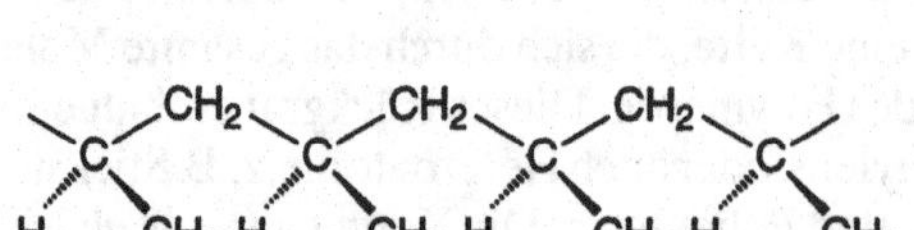

b) syndiotaktisch

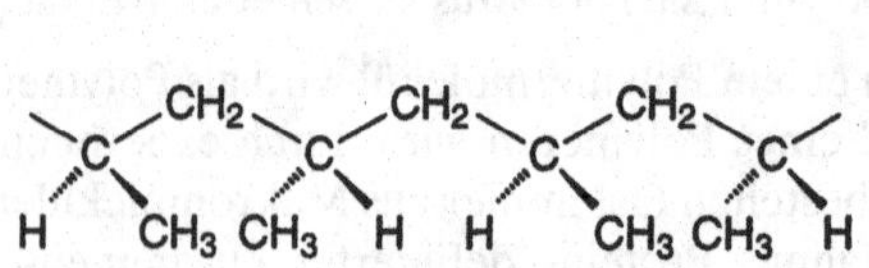

c) ataktisch

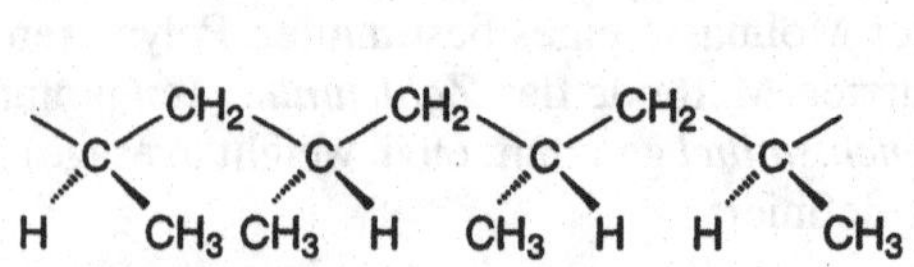

Abb. 9.1 Taktizität von Polymeren

- Im **syndiotaktischen** Polemeren ist die Anordnung der Substituenten an einem asymmetrischen Kohlenstoffatom jeweils entgegengesetzt zur Anordnung am vorhergehenden Zentrum. Im syndiotaktischen Polypropylen zeigen die Methylguppen in der Fischer-Projektion abwechselnd nach vorne und nach hinten (vgl. Abb. 9.1 b).
- Im **ataktischen** Polymeren ist die Anordnung der Substituenten vollkommen unregelmäßig (vgl. Abb. 9.1 c). Diese Polymeren werden auch als „nicht taktisch" bezeichnet.

Bei den Aufbaureaktionen zur Synthese von Polymeren lassen sich im wesentlichen zwei Reaktionstypen unterscheiden:

- Stufenreaktionen (Polykondensation und Polyaddition) und
- Kettenreaktionen (Polymerisation).

Stufenreaktionen

Bei den Stufenreaktionen wird das Polymer durch eine stufenweise intermolekulare Verknüpfung bifunktioneller Monomere aufgebaut. Bei der Polyaddition erfolgt diese Verknüpfung, ohne daß dabei ein Molekül freigesetzt wird; bei der Polykondensation erfolgt der Aufbau unter Abspaltung einfacher Moleküle wie Wasser, Chlorwasserstoff oder Kohlendioxid.

Beispiele für die **Polyaddition** sind:
- Bildung von Polyurethanen aus Diolen und Diisocyanaten:

$$n \text{ HO-R'-OH} + n \text{ OCN-R-NCO} \longrightarrow \text{-(O-R'-O-CO-NH-R-NH-CO)}_n\text{-} \qquad (9.1)$$

- Bildung von Polyharnstoffen aus Diaminen und Diisocyanaten:

$$n \text{ H}_2\text{N-R'-NH}_2 + n \text{ OCN-R-NCO} \longrightarrow \text{-(NH-R'-NH-CO-NH-R-NH-CO)}_n\text{-} \quad (9.2)$$

- Bildung von Poly(β-propionsäure) aus Acrylsäure:

$$n \text{ CH}_2\text{=CH-COOH} \longrightarrow \text{-(CH}_2\text{-CH}_2\text{-CO-O)}_n\text{-} \qquad (9.3)$$

- Ein Spezialfall ist die Polyaddition durch Ringöffnung, z. B. die Öffnung von Lactamen zu Polyamiden:

$$n \; \underset{\displaystyle \quad \text{NH}}{\overset{\displaystyle \text{C=O}}{\text{R}}} \longrightarrow \; \text{– (CO–R–NH)}_n\text{–} \qquad (9.4)$$

Beispiele für die **Polykondensation** sind:
- Bildung von Polyestern aus Diolen und Dicarbonsäuren:

$$n \text{ HO-R'-OH} + n \text{ HOOC-R-COOH} \longrightarrow \text{-(O-R'-O-CO-R-CO)}_n\text{-} + n \text{ H}_2\text{O} \qquad (9.5)$$

- Bildung von Polyestern aus Diolen und Dicarbonsäurechloriden:

$$n \text{ HO-R'-OH} + n \text{ Cl-CO-R-CO-Cl} \longrightarrow \text{-(O-CO-R-CO-O-R')}_n\text{-} + n \text{ HCl} \qquad (9.6)$$

- Bildung von Polyestern durch Selbstkondensation von Hydroxysäuren:

$$n \text{ HO-R-COOH} \longrightarrow \text{-(O-R-CO)}_n + n \text{ H}_2\text{O} \qquad (9.7)$$

- Bildung von Polyamiden aus Diaminen und Dicarbonsäuren:

$$n \text{ H}_2\text{-R'-NH}_2 + n \text{ HOOC-R-COOH} \longrightarrow \text{-(NH-R'-NH-CO-R-CO)}_n\text{-} + n \text{ H}_2\text{O} \quad (9.8)$$

- Bildung von Polycarbodiimiden aus Diisocyanaten:

$$n \text{ OCN-R-NCO} \longrightarrow \text{-(R-N=C=N)}_n\text{-} + n \text{ CO}_2 \qquad (9.9)$$

Technisch wichtige lineare Polykondensate sind in Tab. 9.1 zusammengestellt.

Tab. 9.1 Technisch bedeutsame Polykondensate

Name	chemische Struktur
Polyamid 6.6	$\text{-[NH-(CH}_2\text{)}_6\text{-NH-CO-(CH}_2\text{)}_4\text{-CO]}_n\text{-}$
Polyamid 6.10	$\text{-[NH-(CH}_2\text{)}_6\text{-NH-CO-(CH}_2\text{)}_8\text{-CO]}_n\text{-}$
Polyethylenterephthalat (PET)	$\text{-[O-(CH}_2\text{)}_2\text{-O-CO-}pPh\text{-CO]}_n\text{-}$
Polycarbonat A	$\text{-[O-}pPh\text{-C(CH}_3\text{)}_2\text{-}pPh\text{-O-CO]}_n\text{-}$
Polyarylate	$\text{-[O-}Ar\text{-O-CO-}Ar\text{-CO]}_n\text{-}$
Polyphenylensulfid	$\text{-[S-}pPh]_n\text{-}$
Polysulfid	$\text{-[S-R]}_n\text{-}$

pPh = *para*-substituierter Benzolring
Ar = aromatischer Rest

Die Polyaddition und Polykondensation von Monomeren mit drei oder mehr funktionellen Gruppen können zu vollständig vernetzten Polymeren führen. Wird z. B. die bifunktionelle Adipinsäure mit dem trifunktionellen Glycerin polykondensiert, so beobachtet man einen starken Viskositätsanstieg des Reaktionsansatzes, bis sich schließlich am Gelpunkt die zunächst entstandenen verzweigten Moleküle nahezu schlagartig zu einem vernetzten Polymer verknüpfen.

Kettenreaktionen

Die **Polymerisation** ist im Gegensatz zu den Polyadditionen und Polykondensationen eine Kettenreaktion. Nach der Startreaktion erfolgt durch den Einbau von Monomermolekülen ein schnelles Kettenwachstum, bis schließlich durch eine Abbruchs- oder Übertragungsreaktion der Kettenaufbau endet. Je nach Mechanismus der Reaktion wird zwischen radikalischer, anionischer, kationischer oder metallkomplexkatalysierter Polymerisation unterschieden.

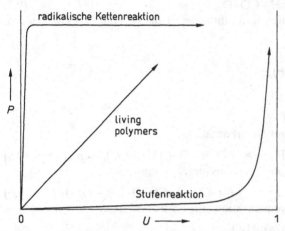

Abb. 9.2 Abhängigkeit des Polymerisationsgrades P vom Umsatz U

Der charakteristische Unterschied zwischen Stufen- und Kettenreaktionen ergibt sich aus Abb. 9.2, in der die Abhängigkeit des Polymerisationsgrades P vom Umsatz U aufgetragen ist. Bei einer Stufenreaktion reagieren die Monomeren anfänglich zu Dimeren, die dann mit weiteren Monomeren zu Trimeren verknüpfen oder mit anderen Dimeren zu Tetrameren weiterreagieren. Das Zahlenmittel P_n des Polymerisationsgrades hängt mit dem Endgruppenumsatz x nach $P_n = 1/(1-x)$ zusammen. Dementsprechend ergeben sich hohe Polymerisationsgrade erst bei sehr hohen Umsätzen; z. B. ist für $P_n = 100$ ein Umsatz von $x = 0{,}99$ erforderlich.

Bei radikalischen Kettenreaktionen wird bei jeder Anlagerung eines Monomeren der Polymerisationsgrad um eine Einheit erhöht. Schon nach geringen Umsätzen ist der Polymerisationsgrad hoch und bleibt dann über einen längeren Umsatzbereich nahezu konstant.

Ein Spezialfall der Kettenreaktionen sind die *lebenden Polymeren*, die *living polymers*. Wird z. B. Styrol anionisch mit Butyllithium als Initiator polymerisiert, so nimmt der Polymerisationsgrad linear mit dem Umsatz zu. Der Polymerisationsgrad kann dabei durch das Verhältnis der Monomeren- zur Initiatorkonzentration gesteuert werden. Die Bezeichnung „lebende Polymere" rührt daher, daß die wachsenden Makroionen weder durch Abbruchs- noch Übertragungsreaktionen desaktiviert werden; eine abgeschlossene Polymerisation kann durch die Zugabe von neuem Monomeren wieder gestartet („belebt") werden.

Die **radikalische Polymerisation** wird durch freie Radikale gestartet und durch die wachsenden Makroradikale fortgepflanzt. Die Startradikale entstehen durch Zerfall des Initiators I-I und reagieren dann mit Monomermolekülen M:

$$I{-}I \longrightarrow 2\,I^{\bullet} \tag{9.10}$$

$$I^{\bullet} + M \longrightarrow I{-}M^{\bullet} \tag{9.11}$$

$$I{-}M^{\bullet} + n\,M \longrightarrow I{-}(M) \tag{9.12}$$

Die Wachstumsreaktion wird beendet z. B. durch Kombination oder Disproportionierung zweier Makroradikale oder durch Zusammenstoß eines Makroradikals mit einem Initiatorradikal. Wichtige thermische Initiatoren sind Dibenzoylperoxid, Cumolhydroperoxid, Diisopropylperoxiddicarbonat, *N,N*-Azo-bisisobutyronitril und Dikaliumpersulfat. Radikalisch gut polymerisierbar sind Vinylverbindungen (Styrol, Vinylchlorid, Vinylacetat), Acrylverbindungen (Acrylsäure, Acrylnitril), Methacrylverbindungen (Methylmethacrylat) sowie 1,3-Diene (Butadien, Isopren, Chloropren).

Die **anionische Polymerisation** wird durch Brönsted- oder Lewis-Basen gestartet. Wichtige Initiatoren sind Alkoholate, Alkalimetalle, Amine oder Phosphine. Häufig wird die anionische Polymerisation in polaren Lösungsmitteln durchgeführt, z. B. in Tetrahydrofuran, Ethylenglykoldimethylether oder Pyridin. Besonders gut geeignet für die anionische Polymerisation sind Olefine, die eine elektronenziehende Gruppe als Substituenten besitzen oder auch Ringmoleküle, die Heteroatome enthalten. Einige technisch wichtige Beispiele sind in Tab. 9.2 zusammengefaßt.

Tab. 9.2 Technisch bedeutsame anionische Polymerisate

Monomer	chemische Struktur	Anwendung
Butadien	$-[CH_2-CH=CH-CH_2]_n-$	Kautschuk
Isopren	$-[CH_2-C(CH_3)=CH-CH_2]_n-$	Kautschuk
Methylcyanacrylat	$-[CH_2-C(CN)(COOCH_3)]_n-$	Klebstoff
Ethylenoxid	$-[O-CH_2-CH_2]_n-$	Verdicker
Formaldehyd	$-[O-CH_2]_n-$	Werkstoff
ε-Caprolacton	$-[O-CO-(CH_2)_5]_n-$	Weichmacher
ε-Caprolactam	$-[NH-CO-(CH_2)_5]_n-$	Werkstoff

Die **kationische Polymerisation** verläuft mechanistisch über Carbokationen und andere Oniumionen. Die Initiierung kann durch Brönsted-Säuren (Schwefelsäure, Trifluormethylsulfonsäure, Trichloressigsäure) oder Lewis-Säuren (BF$_3$, AlCl$_3$) erfolgen. Kationisch polymerisierbare Monomere müssen stark elektronenschiebende Gruppierungen enthalten. Eingesetzt werden elektronenreiche Olefine, z. B. Isobuten, Butadien, Styrol, Vinylamine oder Vinylether. Ebenfalls kationisch polymerisierbar sind Monomere mit heteronuklearen Doppelbindungen (Aldehyde, Ketone, Thioketone) sowie bestimmte Ringverbindungen (zyklische Ether und Imine, Ketale, Lactone, Lactame). Einige technisch bedeutsame kationische Polymerisate sind in Tab. 9.3 aufgeführt.

Tab. 9.3 Technisch bedeutsame kationische Polymerisate

Monomer	chemische Struktur	Anwendung
Isobuten	$-[CH_2-C(CH_3)_2]_n-$	Kautschuk, Klebstoff
Vinylether	$-[CH_2-CH(OR)]_n-$	Klebstoff, Textilhilfsmittel
Tetrahydrofuran	$-[O-(CH_2)_4]_n-$	Weichsegmente in Polyurethanen
Ethylenimin	$-[NH-(CH_2)_2]_n-$	Papierhilfsmittel, Flockungsmittel
Trioxan	$-(C-CH_2-O)_n-$	Werkstoff
(= zyklisches Trimeres des Formaldehyds)		

Bei der **Metallkomplex-katalysierten Polymerisation** geht der eigentlichen Polyreaktion eine Koordinierung des Monomeren an den Katalysatorkomplex voraus. Der Wachstumsschritt erfolgt durch den Einschub (die *Insertion*) des koordinierten Monomeren in die Bindung zwischen Metall und Polymerkette. Wegen dieses charakteristischen Einschubschrittes wird diese Art der Polymerisation auch als Polyinsertion bezeichnet. Die wichtigsten Polyinsertionen sind die **Ziegler-Natta-Polymerisationen**, benannt nach den beiden Entdeckern Karl Ziegler (1898–1973, Professor in Heidelberg, Halle, Aachen; Direktor des Max-Planck-Instituts für Kohlenforschung in Mülheim, Ruhr) und Guilio Natta (1903–1979, Professor in Turin und Mailand). Die eingesetzten Katalysatoren bilden sich durch eine Kombination aus

- einem Hydrid, Alkyl oder Aryl eines Metalles der Hauptgruppen I bis IV und
- einer Metallverbindung der IV. bis VIII. Nebengruppe.

Typische Hauptgruppenverbindungen sind Aluminiumtrialkyle ($AlEt_3$), Aluminiumchloroalkyle (Et_2AlCl, $EtAlCl_2$), Magnesiumdialkyle ($MgEt_2$) und Lithiumalkyle (n-BuLi); typische Nebengruppenverbindungen sind Titantrichlorid, Titantetrachlorid, Cobaltdichlorid, Vanadintris(acetylacetonat) und Dibenzolchrom.

Zum genauen Mechanismus der Reaktion existieren auch Jahrzehnte nach ihrer Entdeckung immer noch unterschiedliche Vorstellungen. So wird z. B. für die löslichen (homogenen) Ziegler-Natta-Katalysatoren sowohl ein mono- als auch ein bimetallischer Mechanismus diskutiert. Abb. 9.3 zeigt vereinfachend den Wachstumsschritt bei der Polymerisation von Ethen an einer bimetallischen Ti/Al-Spezies.

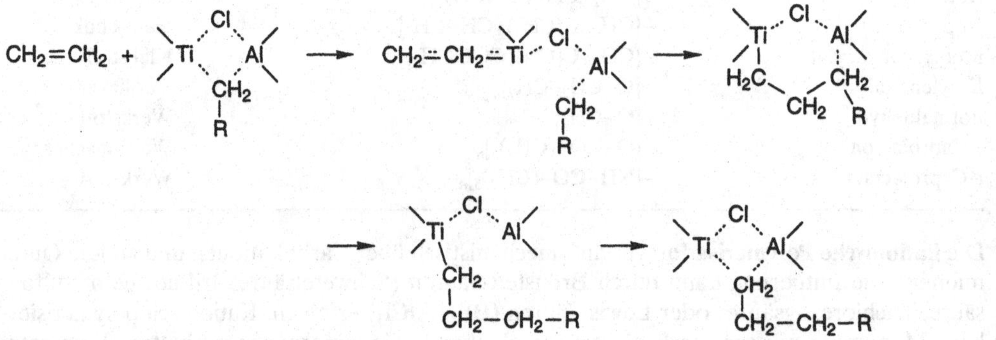

Abb. 9.3 Wachstumsschritte der Ethenpolymerisation an einem Ziegler-Natta-Katalysator

Eine neue Variante der Ziegler-Natta-Katalysatoren sind die Zirkon-Metallocene (vgl. Kap. 9.1.4).

Einige technisch bedeutsame Polymerisationen mit Ziegler-Natta-Katalysatoren sind in Tab. 9.4 zusammengestellt.

Tab. 9.4 Technisch bedeutsame Ziegler-Natta-Polymerisate

Monomere	Polymere	typische Katalysatoren
Ethen	high density polyethylene (HDPE)	$TiCl_3/AlR_3$
Propen	isotaktisches Polypropylen	$TiCl_3/R_2AlCl$
Buten-1	isotaktisches Poly(1-buten)	$TiCl_3/Et_2AlCl$
Butadien	*cis*-1,4-Polybutadien	$Co(OOCR)_2/R_3Al_2Cl_3$
Isopren	*cis*-1,4-Polyisopren	$TiCl_3/AlR_3$
Ethen + Propen + nichtkonjugiertes Dien	EPDM-Polymere	$VOCl_3/R_2AlCl$

Eine weitere Variante der Metallkomplex-katalysierten Polymerisationen sind die **metathetischen Polymerisationen** unter Bildung der sog. *Polyalkenamere*. Im Englischen wird diese Reaktion auch als *ring opening metathesis polymerization (romping)* bezeichnet. Sie verläuft mit Cycloolefinen in Gegenwart von Wolfram-, Molybdän- oder Rheniumkatalysatoren. Abb. 9.4a zeigt den Verlauf des Kettenaufbaus für das Beispiel Cyclopenten. Durch schrittweise Metathese des Monomeren entsteht schließlich das zyklische Polyen = $[CH-(CH_2)_3-CH]_n$=, das Cyclopentenamer. Technisch werden die Cycloolefine Cyclooocten, Norbornen und Dicyclopentadien in der metathetischen Ringöffnungspolymerisation eingesetzt.

Abb. 9.4 **a** Metathetische Polymerisation von Cyclopenten,
b Gruppenübertragungspolymerisation von Methylmethacrylat

Erwähnt sei schließlich noch die **Gruppenübertragungspolymerisation**, bei der ein Initiatormolekül unter Einwirkung eines Katalysators seine aktive Gruppe auf das Monomere überträgt. Bei der Gruppenübertragungspolymerisation von Methylmethacrylat wird ein Silylketenacetal als Initiator und $[HF_2]^-$ als Katalysator eingesetzt. Formal wird die Silylketalgruppe auf das Methylmethacrylat übertragen unter Bildung eines Adduktes, das seinerseits wieder als Initiatormolekül wirkt. Durch Wiederholung dieses Prozesses findet ein Kettenwachstum statt (vgl. Abb. 9.4b). Die Gruppenübertragungspolymerisation ist bisher jedoch auf wenige Anwendungen beschränkt geblieben.

9.1.2 Polymerisationstechnik

Die Polymerisationen können in sehr unterschiedlichen technischen Verfahrensvarianten durchgeführt werden, die auch die Polymereigenschaften wesentlich mitbestimmen. Generell kann man unterscheiden zwischen homogenen und heterogenen Polymerisationsverfahren. Zu den homogenen Systemen gehören die Masse- und die Lösungspolymerisation, zu den heterogenen Systemen gehören die Fällungs-, Suspensions-, Emulsions-, Gasphasen- und Slurrypolymerisationen. Einen Überblick gibt Tab. 9.5.

Tab. 9.5 Klassifikation der Polymerisationsverfahren (f fest, fl flüssig, g gasförmig)

| | Phasenzustand | |
Bezeichnung der Polymerisation	am Anfang	am Ende
Masse	fl	fl
Lösung	fl	fl
Fällung	fl	fl/f
Suspension	fl/fl	fl/f
Emulsion	fl/fl	fl/f
Gasphase	f/g	f/g
Slurry	g/fl/f	g/fl/f

Die **Masse- oder Substanzpolymerisation** ist eine Polymerisation im flüssigen oder geschmolzenen Monomeren als Lösungsmittel. Das gebildete Polymer bleibt im Monomeren gelöst. Der Reaktionsansatz enthält somit nur Monomer, Polymer und den Initiator. Da keine Verdünnungsmittel oder Dispersionsmittel eingesetzt werden, wird das vorhandene Reaktorvolumen optimal ausgenutzt (hohe Raum-Zeit-Ausbeute). Das Produkt zeichnet sich durch eine hohe Reinheit aus. Außerdem fallen keine zusätzlichen Aufarbeitungskosten an, und mögliche Umweltbelastungen durch Lösemittel werden vermieden. Nachteilig sind allerdings die großen Viskositätsprobleme, z. B. beim Abpumpen des Polymeren. Auch wird bei der Massepolymerisation pro Volumeneinheit sehr viel Polymerisationswärme freigesetzt, die in großen Anlagen nur schwierig abgeführt werden kann. Kommt es dadurch zu lokalen Überhitzungen, bilden sich unregelmäßige Molmassenverteilungen, Verfärbungen, Verzweigungen sowie Abbauprodukte. Massepolymerisationen werden deshalb oft schon bei Umsätzen von 50 bis 60% abgebrochen. Anwendungen findet die Massepolymerisation bei der Herstellung von Polystyrol, Polymethacrylestern und Hochdruckpolyethylen, aber auch bei den Polykondensaten, den Polyestern und Polyamiden.

Als ein Beispiel für die kontinuierliche Massepolymerisation wird das Turmverfahren der BASF zur Herstellung von Polystyrol vorgestellt, in dem Rührkessel und Reaktionsturm miteinander kombiniert sind (vgl. Abb. 9.5). In den Rührkesseln wird Styrol bei ca. 80 °C und einem stationären Umsatz von ca. 40% polymerisiert. Die Reaktionsmasse gelangt dann in den Turmreaktor, in dem die Reaktionstemperatur von oben nach unten von 110 auf 220 °C ansteigt. Am Turmausgang wird ein Umsatz von nahezu 100% erreicht. Mit einer Austragsschnecke wird die hochviskose Schmelze aus dem Reaktor auf ein Kühlförderband transportiert und das erhärtete Produkt in einer Zerkleinerungsmaschine in Polystyrolgranulat überführt.

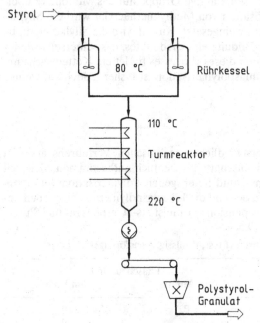

Abb. 9.5 Kontinuierliche Polystyrolsynthese nach dem Turmverfahren

Als homogene Substanzpolymerisation verläuft auch die radikalische Polymerisation von Ethylen in einem Rührautoklaven (ICI) oder Rohrreaktor (BASF), denn bei Temperaturen um 190 °C und Drücken von 200 bis 300 MPa sind Ethylen und Polyethylen miteinander vollständig mischbar. Es entsteht ein lang- und kurzkettenverzweigtes Polyethylen relativ niedriger Kristallinität und Dichte (LPDE).

Auch die Polyamide, z. B. das Polycaprolactam PA-6 (Nylon-6), werden kontinuierlich mit Hilfe der Turmtechnologie produziert. Abb. 9.6 zeigt das Prinzip des *vereinfacht kontinuierlichen Rohrs*(abgekürzt: *VK-Rohr*). Dem Monomeren ε-Caprolactam werden bis zu 15% Wasser zugemischt, damit sich am Reaktoreingang die erforderliche ε-Aminocapronsäure bildet. Im Kopfteil des Reaktors, der beheizt und gerührt wird, ist die Schmelze noch niedrigviskos. Das überschüssige Wasser kann als Wasserdampf austreten. Im unteren Teil des VK-Rohrs wird die Schmelze immer viskoser. Durch entsprechende Reaktoreinbauten wird der laminare Fluß der Schmelze gestört und das parabolische Strömungsprofil weitgehend in ein Kolbenprofil umgewandelt. Mit einer Zahnradpumpe wird die Nylon-6-Schmelze schließlich aus dem Reaktor heraustransportiert.

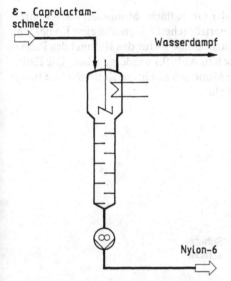

Abb. 9.6   Vereinfachtes kontinuierliches Rohr *(VK-Rohr)*

Bei der **Lösungspolymerisation** wird das Monomer mit einem inerten Lösemittel verdünnt. Wegen der geringeren Viskosität gibt es weniger Probleme bei der Wärmeabfuhr und beim Rühren; Ablagerungen an der Reaktorwandung spielen keine große Rolle mehr. Vorteilhaft ist es, wenn die Polymerlösung direkt weiterverwendet werden kann (Lacke). Muß dagegen das Polymer erst wieder vom Lösemittel abgetrennt werden, entstehen zusätzliche Aufarbeitungskosten. Ebenfalls nachteilig sind die geringere Raum-Zeit-Ausbeute sowie der Umgang mit leicht entzündlichen Lösemitteln. Auch kann durch Übertragungsreaktionen mit dem Lösemittel die durchschnittliche Molmasse verringert werden. Anwendung findet die Lösungspolymerisation bei den EPDM-Polymeren (vgl. Kap. 8.3.2) sowie bei den Ethen-Vinylacetat-Copolymeren.

Die **Fällungspolymerisation** ist eine Variante der Lösungspolymerisation. Das Monomere ist im Lösemittel löslich; das Polymere fällt jedoch aus der Lösung aus und kann deshalb nach der Reaktion einfach abgetrennt werden. Die Viskosität des Reaktionsmediums ändert sich während der Polymerisation nicht wesentlich. Angewendet wird die Fällungspolymerisation bei der Herstellung von Polyacrylnitril in Wasser.

Bei der **Suspensionspolymerisation** wird das Monomere in einem nicht mischbaren Suspensionsmedium, in der Regel Wasser, durch starkes Rühren in feine Tröpfchen überführt. Ein Initiator wird zugesetzt, der sich im Monomerentröpfchen löst und dort die Polymerisation startet. Vereinfacht gesehen ist die Suspensionspolymerisation eine Massepolymerisation in kleinen Tropfen, die vom Wärmeüberträger Wasser allseitig umgeben sind. Der Wärmetransport ist somit ideal gelöst, die Viskositäten sind gering. Löst sich das gebildete Polymere im Monomeren, so entstehen durchsichtige kleine Polymerkugeln. Diese Variante wird auch als *Perlpolymerisation* bezeichnet. Ist das Polymere nicht im Monomeren löslich, entstehen undurchsichtige und unregelmäßig geformte Teilchen. Dieses Verfahren wird *Suspensions-Pulver-Polymerisation* genannt.

Zur Stabilisierung der Polymersuspensionen werden Dispergiermittel zugesetzt. Dies sind entweder wasserlösliche Makromoleküle, sog. Schutzkolloide, oder pulverförmige, anorganische Dispergatoren. Typische Schutzkolloide sind z. B.
- Naturprodukte (Alginate, Stärke, Agar-Agar),
- modifizierte Naturprodukte (Carboxymethylcellulose, Methylcellulose) und
- synthetische Polymere (= teilverseiftes Polyvinylacetat).

Allen Dispergatoren ist gemeinsam, daß sie sich an der Grenzfläche Monomer/Wasser anreichern und dadurch eine Schutzschicht um die Monomertröpfchen bilden, die eine Koaleszenz der Tropfen verhindert. Die Wirkungsweise der Schutzkolloide ist für das Beispiel des Polyvinylalkohols (teilverseiftes Polyvinylacetat) schematisch in Abb. 9.7 wiedergegeben. Die Estergruppen lagern sich an die Oberfläche des unpolaren Monomeren an, die Kette mit den freien Hydroxygruppen ist der polaren Wasserphase zugekehrt.

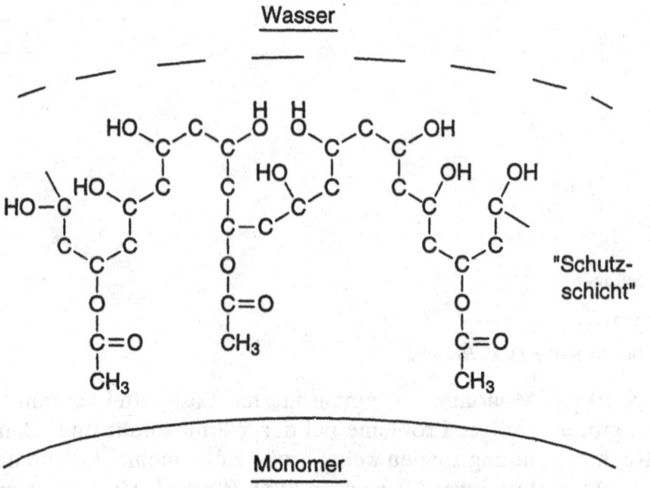

Abb. 9.7 Wirkungsweise der Schutzkolloide am Beispiel des Polyvinylalkohols (teilverseiftes Polyvinylacetat; H-Atome nicht alle gezeichnet)

Zu erwähnen sind noch einige Nachteile der Suspensionspolymerisation:
- Gegenüber der Massepolymerisation ist die Raum-Zeit-Ausbeute geringer.
- Sie kann bisher nur in diskontinuierlicher Fahrweise betrieben werden.
- Das Suspensionswasser muß entsorgt werden.
- An der Reaktorwandung kann es zu Ablagerungen kommen.

Technisch wird die Suspensionspolymerisation trotzdem vielfach angewendet:
- Für Polyvinylchlorid (PVC) ist die Suspensionspolymerisation das bedeutendste Verfahren.
- Viele Ionentauscher sind Perlpolymerisate aus Polystyrol, vernetzt durch Divinylbenzol.
- Methylmethacrylat kann durch Suspensionspolymerisation in besonders klare Polymerisate („Plexiglas") überführt werden. Polymethylmethacrylat aus der Perlpolymerisation dient als Ausgangsmaterial für Spritzguß und Extrusion.

Eine spezielle Anwendung der Suspensionspolymerisation ist die Herstellung von geschäumtem Polystyrol, dem Styropor. Die Polymerisation verläuft in Gegenwart eines Treibmittels, z. B. Pentan, das sich im Polymeren löst. Oftmals wird zweistufig gearbeitet (vgl. Abb. 9.8): Im ersten Reaktor wird die Perlpolymerisation durchgeführt, im zweiten Rührkessel diffundiert das Treibmittel, z. B. Pentan, in die Perlen hinein. Werden die Perlen später mit Wasserdampf auf 80 bis 110 °C erwärmt, blähen sie sich ca. um den Faktor 40 auf.

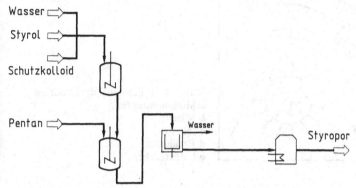

Abb. 9.8 Styroporherstellung durch diskontinuierliche Suspensionspolymerisation

Als Reaktoren für die Suspensionspolymerisation werden diskontinuierlich betriebene Rührkessel eingesetzt, die Volumina bis zu 200 m³ erreichen. Bei diesen Großreaktoren ist das Verhältnis von Wandfläche zu Reaktorvolumen für die Wärmeabfuhr sehr ungünstig. Es muß deshalb ein Rückflußkühler auf den Reaktor aufgesetzt und durch diese *Siedekühlung* die Reaktionswärme abgeführt werden. Die Rührung der Großreaktoren erfolgt am besten durch von unten angetriebene Impeller.

Das vielseitigste Polymerisationsverfahren ist die **Emulsionspolymerisation**, in der eine Vielzahl von Monomeren diskontinuierlich, halbkontinuierlich oder kontinuierlich umgesetzt werden kann. Wiederum werden wasserunlösliche Monomere in Wasser verteilt, diesmal jedoch unter dem Zusatz von Emulgatoren und eines wasserlöslichen Radikalinitiators. Es bilden sich Emulsionen mit Monomertröpfchen (vgl. Abb. 9.9), die Durchmesser von 1 bis 5 µm besitzen. Der Emulgator (d) bildet Micellen (b), in deren Innerem Monomermoleküle, die aus den Monomertropfen (a) eindiffundieren, gelöst (solubilisiert) werden. Ein aus der Wasserphase eintretendes Initiatorradikal (c) startet die Polymerisation, welche die Micelle in ein Latexteilchen (e) umwandelt. Die Gesamtoberfläche der kleinen Micellen ist 10^3 bis 10^5mal größer als die der relativ großen Monomertropfen. Deshalb treten praktisch alle Radikale in Micellen und später in Latexteilchen ein, und der Ort der Polymerisation liegt im Gegensatz zur Suspensionspolymerisation nicht in den Monomertropfen. Es werden immer mehr Latexteilchen gebildet, die aus Polymerem und darin gelöstem Monomeren bestehen. Am Ende der Reaktion sind alle Monomertropfen aufgebraucht, und es liegt eine wäßrige Polymerdispersion vor, deren Latexteilchen viel kleiner sind als die ursprünglichen Monomertropfen.

Als Emulgatoren werden meist Seifen, z. B. Natriumpalmitat, oder synthetische Tenside, z. B. Natriumalkylsulfonate eingesetzt. Bei Verwendung der Seifen kann die Polymerdispersion *(Latex)* durch Zugabe von Säuren gebrochen werden: Das Polymer fällt aus. Bei Einsatz von Natriumalkylsulfonaten als Emulgatoren ist dies nicht möglich. Viele Polymerdispersionen bilden beim Eintrocknen feste, mehr oder weniger elastische Filme und werden direkt für Anstriche, Klebstoffe und Beschichtungen verwendet.

Vorteile der Emulsionspolymerisation liegen in der geringen Viskosität, im günstigen Wärmetransport, in den hohen Polymerisationsgeschwindigkeiten und in den hohen Molmassen. Probleme können auftreten bei der Polymerisolierung, bei der Abwasserentsorgung und mit Wandabscheidungen. Ebenfalls kann der Emulgator als unerwünschte Verunreinigung im Polymer verbleiben.

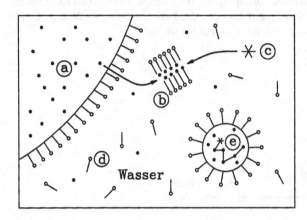

Abb. 9.9 Emulsionspolymerisation
a Monomertropfen,
b Micelle,
c Initiator,
d Emulgator,
e Latexteilchen

Auch die Emulsionspolymerisation hat zahlreiche Anwendungen gefunden: Polyvinylchlorid, Styrol-Butadien-Copolymere, Acrylnitril-Butadien-Styrol-Terpolymere, Polyvinylacetat und Polymethacrylester werden in unterschiedlichsten Reaktortypen (Turm, Kaskade, Rührkessel) durch Emulsionspolymerisation hergestellt.

Die **Gasphasenpolymerisation** wird dagegen nur in einigen wenigen Anwendungen eingesetzt, insbesondere zur Herstellung von Polyethylen und Polypropylen. Bei dieser Verfahrensvariante bildet das Monomere die Gasphase, das Polymere fällt als festes Pulver aus. Die Reaktion findet nicht – wie der Name nahelegt – in der Gasphase statt, sondern an den Initiatormolekülen, die an den Polymerteilchen anhaften. Technisch bedeutsam sind die Niederdruckpolymerisationen von Ethen bzw. Propen als Gasphasenpolymerisation. Abb. 9.10 zeigt ein vereinfachtes Fließschema des UCC-Prozesses (Union Carbide Company), bei dem Polyethylenpulver mit Ethen in einem Wirbelschichtreaktor an einem pulverförmigen Chrom-Trägerkatalysator umgesetzt wird unter Bildung von *High density polyethylen* (HDPE).

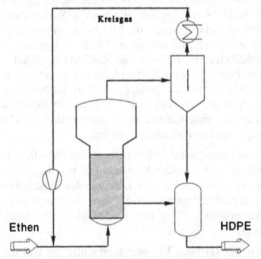

Abb. 9.10 HDPE-Synthese nach dem Gasphasenverfahren

Auch die **Slurrypolymerisation** wird überwiegend zur Herstellung von HDPE eingesetzt. Das Reaktionssystem ist dreiphasig und besteht aus dem gasförmigen Ethen, dem flüssigen Lösemittel (meist C_6-C_7-Alkane) und dem festen, suspendierten Ziegler-Natta-Katalysator, der aus Titanverbindungen und Aluminiumorganylen hergestellt wird (vgl. Kap. 9.1.1). Abb. 9.11 enthält ein vereinfachtes Schema der Slurrypolymerisation von Ethen nach dem Hoechst-Verfahren.

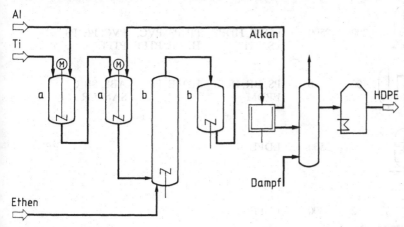

Abb. 9.11   HDPE-Synthese nach dem Slurry-Verfahren von Hoechst. **a** Ansatzbehälter, **b** Reaktoren

Zusammenfassend sollen die technisch wichtigsten Polymerisationsverfahren, die Masse-, Lösungs-, Suspensions- und Emulsionspolymerisation, noch einmal bezüglich ihres Viskositätsverlaufs miteinander verglichen werden. Dieser Vergleich ist deshalb bedeutsam, da die Viskosität wesentlich das Reaktionssystem beeinflußt und z. B. Reaktionsgeschwindigkeit, Wärme- und Stofftransport, Vermischung und Verweilzeitverteilung und damit auch Reaktorkapazität, -selektivität und -sicherheit bestimmt. Abb. 9.12 zeigt, daß sich bei Suspensions- und Emulsionspolymerisation die Viskosität des Zweiphasensystems nur geringfügig ändert, daß aber bei der Lösungs-, und ganz besonders bei der Massepolymerisation die Viskosität gleich um mehrere Zehnerpotenzen bei fortschreitendem Umsatz zunimmt.

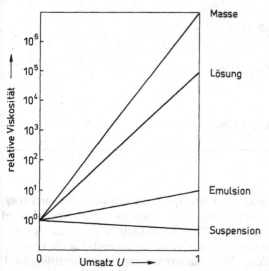

Abb. 9.12   Viskositätsverlauf (schematisch) der verschiedenen Polymerisationsvarianten

Tab. 9.6 Einsatzbereiche der Polymerisationsreaktoren

Reaktor-typ	Symbol	max. Inhalt (m³)	max. Druck (bar)	Polymerisation in			
				Masse/Lösung	Suspension	Emulsion	Gasphase
Rührkessel		200	2500	LDPE, HDPE PS, PTFE	PP, PS, PVC, HDPE, PTFE	PVC, PE, PS, PTFE	
Rührkessel-Kaskade		100	16	PS, BR, IR EPDM	HDPE, PP	ABS, SBR, SAN, CR	
Rührkessel mit Einbauten			2500	LDPE			PE
Strömungs-rohr		2	3300	LDPE			
Schlaufen-reaktor		100	40	HDPE, PP	PE, PP		
Turm-reaktor			10	PS, PA		PS	
Wirbel-schicht-reaktor		250	40				HDPE, LDPE
Bandreaktor			1	PIB, PUR			
Schnecken-reaktor			<1	PUR, POM, PA			
Gießform		1	1	PUR, PMMA			

Abkürzungen für Polymerisate vgl. Tab. 9.7

In Tab. 9.6 wird versucht, einen Überblick über die Einsatzbereiche der verschiedenen Polymerisationsreaktoren zu geben. Für die diskontinuierliche Arbeitsweise findet überwiegend der Rührkessel Verwendung; die Umsetzung in Gießformen wird nur in speziellen Anwendungsfällen, z. B. bei Polymethylmethacrylat oder Polyurethanen angewandt. Für die kontinuierliche Betriebsweise bei Produkten mit breiter Verweilzeitverteilung findet der Rührkessel, der Schlaufenreaktor und der Wirbelschichtreaktor Verwendung; bei kontinuierlicher Betriebsweise und Produkten mit enger Verweilzeitverteilung werden häufig die Rührkesselkaskade, das Strömungsrohr und der Turmreaktor eingesetzt. Tab. 9.6 enthält noch einige weitere Reaktortypen, die für spezielle Anwendungen genutzt werden. Sie enthält auch für die verschiedenen Reaktortypen die wichtigsten Anwendungsbeispiele. Die Abkürzungen für die Polymerisate sind Tab. 9.7 zu entnehmen.

Tab. 9.7 Tabelle gebräuchlicher Abkürzungen für Polymerisate

Abkürzung	chemische Bezeichnung
ABS	Acrylnitril-Butadien-Styrol-Copolymer
BR	Polybutadienkautschuk
CR	Chloroprenkautschuk
EPDM	Ethen/Propen-Dien-Kautschuk
EVA	Ethen/Vinylacetat-Copolymer
HDPE	Polyethylen hoher Dichte
IIR	Isobuten-Isopren-Kautschuk (Butylkautschuk)
IR	Polyisoprenkautschuk
LDPE	Polyethylen niedriger Dichte
NBR	Acrylnitril-Butadien-Kautschuk (= Nitrilkautschuk)
PA	Polyamid
PA 6	Polycaprolactam (Nylon-6)
PA 66	Polyhexamethylenadipinamid (Nylon-6,6)
PAN	Polyacrylnitril
PB	Poly(1-buten)
PC	Polycarbonat
PE	Polyethylen
PET	Polyethylenterephthalat
PIB	Polyisobuten
PMMA	Polymethylmethacrylat
POM	Polyoxymethylen (Polyformaldehyd)
PP	Polypropylen
PPS	Polyphenylensulfid
PS	Polystyrol
PTFE	Polytetrafluorethylen
PUR	Polyurethan
PVAC	Polyvinylacetat
PVAL	Polyvinylalkohol
PVC	Polyvinylchlorid
SAN	Styrol-Acrylnitril-Copolymer
SB	Styrol-Butadien-Copolymer
SBR	Styrol-Butadien-Kautschuk

R = Rubber

9.1.3 Eigenschaften und Anwendungen wichtiger Massenkunststoffe

Die Einteilung der Massenkunststoffe kann nach unterschiedlichen Kriterien erfolgen, z. B. nach dem Verhalten bei der Verarbeitung, nach der äußeren Form oder nach den Anwendungsgebieten. Betrachtet man insbesondere die Verarbeitbarkeit, so hat man zwischen Thermoplasten und Duromeren zu unterscheiden: **Thermoplasten** sind aus linearen oder verzweigten, aber nicht vernetzten Polymeren aufgebaut und gehen beim Erwärmen in einen leicht verformbaren, plastischen Zustand über. Durch Abkühlen wird der Thermoplast wieder fest. Dieser Vorgang kann beliebig wiederholt werden. **Duromere** hingegen sind Kunststoffe, deren

Gerüstketten irreversibel miteinander dreidimensional vernetzt sind. Das fertige Duromer kann durch Erwärmen nicht in eine andere Form gebracht werden. Dieses physikalische Verhalten der Kunststoffe ist unabhängig vom Syntheseverfahren. Abb. 9.13 zeigt einen Überblick über wichtige Thermoplaste und Duromere. 1990 wurden in der Bundesrepublik Deutschland ca. 9,4 Mio. t Kunststoffe hergestellt.

Tab. 9.8 und 9.9 enthalten die Produktion an Polymerisationskunststoffen bzw. an Polykondensations- und Polyadditionskunststoffen als Überblick. Zusätzlich stellt Tab. 9.10 die wichtigsten Produktionsländer für Kunststoffe vor: Mit Abstand führen die USA, gefolgt von Japan und Deutschland. Weltweit werden derzeit ca. 100 Mio. t Kunststoffe produziert.

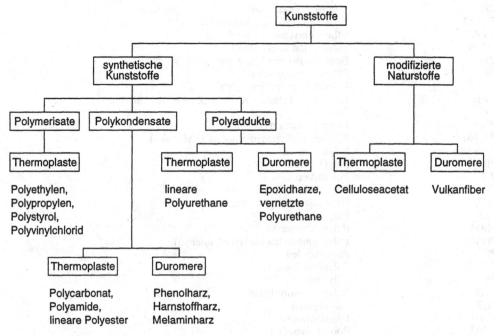

Abb. 9.13 Überblick über wichtige Thermoplaste und Duromere

Tab. 9.8 Produktion von Polymerisationskunststoffen (Deutschland 1990, alte Bundesländer)

Polymerisate	Mio. t
Polyolefine	2,065
Vinylchloridpolymere	1,491
Styrolpolymere	1,038
Acrylpolymere	0,779
andere Vinylpolymere	0,329
Chemiefasern	0,200
Gesamt	6,1

Tab. 9.9 Produktion von Polykondensations- und Polyadditionskunststoffen (Deutschland 1990, alte Bundesländer)

Polykondensate/Polyaddukte	Mio. t
Polyester	0,705
Aminoharze	0,571
Chemiefasern	0,463
Polyurethane	0,452
Phenolharze	0,247
Polyamide	0,202
Polyether	0,186
Silicone (vgl. Kap. 12.4)	0,133
Epoxidharze	0,110
Gesamt	3,1

Tab. 9.10 Produktion von Kunststoffen (1990)

Produktionsland	Mio. t
USA	28,1
Japan	12,7
Deutschland	9,4
Frankreich	4,3
Niederlande	3,4
Italien	3,0
Belgien	2,9
Kanada	2,4
Großbritannien	2,3
Spanien	2,0
Welt	99,8

Polyethylen (PE) wird in zwei verschiedene Arten unterteilt: Das Low density polyethylen (LDPE) hat einen Dichtebereich von ca. 0,91 bis 0,93 g/cm^3, das High density polyethylen (HDPE) einen Dichtebereich von ca. 0,94 bis 0,97 g/cm^3.

Das LDPE wird durch radikalische Hochdruckpolymerisation des Ethens bei Drücken zwischen 150 bis 350 MPa (1500 bis 3500 bar) und Temperaturen von 150 bis 300 °C hergestellt. Es entsteht ein Polyethylen, das relativ stark verzweigt ist: Auf 1000 C-Atome treten ca. 10 bis 30 Kurzkettenverzweigungen auf. Daneben werden auch Langkettenverzweigungen beobachtet. Aufgrund dieser starken Verzweigung sind die Hauptketten weit voneinander entfernt, und die Dichte des Polymeren ist dadurch relativ niedrig. Die Synthese erfolgt in Rührautoklaven oder Rohrreaktoren.

Das wenig verzweigte HDPE wird mit Hilfe von Ziegler-Natta-Katalysatoren hergestellt (vgl. Kap. 9.1.1). Weit verbreitet sind Titan/Magnesium-Katalysatorsysteme; Union Carbide und Phillips setzen bevorzugt chromhaltige Katalysatoren ein. Ein wichtiger Vorteil dieser Katalysatoren besteht darin, daß sie nur in geringsten Mengen zugesetzt werden müssen und nach der Polymerisation im Kunststoff verbleiben können. Dadurch entfällt der Verfahrensschritt der Katalysatorabtrennung. Als Polymerisationsverfahren werden Lösungs-, Suspensions- und Gasphasenpolymerisation angewendet.

Polyethylen ist ein *teilkristallines* Polymer, d. h., es enthält sowohl geordnete kristalline, als auch ungeordnete amorphe Anteile. HDPE ist wegen seiner geringeren Verzweigung besser geeignet, kristalline Bereiche zu bilden und besitzt deshalb auch den höheren Kristallitschmelzpunkt (135 °C). Die Eigenschaften des Polyethylens (Zähigkeit, Spannungsrißkorrosion, Zugfestigkeit etc.) werden durch die Kristallinität stark beeinflußt.

Polyethylen gehört zu den Thermoplasten. Seine Weiterverarbeitung erfolgt durch Extrudieren (Rohre), Extrusionsblasen (Hohlkörper, Tanks), Spritzguß (Transportbehälter) oder Folienblasen.

Polypropylen (PP) wird durch Ziegler-Natta-Katalyse (Titan/Aluminium) hergestellt. Es bildet sich das isotaktische PP mit einer hohen Kristallinität, hohem Schmelzpunkt (ca. 165 °C) und niedriger Dichte (0,90 g/cm^3). Es gehört damit zu den leichtesten Massenkunststoffen. Mit Hilfe von Methylalumoxan-aktivierten chiralen Zirkonocenkatalysatoren ist es möglich, ein Polypropylen mit einem besonders hohen Isotaktizitätsanteil zu erzeugen. Die technische Herstellung erfolgt durch Suspensions- oder Gasphasenpolymerisation.

Polypropylen ist ein Thermoplast von hoher Steifheit und Härte. Wegen seiner günstigen anwendungstechnischen Eigenschaften hat seine Bedeutung im letzten Jahrzehnt stark zugenommen. Durch Extrusion werden Fasern und Garne, Rohre, Profile und Hohlkörper hergestellt, durch Spritzguß z. B. Transport- und Batteriekästen.

Polystyrol (PS) wird nahezu ausschließlich durch Massepolymerisation hergestellt (vgl. Turmverfahren, Abb. 9.5). Es ist glasklar transparent und läßt sich gut im Spritzguß verarbeiten. Nachteilig ist allerdings die Sprödigkeit der Fertigprodukte und ihre geringe Lösemittelbeständigkeit.

Die Lösemittelbeständigkeit wird wesentlich verbessert, wenn das Styrol mit Acrylnitril copolymerisiert wird (SAN-Polymere). Die Produkte aus SAN sind ebenfalls transparent; ihre Spannungsrißbeständigkeit ist gegenüber PS stark verbessert. SAN findet Anwendungen im technischen Bereich (Elektro- und Fernsehgeräte) und bei Haushaltsgeräten.

Eine interessante Variante ist auch das *schlagfeste Polystyrol*. Es wird analog wie das Standard-PS hergestellt; zusätzlich wird aber bei der Synthese Polybutadien zugesetzt. Es bildet sich ein Zweiphasenwerkstoff, der aus einer Polystyrolmatrix mit eingelagerten Kautschukteilchen besteht. Die Zähigkeit des Produktes wird durch diese Einlagerungen wesentlich erhöht. Ein ähnlicher Zweiphasenwerkstoff wird durch die Terpolymerisation von **S**tyrol mit **A**crylnitril und **B**utadien (ABS-Polymerisate) hergestellt. Eine weitere Polystyrolvariante, das geschäumte Polystyrol, wurde schon in Abb. 9.8 beschrieben.

Das **Polyvinylchlorid** (PVC) ist nach den Polyolefinen der mengenmäßig bedeutendste Kunststoff. Die Polymerisation des **V**inylchlorid**m**onomeren (VCM) zu PVC erfolgt radikalisch nach der Masse-, Suspensions- oder Emulsionspolymerisation. PVC ist gegenüber Kohlenwasserstoffen und anorganischen Säuren gut beständig, allerdings nicht gegenüber Lösungsmitteln wie Aceton, DMF oder THF. Als *Hart-PVC* wird ein Polyvinylchlorid bezeichnet, dem keine Weichmachersubstanzen zugesetzt sind. Es läßt sich nur schwer verarbeiten und findet Verwendung im Rohrleitungs- und Apparatebau. Durch Zusatz von Weichmachern kann die Flexibilität des *Weich-PVC* in weiten Grenzen eingestellt werden. Die in die Polymermatrix eingelagerten Weichmacher vergrößern den Abstand zwischen den PVC-Ketten und setzen dadurch Härte und Sprödigkeit des Polymeren herab. Die wichtigsten Weichmacher für PVC sind die Phthalsäureester, vor allem das **Di**octylphthalat (DOP). Auch schwerflüchtige, flammwidrige Phosphorsäureester werden als PVC-Weichmacher eingesetzt, insbesondere bei mechanisch hoch beanspruchten technischen Produkten wie Förderbänder.

Neben Weichmachern werden dem PVC (ähnlich wie anderen Thermoplasten) noch zahlreiche weitere Zusatzstoffe zugesetzt. Dazu gehören Fließhilfsmittel, die die Viskosität des gießfähigen Polymeren beeinflussen, Schlagzähigkeitsverbesserer, Brandschutzmittel (z. B. chlorierte oder bromierte Kohlenwasserstoffe), Farbmittel (Pigmente oder Farbstoffe) und Füllstoffe. Wichtig sind auch Wärmestabilisatoren, die eine thermische Zersetzung des PVC unter HCl-Abspaltung mindern. Als PVC-Stabilisatoren haben sich schwefelhaltige Zinnverbindungen und Calcium/Zink-Verbindungen als effektiv erwiesen.

Polytetrafluorethylen (PTFE, *Teflon*) ist das bekannteste Fluorpolymere. Das sehr reaktionsfähige Monomere ist nur sehr schwierig zu polymerisieren. Durch das Suspensions- oder Emulsionsverfahren kann die hohe Polymerisationswärme von $\Delta H_R = -172$ kJ/mol am besten abgeführt werden.

PTFE zeichnet sich durch eine hervorragende Beständigkeit gegenüber Chemikalien und Lösemitteln aus, hat gute wasser- und ölabweisende Eigenschaften und ist im Temperaturbereich von –200 bis ca. +250 °C einsetzbar. Es wird verwendet als korrosionsfester Überzug auf Metallen, zur Beschichtung von Walzen und Transportbändern, zur Herstellung von Dichtungen,

Rohren, Schläuchen und Armaturen. Wegen seines niedrigen Reibungskoeffizienten findet es in Gleitlagern und als Gleitmittel Anwendung, wegen seiner guten Isolationseigenschaften dient es zur Herstellung gedruckter Schaltungen und zur Kabelisolierung.

Polymethylmethacrylat (PMMA, *„Plexiglas"*) wird durch radikalische Polymerisation des Monomeren mit Hilfe von organischen Peroxiden, Perestern oder Azoverbindungen als Initiatoren hergestellt. Das bevorzugte Polymerisationsverfahren ist die Massepolymerisation. Das glasklare PMMA wird meist in Gießverfahren direkt in seine endgültige Form gebracht. Im *Flachkammerverfahren* erfolgt die Polymerisation zum *Acrylglas* in einer Form zwischen zwei Silicatglasplatten. In *Rohrschleuderverfahren* werden PMMA-Rohre hergestellt, indem eine vorpolymerisierte Lösung aus Monomer und Polymer durch Zentrifugation auf die Innenseite eines rotierenden Rohres verteilt und dort auspolymerisiert wird. Ebenfalls ist es möglich, im *Doppelbandverfahren* das PMMA zwischen zwei endlosen Stahlbändern zu Platten zu formen.

PMMA hat eine hohe Transparenz und Klarheit, verbunden mit einer guten mechanischen Festigkeit. Außerdem ist es hervorragend witterungsbeständig und durch Färbung oder Beschichtung vielseitig modifizierbar. Es wird deshalb im Bau- und Wohnbereich verwendet (Verglasungen, Lichtkuppeln, Fassadenverkleidungen), für Lichtreklame, im Fahrzeugsektor (Schlußleuchten) sowie zur Herstellung optischer Instrumente (Linsen, Lichtleiter, Prismen, Reflektoren).

Polyacrylnitril (PAN) ist ein wichtiges Polymer zur Herstellung von Fasern. Bevorzugte Syntheseverfahren sind die Fällungs- und die Lösungspolymerisation. Aus PAN können Garne erzeugt werden, die für technische Anwendungen (Filter, Siebe, Filze, Taue) besonders geeignet sind. Die PAN-Spinnfasern haben ähnliche Eigenschaften wie die Wolle und werden entsprechend verwendet, z. B. im Bekleidungssektor (Strickwaren), bei Heimtextilien (Vorhänge, Decken, Polster) und als Teppichfaser.

Polycarbonate (PC, *Makrolon*) sind Polyester der Kohlensäure. Das bedeutendste Polycarbonat wird aus dem Diol Bisphenol A und einem Kohlensäurederivat, z. B. Diphenylcarbonat oder Phosgen, hergestellt. Die Produkte sind transparent, zeigen eine geringe Wasseraufnahme und gute mechanische und dielektrische Eigenschaften. Außerdem zeichnen sie sich durch hohe Zähigkeit und Schlagfestigkeit aus. Zu beachten ist ihre Unbeständigkeit gegenüber vielen Lösemitteln und gegen Alkali. Polycarbonate können durch Spritzguß-, Extrusions- und Blasverfahren zu Rohren, Platten, Profilen, Hohlkörpern und Folien verarbeitet werden. Anwendungen finden sie insbesondere in der Elektroindustrie, im Fahrzeugbau (Stoßfänger) und im Apparatebau. Auch Sicherheitsscheiben, Sportartikel, medizinische Produkte und Compact Discs (vgl. Kap. 12.5) werden aus PC hergestellt.

Polyurethane (PUR) werden in einer Polyaddition aus Diisocyanaten und Diolen hergestellt. Als Diolkomponente werden häufig Hydroxypolyether oder Hydroxypolyester eingesetzt. Zur Verzweigung der PUR können Triisocyanate oder Triole zugesetzt werden. Lineare Polyurethane werden zu Fasern und Kunstleder weiterverarbeitet; vernetzte PUR können als Lacke, Schaumstoffe *(Moltopren)* oder Elastomere angewendet werden.

Polyoxymethylen (POM, *Polyformaldehyd*) ist ebenfalls ein Polyaddukt. Es kann auf zwei Wegen hergestellt werden: Formaldehyd kann einer anionischen Suspensionspolymerisation unterworfen werden, oder Trioxan wird in einer kationischen Massepolymerisation in POM überführt. Die linearen (CH_2-O)-Ketten des Polyoxymethylens führen zu einem hohen Kristallinitätsgrad, der die Eigenschaften dieses Thermoplasten wesentlich bestimmt: hohe Zähigkeit, hohe Härte, leichte Verarbeitbarkeit, günstige Gleiteigenschaften und hohe Formbeständigkeit. POM ist dadurch ein hervorragender Konstruktionskunststoff in der Feinwerktechnik. Zahnräder, Lager, Gehäuse, Pumpen, Kraftfahrzeugteile und Armaturen werden aus POM hergestellt. Auch im Radio- und Audiobereich findet POM vielfache Anwendung.

Polyamide (PA) sind Polymere, in denen die Grundbausteine durch eine Amidgruppe miteinander verknüpft sind. Sie lassen sich nach drei technischen Varianten herstellen: Durch

- Polykondensation von Dicarbonsäuren und Diaminen über das Ammoniumsalz der beiden Edukte,
- Polykondensation von ω-Aminosäuren und
- durch ringöffnende Polyaddition von Lactamen.

Sie zeichnen sich allgemein aus durch hohe Festigkeit und Härte, gute Beständigkeit gegen Chemikalien, hohe Formbeständigkeit in der Wärme und wirtschaftliche Verarbeitungsmöglichkeiten.

Das erste Polyamid, PA-6,6 *(Nylon)*, wurde bei der Fa. DuPont entwickelt. Es wird aus **A**dipinsäure und **H**examethylendiamin hergestellt. Das Zwischenprodukt beider Ausgangskomponenten, das Ammoniumsalz, wird als *AH-Salz* bezeichnet.

Parallel wurde von den IG Farben das PA-6 *(Perlon)* gefunden. Seine Synthese erfolgt aus ε-Caprolactam, z. B. im VK-Rohr (vgl. Abb. 9.6).

Die Polyamide haben zahlreiche Anwendungen gefunden. Mit Abstand die größte Bedeutung hat ihre Weiterverarbeitung zu Fasern, die in Heimtextilien (Bett- und Tischwäsche), bei der Badebekleidung oder zur Teppichherstellung genutzt werden.

Innerhalb der **Polyester** nimmt das **P**olyethylenterephthalat (PET) eine wichtige Rolle ein. Es kann nach zwei Verfahren hergestellt werden: Durch

- Umesterung von Dimethylterephthalat mit Ethylenglykol und
- Veresterung von Terephthalsäure mit Ethylenglykol oder mit Ethylenoxid.

Beide Verfahren können diskontinuierlich oder – in neuerer Zeit bevorzugt – kontinuierlich durchgeführt werden. PET ist eine harte, nahezu glasklare Substanz mit ungewöhnlich hohen Schmelztemperaturen von 260 bis 270 °C. Die Formgebung des PET erfolgt am günstigsten im Bereich von 70 bis 140 °C, wenn das Polymer durch Spritzguß oder Extrusion zu Stückgütern (Flaschen, Zahnräder, Gehäuse etc.) verarbeitet wird. Das mit Abstand wichtigste Einsatzgebiet für PET ist jedoch der Faserbereich. PET-Fasern werden sowohl für Bekleidungstextilien (Wäsche, Krawatten, Futterstoffe) als auch für technische Einsatzgebiete mit großen Belastungen (Sicherheitsgurte, Segeltuch, Feuerlöschschläuche) verwendet.

Neben linearen Polyestern werden auch vernetzte Polyester *(Alkydharze)* aus Dicarbonsäuren und mehrwertigen Alkoholen hergestellt. Sie werden insbesondere in Lacken eingesetzt.

Bei der Umsetzung ungesättigter Dicarbonsäuren, z. B. Maleinsäure, mit Diolen entstehen ungesättigte Polyester. Auch diese Polyester sind wichtige Lacke. Daneben können sie zusammen mit Glasfasern zu Verbundwerkstoffen kombiniert werden. Diese glasfaserverstärkten Polyester sind z. B. im Boots- oder Automobilbau von Bedeutung.

Phenoplaste sind Polykondensate aus Phenol und Formaldehyd. Die ersten Phenoplaste wurden nach ihrem Erfinder, dem Amerikaner L. H. Baekeland (1863–1944), als *Bakelite* bezeichnet und gehörten zu den ersten synthetischen Kunststoffen. Als Phenolkomponente können auch Kresole, Xylenole oder Bisphenol A in die Polykondensation mit Formaldehyd eingesetzt werden. Bei der unter Säurekatalyse durchgeführten Polykondensation entstehen die weitgehend linear aufgebauten *Novolake*, bei der basisch katalysierten Umsetzung erhält man die *Resole*, die noch freie Hydroxygruppen enthalten und zu vernetzten Produkten *(Resitole, Resite)* gehärtet werden können. Novolake werden in Isolier- und Kleblacken verwendet; Resole werden vor allem in der Elektroindustrie eingesetzt.

Aminoplaste sind die Polykondensate aus Formaldehyd und einer Aminokomponente, insbesondere Harnstoff oder Melamin. Die Harnstoffharze haben große Bedeutung für die Holzlakkierung; z. T. können sie aber auch zur Metallackierung verwendet werden. Melaminharze dienen zur Herstellung hochwertiger Einbrennlacke. Man erhält Beschichtungen von hoher Qualität, z. B. auf Automobilen, Kühlschränken und Waschmaschinen.

Epoxidharze werden überwiegend aus Epichlorhydrin und Bisphenol A hergestellt (vgl. Abb. 8.31). In einer Polyaddition erhält man je nach Stöchiometrie Polyether mit unterschiedlicher Kettenlänge. Es bilden sich teils flüssige, teils feste Harze, die als Lacke im Oberflächenschutz, als Verbundstoffe im Baubereich, als Gießharze in der Elektrotechnik oder als Zwei-Komponenten-Klebstoffe Verwendung finden.

Die **Polydiene** sind Elastomere, die sich durch eine hohe reversible Verformbarkeit auszeichnen. Das erste bekannte Elastomer war der Naturkautschuk, der überwiegend aus cis-1,4-Polyisopren besteht. Da aufgrund der Motorisierung zu Beginn des 20. Jahrhunderts die Naturkautschukgewinnung nicht mehr ausreichte, wurden nach und nach Polydiensynthesen entwickkelt. Die erste Kautschuksynthese gelang 1909 dem Chemiker Fritz Hofmann und seinen Mitarbeitern bei der Fa. Bayer in Leverkusen mit der Polymerisation von Isopren.

Polybutadien (BR) kann aus Butadien durch Lösungspolymerisation hergestellt werden. Als Katalysatoren dienen entweder Ziegler-Natta-Systeme oder Lithiumalkyle. Die Polymerisation wird unter Schutzgas in Kaskaden von zwei bis vier Rührkesseln durchgeführt. Man erhält überwiegend 1,4-verknüpftes Polybutadien mit – je nach Katalysator – unterschiedlichen Anteilen an *cis*- und *trans*-Polymeren. Polybutadien wird zu über 80% im Reifensektor eingesetzt. BR zeichnet sich durch gute Abriebfestigkeit und niedrigen Rollwiderstand aus und ist deshalb insbesonders für die Reifenlaufflächen geeignet.

Der *Styrol-Butadien-Kautschuk (SBR)* wird überwiegend durch radikalisch initiierte Emulsionspolymerisation hergestellt. Er ist der wichtigste Synthesekautschuk, der in vielen Eigenschaften dem Naturkautschuk sehr nahe kommt. Haupteinsatzgebiet ist auch hier der Reifensektor.

Synthetisches Polyisopren (IR) hat – wie der Naturkautschuk – eine 1,4-Verknüpfung der Isopreneinheiten. Mit Lithiumalkylkatalysatoren beträgt der *cis*-1,4-Anteil ca. 92%, mit Ziegler-Katalysatoren sogar 98%. Da das monomere Isopren jedoch ein relativ teures Monomer ist, hat synthetisches Polyisopren nur einen begrenzten Marktanteil erlangen können.

Polychloropren (CR, Neopren) ist ein wichtiger Spezialkautschuk. Seine Synthese aus Chloropren erfolgt ausschließlich durch wäßrige Emulsionspolymerisation unter Verwendung radikalischer Initiatoren. Typische Eigenschaften des CR sind die gute Wetter- und Ozonbeständigkeit, die Flammwidrigkeit und das gute Alterungsverhalten. CR wird vielfach für technische Anwendungen eingesetzt, z. B. in Keilriemen, Fördergurten, Dichtungen, Schläuchen und Walzenbezügen.

Ein weiterer Spezialkautschuk ist der *Nitrilkautschuk (NBR)*, ein Copolymerisat aus Butadien und Acrylnitril. Dieser besonders öl- und benzinbeständige Kautschuk wurde erstmals 1934 in Leverkusen hergestellt und als *Buna N* in den Handel gebracht. Weiterhin wird NBR wegen seiner hervorragenden Alterungs- und Chemikalienbeständigkeit für technische Anwendungen, z. B. für Treibstoffschläuche, genutzt.

Butylkautschuk (IIR) ist ein Copolymerisat aus Isobuten und geringen Anteilen Isopren. IIR wird durch kationische Fällungspolymerisation in Methylchlorid hergestellt. Als Katalysator dienen Aluminiumchlorid und geringe Mengen an Protonensäuren. IIR zeichnet sich aus durch eine sehr geringe Gasdurchlässigkeit und eine hohe Beständigkeit gegen Wärme und Sauerstoff. Anwendungen findet IIR z. B. in schlauchlosen Reifen, Kabelummantelungen und Behälterauskleidungen.

9.1.4 Neuere Entwicklungen in der Polymerchemie

Ein Kapitel über die neueren Entwicklungen in der Polymerchemie kann zwangsläufig nur einige wenige Beispiele aus der großen Fülle der Innovationen herausstellen. Im folgenden wird kurz auf neue Trends im Faserbereich und im Klebstoffsektor eingegangen. Außerdem wird über hochtemperaturfeste Kunststoffe, elektrisch leitende Polymere, flüssigkristalline Polymere und neue Katalysatoren (Metallocene) für die Olefinpolymerisation berichtet. Weitere moderne Anwendungen von Polymeren in der Kommunikationstechnik werden in Kap. 12.5 vorgestellt.

Fasern

Der Faserbereich läßt sich in drei Bereiche einteilen, die Naturfasern, die halbsynthetischen Fasern und die Synthesefasern. Wie Tab. 9.11 zu entnehmen ist, erwarten Schätzungen für das Jahr 2000 noch deutliche Zunahmen bei der Baumwolle und den Synthesefasern.

Tab. 9.11 Verbrauchsentwicklung der Fasern (in Mio. t)

	1980	1985	1990	2000 (Schätzung)
Naturfasern:				
– Baumwolle	14,0	15,6	16,5	19,0
– Wolle	1,6	1,7	1,7	1,7
Halbsynthetische Fasern	3,6	3,3	3,3	3,8
Synthesefasern	10,7	12,8	14,5	17,5
Summe	29,9	33,4	36,0	42,0

Neben den klassischen vier großen synthetischen Fasergruppen (Polyester, Polyamide, Polyacrylate und Polyolefine) haben sich in den letzten Jahren einige neue synthetische Spezialfasern durchgesetzt, die zunehmend in der Sport- und Freizeitbekleidung Verwendung finden: Die Klimamembranen, die Mikrofasergewebe und die funktionellen Maschenprodukte.

Bei den **Klimamembranen ("Laminaten")** befindet sich eine dünne Membran (z. B. aus PTFE) mit Mikroporen unter dem Bekleidungsoberstoff. Diese Membran wirkt als Barriere gegen Wind und Regen von außen, läßt aber gleichzeitig Körperfeuchtigkeit nach außen verdampfen. Bei Winterkleidung befindet sich zwischen Körper und Membran noch ein Vlies, bei Sommerbekleidung nur ein leichter Futterstoff. Typische Handelsprodukte sind z. B. Gore-Tex oder Sympatex.

Bei den **Mikrofasergeweben** handelt es sich um sehr dicht gewebte Stoffe aus feinen Polyamid- oder Polyesterfasern. Sie besitzen eine hohe Atmungsaktivität, sind aber nicht so wind- und wasserdicht wie die Laminate.

Für Sportbekleidung, die direkt auf der Haut getragen wird, haben sich die **funktionellen Maschenprodukte** bewährt. Es handelt sich dabei um Maschenkonstruktionen, die auf der Körperseite synthetische Chemiefasern und auf der Außenseite Baumwolle enthalten. Die Chemiefaser-Innenseite transportiert die Körperfeuchtigkeit zur Außenseite aus Baumwolle; die Naturfaser saugt die Feuchtigkeit an und gibt sie an die Umgebung ab. Die Textilien sind außerdem auf der Innenseite strukturiert, so daß die Luft zirkulieren kann und das Gewebe nicht auf der Haut klebt.

Klebstoffe

Die Klebstoffe waren ursprünglich ausschließlich natürlichen Ursprungs (Knochenleim, Stärkeprodukte). Erst in den letzten Jahrzehnten ist eine Vielzahl synthetischer Produkte hinzugekommen. Tab. 9.12 gibt einen Überblick über die Wirkmechanismen und einige wichtige Klebstoffpolymere.

Tab. 9.12 Moderne synthetische Klebstoffe

Unterteilung nach dem Wirkmechanismus	Eingesetzte Polymere
Reaktionsklebstoffe	Phenoplaste, Aminoplaste, Epoxidharze, Siliconharze, Polyimide, Polybenzimidazole, Polycyanacrylate
Schmelzklebstoffe	Ethen-Vinylacetat-Copolymere, Polyamide, Polyurethane
Lösungsmittel- und Dispersionsklebstoffe	Polyvinylester, Polydiene, Polyacrylsäureester
Haftklebstoffe	Polydiene, Polyacrylate, Polyvinylether
Kontaktklebstoffe	Polyurethane, Butadien-Styrol-Copolymere

Bei der Anwendung der Klebstoffe dominieren weiterhin die traditionellen Bereiche Holzverarbeitung (Spanplatten, Sperrholz, Möbelfertigung) und Verpackung (Wellpappe, Faltschachteln). Bereits ein Viertel des Klebstoffumsatzes entfällt aber inzwischen auf die modernen Verbindungstechniken in der *metallverarbeitenden Industrie*, z. B. im Automobilbau und in der Luft- und Raumfahrt. Pro PKW werden heute schon durchschnittlich 18 kg Kleb- und Dichtstoffe verwendet. Bördelklebungen von Hauben und Türen sowie die Direkteinklebung von Front- und Heckscheiben sind inzwischen Stand der Technik. Als nächster Schritt im Automobilbau wird die Klebung der Fahrgestelle bzw. des Rahmens erwartet.

Auch in der *Mikroelektronik* erfüllen Klebstoffe wichtige Aufgaben: Bei der Herstellung von gedruckten Schaltungen und bei der Befestigung elektronischer Bestandteile und Chips auf Trägerplatten werden Klebstoffe verwendet, die eine schnelle und automatisierte Bestückung ermöglichen.

Der Einsatz von Klebstoffen in der *Chirurgie* beginnt sich zu entwickeln. Möglichkeiten liegen in der Knochenchirurgie und in der Chirurgie der kleineren Gefäße, bei denen das traditionelle Nähen äußerst schwierig ist. Voraussetzung ist, daß die verwendeten Klebstoffe gewebeverträglich sind und bei längerem Kontakt vom Gewebe resorbiert werden.

Hochtemperaturfeste Kunststoffe

Wichtige temperaturfeste Kunststoffe sind die **Aramide**, bei denen Amidgruppen direkt an aromatische Ringe gebunden sind. Die technisch bevorzugte Aramidsynthese ist die Polykondensation aromatischer Säuredichloride mit aromatischen Diaminen bei niedrigen Temperaturen. Die Umsetzungen werden in Lösungsmitteln wie Dimethylacetamid, Hexamethylphosphorsäuretriamid oder *N*-Methylpyrrolidon durchgeführt.

Die erste kommerzielle Aramid-Faser war das von DuPont entwickelte Nomex, ein Poly(*m*-phenylenisophthalamid). Bei der Polykondensation von Isophthalsäurechlorid und *m*-Phenylendiamin dient das Lösungsmittel Dimethylacetamid als Chlorwasserstoffänger. Bei DuPont betrug 1975 die Nomex-Kapazität ca. 9000 t/a; die Gesamtkapazität für Aramid-Fasern war 1982 schon auf 30 000 t/a ausgeweitet.

Zum technisch und wirtschaftlich interessantesten Aramid entwickelte sich inzwischen das Poly(*p*-phenylenterephthalamid), von DuPont unter der Bezeichnung Kevlar auf den Markt gebracht. Zur Polykondensation werden *p*-Phenylendiamin und Terephthalsäuredichlorid bei 16 °C gemischt und anschließend bei Temperaturen zwischen 40 und 90 °C in wenigen Sekunden zu einer 6 bis 12%igen anisotropen Polymerlösung polykondensiert. Die aus dieser anisotropen Lösung versponnenen Fasern besitzen durch die hohe Vororientierung des Polymeren in der Lösung auch ohne Streckprozeß sehr hohe Festigkeit.

Herausragende Eigenschaften der Aramide sind ihre hohen Glas- und Zersetzungstemperaturen. Die Glastemperaturen liegen zwischen 250 bis ca. 400 °C; Gewichtsverluste treten bei den *para*-verknüpften Aramiden in Inertgasatmosphäre erst ab 550 °C auf. Als Dauergebrauchstemperaturen werden für die neueren Kevlar-Typen Werte zwischen 150 und 180 °C angegeben. Neben der erhöhten thermischen Beständigkeit haben die *p*-verknüpften Aramide gegenüber den *m*-verknüpften auch einen deutlich höheren Elastizitätsmodul und eine erhöhte Zugfestigkeit aufzuweisen.

Die bedeutendsten Anwendungsgebiete der Aramidfasern sind ihre Verwendung im Reifencord, als Verstärkungsmaterial in Verbundwerkstoffen, bei der Herstellung von Schutzkleidung, Schläuchen, Seilen, Kabeln und Gurten sowie bei der Herstellung beschichteter Gewebe.

Neben den Aramiden sind die **Polyimide (PI)** eine wichtige Klasse der temperaturbeständigen Kunststoffe. Zur Synthese der Polyimide gibt es zwei prinzipielle Wege: Entweder wird die Imidgruppe gleichzeitig mit dem Polymeren gebildet oder aber die Imidgruppe befindet sich schon im Monomeren, das dann durch Polymerisation in das Polyimid überführt wird. Die klassische Synthese der Polyimide geht von Pyromellithsäureanhydrid und aromatischen Diaminen aus. Im ersten Reaktionsschritt bildet sich eine Polyamidsäure, die im zweiten Schritt unter Wasserabspaltung und Ringschluß in das eigentliche Polyimid überführt wird. Nach diesem Verfahren wird z. B. Kapton von DuPont hergestellt.

Polyimide können durch den Einbau anderer Bausteine vielfältig variiert werden. Zur Gruppe der Polyimide werden auch die Poly(amid-imide), die Poly(ester-imide), die Poly(ether-imide) sowie Polyimide mit heterozyklischen Gruppen gerechnet. Verwendung finden Polyimide z. B. in der Raumfahrt oder als Elektroisolierfolien.

Elektrisch leitfähige Polymere

Elektrisch leitfähige Polymere werden auch als *organische Metalle* oder *Synmetals* bezeichnet. Sie enthalten konjugierte Doppelbindungen und werden erst durch den Zusatz von Dotierungsmitteln in leitfähige Systeme überführt. Typische Polymere sind das Polyacetylen, Polyparaphenylen, Polythiophen, Polypyrrol und Polyanilin. Wirksame Dotierungsmittel sind Iod, Brom, AsF_5, Silberperchlorat oder auch Alkalimetall-Aryle, wie z. B. Naphthalin-Natrium. 1987 konnte erstmals ein dotiertes Polyacetylen mit einer spezifischen Leitfähigkeit von ca. $1,5 \cdot 10^5$ S/cm hergestellt werden. Übliche, isolierende Kunststoffe haben Leitfähigkeitswerte von ca. 10^{-18} S/cm; der metallische Leiter Kupfer hingegen von $6,5 \cdot 10^5$ S/cm. Die Leitfähigkeit der Synmetals reicht somit noch nicht an die der metallischen Stromleiter Kupfer und Silber heran; bezogen auf die Gewichtseinheit sind die polymeren Leiter jedoch schon besser als die Metalle.

Polyacetylen (PAZ) ist nach der in den 70er Jahren entwickelten *Shirakawa-Technik* zugänglich. Hierzu wird Acetylen auf die Oberfläche einer konzentrierten Ziegler-Katalysator-Lösung aufgebracht, wobei sich eine silbrig glänzende Folie bildet. Dieses Polymer wird zunächst gestreckt und anschließend mit gasförmigen oder gelösten Dotierungsmitteln wie I_2 oder AsF_5 behandelt unter Bildung eines flexiblen, goldglänzenden Films.

Bezüglich der technischen Anwendbarkeit erscheint auch die elektrochemische Dotierung als sehr günstig. Tauchen zwei Elektroden in eine Lösung aus Monomer und Dotierungsmittel, so bildet sich beim Anlegen einer elektrischen Spannung an der Anode eine Polymerschicht. Da dem Polymer im weiteren Verlauf zusätzlich Elektronen entzogen werden, lädt es sich positiv auf und zieht die Anionen (I^-, AsF_6^-, BF_4^- etc.) aus der Dotierungslösung an. Das elektrisch leitende Polymer kann schließlich von der Elektrode abgestreift werden.

Die ersten Synmetals hatten sehr ungünstige chemische und physikalische Eigenschaften. Viele zersetzten sich an der Luft, waren unlöslich und ließen sich nicht unzersetzt schmelzen. Durch Einbringen von Substituenten in die Kohlenwasserstoffketten konnten diese Probleme teilweise gelöst werden.

Für die Synmetals werden zahlreiche Anwendungsfelder untersucht: Möglich erscheint die Verwendung in Kunststoffakkumulatoren für Elektroautos, als elektrochrome Anzeigenelemente, in Solarzellen, als Abschirmfolien von Computerbildschirmen oder als Leiterbahnmaterial in gedruckten Schaltungen. Vor einer größeren kommerziellen Nutzung ist jedoch noch eine umfangreiche Weiterentwicklung notwendig.

Flüssigkristalline Polymere

Durch *para*-Verknüpfung von Aromaten können starre, stäbchenförmige Polymermoleküle aufgebaut werden. Beim Schmelzen gehen sie nicht direkt aus dem kristallinen in den ungeordneten Zustand über, sondern bilden flüssigkristalline Phasen, in denen die Stäbchenmoleküle durch *Selbstorganisation* eine parallele Anordnung einnehmen. Solche in der Schmelze geordneten *(thermotropen)* Polymere werden als flüssigkristalline Polymere (**liquid crystal polymers, LCP**) bezeichnet. Durch ihre innere Orientierung besitzen sie eine ungewöhnlich hohe Steifigkeit und Festigkeit; man spricht auch von *eigenverstärkten Polymeren*.

Wichtige LCP sind thermotrope Polyester auf Basis 2,6-Naphthalindicarbonsäure, 2,6-Dihydroxynaphthalin sowie 6-Hydroxy-2-naphthoesäure. Bekannte Handelsnamen dieser Produkte sind Vectra (Celanese), Xydar (Dartco) und Ultrax (BASF). Die Besonderheit der LCP besteht darin, daß sie nicht nur zu längsorientierten Fasern, sondern auch zu dreidimensionalen Formteilen mit Zugfestigkeiten von 200 N/mm² verarbeitet werden können. Die LCP sind selbst bei höheren Temperaturen gegen Säuren, Basen, Aromaten, chlorierte Kohlenwasserstoffe sowie spannungsrißbildende Agenzien beständig. Gleichzeitig können sie mit den üblichen Werkzeugen und Maschinen bearbeitet und mit polyesterüblichen Klebstoffen gefügt werden. Typische Anwendungsbeispiele sind: Träger für Chips und gedruckte Schaltungen, Flugzeugbauteile, elektronische Bauteile, Komponenten in der Faseroptik, Füllkörper in Kolonnen, mit Kraftstoff in Berührung kommende Bauteile, Pumpen und Absperrorgane.

Metallocenkatalysatoren in der Olefinpolymerisation

Metallocene sind gemäß der IUPAC-Nomenklatur Bis(cyclopentadienyl)metallkomplexe. In einer erweiterten Definition können aber auch Derivate des Cyclopentadienylrings („Cp-Ring") als Liganden am Übergangsmetall gebunden sein, z. B. der Indenyl- oder der Fluorenylrest. Der erste Vertreter dieser neuen Komplexklasse war das Ferrocen, dessen Sandwich-struktur 1954 parallel von E. O. Fischer und G. Wilkinson aufgeklärt wurde.

Schon früh wurde versucht, Metallocene als Bestandteil von Ziegler-Natta-Katalysatoren in der Olefinpolymerisation einzusetzen. Ein Mischkatalysator aus [Cp_2TiCl_2] und Et_2AlCl hat z. B. den Vorteil, in organischen Lösungsmitteln vollständig gelöst zu sein, so daß Untersu-chungen an einem einheitlichen Katalysatorzentrum *(single site catalyst)* möglich wurden. Al-lerdings zeigte das oben genannte Mischsystem nur mäßige Aktivitäten bei der Polymerisa-tion von Ethen; mit Propen findet überhaupt keine Reaktion statt.

Dies änderte sich, als H. Sinn und W. Kaminsky Ende der 70er Jahre an der Universität Ham-burg herausfanden, daß mit Zirconocenen, z. B. mit [Cp_2ZrMe_2], sehr hohe Ethen-Polymerisa-tionsaktivitäten erzielt werden, wenn als *Cokatalysator Methylalumoxan (MAO)* verwendet wird. Dieses MAO ist ein Produkt der partiellen Hydrolyse von Trimethylaluminium; an der genauen Aufklärung seiner Struktur wird noch gearbeitet. Mit diesem Katalysator wurden bis zu 40 t Polyethylen pro g Zirconium und Stunde produziert.

H. H. Brintzinger von der Universität Konstanz verknüpfte in einem Zirconocen mit zwei In-denylresten die beiden Liganden über eine Brücke von Kohlenstoffatomen. Nach diesem *Hen-kel* (lat. *ansa*) werden diese Komplexe auch als ansa-Metallocene bezeichnet. In diesen ansa-Komplexen ist die Beweglichkeit der Liganden durch die Verknüpfung sehr stark einge-schränkt. Als Folge dieser sterischen Hinderung kann sich das monomere Olefin immer nur in einer bestimmten räumlichen Position an das Metall anlagern. Bei der Polymerisation von Pro-pen mit ansa-Zirconocen/MAO-Systemen ergab sich 1985 ausschließlich *isotaktisches Polypro-pylen (iPP)* bei Katalysatoraktivitäten von 80 kg iPP pro mmol Zr und Stunde. Der stereose-lektive Metallocenkatalysator war erfunden!

In der weiteren Entwicklung gelang es 1988, mit dem ansa-Zirconocen Me_2C(1-cyclopentadie-nyl)(1-fluorenyl)$ZrCl_2$ – wieder in Kombination mit Methylalumoxan MAO – ein *syndiotakti-sches Polypropylen (sPP)* herzustellen, erneut mit hoher Ausbeute und Stereospezifität. Die-ses sPP zeichnet sich durch eine hohe Transparenz und Zähigkeit aus und ist somit gut für die Folienherstellung geeignet.

Von großem Vorteil ist weiterhin, daß Metallocene mit sehr unterschiedlichen Monomeren reagieren können. In der Patentliteratur sind mehr als 60 verschiedene Olefine aufgeführt, die an Metallocenkatalysatoren polymerisieren bzw. copolymerisieren. Einige interessante Fälle sind im folgenden beispielhaft aufgelistet:

- *Syndiotaktisches Polystyrol (sPS)* kann metallocenkatalysiert hergestellt werden. Mit ei-nem Schmelzpunkt von 270 °C reicht es an die Werte für *High performance plastics* heran.
- Cycloolefine wie Cyclopenten, Norbornen oder Tetracyclododecen können ebenfalls mit Metallocen/MAO-Katalysatoren polymerisiert werden. So lassen sich z. B. *iso-* oder *syndio-taktische Poly(cyclopentene)* erhalten mit Schmelzpunkten oberhalb von 290 °C.
- Ethen kann mit 1-Olefinen, wie z. B. 1-Buten, 1-Hexen oder 1-Octen, metallocenkataly-siert copolymerisiert werden. Als Katalysatoren dienen relativ einfache, unverbrückte Me-tallocene wie z. B. [(n-BuCp)$_2ZrCl_2$]. Die Polymeren werden als *Metallocen-LLPDE* be-zeichnet. Sie zeigen eine enge Molmassenverteilung und einen gleichmäßigen Einbau des Comonomeren. Der Kunststoff weist gegenüber herkömmlichem LLDPE zahlreiche An-wendungsvorteile auf.
- Die Copolymerisation von Ethen mit Cycloolefinen wird als *COC* bezeichnet. Als Beispiel seien die *Ethen-Norbornen-Copolymere* aufgeführt. Sie sind transparente Materialien mit hohen Glasumwandlungstemperaturen und deshalb ideal geeignet für die Herstellung op-toelektronischer Produkte, wie Compact Disks oder Lichtwellenleiter.

- Interessant ist weiterhin die Chance, mit Metallocenkatalysatoren auch *funktionalisierte Olefine* zu polymerisieren. Mit kationischen Metallocenen ist es gelungen, Olefine mit Siloxyl- oder Aminogruppen in Polymere zu überführen. Allerdings sind die mittleren Molmassen dieser Produkte noch relativ niedrig.

Die Bedeutung der Metallocenkatalyse für die chemische Industrie dokumentiert sich in einem starken Anstieg der Patentanmeldungen: Ende 1993 lagen bereits 600 Anmeldungen vor, und zahlreiche Firmen bearbeiten dieses Gebiet weiterhin mit hoher Intensität. So gingen 1994 folgende Pilot- und Produktionsanlagen in Betrieb:

Polymer	Firmen
engverteiltes PE	Exxon, Mitsubishi
Ethen/1-Octen-Copolymer	Dow
isotaktisches PP	Hoechst
syndiotaktisches PP	FINA
syndiotaktisches PS	Idemitsu
Cycloolefin-Copolymerisate	Hoechst, Mitsui

Die Metallocenkatalyse läßt in naher Zukunft noch zahlreiche interessante Neuentwicklungen in der Polymerchemie erwarten.

9.2 Tenside und Waschmittel

9.2.1 Aufbau und Eigenschaften

Tenside (engl. surfactants) sind grenzflächenaktive Stoffe. Diese Eigenschaft ist dadurch bedingt, daß die Moleküle von Tensiden aus zwei Teilen mit unterschiedlicher Polarität bestehen:

- einem *hydrophoben* („wasserfeindlichen") und gleichzeitig *lipophilen* („fettfreundlichen") Teil und
- einem *hydrophilen* („wasserfreundlichen") und gleichzeitig *lipophoben* („fettfeindlichen") Teil.

Der Aufbau eines Tensidmoleküls läßt sich vereinfacht folgendermaßen darstellen:

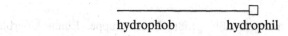

hydrophob   hydrophil

Der unpolare hydrophobe Teil des Moleküls ist in der Regel ein Kohlenwasserstoffrest. Bei dem polaren hydrophilen Teil kann es sich um eine ionische Gruppe (z. B. $- SO_3^-$, $- OSO_3^-$, $- COO^-$, $- NR_3^+$) oder um Strukturgruppen handeln, die Wasserstoffbrückenbindungen ausbilden können (z. B. $- O - CH_2 - CH_2^-$). Je nach Art der hydrophilen Gruppe können die Tenside unterschieden werden in anionische, kationische, nichtionische und amphotere Tenside. Tab. 9.13 gibt einen Überblick.

Tab. 9.13 Tensidklassen

Tensidklasse	Aufbauprinzip	Beispiel
Anionisch *(Aniontenside)*	————— $\ominus$ $\begin{array}{l}Na^{\oplus}\\ NH_4^{\oplus}\\ u.\,a.\end{array}$	$R-CH_2-COO^{\ominus}Na^{\oplus}$
Kationisch *(Kationtenside)*	————— $\oplus$ $\begin{array}{l}Cl^{\ominus}\\ OH^{\ominus}\end{array}$	$R_4N^{\oplus}Cl^{\ominus}$
Nichtionisch *(Niotenside)*	—————▬▬▬	$R-[O-CH_2-CH_2]_n-OH$
Amphoter *(Amphotenside)*	————— $\oplus$	$R_3N^{\oplus}-CH_2-COO^{\ominus}$

Tenside sind wasserlöslich. Die Tensidmoleküle sind jedoch nicht gleichmäßig in der Lösung verteilt. Bei niedrigen Konzentrationen reichern sie sich in den Grenzflächen an; mit zunehmender Konzentration bilden sich in der Lösung Molekülverbände aus, sog. Micellen. In Kugelmicellen sind die hydrophoben Reste zur Mitte der Kugel hin orientiert, bei Stabmicellen sind die Moleküle zu Stäbchen aneinandergelagert (vgl. Abb. 9.14). Die Bildung dieser Micellen findet erst dann statt, wenn die Grenzflächen von Tensidmolekülen bedeckt sind. Die zugehörige Konzentration, ab der die Micellbildung erfolgt, wird als *kritische Micellbildungskonzentration* bezeichnet.

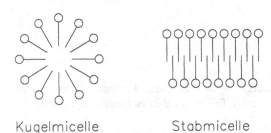

Kugelmicelle   Stabmicelle

Abb. 9.14 Micellen

9.2.2 Anionische Tenside

Die Aniontenside bilden die mengenmäßig größte Tensidgruppe. Einen Überblick gibt Tab. 9.14.

Die **Seifen** waren früher die einzig bekannten Waschmittel. Inzwischen ist ihre Bedeutung deutlich geringer geworden. Der Grund hierfür liegt in ihrer starken Härteempfindlichkeit, also in der Bildung unlöslicher Calcium- und Magnesiumsalze. Heute dienen die Seifen insbesondere noch als Schaumregulatoren in Waschmitteln.

Tab. 9.14 Aniontenside

Bezeichnung	Formel	typische Anwendungen
Seifen	$R-CH_2-COONa$	Seifen, Flüssigwaschmittel
Alkylbenzolsulfonate (ABS, insbesondere LAS)	$\begin{array}{c} R' \\ \diagdown \\ CH-\text{⟨⟩}-SO_3Na \\ \diagup \\ R \end{array}$	Vollwaschmittel, Haushaltsreiniger
Alkansulfonate (AS)	$\begin{array}{c} R' \\ \diagdown \\ CH-SO_3Na \\ \diagup \\ R \end{array}$	Geschirrspülmittel
α-Olefinsulfonate (AOS)	$R-CH=CH-CH_2-SO_3Na$	Waschmittel, Flüssigseifen
Estersulfonate (ES)	$\begin{array}{c} R-CH-COOMe \\ \vert \\ SO_3Na \end{array}$	mögliche Substitute für LAS
Fettalkoholsulfate (FAS)	$R-CH_2-O-SO_3Na$	Waschmittel (LAS-Substitut)
Fettalkoholethersulfate (FAES)	$R-O\text{-}[CH_2-CH_2-O]_n SO_3Na$	Feinwaschmittel, Shampoos, Schaumbäder

Die Gewinnung der Seifen erfolgt durch das *Verseifen* natürlicher Fette und Öle mit Natriumhydroxid:

$$
\begin{array}{c}
\begin{array}{l}
R-\overset{\overset{\displaystyle O}{\|}}{C}-O-CH_2 \\[4pt]
R'-\overset{\overset{\displaystyle O}{\|}}{C}-O-CH \quad + \; 3\,NaOH \\[4pt]
R''-\overset{\overset{\displaystyle O}{\|}}{C}-O-CH_2
\end{array}
\longrightarrow
\begin{array}{l}
R-COONa \\[4pt]
R'-COONa \\[4pt]
R''-COONa
\end{array}
\;+\;
\begin{array}{l}
HO-CH_2 \\[4pt]
HO-CH \\[4pt]
HO-CH_2
\end{array}
\end{array}
$$

\hspace{1cm} Fett / Öl \hspace{5cm} Seifen \hspace{2cm} Glycerin \hspace{3cm} (9.12)

Alkylbenzolsulfonate (ABS) sind die wichtigste Aniontensidklasse. Sie werden hergestellt durch Friedel-Crafts-Alkylierung von Benzol mit Olefinen, anschließende Sulfonierung und Neutralisation. Bis Mitte der 60er Jahre wurde zur Alkylierung das *Tetrapropylen* eingesetzt, ein Gemisch verzweigter C_{12}-Olefine. Es bildet sich das *Tetrapropylenbenzolsulfonat* (TPS), das aber aufgrund der starken Verzweigung im Alkylrest eine schlechte biologische Abbaubarkeit besitzt. Inzwischen werden in Europa und USA nahezu ausschließlich lineare Olefine zur Friedel-Crafts-Alkylierung eingesetzt, und man erhält daraus die *linearen Alkylbenzolsulfonate* (LAS oder LABS). Eine Übersicht über die Synthese gibt Abb. 9.15.

Die LAS sind relativ kostengünstig herzustellen und ihre Eigenschaften sind gut untersucht. Sie sind stabil und gut wasserlöslich, lassen sich mit anderen Tensidtypen kombinieren und können durch Sprühtrocknung in rieselfähige Pulver überführt werden. Ein optimales Abbauverhalten bei gleichzeitig guten Wascheigenschaften ist dann gegeben, wenn die Alkylkette zwischen 10 und 13 C-Atome enthält.

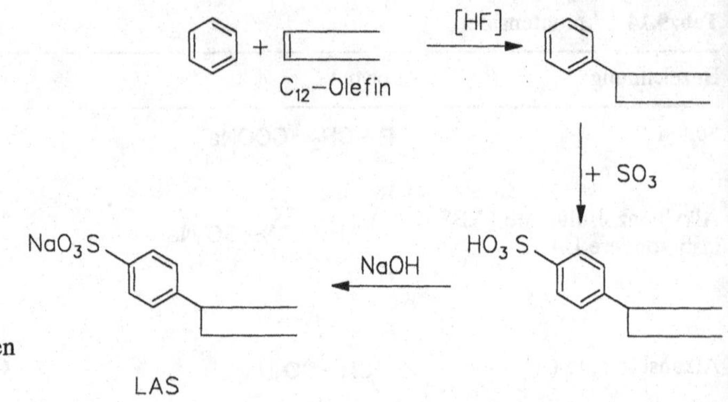

Abb. 9.15 Synthese der linearen Alkylbenzolsulfonate (LAS)

Alkansulfonate (AS) sind ebenfalls wichtige Aniontenside, die insbesondere in Flüssigwaschmitteln eingesetzt werden. Für Waschpulver sind sie weniger geeignet, da sie sich schlecht versprühen lassen. Zu ihrer Herstellung existieren zwei Verfahren, die Sulfochlorierung und die Sulfoxidation. Beide Prozesse gehen von Alkanen aus, die photochemisch mit SO_2/Cl_2 oder SO_2/O_2-Gemischen umgesetzt werden. Die Syntheseschritte zeigt Abb. 9.16. Zur Vermeidung einer Mehrfachsulfonierung muß der Reaktionsumsatz auf 1 bis 5 % begrenzt werden, was für die Wirtschaftlichkeit der Verfahren sehr nachteilig ist.

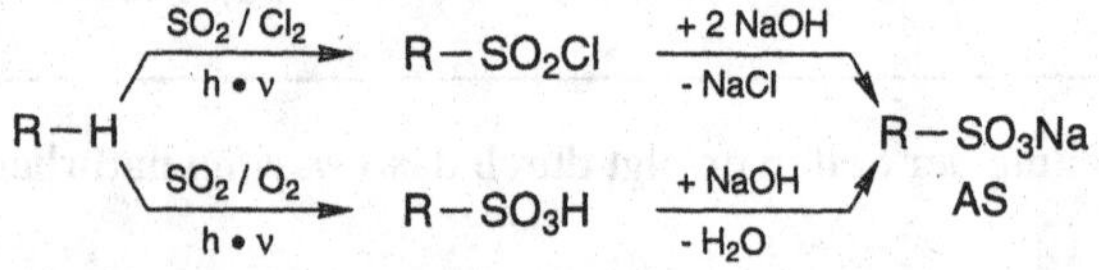

Abb. 9.16 Synthesewege für Alkansulfonate (AS)

Die **α-Olefinsulfonate (AOS)** erhält man durch Sulfonierung von α-Olefinen mit Schwefeltrioxid. Als Zwischenprodukt entstehen unter Isomerisierung ca. 40 % Alkensulfonsäuren und ca. 60 % wasserunlösliche Sultone, die durch Hydrolyse in wasserlösliche Sulfonate überführt werden (vgl. Abb. 9.17). Die α-Olefinsulfonate sind im Gegensatz zu LAS und AS wenig härteempfindlich.

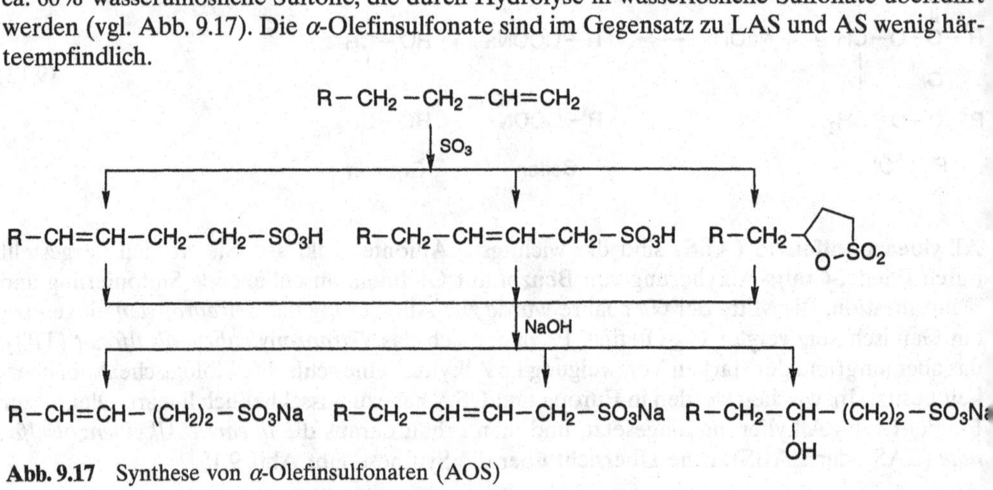

Abb. 9.17 Synthese von α-Olefinsulfonaten (AOS)

Durch Sulfonierung von Fettsäuremethylestern entstehen die α-Sulfofettsäuremethylester, auch vereinfacht als **α-Estersulfonate (ES)** bezeichnet. Sie sind relativ hydrolysebeständig und zeichnen sich durch eine geringe Härteempfindlichkeit aus. Bei ihrer Synthese entstehen als Nebenprodukte Seife und das sog. *Disalz* (vgl. Abb. 9.18).

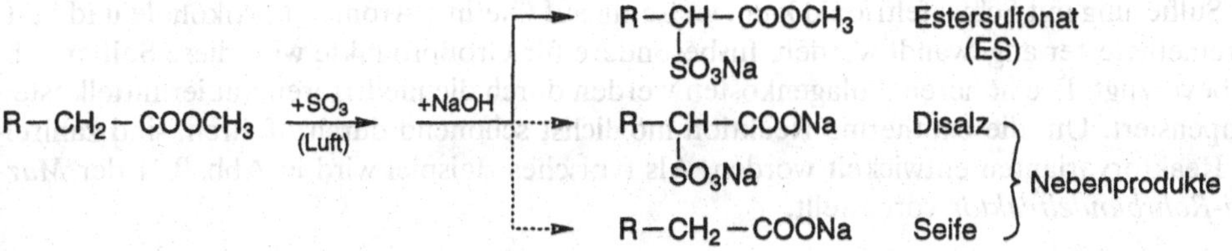

R−CH₂−COOCH₃
+SO₃
(Luft)
+NaOH
R−CH−COOCH₃
SO₃Na
Estersulfonat
(ES)
R−CH−COONa
SO₃Na
Disalz
Nebenprodukte
R−CH₂−COONa
Seife

Abb. 9.18 Synthese von α-Estersulfonaten (ES)

Fettalkoholsulfate (FAS) werden durch Sulfatierung von Fettalkoholen hergestellt. Diese Sulfatierung erfolgt entweder mit Schwefeltrioxid oder mit Chlorsulfonsäure (vgl. Abb. 9.19). Ganz analog können Fettalkoholether, die aus C_{12-14}-Fettalkoholen und Ethylenoxid zugänglich sind, zu **Fettalkoholethersulfaten (FAES oder FES)** sulfatiert werden. Im Gegensatz zu den FAS sind die FAES härtebeständig und dermatologisch besonders gut verträglich. Zudem zeichnen sie sich durch ein hohes Reinigungsvermögen aus.

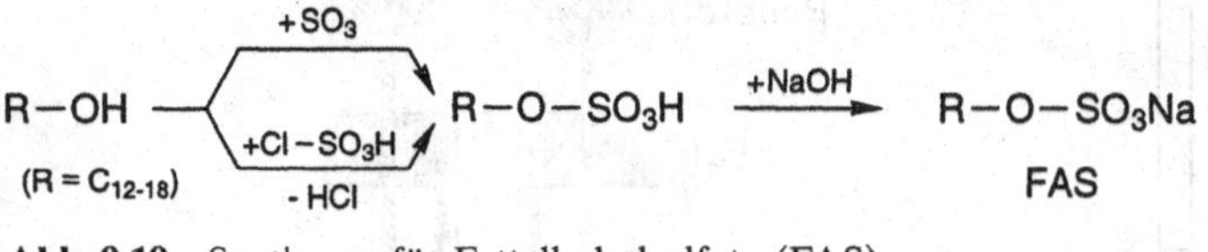

+SO₃
R−OH
(R = C₁₂₋₁₈)
+Cl−SO₃H
- HCl
R−O−SO₃H
+NaOH
R−O−SO₃Na
FAS

Abb. 9.19 Synthesen für Fettalkoholsulfate (FAS)

Wie die vorstehende Aufzählung zeigt, sind die meisten Aniontenside Sulfonate oder Sulfate. Sulfonierungen und Sulfatierungen werden gemeinsam als *Sulfierreaktionen* zusammengefaßt. Sulfierungen mit Chlorsulfonsäure werden insbesondere bei Produkten mit kleinerer Tonnage durchgeführt. Chlorsulfonsäure-Sulfieranlagen sind relativ einfach aufgebaut (vgl. Abb. 9.20), erfordern geringen Bedienungsaufwand und können schnell auf neue Ausgangsprodukte umgestellt werden. Die Vermischung von Sulfierrohstoff und Chlorsulfonsäure erfolgt in einer Mischkammer; die Weiterreaktion läuft dann in einem thermostatisierten Reaktor ab. Die HCl-Entgasung geschieht durch Verteilen des sulfonierten Produkts an der Wandung einer Entgasungskolonne mit Hilfe eines Drehtellers. Der Chlorwasserstoff wird in der Absorptionskolonne in ca. 30%ige Salzsäure überführt. Die sulfierten Produkte werden kontinuierlich oder diskontinuierlich mit NaOH, KOH oder Aminen neutralisiert.

M
H₂O
Entgasung
Absorption
Salzsäure
Reaktor
Düse
NaOH
M
ClSO₃H
Mischer
M
Fettalkohol
FAS

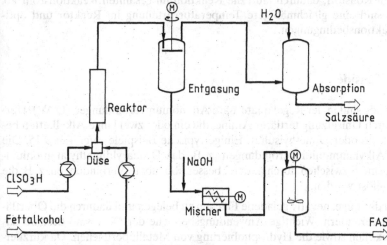

Abb. 9.20 Sulfierung mit Chlorsulfonsäure

Die Sulfierung mit Schwefeltrioxid kann vielseitig auf Olefine, Aromaten, Alkohole und Fettsäuremethylester angewandt werden. Insbesondere für Großprodukte wird diese Sulfiertechnik bevorzugt. Die höheren Anlagenkosten werden durch die niedrigeren Sulfiermittelkosten kompensiert. Um die exotherme Reaktion möglichst schonend durchzuführen, sind zahlreiche Reaktorvarianten entwickelt worden. Als typisches Beispiel wird in Abb. 9.21 der *Mazzoni-Rohrbündelreaktor* vorgestellt.

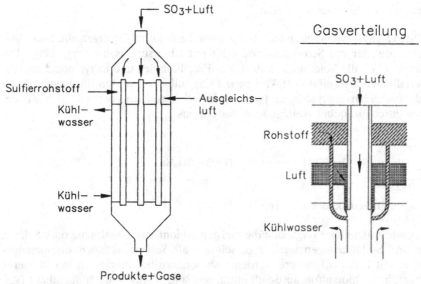

Abb. 9.21   Sulfierung mit Schwefeltrioxid, Mazzoni-Rohrbündelreaktor

Die Prinzipskizze zeigt einige Reaktionsrohre des gekühlten Rohrbündels. Die Zugabe von Sulfierrohstoff und Gasen erfolgt am Reaktorkopf. Die Verteilung geschieht so, daß sich auf den Rohrwandungen ein dünner, einheitlicher Fallfilm des organischen Rohstoffes bildet. Zwischen Rohstoff und verdünntem Schwefeltrioxid kann zusätzlich Ausgleichsluft als feine Schutzschicht eingeblasen werden. Durch die Verwirbelung der Gase gelangt das SO_3 nur nach und nach an den Rohstoff; dadurch läuft die Reaktion im gesamten Reaktionsrohr ab. Eine wichtige Folge sind eine gleichmäßigere Temperaturverteilung im Reaktor und optimale, schonende Reaktionsbedingungen.

9.2.3 Kationische Tenside

Die kationischen Tenside sind in der Regel quaternäre Ammoniumverbindungen (QAV). Hergestellt werden sie durch Umsetzung tertiärer Amine, die ein oder zwei lange Alkylketten besitzen, mit Methylchlorid oder Dimethylsulfat. Einige typische Beispiele zeigt Tab. 9.15. Die früher eingesetzten Alkylammoniumverbindungen, z. B. das Distearyldimethylammoniumchlorid (DSDMAC), sind inzwischen durch andere, besser abbaubare Verbindungen, z. B. die *Esterquats* (EQ), abgelöst worden.

Kationtenside sind in der Lage, negativ geladene Flächen zu belegen und dadurch die Oberflächeneigenschaften zu verändern. Wichtige Anwendungsbereiche der QAV sind deshalb das Weichmachen von Textilien sowie die Hydrophobierung von Metalloberflächen. Da kurzkettige quaternäre Ammoniumverbindungen auch mikrobiostatische und mikrobiozide Wirkungen aufweisen, finden sie Einsatz als Konservierungs- und Desinfektionsmittel. Als Tenside in Waschmitteln finden sie keine Verwendung.

Tab. 9.15 Kationische Tenside

Bezeichnung	Formel	typische Anwendungen
Distearyldimethylammoniumchlorid (DSDMAC)	C_{18}, CH_3 N$^+$ Cl^- C_{18} CH_3	Wäscheweichmacher (*Avivage*)
Dodecyldimethylbenzylammoniumchlorid	CH_3 $C_{12}-N^+-CH_2-C_6H_5$ Cl^- CH_3	desinfizierende Reiniger
Stearyl–N–alkoxyethyl–N–methylimidazoliniumchlorid	CH_3 N $C_{17}-C$ Cl^- N$^+$ CH_2-CH_2-OOCR	Wäscheweichmacher
Esterquats (EQ)	Cl^- CH_2-CH_2-OOCR $CH_3-N^+-CH_2-CH_2-OH$ CH_2-CH_2-OOCR	Wäscheweichmacher

$$R = C_{16}/C_{18}$$

9.2.4 Nichtionische Tenside

Nichtionische Tenside (*Niotenside*) sind Addukte von höheren langkettigen Alkoholen (Fettalkohole, Oxoalkohole) und Alkylphenolen mit Ethylenoxid oder Propylenoxid. Der hydrophile Teil dieser Tenside wird nicht durch ionische Substituenten gebildet. Ihre Wasserlöslichkeit ergibt sich vielmehr durch die Ether-Sauerstoffatome der Polyglykolkette, an die sich Wassermoleküle anlagern können. Typische Niotenside sind in Tab. 9.16 aufgeführt.

Fettalkoholpolyethylenglykolether (**Fettalkoholethoxylate**, FAE) können einfach durch Umsetzung von Fettalkoholen mit Ethylenoxid hergestellt werden. Diese Tensidgruppe läßt sich maßschneidern, da sowohl die Hydrophobie über die Länge des Fettalkohols variiert werden kann als auch die Hydrophilie über die Anzahl der addierten Ethylenoxideinheiten zu beeinflussen ist. Die FAE sind in nahezu allen Waschmittelformulierungen anzutreffen. Neben den natürlichen, linearen Fettalkoholen können auch die synthetischen Oxoalkohole, die einen Anteil an verzweigten Isomeren enthalten, in Niotenside überführt werden.

Die **Alkylphenolpolyglykolether** (APE) auf der Basis von Octyl-, Nonyl- oder Dodecylphenol besitzen zwar gute waschtechnische Eigenschaften, werden jedoch wegen ihrer unzureichenden biologischen Abbaubarkeit nicht mehr in Haushaltprodukten eingesetzt.

Tab. 9.16 Nichtionische Tenside

Bezeichnung	Formel	typische Anwendungen
Fettalkoholpolyglykolether (FAE)	$R-O-(CH_2-CH_2O)_n\,H$ $R = C_{9-19}$, $n = 3\text{-}15$	Wasch- und Reinigungsmittel
Alkylphenolpolyglykolether (APE)	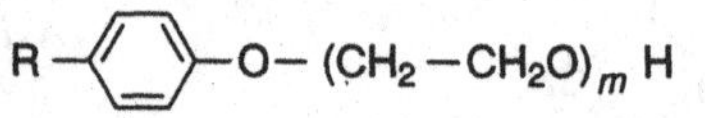 $R-\langle\!\!\langle\ \rangle\!\!\rangle-O-(CH_2-CH_2O)_m\,H$ $R = C_{8-12}$	Waschmittel, Emulgatoren
Fettalkoholpolyethylengly-kolpolypropylenglykolether	$RO-(CH_2-CH_2O)_n-(CH_2-\underset{\underset{CH_3}{\mid}}{CHO})_m\,H$ $R = C_{9-19}$	schaumarme Tenside
Fettsäureethanolamide	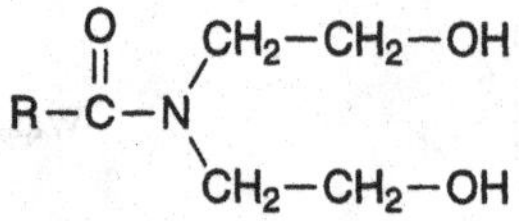 $R-\overset{\overset{O}{\|}}{C}-N\overset{\diagup CH_2-CH_2-OH}{\diagdown CH_2-CH_2-OH}$ $R = C_{11-17}$	Schaumstabilisatoren, kosmetische Reiniger

Generell gilt für die Niotenside, daß sie eine gute Waschwirkung schon bei geringen Konzentrationen und niedrigen Waschtemperaturen aufweisen. Gegen Härtebildner des Wassers sind die Niotenside unempfindlich. Sie sind besonders wirksam gegenüber Fettverschmutzungen und wirken bei Synthesefasern als Vergrauungsinhibitoren.

9.2.5 Amphotere Tenside

Amphotere Tenside (*Amphotenside*) enthalten im gleichen Molekül sowohl eine kationische als auch eine anionische Gruppierung. In saurer Lösung wirken sie wie Kationtenside, in alkalischer Lösung wie Aniontenside. Die wichtigsten Vertreter sind die Betaine und die Sulfobetaine, deren Struktur und Synthese in Abb. 9.22 wiedergegeben sind. Die Amphotenside besitzen ein gutes Waschverhalten und können sehr gut mit Anion- oder Kationtensiden kombiniert werden. Wegen ihrer ausgezeichneten Hautverträglichkeit werden sie in kleinen Mengen bevorzugt in Shampoos, Schaumbädern und kosmetischen Reinigern verwendet; ihr Marktanteil ist jedoch äußerst gering.

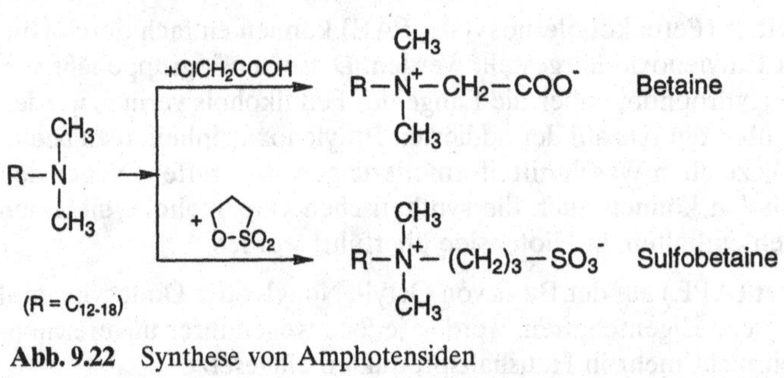

Abb. 9.22 Synthese von Amphotensiden

9.2.6 Vergleich der Tensidklassen

Wie die oben aufgeführten Synthesewege für die einzelnen Tensidklassen zeigen, erfolgt die Tensidherstellung sowohl auf petrochemischer als auch auf oleochemischer Basis. Die wichtigsten Rohstoffe sind auf petrochemischer Basis Alkylaromaten, Olefine, Alkane und Ethylenoxid, auf oleochemischer Basis Fettsäuren, Fettsäureester und Fettalkohole. Abb. 9.23 gibt einen Überblick über den Rohstoff-„Stammbaum" und die verschiedenen Tensidklassen.

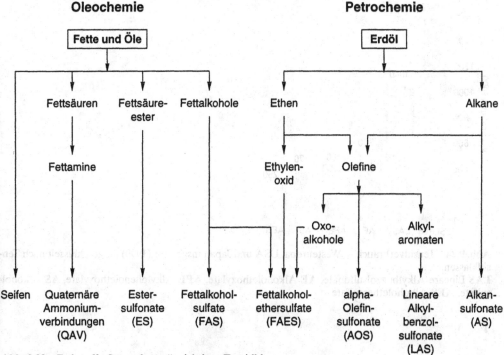

Abb. 9.23   Rohstoff-„Stammbaum" wichtiger Tensidklassen

Der Verbrauch an Tensiden nimmt nach wie vor stark zu: Der Anstieg lag in den letzten 10 Jahren bei ca. 20%, so daß 1988 der Tensidverbrauch ungefähr 5 Mio. t betrug. In Zukunft ist mit der Erschließung weiterer größerer Märkte, z. B. in Indien und China, zu rechnen, so daß auch weiterhin ein Wachstum erwartet wird. Allerdings verändert sich langsam die Bedeutung der einzelnen Tensidklassen: Während 1978 noch mit großem Abstand die Aniontenside dominierten, haben inzwischen die Niotenside auf Kosten der Aniontenside an Bedeutung stark zugenommen (vgl. Tab. 9.17). Wichtige Gründe für diesen Wechsel sind die geringe Härteempfindlichkeit und die gute Löslichkeit der Niotenside.

Tab. 9.17   Anteile der Tensidklassen an der Weltproduktion (in %)

Tensidklasse	1978	1988
Aniontenside	70	59
Niotenside	23	33
Kationtenside	7	7
Amphotenside	<1	1

Trotz dieser Entwicklungen ist weiterhin eine Gruppe von Aniontensiden die „Nr. 1" unter den synthetischen Tensiden: die linearen Alkylbenzolsulfonate (LAS, vgl. Abb. 9.24). Erst mit Abstand folgen die Niotenside sowie die anionischen Alkoholsulfate (AS) und die Alkoholethersulfate (AES). Wie Abb. 9.25 belegt, wächst die Produktion der LAS weiterhin stark an. Ein wichtiger Grund hierfür ist die universelle Einsetzbarkeit der LAS sowohl in pulverförmigen als auch in flüssigen Wasch-, Reinigungs- und Spülmitteln.

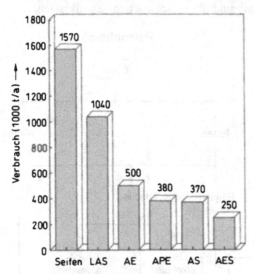

Abb. 9.24 Tensidverbrauch in Westeuropa, USA und Japan insgesamt (1990) aufgeschlüsselt nach Tensidklassen.
LAS Lineare Alkylbenzolsulfonate, **AE** Alkoholethoxylate, **APE** Alkylphenolethoxylate, **AS** Alkoholsulfate, **AES** Alkoholethersulfate

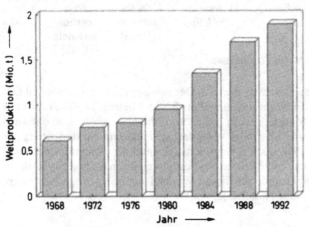

Abb. 9.25 Weltproduktion von linearen Alkylbenzolsulfonaten (LAS)

Allerdings haben die LAS einen Nachteil, der langfristig gegen ihre weitere Expansion spricht: Durch den Benzolring im Molekül verläuft der biologische Abbau der LAS über zahlreiche Zwischenstufen (vgl. Abb. 9.26). Geradkettige Moleküle, wie die Fettalkoholsulfate (FAS) oder die Fettalkoholether (FAE), können durch eine Folge von ω-Oxidationen und β-Spaltungen am Ethersauerstoff hingegen relativ schnell in oxidierte C_2-Einheiten überführt werden, die dann in Kohlendioxid, Wasser und Biomasse umgewandelt werden.

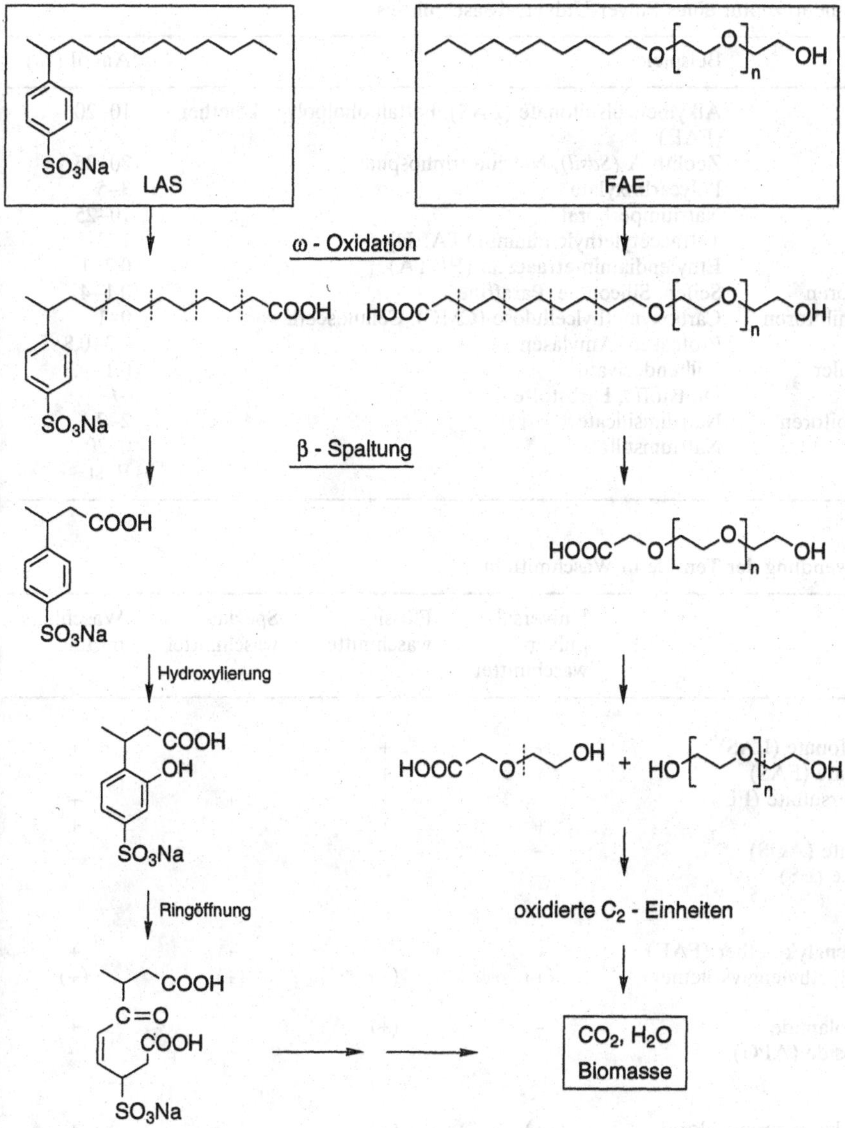

Abb. 9.26 Biologischer Abbau von LAS und FAE

9.2.7 Anwendungsgebiete

Ein Großteil der Tenside wird in Haushaltswaschmitteln (household detergents) eingesetzt. Allerdings machen die Tenside in den Waschmitteln nur einen relativ geringen Anteil aus. Als Beispiel ist in Tab. 9.18 die Rahmenrezeptur eines pulverförmigen Universalwaschmittels angegeben.

Welche Tensidklassen in den unterschiedlichen Waschmitteln bevorzugt eingesetzt werden, zeigt Tab. 9.19. LAS, FAS, FES und FAE finden vielseitige Verwendung, während AOS und ES nur vereinzelt angewendet werden.

Tab. 9.18   Rahmenrezeptur eines Pulver-Universalwaschmittels

Wirkstoffklasse	Beispiele	Anteil (%)
Tenside	Alkylbenzolsulfonate (LAS), Fettalkoholpolyglykolether (FAE)	10–20
Builder	Zeolith A *(Sasil)*, Natriumtriphosphat	20–35
Cobuilder	Polycarboxylate	3–5
Bleichmittel	Natriumperborat	10–25
Bleichaktivator	Tetraacetylethylendiamin (TAED)	1–3
Stabilisatoren	Ethylendiamintetraacetat (EDTA)	0,2–1
Schaumregulatoren	Seifen, Siliconöle, Paraffine	0,1–4
Vergrauungsinhibitoren	Carboxymethylcellulose (CMC), Celluloseether	0–1
Enzyme	Proteasen, Amylasen	0,3–0,8
optische Aufheller	Stilbenderivate	0,1–0,3
Hilfsstoffe	Duftstoffe, Farbstoffe	+/–
Korrosionsinhibitoren	Natriumsilicate	2–7
Stellmittel	Natriumsulfat	0–20
Wasser		Rest

Tab. 9.19   Anwendung der Tenside in Waschmitteln

Tensid	Universal-pulver-waschmittel	Flüssig-waschmittel	Spezial-waschmittel	Waschhilfs-mittel
Aniontenside				
Alkylbenzolsulfonate (LAS)	+	+	+	+
Fettalkoholsulfate (FAS)	+	+	+	+
Fettalkoholethersulfate (FES)	–	+	+	+
Seifen	+	+	+	+
α-Olefinsulfonate (AOS)	–	–	–	–
α-Estersulfonate (ES)	–	–	–	–
Niotenside				
Alkylpolyethylenglykolether (FAE)	+	+	+	+
Alkylphenolpolyethylenglykolether (APE)	(+)	(+)	(+)	(+)
Fettsäurealkanolamide	–	(+)	+	+
Alkylpolyglucoside (APG)	–	+	+	–
Kationtenside				
Dialkyldimethylammoniumchlorid	(+)	(+)	(+)	+
Esterquats (EQ)	–	–	–	+

+ häufig ⎫
(+) selten ⎬ verwendet
– nicht ⎭

Neben den Tensiden haben die **Builder** *(Gerüstsubstanzen)* wichtige Funktionen beim Wasch-prozeß. Ihre Hauptaufgabe ist es, die aus dem Wasser, aber auch aus dem Schmutz stammen-den Calcium- und Magnesiumionen zu binden. Zusätzlich leisten sie einen wesentlichen Bei-trag zur Waschwirkung, da sie die Schmutzablösung und -dispergierung unterstützen.

Bis Mitte der 70er Jahre war der wichtigste Builder das Pentanatriumtriphosphat (sodium tri-phosphate, STP), das in Mengen bis 40% dem Waschmittel zugesetzt wurde.

$$\text{NaO} \underset{\underset{\text{ONa}}{|}}{\overset{\overset{\text{O}}{\|}}{\text{P}}} \diagdown \text{O} \diagup \underset{\underset{\text{ONa}}{|}}{\overset{\overset{\text{O}}{\|}}{\text{P}}} \diagdown \text{O} \diagup \underset{\underset{\text{ONa}}{|}}{\overset{\overset{\text{O}}{\|}}{\text{P}}} \diagdown \text{ONa}$$

STP

Phosphate haben allerdings den Nachteil, daß sie zur Überdüngung stehender und langsam fließender Gewässer beitragen und somit zur Eutrophierung von Flüssen und Seen führen können (vgl. Kap. 3.4.2). Schon seit den 60er Jahren wurde nach Phosphatsubstituenten gesucht, die ausreichendes Komplexiervermögen besitzen, aber keine Eutrophierung verursachen und ökologisch und toxikologisch unbedenklich sind. Gleichzeitig darf der Builder nicht die Textilien schädigen und keine Korrosion verursachen. Aus der breiten Palette der untersuchten Substanzen erwies sich ein wasserunlösliches Natriumaluminiumsilicat vom Typ Zeolith A als optimal. Zeolith A besitzt eine Hohlraumstruktur mit einer Porenöffnung von 0,42 nm (vgl. Kap. 12.3). Beim Waschprozeß werden die in den Poren befindlichen Na-Ionen gegen Ca- und Mg-Ionen ausgetauscht.

Zeolith A wird in Form feinteiliger Kristallite (3–4 µm) hergestellt, die nicht auf den Textilien zurückbleiben. 1978 begann die großtechnische Synthese des Zeolith A nach einem von Henkel und Degussa gemeinsam entwickelten Verfahren. Allerdings konnte, wie Tab. 9.20 zeigt, zunächst nicht das gesamte Phosphat ersetzt werden, da Zeolith A alleine nicht die erforderlichen waschverstärkenden Eigenschaften besitzt. Es wurden deshalb **Cobuilder** entwickelt, die das Zeolith A in seiner Wirkung unterstützen. Wichtige Cobuilder sind Polycarboxylate, die aus Acryl- und Maleinsäure hergestellt werden. Sie stabilisieren amorphe und kolloidale Teilchen und vermeiden dadurch deren Ablagerung auf dem Textilgewebe. Außerdem tragen sie zur Schmutzdispergierung bei und unterstützen durch elektrostatische Effekte die Schmutzablösung. Die Natriumpolycarboxylate werden in der Kläranlage durch Fällung und Adsorption entfernt. Als weiterer Cobuilder wird der altbekannte Waschrohstoff Soda eingesetzt. Er sorgt für die notwendige Alkalität und erhöht dadurch die Waschkraft. Gleichzeitig verbessert Soda die Pulvereigenschaften des Waschmittels.

Tab. 9.20 Entwicklung der Buildersysteme (%-Anteile im Waschmittel)

Builderbestandteile	1975	1981	1985	1987
Triphosphat	40	24	20	–
Zeolith A	–	17	14	25
Polycarboxylate	–	–	2	4
Soda	–	–	–	8

1987 konnten die ersten phosphatfreien Waschmittel in den Markt eingeführt werden. Ergänzt durch geänderte Tensidsysteme gelang es, die Waschwirkung der P-freien Qualitätswaschmittel gegenüber den bisherigen P-haltigen noch zu steigern. Gleichzeitig konnte die Phosphatlast der Gewässer deutlich gesenkt werden.

Inzwischen wurde wieder eine neue Generation von Buildern entwickelt. 1989 stellte die Hoechst AG das Natriumschichtsilicat SKS 6 (SKS = **Schichtkieselsäure**) vor (Zusammensetzung: $Na_2Si_2O_5$). SKS 6 bindet sowohl Calcium als auch Magnesium, liefert die erforderliche Alkalität, ist mit den meisten Bleichmitteln sehr gut verträglich und als ökologisch vollkommen unbedenklich bewertet. 1994 wurde eine 50 000-jato-Anlage in Knapsack bei Köln in Betrieb genommen.

Weitere wichtige Bestandteile von Waschmitteln sind die **Bleichmittel** (bleaching agents) und **Bleichaktivatoren** (bleaching activators). Einen Überblick gibt die Abb. 9.27. Die Bleichmit-

Bleichmittel	Bleichaktivatoren
$2\ Na^+ \left[\begin{array}{cc} HO & O-O & OH \\ B & & B \\ HO & O-O & OH \end{array}\right]^{2-} \cdot 6\ H_2O$ Natriumperborat - Tetrahydrat Natriumperborat - Monohydrat $NaBO_3 \cdot H_2O$	$\begin{array}{c} H_3C-C \\ \quad\quad N-CH_2-CH_2-N \\ H_3C-C \end{array}$ mit $C-CH_3$ Gruppen Tetraacetylethylendiamin (TAED)
Natriumpercarbonat $Na_2CO_3 \cdot 1,5\ H_2O_2$ Dodecandipersäure Natriumhypochlorit NaOCl	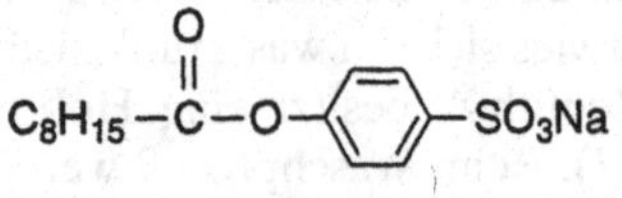 $C_8H_{15}-\overset{O}{\overset{\|}{C}}-O-\!\!\left\langle\bigcirc\right\rangle\!\!-SO_3Na$ Isononanoyloxy-benzolsulfonat (Iso - NOBS)

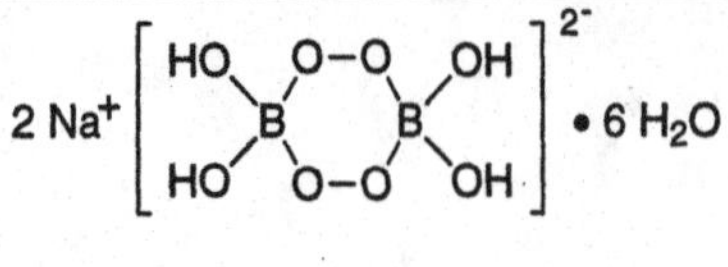

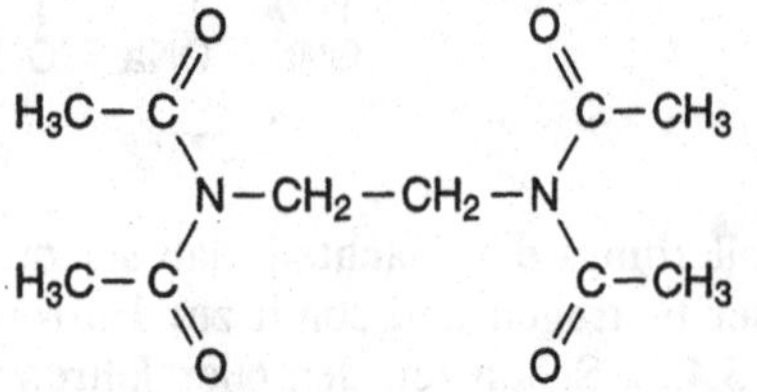

Abb. 9.27 Bleichmittel und Bleichaktivatoren

tel haben die Aufgabe, dunkelfarbige Verschmutzungen aufzuhellen. Die Bleiche ist ein Oxidationsschritt, der durch sauerstoffabspaltende Verbindungen initiiert wird. Die wichtigsten Varianten der Bleiche sind die Peroxid-Bleiche und die Hypochlorit-Bleiche. Bei der Peroxid-Bleiche entsteht z. B. aus Natriumperborat im alkalischen Medium als aktives Zwischenprodukt das Perhydroxyl-Anion, das dann weiter in Hydroxyl-Anion und Sauerstoff zerfällt:

$$NaBO_3 \cdot 4\ H_2O \longrightarrow Na^+ + BO_2^- + H_2O_2 + 3\ H_2O \tag{9.13}$$

$$H_2O_2 \xrightarrow{pH\ >7} H^+ + HOO^- \tag{9.14}$$

$$HOO^- \longrightarrow OH^- + [O] \tag{9.15}$$

Bei höheren Temperaturen (Kochwäsche: 95 °C) wird ausreichend bleichaktiver Sauerstoff abgespalten. Bei Temperaturen unterhalb von 60 °C müssen Aktivatoren zugesetzt werden. Es handelt sich hierbei um Acylierungsmittel, wie z. B. das Tetraacetylethylendiamin (TAED), das mit Perborat schon bei niedrigen Temperaturen Persäuren bildet. Deren hohes Oxidationspotential sorgt für eine gute Bleichwirkung:

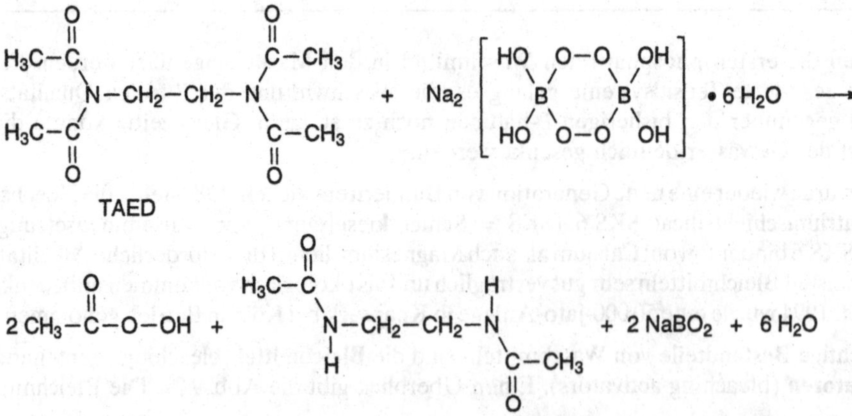

$$\begin{array}{c} H_3C-C \\ \quad N-CH_2-CH_2-N \\ H_3C-C \end{array} \quad + \quad Na_2\left[\begin{array}{cc} HO & O-O & OH \\ B & & B \\ HO & O-O & OH \end{array}\right] \cdot 6\ H_2O \longrightarrow$$

TAED

$$2\ CH_3-\overset{O}{\overset{\|}{C}}-O-OH \quad + \quad \begin{array}{c} H_3C-C \\ \quad N-CH_2-CH_2-N \\ H \quad\quad\quad\quad C-CH_3 \end{array} \quad + \quad 2\ NaBO_2 + 6\ H_2O \tag{9.16}$$

Spuren von Kupfer-, Mangan- oder Eisenionen können Perborat katalytisch zersetzen und führen zu einer unkontrollierten Freisetzung des Sauerstoffs. Um dies zu vermeiden, können dem Waschmittel in kleinen Mengen **Stabilisatoren** (*Komplexbildner*, sequestrants), z. B. Phosphonate, Ethylendiamintetraacetat (EDTA) oder Nitrilotriacetat (NTA), zugesetzt werden (vgl. Abb. 9.28).

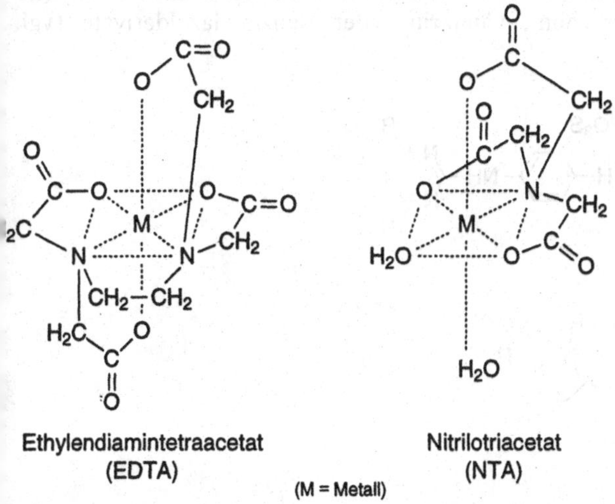

Ethylendiamintetraacetat
(EDTA)

Nitrilotriacetat
(NTA)

(M = Metall)

Abb. 9.28 Struktur und Wirkungsweise wichtiger Komplexbildner

Die Hypochloritbleiche ist für Haushaltswaschmittel weniger gut geeignet. Natriumhypochlorit kann nur als Lösung eingesetzt werden und kommt somit für Pulverwaschmittel nicht in Frage. Die Lagerstabilität ist nur begrenzt; Fasern und Textilfarben können bei einer Überdosierung geschädigt werden. In Europa wird Hypochlorit deshalb nur in gewerblichen Wäschereien unter genau kontrollierten Bedingungen eingesetzt.

Im folgenden werden kurz die weiteren Waschmittelzusatzstoffe (vgl. Tab. 9.18) erläutert:

Als **Schaumregulatoren** (foam regulators) werden Seifen mit Kettenlängen von C_{12-22} eingesetzt. Auch spezielle Tenside, wie z. B. die Fettsäurealkylolamide, wirken schaumregulierend. Heutzutage werden überwiegend Schaumregulatoren auf Basis Siliconöl oder Paraffin verwendet.

Vergrauungsinhibitoren (anti-graying agents) sollen den von der Faser gelösten Schmutz in der Waschflotte in der Schwebe halten und ein Wiederaufziehen des Schmutzes auf das Gewebe verhindern. Es werden meist Cellulosederivate eingesetzt, wie z. B. die Methylcellulose (MC) oder die Carboxymethylcellulose (CMC):

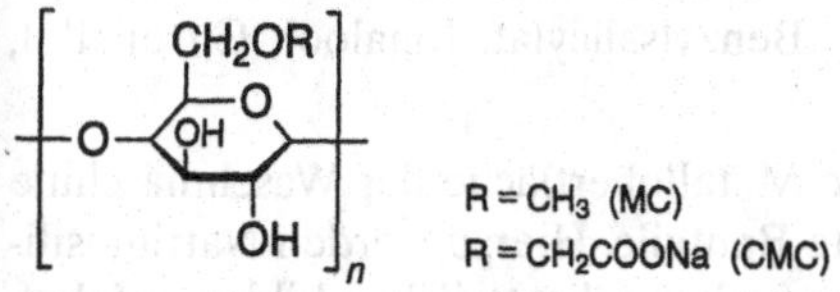

R = CH_3 (MC)
R = CH_2COONa (CMC)

Cellulosederivate sind zwar biologisch schwer abbaubar, aber nicht toxisch. In der Kläranlage werden sie vom Bioschlamm adsorbiert.

Waschmittelenzyme (detergent enzymes) dienen dazu, hartnäckige Eiweißverschmutzungen, z. B. Milch, Kakao, Eigelb oder Blut, zu entfernen. Diese Proteasen sind Biokatalysatoren, die

Eiweißstoffe aufspalten. Außerdem werden Amylasen zur Spaltung von Stärke eingesetzt. Diese fermentativ hergestellten Enzyme sind nur im Temperaturbereich bis 60 °C wirksam.

Optische Aufheller (*Weißtöner*, optical brighteners) ziehen bei der Wäsche auf die Gewebefaser auf und formen das unsichtbare ultraviolette Licht in sichtbares, bläuliches Licht um. Dieser zusätzliche Lichtanteil ergibt mit der gelblichen Komplementärfarbe der Wäsche einen Weißton, so daß der Gesamtweißgrad des Gewebes erhöht wird. Weißtöner sind organische Verbindungen, zumeist Stilben-, Pyrazolin-, Cumarin- oder Benzimidazolderivate (vgl. Abb. 9.29).

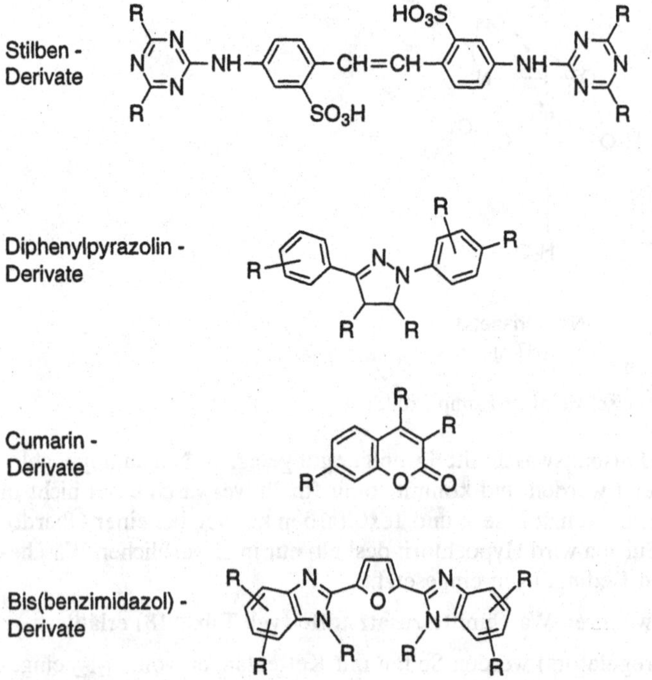

Abb. 9.29 Optische Aufheller

Duftstoffe (fragrances) sowie evtl. auch **Farbstoffe** (dyestuffs) sind eher modische Attribute, auf die in heutigen Waschmitteln teilweise schon verzichtet wird. Duftstoffe sollen während der Wäsche den Waschlaugengeruch überdecken und der gewaschenen Wäsche einen frischen Duft verleihen. Sie werden nur in kleinen Mengen (< 0,3 %) zugesetzt und bestehen meist aus einem Gemisch zahlreicher Einzelkomponenten. Sie müssen im alkalischen Milieu und bei 60 bis 90 °C stabil und dürfen nicht oxidationsempfindlich sein (Bleichmittel!). Typische Duftstoffkomponenten sind Phenylethylalkohol, Benzylsalicylat, Linalool, Citronellol, Terpineol, Ionon und Anisaldehyd.

Korrosionsinhibitoren (corrosion inhibitors) sollen die Metalloberfläche der Waschmaschine schützen, insbesondere Aluminiumteile und emaillierte Bauteile. Hierzu werden Natriumsilicate (*Wasserglas*) bevorzugt eingesetzt. Die kolloidal verteilten Silicatteilchen bilden auf dem Metall eine dünne Inertschicht, die vor dem Angriff der Hydroxylionen schützt.

Stellmittel (fillers), z. B. Natriumsulfat, werden zur Konfektionierung der Pulverwaschmittel benötigt. Sie garantieren eine gute Rieselfähigkeit, Dosierbarkeit und Löslichkeit des Pulvers. Gleichzeitig sorgen sie dafür, daß das Pulver auch bei hoher Luftfeuchtigkeit nicht zusammenbackt. Die meisten auf dem Markt befindlichen Waschmittelpulver enthalten nur noch geringe Mengen (< 5%) an Natriumsulfat.

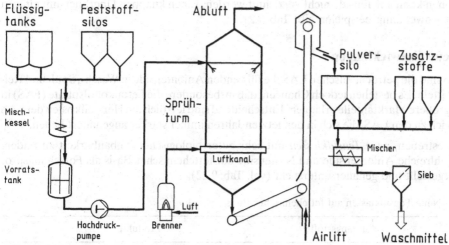

Abb. 9.30 Herstellung von Pulverwaschmitteln durch Sprühtrocknung

Der größte Teil des heute vermarkteten Waschpulvers wird nach dem **Heißluftsprühverfahren** *(Sprühtrocknung)* hergestellt (vgl. Abb. 9.30). Die Trocknung verläuft bei 300 bis 350 °C, so daß nur die Bestandteile versprüht werden können, die unter diesen Temperaturbedingungen noch stabil sind. Sie werden zu einem *Slurry*, einer wäßrigen Aufschlämmung mit einem Feststoffgehalt von ca. 60–70%, gemischt und in langsam gerührten Vorratstanks gelagert. Unter Druck wird der Slurry durch Zerstäubungsdüsen in bis zu 50 m hohen Sprühtürmen *(Prilltürme)* versprüht. Aus einem Luftkanal im unteren Teil des Sprühturms strömt dem eingedüsten Nebel ein heißer Luftstrom entgegen, der das Wasser verdampft und aus den Slurry-Tröpfchen kleine Hohlkugeln *(Prills, Beads)* oder Granulate bildet. Diese rieseln auf den Boden des Sprühturms und werden pneumatisch *(Airlift)* in einen Pulversilo gefördert. Die temperaturempfindlichen Zusatzstoffe, wie Perborat, Enzyme, Duft- und Farbstoffe, werden in einem Mischer nachträglich zugegeben.

Tab. 9.21 Tensidanwendungen in der Industrie

Industriebereich	Typische Tensidanwendungen
Pflanzenschutz	Hilfsstoffe für Insektizid- und Herbizidlösungen
Textilverarbeitung	Reinigung von Naturfasern, Hilfsstoffe beim Faserspinnen, Antistatika
Lebensmittel	Emulgatoren für Eiscreme, Mayonnaise und Saucen
Pharmaka	Emulgatoren für Cremes und Salben, Dispersionsmittel in Tabletten
Kunststoffe	Emulsionspolymerisation, Polyurethanschäume, Gleitmittel
Farben/Lacke	Verbesserung des Dispersionsverhaltens
Leder/Pelze	Hilfsmittel bei Reinigung und Verarbeitung
Photo	Hilfsmittel in Färbe- und Entwicklungsbädern
Papier	Hilfsmittel zur Harzentfernung und Schauminhibierung, Regenerierung von Altpapier *(Deinken)*
Metall	Oberflächenreinigung, Kühl- und Schmiermittel, Korrosionsschutzmittel, Polierpasten
Galvanisierung	Oberflächenreinigung
Klebstoffe	Verringerung der Oberflächenspannung
Straßenbau	Herstellung von Bitumenemulsionen
Erdölgewinnung	Hilfsmittel bei der Bohrtechnik
Bergbau	Sammler und Schäumer in der Erzflotation

Die Tenside finden nicht nur in Waschmitteln für den Haushalt, sondern auch in zahlreichen Industrien vielfache Anwendungen. Bei allen Formen der Reinigung und in Emulsionen und Dispersionen kann auf Tenside nicht verzichtet werden. Einen knappen Überblick mit einigen typischen Anwendungsbeispielen gibt Tab. 9.21.

9.2.8 Neue Entwicklungen

Weiterhin sind die petrochemischen LAS die führenden Aniontenside in Wasch-, Spül- und Reinigungsmitteln. Es bestehen jedoch Chancen, daß insbesondere die Fettalkoholsulfate (FAS) in Zukunft größere Marktanteile erlangen. Entscheidend sind letztlich die Herstellkosten der FAS im Vergleich zu den LAS, die sich in den letzten Jahren immer stärker angenähert haben.

In dem Bestreben, *neue Tensidklassen* mit sehr guter biologischer Abbaubarkeit zu finden, wurden zahlreiche Aniontenside und Niotenside auf fettchemischer Basis als Forschungsprodukte hergestellt und genauer untersucht (vgl. Tab. 9.22).

Tab. 9.22   Neue Tensidklassen auf fettchemischer Basis

	Ausgangsstoffe	Produkte
Anion-tenside	$----COOH + SO_3 \xrightarrow{NaOH}$ **Ölsäure**	$----\overset{|}{\underset{SO_3Na}{C}}OONa$ **Ölsäuresulfonate**
	$----O(CCO)_n-R + SO_3 \xrightarrow{NaOH}$ **ungesättigte Mischether**	$----\overset{|}{\underset{SO_3Na}{O}}(CCO)_n-R$ **Mischethersulfonate**
	$R-O-(CCO)_n-CH_2-CH_2-OSO_3^- + SO_3^{2-} \longrightarrow$ **FAES**	$R-O-(CCO)_n-CH_2-CH_2-SO_3^- + SO_4^{2-}$ **Fettalkoholethersulfonate**
Nio-tenside	$R-O-(CCO)_n-CH_2-\overset{|}{\underset{OH}{C}}H-R + SO_3 \xrightarrow{NaOH}$ **Hydroxymischether**	$R-O-(CCO)_n-CH_2-\overset{|}{\underset{OSO_3Na}{C}}H-R$ **Hydroxymischethersulfate**
	$R-O-(CCO)_n-H + R'Cl \xrightarrow[-KCl]{KOH}$ **FAE**	$R-O-(CCO)_n-R'$ **Mischether**
	$\overset{\triangle}{O} + RO(CCO)_{\overline{n}}H \longrightarrow$ **α - Olefinepoxide**	$----O(CCO)_{\overline{n}}H$ **Hydroxymischether**
	$----OH + \overset{\triangle}{O} \xrightarrow{[Kat.]}$ **Fettalkohole**	$----O(CCO)_{\overline{n}}H$ **FAE mit sehr enger Homologenverteilung**

$(CCO)_n = (CH_2-CH_2-O)_n$

Wird Ölsäure mit SO₃/Luft-Gemischen sulfoniert, bilden sich innenständige Ölsäuresulfonate (i-ÖS), die gut biologisch abbaubar sind. Es sind schaumarme Tenside mit guten Netzeigenschaften, die allerdings nicht das Waschvermögen der LAS erreichen. Da sie sich auch in hohen Konzentrationen (50–70%) klar in Wasser lösen, sind sie insbesondere zur Formulierung von Flüssigwaschmitteln geeignet.

Aus Fettalkoholethern und Alkylchloriden werden durch *Williamson-Synthese* Fettalkoholpolyglykolalkylether, sog. *Mischether,* gebildet. Durch Wahl des Ethoxylierungsgrades sowie der Kettenlänge der Reste R und R' lassen sich gezielte Eigenschaftsprofile einstellen. Diese neue Niotensidklasse wird zunehmend als biologisch gut abbaubares Antischaummittel für die Flaschenreinigung eingesetzt. Man kann auch nichtionische ungesättigte Mischether durch Sulfonierung in die anionischen Mischethersulfonate überführen. So zeigt z. B. ein Produkt auf Oleylalkoholbasis, ethoxyliert mit 5 mol Ethylenoxid und mit einem Butylrest verethert, ein gutes Netzvermögen bei gleichzeitig geringer Schaumentwicklung. Die Mischethersulfonate sind wiederum biologisch gut abbaubar.

Durch Umsetzung von FAES mit Natriumsulfit gelingt es, die Sulfate in Sulfonate zu überführen. Diese zeichnen sich durch hohe Hydrolyse- und Temperaturstabilität aus und sind deshalb z. B. für die tertiäre Erdölförderung von Interesse.

Werden Alkoholethoxylate mit α-Olefinepoxiden umgesetzt, bilden sich die sog. *Hydroxymischether,* die ausgezeichnete schauminhibierende Eigenschaften besitzen und biologisch gut abbaubar sind. Auch diese neuen Niotenside können durch Sulfatierung in Aniontenside umgewandelt werden, und zwar in die *Hydroxymischethersulfate.*

Schließlich muß noch eine neue Entwicklung bei den *Fettalkoholethoxylaten* (FAE) erwähnt werden. Durch Umsetzung von Fettalkoholen und Ethylenoxid in Gegenwart basischer Katalysatoren entsteht ein statistisches Gemisch der FAE mit einer sehr breiten Homologenverteilung. Setzt man hingegen spezielle Katalysatoren ein, z. B. mit Fettsäuren hydrophobierte Doppelschichthydroxide vom Hydrotalcittyp (z. B. [Mg₄Al₂(OH)₁₂] CO₃·4H₂O), bildet sich eine sehr enge Homologenreihe. Dadurch wird der Anteil der leichtflüchtigen Produkte verringert und die Verarbeitbarkeit durch den niedrigeren Stockpunkt verbessert.

Neben den Fetten werden zunehmend auch die *Kohlenhydrate als Tensidrohstoffe* untersucht. Auch Kohlenhydrate sind nachwachsende, native Bausteine mit günstigen ökologischen Eigenschaften. Sie sind wegen ihrer zahlreichen Hydroxygruppen als hydrophile Komponente von Tensidmolekülen gut geeignet. Es bietet sich an, diese hydrophilen Zuckermoleküle mit hydrophoben Fettmolekülen zu kombinieren. Eine Möglichkeit ist die Synthese der schon seit langem bekannten Fettsäuremonoester von Zuckern, den sog. *Zuckerestern* (vgl. Abb. 9.31). Setzt man Saccharose als Kohlenhydrat ein, bilden sich bei der Umesterungsreaktion mit Fettsäuremethylestern allerdings nicht nur der gewünschte Monoester, sondern auch Di- und Triester. Die Zuckerester haben bisher nur in speziellen Anwendungsgebieten, z. B. in Kosmetik, Nahrungsmitteltechnik und Pharmazie, eine praktische Bedeutung erlangt.

Anders verläuft derzeit die Entwicklung bei den Zuckeracetalen, den *Alkylglykosiden.* Da sich die Acetale der Glucose, die sog. Alkylglucoside (AG) oder Alkylpolyglucoside (APG), einerseits gezielt herstellen lassen und andererseits der Rohstoff Glucose gut verfügbar und ökonomisch vertretbar ist, werden dieser neuen Tensidklasse große Zukunftschancen eingeräumt. Die technischen Alkylglucoside sind Gemische aus α- und β-Alkylmonoglucosiden und Alkylpolyglucosiden (vgl. Abb. 9.31). Die Anzahl der Glucoseeinheiten pro Fettalkylkette und damit die Einstellung der Hydrophilie läßt sich über das Eduktverhältnis einstellen.

Die Herstellung der Alkylglucoside kann nach zwei Verfahren erfolgen: Beim Umacetalisierungsverfahren wird zuerst die Glucose mit einem niedermolekularen Alkohol, z. B. mit Butanol, unter Säurekatalyse in das Butylglucosid überführt. Dieses ist jetzt mit dem Fettalkohol mischbar und kann eine Umacetalisierung zum langkettigen Alkylglucosid eingehen.

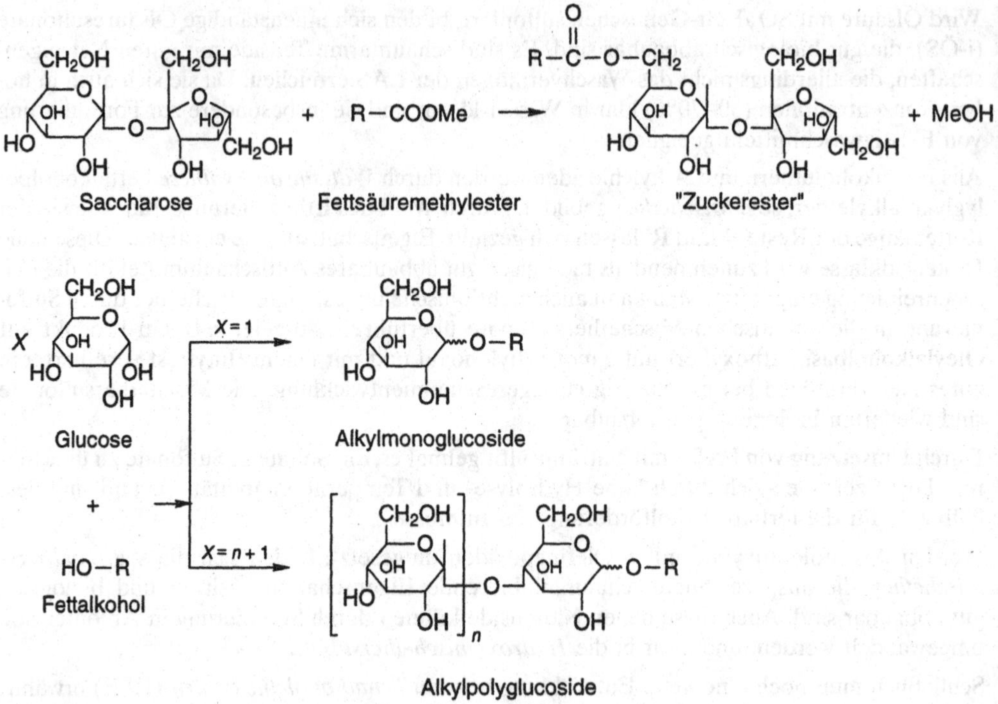

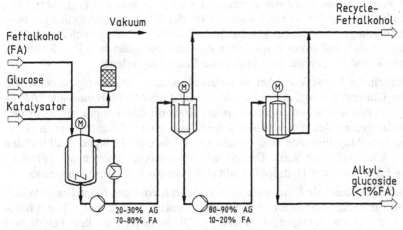

Abb. 9.31 Niotenside aus Kohlenhydraten und Fettmolekülen

Bei der Direktsynthese wird die Reaktion ohne Verwendung eines Lösungsvermittlers durchgeführt. Ein Fließschema dieses Verfahrens zeigt Abb. 9.32. Fettalkohol und Kohlenhydrat werden im Verhältnis 5 : 1 in einen Rührreaktor gegeben, der mit einem zusätzlichen externen Wärmetauscher ausgerüstet ist. Die säurekatalysierte Reaktion wird im Vakuum durchgeführt. Überschüssiger Fettalkohol wird anschließend in einem zweistufigen Prozeß abgetrennt. Es entsteht eine Alkylglucosidschmelze, die weniger als 1% Fettalkohol enthält. Der abgetrennte überschüssige Fettalkohol wird nach einem Reinigungsschritt wieder vollständig in den Prozeß rezyklisiert.

Abb. 9.32 Alkylglucosidherstellung nach der Direktsynthese

Die Alkylglucoside sind biologisch gut abbaubare Niotenside, die sich durch gute Hautverträglichkeit, geringe Toxizität und weitgehende Hydrolysestabilität auszeichnen. Optimale Tensideigenschaften werden bei einer Alkylkettenlänge von C_{12-15} und einen Glucoseanteil von ca. 65% beobachtet. Die guten grenzflächenaktiven und ökologischen Eigenschaften machen die Alkylglucoside zu äußerst interessanten nichtionischen Tensiden für Wasch-, Spül- und Reinigungsmittel, Emulgatoren, Kosmetika und die Nahrungsmitteltechnik.

Auch im Waschmittelbereich haben sich in den 80er Jahren neue Trends herausgebildet. Hierzu gehören z. B. die **Flüssigwaschmittel** (liquid detergents), die vor 1980 nur im Bereich der Spezialwaschmittel Verwendung fanden. Die Leistungsfähigkeit von Flüssigwaschmitteln konnte in den letzten Jahren wesentlich gesteigert werden. Die Rezepturverbesserungen wurden erreicht durch spezielle Mehrkomponenten-Tensidsysteme, durch Einbau eines Buildersystems, durch Zusatz von Komplexbildner und durch die Stabilisierung von Enzymen durch den Zusatz von Calcium und mehrwertigen Alkoholen. Tab. 9.23 zeigt die Zusammensetzung zweier typischer phosphatfreier Flüssigwaschmittel mit Zeolith bzw. Seife als Builder.

Tab. 9.23 Zusammensetzung phosphatfreier Flüssigwaschmittel in %

Inhaltsstoffe	Zeolith als Builder	Seife als Builder
Aniontenside	8–12	10–15
Niotenside	2– 5	10–15
Seife	–	12–20
Citrat	1– 4	1– 2
Zeolith	17–22	–
Polycarboxylat	1– 3	–
Ethanolamine	–	5–10
Alkohole	7–10	8–12
Enzyme	+	+
Stabilisatoren	+	+
Wasser	45–60	30–35

Die Flüssigwaschmittel konnten einen Teil des Universalwaschmittelmarktes erobern. Abb. 9.33 zeigt, daß die Größe ihres Marktanteils regional sehr unterschiedlich ist. Die Flüssigwaschmittel stellen eine nützliche Ergänzung zu den pulverförmigen Produkten dar. Sie haben Vorteile bei der Wäsche im niederen Temperaturbereich (30–60 °C), lösen sehr gut fetthaltige Verschmutzungen, haben eine hervorragende Waschwirkung für Synthetics und Wolle und schonen das Textilgewebe.

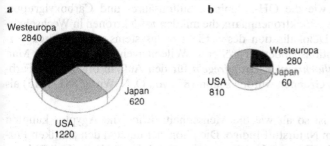

Abb. 9.33 Vergleich der Marktanteile von **a** Pulver- und **b** Flüssigwaschmitteln (Angaben in 1000 t/a)

Allerdings erwächst den Flüssigwaschmitteln in den letzten Jahren wieder eine weitere Konkurrenz, die **Waschmittelpulverkonzentrate** (*Kompaktwaschmittel*, compact powders). Herkömmliche Universalwaschmittelpulver haben eine Schüttdichte im Bereich von 450 bis 550 g/l. Durch Modifizierung der Waschmittelrezeptur sowie der Herstelltechnologie sind bisher Schüttdichten von 600 bis 750 g/l erzielt worden. In den Entwicklungsabteilungen der Waschmittelhersteller werden z. Z. noch wesentlich höhere Schüttdichten angestrebt. Dazu sind vollkommen neue Herstellverfahren wie die Granulation oder die Extrusion mit anschließender Zerkleinerung erforderlich. Die Waschmittelkonzentrate reduzieren die Packungsgröße und sparen dadurch Verpackungsmaterial ein. Gleichzeitig werden die Transportkosten erniedrigt sowie die erforderlichen Stellflächen im Handel und im Haushalt verringert.

Die zukünftigen Entwicklungen auf dem Waschmittelmarkt sind nur schwer einzuschätzen. Einige Trends der 80er Jahre werden sich aber mit Sicherheit weiter fortsetzen: Das Textilangebot wird immer vielseitiger, die Tendenz zum Energiesparen verlangt möglichst niedrige Waschtemperaturen sowie weitere Wassereinsparungen, die Umweltverträglichkeit der Waschmittel muß noch weiter verbessert werden, Verpackungsmaterial muß eingespart oder rezyklisiert werden. Darüber hinaus ist in der Zukunft auch mit neuartigen Waschmaschinentypen und geänderten Waschverfahren zu rechnen. Waschmaschinen mit der automatischen Dosierung mehrerer Waschmittelkomponenten sind derzeit in der Erprobung.

9.3 Farbstoffe

9.3.1 Übersicht

Der Oberbegriff für Stoffe, die andere Produkte färben, ist die Sammelbezeichnung *Farbmittel* (engl. coloring agents). Hierunter versteht man sowohl organische als auch anorganische Farbmittel, die ihrerseits wieder natürlichen Ursprungs sind oder synthetisch hergestellt sein können. Die **anorganischen Farbmittel** sind nahezu ausschließlich Pigmente (pigments), die in ihrem Bindemittel unlöslich sind. Typische anorganische Pigmente sind die Weißpigmente Titandioxid (vgl. Kap. 3.4.3), Zinkoxid, Zinksulfid und die Lithopone, d. h. Mischpigmente aus Zinksulfid und Bariumsulfat. Schwarzpigmente sind Ruß und Eisenoxidschwarz, Rotpigmente Mennige (Pb_3O_4) und Eisenoxidrot, Blaupigmente Ultramarin und Cobaltblau, Gelbpigmente Cadmiumgelb, Chromgelb und Eisenoxidgelb, Braunpigmente sind überwiegend Eisenoxide.

Organische Farbmittel sind entweder unlösliche Farbpigmente oder lösliche Farbstoffe (dyestuffs). Es handelt sich zumeist um Moleküle mit konjugierten Doppelbindungen und delokalisierten π-Elektronensystemen *(Chromophore)*. Neben der C=C-Doppelbindung sind die Azo-, Carbonyl- und Nitrogruppen wichtige Chromophore. Daneben enthalten organische Farbstoffe noch Substituenten wie die OH-, Amino-, Sulfonsäure- und Carboxylgruppe. Diese *Auxochrome* enthalten freie Elektronenpaare, die mit den π-Elektronen in Wechselwirkung treten (+M-Effekt). Die Delokalisation des π-Elektronensystems wird dadurch verstärkt, damit werden die Absorptionsbanden zu größeren Wellenlängen hin verschoben: Man erzielt eine Farbvertiefung *(Bathochromie)*. *Grundregeln* für den Aufbau organischer Farbstoffe mit diesen chromophoren Gruppen wurden schon 1876 von O. N. Witt (1853–1915) als *Chromophortheorie* aufgestellt.

Die Geschichte der Farbstoffe ist so alt wie die Menschheit: Schon die Ägypter kannten 2000 v. Chr. die Färbung mit dem Naturstoff Indigo. Die Phönizier nutzten den „antiken Purpur" (Dibromindigo), der aus der Purpurschnecke gewonnen wurde. Auch die Gelbfärbung mit Safran und die Rotfärbung mit Alizarin waren schon im klassischen Altertum bekannt.

Seit dem 19. Jahrhundert haben die **synthetischen Farbstoffe** zunehmend an Bedeutung gewonnen. Grundlegende Arbeiten erfolgten durch F. F. Runge (1795–1867, Industriechemiker in Berlin und Oranienburg, Professor in Breslau), der aus dem Steinkohlenteer u. a. das Phenol und das Anilin isolierte. Beide Substanzen waren wesentliche Ausgangsprodukte für eine immer breiter werdende Palette synthetischer Farbstoffe. Den ersten synthetischen Farbstoff, das violette Mauvein, hatte 1856 der englische Chemiker W. H. Perkin (1838–1907, Schüler von A. W. Hofmann) erhalten; danach wurden in rascher Folge u. a. die Farbstoffe Fuchsin, Anilinblau, Methylenblau und Malachitgrün synthetisiert. Parallel dazu entstanden insbesondere in Deutschland zahlreiche Farbstoffabriken, die bis zum heutigen Tag von größter Bedeutung sind, z. B. BASF, Bayer, Hoechst, Agfa (= Aktiengesellschaft für Anilinproduktion; gegründet 1867, heute als Agfa-Gevaert Tochtergesellschaft der Bayer AG); vgl. Kap 1.4.

Die Produktion synthetischer organischer Farbstoffe steigt weiterhin an: Während 1950 in der Bundesrepublik Deutschland nur ca. 30 000 t Farbstoffe produziert wurden, lag die Produktion 1970 bei ca. 100 000 Jahrestonnen und 1990 bei 180 000 Jahrestonnen. Wichtige Anwendungen finden die Farbstoffe beim Färben von Textilien und Leder, in der Papier- und Tapetenfabrikation sowie als Druckfarben. Die weltweite Produktion an Farbmitteln wurde 1990 auf ca. 800 000 Jahrestonnen geschätzt. Hierbei nimmt der Anteil der Produktion in Südostasien und Indien seit Anfang der 90er Jahre stark zu.

Eine kurze Beschreibung der bedeutendsten Farbstoffgruppen erfolgt in den folgenden Abschnitten nach dem Kriterium ihrer chemischen Konstitution. Kap. 9.3.7 gibt abschließend eine Übersicht über die verschiedenen Färbevorgänge, also über die Möglichkeiten, den Farbstoff mit seinem Untergrund zu verknüpfen.

9.3.2 Azofarbstoffe

Azofarbstoffe stellen mengenmäßig mit ca. 50 % der Weltproduktion die wichtigste Klasse der organischen Farbstoffe dar. Ihre Molekülstruktur ist charakterisiert durch die chromophore Azogruppe -N=N-, an die aromatische Ringe gebunden sind. Die Herstellung von Azofarbstoffen erfolgt in zwei Schritten, nämlich durch Diazotierung eines primären aromatischen Amins zum Diazoniumsalz (vgl. Gl. 9.17), aus dem anschließend durch sog. Kupplung mit einer kupplungsfähigen Komponente die Azoverbindung gebildet wird (vgl. Gl. 9.18):

$$R-NH_2 + NaNO_2 + 2\ HCl \longrightarrow R-N=N^+Cl^- + 2\ NaCl + 2\ H_2O \qquad (9.17)$$

$$R-N=N^+Cl^- + R'H \longrightarrow R-N=N-R' + HCl \qquad (9.18)$$

Als Diazotierungskomponenten kommen folgende Gruppen von aromatischen Aminen in Frage:

- Anilin und substituierte Aniline (Substituenten: Methyl-, Chlor-, Nitro-, Hydroxy-, Methoxy-, Sulfonsäuregruppen usw.),
- Naphthylamine und Naphthylaminsulfonsäuren,
- Diamine, z. B. *p*-Phenylendiamin, und deren Substitutionsprodukte.

Kupplungskomponenten sind meist Phenole, Naphthole oder aromatische Amine. Die Vielzahl dieser Ausgangsprodukte ergibt eine große Vielfalt von Kombinationsmöglichkeiten zu Azofarbstoffen. Abb. 9.34 zeigt einige typische Vertreter der Azofarbstoffe und ihr breites Farbspektrum.

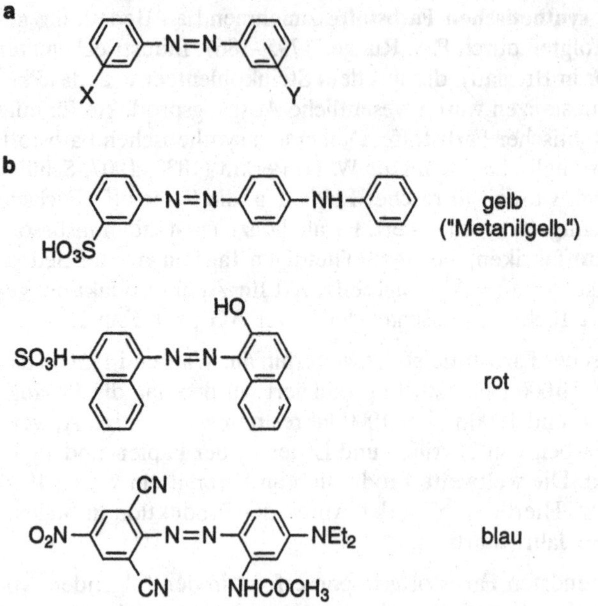

a

b

gelb
("Metanilgelb")

rot

blau

Abb. 9.34   Azofarbstoffe. **a** Allgemeine Formel, **b** Beispiele

Die Herstellung von Azofarbstoffen erfolgt im Chargenverfahren (vgl. Kap. 2.1, Grundfließbild Abb. 2.1). Zur Diazotierung legt man das primäre aromatische Amin in überschüssiger
wäßriger Salz- oder Schwefelsäure in einem Rührkessel vor und läßt unter intensiver Kühlung
die stöchiometrische Menge an konzentrierter Natriumnitrit(NaNO$_2$)-Lösung langsam zulaufen (vgl. Abb. 9.35). Diazoniumsalze sind leicht zersetzlich; man isoliert sie deshalb nicht, sondern läßt die wäßrige Reaktionslösung nach beendeter Diazotierung in den Kupplungsreak-
tor fließen, der die Kupplungskomponente enthält. Diese liegt entweder in wäßriger Lösung
oder fein dispergiert als wäßrige Suspension vor. Der pH-Wert muß während der Kupplung
durch Zugabe von Säure konstant gehalten werden, je nach Art der Kupplungskomponente
schwach alkalisch (pH 7–9, z. B. bei Phenolen) oder schwach sauer (pH 4–7, z. B. bei Aminen). Zur Isolierung aus der Kupplungsbrühe und Weiterverarbeitung können wasserunlösliche Azofarbstoffe (z. B. Pigmente, Dispersionsfarbstoffe) unmittelbar über Drehfilter oder
Filterpressen abfiltriert werden. Wasserlösliche Azofarbstoffe werden aus der Kupplungslö-
sung durch Aussalzen oder durch pH-Wert-Änderung ausgefällt und danach abfiltriert. Der
Filterkuchen wird in Sprüh- oder Bandtrocknern getrocknet. Während sprühgetrocknete
Farbstoffe in der Regel in feinkörniger Form anfallen, ist für die Produkte aus anderen Trock-
nungsverfahren eine anschließende Zerkleinerung erforderlich. Man benutzt dazu Prallmüh-
len, vor allem Strahl- und Stiftmühlen. In Strahlmühlen werden die zu zerkleinernden Partikeln durch einen Gasstrahl auf hohe Geschwindigkeiten beschleunigt (bis 250 cm/s), wobei sie
durch gegenseitige Stöße zerkleinert werden. In Stiftmühlen erfolgt die Beschleunigung der
Teilchen mittels einer rotierenden Scheibe, die mit Stiften versehen ist.

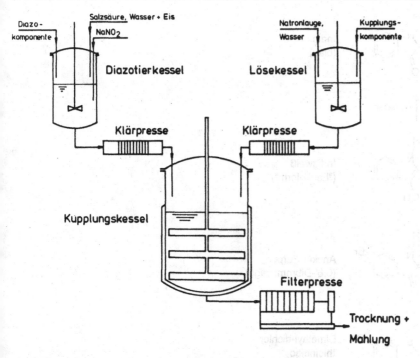

Abb. 9.35 Herstellung eines Azofarbstoffs (Verfahrensfließbild)

9.3.3 Carbonylfarbstoffe

Die Carbonylfarbstoffe enthalten als chromophore Gruppen unter anderem Carbonylgruppen. Zu dieser Farbstoffklasse zählen Indigo und seine Derivate sowie die Anthrachinonfarbstoffe.

Indigo ist ein natürlicher Farbstoff und kann aus Pflanzen gewonnen werden. Dazu wurden die Pflanzen früher in Wasser zu Brei gestampft und in Lehmgruben zu einer bräunlichen Brühe vergoren. Bei dieser Gärung wurde dem Indigo gefaulter Urin zugesetzt; dabei wurde er in seine wasserlösliche *Leukoform*, das Indigweiß, reduziert (vgl. Abb. 9.36). Werden Fasern in dieses Färbebad eingetaucht und anschließend an Luftsauerstoff getrocknet, bildet sich durch Oxidation die blaue Farbe des wasserunlöslichen Indigos auf der Faser zurück. Seit Beginn dieses Jahrhunderts wird Indigo in großem Umfang synthetisch hergestellt. Technisch erfolgt die Synthese durch Schmelzen des Natriumsalzes von Phenylglycin mit Natriumhydroxid und Natriumamid bei ca. 200 °C. Die Licht- und Waschechtheit des Indigos wird heute von zahlreichen modernen Farbstoffen übertroffen. Bedeutung hat Indigo weiterhin bei der Einfärbung von Blue jeans, bei denen ein gewisser Auswascheffekt erwünscht ist.

Ein Derivat des Indigo ist das *6,6'-Dibromindigo*, der *Antike Purpur* (vgl. Abb. 9.36). Er wird aus den Drüsen einiger Arten von Meeresschnecken der Gattung Murex gewonnen, die im Mittelmeerraum verbreitet sind. Schon die Phönizier gewannen diesen Farbstoff, der in seiner Leukoform gelbgrün gefärbt ist und sich an der Luft zu einem tiefen Rotviolett umwandelt.

Größere Bedeutung als Indigo und antiker Purpur haben inzwischen der Thioindigo und seine Halogenderivate erlangt. Diese Farbstoffe haben meist rötliche Farbnuancen wie z. B. der in Abb. 9.36 gezeigte brillantrosafärbende Dimethyl-dichlorthioindigo.

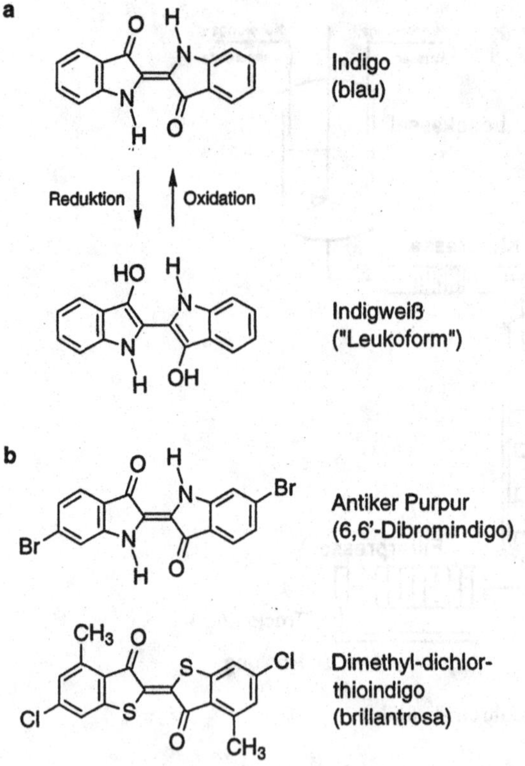

a

Indigo
(blau)

Reduktion ↓ ↑ Oxidation

Indigweiß
("Leukoform")

b

Antiker Purpur
(6,6'-Dibromindigo)

Dimethyl-dichlor-
thioindigo
(brillantrosa)

Abb. 9.36 a Indigo (Färbeprinzip)
und **b** Beispiele

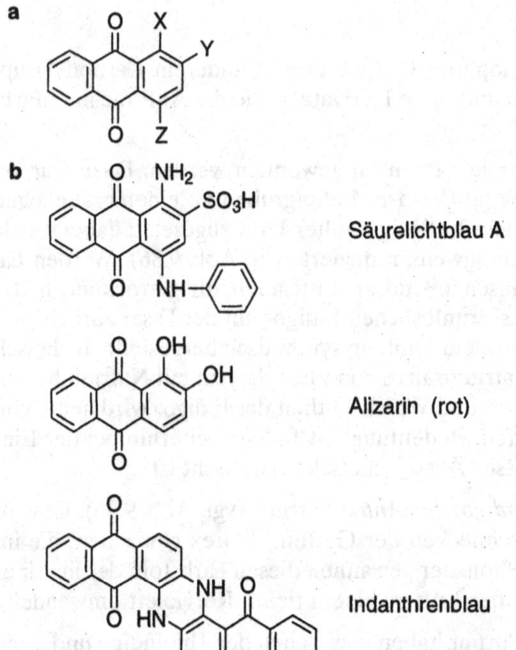

a

Säurelichtblau A

Alizarin (rot)

Indanthrenblau

Abb. 9.37 Antrachinone.
a Allgemeine Formel, **b** Beispiele

Zu den Carbonylfarbstoffen gehören auch die **Anthrachinone**, deren allgemeine Formel in Abb. 9.37 dargestellt ist. Durch Variation der Substituenten X, Y und Z, zumeist Hydroxy-, Amino-, Arylamino- und Sulfonsäuregruppen, ist eine breite Farbpalette herstellbar, z. B. die Farbstoffe Säurelichtblau A, Alizarin und Indanthrenblau. Die Anthrachinonfarbstoffe zeichnen sich durch eine hervorragende Lichtechtheit aus. Das dem Grundgerüst zugrunde liegende Anthrachinon ist technisch einfach durch Oxidation von Anthracen an V_2O_5-Katalysatoren zugänglich. Bei der Sulfonierung des Anthrachinons entsteht die Anthrachinon-2-sulfonsäure, die im Alkalischen unter oxidativen Bedingungen in das 1,2-Dihydroxyanthrachinon, das Alizarin überführt wird. Alizarin wurde schon im Altertum aus der Krappwurzel gewonnen; das seit 1869 synthetisch hergestellte Alizarin verdrängte das Naturprodukt jedoch schnell vom Markt. Alizarin ist ein orangeroter Farbstoff, der sich im Alkalischen mit blauvioletter Farbe löst.

Indanthrenblau (vgl. Abb. 9.37) wurde zum ersten Mal 1901 hergestellt. Man gewinnt es durch Ätzkalischmelze von 2-Aminoanthrachinon in Gegenwart von Kaliumnitrat. Die Indanthrenfarbstoffe sind für die Färbung von Textilien von großer Bedeutung.

9.3.4 Methinfarbstoffe

In der Gruppe der Methinfarbstoffe werden die Triphenylmethan-, Polymethin- und Indaminfarbstoffe zusammengefaßt (vgl. Abb. 9.38).

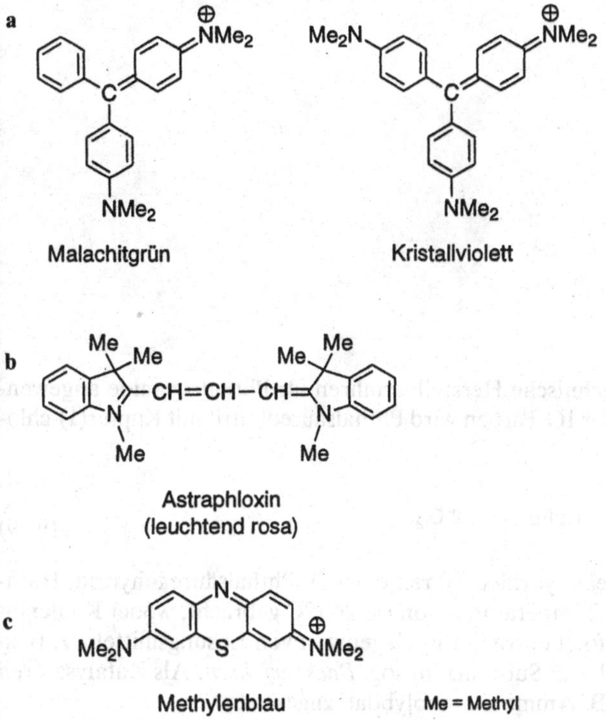

Abb. 9.38 Methinfarbstoffe. **a** Triphenylmethanfarbstoff, **b** Polymethinfarbstoff, **c** Indaminfarbstoff

Wichtige **Triphenylmethanfarbstoffe** sind das Malachitgrün und das Kristallviolett. Charakteristisches Strukturelement dieser Klasse ist das Triphenylmethylkation, an dem mindestens zwei Elektronendonorgruppen, z. B. Amino- oder Hydroxygruppen, gebunden sind. Malachitgrün erhält man durch Kondensation von Benzaldehyd mit Dimethylanilin und anschließende Oxidation der Leukoform mit Bleioxid. Kristallviolett wird aus Phosgen und Dimethylanilin hergestellt. Beide Farbstoffe haben Bedeutung zur Färbung von Büromaterialien, eignen sich jedoch nicht als Textilfarbstoffe wegen ihrer fehlenden Lichtechtheit.

Polymethinfarbstoffe enthalten eine Kette mit einer ungeraden Anzahl von Methingruppen als chromophore Gruppe. Eine wichtige Untergruppe sind die basischen Polymethine oder *Cyanine*, z. B. das rosa färbende Astraphloxin. Polymethinfarbstoffe sind auch als Sensibilisatoren für die Silberhalogenidfotographie von Bedeutung.

Zu den heterozyklischen **Indaminen** gehört das Methylenblau, das aus *p*-Aminodimethylanilin, Dimethylanilin und Natriumthiosulfat unter oxidierenden Bedingungen hergestellt wird. Methylenblau ist zum Anfärben von Wolle, Polyacrylnitrilfasern und Seide geeignet.

9.3.5 Phthalocyanine

Die Phthalocyanine (Pc) haben als Grundstruktur das polyzyklische Ringsystem des Tetraazatetrabenzoporphins, ein Chromophor mit 18 delokalisierten π-Elektronen. Als Zentralatom wird zumeist Kupfer eingesetzt, aber auch Cobalt- und Nickelphthalocyanine werden technisch hergestellt (vgl. Abb. 9.39). Das Kupferphthalocyanin ist ein leuchtend blauer Farbstoff. Durch Substituenten kann die Farbe variiert werden: Chlorsubstituenten führen zu einer grünen Farbe; die Einführung von Sulfonsäuregruppen liefert türkisfarbene Phthalocyanine.

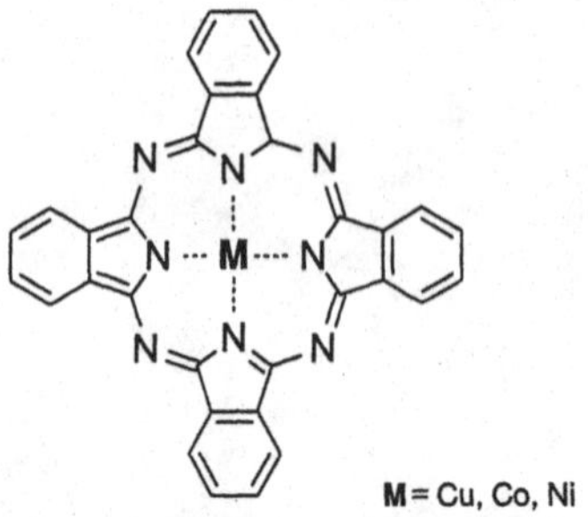

M = Cu, Co, Ni

Abb. 9.39 Phthalocyanine

Seit den 30er Jahren werden zwei technische Herstellverfahren für Phthalocyanine angewendet: Beim Phthalodinitrilverfahren der IG-Farben wird Phthalsäuredinitril mit Kupfer(I)-chlorid auf 140 °C erhitzt:

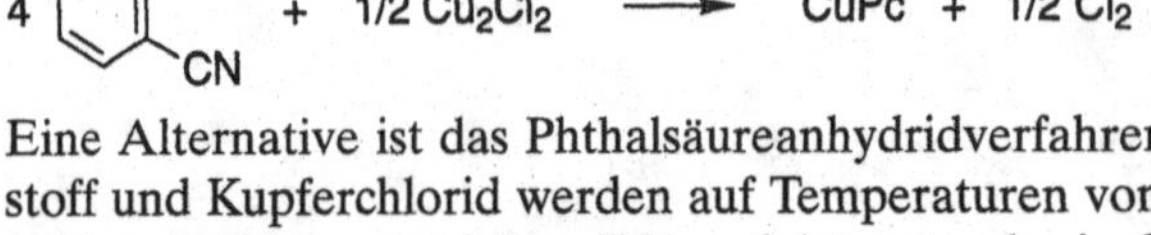

$$4 \quad \text{(o-Dinitrobenzol)} \quad + \quad 1/2 \ Cu_2Cl_2 \quad \longrightarrow \quad CuPc \quad + \quad 1/2 \ Cl_2 \tag{9.19}$$

Eine Alternative ist das Phthalsäureanhydridverfahren der ICI: Phthalsäureanhydrid, Harnstoff und Kupferchlorid werden auf Temperaturen von ca. 200 °C gebracht, wobei Kohlendioxid und Chlor entweichen. Dies erfolgt entweder in Gegenwart von Lösungsmitteln, z. B. in Nitrobenzol oder Trichlorbenzol, oder in Substanz im sog. *Backverfahren*. Als Katalysatoren werden Molybdänverbindungen, z. B. Ammoniummolybdat, zugesetzt:

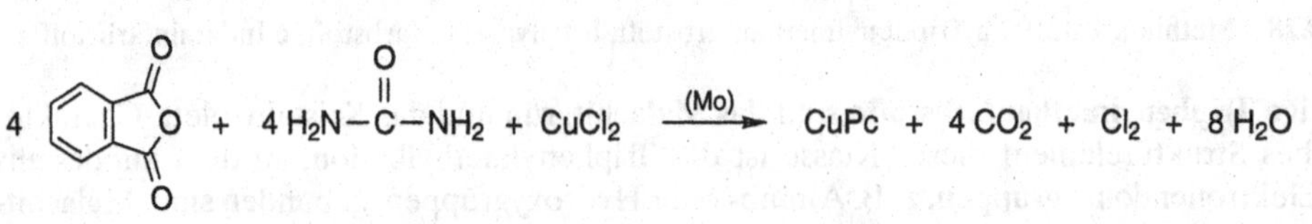

$$4 \quad \text{(Phthalsäureanhydrid)} \quad + \quad 4 \ H_2N-\overset{O}{\underset{\|}{C}}-NH_2 \quad + \quad CuCl_2 \quad \xrightarrow{(Mo)} \quad CuPc \quad + \quad 4 \ CO_2 \quad + \quad Cl_2 \quad + \quad 8 \ H_2O \tag{9.20}$$

9.3.6 Schwefelfarbstoffe

Die Schwefelfarbstoffe lassen sich nicht mit Hilfe einheitlicher Formeln beschreiben. Es sind Gemische organischer Substanzen, die durch Erhitzen mit Schwefel oder Polysulfiden zu höhermolekularen Verbindungen mit Schwefelbrücken umgesetzt werden. Einige typische Strukturelemente der Schwefelfarbstoffe, nämlich Benzothiazol, Phenothiazon, Phenoxazon und Phenazon*, sind in Abb. 9.40 gezeigt. Die chromophoren Strukturen sind ähnlich wie bei den Indaminen (vgl. Kap. 9.3.4). Eine typische Synthese sei am Beispiel des *Sulfur Orange 1* verdeutlicht: 2,4-Diaminotoluol wird mit elementarem Schwefel in einer Backschmelze auf 190 bis 250 °C erhitzt. Nach einem Aufschluß, z. B. mit NaOH, wird der Farbstoff durch Ausblasen mit Luft gefällt. Schwefelfarbstoffe lassen sich in den unterschiedlichsten Farbnuancen (gelb, rot, braun, grün, blau, schwarz) herstellen und besitzen gute Lichtechtheit.

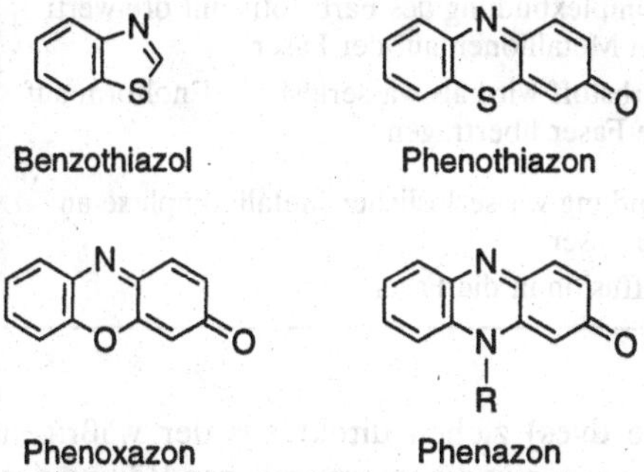

Benzothiazol   Phenothiazon

Phenoxazon   Phenazon

Abb. 9.40 Strukturelemente von Schwefelfarbstoffen

9.3.7 Färbevorgänge

Wie schon in der Übersicht erwähnt wurde, sind organische Farbmittel grundsätzlich in unlösliche Farbpigmente und lösliche Farbstoffe zu unterscheiden.

Die **Farbpigmente** werden in dispergierter Form in Druckfarben, Anstrichmitteln und Kunststoffen zur Farbgebung eingesetzt. Die meisten Pigmentfarbstoffe gehören zur Gruppe der Azofarbstoffe (gelb, orange, rot), zu den Anthrachinonderivaten (blau) und zu den Phthalocyaninen (blau, grün).

Die löslichen **Farbstoffe** werden vor allem zur Färbung von Textilien eingesetzt. Um eine hohe Waschechtheit zu gewährleisten, muß der Farbstoff möglichst fest an der Faser gebunden sein. Tab. 9.24 gibt einen Überblick über die verschiedenen Varianten der Färbepraxis.

Basische (kationische) Farbstoffe enthalten Aminogruppen als Substituenten. Die Wolle besitzt als Protein saure Gruppen, die den basischen Farbstoff durch Protonenübertragung binden. Auch Polyacrylnitrilfasern, die mit geringen Mengen Acrylsäure copolymerisiert sind, werden durch basische Farbstoffe gefärbt.

Ganz analog wirken **saure (anionische) Farbstoffe**, die Hydroxy-, Carboxy- oder Sulfonsäuregruppen enthalten. Sie reagieren mit den kationischen Gruppen in Wolle, Seide oder Polyamiden.

---

* Letzteres ist nicht zu verwechseln mit dem gleichnamigen Pyrazolonderivat, das als erstes synthetisches Antipyretikum 1884 unter dem Namen Antipyrin in die Therapie eingeführt wurde; vgl. Kap. 9.4.3.

Tab. 9.24   Textilfarbstoffe (FS = Farbstoff)

Farbstoffart	reaktive Gruppen des Farbstoffs	Verhalten zur Faser
basische FS	$-NH_2$, $-NR_2$	Ionenbindung mit sauren Gruppen der Faser
saure FS	$-OH$, $-SO_3H$	Ionenbindung mit basischen Gruppen der Faser
Direkt-FS	–	Bindungen über Wasserstoffbrücken und Dipol-Dipol-Wechselwirkungen
Entwicklungs-FS	$R-N=N^+Cl^-$ + R'H	Bildung des Farbstoffs (z. B. Azofarbstoff) auf der Faser
Reaktiv-FS	Triazinring (vgl. Gl. 9.21)	kovalente Bindung über einen reaktiven „Anker" des Farbstoffs
Beizen-FS	$-OH$, $-COOH$	Komplexbildung des Farbstoffs mit dreiwertigen Metallionen auf der Faser
Küpen-FS	$-\overset{\|}{\underset{O}{C}}-CH \rightleftarrows -C=C \\ \quad\quad\quad OH$	Farbstoff wird als wasserlösliche Enolform auf die Faser übertragen
Metallkomplex-FS	Cr^{3+}, Cu^{2+}, Co^{2+}	Bindung wasserlöslicher Metallkomplexe an die Faser
Dispersions-FS	–	Diffusion in die Faser

Direktfarbstoffe (*substantive Farbstoffe*, substantive dyes) ziehen direkt aus der wäßrigen Phase auf die Faser auf. Kolloidale Farbstoffteilchen werden in die intermizellaren Räume der Faser (Wolle, Cellulose) eingelagert. Direktfarbstoffe haben meist eine relativ hohe Molmasse und eine gestreckte Struktur. Viele Direktfarbstoffe sind Azofarbstoffe mit mehreren Azogruppen.

Die **Entwicklungsfarbstoffe** (developing dyestuffs) werden erst auf der Faser erzeugt („entwikkelt"). Bei vielen Azofarbstoffen wird zuerst die Kupplungskomponente auf die Faser aufgezogen und anschließend die Diazokomponente, die dann zur Azoverbindung reagieren.

Reaktivfarbstoffe (reactive dyestuffs) besitzen eine reaktive Gruppe, die mit einer Hydroxy- oder Aminogruppe der Faser eine kovalente Bindung eingeht. Eine wichtige Verknüpfungsgruppe („Anker") ist der Triazinring des Cyanurchlorids. Gl. (9.21) zeigt beispielhaft die Anbindung eines Farbstoffs „FS" an die Cellulose.

$$(9.21)$$

Bei der Verwendung von **Beizenfarbstoffen** (mordant dyestuffs) wird die Faser zuerst mit einer wäßrigen Lösung dreiwertiger Metallionen (Al, Fe, Cr) getränkt. Anschließend taucht man die Faser in die Lösung des Beizenfarbstoffs. An der Faseroberfläche bilden sich unlösliche Komplexe des Farbstoffs mit dem dreiwertigen Metall. Beizenfarbstoffe sind heute kaum noch von Bedeutung.

Küpenfarbstoffe (vat dyestuffs) wurden schon am Beispiel des Indigo (vgl. Kap. 9.3.3) erläutert. Die wasserunlösliche Ketoform des Farbstoffs wird durch Reduktion in die lösliche Enolform (*Leukoform*) gebracht. Nach dem Aufziehen auf die Faser wird die Ketoform durch Oxidation wieder zurückgebildet. Zu den Küpenfarbstoffen zählen neben Indigo und Thioindigo auch zahlreiche Anthrachinonfarbstoffe.

Metallkomplexfarbstoffe (metal complex dyestuffs) sind z. B. Azofarbstoffe, die mit einem Metallion einen wasserlöslichen Komplex bilden. Dieser haftet über van der Waals- und Komplexbindungen auf der Faser. Metallkomplexe sind auch die Phthalocyanine, die als Farbpigmente eingesetzt werden (vgl. Kap. 9.3.5).

Dispersionsfarbstoffe (dispersed dyestuffs) ziehen aus einer wäßrigen Dispersion durch Diffusion in die Faser ein. Die Farbstoffe sind oftmals Azofarbstoffe. Als Faser eignen sich synthetische und halbsynthetische Fasern, die keine freien Hydroxy- oder Aminogruppen besitzen, z. B. Polyester, Polyamide und Polyacrylnitril.

Tab. 9.25 zeigt noch einmal in einer Übersicht, wie Textilfasern, Leder und Papier mit den unterschiedlichen organischen Farbstoffen gefärbt werden.

Tab. 9.25 Haupteinsatzgebiete organischer Farbstoffe

Farbstoffe	Baum-wolle	Wolle	Poly-ester	Poly-amid	Polyacryl-nitril	Leder	Papier
Azofarbstoffe:							
• wasserlöslich	++	++	–	++	++	++	++
• wasserunlöslich	++	–	++	+	+	–	–
• mit Reaktivanker	++	+	–	–	–	–	–
Antrachinonfarbstoffe:							
• wasserlöslich	–	++	–	++	++	–	–
• wasserunlöslich	–	–	++	–	–	–	–
• als Küpenfarbstoff	++	–	–	–	–	–	–
• mit Reaktivanker	++	+	–	–	–	–	–
indigoide Farbstoffe	++	+	–	–	–	–	–
Methinfarbstoffe	–	+	–	–	++	–	++
Phthalocyaninfarbstoffe	++	–	–	–	–	–	++
Schwefelfarbstoffe	++	–	–	–	–	–	–

++ hohe Bedeutung
+ geringe Bedeutung
– keine Bedeutung

9.4 Pharmazeutika

9.4.1 Allgemeines

Unter dem Begriff *Pharmazeutika* werden die Produkte zusammengefaßt, die für medizinische Zwecke hergestellt werden, also zur Behandlung von Krankheiten und deren Heilung (= *Therapie*), zur Gesundheitserhaltung und Vorbeugung gegen Erkrankungen (= *Prophylaxe*) sowie zur Erkennung des Gesundheitszustandes (= *Diagnose*). Daneben benutzt man für diese Produktgruppe die Bezeichnungen **Arzneimittel** (z. B. Arzneimittelgesetz) und **Pharmaka**, wobei man unter letzterem Begriff meist die **Wirkstoffe** versteht im Unterschied zu den verschiedenen **Arzneiformen**, in denen die Wirkstoffe angewendet werden, wie Tabletten, Pulver, Salben und Infusionslösungen.

Die Überführung eines Wirkstoffes in eine oder auch in mehrere dieser Arzneiformen (Darreichungs- oder Zubereitungsformen) ist ein wesentlicher Teil des Herstellungsverfahrens. Daher werden Pharmazeutika – im Unterschied zur Mehrzahl anderer chemischer Produkte – meist schon vom Wirkstoffhersteller in die Form gebracht, in der sie der Endverbraucher (Patient, Arzt) benutzt. Dementsprechend läßt sich die Herstellung eines Pharmazeutikums in zwei Abschnitte unterteilen:

- Herstellung des Wirkstoffs und
- Herstellung der Arzneiform.

Die Herstellung von Wirkstoffen erfolgt überwiegend durch chemische Synthese (vgl. Kap. 9.4.4) oder durch Fermentationsverfahren, d. h. aus Kulturen von Mikroorganismen oder Pflanzen- oder Tierzellen (vgl. Kap. 9.4.5). Daneben werden viele Wirkstoffe nach wie vor aus Pflanzen oder Tieren gewonnen (vgl. Kap. 9.4.6).

Die Entwicklung und Herstellung geeigneter Arzneiformen ist Aufgabe der **pharmazeutischen Technologie**, auch **Galenik** genannt. Ziel ist dabei, die Wirkstoffe in Darreichungsformen zu überführen, in der sie im Organismus an der gewünschten Stelle, d. h. am Wirkort, zum optimalen Zeitpunkt und in optimaler Menge wirksam werden; man spricht hier von *optimaler Bioverfügbarkeit*. Dazu ist zunächst die Applikationsart festzulegen. Sie wird bestimmt durch Wirkungsweise und Wirkort des Arzneimittels. Es gibt folgende Möglichkeiten für die Applikation eines Arzneimittels:

- direkte Einführung in den Blutkreislauf oder in das Körpergewebe durch Injektion oder Infusion (parenterale Applikation),
- orale Aufnahme (enterale Applikation) und
- äußerliche Anwendung.

Parenterale Applikationen erfolgen in Form von wäßrigen Lösungen, Emulsionen und Suspensionen, wobei die Injektionspräparate meist in Ampullen oder Einwegspritzen abgefüllt geliefert werden. Die orale Verabreichung von Arzneimitteln geschieht in Form von Tabletten, Kapseln, Dragées oder Flüssigkeiten (Säfte, Sirupe, Tropfen). Zur äußerlichen Anwendung dienen vor allem Salben, ferner auch Flüssigkeiten (z. B. Augen-, Ohren-, Nasentropfen) und Zäpfchen (Suppositorien).

All diese verschiedenen Arzneiformen sind, abgesehen von einigen Arzneimitteln in Tablettenform, Mischungen der Wirkstoffe mit Zusatzstoffen. Die Zusatzstoffe dienen verschiedenartigen Zwecken, z. B. als Bindemittel, Stabilisatoren oder zur Geschmacksverbesserung. Die Verfahren, die bei der Herstellung von Arzneimittelformen zur Anwendung kommen, wie Mischen, Tablettieren, Trocknen, sind den verfahrenstechnischen Grundoperationen (vgl. Gmehling/Brehm, Lehrbuch der Technischen Chemie, Bd. 2) zuzuordnen.

9.4.2 Gesetzliche Regelungen

Gegenüber anderen chemischen Produkten weisen Pharmazeutika eine weitere Besonderheit auf: Wegen ihres Verwendungszweckes werden an ihre **Qualität** besondere Ansprüche gestellt. Es gibt hierfür gesetzliche Regelungen, und zwar nicht nur für die Kontrolle der Qualität der Endprodukte, sondern auch für die Einhaltung definierter Bedingungen im gesamten Produktionsablauf.

Dies sind für die Bundesrepublik Deutschland insbesondere

- das Arzneimittelgesetz (AMG),
- das Deutsche Arzneibuch (DAB) und
- die Richtlinien für „Good Manufacturing Practices" (GMP-Richtlinien).

Im **Arzneimittelgesetz** ist das Verfahren zur Zulassung neuer Arzneimittel festgelegt. Es schreibt u. a. vor, welche Prüfungen erforderlich sind, bevor ein neues Arzneimittel in den Verkehr gebracht werden darf. Kern des Zulassungsverfahrens ist der Nachweis der Wirksamkeit des Arzneimittels. Dazu kommen Untersuchungen auf Toxizität und Nebenwirkungen. Des weiteren gibt das Arzneimittelgesetz den Rahmen für die Kontrolle von Produktion und Qualität des Arzneimittels vor.

Grundlage für die Prüfung der Qualität der produzierten Arzneimittel ist das **Deutsche Arzneibuch (DAB)**, nach AMG eine Sammlung anerkannter pharmazeutischer Regeln über die Qualität, Prüfung, Lagerung, Abgabe und Bezeichnung von Arzneimitteln. Ein Verzeichnis aller in Deutschland hergestellten Arzneimittel ist die sog. **Rote Liste**. Sie wird jährlich vom Bundesverband der Pharmazeutischen Industrie herausgegeben und enthält auch Angaben über Zusammensetzung, Anwendung, Dosierung, Gegenanzeigen und Nebenwirkungen für die einzelnen Arzneimittel.

Für die ordnungsgemäße und sachgerechte Produktion und Qualitätskontrolle von Arzneimitteln hat die WHO (World Health Organisation) 1968 Empfehlungen für gute Herstellpraxis (GMP) herausgebracht, die 1975 überarbeitet wurden und als **GMP-Richtlinien** internationaler Standard sind. Jeder Pharmaproduzent, der seine Produkte in ein anderes Land exportieren will, muß sich den jeweiligen Landesgesetzen unterwerfen. So muß er z. B. seine Produkte dort registrieren lassen und unter Umständen die Besichtigung seiner Produktionsanlage durch Inspektoren aus dem entsprechenden Land erlauben. In den GMP-Richtlinien werden sowohl technische als auch organisatorische Maßnahmen festgelegt, z. B. Qualität der Ausgangsmaterialien, Kalibrierung von Waagen, Verbot asbesthaltiger Filter, Qualifikation des Personals, Dokumentation von Produktionsabläufen, Analysen und Produktlagerung. Besonders kritisch ist die Vermeidung von sog. „Kreuzkontaminationen", d. h. von Verunreinigungen der Arzneimittel durch Spuren anderer Wirkstoffe. Ebenso müssen bei der Herstellung steriler Arzneimittel, z. B. von Injektionslösungen, Kontaminationen durch mikrobielle Keime und durch Viren auf jeden Fall ausgeschlossen werden. Deshalb erfolgen Abfüllung und Verpackung in Räumen, die mittels der sog. Reinraumtechnik steril gehalten werden. Hierzu wird die Betriebsluft als Hauptquelle von Kontaminationen keim- und partikelfrei filtriert und durch *Laminar-flow*-Einheiten in wirbelarmer gerichteter Strömung geführt.

9.4.3 Arten pharmazeutischer Produkte

Die weitaus meisten Pharmazeutika dienen der heilenden oder vorbeugenden Behandlung von Krankheiten. Die dazu verwendeten Arzneimittel und Wirkstoffe lassen sich aufgrund der Art ihrer Wirkung und Anwendung in Gruppen einteilen, wie dies in Tab. 9.26 geschehen ist. Bei den in dieser Tabelle aufgeführten Wirkstoffen handelt es sich um Verbindungen, die nicht im natürlichen Stoffwechsel des Organismus gebildet werden.

Der größte Teil dieser körperfremden Wirkstoffe wird durch chemische Synthese (vgl. Kap. 9.4.4) hergestellt. Fermentationsverfahren (vgl. Kap. 9.4.5) werden vor allem zur Erzeugung von Antibiotika eingesetzt. Daneben wird eine ganze Reihe von Wirkstoffen unmittelbar aus pflanzlichen Extrakten (z. B. die Herzglykoside und Morphin) oder durch anschließende chemische Umwandlung (z. B. Codein) gewonnen.

Tab. 9.26   Gruppen pharmazeutischer Wirkstoffe

Wirkung auf	Bezeichnung	Anwendung	Beispiele (vgl. Abb. 9.41)
Nervensystem	Antipyretika	zur Fiebersenkung, z. T. auch zur Hemmung von Entzündungen	Antipyrin (Phenazon), Aspirin (Acetylsalicylsäure)
	Analgetika (Schmerzmittel)	zur Senkung der Schmerzempfindung	Morphinalkaloide, z. B. Morphin (Morphium, vgl. Abb. 9.42)
	Hypnotika (Schlafmittel)	gegen Schlaflosigkeit	Barbiturate, z. B. Phenobarbital (Luminal), Hexobarbital (Evipan)
	Lokalanästhetika	zur örtlichen Betäubung	Procain (4-Aminobenzoesäure-2-diethylaminoethylester)
	Narkotika	zur Vollnarkose	Fluothane, Hexobarbital (Evipan)
	Psychopharmaka	in der Psychotherapie	Valium
Herz, Kreislauf, Blut	Herz- und Kreislaufmittel	gegen Herz- und Durchblutungsstörungen	Procainamid, Herzglykoside
Niere, Harnwege, Elektrolythaushalt	Diuretika	zur Förderung der Harnausscheidungen	Furosemid (Lasix)
Atmungstrakt	Antitussiva Expektorantien	gegen Hustenreiz zur Verflüssigung von Bronchialsekret	Codein, ätherische Öle
Verdauungstrakt	Laxantien (Abführmittel)	gegen Obstipation (Verstopfung)	D-Sorbit
	Obstipantien	gegen Diarrhöe	Loperamid
Bauchspeicheldrüse (Insulinsekretion)	Antidiabetika	gegen Altersdiabetes	Sulfonylharnstoffe
maligne Tumore	Cytostatika	Krebstherapie	Cyclophosphamid
pathogene Erreger	Chemotherapeutika	gegen Infektionen	vgl. Tab. 9.27

Die großtechnische Produktion **synthetischer Arzneistoffe** nahm ihren Anfang gegen Ende des 19. Jahrhunderts. 1883 hatte Ludwig Knorr bei der Suche nach einer Substanz mit der fiebersenkenden Eigenschaft des Naturstoffes Chinin das *Pyrazolonderivat* **Phenazon** (vgl. Abb. 9.41) synthetisiert. Es zeigte in der pharmakologischen Prüfung eine ausgeprägte antipyretische (fiebersenkende) sowie eine schwächere analgetische (schmerzlindernde) Wirkung und wurde schon 1884 als *Antipyrin*(Hoechst) in die Therapie eingeführt. In Kombinationspräparaten wird es auch heute noch verwendet. 15 Jahre später wurde von der Fa. Bayer die **Acetylsalicylsäure** (vgl. Abb. 9.41) als *Antipyretikum* und *Analgetikum* unter dem Namen *Aspirin* auf den Markt gebracht. Aufgrund seiner guten Wirksamkeit und Verträglichkeit bei gleichzeitig geringen Nebenwirkungen fand Aspirin schnell breite Anwendung. Es ist auch heute noch das am häufigsten benutzte synthetische Arzneimittel. Interessanterweise fand man erst vor wenigen Jahren, daß die Acetylsalicylsäure auch zur Thromboseprophylaxe eingesetzt werden kann.

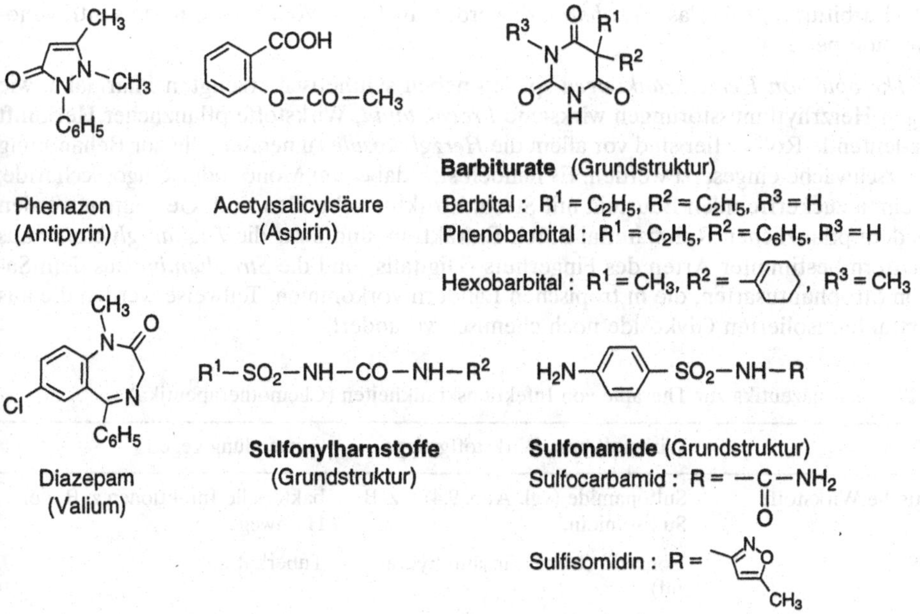

Abb. 9.41 Durch chemische Synthese hergestellte Wirkstoffe

Besonders *stark wirkende Analgetika* sind einige Alkaloide, die aus dem eingetrockneten Saft des Schlafmohns (Opium) durch Extraktion gewonnen werden werden. Der bekannteste Vertreter dieser sog. **Morphinalkaloide** ist das Morphin, auch *Morphium* genannt (vgl. Abb. 9.42). Es wird medizinisch zur Linderung sehr starker Schmerzen eingesetzt; längere Anwendung kann wie bei anderen Morphinalkaloiden und deren Derivaten zur Sucht führen. Einige Morphin-Alkaloide, z. B. das *Codein* (vgl. Abb. 9.42), und daraus derivatisierte Verbindungen dienen als hustenreizstillende Mittel. Codein ist ebenfalls im Opium enthalten, jedoch in niedrigeren Mengen als Morphin, die für den Bedarf nicht ausreichen. Es wird daher überwiegend partialsynthetisch aus Morphin hergestellt. Eine ganze Reihe anderer stark wirkender Analgetika mit Strukturen, die denen der Morphine verwandt sind, wird vollsynthetisch erzeugt.

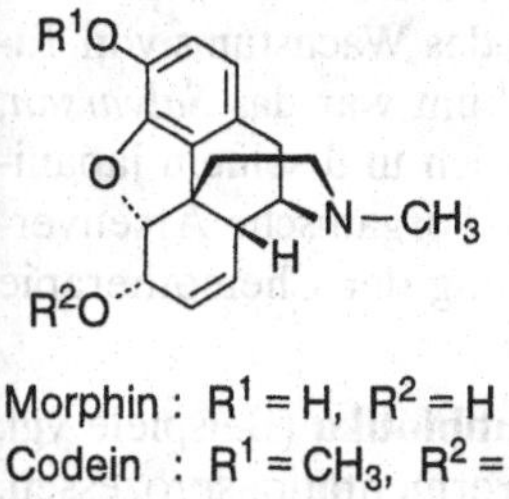

Morphin : $R^1 = H$, $R^2 = H$
Codein : $R^1 = CH_3$, $R^2 = H$

Abb. 9.42 Morphine (Grundstruktur)

Ebenfalls durch chemische Synthese hergestellt werden die **Barbiturate** (Derivate der Barbitursäure, vgl. Abb. 9.41), von denen viele als *Schlafmittel* dienen, so z. B. das *Barbital*, das 1903 von Emil Fischer (1852 - 1919, Professor für organische Chemie in Erlangen, Würzburg und Berlin) synthetisiert und im selben Jahr nach pharmakologischer Prüfung durch Joseph von Mehring (1849–1908) unter dem Namen *Veronal* in die Therapie eingeführt wurde. Bestimmte Barbiturate, z. B. das *Hexobarbital*, werden auch zur Vollnarkose mittels intravenöser Injektion benutzt.

In der *Therapie von Herzerkrankungen* spielen neben synthetisch erzeugten Pharmaka, wie das gegen Herzrhythmusstörungen wirksame *Procainamid*, Wirkstoffe pflanzlicher Herkunft eine bedeutende Rolle. Hier sind vor allem die *Herzglykoside* zu nennen, die zur Behandlung von Herzschwäche eingesetzt werden. Es handelt sich dabei um Mono- oder Oligosaccharide, die an einen zuckerfremden Baustein mit Steroidstruktur gebunden sind. Gewonnen werden sie aus dem pflanzlichen Rohmaterial durch Extraktion, und zwar die *Digitalisglykoside* aus den Blättern bestimmter Arten des Fingerhuts (Digitalis) und die *Strophantine* aus dem Samen von Strophantusarten, die in tropischen Ländern vorkommen. Teilweise werden die aus den Extrakten isolierten Glykoside noch chemisch verändert.

Tab. 9.27 Pharmazeutika zur Therapie von Infektionskrankheiten (Chemotherapeutika)

	Wirkstoff bzw. Wirkstoffgruppe	Anwendung gegen
synthetische Wirkstoffe	Sulfonamide (vgl. Abb. 9.41), z. B. Sulfisomidin,	bakterielle Infektionen z. B. der Harnwege
	Isoniazid (Isonicotinsäurehydrazid),	Tuberkulose
	Chloroquin (Chinolinderivat),	Malaria
	Ethacridin (Acridinderivat)	Antiseptikum (Wundinfektionen, als Darmantiseptikum)
Antibiotika	β-Lactame (vgl. Abb. 9.43): – Penicilline, – Cephalosporine, Tetracycline (vgl. Abb. 9.43),	viele Arten von bakteriellen Infektionen („Breitband"-Antibiotika)
	Streptomycin A (Aminoglykosid)	Tuberkulose

Unter den synthetischen Wirkstoffen haben eine besonders große Bedeutung die **Chemotherapeutika** (vgl. Tab. 9.27). Unter diesem Begriff faßt man die synthetisch hergestellten Pharmaka zusammen, die *zur Bekämpfung von Infektionskrankheiten* eingesetzt werden. Dementsprechend sollen Chemotherapeutika eine möglichst hohe Toxizität für den Infektionserreger aufweisen, ohne den befallenen Organismus zu schädigen. Zu den Chemotherapeutika rechnet man auch die Wirkstoffe, die in der Krebstherapie zur Hemmung des Wachstums von Tumoren eingesetzt werden *(Cytostatika)*. Das erste Chemotherapeutikum war das *Salvarsan*, dessen Wirksamkeit gegen den Erreger der Syphilis 1909 von P. Ehrlich und seinem japanischen Mitarbeiter S. Hata gefunden wurde, nachdem sie mehr als 1000 organische Arsenverbindungen synthetisiert hatten; vgl. dazu und zur weiteren Entwicklung der Chemotherapie Kap. 1.6.

Zu den Chemotherapeutika im weiteren Sinne gehören auch die **Antibiotika** (Beispiele vgl. Abb. 9.43). Ihre Herstellung erfolgt auf biosynthetischem Wege in Fermentationsprozessen, d. h. in Kulturen von Mikroorganismen (vgl. Kap. 1.6). Antibiotika werden vor allem zur Therapie bakterieller Infektionen eingesetzt; chemisch synthetisierte Wirkstoffe spielen dort eine wesentlich geringere Rolle. Die Bedeutung der Antibiotika auf dem Pharmamarkt ist schon daraus zu ersehen, daß der wertmäßige Anteil antibiotikahaltiger Arzneimittel an der deutschen Pharmaproduktion 1991 über 20% betrug. Die wichtigsten Antibiotika sind nach wie vor β-Lactame (Cephalosporine und Penicilline) mit einem Wertanteil von fast 60% am Antibiotikaweltmarkt (1990: 31,2 Mrd. DM).

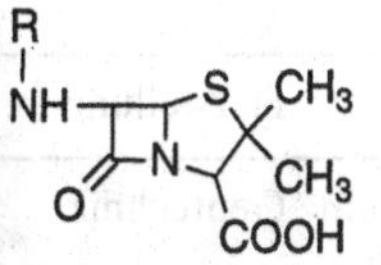

Penicilline

Penicillin G:
R = $C_6H_5-CH_2-CO-$
Penicillin V:
R = $C_6H_5-O-CH_2-CO-$
Ampicillin:
R = $C_6H_5-\underset{\underset{NH_2}{|}}{CH}-CO-$

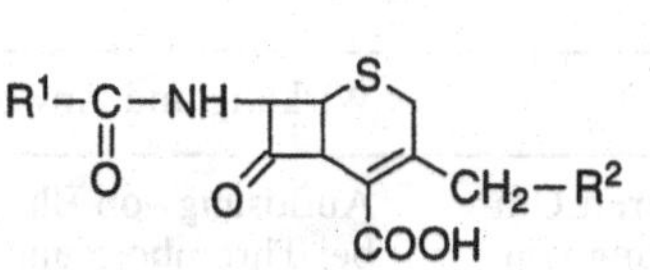

Cephalosporine

Cephalosporin C:
R^1 = $^-OOC-\underset{\underset{^+NH_3}{|}}{CH}-(CH_2)_3-$
R^2 = $-O-CO-CH_3$
Cephalexin:
R^1 = $C_6H_5-\underset{\underset{NH_2}{|}}{CH}-$
R^2 = H

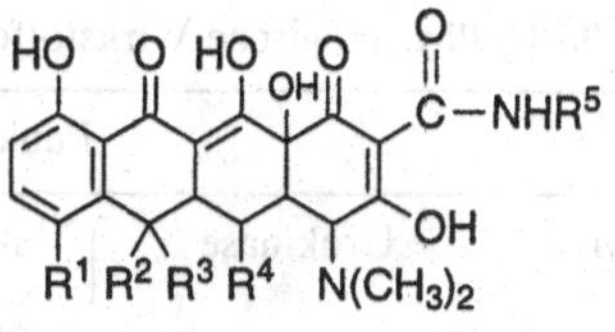

Tetracycline

Tetracyclin:
R^1 = H, R^2 = CH_3
R^3 = OH, R^4 = H, R^5 = H
Chlortetracyclin:
R^1 = Cl, R^2 bis R^5 wie Tetracyclin
Oxytetracyclin:
R^1 = OH, R^2 bis R^5 wie Tetracyclin

Abb. 9.43 Antibiotika

Neben körperfremden Wirkstoffen, die den größten Teil der heute benutzten Pharmaka darstellen, werden in der Medizin in großem Umfang auch Wirkstoffe benutzt, die im normalen Stoffwechsel auftreten und die dort ablaufenden chemischen Umsetzungen steuern. Man bezeichnet diese Verbindungen als **physiologische Wirkstoffe** (vgl. Tab. 9.28); sie werden entweder vom Organimus gebildet (Enzyme und Hormone) oder ihm mit der Nahrung zugeführt (Vitamine, vgl. Tab. 9.29). Die *Enzyme* sind Proteine, die als Biokatalysatoren sehr spezifisch die in der Zelle ablaufenden Reaktionen katalysieren. *Hormone* sind ebenfalls in sehr kleinen Mengen wirksame Stoffe; sie werden im Organismus in Drüsen gebildet und gelangen über die Blutbahn an den Ort ihrer Wirksamkeit, wo sie ganz spezifische Funktionen fördern oder hemmen. Zu den Hormonen gehören Verbindungen sehr unterschiedlicher Konstitution (z. B. Steroid-, Aminosäure-, Proteohormone; vgl. Tab. 9.28). Neben den Enzymen und Proteohormonen gibt es eine Reihe weiterer Wirkstoffe mit Proteinstruktur, z. B. der *Faktor VIII*, der die Blutgerinnung fördert, und der *Humangewebe*(engl. *tissue)-Plasminogen-Aktivator (tPA)*. Die Herstellung solcher hochspezifischer Protein-Wirkstoffe ist erst durch gentechnische Methoden möglich geworden (vgl. Kap. 1.6).

Vitamine sind physiologische Wirkstoffe, die dem Organismus als essentielle Nahrungsbestandteile zugeführt werden müssen. Ein Mangel an bestimmten Vitaminen führt zu charakteristischen Ausfallerscheinungen (vgl. Tab. 9.29). Vitamine dienen außer zur Prophylaxe und Therapie von Vitaminmangel auch als Viehfutterzusatz sowie in Lebensmitteln als Antioxidans oder als Farbstoff. Bei einigen Vitaminen, z. B. B_2 und B_3, machen diese Verwendungen mehr als die Hälfte der Produktion aus.

Außer Wirkstoffen und den daraus hergestellten Arzneimitteln gibt es eine Reihe weiterer pharmazeutischer Produkte mit unterschiedlichem Verwendungszweck. **Sera und Impfstoffe** dienen der Bekämpfung von Infektionen durch sog. Immunisierung, und zwar regen Impfstoffe, z. B. abgetötete oder desaktivierte Erreger (Bakterien, Viren), die Bildung von Antikörpern gegen die toxischen Antigene an (Schutzimpfung = aktive Immunisierung), während in Sera spezifische Antikörper angereichert sind (passive Immunisierung). **Diagnostika** werden für ein weites Spektrum biochemischer Analysen benötigt, mit denen z. B. im Blut oder im Urin der Gehalt an speziellen Komponenten bestimmt wird, um Aussagen über Zustand und Funktionen des Organismus zu erhalten. Zu den in dieser klinischen Analytik eingesetzten Diagnostika gehören Enzyme und viele andere Proteine, die in zwar kleinen Mengen, aber in konstanter Qualität und Reinheit hergestellt werden müssen. **Radiopharmaka** sind ra-

Tab. 9.28 Physiologische Wirkstoffe

		Funktion	Wirkung und Anwendung	Herstellung
Enzyme	Urokinase	aktivieren Umwandlung von Plasminogen in das proteolytische Enzym Plasmin	Auflösung von Blutgerinnseln bei Thrombose und Herzinfarkt	Gentechnik
	Streptokinase			Fermentation
	L-Asparaginase	katalysiert Spaltung von L-Asparagin	Tumortherapie, gegen Leukämie	Fermentation
Steroidhormone	Cortison	beteiligt an der Steuerung des Stoffwechsels	Antirheumatikum, Antiphlogistikum, Substitutionstherapie	chemische Synthese (+ Fermentation)
	Testosteron	männliches Sexualhormon	Substitutionstherapie, Anabolikum,	chemische Synthese
	Östrogen und Gestagene	weibliche Sexualhormone	Substitutionstherapie, Derivate u. a. zur Empfängnisverhütung	chemische Synthese
Aminosäurehormone	L-Thyrosin	Schilddrüsenhormon	Substitutionstherapie	chemische Synthese
Proteohormone	Insulin	Zuckerstoffwechsel (senkt Blutzuckerspiegel)	Antidiabetikum	aus tierischem Pankreas, Gentechnik
	Wachstumshormone	fördern Wachstum	gegen Zwergwuchs	Gentechnik
	Erythropoietin	stimuliert Bildung der roten Blutkörperchen	gegen Anämie bei Dialyse mit künstlicher Niere	Gentechnik
weitere Protein-Wirkstoffe	Faktor VIII	fördert Blutgerinnung	gegen Bluterkrankheit (Hämophilie)	Gentechnik
	TPA (Gewebe-Plasminogen-Aktivator)	aktiviert Umwandlung von Plasminogenen in das proteolytische Enzym Plasmin	Auflösung von Blutgerinnseln bei Thrombose und Herzinfarkt	Gentechnik
Vitamine		vgl. Tab. 9.29	vgl. Tab. 9.29	vgl. Tab. 9.29

dioaktiv markierte Verbindungen, die zur Diagnose *(Radiodiagnostika)* oder Therapie *(Radiotherapeutika)* eingesetzt werden. **Plasmaersatzstoffe** werden nach Blutverlusten intravenös verabreicht, um das Blutvolumen zu stabilisieren. Dazu eignen sich Lösungen bestimmter Biopolymerer, die im Unterschied zu Elektrolyten relativ langsam ausgeschieden werden. Am häufigsten verwendet werden Fraktionen des Polysaccharids *Dextran* mit Molmassen zwischen 40 000 und 60 000 g/mol. Hergestellt wird Dextran aus Saccharose durch Fermentation in Kulturen bestimmter Stämme des Bakteriums *Leuconostoc*; die Umsetzung erfolgt durch das extrazelluläre Enzym Dextransucchrase. Schließlich seien als Produkte mit größerem Entwicklungspotential die *Materialien für die Chirurgie*, also für Implantate und künstliche Organe, erwähnt. Hier sind zum einen *biokompatible Polymere* (z. B. für Blutgefäße), zum anderen *keramische Werkstoffe* (z. B. für künstliche Gelenke) zu nennen.

Tab. 9.29 Vitamine von größerer wirtschaftlicher Bedeutung

	Folgen von Vitamin-mangel	Verwendung	Weltproduktion (t/a)	Herstellung
Fettlösliche Vitamine				
Vitamin A_1	Seh- und Wachstums-störungen	Therapie, Tierernährung	2 500	chemische Synthese
Provitamin A (β-Carotin)	Seh- und Wachstums-störungen	Lebensmittelfarbstoff	100	chemische Synthese
Vitamin D (Calciferole)	Rachitis (u. a. Hemmung der Ca-Ablagerung im Skelett)	Therapie, Zusatz zu Margarine	25	chemische Partialsynthese (Vitamin D_3)
Vitamin E (Tocopherole)	u. a. Störung der Fett-resorption	Zusatz zu Lebensmitteln (Antioxidans)	7 000	chemische Synthese α-Tocopherol
Wasserlösliche Vitamine				
Vitamin B_2 (Riboflavin)	verschiedene Symptome, u. a. an Haut und Augen	Therapie, Zusatz zu Lebensmitteln und Viehfutter	2 000	chemische Synthese, Fermentation
Vitamin B_3 (Nicotinsäure-amid)	„Pellagra" (Hautschä-den, Diarrhöe)	Zusatz zu Lebensmitteln und Viehfutter, Derivate als Pharmaka (z. B. Antirheumatika)	12 000	chemische Synthese
Vitamin B_{12}	perniziöse Anämie, Nervenerkrankungen	Therapie und Prophylaxe, Zusatz zu Viehfutter	12	Fermentation
Vitamin C (L-Ascorbinsäure)	„Skorbut"	Therapie, Stärkung des Immunsystems	40 000	chemische Synthese (+ Fermentation)

9.4.4 Wirkstoffherstellung durch chemische Synthese

Ausgangsstoffe für die Produktion pharmazeutischer Wirkstoffe durch chemische Synthese sind organische Primär- und Zwischenprodukte. Im allgemeinen sind mehrere Stufen erforderlich; Beispiele dafür sind die Herstellungsverfahren für die *Pyrazolone* (vgl. Abb. 9.44) und für das Diuretikum *Furosemid* (vgl. Kap. 8.6, Abb. 8.32). Man benutzt vorwiegend Chargenverfahren, bei größeren Produktmengen auch kontinuierliche Verfahren. Die Reaktionen laufen meist in flüssiger Phase ab. Als Reaktor wird dabei der Rührkessel eingesetzt. Produkte, die nur in kleinen Mengen benötigt werden, stellt man häufig in einer Anlage zeitlich nacheinander her. Eine solche Anlage ist dann mit mehreren Möglichkeiten zur Aufarbeitung und Produktabtrennung ausgestattet.

Von großer Wichtigkeit für Pharmaproduktionen sind hohe und konstante Reinheiten der Wirkstoffe; entsprechende Anforderungen sind auch an die Ausgangsstoffe und an die Produkte der Zwischenstufen zu stellen. Daher und natürlich auch aus wirtschaftlichen Gründen sind hohe Ausbeuten anzustreben. Das erfordert neben der Einhaltung optimaler Reaktionsbedingungen in vielen Fällen den Einsatz von Katalysatoren hoher Spezifität.

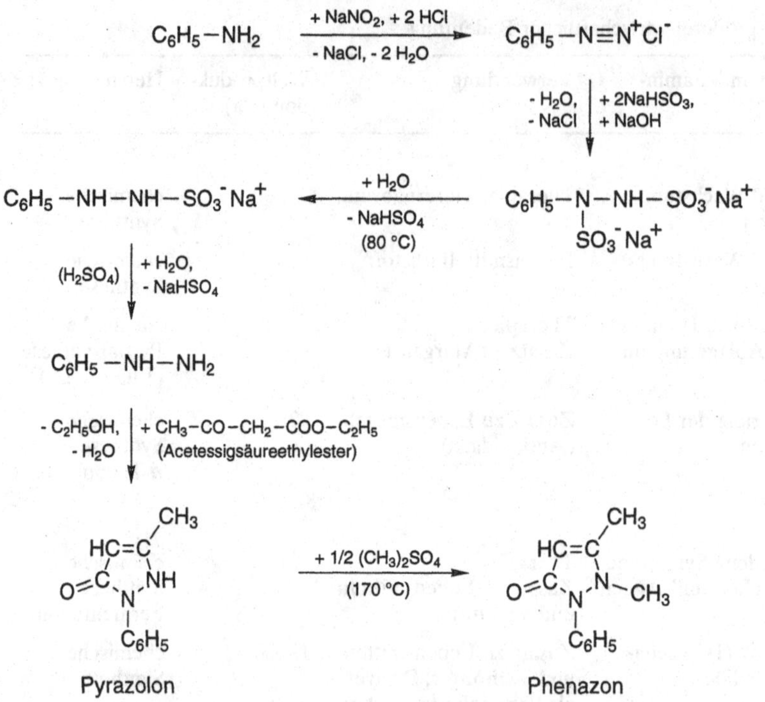

$$C_6H_5-NH_2 \xrightarrow[-\text{NaCl, - 2 H}_2\text{O}]{+\text{NaNO}_2, +2\text{HCl}} C_6H_5-N\equiv N^+Cl^-$$

$$\downarrow \begin{array}{l} -\text{H}_2\text{O}, \\ -\text{NaCl} \end{array} \Big| \begin{array}{l} +2\text{NaHSO}_3, \\ +\text{NaOH} \end{array}$$

$$C_6H_5-NH-NH-SO_3^-Na^+ \xleftarrow[\substack{-\text{NaHSO}_4 \\ (80\,°C)}]{+\text{H}_2\text{O}} \begin{array}{c} C_6H_5-N-NH-SO_3^-Na^+ \\ | \\ SO_3^-Na^+ \end{array}$$

$$\text{(H}_2\text{SO}_4) \Big| \begin{array}{l} +\text{H}_2\text{O}, \\ -\text{NaHSO}_4 \end{array}$$

$$C_6H_5-NH-NH_2$$

$$\begin{array}{l} -\text{C}_2\text{H}_5\text{OH}, \\ -\text{H}_2\text{O} \end{array} \Big| \begin{array}{l} +\text{CH}_3-\text{CO}-\text{CH}_2-\text{COO}-\text{C}_2\text{H}_5 \\ \text{(Acetessigsäureethylester)} \end{array}$$

$$\xrightarrow[(170\,°C)]{+1/2\,(\text{CH}_3)_2\text{SO}_4}$$

Pyrazolon　　　　　　　　　　　Phenazon

Abb. 9.44　Herstellung eines Pyrazolons am Beispiel von Phenazon

Ein Sonderfall der Reaktionslenkung ist die *asymmetrische Synthese*, d. h. die bevorzugte Bildung eines von zwei möglichen Enantiomeren. Da die beiden Isomeren eines Enantiomerenpaares unterschiedliche biologische Wirkungen besitzen können, sind asymmetrische Synthesen von zunehmendem Interesse für die Herstellung von Wirkstoffen. Ein Negativbeispiel für die unterschiedliche Wirkung von Enantiomeren ist das einige Jahre als Schlafmittel eingesetzte Thalidomid *(Contergan)*, dessen Vertrieb 1962 eingestellt wurde, nachdem sich gezeigt hatte, daß es bei Einnahme während der Schwangerschaft zu Mißbildungen führt. Später stellte sich heraus, daß diese teratogene Wirkung nur durch das L-Enantiomer verursacht wird, während die sedative Wirkung eine Eigenschaft der beiden Enantiomeren ist.

Asymmetrische Synthesen mit praktisch 100%iger Reinheit der Produkte lassen sich mit *Enzymen als Katalysatoren* erzielen; ihre Verwendung für chemische Synthesen, z. B. zur C-C-Verknüpfung durch Aldolkondensation oder Cyanhydrinsynthese, wird seit einigen Jahren intensiv entwickelt. Neben diesen Biokatalysatoren eignen sich auch chirale Komplexverbindungen von Übergangsmetallen für asymmetrische Synthesen. Ein Beispiel dafür ist die Herstellung von L-*Dopa* (Medikament gegen Parkinsonismus, vgl. Kap. 9.6.3).

9.4.5 Wirkstoffherstellung durch biochemische Verfahren

Biochemische Verfahren, d. h. die Nutzung biologischer Katalysatoren (Enzyme) für chemische Synthesen, sind für die Herstellung pharmazeutischer Wirkstoffe von besonders großer Bedeutung. Überwiegend werden Biokatalysatoren für chemische Umsetzungen in Form lebender Zellen in sog. Fermentationsverfahren eingesetzt. Daneben findet aber auch die Verwendung von isolierten Enzymen, die aus biologischem Material, vor allem aus Mikroorganismen, gewonnen wurden, steigendes Interesse.

Durch **Fermentationsverfahren** werden vor allem die *Antibiotika* hergestellt. Sie werden in Kulturen von Mikroorganismen, also einzelligen Lebewesen, unter bestimmten Bedingungen im sog. sekundären Stoffwechsel gebildet. Man bezeichnet derartige Produkte als *Sekundärmetabolite*. Ihre Bildung ist im Unterschied zum primären Stoffwechsel für das Wachstum der betreffenden Mikroorganismen nicht notwendig. Dementsprechend ist die Bildung der Sekundärmetabolite nicht an das Wachstum der Mikroorganismen gebunden; sie setzt meist gegen Ende der Zellvermehrung ein (vgl. S. 443, Abb. 9.46).

Antibiotika werden in aeroben Kulturen produziert; bei den Mikroorganismen handelt es sich überwiegend um Bakterien- oder Pilzstämme. Ihre Kultivierung erfolgt im wäßrigen „Medium" (Kulturbrühe, Fermenterbrühe), das alle Nährstoffe (Substrat, Nährsalze) enthält und mit Luft begast wird, um die Mikroorganismen mit Sauerstoff zu versorgen. Im Medium suspendiert wachsen und vermehren sie sich. Man bezeichnet diese Art der Prozeßführung als *Submersfermentation* (lat.: submersus = untergetaucht).

Eine wichtige Voraussetzung für eine wirtschaftliche Antibiotikaproduktion ist eine hinreichend hohe Endkonzentration des produzierten Wirkstoffes in der Fermenterbrühe. Die in der Natur vorkommenden Wildstämme liefern meist nur Endkonzentrationen von weniger als 10 mg/l Kulturbrühe. Durch Selektion (Auslese) von Mutanten aus Kulturen der Wildstämme gelingt es, Stämme mit höherer Produktbildung zu züchten. Wegen der extrem niedrigen Häufigkeit natürlicher Mutanten (die Häufigkeit spontaner Mutationen liegt bei 10^{-6} bis 10^{-10}/Generation und Gen) induziert man Mutationen mittels physikalischer (UV- und Röntgenstrahlung) und chemischer Methoden. Durch diese sog. *Stammentwicklung* gelangt man zu *Hochleistungsstämmen*, mit denen Produktkonzentrationen von 5–50 g/l Kulturbrühe erzielt werden. Solche Stämme können allerdings ihre Leistungsfähigkeit durch Rückmutation oder Überalterung verlieren. Um dies zu verhindern, werden Proben der Stämme in der sog. *Stammhaltung* konserviert (z. B. durch Vakuum- oder Gefriertrocknung oder Tiefgefrieren).

Eine weitere Besonderheit fermentativer Syntheseverfahren ist die Notwendigkeit, die Prozesse unter *sterilen Bedingungen* durchzuführen, d. h. eine Infektion mit anderen Keimen auszuschließen. Solche Fremdkeime können sich im Kulturmedium in Konkurrenz zum Produktionsstamm vermehren und den Fermentationsprozeß stören oder völlig fehlschlagen lassen, da sie abgesehen vom Verbrauch von Substrat das gebildete Produkt abbauen oder unerwünschte und schädliche Produkte bilden können. Zur Verhinderung von Infektionen mit Fremdkeimen muß vor Beginn einer Fermentation der Bioreaktor (Fermenter) einschließlich aller Teile der Anlage, die mit der Kultur in Berührung kommen, keimfrei gemacht, d. h. sterilisiert werden. Das gleiche gilt für das Kulturmedium, die Zuluft und alle anderen Stoffe, die während der Fermentation zudosiert werden. Die Sterilisation der Apparaturen und des Nährmediums erfolgt mit Dampf (120 °C, 2 bar = 0,2 MPa). Die Begasungsluft sowie Lösungen temperaturempfindlicher Bestandteile des Kulturmediums werden durch Sterilfiltration mit bakteriendichten Filtern keimfrei gemacht.

Abb. 9.45 zeigt ein vereinfachtes Verfahrensfließbild einer Fermentationsanlage zur Produktion von Antibiotika. Kern der Anlage sind die Produktionsfermenter (c in Abb. 9.45). Es handelt sich dabei um Rührkessel mit Volumina bis zu 250 m³. In Anlagen mit solchen Rührfermentern lassen sich mehrere Produkte mit verschiedenartigen Kulturen herstellen; Rührerdrehzahl und Begasung müssen dabei dem jeweiligen Prozeß angepaßt werden. Blasensäulenfermenter sind für derartige Submersfermentationen zwar auch geeignet, jedoch hinsichtlich der Prozeßführung weniger flexibel, weil die Duchmischung nur über die Zufuhr an Begasungsluft beeinflußt werden kann.

Die Produktion von Antibiotika erfolgt im Chargenverfahren. Zum Animpfen des Nährmediums werden für eine optimale Prozeßführung je nach Mikroorganismus und Produkt an Impf-

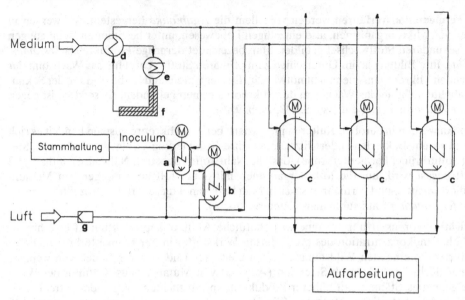

Abb. 9.45   Vereinfachtes Verfahrensfließbild einer Fermentationsanlage zur Produktion von Antibiotika. **a, b** Vorfermenter, **c** Produktionsfermenter, **d, e** Wärmetauscher, **f** Temperaturhaltestrecke der Mediumsterilisation (kont.), **g** Sterilfilter

gut *(Inoculum)* Mengen von 1 bis 10% des Fermentervolumens benötigt. Dazu muß das Impfgut des Produktionsstamms aus der Stammsammlung stufenweise vermehrt werden, zunächst im Labor in Schüttelkolben und Kleinfermentern, dann in Vorfermentern (vgl. Abb. 9.45) der Produktionsanlage. Jeweils nach Erreichen der maximalen Zellzahl in einem Vorfermenter wird die gesamte Kultur mit dem Medium als Inoculum in den nächstgrößeren Fermenter gedrückt; der Inhalt des letzten größten Vorfermenters dient als Inoculum für den Produktionsfermenter.

Das **Wachstum der Zellen** (vgl. Abb. 9.46) setzt nicht sofort nach dem Animpfen des Nährmediums ein, sondern mehr oder weniger stark verzögert, da sich die eingebrachten Zellen an das neue Milieu adaptieren müssen. Nach dieser Adaptionsphase (*Lag-Phase*, a in Abb. 9.46) vermehren sich die Zellen durch Teilung. Solange der Kultur im Medium genügende Mengen an Substrat und Nährsalzen zur Verfügung stehen und auch die Versorgung mit Sauerstoff ausreicht, nimmt die Zahl der Zellen exponentiell mit der Zeit zu. Diese *exponentielle Wachstumsphase* (c in Abb. 9.46) gelangt zu ihrem Abschluß, sobald es zu einem Mangel an einem der für das Zellwachstum notwendigen Stoffe kommt. Häufig ist die Kohlenstoffquelle zuerst verbraucht. Deren Anfangskonzentration kann nicht beliebig hoch eingestellt werden, da sehr hohe Substratkonzentrationen zur sog. Substrathemmung des Zellwachstums führen. Ein Ausweg besteht darin, daß man die Kohlenstoffquelle oder andere limitierende Nährstoffe in den Fermenter nachdosiert. Im Unterschied zum reinen Chargen(engl. batch)-Verfahren bezeichnet man diese Verfahrensweise als Fed-batch-Verfahren. Oft wird auch die Bildung der Sekundärmetaboliten durch die Kohlenstoffquelle unterdrückt, wie z. B. die Penicillinbildung durch Glucose und andere Kohlenhydrate. In solchen Fällen arbeitet man während der *Produktbildung*, die meist gegen Ende der exponentiellen Wachstumsphase beginnt, im Fed-batch. Höhere Produktkonzentrationen lassen sich auch durch Zufütterung von Vorstufen (engl. *precursor*) des gewünschten Sekundärmetaboliten in die Fermenterbrühe erzielen. Ein Beispiel dafür ist die Zugabe von Phenylessigsäure (C_6H_5-CH_2-COOH) bei der Herstellung von Penicillin G (Benzylpenicillin, vgl. Abb. 9.43).

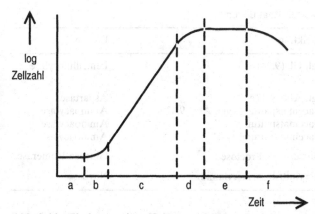

Abb. 9.46 Wachstum einer Kultur von Mikroorganismen.
a Adaptionsphase (Lag-Phase), **b, d** Übergangsphasen, **c** exponentielle Wachstumsphase, **e** stationäre Phase, **f** Absterbephase (letale Phase)

Die Temperaturen liegen bei Antibiotikafermentationen wie bei vielen anderen Fermentationsprozessen zwischen 25 und 45 °C. Die Luftmenge, die zur Sauerstoffversorgung der aeroben Kulturen erforderlich ist, beträgt pro Minute 0,5 bis 1,0 m³/m³ begaste Flüssigkeit. Für die Begasung eines Fermenters mit 100 m³ Arbeitsvolumen müssen demnach bis 100 m³/min an steriler Luft aus Industrieluft (Keimgehalt um 1000 Keime/m³) erzeugt werden.

Nach der Fermentation (je nach Prozeß 4–8 Tage) wird in der **Aufarbeitung** zunächst die Zellmasse von der Fermenterbrühe durch Filtrieren oder Zentrifugieren abgetrennt. Extrazelluläre Produkte, so die weitaus meisten Antibiotika, liegen dann im Filtrat vor. Für die anschließende Isolierung und Reinigung der Produkte benutzt man verschiedene Trennverfahren, insbesondere Extraktion, Kristallisation, Fällung, Adsorption, Ionenaustausch, von denen man je nach Prozeß und Produkt mehrere hintereinander schaltet. Zur Gewinnung intrazellulärer Produkte ist es notwendig, die abgetrennten Zellen *aufzuschließen*, d. h. die Zellstrukturen, vor allem die Zellwand, zu zerstören, um die Produkte der weiteren Aufarbeitung zugänglich zu machen. Dieser Zellaufschluß erfolgt meist mechanisch, z. B. durch Mahlen.

Bei einigen Antibiotikagruppen gewinnt man Wirkstoffe mit modifizierter Struktur, indem man das Fermentationsprodukt chemisch verändert. Solche **halbsynthetischen Antibiotika** spielen besonders bei den Penicillinen und Cephalosporinen eine wichtige Rolle. Bei den ersteren machen sie ca. die Hälfte der produzierten Menge aus. An Cephalosporinen werden heute ausschließlich halbsynthetische Wirkstoffe hergestellt; Ausgangsprodukt für die chemische Synthese ist Cephalosporin C. Bei der Herstellung halbsynthetischer Penicilline geht man meist von Penicillin G aus, das mit Hilfe des Enzyms Penicillinacylase hydrolysiert wird:

(9.22)

Penicillin G   6 - Aminopenicillansäure   Phenylessigsäure

Tab. 9.30 Verfahren mit enzymkatalysierten Reaktionen

Produkt	Reaktion	Enzym
halbsynthetische Penicilline	vgl. Gl. (9.22)	Penicillinacylase
L-Aminosäuren, z. B.		
–L-Asparaginsäure	vgl. Abb. 9.47a	Aspartase
–L-Methionin	Racematspaltung (vgl. Abb. 9.47b)	Aminoacylase
–L-Phenylalanin	Racematspaltung	Aminoacylase
–L-Tryptophan	Racematspaltung	Aminoacylase
Fructosesirup	Glucose → Fructose	Glucose-Isomerase
Acrylamid	Acrylnitril → Acrylamid	Nitrilase

Die dabei erhaltene 6-Aminopenicillansäure wird dann mit dem Säurechlorid der einzuführenden neuen Seitengruppe R (z. B. C_6H_5-CH(NH$_2$)-COCl zur Herstellung von Ampicillin, vgl. Abb. 9.43) zu dem gewünschten halbsynthetischen Produkt acyliert.

Die Reaktion (Gl. 9.22) ist eine typische enzymkatalysierte Umsetzung. Um das *Enzym* wiederverwenden zu können, setzt man es nicht im Reaktionsgemisch gelöst ein, sondern *in immobilisierter Form*, d. h. chemisch gebunden oder adsorbiert an Feststoffpartikeln als katalytisches Festbett oder als Suspension. Manchmal immobilisiert man auch die enzymproduzierenden Mikroorganismenzellen, z. B. durch Einschluß in Polymeren.

Enzym-katalysierte Reaktionen, oft als **Biotransformationen** bezeichnet, werden inzwischen zur Herstellung einer Reihe ganz verschiedenartiger Produkte benutzt (vgl. Tab. 9.30). Man benutzt dazu Enzyme, die aus Kulturen von Mikroorganismen gewonnen und isoliert werden. Der herausragende Vorteil bei der Verwendung dieser **Biokatalysatoren** besteht in ihrer großen Spezifität. Besonders interessant ist diese Eigenschaft für stereo-selektive Reaktionen, z. B. für die Synthese der natürlichen L-Aminosäuren. In Abb. 9.47 sind dazu zwei Wege dargestellt. Man geht dabei von synthetisierten Vorprodukten aus, die in einem letzten enzymkatalysierten Schritt in das gewünschte enantiomere Produkt überführt werden. Die Racematspaltung mittels Aminoacylase (vgl. Beispiel L-Methionin in Abb. 9.47b) wird auch für die Herstellung von L-Phenylalanin, L-Tryptophan und L-Valin benutzt. L-Aminosäuren werden in der Therapie u. a. als Bestandteil von Infusionslösungen benötigt. L-Asparaginsäure und L-Phenylalanin sind außerdem als Vorprodukte für den Süßstoff Aspartame (L-Aspartyl-L-phenylalanin-methylester)

$$\langle\!\!\!\bigcirc\!\!\!\rangle\!-CH_2-\underset{\underset{CO-OCH_3}{|}}{CH}-NH-CO-\underset{\underset{NH_2}{|}}{CH}-CH_2-COOH$$

von Interesse. Einige Aminosäuren können durch Fermentationen mit speziell gezüchteten Mikroorganismen hergestellt werden, so z. B. Glutaminsäure (mit *Corynebacterium glutamicum*) und L-Lysin. L-Glutaminsäure wird als die mengenmäßig bedeutendste Aminosäure (370 000 t/a) überwiegend als Geschmacksverstärker in Nahrungsmitteln verwendet, L-Lysin (70 000 t/a) dient vor allem als Futtermittelzusatz.

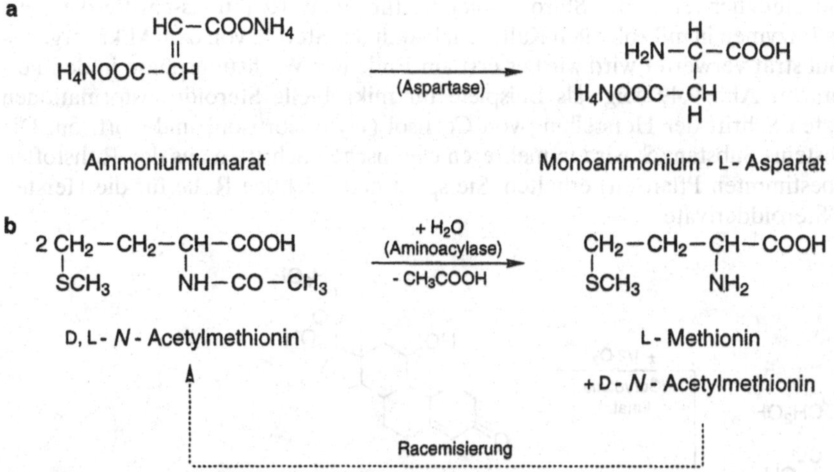

a

$$\underset{\text{Ammoniumfumarat}}{\underset{H_4NOOC-CH}{\overset{HC-COONH_4}{\|}}} \xrightarrow[\text{(Aspartase)}]{} \underset{\text{Monoammonium - L - Aspartat}}{\underset{H_4NOOC-CH}{\overset{\overset{\displaystyle H}{\underset{\displaystyle H}{H_2N-C-COOH}}}{}}}$$

b

$$2 \underset{\underset{SCH_3}{|}}{CH_2}-CH_2-\underset{\underset{NH-CO-CH_3}{|}}{CH}-COOH \xrightarrow[- CH_3COOH]{\overset{+ H_2O}{\text{(Aminoacylase)}}} \underset{\underset{SCH_3}{|}}{CH_2}-CH_2-\underset{\underset{NH_2}{|}}{CH}-COOH$$

D, L - N - Acetylmethionin   L - Methionin

+ D - N - Acetylmethionin

Racemisierung

Abb. 9.47 Enzymkatalysierte Reaktionen.
a enzymatische Herstellung von L-Asparaginsäure,
b Herstellung von L-Methionin durch enzymatische Racematspaltung

Die Isolierung von Enzymen aus mikrobiellen Fermentationen ist ausgesprochen schwierig; die über mehrere Verfahrensschritte laufenden Anreicherungen und Abtrennungen sind in vielen Fällen mit erheblichen Ausbeuteverlusten und Aktivitätseinbußen verbunden. Daher führt man viele Biotransformationen nicht mit isolierten Enzymen, sondern in Kulturen der Mikroorganimen durch, die das erforderliche Enzym bilden. So erfolgt bei der Herstellung von Vitamin C (L-Ascorbinsäure) die Oxidation von D-Sorbit zu L-Sorbose in Kulturen mit *Acetobacter suboxydans* mit dem Enzym Sorbit-Dehydrogenase (vgl. Abb. 9.48).

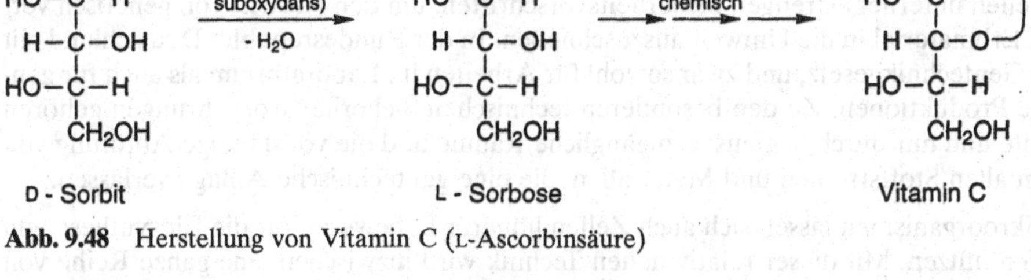

D - Glucose

+ H$_2$ | (Ni)

$$\underset{\text{D - Sorbit}}{\underset{\underset{CH_2OH}{|}}{\underset{\underset{HO-C-H}{|}}{\underset{\underset{H-C-OH}{|}}{\underset{\underset{HO-C-H}{|}}{\overset{CH_2OH}{\underset{|}{HO-C-H}}}}}}} \xrightarrow[- H_2O]{\overset{+ 1/2 O_2}{\underset{\text{suboxydans}}{\text{(Acetobacter}}}} \underset{\text{L - Sorbose}}{\underset{\underset{CH_2OH}{|}}{\underset{\underset{HO-C-H}{|}}{\underset{\underset{H-C-OH}{|}}{\underset{\underset{HO-C-H}{|}}{\overset{CH_2OH}{\underset{|}{C=O}}}}}}} \xrightarrow{\text{chemisch}} \underset{\text{Vitamin C}}{\underset{\underset{CH_2OH}{|}}{\underset{\underset{HO-C-H}{|}}{\underset{\underset{H-C-O}{|}}{\underset{\underset{HO-C}{|}}{\overset{C=O}{\underset{|}{HO-C}}}}}}}$$

Abb. 9.48 Herstellung von Vitamin C (L-Ascorbinsäure)

Besonders große Bedeutung haben **mikrobielle Biotransformationen** für die Herstellung von Steroiden und ihren Derivaten. Steroide sind in der Natur weit verbreitet und haben sehr verschiedenartige Funktionen. Im menschlichen Organismus sind es neben den Hormonen der Nebennierenrinde (z. B. Cortison) und den Sexualhormonen (vgl. Tab. 9.28) die Gallensäuren und das Cholesterin. Als Rohstoffe für die Herstellung von Steroiden und deren Derivaten dienen vor allem pflanzliche Naturstoffe mit dem Steroid-Grundgerüst. Wegen des hohen Preises dieser Rohstoffe ist es notwendig, in den einzelnen Schritten der mehrstufigen Derivatisierungsverfahren möglichst große Ausbeuten zu erzielen. Dazu benutzt man wegen der vielfältigen Reaktionsmöglichkeiten der Steroidmoleküle für einige Reaktionsschritte die hohe Selektivität von Enzymen in mikrobiellen Kulturen. Damit das Steroid von dem Mikroorganismus nicht als Substrat verwertet wird,wird es erst am Ende der Wachstumsphase in den Fermenter eingebracht. Abb. 9.49 zeigt als Beispiele für mikrobielle Steroidtransformationen den jeweils letzten Schritt der Herstellung von Cortisol (Hydrocortison) und Cortison. Die Vorstufe, Reichsteins Substanz S, wird in mehreren chemischen Schritten aus den Rohstoffen (Extrakte aus bestimmten Pflanzen) erhalten. Sie spielt eine wichtige Rolle für die Herstellung mehrerer Steroidderivate.

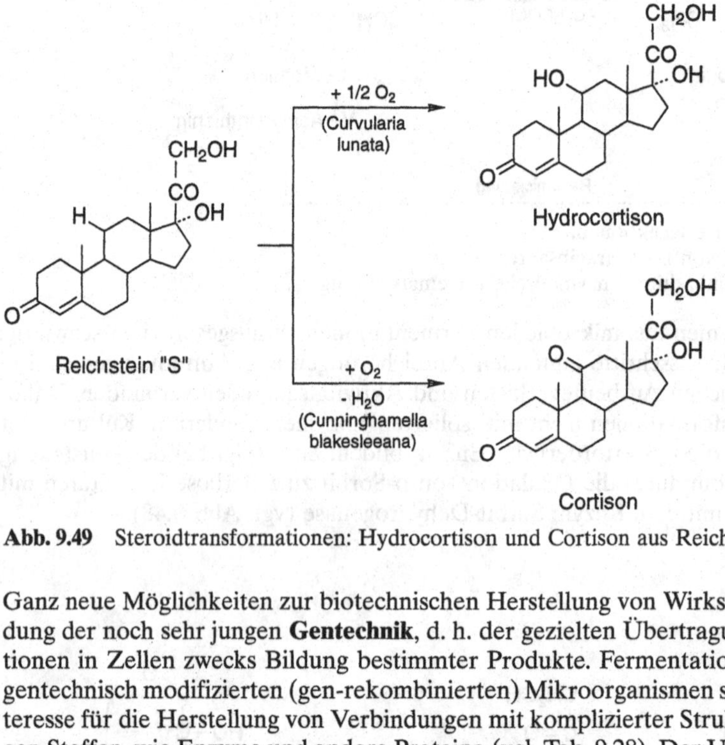

Abb. 9.49 Steroidtransformationen: Hydrocortison und Cortison aus Reichstein S

Ganz neue Möglichkeiten zur biotechnischen Herstellung von Wirkstoffen bietet die Anwendung der noch sehr jungen **Gentechnik**, d. h. der gezielten Übertragung genetischer Informationen in Zellen zwecks Bildung bestimmter Produkte. Fermentationsverfahren mit solchen gentechnisch modifizierten (gen-rekombinierten) Mikroorganismen sind insbesondere von Interesse für die Herstellung von Verbindungen mit komplizierter Struktur, also von hochwertigen Stoffen, wie Enzyme und andere Proteine (vgl. Tab. 9.28). Der Umgang mit gen-rekombinierten Zellen unterliegt strengen Sicherheitsvorschriften, um den Austritt von genetisch verändertem Erbmaterial in die Umwelt auszuschließen. In der Bundesrepublik Deutschland gilt dafür das Gentechnikgesetz, und zwar sowohl für Arbeiten im Laboratorium als auch für gentechnische Produktionen. Zu den besonderen technischen Sicherheitsvorkehrungen gehören abgetrennte und nur durch Schleusen zugängliche Räume und die vollständige Abtötung von Keimen in allen Stoffströmen und Materialien, die eine gentechnische Anlage verlassen.

Außer Mikroorganismen lassen sich auch Zellen höherer Lebewesen für die Biosynthese von Wirkstoffen nutzen. Mit dieser relativ neuen Technik wird inzwischen eine ganze Reihe von Pharmaproteinen produziert (Beispiele vgl. Tab. 9.28). Man verwendet dazu *Tierzellen*, in die das Humangen für die Bildung des Proteins übertragen wurde; man spricht von gen-rekombinierten Tierzellen. Im Unterschied zu Mikrobenzellen werden Tierzellen nicht von einer Zellwand, sondern nur von einer dünnen Membran umschlossen. Wegen der dadurch bedingten mechanischen Empfindlichkeit erfordert die Kultivierung von Tierzellen besondere Techniken. Für die Herstellung von Antikörpern zum Einsatz als Diagnostika und Immuntherapeutika durch Zellkulturen steht die sog. **Hybridomatechnik** zur Verfügung. Dabei erzeugt man durch Fusion einer Antikörper bildenden Zelle mit einer vermehrungsfähigen Tierzelle (Tumorzelle) Hybridomazellen, die anschließend selektiert und kultiviert werden. Dieser Weg wurde 1975 von G. Köhler, C. Milstein und N. K. Jerne gefunden, die dafür 1984 mit dem Nobelpreis für Medizin ausgezeichnet wurden.

Besondere Techniken sind auch zur Isolierung und Reinigung der gebildeten Proteine erforderlich. In den Fermentationsmedien liegen sie in sehr großer Verdünnung vor. Die Medien enthalten als Begleitstoffe zudem andere Proteine; die produzierten Wirkstoffe müssen also aus Gemischen mit chemisch ähnlichen Stoffen gewonnen werden. Die sich daraus ergebende Forderung nach hoher Selektivität der Stofftrennung erfüllen insbesondere die chromatographischen Verfahren, die in der übrigen chemischen Technik bisher geringe Bedeutung haben. Bei der Aufarbeitung und Produktreinigung geht man häufig so vor, daß man das Zellmaterial durch Filtrieren und Zentrifugieren aus der Fermentationsflüssigkeit abtrennt und die Proteine durch Ultrafiltration konzentriert. Dabei wandern die Elektrolytionen durch die Membran, während die Proteine zurückgehalten werden. Das so gewonnene Retentat wird dann in technischen Chromatographiesäulen (Durchmesser bis ca. 1 m) aufgetrennt.

9.4.6 Sonstige Verfahren zur Wirkstoffherstellung

Eine auch heute noch genutzte Quelle für pharmazeutische Wirkstoffe sind Pflanzen. Beispiele dafür sind die Alkaloide und die Herzglykoside (vgl. Kap. 9.4.3). Die *Gewinnung aus pflanzlichem Material* erfolgt durch Extraktion; in vielen Fällen dient der pflanzliche Extrakt als Rohstoff für anschließende chemische Schritte, z. B. bei den Steroiden (vgl. Kap. 9.4.5).

Verschiedene **Proteinwirkstoffe** werden aus *tierischem Gewebe* durch Extraktion gewonnen. Zum Beispiel wird aus Pankreas außer Insulin, das heute zunehmend durch Fermentation mit gen-rekombinierten Mikroorganismen erzeugt wird (vgl. Tab. 9.28), auch Pankreatin, ein Gemisch von Verdauungsenzymen, isoliert. Aus Körperflüssigkeiten erhält man mit Hilfe besonderer Trennmethoden, wie fraktionierte Fällung oder Chromatographie, Proteinwirkstoffe, so z. B. aus menschlichem Blutplasma Immunglobuline, die zur Stärkung der körpereigenen Abwehr von Infektionen eingesetzt werden.

Impfstoffe gegen bakterielle Infektionen werden in Kulturen der Erreger hergestellt. Je nach Art des Erregers, gegen den geimpft wird, werden daraus zellfreie, antigenhaltige Vakzine gewonnen und eingesetzt, oder man verwendet die abgetöteten oder inaktivierten Bakterien als Impfstoff. Als Impfstoffe gegen Viren dienen abgetötete Viren oder Lebendviren mit geringer Pathogenität. Zur Herstellung dieser Impfstoffe werden Viren aus lebenden Tieren oder Tierzellkulturen benutzt.

9.5 Pflanzenschutzmittel

9.5.1 Bedeutung des Pflanzenschutzes

Um die wachsende Weltbevölkerung, deren Zahl im Jahr 2000 die 6-Mrd.-Grenze überschritten haben wird, ausreichend zu ernähren, muß die Produktion an Nahrungsmitteln weltweit gesichert und gesteigert werden. Da die landwirtschaftliche Anbaufläche nicht beliebig erweitert werden kann, müssen bessere Anbaumethoden entwickelt und besonders ertragreiche und resistente Nutzpflanzen eingeführt werden. Die Chemie kann dazu einen Beitrag leisten durch verbesserte Düngemittel (vgl. Kap. 11.1) und einen sinnvoll angewendeten Pflanzenschutz (engl. plant protection). Noch heute geht ca. ein Drittel aller Ernteerträge verloren, und zwar ca. 15% durch tierische Schädlinge, insbesondere Insekten, 10% durch Unkräuter und weitere 10% durch Pflanzenkrankheiten. Der Pflanzenschutz kann einen wesentlichen Beitrag dazu leisten, die Kulturpflanzen vor Schadorganismen zu schützen und somit die Quantität und die Qualität der Ernteerträge zu erhöhen. Insbesondere in den Entwicklungsländern ist ein verbesserter Pflanzenschutz überlebenswichtig: In vielen Regionen Asiens geht über die Hälfte des Grundnahrungsmittels Reis durch tierische oder pflanzliche Schaderreger verloren. Aber auch die Industrieländer sind wesentlich auf Pflanzenschutzmittel angewiesen: In den USA müssen z. B. die großen Mais-, Baumwoll- und Getreidepflanzungen geschützt werden; in Westeuropa sind spezielle Maßnahmen zum Schutz des Wein-, Obst- und Zuckerrübenanbaus erforderlich. Optimal ist der *integrierte Pflanzenschutz*, ein System zur Schadensverhütung, bei dem kulturtechnische, biologische und chemische Maßnahmen genau aufeinander abgestimmt sind.

Je nach Zielorganismen lassen sich die chemischen Pflanzenschutzmittel in Gruppen einteilen, die sich jedoch teilweise in ihren Wirkungen überschneiden (vgl. Tab. 9.31):

Tab. 9.31 Arten von Pflanzenschutzmitteln

Pflanzenschutzmittel (Gruppe)	Mittel gegen
Insektizide	Schadinsekten
Herbizide	Unkräuter
Fungizide	Pilzbefall
Akarizide	Milben
Nematizide	Fadenwürmer
Molluskizide	Schnecken
Rodentizide	Nagetiere
Bakterizide	Bakterien
Virizide	Viren

Die mit Abstand wichtigsten Pflanzenschutzmittel sind die Insektizide, Herbizide und Fungizide, die in den folgenden Abschnitten näher beschrieben werden.

9.5.2 Insektizide

Die Insektizide (insecticides) dienen einerseits dem Pflanzenschutz, gleichzeitig aber auch der Seuchenbekämpfung. Da zahlreiche Insekten Krankheitserreger übertragen, z. B. Läuse den Flecktyphus, Stechfliegen die Schlafkrankheit und Stechmücken die Malaria, kann durch Bekämpfung der Insekten die Übertragung dieser Krankheiten wesentlich eingeschränkt werden.

Wichtige Insektizidklassen sind die Chlorkohlenwasserstoffe, die Pyrethroide, die Phosphorsäureester, die Thiophosphorsäureester und die Carbamate.

Die bedeutendsten **Chlorkohlenwasserstoffe** sind in Tab. 9.32 zusammengestellt. Zu den ältesten bekannten Insektiziden gehört das **D**ichlor-**d**iphenyl-**t**richlormethyl-methan, abgekürzt DDT. DDT wurde schon 1874 von dem Deutschen Othmar Zeidler hergestellt; seine insektizide Wirkung wurde 1939 von dem Schweizer Paul Müller erkannt (vgl. Kap. 1.3). Die Synthese erfolgt relativ einfach aus Chlorbenzol und Chloral in Gegenwart von Schwefelsäure. DDT besitzt eine hohe Toxizität gegenüber Insekten, gleichzeitig aber auch eine nicht zu vernachlässigende Toxizität gegenüber Warmblütern. Vor allem wegen seiner Stabilität (Halbwertzeit 5–15 Jahre) und der damit verbundenen Möglichkeit der Anreicherung in der Nahrungskette wurde die Verwendung von DDT weltweit drastisch eingeschränkt. Eine Alternative zu DDT ist z. B. das Methoxychlor, das weniger giftig und leichter abbaubar ist, allerdings auch ein weniger breites Anwendungsspektrum aufweist als DDT. Seine Synthese erfolgt durch Kondensation von Anisol und Chloral.

Tab. 9.32   Chlorhaltige Insektizide

Bezeichnung	Formel
DDT (*p,p'*–Dichlor–diphenyl–trichlor-methyl–methan)	
Methoxychlor	
Aldrin	
Dieldrin	
Chlordan	
γ–Hexachlor–cyclohexan (Lindan)	

Weitere Chlorkohlenwasserstoff-Insektizide werden durch Diels-Alder-Reaktionen herge-stellt, z. B. das Aldrin, das Dieldrin und das Chlordan. Aldrin entsteht durch Umsetzung von Norbornadien mit Hexachlorcyclopentadien; Dieldrin durch anschließende Epoxida-tion der verbleibenden Norbornendoppelbindung. Chlordan ist durch Diels-Alder-Reaktion von Hexachlorcyclopentadien und Cyclopentadien mit anschließender Chlorierung zugäng-lich.

Auch Hexachlorcyclohexan, herstellbar durch Photochlorierung von Benzol, wirkt insektizid.

Die eigentliche Wirkung geht nur vom γ-Isomeren, dem Lindan, aus. Bei der Aufarbeitung der Nebenprodukte bilden sich die hochgiftigen chlorierten Dibenzodioxine. Die Lindananlagen wurden deshalb inzwischen stillgelegt.

Wegen der nicht unerheblichen Umweltgefährdung unterliegen die insektiziden Chlorkohlenwasserstoffe in den meisten Ländern einer starken Kontrolle. Ihre Bedeutung ist, auch aufgrund zahlreicher besserer Alternativen, in den letzten Jahrzehnten deutlich zurückgegangen.

Eine dieser Alternativen sind die **Pyrethroide** (vgl. Tab. 9.33). Entdeckt wurde die insektizide Wirkung bei den Pyrethrumblüten einer Chrysanthemenart, die in Südeuropa und Ostafrika wächst. Die Pyrethroide sind Derivate der Chrysanthemumsäure (Grundformel in Tab. 9.33 mit R = OH). Die Hauptkomponente der natürlichen Pyrethrumextrakte ist das Pyrethrin I, ein Ester der Chrysanthemumsäure mit (+)-Pyrethrolon. Wegen ihrer Oxidationsempfindlichkeit werden die Pyrethroide in der Umwelt sehr schnell abgebaut. Synthetische Pyrethroide, wie z. B. Allethrin, Permethrin oder Fenvalerat, haben eine hohe insektizide Wirkung bei gleichzeitig geringer Warmblütertoxizität. Beachtenswert ist das Fenvalerat, das von seiner Wirkung her zwar ein Pyrethroid ist, in seiner Konstitution aber schon weit von den natürlichen Pyrethroiden entfernt ist. Es wird im Obst-, Wein- und Gemüsebau, aber auch im Soja-, Baumwoll-, Getreide-, Rüben- und Kartoffelanbau verwendet.

Tab. 9.33 Pyrethroide

Bezeichnung	Formel
(Grundformel)	
Pyrethrin I	
Allethrin	
Permethrin	
Fenvalerat	

Eine weitere wichtige Gruppe sind die **phosphorhaltigen Insektizide** (vgl. Tab. 9.34). Schon 1938 wurde das erste P-haltige Insektizid von Gerhard Schrader entwickelt, die kommerzielle Verwendung begann aber erst 1948. Phosphorsäure-, Thiophosphorsäure- und Dithio-phosphorsäureester erwiesen sich als stark wirksame Insektizide. Die Verbindungen haben Halbwertzeiten von einigen Wochen und sind somit relativ gut abbaubar. Ihr entscheidender Nachteil ist die hohe Toxizität gegenüber Warmblütern. Bei unsachgemäßem Umgang, z. B. mit Parathion (Handelsname: E 605), kam es immer wieder zu Todesfällen.

Die **Carbamate** sind eine Insektizidgruppe, die in den 40er Jahren von der Fa. Geigy entwik-kelt wurde. Eines der bedeutendsten dieser Insektizide ist das Carbaryl (Handelsname: Se-vin), das durch Kondensation von 1-Naphthol und Methylisocyanat zugänglich ist (vgl. Tab. 9.34). Die Halbwertzeit liegt bei ca. 1 Woche, d. h., daß Carbamate häufiger gespritzt wer-den müssen. Die Synthese des Sevins erfordert größte Vorsicht, denn Methylisocyanat ist eine sehr gefährliche, in höherer Konzentration tödliche Chemikalie. 1984 wurden bei der größten Chemiekatastrophe der Geschichte in Bhopal über 2000 Menschen durch einen Methylisocya-nat-Ausbruch getötet (vgl. Kap. 3.3.3).

Die Gruppe der **Dinitrophenole** ist eine schon im letzten Jahrhundert in der Forstwirtschaft verwendete Insektizidart. Das 4,6-Dinitro-2-methyl-phenol (vgl. Tab. 9.34) ist durch Nitrie-rung von o-Kresol zugänglich. Es ist wirksam gegen Insekten, Larven und Eier; gleichzeitig ist es aber auch ein starkes Herbizid. Durch Acylierung kann die insektizide Wirkung der Dinitro-phenole verringert werden.

Neue Insektizidkonzepte gehen davon aus, die Schädlinge nicht mehr durch eine breite Aus-bringung der Insektizide in den Anbaugebieten zu beseitigen, sondern sie durch Lockstoffe *(Pheromone)* in insektizide Fallen zu locken. Die Umwelt wird geschont und mit relativ gerin-gen Insektizidmengen das gleiche Ziel erreicht. Alternativ werden auch Insektenhormone ent-wickelt, die die Fortpflanzungsfähigkeit der Schädlinge einschränken. Diese Hormone sind re-lativ schnell abbaubar und untoxisch gegenüber Mensch, Vögeln, Fischen und Bienen. Seit den 70er Jahren sind für spezielle Anwendungen niedrig-toxische Produkte auf dem Markt, die auch preislich eine Alternative zu den konventionellen Insektiziden darstellen.

9.5.3 Herbizide

Die Herbizide (herbicides) können in Totalherbizide, die alle Pflanzen vernichten, und selek-tive Herbizide unterteilt werden. Ihre Wirkung erzielen sie auf sehr unterschiedliche Weise: Bei den Bodenherbiziden wird der Wirkstoff über die Wurzeln der Unkrautpflanze aufgenom-men; bei den Blattherbiziden erfolgt eine Aufnahme über die grünen Pflanzenteile. Bei *syste-mischen Herbiziden* sind Aufnahme- und Wirkungsort des Wirkstoffs verschieden; bei *Kon-taktherbiziden* erfolgt die Wirkung direkt an dem Teil der Pflanze, der mit dem Wirkstoff be-sprüht wurde.

Zu den Herbiziden gehören zahlreiche *Carbonsäuren* und ihre Derivate (vgl. Tab. 9.35). Insbe-sondere kernchlorierte Phenoxyessigsäuren, z. B. die 2-Methyl-4-chlor-phenoxyessigsäure, er-wiesen sich als wichtige Wuchsstoffherbizide, die zweikeimblättrige Unkräuter absterben las-sen. Als Natriumsalze sind sie in Wasser löslich; sie können aber auch als Ester oder Amide eingesetzt werden. Auch chlorierte Benzoesäurederivate, z. B. die 2,3,6-Trichlorbenzoesäure, sind bei mäßiger Dosierung gegen zweikeimblättrige Unkräuter wirksam.

Zahlreiche *Kohlensäurederivate* und Thiokohlensäure haben herbizide Wirkungen. Ein Bei-spiel ist der Carbamidsäureester Phenmedipham, der als Blattherbizid im Futter- und Zucker-rübenanbau eingesetzt wird. Chemisch verwandt sind die *Harnstoffderivate*, z. B. die Herbi-zide Diuron und Fenuron. Sie sind systemische Herbizide, die über die Pflanzenwurzeln aufge-

Tab. 9.34   P-, S- und N-haltige Insektizide

Bezeichnung	Formel
Phosphorsäureester	$RO-\overset{\overset{\displaystyle O}{\|}}{\underset{\underset{\displaystyle RO}{\|}}{P}}-OR'$
Dichlorvos	$CH_3O-\overset{\overset{\displaystyle O}{\|}}{\underset{\underset{\displaystyle CH_3O}{\|}}{P}}-O-CH=CCl_2$
Naled	$CH_3O-\overset{\overset{\displaystyle O}{\|}}{\underset{\underset{\displaystyle CH_3O}{\|}}{P}}-O-CHBr-CCl_2Br$
Paraoxon	$C_2H_5O-\overset{\overset{\displaystyle O}{\|}}{\underset{\underset{\displaystyle C_2H_5O}{\|}}{P}}-O-\!\!\!\!\!\!\!\!\!\!\!\bigcirc\!\!-NO_2$
Thiophosphorsäureester	$RO-\overset{\overset{\displaystyle S}{\|}}{\underset{\underset{\displaystyle RO}{\|}}{P}}-OR'$
Parathion (E 605)	$C_2H_5O-\overset{\overset{\displaystyle S}{\|}}{\underset{\underset{\displaystyle C_2H_5O}{\|}}{P}}-O-\bigcirc\!\!-NO_2$
Dithiophosphorsäureester	$RO-\overset{\overset{\displaystyle S}{\|}}{\underset{\underset{\displaystyle RO}{\|}}{P}}-SR'$
Dimethoat	$CH_3O-\overset{\overset{\displaystyle S}{\|}}{\underset{\underset{\displaystyle CH_3O}{\|}}{P}}-S-CH_2-\overset{\overset{\displaystyle O}{\|}}{C}-NH-CH_3$
Carbamate Carbaryl (= Sevin)	$O-\overset{\overset{\displaystyle O}{\|}}{C}-NH-CH_3$ (Naphthyl)
Dinitrophenole 4,6-Dinitro-2-methyl-phenol	(Benzolring: O_2N, OH, CH_3, NO_2)

nommen und zu den grünen Pflanzenteilen transportiert werden, wo sie die Photosynthese hemmen. *Phenolderivate* sind schon seit den 30er Jahren als Herbizide bekannt. Eine neuere Entwicklung sind die halogenierten *p*-Hydroxybenzonitrile Ioxynil und Bromoxynil, die ausgehend vom *p*-Hydroxybenzaldehyd zugänglich sind. Auch einige Phenolether, wie das Nitrofen, sind als Herbizide wirksam.

Tab. 9.35 Wichtige Herbizidklassen

Bezeichnung	Formel
Carbonsäuren und Derivate	
2-Methyl-4-chlorphenoxy-essigsäure	Cl—⟨⟩—O—CH₂—COOH CH₃
2,3,6-Trichlorbenzoesäure	Cl, Cl, Cl —⟨⟩—COOH
Kohlensäurederivate	
Phenmedipham	H₃C—⟨⟩—NH—C(=O)—O—⟨⟩—NH—C(=O)—OCH₃
Harnstoffderivate	
Diuron	Cl, Cl —⟨⟩—NH—C(=O)—N(CH₃)₂
Fenuron	⟨⟩—NH—C(=O)—N(CH₃)₂
Phenolderivate	
Ioxynil	NC—⟨⟩—OH mit I, I
Bromoxynil	NC—⟨⟩—OH mit Br, Br
Nitrofen	Cl, Cl —⟨⟩—O—⟨⟩—NO₂

Eine sehr bedeutende Gruppe von Herbiziden sind die stickstoffhaltigen Heterocyclen (vgl. Tab. 9.36). Hierzu gehören die *Triazine* Simazin und Atrazin, die sich aus Cyanurchlorid herstellen lassen. Atrazin war in den 80er Jahren in den USA das meist verwandte Herbizid. Es wird insbesondere im Getreideanbau, aber auch im Ananas- und Zuckerrohranbau eingesetzt. In den 70er Jahren kamen die *Aminotriazinone*, z. B. das Metamitron, neu in den Herbizidhandel. Sie sind sehr aktive und selektiv wirkende Herbizide. Zu den *Triazolen* gehört z. B. das Amitrol, das besonders gut wirksam ist gegen tiefwurzelnde Unkräuter und Gräser. Amitrol hat auch eine synergistische, d. h. verstärkende Wirkung auf andere Totalherbizide. Von den *Pyridiniumsalzen* ist das Paraquat-dichlorid zu nennen, das als unspezifisches Kontaktherbizid nur die oberflächlichen Pflanzenteile von Unkräutern absterben läßt. Da das Paraquat nur eine kurzfristige Wirkung hat, kann die behandelte Fläche ohne eine vorherige erosionsfördernde Bodenbearbeitung wieder neu eingesät werden.

Tab. 9.36 Heterozyklische Herbizide

Bezeichnung	Formel
Triazine	
Simazin	
Atrazin	
Aminotriazinone	
Metamitron	
Triazole	
Amitrol	
Pyridiniumsalze	
Paraquat-dichlorid	

9.5.4 Fungizide

Ca. 100 Pilzarten, die sich durch Sporenflug verbreiten, sind als Pflanzenschädlinge bekannt. Fungizide (fungicides) töten die Sporen ab oder verhindern ihr Keimen. *Systemische Fungizide* greifen auch die im Pflanzengewebe festgesetzten Pilze an. Wichtig ist es, Pilzsporen schon im Saatgut durch eine „Beizung" mit Fungiziden abzutöten.

Schon im letzten Jahrhundert wurden einfache **anorganische Fungizide**, wie z. B. wäßrige Schwefelsuspensionen (vgl. Tab. 9.37), verwendet. Im Weinbau konnte auf diese Weise der „echte Mehltau" mit Erfolg bekämpft werden. Auch die fungizide Wirkung von Kupfersalzen, z. B. von Kupfersulfat *(Kupfervitriol)* und Kupferoxychlorid, wurde schon früh erkannt. Der französische Weinbau, der Ende des 19. Jahrhunderts durch den „falschen Rebenmehltau" existentiell bedroht war, konnte durch den Einsatz von Kupfersalzen gerettet werden. Auch heute noch werden Schwefel und Kupfersalze im Obst-, Wein-, Hopfen-, Gemüse- und Zierpflanzenanbau verwendet.

Tab. 9.37   Anorganische und metallorganische Fungizide

Bezeichnung	Formel
Anorganika	
Schwefel	S_x
Kupfersulfat	$CuSO_4$
Kupferoxychlorid	$3\ Cu(OH)_2 \cdot CuCl_2$
Metallorganika	
Phenylquecksilberacetat	$Ph{-}HgOAc$
Methoxyethylquecksilbersilicat	$MeO{-}CH_2CH_2{-}Hg{-}O{-}SiO_2H$
Triphenylzinnacetat (Fentinacetat)	Ph_3SnOAc

Auch **Metallorganika** (vgl. Tab. 9.37), insbesondere Quecksilber- und Zinnverbindungen, haben eine stark fungizide Wirkung. Die Quecksilberverbindungen, z. B. Phenylquecksilberacetat oder Methoxyethylquecksilbersilicat, sind aber für Warmblüter giftig sowie umweltschädlich und werden heute nur noch in wenigen Ländern als Fungizide zugelassen. Bedeutung hat weiterhin das Triphenylzinnacetat (Fentinacetat), das aus Triphenylzinnchlorid und Natriumacetat zugänglich ist (vgl. Kap. 9.6.1). Das Fentinacetat hat ein breites Wirkungsspektrum und ist auch als Bakterizid aktiv. Es wird als Blattfungizid hauptsächlich im Kartoffelbau verwendet.

Wegen ihrer guten Abbaubarkeit werden inzwischen die **organischen Fungizide** (vgl. Tab. 9.38) bevorzugt. Da die gute Wirkung des elementaren Schwefels schon bekannt war, war es naheliegend, auch organische Schwefelverbindungen auf ihre fungizide Wirkung zu überprüfen. Die Dithiocarbaminsäurederivate Diram, Thiram und Zineb erwiesen sich als besonders aktiv. Ein weiteres schwefelhaltiges Fungizid ist das Folpet, das aus Phthalimidkalium und Perchlormethylmercaptan zugänglich ist. Sehr wirksam ist auch das Ridomil, ein Derivat des 2,6-Dimethylanilins. Es wird insbesondere zur Bekämpfung der Kraut- und Knollenfäule von Kartoffeln eingesetzt. Das *o*-Phenylendiaminderivat Carbendazim und der Schwefelheterocyclus Carboxin sind ebenfalls wichtige systemische Fungizide.

9.5.5 Marktdaten zum Pflanzenschutz

Der weltweite Umsatz mit Pflanzenschutzmitteln betrug 1991 ca. 36,5 Mrd. DM. Der größte Markt mit 31% ist Westeuropa, gefolgt von Nordamerika (26%), Asien (15%) und Südamerika (11%).

Ein Großteil der Pflanzenschutzmittel wird für die Kulturen Soja, Mais, Getreide und Reis verwendet. Jede Kultur erfordert andere Schutzmaßnahmen: Im Sojaanbau werden überwiegend Herbizide eingesetzt, im Getreideanbau haben Herbizide und Fungizide fast gleich große Bedeutung, im Baumwollanbau spielen neben den Herbiziden auch die Insektizide eine bedeutende Rolle (Abb. 9.50).

In Deutschland wurden 1991 ca. 120 000 t Pflanzenschutzmittel produziert, davon ca. 40 000 t Herbizide, 39 000 t Fungizide und 18 000 t Insektizide. Der Trend geht zu Produkten mit einer hohen spezifischen Wirksamkeit. Den Einsatz von Herbiziden, Fungiziden und Insektiziden bei den wichtigsten Kulturen in Deutschland zeigt Abb. 9.51.

Tab. 9.38   Organische Fungizide

Bezeichnung	Formel

Schwefelverbindungen

    N,N-Dimethylamino-dithiocarbamat (Diram)

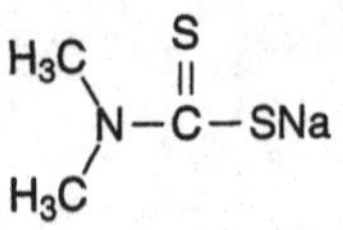

    Tetramethyl-thiuram-disulfid (Thiram)

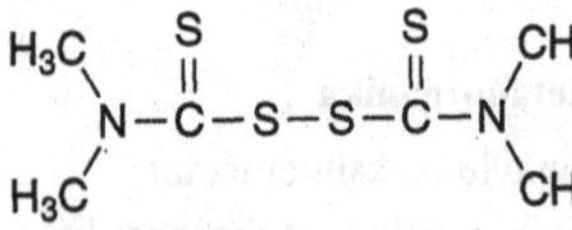

    Zink-ethylen-1,2-*bis*-dithiocarbamat (Zineb)

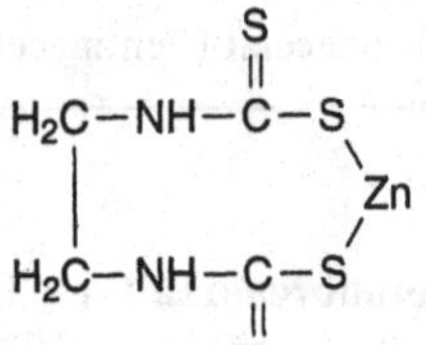

    Folpet

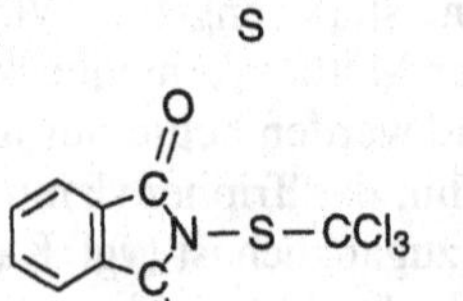

Dimethylanilinderivate

    Ridomil

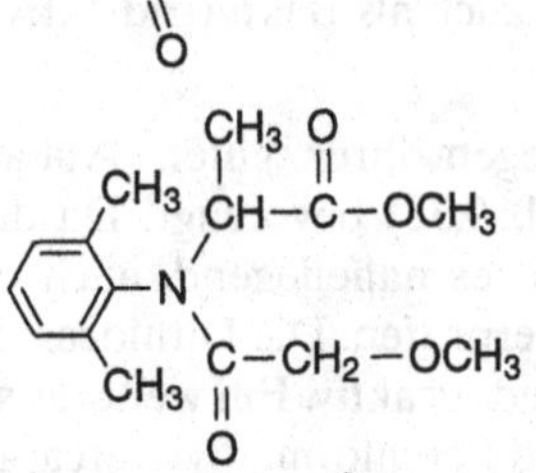

o-**Phenyldiaminderivate**

    Carbendazim

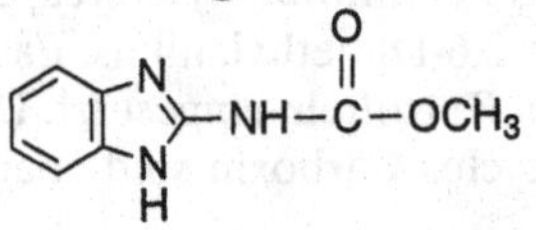

Heterocyclen

    Carboxin

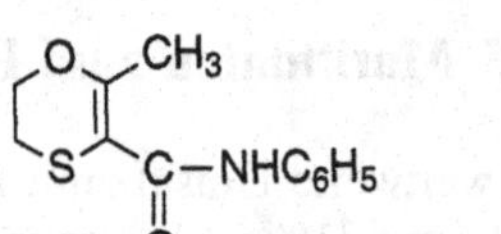

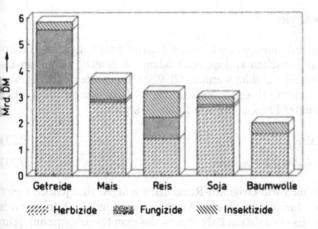

Abb. 9.50   Einsatz von Pflanzenschutzmitteln in wichtigen Kulturen (weltweit, 1991)

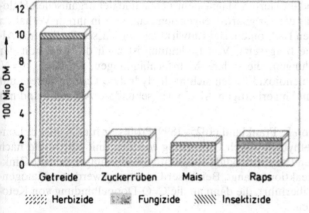

Abb. 9.51   Einsatz von Pflanzenschutzmitteln in wichtigen Kulturen (Deutschland 1991)

9.6 Metallorganische Verbindungen und homogene Katalyse

Organometallverbindungen (Metallorganyle) sind Substanzen, in denen Metalle oder Halbmetalle mindestens eine direkte Bindung zu einem Kohlenstoffatom eingehen. Die Bindung kann dabei einen mehr ionogenen oder einen mehr kovalenten Charakter haben. In diesem Kapitel werden beispielhaft einige wichtige Vertreter der Organometallchemie vorgestellt: Für die organische Synthese haben die Organyle des Lithiums und Magnesiums, des Zinks und Quecksilbers sowie des Bors Bedeutung erlangt. Industriell in großem Umfang hergestellt werden die Organyle des Aluminiums, des Siliciums, des Zinns und des Bleis. Bis auf wenige Ausnahmen, z. B. des Eisenpentacarbonyls, haben die Organyle der Übergangsmetalle für stöchiometrische Umsetzungen bisher kaum Anwendung gefunden. In der homogenen Übergangsmetallkatalyse hingegen fungieren die Übergangsmetallorganyle als Zwischenstufen, die den Ablauf der Katalyse maßgeblich bestimmen.

9.6.1 Hauptgruppenmetallorganyle

Lithiumorganyle werden meist aus Lithiummetall oder aus n-Butyllithium hergestellt. Im ersten Fall wird Lithium mit einer organischen Halogenverbindung umgesetzt, wobei ein Lithiumorganyl und ein Lithiumhalogenid gebildet werden (Gl. 9.23). Im zweiten Fall, der Metallierung, wird n-Butyllithium mit einer C-H-aciden Verbindung zur Reaktion gebracht unter Bildung des Lithiumorganyls und unter Freisetzung von Butan (Gl. 9.24).

$$2 \, Li + RBr \longrightarrow RLi + LiBr \tag{9.23}$$

$$n\text{-BuLi} + 5 \, C_5Me_5H \longrightarrow C_5Me_5Li + n\text{-BuH} \tag{9.24}$$

Lithiumorganyle verhalten sich ähnlich wie Grignard-Reagenzien RMgX, sind jedoch meist deutlich reaktiver. Technisch haben Lithiumalkyle eine Anwendung gefunden als Initiatoren für die Polymerisation von Isopren. Es entsteht ein Polyisopren, das dem Naturkautschuk sehr verwandt ist.

Von größter Bedeutung sind die **Organylhalogenide des Magnesiums**, die Grignard-Reagenzien. Ihre Herstellung erfolgt aus iodaktivierten Magnesiumspänen und der organischen Halogenverbindung RX. Die Reaktivität der Grignard-Reagenzien zeigt sich in ihrem Verhalten gegenüber Verbindungen mit aktiven H-Atomen. Bei Einwirkung von Wasser werden aus Alkyl-Grignard-Verbindungen Alkane freigesetzt. Von Bedeutung ist auch die Reaktion der Grignard-Reagenzien mit Verbindungen, die polare Mehrfachbindungen, wie C=O, C=N, C≡N oder C=S enthalten. Mit Kohlendioxid bilden sich nach Hydrolyse Carbonsäuren, mit Formaldehyd primäre Alkohole, mit längerkettigen Aldehyden sekundäre Alkohole und mit Ketonen tertiäre Alkohole.

Zinkorganyle wurden schon 1849 von E. Frankland (1825–1899, Professor für Chemie in London) hergestellt. So bildet sich Diethylzink durch Umsetzung von Zink mit Ethyliodid nach Destillation des primär entstehenden Ethylzinkiodids. Präparative Bedeutung haben die Zinkorganyle durch die Reformatsky-Reaktion erlangt. Bei dieser Umsetzung werden α-Halogencarbonsäureester in Zinkorganyle überführt, die dann an die C=O-Doppelbindung von Ketonen oder Aldehyden addiert werden.

$$2 \, CH_2-COOR + 2 \, Zn \xrightarrow{THF} \quad \xrightarrow{+2 \, R'_2CO} \quad 2 \, R'_2C-CH_2-COOR \tag{9.25}$$

Quecksilberorganyle nehmen eine Sonderstellung ein, da die kovalente, inerte Quecksilber-Kohlenstoff-Bindung gegenüber Luft und Wasser sehr beständig ist. Aus diesem Grund haben in der Vergangenheit Quecksilberorganyle Anwendung als Pharmaka, Fungizide und Bakterizide gefunden. Diese Anwendungen sind wegen der hohen Giftigkeit dieser Verbindungen jedoch stark rückläufig.

Bororganyle sind durch Umsetzungen von Bortrifluorid mit Grignard-Verbindungen oder durch Addition von Diboran B_2H_6 an Alkene, die sog. Hydroborierung, zugänglich. Trialkylborane sind sehr oxidationsempfindlich; Kontakt mit Luftsauerstoff führt zur Selbstentzündung. Deshalb werden Trialkylborane meist sofort weiterverarbeitet, z. B. durch Protolyse zu Alkanen oder durch Oxidation mit Wasserstoffperoxid zu Alkoholen.

Aluminiumorganyle werden heute in technischem Maßstab produziert. Ein wichtiges Darstellungsverfahren ist die Ziegler-Direktsynthese aus Aluminium, Wasserstoff und α-Olefinen. Bei diesem Verfahren laufen zwei Aufbaureaktionen, die „Vermehrung" und die „Anlagerung", in einem Kreisprozeß nacheinander ab. Am Beispiel des Triethylaluminiums ist diese zweistufige Synthese in Abb. 9.52 wiedergegeben. Eine weitere technische Synthesemethode ist die Umsetzung von Alkylhalogeniden mit Aluminium oder Al/Mg-Legierungen.

Vermehrung	$Al + 1,5 H_2 + 2 (C_2H_5)_3Al$	$\longrightarrow$	$3 (C_2H_5)_2AlH$
Anlagerung	$3 (C_2H_5)_2AlH + 3 C_2H_4$	$\longrightarrow$	$3 (C_2H_5)_3Al$
Bruttoreaktion	$Al + 1,5 H_2 + 3 C_2H_4$	$\longrightarrow$	$(C_2H_5)_3Al$

Abb. 9.52 Darstellung von Aluminiumalkylen nach der Ziegler-Direktsynthese

Die binären Aluminiumalkyle R_3Al sind Flüssigkeiten, die gegenüber Luftfeuchtigkeit und Sauerstoff sehr empfindlich sind. Die kurzkettigen Alkyle sind selbstentzündlich und reagieren mit Wasser explosionsartig. Aluminiumorganyle bilden bevorzugt Dimere Al_2R_6.

Aluminiumorganyle haben verschiedene technische Anwendungen gefunden. Ein wichtiges Anwendungsgebiet ist der Einsatz der Aluminiumalkyle in den *Ziegler-Aufbaureaktionen*, bei denen Ethen in Al-C-Bindungen insertiert wird. Entweder werden durch eine Verdrängungsreaktion α-Olefine freigesetzt *(Alfen-Prozeß)*, oder die Kettenaufbauprodukte werden erst oxidiert und durch Hydrolyse in lineare, primäre Alkohole umgesetzt *(Alfol-Prozeß)* (vgl. Abb. 9.53).

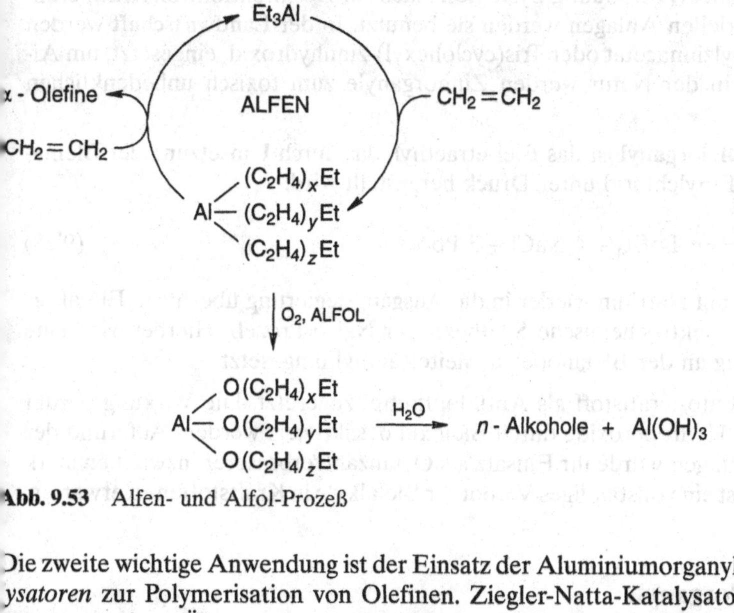

Abb. 9.53 Alfen- und Alfol-Prozeß

Die zweite wichtige Anwendung ist der Einsatz der Aluminiumorganyle in *Ziegler-Natta-Katalysatoren* zur Polymerisation von Olefinen. Ziegler-Natta-Katalysatoren sind Katalysatorsysteme aus einer Übergangsmetallverbindung (z. B. $TiCl_4$, VCl_3) und einem Aluminiumorganyl, das auch Halogensubstituenten enthalten kann (z. B. $AlEt_3$, $AlEt_2Cl$ oder $AlEtCl_2$; vgl. Kap. 9.1.1).

Beim *Dimersol-Prozeß* des Institut Français du Pétrole (IFP) werden zwei Moleküle Propen dimerisiert oder Propen und Buten codimerisiert. Katalysatoren sind Systeme aus Aluminiumorganylen und Nickelverbindungen. Die Produkte sind nach Hydrierung gute Octanzahlverbesserer in Motorentreibstoffen.

Eine weitere wichtige Verwendung von Aluminiumtrialkylen ist ihr Einsatz als Alkylierungs-·mittel, z. B. bei der Synthese von Zinn- oder Zinkorganylen.

Große technische Bedeutung haben die **Siliciumorganyle**. Sie sind zugänglich durch Umsetzungen von Siliciumtetrachlorid mit Grignard-Verbindungen. Die Herstellung speziell der Methylchlorsilane erfolgt durch die *Müller-Rochow-Synthese* aus Silicium und Chlormethan (näheres dazu in Kap. 12.4). Die Methylchlorsilane werden zur Herstellung der Silicone verwendet, die als Öle, Harze und Elastomere vielfältige Anwendungen finden.

Auch **zinnorganische Verbindungen** zeichnen sich durch ihre gute Zugänglichkeit und vielfältigen Verwendungsmöglichkeiten aus. Die Synthese der Zinnorganyle erfolgt durch Umsetzung von $SnCl_4$ mit Grignard-Verbindungen oder Aluminiumorganylen:

$$SnCl_4 + 4\ RMgBr \longrightarrow R_4Sn + 4\ MgBrCl \tag{9.26}$$

$$3\ SnCl_4 + 4\ AlR_3 + 4\ NaCl \longrightarrow 3\ R_4Sn + 4\ NaAlCl_4 \tag{9.27}$$

Wichtige Anwendungsgebiete der Zinnorganyle sind der Einsatz als PVC-Stabilisatoren, Biozide in Industrie und Landwirtschaft sowie als Katalysatoren für die Polyurethansynthese. Im PVC bewirken Zinnorganyle, daß die HCl-Abspaltung während der thermischen Verarbeitung unterdrückt wird. Sie können auch einer photochemischen Zersetzung des PVC vorbeugen, da sie in der Lage sind, UV-initiierte Radikalkettenreaktionen abzubrechen.

Zinnorganyle, z. B. Bis(tributylzinn)oxid, werden als Biozide in der Industrie eingesetzt. Wegen ihrer fungiziden und antibakteriellen Eigenschaften werden sie zur Oberflächendesinfektion, z. B. von Holz, verwendet (Antifouling-Systeme). Auch zur Desinfektion von zirkulierendem Kühlwasser in industriellen Anlagen werden sie benutzt. In der Landwirtschaft werden Zinnorganyle, wie Triphenylzinnacetat oder Tris(cyclohexyl)-zinnhydroxid, eingesetzt, um Algenbefall zu bekämpfen. In der Natur werden Zinnorganyle zum toxisch unbedenklichen Zinndioxid abgebaut.

Das technisch wichtigste **Bleiorganyl** ist das Bleitetraethyl, das durch Umsetzung der Bleinatriumlegierung PbNa mit Ethylchlorid unter Druck hergestellt wird:

$$4\ PbNa + 4\ EtCl \longrightarrow PbEt_4 + 4\ NaCl + 3\ Pb \tag{9.28}$$

Das freigesetzte Blei wird mit Natrium wieder in die Ausgangslegierung überführt. Ein alternatives Verfahren ist eine elektrochemische Synthese, der Nalco-Prozeß. Hierbei wird eine Ethyl-Grignard-Verbindung an der Bleianode zu Bleitetraethyl umgesetzt.

$PbEt_4$ wurde bisher dem Otto-Kraftstoff als Antiklopfmittel zugesetzt. Die Wirkung beruht u. a. darauf, daß gebildete Hydroperoxide durch Bleioxid desaktiviert werden. Aufgrund der Giftigkeit der Bleiverbindungen wurde ihr Einsatz als Octanzahlverbesserer inzwischen stark eingeschränkt; langfristig ist ein vollständiges Verbot für Bleialkyle in Kraftstoffen zu erwarten.

9.6.2 Übergangsmetallorganyle

Übergangsmetalle zeichnen sich dadurch aus, daß sie zur Bildung von Metall-Kohlenstoff-Bindungen neben *s*- und *p*-Orbitalen auch *d*-Orbitale zur Verfügung haben. Die partielle Besetzung der Valenzorbitale ermöglicht es, daß das Übergangsmetall sowohl als Elektronendonator als auch als Elektronenakzeptor wirksam werden kann. Ein Ligand wird deshalb über eine σ-Bindung und zugleich über eine π-Rückbindung gebunden. Hinzu kommt die Fähigkeit vieler Übergangsmetalle, direkt oder über Brückenliganden Metall-Metall-Bindungen eingehen zu können. Hierdurch ergibt sich die Möglichkeit, Cluster zu bilden.

Eine grobe Unterteilung der Übergangsmetallorganylkomplexe kann nach der Art der Liganden erfolgen. Eine Übersicht gibt Tab. 9.39.

Tab. 9.39 Übersicht über die Übergangsmetallorganyle

Bezeichnung	Bindungstypen (Beispiele)
Alkyle	$M-CR_3$
Aryle	$M-\langle C_6H_5 \rangle$
Carbene	$M=CR_2$
Carbine	$M\equiv CR$
Carbonyle	$M-C\equiv O$
π-Komplexe	
Alkenkomplexe	$M-\|\,{}^{CR_2}_{CR_2}$
Alkinkomplexe	$M-\|\|\|\,{}^{CR}_{CR}$
Allylkomplexe	

M = Metall

Die Übergangsmetall**alkyl-** und **arylkomplexe** verfügen ausschließlich über eine σ-Bindung. **Metallcarbenkomplexe** sind Verbindungen mit einer Metall-Kohlenstoff-Doppelbindung. Der erste Carbenkomplex wurde 1964 von E. O. Fischer (geb. 1918, Professor für Anorg. Chemie, TU München, Nobelpreis 1973) hergestellt durch Addition von Lithiumalkyl an Wolframhexacarbonyl. Auch **Übergangsmetallcarbinkomplexe** wurden erstmals von E. O. Fischer synthetisiert.

In **Carbonylkomplexen** ist Kohlenmonoxid in einer σ-Donor/π-Akzeptorbindung an Übergangsmetalle gebunden. Wie in Tab 9.39 angegeben, kann Kohlenmonoxid in verschiedenen Varianten koordinieren, z. B. als endständiger Ligand oder als zwei- oder dreifach verbrückender Ligand. Dadurch ergibt sich eine große Vielfalt von Strukturen, insbesondere bei den mehrkernigen Clustern.

π-Komplexe zeichnen sich dadurch aus, daß neben der Ligand-Metall-Donatorbindung eine starke Metall-Ligand-Akzeptorwechselwirkung vorliegt. Die **Alkenkomplexe** der Übergangsmetalle sind von großer Bedeutung, da sie bei vielen homogenkatalytischen Umsetzungen wichtige Zwischenstufen darstellen. Der erste Alkenkomplex, der ionische Platinkomplex $K[(C_2H_4)PtCl_3]$, wurde 1827 von dem dänischen Chemiker W. C. Zeise (1789–1847) hergestellt.

In **Alkinkomplexen** kann der Alkinligand in einzähniger oder zweizähniger Form koordiniert werden. Alkinkomplexe spielen eine wichtige Rolle als Zwischenstufen bei der homogenkatalytischen Oligomerisation und bei den Umsetzungen von Alkinen mit Kohlenmonoxid.

Allylkomplexe enthalten den Kohlenwasserstoffliganden C_3H_5, in dem der Wasserstoff durch organische Reste R ersetzt sein kann. In η^1-Allylkomplexen ist das Metall über eine σ-Bindung an ein Kohlenstoffatom gebunden; in den η^3-Allylkomplexen sind drei Elektronen über drei Kohlenstoffatome verteilt. Allylkomplexe spielen eine große Rolle als Zwischenstufen bei homogenkatalytischen Isomerisierungen sowie bei der Oligomerisierung und Polymerisation von 1,3-Dienen.

9.6.3 Homogene Katalyse

Die homogene Übergangsmetallkatalyse nutzt die vielfältigen Reaktionsmöglichkeiten der Übergangsmetallkomplexe für die Synthese organischer Verbindungen. Entscheidende Zwischenstufen der Katalysezyklen sind überwiegend die in Kap. 9.6.2 vorgestellten Übergangsmetallorganyle. Die heterogene Übergangsmetallkatalyse wird in Kap. 12.3 behandelt.

Vorteile der homogenen Katalyse gegenüber der heterogenen Katalyse bestehen oft darin, daß durch ein maßgeschneidertes Ligandenumfeld am Katalysatormetall die Selektivität der Reaktion wesentlich beeinflußt werden kann. Durch metallorganische Katalyse sind manche organische Verbindungen einfach zugänglich, die ansonsten nur über komplizierte mehrstufige Synthesen hergestellt werden können. Auch homogenkatalytische enantioselektive Umsetzungen mit hohen optischen Ausbeuten werden technisch durchgeführt. Bemerkenswert ist zudem, daß die homogene Übergangsmetallkatalyse meist bei sehr milden Temperatur- und Druckbedingungen abläuft. Als Problem bei homogenkatalytischen Verfahren wird oftmals der relativ hohe Preis der benötigten Edelmetalle angesehen.

Trotz der hohen Kosten für Edelmetalle werden zahlreiche Massenchemikalien (z. B. Butyraldehyd über die Oxosynthese oder Essigsäure aus Methanol und Kohlenmonoxid) mittels homogener Übergangsmetallkatalyse großtechnisch hergestellt. Dies ist immer dann einfach möglich, wenn pro Mol Katalysatormetall eine große Produktmenge gebildet (hohe „turnover"-Rate) und der Katalysatorverlust niedrig gehalten wird. Um den Homogenkatalysator aus dem Reaktionsgemisch möglichst quantitativ zurückzugewinnen, wurden viele Methoden entwickelt. Genannt seien das Abdestillieren der Produkte und Reaktanden vom Katalysator oder das Fällen oder Extrahieren des Katalysators aus dem Reaktionsgemisch. Eine andere Möglichkeit zur Verhinderung von Katalysatorverlusten ist die Durchführung der Reaktion in einem Flüssig/Flüssig-Zweiphasensystem: Die eine Phase enthält den Katalysator, während das Reaktionsgemisch als zweite flüssige Phase vorliegt; die katalytische Umsetzung findet dann an der Phasengrenze statt. Schließlich kann man den Katalysator auch auf einem festen Trägermaterial immobilisieren; das ist jedoch schon eindeutig heterogene Katalyse (vgl. Kap. 12.3).

Abb. 9.54 zeigt, wie man vereinfachend den Zyklus einer homogenen Katalysereaktion in verschiedene Abschnitte unterteilen kann:

- Bildung einer aktiven Spezies (Abschnitt I),
- Koordination von Reaktanden am Komplex (II),
- Produktbildung am Katalysator (III),
- Produkteliminierung (IV) unter Rückbildung der reaktiven Ausgangsspezies.

Im Abschnitt I bildet sich aus dem Ausgangskomplex ML_n im Reaktionsgemisch – „in situ" – die katalytisch aktive Spezies ML_{n-x}. Sie besitzt freie Koordinationsplätze, eine entscheidende Voraussetzung für die koordinative Anlagerung der Reaktanden A und B. Die aktive Spezies bildet sich meist durch *Ligandendissoziation*, also durch Abspaltung von Lewis-Säuren (z. B. Protonen) oder Lewis-Basen (z. B. Phosphane). Im Abschnitt II lagern sich ein oder mehrere Reaktanden an. Dies kann einerseits durch *Ligandenassoziation* erfolgen, also durch Anlagerung z. B. von Alkinen, Alkenen oder Kohlenmonoxid. Andererseits kann auch eine *oxidative Addition* eines Reaktanden stattfinden, bei der sich Moleküle wie H-H, H-X oder R-H aufspalten und über zwei σ-Bindungen an das Metall gebunden werden. Am Metall erhöhen sich bei diesem Schritt sowohl die Oxidationszahl als auch die Koordinationszahl um zwei.

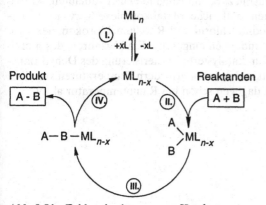

Abb. 9.54 Zyklus der homogenen Katalyse
M Metallatom, L Ligand, A und B Reaktanden, n Koordinationszahl, x Zahl der abdissoziierenden Liganden

Im dritten Abschnitt des Katalysezyklus finden *Verknüpfungsreaktionen* der am Komplex gebundenen Reaktanden statt. Sehr häufig kommt es zu *Insertionen*, also Einschubreaktionen. Im allgemeinen Katalysezyklus in Abb. 9.54 wurde dies so formuliert, daß der Ligand B sich in die Metall-A-Bindung einschiebt. Beispiele für diesen Insertionsschritt sind der Einschub von Kohlenmonoxid in Metallalkylbindungen unter Bildung von Acylkomplexen oder der Einschub eines Ethen-Moleküls in eine Metall-Wasserstoff-Bindung unter Bildung eines Ethylkomplexes.

Vierter Abschnitt des Katalysezyklus ist die Produkteliminierung. Im einfachsten Fall, wenn das gebildete Produkt nur über eine η^2-Bindung am Metall koordiniert ist, erfolgt die Produktabspaltung über eine Ligandendissoziation. Sehr häufig erfolgt die Produktfreisetzung über eine *reduktive Eliminierung*, den Umkehrschritt zur oxidativen Addition. So wie sich Alkene in Metallhydride einschieben können *(Insertion)*, können sich umgekehrt auch Alkene durch β-*Eliminierung* aus Alkylkomplexen abspalten. Dieser Reaktionsschritt, eine *Extrusion*, ist eine wichtige Kettenabbruchreaktion bei Oligomerisierungen.

Im folgenden werden die homogenkatalytischen Reaktionen, die eine technische Bedeutung erlangt haben, kurz behandelt, u. a. die Isomerisierung, die Hydrierung, Oligomerisationen und Polymerisationen, die Metathese, Oxidationen sowie Funktionalisierungen mit Kohlenmonoxid oder anderen Bausteinen. Aus der Betrachtung der katalytischen Elementarschritte heraus ist offensichtlich, daß als Ausgangsprodukte alle die Verbindungen eine große Bedeutung haben, die an Metalle assoziieren oder oxidativ addieren können, also insbesondere Alkene, Alkine, Kohlenmonoxid und Wasserstoff. Viele Massenchemikalien wie Acetaldehyd, Essigsäure, Oxoalkohole, α-Olefine oder High-density-Polyethylen werden mittels homogener Übergangsmetallkatalyse hergestellt, aber zunehmend auch Feinchemikalien wie Pharmaka, Riech- und Geschmacksstoffe oder spezielle Agrochemikalien. Die metallorganische Katalyse hat zwar erst eine kurze Entwicklung hinter sich, trotzdem ist ihre Bedeutung für die chemische Industrie beachtlich. Allein in den USA erreichten 1980 die industriellen Prozesse auf der Basis von Organometallchemie und homogener Katalyse eine Größenordnung von 23 Mrd. Dollar, und die Zukunft läßt neue Entwicklungen in Richtung auf optische Leiter, Anwendungen in der Elektronik, metallhaltige Pharmaka oder Synthese von Spezialpolymeren erwarten.

Eine wichtige homogenkatalysierte Reaktion ist die **Isomerisierung**. In Gegenwart von Metallkatalysatoren können sowohl Doppelbindungsisomerisierungen von Alkenen, Dienen und Allylverbindungen als auch Gerüstisomerisierungen, z. B. von Ringmolekülen, ablaufen. Als homogene Isomerisierungskatalysatoren können zahlreiche Metallkomplexe verwendet werden. In der Praxis werden insbesondere Rhodiumchlorid und Rhodiumchlorokomplexe, Eisencarbonyle sowie Palladium- und Titanverbindungen eingesetzt. Ein Verfahren, das praktische Anwendung gefunden hat, ist die vanadiumkatalysierte Isomerisierung des Dehydrolinalools zu Citral (vgl. Abb. 9.55). Alkylvanadatkatalysatoren erfordern Temperaturen von über 160 °C, Oxovanadium(IV)-acetylacetonat ist dagegen schon bei Raumtemperatur aktiv.

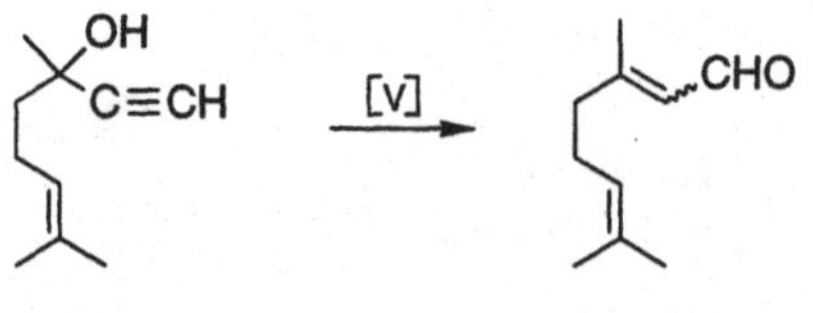

Dehydrolinalool   Citral

Abb. 9.55 Synthese von Citral

Die **Hydrierung** von Alkenen, Dienen und Alkinen kann mit Hilfe von homogenen Übergangsmetallkomplexen erfolgen. Typische Hydrierkatalysatoren sind H_2IrCl_6 und $HCo(CO)_4$. Einer der wichtigsten Katalysatoren für die Hydrierung ist der *Wilkinson-Katalysator* $(PPh_3)_3RhCl$. In vielen Fällen ermöglicht er Hydrierungen bei sehr milden Bedingungen, z. B. bei Normaldruck und Raumtemperatur. Ein vereinfachtes Reaktionsschema einer Hydrierung mit dem Wilkinson-Katalysator ist in Abb. 9.56 wiedergegeben.

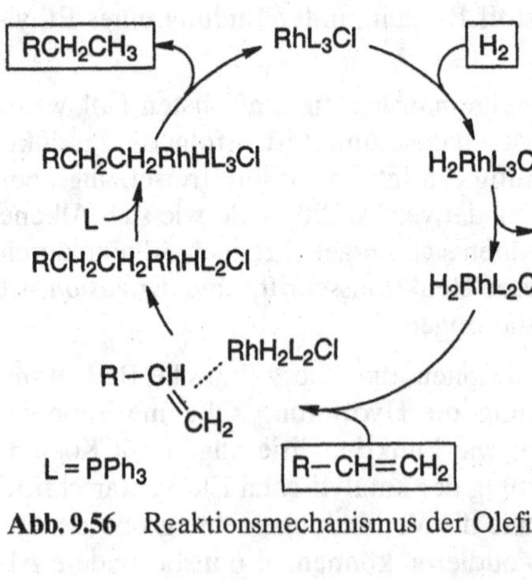

Abb. 9.56 Reaktionsmechanismus der Olefinhydrierung mit dem Wilkinson-Katalysator

Durch oxidative Addition von Wasserstoff bildet sich ein Dihydridorhodium(III)-Komplex, der durch Dissoziation eines Phosphanliganden eine freie Koordinationsstelle für die Anlagerung eines Olefins zur Verfügung stellt. Durch einen Insertionsschritt entsteht ein Alkylhydridorhodiumkomplex, der unter erneuter Komplexierung des Phosphanliganden und unter Elimination des Alkans die Ausgangsspezies zurückbildet.

Ein besonders interessantes Teilgebiet ist die asymmetrische Hydrierung mit Übergangsmetallkomplexen. Dazu werden Homogenkatalysatoren mit optisch aktiven Diphosphanen eingesetzt, die prochirale ungesättigte Moleküle zu chiralen Produkten hydrieren können. Inzwischen gibt es einige kommerzielle Anwendungen. Die bekannteste ist das Monsanto-Verfahren zur Herstellung der chiralen Aminosäure 3,4-Dihydroxyphenylalanin, die in ihrer L-Form (*L*-Dopa) als Medikament gegen die Parkinsonsche Krankheit eingesetzt wird (vgl. Abb. 9.57).

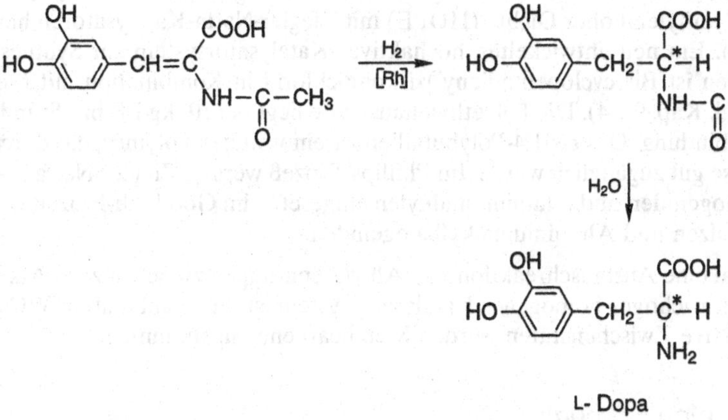

Abb. 9.57   Synthese von *L-Dopa* durch asymmetrische Hydrierung

Auch **C-C-Verknüpfungen**, wie z. B. die Oligomerisierungen und Polymerisationen, werden homogenkatalytisch durchgeführt. Die **Oligomerisierung** von Alkenen führt entweder zu linearen oder zu verzweigten höhermolekularen Alkenen, die für die Herstellung von Detergentien, Weichmachern und Feinchemikalien von Bedeutung sind. Zahlreiche Katalysatoren sind für die Oligomerisation von Ethen untersucht worden. Eine bedeutende Gruppe sind die Ziegler-Natta-Katalysatoren, die aus einer Übergangsmetallkomponente und einem Aluminiumalkyl gebildet werden (vgl. Kap. 9.1.1). Die wichtigsten Übergangsmetalle für Ziegler-Natta-Katalysatoren sind Titan, Zirkon, Vanadium, Chrom, Cobalt und Nickel.

Neben Ziegler-Natta-Katalysatoren gibt es auch Metallverbindungen, die ohne Aluminiumalkyl-Aktivierung die Oligomerisierung von Alkenen katalysieren. Beispiele sind Rhodiumchlorid, Palladiumchlorid, Rutheniumchlorid oder der Cobalt-Stickstoff-Komplex [CoH(N$_2$)(PPh$_3$)]. Von technisch größter Bedeutung sind Nickelkomplexe mit Phosphor-Sauerstoff-Chelatliganden, die im *SHOP-Prozeß* von der Shell für die Oligomerisation von Ethen zu α-Olefinen eingesetzt werden (vgl. Kap. 8.3.3).

1,3-Diene können ebenfalls erfolgreich in der Oligomerisation eingesetzt werden. Besonders reaktiv ist das 1,3-Butadien, das durch zyklische Dimerisierung Isomere mit unterschiedlicher Ringgröße bildet (vgl. Abb. 9.58).

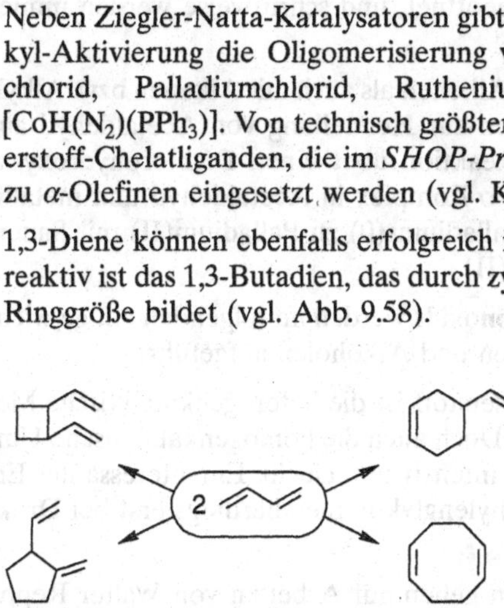

Abb. 9.58   Cyclooligomerisierung von Butadien

Von industriellem und synthetischem Interesse sind auch Cooligomerisationen. Ein wichtiges Beispiel ist die Rhodium-katalysierte Synthese des *trans*-1,4-Hexadiens aus Butadien und Ethen. Es wird von DuPont seit 1963 produziert und findet breite Anwendung in elastomeren **Ethen/Propen-Dien-Monomer-(EPDM-)Kautschuken** (Handelsname: Nordel). Bei der Copolymerisation mit Ethen und Propen zu EPDM reagiert die endständige Doppelbindung des 1,4-Hexadiens. Die weniger reaktive innenständige Doppelbindung verbleibt in der Seitenkette und kann für weitere Vernetzungsreaktionen genutzt werden.

Die **Polymerisation** von Alkenen ist ein weiteres, großes Anwendungsgebiet der Organometallkatalyse. So wird Polyethylen hoher Dichte (HDPE) mit Ziegler-Natta-Katalysatoren hergestellt (vgl. Kap. 9.1.1). Ein neu entwickeltes, hochaktives Katalysatorsystem zur Synthese von linearem Polyethylen ist Bis(cyclopentadienyl)zirkondichlorid in Kombination mit Methylalumoxan (MAO, vgl. Kap. 9.1.4). Die Polyethylenausbeute liegt bei 10^6 kg PE pro Stunde und pro Mol Zirkonverbindung. Das *cis*-1,4-Polybutadien ist ein weiteres Polymer, das durch Übergangsmetallkatalyse gut zugänglich wurde. Im Phillips-Prozeß werden Ziegler-Natta-Katalysatoren aus Titanhalogeniden und Aluminiumalkylen eingesetzt, im Goodrich-Prozeß Katalysatoren aus Cobaltsalzen und Aluminiumalkylhalogeniden.

Die **Metathese** ist formal eine Austauschreaktion von Alkylidengruppen zwischen zwei Alkenen (vgl. Abb. 9.59). Ein wichtiges homogenes Katalysatorsystem ist die Kombination WCl_6/EtOH/R_2AlCl. Als reaktive Zwischenstufen werden Metallcarbene angenommen.

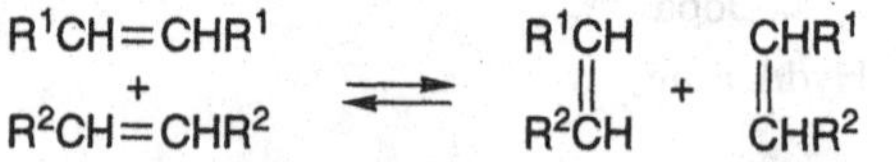

$$R^1CH=CHR^1 \qquad\qquad R^1CH \qquad CHR^1$$
$$+ \qquad\qquad\quad \rightleftharpoons \qquad \| \quad + \quad \|$$
$$R^2CH=CHR^2 \qquad\qquad R^2CH \qquad CHR^2$$

Abb. 9.59 Reaktionsprinzip der Metathese

Der älteste industrielle Metatheseprozeß ist das *Phillips-Triolefin-Verfahren*, das 1966 in Betrieb genommen wurde. Bei dieser Metathese werden 2 Mol Propen in Ethen und 2-Buten überführt. Die größte Anwendung findet die Metathese derzeit im SHOP-Prozeß der Shell (vgl. Kap. 8.3.3).

Eine weitere große Anwendung der Metathese ist die Synthese von *Polyalkenameren* durch Metathese von zyklischen Alkenen (ring opening metathesis polymerization, *ROMPing*; vgl. Kap. 9.1.1). Dabei wird das Ausgangsringmolekül geöffnet, und schrittweise werden immer größere Ringe bis hin zum Polymeren aufgebaut.

Homogenkatalytische **Oxidationen** sind sowohl mit Alkenen als auch mit Alkanen bzw. Alkylaromaten bekannt. Beim Wacker-Hoechst-Verfahren zur Herstellung von Acetaldehyd aus Ethen und Sauerstoff (vgl. Kap. 8.2.2) läuft die Reaktion über einen Dichlorohydroxy-π-Ethen-Komplex von Palladium(II), der über einen σ-Komplex in Acetaldehyd und metallisches Palladium(0) zerfällt. Die Reoxidation des Palladiums(0) zu Palladium(II) mit Sauerstoff erfolgt in gekoppelter Reaktion mit Cu(I)/Cu(II).

Aus der großen Fülle der **Reaktionen des Kohlenmonoxids** werden im folgenden einige wichtige Umsetzungen mit Wasserstoff, Alkinen, Alkenen und Alkoholen aufgeführt.

Von den Reaktionen des Kohlenmonoxids mit Wasserstoff ist die heterogenkatalytische Methanolsynthese von größter technischer Bedeutung. Doch auch die homogenkatalytische Umsetzung von Kohlenmonoxid und Wasserstoff wurde intensiv untersucht. Ein interessantes Ergebnis ist die rhodiumkatalysierte Synthese von Ethylenglykol, die allerdings erst bei Drücken > 100 MPa (1000 bar) abläuft.

Die Umsetzungen von Kohlenmonoxid mit Alkinen gehen auf Arbeiten von Walter Reppe (1892–1969, Chemiker in der BASF) zurück. Mit Hilfe des Katalysators Ni(CO)$_4$ gelingt es,

Acetylen, Kohlenmonoxid und Wasser in Acrylsäure zu überführen. Diese Reaktion wird als Alkin-Hydrocarboxylierung bezeichnet. Statt Wasser können andere Moleküle des generellen Typs HX, z. B. Alkohole, eingesetzt werden. Durch diese Alkin-Hydroesterifizierung werden Acrylate gebildet, aus denen Polyacrylate hergestellt werden.

Die mit Abstand wichtigste Umsetzung von Kohlenmonoxid mit Alkenen ist die Hydroformylierung oder *Oxosynthese*, mit der heute weltweit über 6 Mio. t/a Aldehyde und Alkohole mit Kettenlängen von C_3 bis C_{19} produziert werden (vgl. Kap. 8.3.1).

Von großer Bedeutung ist auch die homogenkatalytische Synthese von Essigsäure aus Kohlenmonoxid und Methanol (vgl. Kap. 8.2.3), ursprünglich als Hochdruckverfahren (700 bar = 70 MPa) mit CoI_2 als Katalysator entwickelt (BASF, 1960), heute überwiegend nach dem Niederdruckverfahren (30 bar = 3 MPa, Rhodium-Iod-Katalysator, Monsanto, 1970) betrieben. Inzwischen ist es gelungen, durch homogenkatalytische Carbonylierung von Methylacetat und Dimethylether Essigsäureanhydrid herzustellen; auch hier dienen Rhodiumsalze als Katalysator. Damit ist auch Essigsäureanhydrid aus kohlenstämmigem Synthesegas zugänglich.

Als weitere homogenkatalytische Reaktion wird die **Funktionalisierung** vorgestellt. Mit „Funktionalisierung" werden Additionsreaktionen an C-C-Mehrfachbindungen bezeichnet.

Die katalytische *Hydrocyanierung* ist eine Methode zur Synthese von Alkylnitrilen und Dinitrilen, die ihrerseits wieder Ausgangsverbindungen sind für Amide, Amine und Carbonsäuren. Die wichtigsten Katalysatoren sind Nickelkomplexe. Von besonderem technischen Interesse ist die zweifache Hydrocyanierung des Butadiens zum Adipodinitril. Als Katalysatoren werden nullwertige Nickelkomplexe mit Phosphitliganden eingesetzt (Verfahren von Dupont, vgl. Kap. 8.3.2).

Eine spezielle Funktionalisierungsreaktion ist die **Carboxylierung** ungesättigter Verbindungen mit Kohlendioxid. Die Reaktion zwischen Butadien und Kohlendioxid kann durch Wahl des Katalysators und über die Reaktionsbedingungen zu Lactonen hin gesteuert werden. Am Palladiumkomplex verknüpfen sich zwei Butadien-Moleküle zu einem *Bis*-η^3-allylkomplex. Kohlendioxid insertiert in eine Allylbindung unter Bildung eines Allylcarboxylatkomplexes, aus dem die Lactone freigesetzt werden (vgl. Abb. 9.60).

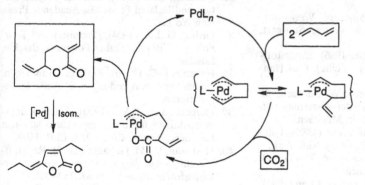

Abb. 9.60   Carboxylierung von Butadien

Literatur

Zu Kap. 9.1

Wichtige Zeitschriften

1. *Angewandte Makromolekulare Chemie*
2. *European Polymer Journal*
3. *Journal of Applied Polymer Science*
4. *Kunststoffe*
5. *Macromolecules*
6. *Makromolekulare   Chemie: Macromol. Chem. Phys.*
7. *Polymer*
8. *Polymer Bulletin*
9. *Polymer Reaction Engineering*
10. Adam, W. et al. (1982), Kunststoffe, in Winnacker-Küchler (4.), Bd. 6, S. 311–815.
11. Allen G., J. C. Bevington (1989), Comprehensive Polymer Science, Bd. 1–7, Pergamon Press, Oxford.
12. Altmann, O. (1988), Kunststoffe im Automobilbau, Kunststoffe **78**, 535–540.
13. Asche, W. (1994), Biologisch abbaubare Kunststoffe, Seife, Öle, Fette, Wachse **120**, 122–124.
14. Augusta, J., R. J. Müller, H. Widdecke (1992), Biologisch abbaubare Kunststoffe, Chem.-Ing.-Tech. **64**, 410–415.
15. Aulbach, M., F. Küber (1994), Metallocene – maßgeschneiderte Werkzeuge zur Herstellung von Polyolefinen, Chem. unserer Zeit **28**, 197–208.
16. Baker, J. (1987), Recent Developments in Polymer Technology, Rapra Technology Ltd Shrewsbury.
17. Batzer, H. (1984), Polymere Werkstoffe, Bd. 1–3, Georg Thieme Verlag, Stuttgart, New York.
18. Becker, G. W. et. al. (ab 1986), Kunststoff-Handbuch (mehrbändige Reihe), Carl Hanser, München.
19. Brandrup, J., M. Bittner, W. Michaeli, G. Menges (1995), Die Wiederverwertung von Kunststoffen, Carl Hanser, München.
20. Brandrup, J., E. H. Immergut (1989), Polymer Handbook, 3. Aufl., Wiley, New York.
21. Carlowitz, B. (1995), Kunststoff-Tabellen, 4. Aufl., Carl Hanser, München.
22. Cherdron, H., M.-J. Brekner, F. Osan (1994), Cycloolefin-Copolymere, Eine neue Klasse transparenter Thermoplaste. Angew. Makromol. Chem. **223**, 121–133.
23. Cherdron, H., F. Herold, A. Schneller (1989), Technisch wichtige temperaturbeständige Polymere, Chem. unserer Zeit **23**, 181–192.
24. Chiellini, E., R. Solaro (1993), New bioerodible-biodegradable hydrophilic polymers. CHEMTECH Jul. 1993, 29–36.
25. Ciferri, A. (1991), Liquid Crystallinity in Polymers, VCH Verlagsgesellschaft, Weinheim.
26. Culbertson, B. M., J. E. McGrath (1988), Advances in Polymer Synthesis, Plenum Press, New York.
27. Dieterich, D. (1990), Polyurethane, Chem. unserer Zeit **24**, 135–142.
28. Domininghaus, H. (1992), Die Kunststoffe und ihre Eigenschaften, 4. Aufl., VDI-Verlag, Düsseldorf.
29. Echte, A. (1993), Handbuch der Technischen Polymerchemie, VCH Verlagsgesellschaft, Weinheim.
30. Economy, J. (1990), Hochleistungsmaterialien: Trends und Möglichkeiten am Beispiel flüssigkristalliner Polymere, Angew. Chem. **102**, 1296–1301.
31. Elias, H.-G. (1990/1992), Makromoleküle, Bd. 1 Grundlagen und Bd. 2 Technologie, 5. Aufl., Hüthig u. Wepf Verlag, Basel.
32. Elias, H.-G. (1990/92), An Introduction to Plastics, VCH Verlagsgesellschaft, Weinheim.
33. Franck, A., K. Biederbick (1990), Kunststoff-Kompendium, Vogel Buchverlag, Würzburg.
34. Gerrens, H. (1980), Polymerisationstechnik, in Ullmann (4.), Bd. 19, S. 107–165.
35. Gnauck, B., P. Fründt (1991), Einstieg in die Kunststoffchemie, 3. Aufl., Carl Hanser, München.
36. Goethals, E. J. (1984), Cationic Polymerization and Related Processes, Academic Press, New York.
37. Griffin, G. J. L. (1994), Chemistry and Technology of Biodegradable Polymers. Blackie, London.
38. Habenicht, G. (1990), Kleben: Grundlagen, Technologie, Anwendungen. 2. Aufl., Springer, Berlin.
39. Hergenrother, P. M. (1990), Entwicklungsperspektiven für hochtemperaturbeständige Polymere, Angew. Chem. **102**, 1302–1309.
40. Hofmann, U., M. Gebauer (1993), Rohstoffrecycling – ein Weg zum Verwerten von Altkunststoffen. Kunststoffe **83**, 259–263.
41. Ivin, K. J., T. Saegusa (1984), Ring Opening Polymerization, Elsevier Appl. Sci. Publ., New York.
42. Janda, R. (1990), Kunststoffverbundsysteme, VCH Verlagsgesellschaft mbH, Weinheim.
43. Kaminsky, W., H. Sinn (1988), Transition Metals and Organometallics as Catalysts for Olefin Polymerisation, Springer, Berlin.

44. Kaminsky, W. (1994), Zirconocene catalysts for olefine polymerization, Catalysis Today **20,** 257–271.

45. Kaminsky, W. (1994), Olefinpolymerisation mittels Metallocenkatalysatoren, Angew. Makromol. Chem. **223,** 101–120.

46. Kaminsky, W., S. Lenk (1994), Syndiotactic polymerization of styrene, Makromol. Chem. Phys. **195,** 2093–2105.

47. Kaner, R. B., A. G. MacDiarmid (1988), Elektrisch leitende Kunststoffe, Spektrum der Wissenschaft Apr. 1988, 54–59.

48. Keii, T., K. Soga (1986), Catalytic Polymerization of Olefin, Elesevier, Amsterdam.

49. Langhauser, F. et al. (1994), Propylene polymerisation with metallocene catalysts in industrial processes, Angew. Makromol. Chem. **223,** 155–164.

50. Lantos, P. R. (1990), Are Plastics Really the Landfill Problem?, CHEMTECH, 473–475.

51. Lo, F., J. Petchonka, J. Hanly (1993), Water-soluble polymers, Chem. Eng. Progr. Aug. 1990, 55–58.

52. Mair, H. J., S. Roth, B. Broich (1986), Elektrisch leitende Kunststoffe, Carl Hanser, München.

53. Mark, H. F. (1987), Textile Science and Engineering: Present and Future, Chem. Eng. Progr. Dez. 1987, 44–54.

54. Mark, H. F., N. M. Bikales, C. G. Overberger, G. Menges, J. I. Kroschwitz (1985–1990), Encyclopedia of Polymer Science and Engineering, 2. Aufl., Vol. 1–17, Supplement Vol., Index Vol., Wiley, New York.

55. Marxmeier, H. (1988), Polyestermembrane, Kunststoffe **78,** 530–534.

56. Menges, G., B. von Eysmondt, A. Feldhaus, H. Offergeld (1988), Kunststoff-Recycling, Kunststoffe **78,** 573–583.

57. Menges, G., W. Michaeli, M. Bittner (1992), Recycling von Kunststoffen, Carl Hanser, München.

58. Morton, A. (1983), Anionic Polymerization: Principles and Practice, Academic Press, New York.

59. Mülhaupt, R. (1993), Neue Generation von Polyolefinmaterialien, Nachr. Chem. Techn. Lab. **41,** 1341–1351.

60. Naarmann, H. (1987), Elektrisch leitfähige Polymere, Chem. Ind. (Düsseldorf).

61. Odian, G. (1981), Principles of Polymerization, McGraw-Hill, New York.

62. Quirk, R. P. (1983), Transition Metal Catalyzed Polymerization, Harwood Acad. Publ., Chur.

63. Reetz, M. T. (1988), Group Transfer Polymerization, Angew. Chem. **100,** 1026–1030.

64. Reichert, K.-H. (1989), Polymerisationstechnik, Chem.-Ing.-Tech. **61,** 213–220.

65. Reichert, K.-H., W. Geiseler (1989), Polymer Reaction Engineering, VCH Verlagsgesellschaft mbH, Weinheim.

66. Rempp R., E. Merrill (1986), Polymer Synthesis, Hüthig u. Wepf Verlag, Basel.

67. Ricci, G., S. Italia, L. Porri (1994), Polymerization of 1,3-dienes with methylaluminoxanetriacetylacetonatovanadium, Makromol. Chem. Phys. **195,** 1389–1397.

68. Saechtling, H., K. Oberbach, B.-R. Meyer (1995), Kunststoff-Taschenbuch, 26. Ausgabe, Carl Hanser, München.

69. Schindel-Bidinelli, E. H., W. Gutherz (1988), Konstruktives Kleben, VCH Verlagsgesellschaft mbH, Weinheim.

70. Sinclair, K. B., R. B. Wilson (1994), Metallocene Catalysts: A Revolution in Olefine Polymerisation, Chem. Ind. (London), 857–862.

71. Stoeckhert, K., W. Woebcken (1992), Kunststoff-Lexikon, 8. Aufl., Carl Hanser, München.

72. Ulbricht, J. (1992), Grundlagen der Synthese von Polymeren, 2. Aufl., Hüthig & Wepf Verlag, Basel.

73. Verband Kunststofferzeugende Industrie e. V. (VKE), Informationsschriften vom VKE, Frankfurt/Main.

74. Vollmert, B. (1979), Grundriß der makromolekularen Chemie, 2. Aufl., Vollmert-Verlag, Karlsruhe.

75. Xie, T., K. B. Mcauley, J. C. C. Hsu, D. W. Bacon (1994), Gas phase ethylene polmerization, Ind. Eng. Chem. Res. **33,** 449–479.

Zu Kap. 9.2

76. Welt-Tensid-Kongreß (1984), München, Kongreßberichte, Bd. 1–4.

77. Baumann, H. (1990), Neue fettchemische Tensidklassen, Fat. Sci. Technol. **92,** 49–56.

78. Bergk, K.-J., D. Kaufmann, M. Porsch, W. Schwieger (1987), Magadiit als Phosphatsubstitut, Seifen, Öle, Fette, Wachse **113,** 555–561.

79. Biermann, M., K. Schmid, P. Schulz (1993), Alkylpolyglycoside – Technologie und Eigenschaften, Starch/Stärke **45,** 281–288.

80. Brenner, T. E. (1988), Zukunftsentwicklung, J. Am. Oil Chem. Soc. **65,** 154.

81. Brüschweiler, H., F. Schwager, H. Gämperle (1988), Seifen, Seifen, Öle, Fette, Wachse **114,** 301–307.

82. Budek, W. K. (1987), Flüssigwaschmittel, Seifen, Öle, Fette, Wachse **113,** 359–363.

83. Cahn, A. (1994), Builder systems in detergent formulations. J. Am. Oil Chem. Soc. Inform **5,** 70.

84. Cahn, A. (1994), Proceedings of the third World Conference on Detergents: Global Perspectives. AOCS, Champaign.

85. Coffey, R., T. Gudowicz (1990), Builder auf Silizium-Basis, Chem. Ind. (London), 169–172.

86. Costa, E., A. de Lucas, M. A. Uguina, J. C. Ruiz (1988), Zeolith A Synthese, Ind. Eng. Chem. Res. **27**, 1291–1296.

87. Dany, F.-J., W. Gohla, J. Kandler, H.-P. Rieck, G. Schimmel (1990), Schichtsilikat SKS 6, Seifen, Öle, Fette, Wachse, **116**, 805–808.

88. Engel, K., W. Ruback, F. Zimmermann (1989), Dodecandipersäure, Seifen, Öle, Fette, Wachse, **115**, 219–224.

89. Fabry, B. (1990), Fettchemische Tenside, Fat Sci. Technol. **92**, 287–291.

90. Fabry, B. (1991), Milde Tenside, Seifen, Öle, Fette, Wachse **117**, 3–7.

91. Fabry, B. (1991), Tenside, Chem. unserer Zeit, **25**, 214–222.

92. Falbe, J. (1987), Surfactants in Consumer Products, Springer Verlag, Berlin.

93. Fell, B. (1991), Tenside: Aktueller Stand – Absehbare Entwicklungen. Tenside Surf. Det. **28**, 385–395.

94. Fonds der Chemischen Industrie (1992), Tenside. Folienserie, Textheft 14, Fonds Chem. Ind., Frankfurt/Main.

95. Frank, G. (1990), Hautverträglichkeit, Bioabbau, Performance Chemicals Oct./Nov. 1990, 39.

96. Godefroy, L., H. Heim (1989), Kationtenside, Seifen, Öle, Fette, Wachse **115**, 3–8.

97. Greek, B. F. (1988), Tensid-Review, C&EN, 25. Jan., 21.

98. Grime, K., A. Clauss (1990), Neue Bleichaktivatoren, Chem. Ind. (London), 647–653.

99. Hauthal, H. G. (1992), Moderne Waschmittel, Chem. unserer Zeit **26**, 293–303.

100. Hauthal, H. G. (1993), Trends bei Wasch- und Reinigungsmitteln, Seifen, Öle, Fette, Wachse **119**, 786–792.

101. Hellsten, M. (1986), Niotenside, Tenside-Detergents **23**, 337–341.

102. Hepworth, P. (1990), Flüssigwaschmittel, Chem. Ind. (London), 166–168.

103. Himmrich, J., W. Gohla (1994), Schichtsilikate als Waschmittelinhaltsstoff, Seifen, Öle, Fette, Wachse **120**, 784-792.

104. Jäger, H.-U. (1988), Polycarboxylate in phosphatfreien Waschmitteln, Seifen, Öle, Fette, Wachse **114**, 583–588.

105. James, A. P., I. S. MacKirdy (1990), Persauerstoff, Chem. Ind. (London), 641–645.

106. Karsa, D. R. (1987), Industrial Applications of Surfactants, Royal Society of London, London.

107. Kosswig, K., H. Stache (1993), Die Tenside, Carl Hanser, München.

108. Kottwitz, B., H. Upadek (1994), Einsatz und Nutzen von Enzymen in Waschmitteln, Seifen, Öle, Fette, Wachse **120**, 794-799.

109. Krings, P., E. J. Smulders (1990), Textilien, Waschmaschinen und Waschmittel in den 90er Jahren, 37. Jahrestagung der SEPAWA, Kongreß-Schrift.

110. Krings, P., G. H. Vogt (1988), Waschmittelentwicklung in den 80er Jahren, Chimia **42**, 245–250.

111. Laux, K., G. Täuber, F. J. Gohlke, D. Schirmer (1986), Tenside, in Winnacker-Küchler (4.), Bd. 7, S. 84–148.

112. Myers, D. Y. (1992), Surfactant Science and Technology. 2. Aufl., VCH Verlagsgesellschaft mbH, Weinheim.

113. Pickup, J. (1990), Tenside und Umwelt, Chem. Ind. (London), 174–177.

114. Piorr, R., R. Höfer, H.-J. Schlüßler, K.-H. Schmid (1987), Niotenside, Fett Wiss. Technol. **89**, 106–111.

115. Potthoff-Karl, B. (1994): Neue biologische abbaubare Komplexbildner, Seifen, Öle, Fette, Wachse **120**, 104-109.

116. Proffitt, T. J., H. T. Patterson (1988), Waschmittel in der Textilindustrie, J. Am. Oil Chem. Soc. **10**, 1682.

117. Puchta, R., P. Krings, H.-M. Wilsberg (1990), Waschhilfsmittel, Seifen, Öle, Fette, Wachse, **116**, 241–245.

118. Putnik, C. F., N. F. Borys (1986), Alkylpolyglucoside, Soap, Cosmet., Chem. Spec. Jun. 1986, 34.

119. Richmond, J. M. (1990), Cationic Surfactants, Marcel Dekker, New York.

120. Richtler, H. J., J. Knaut (1991), Surfactants in the Nineties, Seifen, Öle, Fette, Wachse **117**, 545–553.

121. Rohe, D. (1988), Waschmittel-Zeolith, Chem. Ind. (Düsseldorf) **40**, 28–32.

122. Salka, B. (1993), Alkyl Polyglycosides – Properties and Applications, Cosmetics & Toiletries **108**, 89–94.

123. Schenke, H.-D. (1988), Tensid-Gesetzgebung, Seifen, Öle, Fette, Wachse **114**, 324–327.

124. Schulz, P. T., Alkylglucoside, Chemspec Europe 91 BACS-Symposium, S. 33.

125. Sirak, A. (1988), LAS, Soap, Cosmet., Chem. Spec., **64**, 38.

126. Sommer, U. (1988), Waschverstärker in Tuchform, Tenside Surfactants Detergents **25**, 155–161.

127. Stache, H., H. Großmann (1985), Waschmittel, Springer Verlag, Berlin, Heidelberg, New York.

128. Steber, J., P. Wierlich (1987), Biologischer Abbau der Fettalkoholethoxylate, Wat. Res. **21**, 661–667.

129. Stroink, E. (1989), Ethercarbonsäuren, Seifen, Öle, Fette, Wachse **115**, 235–238.

130. Telschig, H. (1990), Kompaktwaschmittel, Seifen, Öle, Fette, Wachse **116**, 245–247.

131. Twardawa, W. (1987), Umweltbewußtsein, Seifen, Öle, Fette, Wachse **113**, 515–518.

132. Twardawa, W. (1990), Markt-Umfragen, aktuelle Entwicklungen, Seifen, Öle, Fette, Wachse **116**, 707–711.

133. Ullmann (5.) (1994), „Surfactants", Vol. A25, pp. 747–817.

134. Umbach, W. (1988), Kosmetik, Georg Thieme, Stuttgart.

135. Upadek, H., P. Krings (1991), Waschmitteltrends, Seifen, Öle, Fette, Wachse **117**, 554–558.

136. Wagner, G. (1993), Waschmittel: Chemie und Ökologie. Klett, Stuttgart.

137. Weber, R., P. Krings, J. Hoffmeister (1989), Moderne Waschmittel, Seifen, Öle, Fette, Wachse **115**, 491–501.

Zu Kap. 9.3

138. Baier, E., R. Dauter, E. Fleckenstein, H. Fuchs (1986), Organische Farbstoffe und Pigmente, in: Winnacker-Küchler, (4.), Bd. 7, S. 1–83.

139. Booth, G. (1988), The Manufacture of Organic Colorants and Intermediates, Society of Dyers and Colorists, Bradford.

140. Ebner, G., D. Schelz (1989), Textilfärberei und Farbstoffe, Springer Verlag, Berlin, Heidelberg, New York.

141. Fonds der Chemischen Industrie (1993), Farbstoffe und Pigmente, Folienserie, Textheft 15, Fonds Chem. Ind., Frankfurt/Main.

142. Gordon, P. F., P. Gregory (1983), Organic Chemistry in Colour, Springer Verlag, Berlin, Heidelberg, New York.

143. Gregory, P. (1989), Colorants: Use in High Technology, Chem. Ind. (London) 679–683.

144. Griffiths, J. (1984), Development in the Chemistry and Technology of Organic Dyes, in Critical Reports on Applied Chemistry, Vol. 7. Blackwell, Oxford.

145. Herbst, W., K. Hunger (1987), Industrielle organische Pigmente, VCH Verlagsgesellschaft mbH, Weinheim.

146. Rovito, S. M. (1987), Chemical Economics Handbook, U.S. Synthetic Dye Industry.

147. Schweppe, H. (1992), Handbuch der Naturfarbstoffe: Vorkommen, Verwendung, Nachweis, ecomed, Landsberg.

148. Ullmann (4.) (1976), „Farbstoffe, synthetische, Bd. 11, S. 135–144.

149. Ullmann (5.) (1987), Dyes, General Survey, Vol. A9, pp. 79–124.

150. Wittke, G. (1984), Farbstoffchemie, Diesterweg Verlag, Frankfurt.

151. Zepter, E. (1990), Farbstoffe. Zepter, Rödermark.

152. Zollinger, H. (1991), Color Chemistry, VCH Verlagsgesellschaft mbH, Weinheim.

153. Zollinger, H. (1994), Diazo Chemistry I: Aromatic and Heteroaromic Compounds. VCH Verlagsgesellschaft mbH, Weinheim.

Zu Kap. 9.4

154. Bauer, K. H., K.-H. Frömming, C. Führer (1993), Pharmazeutische Technologie, 4. Aufl., Georg Thieme Verlag, Stuttgart.

155. Behrendt, L. et al. (1986), Arneimittel, in Winnacker-Küchler (4.), Bd. 7, S. 149–268.

156. Crueger, W., A. Crueger (1989), Biotechnologie – Lehrbuch der angewandten Mikrobiologie, 3. Aufl., R. Oldenbourg, München.

157. Dellweg, H. (1987), Biotechnologie – Grundlagen und Verfahren, VCH Verlagsgesellschaft mbH, Weinheim.

158. Dellweg, H., R. D. Schmid, W. Trommer (1992), Römpp Lexikon Biotechnologie, Georg Thieme Verlag, Stuttgart, New York.

159. Dieckmann, H., H. Metz (1991), Grundlagen und Praxis der Biotechnologie, Gustav Fischer Verlag, Stuttgart.

160. Duthie, G. D. (1992), Vitamin E and Antioxidants, Chem. Ind. (London) 598–601.

161. Fonds der Chemischen Industrie (1992), Arzneimittel. Folienserie, Textheft 5, Fonds Chem. Ind., Frankfurt/Main.

162. Gottschalk, G. et al. (1986), Biotechnologie: das ZDF-Studienprogramm als Buch, Verlagsgesellschaft Schulfernsehen-vgs, Köln.

163. Harrison, F. G. (1990), Pharmaceutical Intermediates, Sourcing Strategies, in: McKetta, J. J. (1992), Petroleum Processing Handbook. vol. 35, pp. 362–372, Marcel Dekker, New York.

164. Isler, O., G. Brubacher (1982), Vitamine 1 – Fettlösliche Vitamine, Georg Thieme Verlag, Stuttgart, New York.

165. Isler, O., G. Brubacher, S. Gisla, B. Kräuttler (1988), Vitamine 2 – Wasserlösliche Vitamine, Georg Thieme Verlag, Stuttgart.

166. Kuschinsky, G., H. Lüllmann, K. Mohr (1993), Kurzes Lehrbuch der Pharmakologie und Toxikologie, 13. Aufl., Georg Thieme Verlag, Stuttgart, New York.

167. Pöch, G., H. Juan (1990), Wirkungen von Pharmaka, 2. Aufl., Georg Thieme Verlag, Stuttgart, New York.

168. Präve, P., U. Faust, W. Sittig, D. A. Sukatsch (1989), Basic Biotechnology, VCH Verlagsgesellschaft mbH, Weinheim.

169. Rehm, H.-J., G. Reed (1981–1989), Biotechnology. A Comprehensive Treatise in 8 Volumes, 1. Aufl., VCH Verlagsgesellschaft mbH, Weinheim.
  a) Pape, H., H. Rehm (1986), Microbial Products II, Vol. 4.
  b) Kieslich, K. (1984), Biotransformations, Vol. 6a.
  c) Rehm, H.-J. (1988), Special Microbial Processes, Vol. 6b.
  d) Kennedy, J. F. (1987), Enzyme Technology, Vol. 7a.
170. Rehm, H.-J., G. Reed (ab 1991), Biotechnology, A Comprehensive Treatise, 2. Aufl., VCH Verlagsgesellschaft mbH, Weinheim.
171. Schunack, W., K. Mayer, M. Haake (1982), Arzneistoffe. Lehrbuch der Pharmazeutischen Chemie, 2. Aufl., Friedr. Vieweg & Sohn, Braunschweig.
172. Steglich, W., B. Fugmann, S. Lang-Fugmann (1994), Römpp Naturstoff Lexikon, Georg Thieme Verlag, Stuttgart.
173. Sucker, H., P. Fuchs, P. Speiser (1991), Pharmazeutische Technolgie, 2. Aufl., Georg Thieme Verlag, Stuttgart.
174. Ullmann (5.) (1991), „Pharmaceuticals, General Survey and Development", Vol. A19, pp. 273–291.
175. Zimmermann, I. (1989), Galenik, Chem. unserer Zeit 23, 114–120 u. 161–169.

Zu Kap. 9.5

176. Pesticide Science, Zeitschrift der Elsevier Applied Science, Essex.
177. ACS Symposium Series, Vol. 387 (1988), Insecticides of Plant Origin, Vol. 439 (1990), Microbial Herbicides, American Chemical Society, Washington, DC.
178. Pesticide Chemistry (1991), Proceedings of the 7th IUPAC Congress of Pesticide Chemistry, Hamburg 1990, VCH Verlagsgesellschaft, Weinheim.
179. Albrecht, K. et al. (1986), Pflanzenschutzmittel, in Winnacker-Küchler (4.), Bd. 7, S. 264–345.
180. Biologische Bundesanstalt für Land- und Forstwirtschaft Braunschweig (1985–1989), Pflanzenschutzmittel-Verzeichnis, Bd. 7, Biol. Bundesanstalt für Land- und Forstwirtschaft, Braunschweig.
181. Büchel, K. H. (1977), Pflanzenschutz und Schädlingsbekämpfung, Georg Thieme Verlag, Stuttgart.
182. Flick, E. W. (1987), Fungicides, Biocides, and Preservatives for Industrial and Agricultural Applications, Noyes Data, Park Ridge.
183. Fonds der chemischen Industrie (1985), Pflanzenschutz/Pflanzenschutzmittel. Folienserie, Textheft 10, Fonds Chem. Ind., Frankfurt/Main.
184. Fugmann, B., F. Lieb, H. Moeschler, K. Naumann, U. Wachendorff (1991), Chem. unserer Zeit 25, 317.
185. Hassall, K. A. (1982), The Chemistry of Pesticides, Verlag Chemie, Weinheim.
186. Haug, G., G. Schuhmann, G. Fischbeck (1992), Pflanzenproduktion im Wandel, VCH Verlagsgesellschaft mbH, Weinheim.
187. Hutson, D. H., T. R. Roberts (1985), Insecticides, in Progress in Pesticide Biochemistry and Toxicology 5, Wiley, Chichester.
188. Industrieverband Agrar e. V. (1990), Wirkstoffe in Pflanzenschutz- und Schädlingsbekämpfungsmitteln: Physikalisch-chemische und toxikologische Daten, 2. Aufl., Industrieverband Agrar e. V., Frankfurt.
189. Kempter, G., A. Jumar (1986), Chemie organischer Pflanzenschutz- und Schädlingsbekämpfungsmittel, 3. Aufl., Deutscher Verlag der Wissenschaften, Berlin.
190. König, K., W. Klein, W. Grabler (1988), Sachkundig im Pflanzenschutz: Arbeitshilfe zum Erlangen des Sachkundenachweises im Pflanzenschutz mit einem Fragenkatalog als Beilage, Bd. 1–2, BLV, München.
191. Mcdougall, J., M. Phillips (1993), The world agrochemical market, Chem. Ind. (London) 888–891.
192. Mendgen, K. (1981), Neue Wege im Pflanzenschutz (Universitätsreden 117), Konstanz.
193. Perrior, T. R. (1993), Chemical Insecticides for the 21st Century, Chem. Ind. (London) 883–887.
194. Satriana, M. J. (1983), Insecticide Manufacturing: Recent Processes and Applications, in: Chemical Technology Review 214, Noyes Data, Park Ridge.
195. Schmidt, G. H. (1986), Pestizide und Umweltschutz, Vieweg, Braunschweig.
196. Tomlin, C. (1994), Pesticide Manual, 11. Aufl., BCPC, Farnham, Surrey.
197. Wegler, R. (1970–77), Chemie der Pflanzenschutz- und Schädlingsbekämpfungsmittel, Bd. I–V, Springer Verlag, Berlin, Heidelberg, New York.
198. Worthing, C. R., S. B. Walker (Hrsg.) (1987), The Pesticide Manual: A World Compendium. 8. Aufl., The British Crop Protection Council (BCPC), Croydon.

Zu Kap. 9.6

199. Behr, A. (1984), in R. Ugo: Aspects of Homogeneous Catalysis, Bd. 5, pp. 3–73, Reidel Publ., Dordrecht, 1984.
200. Behr, A. (1988), Carbon Dioxide Activation by Metal Complexes, VCH Verlagsgesellschaft mbH, Weinheim.
201. Blunden, S. J., P. A. Cusack, R. Hill (1985), The Industrial Use of Tin Chemicals, Royal Society of Chemistry, London.
202. Buckingham, J. (1984), Dictionary of Organometallic Chemistry, Bd. 1–3, Chapman and Hall, London.
203. Casey, J. P. (1986), Symposium: Industrial Applications of Organometallic Chemistry and Catalysis, J. Chem. Educ. **63**, 188–225.
204. Chaloner, P. A. (1986), Handbook of Coordination Catalysis in Organic Chemistry, Butterworths, London.
205. Collman, J. P., L. S. Hegedus, J. R. Norton, R. G. Finke (1987), Principles and Application of Organotransition Metal Chemistry, 2. Aufl., University Science Books, Mill Valley, California.
206. Cornils, B., W. A. Herrmann, M. Rasch (1994), Otto Roelen als Wegbereiter der industriellen homogenen Katalyse, Angew. Chem. **106**, 2219–2238.
207. Davies, S. G. (1982), Organotransition Metal Chemistry: Applications to Organic Synthesis, Pergamon Press, Oxford.
208. Elschenbroich, Ch., A. Salzer (1988), Organometallchemie, 2. Aufl., Teubner, Stuttgart.
209. Evans, C. J., S. Karpel (1985), Organotin Compounds in Modern Technology, in Journal of Organometallic Chemistry Library 16, Elsevier, Amsterdam.
210. Falbe, J., H. Bahrmann (1981), Homogene Katalyse in der Technik, Chem. unserer Zeit, **15**, 37–45.
211. Gesing, E. R. F. (1982), Übergangskomplexe in der Synthese komplexer Naturstoffe, Kontakt (Darmstadt) **3**, 13.
212. Haiduc, I., J. J. Zuckermann (1985), Basic Organometallic Chemistry, Walter de Gruyter, Berlin.
213. Harrison, P. G. (1989), Chemistry of Tin, Chapman & Hall, New York.
214. Hegedus, L. S. a) (1994), Transition Metals in the Synthesis of Complex Organic Molecules, University Science Books, Mill Valley b) (1995) Organische Synthese mit Übergangsmetallen, VCH Verlagsgesellschaft mbH, Weinheim.
215. Herrmann, W. A. (1991), Metallorganische Chemie in der industriellen Katalyse, Kontakte (Darmstadt), **1**, 22.

216. Herrmann, W. A., C. W. Kohlpainter (1993), Wasserlösliche Liganden, Metallkomplexe und Komplexkatalysatoren: Synergismen aus Homogen- und Heterogenkatalyse, Angew. Chem. 1588–1609.
217. Keim, W., A. Behr, M. Röper (1982), in Wilkinson G.: Comprehensive Organometallic Chemistry, Bd. 8, Pergamon Press, Oxford, S. 371.
218. Keim, W. (1984), Die homogene Übergangsmetallkatalyse und ihre industrielle Anwendung, Chem. Ind. (Düsseldorf) **36**, 397–399.
219. Lukehart, C. M. (1985), Fundamental Transition Metal Organometallic Chemistry, Brooks/Cole, Monterey.
220. Master, C. (1981), Homogeneous Transition-Metal Catalysis – a Gentle Art, Chapman and Hall, London.
221. Mortreux, A., F. Petit (1988), Industrial Applications of Homogeneous Catalysis, Reidel Publ., Dordrecht.
222. Moser, W. R., D. W. Slocum (1992), Homogeneous Transition Metal Catalyzed Reactions, in Advances in Chemistry Series No. 230, American Chemical Society, Washington, DC.
223. Nakamura, A., M. Tsutsui (1980), Principles and Applications of Homogenous Catalysis, John Wiley and Sons, New York.
224. Nugent, W. A., T. V. Rajanbabu, M. J. Burk (1993), Enantioselective Catalysis in Industry, Science **259,** 479–483.
225. Parshall, G. W. (1987), Trends and Opportunities for Organometallic Chemistry in Industry, Organometallics **6**, 687–696.
226. Parshall, G. W., S. D. Ittel (1992), Homogeneous Catalysis, 2. Aufl., Wiley-Interscience, New York.
227. Pearson, A. J. (1985), Metallo-Organic Chemistry, Wiley, New York.
228. Perkins, A. W., R. C. Poller (1986), An Introduction to Organometallic Chemistry, MacMillan, London.
229. Powell, P. (1987), Principles of Organometallic Chemistry, 2. Aufl., Methuen, London.
230. Robinson, G. H. (1993), Coordination Chemistry of Aluminum, VCH Verlagsgesellschaft mbH, Weinheim.
231. Togni, A., L. M. Venanzi (1994), Stickstoffdonoren in der Organometallchemie und in der Homogenkatalyse, Angew. Chem. **106,** 517–547.
232. Trost, B. M. (1995), Atomökonomische Synthesen – eine Herausforderung in der Organischen Chemie: die Homogenkatalyse als wegweisende Methode, Angew. Chem. **107,** 285–307.
233. Ugo, R. (1974–1988), Aspects of Homogeneous Catalysis, Bd. 2–6, Reidel Publ., Dordrecht.

234. Ullmann (5.) (1991), „Organometallic Compounds and Homogeneous Catalysis", Vol. A18, pp. 215–246.

235. Waller, J. F., J. Mol (1985), Recent Achievments, Trends and Prospects in Homogeneous Catalysis, J. Mol. Catal. **31**, 123.

236. Wilkinson, G., R. D. Gillard, J. E. McCleverty (1987), Comprehensive Coordination Chemistry, Bd. 1–7, Pergamon Press, Oxford.

237. Wilkinson, G., F. G. A. Stone, E. W. Abel (1982), Comprehensive Organometallic Chemistry, Bd. 1–9, Pergamon Press, Oxford.

238. Yamamoto, A. (1986), Organotransition Metal Chemistry, Wiley, New York.

Kapitel 10

Anorganische Grundstoffe

Die wichtigsten anorganischen Grundstoffe basieren auf den Elementen Schwefel, Stickstoff, Chlor und Phosphor. In den folgenden Kapiteln werden die bedeutendsten anorganischen Großchemikalien behandelt:

- Schwefel, Schwefeloxide und Schwefelsäure
- Ammoniak, Salpetersäure und Harnstoff
- Chlor, Natriumhydroxid und Soda
- Phosphor, Phosphorsäure und Phosphate.

Außerdem werden in Kap. 10.5 „Technische Gase" die Produkte aus der Luftzerlegung (Sauerstoff, Stickstoff, Edelgase) und Kohlendioxid beschrieben. Die enorme Bedeutung der anorganischen Grundstoffe zeigt sich in den Weltproduktionszahlen der Tab. 10.1. Die mit Abstand führende Großchemikalie ist die Schwefelsäure, die 1992 in einer Menge von ca. 145 Mio. t hergestellt wurde. Da die Schwefelsäure bei zahlreichen chemischen Prozessen Verwendung findet, kann ihre Produktionsmenge einen ersten Eindruck über die Bedeutung der chemischen Industrie eines Landes geben.

Tab. 10.1 Anorganische Grundstoffe (Weltproduktion 1992)

Grundstoff	Produktion (Mio. t)
Schwefelsäure (als 100% H_2SO_4)	144,6
Ammoniak (als N)	92,4
Chlor	36,9
Schwefel	36,3
Phosphorsäure (als P_2O_5)	25,7

10.1 Anorganische Schwefelverbindungen

10.1.1 Schwefel und Sulfide

Schwefel (sulfur) ist in der Natur weit verbreitet. Folgende Vorkommen sind von Bedeutung:

- organische Schwefelverbindungen, die sich im Erdöl befinden (vgl. Kap. 7.1.1 und 7.1.6),
- Schwefelwasserstoff in sauren Erdgasen (vgl. Kap. 7.1.1 und 7.1.7),
- Schwefelverbindungen in der Kohle (vgl. Kap. 7.2.1),
- Elementarschwefel, z. B. vulkanischen Ursprungs,
- Sulfide der Schwermetalle, z. B. des Eisens (Pyrit, FeS_2), des Zinks (ZnS), des Kupfers (Cu_2S) und des Quecksilbers (Zinnober, HgS) sowie
- Sulfate, z. B. $CaSO_4$ (Gips, Anhydrit; vgl. Kap. 11.3.2) und $BaSO_4$ (Schwerspat).

Einen Großteil des benötigten Schwefels erhält man zwangsweise bei der Aufarbeitung von Erdgas und Erdöl. So wird bei der Hydroentschwefelung des Erdöls Schwefelwasserstoff gebildet, der anschließend im *Claus-Prozeß* (vgl. Kap. 7.1.6) zu Schwefel oxidiert wird *(Rekuperationsschwefel)*.

Der **elementare Schwefel** wird durch das *Frasch-Verfahren* oder durch bergmännischen Abbau gewonnen. Beim Frasch-Verfahren (benannt nach seinem Erfinder H. Frasch, 1851–1914) wird eine Bohrung in das schwefelhaltige Gestein niedergebracht und eine Fördersonde aus drei ineinander gesteckten Rohren eingeführt (vgl. Abb. 10.1). Durch das äußere Rohr wird heißes Wasser (ca. 165 °C) unter Druck (10–20 bar) geleitet, das am Fuß der *Schwefelpumpe* seitlich austritt und den elementaren Schwefel aufschmilzt (Smp.: 119 °C). Der flüssige Schwefel dringt in das Mittelrohr und wird durch heiße Druckluft, die im Innenrohr zugeführt wird, an die Erdoberfläche gefördert. Der so gewonnene Schwefel ist im allgemeinen sehr rein (> 99,7%). Frasch-Schwefel wird insbesondere in den USA, in Polen, Mexiko und im Irak produziert. Die Herstellkosten werden im wesentlichen durch die Heißwasserbereitung bestimmt: Je t Schwefel werden 6 bis 15 m³ Heißwasser benötigt.

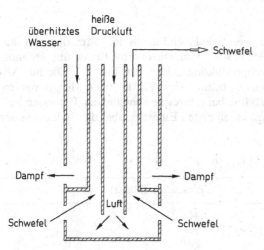

Abb. 10.1   Schwefelförderung nach dem Frasch-Verfahren

Bei der Schwefelgewinnung aus **sulfidischen Erzen** ist das *Outokumpu-Verfahren* (Fa. Outokumpu, Finnland) von Bedeutung. Pyrit wird durch Erhitzen auf über 1000 °C in Schwefeldampf und Eisensulfid überführt.

$$FeS_2 \longrightarrow FeS + S \qquad\qquad \Delta H_R = 92 \text{ kJ/mol} \qquad (10.1)$$

10.1.2 Schwefeldioxid

Schwefeldioxid (sulfur dioxide) ist der Ausgangsstoff für die Synthese der Schwefelsäure. Es wird überwiegend hergestellt durch:
- Verbrennen von elementarem Schwefel und
- Rösten sulfidischer Erze, speziell des Pyrits.

Dabei überwiegt heute eindeutig die Schwefelverbrennung, u.a. wegen des steigenden Anfalls von Abfallschwefel aus dem Claus-Prozeß. Daneben existieren noch weitere SO_2-Herstellverfahren, z. B. die reduzierende Spaltung von Gips und die thermische Spaltung von Abfallschwefelsäure und Sulfaten.

Die Verbrennung des **elementaren Schwefels** wird mit getrockneter Luft durchgeführt:

$$S + O_2 \longrightarrow SO_2 \qquad\qquad \Delta H_R = -297 \text{ kJ/mol} \qquad (10.2)$$

Man benutzt dazu zylindrische Verbrennungsöfen, in denen geschmolzener Schwefel zerstäubt und mit der Verbrennungsluft intensiv vermischt wird. In Rotationszerstäubern erfolgt die Zerteilung des Schwefels in einem schnell rotierenden Becher mittels eines Luftstrom *(Primärluft)* am Eintritt in den Verbrennungsraum. Unmittelbar danach wird der Hauptanteil der Verbrennungsluft *(Sekundärluft)* über Leitschaufeln zugemischt. Bei Verwendung des SO_2 zur Schwefelsäureherstellung stellt man die SO_2-Konzentration über die Luftmenge auf 10 bis 10,5 Vol.-% ein. Das aus dem Verbrennungsofen austretende Gas hat dann eine Temperatur von ca. 1000 °C; es wird in einem Abhitzekessel, in dem Wasserdampf erzeugt wird, auf 450 °C abgekühlt. Pro t verbranntem Schwefel erhält man 3,4 bis 3,5 t Dampf von 40 bar (4 MPa) und 400 °C, die eine beachtliche Gutschrift in den Gestehkosten der Schwefelsäureherstellung erbringen. Für die Gewinnung von Rein-SO_2 erzeugt man durch eine entsprechend niedrigere Menge an Verbrennungsluft ein Gas mit 18 Vol.-% SO_2.

Das **Rösten sulfidischer Erze** wird am Beispiel des Pyrits erläutert:

$$2 \text{ FeS}_2 + 5,5 \text{ O}_2 \longrightarrow \text{Fe}_2\text{O}_3 + 4 \text{ SO}_2 \qquad \Delta H_R = -1660 \text{ kJ/mol} \qquad (10.3)$$

Früher wurde der Pyrit in Etagenöfen oder Drehrohröfen geröstet. Heute benutzt man fast ausschließlich die Wirbelschichtröstung. Die dazu verwendeten Röstöfen bestehen aus einem zylindrischen Röstschacht, der oben konisch erweitert ist. Der Stahlmantel ist mit feuerfesten Steinen ausgemauert. Am unteren Ende des Wirbelschichtofens befindet sich ein Schlitz- oder Düsenrost zur gleichmäßigen Verteilung der Röstluft über den Reaktorquerschnitt. Oberhalb des Rostes wird das auf Korngrößen unter 6 mm zerkleinerte sulfidische Material dem Reaktor zugeführt. Die Feststoffpartikeln werden durch die unten zuströmende Röstluft aufgewirbelt, so daß sich eine Schicht aus suspendierten Feststoffteilchen, das sog. Wirbel- oder Fließbett, ausbildet. In der oberen konischen Erweiterung erniedrigt sich die Gasgeschwindigkeit, wodurch eine Beruhigung der turbulenten Gasströmung eintritt. Die Gesamthöhe eines Wirbelschichtreaktors beträgt bis zu 20 m. Die Höhe der Wirbelschicht liegt bei 1–2 m; sie wird durch den Austrag von Abbrand konstant gehalten. Sehr kleine Partikeln (je nach Gasgeschwindigkeit von 0,2 mm Korngröße und darunter) werden mit dem Röstgas ausgetragen. Bei sehr feinkörnigem Röstmaterial, z. B. bei Pyrit, der durch Flotation angereichert wurde (sog. Flotationskies), kann der Anteil an Abbrand, der mit dem Röstgas ausgetragen wird, über 90% betragen.

Die Temperatur wird bei der Wirbelschichtröstung zwischen 700 und 900 °C gehalten. Dazu wird aus der Wirbelschicht mit einem sog. Kühlregister, d. h. Kühlrohren, ein Teil der Reaktionswärme unter Erzeugung von Dampf abgeführt. Ein weiterer Teil der Reaktionswärme wird bei der Abkühlung der Röstgase zur Dampferzeugung genutzt. Auf diese Weise werden pro t abgerösteten Schwefel 3,1 t Dampf von 40 bar (4 MPa) und 400 °C gewonnen.

Die Reinigung der Röstgase (SO_2-Gehalt ca. 14 Vol.-%) erfolgt in mehreren Stufen. Zunächst wird die Hauptmenge der staubförmigen Partikeln bei so hohen Temperaturen (oberhalb 350 – 400 °C) abgeschieden, daß mit Sicherheit noch keine Schwefelsäure aus dem SO_3-Anteil im Röstgas kondensiert. Das geschieht nacheinander in einem Zyklon und durch Elektrofilter, in denen die Staubteilchen zunächst elektrisch aufgeladen und dann an Elektroden abgeschieden werden. Zur weiteren Reinigung werden die Röstgase mit Wasser gewaschen; dabei werden außer Staubpartikeln auch SO_3 (als Schwefelsäure) und andere Verunreinigungen (z. B. As_2O_3, HCl, H_2F_2) abgeschieden. Restliche Staubteilchen und Flüssigkeitströpfchen werden in weiteren Elektrofiltern, den sog. Naßelektrofiltern, abgetrennt.

Die Wirbelschichtröstung wird auch zur Verhüttung von Nichteisensulfiden, z. B. von Zinkblende, benutzt:

$$ZnS + 1{,}5\,O_2 \longrightarrow ZnO + SO_2 \qquad\qquad \Delta H_R = -440\ \text{kJ/mol} \qquad (10.4)$$

Eine weitere Möglichkeit der SO_2-Herstellung ist die **reduzierende Spaltung von Gips**. Dieses Verfahren kann von Interesse sein, wenn größere Mengen von Abfallgips verarbeitet werden müssen. Vorteilhaft ist, daß bei diesem *Müller-Kühne-Verfahren* ein Calciumoxid entsteht, das – zusammen mit den Zuschlagstoffen Ton und Sand – einen hochwertigen Portlandzement bildet (vgl. Kap. 11.3.4). Die Reaktion wird im Drehrohrofen mit Koks als Reduktionsmittel durchgeführt. Im ersten, kühleren Teil des Ofens (700–900 °C) wird Calciumsulfat zu Calciumsulfid reduziert; im heißeren Teil (900–1200 °C) reagiert das Calciumsulfid mit restlichem Calciumsulfat zu Calciumoxid und Schwefeldioxid:

$$CaSO_4 \ + 2\ C \qquad\longrightarrow\qquad CaS \ + 2\ CO_2 \qquad\qquad (10.5)$$
$$CaS \ \ + 3\ CaSO_4 \longrightarrow \quad 4\ CaO + 4\ SO_2 \qquad\qquad (10.6)$$

$$2\ CaSO_4 + C \qquad\longrightarrow\quad 2\ CaO + 2\ SO_2 + CO_2 \qquad\qquad (10.7)$$

Die **thermische Spaltung vom Abfallschwefelsäure** kann ebenfalls zur Herstellung von SO_2 benutzt werden (vgl. Kap. 3.4.3).

10.1.3 Schwefeltrioxid und Schwefelsäure

Die **katalytische Oxidation** des Schwefeldioxids zu Schwefeltrioxid (*Kontaktverfahren* und *Doppelkontaktverfahren*) und dessen Umsetzung mit Wasser zu Schwefelsäure (sulfuric acid) wurden bereits in Kap. 3.4.1 beschrieben.

Neben diesen katalytischen Verfahren existiert noch das **Nitroseverfahren**, bei dem Stickoxide als Oxidationsvermittler dienen. Diese, früher auch als *Bleikammerverfahren* oder *Turmverfahren* bekannte Variante, hat heute keine Bedeutung mehr, da maximal Säurekonzentrationen von 80% erreicht werden können, während das Doppelkontaktverfahren 98%ige Schwefelsäure liefert. Das Nitroseverfahren wird jedoch noch weiterhin genutzt, um Abgase mit geringen SO_2-Gehalten in Schwefelsäure zu überführen *(Ciba-Geigy-Verfahren)*.

Bei zahlreichen chemischen Prozessen, bei denen die Schwefelsäure nur als Hilfsstoff eingesetzt wird, fällt sie anschließend als verdünnte Säure wieder an. Die Aufarbeitungsmöglichkeiten für diese **Abfallschwefelsäure (Dünnsäure)** sind in Kap. 3.4.3 beschrieben.

Oleum ist eine Schwefelsäure, die noch freies Schwefeltrioxid enthält (vgl. Kap. 3.4.1). **Reines Schwefeltrioxid** wird durch Verdampfen des SO_3 aus Oleum und anschließende Kondensation oberhalb 27 °C gewonnen. Diese Temperatur darf auch bei der Handhabung von SO_3 nicht unterschritten werden, um zu verhindern, daß das Produkt zu festem SO_3 polymerisiert. Es dient z. B. zur Synthese von Chlorsulfonsäure, Amidosulfonsäure und Thionylchlorid.

1992 wurden in der Bundesrepublik Deutschland ca. 3 Mio. t Schwefelsäure und Oleum (berechnet als SO_3) produziert. Weltweit werden derzeit ca. 150 Mio. t Schwefelsäure hergestellt, ca. 2/3 davon in Nordamerika und Europa (vgl. Abb. 10.2). Die **Verwendung** der Schwefelsäure ist so vielseitig, daß in der Übersicht in Abb. 10.3 nur einige wichtige Beispiele aufgeführt sind. Weltweit geht die Hauptmenge der Schwefelsäure in die Produktion von Phosphor- und Stickstoffdüngemitteln (vgl. Kap. 11.1). In Deutschland wird Schwefelsäure dagegen hauptsächlich zur Herstellung von organisch-chemischen Produkten verwendet.

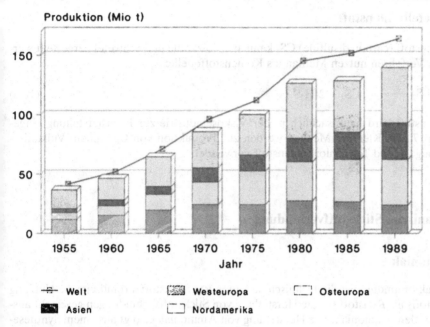

Abb. 10.2 Schwefelsäureproduktion (in Mio. t)

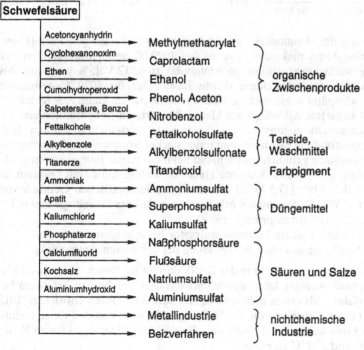

Abb. 10.3 Verwendung der Schwefelsäure

10.1.4 Schwefelkohlenstoff

Schwefelkohlenstoff (carbon disulfide) CS_2 kann aus Holzkohle und Schwefel hergestellt werden. Moderne Verfahren nutzen Methan als Kohlenstoffquelle:

$$CH_4 + 2\,S_2 \longrightarrow CS_2 + 2\,H_2S \tag{10.8}$$

Schwefelkohlenstoff wird hauptsächlich in der Viskoseindustrie zur Faserherstellung eingesetzt (vgl. Kap. 7.3.2). Kleinere Mengen werden zur Produktion von Cellophan, Vulkanisationsbeschleunigern und Tetrachlorkohlenstoff verwendet.

10.2 Anorganische Stickstoffverbindungen

10.2.1 Ammoniak

Der Ammoniak (ammonia) ist die technisch bedeutendste Stickstoffverbindung; die Nutzung des Luftstickstoffs als Rohstoff für die Herstellung von Stickstoffverbindungen geschieht ausschließlich über den Ammoniak. Die Herstellung von Ammoniak erfolgt aus einem Synthesegas, das Stickstoff und Wasserstoff in stöchiometrischem Verhältnis enthält:

$$N_2 + 3\,H_2 \xrightarrow[\text{(400–500 °C, 250–350 bar)}]{\text{(Kat)}} 2\,NH_3 \qquad \Delta H_R = -110\ \text{kJ/mol} \tag{10.9}$$

Die technische Realisierung der Ammoniaksynthese basiert auf Arbeiten von Fritz Haber. Bei der Untersuchung des Ammoniakgleichgewichts bei 1020 °C und Atmosphärendruck hatte er 1905 die Gleichgewichtskonzentration an Ammoniak zu 0,012 Vol.-% bestimmt. Als Katalysator für die Gleichgewichtseinstellung diente Eisen. Der für 1020 °C gefundene Gleichgewichtswert, der sich später sogar noch als zu hoch erwies, schien kaum Aussichten für einen technischen Prozeß zu bieten. Allerdings war klar, daß niedrigere Temperaturen und höhere Drücke das Gleichgewicht zugunsten des Ammoniaks verschieben mußten (vgl. Abb. 10.4), da die Ammoniakbildung exotherm und unter starker Volumenverminderung abläuft. Dazu mußte ein Katalysator gefunden werden, der bei niedrigeren Temperaturen genügend aktiv ist. Dies gelang schließlich; 1908 konnte Haber berichten, daß er mit Osmium als Katalysator bei 550 °C und 175 bar (17,5 MPa) aus einem stöchiometrischen Gemisch von Stickstoff und Wasserstoff 8 Vol.-% Ammoniak erhalten hatte. Auf der Grundlage dieses Ergebnisses schlug er folgendes Verfahrensprinzip vor:

- Reaktion des Synthesegases an einem Festbettkatalysator bei erhöhtem Druck und
- Kreislaufführung des Synthesegases nach Abscheidung des gebildeten Ammoniaks.

Die Verwirklichung dieses Konzepts erfolgte in der BASF durch Carl Bosch, an den sich Haber gewendet hatte. Innerhalb weniger Jahre wurde dort das nach den beiden Erfindern benannte **Haber-Bosch-Verfahren** als erstes industrielles Hochdruckverfahren entwickelt. 1913 ging die erste Anlage mit einer Kapazität von 30 t NH_3/Tag in Betrieb. Von den vielen technischen Problemen, die zu lösen waren, ist vor allem die Entwicklung eines druckfesten Reaktors für 200 bar (20 MPa) und 500 °C zu nennen.

Wesentlich für den Erfolg des Verfahrens war auch die Entwicklung eines preiswerten **Katalysators** von hoher Lebensdauer. A. Mittasch (1869–1953) untersuchte dazu mit seinen Mitarbeitern in der BASF in 20 000 Versuchen 3000 verschiedene Katalysatoren. Als besonders günstig erwies sich Fe_3O_4 (Magnetit), das Zusätze von Al_2O_3, K_2O und CaO enthielt und im Reaktor mit Synthesegas zu metallischem Eisen reduziert wurde. Dieses Katalysatorsystem ist auch heute noch die Basis der verschiedenen technisch eingesetzten Katalysatorvarianten. Die zugesetzten Oxide dienen als sog. Promotoren oder Aktivatoren; sie stabilisieren den Katalysator gegen thermische Beanspruchung und Katalysatorgifte (z. B. H_2O, CO, Schwefel, Chlor) und erhöhen seine Aktivität.

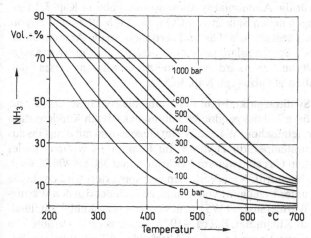

Abb. 10.4 Gleichgewichtskonzentrationen der Ammoniaksynthese (aus [11])

Interessanterweise wurde der **Mechanismus** der katalytischen Reaktion (vgl. Abb. 10.5) erst 1983, also 70 Jahre nach Inbetriebnahme der ersten Produktionsanlage, endgültig geklärt. Mit modernen spektroskopischen Methoden zur Untersuchung von Oberflächen konnte G. Ertl (geb. 1936, Direktor des Max-Planck-Instituts für Physikalische Chemie in Berlin) zeigen, daß der entscheidende Reaktionsschritt der Ammoniaksynthese die dissoziative Adsorption von Stickstoff ist (vgl. Gl. 10.10); sie führt zur Bildung von Oberflächennitriden. Die so auf dem Katalysator gebundenen Stickstoffatome N_S sind wesentlich reaktionsfähiger als molekularer Stickstoff. Sie reagieren mit ebenfalls dissoziativ adsorbierten Wasserstoffatomen (vgl. Gl. 10.11) in drei Reaktionsschritten (vgl. Gl. 10.12–10.14) zu Ammoniak, der im letzten Schritt (vgl. Gl. 10.15) in die Gasphase desorbiert wird.

Dissoziative Adsorption : $N_2 \rightleftharpoons 2\,N_{ad} \rightleftharpoons 2\,N_s$ (10.10)

$H_2 \rightleftharpoons 2\,H_{ad}$ (10.11)

Oberflächenreaktionen : $N_s + H_{ad} \rightleftharpoons NH_{ad}$ (10.12)

$NH_{ad} + H_{ad} \rightleftharpoons NH_{2ad}$ (10.13)

$NH_{2ad} + H_{ad} \rightleftharpoons NH_{3ad}$ (10.14)

Desorption von NH_3 : $NH_{3ad} \rightleftharpoons NH_3$ (10.15)

(ad adsorbierte Spezies, N_s Oberflächennitrid)

Abb. 10.5 Mechanismus der Ammoniaksynthese

Der maximale **Arbeitsbereich der Katalysatoren** beträgt 380 bis 550 °C. Die technischen Ammoniakreaktoren betreibt man jedoch in einem engeren Temperaturbereich (zwischen 400 und 520 °C), da bei niedrigeren Temperaturen die Reaktionsgeschwindigkeit zu gering ist und bei höheren Temperaturen die Lebensdauer des Katalysators verkürzt wird.

Der Reaktionsdruck sollte zur Erzielung eines hohen Umsatzes zwar möglichst hoch liegen, doch ist ab Drücken von 300 bis 400 bar (30–40 MPa) die Steigerung des Umsatzes zu gering, als daß sich der Mehraufwand an Energie für die Kompression des Synthesegases lohnt. Für Großanlagen mit Kapazitäten von 1000 bis 1500 t NH$_3$/Tag, in denen das Synthesegas mit Turbokompressoren mit hohem Energiewirkungsgrad verdichtet wird, liegt der optimale Synthesedruck bei 300 bar (30 MPa).

Die **Herstellung des Synthesegases** für die Ammoniaksynthese wurde schon in Kap. 3.2.1 erläutert. Es enthält als Verunreinigungen neben Spuren von CO und CO$_2$ Methan und Argon. Diese Inertgase reichern sich im Synthesegaskreislauf an und verringern so die Ammoniakbildung pro Reaktordurchgang. Ein Teil des Kreislaufgases muß deshalb als *Purgegas* ausgeschleust werden. Wegen seines Gehalts an Argon wird es teilweise zur Gewinnung dieses Edelgases durch Tieftemperaturrektifikation genutzt (vgl. Kap. 10.5.2).

Abb. 10.6 zeigt ein Beispiel für den **Synthesegaskreislauf** der Ammoniaksynthese. Das Kreislaufgas, aus dem im Separator der größte Teil des gebildeten Ammoniaks durch Kondensation abgeschieden wurde, wird in den Wärmetauschern W4 und W2 im Gegenstrom mit dem Gas aus dem Reaktor auf die Reaktoreingangstemperatur erwärmt. Im Reaktor *(Konverter)* findet ebenfalls im Gegenstrom mit reagiertem Gas eine weitere Erwärmung auf 380 bis 400 °C statt, bevor das Gas in die Katalysatorschicht eintritt. Nach Verlassen des Konverters wird das heiße Gas zunächst im Wärmetauscher W1 unter Erzeugung von Dampf, anschließend in den Wärmetauschern W2 bis W5 abgekühlt. Der Wärmetauscher W5 ist ein Verdampfungskühler mit flüssigem Ammoniak aus dem Separator als Kühlmittel. Bei ca. –10 °C kondensiert der größte Teil des Ammoniaks aus dem Synthesegas aus. Er wird aus dem Abscheider z. T. als flüssiges Produkt abgezogen. Der verdampfte Ammoniak aus W5 wird als gasförmiges Produkt abgegeben.

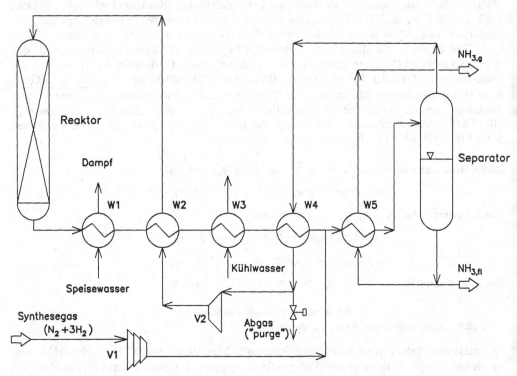

Abb. 10.6   Verfahrensfließbild der Ammoniaksynthese. **W1–W5** Wärmetauscher, **V1** Frischgaskompressor, **V2** Kreislaufkompressor

Zur Überwindung der Druckverluste im Synthesekreislauf, insbesondere in der Katalysatorschüttung, dient der Kreislaufkompressor V2. Vor Eintritt in den Kreislaufkompressor V2 wird ein kleiner Teilstrom aus dem Kreislauf ausgeschleust. Frisches Synthesegas wird nach Verdichtung im Kompressor V1 auf Synthesedruck zwischen den Wärmetauschern W4 und W5 zugeführt, d. h. vor der Verflüssigung und Abscheidung des Ammoniaks. Auf diese Weise werden mit dem verflüssigten Ammoniak die im Synthesegas vorhandenen Spuren an CO und CO_2 abgeschieden, die zu einer Schädigung des Katalysators führen würden.

Als **Verdichter** für das Ammoniaksynthesegas wurden lange Zeit ausschließlich Kolbenkompressoren verwendet. Durch den Einsatz von Turbokompressoren gelang es Mitte der 60er Jahre der amerikanischen Ingenieurfirma Kellogg, die Kosten der Ammoniakerzeugung beträchtlich zu senken. Voraussetzung dafür waren große Anlagenkapazitäten von mind. 600 t NH_3/Tag, da der Wirkungsgrad von Turbokompressoren unterhalb eines bestimmten Volumendurchsatzes stark abfällt. Der Einsatz von Turbokompressoren zur Verdichtung von Gasen auf hohe Drücke ist erst ab relativ hohen Durchsätzen rentabel. Im Vergleich zu Kolbenkompressoren haben sie den großen Vorteil, daß sie direkt mit einer Dampfturbine angetrieben werden können. Der Umweg über den elektrischen Strom mit dem entsprechenden Energieverlust entfällt. Weitere Vorteile der Turbokompressoren sind ein geringerer Wartungs- und Reparaturaufwand, niedrigere Investitionskosten sowie ein extrem niedriger Platzbedarf von deutlich weniger als 10% einer entsprechenden Kolbenkompressionsanlage.

Moderne Großanlagen enthalten Turbokompressoren, in denen die Frischgaskompression (V1) und die Kreislaufgaskompression (V2) gemeinsam durchgeführt werden. Der Turboverdichter besteht aus mehreren Gehäusen, in denen sich jeweils mehrere radial beaufschlagte Laufräder befinden. Im letzten Gehäuse dieses Turbokompressors erfolgt dann die Verdichtung des Kreislaufgases. Diese Anlagen arbeiten bei Betriebsdrücken bis ca. 300 bar (30 MPa); die Drehzahl der Turboverdichter beträgt etwa 12 000 U/min.

Als **Reaktoren** werden in der Ammoniaksynthese sowohl Festbettreaktoren als auch Rohrbündelreaktoren eingesetzt, die letzteren mit wesentlich weiteren Rohrdurchmessern für die Katalysatorschüttung als sonst bei solchen Reaktoren üblich. Weitaus mehr verbreitet ist heute der Festbettreaktor (Vollraumkonverter), in dem der Katalysator in mehreren Schichten (Horden) den gesamten Querschnitt des Reaktors ausfüllt (vgl. Abb. 10.7). Zwischen den einzelnen Schichten wird das reagierende Gas gekühlt, entweder direkt durch Zuführung von Kaltgas, wie in dem in Abb. 10.7 dargestellten Konverter, oder indirekt über Wärmetauscher. Das in den Reaktor eintretende Gas durchströmt zunächst den ringförmigen Spalt zwischen Katalysatorfüllung und Reaktormantel, so daß dieser gekühlt wird. Danach wird es durch Wärmeaustausch mit dem Produktgas aus der Katalysatorschüttung auf 380 bis 400 °C erwärmt, bevor es auf die erste Katalysatorschicht trifft. Wie aus dem Temperaturverlauf für das Synthesegas in Abb. 10.7 zu ersehen ist, wird die Schütthöhe der Katalysatorschichten so ausgelegt, daß eine Maximaltemperatur von 520 bis 530 °C nicht überschritten wird. Da mit zunehmendem Umsatz die Reaktionsgeschwindigkeit abnimmt, muß die Höhe der Katalysatorschichten sukzessive zunehmen. Bei den genannten Temperaturen und einem Druck von 300 bar (30 MPa) erhält man je nach Katalysatoraktivität und Reaktordurchsatz ein Produktgas mit 15 bis 20 Vol.-% Ammoniak.

Um die **Produktionskosten** zu verringern, wurden im Laufe der Entwicklung immer größere Reaktoren konstruiert. In einer der ersten Produktionsanlagen, die 1915 in Betrieb ging, hatte der Reaktor eine Länge von 12 m und einen Durchmesser von 0,8 m. Die Ammoniakproduktion dieser Anlage lag bei 85 t/Tag. Kapazitäten heutiger Großanlagen liegen bei 1000 bis 1500 t NH_3/Tag; die Konverter in solchen Anlagen haben Längen bis 34 m und Durchmesser bis 2,4 m. Noch größere Reaktoren sind nicht mehr sinnvoll: Einerseits fällt die Senkung der

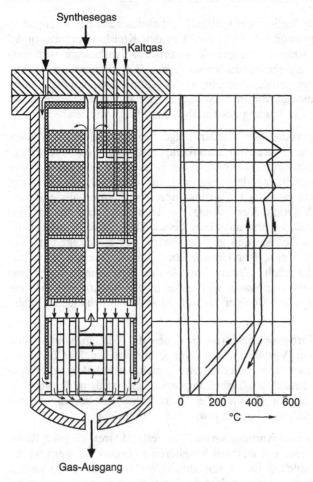

Abb. 10.7 Ammoniakvollraumkonverter mit Zwischenkühlung durch Kaltgas

Produktionskosten bei noch größeren Konvertern nicht mehr wesentlich ins Gewicht, andererseits wächst das Risiko beim Ausfall einer solchen Anlage. Deshalb ist es günstiger, noch größere Anlagen mehrsträngig zu bauen. Seit Mitte der 60er Jahre konnte auch der Energiebedarf pro t Ammoniak wesentlich gesenkt werden: Während in den früheren Ammoniakanlagen ca. $88 \cdot 10^6$ kJ/t NH_3 benötigt wurden, liegt dieser Wert bei integrierten Ammoniakanlagen mit einem Energieverbund zwischen den einzelnen Prozeßstufen bei $30 \cdot 10^6$ kJ/t NH_3 (vgl. das in Abb. 2.11 dargestellte Energiestrombild einer Ammoniakanlage für 1100 t NH_3/ Tag).

In der Bundesrepublik Deutschland wurden 1993 2,1 Mio. t Ammoniak (gerechnet als N) produziert; die entsprechende Zahl für die *Weltjahresproduktion* betrug 89,3 Mio t. Abb. 10.8 zeigt, wie sich die Weltproduktion auf die einzelnen Kontinente verteilt. In den USA und Westeuropa finden nur noch geringe Kapazitätsausweitungen statt. Neue Anlagen werden überwiegend dort gebaut, wo noch weitere Mengen Stickstoffdüngemittel benötigt werden, z. B. in Asien.

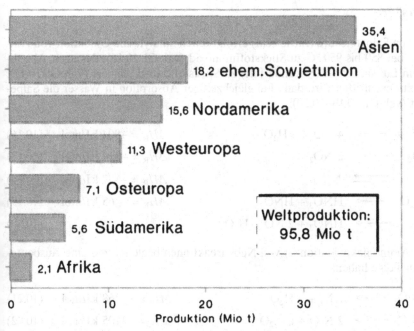

Abb. 10.8   Ammoniakproduktion (Angaben für 1990 in Mio. t, berechnet als N)

Bei der **Verwendung** des Ammoniaks ist der Einsatzbereich der Düngemittel von größter Bedeutung (vgl. Abb. 10.9). Da die direkte Verwendung des Ammoniaks nur bedingt möglich ist, sind die Folgereaktionen zu Salpetersäure und Harnstoff besonders wichtig. Beide Synthesen werden in den folgenden Abschnitten vorgestellt.

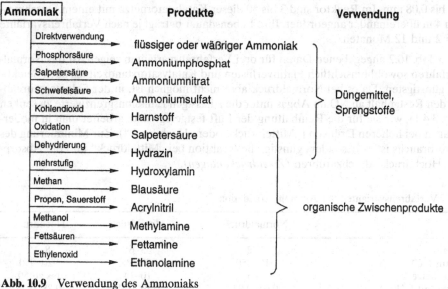

Abb. 10.9   Verwendung des Ammoniaks

10.2.2 Salpetersäure

Die Herstellung von Salpetersäure (nitric acid) erfolgt durch katalytische Oxidation von Ammoniak an Platin bei 850 bis 950 °C zu Stickstoffmonoxid (vgl. Gl. 10.16), das nach Abkühlung mit weiterem Luftsauerstoff (Sekundärluft) zu Stickstoffdioxid reagiert (vgl. Gl. 10.17). In weiteren Reaktionsschritten wird dann bei gleichzeitiger Absorption in Wasser die Salpetersäure gebildet (vgl. Gl. 10.18–10.20):

$$4\ NH_3 + 5\ O_2 \longrightarrow 4\ NO + 6\ H_2O \qquad \Delta H_R = -904\ kJ/mol \qquad (10.16)$$

$$2\ NO + O_2 \longrightarrow 2\ NO_2 \qquad \Delta H_R = -114\ kJ/mol \qquad (10.17)$$

$$2\ NO_2 \rightleftharpoons N_2O_4 \qquad \Delta H_R = -\ 57\ kJ/mol \qquad (10.18)$$

$$N_2O_4 + H_2O \longrightarrow HNO_3 + HNO_2 \qquad \Delta H_R = -\ 65\ kJ/mol \qquad (10.19)$$

$$3\ HNO_2 \longrightarrow HNO_3 + 2\ NO + H_2O \qquad (10.20)$$

Die katalytische Ammoniakoxidation ist von Nebenreaktionen begleitet, die eine Ausbeuteverminderung zur Folge haben:

$$4\ NH_3 + 3\ O_2 \longrightarrow 2\ N_2 + 6\ H_2O \qquad \Delta H_R = -1268\ kJ/mol \qquad (10.21)$$

$$4\ NH_3 + 4\ O_2 \longrightarrow 2\ N_2O + 6\ H_2O \qquad \Delta H_R = -1105\ kJ/mol \qquad (10.22)$$

Die Selektivität der NO-Bildung liegt über 95%; sie wird begünstigt durch hohe Temperaturen und hohe Strömungsgeschwindigkeiten. Die Reaktionszeit ist extrem kurz. Sie liegt bei 10^{-11} s.

Als **Katalysatoren** werden Platindrahtnetze verwendet, die mit 5 bis 10% Rhodium legiert sind. Diese Pt/Rh-Netze sind mechanisch sehr stabil, was zu relativ niedrigen Platinverlusten führt. Ein typisches Katalysatornetz hat 1024 Maschen pro cm² bei einem Drahtdurchmesser von 0,06 bis 0,08 mm. Im Reaktor sind 3 bis 50 dieser Katalysatornetze mit einem Durchmesser bis zu 4 m übereinander angeordnet. Ihre Lebensdauer beträgt je nach Verfahrensvariante zwischen 2 und 12 Monaten.

Wie die in Tab. 10.2 angegebenen Daten für drei Verfahrensvarianten zeigen, ist das Normaldruckverfahren sowohl hinsichtlich Platinverlusten und Katalysatorstandzeit als auch Selektivität am günstigsten. Da es bei Normaldruck aber nicht möglich ist, in der Salpetersäureabsorption den Restgehalt an NO im Abgas unter die zulässigen Emissionsgrenzwerte zu senken (vgl. Kap. 3.4.1), wie sie für die Reinhaltung der Luft festgelegt sind, arbeitet man in modernen Anlagen bei höheren Drücken („Mitteldruck" oder „Hochdruck"). Zur Minimierung des Energieverbrauchs ist es besonders günstig, die Reaktion bei „Mitteldruck" und die Absorption bei „Hochdruck" durchzuführen *(Zweidruckanlagen)*.

Tab. 10.2 Verfahrensvarianten der Ammoniakoxidation

	Normaldruck	Mitteldruck	Hochdruck
Druck (bar)	1–2	3–6	8–15
Temperatur (°C)	810–850	870–900	920–950
Katalysatornetze	3–5	10–14	bis zu 50
Pt-Verluste (g/t HNO_3)	0,04–0,07	0,10–0,18	0,28–0,35
Katalysatorstandzeit (Monate)	8–12	4–6	2–3
Selektivität (%)	97–98	96–97	94–95

Ein Verfahrensfließbild der Herstellung von Salpetersäure zeigt Abb. 3.17 in Kap. 3.4.1. Danach wird ein Gasgemisch aus Luft und Ammoniak in den Reaktor geleitet. Bei Temperaturen von 850 bis 950 °C und sehr kurzen Verweilzeiten am Katalysator (ca. 10^{-3} s) findet die Oxidation zum Stickstoffmonoxid statt (vgl. Gl. 10.16). Das Gas wird unmittelbar nach der Reaktionszone unter Erzeugung von überhitztem Wasserdampf abgekühlt. Bei den niedrigen Temperaturen findet dann die Weiteroxidation des NO mit Luftsauerstoff zu NO_2 statt (vgl. Gl. 10.17).

In der anschließenden Absorption wird die Salpetersäure gebildet (vgl. Gl. 10.19 und 10.20). Dabei entsteht als Koppelprodukt NO (vgl. Gl. 10.20), das mit Sauerstoff wieder zu NO_2 reagieren kann. Diese Umsetzung (vgl. Gl. 10.17) verläuft relativ langsam, was die Erzielung einer hohen Ausbeute erschwert. Als Absorptionskolonnen verwendet man heute überwiegend Bodenkolonnen. Zwischen den Kolonnenabschnitten sind Kühlrohre zur Abführung der Reaktionswärme eingebaut.

Mit dem beschriebenen Verfahren erhält man Salpetersäure mit einer Konzentration von 50 bis 70%, die für die meisten Verwendungszwecke geeignet ist. Für die Nitrierung organischer Verbindungen (u. a. Herstellung von Sprengstoffen) benötigt man **hochkonzentrierte Salpetersäure** („Hoko"-Säure mit 98–99% HNO_3). Zu deren Herstellung kann nach der katalytischen Ammoniakverbrennung das im Gasgemisch enthaltene N_2O_4 mit Sauerstoff und Wasser zu Salpetersäure umgesetzt werden:

$$4\,NO_2\ (\rightleftarrows\ 2\,N_2O_4) + O_2 + 2\,H_2O \rightleftarrows 4\,HNO_3 \qquad (10.23)$$

Ein anderer Weg ist die Rektifikation mit konzentrierter Schwefelsäure als Zusatzstoff. Es handelt sich dabei um eine Extraktivrektifikation. Unterhalb des Kopfes wird der Rektifizierkolonne die Schwefelsäure, in der Mitte 55 bis 65%ige Salpetersäure zugeführt. Als Kopfprodukt erhält man 99%ige Salpetersäure, als Sumpfprodukt verdünnte Schwefelsäure.

Die Verwendung der Salpetersäure ergibt sich aus Abb. 10.10. Ein Großteil der Salpetersäure wird zur Herstellung von Düngemitteln verwendet. Andere Verwendungsbereiche sind die Nitrierung organischer Verbindungen, die Produktion von Sprengstoffen und das Beizen von Metallen.

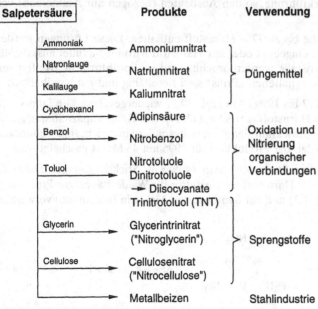

Abb. 10.10 Verwendung der Salpetersäure

10.2.3 Harnstoff und Melamin

Harnstoff (urea) wird technisch aus Ammoniak und Kohlendioxid hergestellt. Da bei der Produktion des Ammoniaksynthesegases zwangsläufig Kohlendioxid als Nebenprodukt anfällt, werden Ammoniak- und Harnstoffproduktion meist miteinander kombiniert.

Die Synthese verläuft zweistufig über das Zwischenprodukt Ammoniumcarbamat. Die Bildung des Carbamats läuft unter Druck quantitativ ab; die endotherme Umwandlung des Carbamats in Harnstoff führt jedoch nur zu einem Gleichgewicht:

$$CO_2 + 2\,NH_3 \; \rightleftarrows \; H_2N\text{--}CO\text{--}ONH_4 \qquad \Delta H_R = -117 \text{ kJ/mol} \qquad (10.24)$$

$$H_2N\text{--}CO\text{--}ONH_4 \rightleftarrows \; H_2N\text{--}CO\text{--}NH_2 + H_2O \qquad \Delta H_R = 16 \text{ kJ/mol} \qquad (10.25)$$

Die Umsetzung wird unter Ammoniaküberschuß durchgeführt, um die Bildung des unerwünschten Biuret zu unterdrücken:

$$2\,H_2N\text{--}CO\text{--}NH_2 \rightleftarrows \; 2\,H_2N\text{--}CO\text{--}NH\text{--}CO\text{--}NH_2 + NH_3 \qquad (10.26)$$

Unter den Reaktionsbedingungen der Harnstoffsynthese von ca. 200 °C und 250 bar (25 MPa) werden bis zu 70 % des Kohlendioxids zu Harnstoff umgesetzt. Moderne Großanlagen produzieren bis zu 1700 t Harnstoff pro Tag.

Das Reaktionsgemisch, das den Reaktor verläßt, besteht aus einer wäßrigen Lösung von Harnstoff, Carbamat und Ammoniak. Verschiedene Verfahrensvarianten wurden entwickelt, die sich darin unterscheiden, wie das Carbamat zersetzt wird und Ammoniak und Kohlendioxid zurückgeführt werden. Die Zersetzung des Carbamats ist die Umkehrung der Gl. (10.24). Sie kann dadurch erreicht werden, daß man das den Reaktor verlassende flüssige Gemisch mit einem der Edukte, z. B. Kohlendioxid, strippt und so den Partialdruck der zweiten Komponente (Ammoniak) reduziert. In alten Anlagen (*Once-through*-Verfahren) wurde auf eine Rückführung der nicht umgesetzten Edukte verzichtet. Heutige Anlagen arbeiten mit einer vollständigen Gas-Rückführung, so daß Ausbeuten (bezogen auf Ammoniak) von 99 % erreicht werden.

Man erhält wäßrige Lösungen, die bis zu 77 % Harnstoff enthalten. Diese Lösungen werden entweder in Fallfilmverdampfern eingeengt oder der Harnstoff wird im Vakuum auskristallisiert. Harnstoffschmelze bzw. -kristalle werden anschließend im Sprühturm in Tropfen zerteilt, die schnell erstarren. Die so erhaltenen „Prills" sind rieselfähig und gut handhabbar.

Die Harnstoffproduktion von 1977 bis 1990 ist in Abb. 10.11 wiedergegeben. Die Jahresweltproduktion lag 1990 bei 35 Mio. t Harnstoff (gerechnet als N). Die Hauptkapazitäten liegen in Osteuropa und in Asien. In den Entwicklungsländern, insbesondere in Asien, sind weitere Kapazitätssteigerungen geplant, so daß die Produktion für 1995 auf 45 Mio. t geschätzt wird.

Harnstoff wird wegen seines hohen Stickstoffgehalts (46 %) als Stickstoffdünger eingesetzt (vgl. Kap. 11.1.2). Desweiteren wird Harnstoff als Tierfutter für Wiederkäuer, zur Produktion von Harnstoffharzen (vgl. Kap. 9.1.3) und zur Synthese von **Melamin** (melamine) verwendet:

$$6\,H_2N\text{--}CO\text{--}NH_2 \xrightarrow{350\,°C} \qquad \Delta H_R = 472 \text{ kJ/mol} \qquad (10.27)$$

Melamin wird hauptsächlich durch Kondensation mit Formaldehyd in Aminoplaste überführt. Kleinere Mengen werden in der Farbstoffindustrie und zur Flammfestmachung von Kunststoffen eingesetzt.

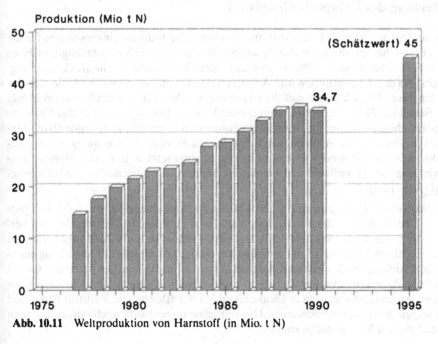

Abb. 10.11   Weltproduktion von Harnstoff (in Mio. t N)

10.2.4 Hydrazin

Hydrazin (hydrazine) wird durch Oxidation von Ammoniak hergestellt. Beim Raschig-Verfahren erfolgt diese Oxidation mit Natriumhypochlorit, das aus Chlor und Natronlauge erhalten wird:

$$2\,NaOH + Cl_2 \longrightarrow NaOCl + NaCl + H_2O \qquad (10.28)$$
$$NaOCl + NH_3 \longrightarrow NH_2Cl + NaOH \qquad (10.29)$$
$$NH_2Cl + NH_3 + NaOH \longrightarrow N_2H_4 + NaCl + H_2O \qquad (10.30)$$

$$2\,NaOH + Cl_2 + 2\,NH_3 \longrightarrow N_2H_4 + 2\,NaCl + 2\,H_2O \qquad (10.31)$$

Hydrazin wird in der Regel als wäßrige Lösung oder als Salz benutzt, und zwar als Korrosionsinhibitor und als Zwischenprodukt zur Herstellung von Pharmaka, Herbiziden und Treibmitteln. Reines Hydrazin, Methylhydrazin und Dimethylhydrazin dienen als Raketentreibstoffe.

10.3 Chlor und Alkalien

10.3.1 Bedeutung des Chlors als Grundstoff

Chlor (chlorine) ist ein wichtiger Grundstoff für die chemische Industrie, insbesondere für die Herstellung organischer Produkte. Weltweit werden hierfür etwa 75% des erzeugten Chlors verbraucht, in Deutschland sogar 90%. Ein wesentlicher Grund dafür ist die Reaktionsfähigkeit des Chlors, das durch Substitution und Addition relativ leicht in organische Moleküle eingeführt werden kann. Dazu kommt, daß die so erhaltenen Produkte ebenfalls reaktionsfähig sind und als Bausteine für weitere Synthesen dienen können. Häufig wird dazu das Chlor als Chlorwasserstoff abgespalten, und das gebildete Folgeprodukt enthält kein Chlor (Bsp.: Methylierung mit Methylchlorid). Auch bei der Herstellung einiger nicht chlorhaltiger anorganischer Produkte werden Chlor oder Chlorverbindungen eingesetzt, z. B. beim Chloridverfahren zur Gewinnung von Titandioxid und bei der Herstellung der Silicone über Dichlordimethylsilan (vgl. Kap. 12.4).

Die Weltproduktion von Chlor betrug 1992 36,9 Mio. t. In Deutschland wurden 2,7 Mio. t produziert. Einen Überblick über die *Verwendung* von Chlor gibt Tab. 10.3. Etwa 25% des verbrauchten Chlors gehen über Vinylchlorid in das Polyvinylchlorid, und zwar sowohl weltweit als auch in Deutschland. Dagegen ist der anteilige Verbrauch von Chlor zur Herstellung anderer organischer Produkte in Deutschland deutlich höher als im Weltdurchschnitt; der Grund dafür ist der hohe Anteil organischer Zwischen- und Spezialprodukte an der deutschen Chemieproduktion. Andererseits werden in Deutschland bei der Bleiche von Zellstoff Chlor und Chlordioxid wegen der damit verbundenen Umweltbelastungen kaum noch eingesetzt; man verwendet statt dessen Wasserstoffperoxid.

Tab. 10.3 Verbrauch von Chlor

Verwendung	Welt (1987) in %	BRD (alte Bundesländer 1990) in %
C_1-Derivate	7	9
C_2-Derivate außer VC	6	9
Vinylchlorid (VC)	26	25
sonstige Organika	24	47
Anorganika	20	9
Chlorung von Wasser	4	0,6
Bleiche von Zellstoff	13	0,2
Verbrauch insgesamt (Mio. t/a)	34,5	3,4

Lange Zeit nahm die Produktion von Chlor in gleicher Weise zu wie die gesamte Chemieproduktion. Seit Anfang der 80er Jahre hat sich das Wachstum der Chlorproduktion deutlich verlangsamt, weil die Verwendung einer Reihe von Folgeprodukten des Chlors, insbesondere der chlorhaltigen Lösemittel, aus ökologischen Gründen stark zurückging (vgl. Kap. 8.5). Weltweit scheint der Chlorverbrauch einem Sättigungswert zuzustreben, wobei in einigen Industrieländern, u. a. in Deutschland und in den USA, in den letzten Jahren sogar eine Abnahme zu verzeichnen ist.

Da Chlor fast ausschließlich durch *Elektrolyse von Kochsalz* hergestellt wird, sind die produzierten Mengen an Chlor und Natronlauge unmittelbar aneinander gekoppelt. Als zwischen 1890 und 1900 die ersten technischen Alkalichlorid-Elektrolyseanlagen in Betrieb genommen wurden, war die Lauge (damals besonders Kalilauge) das wirtschaftlich interessantere Produkt. Das Nebenprodukt Chlor wurde vor allem zu anorganischen Chlorverbindungen verarbeitet. Daneben wurde es in zunehmendem Maße in der Synthese organischer Verbindungen (vgl. Kap. 8.5 u. 8.6) eingesetzt, so daß sich Produktion und Bedarf der *Koppelprodukte Chlor und Natronlauge* aneinander anglichen. Dieses Gleichgewicht wurde mit der steigenden Verwendung chlorhaltiger Lösemittel und der Einführung von Polyvinylchlorid als Kunststoff nach 1950 gestört. Infolge des erhöhten Chlorbedarfs wurden Verfahren interessant, durch die Chlor ohne einen Zwangsanfall an Lauge hergestellt werden kann. Als Edukt kam hierfür in erster Linie Chlorwasserstoff in Frage, der bei der substituierenden Chlorierung als Koppelprodukt anfällt (vgl. Kap. 2.1, 3.1.4, 8.2.5 u. 8.5). So wurden zum einen die *Elektrolyse von Salzsäure* (vgl. Gl. 10.32), zum anderen verschiedene Varianten des alten *Deacon-Verfahrens*, d. h. der *Oxidation von Chlorwasserstoff* mit Luft oder Sauerstoff (vgl. Gl. 10.33), entwickelt.

$$2\ HCl \longrightarrow H_2 + Cl_2 \tag{10.32}$$

$$2\ HCl + \tfrac{1}{2}\ O_2 \rightleftarrows Cl_2 + H_2O \qquad\qquad \Delta H_R = -58\ kJ/mol \tag{10.33}$$

Inzwischen sind diese Verfahren kaum noch von Bedeutung, da, wie eingangs erwähnt, die Nachfrage nach Chlor seit 1980 nur noch wenig zugenommen hat, während der Bedarf an Natronlauge weiterhin angestiegen ist.

10.3.2 Chlor und Alkalilauge durch Alkalichloridelektrolyse

Bei der Elektrolyse von wäßrigen Alkalichloridlösungen laufen folgende Hauptreaktionen ab:

● **Anodenreaktion:**

$$Cl^- \longrightarrow \tfrac{1}{2}\ Cl_2 + e^- \tag{10.34}$$

● **Kathodenreaktion:**

$$H_2O + e^- \longrightarrow \tfrac{1}{2}\ H_2 + OH^- \tag{10.35}$$

Als Edukt dient ganz überwiegend Natriumchlorid, daneben entsprechend dem Bedarf an Kalilauge in niedrigem Umfang (ca. 5%) auch Kaliumchlorid. Natriumchlorid (Kochsalz) wird aus natürlichen unterirdischen Salzlagern oder auch aus Meerwasser gewonnen. Der Abbau aus Salzlagerstätten erfolgt entweder bergmännisch oder durch Auflösen unter Tage und Förderung der Salzlösung (Sole).

Wichtigstes Problem bei der Durchführung der Alkalichloridelektrolyse ist die Verhinderung der Vermischung der gasförmigen Produkte Chlor und Wasserstoff miteinander und der Rückvermischung der gebildeten Lauge mit der Alkalichloridlösung (Sole) als dem Edukt. Zur Lösung dieser Probleme gibt es verschiedene Wege; sie machen den wesentlichen Unterschied zwischen den technischen Verfahren der Alkalichloridelektrolyse aus.

Abb. 10.12 zeigt das Prinzip dieser Verfahren. Im Diaphragmaverfahren und im Membranverfahren werden Kathoden- und Anodenraum der Elektrolyse durch eine Wand getrennt, die für die Sole (Diaphragmaverfahren) bzw. für Kationen (Membranverfahren) durchlässig ist. Beim Amalgamverfahren erfolgen die Abscheidung des Wasserstoffs und die Bildung der Lauge außerhalb der Elektrolysezelle, da mit Quecksilber als Kathodenmaterial nicht die Wasserstoff-, sondern die Natriumionen kathodisch entladen werden (vgl. Gl. 10.36). Das gebildete Natriumamalgam ($NaHg_x$) wird in einem nachgeschalteten Apparat (Zersetzer) mit Wasser zu Natronlauge, Wasserstoff und Quecksilber umgesetzt (vgl. Abb. 10.13):

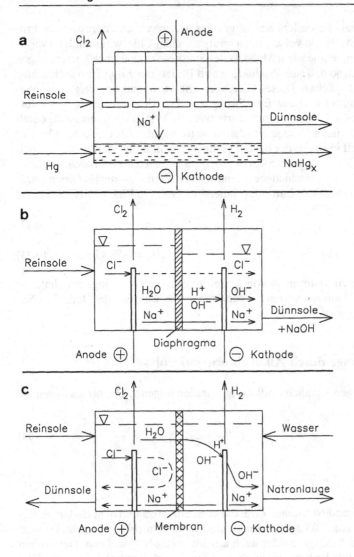

Abb. 10.12 Vergleich der verschiedenen Chloralkali-Elektrolyse-Verfahren.
a Amalgam-, **b** Diaphragma- und **c** Membranverfahren

$$Na^+ + x\ Hg + e^- \longrightarrow NaHg_x \tag{10.36}$$

$$NaHg_x + H_2O \longrightarrow {}^1/_2\ H_2 + NaOH + x\ Hg \tag{10.37}$$

Die drei Verfahren werden im folgenden kurz beschrieben und miteinander verglichen.

Amalgamverfahren. *Quecksilber* zeichnet sich durch eine besonders *hohe Überspannung für die kathodische Wasserstoffabscheidung* aus. Diese kinetische Hemmung ist die Grundlage des Amalgamverfahrens. Gleichzeitig bedingt sie jedoch eine deutlich höhere Zersetzungsspannung (3,1 V bei Natriumabscheidung gegenüber 2,25 V bei Wasserstoffabscheidung) und damit einen höheren Energieaufwand.

Die Zellenspannung bei der Elektrolyse ist übrigens bei allen drei Verfahren um ca. 1 V höher als die Zersetzungsspannung (vgl. Tab. 10.4, S. 496), und zwar einmal wegen der Überspannung an den Elektroden und zum anderen wegen des elektrischen Widerstands der Zelle. Dieser letztere Anteil, der sog. Ohmsche Spannungsverlust, ist direkt proportional der Stromdichte (= Stromstärke pro Querschnittsfläche der Zelle) und damit der spezifischen Elektrolyseleistung (= pro Zeiteinheit und Querschnittsfläche elektrolysierte Stoffmenge).

Die Elektrolysezelle für das Amalgamverfahren (vgl. Abb. 10.13) ist ein langer, schwach geneigter Trog. Das am oberen Ende des Troges frisch zugeführte Quecksilber fließt in dünner Schicht (ca. 5 mm) über den elektrisch leitenden Zellenboden zum Auslauf und nimmt dabei als Kathode das abgeschiedene Natrium als Amalgam auf. Das amalgamhaltige Quecksilber mit einem Natriumgehalt von 0,2 bis 0,4% wird in den Zersetzer (d in Abb. 10.13) geleitet, wo das Natriumamalgam an einer Graphitpackung gemäß Gl. (10.37) mit Wasser zu Natronlauge und Wasserstoff reagiert. Man verwendet dazu meist eine Füllkörperkolonne (*Turmzersetzer*). An deren oberen Ende wird das amalgamhaltige Quecksilber auf die Graphitpackung verteilt, unten wird das Wasser zugeführt. Das natriumfreie Quecksilber aus dem unteren Ende der Kolonne wird in die Elektrolysezelle zurückgepumpt. Am oberen Ende der Kolonne werden Wasserstoff und eine sehr reine Natronlauge abgezogen. Aufgrund der Gegenstromführung im Turmzersetzer erhält man eine Lauge mit einem NaOH-Gehalt von 50%. Damit ist für die meisten Verwendungen, d. h. außer für den Einsatz als wasserfreies Natriumhydroxid, keine weitere Eindampfung erforderlich.

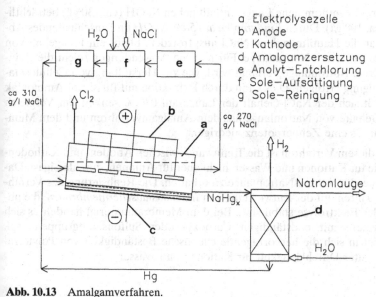

a Elektrolysezelle
b Anode
c Kathode
d Amalgamzersetzung
e Anolyt–Entchlorung
f Sole–Aufsättigung
g Sole–Reinigung

Abb. 10.13 Amalgamverfahren.
a Elektrolysezelle, b Anode, c Kathode, d Amalgamzersetzung, e Anolytentchlorung, f Soleaufsättigung, g Solereinigung

Als *Anodenmaterial* wurde beim Amalgamverfahren ebenso wie beim Diaphragmaverfahren wegen der Beständigkeit gegen Chlor lange Zeit *Graphit* verwendet. Dieser Werkstoff hat aber den Nachteil, daß er durch die kleinen Mengen an Sauerstoff, die neben dem Chlor anodisch abgeschieden werden, zu CO und CO_2 oxidiert wird. Dadurch wird der Abstand zur Kathode vergrößert, was zu einer Erhöhung des Ohmschen Widerstands und einem entsprechend höheren Energieverlust führt. Zur Verringerung dieses Verlustes müssen die Graphitanoden während des Betriebes der Zellen immer wieder nachgestellt werden. Es war ein großer Fortschritt, als es Ende der 60er Jahre gelang, sog. *dimensionsstabile Metallanoden* herzustellen, die den Bedingungen in der Elektrolysezelle standhielten und auch die Forderung an eine niedrige Chlorüberspannung erfüllten. Diese metallischen Anoden sind aus Titan, das mit Rutheniumoxid überzogen ist.

Die Sole, d. h. die wäßrige Elektrolytlösung wird im Kreislauf geführt. Dazu wird die Dünnsole aus der Zelle zunächst unter vermindertem Druck entchlort (e in Abb. 10.13) und anschließend durch Auflösen von festem Salz gesättigt (**f**). Vor dem Eintritt in die Elektrolysezelle werden in der Solereinigung (**g**) störende Verunreinigungen (Sulfat, Co, Mg, Fe und andere Schwermetalle) aus der Sole durch Fällung entfernt.

Diaphragmaverfahren. Im Diaphragmaverfahren wird die Vermischung der Elektrolyseprodukte durch eine poröse Scheidewand, das sog. *Diaphragma*, verhindert (vgl. Abb. 10.12). Sie trennt Anodenraum und Kathodenraum voneinander. Die frische Sole (Reinsole) wird in den Anodenraum geleitet, wo an der Anode (heute überwiegend aus Titan) Chloridionen unter Bildung von Chlorgas (vgl. Gl. 10.34) entladen werden. Aufgrund des höheren Flüssigkeitsniveaus im Anodenraum strömt die Sole durch das Diaphragma in den Kathodenraum, wo an der Kathode Wasserstoff abgeschieden wird. Das Diaphragma muß für den Durchtritt der Sole genügend durchlässig sein. Als Material mit ausreichender Porosität und guter chemischer Beständigkeit dient Asbestfasergeflecht, das mit fluororganischem Harz imprägniert ist. Dieses Asbestdiaphragma wird auf das Kathodenmaterial (Drahtgewebe oder Lochblech aus Stahl) aufgebracht.

Die aus dem Kathodenraum entnommene Lauge enthält neben NaOH (ca. 130 g/l) beträchtliche Mengen an NaCl (ca. 190 g/l). Durch *Eindampfen auf 50% NaOH* und anschließendes Abkühlen kristallisiert zwar die Hauptmenge an NaCl aus; trotzdem bleibt ein Restgehalt von 1% NaCl in der aufkonzentrierten Natronlauge. Für manche Anwendungen reicht die Reinheit aus. Wenn chloridfreie Natronlauge verlangt wird, wie zur Herstellung von Cellulosefasern, muß eine Feinreinigung erfolgen. Dies kann durch Extraktion mit flüssigem Ammoniak geschehen. Dadurch läßt sich der NaCl-Gehalt der Lauge auf 0,08% senken. Im Vergleich dazu liegen die NaCl-Gehalte von Natronlauge aus dem Amalgamverfahren und dem Membranverfahren um mehr als eine Zehnerpotenz niedriger.

Membranverfahren. In diesem Verfahren ist die Trennwand zwischen Anoden- und Kathodenraum eine Membran, die für Kationen und Wasser, nicht aber für Anionen, durchlässig ist. Dadurch ist es möglich, eine chloridfreie Natronlauge zu erhalten. Die Realisierung des Verfahrens gelang in den 70er Jahren mit der Entwicklung von *Ionenaustauschermembranen*, die unter den Bedingungen der Elektrolyse stabil sind. Bei dem Membranmaterial handelt es sich um perfluorierte Polymere mit endständigen Carboxy- oder Sulfonsäuregruppen (vgl. Abb. 10.14). Es vereinigt in sich die hervorragende chemische Beständigkeit von Polytetrafluorethen (PTFE) mit guter Durchlässigkeit für Kationen und Wasser.

$$\text{---}(CF_2\text{--}CF_2)_{\overline{m}}\,CF_2\text{--}CF\text{---}(CF_2\text{--}CF_2)_{\overline{n}}$$

$$
\begin{array}{c}
| \\
O \\
| \\
CF_2 \\
| \\
CF\text{--}CF_3 \\
| \\
O \\
| \\
CF_2 \\
| \\
CF_2 \\
| \\
COOH \quad (SO_3H)
\end{array}
$$

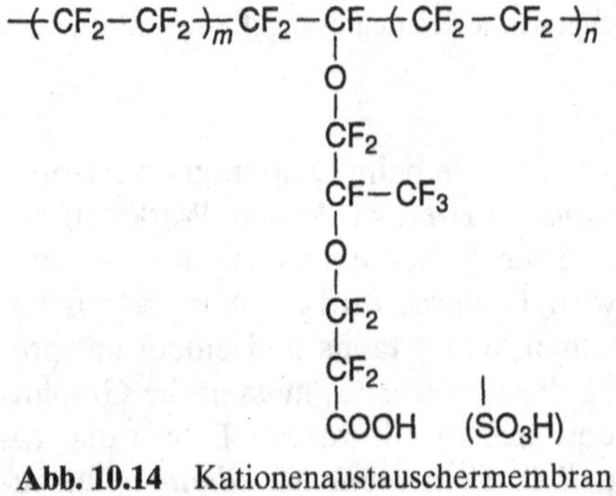

Abb. 10.14 Kationenaustauschermembran für die Alkalichloridelektrolyse

Um den Abstand zwischen den Elektroden und damit den Teil des Spannungsverlustes, der durch den Ohmschen Widerstand der Zelle verursacht wird, möglichst klein zu machen, sind die Elektroden als Lochblech oder Streckmetall ausgebildet. Die entwickelten Gase Chlor und Wasserstoff werden gemeinsam mit dem Anolyt (**e**) bzw. Katholyt (**f**) aus der Zelle abgeführt, wie in Abb. 10.15 gezeigt wird. Die dort dargestellte Membranzelle ist eine *bipolare Zelle*. Bei diesem Zellentyp werden mehrere Zellen (20–120) elektrisch hintereinandergeschaltet. Dabei ist die Anode der einen Zelle auf die Kathode der nächsten Zelle gepreßt. Die Berührungsfläche zwischen Anode und Kathode dient gleichzeitig als Trennwand (**d**) zwischen den zwei hintereinandergeschalteten Zellen. Die Seite einer solchen bipolaren Elektrode, die als Anode (**a**) arbeitet, ist aus Titan, die andere Seite, die Kathode (**b**), aus Stahl oder Nickel. Der Hauptvorteil der bipolaren Zellen liegt darin, daß die Stromzuleitungen zu den einzelnen Zellen, wie sie für die parallel geschalteten monopolaren Zellen erforderlich sind, entfallen. Dadurch werden die Spannungsverluste durch den Ohmschen Widerstand der Stromzuleitungen erniedrigt. Beim Membranverfahren werden heute beide Zelltypen eingesetzt. Das gilt auch für das Diaphragmaverfahren.

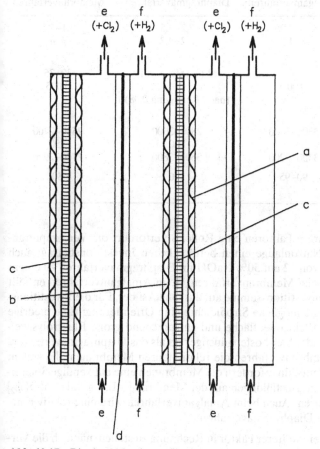

Abb. 10.15 Bipolare Membranzelle.
a Anode, **b** Kathode, **c** Membran, **d** Trennwand, **e** Anolyt, **f** Katholyt

Wegen der Trennung von Anoden- und Kathodenraum durch eine ionenselektive Trennwand werden beim Membranverfahren Dünnsole und Lauge als getrennte Stoffströme entnommen. Dabei wird die Dünnsole wie beim Amalgamverfahren nach Entchlorung wieder aufgesättigt und als Reinsole in die Elektrolyse zurückgeführt. Die Natronlauge, die beim Membranverfahren erhalten wird, hat eine Konzentration von 30 bis 35% NaOH; wie beim Amalgamverfahren ist sie chloridfrei.

Vergleich der Elektrolyseverfahren. In Tab. 10.4 sind charakteristische Daten für die drei Verfahren zusammengestellt. Die höhere Zersetzungsspannung in der Amalgamzelle bedingt im Vergleich zu den anderen Verfahren einen erheblich höheren Verbrauch an elektrischer Energie. Da jedoch beim Amalgamverfahren die Elektrolyse ohne zusätzliche Aufkonzentrierung eine Natronlauge mit 50% NaOH liefert, wie sie üblicherweise verlangt wird, ist der *Energiebedarf* insgesamt etwas geringer als beim Diaphragmaverfahren. Das Membranverfahren liegt im Gesamtenergieverbauch deutlich niedriger, da die Eindampfung der Natronlauge von 30 bis 35% auf 50% NaOH relativ wenig Dampf erfordert.

Tab. 10.4 Alkalichlorid-Elektrolyse (technische Daten der Verfahren)

	Amalgamverfahren	Diaphragmaverfahren	Membranverfahren
Zellenspannung (V)	4,0–4,25	3,2–3,5	3,1–3,5
Stromdichte (kA/m²)	8–12	2,2–2,7	3–4
Natronlauge:			
– % NaOH aus Elektrolyse	50	12 (+ 15% NaCl)	30–35
– % NaCl in 50%iger Lauge	0,005	1	0,005
		(nach Reinigung 0,08)	
Energieverbrauch (kWh/t Cl₂):			
– Elektrolyse	3300–3600	2800–3000	2500–2700
– Natronlauge-Eindampfung	–	800	150
– insgesamt	3400–3700	3600–3800	2700–2900
Investition (% bezogen auf Diaphragmaverfahren)	90–95	100	80

Bei den *Investitionen* spielen mehrere Faktoren eine Rolle. So erfordert die Verdampferanlage zur Aufkonzentrierung der Natronlauge einen beträchtlichen Investitionsbetrag; auch führt die Konzentrationsdifferenz von 12 auf 50% NaOH im Diaphragmaverfahren zu einem höheren Investitionsaufwand als beim Membranverfahren. Beim Amalgamverfahren entfällt ein erheblicher Teil (ca. 25%) der Investitionssumme auf das Quecksilber. Für die Investitionskosten der Elektrolysezellen gibt die mögliche Stromdichte eine Orientierung: Eine niedrige Stromdichte erfordert eine große Elektrodenfläche und entsprechend große Elektrolysezellen. Das Membranverfahren schneidet hier kostengünstiger ab als das Diaphragmaverfahren. Kostenerhöhend wirken beim Membranverfahren die relativ teuren Membranen, die zudem eine begrenzte Standzeit haben. Weiterhin erfordern die Membranen eine aufwendige Solereinigung, da bestimmte Fremdionen zu Ausfällungen auf der Membran [z. B. Ca^{2+} als $Ca(OH)_2$] und deren baldiger Zerstörung führen. Auch beim Amalgamverfahren wird eine relativ reine Sole benötigt, nicht dagegen beim Diaphragmaverfahren.

Beim Amalgamverfahren ist noch ein weiterer Faktor in Rechnung zu stellen, nämlich die Verhinderung von Umweltbelastungen durch Quecksilber, das über das Abwasser, die Abluft und die Produkte in die Umwelt gelangen kann. Die Maßnahmen zur Minimierung dieser Emissionen erfordern ca. 10% der Investitionen für Anlagen nach dem Amalgamverfahren. Beim Diaphragmaverfahren stellt der Einsatz von Asbest als Diaphragmamaterial ein Umweltproblem dar. Man verwendet heute meist eine Mischung aus Asbest und Fluorpolymeren; asbestfreie Diaphragmamaterialien sind in Entwicklung. Durch sorgfältige Handhabung vor allem bei Montage und Auswechslung der asbesthaltigen Diaphragmen lassen sich Umweltbelastungen weitgehend vermeiden.

Beim Vergleich der drei Verfahren für die Alkalichloridelektrolyse schneidet das Membranverfahren sowohl hinsichtlich des Energieverbrauchs als auch der Investitionskosten am günstigsten ab. Dazu kommt, daß es im Unterschied zu den beiden anderen Verfahren kaum mit Umweltbelastungen verbunden ist. Obwohl es sich bei dem Membranverfahren um eine Neuentwicklung aus den 70er Jahren handelt, hatte es 1991 schon einen Anteil von 20% an der Weltchlorproduktion durch Alkalichloridelektrolyse erreicht; die übrigen 80% kamen aus älteren Anlagen für das Diaphragmaverfahren (45%) und das Amalgamverfahren.

10.3.3 Natronlauge und Soda

Natriumhydroxid (NaOH, wäßrige Lösung = Natronlauge) und Natriumcarbonat (Soda, Na_2CO_3) sind die wichtigsten Alkalien (= Stoffe, die in wäßriger Lösung alkalisch reagieren). Mit einer Weltjahresproduktion 1990 von 38,4 Mio. t (NaOH) bzw. 32,4 Mio. t (Na_2CO_3) gehören die beiden Produkte zu den bedeutendsten chemischen Grundstoffen.

Natriumhydroxid (sodium hydroxide) wird in Form von *Natronlauge* fast ausschließlich durch Alkalichloridelektrolyse hergestellt. Aufgrund der Stöchiometrie beträgt das Verhältnis der produzierten Mengen von NaOH zu Chlor 1,13. Während zwischen 1960 und 1980 die stark zunehmende Nachfrage nach Chlor dazu führte, daß sich das Koppelprodukt Natronlauge zu einem Überschußprodukt entwickelte, für das neue Verwendungen gefunden werden mußten (z. B. die Herstellung von Soda durch Reaktion mit CO_2), hat sich in den 80er Jahren aufgrund des stagnierenden Chlorverbrauchs die Situation umgekehrt. Da sich abzeichnet, daß der Bedarf an Natronlauge nicht mehr vollständig aus der Alkalichloridelektrolyse gedeckt werden kann, ist ein altes Verfahren zur Herstellung von Natronlauge wieder interessant geworden, die sog. Kaustifizierung von Soda:

$$Na_2CO_3 + Ca(OH)_2 \longrightarrow 2\,NaOH + CaCO_3 \tag{10.38}$$

Dazu wird Kalkmilch in heiße Sodalösung eingebracht. Das gebildete Calciumcarbonat fällt aus und wird abgetrennt. Die Natronlauge wird eingedampft. Dabei fallen nicht umgesetztes Na_2CO_3 sowie Verunreinigungen aus, die dann abfiltriert werden. Eine weitere Möglichkeit, einem zu geringen Angebot an Natronlauge zu begegnen, ist der Einsatz von Soda anstelle von Natronlauge (vgl. Verwendung von Soda).

Das Produkt Natriumhydroxid wird überwiegend als 50%ige Natronlauge gehandelt. Nur ein kleiner Teil (ca. 5%) wird zu festem NaOH (Ätznatron) eingedampft und in Form von Perlen oder Schuppen auf den Markt gebracht.

Verwendung. Die wichtigsten Verwendungsgebiete von Natronlauge sind in Tab. 10.5 zusammengestellt. Mehr als 50% der Natronlauge werden in der chemischen Industrie verbraucht. Ein erheblicher Anteil davon wird als Hilfsstoff verwendet, so daß das Natrium nicht im Produkt erscheint, wie z. B. bei der Verseifung von aliphatischen und aromatischen Monochlorverbindungen zu den entsprechenden Alkoholen und Phenolen. In der Zellstoffindustrie wird Natronlauge für die Gewinnung von Cellulose durch Sulfataufschluß von Holz benötigt. Für die Verarbeitung zu Kunstseide wird die Cellulose mit Natronlauge behandelt; dabei entsteht Natriumcellulose, die anschließend mit Schwefelkohlenstoff zu wasserlöslichem Xanthogenat umgesetzt wird. Die Herstellung der Natriumcellulose erfordert eine besonders reine Natronlauge, wie sie vor der Entwicklung des Membranverfahrens nur im Amalgamverfahren erzeugt wurde. In der Textilindustrie dient Natronlauge vor allem zur Vorbehandlung von Baumwolle beim Färben.

Tab. 10.5   Verwendung von NaOH und Na_2CO_3

Verbindung	Verwendung
NaOH	chemische Industrie: – Neutralisationsmittel, – pH-Wert-Einstellung, – Verseifungsreaktionen, – Natriumsalze (z. B. Phosphate, Sulfit, Hypochlorit) Zellstoff und Papier Seifen und Waschmittel Textilindustrie Aluminiumherstellung (Bauxitaufschluß) Glasindustrie
Na_2CO_3	chemische Industrie: – Neutralisationsmittel, – pH-Wert-Einstellung, – Natriumsalze (z. B. Phosphate, Chromate, Citrat) Glasindustrie Keramikindustrie Seifen und Waschmittel Textilindustrie Zellstoff und Papier

Soda (Natriumcarbonat, engl. soda ash) ist eines der ältesten chemischen Produkte. Schon im Altertum benutzte man Soda für verschiedene Zwecke, z. B. als Reinigungsmittel, zur Herstellung von Glas und zum Färben von Textilien. Man verwendete dazu Pflanzenaschen, die je nach Herkunft 5 bis 15% Alkalicarbonate (neben Na_2CO_3 auch K_2CO_3) enthielten. Der steigende Bedarf an Soda im 18. Jahrhundert für die Herstellung von Glas und Seife veranlaßte 1775 die französische Akademie der Wissenschaften, einen Preis für eine Methode zur Herstellung von „künstlichem Soda" auszusetzen. Er wurde Nicolas LeBlanc für sein Verfahren zugesprochen, mit dem 1790 erstmalig in einer Fabrik in St. Denis bei Paris Soda auf chemischem Wege produziert wurde. Wegen der Revolutionswirren wurde der Preis nicht ausgezahlt; der Erfinder LeBlanc beging 1806 im Armenhaus Selbstmord. Ab 1880 wurde das Le-Blanc-Verfahren durch das wirtschaftlich günstigere Solvay-Verfahren (Ammoniak-Soda-Verfahren) abgelöst, das heute ausschließlich für die synthetische Herstellung von Soda benutzt wird. Daneben werden beträchtliche Mengen Soda (25 bis 30% der Weltproduktion) aus natürlichen Vorkommen gewonnen, u. a. in den USA.

Herstellung. Das LeBlanc-Verfahren beruht auf folgenden Reaktionen:

$$2\ NaCl + H_2SO_4 \longrightarrow Na_2SO_4 + 2\ HCl \tag{10.39}$$
$$Na_2SO_4 + 2\ C \longrightarrow Na_2S + 2\ CO_2 \tag{10.40}$$
$$Na_2S + CaCO_3 \longrightarrow Na_2CO_3 + CaS \tag{10.41}$$

Für die Umsetzung von Na_2SO_4 zu Na_2CO_3 gemäß Gl. (10.40) und (10.41) müssen Na_2SO_4 Kohle und Kalk miteinander vermischt und auf Rotglut erhitzt werden. Der dafür erforderliche Energieaufwand ist einer der Nachteile des LeBlanc-Verfahrens. Dazu kommt der Anfall der Koppelprodukte HCl (in Form von Salzsäure) und CaS. Die Salzsäure ist nur schwer abzusetzen, das Calciumsulfid kaum zu verwerten. Seine Ablagerung auf Halden führt durch freiwerdenden Schwefelwasserstoff zu erheblichen Verschmutzungen von Umgebungsluft und Gewässern.

Das von Ernest Solvay 1861 bis 1865 entwickelte Ammoniak-Soda-Verfahren [vgl. Gl. (10.42)–(10.48) in Abb. 10.16] hat keine derartigen Nachteile, wenn man von dem Anfall einer verunreinigten $CaCl_2$-Lösung absieht, die aber ein weit geringeres Umweltproblem darstellt als das CaS aus dem LeBlanc-Verfahren.

Fällung von NaHCO₃	$2\,NaCl + 2\,NH_4HCO_3$	$\rightleftharpoons$	$2\,NaHCO_3 + 2\,NH_4Cl$	(10.42)
Calcinierung	$2\,NaHCO_3$	$\longrightarrow$	$Na_2CO_3 + H_2O + CO_2$	(10.43)
Kalkbrennen	$CaCO_3$	$\longrightarrow$	$CaO + CO_2$	(10.44)
Kalklöschen	$CaO + H_2O$	$\longrightarrow$	$Ca(OH)_2$	(10.45)
Rückgewinnung von NH₃	$2\,NH_4Cl + Ca(OH)_2$	$\longrightarrow$	$2\,NH_3 + CaCl_2 + 2\,H_2O$	(10.46)
Bildung von NH₄HCO₃	$2\,NH_3 + 2\,CO_2 + 2\,H_2O$	$\rightleftharpoons$	$2\,NH_4HCO_3$	(10.47)
Bruttoreaktion	$2\,NaCl + CaCO_3$	$\longrightarrow$	$Na_2CO_3 + CaCl_2$	(10.48)

Abb. 10.16 Reaktionen im Ammoniak-Soda-Verfahren (Solvay-Verfahren)

Grundlage des Ammoniak-Soda-Verfahrens ist die Bildung des relativ gering löslichen Natriumhydrogencarbonats aus Kochsalz und Ammoniumhydrogencarbonat in wäßriger Lösung (vgl. Gl. 10.42). Das abgetrennte Natriumhydrogencarbonat wird durch thermische Zersetzung (Calcinierung) bei 180 °C zu Soda umgewandelt (vgl. Gl. 10.43). Die Rückgewinnung des Ammoniaks aus der Mutterlauge der $NaHCO_3$-Fällung, in der er überwiegend als NH_4Cl enthalten ist, erfolgt mit Hilfe von Kalkmilch (vgl. Gl. 10.46). Diese wird durch das Brennen von Kalk und anschließendes Kalklöschen gewonnen. Das beim Kalkbrennen und beim Calcinieren frei gewordene CO_2 dient zur Bildung des für die Bicarbonatfällung benötigten Ammoniumbicarbonats (vgl. Gl. 10.47). Durch Addition der Einzelreaktionen 10.42 bis 10.47 ergibt sich die Bruttogleichung für das Solvay-Verfahren (Gl. 10.48).

Abb. 10.17 zeigt das Gesamtfließbild des Verfahrens. Danach wird zunächst durch Absorption von Ammoniak in Sole (NaCl in H_2O) eine ammoniakalische Kochsalzlösung hergestellt. Durch Einleiten von CO_2 in diese Lösung wird NH_4HCO_3 gebildet. Um das CO_2 soweit wie möglich auszunutzen, d. h. in Lösung zu bringen, führt man die beiden Umsetzungen Gl. (10.47) und (10.42) in einer Kolonne durch, in der die wäßrige Fällungslösung im Gegenstrom zum CO_2-haltigen Gas geführt wird. Auch bei der Rückgewinnung des Ammoniaks wird eine Gegenstromkolonne genutzt, und zwar zum Strippen des durch Kalkmilch freigesetzten NH_3 (vgl. Gl. 10.46) mit Wasserdampf.

Eine wesentliche Voraussetzung für die erfolgreiche Entwicklung des Ammoniak-Soda-Verfahrens war die möglichst vollständige Rückgewinnung des Ammoniaks, da dessen Preis ein Mehrfaches des Preises für das Produkt Soda betrug. Die Lösung dieses Problems gelang E. Solvay innerhalb weniger Jahre. Für die Auswertungen seiner Erfindungen gründete er eine Familiengesellschaft, die sich im Laufe der Zeit zu einem bedeutenden Chemiekonzern entwickelte.

Verwendung. Die wichtigsten Verwendungen von Soda sind in Tab. 10.5 zusammengestellt. Den größten Anteil am Verbrauch von Soda hat die Glasindustrie mit ca. 50 %. Etwa 25 % werden in der chemischen Industrie verwendet, teils zur Herstellung von Natriumsalzen, teils als Hilfsstoff. In einer Reihe von Einsatzgebieten steht das Soda in Konkurrenz mit der Natronlauge, z. B. bei der Verwendung als Neutralisationsmittel, zur pH-Wert-Einstellung, bei der

Herstellung von Natriumsalzen, von Seifen und Waschmitteln. Der Verbrauchsanteil von Soda bei diesen Verwendungen zeigt steigende Tendenz, da der stagnierende und teilweise sogar fallende Verbrauch an Chlor zu einer Verknappung des Angebots an Natronlauge aus der Alkalichloridelektrolyse geführt hat.

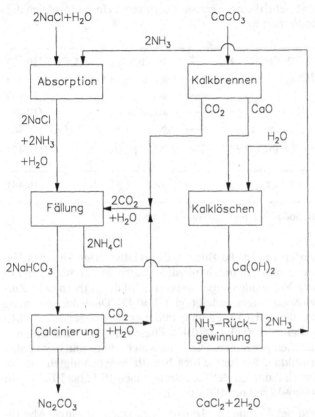

Abb. 10.17 Fließschema des Solvay-Verfahrens mit stöchiometrischen Angaben

10.4 Anorganische Phosphorverbindungen

10.4.1 Phosphaterze

Phosphor (phosphorus) kommt in der Natur nicht im elementaren Zustand vor, sondern ausschließlich in Form von Phosphaterzen. Von den zahlreichen Phosphatmineralien hat die Gruppe der Apatite die größte Bedeutung. Die Apatite haben die allgemeine Formel $Ca_5(PO_4)_3X$. Je nach der Komponente X unterscheidet man zwischen Fluorapatit, Chlorapatit und Hydroxylapatit. Die Phosphaterze kommen als magmatische oder sedimentäre Erze vor. Die magmatischen Vorkommen, z. B. in Kola (Rußland) oder Phalaborwa (Südafrika), haben einen hohen Phosphatgehalt ($> 38\% P_2O_5$) und sind frei von organischen Verbindungen. Die sedimentären Vorkommen, z. B. in den USA und in Afrika (Marokko, Tunesien, Senegal, Togo), haben mengenmäßig eine wesentlich größere Bedeutung.

Die Phosphatreserven betragen weltweit mehrere 10^{10} t. Der Abbau der Phosphaterze lag bis 1940 im Bereich bis zu 10 Mio. pro Jahr; bis Ende der 70er Jahre stieg er sprunghaft auf ca. 40 Mio. t Phosphate pro Jahr (gerechnet als reines P_2O_5). Wie Abb. 10.18 zeigt, ist die Produktion der Phosphaterze in den 80er Jahren aufgrund veränderter Marktsituationen nicht mehr so stark angestiegen und lag 1991 bei 53 Mio. t P_2O_5 pro Jahr. Die wichtigsten Förderländer sind die USA, Rußland und Marokko. Deutschland hat keine nennenswerten Phosphatvorkommen und führt seinen Bedarf überwiegend aus diesen Ländern ein.

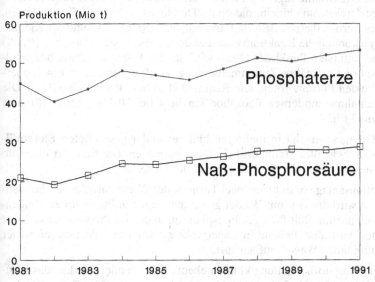

Abb. 10.18   Weltproduktion von Phosphaterzen und Naßphosphorsäure (in Mio. t P_2O_5)

10.4.2 Elementarer Phosphor

Phosphor existiert in verschiedenen Modifikationen. Die kommerziell bedeutsamste Form ist der weiße Phosphor, aus dem sich der rote Phosphor durch Erhitzen auf 350 °C herstellen läßt.

Der **weiße Phosphor** wird durch elektrothermische Reduktion von Apatit mit Kohle in Gegenwart von Kies (Siliciumdioxid) erzeugt (vgl. Kap. 3.2.3). Die eigentliche Reduktion erfolgt durch intermediär gebildetes Kohlenmonoxid:

$$Ca_3(PO_4)_2 + 5\ CO \longrightarrow 3\ CaO + 5\ CO_2 + \tfrac{1}{2}\ P_4 \tag{10.49}$$

$$5\ CO_2 + 5\ C \longrightarrow 10\ CO \tag{10.50}$$

$$Ca_3(PO_4)_2 + 5\ C \longrightarrow 3\ CaO + 5\ CO + \tfrac{1}{2}\ P_4 \tag{10.51}$$

Das zugesetzte Siliciumdioxid dient dazu, das entstehende Calciumoxid in eine niedrigschmelzende Schlacke zu überführen:

$$CaO + SiO_2 \longrightarrow CaSiO_3 \tag{10.52}$$

Diese Schlacke bindet auch die meisten im Erz vorhandenen Nebenbestandteile sowie einen Teil des Fluorids.

Eine moderne Phosphorfabrik besteht aus drei wesentlichen Komponenten:
- dem elektrothermischen Reaktor,
- dem Elektrofiltersystem zur Gasreinigung und
- der Phosphorkondensationsanlage.

Der **elektrothermische Reaktor** wird rund oder dreieckig (mit abgerundeten Ecken) aufgebaut. Die Ausmauerung erfolgt im unteren Bereich mit Kohleblöcken, im oberen Bereich mit Schamottesteinen. In die Ofenwanne ragen von oben meist drei Kohleelektroden (Stromversorgung mit Dreiphasen-Drehstrom) hinein, die einen Durchmesser bis zu 1,50 m besitzen. Über Beschickungsrohre werden das pelletisierte Phosphat, der körnige Koks und der Kies zugeführt. Über Gasabzüge können die Reaktionsgase und der dampfförmige Phosphor (P_4, P_2) den Ofen verlassen. Am untersten Punkt des Ofens wird der aus Eisen und Phosphor gebildete flüssige *Ferrophosphor* (ungefähre Zusammensetzung: Fe_2P) abgestochen; etwas oberhalb verläßt die Schlacke den Phosphorofen. Die Reaktion läuft bei 1400 bis 1500 °C ab. Die elektrische Leistungsaufnahme moderner Phosphoröfen liegt bei 50 bis 70 MW für eine Phosphorproduktion von 5 t/h.

Die Entstaubung der Ofengase erfolgt in mehreren hintereinander geschalteten **Elektrofiltern**. Dabei werden bis zu 99% aller Staubpartikel niedergeschlagen. Da die Filter oberhalb von 280 °C betrieben werden, verbleibt der Phosphor in der Gasphase.

Die **Phosphorkondensationsanlage** besteht aus zwei Türmen, der Warm- und der Kaltkondensation. In beiden Türmen wird das Gas mit Wasser gewaschen, um den Phosphor zu kondensieren. In der Warmkondensation fällt flüssiger Phosphor an, in der Kaltkondensation fester Phosphor. Der Phosphor wird anschließend in Lagertanks gepumpt und dort wegen seiner leichten Selbstentzündung unter Wasser aufbewahrt.

Die *Nebenprodukte* der Phosphorherstellung können ebenfalls verwendet werden: das Restgas enthält bis zu 90% CO und 8% H_2 und wird als Energieträger genutzt. Der Ferrophosphor ist in der Metallurgie einsetzbar, die Calciumsilicatschlacke im Straßenbau.

Der weiße Phosphor kann bei 350 °C in einer exothermen Reaktion in **roten Phosphor** überführt werden. Diese Reaktion erfolgt meist halbkontinuierlich in Kugelmühlen mit bis zu 5 m³ Inhalt. Nach einer Abkühlphase wird Wasser in die Mühle gefüllt und der rote Phosphor zu einer feinen Suspension vermahlen.

10.4.3 Phosphorsäure und Phosphate

Die Phosphorsäure (phosphoric acid) wird nach zwei Methoden hergestellt: Durch das Verbrennen von elementarem Phosphor *(thermische Phosphorsäure)* und durch den Aufschluß von Apatit mit Schwefelsäure *(Naßphosphorsäure)*. Ein Vergleich des Energieaufwandes beider Verfahren wurde in Kap. 3.2.3 aufgestellt. Wegen des hohen Energiebedarfs bei der Herstellung des Phosphors geht der Anteil der thermischen Phosphorsäure stetig zurück.

Thermische Phosphorsäure entsteht in einer stark exothermen Reaktion beim Verbrennen von weißem Phosphor mit Luft und anschließender Absorption und gleichzeitiger Reaktion des gebildeten Phosphorpentoxids mit Wasser:

$$P_4 \;+\; 5\,O_2 \longrightarrow P_4O_{10} \qquad\qquad \Delta H_R = -3050 \text{ kJ/mol} \qquad (10.53)$$

$$P_4O_{10} + 6\,H_2O \longrightarrow 4\,H_3PO_4 \qquad\qquad \Delta H_R = -\,378 \text{ kJ/mol} \qquad (10.54)$$

Nach der technischen Durchführung unterscheidet man zwischen dem IG-Verfahren und dem Verfahren der TVA (Tennessee Valley Authority). Beim IG-Verfahren verlaufen Phosphorverbrennung und die Absorption des Phosphorpentoxids in einem Turm, und man erhält die Orthophosphorsäure (H_3PO_4) mit einer Konzentration von 75–85% (= 54,5–61,5% P_2O_5). Beim TVA-Verfahren verlaufen die beiden Reaktionsschritte in getrennten Einheiten; das Produkt ist eine Polyphosphorsäure mit 69 bis 84% P_2O_5. Unabhängig von der technischen Durchführung ist die thermische Phosphorsäure sehr rein und kann deshalb auch im Lebensmittelbereich eingesetzt werden.

Naßphosphorsäure wird durch den Aufschluß von Apatit mit Schwefelsäure gewonnen:

$$Ca_3(PO_4)_2 + 3\ H_2SO_4 \longrightarrow 3\ CaSO_4 + 2\ H_3PO_4 \tag{10.55}$$

Je nach Verfahrensbedingungen fällt das Calciumsulfat als Dihydrat oder als Halbhydrat (Hemihydrat) an.

Beim **Dihydratverfahren** arbeitet man bei Aufschlußtemperaturen um 80 °C und erreicht Phosphorsäurekonzentrationen von 28 bis 32% P_2O_5. Die Temperatur wird durch eine Vakuumverdampfungskühlung aufrecht erhalten. Durch exaktes Einhalten der Reaktionsbedingungen wird ein gleichmäßiges Wachstum der Dihydratkristalle erreicht und dadurch eine effiziente Abfiltration ermöglicht. Das abfiltrierte Dihydrat (Gips) kann nicht in der Bauindustrie verwendet werden, sondern wird deponiert. Moderne Dihydratanlagen erreichen P_2O_5-Ausbeuten von ca. 95%. In den heutigen Großanlagen werden Leistungen von mehr als 1000 t/d erzielt.

Bei dem **Hemihydratverfahren** wurden von verschiedenen Firmen unterschiedliche Varianten entwickelt. Beim Verfahren der Firma Fisons werden in einer ersten Stufe das Halbhydrat und die Phosphorsäure gebildet. Nach Abfiltrieren der Phosphorsäure wird das Halbhydrat in ein Dihydrat überführt, das in der Bauindustrie verwendet werden kann. Vorteilhaft ist, daß Phosphorsäurekonzentrationen im Bereich von 40 bis 54% P_2O_5 eingestellt werden können, wie sie für die Herstellung von Phosphatdüngemitteln (Triplesuperphosphat und Ammoniumphosphat, vgl. Kap. 11.1.3) erforderlich sind.

Je nach Verwendungszweck der Naßphosphorsäure muß nach dem Aufschluß noch eine *Konzentrierung* erfolgen. Dazu stehen verschiedene apparative Möglichkeiten zur Verfügung:

- Vakuumeindampfung im Umlaufverdampfer,
- Vakuumeindampfung im Fallfilmverdampfer,
- Eindampfung durch Verdüsung in Sprühtürmen und
- Eindampfung mit Tauchbrennern.

Die Konzentrierung ist wegen der Korrosivität der Säure und der Abgase und wegen der Bildung von Ablagerungen technisch sehr aufwendig und verbraucht beachtliche Energiemengen.

Bei Verwendung außerhalb der Düngemittelindustrie folgt als weiterer wichtiger Verfahrensschritt die **Reinigung** der Naßphosphorsäure. Hierzu gibt es zwei Möglichkeiten:

- mehrstufige Fällung zur Abtrennung der Schwermetalle Kupfer und Arsen als Sulfide und des Sulfats als Bariumsulfat,
- Gegenstromextraktion der Phosphorsäure mit Extraktionsmitteln wie *n*-Butanol, Tri-*n*-butylphosphat oder Diisopropylether. In der organischen Extraktphase reichert sich die Phosphorsäure an, die Verunreinigungen bleiben in der wäßrigen Phase zurück.

Mit der Extraktion lassen sich Reinsäuren bis zu „Lebensmittelqualität" erhalten. Die verbleibende Restsäure kann zur Düngemittelherstellung verwendet werden.

Die *Weltproduktion* an Phosphorsäure betrug 1991 26,6 Mio. t (gerechnet als P_2O_5). Wie Abb. 10.18 zeigt, wird der überwiegende Anteil als Naßphosphorsäure produziert; der Anteil der thermischen Phosphorsäure nimmt immer weiter ab. Wichtige Erzeugerländer sind die USA, Rußland und Westeuropa.

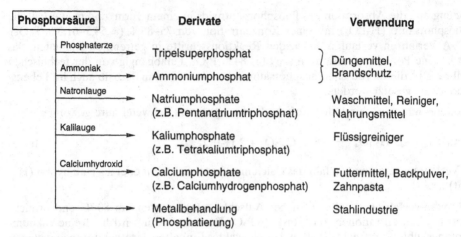

Abb. 10.19 Verwendung der Phosphorsäure

Die *Verwendung* der Phosphorsäure und der Phosphate ist in Abb. 10.19 zusammengefaßt. Das wichtigste Anwendungsgebiet ist mit Abstand die Verwendung als Düngemittelphosphate (vgl. Kap. 11.1.3). Ein weiterer großer Anwendungsbereich waren lange Zeit die Waschmittelphosphate, deren Bedeutung aber stark nachgelassen hat (vgl. Kap. 9.2.7). Weitere wichtige Gebiete sind die Herstellung von Brandschutzmitteln, Flüssigreinigern und Futtermitteln.

10.4.4 Weitere Phosphorderivate

Die Synthese von **Phosphorpentoxid** (P_2O_5 bzw. P_4O_{10}) wurde schon bei der Herstellung der thermischen Phosphorsäure behandelt (Gl. 10.53). Der größte Teil wird zur Säure hydrolysiert; der Rest wird als Trocknungsmittel oder zur Wasserabspaltung in der organischen Synthese genutzt.

Die Herstellung von **Phosphorpentasulfid** erfolgt durch eine exotherme Umsetzung der beiden flüssigen Elemente bei Temperaturen oberhalb von 300 °C:

$$4\,P + 10\,S \longrightarrow P_4S_{10} \tag{10.56}$$

Die Weltkapazität von P_4S_{10} liegt bei ca. 0,2 Mio. t pro Jahr. Das Pentasulfid wird zur Herstellung von Schmiermitteln, Öladditiven, Flotationshilfsmitteln und Insektiziden verwendet.

Bei den **Phosphorhalogeniden** besitzen des Trichlorid und das Pentachlorid die größte Bedeutung:

$$2\,P + 3\,Cl_2 \longrightarrow 2\,PCl_3 \tag{10.57}$$

$$PCl_3 + Cl_2 \longrightarrow PCl_5 \tag{10.58}$$

Phosphortrichlorid ist ein wichtiger Ausgangsstoff für zahlreiche weitere Phosphorverbindungen, z. B. für Phosphoroxichlorid, Phosphorsulfochlorid sowie Phosphonsäure (phosphorige Säure):

$$2\,PCl_3 + O_2 \longrightarrow 2\,POCl_3 \tag{10.59}$$

$$PCl_3 + S \longrightarrow PSCl_3 \tag{10.60}$$

$$PCl_3 + 3\ H_2O \longrightarrow H_3PO_3 + 3\ HCl \tag{10.61}$$

Abb. 10.20 gibt einen Überblick über die wichtigsten Phosphorverbindungen.

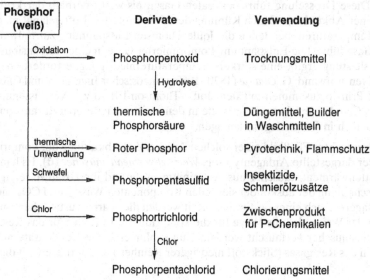

Abb. 10.20   Verwendung des Phosphors

10.5 Technische Gase

Als technische Gase bezeichnet man die Produkte der Luftzerlegung (Sauerstoff, Stickstoff, Edelgase) sowie weitere Gase, wie Wasserstoff, Kohlenmonoxid und Kohlendioxid, die in größerer Menge auch außerhalb der chemischen Industrie verwendet werden. Von diesen Gasen wurden der Wasserstoff und das Kohlenmonoxid in Kap. 3.2.1 behandelt.

10.5.1 Sauerstoff und Stickstoff

Hauptbestandteile der Luft sind Stickstoff und Sauerstoff (vgl. Tab. 10.6). Ihre Gewinnung durch Luftzerlegung erfolgt durch Tieftemperaturrektifikation oder Adsorption.

Tab. 10.6   Zusammensetzung trockener Luft

Komponenten	Vol.-%	Sdp. (°C)
Stickstoff	78,10	−195,8
Sauerstoff	20,93	−183,0
Argon	0,93	−185,9
Neon	$1,8 \cdot 10^{-3}$	−246,1
Helium	$5,0 \cdot 10^{-4}$	−268,9
Krypton	$1,0 \cdot 10^{-4}$	−153,2
Xenon	$0,1 \cdot 10^{-4}$	−108,0
Kohlendioxid	0,03–0,04	− 78,5*

* Sublimationstemperatur

Überwiegend verwendet man die **Tieftemperaturrektifikation**. Sie geht zurück auf Carl von *Linde* (1842–1934, Gründer der Fa. Linde). Ihm gelang 1895 die Luftverflüssigung in einer technischen Anlage und 1905 die destillative Trennung flüssiger Luft in Sauerstoff und Stickstoff. Zur Abkühlung der Luft benutzte er den *Joule-Thomson-Effekt*, d. h. die Entspannung komprimierter Gase auf einen niedrigeren Druck durch eine Düse oder ein Drosselventil ohne Arbeitsleistung. Diese Drosselung führt bei realen Gasen bis weit oberhalb der kritischen Temperatur zu einer Abkühlung. Durch Kühlung der komprimierten Luft gelangt man zu hinreichend tiefen Temperaturen, bei denen die Joule-Thomson-Entspannung zur teilweisen Verflüssigung der Gase führt. Die Entspannung komprimierter Gase in einer Expansionsmaschine unter Arbeitsleistung ergibt eine stärkere Temperaturerniedrigung, erfordert aber einen höheren apparativen Aufwand. G. *Claude* (1870–1960, französischer Ingenieur und Chemiker) benutzte dieses Prinzip zusammen mit dem Joule-Thomson-Effekt zur Verflüssigung von Luft (1902). Dieses Claude-Verfahren dient heute in den meisten Tieftemperaturanlagen zur Kälteerzeugung, so auch in Luftzerlegungsanlagen.

Abb. 10.21 zeigt ein vereinfachtes Fließbild einer solchen Anlage. Zur Abkühlung der komprimierten Luft benutzt der dargestellte Anlagentyp sog. *Wechselwärmeaustauscher* (**d**). Es handelt sich dabei um Plattenwärmeaustauscher aus Aluminium. Aufgrund ihrer Bauweise eignen sie sich gut zur Abscheidung der auskondensierenden Komponenten Wasser und CO_2, die sich auf den Platten ablagern. Nach einer bestimmten Zeit werden die Wärmeaustauscher umgeschaltet, und zwar in der Weise, daß die Wege für die komprimierte Luft und für das Restgas durch den Wärmeaustauscher vertauscht werden. Nun sublimieren die Kondensate auf den Platten in den Strom des Restgases (Stickstoff niedrigerer Reinheit) und verlassen mit diesem wieder die Anlage.

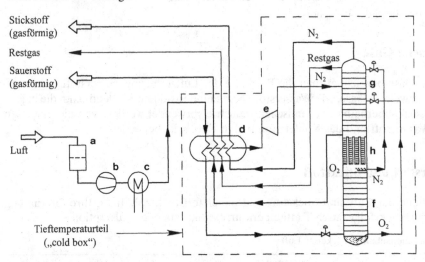

Abb. 10.21 Luftzerlegung durch Tieftemperatur-Rektifikation mit dem Zweisäulenverfahren (Verfahrensfließbild). **a** Filter, **b** Kompressor, **c** Kühler, **d** Wechselwärmeaustauscher (reversing heat exchanger), **e** Expansionsturbine, **f** Mitteldruckkolonne, **g** Niederdruckkolonne, **h** Kondensator

Die Abscheidung auskondensierbarer Komponenten aus dem Luftstrom muß auf jeden Fall vor Eintritt in den Rektifikationsteil erfolgen, damit es in den Trennkolonnen nicht zu Verstopfungen kommt. Eine andere Möglichkeit zur Entfernung von Wasser und Kohlendioxid aus der komprimierten Luft ist die Adsorption an Molekularsieben. Beim Einsatz dieser Trennmethode erfolgt der Reinigungsschritt vor dem Eintritt der Luft in den Tieftemperaturteil („cold box", in Abb. 10.21 gestrichelt umrandet). Für die *Molekularsiebadsorption* werden zwei Festbettadsorber parallel geschaltet, von denen jeweils einer von der zu reinigenden Frischluft und der andere zwecks Regeneration vom Restgas durchströmt wird. Wenn die Kapazität des ersten Adsorbers erschöpft ist, also wenn er beladen ist, wird umgeschaltet.

Die Rektifikation der Luft erfolgt mit dem sog. *Zweisäulenverfahren*, d. h. in zwei übereinander angeordneten Rektifiziersäulen. Dabei ist der Kondensator der unteren Mitteldruckkolonne (**f**) der Verdampfer für die obere Niederdruckkolonne (**g**). Die Kondensation des Rücklaufs am Kopf (**h**) der Mitteldruckkolonne liefert also die Energie für den Verdampfer der Niederdruckkolonne. Mit dem Zweidruckverfahren wird Energie gespart, da für den Rücklauf der unteren Kolonne keine Kompressionsarbeit aufgebracht werden muß. Damit die Temperaturdifferenz für den Wärmetransport zwischen Kondensator und Verdampfer genügend groß ist ($\Delta T = 2\text{--}3$ K), müssen sich die Drücke in den beiden Säulen hinreichend stark unterscheiden. In der Mitteldruckkolonne beträgt der Druck mindestens 6 bar (0,6 MPa); in der Niederdruckkolonne liegt er bei 1,3 bis 1,5 bar (0,13–0,15 MPa), d. h. soweit über Atmosphärendruck, daß die Produktströme den Reibungsdruckverlust bis zur Anlagengrenze überwinden können.

Der Zweisäulenluftzerleger wird folgendermaßen betrieben. Die Hauptmenge (ca. 85 %) der komprimierten Luft wird nach Tiefkühlung im Wechselwärmeaustauscher **d** in die Mitteldruckkolonne **f** eingespeist. Das Sumpfprodukt dieser Kolonne – auf 40 % angereicherter Sauerstoff – wird der Niederdruckkolonne **g** in der Mitte zugeführt, das Kopfprodukt – reiner flüssiger Stickstoff – als Rücklauf am Kopf. Zur Kälteerzeugung wird ein Teilstrom (ca. 15 %) der komprimierten Luft nach Vorkühlung im Wechselwärmeaustauscher in der Expansionsturbine **e** entspannt und in die Niederdruckkolonne geleitet. Dort werden Reinsauerstoff und Reinstickstoff als Sumpf- bzw. Kopfprodukt gasförmig entnommen, ferner Stickstoff niederer Reinheit, der im Wechselstromwärmeaustauscher die aus der Frischluft auskondensierten Verunreinigungen aufnimmt und als Restgas die Anlage verläßt (s.o.). Falls größere Mengen an flüssigem Sauerstoff und Stickstoff produziert werden sollen, kann der erhöhte Kältebedarf entweder über einen höheren Durchsatz durch die Expansionsturbine gedeckt werden oder dadurch, daß die Frischluft auf einen höheren Druck komprimiert wird, der dann durch Joule-Thomson-Entspannung beim Einspeisen in die Mitteldruckkolonne zur Kühlung genutzt wird.

Als weiteres Verfahren zur Luftzerlegung wird seit den 70er Jahren die **Druckwechseladsorption** benutzt, die auch für andere Gase als Trenn- oder Reinigungsverfahren eingesetzt wird, z. B. für die Reinigung von Wasserstoff (vgl. Kap. 3.2.1, wo auch das Verfahrensprinzip beschrieben ist). Als Adsorbentien verwendet man für die Trennung von Stickstoff und Sauerstoff Zeolithe und Kohlenstoffmolekularsiebe, d. h. spezielle Kokse. Bei den *zeolithischen Molekularsieben* beruht der Trenneffekt auf dem Adsorptionsgleichgewicht; die Gleichgewichtsbeladung geeigneter Zeolithe mit Stickstoff ist um ein Mehrfaches höher als mit Sauerstoff. Bei *Kohlenstoffmolekularsieben* sind dagegen unterschiedliche Adsorptionsgeschwindigkeiten für den Trenneffekt maßgebend; Sauerstoff wird nämlich von Molekularsiebkoksen mit günstigen Porendurchmessern wesentlich schneller adsorbiert als Stickstoff. Deshalb eignen sich zeolithische Molekularsiebe mehr für die Gewinnung von Sauerstoff und Molekularsiebkokse eher für die Gewinnung von Stickstoff. Die mit dem Verfahren erzielten Reinheiten betragen für Sauerstoff bis 95 Vol.-% und für Stickstoff bis 99 Vol.-%.

Im Vergleich zur Tieftemperatur-Rektifikation ist die Druckwechseladsorption für kleine Produktionskapazitäten wirtschaftlich, wenn keine hohe Forderungen an die Produktreinheiten gestellt werden. Ein Vorteil der Druckwechseladsorption ist der relativ niedrige Bedienungsaufwand.

Verwendung. Sowohl Sauerstoff als auch Stickstoff werden in beträchtlichem Umfang außerhalb der chemischen Industrie verwendet. *Sauerstoff* wird außer für chemische Prozesse (z. B. Synthesegas durch Vergasung von Kohle oder Kohlenwasserstoffen, Ethylenoxid durch Ethylenoxidation, Oxychlorierung von Ethylen) auch in großen Mengen zur Erzeugung von Roheisen und Stahl benötigt; in Deutschland werden dafür ca. $^3/_4$ der Produktion an Sauerstoff verbraucht. Weiterhin wird Sauerstoff in erheblichen Mengen in der Schweißtechnik verwendet. Erwähnt sei außerdem der zunehmende Verbrauch von Sauerstoff in der Cellulose- und Papierindustrie zur Bleichung anstelle von Chlor.

Stickstoff dient aufgrund seiner Reaktionsträgheit zur Inertisierung brennbarer Gasgemische und Stäube auch außerhalb der chemischen Industrie. Man versteht darunter das Zumischen von Stickstoff, um die Sauerstoffkonzentration zu unterschreiten, die zum Zünden eines Gas- oder Gas-Staub-Gemisches erforderlich ist. Bei der Lagerung von Lebensmitteln wird Stickstoff sowohl als Schutzgas als auch in verflüssigter Form zum Schockgefrieren eingesetzt. Auch in zahlreichen industriellen Fertigungsprozessen, z. B. bei der Herstellung von Halbleitern, dient Stickstoff als Schutzgas oder als Flüssigstickstoff zum Tiefkühlen von Materialien, um deren Verarbeitungseigenschaften (z. B. Härte, Zähigkeit) zu verändern.

10.5.2 Edelgase

Als Bestandteile der atmosphärischen Luft (vgl. Tab. 10.6) reichern sich die Edelgase (noble gases, rare gases) bei der Luftzerlegung durch Tieftemperaturrektifikation je nach ihrer Flüchtigkeit in bestimmten Fraktionen an, aus denen sie durch anschließende Trennoperationen gewonnen werden können.

Für **Argon** mit einem Siedepunkt zwischen Stickstoff und Sauerstoff ergeben sich in der Zweisäulenrektifikation (vgl. Abb. 10.21) die höchsten Konzentrationen in der Niederdruckkolonne unterhalb der Einspeisestelle für das Sumpfprodukt aus der Mitteldruckkolonne mit Werten bis zu 10 Mol.-%. Zur Argongewinnung wird an dieser Stelle der Niederdruckkolonne ein Teilstrom entnommen und einer Seitenkolonne zugeführt, die als Kopfprodukt ein ca. 95%iges Rohargon liefert. Da für die meisten Verwendungszwecke (vor allem als Schutzgas) sehr reines Argon benötigt wird, müssen die im Rohargon enthaltenen Verunreinigungen (O_2, N_2) in weiteren Reinigungsschritten entfernt werden. Für die Abtrennung des restlichen Sauerstoffs ist wegen des niedrigen Siedepunktunterschiedes von 3 K die Rektifikation wenig geeignet. Man läßt daher den Sauerstoff katalytisch mit Wasserstoff zu Wasser reagieren, das sich dann leicht durch Kondensation und Adsorption abtrennen läßt. Zur anschließenden Entfernung des überschüssigen Wasserstoffs und des Stickstoffs wird das Argon verflüssigt und rektifiziert. Man erhält so hochreines Argon, z. B. 99,96%iges Argon als Schutzgas für die Schweißtechnik (u. a. zum Lichtbogenschweißen).

Eine andere Quelle für die Gewinnung von Argon ist das Kreislaufgas der Ammoniaksynthese, aus dem laufend ein kleiner Teil als *Purgegas* ausgeschleust wird, um zu verhindern, daß die nicht reagierenden Verunreinigungen – neben Methan die Edelgase – zu stark angereichert werden (vgl. Kap. 10.2.1). Zur Aufarbeitung wird das Purgegas (50–60% H_2, N_2, CH_4, ca. 5% Ar) tiefgekühlt. Aus dem Kondensat erhält man durch Tieftemperaturrektifikation reines Argon sowie Methan und Stickstoff; der nicht kondensierte Wasserstoff wird in die Ammoniaksynthese zurückgeführt.

Neon und **Helium** reichern sich bei der Tieftemperaturrektifikation von Luft am Kopf der Mitteldruckkolonne im Kondensator gasförmig an, da sie wegen ihrer hohen Flüchtigkeit nicht kondensieren. Damit sich die Leistung des Kondensators nicht verringert, wird dieses Gas abgezogen. Es enthält neben dem Hauptbestandteil Stickstoff etwa 3% Neon und Helium im Verhältnis von ca. 3:1. Daraus können auf verschiedenen Wegen (Kombinationen von Partialkondensation, Rektifikation und Adsorption) Neon und Helium gewonnen werden. Reines Neon dient zur Füllung von Leuchtröhren.

Krypton und Xenon werden ebenfalls in der Beleuchtungstechnik verwendet, und zwar als Füllgase für Glühlampen. In der Luftzerlegung reichern sie sich in der Verdampferflüssigkeit der Niederdruckkolonne auf ca. 50 ppm an. Sie können daraus in mehreren Aufkonzentrierungs- und Trennschritten in reiner Form gewonnen werden. Krypton und Xenon lassen sich auch bei der Verarbeitung des Purgegases aus der Ammoniaksynthese gewinnen, und zwar aus der dabei anfallenden Methanfraktion.

Helium wird fast ausschließlich aus Erdgas gewonnen. Erdgas weist je nach Lagerstätte ganz unterschiedliche Gehalte an Helium auf. Während in einzelnen Erdgasen Helium nicht einmal spektroskopisch nachweisbar ist, liegen bei einigen Erdgasvorkommen in den USA und Kanada die Heliumgehalte bei 1 Vol.-% (vgl. Tab. 7.3). Als wirtschaftlich lohnend wird eine Heliumgewinnung ab Gehalten von 0,05% betrachtet. Sie erfolgt innerhalb der Erdgasaufbereitung durch Tieftemperatur-Rektifikation (vgl. Kap. 7.1.7). Helium hat wegen seiner besonderen physikalischen Eigenschaften vielerlei Anwendungen gefunden, z. B. in verflüssigter Form zur Erzeugung tiefster Temperaturen und als Kühlmittel für Supraleiter. Gasförmiges Helium dient zur Substitution von Stickstoff in Atemgasgemischen für das Tieftauchen und in der Medizin zur Atmungserleichterung. Ferner wird es im Laboratorium für verschiedene Zwecke benutzt, z. B. als Trägergas in der Gaschromatographie.

10.5.3 Kohlendioxid

Kohlendioxid (carbon dioxide) für technische Zwecke wird überwiegend aus Prozeßgasen gewonnen, aus denen es ohnehin abgetrennt werden muß. Große Mengen an Kohlendioxid fallen bei der Herstellung von Synthesegas für die Ammoniaksynthese an, und zwar bei der Kohlenmonoxidkonvertierung (vgl. Kap. 3.2.1). Nach Absorption aus dem Prozeßgas kann das Kohlendioxid bei der Regenerierung des Lösemittels durch Desorption gewonnen und, soweit nötig, aufgereinigt werden. Für die Verwendung als Edukt für chemische Prozesse, z. B. für die Harnstoffsynthese (vgl. Kap. 10.2.3), ist das meist nicht erforderlich.

Außer für chemische Synthesen (neben der Harnstoffsynthese z. B. Carboxylierungen und die Herstellung von Carbonaten) wird Kohlendioxid in der Getränke- und Lebensmittelindustrie, als Schutzgas beim Schweißen, als Feuerlöschmittel sowie als Treibmittel für Spraydosen verwendet. In fester Form (Sublimationstemperatur −78,5 °C bei 1 bar) dient es unter der Bezeichnung Trockeneis als Kühlmittel. Überkritisches Kohlendioxid findet zunehmend Interesse als Lösemittel in Trennprozessen *(überkritische Extraktion)* und in der tertiären Erdölförderung (vgl. Kap. 7.1.3).

Literatur

Zu Kap. 10.1

1. Chemical Economics Handbook, Marketing Research Report, „Sulfuric Acid" (1992), SRI International, Menlo Park, California.
2. Osteroth, O. (1985), Soda, Teer und Schwefelsäure: Der Weg zur Großchemie, Rowohlt, Reinbeck.
3. Sander, U., U. Rothe, R. Gerken (1982), Schwefel und anorganische Schwefelverbindungen, in Winnacker-Küchler (4.), Bd. 2, S. 1–91.
4. Schulte, J., M. Hofmann (1987/88), Schwefelsäure, Teil I, Chem. Ind. (Düsseldorf) 35, S. 149–152, Teil II, 35, S. 78–84, Teil III, 36, S. 82–88.
5. Ullmann, Vol. A25 (1994), „Sulfur", pp. 507–567, „Sulfuric Acid and Sulfur", pp. 635–702, „Sulfur dioxide", pp. 569–612.
6. Wiesner, J. (1981), Umweltfreundlichere Produktionsverfahren in der chemischen Technik, in Ullmann (4.), Bd. 6, S. 155–221.

Zu Kap. 10.2

7. Chemical Economics Handbook, Marketing Research Report, „Ammonia" (1992), „Urea" (1992), SRI International, Menlo Park, California.
8. Dümmler, F. (1982), Salpetersäure, in Winnacker-Küchler (4.), Bd. 2, S. 148–167.
9. Hagenstein, K. (1989), Die Nitrat-Story: Stickstoff – ein Schlüsselelement des Lebens. Jünger, Offenbach.
10. Kirk-Othmer (4.) (1992), „Ammonia", Vol. 2, pp. 638–691.
11. Mundo, K., W. Weber (1982), Anorganische Stickstoffverbindungen, in Winnacker-Küchler (4.), Bd. 2, S. 92–203.
12. Stoltzenberg, D. (1994), Fritz Haber – Chemiker, Nobelpreisträger, Deutscher, Jude, VCH Verlagsgesellschaft mbH, Weinheim.
13. Ullmann (5.), „Ammonia", Vol. A2 (1985), pp. 143–242, „Nitric Acid, Nitrous Acid, and Nitrogen Oxides", Vol. A17 (1994), pp. 293–339.
14. Verband der Chemischen Industrie (VCI), Fonds der Chemischen Industrie (Hrsg.) (1981), „Ammoniaksynthese". Diaserie des Fonds der Chemischen Industrie, Nr. 2. Fonds Chem. Ind., Frankfurt/Main.

Zu Kap. 10.3

15. Bergner, D. (1987), Fortschritte auf dem Gebiet der Alkalichlorid-Elektrolyse, Chem.-Ing.-Tech. 59, 271–280.
16. Bergner, D. (1994), Entwicklungsstand der Alkalichlorid-Elektrolyse, Teil 1 und 2, Chem.-Ing.-Tech. 66, 783–791 und 1026–1033.
17. Fonds der Chemischen Industrie (1992), Die Chemie des Chlors und seiner Verbindungen, Folienserie, Textheft 24, Fonds Chem. Ind., Frankfurt/Main.
18. Garrett, D. E. (1992), Natural Soda Ash: Occurences, Process and Use, van Nostrand, New York.
19. Hopp, V. (1991), Chlor und seine Verbindungen – ihr Kreislauf in Natur und Technik, Chem-Ztg. 115, 341–350.
20. Hund, H., F.-R. Minz (1982), Chlor, Alkalien und anorganische Chlorverbindungen, in Winnacker-Küchler (4.), Bd. 2, S. 379–480.
21. Minz, F. R., Schneider, S. (1992), Die Technik der NaCl-Elektrolyse nach dem Membranverfahren – Aspekte zur Verfahrensumstellung bestehender Amalgam-Anlagen, Chem.-Ing.-Tech. 64, 949.
22. Reimer, G., C. Thieme (1982), Natriumchlorid und Alkalicarbonate, in Winnacker-Küchler (4.), Bd. 2, S. 481–525.
23. Schadow, E., D. Bergner, J. Russow (1991), 100 Jahre technische Alkalichlorid-Elektrolyse – Technologiewandel unter Umweltaspekten, Chem.-Ing.-Tech. 63, 668–674.
24. Schulze, J. (1989), Mengenbilanz der Chlor-Alkali-Chemie, Chem.-Ztg. 113, 207–214.
25. Staab, R., D. Bergner, W. Scheibitz (1993), Umrüstung auf Membranzellen in der Alkalichlorid-Elektrolyse vor dem Hintergrund der FCKW/CKW-Diskussion. Chem.-Ing.-Tech. 65, 1337.
26. Ullmann (5.) (1986), „Chlorine", Vol. A6, pp. 399–525.
27. Wellington, T. C. (1992), Modern Chlor-Alkali Technology, 5. Aufl., Elsevier, Essex.

Zu Kap. 10.4

28. Chemical Economics Handbook, Marketing Research Report, „Phosphate Industry Overview" (1991), „Wet-Process Phosphoric Acid" (1992), SRI International, Menlo Park, California.
29. Becker, P. (1983), Phosphates and Phosphoric Acid: Raw Materials, Technology and Econo-

mics of the Wet Process, in Fertilizer Science and Technology Series 3, Macel Dekker, New York.

30. Büchner, W., R. Schliebs, C. Winter, K. H. Büchel (1986), Phosphor und seine Verbindungen, S. 73–111, in Industrielle Anorganische Chemie, 2. Aufl., Verlag Chemie, Weinheim.

31. Corbridge. D. E. C. (1990), Phosphorus: An Outline of its Chemistry, Biochemistry and Technology, in Studies in Inorganic Chemistry 10, 4. Aufl., Elsevier, Amsterdam.

32. Harnisch, H., G. Heymer, W. Klose, K. Schröder, K. (1982), Phosphor und Phosphorverbindungen, in Winnacker-Küchler (4.), Bd. 2, S. 204–267.

33. Ullmann (4.) (1979), „Monophosphorsäure, Herstellung", Bd. 18, S. 310–319.

34. Ullmann (5.) (1991), „Phosphoric Acid and Phosphates", Vol. A19, pp. 465–503.

Zu Kap. 10.5

35. Baldus, H., K. Baumgärtner, H. Knapp, M. Streich (1983), Verflüssigung und Trennung von Gasen, in Winnacker-Küchler (4.), Bd. 3, S. 566–650.

36. Hausen, H., H. Linde (1985), Tieftemperaturtechnik. Erzeugung sehr tiefer Temperaturen, Gasverflüssigung und Zerlegung von Gasgemischen, 2. Aufl., Springer, Berlin.

37. Ullmann (4.) (1981), „Sauerstoff und Ozon", Bd. 20, S. 385–409.

38. Ullmann (5.),
„Carbon Dioxide", Vol. A5 (1986), pp. 165–183,
„Noble Gases", Vol. A17 (1991), pp. 485–539,
„Oxygen", Vol. A18 (1991), pp. 329–347.

Kapitel 11

Anorganische Massenprodukte

11.1 Düngemittel

11.1.1 Bedeutung der Düngemittel

In den Pflanzen wird über die Photosynthese aus Kohlendioxid und Wasser organische Substanz aufgebaut. Dazu nehmen die Pflanzen über ihre Wurzeln auch andere anorganische Stoffe aus dem Boden auf. Um den Ernteertrag der Kulturpflanzen zu erhöhen und eine Nährstoffverarmung landwirtschaftlich genutzter Böden zu verhindern, werden den Böden Düngemittel (engl. fertilizer) zugeführt. Zur Düngung werden schon seit langem organische Düngemittel wie Stallmist oder Pflanzenabfälle eingesetzt. Mit der im 19. Jahrhundert beginnenden Industrialisierung, dem starken Anwachsen der Bevölkerung in Mitteleuropa und der damit verbundenen starken Nachfrage nach Nahrungsmitteln war der natürliche Kreislauf der Nährstoffe durchbrochen, und eine zusätzliche Versorgung der Kulturflächen mit mineralischen Nährstoffen wurde dringend erforderlich. Umfangreiche analytische Untersuchungen, u. a. durch Justus von Liebig (1803–1873, Professor für Chemie in Gießen und München), zeigten bald, welche Elemente für das Pflanzenwachstum von besonderer Bedeutung sind. Sehr wesentlich ist die ausreichende Versorgung mit gebundenem Stickstoff, Phosphor und Kalium, den sog. Makronährstoffen. Daneben werden, zum Teil nur in Spuren, weitere Elemente benötigt, insbesondere Schwefel, Calcium, Magnesium, Eisen, Kupfer, Mangan, Zink, Cobalt und Bor. Man begann deshalb, Mineralien aus natürlichen Lagerstätten als Düngemittel einzusetzen. Seit etwa 1830 wird Nitratstickstoff aus den Salpeterlagern Chiles *(Chilesalpeter)* als Dünger verwendet, seit 1850 Phosphor in Form des *Superphosphats* dem Boden zugesetzt, und seit 1860 werden Kalisalze als Mineraldünger benutzt. Ende des 19. Jahrhunderts kamen Thomasmehl und das Ammonsulfat aus den Kokereien als synthetische Mineraldünger hinzu. Zu Beginn des 20. Jahrhunderts wurden mit den Synthesen des Kalkstickstoffs (Calciumcyanamid $CaCN_2$, vgl. Kap. 7.2.4) und insbesondere des Ammoniaks (vgl. Kap. 10.2) wesentliche Fortschritte bei der Düngemittelproduktion erzielt.

Heute unterscheidet man zwischen den Einnährstoffdüngern, die jeweils einen der Makronährstoffe als Hauptkomponente enthalten, und den Mehrnährstoffdüngern, die meist durch Mischen hergestellt werden *(Mischdünger)*. Zur Charakterisierung der Dünger wird ihr Stickstoffgehalt als % N, ihr Phosphorgehalt als % P_2O_5 und ihr Kaliumgehalt als % K_2O angegeben. Eine Übersicht über die wichtigsten Düngemittel befindet sich in Abb. 11.1, die in den folgenden Abschnitten näher erläutert wird.

11.1.2 Stickstoffdüngemittel

Die Stickstoffdünger (nitrogen fertilizer) enthalten den Stickstoff entweder in ammoniakalischer Form (Ammoniak, Ammoniumsalze), in Nitratform oder als Amid (Kalkstickstoff, Harnstoff).

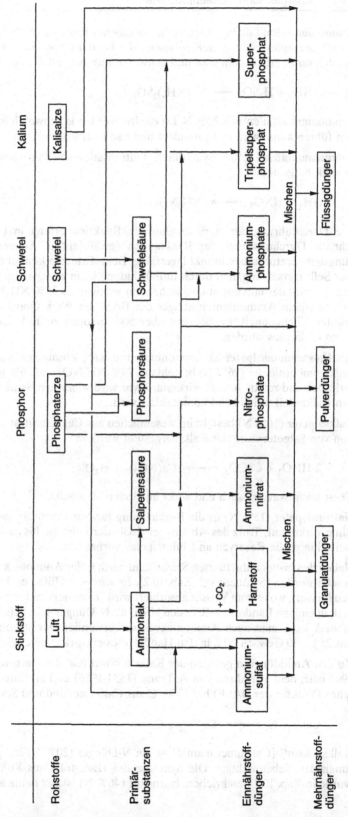

Abb. 11.1 Übersicht über die wichtigsten Düngemittel

Ammoniumsulfat fällt bei einer Reihe chemischer Prozesse als Nebenprodukt an, z. B. bei der Rauchgasentschwefelung, in Kokereien oder bei der Caprolactamherstellung. Daneben kann es auch direkt aus Ammoniak und Schwefelsäure hergestellt werden:

$$2\ NH_3 + H_2SO_4 \longrightarrow (NH_4)_2SO_4 \tag{11.1}$$

Ammoniumsulfat enthält 20% N. Da die frei werdende Schwefelsäure zum Versauern der Böden führen kann, wird es heute nicht mehr so häufig verwendet.

Ammoniumnitrat (32% N) wird durch Neutralisation von Salpetersäure mit gasförmigem Ammoniak hergestellt:

$$NH_3 + HNO_3 \longrightarrow NH_4NO_3 \qquad\qquad \Delta H_R = -146\ kJ \tag{11.2}$$

Die Durchführung der stark exothermen Reaktion erfolgt in Umlaufreaktoren, die eine schnelle Durchmischung der Reaktanden gewährleisten. Ammoniumnitrat ist bei Umgebungstemperatur unbeschränkt lagerfähig. Beim Erhitzen kommt es jedoch zu stark exothermer Selbstzersetzung, und durch Initialzündung kann es sogar zur Detonation gebracht werden. Es wird deshalb nur in Gemischen mit weniger als 35% NH_4NO_3 eingesetzt. Die Explosion in einem Ammoniumnitratlager der BASF im Werk Oppau führte 1921 zu einem der größten Chemieunglücke, bei dem über 500 Personen zu Tode kamen und über 7000 Menschen obdachlos wurden.

Als **Kalkammonsalpeter** ist Ammoniumnitrat nach Zusatz von Kalk ungefährlich. Typischer Kalkammonsalpeter (26% N) besteht aus 74% NH_4NO_3 und 26% Kalk. Der N-Anteil ist wasserlöslich und relativ schnell wirksam. Zwar wird wiederum Säure freigesetzt, die aber durch den Kalkanteil weitgehend kompensiert wird.

Kalksalpeter (16% N) besteht im wesentlichen aus Calciumnitrat und kann durch Neutralisation von Salpetersäure mit Kalk hergestellt werden:

$$2\ HNO_3 + CaCO_3 \longrightarrow Ca(NO_3)_2 + H_2O \tag{11.3}$$

Er ist leicht wasserlöslich und wirkt im Boden alkalisch.

Natronsalpeter (15% N) ist die Bezeichnung für Natriumnitrat, das in natürlichen Lagern in Chile vorkommt. Trotz des Abbaus seit 1830, der teilweise bis zu 2,5 Mio. jato erreichte, sind weiterhin große Reserven an Chilesalpeter vorhanden.

Neben den bisher aufgeführten Salzen kann auch freier **Ammoniak** (82% N) zur Düngung eingesetzt werden (Synthese vgl. Kap. 10.2). Es wird mit Hilfe von Injektionsröhren in den Boden injiziert, wo es vom Wasser absorbiert wird. Trotz der erschwerten Anwendung ist Ammoniak in einigen Ländern, z. B. in den USA, als N-Dünger sehr beliebt. Statt gasförmigem Ammoniak kann man auch Ammoniakwasser verwenden. Meist kommen Ammoniaklösungen mit 25 bis 40 Gew.-% NH_3 in den Handel; dies entspricht einem Mindest-N-Gehalt von 10%.

Zu den Amiddüngern gehören der Kalkstickstoff und der Harnstoff. **Kalkstickstoff** wird seit 1905 nach dem Verfahren von A. Frank (1834-1916) und H. Caro (1834–1910, erster technischer Direktor der BASF) bei 1000 °C aus Calciumcarbid und Stickstoff hergestellt:

$$CaC_2 + N_2 \longrightarrow CaCN_2 + C \tag{11.4}$$

Kalkstickstoff (Calciumcyanamid) ist ein N-Dünger (20% N) mit gleichzeitig herbizider und fungizider Nebenwirkung. Die Synthese des **Harnstoffs** aus Kohlendioxid und Ammoniak wurde in Kap. 10.2 beschrieben. Harnstoff (46% N) ist der heute am einfachsten zugängliche feste N-Dünger und ist universell anwendbar. Seine Wirkung im Boden erfolgt wegen der erforderlichen Umsetzung zu Ammoniak nur langsam *(Langzeitdünger)*.

11.1.3 Phosphordüngemittel

Ausgangsrohstoff für die Phosphordünger (phosphate fertilizer) sind überwiegend die Rohphosphate, die sich in Nordafrika (Marokko, Tunesien, Algerien), den USA und der ehemaligen UdSSR befinden. Die Weltvorräte liegen in der Größenordnung von 50 Mrd. t Rohphosphate. Wichtige Rohphosphate sind die Apatiterze, die im wesentlichen aus Tricalciumphosphat $Ca_3(PO_4)_2$ bestehen. Je nach Lagerstätte enthalten die Apatite auch noch Anteile von Calciumhydroxid, -carbonat und -fluorid.

Die Herstellung der löslichen P-Dünger aus den unlöslichen Phosphaterzen erfolgt durch Aufschlußverfahren. Bei der Umsetzung des Apatits mit Schwefelsäure entsteht Calciumdihydrogenphosphat sowie als Koppelprodukt das Anhydrit (= wasserfreier Gips). Aus dem Fluoranteil im Apatit bildet sich Fluorwasserstoff. Dieser reagiert zum Teil zu Calciumfluorid (CaF_2), z. T. mit dem im Rohphosphat enthaltenen Silicat und SiO_2 zu dem gasförmigen Siliciumtetrafluorid (SiF_4), das sich in der Abgaswäsche mit Wasser in Hexafluorokieselsäure (H_2SiF_6) und SiO_2 umsetzt. Das Aufschlußprodukt wird als **Superphosphat** (18% P_2O_5) bezeichnet:

$$2 \ Ca_5[(PO_4)_3(F)] + 7 \ H_2SO_4 \longrightarrow 3 \ Ca(H_2PO_4)_2 + 7 \ CaSO_4 + 2 \ HF \tag{11.5}$$

Erfolgt der Aufschluß des Phosphaterzes mit 52 bis 54%iger Phosphorsäure, entsteht das **Triplesuperphosphat**. Es enthält etwa 75% Dihydrogenphosphat und hat deshalb den hohen P_2O_5-Gehalt von ca. 47%:

$$2 \ Ca_5[(PO_4)_3(F)] + 14 \ H_3PO_4 \longrightarrow 10 \ Ca(H_2PO_4)_2 + 2 \ HF \tag{11.6}$$

Als P-Dünger werden auch die **Ammoniumphosphate** eingesetzt, speziell das Monoammoniumphosphat (MAP) $NH_4H_2PO_4$ und das Diammoniumphosphat (DAP) $(NH_4)_2HPO_4$. Das Triammoniumphosphat ist wegen seines hohen Ammoniakdampfdrucks kein technisches Produkt. Die Herstellung von MAP und DAP erfolgt durch Einleiten von Ammoniakgas in Naßphosphorsäure. Die so hergestellten Ammoniumphosphate sind durch andere Salze verunreinigt. MAP enthält 11 bis 13% N und 48 bis 53% P_2O_5; DAP enthält 16 bis 18% N und 46 bis 48% P_2O_5.

Auch der Aufschluß der Phosphaterze mit Salpetersäure wird großtechnisch durchgeführt und führt zu den **Nitrophosphaten**:

$$2 \ Ca_5[(PO_4)_3(F)] + 14 \ HNO_3 \longrightarrow 3 \ Ca(H_2PO_4)_2 + 7 \ Ca(NO_3)_2 + 2 \ HF \tag{11.7}$$

Nach der Abtrennung des Calciumnitrats durch Kristallisation neutralisiert man die Mutterlauge mit Ammoniak *(Odda-Verfahren)*. Das entstehende Produkt setzt sich aus Ammoniumnitrat, Calciumhydrogenphosphat und den Ammoniumhydrogenphosphaten zusammen.

Andere Düngephosphate haben nur noch eine geringe Bedeutung. Hierzu gehört das bei der Verhüttung phosphorhaltiger Eisenerze anfallende Thomasphosphat *(Thomasmehl)*.

11.1.4 Kalidüngemittel

Zur Herstellung von Kalidüngern (potash fertilizer) geht man von kaliumhaltigen Rohsalzen aus, die in zahlreichen Lagerstätten weltweit gefördert werden. Die größten Vorkommen sind in Weißrußland und in Saskatchewan (Kanada), aber auch in Mittel- und Westeuropa (Deutschland, Frankreich, Großbritannien, Spanien) stehen große Lagerstätten zur Verfügung. Die Salzlager enthalten Salzgemische aus folgenden Rohsalzen:

- Sylvin KCl,

- Carnallit $KMgCl_3 \cdot 6\,H_2O$,

- Kainit $KCl \cdot MgSO_4 \cdot 3\,H_2O$,

- Kieserit $MgSO_4 \cdot H_2O$,

- Steinsalz $NaCl$ und

- Hartsalz $KCl + NaCl + MgSO_4 \cdot H_2O + CaSO_4$.

Die Gewinnung der Kalisalze erfolgt entweder bergmännisch oder durch Aussolen mit Wasser. Auch aus Seen mit hohem Kaliumgehalt (Totes Meer, Great Salt Lake in Utah/USA) können die Kalisalze gewonnen werden.

Die festen Rohsalze werden gemahlen und anschließend durch Flotation, Löseverfahren, Schweretrennung oder elektrostatische Verfahren weiter angereichert. Nach diesen Methoden können Kalidüngemittel mit Gehalten von bis zu 60 % K_2O erhalten werden. Nicht unproblematisch ist der Verbleib der nicht wirtschaftlich verwertbaren Restsalze. Sie werden teils unter Tage oder auf Halden abgelagert, teils aber immer noch in Flüsse geleitet.

Neben den bisher beschriebenen Kalidüngern auf KCl-Basis werden auch chlorfreie Kalidünger hergestellt, die für chloridempfindliche Pflanzen, z. B. Kartoffeln und viele Gartenpflanzen, angeboten werden. **Kaliumsulfat** ist nach mehreren Verfahren aus Kaliumchlorid zugänglich durch

- Umsetzung mit Schwefelsäure:

$$2\,KCl + H_2SO_4 \longrightarrow K_2SO_4 + 2\,HCl \tag{11.8}$$

- Umsetzung mit Schwefeldioxid, Luft und Wasser:

$$2\,KCl + SO_2 + {}^{1}\!/_{2}\,O_2 + H_2O \longrightarrow K_2SO_4 + 2\,HCl \tag{11.9}$$

- doppelte Umsetzung mit Magnesiumsulfat in zwei Schritten:

$$2\,KCl + 2\,MgSO_4 + x\,H_2O \longrightarrow K_2SO_4 \cdot MgSO_4 \cdot 6\,H_2O + MgCl_{2,aq} \tag{11.10a}$$

$$2\,KCl + K_2SO_4 \cdot MgSO_4 \cdot 6\,H_2O \xrightarrow{\;+\,H_2O\;} 2\,K_2SO_4 + MgCl_{2,aq} \tag{11.10b}$$

Kaliumnitrat ist analog durch Umsetzung des Kaliumchlorids mit Salpetersäure oder durch doppelte Umsetzung mit Natriumnitrat herstellbar:

$$4\,KCl + 4\,HNO_3 + O_2 \longrightarrow 4\,KNO_3 + 2\,Cl_2 + 2\,H_2O \tag{11.11}$$

$$KCl + NaNO_3 \longrightarrow KNO_3 + NaCl \tag{11.12}$$

11.1.5 Mehrnährstoffdünger

Die Mehrnährstoffdünger (multinutrient fertilizer) enthalten mehr als einen Makronährstoff. Ihre Herstellung erfolgt durch Mischen *(Mischdünger)* oder auf chemischem Weg *(Komplexdünger)*. Aus anwendungstechnischen, pflanzenphysiologischen und insbesondere wirtschaftlichen Gründen hat ihre Bedeutung in den letzten Jahrzehnten immer stärker zugenommen. Einen Überblick über wichtige Mehrnährstoffdünger gibt Tab. 11.1. Die Tabelle erhebt keinen Anspruch auf Vollständigkeit: Allein in Europa sind über 200 verschiedene Dreinährstoffdünger (NPK) im Handel, neben zahlreichen NP-, NK- und PK-Düngern.

Tab. 11.1 Wichtige Mehrnährstoffdünger

Düngemittel	Beispiele für die Nährstoffgehalte		
	(% N +	% P_2O_5 +	% K_2O)
NP-Dünger			
ammonisiertes Superphosphat	9	9	0
Nitrophosphate	20	20	0
Ammoniumphosphatnitrat	24	24	0
NK-Dünger			
Kaliumnitrat	13	0	44
Ammoniumnitrat/Kaliumchlorid	16	0	24
PK-Dünger			
Superphosphat-Kali-Mischung	0	14	14
Thomasphosphat-Kali-Mischung	0	10	15
NPK-Dünger auf Basis			
ammonisierter Superphosphate	8	8	8
Nitrophosphate	13	13	21
Ammonphosphate	17	17	17

NP-Dünger werden bevorzugt auf kalireichen Standorten angewendet. Bei den NK-Düngern werden insbesondere Mischdünger eingesetzt. Kaliumnitrat enthält zwar auch beide Nährstoffe, aber in einem sehr ungünstigen N/K-Verhältnis. PK-Dünger erhält man durch Mischen der P-Einzeldünger mit Kalisalzen. Sie eignen sich zur Vorratsdüngung, die mit einer zusätzlichen fein abgestimmten N-Düngung kombiniert wird. Die wichtigste Gruppe sind die NPK-Dünger, die alle Makronährstoffe gleichzeitig anbieten. Werden sie noch durch Spurenelemente ergänzt, ist der Begriff *Volldünger* (complete fertilizer) berechtigt.

11.1.6 Wirtschaftliche Betrachtung

Die weltweite Produktion an Düngemitteln, unterteilt nach den Makronährstoffen N, P und K, ist in Abb. 11.2 für die 2. Hälfte der 80er Jahre wiedergegeben. Die Abbildung zeigt, daß die N-Dünger einer Produktion von 100 Mio. jato entgegenstreben. Die P-Dünger machen ca. die Hälfte (50 Mio. t) und die K-Dünger ca. ein Drittel der N-Dünger aus. In Summe wurden 1989 weltweit 175 Mio. t Düngemittel produziert. Bemerkenswert sind die enormen Steigerungsraten: Von 1975 bis 1985 nahm der Verbrauch an N-Dünger um 80%, an P-Düngern um 40% und an K-Düngern um 30% zu. Große Mengen an Düngemittel werden inzwischen in den Entwicklungsländern verwendet (vgl. Tab. 11.2). Die intensivste Düngung (kg Dünger pro Hektar) findet jedoch weiterhin in Westeuropa statt.

Einfache Düngemittel wie Ammoniumsulfat oder Superphosphat haben in den letzten Jahren stark an Bedeutung verloren; Tripelsuperphosphat und die NPK-Dünger haben dagegen eine große Steigerung erfahren. Neuere Entwicklungen führten zu den Stickstoffdepotdüngern, die eine längerfristige gleichmäßige N-Versorgung *(controlled-release fertilizers)* ermöglichen. Diese Depotdünger sind zumeist Kondensationsprodukte des Harnstoffs, z. B. mit Formaldehyd. Allerdings liegen sie im Preis deutlich höher als einfache Mineraldünger. Auch an der Effizienz der P-Dünger wird weiterhin gearbeitet, insbesondere wegen der begrenzten Phosphat-

Tab. 11.2 Produktion und Verbrauch an Düngemitteln (1988, in Mio. t)

	Produktion			Verbrauch		
	N	P_2O_5	K_2O	N	P_2O_5	K_2O
Europa	34,6	16,6	19,6	28,5	16,9	15,5
Nordamerika	14,6	9,5	8,8	10,7	3,7	4,9
Mittel-/Südamerika	3,2	2,0	0	4,0	2,9	2,4
Asien	28,0	8,7	2,1	30,5	12,1	4,1
Afrika	1,5	1,9	0	1,9	1,1	0,4
Ozeanien	0,3	0,9	0	0,4	0,3	0,2
Welt	82,2	39,6	30,5	76,0	36,9	27,5

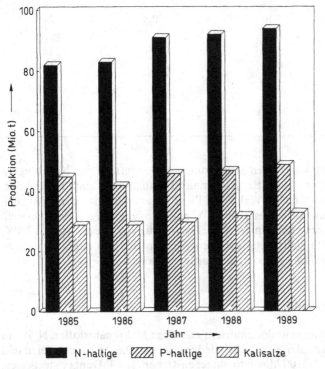

Abb. 11.2 Entwicklung der Düngemittelproduktion (Welt, in Mio. t)

vorräte. Entwickelt wurden kondensierte Phosphate mit besonders hohen P_2O_5-Gehalten sowie die sehr gut löslichen Glycidophosphate, in denen das Phosphat an Zuckermolekülen gekoppelt ist. Bezüglich der erforderlichen Mengen an P-Düngern erscheint es für die Zukunft unerläßlich, einen Teil des P-Kreislaufs zu schließen, indem man die Abwasseraufbereitungsanlagen mit einer dritten Reinigungsstufe ausrüstet und das anfallende Eisen- oder Aluminiumphosphat z. B. für Düngezwecke einsetzt.

Durch richtige Düngung lassen sich optimale Quantitäten und Qualitäten von Nahrungsmitteln erzeugen. Dazu ist aber eine exakte Anpassung der Düngung an den Nährstoffhaushalt der Kulturpflanzen erforderlich. Übermäßige und falsche Düngung kann hingegen zu erheblichen Umweltbelastungen durch Verunreinigungen des Grundwassers führen.

11.2 Silicate, Tone und Feinkeramika

11.2.1 Silicate

Die wichtigsten silikatischen Erzeugnisse sind die Gläser (glasses), die Alkalisilicate (alkali silicates) und die Zeolithe (zeolites, vgl. Kap. 12.3.4).

Die Herstellung von **silikatischen Gläsern** ist schon seit Jahrtausenden bekannt. Sie haben eine amorphe, nicht-kristalline Struktur aus einem dreidimensionalen Netzwerk mit der Grundeinheit des SiO_4-Tetraeders. Neben Siliciumoxid können auch noch andere *Netzwerkbildner* an der Glasstruktur beteiligt sein, z. B. Boroxid, Aluminiumoxid oder Phosphoroxid. Wird das vierwertige Silicium durch dreiwertiges Bor oder fünfwertigen Phosphor ersetzt, ändert sich die Ladung des Netzwerks. Man nennt solche Ionen deshalb auch *Netzwerkwandler*. Zusätzlich befinden sich basische Metalloxide, wie Natrium-, Kalium-, Magnesium-, Calcium-, Blei(II)- oder Zinkoxid, in den Gläsern. Mit ihren Oxidionen (O^{2-}) spalten sie zum Teil die Si-O-Si-Siloxanbrücken; sie werden deshalb auch als *Trennstellenbildner* bezeichnet:

$$Si-O-Si + O^{2-} \longrightarrow Si-O^- + {}^-O-Si \tag{11.13}$$

Je mehr Trennstellen das Netzwerk enthält, um so niedriger liegen die Erweichungs- und Schmelzpunkte des Glases.

Konventionelle Gläser *(Normalglas)* enthalten neben SiO_2 überwiegend Na_2O und CaO; sie werden deshalb auch als **Natron-Kalk-Gläser** bezeichnet. Gebrauchsgläser für Fenster, Spiegel oder Flaschen *(Flach- und Hohlgläser)* bestehen aus ca. 75% SiO_2, 13% Na_2O und 12% CaO. In geringen Mengen sind außerdem oftmals noch MgO, Al_2O_3, BaO oder K_2O enthalten.

Wird das Natrium- durch Kaliumoxid ersetzt, entstehen die schwerer schmelzbaren **Kali-Kalk-Gläser**. Zu dieser Gruppe gehört das böhmische Kristallglas.

Wird ein Teil des SiO_2 durch Bor- und Aluminiumoxid substituiert, spricht man von **Borosilicatgläsern**. Der Zusatz von Boroxid verbessert die chemische Resistenz gegenüber Säuren; das Aluminiumoxid ist verantwortlich für die wesentlich verbesserte Temperaturbeständigkeit. *Pyrex-Glas* besteht aus 81% SiO_2, 11,5% B_2O_3, 4,5% Na_2O und 2% Al_2O_3. Ähnliche Zusammensetzungen haben das *Duran-Glas* und das *Jenaer Glas*. Sie werden für Geräte im chemischen Labor, aber auch für Küchengeräte eingesetzt.

Gläser mit hohen Anteilen an Kalium und Blei werden als *Kali-Blei-Gläser* oder **Bleikristallgläser** bezeichnet. Sie lassen sich wegen ihrer relativ niedrigen Schmelztemperaturen leicht verarbeiten und zeichnen sich durch eine starke Lichtbrechung aus. Sie werden deshalb insbesondere für geschliffene Zierglasartikel und als optische Gläser für Linsen und Prismen eingesetzt. Wegen ihrer hohen Absorption für energiereiche Strahlen werden sie auch zur Herstellung von Fernsehröhren verwendet.

Neben diesen Standardgläsern existiert noch eine Vielzahl von **Spezialgläsern**, die durch besondere Eigenschaften oder durch spezielles Aussehen gekennzeichnet sind. So können Gläser durch den Zusatz von Metallen oder Metalloxiden sehr unterschiedlich gefärbt oder durch den Zusatz von Trübungsmitteln wie Zinnoxid oder Kryolith (Na_3AlF_6) getrübt werden *(Milchglas)*. Im Zusammenhang mit den Spezialgläsern ist auch die **Glaskeramik** zu nennen, die überwiegend aus feinkristallinen Phasen besteht. Zu ihrer Herstellung wird das Glas zuerst auf seine Keimbildungstemperatur (Temperatur der maximalen Keimbildungsgeschwindigkeit) und anschließend auf seine etwas höhere Keimwachstumstemperatur erhitzt. Als Keimbildner dienen TiO_2, ZrO_2 oder Edelmetalle. Wenn die Kristallite kleiner sind als die

Wellenlänge des Lichtes, sind die Glaskeramika klar durchsichtig. Wegen der hohen Temperaturbeständigkeit und insbesondere wegen der extremen Temperaturwechselbeständigkeit findet die Glaskeramik vielfache Anwendungen, z. B. in Kochflächen für Elektroherde.

Ein spezielles Glas ist auch das **Quarzglas**, das ausschließlich aus SiO_2 besteht. Da es eingeschlossene Luftblasen enthält, ist Quarzglas undurchsichtig. Es ist ebenfalls sehr temperaturbeständig, kann aber erst bei Temperaturen oberhalb von 2000 °C verarbeitet werden.

Bei der technischen Herstellung von Gläsern geht man von folgenden Rohstoffen aus:

- Als SiO_2-Bestandteil wird feinkörniger Sand eingesetzt.
- Die Erdalkalioxide werden als Kalk oder Dolomit ($CaCO_3 \cdot MgCO_3$) zugesetzt.
- Soda ist die wichtigste Natriumoxidquelle.
- Feldspäte liefern das erforderliche Aluminiumoxid.
- Bor wird in Form von Borsäure oder Bormineralien zugesetzt.

Bevorzugt wird auch rezyklisiertes Altglas als Rohstoff verwendet, da es zum Aufschmelzen weniger Wärmeenergie benötigt als das Gemisch der Einzelkomponenten.

Die Rohstoffe werden einem mehrstufigen Schmelzprozeß unterworfen. In einer ersten Stufe, dem Aufschmelzen, werden die Bestandteile bei 1200 bis 1650 °C in eine Schmelze überführt, die aber noch nicht ausreichend homogen ist und Gasblasen enthält. Beim anschließenden Läutern wird durch Zusatz von Natriumsulfat SO_3 freigesetzt, das die kleineren Gasbläschen beim Hochsteigen mit aufnimmt. In der dritten Stufe wird homogenisiert, d. h. mechanisch durchmischt und Luft oder Wasserdampf eingeblasen. Diese Vorgänge werden in flachen, langgestreckten Schmelzöfen, den sog. Wannenöfen, durchgeführt. Das Rohstoffgemenge wird an einem Ende der Wanne kontinuierlich zugeführt und die Glasschmelze am entgegengesetzten Ende entnommen und zu Flachglas oder Hohlglas weiterverarbeitet.

Neben den Gläsern sind noch die **Alkalisilicate** wichtige silikatische Produkte. Sie lassen sich herstellen durch Zusammenschmelzen von reinem Quarzsand und Alkalicarbonaten (Soda, Pottasche) bei Temperaturen zwischen 1300 und 1500 °C. Die folgenden Gleichungen zeigen beispielhaft die Stöchiometrie der dabei ablaufenden Reaktionen:

$$2\ SiO_2 + Na_2CO_3 \longrightarrow Na_2Si_2O_5 + CO_2 \tag{11.14}$$

$$4\ SiO_2 + Na_2CO_3 \longrightarrow Na_2Si_4O_9 + CO_2 \tag{11.15}$$

Technisch werden die silicatreichen Natriumsilicate in Form fester, glasiger Produkte erhalten (**Fest-** oder **Stückengläser**), die durch geringe Eisenverunreinigungen bläulich, grün oder braun gefärbt sein können. Bei 150 °C und unter Druck (0,5 MPa = 5 bar) kann dieses Festglas in Wasser gelöst werden. Diese Lösungen werden auch als **Wasser-** oder **Flüssiggläser** bezeichnet. Bei den silicatarmen Natriumsilicaten ist das Natriummetasilicat Na_2SiO_3 das technisch bedeutendste Produkt.

Die Alkalisilicate haben zahlreiche Anwendungen gefunden, z. B. als Klebstoffe, als Zusatz zu Wasch- und Reinigungsmitteln, als Füllstoffe für Kautschuke und Kunststoffe, als Bindemittel in Anstrichfarben, zur Herstellung von Zeolithen und zur Abdichtung von Böden.

11.2.2 Tone und Feinkeramika

Unter der Bezeichnung *Keramika* (ceramics) werden generell anorganische Werkstoffe zusammengefaßt, die aus nichtmetallischen Verbindungen durch Hochtemperaturbehandlung oberhalb 800 °C *(Brand)* erzeugt werden. Enthalten sie mehr als 20% Tonmineralien, werden sie als *Tonkeramika* bezeichnet; Produkte mit einem geringen Tonanteil oder auch völlig tonmineralfreie Werkstoffe werden in die Gruppe der *Sonderkeramika* eingeordnet (vgl. Abb. 11.3). Die Tonkeramika können wiederum in Fein- und Grobkeramika unterteilt werden.

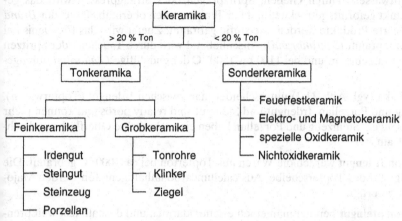

Abb. 11.3 Einteilung der Keramika

Aufgrund ihrer sehr unterschiedlichen Eigenschaften und Anwendungsgebiete werden die Keramika in diesem Buch an verschiedenen Stellen behandelt: im vorliegenden Abschnitt die Tone und Feinkeramika, im Kap. 11.3 die zu den Baustoffen gehörenden Grobkeramika und im Kap. 12.1 die Sonderkeramika, die als keramische Hochleistungswerkstoffe eingesetzt werden.

Tonkeramika bestehen im wesentlichen aus drei Rohstoffen: Tonmineral, Quarz (SiO_2) und Feldspäten (Kalium-, Natrium- und Calciumalumosilicate). Bei den Tonmineralien unterscheidet man zwischen dem

- kaolinitischen Ton [Hauptmineral Kaolinit $Al_2(OH)_4Si_2O_5$] und
- illitischen Ton [Hauptmineral Illit $(K,H_3O)_yAl_2(OH)_2(Si_{4-y}Al_yO_{10})$ mit $y = 0,7$ bis $0,9$].

Die Tonkeramika haben sehr unterschiedliche Zusammensetzungen. Abb. 11.4 zeigt das Dreistoffdiagramm Ton/Quarz/Feldspat und die Lage wichtiger Tonkeramika in diesem Diagramm. Hauptbestandteil ist zumeist der Ton. Der Quarz dient als *Magerungsmittel*; er verringert die *Schwindung* beim Brand des Erzeugnisses. Der alkalische Feldspat wird als *Flußmittel* zugesetzt.

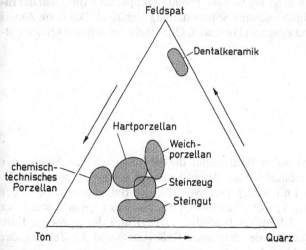

Abb. 11.4 Dreistoffdiagramm der Tonkeramika

Die Rohstoffe für die Tonkeramika werden in Mühlen fein zerkleinert und als Suspension gemischt. Eisenverunreinigungen werden magnetisch abgetrennt und der verbleibende *Schlicker* in Filterpressen entwässert. Durch Gießen, Spritzprägen oder Strangpressen wird das gewünschte Endprodukt geformt, getrocknet und bei Temperaturen oberhalb 800 °C der *Brand* durchgeführt. Glasierte Produkte werden zweistufig gebrannt: Zuerst wird das Erzeugnis bei 900 bis 1000 °C vorgebrannt *(Schrühbrand)*. Anschließend wird durch Tauchen oder Spritzen der *Glasurschlicker* aufgebracht und bei 1100 bis 1500 °C der endgültige *Glattbrand* durchgeführt.

Bei den Feinkeramika (vgl. Abb. 11.3) unterscheidet man zwischen Irdengut (Töpferwaren), Steingut, Steinzeug und Porzellan. Irdengut und Steingut sind relativ porös und können mehr als 2% Wasser aufsaugen. Steinzeug und Porzellan haben eine sehr dichte Oberfläche und nehmen kaum Wasser auf.

Zur Herstellung von **Irdengut** werden die Waren aus Töpferton bei ca. 1000 °C gebrannt. Die Formgebung erfolgt auf der Töpferscheibe. Aus calciumcarbonathaltigem Ton werden Majolika und Fayencen gefertigt.

Zur Herstellung von **Steingut** benutzt man einen eisenoxidarmen und deshalb fast weißbrennenden Steingutton, der mit Sand und Kaolin vermischt wird. Sanitäreinrichtungen können aus glasiertem Steingut hergestellt werden.

Steinzeug besteht aus den gleichen Rohstoffen wie das Steingut, hat aber einen höheren Feldspatgehalt (vgl. Abb. 11.4). Durch zweimaliges Brennen bis zu 1450 °C wird ein dichter *Scherben* erhalten, der einen leichten Glanz zeigt, aber nicht durchscheinend ist. Haushaltsgegenstände aus Steinzeug (Krüge, Töpfe, Vasen) werden meist im Gießverfahren hergestellt und haben einen grauen, gelben oder roten Scherben. Auch technisch verwendete Produkte (säure- und alkalifeste Laborgeräte, Isolatoren etc.) werden aus Steinzeug gefertigt.

Das **Porzellan** gehört ebenfalls zu den dichten Feinkeramika. Es unterscheidet sich vom Steinzeug durch sein durchscheinendes Aussehen. Hartporzellan hat bis zu 50% Kaolinanteile und wird bei 1400 bis 1500 °C gebrannt. Weichporzellan hat einen geringeren Anteil an Tonmineral (ca. 25% Kaolin, vgl. Abb. 11.4) und kann bei niedrigerer Temperatur (1200–1300 °C) gebrannt werden. Wegen dieser niedrigeren Brenntemperatur kann Weichporzellan auch wesentlich vielseitiger mit teilweise temperaturempfindlichen Porzellanfarben verziert werden. Zum Weichporzellan gehören die chinesischen und japanischen Porzellane.

Das Dreistoffdiagramm in Abb. 11.4 zeigt als weitere Produktgruppe noch die **Dentalkeramik**, die ca. 70 bis 90% Feldspat enthält und eine Sonderstellung einnimmt. Der hohe Anteil an Fließmittel führt schon beim Brand zu einer glänzenden Oberfläche, so daß eine Glasur entfallen kann.

11.3 Baustoffe

11.3.1 Übersicht

Eine wichtige Gruppe der Baustoffe sind die Bindemittel, die die Aufgabe haben, Steine oder Gesteinsteile fest miteinander zu verbinden. Man unterscheidet zwischen Luftbindemitteln, deren Härtung ausschließlich an der Luft erfolgt, und hydraulischen Bindemitteln, die an der Luft oder in Wasser abhärten können. Typische Luftbindemittel sind der Gips in wasserfreier Form (Anhydrit, $CaSO_4$) oder als Halbhydrat ($CaSO_4 \cdot 1/2H_2O$) und der gelöschte Kalk [$Ca(OH)_2$]. Hydraulische Bindemittel sind der gebrannte Kalk (CaO) und der Zement, der zur Hauptsache aus CaO, SiO_2 und Al_2O_3 besteht.

Folgende Begriffe werden in der Bauindustrie verwendet:

- *Mörtel*   Sand + Bindemittel,
- *Kalkmörtel*   Sand + gelöschter Kalk,
- *Gipsmörtel*   Sand + Gips,
- *Putze*   Sand + Kalk (+ Gips),
- *Beton*   Kies/Schotter + hydraulische Bindemittel und
- *Stahlbeton*   Beton + Eisenstahlgeflechte.

Mauerwerke werden aus Natursteinen oder künstlichen Steinen hergestellt. Zu den künstlich hergestellten Steinen gehören die Grobkeramika, wie die Mauerziegel, die Klinker und die Dachziegel.

11.3.2 Gips

Calciumsulfat kommt in der Natur als Gipsstein $CaSO_4 \cdot 2\,H_2O$, als wasserfreier Anhydrit $CaSO_4$ und – sehr selten – als Halbhydrat $CaSO_4 \cdot \frac{1}{2}\,H_2O$ vor. Beim Erhitzen auf 130 bis 180 °C spaltet das Dihydrat einen Teil des Kristallwassers ab und geht in das Halbhydrat, den gebrannten Gips, über. Wird das Halbhydrat mit Wasser vermengt, bildet sich beim Verdunsten des überschüssigen Wassers eine feste Masse, die aus feinfasrigen, miteinander stark verfilzten Gipskristallen ($CaSO_4 \cdot 2H_2O$) besteht. Der Gesamtvorgang kann vereinfacht durch Gl. 11.16 beschrieben werden:

$$CaSO_4 \cdot 2\,H_2O \xrightarrow[130-180\,°C]{-1\frac{1}{2}H_2O} CaSO_4 \cdot \frac{1}{2}H_2O \xrightarrow{+1\frac{1}{2}H_2O} CaSO_4 \cdot 2\,H_2O \qquad (11.16)$$

Das bei 130 bis 180 °C hergestellte Halbhydrat wird auch als **Stuckgips** bezeichnet. Er bindet in wenigen Minuten ab; unter Wasser weicht er allerdings langsam wieder auf. Stuckgips wird mit Einlagen aus Drahtgeflechten zur Errichtung von Wänden und Decken eingesetzt, ist aber auch für Gipsverbände, Abgüsse und Gießformen geeignet.

Wird der Gips auf eine höhere Temperatur (800–1000 °C) erhitzt, entsteht der **Estrichgips**, der überwiegend aus Anhydrit besteht und bis zu 10% Calciumoxid enthält. Estrichgips bindet mit Wasser relativ langsam, d. h. in einigen Tagen, zu einem zementharten Produkt ab.

Gips kommt in großen Lagerstätten in der Natur vor (**Naturgips**) und wird bergmännisch im Tagebau oder unter Tage abgebaut. Nach der Zerkleinerung erfolgt die thermische Dehydratation in indirekt beheizten Eisenkesseln *(Gipskochern)* oder Drehrohröfen.

Daneben gibt es auch den **Chemiegips**, der als Nebenprodukt bei mehreren Prozessen anfällt (vgl. Kap. 3.4.3). Die größte Menge entsteht bei der Produktion von Naßphosphorsäure aus Phosphaten und Schwefelsäure (vgl. Kap. 10.4.3):

$$Ca_5(PO_4)_3F + 5\,H_2SO_4 + 10\,H_2O \longrightarrow 3\,H_3PO_4 + 5\,CaSO_4 \cdot 2\,H_2O + HF \qquad (11.17)$$

Wegen seiner Verunreinigungen kann dieser Chemiegips nicht direkt als Baustoff eingesetzt werden. Eine Reinigung ist durch relativ aufwendige Trocken- oder Naßverfahren möglich.

Auch bei der Rauchgasentschwefelung fällt Chemiegips an. Das im Rauchgas enthaltene SO_2 wird mit Wasser absorbiert, mit gebranntem oder gelöschtem Kalk gefällt (vgl. Gl. 11.18) und zum Calciumsulfat oxidiert (vgl. Gl. 11.19):

$$2\,SO_2 + 2\,Ca(OH)_2 \longrightarrow 2\,CaSO_3 \cdot \frac{1}{2}\,H_2O + H_2O \qquad (11.18)$$

$$2\,CaSO_3 \cdot \frac{1}{2}\,H_2O + 3\,H_2O + O_2 \longrightarrow 2\,CaSO_4 \cdot 2\,H_2O \qquad (11.19)$$

11.3.3 Kalk

Calciumcarbonat oder *Kalkstein* kommt in der Natur in Form des Minerals Calcit vor. Andere Vorkommen sind Kreide, Marmor, Travertin und Muschelkalk. In großen Mengen findet man das Doppelcarbonat mit Magnesium, das Mineral Dolomit $CaCO_3 \cdot MgCO_3$. Kalk wird durch *Brennen* in gebrannten Kalk (CaO) überführt, der mit Wasser zum *gelöschten Kalk* (Calciumhydroxid) weiterreagiert:

$$CaCO_3 \longrightarrow CaO + CO_2 \tag{11.20}$$

$$CaO + H_2O \longrightarrow Ca(OH)_2 \tag{11.21}$$

Auf der Reaktion des gelöschten Kalks mit dem Kohlendioxid der Luft beruht die Verwendung von Kalk als Bindemittel:

$$Ca(OH)_2 + CO_2 \longrightarrow CaCO_3 + H_2O \tag{11.22}$$

Das **Brennen des Kalks** wird bei Temperaturen von 900 bis 1100 °C in verschiedenen Reaktortypen durchgeführt, und zwar in:

- **Schachtöfen**, in denen stückiger Kalkstein mit Kohle gemischt und die Reaktionstemperatur durch Verbrennen der Kohle erreicht wird,
- gas- oder ölbeheizten **Drehrohröfen**, in denen der feinteilige Kalkstein sehr gleichmäßig gebrannt wird, und
- **Wirbelschichtöfen**.

Hinsichtlich des Energieverbrauchs sind Schachtöfen mit 3500–4500 kJ/kg CaO wesentlich günstiger als Drehrohröfen (5800–7800 kJ/kg CaO) und Wirbelschichtöfen (4900 kJ/kg CaO) Deshalb wurden spezielle Typen von Schachtöfen entwickelt, in denen auch feinkörniger Kalk gebrannt werden kann. Ein solcher Typ ist der **Ringofen**. Er besteht aus einem ringförmigen *Brennkanal*, der um einen Schornstein herum angeordnet ist. Die einzelnen Abteile des Brennkanals sind von außen durch Türen zugänglich, durch die die Beschickung und der Austrag erfolgen. Das Feuer wird durch Einlegen von Brennstoff jeweils um ein Abteil weiterverlegt. Da die Verbrennungsgase die nachfolgenden Abteile vorwärmen und der fertiggebrannte Kalk Wärme an die frische Verbrennungsluft abgibt, ist das Verfahren wärmetechnisch sehr günstig.

Das **Löschen des gebrannten Kalks** mit Wasser ist stark exotherm. Beim Naßlöschen wird ein Wasserüberschuß zugegeben, und es entsteht die *Kalkmilch*, ein wäßriger Kalkhydratbrei Günstiger ist das Trockenlöschen, das zu $Ca(OH)_2$-Pulver führt.

Die Verwendungsmöglichkeiten von Kalkstein, gebranntem Kalk und gelöschtem Kalk sind in Tab. 11.3 zusammengestellt.

Tab. 11.3 Verwendung von Kalk

Kalkstein	gebrannter Kalk	gelöschter Kalk
• Brennen zu CaO	• Bauindustrie	• Bauindustrie
• Mauersteine	• Eisen- und Stahlproduktion	• Rauchgasentschwefelung
• Beton	• Abwässeraufbereitung	• Herstellung von Kalkfarben
• Kautschukfüllstoff	• Calciumcarbidsynthese	
• Zementherstellung	• Zuckerindustrie	
• Glasindustrie		
• Hüttenindustrie		

11.3.4 Zement

Zement (cement) gehört zu den hydraulischen Bindemitteln und ist aus Calciumoxid, Siliciumoxid und Aluminiumoxid aufgebaut. Abb. 11.5 zeigt das Dreistoffdiagramm CaO-SiO_2-Al_2O_3 und die Lage der verschiedenen Zementsorten bzw. Zusätze.

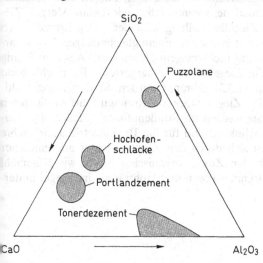

Abb. 11.5 Dreistoffdiagramm der Zemente

Der wichtigste Rohstoff für die Zemente sind Kalksteinmergel, d. h. natürlich vorkommende Gemische aus Kalkstein und Ton, oder auch industriell hergestellte Gemische dieser beiden Komponenten. Um beim Brennen des Zementes eine optimale Reaktion zu ermöglichen, werden die Ausgangsstoffe sehr fein gemahlen. Das Brennen erfolgt bei Temperaturen um 1450 °C in Drehrohröfen mit einer Länge von über 200 m und einem Durchmesser bis 7 m. Ihre Leistung kann bis zu mehreren 1000 t Zement pro Tag betragen. Bei den hohen Temperaturen ist eine wirkungsvolle Wärmerückgewinnung von großer Bedeutung. Dazu werden die Drehrohröfen mit Vorwärmern kombiniert. Der anfallende stückige Zement *(Klinker)* wird staubfein zermahlen und mit Gips oder Anhydrit abgemischt, um vorzeitiges Erstarren zu verhindern.

Die wichtigste Zementsorte ist der **Portlandzement** (vgl. Abb. 11.5). Er wird als Bindemittel in Beton und Stahlbeton vielfach eingesetzt. Zementmörtel besteht aus Portlandzement, Wasser und 1 bis 2 (bei Wasserbauten) oder 3 bis 5 (bei Luftbauten) Teilen Sand.

Neben Portlandzement sind noch weitere Zementsorten im Handel. **Eisenportlandzement** ist eine Mischung von Portlandzement und bis zu 30% *Hüttensand*, ein sandähnliches Produkt, das beim Abschrecken von Hochofenschlacke mit Wasser anfällt. Mischungen mit höheren Anteilen an Hüttensand werden als **Hochofenzemente** bezeichnet. **Puzzolanzemente** enthalten natürliche *Puzzolane*. Dies sind Mineralien, die reaktionsfähige Kieselsäure enthalten und in Deutschland, Griechenland und Italien vorkommen. Die Kieselsäure bildet mit Kalk und Wasser Calciumsilicathydrate, die die Festigkeit des Zements erhöhen.

Portlandzement enthält neben CaO ungefähr 4 bis 8% Al_2O_3 und 19 bis 24% SiO_2. Wesentlich reicher an Aluminiumoxid und dafür ärmer an Siliciumoxid ist der **Tonerdezement** (> 38% Al_2O_3, < 6% SiO_2), der durch Schmelzen einer Mischung von Bauxit (überwiegend Al_2O_3) und Kalkstein gewonnen wird. Die Schmelze erfolgt entweder durch Aufschmelzen der Ausgangsmischung im Drehrohr- oder Schachtofen *(Schmelzzement)* oder im Lichtbogenofen *(Elektroschmelzzement)*.

11.3.5 Grobkeramika

Die Herstellungsverfahren für die Grobkeramika entsprechen im wesentlichen den Verfahren zur Herstellung von Feinkeramika (vgl. Kap. 11.2.2).

Wichtige Grobkeramika sind die Mauerziegel, Klinker, Dachziegel, Fliesen und Kanalisationsrohre. Als Rohstoffe eignen sich verschiedene Tonmineralien wie Lehm, Mergel, Ziegelton, Tonstein und Schieferton. Bei der Ziegelherstellung wird der Lehm oftmals noch mit Sand als Magerungsmittel vermengt und mit Wasser zu einem gleichmäßigen Teig verarbeitet. Der Teig kommt in eine Strangpresse mit rechteckigem Querschnitt. Aus dem Strang werden mit einer Abschneidevorrichtung die Ziegelformlinge hergestellt, die anschließend bei 1000 bis 2000 °C im Ringofen (vgl. Kap. 11.3.3) gebrannt werden. Stark eisenoxidhaltiger Lehm ergibt rote, kalkreicher Lehm gelbe Ziegel. Stärkeres Brennen führt zu dichteren und festeren Ziegelsteinen, den Klinkern. Sie werden für Straßenpflaster, Pfeiler und Wasserbauten verwendet. Neben diesen festen Klinkern sind für die Bauindustrie auch leichte Baustoffe von Interesse. Leichtziegel lassen sich durch den Zusatz leichter anorganischer Zuschlagstoffe, z. B. Kieselgur, oder durch den Zusatz organischer Stoffe wie Sägemehl oder Styroporkugeln herstellen, die beim Brennen Poren und Hohlräume im Ziegel hinterlassen.

11.4 Metalle

Im vorliegenden Abschnitt „Metalle" (metals) können nicht alle metallischen Elemente des Periodensystems besprochen werden. Vielmehr wird ein kurzer Überblick gegeben über die Metalle, die speziell für die chemische Technik von besonderem Interesse sind, z. B. wegen

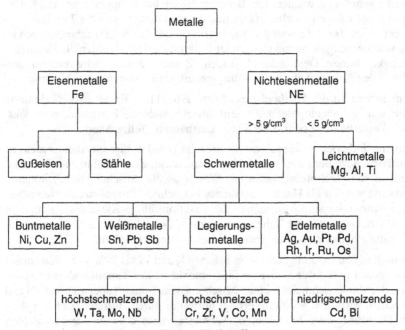

Abb. 11.6 Einteilung der metallischen Werkstoffe

ihrer Einsatzmöglichkeiten als Werkstoffe im chemischen Apparate- und Anlagenbau oder als Bestandteile von Katalysatoren.

Die Metalle lassen sich vereinfacht in Eisenmetalle und Nichteisenmetalle (NE-Metalle) unterteilen (vgl. Abb. 11.6). Die Eisenmetalle werden in Gußeisen und Stähle unterschieden, die Nichteisenmetalle je nach ihrer Dichte in Schwermetalle (> 5 g/cm³) und Leichtmetalle (< 5 g/cm³). Die Schwermetalle lassen sich in Buntmetalle, Weißmetalle, Legierungsmetalle und Edelmetalle einteilen.

11.4.1 Eisenmetalle

Eisen ist das vierthäufigste Element der Erdkruste und tritt in zahlreichen sauerstoff- oder schwefelhaltigen Mineralien auf. Die wichtigsten Eisenerze sind Hämatit (Fe_2O_3), Limonit ($Fe_2O_3 \cdot n\ H_2O$), Magnetit (Fe_3O_4), Eisenspat ($FeCO_3$) und Pyrit (FeS_2). Der Pyrit wird vor der Verhüttung durch Röstung in Eisenoxid (Fe_2O_3) überführt (vgl. Kap. 10.1.2)

Die Reduktion der Eisenerze geschieht im Hochofen, d. h. einem schachtförmigen Ofen, der oben kontinuierlich mit Koks und einem Gemisch aus Erz und Zuschlagstoffen (meist Kalkstein $CaCO_3$), dem sog. Möller, beschickt wird, während von unten heiße Luft (**Heißwind**) eingeblasen wird (vgl. Abb. 11.7).

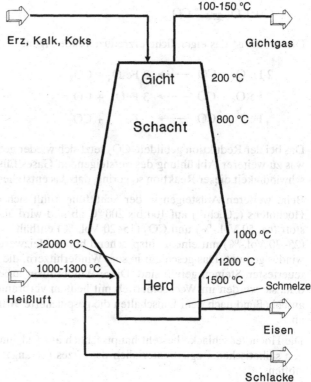

Abb. 11.7 Schematische Darstellung eines Hochofens

Der konstruktive Aufbau des Hochofens muß den hohen thermischen, chemischen und mechanischen Beanspruchungen Rechnung tragen. Der äußere Mantel des Hochofens besteht aus Stahl. Er ist innen mit feuerfestem Material ausgekleidet, das zur Erhöhung der Haltbarkeit über eingebaute Kühlkästen mit Wasser gekühlt wird.

Moderne Hochöfen mit Herddurchmessern von 9–14 m und einem Nutzvolumen von 2000 bis 4000 m³ erzielen einen täglichen Eisenausstoß von 4000 bis mehr als 10 000 t. Einschließlich der Beschickungsvorrichtung und der Gasabführung ist ein Hochofen bis 130 m hoch; die Nutzhöhe (Schüttung und Schmelze) beträgt 35 bis 40 m.

Wesentlicher Kostenfaktor beim Betrieb eines Hochofens ist der Verbrauch an Koks. Durch zahlreiche Verbesserungen, wie Erhöhen der Temperatur des Heißwindes, Vergleichmäßigen der Durchströmung der Schüttung durch Vorbehandeln der Einsatzstoffe (z.B. Pelletisierung von Erz und Zuschlagstoffen), ist es in den letzten 50 Jahren gelungen, den spezifischen Koksverbrauch um mehr als die Hälfte zu reduzieren (von fast 1000 auf 450 kg Koks/t Roheisen). Auch der Einsatz von Prozeßrechnern zur Steuerung des Hochofenbetriebs hat zur Erhöhung der Wirtschaftlichkeit beigetragen.

Die im Hochofen ablaufenden chemischen Reaktionen sind ausgesprochen komplex. Als die wesentlichen Umsetzungen sind die Reduktion des Erzes zum Eisen und die Bildung der Schlacke zu betrachten. Der Heißwind, d.h. Luft von 1000 bis 1300 °C, wird oberhalb der Schmelze eingeblasen. Dabei werden unmittelbar über den Düsenöffnungen durch das Abbrennen des Kokses zu Kohlendioxid Temperaturen von 2200 bis 2300 °C erreicht. Durch endotherme Weiterreaktion des CO_2 mit Koks zu Kohlenmonoxid (Boudouard-Reaktion, Gl. 11.23) kühlt sich das Gas auf 1500 bis 1600 °C ab:

$$C + CO_2 \rightleftharpoons 2\ CO \qquad\qquad \Delta H_R = +\ 161\ \text{kJ/mol} \qquad (11.23)$$

Dieses CO ist das eigentliche erzreduzierende Agens:

$$2\ Fe_2O_3 + CO \longrightarrow 2\ Fe_3O_4 + CO_2 \qquad\qquad (11.24)$$

$$Fe_3O_4 + CO \longrightarrow 3\ FeO\ + CO_2 \qquad\qquad (11.25)$$

$$FeO\ + CO \longrightarrow Fe\ + CO_2 \qquad\qquad (11.26)$$

Das bei der Reduktion gebildete CO_2 setzt sich wieder gemäß Gl. (11.23) mit Koks zu CO um, was zu weiterer Abkühlung des aufsteigenden Gases führt. Unterhalb 1000 °C wird die Geschwindigkeit dieser Reaktion so gering, daß das entstehende CO_2 kaum noch umgesetzt wird.

Beim weiteren Aufsteigen in der Schüttung kühlt sich das Gas bis zum oberen Ende des Hochofens („Gicht") auf 100 bis 200 °C ab und wird als *Gichtgas* abgezogen. Neben Stickstoff (ca. 50 Vol.-%) und CO_2 (15–20 Vol.-%) enthält es noch beträchtliche Mengen an CO (25–30 Vol.-%) mit einem entsprechend hohen Heizwert. Es wird zur Aufheizung des Heißwindes genutzt. Das geschieht in sog. Winderhitzern, die mit einer Wärmespeichermasse aus feuerfesten Steinen gefüllt sind. Diese Winderhitzer arbeiten nach dem Regeneratorprinzip, d.h., sie werden im Wechselbetrieb mit heißem verbrannten Gichtgas aufgeheizt und geben anschließend nach dem Umschalten die gespeicherte Wärme an den Wind für den Hochofen ab.

Die Hochofenschlacke besteht hauptsächlich aus Calciumsilicat ($CaSiO_3$). Sie bildet sich aus den silikatischen Begleitmaterialien des Erzes („Gangart") und den kalkhaltigen Zuschlagstoffen:

$$SiO_2 + CaCO_3 \longrightarrow CaSiO_3 + CO_2 \qquad\qquad (11.27)$$

Damit der Schwefelgehalt des Erzes möglichst weitgehend von der Schlacke aufgenommen wird, stellt man im Möller ein Verhältnis $CaCO_3 : SiO_2$ von 1,1 bis 1,2 ein, so daß die Schlacke einen entsprechenden Überschuß an CaO enthält.

Die flüssige Schlacke und das geschmolzene Eisen tropfen durch den unteren Teil der Koksschicht und sammeln sich im sog. *Herd* des Hochofens. Wegen ihrer niedrigeren Dichte schwimmt die Schlacke auf dem geschmolzenen Eisen und schützt es dadurch vor Oxidation durch den Heißwind. Von Zeit zu Zeit erfolgt der *Abstich*, bei dem das Eisen *(Roheisen)* und die Schlacke aus dem Herd durch ein Stichloch abgelassen werden. Hochofenschlacke hat verschiedene Verwendungen, z.B. als Straßenbaumaterial oder als Rohstoff für die Herstellung bestimmter Zementsorten (vgl. Kap. 11.3.4).

Das im Hochofen erzeugte Roheisen ist Zwischenprodukt bei der Erzeugung der eisenhaltigen Werkstoffe Stahl und Gußeisen. Es enthält noch Fremdstoffe, vor allem Kohlenstoff (3,5–4%), ferner Silicium (ca. 1%), Mangan (2–3%) und bis 2% Phosphor, die für die **Herstellung von Stahl** (steel) weitgehend entfernt werden müssen. Vor allem muß dabei der Kohlenstoffgehalt unter 2,1% gesenkt werden. Bis zu dieser Zusammensetzung ist Kohlenstoff in dem aus der Schmelze kristallisierenden γ-Eisen löslich. Die sich dabei bildende feste Mischphase wird als *Austenit* bezeichnet. Bei höheren Kohlenstoffgehalten entsteht im Verlaufe der Erstarrung neben Austenit auch *Zementit* (Eisencarbid, Fe_3C), das jedoch thermodynamisch nicht stabil ist und in Graphit und Eisen zerfallen kann. Eisen mit mehr als 2,1% Kohlenstoff ist deshalb spröde und nicht schmied- und walzbar. Bei 4,3% Kohlenstoff hat das System Eisen-Kohlenstoff seinen niedrigsten Schmelzpunkt (1147 °C) mit dem Eutektikum aus γ-Eisen und Zementit. Wegen dieser Schmelzpunkterniedrigung von fast 400 °C gegenüber reinem Eisen (Schmelzpunkttemperatur 1536 °C) erhält man beim Hochofenprozeß Roheisen mit ca. 4% Kohlenstoff.

Die Entfernung der Begleitstoffe aus dem Roheisen geschieht durch Oxidationsprozesse. Der dafür erforderliche Sauerstoff wird entweder in elementarer Form in das flüssige Roheisen eingeblasen oder über das Verschmelzen des Roheisens mit Eisenschrott als Rost in gebundener Form eingebracht.

Für den ersten Weg wird heute überwiegend das **Sauerstoff-Blasverfahren** benutzt. Dabei wird reiner Sauerstoff in das flüssige Roheisen eingeblasen. Er oxidiert die als Elemente vorliegenden Begleitstoffe, und zwar den Kohlenstoff zu gasförmigem CO, während die Oxidationsprodukte von Silicium, Mangan, Phosphor und Schwefel mit dem zugegebenen Kalk eine flüssige Schmelze bilden, die auch noch FeO enthält. Der Restgehalt an Kohlenstoff läßt sich über die Dauer des Sauerstoffblasens (15–20 min für 0,04–0,1% C) einstellen. Für das Sauerstoff-Blasverfahren gibt es verschiedene Varianten, die sich u.a. in der Art der Begasung unterscheiden, z.B. durch Düsen im Boden des Konverters oder durch ein Stahlrohr *(Lanze)* von oben. Zusammen mit dem Roheisen können beim Sauerstoff-Blasverfahren Stahl- und Eisenschrott verschmolzen werden.

Das Sauerstoff-Blasverfahren wurde erst nach dem zweiten Weltkrieg entwickelt. Heute werden damit 75% des in der EU erzeugten Rohstahls hergestellt; weltweit liegt der Anteil des Verfahrens an der Rohstahlproduktion zwischen 50 und 60%. Früher erfolgte das Begasen des Roheisens mit Luft *(Windfrischen)*. Das erste derartige Verfahren wurde 1855 von dem englischen Ingenieur H. Bessemer eingeführt; der birnenförmige Konverter wurde nach ihm *Bessemer-Birne* genannt. Um auch stark phosphorhaltiges Roheisen zu Stahl verarbeiten zu können, kleidete 1879 der englische Metallurge S. G. Thomas den Konverter mit Kalk aus. Die Schlacke, die bei diesem sog. *Thomas-Verfahren* anfällt, ist phosphathaltig und kann als Düngemittel *(Thomasmehl)*, vgl. Kap. 11.1.3) verwendet werden. Heute hat das Verfahren kaum noch Bedeutung.

Die zweite Möglichkeit zur Erzeugung von Stahl, die Verschmelzung des Roheisens mit Schrott, wurde 1864 von dem französischen Metallurgen P. Martin realisiert. Er verwendete dazu einen flachen Ofen *(Herd)*, in dem die Schmelze durch Verbrennen von Gas direkt von oben beheizt wurde. Die erforderlichen hohen Temperaturen erreichte er dadurch, daß er mit einer von Friedrich Siemens entwickelten Technik die heißen Verbrennungsgase zur Vorheizung der Verbrennungsluft benutzte. Dieses nach den Erfindern benannte *Siemens-Martin-Verfahren* wird auch als *Herdfrischen* bezeichnet. Es war lange Zeit neben dem Thomas-Verfahren das wichtigste Verfahren zur Herstellung von Stahl. In der EU spielt es heute praktisch keine Rolle mehr; in Osteuropa werden dagegen immer noch große Mengen an Stahl im Siemens-Martin-Ofen erzeugt.

Zunehmende Bedeutung gewinnt als weitere Methode der Stahlherstellung das Schmelzen mit elektrischer Energie. Bei diesem **Elektrostahlverfahren** erfolgt die Umwandlung der elektrischen Energie im elektrischen Lichtbogen oder auch durch Induktion. Im Lichtbogenofen wird überwiegend Schrott eingeschmolzen. Der Anteil des Lichtbogenverfahrens an der Stahlerzeugung in Deutschland liegt heute bei 25%. Daneben dient der Lichtbogenofen ebenso wie der Induktionsofen zur Herstellung hochlegierter Stähle.

Als Alternative zum Hochofenprozeß als erster Schritt auf dem Weg vom Erz zu Stahl ist die sog. **Direktoxidation** von Eisenerz zu nennen. Bei diesem Verfahren wird das Erz im festen Zustand zu metallischem Eisen reduziert. Wegen seiner Porosität bezeichnet man das Produkt als *Eisenschwamm*. Als Reduktionsmittel dienen Koks oder Kohle in feinkörniger Form oder CO/H_2-Gemische. Die Bezeichnung „Direktreduktion" rührt daher, daß man dabei reines Eisen erhält. Allerdings enthält der Eisenschwamm als Beimengung die im Erz vorhandene Gangart. Daher setzt man für die Direktreduktion hochprozentige Erzkonzentrate ein. Die Weiterverarbeitung von Eisenschwamm zu Stahl geschieht vorzugweise im Lichtbogenofen. Daneben kann Eisenschwamm dem Roheisen beim Einschmelzen vom Gußeisen zugesetzt werden.

Gußeisen (cast iron) enthält 2 bis 4% Kohlenstoff sowie Silicium, Mangan, Phosphor und geringe Mengen Schwefel. Zur Einstellung der Zusammensetzung werden dem Roheisen beim Erschmelzen des Gußeisens bestimmte Mengen an Schrott oder Eisenschwamm zugesetzt. Je nach Zusammensetzung und Temperaturbehandlung erhält man unterschiedliche Gußeisenwerkstoffe (vgl. Tab. 11.4). Grauguß enthält Graphit in Lamellenform und verhält sich relativ spröde. Sphäroguß und Temperguß sind Gußeisensorten, die den Graphit in Kugelform enthalten. Sie sind weniger schlagempfindlich und können gebogen oder gedehnt werden.

Tab. 11.4 Gußeisenwerkstoffe

	Grauguß	Sphäroguß	Temperguß
Abkürzung	GG	GGG	GT
Dichte (g/cm³)	7,25	7,20	7,40
Schmelztemperatur (°C)	ca. 1200	ca. 1400	ca. 1300
Zugfestigkeit (N/mm²)	100–390	400–800	340–690
Dehnung (%)	0	2–15	2–15
Einsatzgebiet	Rohre	Kurbelwellen, Zahnräder, Pumpen	Schwungräder, Fittings

Gußeisen ist ein kostengünstiger und durch einfaches Gießen leicht formbarer Werkstoff und wird deshalb für Massengüter eingesetzt. Die Korrosionsbeständigkeit des Gußeisens an Luft ist gut, gegen Wasser nur bedingt gut und gegen Säuren und Laugen sehr schlecht. In Apparaten, Armaturen und Verrohrungen, die keiner besonderen Druckbelastung und keinem aggressiven chemischen Reagenz ausgesetzt sind, kann Gußeisen eingesetzt werden.

Grauguß hat das Kennzeichen GG, Sphäroguß GGG (*G*ußeisen mit *g*lobalem *G*raphit) und Temperguß GT. Hinter diesen Kennzeichen wird meist noch die Zugfestigkeit in verkürzter Form wiedergegeben: „GG-24" ist ein Grauguß mit einer Zugfestigkeit von 240 N/mm².

Unlegierte Stähle enthalten 0,06 bis 1,5% Kohlenstoff, aber außer Eisen keine weiteren Metalle. Ihre Zugfestigkeit beträgt bis zu 850 N/mm². Sie sind gegen Wasser bedingt, gegen Säuren und Laugen schlecht beständig. Im chemischen Apparatebau finden sie Verwendung für Tanks, Behälter, Rohre und Stützkonstruktionen, die zum Schutz vor Korrosion mit einem Außenanstrich versehen oder verzinkt werden.

Alle Stähle können nach der DIN 17 006 mit einer Werkstoffbezeichnung versehen werden, die Informationen über die Herstellung, Zusammensetzung und die weitere Behandlung, z. B. eine Temperung, enthalten kann. Für die umfangreichen Regeln der Eisen- und Stahlnormung sei auf die DIN 17 006 verwiesen; im folgenden werden nur einige typische Beispiele aufgeführt:

- **St 37–1** Allgemeiner Baustahl (St) mit einer Zugfestigkeit von 370 N/mm² der Gütegruppe 1.
- **C 45** Qualitätsstahl (C) mit einem Kohlenstoffgehalt von 45/100 = 0,45% Kohlenstoff.
- **Ck 10 N** Qualitätsstahl (C) mit kleinem P- und S-Gehalt (k) und 10/100 = 0,10% Kohlenstoff, normal geglüht (N).

Niedriglegierte Stähle enthalten bis zu 1% Kohlenstoff und bis zu 5% andere Legierungsmetalle, insbesondere Chrom, Nickel, Mangan und Molybdän, die die Festigkeit und Temperaturbeständigkeit des Stahls beträchtlich erhöhen. Die Zugfestigkeit niedriglegierter Stähle kann bis zu 1900 N/mm² betragen. Ihre Korrosionsbeständigkeit ist aber nur wenig besser als die unlegierter Stähle. Die niedriglegierten Stähle werden für Apparate, Behälter und Verrohrungen eingesetzt, die erhöhten Temperatur- und Druckbelastungen ausgesetzt sind.

Auch für die niedriglegierten Stähle gibt es nach DIN 17006 Kurzbezeichnungen. Sie bestehen meist aus der Kohlenstoffkennzahl, den chemischen Symbolen der Legierungselemente (in der Reihenfolge ihrer Anteile) und den Prozentanteilen der Legierungsmetalle (in der gleichen Reihenfolge). Um jedoch in dieser Bezeichnung ausschließlich ganze Zahlen angeben zu können, werden die %-Gehalte der verschiedenen Elemente mit den in Tab. 11.5 angegebenen Multiplikatoren vervielfacht.

Tab. 11.5 Multiplikatoren für die Legierungselemente bei niedriglegierten Stählen

Multiplikator	Elemente
4	Cr, Ni, Mn, Co, Si, W
10	Mo, Cu, Ti, Ta, V, Al
100	C, P, S, N

Diese Regelung sei an einigen Beispielen verdeutlicht:

- **45 Cr Mo 6 7** Niedriglegierter Stahl mit dem Kohlenstoffgehalt 45/100 = 0,45% C, dem Chromgehalt 6/4 = 1,5% Cr und dem Molybdängehalt 7/10 = 0,7% Mo.
- **18 Ni Cr 16** Niedriglegierter Stahl mit dem C-Gehalt 18/100 = 0,18% C, dem Nickelgehalt 16/4 = 4% und einem nicht näher angegebenen Chromgehalt.
- **42 Cr Mo 4 V 88** Niedriglegierter Stahl mit dem C-Gehalt 42/100 = 0,42% C, dem Chromgehalt 4/4 = 1% Cr und einem nicht näher angegebenen Molybdängehalt, vergütet (V) auf eine Mindestzugfestigkeit von 880 N/mm².

Hochlegierte Stähle enthalten meist nur sehr geringe Kohlenstoffanteile, aber hohe Anteile der Legierungsmetalle Chrom, Nickel, Molybdän und Wolfram. Sie verbessern nicht nur die Festigkeit und Temperaturbeständigkeit, sondern auch in erheblichem Maße die Korrosionsbeständigkeit. So sind die sog. *Chrom-Nickel-Stähle* gegenüber Luft, Wasser, Laugen sowie den meisten Säuren beständig.

In den Kurzbezeichnungen der DIN 17 006 wird generell ein X vorangestellt, um auf den hochlegierten Stahl hinzuweisen. Dieses X besagt auch, daß die in Tab. 11.5 angegebenen Multiplikatoren für Metalle nicht anzuwenden sind. Dazu einige Beispiele:

- **X 6 Cr Ni 18 8**   Hochlegierter Stahl mit 6/100 = 0,06% C, 18% Cr und 8% Ni.
- **X 5 Cr Ni Mo 18 12** Hochlegierter Stahl mit 5/100 = 0,05% C, 18% Cr, 12% Ni und wenig Mo.

Leider gibt es neben der Bezeichnung nach DIN 17 006 noch weitere, häufig benutzte Kürzel, so z. B. die (in Tabellen nachschlagbare) „Werkstoffnummer" sowie Firmenkürzel. Auch gelten in anderen Staaten andere Normen, z. B. in den USA die „AISI-Nummer". So wird der Edelstahl X 5 Cr Ni 18 9 auch als V2A-Stahl bezeichnet. Er hat die Werkstoffnummer 1.4301 und die AISI-Nummer 304. Im chemischen Apparatebau wird oftmals der V4A-Stahl eingesetzt, der aufgrund seines Molybdängehalts auch gegen die durch Chloridionen induzierte Lochfraß- und Spannungsrißkorrosion geschützt ist (vgl. Kap. 11.4.7). Er hat die DIN-Bezeichnung X 10 Cr Ni Mo Ti 18 10, die Werkstoffnummer 1.4571 und die AISI-Nummer 316 Ti. Die wichtigsten hochlegierten Stähle sind in Tab. 11.6 zusammengefaßt.

Tab. 11.6 Nichtrostende, hochlegierte Stähle

DIN-Bezeichnung	Werkstoff-nummer	AISI-Nummer	chemische Zusammensetzung (%)					
			C	Cr	Mo	Ni	Mn	Sonstige
X 10 Cr 13	1.4006	410	0,1	13	–	–	< 1	–
X 8 Cr Ti 17	1.4510	430 Ti	0,08	17	–	–	< 1	Ti
X 5 Cr Ni 18 9	1.4301	304	< 0,07	18	–	9	< 2	–
X 2 Cr Ni 18 9	1.4306	304 L	< 0,03	18	–	9	< 2	–
X 10 Cr Ni Ti 18 9	1.4541	321	< 0,1	18	–	9	< 2	Ti
X 10 Cr Ni Nb 18 9	1.4550	347	< 0,1	18	–	9	< 2	Nb
X 5 Cr Ni Mo 18 10	1.4401	316	< 0,07	18	2	10	< 2	–
X 2 Cr Ni Mo 18 10	1.4404	316 L	< 0,03	18	2	10	< 2	–
X 10 Cr Ni Mo Ti 18 10	1.4571	316 Ti	< 0,1	18	2	10	< 2	Ti
X 10 Cr Ni Mo Nb 18 10	1.4580	316 Cb	< 0,1	18	2	10	< 2	Nb
X 2 Cr Ni Mo N 18 12	1.4406	D 319 L	< 0,03	18	2	12	< 2	N

11.4.2 Buntmetalle

Wie Abb. 11.6 zeigt, gehören zu den Nichteisenschwermetallen die „Buntmetalle" Nickel, Kupfer und Zink. Tab. 11.7 gibt einen Überblick über ihre wichtigsten Eigenschaften und Verwendungsmöglichkeiten.

Nickel besitzt eine hohe Festigkeit und Dehnung und ist unter reduzierenden Bedingungen, also unter Luftausschluß, ausgezeichnet beständig gegenüber Alkali, trockenen Halogenen und Halogenwasserstoffen. In oxidierenden Medien, wie Salpetersäure oder Bleichlauge, korrodiert Nickel jedoch sehr schnell.

Tab. 11.7 Buntmetalle

Metall	Eigenschaften	Herstellung	Verwendung
Nickel	silberweiß, schmiedbar Smp.: 1455 °C Sdp.: 2730 °C	aus Sulfid durch Rösten und Schmelzen, aus Oxid durch Reduktion mit Kohle, Reinnickel durch Elektrolyse oder Ni(CO)$_4$-Zersetzung (Mond-Verfahren)	Überzugsmetall, Stahllegierungen, Heizdrähte
Kupfer	hellrot, weich, zäh Smp.: 1085 °C Sdp.: 2595 °C	Rohrkupfer aus Sulfiden und Oxiden durch Röst- und Schmelzverfahren, Reinkupfer durch Elektrolyse (→ *Elektrolytkupfer*)	Elektrotechnik, Messing, Bronzen
Zink	bläulich-weiß, spröde Smp.: 420 °C Sdp.: 906 °C	Rösten von ZnS zu ZnO, anschließend Elektrolyse von ZnSO$_4$ oder Reduktion von ZnO mit Kohle	Überzugsmetall, Legierungen

Nickellegierungen mit Kupfer, Molybdän und Chrom sind ausgezeichnet beständig gegen Lochfraß-, Spalt- und Spannungsrißkorrosion. Sie haben meist eine gute Säure- und Laugenbeständigkeit und können auch bei hohen Temperaturen verwendet werden. Die Legierungen *Monel*, *Incoloy* und *Hastelloy* (vgl. Tab. 11.8) sind selbst bei extremen Einsatzzwecken, z. B. in Phosphorsäureverdampfern oder Schwefelsäurebeizbädern, beständig.

Tab. 11.8 Nickellegierungen

Legierung	chemische Zusammensetzung (%)						Sonstige
	Ni	Fe	Cr	Mo	Cu	C	
Incoloy (Alloy 825)	44	27	22	3	2	0,05	Si, Mn, Al, Ti
Incoloy (Alloy 625)	62	5	22	9	–	0,1	Co, Si, Mn, Al, Ti
Hastelloy C4	65	3	16	15	–	0,02	Co, Si, Mn, Ti
Hastelloy B2	69	2	1	27	–	0,02	Co, Mn, Si
Monel (Alloy 400)	66	1	–	–	31	0,15	Si, Mn, Al

Reines **Kupfer** ist ein weiches, zähes und sehr dehnbares Metall. Wegen seiner hohen Leitfähigkeit für Wärme und Elektrizität findet es vielfache Anwendungen, u. a. auch bei Wärmeüberträgern wie Heizschlangen oder Kondensatoren. An der Luft bildet es eine dünne grüne Schutzschicht aus Kupfercarbonat („Patina"). Wichtige Kupferlegierungen sind Messing und Bronzen. *Messing* enthält 10 bis 45 % Zink. Es wird zur Herstellung von Maschinenteilen, Ventilen, Schrauben und Muttern verwendet. *Bronze* ist eine Legierung aus Kupfer und Zinn. Die „Glockenbronze" enthält ca. 20 bis 25 % Zinn, „Statuenbronze" bis zu 10 %. Daneben existieren auch noch Sonderbronzen mit weiteren Zuschlagstoffen, z. B. Phosphor-, Silicium- und Aluminiumbronze.

Zink ist ein bläulich-weißes Metall, das bei Normaltemperatur ziemlich spröde ist, ab ca. 100 °C aber so weich wird, daß es zu Blechen ausgewalzt oder zu Drähten gezogen werden kann. An der Luft bildet es eine dünne, aber festhaftende Schutzschicht aus Zinkcarbonat. Es findet deshalb Verwendung bei Dachbedeckungen sowie zum Verzinken von Stahlblechen oder Eisendrähten. Dieses Verzinken geschieht durch Metallspritzverfahren, durch Eintauchen in geschmolzenes Zink oder auf elektrolytischem Weg. Verzinktes Eisen bildet bei einer Beschädigung der Zinkschicht kein Eisenoxid (Rost), weil Zink in der Spannungsreihe über dem Eisen steht. Neben der Verzinkung spielen industriell noch die schon erwähnten Kupfer-Zink-Legierungen (Messing) und die Herstellung von Zinkoxid eine Rolle, das als „Zinkweiß" in lichtbeständigen Anstrichfarben Verwendung findet.

11.4.3 Weißmetalle

Einen Überblick über Eigenschaften der „Weißmetalle" (white metals) Zinn, Blei und Antimon gibt Tab. 11.9.

Tab. 11.9 Weißmetalle

Metall	Eigenschaften	Herstellung	Verwendung
Zinn	silberweiß, weich, dehnbar Smp.: 232 °C Sdp.: 2770 °C	Reduktion von SnO_2 mit Kohle	Zinnprodukte, Überzugsmetall, Weißblech
Blei	bläulich-weiß, weich, dehnbar Smp.: 327 °C Sdp.: 1750 °C	Röstreduktion: $PbS \rightarrow PbO \xrightarrow{+C} Pb$, Röstreaktion: $2\,PbS \rightarrow PbS \cdot PbO \rightarrow 20\,Pb$	Akkumulatoren, Legierungen, Lagermetalle
Antimon	silberweiß, sehr spröde Smp.: 631 °C Sdp.: 1640 °C	Röstreduktion oder Röstreaktion von Antimonsulfid	Legierungen: Letternmetall, Lagermetalle

Zinn ist gegen Luft und Wasser korrosionsbeständig, wird aber von Säuren und Laugen angegriffen. Nachteilig ist, daß das metallische β-Zinn beim Abkühlen unterhalb von 13,2 °C in das halbmetallische α-Zinn, ein graues Pulver, übergeht. Durch diese „Zinnpest" können somit Zinngegenstände bei Kälteeinfluß zerstört werden. Zinn wird zum Überzug von Eisenblech eingesetzt („Weißblech"). Wichtige Zinnlegierungen sind die schon erwähnten Bronzen, das Weichlot (64% Sn, 36% Pb) und das für Gebrauchsgegenstände verwendete „Britanniametall" aus 90% Zinn, 8% Antimon und 2% Kupfer. Auch die *Lagermetalle*, aus denen Achslager für Maschinenwellen hergestellt werden, haben eine ähnliche Zusammensetzung.

Blei zeigt eine beachtliche Korrosionsbeständigkeit gegen Mineralsäuren und Salze. Es dient zur Herstellung von Tanks und Verrohrungen für aggressive Flüssigkeiten, als Akkumulatorenmaterial und zur Kabelummantelung. Im Strahlenschutz wird es zur Absorption von Röntgen- und Gammastrahlen eingesetzt. Wichtig sind auch einige Bleilegierungen: Das Letternmetall (aus bis zu 90% Pb sowie Sb und Sn), die Bleilagermetalle für Gleitlager sowie das „Hartblei", das bis zu 5% Antimon enthält.

Antimon ist direkt als Metall kaum verwendbar, wird aber, wie schon in den vorhergehenden Abschnitten beschrieben, als Legierungsmetall häufig eingesetzt. Seine Eigenschaft, die beiden weichen Metalle Zinn und Blei bedeutend zu härten, wird in Lagermetallen, im Britanniametall, im Letternmetall und im Hartblei genutzt (s.o.).

11.4.4 Legierungsmetalle

Die „Legierungsmetalle" (vgl. Abb. 11.6) wurden schon bei den legierten Stähle und den Nickellegierungen erwähnt. Tab. 11.10 gibt noch einmal einen Überblick über die Legierungsmetalle. Nach ihren Schmelzpunkten werden sie meist in höchst-, hoch- und niedrigschmelzende Metalle unterteilt.

Zwei für den chemischen Apparatebau wichtige Metalle, nämlich Tantal und Zirkon, sollen noch etwas eingehender betrachtet werden.

Tab. 11.10 Legierungsmetalle

Metall	Smp. (°C)	Eigenschaften	Herstellung	Verwendung
Wolfram	3422	stahlgrau, sehr hart und zäh	Reduktion von WO_3 mit H_2	Legierungen, Hartmetalle, Glühfäden, Elektroden
Tantal	3020	grauglänzend, hart und zäh	Reduktion von K_2TaF_7 mit Na	Hartmetalle, medizinische Instrumente, Hochvakuumtechnik
Molybdän	2623	silberweiß, hochzugfest, korrosionsbeständig	Reduktion von MoO_3 mit H_2 oder Al	Legierungen, Heizleiter
Niob	2477	hellgrau-glänzend, hart, walzbar	Reduktion von Nb_2O_5 mit Al	Hartmetalle, Kernreaktoren
Chrom	1857	stahlgrau, hart und spröde, korrosionsbeständig	Reduktion von Cr_2O_3 mit Al	Legierungen, Überzüge, Hartverchromung
Zirkon	1855	silberweiß, hart und spröde	Reduktion von $ZrCl_4$ mit Mg	Elektronik, Reaktortechnik
Vanadin	1910	stahlgrau, hart und spröde	Reduktion von V_2O_5 mit Al	Legierungen
Cobalt	1495	stahlblau, sehr zäh	Rösten von Sulfid, anschließend Laugen mit H_2SO_4 und Elektrolyse	Legierungen, Hartmetalle, Dauermagnete
Mangan	1246	grauweiß, hart und spröde	Reduktion von MnO mit Si oder Al, Elektrolyse von $MnSO_4$	Legierungen, Ferromangan
Cadmium	321	silberweiß, weich und zäh	Laugung von Rückständen und Flugstäuben und anschließende Elektrolyse	Lagermetalle, Überzüge, Farben
Bismut	271	rötlichweiß, spröde	Nebenprodukt bei der Gewinnung von Blei und Kupfer	elektrische Sicherungen, Legierungen

Tantal ist neben den Edelmetallen einer der stabilsten Werkstoffe. Hochkonzentrierte Salpetersäure, feuchtes Chlor oder Brom, Chromsäuren sowie zahlreiche Metallschmelzen können auch bei höheren Temperaturen Tantal nicht angreifen. Die einzigen Ausnahmen sind Flußsäure sowie Wasserstoff, der zu einer Versprödung des Tantals führt. Nachteilig ist der sehr hohe Tantalpreis, der dazu führt, daß es nur dort eingesetzt wird, wo eine andere, billigere Lösung nicht möglich ist.

Zirkon wird immer häufiger im chemischen Apparatebau verwandt. Außerdem dient es als Hüllmaterial für Kernbrennstoffe in Brennelementen von Kernreaktoren. Es ist resistent gegenüber Schwefelsäure und Salpetersäure und zeigt gute Korrosionsbeständigkeit gegenüber alkalischen Lösungen, organischen Säuren und hochprozentigem Wasserstoffperoxid. Nur Chlor, Flußsäure und Fluoride greifen Zirkonoberflächen an.

11.4.5 Edelmetalle

Unter dem Begriff Edelmetalle (noble metals) faßt man die Metalle Silber und Gold sowie die *Platinmetalle* Ruthenium, Rhodium, Palladium, Osmium, Iridium und Platin zusammen. Sie sind im elementaren Zustand sehr beständig und werden bei Normalbedingungen durch Luft nicht oxidiert. Erst mit Hilfe oxidierender Säuren können Edelmetalle gelöst werden, so Gold und Platin durch *Königswasser*. Neben ihrer chemischen Resistenz sind ihre hohen Schmelzpunkte sowie die gute elektrische Leitfähigkeit und Wärmeleitfähigkeit von Bedeutung. Tab. 11.11 gibt einen Überblick über die wichtigsten physikalischen Eigenschaften.

Tab. 11.11 Physikalische Eigenschaften der Edelmetalle

	Ru	Rh	Pd	Ag	Os	Ir	Pt	Au
Smp. (°C)	2334	1963	1554	962	3037	2447	1769	1064
Sdp. (°C)	4080	3700	3980	2136	5500	4500	3800	2857
Dichte (g/cm³)	12,4	12,4	12,0	10,5	22,6	22,7	21,5	19,3
Wärmeleitfähigkeit [J/(s · m · K)]	106	150	75	418	87	148	73	310
spezifischer elektrischer Widerstand ($\mu\Omega$ · cm)	6,7	4,3	9,9	1,5	8,5	4,7	9,9	2,0

Silber und Gold sind schon seit dem Altertum geschätzte Edelmetalle. Ihre frühe Entdeckung ist darin begründet, daß sie „gediegen", also als elementares Metall, in der Natur aufzufinden sind. Platin hingegen wurde erst im 16. Jahrhundert bekannt, die restlichen Platinmetalle wurden sogar erst im 19. Jahrhundert eindeutig unterschieden. Die weltweiten, bisher bekannten Goldvorräte betrugen 1991 etwa 50000 t; Hauptabbauländer sind Südafrika und die ehemalige UdSSR. Die bekannten Silbervorkommen liegen bei ca. 170000 t; die Hauptförderländer sind Mexiko, Peru, Kanada und die USA. Die Edelmetallgewinnung erfolgt entweder durch den bergmännischen Abbau der primären Lagerstätten oder durch Auswaschen von Sanden, den sekundären Lagerstätten. Die Goldgewinnung konnte durch Einführung der Cyanidlaugung wesentlich verbessert werden. Hierbei werden goldhaltige Sande mit einer Natriumcyanidlösung behandelt unter Bildung des wasserlöslichen Cyanokomplexes $Na[Au(CN)_2]$. Durch anschließende Zugabe von Zinkstaub wird dann das Gold wieder ausgefällt.

Zunehmend wird der Edelmetallbedarf durch das Recycling von Industrieabfällen gedeckt, z. B. von Fertigungsabfällen aus Elektrotechnik und Elektronik sowie aus der Fotoindustrie. Der prinzipielle Ablauf des Edelmetallrecycling ist in Abb. 11.8 wiedergegeben. Die gemahlenen Abfälle werden mit Zuschlägen versetzt und im Schachtofen bei 1300 bis 1400 °C mit Hilfe von Koks und Bleioxid geschmolzen. Nahezu alle Nichtmetalle und Unedelmetalle scheiden sich in der Schlacke ab. Im „Werkblei" reichern sich die Edelmetalle an. Durch oxidierendes Schmelzen in Treibofen wird das Blei wieder zu Bleiglätte PbO oxidiert und von der Rohsilberschmelze abgetrennt. Durch eine nachfolgende zweistufige elektrolytische Raffination werden Silber und Gold jeweils an der Kathode abgeschieden. Die im Elektrolyt verbleibenden Platinmetalle werden mit NH_4Cl als Ammoniumhexachlorosalze gefällt.

Die weitere Verarbeitung der Edelmetalle verläuft unterschiedlich, da sie sehr verschiedene Schmelzpunkte besitzen (vgl. Tab. 11.11). Während Silber und Gold einfach umgeschmolzen

Tab. 11.12 Verwendung der Edelmetalle

- Barren, Münzen, Schmuck
- Dentallegierungen (Zahntechnik)
- Lote
- chemische Apparatetechnik (Tiegel, Düsen)
- Elektro- und Halbleitertechnik
- Beschichtungen
- Edelmetallverbindungen (Keramik, Medizin)
- Edelmetallkatalysatoren

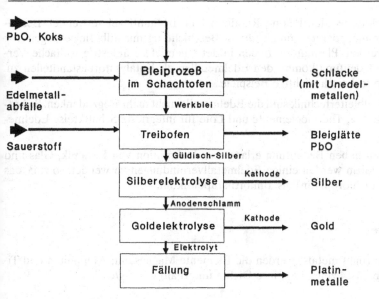

Abb. 11.8 Recycling von Edelmetallen

werden können, ist dies bei Palladium, Platin und Rhodium schon sehr aufwendig. Die restlichen Platinmetalle können nur im Lichtbogen geschmolzen werden. Einen Überblick über die Verwendung der Edelmetalle gibt Tab. 11.12.

Ein Großteil des Goldes ist in Form von Goldbarren als Anlageobjekt festgelegt. Goldmünzen werden mit Kupfer legiert, weil sie sich sonst zu schnell abnutzen. Gold für die Schmuckherstellung wird meist mit Silber, Kupfer, Nickel oder Palladium legiert, um die gewünschten Rot-, Gelb- oder Weißfärbungen zu erzielen.

Moderne Dentallegierungen enthalten bis zu zehn Bestandteile, um eine optimale Beständigkeit zu gewährleisten. Goldlegierungen für die Zahntechnik werden durch den Zusatz von Platin in ihrer Härte wesentlich verbessert. Es ist auch möglich, die Dentallegierung durch Aufbrennen von Keramik zu verblenden.

Edelmetallhaltige Lote werden benutzt, um sowohl Edelmetalle als auch Nichtedelmetalle miteinander zu verbinden. Silberhaltige Hartlote werden zum Löten an Töpfen und Kannen, Kühlschränken, Fernsehgeräten und Kraftfahrzeugen eingesetzt. Lote aus Gold, Nickel, Kupfer und Silber halten hohen thermischen Beanspruchungen stand und werden in Triebwerken oder Gasturbinen verwendet.

Tab. 11.13 Edelmetallkatalysatoren

Metalle	Reaktion
Pt/Rh	Ammoniakoxidation
Pd	Hydrierungen, Hydrocracken
Pt/Re/Ir	Reforming
Pt	Isomerisierung, Blausäuresynthese
Ag	Ethylenoxidsynthese
Pd + Cu	Wacker-Hoechst-Verfahren
Pd	Vinylacetat durch Acetoxylierung von Ethylen
Rh	Hydroformylierung, Essigsäuresynthese

In der chemischen Technik werden Platin-, Rhodium- und Iridiumtiegel verwendet. Besonders beanspruchte Chemieapparate können durch Beschichtung mit Silberlegierungen vor Korrosion geschützt werden. Platindüsen finden in der Chemiefaserindustrie vielfache Verwendung. Eine große Bedeutung kommt den Edelmetallen als Katalysatorbestandteilen zu. Tab. 11.13 nennt einige technisch wichtige Beispiele.

Aus der Elektro- und Halbleitertechnik sind die Edelmetalle nicht mehr wegzudenken. So enthalten elektrische Kontakte, Thermoelemente und Lote für integrierte Schaltkreise Edelmetallanteile.

Edelmetallverbindungen haben Bedeutung erlangt zur Dekoration von Keramik, Glas und Email. Auch in der Medizin werden einige Edelmetallverbindungen verwendet, so z. B. das *Cisplatin* (*cis*-Diammindichloroplatin) als Tumortherapeutikum.

11.4.6 Leichtmetalle

Zu den Leichtmetallen (light metals) werden die Elemente Magnesium, Aluminium und Titan gerechnet. Wie Tab. 11.14 zeigt, liegt ihre Dichte unterhalb von 5 g/cm^3.

Tab. 11.14 Leichtmetalle

Metall	Dichte (g/cm^3)	Eigenschaften	Herstellung	Verwendung
Magnesium	1,74	silberglänzend, leicht verformbar Smp.: 650 °C Sdp.: 1107 °C	Schmelzflußelektrolyse von MgCl$_2$ unter Zusatz von Alkalichloriden und CaCl$_2$, Reduktion von MgO mit Silicium (Ferrosilicium)	Legierungen, Reduktionsmittel
Aluminium	2,70	silberweiß, dehn- und walzbar Smp.: 660 °C Sdp.: 2494 °C	Extraktion von Al$_2$O$_3$ aus Bauxit mit Natronlauge und anschließende Schmelzflußelektrolyse des Al$_2$O$_3$ in Kryolith (Na$_3$AlF$_6$)	Legierungen, Reduktionsmittel
Titan	4,51	silberweiß, zäh und schmiedbar Smp.: 1668 °C Sdp.: 3260 °C	Reduktion von TiCl$_4$ mit Magnesium oder Natrium	Flugzeugbau, Raketentechnik, Legierungen

Magnesium ist ein Leichtmetall mit sehr geringer Korrosionsbeständigkeit. Auch wegen seiner geringen Festigkeit kann es nicht als Konstruktionswerkstoff verwendet werden. Die hohe Oxidationsneigung des Magnesiums zeigt sich auch darin, daß es in Span- und Pulverform sehr leicht entzündbar ist. Magnesium ist Bestandteil von zahlreichen Legierungen im Flugzeug- und Automobilbau. Besonders wichtig sind die Legierungen mit Aluminium und Kupfer.

Aluminium überzieht sich an der Luft mit einer dünnen, aber sehr fest haftenden Oxidschicht und wird durch diese „passiviert". Es besitzt eine gute elektrische Leitfähigkeit (65% der des Kupfers) und ist ein guter Wärmeleiter. Aluminiumpulver wird in Lackanstrichen verwendet, Aluminiumgrieß zur Metallgewinnung nach dem Thermitverfahren. Folien dienen zur Verpackung von Lebensmitteln, Draht für elektrische Leitungen. Als Werkstoff wird es zur Herstellung von Kesseln und Gärbottichen sowie zur Verkleidung von Hausfassaden eingesetzt. Aluminiumlegierungen finden sich bevorzugt in Flugzeugen und Automobilen. Von Bedeutung sind die Al/Mg-Legierungen Magnalium und Hydronalium, die Al/Mg/Cu-Legierung Duralumin und die Al/Mn-Legierungen Aluman und Mangal. Die Aluminiumbronzen wurden schon im Kap. 11.4.2 (Kupfer) erwähnt.

Titan bildet an der Luft ebenfalls einen dünnen, aber sehr dichten Oxidfilm. Im chemischen Apparatebau wird es deshalb für Reaktoren, Wärmetauscher, Pumpen und Zentrifugen eingesetzt. Titanhaltiger Stahl (vgl. Tab. 11.6) ist besonders schlag- und stoßfest und wird für Turbinen, Eisenbahnräder und in der Raketentechnik verwendet. Wegen der guten Beständigkeit gegenüber Seewasser ist Titan auch im Schiffsbau sehr beliebt.

11.4.7 Korrosion und Korrosionsschutz

Unter Korrosion (corrosion) versteht man die chemische oder elektrochemische Reaktion eines metallischen Werkstoffes mit seiner Umgebung, die zu einer Veränderung und letztlich zu einer Zerstörung des Werkstoffes führt. Die häufigsten Korrosionsarten werden im folgenden kurz vorgestellt.

Bei der **Flächenkorrosion** handelt es sich um eine annähernd gleichmäßige, von der Oberfläche des Materials her eindringende Korrosion. Sie tritt z. B. auf bei der Reaktion von Zink mit Salzsäure. Sie wirft im allgemeinen keine großen Probleme auf, da man ihr durch eine entsprechende Wandstärke des Bauteils oder durch Oberflächenbeschichtung begegnen kann.

Lochkorrosion („Lochfraß") ist hingegen eine örtliche („lokale") Korrosion, die zuerst zu vereinzelten Vertiefungen, später aber zur vollständigen Durchlöcherung des Werkstoffes führt. Oft sind die Löcher durch Korrosionsprodukte verdeckt, so daß das Ausmaß des Schadens erst bei dessen Beseitigung erkannt wird.

Eng verwandt ist die **Spaltkorrosion**. Es handelt sich um eine örtliche Korrosion in Spalten, die insbesondere bei den Metallen häufig auftritt, die durch einen Oxidfilm passiviert sind. Speziell in Gegenwart von Salzen, wie Eisen- oder Calciumchlorid, führt die Spaltkorrosion zu einer raschen Zerstörung des Werkstoffs. Besonders gefährdete Stellen sind aufeinandergestapelte Metallteile oder Dichtungsflächen ohne ausreichendes Dichtungsmaterial.

Die **selektive Korrosion** tritt auf bei Schädigungen des Metallgefüges. Man unterscheidet zwischen inter- und transkristalliner Korrosion. Die interkristalline Korrosion tritt auf an den Korngrenzen der Metallkristallite. Hier haben sich oftmals unedlere Fremdstoffe (z. B. Eisencarbide in Stahl) angereichert. Sie lösen sich leichter auf als das Metall mit der Folge, daß die einzelnen Kristallite nach und nach aus dem Metallgefüge herausbrechen. Die transkristalline Korrosion läuft durch die einzelnen Kristallite hindurch. Sie ist meist bedingt durch Versetzungen im Kristallgitter oder durch eingebaute Fremdatome.

Die **elektrochemische Korrosion** („Kontaktkorrosion") kann immer dann auftreten, wenn Metalle oder Legierungen aufeinandertreffen, die in der elektrochemischen Spannungsreihe weit voneinander entfernt sind. Bei dieser Lokalelementkorrosion wird das jeweils unedlere Metall angegriffen. So wird beispielsweise Zink durch Kupfer oder Nickel korrodiert und Aluminium durch Zink aufgelöst. Feuchtigkeit wirkt als Elektrolyt und begünstigt somit die elektrochemische Korrosion.

Zu zwei weiteren Formen der Korrosion kann es dann kommen, wenn der Werkstoff einer besonderen mechanischen Beanspruchung unterliegt. Die **Spannungsrißkorrosion** tritt verstärkt dort auf, wo der Werkstoff durch vorheriges Biegen, Ziehen oder Walzen einer Spannung unterworfen ist. Mechanische Beanspruchung ist auch die Ursache der **Schwingungskorrosion**.

Die Korrosion führt zu enormen Verlusten an Materialien, Maschinen und Apparaturen. Noch wesentlich gravierender sind die Folgeschäden, wie Produktionsausfall oder Unfälle. Eine Schätzung in Großbritannien erbrachte, daß ca. 3,5 % des Bruttosozialproduktes durch Korrosion verloren gehen. Auf Deutschland übertragen bedeutet dies einen Verlust von mehr als einer Milliarde DM pro Woche. Von daher ist verständlich, daß zahlreiche Maßnahmen für einen möglichst wirksamen **Korrosionsschutz** durchgeführt werden.

Die wichtigsten Verfahren zum Korrosionsschutz basieren auf einer Beschichtung der Oberfläche mit nichtmetallischen oder metallischen Überzügen.

Die einfachste Beschichtung mit einem organischen Material ist das Einölen oder Einfetten mit säurefreien Mineralölen oder Vaseline. Aufwendiger ist das Gummieren oder das Anstreichen mit Ölfarben, Teerfarben oder Kunstharzlacken. Häufig angewandt ist das Anstreichen mit Mennige, dem Bleioxid Pb_3O_4, das in Leinöl verrührt ist. Auch Kunststoffüberzüge können als Korrosionsschutz dienen.

Beispiele für anorganische Beschichtungen sind das Phosphatieren, das Chromatieren, das Emaillieren sowie der Schutz von Aluminium durch Eloxalschichten. Beim Phosphatieren wird auf dem Stahl eine Schutzschicht aus Eisenphosphat gebildet, die mit dem Metall fest verbunden ist. Beim Chromatieren wird durch Eintauchen der Werkstücke in chromsäurehaltige Bäder eine Chromatschutzschicht erzeugt, die bis zu Temperaturen von 800 °C beständig ist. Beim Emaillieren wird eine Emailmasse aus Quarzsand, Feldspat, Tonerde und Farbstoffen durch Tauchen oder Spritzen auf das Werkstück aufgebracht und im Ofen bei Temperaturen bis 1000 °C gebrannt. Der entstehende Glasfluß ist sehr hart und hitzebeständig, allerdings auch sehr spröde. Wegen der hohen chemischen Widerstandsfähigkeit finden emaillierte Stahl- und Gußeisenapparate in der chemischen Industrie vielfache Verwendung.

Aluminium kann durch „Anodisieren" (anodisches Oxidieren) eine *Eloxalschutzschicht* (**el**ektrolytisch **ox**idiertes **Al**uminium) erhalten. Das Aluminiumwerkstück wird in ein Bad mit verdünnter Schwefelsäure getaucht und als Anode geschaltet; eine Bleiplatte dient als Kathode. An der Anode entsteht Sauerstoff, der mit dem Aluminium zu einer fest haftenden Oxidschicht abreagiert.

Auch metallische Überzüge können einen wirksamen Korrosionsschutz bilden, wobei natürlich die elektrische Spannungsreihe berücksichtigt werden muß. Wichtige Beispiele sind das Verzinken von Stahl und das galvanische Verkupfern. Auch durch Plattieren (Aufwalzen) oder durch Spritzvorgänge können Werkstücke mit Metall beschichtet werden.

Erwähnt werden soll noch der *kathodische Korrosionsschutz*. Hierzu wird das zu schützende Metall (z. B. ein Öltank aus Stahl) mit einem unedleren Metall (meist Magnesium oder Zinkplatten) verbunden. Das unedlere Metall wirkt dabei als „Opferanode" und löst sich langsam auf.

Literatur

Zu Kap. 11.1

1. Autenriel, H., O. Braun, W. Otto (1982), Die Produkte der Kaliumindustrie, in Winnacker-Küchler (4.), Bd. 2, S. 268–333.
2. Baechle, H. T., J. Rosenfelder, N. Taubel (1982), Düngemittel, in Winnacker-Küchler (4.), Bd. 2, S. 334–378.
3. Becker, P. (1983), Phosphates and Phosphoric Acid, Marcel Dekker, New York.
4. Dorn, F.-W., H. Höger, K. Liethschmidt, G. Strauss (1982), Carbide und Kalkstickstoff, in Winnacker-Küchler (4.), Bd. 2, S. 607–632.
5. Finck, A. (1992), Dünger und Düngung, 2. Aufl., VCH Verlagsgesellschaft mbH, Weinheim.
6. Hignett, T. P. (1985), Fertilizer Manual, in Developments in Plant and Soil Sciences 15, Nijhoff, Dordrecht.
7. Kirk-Othmer (3.) (1980), „Fertilizers", Vol. 10, pp. 31–125.
8. Layman, P. L. (1988), Changes in European Farm Politics Trouble Fertilizer Industry, Chem. & Eng. News, 14. 03. 1988, 7.
9. Schmidlkofer, R. M. (1994), The growing speciality fertilizer market, CHEMTECH May 1994, 54–57.
10. Ullmann (5.) (1987), „Fertilizer", Vol. A10, pp. 323–431.
11. Verband der Chemischen Industrie (1985), Chemie und Umwelt: Boden, VCI, Frankfurt.
12. Welte, E., Timmermann, F. (1985), Düngung und Umwelt, Kohlhammer Verlag, Stuttgart.

Zu Kap. 11.2

13. Büchner, W., R. Schliebs, G. Winter, K. H. Büchel (1984), Industrielle Anorganische Chemie, VCH Verlagsgesellschaft mbH, Weinheim.
   (a) Silikatische Erzeugnisse, S. 319–334,
   (b) Alkali-Silikate, S. 431–476.
14. Winnacker-Küchler (4.), Bd. 3 (1983):
   (a) Christophliemk, P. et al., Siliciumverbindungen, S. 42–97.
   (b) Trier, W., Glas, S. 98–158.
   (c) Hennike, H. W., Kienow, S., Keramik, S. 159–213.

Zu Kap. 11.3

15. Frank, G. et al. (1983), Zement, Kalk, Gips, in Winnacker-Küchler (4.), Bd. 3, S. 214–277.
16. Hornbogen, E. (1991), Werkstoffe: Aufbau und Eigenschaften von Keramik, Metallen, Polymer- und Verbundwerkstoffen, 5. Aufl., Springer, Berlin.
17. Scholz, W., H. Knoblauch, H. D. Fleischmann, W. Hiese, K. Himmler (1991), Baustoffkenntnis, 12. Aufl., Werner, Düsseldorf.
18. Vogel, W. (1983), Glaschemie, 2. Aufl., Deutscher Verlag für Grundstoffindustrie, Leipzig.

Zu Kap. 11.4

19. Baeckmann, W. G., W. Schwenk, W. Prinz, (1989), Handbuch des kathodischen Korrosionsschutzes, 3. Aufl., VCH Verlagsgesellschaft mbH, Weinheim.
20. Binder, F. et al. (1986), Sondermetalle, in Winnacker-Küchler (4.), Bd. 4, S. 502–539.
21. Deutsches Institut für Normung (DIN) (1982), Stahl: Tabellenbuch für Auswahl und Anwendung, Beuth Verlag, Berlin.
22. DIN 17 006 (1993), Bezeichnungssysteme für Stähle, Beuth Verlag, Berlin.
23. Fichte, R., H.-J. Retelsdorf (1986), Stahlveredler, in Winnacker-Küchler (4.), Bd. 4, S. 198–234.
24. Fonds der Chemischen Industrie (1981), „Korrosion/Korrosionsschutz", Diaserie des Fonds der Chemischen Industrie, Nr. 8, Fonds Chem. Ind., Frankfurt/Main.
25. Fonds der Chemischen Industrie (1982), „Edelmetalle – Gewinnung, Verarbeitung, Anwendung", Diaserie des Fonds der Chemischen Industrie, Nr. 12, Fonds Chem. Ind., Frankfurt/Main.
26. Fröber, J. et al. (1986), Eisen und Stahl, in Winnacker-Küchler (4.), Bd. 4, S. 90–197.
27. Gaube, E. et al. (1984), Werkstoffe für den Apparatebau in der chemischen Technik, in Winnacker-Küchler (4.), Bd. 1, S. 453–503.
28. Gräfen, H. (1990), Construction Materials in Chemical Industry, in Ullmann (5.), Vol. B1, pp. 7-1 – 7-44.
29. Gräfen, H., E.-M. Horn, H. Schlecker, H. Schindler (1990), Corrosion, in Ullmann (5.), Vol. B1, pp. 8-1 – 8-78.
30. Heitz, E., R. Henkhaus, A. Rahmel (1990), Korrosionskunde im Experiment, 2. Aufl., VCH Verlagsgesellschaft mbH, Weinheim.
31. Hirth, W. et al. (1986), Aluminium und Magnesium, in Winnacker-Küchler (4.), Bd. 4, S. 235–325.
32. Hömig, H. E., (1978), Metall und Wasser, Vulkan Verlag, Essen.
33. Kammel, R., W. Wuth (1986), Nichteisenschwermetalle, in Winnacker-Küchler (4.), Bd. 4, S. 349–471.

34. Kreysa, G., D. Behrens, R. Eckermann (ab 1987), DECHEMA Corrosion Handbook, Vol. 1–12, VCH Verlagsgesellschaft mbH, Weinheim.

35. Maier, M. M. (1988), Werkstoffkunde, VCH Verlagsgesellschaft mbH, Weinheim.

36. Merkel, M., K. H. Thomas (1994), Taschenbuch der Werkstoffe, 4. Aufl., Fachbuchverlag, Leipzig.

37. Rahmel, A., W. Schwenk (1977), Korrosion und Korrosionsschutz von Stählen, VCH Verlagsgesellschaft mbH, Weinheim.

38. Renner, R., U. Tröbs (1986), Edelmetalle, in Winnacker-Küchler (4.), Bd. 4, S. 540–572.

39. Teissier-Ducros, A. R. (1994), New technology to the rescue for aluminium, CHEMTECH Jun. 1994, S. 31–35.

40. Ullmann (5.):
„Metallurgy", Vol. A16 (1990), pp. 375–388,
„Steel", Vol. A25 (1994), pp. 63–307.

41. Verein Deutscher Eisenhüttenleute (1977), Werkstoffkunde der gebräuchlichen Stähle, Bd. 1 und 2, Verlag Stahleisen, Düsseldorf.

42. Wiese, U. (1986), Nebenmetalle, in Winnacker-Küchler (4.), Bd. 4, S. 472–501.

Kapitel 12

Anorganische Spezialprodukte

12.1 Keramische Hochleistungswerkstoffe

12.1.1 Feuerfeste Keramik

Die Feuerfestigkeit von Werkstoffen wird mit Hilfe von sog. *Segerkegeln* (SK) bestimmt. Diese Segerkegel sind Probekörper unterschiedlicher Zusammensetzung, die bei einer bestimmten Temperatur erweichen und sich dann nach einer Seite neigen („Kegelfallpunkt"). Feuerfeste Keramika haben einen Kegelfallpunkt von SK 17 (ca. 1500 °C), hochfeuerfeste Keramika einen Wert von SK 37 (ca. 1800 °C). Neben der thermischen Beständigkeit besitzen sie eine hohe chemische Resistenz und eine gute Abriebbeständigkeit. Wichtige Feuerfestkeramika sind die Schamotte, die Silicaerzeugnisse und die Magnesiasteine.

Schamotte werden durch Brennen von Tonmineralien erzeugt. Saure Schamotte enthalten als Hauptbestandteil bis zu 75% SiO_2, basische Schamotte bis zu 45% Al_2O_3. Die Schamottsteine finden zur Auskleidung von Hochöfen, Gießwannen und Glaswannenöfen Verwendung.

Silicaerzeugnisse werden aus Quarziten hergestellt, die überwiegend (> 95%) aus SiO_2 bestehen. In geringen Mengen enthalten sie noch Aluminium-, Titan- und Eisenoxide. Der gemahlene Quarzit wird langsam, oft bis zu zwei Wochen lang, auf 1450 °C erhitzt. Dabei wandelt sich die Quarzphase in Cristobalit und Tridymit um. Silicasteine werden ebenfalls zur Ausmauerung von Koks- und Glaswannenöfen eingesetzt.

Magnesiasteine sind basische Keramika auf Basis des natürlich vorkommenden Magnesiumcarbonats, des Magnesits. Durch Erhitzen auf 900 °C entsteht zuerst die kaustische Magnesia; durch weiteres Brennen bildet sich Sintermagnesia MgO. Magnesiasteine werden z. B. zur Auskleidung von Stahlkonvertern verwendet. Durch Zuschläge von Chromerzen lassen sich die Eigenschaften des Magnesiumoxids noch verbessern. Solche Magnesiachromsteine (bis 40% Chromerz) und Chrommagnesiasteine (bis 80% Chromerz) enthalten Spinelle des Typs $MgO \cdot Cr_2O_3$ und haben eine hohe Temperaturwechselbeständigkeit. Verwendung finden sie in Zementdrehrohröfen und Siemens-Martin-Öfen.

12.1.2 Elektro- und Magnetokeramik

Einer der wichtigsten elektrokeramischen Stoffe ist das **Bariumtitanat** $BaTiO_3$. Hergestellt wird es aus Bariumcarbonat und Titanoxid bei Temperaturen um 1000 °C:

$$BaCO_3 + TiO_2 \longrightarrow BaTiO_3 + CO_2 \tag{12.1}$$

Bariumtitanat wird für keramische Dielektrika eingesetzt, die eine sehr hohe Dielektrizitätskonstante besitzen müssen. Ebenfalls kann es, wenn Barium und Titan teilweise durch Antimon, Niob und seltene Erden ersetzt werden, als Kaltleiter verwendet werden. Auch werden die piezoelektrischen Eigenschaften des Bariumtitanats für technische Anwendungen genutzt.

Eine weitere Gruppe von Elektrokeramika trat 1987 an die Öffentlichkeit: die keramischen **Hochtemperatur-Supraleiter**. In diesem Jahr wurden ihren Entdeckern, dem Schweizer Karl Alex Müller und dem Deutschen Johannes Georg Bednorz, der Nobelpreis für Physik verliehen. Mit oxidischen Keramika aus Barium, Lanthan und Kupfer war es ihnen gelungen, auch bei Temperaturen weit oberhalb des absoluten Nullpunkts (ca. 40 K) eine Supraleitung, also einen nahezu widerstandslosen und verlustfreien Stromtransport zu erreichen. Typische keramische Supraleiter sind Y-Ba-Cu-Oxide sowie (Bi-Tl-)Ca-Sr-Cu-Oxide. Seit den ersten Entdeckungen von Müller und Bednorz werden ständig neue Keramika gefunden, die bei immer höheren Temperaturen supraleitend sind (bis ca. 100 K). Eine technische Realisierung der Herstellung von Hochtemperatursupraleitern ist in absehbare Nähe gerückt. Anwendungen in Großcomputern, für die medizinische Diagnostik, bei Elektronenbeschleunigern und Magnetschwebebahnen sowie zur Elektrizitätsspeicherung durch Ringmagnete werden für die Zukunft vorhergesagt.

Als bedeutendste Magnetokeramika sind die **Ferrite** zu nennen. Nach ihrer Kristallstruktur unterteilt man sie in die *Weichferrite* [$M^{2+}Fe^{3+}O_4$] mit kubischer Struktur und die *Hartferrite* [$M^{2+}Fe^{3+}_{12}O_{19}$] mit hexagonaler Struktur. Die Weichferrite besitzen hohe Permeabilitäten und werden bevorzugt als Spulen und Transformatorkerne eingesetzt. Typische Metalle M in den Weichferriten sind Mangan, Zink, Nickel, Cobalt, Kupfer und Magnesium. Die Herstellung erfolgt durch Tempern von Oxidgemischen bzw. gemeinsam gefällten Hydroxiden, Oxalaten oder Carbonaten.

Hartferrite sind Dauermagnete mit hoher Remanenz. Typische Metalle M sind Barium und Strontium. Da sie hexagonale Strukturen besitzen, werden sie auch als *Hexaferrite* bezeichnet. Ihre Herstellung erfolgt ähnlich den Weichferriten. Anwendung finden die Hexaferrite in Lautsprechern, Lichtmaschinen und Gleichstrommotoren.

12.1.3 Oxidkeramik

Die Oxidkeramika sind hochreine, einphasige Metalloxide. Ihre wichtigsten Vertreter sind Aluminiumoxid, Zirkonoxid, Berylliumoxid und Uranoxid.

Aluminiumoxidkeramika werden aus kalzinierter Tonerde (α-Al_2O_3) oder aus Schmelzkorund hergestellt. Das gekörnte Ausgangsmaterial wird in Formen gefüllt und mit geringen Zusätzen (TiO_2, MgO) bei Temperaturen von 1500 bis 1800 °C gesintert. Aluminiumoxid hat einen Schmelzpunkt von 2050 °C, so daß die Al_2O_3-Keramika eine hohe Temperaturbeständigkeit aufweisen. Wegen ihrer schlechten Temperaturschockbeständigkeit sind sie allerdings für den Hochtemperatureinsatz im Motorenbereich nicht verwendbar. Aufgrund ihrer hohen Verschleißbeständigkeit werden sie jedoch für Drahtziehdüsen eingesetzt, wegen des hohen elektrischen Widerstandes für die Isolation von Zündkerzen und wegen ihrer guten Verträglichkeit mit dem menschlichen Gewebe für Hüft- und Kieferprothesen.

Zirkonoxidkeramika werden aus dem Mineral Zirkon ($ZrSiO_4$) hergestellt. Das Zirkonoxid hat einen Schmelzpunkt von 2700 °C, und somit sind die Zirkonoxidkeramika wichtige Werkstoffe in der Ofenbau- und Stahlindustrie. ZrO_2/Y_2O_3-Keramika besitzen eine relativ hohe Leitfähigkeit und werden deshalb zur Herstellung von Widerstandsheizelementen benutzt.

Berylliumoxidkeramika können aus feinkörnigem Berylliumoxid durch Sinterung bei etwa 1400 °C unter Wasserstoffatmosphäre hergestellt werden. Nachteilig sind allerdings der hohe Preis sowie die Giftigkeit des Berylliums. Einige Anwendungen beruhen auf der hohen Wärmeleitfähigkeit der Berylliumoxidkeramika sowie auf ihrem hohen elektrischen Widerstand bei hohen Temperaturen.

Uranoxidkeramika werden in Kernreaktoren eingesetzt. Im Leichtwasserkernreaktor enthalten die Brennelementstäbe Uranoxidpellets, die aus Uranoxidpulver durch Trockenpreßverfahren mit Drücken bis zu 4000 bar hergestellt werden. Anschließend werden die UO_2-Pellets noch in einer N_2/H_2-Atmosphäre bei ca. 1650 °C gesintert. Auch in Hochtemperaturkernreaktoren werden UO_2- (bzw. ThO_2-)Kügelchen als Brennstoff eingesetzt. Sie bestehen aus einem kleinen Uranoxidkern, der mit mehreren Schichten von Kohlenstoff und Siliciumcarbid ummantelt ("gecoated") wird.

12.1.4 Nichtoxidkeramik

Die breite Vielfalt der Keramika ergibt sich aus der Tatsache, daß neben den Oxiden noch zahlreiche weitere Stoffklassen eingesetzt werden können. In Abb. 12.1 ist schematisch dargestellt, welche *Hochtechnologiekeramika* sich aus einem Sechsstoffsystem ergeben, das sich aus einem Metall M und den Elementen Sauerstoff, Stickstoff, Kohlenstoff, Silicium und Bor zusammensetzt. Von den zahlreichen Kombinationsmöglichkeiten der genannten Elemente sind in der Abb. 12.1 nur beispielhaft die wichtigsten "Legierungen" aufgeführt. Entsprechend der großen stofflichen Vielfalt der Nichtoxidkeramika sind auch ihre Anwendungsfelder breit gestreut. Einen ersten Überblick gibt Tab. 12.1.

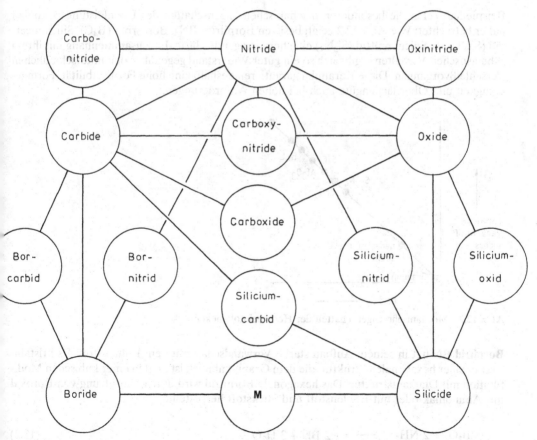

Abb. 12.1 Schematische Übersicht zur Legierungsbildung bei Hochtechnologiekeramika (**M** Metall, z. B. Al, Ti, ...)

Tab. 12.1 Eigenschaften und Anwendungen der Hochtechnologiekeramika

Funktion	Eigenschaften	Anwendungen
mechanisch	Festigkeit, Verschleiß, Gleitvermögen	Maschinenteile, Motoren-/Turbinenteile Gleitdichtungen, Schneidwerkzeuge
thermisch	Wärmeleitung Wärmedämmung	Wärmetauscher, Elektroden Schmelztiegel, Isolatoren
chemisch/biologisch	Korrosion Verträglichkeit Katalyse	chemischer Apparatebau Zahnersatz, Implantate Katalysatorträger
elektrisch/magnetisch	elektrische Leitung Halbleiter Magnetismus	Sensoren, Supraleiter Dielektrika, Piezoelemente Magnete, Widerstände
optisch	Lichtbündelung Fluoreszens	Leuchtröhren, Kabel Leuchtdioden
nukleartechnisch	Strahlenbeständigkeit	Brennelemente, Moderatorstäbe, Hüllmaterialien

Beispielhaft seien die besonderen mechanischen Eigenschaften der Hochleistungskeramika näher betrachtet: Wie Abb. 12.2 zeigt, besitzen Bornitrid (BN), Borcarbid (B_4C), Siliciumcarbid (SiC) oder Siliciumnitrid (Si_3N_4) eine hervorragende Härte. Im Zusammenhang mit ihrem zähelastischen Verhalten ergibt sich so ein guter Widerstand gegenüber den unterschiedlichen Verschleißvorgängen. Diese Keramika garantieren deshalb eine hohe Formstabilität, Formgenauigkeit und Oberflächengüte auch bei hohen Anforderungen.

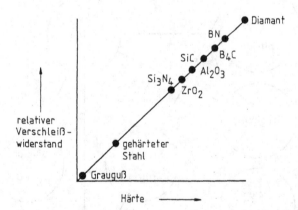

Abb. 12.2 Mechanische Eigenschaften der Hochtechnologiekeramik

Bornitrid BN hat in seinem Aufbau starke Verwandschaft mit dem Kohlenstoff: Es kristallisiert in einer hexagonalen Struktur, die dem Graphit ähnlich ist, und in einer kubischen Modifikation mit Diamantstruktur. Das hexagonale Bornitrid wird durch Umsetzung von Boroxid mit Ammoniak oder mit Kohlenstoff und Stickstoff hergestellt:

$$B_2O_3 + 2\,NH_3 \longrightarrow 2\,BN + 3\,H_2O \tag{12.2}$$

$$B_2O_3 + 3\,C + N_2 \longrightarrow 2\,BN + 3\,CO \tag{12.3}$$

Hexagonales Bornitrid wird als Schmiermittel und Formtrennmittel eingesetzt; ebenfalls eignet es sich für feuerfeste Auskleidungen von Brennern.

Das kubische Bornitrid wird aus dem hexagonalen BN durch Hochdrucksynthese (bis zu 90 kbar) hergestellt. Wie Abb. 12.2 zeigt, ist dieses Bornitrid nach Diamant der härteste Werkstoff und wird dementsprechend überwiegend als Schleifmittel eingesetzt, insbesondere, wenn gleichzeitig hohe Temperaturbelastungen auftreten können.

Borcarbid B_4C entsteht durch Reduktion von Boroxid mit Kohlenstoff, meist im elektrischen Widerstandsofen bei 2400 °C:

$$2\ B_2O_3 + 7\ C \longrightarrow B_4C + 6\ CO \tag{12.4}$$

Grobkörniges Borcarbid findet im Schleifsektor Verwendung; feinkörniges Borcarbid wird durch Heißpressen bei 2200 °C zu Keramika weiterverarbeitet (Informationen über analoge borhaltige Fasern finden sich in Kap. 12.2.6).

Siliciumnitrid Si_3N_4 ist ebenfalls ein zukunfsträchtiger Keramikwerkstoff. Seine Herstellung erfolgt entweder direkt aus den Elementen oder durch Reduktion von Siliciumdioxid mit Kohlenstoff in Gegenwart von Stickstoff:

$$3\ Si + 2\ N_2 \longrightarrow Si_3N_4 \tag{12.5}$$

$$3\ SiO_2 + 6\ C + 2\ N_2 \longrightarrow Si_3N_4 + 6\ CO \tag{12.6}$$

Siliciumnitridkeramika sind auch deshalb besonders interessant, weil sich in das Si_3N_4-Gitter zahlreiche Metalloxide einbauen lassen, was wieder zu vollkommen neuen Keramikwerkstoffen führt.

Die mit Abstand wichtigste Nichtoxidkeramik ist das **Siliciumcarbid** SiC, das großtechnisch weltweit produziert wird. Die Herstellung erfolgt in Elektroöfen aus hochreinem Quarzsand (Siliciumdioxid) und Kohlenstoff, z. B. in Form von Petrolkoks oder Anthrazit:

$$SiO_2 + 3\ C \longrightarrow SiC + 2\ CO \tag{12.7}$$

Nach dem sog. *Acheson-Verfahren* erfolgt die Umsetzung bei Temperaturen zwischen 2200 und 2400 °C.

Siliciumcarbidkeramika besitzen eine hohe Wärmeleitfähigkeit sowie hohe mechanische Festigkeit und Härte (vgl. Abb. 12.2). Am häufigsten werden sie als Feuerfestmaterialien eingesetzt. Für die Zukunft wird jedoch verstärkt mit dem Einsatz feinkeramischer SiC-Produkte im Maschinen- und Apparatebau gerechnet. Die hohe chemische und thermische Beständigkeit, die Korrosionsfestigkeit und die guten Gleiteigenschaften des Siliciumcarbids machen es zu einem interessanten Werkstoff für stark beanspruchte Gleitlager, für Dichtringe in Pumpen und für Brenner im Industrie- und Haushaltsbereich.

Bemerkenswert ist die derzeitige Suche nach neuen Herstell- und Verarbeitungsverfahren für die Nichtoxidkeramika. Die bisherige Technologie geht meist von Pulvern aus, die in Misch- und Trockenschritten vorbereitet und dann durch Gießen, Pressen und Sintern in die endgültige Form gebracht werden müssen. Eine interessante Alternative ist die Herstellung von Polymeren, die die gewünschten Elemente enthalten und die durch Pyrolyse in Nichtoxidkeramika überführt werden. Tab. 12.2 zeigt für dieses Verfahren einige Beispiele.

Tab. 12.2   Nichtoxidkeramika aus Polymeren

Nichtoxidkeramik	SiC	Si_3N_4	AlN	TiN
Polymervorprodukt	Polycarbosilane	Polysilazane	Aluminiumimide	Polytitanimide
	$\left[\begin{array}{c} R \\ \mid \\ +Si-CH_2+ \\ \mid \\ H \end{array}\right]_n$	$\left[\begin{array}{c} R \quad R \\ \mid \quad \mid \\ +Si-N+ \\ \mid \\ R \end{array}\right]_n$	$\left[\begin{array}{c} R \\ \mid \\ =Al-N+ \end{array}\right]_n$	$\left[\begin{array}{c} NR+ \\ \diagup \\ =Ti \\ \diagdown \\ NR+ \end{array}\right]_n$

12.2 Anorganische Fasern

Zu den anorganischen Fasern zählen sowohl natürlich vorkommende als auch zahlreiche synthetische Fasermaterialien, die Silicium, Aluminium, Bor und Magnesium, aber auch Kohlenstoff enthalten können. Es handelt sich um Fasern, die eine Querschnittsfläche bis zu 0,05 mm² besitzen und als Kurzfasern oder als „Endlos"-Fasern vorliegen können. Die Haupteinsatzgebiete liegen in der Verstärkung von Kunststoffen, Elastomeren oder auch Metallen sowie bei der Wärmedämmung und im Brandschutz. Wichtig ist der Einsatz von anorganischen Fasern in Verbundwerkstoffen, die immer breitere Anwendungsgebiete finden. Hier werden insbesondere die Fasern eingesetzt, die eine niedrige Dichte besitzen und somit die Herstellung leichter und doch fester Bauteile ermöglichen, die z. B. in Flugzeugen oder in Automobilen eingesetzt werden.

12.2.1 Natürliche Fasern

Die wichtigste natürliche anorganische Faser ist der Asbest (asbestos fiber). Er ist vulkanischen Ursprungs und kommt in den beiden Typen Serpentin-Asbest (Chrysotil) oder Amphibol-Asbest vor. Die Vorkommen liegen überwiegend in Kanada, in Rußland und in Südafrika. Zur technischen Gewinnung der Asbestfasern wird das Gestein in Trocken- oder Naßverfahren aufgebrochen. Anschließend werden die dabei erhaltenen Fasern abgetrennt und klassiert. Je nach Lagerstätte und Aufschlußgrad sind die Asbesteigenschaften sehr unterschiedlich.

Chrysotil hat die Formel $Mg_3(OH)_4(Si_2O_5)$. Die Makro-Chrysotilfaser besteht aus gebündelten, hohlen Mikrofibrillen, die Durchmesser bis zu 40 nm besitzen. Chrysotil liefert feinste Fasern, die sich gut spinnen lassen. Amphibol-Asbest besteht aus Nadeln, die nur eine geringe Flexibilität aufweisen.

Asbestfasern haben außergewöhnliche Eigenschaften: Sie sind thermisch hoch beständig (meist bis 800 °C) und sind unbrennbar. Sie besitzen eine hohe mechanische Festigkeit, eine gute chemische Stabilität, ein hohes Wärmedämmvermögen, und sie verrotten nicht. Die Hauptanwendungsgebiete waren bisher die Verstärkung von Zement, von Polyvinylchlorid, von Kautschuk und weiteren Polymeren. Weiterhin wurden Asbestfasern für Brems- und Kupplungsbeläge, als unbrennbare Textilien, als Filter-, Dichtungs- und Isoliermaterial sowie für Fußboden- und Dachbeläge verwendet.

Seit einigen Jahren wird der Einsatz von Asbest jedoch drastisch eingeschränkt. Asbestfasern, die einen Durchmesser < 3 µm und eine Länge von mehr als 5 nm haben, können beim Eindringen in die Lunge Asbestose und Lungenkrebs verursachen. Werden asbesthaltige

Verbundstoffe geschnitten oder geschliffen, können diese gefährlichen lungengängigen Fasern entstehen. 1982 wurde der Grenzwert am Arbeitsplatz auf 1 Faser/cm³ festgelegt. Seitdem laufen intensive Bemühungen, die Asbestfasern zu ersetzen. Teilweise gelingt dies inzwischen mit nicht-toxischen Synthesefasern, die in den folgenden Abschnitten beschrieben werden.

12.2.2 Carbonfasern

Carbonfasern bestehen aus Kohlenstoff und werden durch thermischen Abbau von bestimmten organischen Polymeren hergestellt. Isotrope Carbonfasern haben eine geringe kristalline Ordnung. Sie besitzen nur mäßig günstige mechanische Eigenschaften und werden als Katalysatorträger, Isolierfasern und Filtermaterial genutzt. Anisotrope Carbonfasern hingegen haben einen hohen Ordnungsgrad, da sie aus ineinandergreifenden Graphitbändern bestehen. Bei den anisotropen Carbonfasern unterscheidet man Hochmodulfasern (HM) und hochfeste Carbonfasern (HT). Bei den HM-Fasern sind die Graphitschichten weitgehend parallel zur Faserachse ausgerichtet, bei den HT-Fasern ist diese Orientierung nicht eindeutig vorhanden. Die anisotropen Fasern werden überwiegend als Verstärkungsfasern für Kunststoffe eingesetzt. Typische Endprodukte sind Garne, Taue, Zwirne und Textilgewebe.

Die Herstellung der isotropen Fasern verläuft zweistufig: Organische Textilien werden zuerst bei 300 °C verkokt und anschließend bei 1000 °C unter Luftausschluß zu elementarem Kohlenstoff „carbonisiert". Je nach Ausgangsprodukt entstehen Kohlenstoffgewebe oder Kohlenstofffilze.

Die anisotropen Fasern werden aus Polyacrylnitrilfasern (PAN) oder aus Pech hergestellt. Die Synthese auf Basis PAN ist in Abb. 12.3 schematisch dargestellt. Das Polyacrylnitril wird zuerst bei 300 °C einer oxidierenden „Stabilisierung" unterworfen, bei der die Fasern eingespannt werden; dadurch wird eine Schrumpfung der Faser verhindert. In der Carbonisierungsstufe entstehen bei etwa 1600 °C die hochfesten HT-Carbonfasern, beim anschließenden Graphitieren die hochmoduligen HM-Carbonfasern.

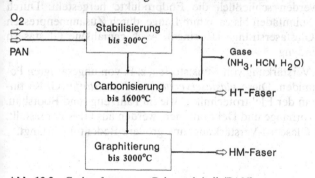

Abb. 12.3 Carbonfasern aus Polyacrylnitril (PAN)

Ein ähnliches mehrstufiges Verfahren wird zur Herstellung von Carbonfasern aus Pech verwendet. Dieses von der Union Carbide entwickelte Verfahren hat den Vorteil, daß ca. 80 % des eingesetzten Kohlenstoffs in das Endprodukt überführt werden. Von den Eigenschaften her haben die Carbonfasern aus Pech inzwischen ähnliche Qualitäten erreicht wie die aus PAN hergestellten Fasern.

12.2.3 Glasfasern

Obwohl sich stückiges Glas sehr spröde verhält, sind Glasfasern mit Durchmessern zwischen 10 und 25 µm sehr flexibel und biegsam. Sie sind deshalb hervorragend geeignet, Kunststoffe zu verstärken. Die wichtigsten Glasfasern bestehen aus *E-Glas*, einem alkaliarmen, Ca/Al/B-Silicatglas. Als Rohmaterialien dienen Kaolin (Aluminiumsilicat), Quarzsand, Borsäure, Calciumborat, Dolomit, Flußspat und Kalkstein. Die ungefähre Zusammensetzung ist Tab. 12.3 zu entnehmen.

Tab. 12.3 Zusammensetzung von Glasfasern aus „E-Glas"

Bestandteil	SiO_2	CaO	Al_2O_3	B_2O_3	MgO	K_2O/Na_2O	Fe_2O_3	TiO_2
Anteil (%)	54,5	17,0	14,5	7,5	4,5	0,8	0,5	0,1

Die industrielle Fertigung der Glasfasern erfolgt in Glaswannenöfen, in denen die Ausgangsmaterialien bei ca. 1350 °C in eine Schmelze überführt werden. Erst nach mehreren Tagen ist die Glasschmelze „geläutert", d. h. vollständig homogen. Eine Durchmischung wird dadurch erreicht, daß Luft durch Platindüsen am Boden der Schmelzwanne eingeblasen wird. Aus der Glasschmelze wird durch Spinnen die Glasfaser hergestellt. Dies geschieht überwiegend nach dem *Direktschmelzverfahren*, bei dem die Glasschmelze direkt über ausgemauerte Kanäle den rechteckigen Spinndüsen („Bushings") zugeführt wird. Die Bushings bestehen aus einer Pt-Rh-Legierung. Die ca. 1250 °C heiße Düse hat zwischen 200 und 2000 Öffnungen mit Durchmessern bis zu 2 mm. Beim Fluß der Glasschmelze durch die Spinndüse bilden sich „Filamente", die zu einem Spinnfaden vereinigt werden. Die Anzahl der Filamente pro Spinnfaden kann somit über die Zahl der Öffnungen in der Spinndüse gesteuert werden. Die Spinnfäden werden mit Wasser abgeschreckt, mit einer „Schlichte" überzogen und anschließend mit Geschwindigkeiten bis zu 200 km/h auf Wickelmaschinen zu „Spinnkuchen" aufgewickelt. Die Schlichten sind wäßrige Dispersionen mit Substanzen, die die weitere Verarbeitung der Glasfasern erleichtern und die Bindung zwischen Glasfasern und Kunststoff verbessern. Aus den getrockneten Spinnkuchen werden schließlich die Endprodukte hergestellt: Durch Schneiden entsteht Schnittglas mit Spinnfäden bis ca. 6 mm Länge; durch Zusammenpressen mehrerer Spinnfäden bilden sich Glasfaserstränge (Rovings). Auch gemahlene Glasfasern und Textilglasmatten finden Verwendung.

Ca. 80% der Glasfasern dienen zur Verstärkung von Kunststoffen, z. B. von ungesättigten Polyestern, Epoxidharzen oder Polyamiden. Diese *glasfaserverstärkten Kunststoffe* (GFK) finden Anwendung im Bauwesen und in der Elektrotechnik sowie im Fahrzeug- und Bootsbau. Auch Heimtextilien, z. B. Decken, Vorhänge und Dekorationen, werden aus GFK hergestellt. In den USA haben Autoreifen mit Glascord-Verstärkung eine größere Bedeutung erlangt.

12.2.4 Mineralfasern

Mineralfasern sind kurze, regellos angeordnete Fasern aus Stein-, Schlacken- oder Keramikmaterial. Sie werden nahezu ausschließlich zu Dämmzwecken eingesetzt *(Mineralwolle)*. Die Herstellung erfolgt aus Schmelzen niedriger Viskosität. Mit hoher Raum-Zeit-Ausbeute werden Fasern gesponnen, die im Durchschnitt eine Länge von mehreren Zentimetern besitzen. Bei der Steinwolle geht man von Sediment- und magmatischen Gesteinen aus (Ton, Mergel, Diabas), bei den Schlackenfasern von Schlacken, die bei der Metallgewinnung anfallen. Für die Herstellung keramischer Fasern werden die Rohstoffe Kaolin, Cyanit (Al_2SiO_5), Tonerde und Quarz verwendet.

Um aus den Einzelfasern Dämmstoffe zu erzeugen, werden die Fasern auf perforierten Transportbändern gesammelt. Im Vakuum verdichten sich die Fasern zu einem dichten Vlies. Dieses Vlies kann in loser Form zu Dämmzwecken eingesetzt werden, es kann aber auch auf Trägermaterialien (Pappen, Drahtgeflechte) aufgebracht werden. Eine weitere Variante besteht darin, die Mineralwolle mit Bindemitteln, z. B. Phenol-Formaldehyd-Harzen, zu besprühen und nach der Aushärtung in Form von Platten oder Rollen in den Handel zu bringen. Die Mineralfaser-Dämmstoffe haben eine geringe Wärmeleitfähigkeit, eine gute Temperaturbeständigkeit und ein günstiges Brandschutzverhalten. Sie werden z. B. zur Isolation von Kühlhäusern oder Kühlanlagen verwendet oder im technischen Bereich zur Dämmung von Öfen, Behältern und Rohrleitungen. Stein- und Schlackenwollen können bis zu 700 °C eingesetzt werden, keramische Fasern sogar bis zu 1250 °C.

12.2.5 Aluminiumoxidfasern

Die erste technisch hergestellte Aluminiumoxidfaser war 1974 die „Saffil"-Faser der ICI. Die Fasern haben einen Durchmesser von ca. 3 µm und eine Länge von 2 bis 5 cm. Toxische Effekte konnten nicht nachgewiesen werden. Die Fasern sind mikrokristallin und elastisch und besitzen eine hohe Zugfestigkeit. Ihre Einsatzfähigkeit ist sehr vielseitig: Papier, Kartons, Matten, Decken und Tücher können aus Saffil hergestellt werden.

Zwischen den Mikrokristallen der Fasern befinden sich kleine Poren, so daß Saffil auch als Trägermaterial für Katalysatoren geeignet ist. Die Fasern widerstehen auch einem längeren Erhitzen auf 1400 °C und können deshalb beim Bau von Keramikbrennöfen eingesetzt werden. Gegenüber heißem, konzentrierten Alkali und gegenüber vielen Säuren sind diese Fasern resistent. Sie dienen deshalb vielfach als Fugenmaterial in Öfen und zum Bau von Heizelementen, Thermoelementen und Hitzeschilden.

Eine neuere Entwicklung (1980) ist die „FP-Faser" von DuPont. Sie wird durch Verspinnen sehr feinteiliger Aluminiumoxiddispersionen und anschließende Hochtemperaturversinterung hergestellt. Es entsteht eine sehr dichte α-Al$_2$O$_3$-Faser mit Durchmessern von ca. 20 µm. Ein besonderes Anwendungsgebiet ist die mechanische Verstärkung von Metallen, z. B. von Aluminium oder Magnesium, durch die FP-Faser. Dazu werden Gußformen bis zu 70 % mit α-Al$_2$O$_3$-Fasern ausgelegt; anschließend werden die geschmolzenen Metalle oder ihre Legierungen eingefüllt. So ist ein faserverstärktes Aluminium ca. 5 mal steifer als unverstärktes Aluminium. Mögliche Anwendungsbereiche sind Automotoren, Raketenbauteile oder Hubschraubergehäuse. Von den physikalischen Eigenschaften her könnte dieses Material auch den gesamten Stahl für Autokarosserien ersetzen und dabei das Gewicht von Kraftfahrzeugen deutlich verringern. Zur Zeit sind aber die Preise für diese Spezialwerkstoffe noch zu hoch.

12.2.6 Borhaltige Fasern

Um **Borfasern** herzustellen, wird Bortrichlorid mit Wasserstoff bei 1300 °C an der Oberfläche eines rotierenden Wolframdrahtes abgeschieden:

$$BCl_3 + 3/2\,H_2 \longrightarrow B + 3\,HCl \tag{12.8}$$

Dieses Verfahren wird auch als chemische Gasphasenabscheidung (chemical vapor deposition, CVD) bezeichnet. Wegen der geringen Dichte von 2,6 g/cm^3 bieten sich die Borfasern als Verstärkungsfasern in Luftfahrtbauteilen an. Die Hauptanwendungen liegen deshalb überwie-

gend im Flugzeug- und Raumfahrtsektor, aber auch Golf- und Tennisschläger sowie Fahrrad-
rahmen werden mit Borfasern verstärkt.

Borcarbidfasern können in einem ähnlichen Verfahren aus Bortrichlorid hergestellt werden.
BCl_3 und H_2 reagieren an Kohlefäden bei 1600 bis 1900 °C:

$$4 \; BCl_3 + 6 \; H_2 + C \longrightarrow B_4C + 12 \; HCl \tag{12.9}$$

Die Borcarbidfaser widersteht heißer Säure und Lauge und wird bis 700 °C auch von Chlor-
dämpfen nicht angegriffen. Auch kurzfristiges Erhitzen der B_4C-Faser auf 2200 °C ändert ihre
mechanischen Eigenschaften nicht.

Bornitridfasern bilden sich aus Boroxid und Ammoniak:

$$B_2O_3 + 2 \; NH_3 \longrightarrow 2 \; BN + 3 \; H_2O \tag{12.10}$$

Auch die Bornitridfasern sind gegen Chemikalien und Hitze sehr beständig. Selbst Fluorwas-
serstoffsäure hat keinen korrosiven Einfluß auf Bornitridfasern. Sie werden zu Textilien und
Filzen verarbeitet sowie zur Isolierung und als Filter eingesetzt.

12.2.7 Siliciumcarbidfasern

Die Herstellung der SiC-Fasern geschieht nach dem schon erläuterten CVD-Verfahren ausgehend von Methyltrichlorsilan:

$$CH_3SiCl_3 \longrightarrow SiC + 3 \; HCl \tag{12.11}$$

Die Abscheidung erfolgt wieder auf einem elektrisch beheizten Wolfram- oder Kohlefaden.
Die Siliciumcarbidfaser ist noch resistenter als die Borfaser. Auch vom wirtschaftlichen Stand-
punkt aus hat die SiC-Faser in der Zukunft einige Vorteile. Wegen ihrer guten Zugfestigkeit
ist sie bestens geeignet zur Verstärkung von Kunststoffen und Metallen.

12.2.8 Polyphosphazene

Die Polyphosphazene $(NPR_2)_n$ haben ein Grundgerüst aus alternierenden Stickstoff- und
Phosphoratomen. Da die Gruppierung NPR_2 isoelektronisch ist mit der Silicongruppe $OSiR_2$,
ermöglichen die Polyphosphazene ähnlich den Siliconen (vgl. Kap. 12.4) eine große Anzahl
von Produktvarianten. Die einfachsten Polyphosphazene $(NPCl_2)_n$ wurden schon 1834 von
Liebig und Köhler durch Umsetzung von Phosphorpentachlorid mit Ammoniak hergestellt.
Die heutigen technischen Synthesen verlaufen prinzipiell nach der gleichen Methode:

$$n \; PCl_5 + n \; NH_4Cl \longrightarrow (NPCl_2)_n + 4n \; HCl \tag{12.12}$$

Die relativ preisgünstig zugänglichen Chlorpolyphosphazene sind allerdings sehr hydroly-
seempfindlich. Eine gute Stabilität haben dagegen die Fluoralkoxyderivate, die durch Alkoho-
lyse der Chlorpolyphosphazene mit den entsprechenden Natriumalkoholaten hergestellt werden:

$$(NPCl_2)_n + 2n \; CF_3CH_2ONa \longrightarrow [NP(OCH_2CF_3)_2]_n + 2n \; NaCl \tag{12.13}$$

Diese stabilisierten Polyphosphazene lassen sich als Kunststoffe, Elastomere und Beschichtungen einsetzen. Sie sind feuerfest, lösungsmittelbeständig und auch bei niedrigen Temperaturen flexibel. Ähnlich wie Fluorsilicone können die fluorierten Polyphosphazene für Treibstoffschläuche, Dichtungen und O-Ringe hochfliegender Flugzeuge verwendet werden.

12.2.9 Metallfasern

Metallfasern sind meist polykristalline anorganische Fasern, die durch physikalische Verformungsverfahren, wie z. B. durch Folienschneiden oder Extrudieren, erzeugt werden. Um besonders dünne Metallfasern zu erhalten, wird das Düsenziehverfahren verwendet: Ein Metalldraht wird mehrfach hintereinander durch immer enger werdende Düsen gezogen. Zwischen den Ziehvorgängen wird der Draht jeweils geglüht, um Versprödungen zu vermeiden. Dieses Verfahren ist besonders wichtig zur Herstellung von Stahlfasern für Reifencord. Seit 1959 hat der Stahlgürtelreifen einen Großteil des Reifenmarktes erobert. Nicht geeignet sind die Metallfasern für Einsatzzwecke, bei denen es auf eine niedrige Dichte ankommt. Wertvolle Eigenschaften der Metallfasern sind ihre hohe elektrische und thermische Leitfähigkeit. Durch Zusatz von Metallfasern zu Textilprodukten kann die elektrische Aufladung deutlich verringert werden. Dieser Effekt wird genutzt, um Teppiche oder Arbeitsbekleidung antistatisch auszurüsten.

12.3 Katalysatoren

In diesem Kapitel werden die Katalysatoren besprochen, die während der Reaktion als Feststoff vorliegen. Da die Reaktanden dabei als Gase oder in flüssiger Phase auftreten, spricht man von „Heterogenkatalysatoren" oder „heterogener Katalyse". Zur homogenen Katalyse vgl. Kap. 9.6.

Theoretische Grundlagen heterogen katalysierter Reaktionen, insbesondere ihre Kinetik, sowie die Methoden zur Übertragung dieser Reaktionen in den technischen Maßstab werden in Bd. 1 der vorliegenden Lehrbuchreihe, Baerns/Hofmann/Renken (1992), Chemische Reaktionstechnik, behandelt.

In diesem Kapitel steht die stoffliche Seite der Katalysatoren im Vordergrund. Insbesondere wird auf die Herstellmethoden und die Charakterisierung von Katalysatoren eingegangen.

12.3.1 Grundprinzipien der heterogenen Katalyse

Der Begriff „Katalyse" geht auf den schwedischen Naturwissenschaftler J. J. Berzelius (1779–1848) zurück, der 1835 die bis dahin bekannten Beobachtungen über die katalytische Wirkung fester Stoffe zusammenfassend beschrieb. Zu den heterogen katalysierten Reaktionen, die in den vorausgegangenen 50 Jahren gefunden worden waren, gehören die

- Dehydratisierung von Ethanol zu Ethylen an Tonerde (Al_2O_3),
- Dehydrierung von Ethanol zu Acetaldehyd an glühenden Kupfer,
- Spaltung von Cyanwasserstoff an Eisen,
- Spaltung von Ammoniak an bestimmten Metallen (z. B. Eisen),
- Zersetzung von Wasserstoffperoxid an Metallen und Metalloxiden und
- Entzündung brennbarer Gase und Dämpfe (z. B. H_2, CH_4, CO, Ethanol) an Luft durch fein verteiltes Platin.

Der letztgenannte Effekt wurde 1823 von J. W. Döbereiner (1780–1844) in seinem „Döbereinerschen Feuerzeug" benutzt, um Wasserstoff in Gegenwart von Luftsauerstoff platinkatalysiert zu entzünden.

Berzelius schrieb diese Eigenschaft bestimmter Feststoffe, chemische Reaktionen auszulösen, einer „katalytischen Kraft" zu. Erst Ende des 19. Jh. führte der Physikochemiker Wilhelm Ostwald (1835–1932, Professor in Riga und Leipzig) eine strengere Definiton der Katalyse ein: „Ein Katalysator ist jeder Stoff, der, ohne im Endprodukt einer chemischen Reaktion zu erscheinen, ihre Geschwindigkeit verändert." Diese Definition ist in ihrem wesentlichen Inhalt auch heute noch gültig.

Die Mechanismen der beschleunigenden Wirkung auf die Geschwindigkeit chemischer Reaktionen sind sehr vielfältig. In der Regel ist die Erhöhung der Reaktionsgeschwindigkeit mit einer Verringerung ihrer Temperaturabhängigkeit verbunden. Dementsprechend ergibt sich für den Logarithmus der Geschwindigkeitskonstanten ($\ln k$) im Arrhenius-Diagramm ($\ln k$ gegen die reziproke absolute Temperatur $1/T$, vgl. Abb. 12.4) eine kleinere Steigung und damit auch eine niedrigere Aktivierungsenergie E.

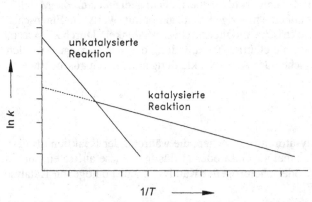

Abb. 12.4 Arrhenius-Diagramm für unkatalysierte und katalysierte Reaktion

Wenn man nach der Theorie des Übergangszustandes *(transition state theory)* annimmt, daß die Reaktion über einen aktivierten Komplex läuft (vgl. Abb. 12.5), dann wird in Gegenwart des Katalysators ein aktiverter Komplex mit niedrigerem Energieinhalt (E_2) gebildet als bei der Reaktion ohne Katalysator (E_1). Tab. 12.4 gibt Beispiele, in welchen Größenordnungen die Absenkung der Aktivierungsenergie liegen kann. Ebenfalls belegen diese Tabellenwerte, daß mit verschiede-

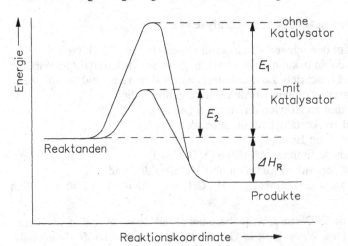

Abb. 12.5 Energieänderung bei Reaktion ohne und mit Katalysator

Tab. 12.4 Vergleich von Aktivierungsenergien

Reaktion	Katalysator	E (kJ/mol)
$2\,HI \rightarrow H_2 + I_2$	*ohne*	184
	Au	105
	Pt	59
$2\,N_2O \rightarrow 2\,N_2 + O_2$	*ohne*	245
	Au	121
	Pt	134

nen Katalysatoren (Au, Pt) auch sehr unterschiedliche Aktivierungsenergien erhalten werden. Es gibt auch Fälle, in denen der Katalysator zwar die Reaktionsgeschwindigkeit erhöht, die Aktivierungsenergie dagegen nicht oder nur wenig beeinflußt, wie beim Zerfall der Ameisensäure und bei der Hydrierung von Ethen (beides sind Reaktionen mit Metallkatalysatoren). Unabhängig davon führt der Einsatz eines Katalysators bei vorgegebener Reaktionstemperatur zu einer Erhöhung der Reaktionsgeschwindigkeit und des Umsatzes oder bei Vorgabe eines bestimmten Umsatzes zur Erniedrigung der erforderlichen Reaktionstemperatur.

Das Ausmaß, in dem ein Katalysator die Reaktionsgeschwindigkeit bei gegebener Temperatur erhöht, bezeichnet man als die **Aktivität** (activity) des Katalysators. Mit einem Katalysator kann darüber hinaus aber auch von verschiedenen möglichen Reaktionen eine einzelne bestimmte Reaktion beschleunigt, d. h. die Bildung eines bestimmten Produkts selektiv beeinflußt werden. Diese Eigenschaft wird als **Selektivität** (selectivity) bezeichnet, und zwar in bezug auf ein bestimmtes Zielprodukt. Typische Beispiele hierfür sind die selektive Hydrierung von Butadien zu 1-Buten (ohne Weiterhydrierung zum Butan oder Isomerisierung zum 2-Buten) oder auch die Reaktionen des CO/H_2-Synthesegases. Wie die Abb. 12.6 zeigt, können aus Synthesegas durch geeignete Katalysatorwahl unterschiedliche Produkte gezielt hergestellt werden.

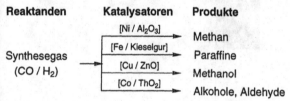

Abb. 12.6 Selektivitätssteuerung durch Katalysatoren am Beispiel von Synthesegas (CO/H_2)

Nach der oben angegebenen Definition von Ostwald, daß ein Katalysator nicht im Endpunkt einer chemischen Raktion erscheint, sollte der Katalysator in der Reaktion nicht verbraucht werden. In der Realität trifft dies leider nicht zu. Aus vielerlei Gründen kann der Katalysator unter den Bedingungen der Reaktion irreversible chemische und physikalische Veränderungen erfahren. Nach längerer Zeit kann dies zu einer weitgehenden Desaktivierung führen. In vielen Fällen kann die Desaktivierung durch eine Erhöhung der Reaktionstemperatur ausgeglichen werden, aber schließlich muß bei einem bestimmten Desaktivierungsgrad der Katalysator entweder regeneriert oder ersetzt werden. Der Zeitraum, in dem ein Katalysator mit der geforderten Aktivität und spezifikationsgerechter Selektivität arbeitet, wird als **Katalysatorstandzeit** bezeichnet.

Einen Überblick über die wichtigsten Katalysatorklassen gibt Tab. 12.5. Es fällt auf, daß in dieser Tabelle besonders häufig Übergangsmetalle und deren Verbindungen vertreten sind, die besonders gut geeignet sind, Wasserstoff sowie Kohlenwasserstoffe an ihrer Oberfläche zu adsorbieren. Edelmetalle, wie Platin, Silber und Palladium, wirken als Oxidationskatalysatoren. Auch stabile Nichtedelmetalloxide sind vielfach hervorragende Katalysatoren für die Oxida-

Tab. 12.5   Klassifizierung heterogener Katalysatoren

Katalysatorklassen	Beispiele
Metalle	Pt- oder Ag-Netze, Raney-Nickel
Metalle auf Trägern	Pt/Al$_2$O$_3$, Ru/SiO$_2$, Co/Kieselgur
Metallegierungen	Pt-Re, Ni-Cu, Pt-Au
Oxide von Leitermetallen	Cr$_2$O$_3$, Bi$_2$O$_3$/MoO$_3$, V$_2$O$_5$, NiO
Oxide von Nichtleitermetallen	Al$_2$O$_3$, SiO$_2$
Metallsulfide	MoS$_2$, WS$_2$
Säuren	SiO$_2$/Al$_2$O$_3$, Zeolithe, Montmorillonite
Metalle und Säuren	Pt/Zeolith, Pd/Zeolith
Basen	CaO, K$_2$O, Na$_2$O
Andere	Carbide, Silicide

tion. In analoger Weise katalysieren Metallsulfide Reaktionen, an denen schwefelhaltige Verbindungen beteiligt sind (Desulfierungen). Jede Katalysatorklasse hat ihre speziellen Eigenschaften bzgl. Adsorption, Chemisorption und Katalyse sowie auch ihre ganz besonderen Anwendungsgebiete. Einen Überblick über die Entwicklung des Katalysatormarkts in den USA während der letzten Jahrzehnte gibt Abb. 12.7.

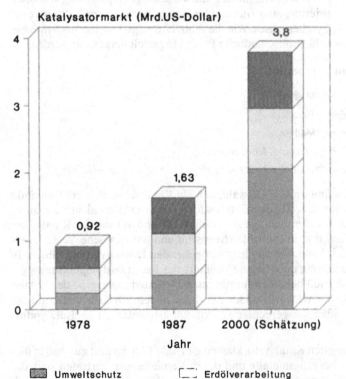

Abb. 12.7   Entwicklung des Katalysatormarktes in den USA

12.3.2 Katalysatorherstellung

Die Methoden der Katalysatorherstellung sind so vielfältig, daß an dieser Stelle nur einige typische Beispiele vorgestellt werden. Bestimmte Grundoperationen wiederholen sich bei den Herstellungsverfahren, so daß die Grundprinzipien an diesen wenigen Beispielen erläutert werden können.

Feststoffkatalysatoren sollen eine möglichst große Oberfläche aufweisen. Da die katalytische Reaktion an der Feststoffoberfläche stattfindet, läßt sich mit derartigen Katalysatoren das Reaktorvolumen optimal ausnutzen. Besonders günstig sind hierfür die **Trägerkatalysatoren**. Sie bestehen aus einem Feststoff mit großer spezifischer Oberfläche, dem sog. Träger, auf dem man die katalytisch wirksame Substanz aufbringt. Häufig verwendete Trägermaterialien sind Kieselgur, Aluminiumoxid, bestimmte Silicate und Aktivkohle. Durch Auswahl des Trägermaterials können Form und Porenstruktur des Katalysators im voraus festgelegt werden. Der Träger wird als Pulver, Granulat, Extrudat oder in Form von Füllkörpern (z. B. Kugeln oder Ringe) eingesetzt.

Als Beispiel eines Verfahrens für Trägerkatalysatoren soll die Herstellung von Edelmetall-Hydrierkatalysatoren durch Imprägnierung (Tränken) des Trägermaterials beschrieben werden. Abb. 12.8 zeigt das Fließschema mit sechs aufeinanderfolgenden Grundoperationen.

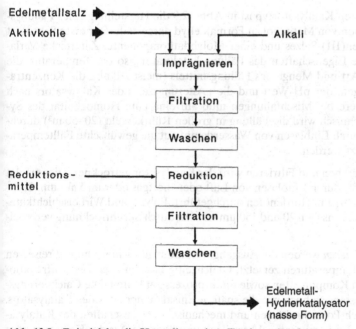

Abb. 12.8 Beispiel für die Herstellung eines Tränkungskatalysators

Der erste Schritt ist die Imprägnierung der Trägersubstanz (Aktivkohle) mit der wäßrigen Lösung eines Edelmetallsalzes, z. B. mit einer Lösung von Hexachloroplatinsäure (H_2PtCl_6). Bei der Imprägnierung wird zwischen Trocken- und Naßimprägnierung unterschieden: Bei der *Trockenimprägnierung* wird der Träger meist evakuiert und dann unter Rühren genau mit der Menge an gelöstem Edelmetallsalz benetzt, die dem Porenvolumen des Trägers entspricht. Bei der *Naßimprägnierung* wird eine überschüssige Salzlösung zugegeben und der Überschuß durch anschließende Filtration wieder entfernt. Um hohe Metallkonzentrationen zu erhalten oder um mehrere Komponenten auf den Träger aufzutragen, kann die Imprägnierung auch in mehreren Schritten durchgeführt werden (evtl. mit dazwischen liegenden Trocknungsschritten). Technisch wird die Trockenimprägnierung in rotierenden Reaktionskesseln durchgeführt, die Düsen zum Aufsprühen der Salzlösung enthalten.

Bei der Naßimprägnierung kann die überschüssige Lösung durch Abdestillieren des Lösungsmittels oder durch einen Filtrationsschritt entfernt werden. Im industriellen Maßstab werden sowohl Filterpressen, Rotationsfilter, Zentrifugen als auch Vakuumfilter eingesetzt. Filterpressen, z. B. mit 40 bis 50 Filterplatten mit jeweils 1 m² Filterfläche, werden sehr häufig verwendet, da sie eine Gegenstromwäsche ermöglichen und der Wassergehalt im Filterkuchen durch hydraulisches Pressen herabgesetzt werden kann. Zentrifugen sind dann vorteilhaft, wenn ein schneller, effektiver Waschvorgang erforderlich ist. Verläuft die Sedimentation des Katalysators ausreichend schnell, kann der Waschschritt auch durch einfaches Dekantieren erfolgen. Die Sedimentationsgeschwindigkeit kann durch Erwärmen oder durch Zusatz von Ausflokkungshilfsmitteln beeinflußt werden.

Der Edelmetall-Tränkungskatalysator (vgl. Abb. 12.8) ist nicht in seiner Salzform, sondern nur in seiner metallischen Form als Hydrierkontakt aktiv. Dazu muß eine Reduktion oder allgemein *Aktivierung* als weiterer Schritt durchgeführt werden. Dazu wird der Katalysator erneut in eine Suspension („slurry") überführt und mit dem Reduktionsmittel versetzt. Weitere Filtrations- und Waschschritte können sich anschließen, bis der aktive Hydrierkatalysator in nasser, handelsüblicher Form vorliegt.

Als Beispiel für einen anderen Katalysatortyp ist in Abb. 12.9 die Herstellung eines **Fällungskatalysators** für die Oxidation von Methanol zu Formaldehyd dargestellt. Der erste Schritt ist die Mischfällung eines Eisen(III)-Salzes und einer Molybdatkomponente. Zahlreiche Variablen haben Einfluß auf die Eigenschaften des Fällungskatalysators, so die Temperatur, die Rührgeschwindigkeit, die Art und Menge des Fällungsmittels (meist Alkali), die Konzentrationen der Ausgangslösungen, der pH-Wert und die „Alterungszeit" des Katalysators nach dem Fällschritt. Insbesondere bei Mischfällungen muß auf eine gute Homogenität des Systems geachtet werden. Technisch wird die Fällung in großen Rührkesseln (20–50 m³) durchgeführt, die indirekt oder durch Einblasen von Wasserdampf auf die gewünschte Fälltemperatur (häufig 50–70 °C) erhitzt werden.

Nach dem Dekantieren, Waschen und Filtrieren wird der Katalysator getrocknet. Dies erfolgt bei Temperaturen von 100 °C durch Einblasen von Luft oder Inertgas oder im Vakuum. Technisch wird der Trocknungsschritt in Hordenöfen durchgeführt. Pulver- und Wirbelschichtkatalysatoren mit Partikelgrößen zwischen 20 und 150 μm werden durch Sprühtrocknung verarbeitet.

Beim anschließenden *Calcinieren* werden die Ausgangsverbindungen – meist unter Freisetzen von Gasen – bei höheren Temperaturen zersetzt. Gleichzeitig können auch Feststoffreaktionen zwischen den einzelnen Komponenten sowie Sinterprozesse ablaufen. Die Calcinierungstemperatur ist meist mindestens so hoch wie die spätere Einsatztemperatur des Katalysators. Beim Calcinieren bilden sich Porenstrukturen und mechanische Eigenschaften des Katalysators aus. Über Aufheizrate, Endtemperatur, Verweilzeit und über die Art des Heizgases können die Produkteigenschaften gesteuert werden. In der Technik werden bei Temperaturen bis 600 °C elektrisch beheizte Öfen eingesetzt; bei höheren Temperaturen wird eine Direktbeheizung mit Gasbrennern erforderlich.

Nach dem Calcinieren wird das Produkt, z. B. in Hammermühlen, zu einem Pulver zermahlen, mit Additiven (Bindemittel oder Gleitmittel) in Knetern oder Mischern versetzt und in Tablettenform gepreßt. Zur Tablettierung werden kontinuierlich arbeitende Stanzmaschinen eingesetzt, die an die 500 000 Pellets pro Stunde produzieren. Die Tablettierung führt zu Katalysato-

ren von einheitlicher Größe und hoher mechanischer Festigkeit. Allerdings kann die Tablettierung auch die Porenstruktur beeinflussen. Sind Porendurchmesser > 300 Å (> 30 nm) erforderlich, wird zur Formgebung des Katalysators statt der Tablettierung besser die Extrusion
eingesetzt.

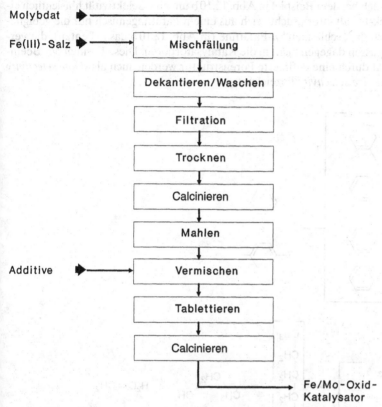

Abb. 12.9   Beispiel für die Herstellung eines Fällungskatalysators

Nach einem weiteren Calcinierschritt wird schließlich der einsatzbereite Fe/Mo-Oxid-Fällungs-
katalysator für die Methanoloxidation erhalten (vgl. Abb. 12.9).

12.3.3 Katalysatorcharakterisierung

Mit einer Vielzahl von Analysenmethoden ist es inzwischen möglich, einen Katalysator zu untersuchen und dadurch das Katalysatorherstellverfahren zu überprüfen. Man kann diese Methoden unterscheiden in Meßverfahren, die Struktur und inneren Aufbau *(Textur)* des Katalysators erfassen, in Methoden zur Volumenuntersuchung und in Verfahren zur Oberflächen-
analytik.

Die Aktivität eines Katalysators wird wesentlich davon bestimmt, wieviele aktive Zentren in
seiner inneren und äußeren Oberfläche für die Reaktanden zugänglich sind. Diese Eigenschaft wird wiederum davon beeinflußt, wie die Geometrie des zugänglichen Katalysatorvolu-
mens aufgebaut ist und wie die katalytisch aktiven Zentren dort verteilt sind. In Sonderfällen –
wie z. B. bei einigen Anwendungen von Zeolithen – kann die Porenstruktur des Katalysators
auch die Selektivität wesentlich beeinflussen. Abb. 12.10 a, b zeigt anhand von zwei Beispie-

len, wie sich die Porenstruktur von Katalysatoren auf die Selektivität auswirken kann. In Abb. 12.10a wird am Beispiel der Disproportionierung von Toluol in Benzol und Xylol eine übliche produktbezogene Selektivität vorgestellt. Der engporige Katalysator läßt nur die Reaktion zu dem „schlanken" p-Xylol zu und nicht zu den „sperrigen" Isomeren o- und m-Xylol. Im Unterschied dazu handelt es sich bei dem Beispiel in Abb. 12.10b um eine Selektivität hinsichtlich eines Eduktes. Der Crack-Katalysator „sucht" sich aus einem Paraffingemisch nur die geeigneten Edukte aus, nämlich die „schlanken" n-Paraffine (in Abb. 12.10b das n-Pentan); die verzweigten Isoparaffine passen dagegen nicht in die Katalysatorporen. Diese Formen der Beeinflussung der Selektivität durch eine definierte Porenstruktur werden auch als *shape selectivity* (Formselektivität) oder *size selectivity* bezeichnet.

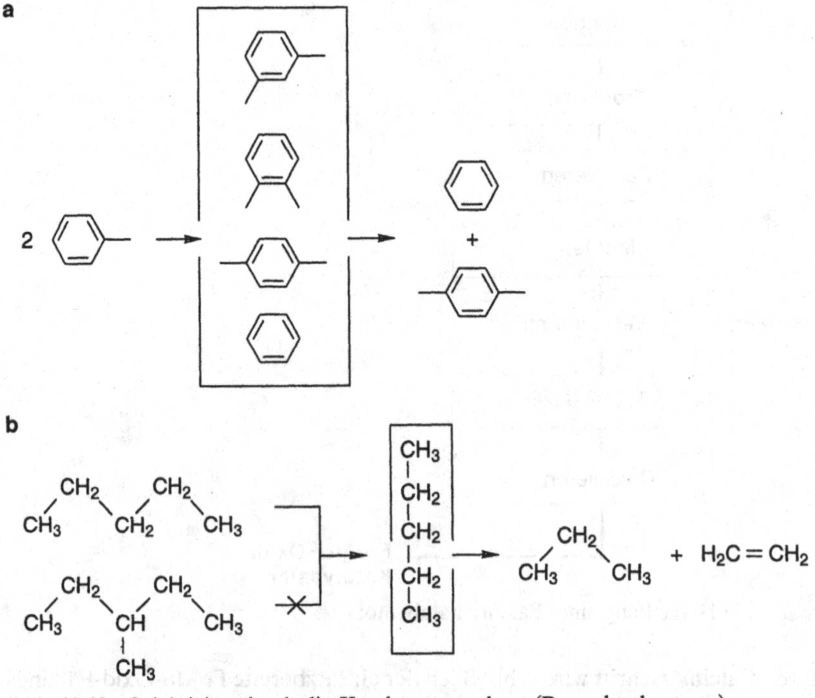

a

b

Abb. 12.10 Selektivität durch die Katalysatorstruktur (Porendurchmesser)
a Produktselektivität: Disproportionierung von Toluol in Benzol und p-Xylol mit einem Zeolith ZSM-5,
b Eduktselektivität: selektives Cracken von n-Paraffinen mit einem Zeolith-Katalysator

Die **Textur** eines Katalysators kann durch folgende Parameter beschrieben werden:
- spezifische Oberfläche, d. h. die zugängliche äußere und innere Oberfläche pro Gramm Katalysator,
- spezifische Porosität, d. h das zugängliche Porenvolumen pro Gramm Katalysator,
- mittlere Porengröße (Porenradius), z. B. ermittelt durch Division des Porenvolumens durch die spezifische Oberfläche, multipliziert mit einem Faktor für die Porengeometrie (Zylinder, Schlitze, Flaschenhalsporen etc.). Die Klassifizierung der Poren erfolgt in
  - Makroporen $d \geq 50$ nm,
  - Mesoporen 2 nm $\leq d \leq 50$ nm und
  - Mikroporen $d \leq 2$ nm,
- Porengrößenverteilung (Porenradienverteilung) sowie
- die Partikelgrößenverteilung.

Die Katalysatortextur wird im wesentlichen durch folgende Meßmethoden bestimmt:

- *Messung der Adsorptionsisotherme bei physikalischer Adsorption* (Physisorptionsisotherme):

Die Adsorption eines physikalisch adsorbierten Gases, bevorzugt Stickstoff, an einer Katalysatoroberfläche wird bei einer vorgegebenen konstanten Temperatur (isotherm) durch volumetrische Messungen ermittelt (vgl. Abb. 12.11). Trägt man das adsorbierte Gasvolumen V_a als Funktion des Gasdruckes auf (p gemessener Druck; p_s Sättigungsdruck bei der vorgegebenen Meßtemperatur), ergibt sich für den gemessenen Katalysator eine Isotherme, aus der sich das Volumen für eine Monoschicht V_M ermitteln läßt. Der Punkt, an dem die Adsorptionsisotherme in eine Gerade übergeht (B in Abb. 12.11), ist der Beginn der Mehrschichtenadsorption; der zugehörige Ordinatenabschnitt entspricht V_M. Aus V_M und der Querschnittsfläche eines Adsorbatmoleküls erhält man die spezifische Oberfläche des untersuchten Katalysators. Genauer läßt sich V_M mit einem mathematischen Ansatz für die Mehrschichtenadsorption bestimmen, der 1938 von S. **Brunauer**, P. H. **Emmet** und E. **Teller** angegeben wurde *(BET-Gleichung)*. Nach diesen drei Autoren wird dieses Verfahren zur Bestimmung der spezifischen Oberfläche auch als *BET-Methode* bezeichnet. Typische Werte für spezifische Katalysatoroberflächen sind in Tab. 12.6 aufgeführt.

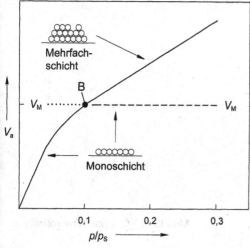

Abb. 12.11 Typische Adsorptionsisotherme für physikalische Adsorption („Physisorption")

Tab. 12.6 Typische spezifische Katalysatoroberflächen

Katalysator	Anwendungsgebiet	spezifische Oberfläche (m^2/g)
Zeolith	Cracken	1000
Aktivkohle	Katalysatorträger	500–1300
SiO_2/Al_2O_3	Cracken	200–500
Co, Mo/Al_2O_3	Hydrotreating	200–300
Ni/Al_2O_3	Hydrierung	250
Fe/Al_2O_3/K_2O	Ammoniaksynthese	10
V_2O_5	Oxidation	1
Pt/Rh-Netz	Ammoniakoxidation	0,01

- *Quecksilberporosimetrie:*

Quecksilber dringt bei Normaldruck nicht in Katalysatorporen ein. Erst bei Anwendung von Überdruck verteilt sich das Quecksilber in den Poren, so daß diese Methode zur Bestimmung der Porengrößenverteilung genutzt werden kann. Der Zusammenhang zwischen Porenradius r_p und Quecksilberdruck p_{Hg} ergibt sich aus folgender Gleichung:

$$r_p = - \frac{2 \, \tau \cos \theta}{p_{Hg}}$$

Da die Oberflächenspannung τ des Quecksilbers (= 484 mN/m) und der Kontaktwinkel θ zwischen Festkörper und Quecksilber (ca. 140°) bekannt sind, läßt sich aus dem Druck direkt auf den Porenradius zurückschließen. Mißt man bei steigendem Druck das Volumen des in den Katalysator eindringenden Quecksilbers, kann eine kumulative Eindringkurve und daraus eine Porenradius-Verteilungskurve ermittelt werden (vgl. Abb. 12.12). Ursprünglich wurde die Quecksilberporosimetrie zur Untersuchung von Makroporen entwickelt. Da inzwischen Porosimeter gebaut werden, die zwischen Atmosphärendruck und 500 MPa (5000 bar) arbeiten, sind Porenradien zwischen 7,5 µm und 1,5 nm, also auch Mesoporen, meßbar geworden.

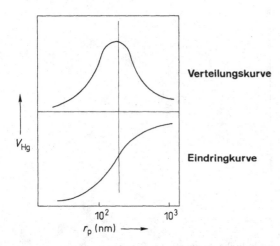

Abb. 12.12 Quecksilberporosimetrie

Tab. 12.7 Volumenuntersuchungsmethoden zur Katalysatorcharakterisierung

Abkürzung	Bezeichnung	Informationsgehalt
AAS	Atomabsorptionsspektroskopie	quantitative Analyse
XRD	Röntgenstrukturanalyse (**X-ray-diffraction**)	Phasenzusammensetzung, Kristallitgröße
EXAFS	Röntgenfeinstrukturanalyse (**extended X-ray absorption fine structure**)	Art und Abstand benachbarter Atome
MES	Mößbauer-Emissionsspektroskopie	Phasenzusammensetzung
NMR	Kernresonanzspektroskopie (**nuclear magnetic resonance**)	Struktur (Kerne mit magnetischem Moment)
XRF	Röntgenfluoreszenzspektroskopie (**X-ray fluorescence**)	quantitative Analyse
EPMA	Elektronstrahl-Mikroanalyse	räumliche Elementverteilung

Bei den Methoden zur **Volumenuntersuchung** von Katalysatoren gibt es eine Fülle von Techniken, von denen die wichtigsten in Tab. 12.7 aufgelistet sind. Weit verbreitet ist die Methode der Röntgenstrukturanalyse (XRD). Da Katalysatoren oftmals aus fein verteilten festen Phasen bestehen, kann ein Röntgenpulverdiagramm wesentliche Informationen zur Katalysatorcharakterisierung beitragen. So kann z. B. durch Analyse der Linienbreite von Röntgenlinien die Größe vorhandener Kristallite bestimmt werden.

Am umfangreichsten sind die Möglichkeiten zur Untersuchung von **Katalysatoroberflächen** (vgl. Tab. 12.8). Bei der Elektronenmikroskopie (SEM) wird die Katalysatoroberfläche mit Elektronen (5–50 kV) abgetastet. Die zurückgeworfenen und emittierten Elektronen ergeben ein Bild von der Geometrie der Oberfläche, das einer 20000- bis 50000fachen Vergrößerung entspricht mit einer Auflösung bis zu 5 nm. Mit der Transmissions-Elektronenmikroskopie (TEM) werden sogar Vergrößerungen bis zu 1 Mio. und Auflösungen besser als 0,5 nm erzielt.

Tab. 12.8 Oberflächenuntersuchungen zur Katalysatorcharakterisierung

Abkürzung	Bezeichnung	Informationsgehalt
SEM	Raster-Elektronenmikroskopie (scanning electron microscopy)	Katalysatortopographie, Mikrotextur und -struktur
TEM	Transmissions-Elektronenmikroskopie (transmission electron microscopy)	
AES	Auger-Elektronenspektroskopie	chemische Zusammensetzung
SAM	Scanning Auger microscopy	laterale Auflösung der Oberfläche
XPS (ESCA)	Röntgen-Photoelektronen-Spektroskopie (X-ray photoelectron spectroscopy, electron spectroscopy for chemical analysis)	chemische Zusammensetzung, Bindungszustände
UPS	Ultraviolett-Photoelektronen-Spektroskopie	Bindungselektronen chemisorbierter Moleküle
IRS	Infrarot-Spektroskopie	Schwingungsspektren von Adsorbatmolekülen
Raman	Raman-Spektroskopie	
HREELS	hochauflösende Elektronenenergieverlust-Spektroskopie (high resolution electron energy loss spectroscopy)	
TPD	temperaturprogrammierte Desorption	Adsorbatschicht
LEED	Beugung langsamer Elektronen (low-energy electron diffraction)	Oberflächengeometrie bei Einkristallen
ISS	Ionenstreu-Spektroskopie	chemische Analyse der obersten Atomlage
SIMS	Sekundärionen-Massenspektroskopie	chemische Analyse der Oberfläche und Tiefenprofilanalyse

Bei der Auger-Elektronenspektroskopie (AES) werden mit Elektronen (1–5 kV) Löcher in den inneren Elektronenschalen eines Oberflächenatoms erzeugt. Valenzelektronen fallen in diese inneren Bahnen und setzen dabei soviel Energie frei, daß ein anderes Elektron das Atom verläßt (vgl. Abb. 12.13a). Die kinetische Energie dieses „Auger-Elektrons" ist charakteristisch für die betreffende Atomart.

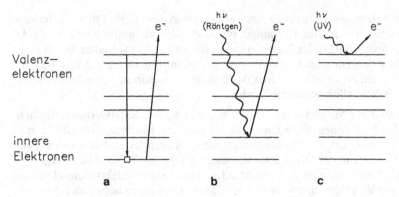

Abb. 12.13 Vergleich elektronenspektroskopischer Methoden. **a** AES (Auger-Elektronen-Spektroskopie), **b** XPS (Röntgen-Photoelektronen-Spektroskopie), **c** UPS (Ultraviolett-Photoelektronen-Spektroskopie)

Bei der Röntgen-Photoelektronen-Spektroskopie (XPS, ESCA) wird der Katalysator mit Röntgenlicht, meist mit einer Al-K_α oder einer Mg-K_α-Strahlung, bestrahlt. Aus den inneren Schalen werden Photoelektronen freigesetzt (vgl. Abb. 12.13b). Ähnlich verläuft die Ultraviolett-Photoelektronen-Spektroskopie (UPS). Bei dieser Methode erfolgt die Bestrahlung mit Photonen geringerer Energie, die nur eine Freisetzung von äußeren Valenzelektronen ermöglichen (vgl. Abb. 12.13c).

Abb. 12.14 faßt noch einmal zusammen, welche Eigenschaften eines heterogenen Katalysators bestimmt und welche Charakterisierungsmethoden dazu benutzt werden können.

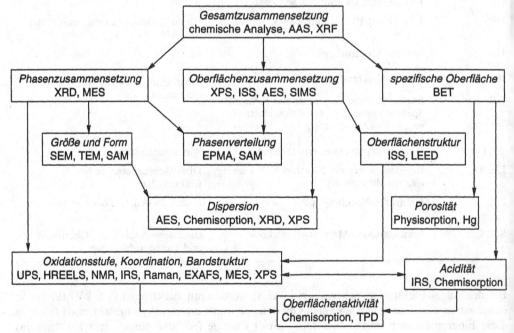

Abb. 12.14 Übersicht über die Katalysator-Charakterisierungsmethoden (Hg = Quecksilberporosimetrie)

12.3.4 Spezielle Heterogenkatalysatoren

In diesem Abschnitt werden wegen ihrer großen wirtschaftlichen Bedeutung die Zeolithkatalysatoren und die Katalysatoren für den Umweltschutz gesondert besprochen.

Zeolithe (zeolites) sind Alumosilicate mit der allgemeinen Formel

$$M_a^z \cdot (Al_2O_3)_m \cdot (SiO_2)_n \cdot x\ H_2O,$$

wobei M_a^z a Kationen mit der Ladung z bedeutet. Wichtige Kationen sind die der Alkali- und Erdalkalimetalle. Über 150 Zeolithe sind inzwischen bekannt, davon kommen ca. 40 in der Natur vor.

Die Zeolithe bestehen aus SiO_4- und AlO_4-Tetraedern, die über gemeinsame Sauerstoffatome miteinander verbunden sind. 24 Tetraeder können sich zu einem Kubooctaeder, dem sogenannten „β-Käfig" verknüpfen (vgl. Abb. 12.15a). Die Verbindung von β-Käfigen über ihre quadratischen Flächen, also über Würfel, führt zum Zeolith A (vgl. Abb. 12.15b). Eine Verknüpfung der β-Käfige über hexagonale Prismen führt zur Struktur der Zeolithe X und Y (vgl. Abb. 12.15c). Ganz anders ist der Zeolith ZSM-5 aufgebaut. Seine Struktur ergibt sich durch die Verknüpfung von Fünfringen. Abb. 12.16 zeigt die Grundbaueinheit (a), die Verknüpfung zu Ketten (b) und zu einem dreidimensionalen Netzwerk (c). Diese Strukturen lassen Kanalsysteme entstehen, die schematisch im Teilbild (d) wiedergegeben sind: Im ZSM-5 kreuzen sich ein gradlinig und ein gewinkelt verlaufendes System von Kanälen.

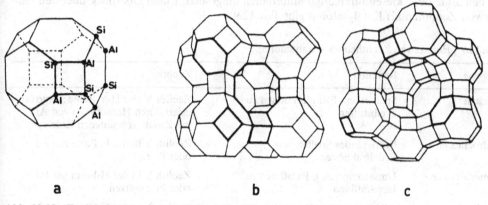

Abb. 12.15   Zeolith-Strukturen. **a** β-Käfig, **b** Zeolith A, **c** Zeolithe X und Y

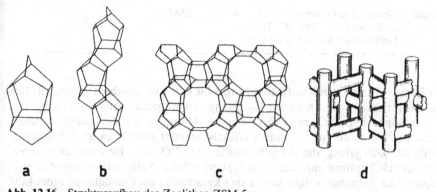

Abb. 12.16   Strukturaufbau des Zeolithen ZSM-5.
a Grundbaueinheit, **b** Verknüpfung von Ketten, **c** dreidimensionales Netzwerk,
d Kanalsysteme (schematisches Teilbild)

Die synthetischen Zeolithe lassen sich nach verschiedenen Methoden herstellen. Eine Möglichkeit besteht darin, natürlich vorkommendes Kaolin durch Erhitzen auf Temperaturen über 550 °C in Metakaolin umzuwandeln und dieses, suspendiert in Natriumhydroxidlösung, bei ca. 100 °C in Zeolith A umzusetzen. Wesentlich häufiger wird die Herstellung aus vollständig synthetischen Ausgangsstoffen durchgeführt, und zwar aus Natriumaluminat und aus Kieselsäure. Das Natriumaluminat entsteht durch Auflösen von Aluminiumoxidhydrat in Natronlauge. Als Kieselsäurekomponente wird bevorzugt das technisch gut zugängliche Wasserglas verwendet. Durch Zusammengeben der Lösungen mit einem exakt definiertem Verhältnis der Bestandteile Na_2O, Al_2O_3, SiO_2 und H_2O bildet sich ein Natriumalumosilicatgel, aus dem die Zeolithe auskristallisieren. Durch Zusatz von Kristallkeimen läßt sich dieser Vorgang beeinflussen. Nach beendetem Kristallisationsvorgang werden die Zeolithe z. B. mit Filterpressen abfiltriert, mehrfach gewaschen und schließlich getrocknet. Die Waschlösungen können nahezu vollständig in den Syntheseprozeß zurückgeführt werden.

Die Zeolithe können weiter variiert werden, indem die Natriumionen durch andere Kationen ersetzt werden. Technische Bedeutung hat der Austausch gegen Kalium, Ammonium, Calcium, seltene Erden und Übergangsmetalle erlangt. So besitzen Zeolithe in der Lanthanoidform eine hohe Bedeutung als Crackkatalysatoren. Zeolithe in der Ammoniumform können beim Erhitzen Ammoniak abspalten und eine stabile „H-Form" bilden, die zahlreiche Brönsted- und Lewis-Säurezentren besitzt.

Für die Verwendung als Katalysatoren werden die Zeolithe schließlich noch in Formkörper überführt, insbesondere durch Extrusion, Granulation oder Sprühtrocknung. Als Bindemittel werden Tone oder kieselsäurehaltige Materialien eingesetzt. Einen Überblick über den Einsatz von Zeolithen als Katalysatoren gibt Tab. 12.9.

Tab. 12.9   Einsatz von Zeolithen als Katalysatoren

Prozesse	Reaktion	Zeolith
Cracken	Spalten von Erdölfraktionen zu Treibstoffen	Zeolith Y und H-Y (temperaturstabilisiert durch Herauslösen von Al) mit Zusatz von seltenen Erden
Hydrocracken	hydrierendes Spalten von Erdölfraktionen	Zeolith Y in der H-Form mit Pd- oder Pt-Zusätzen
Isomerisierung	Umsetzung von n-Paraffinen zu Isoparaffinen	Zeolith Y in der H-Form mit Pd- oder Pt-Zusätzen
Alkylierung	Alkylierung von Aromaten	Zeolith Y in der H-Form oder La-Form
Mobil-Oil-Prozesse	Methanol to Gasoline (MTG) Methanol to Olefins (MTO) Methanol to Aromatics (MTA)	ZSM-5

Eine weitere wichtige Gruppe von **Katalysatoren** wird **für den Umweltschutz** eingesetzt. Bei einer Vielzahl von Prozessen werden sie zur Reinigung von Abgasen durch Entfernung von Schadstoffen, insbesondere von NO_x und CO, verwendet. Allgemein bekannt sind die Autoabgaskatalysatoren für Ottomotoren. Besonders effektiv arbeitet der Dreiwegkatalysator in Kombination mit der λ-Regelung, der die Schadstoffe NO_x, CO sowie die nichtverbrannten Kohlenwasserstoffe (HC) optimal entfernt ($> 90 \%$) und sich durch eine relativ lange Lebensdauer auszeichnet. Die Autoabgaskatalysatoren sind keramische oder metallische Monolithkatalysatoren oder Schüttgutkatalysatoren. In Europa sind die Monolithkatalysatoren weit verbreitet, in den USA fährt z. Z. noch jedes 5. Fahrzeug mit einem Schüttgutkatalysator. Die Schüttgutfüllung besteht aus γ-Aluminiumoxidkugeln, die mit Edelmetallen beschichtet sind. Keramische Monolithe bestehen aus Magnesiumaluminiumsilicat und werden durch Extrusion hergestellt. Der Querschnitt des Monolithen zeigt bis über 60 quadratisch aufgebaute Zellen pro cm². Analoge metallische Monolithe werden durch Aufrollen gewellter Stahlfolien gebildet. Beide Trägersysteme sind zuerst einmal katalytisch inaktiv. Sie werden überzogen mit einer oxidischen Schicht aus γ-Al$_2$O$_3$, dem sog. Washcoat, der anschließend mit Edelmetallen imprägniert wird. Durch den Washcoat wird die aktive Oberfläche des Katalysators auf bis zu 18 000 m² pro Liter Katalysatorvolumen erhöht. Als Edelmetalle werden meist Platin und Rhodium im Verhältnis 5 : 1 bis 10 : 1 eingesetzt; die Menge an Edelmetallen beträgt ca. 1 bis 2 g Metall pro Liter Katalysatorvolumen. Wegen der hohen Rhodium- und Platinkosten ist man z. Z. bemüht, unter Einhaltung der strengen Abgasgrenzwerte die Edelmetallbeladung zu verringern bzw. Pt und Rh durch das kostengünstigere Palladium zu ersetzen. Eine Übersicht über die wichtigsten katalysierten Reaktionen bei der Abgasreinigung gibt Abb. 12.17. Damit diese Reaktionen mit ausreichender Geschwindigkeit ablaufen, müssen die Katalysatorfunktionen und die Betriebsbedingungen optimal aufeinander abgestimmt sein. Dieser optimale Bereich wird als „λ-Fenster" bezeichnet.

$$C_mH_n + (m + n/4)\, O_2 \longrightarrow m\, CO_2 + n/2\, H_2O$$

$$CO + 1/2\, O_2 \longrightarrow CO_2$$

$$H_2 + 1/2\, O_2 \longrightarrow H_2O$$

$$NO + CO \longrightarrow 1/2\, N_2 + CO_2$$

$$2\,(m + n/4)\, NO + C_mH_n \longrightarrow (m + n/4)\, N_2 + m\, CO_2 + n/2\, H_2O$$

$$NO + H_2 \longrightarrow 1/2\, N_2 + H_2O$$

$$CO + H_2O \longrightarrow CO_2 + H_2O$$

Abb. 12.17 Wichtige Einzelreaktionen bei der Abgasreinigung.

Bei den Dieselmotoren liegen die CO- und HC-Emissionen weit unter denen der Benzinfahrzeuge mit Katalysator. Die NO$_x$-Werte und insbesondere die sog. Partikelemissionen (Ruß, höhersiedende Kohlenwasserstoffe) sind jedoch wesentlich höher. Mit katalytischen Filtern und mit Dieseloxidationskatalysatoren wird z. Z. mit Erfolg versucht, diese Emissionen zu senken. Der Dieselpartikelfilter (DPF), ein keramischer Monolith, fängt bis zu 90% der Partikel auf, die anschließend mit einem Zündkatalysator bei niedrigen Temperaturen zu CO$_2$ verbrannt werden. Der Oxidationskatalysator ermöglicht eine direkte Oxidation der Kohlenwasserstoffe und der gasförmigen Schadstoffe, allerdings bisher nur mit einer Effizienz von 60%.

Auch Abgase, die in Kraftwerken oder in Produktionsanlagen anfallen, enthalten Schadstoffe, insbesondere Schwefeldioxid und Stickoxide. Zur Entschwefelung werden oft nichtkatalytische Naßverfahren angewandt, bei denen der Schwefel in Form von Gips als Nebenprodukt anfällt. Zur Entfernung der Stickoxide wird bevorzugt das SCR-Verfahren (selective catalytic reduction) eingesetzt (vgl. Abb. 12.18). Hierbei werden die Stickoxide durch Reduktion mit Ammoniak in Gegenwart von Luftsauerstoff katalytisch in Stickstoff und Wasser umgewandelt. Die verwendeten „Denox"-Katalysatoren bestehen aus Titanoxid mit Oxiden des

Vanadiums und des Wolframs. Bei Temperaturen von 300 bis 450 °C werden NO_x-Umsätze von über 90% erzielt. Bei kleineren Anlagen können sowohl NO_x als auch SO_2 katalytisch entfernt werden. Bei diesem „Desonox"-Verfahren erfolgt zuerst die Entstickung nach der SCR-Technologie; anschließend wird SO_2 katalytisch zu SO_3 oxidiert und als Schwefelsäure ausgewaschen.

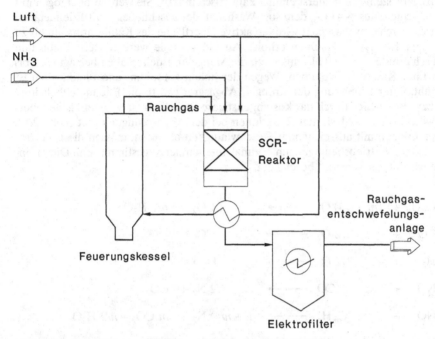

Abb. 12.18 Entstickung von Rauchgasen nach dem SCR-Verfahren

Auch in Zukunft ist mit der Entwicklung gänzlich neuer Katalysatortypen zu rechnen. Schon heute erfolgt ein Großteil der chemischen Produktion mit Hilfe von Heterogenkatalysatoren. Allein der Wert der Chemikalien, die 1987 in den USA katalytisch produziert wurden, belief sich auf 750 Mrd. US-$; d. h. ca. 20% des Sozialproduktes der USA wurden unter Einsatz von Katalysatoren erwirtschaftet. Die Katalyse ist auch aus dem Energiebereich und aus dem Umweltschutz nicht mehr wegzudenken. Mit Hilfe effektiver Katalysatoren wird sich die Selektivität der Verfahren weiter verbessern, die Menge an Abfallnebenprodukten weiter reduzieren und die erforderliche Prozeßenergie weiter senken lassen.

12.4 Silicone

12.4.1 Struktur und Eigenschaften

Silicone sind oligomere oder polymere Verbindungen, die über ein Grundgerüst aus Silicium und Sauerstoff verfügen und in denen die verbleibenden Valenzen des Siliciums durch organische Substituenten abgesättigt sind. Typisch für Silicone sind die linearen, verzweigten oder auch miteinander vernetzten Si-O-Si-Ketten. Silicone sind somit Polyorganosiloxane. Der organische Rest ist überwiegend die Methylgruppe. Die Moleküle zweier einfacher Vertreter, des Hexamethyldisiloxans und eines linearen polymeren Silicons, haben die folgenden Strukturen:

$$
\begin{array}{ccc}
H_3C \quad\quad CH_3 & \quad H_3C \quad \left[CH_3 \right] \quad CH_3 \\
| \quad\quad\quad | & \quad | \quad\quad\quad | \quad\quad\quad | \\
H_3C-Si-O-Si-CH_3 & \quad H_3C-Si-O \!-\!\!\left[Si-O \right]\!\!-\! Si-CH_3 \\
| \quad\quad\quad | & \quad | \quad\quad\quad | \quad\quad\quad | \\
H_3C \quad\quad CH_3 & \quad H_3C \quad\quad CH_3 \quad_n \quad CH_3
\end{array}
\qquad (12.14)
$$

Die Molmasse des linearen Polymeren kann über eine 1 Mio. betragen, d. h., die Kette ist dann aus mehr als 14000 Wiederholungseinheiten aufgebaut.

Die Silicone bestehen aus vier unterschiedlichen Siloxaneinheiten, die in Tab. 12.10 aufgeführt sind: Mono-, di-, tri- und tetrafunktionelle Baueinheiten können sich zu einer großen Produktvielfalt kombinieren. Gebildet werden diese Baueinheiten durch entsprechend funktionalisierte Chlorsilane. Die difunktionellen Einheiten D führen zu linearen Polyorganosiloxanen, die monofunktionellen Einheiten M schließen jeweils ein Kettenende ab. Tri(T)- und tetra(Q)-funktionelle Einheiten sorgen für die Verzweigung der Silicone.

Tab. 12.10   Siloxan-Baueinheiten

Funktionalität	Formel	Struktur	Chlorsilan-Vorprodukt
Mono (M)	$R_3SiO_{1/2}$	$R-\overset{\displaystyle R}{\underset{\displaystyle R}{Si}}-O-$	R_3SiCl
Di (D)	$R_2SiO_{2/2}$	$-O-\overset{\displaystyle R}{\underset{\displaystyle R}{Si}}-O-$	R_2SiCl_2
Tri (T)	$RSiO_{3/2}$	$-O-\overset{\displaystyle R}{\underset{\displaystyle O}{Si}}-O-$	$RSiCl_3$
Tetra (Q, quartär)	$SiO_{4/2}$	$-O-\overset{\displaystyle O}{\underset{\displaystyle O}{Si}}-O-$	$SiCl_4$

Durch unterschiedlichste Verknüpfung der Baueinheiten, durch Variation des Restes R und durch nachträgliche Verknüpfungsreaktionen entsteht eine umfangreiche Palette an Siliconverbindungen. Alle Produkte zeichnen sich durch ein gemeinsames Eigenschaftsprofil aus:

Silicone

- haben eine große thermische Beständigkeit (Einsatzbereich von −100 bis +300 °C),
- haben eine hohe Lebensdauer und werden durch UV-Strahlen, Oxidationen oder Wettereinflüsse nicht angegriffen,

- wirken hydrophobierend und, je nach Struktur, als Entschäumer oder Schaumstabilisatoren,
- sind elektrisch nicht leitend,
- sind gas- und dampfdurchlässig und
- ihre physikalischen Eigenschaften sind kaum von der Temperatur abhängig.

12.4.2 Herstellung der Ausgangsverbindungen

Die Ausgangsverbindungen für die Silicone sind die in Tab. 12.10 aufgeführten Chlorsilane. Die größte Bedeutung haben die Methylchlorsilane, aber auch Phenyl-, Vinyl- und anderweitig substituierte Chlorsilane finden Verwendung für spezielle Einsatzzwecke.

Die **Methylchlorsilane** $(CH_3)_n SiCl_{4-n}$ konnten im Labormaßstab schon früh mit Hilfe von Grignard-Verbindungen hergestellt werden. Idealisiert ergibt sich folgende Gleichung:

$$SiCl_4 + 2\ CH_3MgCl \longrightarrow (CH_3)_2SiCl_2 + 2\ MgCl_2 \tag{12.15}$$

Für eine technische Realisierung im Großmaßstab ist die Grignard-Synthese nicht geeignet. Der Durchbruch gelang im Mai 1940 E. G. Rochow, der bei der General Electric die Direktsynthese der Methylchlorsilane aus Methylchlorid und Silicium entdeckte. Unabhängig davon fand gleichzeitig R. Müller in Radebeul bei Dresden diese Syntheseroute, konnte sie aber aus kriegsbedingten Gründen technisch nicht realisieren.

Vereinfacht lautet die Gleichung dieser Direktsynthese:

$$Si + 2\ CH_3Cl \xrightarrow{\ (Cu)\ } (CH_3)_2SiCl_2 \tag{12.16}$$

Neben dem Hauptprodukt Dimethyldichlorsilan entstehen Methyltrichlorsilan, Trimethylchlorsilan, Methyldichlor- und Dimethylchlorsilan, Tri- und Tetrachlorsilan sowie chlor- und methylgruppenhaltige Di-, Tri- und Polysilane. Für die Trennung dieses Reaktionsgemisches ist eine sehr aufwendige Destillation in Kolonnen mit hoher Trennleistung erforderlich.

Die Direktsynthese hat den Vorteil, daß sie auch im technischen Maßstab gut durchgeführt werden kann. Silicium ist durch Reduktion von Siliciumdioxid mit Koks in Elektroschachtöfen zugänglich; Methylchlorid wird durch Methanchlorierung oder Umsetzung von Methanol und Chlorwasserstoff hergestellt (vgl. Kap. 3.1.4 u. 8.5.1). Als weitere Komponente wird für die *Müller-Rochow-Synthese* ein Kupferkatalysator benötigt.

Ohne Kupfer läuft die Reaktion erst bei 400 °C ab und liefert nahezu ausschließlich Siliciumtetrachlorid. Mit Kupfer läuft die Direktsynthese schon bei 280 °C und produziert das gewünschte Dimethyldichlorsilan als Hauptprodukt. Seit 1940 wurden auch zahlreiche andere Katalysator-Elemente in die Untersuchungen einbezogen, aber nur Kupfer führte zum Erfolg. Es konnte nachgewiesen werden, daß metallisches Kupfer nicht als Katalysator wirkt. Technisch werden Kupferoxidsysteme eingesetzt, die noch zusätzlich mit Zinkpromotoren aktiviert werden. Die Kupfermengen liegen bei 2 bis 6%, die eingesetzten Zinkmengen bei 0,05 bis 0,5%, bezogen auf die eingesetzte Feststoffmischung.

Der genaue Mechanismus der Direktsynthese ist trotz 50jähriger intensiver Forschung nicht eindeutig bekannt. Offensichtlich spielt aber eine Legierung des Kupfers mit dem Silicium, das Cu_3Si, eine Rolle. Rochow nimmt an, daß Methylchlorid mit dem „aktivierten Kupfer" als erstes reagiert und intermediäre Kupferverbindungen, vermutlich auch CuCl, gebildet werden, die dann im zweiten Reaktionsschritt mit der Siliciumoberfläche reagieren. Es bilden sich Si-Cl-Bindungen, die dann mit freien oder gebundenen Methylgruppen Cl-Si-CH$_3$-Einheiten ergeben, die noch an die Si-Oberfläche gebunden sind. Eine Wiederholung dieses Vorgangs führt zum freien (CH$_3$)$_2$SiCl$_2$. Stößt die Cl-Si-CH$_3$-Gruppe hingegen zuerst auf ein weiteres CuCl-Molekül, bildet sich CH$_3$SiCl$_3$; stößt sie jedoch zuerst auf eine weitere Methylgruppe, entsteht (CH$_3$)$_3$SiCl. Kupfer ist offensichtlich deshalb das einzig effektive Katalysatormetall, weil seine intermediären Verbindungen bei den Reaktionsbedingungen gerade die optimale Lebensdauer und Reaktivität besitzen, um mit den Siliciumatomen reagieren zu können.

Die technische Realisierung des Müller-Rochow-Verfahrens geschieht kontinuierlich in einem Wirbelschichtreaktor, in dem Wärmeabfuhr und Reaktionsführung gut beherrscht werden können (vgl. Abb. 12.19). In die Reaktoren von einigen Metern Durchmesser wird seitlich die Kontaktmasse aus Silicium, Kupfer und Zink eingespeist und von unten vorerhitztes Methylchlorid eingeblasen. Die Siliciumpartikel haben Korngrößen unter 1 mm. Die Kornverteilung der Kupferpartikel wird so gewählt, daß im Wirbelbett keine Separierung und kein zu großer Austrag stattfindet. Wichtig ist ein gleichmäßiges, möglichst blasenfreies Fließen der Kontaktmasse und eine genaue Temperaturführung im Bereich um 300 °C. Um dies zu erreichen, ist der Wirbelbettreaktor mit innen- und außenliegenden Wärmetauschern ausgerüstet. Um eine möglichst hohe Raum-Zeit-Ausbeute zu erzielen, wird die Reaktion bei einem leichten Überdruck (0,1–0,5 MPa = 1–5 bar) durchgeführt.

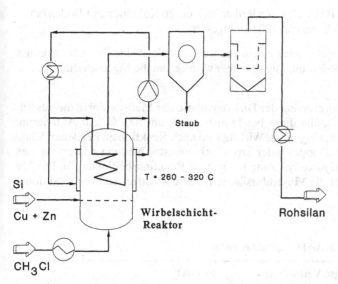

Abb. 12.19 Müller-Rochow-Verfahren zur Herstellung von Methylchlorsilanen

Hinter den Reaktor ist ein Zyklon geschaltet, der den ausgetragenen Staub weitgehend abscheidet. Dieser Staub besteht aus Silicium, Kupfer, Aluminiumchlorid und Ruß. Restpartikel werden in einem Filter aufgefangen.

Aus dem Rohsilan wird als erstes das nicht abreagierte Methylchlorid abgetrennt und zurückgeführt. Das verbleibende Produktgemisch hat eine komplexe Zusammensetzung, die in Tab. 12.11 aufgeführt ist. Wie die Siedepunkte in dieser Tabelle zeigen, sind die oligomeren Silane und Siloxane noch relativ einfach abzutrennen. Schwierig ist die Auftrennung der monomeren Silane, die teilweise noch untereinander Azeotrope bilden. Da für die Siliconsynthese

Tab. 12.11 Zusammensetzung des „Rohsilans"

Silan	Menge (%)	Sdp. (°C)
Me_2SiCl_2	70–90	70,2
$MeSiCl_3$	6–15	66,1
Me_3SiCl	2–4	57,3
$SiCl_4$	1	57,6
$MeSiHCl_2$	3–8	40,4
Me_2SiHCl	< 1	35,4
$SiHCl_3$	< 1	31,8
Me_4Si	< 1	26,2
Disilane, Trisilane	2–4	> 112
Disiloxane	2–4	> 100

$Me = CH_3$

ein Ausgangsprodukt von hoher Reinheit erforderlich ist, werden Kolonnen mit Bodenzahlen bis 200 und einem Rücklaufverhältnis von 150 : 1 eingesetzt.

Neben den Methylchlorsilanen spielen auch einige andere Chlorsilane eine Rolle. Mengenmäßig haben sie zwar keine große Bedeutung; sie sind aber wichtig, um die Eigenschaften der Silicone zu beeinflussen.

Die **Phenylchlorsilane** werden ganz analog der Direktsynthese der Methylchlorsilane aus Silicium und Chlorbenzol hergestellt, allerdings bei Temperaturen um 500 °C. Zur Aktivierung wird Kupfer, teilweise auch Silber, eingesetzt. Wichtig sind auch Reaktionen, bei denen Silane mit einer Si-H-Bindung an eine Doppel- oder Dreifachkohlenstoffbindung addiert werden. Platinkatalysiert verläuft diese *Hydrosilylierung* bei milden Reaktionsbedingungen. Die Hydrosilylierung von Alkinen liefert die **Vinylchlorsilane**. Weitere wichtige Additionsreaktionen zeigt Tab. 12.12.

Tab. 12.12 Organochlorsilane durch Additionsreaktionen

Chlorsilan	ungesättigte Verbindung	Produkt
$HSiCl_3$	$HC \equiv CH$	$CH_2 = CH–SiCl_3$
	$H_2C = CH_2$	$CH_3–CH_2–SiCl_3$
	$CH_3–CH = CH_2$	$CH_3–(CH_2)_2–SiCl_3$
	$Cl–CH_2–CH = CH_2$	$ClCH_2–(CH_2)_2–SiCl_3$
$MeHSiCl_2$	$HC \equiv CH$	$CH_2 = CH–SiMeCl_2$
Me_2HSiCl	$HC \equiv CH$	$CH_2 = CH–SiMe_2Cl$
$PhHSiCl_2$	$H_2C = CH_2$	$PhEtSiCl_2$

Me = Methyl, Et = Ethyl, Ph = Phenyl

12.4.3 Herstellung der Silicone

Zur Herstellung linearer Silicone gibt es mehrere Syntheserouten, die schematisch in Abb. 12.20 wiedergegeben sind. Der erste Schritt ist entweder die Hydrolyse oder die Methanolyse des Dimethyldichlorsilans.

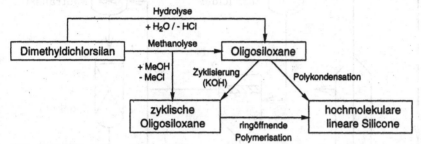

Abb. 12.20 Herstellung linearer Silicone

Bei der Hydrolyse entsteht ein Gemisch zyklischer und linearer Oligosiloxane. Die linearen Produkte besitzen beidseitig eine Hydroxyendgruppe:

$$n\ Cl-\underset{\underset{H_3C}{|}}{\overset{\overset{H_3C}{|}}{Si}}-Cl\ +\ (n+1)\ H_2O\ \longrightarrow\ HO\left[\underset{\underset{CH_3}{|}}{\overset{\overset{CH_3}{|}}{Si}}-O\right]_n H\ +\ 2\,n\ HCl \tag{12.17}$$

Die Hydrolyse wird meist in der Flüssigphase mit ca. 25 %iger Salzsäure durchgeführt. Abb. 12.21 zeigt den Aufbau der kontinuierlichen Kreislaufapparatur für das Verfahren, das die auch als *Loop-Prozeß* (engl. loop = Kreislauf) bezeichnet wird. Durch die Kreislauffahrweise kann die Reaktionswärme der Hydrolyse günstig abgeführt werden. In den Kreislauf werden Dimethyldichlorsilan und Wasser kontinuierlich eingespeist. Gleichzeitig wird das wasserunlösliche Siloxan in einem Abscheider abgetrennt, neutralisiert, gewaschen und getrocknet.

Statt mit Wasser kann das Dimethyldichlorsilan auch mit Methanol umgesetzt werden. Der Vorteil besteht darin, daß als Nebenprodukt statt wäßriger Salzsäure Methylchlorid entsteht, das wieder in die Direktsynthese eingesetzt werden kann:

$$n\ Cl-\underset{\underset{H_3C}{|}}{\overset{\overset{H_3C}{|}}{Si}}-Cl\ +\ 2\,n\ CH_3OH\ \longrightarrow\ HO\left[\underset{\underset{CH_3}{|}}{\overset{\overset{CH_3}{|}}{Si}}-O\right]_n H\ +\ 2\,n\ CH_3Cl\ +\ (n-1)\ H_2O \tag{12.18}$$

Die Methanolyse kann verfahrenstechnisch so gesteuert werden, daß bevorzugt lineare Oligosiloxane *(Wacker-Verfahren)* oder zyklische Oligosiloxane *(Bayer-Verfahren)* entstehen. Die Oligosiloxane haben für viele Anwendungen noch nicht das erforderliche hohe Molekulargewicht. Um dies zu erreichen, gibt es zwei Wege, die in Abb. 12.20 aufgezeigt wurden. Eine Möglichkeit verläuft über eine alkalikatalysierte Zyklisierung der Oligosiloxane. Es bildet sich bevorzugt das zyklische Tetramere mit einem achtgliedrigen Ring (D4). In größerer Menge bilden sich ebenfalls der Sechser(D3)- und der Zehnerring (D5).

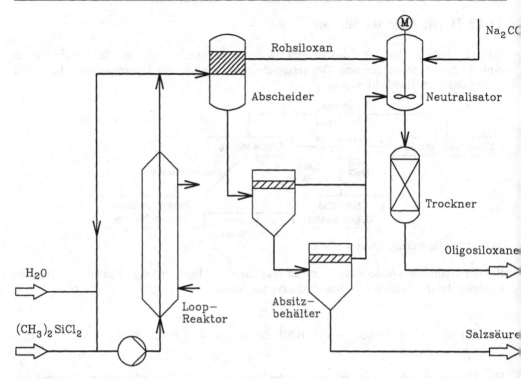

Abb. 12.21 Hydrolyse von Dimethyldichlorsilan zu Oligosiloxanen

Diese Ringverbindungen haben definierte Siedepunkte und können durch Destillation in hochreiner Form isoliert werden. Sie sind dann ausgezeichnete Ausgangsmaterialien für eine ringöffnende Polymerisation zu hochmolekularen, linearen Siliconen. Eine weitere Möglichkeit besteht in der direkten Polykondensation der Oligosiloxane. Beide Wege werden im folgenden kurz erläutert.

Die ringöffnende **Polymerisation** der zyklischen Siloxane kann anionisch oder kationisch durchgeführt werden. Technisch ist die anionische Polymerisation mit Kaliumhydroxid als Katalysator von großer Bedeutung. So bildet Octamethylcyclotetrasiloxan (D4) bei 140 °C mit KOH unter Ringbildung ein Kaliumsiloxanolat, das dann in einer Kettenreaktion mit anderen D4-Molekülen weiterreagiert.

$$
\begin{array}{c}
\underset{\mathsf{Me_2Si-O-SiMe_2}}{\overset{\mathsf{Me_2Si-O-SiMe_2}}{\underset{|\quad\quad|}{\mathsf{O}\quad\quad\mathsf{O}}}} \xrightarrow{\text{(KOH)}}
\underset{\mathsf{Me_2Si-O-SiMe_2}}{\overset{\mathsf{Me_2Si-O-SiMe_2}}{\underset{|\quad\quad\quad|}{\mathsf{O}\quad\quad\mathsf{O^- K^+}}}} \xrightarrow{n\,\mathsf{D4}}
\mathsf{H}\!-\!\!\left[\mathsf{O}\!-\!\underset{\mathsf{Me}}{\overset{\mathsf{Me}}{\mathsf{Si}}}\!\right]_m\!\!-\!\mathsf{O^- K^+}
\end{array}
\qquad (12.19)
$$

D 4 · OH

Wird als Ausgangssiloxan das trimere Hexamethylencyclotrisiloxan (D3) verwendet, können aufgrund der geringeren Ringspannung auch schwächere Basen, z. B. LiOH, als Katalysator eingesetzt werden. Um die mittlere Kettenlänge der Polymeren zu steuern, werden Regler wie das MD$_2$M (Decamethyltetrasiloxan) zugesetzt, mit denen die erforderlichen Trimethylsiloxyl-Endgruppen eingeführt werden.

$$
\mathsf{Me_3Si}\!-\!\!\left[\mathsf{O}\!-\!\underset{\mathsf{Me}}{\overset{\mathsf{Me}}{\mathsf{Si}}}\!\right]_2\!\!-\!\mathsf{O-SiMe_3} \qquad \mathsf{MD_2M}
$$

Nach der Reaktion muß der basische Katalysator durch Zusatz von Säuren, z. B. von Phosphorsäure, vollständig neutralisiert werden. Wird der Katalysator nicht sorgfältig entfernt, kann es nachträglich zu einer Depolymerisation des Polysiloxans kommen.

Neben der anionischen Polymerisation ist auch eine kationische Polymerisation der Cyclosiloxane möglich. Als Katalysatoren dienen meist starke Protonensäuren wie Trifluoressigsäure oder Trifluormethansulfonsäure. Auch heterogenkatalysiert, z. B. an sauren Ionentauschern, kann die Reaktion durchgeführt werden.

Die Herstellung von Siliconen kann auch durch **Polykondensation** linearer Oligosiloxane erfolgen. Als Katalysator wird bevorzugt Phosphornitrilchlorid $(PNCl_2)_x$ eingesetzt. Das freigesetzte Wasser wird im Vakuum abdestilliert. Da die Reaktion so geführt werden kann, daß ausschließlich lineare Produkte gebildet werden, eignet sich dieses Verfahren auch hervorragend zum Aufbau von *linearen Siloxan-Blockcopolymeren*:

$$
HO\left[\begin{array}{c} Me \\ | \\ Si - O \\ | \\ Me \end{array}\right]_n H + HO\left[\begin{array}{c} Me \\ | \\ Si - O \\ | \\ R \end{array}\right]_m H \xrightarrow[-H_2O]{(PNCl_2)_x} HO\left[\begin{array}{c} Me \\ | \\ Si - O \\ | \\ Me \end{array}\right]_n\left[\begin{array}{c} Me \\ | \\ Si - O \\ | \\ R \end{array}\right]_m H \quad (12.20)
$$

Die technische Durchführung der Polymerisation kann bei kleinen Ansätzen chargenweise im Rührkessel erfolgen. Bei größeren Produkten erfolgt die Synthese kontinuierlich in einer Rührkesselkaskade, im Schneckenextruder oder im Festbettreaktor. Die Umsetzung im Ionentauscher-Festbettreaktor mit anschließender Rückgewinnung nicht umgesetzten Cyclosiloxans ist in Abb. 12.22 dargestellt.

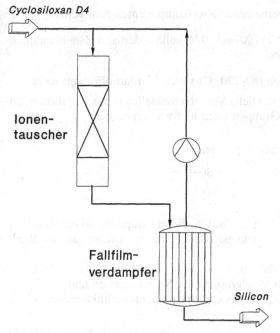

Abb. 12.22 Herstellung von Siliconen im Festbettreaktor

Analog den beschriebenen linearen Polysiloxanen können durch Zusatz von trifunktionellen (T) und tetrafunktionellen (Q) Einheiten auch *verzweigte Silicone* hergestellt werden. Bei zunehmender Verzweigung steigt die Viskosität der Polysiloxane stark an. Hochmolekulare, verzweigte Silicone haben gummiähnliche Eigenschaften.

Je nach Molekulargewicht, Verzweigungsgrad und Vernetzungsgrad werden sehr unterschiedliche Siliconprodukte erhalten. Die wichtigsten technischen Produktgruppen sind die Siliconöle, -kautschuke und -harze.

12.4.4 Technische Siliconerzeugnisse

Siliconöle sind lineare Poly-(dimethyl-)siloxane mit ca. 5 bis 4000 Wiederholungseinheiten. Sie haben folgende charakteristische Eigenschaften: Siliconöle besitzen eine gute Temperaturbeständigkeit. Ihre Viskosität liegt im Bereich von 10 bis 10^6 mPa·s und ändert sich nur geringfügig mit der Temperatur. Sie zeichnen sich aus als hervorragende elektrische Isolatoren sowie durch ihre niedrige Oberflächenspannung. Entsprechend vielseitig sind ihre Einsatzmöglichkeiten als Wärmeträgermedium in Transformatoren und Heizbädern, als Hydrauliköle oder als Dielektrika. Die niedrige Oberflächenspannung wird genutzt beim Einsatz als Entschäumer, Trennmittel, Lackverlaufsmittel und als Bestandteil von Cremes und Polituren. Durch „Compoundierung" mit Feststoffen können die Siliconöle in Pasten oder Fette überführt werden, die z. B. als Vakuum- oder Schlifffette Verwendung finden.

Siliconkautschuke sind vernetzungsfähige Polysiloxane, die zu Elastomeren verarbeitet werden. Folgende Kautschuktypen sind in der Siliconchemie von Bedeutung:

RTV – 1 bei Raumtemperatur vernetzende Einkomponenten-Kautschuke (room température vulcanizing),

RTV – 2 bei Raumtemperatur vernetzende Zweikomponenten-Kautschuke,

LSR „liquid silicone rubber", bei 90 bis 220 °C vulkanisierbarer Zweikomponentenflüssig-Kautschuk und

HTV (oder HV) bei hohen Temperaturen (80–220 °C) vulkanisierbarer Festkautschuk.

Um ein Elastomer zu erzeugen, müssen potentielle Vernetzungsstellen in das Polysiloxan eingebaut werden. Einige Beispiele solcher Gruppen seien hier wiedergegeben:

$$
\begin{array}{ccc}
\text{Me} & \text{CH}{=}\text{CH}_2 & \text{Me} \\
| & | & | \\
-\text{Si}-\text{OH} & -\text{Si}-\text{O}- & -\text{Si}-\text{O}- \\
| & | & | \\
\text{Me} & \text{Me} & \text{H}
\end{array}
$$

Ein typisches Siliconelastomer enthält 0,03 bis 1,5 Mol-% dieser Gruppen; bei höheren Konzentrationen entstehen Duromere. Die Vernetzungsreaktion kann nach verschiedenen Reaktionstypen ablaufen: durch

- radikalische Verknüpfung von Vinyleinheiten,
- platinkatalysierte Hydrosilylierung von Vinylgruppen mit Si-H-Einheiten und
- katalysierte Kondensation der freien Silanolgruppen mit tri- oder tetrafunktionellen Siloxanen.

Die so gebildeten Siliconelastomeren haben allerdings eine sehr schlechte Festigkeit. Durch den Zusatz von verstärkenden Füllstoffen kann die Festigkeit um den Faktor 10 bis 30 erhöht werden. Wichtigste Füllstoffe sind die pyrogenen Kieselsäuren, die eine große Oberfläche besitzen. Sie garantieren eine hohe Transparenz und ein hohes elektrisches Isolationsvermögen des Elastomeren. Neben den Kieselsäuren werden noch andere Inertfüllstoffe dem Kautschuk zugesetzt, z. B. Kreide, Quarz und Glimmer.

Die wichtigsten Eigenschaften und Verwendungsmöglichkeiten der verschiedenen Siliconelastomeren sind in Tab. 12.13 zusammengefaßt.

Tab. 12.13 Wichtige Eigenschaften und Anwendungen der Siliconelastomeren

	RTV-1	RTV-2	LSR	HTV
mechanische Eigenschaften	standfest, haftend	fließend, niedrig viskos	fließend	thixotrop
Verarbeitung	Auspressen, Verfugen	Gießen	Pressen, Gießen	Walzen, Kneten, Extrudieren
Anwendungen	Fugendichtungen, Zylinderkopfdichtungen	Gießmassen, Isolatoren, Verpackungsfolien	Zündkerzen, Dichtungen, Transportbänder	Fensterdichtungen, Schläuche, Dichtprofile

Die RTV-Kautschuke wurden ursprünglich für den Handwerkermarkt entwickelt. Inzwischen werden sie auch industriell, z. B. für „formed-in-place"-Dichtungen im Motorenbau, verwendet. Wichtig ist auch der Einsatz zur Einbettung elektronischer Schaltungen sowie zur Herstellung von Photokopierwalzen. Der Flüssigkautschuk LSR läßt sich in Spritzgußmaschinen verarbeiten und ist deshalb besonders geeignet zur Fertigung gratfreier Formteile wie Dichtungen oder Schaltmatten. Die HTV-Elastomeren, die zu den preisgünstigsten Siliconkautschuken zählen, können aufgrund ihrer hohen Viskosität auf Walzen, Extrudern und Formpressen verarbeitet werden. Sie eignen sich besonders zur Herstellung von Endlosprofilen und Schläuchen nach dem Extrusionsverfahren. Auch Kabelummantelungen und größere Formteile werden aus HTV-Kautschuken produziert.

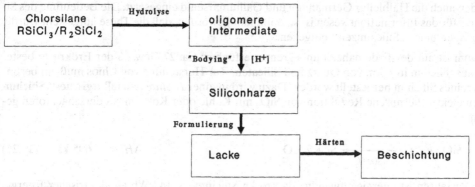

Abb. 12.23 Herstellung von Siliconharzen

Siliconharze sind hochverzweigte Polymethyl- oder Polyphenylsiloxane. Sie sind insbesondere für Beschichtungen geeignet. Der mehrstufige Herstellprozeß ist in Abb. 12.23 wiedergegeben: Ausgehend von Gemischen aus tri- und difunktionellen Chlorsilanen bilden sich durch Hydrolyse oligomere Intermediate mit bis zu 20 Siloxyeinheiten. Durch säurekatalysiertes „Bodying" wird der Kondensationsgrad weiter erhöht. Es bilden sich die lagerfähigen Siliconharze, die als Lacke eingesetzt werden. Das Härten dieser Lacke erfolgt durch längeres Erhitzen („Einbrennen") auf ca. 200 °C.

Die Siliconharze besitzen vermutlich käfigartige Raumstrukturen. Wie Abb. 12.24 zeigt, werden durch den Einbrennprozeß die letzten verbliebenen Hydroxygruppen kondensiert und dadurch die Raumstrukturen weiter vernetzt.

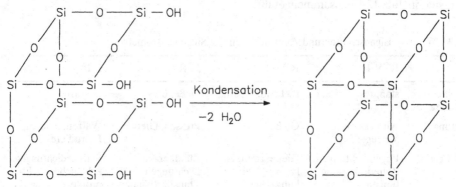

Abb. 12.24 Härtung von Siliconharzen

Siliconharzbeschichtungen zeichnen sich aus durch ihre gute Temperatur- und Witterungsbeständigkeit und eignen sich deshalb als kratzfeste Schutzlacke für Metalle und Kunststoffe. Verdünnte Siliconharzlösungen werden auch zur Imprägnierung von Steinfassaden eingesetzt.

12.5 Produkte für die Kommunikationstechnik

12.5.1 Mikroelektronik

In der Mikroelektronik werden heute Chips eingesetzt, die mehr als 1 Mio. Speicherplätze pro cm^2 besitzen. Grundlage für die meisten Chips ist das Element Silicium; nur in wenigen Fällen werden auch die Halbleiter Germanium und Galliumarsenid eingesetzt. Die Bedeutung des Siliciums für das Informationswesen ist so dominant geworden, daß die These aufgestellt wurde, wir gingen einer „Siliciumzeit" entgegen.

Silicium ist auf der Erde nahezu unbegrenzt verfügbar: Ca. 27 Gew.-% der Erdkruste bestehen aus Silicium in Form von Quarz und Silicaten. Zur Herstellung von Chips muß ein besonders reines Silicium hergestellt werden. Dazu wird in einer *1. Stufe* **„metallurgisches" Silicium** durch elektrothermische Reduktion von SiO_2 mit Kohle oder Koks im Niederschachtofen gewonnen:

$$SiO_2 + 2\,C \xrightarrow{\quad 1800\,°C \quad} Si + 2\,CO \qquad\qquad \Delta H_R = +\,695\ kJ \qquad (12.21)$$

Das Verfahren ist energieaufwendig, da pro kg Silicium ca. 14 kWh an elektrischer Energie verbraucht werden. Das erhaltene Rohsilicium besteht zu ca. 98% aus Si, enthält aber noch Fe, Al, Ca, Ti und C als Begleitelemente. In ppm-Mengen sind auch B und P vorhanden.

Deshalb wird in einer *2. Stufe* das Rohsilicium mit Chlorwasserstoff hauptsächlich in Trichlorsilan umgewandelt. Dazu wird das Rohsilicium zuerst auf eine Korngröße von 0,1 mm gemahlen und dann im Wirbelbett bei ca. 300 °C mit HCl umgesetzt:

$$Si + 3\,HCl \xrightarrow{\quad 300\,°C \quad} SiHCl_3 + H_2 \qquad\qquad \Delta H_R = -\,218\ kJ \qquad (12.22)$$

Der gebildete Wasserstoff wird abgetrennt; das kondensierte Trichlorsilan wird von den begleitenden anderen Chlorsilanen ($SiCl_4$, SiH_2Cl_2) und den weiteren Bestandteilen in zwei hintereinander geschalteten Destillationskolonnen gereinigt.

In der *3. Stufe* wird aus dem hochreinen Trichlorsilan durch thermische Zersetzung bei ca. 1100 °C unter Zusatz von Wasserstoff das polykristalline **Reinstsilicium** erzeugt, das eine Reinheit von 99,9999999% besitzt, d. h., die Verunreinigungen sind kleiner 1 ppb.

$$4\ SiHCl_3 + 2\ H_2 \xrightarrow[1100\ °C]{} 3\ Si + SiCl_4 + 8\ HCl \qquad \Delta H_R = +964\ kJ \qquad (12.23)$$

Die Abscheidung des Siliciums erfolgt auf dünnen, elektrisch beheizten Stäben, die nach und nach auf eine Dicke von 20 cm anwachsen.

In der *4. Stufe* wird das polykristalline Silicium in *Einkristalle* umgewandelt. Dazu wird es aufgeschmolzen (Smp. 1440 °C) und ein Einkristall entweder nach dem Tiegelziehverfahren oder durch Zonenschmelzen erzeugt. Beim *Tiegelziehverfahren* taucht ein dünner Impfkristall in die Siliciumschmelze ein und wird unter Rotation langsam aus der Schmelze herausgezogen. Die Schmelze erstarrt am Impfkristall, und es bilden sich Einkristalle mit Gewichten bis zu 50 kg und Durchmessern bis zu 15 cm. Beim *Zonenschmelzen* wird am Ende eines polykristallinen Siliciumstabes durch eine induktive Heizung ein Siliciumtropfen gebildet, der wiederum mit einem Impfkristall in Kontakt gebracht wird. Nach dem Anschmelzen des Impfkristalls wird die Schmelzzone langsam über die gesamte Länge des Siliciumstabes verschoben und so der polykristalline Siliciumstab in einen Einkristall verwandelt.

Silicium selber ist nur eines der zur Chipherstellung benötigten Materialien. Für die Mikroelektronik ist auch *dotiertes Silicium* erforderlich, das Elemente der 15. Gruppe, z. B. Phosphor oder Arsen, bzw. Elemente der 13. Gruppe, z. B. Bor oder Aluminium, enthält. Die Herstellung dieser dotierten Materialien kann beim Zonenziehen geschehen, indem entsprechende Dotiergase wie Phosphan PH_3 oder Diboran B_2H_6 dem Schutzgas in ppb-Mengen zugesetzt werden.

Wird Phosphor in das Siliciumgitter miteingebaut, liegen überschüssige Elektronen vor, die durch geringe Energiezufuhr freigesetzt werden können. Wegen der negativen Ladung werden sie als *n-Typ-Halbleiter* bezeichnet. Wird hingegen Bor, das nur drei Valenzelektronen besitzt, in das Gitter eingebaut, fehlen Elektronen, und das Gitter enthält „Löcher", die durch andere Elektronen besetzt werden können. Diese Elektronenfehlstellen *(Defektelektronen)* verschieben sich beim Anlegen eines elektrischen Feldes (Defektelektronenleitung) auf den negativen Pol hin, verhalten sich also wie positive Ladungsträger. Die so dotierten Halbleiter werden deshalb als *p-Typ-Halbleiter* bezeichnet. Liegen beide Halbleitertypen nebeneinander, wandern in der Grenzschicht Elektronen und Löcher und bauen eine Diffusionsspannung auf. Wird von außen elektrischer Strom angelegt (p-Typ an die Kathode und n-Typ an die Anode), so werden Elektronen und Löcher jeweils von der Grenzschicht zu den Polen weggezogen, und es baut sich eine „Sperrzone" auf: Es fließt kein elektrischer Strom. Wird die äußere elektrische Spannung umgekehrt angelegt, wandern die Löcher in die n-Typ-Zone und die Elektronen in die p-Typ-Zone: Es fließt ein elektrischer Strom. Dieser Stromfluß erfolgt dann, wenn die Diffusionsspannung überwunden wird, die bei Silicium etwa 1 Volt beträgt. Das beschriebene Bauelement aus p- und n-Typ-Halbleitern ist somit in der Lage, wie eine Diode den Wechselstrom gleichzurichten. Durch andere Anordnungen der p- und n-Typ-Zonen können im Siliciumkristall auch kompliziertere Bauelemente, z. B. Transistoren, oder schließlich auch integrierte Schaltkreise (IC, **i**ntegrated **c**ircuit) aufgebaut werden.

Zur Herstellung der Halbleiterbauelemente wird der Stab des Siliciumeinkristalls mit Diamantsägen in Scheiben geschnitten, die anschließend sorgfältig geschliffen und poliert werden. Es entstehen monokristalline Siliciumscheiben mit einer Dicke von 0,5 mm, die als *Wafer* bezeichnet werden. Aus einem Wafer werden, je nach Durchmesser, 120 bis 250 Chips hergestellt, die jeweils zu einem integrierten Schaltkreis weiterverarbeitet werden können. Dazu müssen auf den Chip die verschieden dotierten Zonen aufgebracht werden, die eine Ausdehnung von nur wenigen Micrometern besitzen. Zur Herstellung solch mikroskopisch kleiner Einheiten wird das Verfahren der Photolithographie verwendet, bei der strahlungsempfindliche Schichten zur Strukturierung des Bauelements genutzt werden.

Abb. 12.25 zeigt vereinfacht und schematisch den Ablauf der IC-Technologie. Zunächst wird die Siliciumoberfläche mit Sauerstoff bei ca. 1000 °C oxidiert, wobei eine gleichmäßige, ca. 1 µm dicke SiO$_2$-Schicht entsteht. Dann wird die lichtempfindliche Schicht, der sog. Photoresist, aufgetragen und getrocknet. Diese Resistschicht wird durch eine Maske belichtet, die die gewünschten Strukturen als Vorlage enthält. Photoresists ändern ihre Löslichkeit bei Belichtung: Bei Positivresists wird durch Belichtung die Löslichkeit erhöht, bei Negativresists die Löslichkeit erniedrigt. Beim anschließenden Entwickeln werden also bei Anwendung von Positivresists die belichteten Bereiche herausgelöst. Typische Positivresists sind lichtempfindliche Diazochinone in einer Kresol-Formaldehyd-Harzmatrix. Typische Negativresists sind aromatische Azide in einem zyklisierten Polyisopren. Durch anschließendes Ätzen, z. B. mit gepufferter Flußsäure, wird in der Siliciumdioxidschicht ein „Fenster" geöffnet, durch das die Dotierung der freigelegten Siliciumoberfläche mit PH$_3$ oder B$_2$H$_6$ erfolgen kann. Diese Bearbeitungsschritte können mit wechselnden Masken und Dotierungsgasen mehrfach wiederholt werden, bis schließlich der komplette integrierte Schaltkreis aufgebracht ist. Die einzelnen Schaltelemente werden am Ende mit Aluminiumleiterbahnen verbunden. Danach wird der gesamte Chip zum Schutz vor Feuchtigkeit mit einer dünnen Polymerschicht, z. B. aus Polyimid, überzogen.

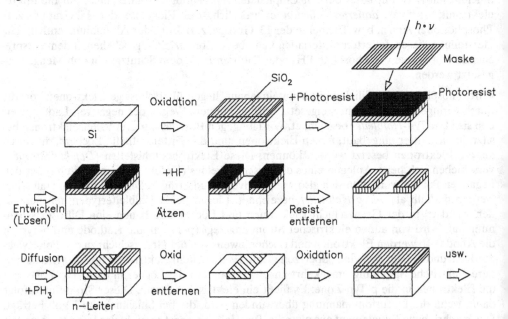

Abb. 12.25 Herstellung von IC durch Photolithographie mit einem Photoresist

Um die Herstellung der IC zu vereinfachen, werden die aufgeführten Schritte nicht mit einem einzelnen Chip, sondern mit dem gesamten Wafer durchgeführt, der erst nachträglich in die Chips zerschnitten wird. Die Chips werden dann auf einen Träger aufgebracht, mit Anschlußkontakten versehen („gebondet") und schließlich in einem Gehäuse gekapselt.

Zur Belichtung der Photoresists wird bisher relativ langwelliges Licht von Quecksilberhochdrucklampen eingesetzt. Damit haben die feinsten Strukturen, die derzeit definiert werden können, Durchmesser von ca. 1 µm. Um noch feiner zu werden und um noch mehr Informationen auf einem Chip unterbringen zu können, muß kürzerwelliges Licht verwendet werden. Als besonders günstig erscheint die Röntgenstrahllithographie, die natürlich auch vollkommen neue Photoresists erfordert. Bisher konnten hiermit Strukturen bis hinunter zu 0,3 µm erzielt werden. Abb. 12.26 dokumentiert, welch rasante Entwicklung die Speicherbausteine in den letzten zwei Jahrzehnten durchlaufen haben. Auch für die nahe Zukunft sind weitere große Entwicklungssprünge zu erwarten, und die Autoren dieses Buches sind sich bewußt, daß schon kurz nach Erscheinen des Buches das Kap. 12.5 wieder veraltet sein wird.

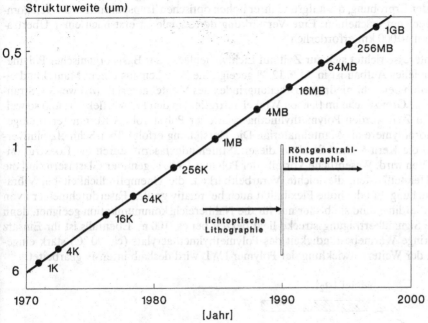

Abb. 12.26   Historische Entwicklung der Speicherbausteine

Um elektronische Bauteile zu schützen, werden sie nach der Fertigung meist in Keramikgehäusen untergebracht. Besonders bewährt haben sich die Aluminiumoxidkeramika (vgl. Kap. 12.1.3), die gut geeignet sind, die Verlustwärme der Chips abzuführen. Als Nachfolger des Aluminiumoxids wird z. Z. das noch günstigere Aluminiumnitrid getestet. Intensiv bearbeitet wird auch die Hybridtechnik, also die Kombination von Silicium und technischer Keramik. Interessante Möglichkeiten eröffnet ebenfalls die Oberflächen-Multilayer-Technik. Dabei handelt es sich um Keramik/Polymer-Verbunde, mit deren Hilfe sich mehrlagige Verbindungen und somit noch höhere Packungsdichten realisieren lassen.

12.5.2 Optoelektronik

In der Elektronik wird eine Informationsweitergabe durch Elektronen erreicht. Ganz analog können in der „Optoelektronik" oder „Photonik" Informationen mit Hilfe von Licht, also mit Photonen, weitervermittelt werden. Voraussetzung für eine effiziente Optoelektronik sind Techniken und chemische Werkstoffe, die Lichtsignale erzeugen, transportieren, verstärken, verarbeiten, speichern und wieder ausgeben können. Das Prinzip einer optischen Informationsübertragung ist in Abb. 12.27 wiedergegeben.

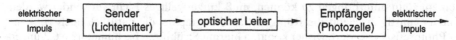

Abb. 12.27 Prinzip der Informationsübertragung mit Photonik

Als Material für die Übertragung der Photonen sind Glasfaserkabel geeignet. Durch stetige Verbesserung der Reinheit des Glases konnten Lichtwellenleiter (LWL) mit geringsten optischen Dämpfungen erzeugt werden. Als Alternativen zum Quarzglas sind auch nichtoxidische LWL in der Erprobung, die aufgrund ihrer hohen optischen Transparenz für die Telekommunikation geeignet erscheinen. Eine Verstärkung der Signale ist erst nach einer Übertragungslänge von 10000 km erforderlich.

Ein großes Interesse richtet sich zur Zeit auf Lichtwellenleiter auf Basis organischer Polymerer. Ihr prinzipieller Aufbau ist in Abb. 12.28 gezeigt. Sie bestehen aus einem Mantel und einem Kern. Durch den sehr niedrigen Brechungsindex des Mantelmaterials (n_2) werden Strahlen, die auf diese Grenzfläche im flachen Winkel auftreffen, in den Kern reflektiert und so weitergeleitet. Zur Zeit werden Polymethylmethacrylat oder Polystyrol als Kernmaterial eingesetzt und Fluorpolymere als Mantelmaterial. Die Herstellung erfolgt über Schmelzspinnverfahren, wobei die Kern-Mantel-Struktur dieser „Stufenindexfasern" durch die Koextrusionstechnik erhalten wird. Wesentliche Vorteile der Polymer-LWL gegenüber Glasfasern sind die niedrigeren Herstellkosten, die leichte Verarbeitbarkeit, die Unempfindlichkeit bei Vibrationsbeanspruchung und die hohe Flexibilität auch bei relativ großen Faserdurchmessern von 1 bis 2 mm. Allerdings sind sie bisher nur für die Nahbereichskommunikation geeignet, denn die maximale Signalübertragungsstrecke liegt derzeit bei ca. 100 m. Ebenfalls ist ihr Einsatz durch die geringe Wärmebeständigkeit des Polymethylmethacrylats (ca. 90 °C) stark eingeschränkt. An der Weiterentwicklung der Polymer-LWL wird deshalb intensiv gearbeitet.

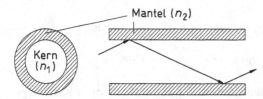

Abb. 12.28 Aufbauprinzip polymerer Lichtwellenleiter

Ein weiterer, sehr wichtiger Bereich der Optoelektronik ist die optische Datenspeicherung, die schon seit Ende der 60er Jahre erforscht wird. Der kommerzielle Durchbruch gelang jedoch erst 1982 mit der *Compact Disc* (CD), die im Bereich der Unterhaltungselektronik die konventionellen Abspielverfahren weitgehend verdrängt hat, da mit der CD-Technik höchste Wiedergabequalitäten erzielt werden können. Die Informationen sind auf einer Kunststoffplatte eingeprägt und können berührungslos mit Hilfe von Laserlicht „abgetastet" werden. Neben dem Einsatz in der Unterhaltungselektronik können CD auch als generelle Informationsspeicher eingesetzt werden. Für diesen Einsatz haben sich die Bezeichnungen Datendisk bzw. CD-ROM (**read only memory**) eingebürgert. Obwohl eine CD-ROM bis zu 650 MByte Informationen speichern kann und deutliche Kostenvorteile besitzt, ist ihre Marktresonanz bisher begrenzt. Insbesondere die noch lange Zugriffzeit von ca. 0,5 bis 1 s führt zu Nachteilen gegenüber anderen Speichermedien (vgl. Abb. 12.29). Wesentlich schnellere Zugriffzeiten haben die optischen Speichersysteme WORM (**write once read many**) und EDRAW (**erasable** direct read after write). Die Bezeichnungen besagen, daß WORM ein nur einmal beschreibbarer optischer Speicher ist, während EDRAW eine reversible Markierung besitzt, so daß die Daten nicht nur gespeichert, sondern auch wieder gelöscht werden können. Die drei optischen Speicherplatten werden im folgenden kurz verglichen:

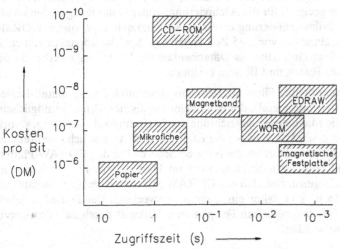

Abb. 12.29 Vergleich der Speichermedien. CD(compact disc)-ROM(read only memory), WORM (write once read memory), EDRAW (erasable direct read after write)

Die **CD-ROM** sind Platten von 12 cm Durchmesser, die aus Polycarbonat oder Polymethylmethacrylat bestehen. Dieses „Substrat" ist auf der Informationsträgerseite mit einem hochreflektiven Aluminiumfilm beschichtet, der zum Schutz gegen mechanische Beschädigung mit einer Polymerschicht bedeckt ist (vgl. Abb. 12.30). Die Informationsträger sind Vertiefungen (Pits), die in Spuren angeordnet sind. Die Optik des Abspielgeräts fokussiert den Laserstrahl durch das Substrat hindurch auf die Ebene der Pits, und ein Photodetektor erfaßt das vom Aluminiumspiegel reflektierte Licht. Schließlich decodiert die Elektronik die Bitfolge in die Einzelsignale für Ton (Audio-CD) bzw. Bild und Farbe (Video-CD). Die Produktion der CD ist in Matrizenherstellung und eigentliche Fertigung unterteilt. Die Matrizen werden in einem vielstufigen Prozeß (Mastering) mit den Techniken der Mikroelektronik geformt. Die Vervielfältigung geschieht durch Spritzgießen und -prägen. An die Substratmaterialien werden hohe Anforderungen bzgl. Reinheit, optischer Homogenität und Lichtdurchlässigkeit gestellt.

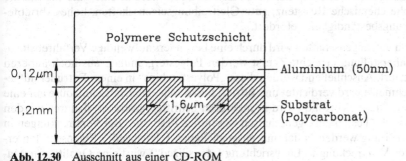

Abb. 12.30 Ausschnitt aus einer CD-ROM

Für **WORM** gibt es bisher noch keine standardisierten Formate. Das Prinzip besteht darin, daß in einer aktiven Speicherschicht durch thermische Induktion irreversible Deformationen oder Phasenwechsel erzeugt werden. Die aktive Schicht ist entweder ein dünner Metall- oder

Farbstoffilm. Mit einem Halbleiterlaser werden ortsspezifische chemisch-physikalische Veränderungen (Loch- bzw. Blasenbildung) erzeugt. Dazu muß die aktive Schicht in der Lage sein, das eingestrahlte Laserlicht in thermische Energie umzuwandeln. Es werden Temperaturen bis zu 1700 °C erzeugt, die zur Bildung der Löcher (Pits) führen. Farbstoffe, die das Laserlicht absorbieren können, sind z. B. Polymethine sowie Phthalo- und Naphthalocyanine. WORM-Speicher erscheinen besonders geeignet für die Archivierung großer Datenmengen. Sie könnten in Zukunft z. B. die Mikrofilmarchivierung ersetzen. Kommerziell angebotene WORM-Speicherplatten mit einen Durchmesser von 5,25 Zoll haben eine Speicherkapazität von ca. 2 bis 400 MByte. Ebenfalls sind sie einsetzbar als Datenbanken für Nachschlagewerke, da sie die Abspeicherung von Daten, Texten und Bildern erlauben.

Die **EDRAW**-Speicherplatten enthalten Filme aus Seltenerdelement/Übergangsmetall-Legierungen (RETM, **r**are **e**arth **t**ransition **m**etal), die den magnetooptischen Effekt ermöglichen. Mit einem Laserstrahl kann die Magnetisierungsrichtung der Legierungssubstanz umgeklappt werden. Da dieser Vorgang reversibel ist, gehören die EDRAW zu den mehrfach beschreibbaren optischen Datenspeichern. Vorteilhaft ist die hohe Speicherdichte der EDRAW-Platten von ca. 10^8 Bit/cm^2, während kommerzielle Festplatten im Durchschnitt nur Dichten von 10^6 Bit/cm^2 erreichen. Ebenfalls günstig ist, daß das EDRAW-System weitgehend unempfindlich gegenüber Staubpartikeln ist und daher ein leichtes Auswechseln der Platten möglich macht. Es wird erwartet, daß die magnetischen Festplatten in Zukunft durch die günstigeren EDRAW-Speicher substituiert werden.

12.5.3 Audio- und Videotechnik

Ohne die Magnetbandtechnik im Audio- und Videobereich wäre die Entwicklung der elektronischen Medien in den letzten Jahrzehnten nicht denkbar gewesen. Tonbandgeräte, Kassetten und Videorecorder sowie Videokameras haben inzwischen Eingang in zahlreiche private Haushalte gefunden.

Grundlage der Magnetbandtechnik sind Polyesterfolien, die mit Magnetpigmenten bestückt sind. An die Polyesterfolie werden höchste Anforderungen gestellt. Computerbänder müssen, da ihre Laufwerke im Start/Stop-Betrieb arbeiten, erhebliche Beschleunigungen verkraften. Audio- und Videobänder verlangen eine außergewöhnliche Reinheit und Oberflächenebenheit. Schon Erhebungen von mehr als 0,3 µm können bei einem Videoband zu einem „dropout" führen, da sie den Videokopf kurzzeitig von der Bandoberfläche abheben. Neben diesen mechanischen Eigenschaften und der hohen Oberflächengüte werden eine gute thermische Beständigkeit, hohe chemische Resistenz, gute Gleitreibungseigenschaften, hohe Abriebfestigkeit und Alterungsbeständigkeit gefordert.

Diese Kombination von Eigenschaften wird durch eine besonders aufwendige Verfahrenstechnik bei der **Folienherstellung** erreicht: Zuerst werden Polyestergranulate aus hochsauberen Rohstoffen produziert. Anschließend werden diese „Polyesterchips" in einem Extruder aufgeschmolzen. Die Schmelze wird verdichtet und filtriert und durch eine Breitschlitzdüse auf eine Kühlwalze gepreßt. Diese „Vorfolie" wird in mehreren Schritten gestreckt; dadurch werden die Foliendicke und die Festigkeitseigenschaften wesentlich bestimmt. Bei Verstreckungen in Längs- und Querrichtung werden Folien mit ausgeglichenen („balanced") Eigenschaften erzeugt. Bei größerer Verstreckung in Längsrichtung („tensilized") wird eine Qualität für Magnetbänder produziert, die besonders in Maschinenlaufrichtung beansprucht werden. Anschließend erfolgt noch eine Dimensionsstabilisierung, bei der die Folie wieder erwärmt wird. Schließlich werden die bis zu 130 cm breiten Folien auf Rollen aufgezogen. Der Magnetbandhersteller beschichtet die Folien mit einer Magnetdispersion, die auf die einzelnen Anwendungsbereiche abgestimmt ist. Noch im feuchten Zustand werden durch ein Magnetfeld die Magnetpartikel ausgerichtet. Nach einer Trockenstrecke und einer Glättung im Kalander werden die beschichteten Bahnen aufgewickelt, in Schmalschnitte (3,81 mm für Audiokassette, 12,7 mm für Videokassette und Computerband) aufgeteilt und anschließend in Kassettengehäuse eingespult.

An die **Magnetpartikel**, die auf die Bänder aufgetragen werden, stellen sich folgende Anforderungen: Sie müssen ferri- oder ferromagnetisch sein, Nadeln definierter Form und Größe bilden und einheitliche magnetische Eigenschaften aufweisen. Wichtig ist die Koerzitivkraft I_{HC}, die den Widerstand des Bandes gegen Um- oder Entmagnetisierung beschreibt. Sie liegt meist im Bereich von 300 bis 1500 Oe (Oersted; 1 Oe = $10^3/4\pi$ A·m^{-1}). Eine weitere bedeutende Größe ist die Bandremanenz I_R, die verbleibende Magnetisierung nach dem Abschalten des äußeren magnetisierenden Felds. Je nach Qualität werden Bandremanenzen von 1200 bis 3200 G (Gauß) erzielt (1 G = 10^{-4} Tesla).

Die wichtigsten in der Praxis verwendeten Magnetpigmente sind die ferrimagnetischen Verbindungen γ-Fe$_2$O$_3$ und Fe$_3$O$_4$ sowie das ferromagnetische Chromdioxid. Auch cobalt-dotierte Eisenoxidpigmente sowie metallisches bzw. legiertes Eisen werden für Magnetbänder eingesetzt.

Bei der Herstellung der Eisenoxidpigmente werden meist Fe(II)-Salzlösungen durch Fällung und Oxidation in nadelförmiges, unmagnetisches α-FeOOH (Goethit) oder γ-FeOOH (Lepidokrokit) überführt. Durch teilweise Entwässerung und Reduktion bildet sich das ferrimagnetische Magnetit Fe$_3$O$_4$; durch weitere Reduktion im Wasserstoffstrom das ferromagnetische metallische Eisen.

Chromdioxid kristallisiert in der Rutilstruktur, die die Bildung von Nadeln sehr begünstigt. Seine Herstellung erfolgt durch thermische Zersetzung von Chromtrioxid oder durch Umsetzung von CrO$_3$ mit CrOOH:

$$CrO_3 \xrightarrow[250\,°C]{} CrO_2 + \tfrac{1}{2}\,O_2 \tag{12.24}$$

$$CrO_3 + 2\,CrOOH \xrightarrow[300-450\,°C]{} 3\,CrO_2 + H_2O \tag{12.25}$$

Auch in der Audio- und Videotechnik werden stetig neue Technologien entwickelt. Das metallbeschichtete Band wird voraussichtlich durch metallbedampfte Bänder (ME *metal evaporated*) abgelöst. Sie zeichnen sich durch eine wesentlich höhere Aufzeichnungsdichte bei gleichzeitiger Materialeinsparung aus. Herkömmliche VHS-Bänder von 180 min Spieldauer haben noch eine Banddicke von 19 μm, vergleichbare ME-Bänder nur noch 6 μm. Bei der ME-Technik ist die Polyester-Trägerfolie mit drei Schichten versehen: Auf der Rückseite befindet sich ein „backcoat" und auf der Vorderseite die magnetische Beschichtung aus einer Cobalt-Nickel-Legierung mit einer zusätzlichen dünnen Schutzschicht gegen Korrosion. Die Auftragung der 75 bis 100 nm dicken Co/Ni-Legierung erfolgt mit Elektronenstrahlverdampfern.

12.5.4 Reprographie

Die Reprographie umfaßt alle Bereiche des Druckens, des Kopierens und Vervielfältigens. Ein Spezialbereich der Reprographie, die Herstellung integrierter Schaltkreise mit Hilfe der Photolithographie, wurde bereits im Kap. 12.5.1 (Mikroelektronik) behandelt.

Beim **Drucken** wird mit Hilfe von Druckfarben eine optische Vorlage auf Papier oder andere Stoffe übertragen. Von technischer Bedeutung sind:

- *Hochdruckverfahren*: Die Bereiche, die die Druckfarbe übertragen, ragen aus der Druckform hervor (z. B. beim Stempel).
- *Tiefdruckverfahren*: Die Druckfarbe befindet sich in ca. 40 µm tiefen Näpfchen und wird beim Anpressen des Papiers übertragen (vgl. Radierungen und Kupferstiche).
- *Flachdruckverfahren*: Die Bereiche mit Druckfarbe liegen auf der Druckform flach auf und sind nur durch Wasser voneinander getrennt. Eine technisch wichtige Variante des Flachdrucks ist der Offsetdruck, bei dem die Druckfarbe über einen Zwischenträger, meist einen Gummizylinder, auf das Papier übertragen wird („indirekter Flachdruck").
- *Durchdruckverfahren*: Die Druckform gleicht einer Schablone, die an einigen Stellen für die Druckfarbe durchlässig ist. Dieses älteste Druckverfahren wird nur noch selten, z. B. beim Siebdruck in der Textiltechnik angewendet.

Als wichtiges Beispiel wird in Abb. 12.31 a–d das Prinzip des Offsetdrucks vorgestellt. Auf einem Trägermaterial, z. B. Aluminium, befindet sich eine meist 0,5 bis 5 µm dicke lichtempfindliche Schicht. Diese Druckplatte (a) wird belichtet (b) und dadurch eine unterschiedliche Löslichkeit der sog. Bild- und Nichtbildbereiche erzielt. Das Entwickeln (c) führt zur eigentlichen Druckform, indem die Schichten aus den Nichtbildbereichen weggelöst werden. Beim Druckvorgang (d) passiert die Druckform das „Feucht-und Farbwerk". Durch das Feuchten mit Wasser werden die nichtdruckenden Stellen farbabstoßend, so daß nur die druckenden, wasserabstoßenden Stellen Druckfarbe aufnehmen. Diese Farbe wird auf einem Gummizylinder abgesetzt und das Druckbild auf das durchlaufende Papier übertragen.

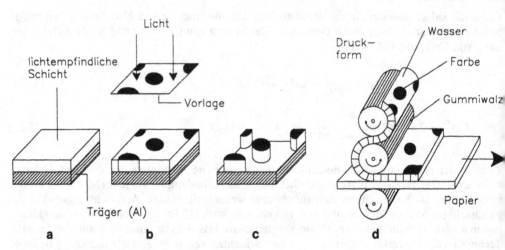

Abb. 12.31 Prinzip des Offsetdruckes.
a Druckplatte, **b** Belichtung, **c** Entwicklung, **d** Druck

Bei der Herstellung der Flachdruckformen werden verschiedene lichtempfindliche Schichtsysteme eingesetzt, insbesondere Naphthochinondiazide, Diazoniumsalze, Photopolymere und Photovernetzungssysteme. Einen Überblick über diese Systeme gibt Abb. 12.32.

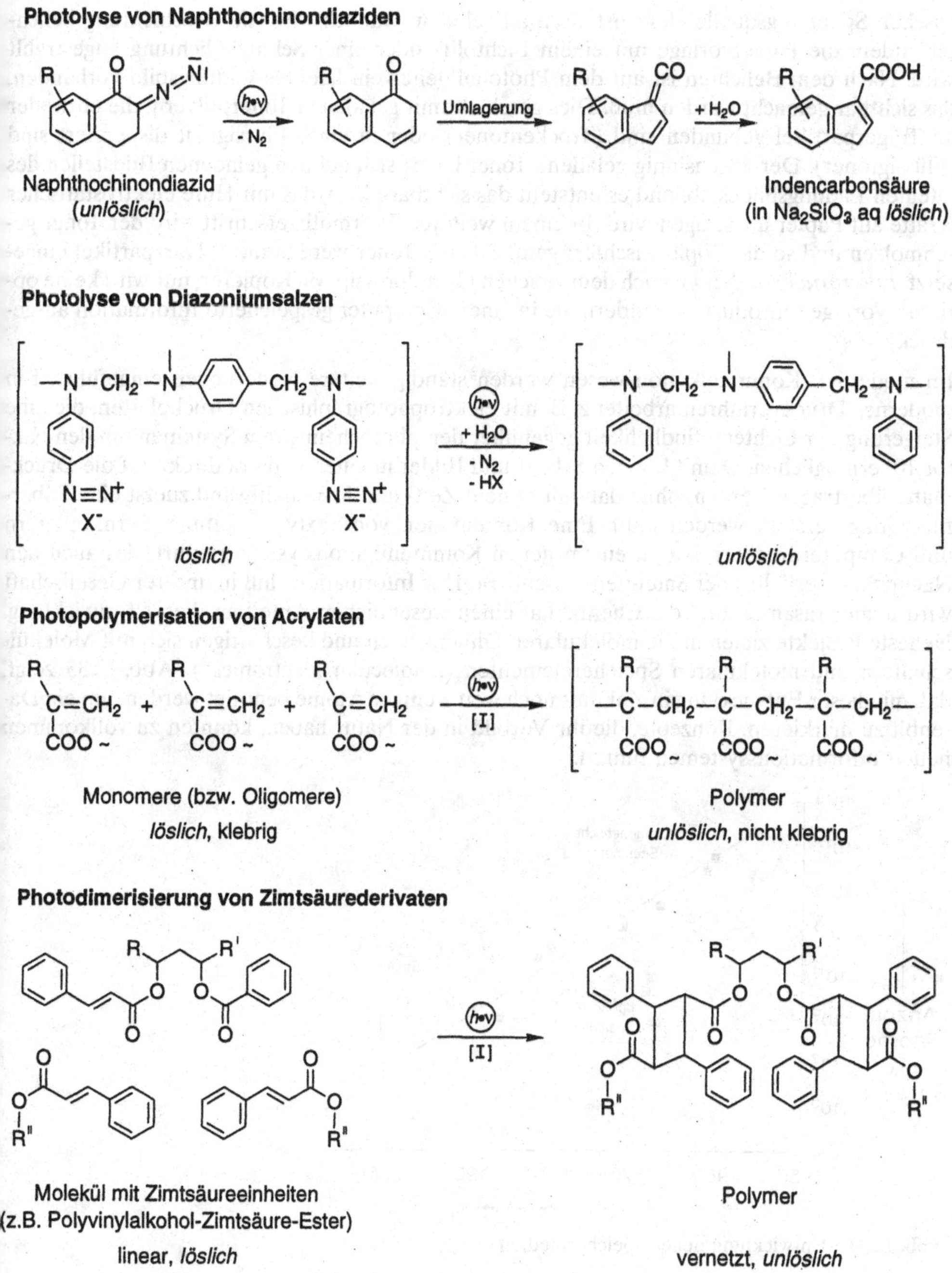

Photolyse von Naphthochinondiaziden

Naphthochinondiazid
(unlöslich)

Umlagerung
$-N_2$

$+H_2O$

Indencarbonsäure
(in Na_2SiO_3 aq löslich)

Photolyse von Diazoniumsalzen

$+H_2O$
$-N_2$
$-HX$

löslich

unlöslich

Photopolymerisation von Acrylaten

Monomere (bzw. Oligomere)
löslich, klebrig

Polymer
unlöslich, nicht klebrig

Photodimerisierung von Zimtsäurederivaten

Molekül mit Zimtsäureeinheiten
(z.B. Polyvinylalkohol-Zimtsäure-Ester)
linear, löslich

Polymer
vernetzt, unlöslich

Abb. 12.32 Lichtempfindliche Beschichtungen (I Initiator)

Beim **Kopieren** von Schriftstücken, technischen Zeichnungen etc. wird heute überwiegend
nach dem elektrophotographischen Verfahren gearbeitet. Kernstück des Kopierers ist ein Photohalbleiter, z. B. aus Selen oder Cadmiumsulfid. Dieser Photohalbleiter ist meistens als
Schicht auf einer Trommel aufgebracht. Im Dunkeln wird der Photohalbleiter mit einer elek-

trischen Spannungsquelle elektrostatisch aufgeladen. Danach wird die Beschichtung belichtet, indem die Papiervorlage mit einem Lichtblitz oder einer Schlitzbelichtung angestrahlt wird. Nach dem Belichten ist auf dem Photohalbleiter ein latentes Ladungsbild vorhanden, das sichtbar gemacht werden muß. Dies geschieht mit geladenen Tonerpulvern, die entweder an Trägerpartikel gebunden sind (Trockentoner) oder in einer Flüssigkeit dispergiert sind (Flüssigtoner). Der gegensinnig geladene Toner lagert sich auf den geladenen Bildstellen des latenten Ladungsbildes ab, und es entsteht das sichtbare Bild, das mit Hilfe elektrostatischer Kräfte auf Papier übertragen wird. In einem weiteren Thermofixierschritt wird der Toner geschmolzen und so die Kopie wischfest gemacht. Als Toner werden meist Harzpartikel eingesetzt. *Laserdrucker* arbeiten nach dem gleichen Grundprinzip wie Kopierer, nur wird keine optische Vorlage reproduziert, sondern die in einem Computer gespeicherte Information ausgedruckt.

Im modernen Kommunikationswesen werden ständig weitere Neuerungen eingeführt. Ein modernes Druckverfahren arbeitet z. B. mit elektrophotographischen Druckplatten, die eine Steigerung der Lichtempfindlichkeit gegenüber den photochemischen Systemen um den Faktor 10^3 ermöglichen. Damit können Schrift und Bilder in einer Kamera direkt auf die Druckplatte übertragen werden, ohne daß mit hohem Zeit- und Kostenaufwand zuerst eine Silberfilmvorlage erstellt werden muß. Eine Kombination von Textverarbeitung, Fernkopierern und Computerdruckern hat zu einem neuen Kommunikationssystem geführt, das auch den Nachrichtenverkehr über Satelliten einschließt. Der Informationsfluß in unserer Gesellschaft wird immer rasanter, und die Chemie hat einen wesentlichen Anteil an dieser Entwicklung. Neueste Projekte zielen in die molekularen Dimensionen und beschäftigen sich mit Molekülschaltern und molekularen Speicherelementen („molecular electronics"). Abb. 12.33 zeigt, daß mit dieser Entwicklung in Zukunft noch weit weniger Atome benötigt werden, um ein Datenbit zu markieren. Konzepte, die ihr Vorbild in der Natur haben, könnten zu vollkommen neuen Informationssystemen führen.

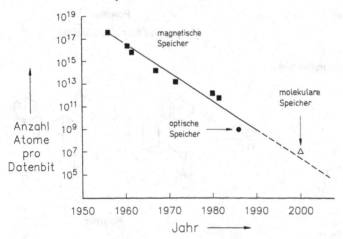

Abb. 12.33 Entwicklung neuer Speichermedien

Literatur

Zu Kap. 12.1

1. Aldinger, F., H.-J. Kalz (1987), Hochleistungskeramik, Angew. Chem. **99**, 381–398.
2. Bowen, H. K. (1984), Ceramics as Engineering Materials, Mat. Res. Soc. Symp. Proc., **24**, 1.
3. Dagani, R. (1988), Ceramic Composites, C & EN, Febr. 1, 7.
4. Desapio, V. (1993), Advanced structural ceramics, CHEMTECH Nov. 1993, 46–51.
5. Haus der Technik (1987), Hochfeste Ingenieurkeramik, Vulkan-Verlag, Essen.
6. Hennicke, H. W., S. Kienow (1983), Keramik, in Winnacker-Küchler (4.), Bd. 3, S. 159–213.
7. Hornbogen, E. (1987), Werkstoffe: Aufbau und Eigenschaften von Keramik, Metallen, Polymer- und Verbundwerkstoffen, 4. Aufl., Springer, Berlin.
8. Houde, R. G. (1994), Consider advanced ceramics for valve trims, Chem. Eng. Progr. Mar. 1994, 64–67.
9. Krause, E., J. Berger, W. Schulle (1989), Technologie der Keramik, 2. Aufl., Verlag für Bauwesen, Berlin.
10. Kriegsmann, J. (1989), Einführung in die Technologie der technischen Keramik, Werkstoff und Innovation **2**, Heft 3, 76.
11. Petzow, G. (1987), Gefügeoptimierung von Hochtechnologie-Keramiken, Fortschritte in der Metallographie, Bd. 18, Dr. Riederer-Verlag, Stuttgart.
12. Petzow, G. (1991), Hochleistungskeramik, GIT Fachz. Lab. **8/1991**, 872.
13. Peuckert, M., T. Vaahs, M. Brück (1990), Ceramics from Organometallic Polymers, Adv. Mater. **2**, 398–404.
14. Ratzel, W.-I. (1990), Keramische Werkstoffe, Chem. Ing. Tech. **62**, 86–91.
15. Saito, S., N. Ichinose, O. Kamigaito, S. Naka, H. Yanagida (1985), Fine Ceramics, Elsevier, Amsterdam.
16. Salmang, H., H. Scholze, Keramik, 6. Aufl., Teil 1 (1982) und Teil 2 (1983), Springer-Verlag, Berlin.
17. Ullmann (5.):
    „Ceramic Colorants", Vol. A5 (1986), pp. 545–556.
    „Ceramics, General Survey", Vol. A6 (1986), pp. 1–42.
    „Ceramics, Advanced Structural Products", Vol. A6 (1986), pp. 43–54.
    „Ceramics, Ceramic-Metal Systems", Vol. A6 (1986), pp. 55–78.
    „Ceramics, Electronic", Vol. A6 (1986), pp. 79–92.
    „Glass Ceramics", Vol. A12 (1989), pp. 433–448.
18. Wong, F. W. K., S. J. Doswell, M. C. de Malherbe (1986), A Study of the Application and Fabrication of Advanced Ceramics, Fortschr. Ber. VDI Reihe 5, Nr. 109, VDI-Verlag, Düsseldorf.

Zu Kap. 12.2

19. Bracke, P., H. Schurmans, J. Verhoest (1984), Inorganic Fibres and Composite Materials, Pergamon Press, Oxford.
20. Von Falkai, B. (1981), Synthesefasern, VCH Verlagsgesellschaft mbH, Weinheim.
21. Katz, H. S., J. V. Milewski (1978), Handbook of Fibers and Reinforcement for Plastics, van Nostrand Reinhold, New York.
22. Kleinschmitt, P. et al. (1983), Kap. 1.5.1 Kohlenstoffasern, in Winnacker-Küchler (4.), Bd. 3, S. 306–308.
23. Loewenstein, K. L. (1983), The Manufacturing Technology of Continuous Glass Fibers, Elsevier, Amsterdam.
24. Ullmann (5.) (1988), „Fibers, Synthetic Inorganic", Vol. A11, pp. 1–66.
25. Watt, W., B. V. Perov (1985), Handbook of Composites, Elsevier, Amsterdam.

Zu Kap. 12.3

26. Studies in Surface Science and Catalysis.
    Vol. 52 (1990) Recent Advances in Zeolite Science,
    Vol. 53 (1990) Catalysts in Petroleum Refining,
    Vol. 54 (1990) Future Opportunities in Catalytic and Separation Technology,
    Vol. 57A (1990) Spectroscopic Analysis of Heterogeneous Catalysts,
    Vol. 57B (1990) Spectroscopic Characterization of Heterogeneous Catalysts,
    Vol. 58 (1991) Introduction to Zeolite Science and Practice,
    Vol. 59 (1991), Heterogeneous Catalysis and Fine Chemicals II,
    Vol. 63 (1991) Preparations of Catalysts V,
    Vol. 65 (1991) Catalysis and Adsorption by Zeolites,
    Vol. 73 (1992) Progress in Catalysis,
    Elsevier Science Publ., Amsterdam.

27. Adamson, A. W. (1990), Physical Chemistry of Surfaces, 5. Aufl., Wiley, New York.
28. Agar, D. W., W. Ruppel (1988), Multifunktionelle Reaktionen für die heterogene Katalyse, Chem.-Ing.-Tech. **60**, 732–741.
29. Anderson, J. R., M. Boudart (1981–1984), Catalysis: Science and Technology, Vols. 1–6, Springer-Verlag, Berlin.
30. Anderson, J. R., K. C. Pratt (1985), Introduction to Characterization and Testing of Catalysts, Academic Press, London.
31. Balker, T. K., L. L. Murell (1990), Novel Materials in Heterogeneous Catalysis, VCH Verlagsgesellschaft mbH, Weinheim.
32. Balogh, M., P. Laszlo (1993), Organic Chemistry Using Clays, Springer, Berlin.
33. Becker, E. R., C. J. Pereira (1995), Computer-Aided Design, Marcel Dekker, New York.
34. Bond, G. C. (1987), Heterogeneous Catalysis: Priciples and Applications, 2. ed., Clarendon Press, Oxford.
35. Boudart, M., G. Djega-Mariadassou (1984), Kinetics of Heterogeneous Catalytic Reactions, Princeton University Press, Princeton.
36. Chauvel, A., B. Delmon, W. F. Hölderich (1994), New catalytic processes developed in Europe during the 1980's, Appl. Catal. **115**, 173–217.
37. Chen, L.-C., T.-C. Chou (1994), Heterogenized Homogeneous Catalyst, Ind. Eng. Chem. Res. **33**, 2523–2529.
38. Davies, M. E. (1994), Large pore molecular sieves, Catalysis Today **19**, 1–211.
39. Davies, M. E. (1994), Zeolites: Can they by synthesized by design? CHEMTECH Sep. 1994, 22–26.
40. DECHEMA (1990/91), Katalyse, Dechema Monographien, Bd. 118 (1990), Bd. 122 (1991), Dechema, Frankfurt/Main.
41. Delannay, F. (1984), Characterization of Heterogeneous Catalysts, Chemical Industries Series 15, Marcel Dekker, New York.
42. Delmon, B., P. Grange, P. Jacobs, G. Poncelet (1976–1983), Preparation of Catalysts, Vol. I–III, Elsevier, Amsterdam.
43. Emig, G. (1987), Wirkungsweise und Einsatz von Katalysatoren, Chem. unserer Zeit **21**, 128–137.
44. Engler, B. H. (1991), Katalysatoren für den Umweltschutz, Chem. Ing. Tech. **63**, 298–312.
45. Ertl, G. (1990), Elementarschritte bei der heterogenen Katalyse, Angew. Chem. **102**, 1258–1266.
46. Foley, H. C., E. E. Lowenthal (1994), Improving and inventing catalysts with computers, CHEMTECH Aug. 1994, 23–28.
47. Fonds der Chemischen Industrie (Hrsg.) (1985), Katalyse, Folienserie, Textheft 19, Fonds Chem. Ind., Frankfurt/Main.
48. Gallei, E. F., H.-P. Neumann (1994), Entwicklung von technischen Katalysatoren, Chem.-Ing.-Tech. **66**, 924–928.
49. Gasser, R. P. H. (1985), An Introduction to Chemisorption and Catalysis by Metals, Clarendon Press, Oxford.
50. Gates, B. C. (1992), Catalytic Chemistry, Wiley Interscience, New York.
51. Haber, J. (1989), Catalysis – An Interdisciplinary Field of Research, J. Mol. Catal. **54**, 370–388.
52. Hattori, T., T. Yashima (1994), Zeolites and microporous crystals, in Studies in Surface Science and Catalysis, Vol. 83, Elsevier, Amsterdam.
53. Hughes, R. (1984), Deactivation of Catalysts, Academic Press, London.
54. Izumi, Y., K. Urabe, M. Onaka (1992), Zeolite, Clay and Heteropoly Acid in Organic Reactions, VCH Verlagsgesellschaft mbH, Weinheim.
55. Kripylo, P., K.-P. Wendtland, F. Vogt (1993), Heterogene Katalyse in der chemischen Technik, Deutscher Verlag für Grundstoffindustrie, Leipzig.
56. Leach, B. E. (1983–1984), Applied Industrial Catalysis, Vols. 1–3, Academic Press, New York.
57. Moulijn, J. A., P. W. N. M. van Leeuwen, R. A van Santen (1993), An integrated Approach to Homogeneous, Heterogeneous and Industrial Catalysis, Elsevier, Amsterdam.
58. Pearce, R., W. R. Patterson (1981), Catalysis and Chemical Processes, John Wiley and Sons, New York.
59. Pernicone, N., F. Traina (1984), Comercial Catalyst Preparation, in Applied Industrial Catalysis, Vol. 3, Academic Press, New York
60. Richardson, J. T. (1989), Principles of Catalyst Development, Plenum Press, New York.
61. Satterfield, C. N. (1980), Heterogenous Catalysis in Industrial Practice, 2. ed., McGraw Hill, New York.
62. Scaros, M. G., M. L. Prunter (1994), Catalysis of Organic Reactions, Marcel Dekker, New York.
63. Somorjai, G. A. (1993), Heterogeneous catalysis: future opportunities in a historical perspective, Catalysis Today **18**, 113–123.
64. Spivey, J. J., S. K. Agarwal (1994), Catalysis, Vol. 11, Royal Society of Chemistry, Cambridge.
65. Stiles, A. B, T. A. Koch (1995), Catalyst Manufacture, 2. Aufl., Marcel Dekker, New York.
66. Thomas, J. M. (1994), Wendepunkte der Katalyse, Angew. Chem. **106**, 963.
67. Tsitsishrili, G. V., T. G. Andronikashrili, G N. Kirov, L. D. Filizova (1991), Natural Zeolites, Ellis Horwood, Chichester.

68. Twigg, M. V. (1989), Catalyst Handbook, Wolfe Publishing, London.
69. Ullmann (5.) (1986), „Catalysis and Catalysts", Vol. A5, pp. 313–368.
70. White, M. G. (1991), Heterogeneous Catalysis. Prentice Hall, Englewood Cliffs, New Jersey.
71. Zhdanov, S. P., S. S. Khvoshehev, Feoktistova, N.N. (1990), Synthetic zeolites, Vol. 2, Gordon and Breach, Newark, New Jersey.

Zu Kap. 12.4

72. Schliebs R., J. Ackermann (1987), Chemie und Technologie der Silicone, Teil I, Chem. unserer Zeit **21**, 121.
73. Ackermann J., V. Damrath (1989), Chemie und Technologie der Silicone, Teil II, Chem. unserer Zeit **23**, 86.
74. Arkles, B. (1983), Silikon-Anwendungen, CHEMTECH **13**, 542–555.
75. Büchner, W. (1980), Novel Aspects of Silicone Chemistry, J. Organomet. Chem. Rev. **9**, 409.
76. Büchner, W., R. Schliebs, G. Winter, K. H. Büchel (1984), Industrielle Anorganische Chemie, VCH Verlagsgesellschaft mbH, Weinheim.
77. Fa. Bayer, Fa. Goldschmidt, Fa. Wacker-Chemie (1989), Silicone – Chemie und Technologie, Symposium im Haus der Technik, Essen.
78. Freye, C. L. (1984), Umweltaspekte der Silicone, Seifen, Öle, Fette, Wachse **110**, 525–528.
79. Grape, W. (1986), Methylsilicone in der Kosmetik, Parfümerie und Kosmetik **67**, 327.
80. Huber, P. (1985), Siliconöle, Tribulogie und Schmierungstechnik **32**, 64.
81. Kaiser, W., R. Riedle (1982), Silicone, in Winnacker-Küchler (4.), Bd. 6, S. 816–852.
82. Noll, W. (1968), Chemie und Technologie der Silicone, 2. Aufl., VCH Verlagsgesellschaft mbH, Weinheim.
83. Polmanteer, K. E. (1988), Silikon-Kautschuk, Rubber Chem. Technol. **61**, 470.
84. Preiss, P. (1990), Siliconöle, Seifen, Öle, Fette, Wachse **116**, 175–180.
85. Ranney, M. W. (1977), Silicones, Vol. I and II, Noyes Data Corporation, Park Ridge, New Jersey.
86. Reuther, H. (1981), Silicone – Eine Einführung in Eigenschaften, Technologien und Anwendungen, VEB, Deutscher Verlag für Grundstoffindustrie, Leipzig.
87. Rochow, E. G. (1991), Silicium und Silicone, Springer, Berlin.
88. Süddeutsches Kunststoff-Zentrum (1987), Verarbeitung von festem und flüssigem Silikon-Kautschuk, Fachtagung, Stuttgart.
89. Toub, M. R. (1987), Silicon-Kautschuke, Elastomerics **20**.
90. Zeigler, J. M., F. W. G. Fearon (1990), Silicon-Based Polymer Science, in Advances in Chemistry Series No. 224, VCH Verlagsgesellschaft mbH, Weinheim.
91. Zeldin, M., K. J. Wynne, R. H. Allcock (1988), Inorganic and Organometallic Polymers, ACS Symp. Ser. 360, Am. Chem. Soc., Washington, DC.

Zu Kap. 12.5

92. Bargon, J. (1984), Methods and Materials in Microelectronic Technology, Plenum Press, New York.
93. Borissov, M. (1987), Molecular Electronics, World Scientific Publishing, River Edge, New Jersey.
94. Bräuninger, A. et al. (1986), Informationstechnik, in Winnacker-Küchler (4.), Bd. 7, S. 515–608.
95. Fonds der Chemischen Industrie, Chemie – Grundlage der Mikroelektronik. Folienserie, Textheft 18 (1990), Reprographie – Kommunikation durch Chemie. Folienserie, Textheft 21 (1986), Fonds Chem. Ind., Frankfurt/Main.
96. Gessert, G., E. Sirtl (1983), Elektronische Halbleitermaterialien, in Winnacker-Küchler (4.), Bd. 3, S. 408–463.
97. Isailovic, J. (1985), Videodisc and Optical Memory Systems, Prentice-Hall, Englewood Cliffs, New Jersey.
98. Kämpf, G. (1985), Polymere als Träger und Speicher von Informationen, Ber. Bunsenges. Phys. Chem. **89**, 1179.
99. Keyes, R. W. (1988), IBM J. Res. Dev. **32**, 24.
100. Kuhn, H. (1988), IBM J. Res. Dev. **32**, 37.
101. Lutz, T. (1984), Die Mikroelektronik, Deutscher Instituts Verlag, Köln.
102. MacDonald, S. A., C. G. Willson, J. M. J. Frêchet (1994), Chemical Amplification in High-Resolution Imaging Systems, Acc. Chem. Res. **27**, 151–158.
103. Queisser, H.-J. (1985), Kristalline Krisen, Piper Verlag, München.
104. Steppan, H., G. Buhr, H. Vollmann (1982), Resisttechnik – ein Beitrag der Chemie zur Elektronik, Angew. Chem. **94**, 471–483.

Anhang 1

Größen zur Charakterisierung von Verfahren und Anlagen

Chemische Reaktionen und Verfahren

Die Größen Umsatz, Ausbeute und Selektivität dienen zur Charakterisierung der chemischen Reaktion. Die Ausbeute kann auch auf das gesamte Verfahren bezogen werden.

Umsatz (engl. conversion). Der Umsatz X_i (auch als Umsatzgrad bezeichnet) eines Eduktes (= Einsatzstoff) I ist das Verhältnis von umgesetzter (abreagierter) Menge zur eingesetzten Menge:

$$X_i = \frac{n_{i0} - n_i}{n_{i0}} \tag{A 1}$$

n_{i0} Molzahl des Edukts zu Beginn der Reaktion
n_i Molzahl des Eduktes i nach einer bestimmten Zeit, im allgemeinen am Ende der Reaktionszeit

Bei Reaktionen zwischen zwei oder mehr Edukten ist es zweckmäßig, den Umsatz für das stöchiometrisch begrenzende Edukt anzugeben, also für dasjenige Edukt, das im Unterschuß eingesetzt wird.

Ausbeute (engl. yield). Die Ausbeute Y_{ki} an Produkt K aus der Reaktion

$$v_i I \rightarrow v_k K \tag{A 2}$$

ist das Verhältnis von tatsächlich gebildeter zu maximal möglicher Menge an K, d. h. zu der Menge K, die bei vollständiger Reaktion des eingesetzten Edukts I gemäß Gl. (A 2) erhalten wird:

$$Y_{ki} = \frac{n_k}{n_{i0}} \cdot \frac{|v_i|}{|v_k|} \tag{A 3}$$

n_k Molzahl an gebildetem Produkt K,
v_i, v_k stöchiometrischer Koeffizient von I bzw. K in Reaktion (A 2)

Bei einem Kreislauf mit Rückführung von nicht umgesetztem Edukt I (vergl. Abb. A 1) ist in Gl. (A 3) für n_{i0} die in den Reaktionsteil der Anlage eingebrachte Menge an Edukt I einzusetzen

zen und nicht die Menge ($n_{i0} + n_{iR}$), die dem Reaktor zugeführt wird. Bei Reaktionen zwischen mehreren Edukten ist immer anzugeben, auf welches Edukt I sich die Ausbeute Y_{ki} bezieht.

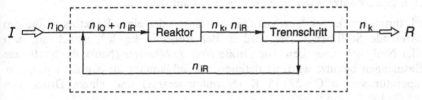

Abb. A1   Reaktor mit Rückführung (Kreislaufreaktor).
– – – Reaktionsteil

In technischen Prozessen treten in der Regel bei der Aufarbeitung der Reaktionsprodukte Verluste auf. Bei der Verfahrensauswahl und der Auslegung von Produktionsanlagen interessiert naturgemäß vor allem die im Gesamtverfahren erreichbare Ausbeute. Für diese sog. **technische Ausbeute** (engl. plant yield, overall yield) ist in Gl. (A 3) für n_k die Menge an Produkt K einzusetzen, die nach Aufarbeitung und Reinigung erhalten wird.
Oft wird die technische Ausbeute auch einfach in Massenanteilen angegeben, und zwar als kg Produkt/100 kg Edukt (Einsatzstoff). Wenn die Stöchiometrie des Prozesses nicht bekannt ist, wie in vielen biotechnischen Prozessen, ist dies die einzige Möglichkeit einer Ausbeutenangabe.

Selektivität (engl. selectivity). Bei komplexen Reaktionen (Parallelreaktionen, Folgereaktionen) bezeichnet die Selektivität S_{ki} den Anteil an erwünschtem Produkt K, der aus dem umgesetzten Edukt I gebildet wird. Definiert ist die Selektivität als das Verhältnis der Stoffmenge an gebildetem Produkt K zu umgesetztem Edukt I unter Berücksichtigung der stöchiometrischen Koeffizienten v_k und v_i:

$$S_{ki} = \frac{n_k}{n_{i0}-n_i} \cdot \frac{|v_i|}{|v_k|} \tag{A 4}$$

Für einen Reaktor ohne Rückführung von nicht umgesetztem Edukt I (d. h. $n_{iR} = 0$ in Abb. A 1) ist die Selektivität von K (bezogen auf I) gleich dem Verhältnis der Ausbeute Y_i zum Umsatz X_i, wie sich durch Division von Gl. (A 3) durch Gl. (A 1) ergibt:

$$S_{ki} = \frac{Y_{ki}}{X_i} = \frac{n_k}{n_{i0}-n_i} \cdot \frac{|v_i|}{|v_k|} \tag{A 5}$$

Raum-Zeit-Ausbeute (RZA; engl. space-time yield). Die Raum-Zeit-Ausbeute ist die Menge an erwünschtem Produkt, die pro Zeit und Volumeneinheit des Reaktors erzeugt wird. Sie wird meist in $kg \cdot l^{-1} \cdot h^{-1}$ angegeben. Die Raum-Zeit-Ausbeute ist besonders für heterogen katalysierte Reaktionen interessant. Damit läßt sich bei Festbettreaktoren die für eine bestimmte Produktionsleistung benötigte Menge an Katalysator angeben.

Katalysatorstandzeit (engl. catalyst lifetime). Wichtig ist für katalytische Festbettreaktoren auch die Katalysatorstandzeit. Man versteht darunter die Zeitdauer, während der der Katalysator die geforderte Produktionsleistung oder Raum-Zeit-Ausbeute erbringt. Am Ende dieser Betriebszeit muß der erschöpfte Katalysator ausgewechselt oder regeneriert werden.

Produktionsanlagen, Produktions- und Verbrauchsmengen

Bei Produktionsanlagen interessieren neben dem Produktionsverfahren vor allem die Mengen an Produkten und Einsatzstoffen, und zwar bezogen auf die Zeit.

Durchsatz (engl. throughput). Der Durchsatz einer Anlage oder eines Reaktors ist die pro Zeiteinheit eintretende Stoffmenge. Sie wird in der Regel in $kg \cdot h^{-1}$, manchmal auch in $kmol \cdot h^{-1}$ oder $Nm^3 \cdot h^{-1}$ angegeben. Die Größe *Normkubikmeter* (Nm^3), die häufig zur Angabe von Gasmengen benutzt wird, ist definiert als Kubikmeter im Normzustand, d. h. bei einer Temperatur von $0\,°C = 273,15$ K (Normtemperatur) und einem Druck von $101\,325$ Pa $= 1,01325$ bar (Normdruck).

Produktionsleistung. Unter der Produktionsleistung versteht man die pro Zeiteinheit erzeugte Menge an gewünschtem Produkt. Die Produktionsleistung wird vor allem zur Kennzeichnung von Reaktoren benutzt. Angegeben wird sie in der Regel in $kg \cdot h^{-1}$ oder $t \cdot h^{-1}$.

Produktionskapazität (engl. production capacity). Zur Charakterisierung der Größe von Produktionsanlagen verwendet man bevorzugt den Begriff „Produktionskapazität". Sie wird meist in Jahrestonnen (t/a) angegeben. Die Größe *Jahrestonne* (t/a, jato) wird außerdem zur Angabe von Produktions- und Verbrauchsmengen benutzt, ebenso die *Tagestonne* (t/d, tato).

Steinkohleneinheit (SKE; engl. mineral coal unit). Die Steinkohleneinheit dient als nicht gesetzliches Energiemaß zur vergleichenden Angabe des Energieinhaltes von Brennstoffen. 1 kg SKE entspricht dem Heizwert von 1 kg Steinkohle von 7000 kcal/kg = 29,3 MJ/kg = 8,14 kWh/kg. Für andere Brennstoffe gilt:

$$1 \text{ kg SKE} \triangleq 0,71 \text{ kg Heizöl}$$
$$\triangleq 0,9 \text{ Nm}^3 \text{ Erdgas}$$

Anhang 2

Gefährliche Stoffe – Begriffe, Einstufung und Kennzeichnung

Rechtliche Grundlagen (Gefahrstoffrecht)

Der Schutz vor gefährlichen Stoffen ist Gegenstand einer ganzen Reihe von Gesetzen, Vorschriften und Richtlinien auf nationaler und übernationaler Ebene. Beispiele dafür sind in der Bundesrepublik Deutschland das *Arzneimittelgesetz*, das *Düngemittelgesetz*, das *Pflanzenschutzgesetz*, das *DDT-Gesetz* (verbietet Herstellung, Einfuhr und Inverkehrbringung von DDT), das *Sprengstoffgesetz*, die *Verordnung über brennbare Flüssigkeiten* und das *Gesetz über die Beförderung gefährlicher Güter*. All diese Rechtsvorschriften betreffen spezielle Bereiche und Stoffgruppen oder einzelne Stoffe. Als umfassende Grundlage für den Schutz vor schädlichen Einwirkungen gefährlicher Stoffe wurde 1980 das **Chemikaliengesetz** (ChemG) erlassen. Es ist von zentraler Bedeutung für alle gesetzlichen Regelungen, die den Gesundheitsschutz, den Arbeitsschutz und den Umweltschutz zum Ziel haben. Die Spezialgesetze müssen sich daher am Chemikaliengesetz orientieren.

Spezielle Ausführungsbestimmungen zum Chemikaliengesetz sind in folgenden Verordnungen enthalten:

- Gefährlichkeitsmerkmaleverordnung,
- Gefahrstoffverordnung,
- Anmelde- und Prüfnachweisverordnung.

Die **Gefährlichkeitsmerkmaleverordnung** definiert die gefährlichen Eigenschaften, die im Chemikaliengesetz [§ 3 a (1)] aufgeführt sind:

1. explosionsgefährlich,
2. brandfördernd,
3. hochentzündlich,
4. leichtentzündlich,
5. entzündlich,
6. sehr giftig,
7. giftig,
8. mindergiftig,
9. ätzend,
10. reizend,
11. sensibilisierend,
12. krebserregend,
13. fruchtschädigend,
14. erbgutverändernd,
15. chronisch schädigend,
16. umweltgefährlich.

Die **Verordnung über gefährliche Stoffe (Gefahrstoffverordnung** – GefStoffV) hat den Zweck,

„durch besondere Regelungen über das Inverkehrbringen von gefährlichen Stoffen und Zubereitungen und über den Umgang mit·Gefahrstoffen einschließlich ihrer Aufbewahrung, Lagerung und Vernichtung den Menschen vor arbeitsbedingten und sonstigen Gesundheitsgefahren und die Umwelt vor stoffbedingten Schädigungen zu schützen, soweit nicht in anderen Rechtsvorschriften besondere Regelungen getroffen sind." Unter *Zubereitungen* werden dabei die Gemische, Lösungen oder Gemenge aus zwei oder mehr Stoffen verstanden. Der Begriff *Gefahrstoff* ist weiter gefaßt als „gefährliche Stoffe". Nach § 15 GefStoffV gelten als Gefahrstoffe:

„1. gefährliche Stoffe oder Zubereitungen im Sinne des § 3a des Chemikaliengesetzes einschließlich des bei der Bio- und Gentechnik anfallenden gefährlichen biologischen Materials sowie explosionsfähige Stoffe und Zubereitungen,

2. Stoffe oder Zubereitungen, aus denen beim Umgang gefährliche Stoffe oder Zubereitungen nach Nummer 1 entstehen oder freigesetzt werden,

3. Erzeugnisse, bei deren Verwendung gefährliche oder explosionsfähige Stoffe oder Zubereitungen entstehen oder freigesetzt werden,

4. Stoffe, Zubereitungen oder Erzeugnisse, die ihrer Art nach erfahrungsgemäß Krankheitserreger übertragen können."

Die Gefahrstoffverordnung enthält u. a. Vorschriften und Empfehlungen zur Einstufung und Kennzeichnung gefährlicher Stoffe und Zubereitungen (Anhang I GefStoffV). Alle Stoffe und Zubereitungen, deren Einstufung geregelt ist, sind zusammen mit den entsprechenden Angaben in einer Liste (Anhang VI) zusammengestellt. Besonders sei darauf hingewiesen, daß in die Gefahrstoffverordnung eine Reihe von EU-Richtlinien übernommen wurde. Auch die Fortschreibung der Verordnung, u. a. die Erweiterung der Stoffliste des Anhangs VI GefStoffV, erfolgt in Abstimmung mit der EU.

Einstufung und Kennzeichnung gefährlicher Stoffe und Zubereitungen

Die Einstufung gefährlicher Stoffe und Zubereitungen geschieht aufgrund bestimmter physikalisch-chemischer und toxischer Eigenschaften. Die für die einzelnen Gefährlichkeitsmerkmale geltenden Kriterien sind in der Gefährlichkeitsmerkmaleverordnung zusammengestellt. Außerdem enthält der Anhang I der Gefahrstoffverordnung einen „Leitfaden zur Einstufung und Kennzeichnung gefährlicher Stoffe und Zubereitungen" (vgl. Tab. A 1), in dem die Gefährlichkeitsmerkmale mit ihren Einstufungskriterien dargestellt sind. Einen Überblick über diese Kriterien gibt Tab. A 2.

Tab. A 1 Gefahrstoffverordnung – Anhang I
Einstufung und Kennzeichnung gefährlicher Stoffe und Zubereitungen

Inhaltsübersicht

Tab. A 2 Einstufungskriterien für gefährliche Stoffe und Zubereitungen nach der Gefahrstoffverordnung Anhang I

Gefähr-lichkeits-merkmal	Einstufung			Beispiele
explosions-gefährlich	Stoffe und Zubereitungen, die durch Flammentzündung zur Explosion gebracht werden können oder gegen Stoß oder Reibung empfindlicher sind als Dinitrobenzol			Ammoniumdichromat
brand-fördernd	Stoffe und Zubereitungen, die bei Berührung mit brennbaren Materialien diese entzünden können oder explosionsgefährlich werden, wenn sie mit brennbaren Materialien gemischt werden; organische Peroxide, die entzündliche Eigenschaften besitzen			Kaliumbromat, Natriumnitrit, Salpetersäure (>70% HNO_3), Di-*tert.*-Butylperoxid
hochent-zündlich	Flüssigkeiten mit Flammpunkt unter 0 °C und Siedetemperatur von höchstens 35 °C			Acetaldehyd, Cyanwasserstoff, Diethylether, Ethylenoxid
leichtent-zündlich	nicht hochentzündliche Flüssigkeiten mit Flammpunkt unter 21 °C; Gase, die bei Normaldruck mit Luft einen Zündbereich haben; feste Stoffe und Zubereitungen, die durch kurzzeitige Einwirkung einer Zündquelle leicht entzündet werden können und danach weiterbrennen oder weiterglimmen; Stoffe und Zubereitungen, die sich bei gewöhnlicher Temperatur an der Luft ohne Energiezufuhr erhitzen und schließlich entzünden können; Stoffe und Zubereitungen, die bei Berührung mit Wasser oder feuchter Luft entzündliche Gase in gefährlicher Menge entwickeln			Lithium, Natrium, Kalium, gelber Phosphor, roter Phosphor, Benzol, Acrylnitril, Diethylamin
entzünd-lich	Flüssigkeiten mit Flammpunkt von 21 °C bis 55 °C			Essigsäure (>90%), Essigsäureanhydrid, Acrylsäure, Styrol
sehr giftig	LD_{50} oral Ratte (mg/kg) ≤ 25	LD_{50} dermal Ratte, Kaninchen (mg/kg) ≤ 50	LC_{50} Inhalation Ratte (mg/L·4 h) $\leq 0,5$	Quecksilber, Quecksilber-Alkyle, Quecksilber(II)-chlorid, gelber Phosphor, Arsentrioxid, Dimethylsulfat
giftig	25–100	50–400	0,5–2	Quecksilber, Benzol, Ethylenoxid, Acrylnitril, Phenylhydrazin
minder-giftig	200–2000	400–2000	2–20	Quecksilber(I)-chlorid, Glykol, *N,N*-Dimethylformamid, Diethylsulfat
ätzend	Zerstörung des Hautgewebes von Versuchstieren in seiner gesamten Dicke nach einer Einwirkung von höchstens 4 Stunden oder wenn dieses Ergebnis vorausgesagt werden kann			Lithium, Natrium, Kalium, Salpetersäure (>70% HNO_3), Natronlauge, wäßrige Ammoniaklösung, Silbernitrat, Essigsäure, Essigsäureanhydrid, Acrylsäure, Diethylsulfat

Tab. A 2   Fortsetzung

Gefähr-lichkeits-merkmal	Einstufung	Beispiele
reizend	Entzündung der Haut von Versuchstieren nach einer Einwirkung von höchstens 4 Stunden; deutliche oder schwere Augenschäden, die 24 Stunden oder länger andauern; Sensibilisierungsreaktion durch Hautkontakt; Reizung der Atmungsorgane	Acetaldehyd, Styrol, Ethylenoxid, Diethylamin, Diethanolamin
krebser-zeugend (kanzero-gen)	Verursachen von Krebs oder Erhöhung der Krebshäu-figkeit oder Verdacht auf krebserregende Wirkung beim Menschen infolge Einatmen, Verschlucken oder Hautresorption	Acrylnitril, Dimethylsulfat, Benzol, Benzo(a)pyren, Vinylchlorid, Ethylenoxid
fruchtschä-digend (te-ratogen)	hinreichende Anhaltspunkte für einen Kausalzusam-menhang zwischen Exposition eines Menschen gegen-über dem Stoff und einer nicht erblich verursachten Mißbildung oder begründete Annahme eines solchen Zusammenhangs	Methylquecksilber, Benzo(a)pyren
erbgutver-ändernd (mutagen)	hinreichende Anhaltspunkte für einen Kausalzusam-menhang zwischen der Exposition eines Menschen ge-genüber dem Stoff und vererbbaren Schäden oder be-gründete Annahme eines solchen Zusammenhangs	Diethylsulfat, Ethylenoxid, Benzo(a)pyren
umweltge-fährlich (nach Che-mikalien-gesetz, § 3a (2))	Stoffe und Zubereitungen, wenn sie selbst oder ihre Umwandlungsprodukte die Beschaffenheit von Was-ser, Boden oder Luft, Klima, Tieren, Pflanzen oder Mikroorganismen derart verändern, daß dadurch so-fort oder später Gefahren für die Umwelt herbeige-führt werden können	gefährlich für aquatische Systeme: Methylchlorid, DDT, Pentachlorphenol; gefährlich für die Ozonschicht: Tetrachlorkohlenstoff, 1,1,1-Trichlorethan

Zur Kennzeichnung gefährlicher Stoffe und Zubereitungen wurden **Gefahrensymbole** festgelegt (vgl. Abb. A 2), die gemäß § 4 GefStoffV auf der Verpackung anzubringen sind. Zusätzlich sind auf dem Etikett Hinweise auf besondere Gefahren (sog. R-Sätze) und Sicherheitsvorschläge (sog. S-Sätze) zu geben.

Gefahrensymbole

Abb. A2 Gefahrensymbole und Gefahrenbezeichnungen
– schwarzer Aufdruck auf orangegelbem Grund

Die **R-Sätze** (R 1–R 48) sind standardisierte Hinweise auf die besonderen Gefahren, die sich aus den gefährlichen Eigenschaften des betreffenden Stoffes ergeben. Dazu seien einige Beispiele aufgeführt:

R 1   Im trockenen Zustand explosionsgefährlich
R 7   Kann Brand verursachen
R 17 Selbstentzündlich an der Luft
R 19 Kann explosionsfähige Peroxide bilden
R 26 Sehr giftig beim Einatmen
R 27 Sehr giftig bei Berührung mit der Haut
R 36 Reizt die Augen

Welche R-Sätze aufgrund der gefährlichen Eigenschaften eines Stoffes auszuwählen sind, ist dem Anhang I GefStoffV zu entnehmen.

Die **S-Sätze** (S 1–S 52) geben Hinweise auf notwendige Vorsichtsmaßnahmen durch standardisierte Sicherheitsratschläge, z. B.:

S 3   Kühl aufbewahren
S 7   Behälter dicht geschlossen halten
S 16 Von Zündquellen fernhalten – Nicht rauchen
S 22 Staub nicht einatmen
S 25 Berührung mit der Haut vermeiden
S 26 Bei Berührung mit den Augen gründlich mit Wasser abspülen und Arzt konsultieren
S 38 Bei unzureichender Belüftung Atemschutzgerät tragen
S 51 Nur in gut belüfteten Räumen verwenden

Auch die Auswahl der S-Sätze wird im Anhang I GefStoffV erläutert.

Literatur

Gesetze, Verordnungen, Vorschriften und Richtlinien vgl. Kap. 4.2 u. 6.3.

Nachschlagewerke und andere Quellen für sicherheitstechnische und toxikologische Daten vgl. Kap. 4.2.

Anhang 3

Enzyklopädien und Nachschlagewerke zur Technischen Chemie

Ullmanns Encyklopädie der technischen Chemie (1972–1984),
    4. Aufl. (25 Bände; Bd. 1–6: Grundlagen, Bd. 7–24 alphabetischer Teil, Bd. 25 Register),
    VCH Verlagsgesellschaft mbH, Weinheim. *Ullmann (4.).*
Ullmann's Encyclopedia of Industrial Chemistry (1985–…),
    5. ed. (36 Volumes; Vol. A 1–A 28: alphabetically arranged articles, Vol. B 1–B 8: basic
    knowledge),
    VCH Verlagsgesellschaft mbH, Weinheim. *Ullmann (5.).*
Kirk-Othmer, Encyclopedia of Chemical Technology,
    a) 3. ed., Vol. 1–24 and 1 supplement, 1978–1984,
    b) 4. ed., from 1991,
    John Wiley, New York. *Kirk-Othmer (3.),* bzw. *(4.).*
McKetta, J. J. (from 1976–…), Encyclopedia of Chemical Processing and Design,
    Bis 1995 53 Bd. Marcel Dekker, New York. *McKetta.*
Winnacker-Küchler (1982–1986), Chemische Technologie, 4. Aufl. (7 Bände).
    Carl Hanser, München. *Winnacker-Küchler (4.).*
Römpp Chemie Lexikon (1989–1992),
    9. Aufl. (6 Bände),
    Georg Thieme Verlag, Stuttgart, New York.

In Kursivschrift ist jeweils die Kurzform angegeben, mit der die Werke in der Literatur zu den einzelnen Kapiteln zitiert werden.

Sachverzeichnis